Investitionsrechnung für Energieeffizienz- und Klimaschutzmaßnahmen unter Berücksichtigung von DIN EN 17463 (VALERI)

Jetzt diesen Titel zusätzlich als E-Book downloaden und 70 % sparen!

Als Käufer dieses Buchtitels haben Sie Anspruch auf ein besonderes Kombi-Angebot: Sie können den Titel zusätzlich zum Ihnen vorliegenden gedruckten Exemplar für nur 30 % des Normalpreises als E-Book beziehen.

Der BESONDERE VORTEIL: Im E-Book recherchieren Sie in Sekundenschnelle die gewünschten Themen und Textpassagen. Denn die E-Book-Variante ist mit einer komfortablen Volltextsuche ausgestattet!

Deshalb: Zögern Sie nicht. Laden Sie sich am besten gleich Ihre persönliche E-Book-Ausgabe dieses Titels herunter.

In 3 einfachen Schritten zum E-Book:

❶ Rufen Sie die Website **www.dinmedia.de/e-book** auf.

❷ Geben Sie hier Ihren persönlichen, nur einmal verwendbaren E-Book-Code ein:

31532AC7K1B54AC

❸ Klicken Sie das „Download-Feld“ an und gehen dann weiter zum Warenkorb. Führen Sie den normalen Bestellprozess aus.

Hinweis: Der E-Book-Code wurde individuell für Sie als Erwerber dieses Buches erzeugt und darf nicht an Dritte weitergegeben werden. Mit Zurückziehung dieses Buches wird auch der damit verbundene E-Book-Code für den Download ungültig.

Investitionsrechnung für Energieeffizienz- und Klimaschutzmaßnahmen unter Berücksichtigung von DIN EN 17463 (VALERI)

Mehr zu diesem Titel

... finden Sie in der DIN Mediathek

Zu vielen neuen Publikationen bietet DIN Media nützliches Zusatzmaterial im Internet an, das Ihnen kostenlos bereitgestellt wird.
Art und Umfang des Zusatzmaterials – seien es Checklisten, Excel-Hilfen, Audiodateien etc. – sind jeweils abgestimmt auf die individuellen Besonderheiten der Primär-Publikationen.

Für den erstmaligen Zugriff auf die DIN Mediathek müssen Sie sich einmalig kostenlos registrieren. Zum Freischalten des Zusatzmaterials für diese Publikation gehen Sie bitte ins Internet unter

www.dinmediathek.de

und geben Sie den folgenden Media-Code in das Feld „Media-Code eingeben und registrieren" ein:

M315328320

Sie erhalten Ihren Nutzernamen und das Passwort per E-Mail und können damit nach dem Log-in über „Meine Inhalte" auf alle für Sie freigeschalteten Zusatzmaterialien zugreifen.

Der Media-Code muss nur bei der ersten Freischaltung der Publikation eingegeben werden. Jeder weitere Zugriff erfolgt über das Log-In.

Wir freuen uns auf Ihren Besuch in der DIN Mediathek.

Hinweis: Der Media-Code wurde individuell für Sie als Erwerber dieser Publikation erzeugt und darf nicht an Dritte weitergegeben werden. Mit Zurückziehung dieses Buches wird auch der damit verbundene Media-Code ungültig.

Investitionsrechnung für Energieeffizienz- und Klimaschutzmaßnahmen unter Berücksichtigung von DIN EN 17463 (VALERI)

Für Romy und Marius

DIN

Prof. Dr. Ulrich Nissen

Investitionsrechnung für Energieeffizienz- und Klimaschutzmaßnahmen unter Berücksichtigung von DIN EN 17463 (VALERI)

1. Auflage 2026

Herausgeber:
DIN Deutsches Institut für Normung e. V.

DIN Media GmbH

Herausgeber: DIN Deutsches Institut für Normung e. V.

© 2026 DIN Media GmbH
Am DIN-Platz
Burggrafenstraße 6
10787 Berlin

Telefon: +49 30 588 857 00-70
Internet: www.dinmedia.de
E-Mail: kundenservice@dinmedia.de

Die im Werk enthaltenen Inhalte wurden von den Verfassenden und dem Verlag sorgfältig erarbeitet und geprüft. Eine Gewährleistung für die Richtigkeit des Inhalts wird gleichwohl nicht übernommen. Mit Ausnahme von Schäden, die aus Verletzung von Leib, Leben oder Gesundheit resultieren, haftet der Verlag nur für Schäden, die auf Vorsatz oder grobe Fahrlässigkeit des Verlages zurückzuführen sind. Für Verletzung von Leib, Leben oder Gesundheit haftet der Verlag nach gesetzlichen Vorschriften. Im Übrigen ist die Haftung ausgeschlossen.

Maßgebend für das Anwenden jeder in diesem Werk erläuterten oder zitierten Norm ist deren Fassung mit dem neuesten Ausgabedatum. Den aktuellen Stand zu jeder DIN-Norm können Sie im Webshop von DIN Media unter www.dinmedia.de abfragen. Dort finden Sie insbesondere etwaige Berichtigungen und Warnvermerke, welche bei der Anwendung der jeweiligen Norm unbedingt zu beachten sind.

Bei Fragen zur Produktsicherheit wenden Sie sich bitte an DIN Media GmbH, Kundenservice, Burggrafenstraße 6, 10787 Berlin.

Titelbild: © leowolfert, Nutzung unter Lizenz von adobestock.com
Satz: B & B Fachübersetzergesellschaft mbH, Berlin
Druck: Drukarnia Skleniarz, ul. Bolesława Czerwieńskiego 3d, PL-31-319 Kraków

Gedruckt auf säurefreiem, alterungsbeständigem Papier nach DIN EN ISO 9706

ISBN 978-3-410-31532-2
ISBN (E-Book) 978-3-410-31533-9

Autorenporträt

Ulrich Nissen ist Inhaber der Professur für Energiemanagement und Controlling an der Hochschule Niederrhein, führt regelmäßig Industrieprojekte durch, ist Mitarbeiter im DIN-Normenausschuss AA 9 „Energieeffizienz und Energiemanagement" und arbeitet als Delegierter des deutschen Ausschusses auf europäischer (CEN) sowie auf internationaler Ebene (ISO) an Normungsvorhaben mit. Zusammen mit Dr. Nathanael Harfst war er in dieser Funktion seinerzeit Initiator und Projektleiter des CEN-Normungsprojektes „Valuation of energy related investments (VALERI)", das zu DIN EN 17463 führte.

Die Schwerpunkte der Forschungs- und Beratungsaktivitäten von Ulrich Nissen umfassen vor allem Investitionsrechnungen von Energiemaßnahmen, Energieleistungskennzahlensysteme und Energiekostenrechnung. In der Zeitspanne von 2015 bis 2025 hat er drei Energieeffizienz- und Klimaschutznetzwerke initiiert und betreut, in deren Rahmen insgesamt 19 Industrieunternehmen im Raum Mittlerer Niederrhein dabei unterstützt wurden, ihr Energiemanagement fortzuentwickeln, wirksame Energieleistungskennzahlensysteme aufzubauen, Maßnahmen zur Verbesserung der Energieeffizienz zu entwickeln, durch Investitionsrechnungen zu bewerten und umzusetzen sowie Vorbereitungen zu treffen, um sich auf einen Pfad zur Klimaneutralität zu begeben. Informationen über weitere energiebezogene Projekte können seiner Webseite entnommen werden (www.ulrichnissen.de).

Nissen ist Geselle des Kfz-Elektriker-Handwerks, hat an der Universität Hamburg Wirtschaftsingenieurwesen sowie an der Fachhochschule Nürtingen Umweltschutz studiert und promovierte an der Universität Erlangen-Nürnberg mit einer Dissertation über die europäische EMAS-Verordnung.

Außeruniversitäre Berufserfahrung sammelte Nissen nach Lehre und Studium als wissenschaftlicher Mitarbeiter beim Fraunhofer Institut für Produktionstechnik und Automatisierung IPA, als freischaffender Unternehmensberater sowie als Abteilungsleiter Controlling bei dem Industrieunternehmen „Vereinigte Spezialmöbelfabriken GmbH & Co. KG", bevor er 2007 zum Professor für Energiemanagement und Controlling zunächst an der Technischen Hochschule Mittelhessen und dann 2013 an der Hochschule Niederrhein ernannt wurde.

Vorwort

Zahlreiche Kooperationsprojekte mit Industrieunternehmen, bei denen es um das Auffinden von Energieeinsparmöglichkeiten ging, haben mir immer wieder deutlich gemacht, dass man generell von beträchtlichen Potenzialen in Unternehmen ausgehen kann, deren Ausschöpfung den Unternehmen nicht nur ökonomisch zugutekommen würde, sondern dass sich dadurch auch Treibhausgasemissionen in erheblichem Ausmaß reduzieren ließen. Dieser Eindruck spiegelt die Ergebnisse der Forschungsarbeiten zum sogenannten „*Energy Efficiency Gap*" wider, in deren Rahmen immer wieder genau dies festgestellt wurde, aber auch, dass das Ausschöpfen von Energieeinsparpotenzialen durch innerbetriebliche Barrieren verhindert wird. In den meisten Fällen besteht meiner Wahrnehmung nach die Hauptbarriere darin, dass eine geeignete ökonomische Bewertung derartiger Potenziale nicht stattfindet.

Über die vergangenen etwa 15 Jahre habe ich mich genau damit auseinandergesetzt und versucht, Lösungen für Unternehmen zu finden bis hin zu der Initiierung einer europäischen Norm zum Thema (DIN EN 17463, die sogenannte VALERI-Norm), die dann in verschiedene deutsche Rechtstexte aufgenommen wurde. Zahlreiche Industrieprojekte zu Energieeinsparmöglichkeiten habe ich in dieser Zeit durchgeführt und beratend begleitet. Irgendwann war dann der Zeitpunkt gekommen, die gemachten Erfahrungen und Lösungsvorschläge zusammenzufassen. Dies ist im vorliegenden Buch geschehen.

Falls es in dieser Erstauflage zu Rechtschreibfehlern oder zu Berechnungsfehlern in den vielen Tabellen gekommen sein sollte, entschuldige ich mich dafür im Voraus. Gerne nehme ich entsprechende Fehlerhinweise oder andere Kritik entgegen unter email@ulrichnissen.de und werde sie bei einer Neuauflage berücksichtigen.

Großen Dank schulde ich meinem Kollegen Simon Ingmanns für die vielen produktiven Gespräche zum Thema und für umfassendes Korrekturlesen. Auch meine Tochter Romy hat sich daran beteiligt und wertvollen Input gegeben. Ihr danke ich ebenfalls sehr. Ferner bedanke ich mich ganz herzlich bei meiner Lektorin Karola Klatt von DIN Media für ihre wertvollen Hinweise, ihren Einsatz bei der Textprüfung und ihre wunderbar angenehme Art, mich zu motivieren.

Uli Nissen

Korschenbroich, im Juni 2026

Inhaltsverzeichnis

1 Hinführung zum Thema

1.1 Beitrag der Investitionsrechnung für das Schließen der „Energy Efficiency Gap“

Seit Mitte der 1990er-Jahre sind in verschiedenen Ländern umfassend Untersuchungen durchgeführt worden, um zu klären, ob und inwieweit in Industrieunternehmen unausgeschöpfte Energieeffizienzpotenziale vorliegen.[1] Zweierlei Ergebnisse brachten diese Untersuchungen hervor:

Zum einen konnte man feststellen, dass in vielen Fällen z. T. beträchtliche Potenziale vorliegen, deren Ausschöpfung den Unternehmen ökonomische Vorteile brächte, sie aber häufig nicht ausgeschöpft werden. Die Unternehmen verharren vielmehr auf hohem Energiegesamtkostenniveau. Hierzu wurde der Begriff „**Energy Efficiency Gap**“ geprägt.

Zum anderen suchte man – in einem zweiten Schritt – nach Gründen für dieses Verharren in der Energy Efficiency Gap. Man fand heraus, dass es regelmäßig auf die Herausbildung bestimmter **Barrieren** zurückzuführen ist, die dafür sorgen, dass Energieeffizienzpotenziale auf dem Weg von ihrer möglichen Aufdeckung bis zur Ausschöpfung verpuffen. Zu diesen Hemmnissen gehören:

- begrenzte Rationalität (Energiemanagement wird tendenziell eher als Last, denn als Erfolgsfaktor gesehen mit der Konsequenz irrationaler Prioritätensetzung)
- unklare Verantwortlichkeiten
- ungenügende Anreize (etwa über personenorientierte Zielsetzungen und Zielerreichungskontrolle)
- mangelnde Informationen über relevante Energieverbraucher sowie über das mögliche Einsparpotenzial
- Unklarheit über versteckte Kosten (man ist sich nicht im Klaren, welche Kosten und Nutzen im Detail Effizienzmaßnahmen verursachen, welcher Arbeitsaufwand mit Energiemanagement verbunden ist)
- unklare und/oder ungeeignete Bewertungen der wirtschaftlichen Vorteilhaftigkeit von Maßnahmen (etwa statische Amortisationszeit als Entscheidungskriterium)
- unklare Entscheidungswege auf dem Weg zur Freigabe einer Maßnahme
- fehlende Erfolgssicherungsmaßnahmen

Derartige Barrieren bedingen sich z. T. gegenseitig, sodass sie gemeinsam nicht selten ein unüberwindbares Hindernis darstellen, wirtschaftlich sinnvolle Energieeffizienzmaßnahmen Realität werden zu lassen. Die folgende Grafik in der Form einer Roadmap in Abbildung 1-1 verdeutlicht typische Hindernisse, die eine Effizienzverbesserungsidee bis zu ihrem möglichen Erfolg[2] zu überwinden hat.

---

1 Beispiele: Allcott/Greenstone 2012, Backlund et al. 2012, Cagno/Trianni 2014, Chai/Yeo 2014, Gerarden et al. 2017, Gillingham/Palmer 2013, Harfst 2021, Hirst/Brown 2003, Jaffe/Stavins 2003, Maiorano/Savan 2012, Schleich 2007, Schleich 2009, Schleich/Gruber 2008, Sorrell et al. 2011, Thollander/Palm 2013.

2 Die Abkürzung „ebL“ steht für „energiebezogene Leistung“, ein Synonym für „Energieeffizienz“.

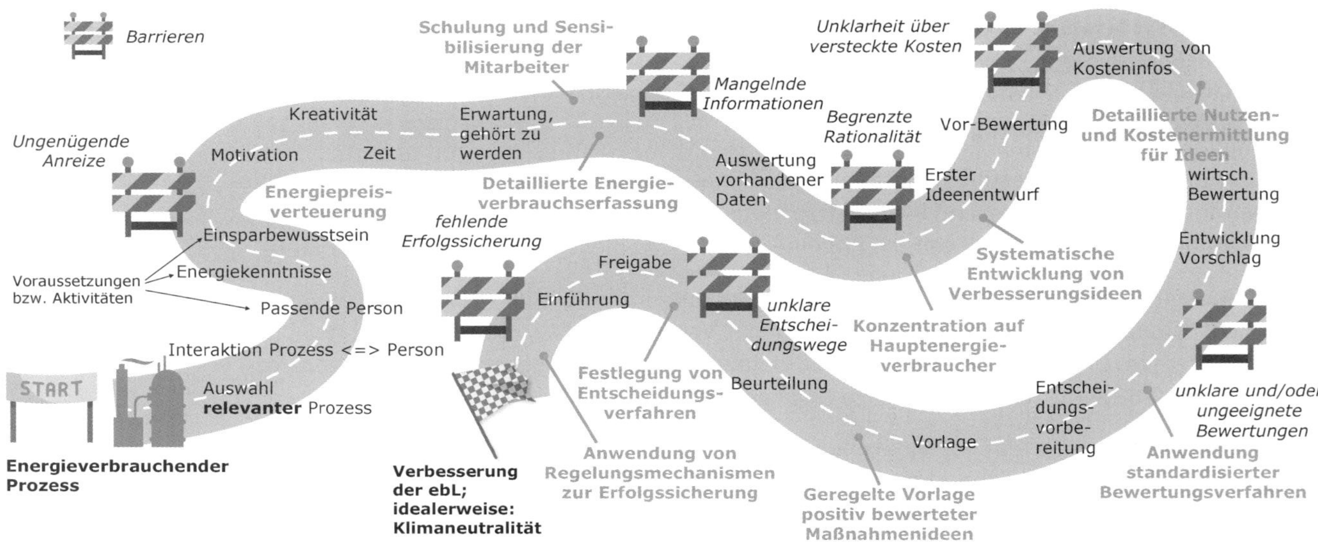

Quelle: eigene Darstellung

Abbildung 1-1: Weiter Weg vom aktuellen Energieverbrauch bis zur realen Energie- bzw. CO_{2e}-Einsparung – eine Roadmap

Die Roadmap zeigt auf, an welchen Stellen man ansetzen kann, um die Barrieren abzubauen. Hierzu zählen vor allem:

- Schulung und Sensibilisierung der Mitarbeiter
- detaillierte Energieverbrauchserfassung (setzt geeignetes Messdatenerfassungssystem voraus)
- Konzentration auf Hauptenergieverbraucher, sogenannte SEUs (*significant energy uses*)
- systematische Entwicklung von Verbesserungsideen
- detaillierte Nutzen- und Kostenermittlung für Ideen
- **Anwendung standardisierter Bewertungsverfahren**
- Umsetzung positiv bewerteter Maßnahmenideen
- geregelte Vorlage positiv bewerteter Maßnahmenideen
- Festlegung von Entscheidungsverfahren
- Anwendung von Regelungsmechanismen zur Erfolgssicherung

Dreh- und Angelpunkt scheint die ökonomische Bewertung von Energieeffizienz- und künftig auch Klimaschutzmaßnahmen zu sein. Nur wenn sie mit einer geeigneten Methode stattfindet und die Berechnungsergebnisse verständlich kommuniziert werden, kann man erwarten, dass sich eine Motivation bei Entscheidern entwickelt, entsprechende Maßnahmen auch freizugeben und umzusetzen.

Dem deutschen Gesetzgeber ist die Energieeffizienzlücke offenbar bekannt, denn wäre er sich dessen nicht bewusst, oder würde es diese Lücke nicht geben, wären Gesetze, die die Einführung eines Energiemanagementsystems und insbesondere die Umsetzung von wirtschaftlich vorteilhaften Energieeffizienzverbesserungsmaßnahmen vorschreiben (etwa im Energieeffizienzgesetz EnEfG), unsinnig.

Mit DIN EN ISO 50001 in Kombination mit DIN EN 17463, der VALERI-Norm, sollen im Rahmen des Vollzugs von Gesetzen, beispielsweise des Energieeffizienzgesetzes (EnEfG), die Anwender verpflichtet werden, sich mit der möglichen wirtschaftlichen Vorteilhaftigkeit von Effizienzmaßnahmen auseinanderzusetzen, sodass idealerweise durch Erkenntnisgewinn entsprechende Maßnahmenentscheidungen getroffen werden.

1.2 Themenspektrum betrieblicher und privater Investitionsprojekte im Energiebereich

Mit Investitionsrechnungen sollen betriebliche Entscheidungen über die Auswahl eines Investitionsobjektes vorbereitet werden, die nicht selten beträchtliche Auszahlungen nach sich ziehen und im Gegenzug zu Rückflüssen führen, die die Auszahlungen kompensieren, dies zumindest erwarten lassen. In aller Regel handelt es sich dabei um Investitions**projekte**, also um Aktivitäten mit Einmalcharakter.

Stehen dabei Energie- und Klimaschutzmaßnahmen im gewerblichen Kontext im Vordergrund, tauchen Fragen auf wie:

- Ist eine ausgedachte Maßnahme zur Erhöhung der Energieeffizienz einer bestimmten Produktionsanlage wirtschaftlich vorteilhaft? Sollte man sie umsetzen?
- Lohnt sich die Installation einer Wärmerückgewinnungsanlage, um etwa die Wärme von Druckluftkompressoren für die Wasservorwärmung im Sanitärbereich zu nutzen?
- Sollte die existierende konventionelle Heizanlage durch ein Blockheizkraftwerk ergänzt werden, das neben der Wärme auch elektrischen Strom erzeugt, der entweder gegen Vergütung eingespeist oder selbst genutzt werden kann? Wäre das wirtschaftlich sinnvoll?
- Rechnet es sich, Photovoltaikmodule auf dem Dach der Produktionshalle zu installieren?
- Welcher ökonomische Nutzen ergibt sich aus dem Austausch des gesamten Beleuchtungssystems einer Fabrikhalle durch Energiesparlampen?
- Macht es ökonomisch Sinn, sämtliche Elektroantriebe durch effizientere Motoren auszutauschen?
- Welche Fenster sollten unter energetisch-ökonomischen Aspekten für das neue Verwaltungsgebäude ausgewählt werden?
- Ist es ökonomisch sinnvoll, ein Energiemanagementsystem nach DIN EN ISO 50001 einzuführen?
- Ist ein Lastmanagementsystem sinnvoll?
- Welches sind die Einflussparameter der Wirtschaftlichkeit einer betrachteten Biogasanlage?
- Lohnt sich die Anschaffung von E-Mobilen als Teil des Fuhrparks?
- Lohnt sich Contracting? Wie ermittelt man Contracting-Verrechnungssätze?
- Wovon ist die wirtschaftliche Vorteilhaftigkeit eines Blockheizkraftwerkes abhängig? Was sind die Hauptparameter?
- Sind die im Rahmen eines Energiemanagementsystems erarbeiteten Verbesserungsmaßnahmen hinsichtlich ihrer Wirtschaftlichkeit entsprechend der DIN EN 17463 normkonform bewertet worden, sodass entsprechende Rechtsakte, die diese Bewertung fordern, korrekt befolgt worden sind?

Doch auch im privaten Bereich stellen sich energiebezogene Fragen, die einen Investitionscharakter aufweisen, etwa:

- Lohnt sich der Bau eines Passivhauses anstelle eines konventionellen Gebäudes? Falls ja, in welchem Ausmaß und unter welchen Bedingungen?
- Welches neue Heizsystem ist nach Totalausfall eines bestehenden in einem Einfamilienhaus wirtschaftlich am vorteilhaftesten?
- Wie ermittelt man den – möglicherweise vorliegenden – ökonomischen Nutzen einer energetischen Gebäudesanierung?
- Soll ich für meine Immobilie lieber eine Luft- oder eine Erdwärmepumpe wählen, wenn die wirtschaftliche Vorteilhaftigkeit das wesentliche Entscheidungskriterium ist?
- Unter welchen Rahmengegebenheiten lohnt sich die Anschaffung eines Elektroautos?
- Auf welche Stärke sollte aus wirtschaftlicher Sicht bei der energetischen Renovierung meines Hauses die Dämmschicht festgelegt werden?

- Wie kann ich feststellen, wann sich der Austausch bestimmter elektrischer Geräte (etwa Waschmaschine, Trockner, Kühlschrank etc.) durch energiesparsame Varianten lohnt?
- Wie vorteilhaft ist bei einem Neubau eine Belüftungsanlage mit Wärmerückgewinnung im Vergleich zur Fensterlüftung?
- Welchen Einfluss hat die energetische Sanierung meines Hauses auf seinen Wert?

Zur Klärung dieser oder ähnlicher Fragen werden Investitionsrechnungen durchgeführt. In Betrieben erfolgt nach Vorlage der Berechnungsergebnisse normalerweise jeweils eine Freigabe oder Ablehnung. Da im Falle einer Freigabe häufig eine langfristige Bindung von Kapital die Konsequenz ist, ist die korrekte Durchführung solcher Rechnungen regelmäßig von großer Tragweite.

Wenn man sich jedoch Rechenergebnisse in der betrieblichen Praxis gerade im Energiebereich – etwa durch direkte Einsichtnahme im Betrieb, aus Verkaufsbroschüren, gedruckten Publikationen oder im Internet – einmal genauer ansieht, dann lässt sich feststellen, dass nicht selten gravierende Probleme vorliegen. Auf derartige typische Probleme geht der nächste Abschnitt ein.

1.3 Häufig begangene Fehler oder Ungenauigkeiten bei Investitionsrechnungen

Probleme bei der Durchführung von Investitionsrechnungen treten in der betrieblichen Praxis in unterschiedlichen Facetten auf. Im Folgenden werden typische Fehler und Ungenauigkeiten aufgelistet, die häufig im Energiebereich zu beobachten sind und die es zu vermeiden gilt:

1) **Anwendung statischer Investitionsrechnungsverfahren**

   In vielen Fällen wenden Personen, die mit der Investitionsrechnung auch von größeren Investitionsprojekten betraut sind, statische anstelle dynamischer Investitionsrechnungsverfahren an. Dies führt grundsätzlich zu fehlerhaften Ergebnissen und in Folge u. U. zu Fehlentscheidungen. Bei Energieprojekten wirkt sich dieser Fehler besonders stark aus, weil sie i. d. R. eine lange Wirkungsdauer aufweisen. Die Anwendung von statischen Verfahren – etwa statische Amortisationszeit – sollte auf jeden Fall unterbleiben.

2) **Unreflektierte Festlegung des Kalkulationszinses und Planungshorizontes ohne Herleitung und Erläuterung**

   Häufig werden der Kalkulationszinsfuß und die zu berücksichtigende Periodenzahl (die Wirkungsdauer) nicht erläutert, sondern unkommentiert vorgegeben, obwohl durch diese beiden Kalkulationsparameter das Rechenergebnis wesentlich beeinflusst wird.

3) **Fehlende Sensitivitäts-/Szenarioanalysen**

   Aus der Tatsache, dass die Festlegung sowohl der Einstellparameter (insbes. Kalkulationszinsfuß und Periodenanzahl) und die Abschätzung der Höhe der Zahlungsreihen in der betrieblichen Praxis der Investitionsrechnung in aller Regel mit Unsicherheiten und insofern mit Risiken behaftet ist, ergibt sich das Erfordernis, die Grundannahmen zu variieren, also Sensitivitäts- und/oder Szenarioanalysen durchzuführen sowie generell Risiken zu berücksichtigen. Derartige Analysen und Risikobetrachtungen scheinen in der Praxis eher Seltenheitscharakter zu haben.

4) **Geringe Transparenz und Nachvollziehbarkeit**

   Üblich ist eine hohe Intransparenz der Ergebnisdarstellung. Auf Nachvollziehbarkeit wird offenbar sehr selten Wert gelegt.

5) **Fehlende Ergebnisinterpretationen**

   Sehr häufig mangelt es an einer sachdienlichen Interpretation der Berechnungsergebnisse. Der Betrachter wird mit der Deutung alleingelassen.

6) **Fehlende Berücksichtigung der unterschiedlichen Preisänderungsentwicklungen hinsichtlich der Zahlungsströme**

   Die zu berücksichtigenden Zahlungsströme sind regelmäßig sehr unterschiedlichen Preisänderungsraten ausgesetzt. Insofern ist von herausragender Bedeutung, ebendiese Unterschiede in den Berechnungen widerzuspiegeln. Oft unterbleibt dies in der betrieblichen Praxis.

7) **Problematische Auswahl der Investitionsrechnungsmethode**

   Selbst durchgeführte sowie veröffentlichte Auswertungen[3] machen deutlich, dass offenbar eine große Anzahl (möglicherweise die Mehrheit) der Investitionsrechnungen als Ergebnis die statische oder auch dynamische Amortisationszeit in den Vordergrund stellen. Bisweilen liegt der Fokus auch auf dem Internen Zinsfuß. Eher selten wird der Kapitalwert einer möglichen Investition prioritär herausgestellt und als Hauptentscheidungskriterium genutzt. Wie noch zu zeigen sein wird, ist diese Präferenzreihenfolge als sehr problematisch anzusehen, da der Interne Zinsfuß generell und die Amortisationszeit speziell bei Energiemaßnahmen bedeutende Schwachstellen aufweisen.

1.4 Anforderungen an investitionsbezogene Entscheidungsvorlagen

Investitionsrechnungen dienen der Ermittlung einer etwaigen wirtschaftlichen Vorteilhaftigkeit[4] eines möglichen Investitionsprojektes. Sollte im Einzelfall eine wirtschaftliche Vorteilhaftigkeit vorliegen, so wäre es folgerichtig, die betreffende Maßnahme zunächst freizugeben und dann auch umzusetzen. In der betrieblichen Praxis ist das jedoch nicht immer sichergestellt, weil Kommunikationsprobleme oder andere Barrieren dies verhindern. Hieraus ergeben sich Anforderungen an investitionsbezogene **Entscheidungsvorlagen**.

DIN EN 17463 (VALERI-Norm) hat entsprechende mögliche Hindernisse berücksichtigt und in ihrer Ablauffolge bei der Bewertung von energiebezogenen Investitionen integriert. Die dort angeführten Anforderungen an diesbezogene Entscheidungsvorlagen sollen daher auch für dieses Werk gelten. Hiernach sollte eine Entscheidungsvorlage für energieorientierte Investitionsprojekte:

- eindeutig sein (nur **ein** Indikator am Ende, der direkt für die Entscheidungsfindung verwendet werden kann),
- nur **eine** Berechnungsmethodik und damit auch nur **ein** Ergebnis je Investitionsprojekt aufweisen,
- vollständige, die Realität abbildende Ergebnisse wiedergeben und somit
  - den Zeitwert des Geldes (also Zins und Zinseszins) berücksichtigen,
  - sämtliche entscheidungsrelevanten Zahlungsströme erfassen,[5]
  - unterschiedliche Preisschwankungsraten integrieren,
- die Projektlaufzeit und damit das tatsächliche Ende der Projektlebensdauer realistisch erfassen,
- einheitlich sein (ein betrieblicher Standard),
- für den Betrachter benutzerfreundlich sein (tabellenbasiert, eine einheitliche Berechnungstabelle),
- nachvollziehbar und leicht reproduzierbar sein (Berechnungen so transparent wie möglich und getroffene Annahmen erläutert),

3 Vgl.: Graham/Harvey 2002, Pike 1996, Danielson/Scott 2006, Apap/Masson 2010, Blum 2006, Jacobs 2008, Brigham/Pettway 1973, Sekwat 1999, Mills 1988, Mondello/Odermatt 2001, Hasan 2013, Irniger 2010, Ryan/Ryan 2002.

4 Auf den Begriff „wirtschaftliche Vorteilhaftigkeit" wird noch eingegangen.

5 Wie noch aufzuzeigen sein wird, ist die dynamische Amortisationszeitrechnung unvollständig, weil sie sämtliche Zahlungsströme nach Erreichen der Amortisationszeit unberücksichtigt lässt.

- möglichst einfach in ihrer Erstellung sein (z. B. durch Vereinheitlichung eines flexiblen Berechnungsstandardschemas im Unternehmen, bei dem der Anwender Parameter anpassen kann),
- zumindest Szenarioanalysen umfassen, ggf. auch Sensitivitätsanalysen,
- in einem Format vorgelegt werden, das es dem Betrachter/Entscheider erlaubt, sämtliche Berechnungsergebnisse zu prüfen (etwa ungesperrte Excel-Tabellen statt PDF-Dateien).

2 Ziel und Zielgruppen des Werkes

Investitionsrechnungen durchzuführen, scheint auf den ersten Blick einfach zu sein, weil die Basismethoden eingängig und leicht zu verstehen sind. Korrekte Ergebnisse hervorzubringen, ist in der praktischen Realität jedoch ein schwieriges Unterfangen und setzt eine fundierte Qualifizierung und vor allem Erfahrung im Aufbau von Berechnungsmodellen voraus.

Die Ziele dieses Werkes sind daher,

- vertiefte Methodenkenntnis der Standardmethoden zu vermitteln.
- die wesentlichen praktischen Probleme bei der Anwendung der Methoden deutlich zu machen.
- Unterstützung zu leisten, die geeignetste Methode auszuwählen.
- aufzuzeigen, wie Investitionsrechnungsmodelle – aus einer Problembeschreibung heraus – aufgebaut werden.
- zu klären, auf welche Weise die Einstellparameter (insbesondere Zinsfuß, Laufzeit/Planungshorizont, Preisänderungsraten) festgelegt und variiert werden.
- zu veranschaulichen, wie man allgemeingültige Berechnungstableaus (etwa in MS-Excel oder MAC-OS-Numbers) aufbaut.
- bei der – z. T. gesetzlich geforderten – Umsetzung von DIN EN 17463 „Bewertung von energiebezogenen Investitionen“ Unterstützung zu leisten sowie
- an verschiedenen praktischen Beispielen aus unterschiedlichen Themenbereichen der Energiewirtschaft/-technologie die praktische Durchführung von Investitionsrechnungen zu üben.

Folgende Zielgruppen (die sich überlappen können) stehen im Zentrum des Werkes:

a) Personen, die energiebezogene Investitionen **vorschlagen**, sollen unterstützt werden, ihre Ideen in einheitlicher, transparenter und nachvollziehbarer Form in ein Berechnungsmodell zu transferieren, indem alle wesentlichen Informationen erfasst werden, die für eine Entscheidung relevant sind.

b) **Bewerter** von Investitionen (etwa Mitarbeiter von Controlling-Abteilungen) sollen befähigt werden, auf einfache Weise eine Investitionsrechnung durchzuführen, vergleichbare Ergebnisse zu erzielen und Interpretationen der Berechnungsergebnisse vorzunehmen. Dafür muss die Abschätzung der Cashflows auf vergleichbare Weise erfolgen, indem korrekte Preisschwankungen, Grenzpreise für alle Cashflows usw. verwendet werden.

c) **Entscheidungsträgern** und Finanzinstituten soll geholfen werden, auf der Grundlage der Bewertungsergebnisse und Interpretationen die eigentliche Investitionsentscheidung mit Überzeugung zu fällen. Sie dürfen erwarten, dass die Ergebnisse korrekt und vollständig, aber auch leicht verständlich, nachvollziehbar, eindeutig und von Bedeutung sind.

d) Das Werk beabsichtigt ferner, **Studierende, vor allem der Fachrichtungen Controlling und Energiewissenschaften,** mit dem notwendigen Know-how auszustatten, eigenständig Investitionsrechnungen durchzuführen und die Ergebnisse interpretieren zu können. Die mit diesem Werk erworbenen Kompetenzen gehen über den Energiebereich hinaus.

e) **Vertreter von Behörden und Ministerien** sollen unterstützt werden, die Durchführung von Investitionsrechnungen als Anforderung unmissverständlich und wirksam in Gesetze und Verordnungen zu integrieren bzw. den Vollzug effizient und wirksam prüfen zu können.

f) Eine weitere Zielgruppe des Werkes sind **Berater, Auditoren und Zertifizierer** im Bereich Energie- und Umweltmanagement.

g) Schließlich richtet es sich auch an **Privatbürger**, die evtl. planen, ihr Wohngebäude energetisch zu sanieren oder sich eine Erneuerbare-Energien-Anlage anzuschaffen.

3 Abgrenzung relevanter Begriffe

Definitionen dienen dazu, eine einheitliche Vorstellung und Anwendung von Begriffen zu ermöglichen, um Missverständnisse sowie – im Falle von Rechtstexten – Fehlauslegungen zu verhindern. Zu solchen Fehlauslegungen kommt es leider mitunter beim Begriff der „Investition".

Durch verschiedene deutsche Gesetze und Verordnungen werden Unternehmen unter bestimmten Voraussetzungen verpflichtet oder angehalten, zur Verbesserung der (End-)Energieeffizienz oder zur Endenergieeinsparung in entsprechende Maßnahmen zu investieren, sofern eine „wirtschaftliche Durchführbarkeit" vorliegt, die auf der Grundlage der europäischen Norm DIN EN 17463 „Bewertung von energiebezogenen Investitionen" geprüft werden muss. Der Begriff „Investition" wird in keinem der Rechtsakte legaldefiniert. Insofern stellt sich schon mit Blick auf anzuwendende Rechtstexte und darüber hinaus auch im Allgemeinen die Frage, was alles als eine „Investition" aufgefasst werden kann. Schließlich können sowohl

- Verhaltensänderungen – etwa nach einer Aufklärungskampagne – als auch
- kleine technische Maßnahmen wie ein Bewegungsmelder für eine Fabriktoilette inklusive Einbau im Wert von 50 Euro

zu Effizienzverbesserung führen, wobei man in beiden Fällen sicherlich nicht von einer „Investition" sprechen würde.

Und macht es bei „echten" Investitionen einen Unterschied, wenn von

- „wirtschaftlicher Vorteilhaftigkeit" (in den meisten Fachbüchern der Investitionsrechnung, aber auch im EnergieStG und StromStG von 2023 entsprechend den zugehörigen Erläuterungen des Referentenentwurfes), von
- „Wirtschaftlichkeit" (so im EnEfG) oder von
- „wirtschaftlicher Durchführbarkeit" (so in der EnSimiMaV, BECV, EnFG)

gesprochen wird? Hierauf wird zurückzukommen sein.

Eine ähnliche Unsicherheit besteht hinsichtlich verschiedener weiterer Begriffe wie „Energieeffizienzmaßnahme", „Endenergieeinsparmaßnahme", „Dekarbonisierungsmaßnahme", „Klimaschutzmaßnahme" und „Maßnahme zur Verbesserung der energiebezogenen Leistung". Sind damit vom Charakter her ähnliche, gleiche oder gänzlich unterschiedliche Aktivitäten gemeint? Das scheint auf den ersten Blick unklar.

Schauen wir uns den Begriff „Energieeffizienzmaßnahme" im Detail an: Sicherlich geht es um die Erhöhung (vielleicht auch „Verbesserung") der Energieeffizienz (was immer das ist), aber um welche – die Endenergieeffizienz oder die Primärenergieeffizienz? Vielleicht gibt es ja auch noch eine Nutzenergieeffizienz, die sich durch investive Maßnahmen verbessern ließe?

Diese Fragen machen deutlich, dass zu Beginn dieses Werkes relevante Begriffe klar abgegrenzt werden müssen, damit später keine Missverständnisse bei beispielhaften Berechnungen entstehen.

Zur Klärung der Begriffe wird auf das relevante Fachschrifttum, einschlägige Normen, Legaldefinitionen aus europäischen und nationalen Gesetzen und Verordnungen etc., aber auch auf Überlegungen aus praktischen Notwendigkeiten zurückgegriffen, und zwar vor allem dann, wenn etablierte Begriffsdefinitionen nicht vorliegen.

Die folgenden Termini werden in diesem Kapitel diskutiert und definiert, um schließlich eine unmissverständliche Vorstellung davon zu erhalten, was Energieeffizienz- und Klimaschutzinvestitionen sind:

- Energie, Exergie und Anergie
- Primärenergie, Endenergie und Nutzenergie, Energiedienstleistung, Energiewertschöpfungskette
- Investition, Investitionsarten
- Wirtschaftlichkeit, wirtschaftliche Durchführbarkeit, wirtschaftliche Vorteilhaftigkeit

- energiebezogene Investition
- End- und Nutzenergie (jeweils erster und zweiter Ordnung)
- physikalisches Minimum
- Energieeffizienz, Energieeffizienzarten, Energieintensität, Energieintensitätsarten, Emissionsintensität, Emissionsintensitätsarten
- Wirkungsgrad (Endenergie-Wirkungsgrad, Nutzenergie-Wirkungsgrad)
- Nutzungsgrad (Endenergienutzungsgrad, Nutzenergienutzungsgrad)
- Verbesserung der Energieeffizienz, Verringerung der Energieintensität und des Endenergieverbrauchs
- Energieeinsparmaßnahme und Klimaschutzmaßnahme
- Energiebezogene Leistung, Verbesserung der energiebezogenen Leistung, klimabezogene Leistung, Verbesserung der klimabezogenen Leistung
- Energieeinsparpotenzial, Energieeffizienzverbesserungspotenzial
- Energieeffizienzinvestition und Klimaschutzinvestition

3.1 Relevante Begriffsbestimmungen in Normen und Rechtsakten

Wir beginnen mit einer Übersicht relevanter Begriffsbestimmungen aus Normen, Gesetzen und Verordnungen und werden danach betriebspraktische Belange insbesondere dann einfließen lassen, wenn geeignete Definitionen fehlen oder Legal- und Normdefinitionen untereinander widersprüchlich sind oder wenn sie betriebspraktisch nicht weiterhelfen.

Von besonderer Relevanz sind die folgenden Normen und Rechtstexte:

- DIN EN ISO/IEC 13273-1:2016-06 „Energieeffizienz und erneuerbare Energiequellen – Gemeinsame internationale Terminologie – Teil 1: Energieeffizienz“
- DIN/TS 18599-12:2021-04, „Energetische Bewertung von Gebäuden – Berechnung des Nutz-, End- und Primärenergiebedarfs für Heizung, Kühlung, Lüftung, Trinkwarmwasser und Beleuchtung – Teil 12: Tabellenverfahren für Wohngebäude“
- Energieeffizienzgesetz – EnEfG
- Gebäudeenergiegesetz – GEG
- EU Energy Efficiency Directive – EED
- Energiedienstleistungsgesetz – EDL-G
- DIN EN 17669:2023-03, „Energiespar-Contracting – Mindestanforderungen“
- Klimaschutz-Investitionsprämiengesetz – Klimaschutz-InvPG
- Carbon-Leakage-Verordnung – BECV
- Energiefinanzierungsgesetz – EnFG
- Mittelfristenergieversorgungssicherungsmaßnahmenverordnung – EnSimiMaV
- Mietrechtsänderungsgesetz – MietRÄndG
- EU-Gebäuderichtlinie

3.1.1 DIN EN ISO/IEC 13273-1:2016-06

Eine wichtige Grundlage für hier relevante Begriffsdeutungen ist die internationale Norm DIN EN ISO/IEC 13273-1 „Energieeffizienz und erneuerbare Energiequellen – Gemeinsame internationale Terminologie – Teil 1: Energieeffizienz“ anzusehen. Gemäß Abschnitt 3.1.1 dieser Norm ist „**Energie**“ die „Fähigkeit eines Systems, externe Aktivität zu erzeugen oder Arbeit zu verrichten“. Nach Abschnitt 3.1.2 ist ein „Energieträger“ (engl. „*energy carrier*“) eine „Substanz oder ein Medium, die/das Energie transportieren kann“, etwa Elektrizität, Wasserstoff, Brennstoffe.

Energie, die unbearbeitet in der Natur vorliegt und daher bislang keiner Umwandlung unterzogen worden ist, wird nach Abschnitt 3.1.6 dieser Norm als **„Primärenergie“** (engl. *„primary energy“*) bezeichnet, wobei sowohl „nicht erneuerbare Energie“, **„erneuerbare Energie“** als auch eine Kombination aus beidem erfasst sind.

Im Zuge einer **„Energieumwandlung“** (engl. *„energy conversion“*) wird Energie nach Abschnitt 3.1.7 „von einem Energieträger in einen anderen Energieträger oder in Arbeit“ transformiert.

„Endenergie“ (engl. *„final energy“*) ist nach Abschnitt 3.1.11 „Energie, die an ein Energie nutzendes System geliefert wird“. Ein solches System umfasst physikalische Objekte mit definierten Systemgrenzen, die Energie nutzen, etwa Einrichtungen, Gebäude, Gebäudeteile, Maschinen, Geräte, Produkte usw.

Als **„Nutzenergie“** (engl. *„applied energy“*) wird nach Abschnitt 3.1.11.1 der Norm Energie verstanden, „die in einem Energie nutzenden System für den vorgesehenen Zweck verwendet wird“.

„Systemverlustenergie“ (engl. *„system energy loss“*) ist nach Abschnitt 3.1.11.2 dieser Norm „Endenergie, die keine Nutzenergie ist“. Demgegenüber ist nach Abschnitt 3.1.11.2.1 **„rückgewonnene Energie“** (engl. *„recovered energy“*) jener Energieanteil, der „der Systemverlustenergie entzogen und in Nutzenergie für ein anderes Energie nutzendes System umgewandelt wird“. Insofern handelt es sich nach Abschnitt 3.1.11.2.2 bei Verlustenergie (engl. *„lost energy“*) um Systemverlustenergie, die keine rückgewonnene Energie ist.

Nach Abschnitt 3.1.12 beschreibt **„Energieeinsatz“** (engl. *„energy use“*) die „Art bzw. Methode der Anwendung von Energie“, etwa Lüftung, Beleuchtung, Heizung, Kühlung, Transport, Prozesse, Produktionslinien. **„Energieverbrauch“** (engl. *„energy consumption“*) ist dann die „Menge der eingesetzten Energie“ (Abschnitt 3.1.13).

„Energieintensität“ (engl. *„energy intensity“*) wird in Abschnitt 3.1.14 definiert als „Verhältnis, mit dem der gesamte Energieverbrauch je Einheit Wirtschaftsleistung bezeichnet wird“, etwa in Gigajoule je Euro des BIP (Bruttoinlandsprodukts).

Ein **„spezifischer Energieverbrauch“** (engl. *„specific energy consumption“*, kurz „spec“) beschreibt nach Abschnitt 3.1.15 das Verhältnis des gesamten Energieverbrauchs je Produktions- oder Dienstleistungseinheit, z. B. in Gigajoule [GJ] je Tonne Stahl, jährliche Kilowattstunden [kWh] je Quadratmeter [m^2], Liter [l] Brennstoff je Kilometer [km] usw.

Abschnitt 3.3.13 der Norm beschreibt den **„Energiebedarf“** (engl. *„energy demand“*) als „Menge an Energie, die von einem Energie nutzenden System zu einem bestimmten Zeitpunkt oder über einen beliebig festgelegten Zeitraum hinweg benötigt wird“.

„Energieeffizienz“ (engl. *„energy efficiency“*) ist nach Abschnitt 3.4.1 das „Verhältnis oder eine andere quantitative Beziehung zwischen einer erzielten Leistung bzw. einem Ertrag an Dienstleistungen, Gütern oder Energie und der eingesetzten Energie“.

Eine **„Verbesserung der Energieeffizienz“** (engl. *„energy efficiency improvement“*) ist nach Abschnitt 3.4.3 eine „Steigerung der Energieeffizienz als Ergebnis technologischer, planerischer, verhaltensbezogener oder wirtschaftlicher Änderungen“.

Schließlich definiert die Norm in Abschnitt 3.4.5 eine **„Energieeffizienzdienstleistung“** als „vereinbarte Tätigkeit oder Tätigkeiten mit dem Ziel der Verbesserung der Energieeffizienz und anderer vereinbarter Leistungskriterien“.

3.1.2 DIN/TS 18599-12:2021-04

Nach Abschnitt 3.1.1 von DIN/TS 18599-12:2021-04 „Energetische Bewertung von Gebäuden – Berechnung des Nutz-, End- und Primärenergiebedarfs für Heizung, Kühlung, Lüftung, Trinkwarmwasser und Beleuchtung – Teil 12: Tabellenverfahren für Wohngebäude“ ist der **„Primärenergiebedarf“** eines Gebäudes die „berechnete Energiemenge, die zusätzlich zum Energieinhalt des notwendigen Brennstoffs und der Hilfsenergien für die Anlagentechnik auch die Energiemengen einbezieht, die durch vorgelagerte Prozessketten außerhalb des Gebäudes bei der Gewinnung, Umwandlung und Verteilung der jeweils eingesetzten Brennstoffe bzw. Stoffe entstehen".

Demgegenüber beschreibt Abschnitt 3.1.2 den **„Endenergiebedarf"** eines Gebäudes als die „berechnete Energiemenge, die der Anlagentechnik (Heizungsanlage, Raumlufttechnische Anlage, Trinkwassererwärmungsanlage) zur Verfügung gestellt wird, um die festgelegte Rauminnentemperatur, die Erwärmung des Warmwassers und die gewünschte Beleuchtungsqualität über das ganze Jahr sicherzustellen". Wobei die für den Betrieb der Anlagentechnik benötigte Hilfsenergie einbezogen wird. Die Endenergie wird an der „Schnittstelle" Gebäudehülle übergeben und stellt somit die Energiemenge dar, die der Verbraucher für eine bestimmungsgemäße Nutzung unter normativen Randbedingungen benötigt. Der Endenergiebedarf wird vor diesem Hintergrund nach verwendeten Energieträgern angegeben.

Der **„Nutzenergiebedarf"** eines Gebäudes ist nach Abschnitt 3.1.3 der Norm ein „Oberbegriff für Nutzwärmebedarf, Nutzkältebedarf, Nutzenergiebedarf für Trinkwarmwasser, Beleuchtung und Befeuchtung". Die Unterbegriffe werden in den Abschnitten 3.1.4 bis 3.1.7 wie folgt definiert:

- Nutzwärmebedarf, Heizwärmebedarf: „rechnerisch ermittelter Wärmebedarf, der zur Aufrechterhaltung der festgelegten thermischen Raumkonditionen innerhalb einer Gebäudezone während der Heizzeit benötigt wird"
- Nutzkältebedarf, Kühlbedarf: „rechnerisch ermittelter Kühlbedarf, der zur Aufrechterhaltung der festgelegten thermischen Raumkonditionen innerhalb einer Gebäudezone benötigt wird in Zeiten, in denen die Wärmequellen eine höhere Energiemenge anbieten als benötigt wird"
- Nutzenergiebedarf der Beleuchtung: „rechnerisch ermittelter Energiebedarf, der sich ergibt, wenn die Gebäudezone mit der im Nutzungsprofil festgelegten Beleuchtungsqualität beleuchtet wird"
- Nutzenergiebedarf für Trinkwarmwasser: „rechnerisch ermittelter Energiebedarf, der sich ergibt, wenn die Gebäudezone mit der im Nutzungsprofil festgelegten Menge an Trinkwarmwasser entsprechender Zulauftemperatur versorgt wird"

3.1.3 Gesetz zur Steigerung der Energieeffizienz in Deutschland (Energieeffizienzgesetz – EnEfG)

Nach § 9 EnEfG, der mit **„Umsetzungspläne von Endenergieeinsparmaßnahmen"** betitelt ist, sind Unternehmen, die von § 8 des Gesetzes betroffen sind, verpflichtet, „für alle als wirtschaftlich identifizierte Endenergieeinsparmaßnahmen" Umsetzungspläne zu erstellen und zu veröffentlichen.

Nach § 3 Nr. 14 des EnEfG beschreibt **„Energieeffizienz**: das Verhältnis des Ertrags an Leistung, Dienstleistungen, Waren oder Energie zum Energieeinsatz". Diese Definition entspricht insofern der o. a. aus DIN EN ISO/IEC 13273-1:2016-06 weitestgehend.

In § 3 Nr. 8 wird **„Endenergie"** definiert als „derjenige Teil der eingesetzten Primärenergie, der den Verbrauchern nach Abzug von Energiewandlungs- und Übertragungsverlusten zur Verfügung steht; dabei gehören Umgebungswärme oder -kälte sowie Solarthermie nicht zur Endenergie". In den Erläuterungen zum Gesetzentwurf ist zu lesen:

> „Mit der Begriffsbestimmung von Endenergie legt die Vorschrift fest, dass nur derjenige Teil der Primärenergie vom Begriff ‚**Endenergie**' umfasst ist, der den Verbrauchenden nach Abzug von Energiewandlungs- und Übertragungsverlusten tatsächlich zur Verfügung steht. Mit der Klarstellung, dass die Umweltwärme und Umweltkälte sowie Solarthermie nicht zur Endenergie gehört, wird verdeutlicht, dass die Nutzung von Umweltwärme, von Umweltkälte sowie von Solarthermie den Endenergieverbrauch reduziert. Für eine Wärmepumpe und Solarthermieanlage wird daher nur der Stromverbrauch als Endenergieverbrauch angerechnet."

Diese Definition weicht stark von der obigen aus der ISO-Norm ab. Zudem deklariert sie einen Teil an Solarstrahlungsenergie (den, der in Wärme umgewandelt wird) als Nicht-Endenergie, wohingegen ein anderer (den, der über PV-Module in elektrischen Strom umgewandelt wird) als Endenergie verstanden wird. Hierauf wird noch zurückzukommen sein.

In § 3 Nr. 9 EnEfG wird der Begriff **„Endenergieeinsparungen"** bestimmt. Hiermit ist dem Gesetz nach „die eingesparte Energiemenge, die durch Messung oder berechnungsbasierte Schätzung des Verbrauchs vor und nach der Umsetzung einer oder mehrerer Einzelmaßnahmen ermittelt wird," gemeint. § 9 EnEfG verlangt, dass bestimmte Unternehmen für alle im Rahmen eines Energie- oder Umweltmanagementsystems bzw. eines Energieaudits als wirtschaftlich identifizierten Endenergieeinsparmaßnahmen durchführbare Umsetzungspläne erstellen und veröffentlichen.

Der Begriff **„Endenergieeinsparmaßnahme"** wird in der finalen Fassung des Gesetzentwurfes zwar nicht mehr legaldefiniert. In einer früheren Entwurfsfassung (vom 18.10.2022) geschah dies jedoch. Dort hieß es zu § 3 Nr. 15: **„Endenergieeinsparmaßnahmen**: alle Maßnahmen, die zu überprüfbaren und der Höhe nach mess- oder schätzbaren Endenergieeinsparungen führen." Der Begriff „Endenergieeinsparmaßnahme" wird ebenso in den 2023 geltenden Energiesteuer- und Stromsteuergesetzen (in § 55 Abs. 5 Nr. 3 EnergieStG und in § 10 Abs. 4 Nr. 3 StromStG) verwandt. Es wird auch dort jedoch weder eine Legaldefinition geboten, noch ergibt sich die Definition aus dem Kontext der Gesetze.

Hinweis

Unklar erscheint, ob bei dem Vergleich (vor und nach einer Maßnahmenumsetzung) mit aktuellen Energieverbräuchen bei den Ausgangsbasen (Baselines) normalisierte Vorjahresverbräuche zugrunde zu legen sind, um so etwaige Änderungen der Rahmengegebenheiten zu berücksichtigen, oder die tatsächlichen. Hierauf wird in Kapitel 3.12 eingegangen.

Nach § 9 Abs. 1 EnEfG sind Unternehmen mit einem jährlichen durchschnittlichen Gesamtendenergieverbrauch innerhalb der letzten drei Jahre von mehr als 2,5 Gigawattstunden verpflichtet, für alle als wirtschaftlich identifizierte Endenergieeinsparmaßnahmen spätestens binnen drei Jahren konkrete, durchführbare Pläne zu erstellen und zu veröffentlichen.

Eine Maßnahme gilt als wirtschaftlich, wenn sich bei der Wirtschaftlichkeitsbetrachtung der Maßnahme nach DIN EN 17463:2021-12 nach maximal 50 % der Nutzungsdauer ein positiver Kapitalwert ergibt, jedoch begrenzt auf Maßnahmen mit einer Nutzungsdauer von maximal 15 Jahren. Zur Bestimmung der Nutzungsdauer sind die Abschreibungstabellen für die Absetzung für Abnutzung des Bundesministeriums der Finanzen zu verwenden.

3.1.4 Gesetz zur Einsparung von Energie und zur Nutzung erneuerbarer Energien zur Wärme- und Kälteerzeugung in Gebäuden (Gebäudeenergiegesetz – GEG)

§ 3 Abs 1 Nr. 15 GEG definiert den **„Jahres-Primärenergiebedarf"** als „der jährliche Gesamtenergiebedarf eines Gebäudes, der zusätzlich zum Energiegehalt der eingesetzten Energieträger und von elektrischem Strom auch die vorgelagerten Prozessketten bei der Gewinnung, Umwandlung, Speicherung und Verteilung mittels Primärenergiefaktoren einbezieht".

Nach Nr. 21 ist die **„‚Nennleistung‘** die vom Hersteller festgelegte und im Dauerbetrieb unter Beachtung des vom Hersteller angegebenen Wirkungsgrades als einhaltbar garantierte größte Wärme- oder Kälteleistung in Kilowatt".

Nr. 30 beschreibt **„Umweltwärme"** als „die der Luft, dem Wasser oder der aus technischen Prozessen und baulichen Anlagen stammenden Abwasserströmen entnommene und technisch nutzbar gemachte Wärme oder Kälte mit Ausnahme der aus technischen Prozessen und baulichen Anlagen stammenden Abluftströmen entnommenen Wärme".

§ 3 Abs. 2 enthält eine Übersicht zu den „**erneuerbaren Energien**“. Hiernach zählen dazu:

1. Geothermie,
2. Umweltwärme,
3. die technisch durch im unmittelbaren räumlichen Zusammenhang mit dem Gebäude stehenden Anlagen zur Erzeugung von Strom aus solarer Strahlungsenergie oder durch solarthermische Anlagen zur Wärme- oder Kälteerzeugung nutzbar gemachte Energie,
4. die technisch durch gebäudeintegrierte Windkraftanlagen zur Wärme- oder Kälteerzeugung nutzbar gemachte Energie,
5. die aus fester, flüssiger oder gasförmiger Biomasse erzeugte Wärme; die Abgrenzung erfolgt nach dem Aggregatzustand zum Zeitpunkt des Eintritts der Biomasse in den Wärmeerzeuger,
6. die aus grünem Wasserstoff oder den daraus hergestellten Derivaten erzeugte Wärme oder
7. die dem Erdboden oder dem Wasser entnommene und technisch nutzbar gemachte oder aus Wärme technisch nutzbar gemachte Kälte.

3.1.5 EU-Energieeffizienz-Richtlinie (Energy Efficiency Directive [EED])

Nach Art. 2 Nr. 5 EED ist „‚**Primärenergieverbrauch**‘ die verfügbare Bruttoenergie ohne grenzüberschreitenden Seeverkehr (Bunker), nichtenergetischen Endverbrauch und Umgebungsenergie“.

In Abgrenzung dazu definiert Nr. 6 desselben Artikels den „**Endenergieverbrauch**“ als „die gesamte an die Industrie, den Verkehrssektor, einschließlich des Energieverbrauchs im internationalen Luftverkehr, die Haushalte, den öffentlichen und privaten Dienstleistungssektor, die Landwirtschaft, die Forstwirtschaft, die Fischerei sowie sonstige Endnutzersektoren gelieferte Energie ohne den Energieverbrauch im grenzüberschreitenden Seeverkehr (Bunker), die Umgebungsenergie und Lieferungen an den Umwandlungssektor und den Energiesektor sowie Übertragungs- und Netzverluste“.

„**Energieeffizienz**“ ist entsprechend der Begriffsbestimmung Nr. 8 „das Verhältnis von Ertrag an Leistung, Dienstleistungen, Waren oder Energie zu Energieeinsatz“.

In Nr. 9 heißt es, dass „**Energieeinsparungen**“ als „eingesparte Energiemenge zu verstehen sind, die durch Messung oder Schätzung des Verbrauchs oder beides vor und nach der Umsetzung einer Maßnahme zur Energieeffizienzverbesserung und bei gleichzeitiger Normalisierung der den Energieverbrauch beeinflussenden äußeren Bedingungen ermittelt wird“.

Eine „**Energieeffizienzverbesserung**“ ist nach Nr. 10 „die Steigerung der Energieeffizienz als Ergebnis jeglicher technischer, verhaltensbezogener oder wirtschaftlicher Änderungen“.

Und schließlich definiert Nr. 11 die „**Energiedienstleistung**“. Hierbei handelt es sich um „den physischen Nutzeffekt, den Nutzwert oder die Vorteile, die aus einer Kombination von Energie mit energieeffizienter Technologie oder mit Maßnahmen gewonnen werden, die die erforderlichen Betriebs-, Instandhaltungs- und Kontrollaktivitäten zur Erbringung der Dienstleistung beinhalten können; sie wird auf der Grundlage eines Vertrags erbracht und führt unter normalen Umständen erwiesenermaßen zu überprüfbaren und mess- oder schätzbaren Energieeffizienzverbesserungen oder Primärenergieeinsparungen“.

Gem. Nr. 29 ist ein „‚**Energiedienstleister**‘ eine natürliche oder juristische Person, die Energiedienstleistungen oder Maßnahmen zur Energieeffizienzverbesserung in den Einrichtungen oder Räumlichkeiten eines Endkunden erbringt bzw. durchführt“ und – nach Nr. 33 – ein „‚Energieleistungsvertrag‘ eine vertragliche Vereinbarung zwischen dem Begünstigten und dem Erbringer einer Maßnahme zur Energieeffizienzverbesserung, die während der gesamten Vertragslaufzeit einer Überprüfung und Überwachung unterliegt und in deren Rahmen Arbeiten, Lieferungen oder Dienstleistungen in die betreffende Maßnahme zur Energieeffizienzverbesserung in Bezug auf einen vertraglich vereinbarten Umfang an Energieeffizienzverbesserungen oder ein anderes vereinbartes Energieleistungskriterium, wie finanzielle Einsparungen, gezahlt werden“.

3.1.6 Gesetz über Energiedienstleistungen und andere Energieeffizienzmaßnahmen (Energiedienstleistungsgesetz – EDL-G)

Das deutsche Energiedienstleistungsgesetz ist das Gesetz zur Umsetzung der in Kapitel 3.1.5 angeführten EU-Energieeffizienzrichtlinie. In § 2 Nr. 7 wird der Terminus „**Energieeffizienz**" hier definiert als „das Verhältnis von Ertrag an Leistung, Dienstleistungen, Waren oder Energie zum Energieeinsatz". Zu Energieeffizienzmaßnahmen zählen nach Nr. 8 „alle Maßnahmen, die in der Regel zu überprüfbaren und der Höhe nach mess- oder schätzbaren Energieeffizienzverbesserungen führen".

Nach Nr. 6 ist eine „‚**Energiedienstleistung**': jede durch Dritte vertraglich erbrachte Tätigkeit, durch welche die Umsetzung von Energieeffizienzmaßnahmen vorbereitet, unterstützt, geplant oder durchgeführt wird". Folgerichtig ist entsprechend Nr. 5 ein „‚**Energiedienstleister**': eine natürliche oder juristische Person, die Energiedienstleistungen oder andere Energieeffizienzmaßnahmen erbringt oder durchführt".

3.1.7 DIN EN 17669:2023-03 Energiespar-Contracting – Mindestanforderungen

Die europäische Energiespar-Contracting-Norm DIN EN 17669:2023-03 „Energiespar-Contracting – Mindestanforderungen" definiert im Abschnitt 3.2 „**Energieeffizienz**" als das „Verhältnis oder eine andere quantitative Beziehung zwischen einer erzielten Leistung bzw. einem Ertrag an Dienstleistungen, Gütern, Waren oder Energie und der eingesetzten Energie".

Nach Abschnitt 3.3 bedeutet „**energiebezogene Leistung** messbare(s) Ergebnis(se) bezüglich Energieeffizienz, Energieeinsatz und Energieverbrauch", die an den Zielen und Energiezielen der Organisation sowie an anderen energiebezogenen Leistungsanforderungen gemessen werden kann.

Die englischsprachige Originalfassung dieser beiden Abschnitte lautet:

3.2
energy efficiency
ratio or other quantitative relationship between an output of performance, service, goods, commodities, or energy, and an input of energy

3.3
energy performance
measurable result(s) related to energy efficiency, energy use, and energy consumption
Note 1 to entry: Energy performance can be measured against the organization's objectives, energy targets and other energy performance requirements.

Der Begriff „Energiedienstleistung" wird in der Energiespar-Contracting-Norm nicht definiert, lässt sich aber aus zwei ähnlichen Begriffen im Sinne der Norm herleiten. Nach Abschnitt 3.10 handelt es sich bei einem „Energiedienstleister" um eine „natürliche oder juristische Person, die Energiedienstleistungen oder andere Maßnahmen zur Verbesserung der Energieeffizienz in der Anlage oder den Räumlichkeiten eines Endkunden erbringen bzw. durchführt". Entsprechend beschreibt das „Dienstleistungsniveau" in Abschnitt 3.13 die „zwischen Energiedienstleister und Begünstigtem vereinbarten Dienstleistungsziele", etwa das Komfortniveau, die Betriebsstunden, die Wartungshäufigkeit und/oder -plan, die Produktionsleistung usw.

Hinweis

Der Begriff „Energiedienstleistung" bezieht sich in der EED und in Folge auch im EDL-G sowie in der Energiespar-Contracting-Norm auf die Umsetzung von Energieeffizienzmaßnahmen. Hierfür verwendet die Norm DIN EN ISO/IEC 13273-1:2016-06 hingegen in Abschnitt 3.4.5 den Terminus „Energieeffizienzdienstleistung". Die Definition der ISO-Norm erscheint insofern präziser und erlaubt, den Begriff „Energiedienstleistung" auch noch anderweitig einzusetzen, wovon später Gebrauch gemacht werden soll, weil dieser Begriff im Schrifttum von Energietechnik und -management z. T. auch eine ganz andere Bedeutung hat und mit dieser anderen Bedeutung in diesem Werk eine Lücke schließt. Ist unter Energiedienstleistung ein Tätigwerden zur Verbesserung der Energieeffizienz gemeint (entsprechend EED und EDL-G), soll in diesem Werk fortan der Terminus „Energiedienstleistung im weiteren Sinne" verwendet werden. Davon abgegrenzt wird die „Energiedienstleistung im engeren Sinne", die dagegen den letzten Schritt der Energieumwandlung von Nutzenergie beschreibt. (Siehe Kapitel 3.6)

3.1.8 Gesetz zur steuerlichen Förderung von Investitionen in den Klimaschutz (Klimaschutz-Investitionsprämiengesetz – Klimaschutz-InvPG)

Nach § 2 Klimaschutz-InvPG (Entwurf) sind unter „**Klimaschutzinvestitionen**" zu verstehen die Anschaffung und Herstellung von neuen abnutzbaren beweglichen Wirtschaftsgütern des Anlagevermögens sowie Maßnahmen an bestehenden beweglichen Wirtschaftsgütern des Anlagevermögens, die zu nachträglichen Anschaffungs- oder Herstellungskosten führen (begünstigte Investitionen), wenn die Wirtschaftsgüter in einem „**Einsparkonzept**" enthalten sind und dazu dienen, die Energieeffizienz zu verbessern und damit geltende Unionsnormen übertrifft oder angenommene, aber noch nicht in Kraft getretene Unionsnormen erfüllt. Das erforderliche Einsparkonzept muss mithilfe eines zugelassenen Energieberaters oder eines eigenen Energiemanagers im Rahmen eines Energiemanagement- oder Umweltmanagementsystems bzw. im Zuge eines Energieaudits erstellt worden sein.

3.1.9 Verordnung über Maßnahmen zur Vermeidung von Carbon-Leakage durch den nationalen Brennstoffemissionshandel (BEHG-Carbon-Leakage-Verordnung – BECV)

Nach § 11 Abs. 1 BECV ist eine „**Klimaschutzmaßnahme**" eine Investition für Maßnahmen zur Verbesserung der Energieeffizienz, die im Rahmen des jeweiligen Energiemanagementsystems konkret identifiziert und als wirtschaftlich durchführbar bewertet wurden.

Die Strompreiskompensation-Förderleitlinie vom 24.08.2022 definiert in ihrem Abschnitt 4.2 Klimaschutz- und Energieeffizienzmaßnahmen auch und richtet sich dabei vollständig nach § 11 BECV. Demzufolge sind die Begriffe „Klimaschutzmaßnahme" und „Energieeffizienzmaßnahme" für die SPK inhaltlich deckungsgleich.

Im selben Absatz ist festgelegt, dass ein Unternehmen eine Beihilfe erhält, wenn es neben den weiteren Voraussetzungen dieser Verordnung „Investitionen getätigt hat für Maßnahmen zur Verbesserung der Energieeffizienz, die ... als wirtschaftlich durchführbar bewertet wurden."

Nach § 11Abs. 2 BECV ist die wirtschaftliche Durchführbarkeit einer Maßnahme gegeben,

> ... wenn die Maßnahme bei der Wirtschaftlichkeitsbetrachtung ... einen positiven Kapitalwert aufweist, der unter Zugrundelegung der DIN EN 17463, ... ermittelt worden ist, und zwar
>
> 1. für die Abrechnungsjahre 2023 bis 2025 nach maximal 60 Prozent der vorgesehenen Nutzungsdauer, jedoch begrenzt auf einen Bewertungszeitraum von höchstens neun Jahren, und
> 2. ab dem Abrechnungsjahr 2026 nach maximal 90 Prozent der vorgesehenen Nutzungsdauer.

3.1.10 Gesetz zur Finanzierung der Energiewende im Stromsektor durch Zahlungen des Bundes und Erhebung von Umlagen (Energiefinanzierungsgesetz – EnFG)

Nach § 2 Nr. 22 EnFG ist eine „**Energieeffizienzmaßnahme**“ eine „**wirtschaftlich durchführbare Maßnahme**“ und damit jede Maßnahme, durch die das Unternehmen energieeffizient wird, „die bei der Wirtschaftlichkeitsbetrachtung im Rahmen des Energiemanagementsystems nach höchstens 90 Prozent der vorgesehenen Nutzungsdauer einen positiven Kapitalwert aufweist, der unter Zugrundelegung der DIN EN 17463, Ausgabe Dezember 2021, ermittelt worden ist.“

Neben Energieeffizienzmaßnahmen behandelt das EnFG „**Maßnahmen zur Dekarbonisierung**“ des Produktionsprozesses (in § 30 Nr. 3c EnFG). Sie werden nicht aus Energieaudits oder aus der Anwendung von Energie- bzw. Umweltmanagementsystemen identifiziert und müssen auch nicht unmittelbar die Energieeffizienz verbessern, sondern – wie der Name schon sagt – Produktionsprozesse dekarbonisieren. In einer Textstelle in den Erläuterungen zu der BECV heißt es: „Daher sind alle Maßnahmen anrechenbar, die den Emissionswert der hergestellten Produkte auf einen Wert verringern, der unterhalb des im EU-Emissionshandel festgelegten Produkt-Benchmarks liegen.“

Nach der BECV und in Folge der SPK-Leitlinie gelten nur solche als anrechenbare Dekarbonisierungsmaßnahmen, die den Emissionswert der hergestellten Produkte auf einen Wert verringern, der unterhalb des im EU-Emissionshandel festgelegten Produkt-Benchmarks liegen. Dieser Produkt-Benchmark im EU-Emissionshandel repräsentiert den Durchschnitt der 10 % effizientesten Produktionsanlagen innerhalb der EU.

3.1.11 Verordnung zur Sicherung der Energieversorgung über mittelfristig wirksame Maßnahmen (Mittelfristenergieversorgungssicherungsmaßnahmenverordnung – EnSimiMaV)

Auch die EnSimiMaV benutzt den Begriff „Energieeffizienzmaßnahme“. In ihrem § 4 schreibt sie Unternehmen unter bestimmten Voraussetzungen die Umsetzung von ebensolchen vor. Eine Legaldefinition zum Begriff enthält diese Verordnung nicht. In den Begründungen des Verordnungsentwurfes wird allerdings verdeutlicht, dass damit Maßnahmen zur Steigerung der Energieeffizienz, die im Rahmen von Energie- und Umweltmanagementsystemen identifiziert wurden, gemeint sind. Die Verordnung ist seit dem 30.09.2024 außer Kraft.

3.1.12 Gesetz über die energetische Modernisierung von vermietetem Wohnraum und über die vereinfachte Durchsetzung von Räumungstiteln (Mietrechtsänderungsgesetz – MietRÄndG)

Im Entwurf der Bundesregierung für das 2013 verabschiedete MietRÄndG wird der Begriff „Endenergie“ in den Erläuterungen zum Entwurf näher bestimmt. Dort heißt es:

> Endenergie (...) ist die Menge an Energie, die der Anlagentechnik eines Gebäudes (Heizungsanlage, raumlufttechnische Anlage, Warmwasserbereitungsanlage) zur Verfügung stehen muss, um die für den „Endverbraucher“ (also insbesondere den Mieter) erforderliche Nutzenergie sowie die Verluste der Anlagentechnik bei der Übergabe, der Verteilung, der Speicherung und der Erzeugung im Gebäude zu decken.
>
> Die zur Versorgung eines Gebäudes benötigte Endenergie wird an der „Schnittstelle“ Gebäudehülle gemessen und dort in Form von Heizöl, Erdgas, Braunkohlenbriketts, Holzpellets, Strom, Fernwärme etc. übergeben.
>
> Der Begriff der Endenergie ist somit weiter als der soeben bereits erwähnte Begriff der „Nutzenergie“: Unter „Nutzenergie“ wird diejenige Menge an Energie verstanden, die für eine bestimmte „Energiedienstleistung“ am Ort des Verbrauchs (z. B. erwärmter Raum, warmes Wasser etc.) erforderlich ist. Die Umwandlungsverluste der Anlagentechnik (z. B. Heizkessel)

und des Verteilungssystems (z. B. Leitungssystem einer Zentralheizung) sind nicht Teil der Nutzenergie. Nicht berücksichtigt wird außerdem die für den Betrieb der Anlagentechnik benötigte Hilfsenergie (z. B. Pumpenstrom).

Endenergie wird zum einen typischerweise dann gespart, wenn zur Erbringung derselben Energiedienstleistung am Ort des Verbrauchs weniger Nutzenergie als vor der Modernisierung erforderlich ist. Die dafür erforderlichen Modernisierungsmaßnahmen sind beispielsweise Wärmedämmung der Gebäudehülle, Fensteraustausch oder die Installation von Lüftungsanlagen mit Wärmerückgewinnung.

Endenergie wird zum anderen auch dann gespart, wenn die Nutzenergie mit größerer Effizienz zur Verfügung gestellt wird. Die dafür erforderlichen Maßnahmen sind typischerweise die Erneuerung des Heizkessels oder die Verringerung der Wärmeverluste zwischen Heizkessel und Heizkörpern (z. B. durch hydraulischen Abgleich und Wärmedämmung freiliegender Rohrleitungen).

Auswirkungen auf den Endenergiebedarf können aber auch am Gebäude befindliche Anlagen zur Nutzung von Sonnen- oder Windenergie haben: Wird ein Gebäude mit einer solchen Anlage ausgestattet und die hiermit erzeugte Energie zur Deckung des Energiebedarfs des Gebäudes selbst eingesetzt (z. B. Erzeugung von Warmwasser Mithilfe von Solarkollektoren), so bleibt zwar die benötigte Nutzenergie unverändert. Es muss nach der Modernisierung jedoch an der „Schnittstelle" Gebäudehülle weniger „zu bezahlende" Endenergie beschafft werden (also etwa weniger Heizöl zugekauft werden). Der Endenergiebedarf des Gebäudes sinkt also; zugleich sinken damit i. d. R. auch die Betriebskosten des Mieters für die gemietete Wohnung.

Zum Begriff der (nicht erneuerbaren) **„Primärenergie"** führen die Erläuterungen zum Entwurf des MietRÄndG aus:

Der Begriff der Primärenergie berücksichtigt im Unterschied zur Endenergie nicht nur die an der Gebäudegrenze übergebene Energiemenge, sondern zusätzlich auch diejenige Energiemenge, die durch vorgelagerte Prozesse außerhalb des Gebäudes zur Gewinnung, Umwandlung und Verteilung benötigt wird (z. B. Bohrung zur Gewinnung von Erdöl, Raffinerie zu Heizöl und Transport zum Abnehmer, Verstromung des Heizöls durch Verbrennung). Damit ist Primärenergie, verkürzt gesagt, Endenergie zuzüglich dieses vorgelagerten Aufwandes. Dieser zusätzliche Aufwand wird durch den Primärenergiefaktor ausgedrückt, der aus dem Verhältnis von Primärenergie und Endenergie ermittelt wird.

Bei der Primärenergie kann weiter unterschieden werden zwischen erneuerbaren und nicht erneuerbaren Primärenergien. Erneuerbar sind zum einen Energieträger, die nach derzeitigem Erkenntnisstand unerschöpflich sind, beispielsweise die Strahlungsenergie der Sonne oder Wind. Erneuerbar sind auch Energieträger, die reproduziert werden können: Dazu zählen z. B. Biomasse und Holz. Nicht erneuerbare Energieträger hingegen sind in ihrem Vorkommen begrenzt und nach dem gegenwärtigen Stand von Wissenschaft und Technik nicht reproduzierbar. Diese Ressourcen werden durch Verbrauch immer knapper. Beispiele hierfür sind die „klassischen" fossilen Energieträger wie Kohle, Erdöl oder Erdgas.

Unter dem Gesichtspunkt der Energieeffizienz und der Ressourcenschonung ist insbesondere die Einsparung nicht erneuerbarer Primärenergie wünschenswert. Mithilfe der zuvor erwähnten Primärenergiefaktoren für nicht erneuerbare Primärenergie kann auf Grundlage des Endenergieverbrauchs des Gebäudes der Anteil an hierbei verbrauchter nicht erneuerbarer Primärenergie bestimmt werden. Auf diese Weise kann bei einer Modernisierung festgestellt werden, ob der Verbrauch der Mietsache an nicht erneuerbarer Primärenergie sinkt.

In der weit überwiegenden Zahl der Modernisierungen kommt es für die Bejahung des Tatbestandes von § 555b Nummer 1 BGB nicht auf das Merkmal der Einsparung nicht erneuerbarer Primärenergie an. Denn zumeist geht eine Einsparung nicht erneuerbarer Primärenergie ohnehin mit einer Einsparung von Endenergie einher. Dies ist etwa dann der Fall, wenn eine Öl- oder Gasheizung bei gleichbleibender Beheizungsart nach baulichen Veränderungen effizienter betrieben werden kann oder durch ein effizienteres Modell ersetzt wird, oder auch, wenn die Warmwasserbereitung durch eine Gastherme infolge einer Modernisierung durch Solarkollektoren unterstützt wird: In allen diesen Fällen muss weniger fossile Endenergie zugekauft werden – und damit sinken auch die Brennstoffkosten, die für den Mieter als Endverbraucher anfallen.

Nur in Einzelfällen haben Modernisierungen ausschließlich eine Einsparung nicht erneuerbarer Primärenergie zur Folge, ohne dass zugleich Endenergie eingespart wird. Hauptfall ist hier, dass die Heizungsanlage von einem fossilen Energieträger auf einen erneuerbaren Energieträger umgestellt wird, etwa von einem Betrieb durch Öl oder Gas auf einen Betrieb durch Holzpellets. In diesen Fällen kommt der Tatbestandsalternative der Primärenergieeinsparung dann eigenständige Bedeutung zu.

Während eine Einsparung von Endenergie i. d. R. mit finanziellen Einspareffekten bei den Bereitstellungskosten einhergeht, ist dies bei einer – aus energie- und umweltpolitischen Gründen ebenfalls wünschenswerten – Einsparung von nicht erneuerbarer Primärenergie nicht zwingend der Fall.

3.1.13 EU-Gebäuderichtlinie

Erwägungsgrund 12 dieser EU-Richtlinie mit dem englischen Titel „Energy performance of buildings directive (EPBD) lautet:[6]

Die Gesamtenergieeffizienz von Gebäuden sollte nach einer Methode berechnet werden, die national und regional differenziert werden kann. Diese Methode sollte zusätzlich zu den Wärmeeigenschaften auch andere Faktoren von wachsender Bedeutung einbeziehen, z. B. Wärmeinseleffekte in städtischen Gebieten, Heizungsanlagen und Klimaanlagen, Nutzung von Energie aus erneuerbaren Quellen, Systeme für die Gebäudeautomatisierung und -steuerung, Rückgewinnung von Wärme aus Abluft oder Abwasser, Ausgleich zwischen Netzen, intelligente Lösungen, passive Heiz- und Kühlelemente, Sonnenschutz, Raumklimaqualität, angemessene natürliche Beleuchtung und Konstruktionsart des Gebäudes. Bei der Methode zur Berechnung der Gesamtenergieeffizienz von Gebäuden sollte nicht nur die Heizperiode oder Kühlperiode eines Jahres, sondern die jährliche Gesamtenergieeffizienz eines Gebäudes zugrunde gelegt werden. Sie sollte die geltenden europäischen Normen berücksichtigen. Sie sollte die Abbildung der tatsächlichen Betriebsbedingungen gewährleisten und es ermöglichen, die erfasste Energie zur Überprüfung der Richtigkeit und für die Zwecke der Vergleichbarkeit heranzuziehen, und die Methode sollte auf monatlichen, stündlichen oder unterstündlichen Berechnungsintervallen beruhen. Um die Nutzung erneuerbarer Energie am Standort zu fördern und zusätzlich zum gemeinsamen allgemeinen Rahmen sollten die Mitgliedstaaten die erforderlichen Maßnahmen ergreifen, damit die Vorteile einer größtmöglichen Nutzung erneuerbarer Energie am Standort, einschließlich für andere Nutzungszwecke, z. B. Ladepunkte für Elektrofahrzeuge, in der Berechnungsmethode anerkannt und berücksichtigt werden.

---

6 In englischsprachiger Originalfassung: „The energy performance of buildings should be calculated on the basis of a methodology, which may be differentiated at national and regional level. That methodology should include, in addition to thermal characteristics, other factors that play an increasingly important role such as urban heat island effect, heating and air-conditioning installations, the use of energy from renewable sources, building automation and control systems, heat recovery from exhaust air or waste water, system balancing, smart solutions, passive heating and cooling elements, shading, indoor environmental quality, adequate natural light and design of the building. The methodology for calculating the energy performance of buildings should be based not only on the season in which heating or air-conditioning is required, but should cover the annual energy performance of a building. It should take into account existing European standards. The methodology should ensure the representation of actual operating conditions and enable the use of metered energy to verify correctness and for comparability, and should be based on monthly, hourly or sub-hourly calculation intervals. In order to encourage the use of on-site renewable energy, and in addition to the common general framework, Member States should take the necessary measures to the effect that the benefits of maximising the use of on-site renewable energy, including for other uses, such as electric vehicle recharging points, are recognised and accounted for in the calculation methodology."

In Art. 2 Nr. 8 wird die „Gesamtenergieeffizienz eines Gebäudes“[7] definiert als „die berechnete oder erfasste Energiemenge, die benötigt wird, um den Energiebedarf im Rahmen der üblichen Nutzung des Gebäudes wie Heizung, Kühlung, Lüftung, Warmwasserbereitung für den häuslichen Gebrauch und Beleuchtung zu decken“.

Art. 19 Abs. 1 gibt vor:

> Die Mitgliedstaaten legen die erforderlichen Maßnahmen fest, um ein System für die Erstellung von Ausweisen über die Gesamtenergieeffizienz von Gebäuden einzurichten.
>
> Der Ausweis über die Gesamtenergieeffizienz muss die durch einen numerischen Indikator für den Primärenergieverbrauch in kWh/(m^2 · a) ausgedrückte Gesamtenergieeffizienz von Gebäuden und Referenzwerte wie Mindestanforderungen an die Gesamtenergieeffizienz, Mindestvorgaben für die Gesamtenergieeffizienz, Anforderungen an Niedrigstenergiegebäude und Anforderungen an Nullemissionsgebäude enthalten, um den Eigentümern oder Mietern von Gebäuden oder Gebäudeeinheiten einen Vergleich und eine Beurteilung ihrer Gesamtenergieeffizienz zu ermöglichen.

3.2 „Energie“, „Exergie“ und „Anergie“ – Begriffsabgrenzung, artverwandte Begriffe und Beispiele

Energie ist nötig, um einen Körper zu beschleunigen oder um ihn entgegen einer Kraft zu bewegen, um eine Substanz – etwa eine Flüssigkeit – zu erwärmen, um ein Gas zusammenzudrücken, um elektrischen Strom fließen zu lassen oder um elektromagnetische Wellen abzustrahlen. Pflanzen, Tiere und Menschen benötigen Energie, um leben zu können.

Ferner brauchen wir Energie, um Produktionsmaschinen zu betreiben, Computersysteme nutzen zu können, für die Telekommunikation und für Beleuchtung (um nur wenige Einsatzbereiche zu nennen). Jegliche Form von Leistungserbringung fußt auf Energieeinsatz.

„Energie“ leitet sich aus den altgriechischen Begriffen „en-érgeia“ (= wirkende Kraft) und „Ergon“ (= wirken) ab. In der Physik versteht man darunter die Fähigkeit eines Systems, Arbeit zu verrichten oder – nach Max Planck – äußere Wirkungen hervorzubringen. Hierbei umfasst ein „System“ ein oder mehrere existierende physikalische Objekte, die sich als Ganzes von ihrer Umgebung abgrenzen lassen (etwa eine Flüssigkeit in einem Gefäß, die Luft in einem Raum, das Herz in einem menschlichen Körper).

Auf ein solches System kann Energie auf zwei Arten übertragen werden, nämlich in der Form von Wärmezufuhr ΔQ oder durch Arbeit ΔW (beispielsweise über mechanische, elektrische, magnetische Kräfte). In beiden Fällen ändert sich die innere Energie U des Systems. Daher gilt:

$$\Delta U = \Delta Q + \Delta W$$

Eine besondere Rolle im Kontext dieses Werkes spielt die Wärme Q. Hierbei handelt es sich um die über die Systemgrenze hinweg zu- oder abgeführte thermische Energie. Diese Wärmezufuhr bzw. -abfuhr bewirkt Temperaturänderungen, Phasenübergänge (z. B. Schmelzen, Erstarren), Druck- und Volumenänderungen (in Gasen).

Betrachtet man ein System ohne Wechselwirkung mit seiner Umgebung (z. B. die Vorstellung einer ideal isolierten Thermoskanne), spricht man von einem abgeschlossenen System. In einem solchen abgeschlossenen System kann die Gesamtenergie weder vermehrt noch vermindert werden (Energieerhaltungssatz oder Erster Hauptsatz der Thermodynamik). Einen echten „Energieverbrauch“ im physikalischen Sinne gibt es somit dann nicht. Allerdings können unterschiedliche Energieformen ineinander umgewandelt werden und dabei an Umwandlungsfähigkeit

7 Englischsprachige Originalfassung: „'energy performance of a building' means the calculated or metered amount of energy needed to meet the energy demand associated with a typical use of the building, which includes energy used for heating, cooling, ventilation, domestic hot water and lighting.“

verlieren (z. B. elektrische Energie in einem Heizlüfter in Wärme). Dieser Umwandlungsfähigkeitsverlust wird gemeinhin als „Energieverbrauch“ (oder „Entropiezunahme“) bezeichnet.

Es existieren also einerseits „wertvolle“, weil frei verfügbare bzw. unbeschränkt wandelbare Energien (z. B. kinetische, potenzielle und elektrische Energie). Andererseits gibt es „minderwertige“, nicht mehr umwandelbare Energien (z. B. niedrige Temperatur einer Substanz). Die Physik nutzt zur Beschreibung dieses Sachverhalts die Begriffe „Exergie“ und „Anergie“.

Exergie ist der Teil der Gesamtenergie eines Systems, der maximal – d. h. unter den günstigsten Bedingungen – als Arbeit entnommen werden kann. Wie groß der Anteil der Exergie an der gesamten Energie eines Systems ist, wird von den Umgebungsbedingungen bestimmt. So muss die Temperatur von Teilsystemen, die Wärmearbeit verrichten sollen, i. d. R. deutlich über der Umgebungstemperatur liegen, damit diese Wärme genutzt werden kann.

Anergie ist der Anteil der Gesamtenergie eines Systems, der unter den Umgebungsbedingungen keine Arbeit verrichten kann. Es gilt:

$$\text{Energie} = \text{Exergie} + \text{Anergie}$$

Die international festgelegte **Einheit der Energie** ist das Joule. In bestimmten Bereichen haben sich auch andere Einheiten für die Energie entwickelt. So wird die elektrische Energie in Kilowattstunden oder der Brennwert von Lebensmitteln in Kilokalorien angegeben.

Es gilt folgender Zusammenhang:

$$1\,\text{J} = 1\,\text{Nm} = 1\,\frac{\text{kg} \cdot \text{m}^2}{\text{s}^2} = 1\,\text{Ws}$$

Die folgende Tabelle 1 gibt die Umrechnungsfaktoren zwischen den bedeutendsten Energieeinheiten an.

Tabelle 1: Umrechnungstabelle Energie (Wärme & Arbeit)

Einheit	Joule	kWh	Kalorien	kCal
1 J = 1 Nm = 1 Ws	1	$2{,}778 \cdot 10^{-7}$	0,239	0,000239
1 kJ	1000	$2{,}778 \cdot 10^{-4}$	239	0,239
3 600 kJ	3 600 000	1	860 000	860
1 kWh	$3{,}6 \cdot 10^{6}$	1	860 000	860
1 cal	4,1868	$1{,}163 \cdot 10^{-6}$	1	0,001

Energie tritt in verschiedenen **Erscheinungsformen** auf (engl. „*energy forms*“). Anstelle der üblichen Begriffswahl „Energieformen“ verwenden wir im Folgenden hierfür den Begriff „Energieerscheinungsformen“, da in der Literatur nicht selten die Bezeichnungen „Energieform“ und „Energieart“ für gleiche Sachverhalte uneinheitlich genutzt werden. So subsumieren einige Vertreter die Erscheinungsformen „kinetische Energie“, „potenzielle Energie“, „thermische Energie“ etc. unter dem Begriff „Energieformen“[8]. Die folgende Liste bietet eine Übersicht der Energieerscheinungsformen.

- **Mechanische Energie**:
  - **Kinetische Energie**: Bewegungsenergie; Bewegung von festen Körpern und Fluiden; im Vordergrund stehen die Masse und die Geschwindigkeit von Körpern/Fluiden; Beispiel: sich drehende Turbinenschaufeln in einem konventionellen Kraftwerk.
  - **Potenzielle Energie**: Lageenergie; Energie, die ein Körper durch seine Position oder Lage in einem Kraftfeld (z. B. Gravitations- oder elektrisches Feld) enthält; Beispiel: Wassermassen in einem hochgelegenen See, die in ein tiefgelegenes Becken abgelassen werden können (Pumpenspeicherkraftwerk).

8 Etwa: Stieglitz 2013, S. 7, Schabbach 2012, S. 26 ff., andere hingegen unter dem Begriff „Energiearten“ (etwa Weigand, S. 195 f., Reich 2012, S. 44 f.)

- **Thermische Energie**: Energie, die in der ungeordneten Bewegung der Atome oder Moleküle eines Stoffes gespeichert ist; Beispiel: Luft auf einem bestimmten Temperaturniveau. Umgangssprachlich wird die thermische Energie häufig als Wärme bezeichnet.
- **Elektrische Energie**: bewegte elektrische Ladungen in einem Leiter (etwa fließender Strom in einem Kabel) oder gespeicherte Ladungen in einem elektrischen Feld (etwa Kondensator).
- **Magnetische Energie**: Potenzielle Energie in einem magnetischen Feld; Beispiel: Kompassnadel.
- **Chemische Energie**: Energie, die in der chemischen Bindung von Atomen oder Molekülen enthalten ist und durch chemische Reaktion (häufig Verbrennung) freigesetzt werden kann; Beispiel: Erdgas.
- **Kernenergie**: Energie der Bindung von Protonen und Neutronen im Atomkern; Freisetzung durch Kernspaltung, Kernfusion, radioaktiver Zerfall.
- **Energie im elektromagnetischen Feld**: Beispiel: Licht, Radiowellen.

Von herausragender Bedeutung für das Verständnis von Energiebedarfen und Energieumwandlungen und für die Bilanzierung von Energieverbräuchen erweisen sich verschiedene **„Hauptsätze der Thermodynamik“**. Hierbei handelt es sich um Gesetzmäßigkeiten (Axiome) der Energielehre (Thermodynamik), die auf der Grundlage von Erfahrungen festgestellt und bisher nicht widerlegt worden sind. Für dieses Werk sind der nullte, der erste und der zweite Hauptsatz relevant.

> **Merksatz**
>
> **Nullter Hauptsatz der Thermodynamik (Satz über das thermische Gleichgewicht** oder engl.: *„Law of thermal equilibrium“*)
>
> Kommt eine Substanz A mit hoher Temperatur mit einer Substanz B niedrigerer Temperatur in Kontakt, wird A Wärme an B abgeben. Die Temperaturen der Substanzen nähern sich an, bis ein Gleichgewicht bei gleicher Temperatur zustande kommt.

Wenn beispielsweise eine Badewanne, die in der Mitte eine herausnehmbare Trennwand aufweist, mit 200 Litern Wasser gefüllt wird, indem linksseitig 100 Liter 20 °C kaltes Wasser zufließen und rechtsseitig ebenfalls 100 Liter, allerdings mit einer Temperatur von 80 °C, und wir von Wärmeströmen an die Umgebung einmal absehen (perfekte Isolation des Systems Badewanne), dann wird selbst nach vorsichtigem Herausnehmen der Trennwand (also ohne Vermischung) die Temperaturdifferenz der beiden Bereiche nicht bestehen bleiben, im Gegenteil: Es entsteht ein Wärmestrom von rechts nach links, der erst dann zum Erliegen kommt, wenn beide Seiten die gleiche Temperatur aufweisen, und zwar 50 °C.

> **Merksatz**
>
> **Erster Hauptsatz der Thermodynamik („Energieerhaltungssatz“** oder engl. *„Law of conservation of energy“*)
>
> Nach dem ersten Hauptsatz kann Energie weder erzeugt noch vernichtet, sondern lediglich umgewandelt werden. Dies gilt allerdings nur, wenn das System abgeschlossen ist.

Möchte man beispielsweise einen Topf Suppe mit dem elektrischen Strom aus einem Kohlekraftwerk erhitzen, wird nicht die gesamte Energie, die als chemische Energie in der Kohle enthalten ist, als Wärme in der Suppe ankommen, weil das System Kohle → Kraftwerk → Herd → Suppe nicht in sich abgeschlossen ist. Bei realen Umwandlungen der Energieformen kommt es zu Energieverlusten, wobei fast immer Wärme an die Umgebung abgegeben wird. Daher ist es erforderlich, zumindest gedanklich die Umgebung, in die die Wärme abgegeben wird, mit einzubeziehen, wenn man das zu untersuchende System als ein abgeschlossenes betrachten möchte, dessen Energie erhalten bleibt. Selbst die kinetische Energie eines Pkw geht beim Abbremsen des Wagens nicht verloren, sondern wird durch Reibung an Bremsen und Reifen vollständig in Wärme umgewandelt.

Ähnlich verhält es sich beim zehnstündigen Betreiben einer 100-Watt-Glühlampe. Die „verbrauchte" Kilowattstunde Strom bleibt als Energie vollständig erhalten, allerdings in einer anderen Form, nämlich zunächst zu etwa 95 % als Wärme (Infrarotstrahlung) und zu 5 % als emittierte elektromagnetische Strahlung im sichtbaren Bereich, also Licht, das sich im Zuge der Absorption dann auch zu Wärme umwandelt. Der Erste Hauptsatz stellt klar, dass es keine Maschine geben kann, die Energie erzeugt (Perpetuum Mobile 1. Art).

Aus dem Energieerhaltungssatz folgt, dass die beispielsweise einem Haartrockner **zugeführte** Energiemenge der **abgegebenen** Energiemenge entsprechen muss. Auf dem Typenschild des Haartrockners kann man die Nennleistung ablesen, z. B. 1 kW oder 1 000 W. Wenn ein solcher Haartrockner über einen Zeitraum von einer Stunde unter Volllast eingesetzt wird, dann wird elektrische Energie in einem Umfang von einer kWh oder 3 600 kJ verbraucht. Das ist der Input. Nach dem Ersten Hauptsatz müsste dann auch der Output eine kWh ausmachen, hier allerdings in anderer Energieform, nämlich in Form von thermischer und kinetischer Energie (= warmer Luftstrom = Nutzenergie) sowie von Schallwellen (auch kinetische Energie) und Wärmeabstrahlung über das Haartrocknergehäuse (Energieverlust). Bei einem offenen System, wie dem Haartrockner, gilt demzufolge, dass die eintretenden Energieströme den austretenden entsprechen, also

$$E_{\text{input}} = E_{\text{Output}}$$

Merksatz

Zweiter Hauptsatz der Thermodynamik (Satz von der begrenzten Umwandelbarkeit der Energieformen)

Der zweite Hauptsatz sagt aus, dass alle Prozesse verlustbehaftet sind. Jede Energieform stirbt irgendwann den „Wärmetod". Es gibt keine Maschine, die Anergie in Exergie umwandeln kann (Perpetuum Mobile 2. Art).

Während die Energiemenge in einem abgeschlossenen System konstant bleibt (1. Hauptsatz), verschlechtert sich die „Qualität" der Energie im Zeitablauf. Nutzenergie wird eingesetzt für Wohlbefinden, Produktivität, Wachstum und Reparatur. In darauf hinwirkenden Prozessen wird nutzbare Energie (Exergie) in nicht-nutzbare (Anergie) umgewandelt. Diese Qualitätsabwertung bezeichnet man landläufig als „Energieverbrauch". So lässt sich beispielsweise die hochwertige Energieform elektrischer Strom auf einfache Weise vollständig in Wärme umwandeln (etwa Heizstrahler). Die entstehende Wärme kann aber nicht vollständig und vor allem auch nicht auf einfache Weise in elektrischen Strom zurücktransferiert werden. Insofern geht nutzbare Energie unwiederbringlich verloren.

Alle in der Natur oder Technik ablaufenden Prozesse der Energieumwandlung oder der Energieübertragung sind reibungsbehaftet, sodass die Energie nicht vollständig in die ursprünglich vorhandene Energieart zurückverwandelt werden kann. Sie sind also irreversibel. Die Größe, die diese Irreversibilität ausdrückt, ist die **Entropie.** Hierbei handelt es sich um eine Zustandsgröße, die bei irreversiblen Prozessen grundsätzlich wächst und bei – theoretisch – reversiblen Prozessen gleichbleibt. Sie kann niemals abnehmen. Als Formelzeichen wird der Buchstabe S verwandt. Relevant sind vor allem Entropieänderungen ΔS.

Bei Wärmeübertragungen ist die Entropieänderung definiert als die auf die absolute Temperatur bezogene Änderung der Wärmeenergie. Das heißt, die Entropieänderung ist umso größer, je niedriger die Temperatur ist, bei der eine Wärmemenge zugeführt wird.

$$\Delta S = \frac{\Delta Q\ [\mathrm{J}]}{T\ [\mathrm{K}]}$$

$$\Delta Q = \Delta S \cdot T$$

Für technische Anlagen hat das weitreichende Konsequenzen. Soll thermische Energie umgewandelt werden, so ist darauf zu achten, den Entropiezuwachs dadurch gering zu halten, dass eine Wärmezufuhr bei möglichst hoher Temperatur erfolgt.

3.3 „Investition" und „Investitionsart" – Begriffsabgrenzungen und Beispiele

Eine „**Investition**" ist nach allgemeinem Verständnis eine langfristige Bindung finanzieller Mittel in materielle oder in immaterielle Vermögensgegenstände, wobei die zielgerichtete Verwendung der Finanzmittel im Mittelpunkt steht. In der Geschäftsbilanz wird die Mittelverwendung auf der Aktivseite abgebildet, wobei Investitionsentscheidungen i. d. R. direkte Auswirkungen auf die Höhe des Anlagevermögens haben und zusätzlich indirekte Auswirkungen auf die Höhe des Umlaufvermögens. In zahlungsorientierter Perspektive verursacht jedes Investitionsprojekt zu unterschiedlichen Zeitpunkten Ein- und Auszahlungen, wobei der Zahlungsstrom mit einer oder mehreren Auszahlungen beginnt, denen anschließend vor allem die durch das Projekt generierten Rückflüsse (Einzahlungsüberschüsse) folgen, siehe beispielhaft Tabelle 2.

Tabelle 2: Beispielhafter Zahlungsstrom

Periode	0	1	2	3
Investitionsauszahlung (Auszahlung)	−100 000 €			
Energiekosteneinsparung (Ein- oder Rückzahlung)		30 000 €	31 000 €	32 000 €
Einspeisevergütung (Ein- oder Rückzahlung)		3 000 €	3 000 €	3 000 €
Erwartete Wartungs- und Reparaturarbeiten (Auszahlung)			−4 000 €	

Altrogge schreibt: „Investitionsentscheidungen sind langfristig wirkende und oft nur in geringem Maße revidierbare Dispositionen über recht erhebliche Kapitalbeträge."[9] Nach Götze ist eine Investition durch einen Zahlungsstrom gekennzeichnet, der mit Auszahlungen beginnt und in späteren Zahlungszeitpunkten Einzahlungen bzw. Einzahlungen und Auszahlungen erwarten lässt.[10] Sie ist nach seiner Auffassung eine für eine längere Frist beabsichtigte Bindung finanzieller Mittel in materiellen oder immateriellen Objekten, mit der Absicht, diese Objekte zur Erfüllung einer individuellen Zielsetzung zu nutzen. Üblicherweise ist der Investition (verstanden als Umsetzung eines geplanten Projektes) eine Analyse vorgeschaltet, die aufzeigt, ob und inwieweit eine wirtschaftliche Vorteilhaftigkeit erwartet werden kann. Erst nach deren Prüfung fällt dann die Entscheidung über die Freigabe oder Ablehnung.

Dies bedeutet praktisch insbesondere auch mit Blick auf Energie- und Klimaschutzinvestitionen: Beschaffungen von Gütern, das Inauftraggeben einer Dienstleistung oder das Erwirken von Verhaltensänderungen im Betrieb sind insofern nicht per se eine Investition. Es muss vielmehr eine **nicht unwesentliche** Ausgabe für ein Gut (oder Änderung eines vorhandenen Gutes) oder eine Dienstleistung sein, die abgrenzbare Rückflüsse (sogenannte *Returns*) erwarten lässt. Dies gilt generell und speziell auch für Investitionen in Energieeffizienzverbesserungsmaßnahmen oder Aktivitäten zur Dekarbonisierung von Produktionsprozessen.

9 Altrogge 1988, S. 1.

10 Götze 2014, S. 5.

Doch wann ist eine Ausgabe **wesentlich**, sodass sie auf eine Investition hinweist? Eine Geldausgabe in Höhe von 100 Euro gehört sicherlich nicht dazu, 1 000 Euro eher auch nicht, 5 000 Euro vielleicht und 10 000 Euro sicherlich[11] (wenn abgrenzbare Returns damit verbunden sind). Die Auffassungen zur Betragshöhe fallen unterschiedlich aus. Die im Einkommensteuerrecht festgelegte Grenze für „geringfügige Wirtschaftsgüter" (GWG), die bei 1 000 Euro liegt, zur Sofortabschreibung berechtigt und damit zum Ausdruck bringt, dass Anlagegüter (Güter des Anlagevermögens) bei 800 Euro bzw. 1 000 Euro (Poolabschreibung) beginnen, hilft nicht viel weiter, da diese Grenze sehr niedrig und ausschließlich aus Steuerrechtsüberlegungen[12] angesetzt ist sowie keineswegs aufzeigt, dass ab diesem Niveau in der betrieblichen Praxis üblicherweise Investitionsrechnungen durchgeführt werden. Man denke etwa an die Anschaffung eines Laserdruckers für 1 200 Euro. Der Begriff „Investition" dürfte nicht passen, da es hier an abgrenzbaren Rückflüssen fehlt. Zudem läge etwa beim Drucker der Aufwand für die Ermittlung der wirtschaftlichen Vorteilhaftigkeit bei einem derart niedrigen Betrag in keinem angemessenen Verhältnis zum Nutzen. Insofern spricht man in der betrieblichen Praxis auch nicht davon, etwa in einen 1 200 Euro teuren Drucker „zu investieren". Der Betrag, ab dem man – hier insbesondere auch in rechtlicher Hinsicht – von einer „Investition" spricht, ist insofern unklar, individuell sowohl hinsichtlich des Betrachters als auch der Sache und demzufolge schwer – rechtlich – auszulegen. Eine Legaldefinition oder behördlich fixierte Auslegung etwa durch eine Verwaltungsvorschrift für entsprechende Rechtsakte wäre hilfreich, liegt aber derzeit offenbar nicht vor.

Für dieses Werk soll daher gelten, dass eine Investition erst dann vorliegt, wenn

- Ausgaben über 10 000 Euro eingeplant sind und
- eine klare Vorstellung über regelmäßige Rückflüsse

gegeben ist, sodass ein Kapitalwerttableau aufgestellt werden kann.

Eine **Kategorisierung von Investitionen** erfolgt häufig

- nach Investitionsobjekt und
- nach Investitionsanlass.

Steht das Objekt im Vordergrund, wird üblicherweise unterschieden in Finanz-, Sach- und immaterielle Investitionen. Da es sich bei energieorientierten Investitionen um Sachinvestitionen handelt, spielt diese Untergliederung in diesem Werk keine Rolle.

Die zweite Kategorisierung bezieht sich auf den Investitionsanlass. Hier wird auf oberster Gliederungsebene zwischen Erst- und Ergänzungsinvestition unterschieden. Die Letztgenannte unterteilt sich in Erhaltungs-, Erweiterungs- und Veränderungsinvestitionen, siehe Abbildung 3-1.

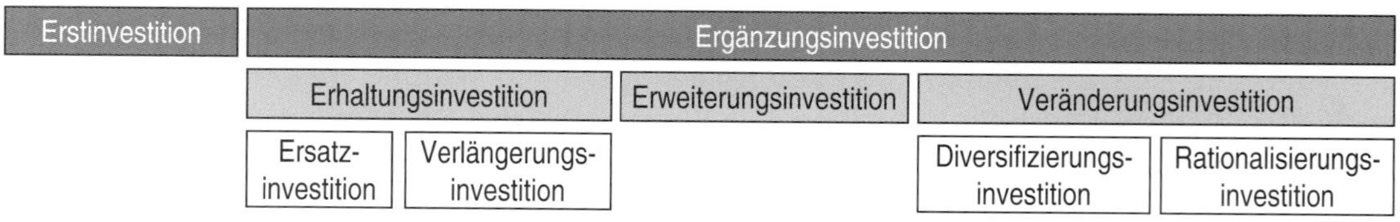

Quelle: eigene Darstellung

Abbildung 3-1: Arten von Investitionen

11 Die Sicht des Betrachters spielt auch eine Rolle. Wenn beispielsweise eine Person ein Einfamilienhaus erwirbt, um es später vermieten zu wollen, liegt eindeutig eine Investition vor. Sollte sie hingegen den Kauf vornehmen, um darin wohnen zu wollen, könnte man den Begriff „Investition" für ungeeignet halten, wenn der Hauskauf nicht aus ökonomischen Gründen – um etwa die Kosten für ein Mietshaus zu sparen – zustande kommt. Außerdem kann man in den meisten Fällen davon ausgehen, dass Betroffene bei einem Hauskauf zur Eigennutzung keine jährlichen Rückflüsse abgrenzen, die im Zuge der Hausplanung der Anschaffungsausgabe gegenübergestellt werden.

12 Aus der Sicht eines Unternehmens, insbesondere mit Blick auf das Erreichen der Unternehmensziele – etwa kontinuierliche Unternehmenswertsteigerung – ist es irrelevant, was steuerrechtlich bestimmt ist. Entscheidend sind Ausgaben, die in Zukunft zu Rückflüssen führen.

Bei **Erhaltungsinvestitionen** geht es darum, einen bestehenden Prozess entweder

- durch Austausch oder
- durch lebenszeitverlängernde Aufarbeitung der Anlage fortführen zu können.

Ein Austausch einer Anlage muss nicht erst am Lebensende infrage kommen. Wie im Kapitel 6.10 noch aufzuzeigen sein wird, kann dies auch vorher ökonomisch sinnvoll sein, insbesondere wenn Liquidationserlöse beim Verkauf einer Altanlage erwartet werden können.

Erweiterungsinvestitionen dienen dazu, die (Produktions-)Kapazität eines bestehenden Prozesses oder einer Prozesskette zu vergrößern. Bei Produktionsprozessen kann der Anlass

- eine Vergrößerung des Produktionsvolumens (kapazitative Erweiterung) oder
- eine Vergrößerung der Produktionstiefe durch Hinzufügen weiterer Produktionsstufen (vertikale Erweiterungen) sein.

Und **Veränderungsinvestitionen** zielen darauf ab, einen bestehenden Prozess oder eine Prozesskette derart umzugestalten, dass

- eine Ausweitung des Produktions- und Absatzprogramms (Einführung neuer Produktarten, Erschließung neuer Absatzmärkte) ermöglicht wird (Diversifizierungsinvestition) oder
- die Produktivität zunimmt, indem der Einsatz an Betriebsmitteln (Rohstoffe, Hilfsstoffe, Energie etc.) und Personal (etwa durch Automation) reduziert wird, ohne die Menge oder die Qualität des Outputs negativ zu beeinflussen.

Versteht man entsprechend der Begriffsbestimmung in DIN EN 17463, Abschnitt 3.8, unter „energiebezogenen Investitionen" „jede Art von Investition, bei der Energieverbrauch oder Energieerzeugung eine Rolle spielen", dann sind energiebezogene Investitionen in allen Investitionsarten vorstellbar, wie die folgende Abbildung 3-2 verdeutlicht.

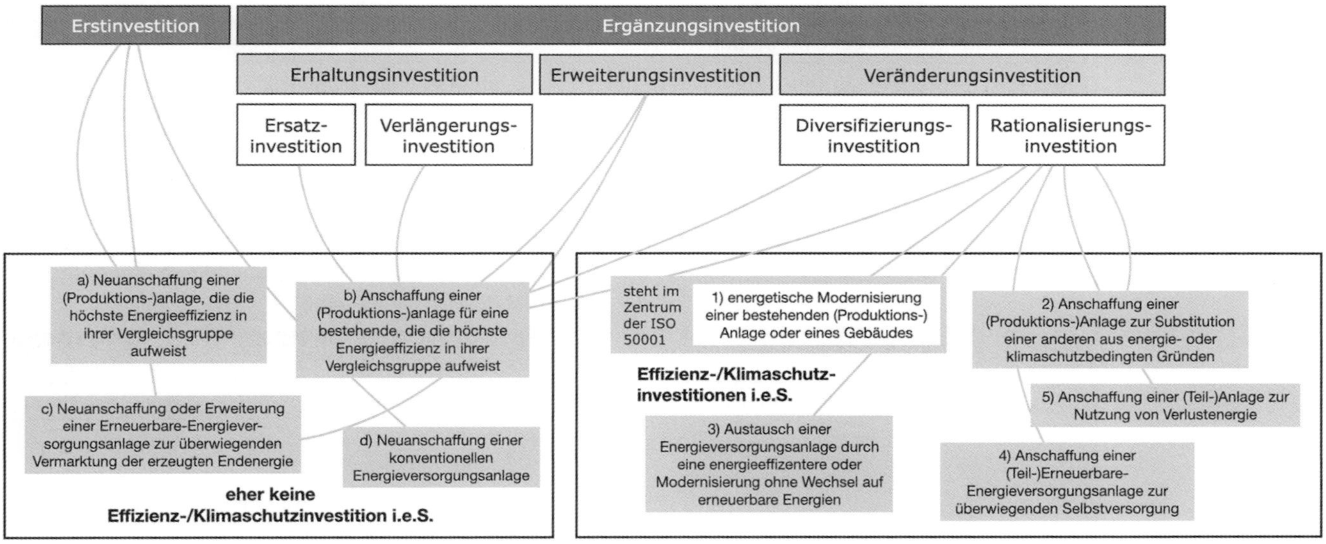

Quelle: eigene Darstellung

Abbildung 3-2: Arten von Investitionen, Zuordnung von Effizienz-/Klimaschutzinvestitionen

Inwieweit die in der Grafik unten aufgeführten Beispiele auch als Energieeffizienz- oder Klimaschutzinvestitionen (ggf. als Unterkategorie von energiebezogenen Investitionen) angesehen werden können, ist jedoch fraglich. Eine solche Zuordnung kann allerdings entscheidend sein, wenn es etwa darum geht, staatliche Beihilfen zu erhalten, für die Gegenleistungen in Form von „Energieeffizienz- oder Klimaschutzinvestitionen" erbracht werden müssen, etwa bei der Carbon-Leakage-Verordnung, der Strompreiskompensation, der besonderen Ausgleichsregelung nach dem EnFG oder früher beim Spitzenausgleich nach dem Energie- und dem Stromsteuergesetz. Vor dem Hintergrund der Tatsache, dass nahezu sämtliche Investitionen mit Energieverbräuchen einhergehen und sich die Energieeffizienz von neuen Anlagen, Geräten etc. im Vergleich zu Vorgängern i. d. R. verbessert, könnten sämtliche Investitionen in energieverbrauchende Anlagegüter oder Veränderungen derartiger Güter als Energieeffizienz- oder Klimaschutzinvestitionen angesehen werden. Und das wäre – bei zu erbringenden Gegenleistungen – nicht im Sinne des Gesetz- und Verordnungsgebers und damit des Staates. Insofern soll hier eine Abgrenzung vorgenommen werden.

In diesem Werk wird als **Energieeffizienz- oder Klimaschutzinvestition** ausschließlich eine Investition verstanden, bei der eine Investitionsauszahlung vor allem deshalb vorgenommen wird, um – bei wirtschaftlicher Vorteilhaftigkeit – die Effizienz zu verbessern oder den Umfang an TGH-Emissionen zu reduzieren.

Investive Maßnahmen, die – dem Anschein nach – sowieso ergriffen worden wären und eben nicht aus Effizienzverbesserungs- oder Klimaschutzgründen, wie etwa

- die Neuanschaffung einer (Produktions-)Anlage, die die höchste Energieeffizienz in ihrer Vergleichsgruppe aufweist,
- die Anschaffung einer (Produktions-)Anlage für eine in die Jahre gekommene bestehende, die die höchste Energieeffizienz in ihrer Vergleichsgruppe aufweist,
- die Neuanschaffung oder Erweiterung einer Regenerativ-Energieversorgungsanlage zur überwiegenden Vermarktung der erzeugten Endenergie oder
- die Neuanschaffung einer Energieversorgungsanlage

sollen nicht dazu gehören.

Beispielhafte Energieeffizienz- oder Klimaschutzinvestitionen fasst die folgende Tabelle 3 zusammen.

Tabelle 3: Energieeffizienz- oder Klimaschutzinvestitionen im eigentlichen Sinne

Energiebezogene Maßnahmenart	Beispiele
Energetische Modernisierung einer bestehenden (Produktions-)Anlage, wobei die Investition (auch buchhalterisch) separat von der bestehenden Anlage zu betrachten ist	Installation einer Wärmerückgewinnungsanlage zur Nutzung von Abwärme in den Sanitärräumen
Energetische Modernisierung einer bestehenden (Produktions-)Anlage, wobei die Effizienzinvestition in der bestehenden Anlage aufgeht	Wärmedämmung eines Wärmebades in der Produktion Installation einer bedarfsabhängigen Steuerung für die Prozesskälteanlage Austausch der – leckagebehafteten – Druckluftleitungen
Energetische Modernisierung eines bestehenden Gebäudes	Energetische Komplettsanierung des Verwaltungsgebäudes Wärmedämmung eines Fabrikhallendaches Austausch des Beleuchtungssystems durch Energiesparlampen Einbau einer neuen Heizanlage (Wärmepumpe für eine Gastherme) Automatische Steuerung der Dach- oder Fassadenfenster Beseitigung von Wärmebrücken
Neuanschaffung einer (Produktions-)Anlage zur Substitution einer anderen aus energiebedingten oder klimaschutzinduzierten Gründen	Neue Produktionsanlage zur Extraktion von Stoff XY aus einem Stoffgemisch als Ersatz für eine alte Anlage Ersatz alter durch neue Mühlen zum Mahlen von Getreide

Energiebezogene Maßnahmenart	Beispiele
Austausch einer Energieversorgungsanlage durch eine energieeffizientere ohne Wechsel auf erneuerbare Energien	Ersatz eines alten durch einen modernen neuen Gasheizkessel Austausch Ölheizkessel durch Gasheizkessel Anschaffung eines Blockheizkraftwerkes Austausch Druckluftsystem
Anschaffung einer (Teil-)Regenerativ Energieversorgungsanlage zur überwiegenden Selbstversorgung	Anschaffung einer Photovoltaikanlage zur Selbstversorgung Anschaffung einer Wärmepumpe zur Wärmeversorgung von Produktionsanlagen
Neuanschaffung einer (Teil-)Anlage zur Nutzung von Verlustenergie	Installation eines Wärmeübertragers zur Nutzung der Abwärme einer Produktionsanlage an anderer Stelle

Die folgende Tabelle 4 zeigt beispielhafte Maßnahmen, die i. d. R. keine Energieeffizienz- oder Klimaschutzinvestitionen darstellen.

Tabelle 4: Energiebezogene Maßnahmen, die keine Investitionen im engeren Sinne sind

Energiebezogene Maßnahmenart	Beispiele
Handwerkliche Korrekturen	Punktuelle Beseitigung von Leckagen der Druckluftanlage Hydraulischer Abgleich Nachtabsenkung der Heizung
Kleinere Teilprozesse	Austausch eines defekten Elektromotors durch einen hocheffizienten neuen Motor Nutzung von Bewegungssensoren für das Beleuchtungssystem

Handwerkliche Korrekturen, kleinere Teilprozesse, Informationskampagnen an Mitarbeiter etc. gehören eher nicht zu Investitionen und werden daher in diesem Werk nicht weiter beachtet.

3.4 „Wirtschaftlichkeit“, „Wirtschaftlichkeitsrechnung“, „Investitionsrechnung“, „wirtschaftliche Vorteilhaftigkeit“, „wirtschaftliche Durchführbarkeit“ – Abgrenzung der Termini und Beispiele

Die Begriffe

- „Wirtschaftlichkeit“,
- „Wirtschaftlichkeitsrechnung“,
- „wirtschaftliche Durchführbarkeit“ und
- „wirtschaftliche Vorteilhaftigkeit“

werden im Zusammenhang mit Investitionsrechnungen häufig verwendet. Bisweilen setzt man „Investitionsrechnung“ mit „Wirtschaftlichkeitsrechnung“ gleich, obwohl die Ermittlung der „Wirtschaftlichkeit“ sprachlich über die Betrachtung von Investitionen grundsätzlich hinausgeht; denn zu den Erkenntnisobjekten einer Wirtschaftlichkeitsrechnung zählen sicherlich nicht nur Investitionen.

In der englischen Sprache sind die Abgrenzungen zwischen **„Investitionsrechnung“** und **„Wirtschaftlichkeitsrechnung“** klarer. „Wirtschaftlichkeitsrechnung“ wird üblicherweise mit

- *„profitability calculation“*,
- *„cost-effectiveness analysis“* oder mit
- *„economic efficiency calculation“*

übersetzt und i. d. R. nicht auf Investitionen bezogen. Demgegenüber hat der Terminus „**Investitionsrechnung**" im englischsprachigen Ausland mit Übersetzungen wie

- „*investment appraisal*",
- „*capital expenditure budgeting*" oder schlicht
- „*capital budgeting*"

eindeutigen Bezug zu Investitionen.

Es erscheint insofern zweckmäßig, die Bedeutung der o. a. deutschsprachigen Begriffe zu klären.

Der Begriff „Wirtschaftlichkeit" beschreibt

a) für einige Autoren, ob bzw. inwieweit eine Tätigkeit den sogenannten Wirtschaftlichkeitsprinzipien genügt (wertender Begriff),
b) für andere geht es um das Verhältnis des Erfolgs einer Wirtschaftsaktivität zu den eingesetzten Mitteln (neutraler, wertfreier Begriff).

Steht die Erfüllung von Wirtschaftlichkeitsprinzipien im Vordergrund, spielen das Minimal- und das Maximalprinzip eine entscheidende Rolle. Sind Wirtschaftshandlungen auf das Minimalprinzip ausgerichtet, dann soll ein bestimmtes Handlungsergebnis mit minimalem Aufwand erreicht werden. Ist demgegenüber das Maximalprinzip führend, wären die Handlungsergebnisse bei vorgegebenem Aufwand zu maximieren. Wird eine solche Definition („Wirtschaftlichkeit" = Ausrichtung von Handlungen nach den Wirtschaftlichkeitsprinzipien) zugrunde gelegt, dann wird mit „Wirtschaftlichkeit" eine Ja-nein-Wertung abgegeben, nämlich dass – bei ausgedrückter Wirtschaftlichkeit – ein Minimal- oder Maximalzustand erreicht ist. Hieraus ergibt sich dann auch die praktische Schwäche dieser Definition, dass nämlich ein solcher Zustand der Wirtschaftlichkeit wahrscheinlich nie erreicht werden kann, denn die technischen Möglichkeiten der Aufwandsminimierung oder Ergebnismaximierung gehen in aller Regel über die ökonomische Tragfähigkeit hinaus (sie sind zu teuer im Verhältnis zum Nutzen). Eine Aussage wie: „Investitionsprojekt XY erscheint wirtschaftlich" wäre insofern unpräzise, weil keine klare Abgrenzung zwischen ja und nein erfolgen kann.

Deshalb erscheint es sinnvoll, „Wirtschaftlichkeit" generell als das Verhältnis des Erfolgs einer Wirtschaftsaktivität zu den eingesetzten Mitteln zu definieren:

$$\text{Wirtschaftlichkeit} = \frac{\text{Nutzen}}{\text{Einsatz}} = \frac{\text{Erträge}}{\text{Aufwand}}$$

Steigen beispielsweise die Unternehmenserträge und sinken gleichzeitig die Aufwendungen, erhöht sich die Wirtschaftlichkeit. Nehmen die unternehmerischen Aufwendungen zu, ohne dass sich das auf den Erfolg niederschlägt, sinkt die Wirtschaftlichkeit des Unternehmens. Die „Wirtschaftlichkeit" setzt i. d. R. in Währungseinheiten gemessene Sachverhalte (im Zähler und Nenner) in Beziehung.

Eine ähnliche Aussage hat die „Produktivität". Sie vergleicht die Sachverhalte in physikalischen Größen:

$$\text{Produkivität} = \frac{\text{Ausbringungsmenge}}{\text{Faktoreinsatzmenge}} = \frac{\text{Endproduktmasse}}{\text{Rohmaterialmasse}}$$

Beide Größen bewegen sich nicht notwendigerweise in die gleiche Richtung: Die Produktivität kann steigen (es werden beispielsweise mehr Produkte pro Mitarbeiter produziert), während die Wirtschaftlichkeit sinkt (z. B. weil die Produktpreise fallen oder sich die Arbeitskosten erhöhen).

Mit beiden Termini wird die Effizienz eines Betrachtungsobjektes ausgedrückt. „Effizienz" ist insofern ein Oberbegriff von ihnen.

Geht es um Vergleiche oder Veränderungen/Verbesserungen, wird sprachlich mit Komparativen gearbeitet: Etwas ist wirtschaftlicher, produktiver, effizienter, oder etwas hat sich in seiner Produktivität, in seiner Wirtschaftlichkeit oder in seiner Effizienz verbessert. Kann etwas derart ausgedrückt werden, wird Dynamik sichtbar und somit auch eine Veränderung, die als solche positiv oder negativ bewertet werden kann. Die Aussage, etwas sei effizient, produktiv oder wirtschaftlich, enthält demgegenüber eine solche Wertung eigentlich nicht, ist insofern neutral, auch wenn das umgangssprachlich bisweilen anders gehandhabt und verstanden wird.

Die Klarstellung, dass Wirtschaftlichkeit ein neutraler Begriff ist, ist wichtig, sonst ließe sich der Terminus „wirtschaftliche Vorteilhaftigkeit“ nicht verstehen. Wenn nämlich „wirtschaftlich“ schon eine Wertung enthielte („eine Investition sei wirtschaftlich“ und sollte daher freigegeben und umgesetzt werden), bräuchte man den – in nahezu allen deutschsprachigen Fachbüchern zum Thema verwendeten – Terminus „wirtschaftliche Vorteilhaftigkeit“ nicht, um eine Investitionsentscheidung zu treffen; denn mit „wirtschaftlich“ wäre alles gesagt, um auf dessen Basis eine Investitionsentscheidung zu treffen.

Der Begriff „Vorteilhaftigkeit“ als Bestandteil von „wirtschaftliche Vorteilhaftigkeit einer Investition“ drückt aus, dass eine betrachtete Investitionsmöglichkeit ggf. wirtschaftlich im Vorteil[13] ist (wenn der Kapitalwert einen positiven Wert aufweist), und zwar gegenüber der besten Alternativinvestition (bei Eigenkapitalfinanzierung) oder gegenüber dem Nichtstun (bei Fremdkapitalfinanzierung). Die Alternativinvestition wäre in diesem Fall also im Nachteil.

Einen Vorteil zu haben, bedeutet immer, dass etwas anderes einen Nachteil hat. Bei Investitionen ist es genauso. Und damit wird deutlich, dass eine Investitionsrechnung immer eine Vergleichsrechnung ist. Selbst wenn die Finanzierung eines erfolgreich erscheinenden Projektes ausschließlich über Kredite möglich sein sollte, liegt ein Vergleich vor, nämlich zu investieren oder es sein zu lassen, also der Vergleich zu nichts.

Weist ein Investitionsprojekt bei einem Kalkulationszinssatz von 5 % ein Kapitalwert von z. B. 25 000 Euro auf, dann gilt dieses Projekt als „wirtschaftlich vorteilhaft“, weil es nicht nur die gleiche Effektivverzinsung wie der Interne Zinsfuß der besten Alternativanlage, der für die Kalkulation zugrunde gelegt wird, generiert, sondern darüber hinaus weitere 25 000 Euro Zahlungsüberschüsse. Und um genau diese 25 000 Euro ist das Projekt gegenüber der besten Investitionsalternative im Vorteil.

Der Begriff „Wirtschaftlichkeitsrechnung“ im Kontext von Investitionen ist aus folgenden Gründen ungeeignet und wird daher in diesem Werk nicht verwandt:

1) Es wurde erstens bereits erwähnt, dass „Wirtschaftlichkeitsrechnung“ sprachlich weit gefasst ist, sich also nicht nur auf Investitionen beschränkt, weil auch für andere Betrachtungsobjekte Wirtschaftlichkeiten ermittelt werden können. Man könnte natürlich immer schreiben: „Wirtschaftlichkeitsrechnung für Investitionen“.
2) Mit Investitionsrechnungen wird zweitens ja gerade bezweckt, eine Projektbewertung vorzunehmen. Die Aussage des Ergebnisses einer „Wirtschaftlichkeitsberechnung“ ist hingegen neutral, passt insofern nicht und müsste eigentlich lauten „Wirtschaftlichevorteilshaftigkeitsberechnung“ o. Ä., was hinsichtlich der Sprachästhetik problematisch wäre.
3) Mit einer Wirtschaftlichkeitsrechnung würde drittens die Wirtschaftlichkeit von etwas ermittelt werden, indem der Nutzen einer Aktivität in ein Verhältnis zum Aufwand gesetzt wird. Darum geht es bei Investitionen aber gar nicht. Im Zentrum steht nicht die Wirtschaftlichkeit einer Investition. Es geht vielmehr darum, einen Indikatorwert zu berechnen, auf dessen Basis eine (Investitions-)Entscheidung vorbereitet und getroffen werden kann. Eine ermittelte „Wirtschaftlichkeit“ hilft dazu nicht. Benötigt wird eine Aussage über die „wirtschaftliche Vorteilhaftigkeit“, die Methoden wie etwa die Kapitalwertberechnung und die Berechnung des Internen Zinsfußes als Berechnungsergebnis hervorbringen.

13 Bei Investitionsrechnungen steht die wirtschaftliche Vorteilhaftigkeit im Vordergrund. Andere Vorteilhaftigkeiten (etwa technische oder hinsichtlich der Energieeffizienz bzw. der CO_2-Emissionen) sind in aller Regel nachrangig, können aber und werden zunehmend als „*soft facts*“ bei der Beurteilung von Investitionen mitberücksichtigt.

Aus alledem mag deutlich geworden sein, dass der Begriff „Wirtschaftlichkeitsrechnung" im Kontext von Investitionen zwar nicht ungewöhnlich, aber dennoch unzweckmäßig, gar irreführend ist, und es daher sinnvoll erscheint, entsprechende Kalkulationen unter dem Oberbegriff „Investitionsrechnung" zu subsumieren.

Taucht später in diesem Werk bei einer Berechnung ein positiver Kapitalwert von z. B. 25 000 Euro auf, dann wird diese Investitionsalternative als „wirtschaftlich vorteilhaft" bewertet, um daraus dann die Empfehlung zur Freigabe und Umsetzung abzuleiten. „Wirtschaftlichkeit" und „wirtschaftliche Vorteilhaftigkeit" drücken also nicht dasselbe aus.

3.5 „Energiebezogene Investition" – Begriffsabgrenzung, artverwandte Begriffe und Beispiele

Im Fokus dieses Werkes stehen energie- und klimaschutzbezogene Investitionen. Der erstgenannte Begriff ist in der VALERI-Norm DIN EN 17463, Abschnitt 3.8, definiert als „jede Art von Investition, bei der Energieverbrauch oder Energieerzeugung eine Rolle spielen, unabhängig davon, ob es sich um eine Maßnahme zur Verbesserung der energiebezogenen Leistung oder ein Vorhaben für ein Energieversorgungssystem handelt". Es ist demzufolge ein übergeordneter Terminus, der Energieeffizienz- und Klimaschutzinvestitionen miteinschließt, aber auch darüber hinausgeht (etwa die Auswahl des wirtschaftlich vorteilhaftesten Heizsystems für ein Gebäude aus einer Auswahlgruppe, ohne dass Effizienzverbesserungen oder CO_2-Emissionsminderungen im Vordergrund der Entscheidung stehen).

Bei Energieeffizienz- und Klimaschutzinvestitionen handelt es sich um investive Maßnahmen

a) zur Verbesserung der Energieeffizienz (Effizienzverbesserungsmaßnahme) oder

b) zur Reduzierung von Treibhausgasen (Klimaschutzmaßnahme), was das Gleiche sein kann, aber nicht sein muss.

Zur Klärung, was genau damit gemeint ist, worauf sich die Maßnahmen konkret beziehen, welche ähnlichen Begriffe es gibt, die aber vielleicht etwas ganz anderes ausdrücken sollen, und inwieweit es Schnittmengen gibt oder nicht, ist es erforderlich, weitere begriffliche Abgrenzungen vorzunehmen. Dies ist nicht nur hilfreich, um Verwirrungen beim Lesen des Werkes zu verhindern. Da für die Umsetzung von Effizienz- und Klimaschutz- bzw. Dekarbonisierungsmaßnahmen auch staatliche Privilegien gewährt werden (etwa CO_2-Strompreiskompensation), erscheint es gar geboten, klare begriffliche Trennungen vorzunehmen, sodass eine Gewährung nur dann zustande kommt, wenn eine Effizienz- bzw. eine Klimaschutzmaßnahme auch eine entsprechende Maßnahme ist.

Insofern sollen im Folgenden verschiedene Begriffe sowohl aus dem betriebspraktischen als auch aus dem rechtlichen Kontext heraus untersucht und schließlich klar abgegrenzt werden (siehe Abbildung 3-3).

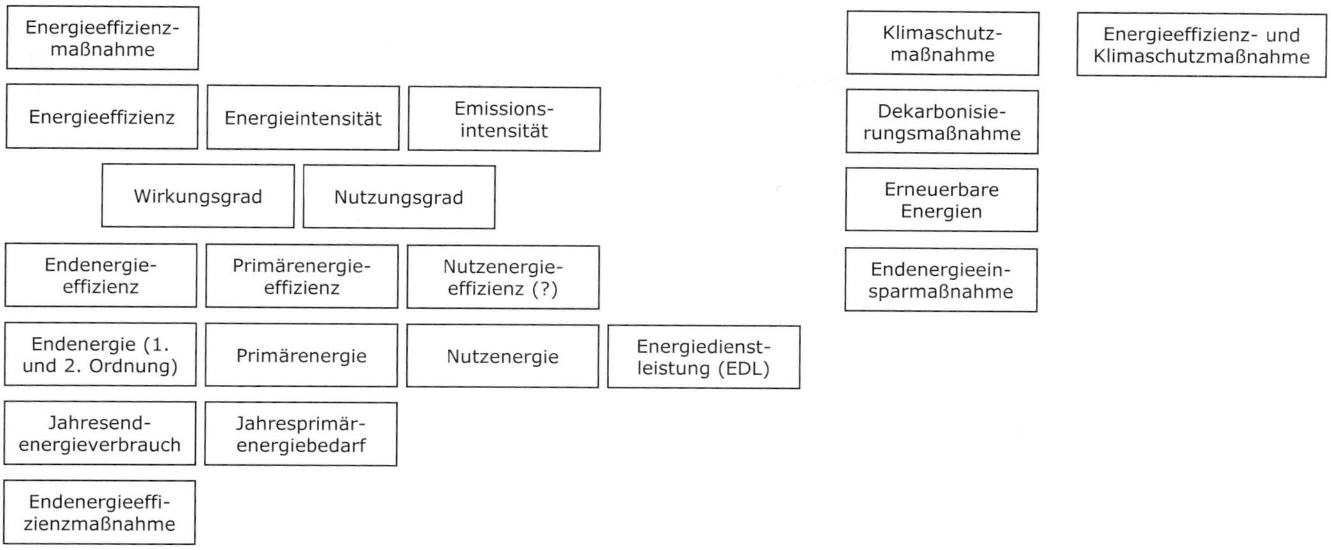

Quelle: eigene Darstellung

Abbildung 3-3: Relevante Begriffe aus dem betriebspraktischen und rechtlichen Kontext

3.6 „Primärenergie“, „Endenergie“ und „Nutzenergie“ sowie „Energiedienstleistung“ und „Energiewertschöpfungskette“ – Begriffsabgrenzungen und Beispiele

Den vorangegangenen Ausführungen entsprechend soll in diesem Werk unter **„Primärenergie“** jene Energieträgerart verstanden werden, die unbearbeitet in der Natur vorliegt und insofern weder einer Aufbereitung noch einer Umwandlung noch einem Transport unterzogen worden ist. Sobald eine Bearbeitung stattgefunden hat, spricht man von **„Sekundärenergie“**. Bisweilen wird zwischen nicht-erneuerbarer und erneuerbarer Primärenergie unterschieden, wobei

- nicht-erneuerbare Primärenergie als in ihrem Vorkommen begrenzt und nach dem gegenwärtigen Stand von Wissenschaft und Technik nicht reproduzierbar angesehen wird (Kohle, Erdöl oder Erdgas) und
- erneuerbare Primärenergie alle Energieträger umfasst, die nach derzeitigem Erkenntnisstand unerschöpflich sind, z. B. Strahlungsenergie der Sonne oder Wind und – derzeit auch noch – Biomasse und Holz.

Wird der Zusatz „nicht-erneuerbar“ oder „erneuerbar“ nicht angegeben (was häufig, z. T. auch in der Gesetzgebung der Fall ist), ist bei Primärenergie i. d. R. „nicht-erneuerbar“ gemeint.

Demgegenüber ist **Endenergie** – als Sekundärenergie – jene Energieträgerart, die an ein Energie nutzendes System (etwa Erdgas an einen Heizkessel oder Elektrizität an eine Spritzgießmaschine) geliefert wird, um schließlich entweder in Nutzenergie (Wärme) oder direkt in eine Energiedienstleistung (einen gespritzten Kunststoffbecher) umgewandelt zu werden. Zur Endenergie zählen beispielsweise Kraftstoff für Pkw, Heizöl für Heizbrenner, Briketts für Öfen, elektrischer Strom für Stereo-Anlagen und Brennholz für Lagerfeuer, aber auch Wärme in einem Fernwärmesystem.

Nutzenergie umfasst nun jene Energieträgerarten, die in einem Energie nutzenden System für den vorgesehenen Zweck verwendet werden. Sie umfassen insofern den Anteil der eingesetzten Endenergie, der tatsächlich der Nutzbarmachung zugeführt wird. Die Differenz zwischen der jeweils eingesetzten Endenergie und der Nutzenergie ist der Energieverlust. Formen der Nutzenergie sind zum Beispiel Wärme zur Raumheizung, Kälte (eigentlich Wärmeentzug) zur Raumkühlung, Licht zur Arbeitsplatzbeleuchtung oder mechanische Arbeit zur Überwindung einer Distanz. Bei einer Glühlampe ist die eingesetzte Endenergie der elektrische Strom, den sie verbraucht. Die zugehörige Nutzenergie wäre das sichtbare Licht, das die Lampe aussendet.

Manchmal ist eine Zuordnung der eingesetzten Energie zu den Energieträgerarten „Endenergie“ und „Nutzenergie“ schwierig oder nicht eindeutig, sodass es sich als sinnvoll erwiesen hat, Untergruppen zu bilden: Endenergie 1. und 2. Ordnung sowie Nutzenergie 1. und 2. Ordnung. Hierauf wird im folgenden Kapitel eingegangen.

Die **Energiedienstleistung** ist schließlich das eigentlich nachgefragte und aus dem Energieverbrauch resultierende Endprodukt. Danach kommt – eigentlich – nichts mehr. Im Sinne von Posch[14] und anderen sowie der begrifflichen Erläuterungen im Entwurf des MietRÄndG, aber im Gegensatz zu den zuvor aufgeführten Legaldefinitionen in der EED oder im EDL-G oder im Sinne eines Contracting steht bei „Energiedienstleistung“ nicht die Verbesserung der Energieeffizienz im Vordergrund. In diesem Werk soll dieser Begriff vielmehr für eine Reihe von Umwandlungen von Energieformen ineinander stehen, die auf Primärenergieträger zurückzuführen sind. Die Energiedienstleistung ist dabei das letzte Glied einer Energiewertschöpfungskette und beschreibt den eigentlichen Grund, den jeweiligen Zweck, weshalb gerade Energie (von der Primärenergie über die Endenergie bis zur Nutzenergie) eingesetzt wird.

Die Grundidee hinter der Einführung des Begriffs „**Energiedienstleistung**“ ist, dass das Augenmerk auf die Dienstleistung (den Nutzeffekt), also den eigentlichen Zweck und nicht primär auf die eingesetzte Energie gerichtet werden sollte. Dadurch wird bewusst gemacht, dass das eigentliche Ziel (etwa der Beheizung von Gebäuden und das Betreiben von Produktionsprozessen) nicht die Lieferung von Wärme ist, sondern das Herstellen einer Behaglichkeitsatmosphäre im Raum oder die Produktion von Endprodukten. Beides ließe sich auch mit geringem Einsatz von Wärme als Nutzenergie (oder vielleicht mit etwas ganz anderem als Wärme) und damit auch mit weniger Primärenergie erreichen, wenn das Gebäude bzw. der Produktionsprozess z. B. mit einer guten Wärmedämmung ausgestattet wäre.

Unter „Energiedienstleistung“ soll in diesem Werk also nicht das Tätigwerden zur Verbesserung der Energieeffizienz verstanden werden, sondern das erwünschte Endergebnis des Energieeinsatzes.

Die Folge von Umwandlungen lässt sich als **Energiewertschöpfungskette** darstellen (siehe Abbildung 3-4), die den Weg von den Energierohstoffen (z. B. Kohle, Erdöl, Wasserkraft als Primärenergie) über angebotsseitige und nachfrageseitige Umwandlungsstufen (beispielsweise Kraftwerke oder Raffinerien auf der Angebotsseite und Transformatoren oder Heizkessel auf der Nachfrageseite) und Energietransportwege bis hin zur Energiedienstleistung (z. B. ein angenehmes Raumklima, zur Verfügung gestellte Information, geschmolzenes Eisen) beschreibt.

14 Vgl. Posch 2011.

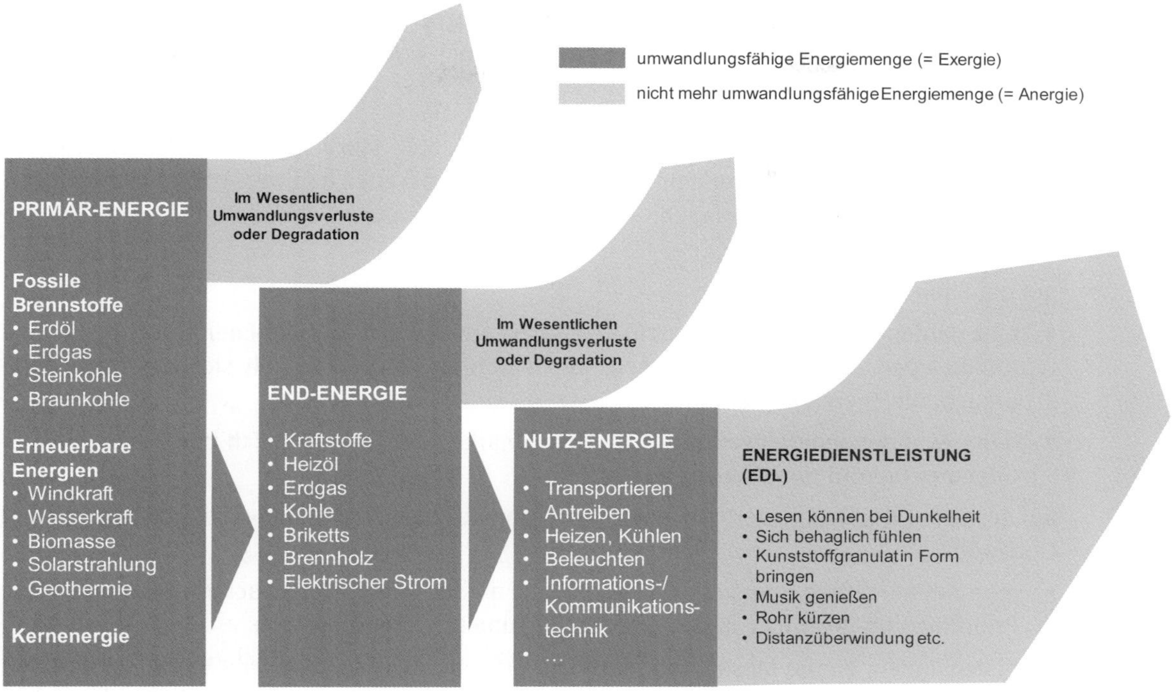

Quelle: eigene Darstellung

Abbildung 3-4: Energiewertschöpfungskette mit Energieträgerarten und Energieumwandlungsstadien

Die Bedeutung einer solchen Energiewertschöpfungskette für das betriebliche Energiemanagement liegt – wie es Posch zu Recht deutlich hervorhebt[15] – vor allem in der Tatsache, dass eine weitreichende Optimierung des Energieeinsatzes sowohl unter Kosten- als auch unter Effizienzgesichtspunkten nur bei Einbeziehung dieser gesamten Wertschöpfungskette zu erzielen ist und die Ursachen des Energieverbrauchs in den Energiedienstleistungen zu finden sind, die demnach zuallererst einer Hinterfragung mit anschließender Optimierung bedürfen (was an späterer Stelle im Rahmen einer energetischen Wertanalyse noch geschehen wird, vgl. Kapitel 11.1.2.1.1).

In der Praxis kann es sinnvoll sein, dass Nutzenergie als solche und nicht etwa bestimmte Endenergiemengen von einem Energieversorger eingekauft werden. Einen Schritt in diese Richtung macht das Energie-Contracting. Der Versorger übernimmt dann die Lieferung der Wärme anstelle eines Energieträgers, mit dem der Kunde sonst in einer eigenen Anlage Wärme erzeugen würde. Er installiert und betreibt selbst einen Wärmeerzeuger (z. B. eine Wärmepumpe, einen Heizkessel oder ein Blockheizkraftwerk) beim Kunden oder installiert einen Fernwärmeanschluss, verrechnet dem Kunden nicht die Anlagekosten und die benötigte Primärenergie, sondern nur die gelieferte Wärmemenge. Der Hauptvorteil dieses Ansatzes ist, dass ein Energieversorger sich leichter als der Kunde umfassend über die beste technische Lösung informieren und die benötigten Anlagen kostengünstiger anschaffen und betreiben kann.

Wenn das Prinzip der Energiedienstleistung konsequent weiterentwickelt wird, besorgt der Energieversorger das Warmhalten des Hauses, indem er ggf. sogar eine Wärmedämmung installiert. Der Versorger würde also tatsächlich die Energiedienstleistung liefern und verrechnen, nicht die Energielieferung. Diese Art von Angebot scheint allerdings bislang kaum zu bestehen – wohl wegen der Problematik, dass die nötigen Eingriffe in die Bausubstanz eine enge Interaktion mit dem Kunden und sehr langfristige Verträge voraussetzen würden. Es gibt jedoch Dienstleister, die auf eigene Rechnung andere (kleinere) Maßnahmen zur Steigerung der Energieeffizienz (auch im Bereich des Verbrauchs elektrischer Energie) vornehmen und dafür an den erzielten Einsparungen beteiligt werden.

15 Vgl. Posch 2011, S. 44 ff.

3.7 „Energiebilanz", „End- und Nutzenergie erster und zweiter Ordnung", „physikalisches Minimum" – Abgrenzungen der Termini und Beispiele

Eine betriebliche Energiebilanz veranschaulicht den – i. d. R. jährlichen – nach Energieträgern unterteilten Primär- und Endenergieeinsatz und ordnet sie oft auch den wesentlichen Energieverbrauchern (i. d. R. Produktionsanlagen, Umwandlungsanlagen und Gebäude) zu. Zu den Zwecken einer derartigen Bilanz zählen

- auf der Ebene der Energieträger:
  - eine zahlenmäßige Übersicht der Verbräuche zu erhalten, um die Energierechnungen zu prüfen oder um Zeitreihenanalysen durchzuführen (Wie entwickelt sich der Energieverbrauch, die Energiekosten?)
  - den Gesamtendenergieverbrauch für Benchmarks oder zum Vergleich mit Grenzwerten in Gesetzen/Verordnungen zu ermitteln
- auf der Ebene der Energieverbraucher (i. d. R. Produktionsanlagen, Umwandlungsanlagen und Gebäude):
  - eine zahlenmäßige Übersicht der Verbräuche an den Energieverbrauchern zu erhalten, um Prioritäten für die Suche nach Verbesserungsmaßnahmen zu setzen
  - festzustellen, ob die Messinfrastruktur zur Erfassung der Energieverbräuche ausreichend ist

Neben den eigentlichen Berechnungen werden nicht selten zusätzlich auch Bilanzgrafiken aufgestellt, die – grob – die wesentlichen Energieflüsse aufzeigen, siehe Abbildung 3-5.

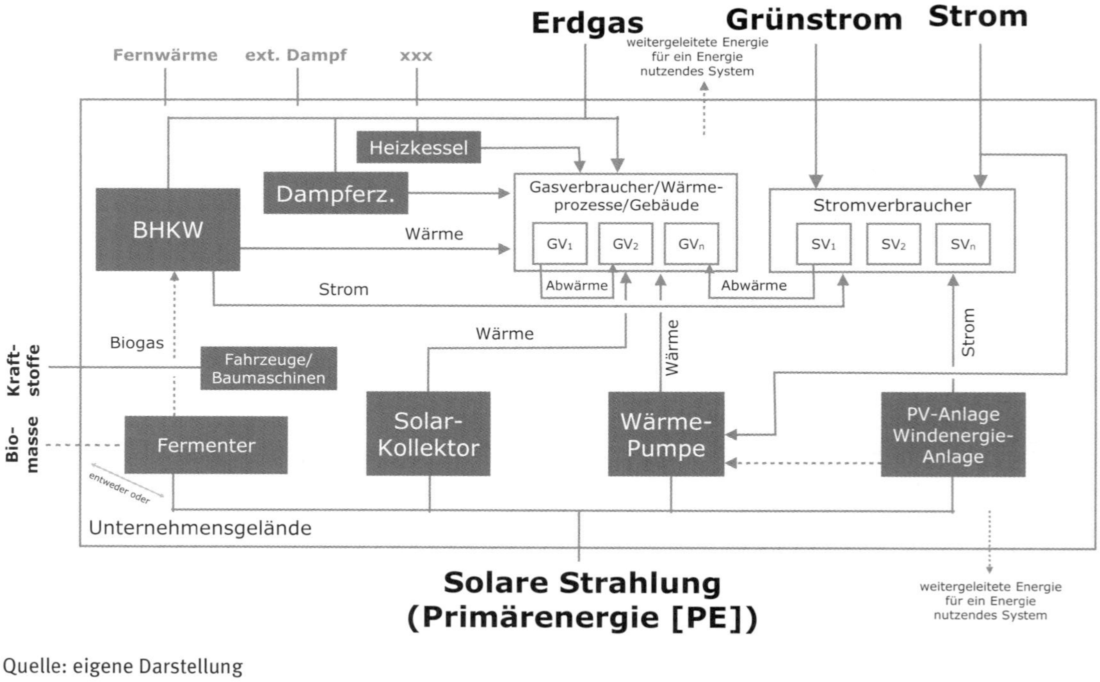

Quelle: eigene Darstellung

Abbildung 3-5: Mögliche Energiebilanz einer Fabrik als Energieflussdiagramm ohne Angabe konkreter Energieflüsse

Die Abbildung zeigt die Energieflussarten eines beispielhaften Unternehmens mit seinen örtlichen Begrenzungen, innerhalb derer verschiedene Energieverbraucher (vor allem Gas- oder Stromverbraucher) entweder direkt durch externe Endenergielieferung, indirekt von internen Umwandlungsanlagen oder gar durch Nutzung der Abwärme anderer Verbraucher versorgt werden. Sofern Messsysteme vorhanden sind, können die verschiedenen Energieströme erfasst und zugeordnet werden, um schließlich eine Komplettbilanz zu erzeugen. Wie soll das geschehen? Wir nähern uns durch Betrachtung einer gesetzlichen Regelung.

Das Energieeffizienzgesetz EnEfG schreibt in seinem § 8 vor, dass Unternehmen mit einem jährlichen durchschnittlichen Gesamtendenergieverbrauch von mehr als 7,5 Gigawattstunden (ab Ende 2026 wohl ab 23,6 GWh) verpflichtet sind, ein Energie- oder Umweltmanagementsystem einzurichten. In § 3 Nr. 8 dieses Gesetzes wird der Begriff „**Endenergie**" definiert als derjenige Teil der eingesetzten Primärenergie, der den Verbrauchern nach Abzug von Energiewandlungs- und Übertragungsverlusten zur Verfügung steht; dabei sollen Umgebungswärme oder -kälte sowie Solarthermie nicht zur Endenergie gehören. Der letzte Halbsatz ist dabei als Spezialregelung der EnEfG aufzufassen, denn in der betrieblichen Praxis werden häufig andere Definitionen des Begriffs „Endenergie" verwandt. Ansonsten entspricht die Definition der Begriffsbestimmung nach DIN EN ISO/IEC 13273-1:2016-06, Abschnitt 3.1.11, wonach Endenergie „Energie, die an ein energienutzendes System geliefert wird", ist.

Dennoch stellt sich die Frage, was alles als Endenergie aufzufassen ist; denn die obige Definition kann im Einzelfall nicht verhindern, dass etwa bei der Erstellung von Energiebilanzen zur Ermittlung des „Gesamtendenergieverbrauchs" eine Mehrfachverrechnung von Energiemengen zustande kommt,[16] wie das folgende Beispiel einer Speiseölproduktion aufzeigt (siehe Abbildung 3-6).

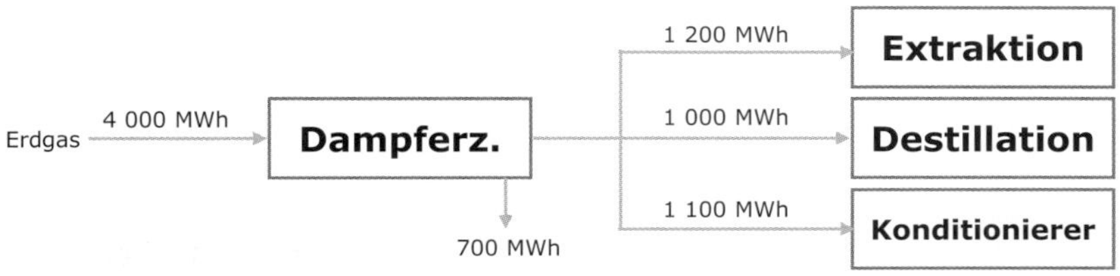

Quelle: eigene Darstellung

Abbildung 3-6: Energieflussschaubild einer Speiseölproduktion

Bei dieser Produktion wird ein Verdampfer eingesetzt, um die nötigen Prozesstemperaturen zu generieren. Hierzu benötigt man 4 000 MWh Erdgas pro Jahr, wovon 700 MWh/a als Abwärme verloren gehen. Die folgenden Prozessschritte sind:

- Extraktion (1 200 MWh/a Dampfeinsatz),
- Destillation (1 000 MWh/a Dampfeinsatz) und schließlich
- Konditionierung (1 100 MWh/a Dampfeinsatz).

Bei allen Energiemengen handelt es sich um Energie, die „an ein Energie nutzendes System geliefert wird", also um Endenergie im Sinne von DIN EN ISO/IEC 13273-1 und dem EnEfG. Würde man nun diese Energiemengen bilanzieren, ergäbe sich ein Gesamtendenergieverbrauch in Höhe von 7 300 MWh/a (siehe Tabelle in Abbildung 3-7).

Bereich	Anlage	Input-Energieträger	Baselineperiode	Endenergieverbrauch pro Jahr [MWh]
Fabrikhalle 1	Dampferzeuger	Erdgas	2024	4 000 MWh/a
Fabrikhalle 1	Extraktion	Dampf	2024	1 200 MWh/a
Fabrikhalle 1	Destillation	Dampf	2024	1 000 MWh/a
Fabrikhalle 1	Konditionierer	Dampf	2024	1 100 MWh/a
Gesamt				7 300 MWh/a

Abbildung 3-7: Bilanzierung der Endenergieeinsätze in Fabrikhalle 1

16 Die Klärung der Frage, was alles als Endenergie aufzufassen ist, scheint nicht trivial zu sein, hätte doch sonst die Bafa im Jahr 2024 nicht ein „Merkblatt zur Ermittlung des Gesamtendenergieverbrauchs" erarbeitet und herausgegeben, dass jedoch das Unschärfeproblem nicht vollends beseitigt.

Und dieser Energieeinsatz entspricht nicht der Realität, ist also fehlerhaft bilanziert, denn es liegt eine Doppelverrechnung vor. Würde man nämlich alle genannten Prozesse stoppen, liefe das nicht auf eine Energieeinsparung von 7 300 MWh, sondern nur 4 000 MWh hinaus.

Wie kann aber denn nun korrekt bilanziert werden? Ansatz 1: vom Endenergieeinsatz des Dampferzeugers nur dessen Wärmeverlust und die Dampfverbräuche der Abnehmer des Dampfes berücksichtigen (siehe Tabelle in Abbildung 3-8).

Bereich	Anlage	Input-Energieträger	Baselineperiode	Endenergieverbrauch pro Jahr [MWh]
Fabrikhalle 1	~~Dampferzeuger~~	~~Erdgas~~	~~2024~~	~~4 000 MWh/a~~
Fabrikhalle 1	Extraktion	Dampf	2024	1 200 MWh/a
Fabrikhalle 1	Destillation	Dampf	2024	1 000 MWh/a
Fabrikhalle 1	Konditionierer	Dampf	2024	1 100 MWh/a
Fabrikhalle 1	Dampferzeuger Verluste	Erdgas	2024	700 MWh/a
Gesamt				4 000 MWh/a

Abbildung 3-8: Bilanzierung des Wärmeverlustes und der Dampfverbräuche

Oder man betrachtet – Ansatz 2 – nur den eigentlichen Verbraucher, der mit externer Endenergie (hier der mit Erdgas betriebene Dampferzeuger) versorgt wird, siehe Abbildung 3-9.

Bereich	Anlage	Input-Energieträger	Baselineperiode	Endenergieverbrauch pro Jahr [MWh]
Fabrikhalle 1	Dampferzeuger	Erdgas	2022	4 000 MWh/a
Gesamt				4 000 MWh/a

Abbildung 3-9: Bilanzierung des Dampferzeugers

Befriedigend sind diese beiden Lösungen allerdings nicht. Denn würde das Erdgas des Dampferzeugers später durch selbsterstellten grünen Wasserstoff oder selbstgenerierten Strom ersetzt werden, kämen neue Zuordnungsprobleme auf. Eine allgemeine Zuordnungslösung ist also erforderlich. Hier ein Vorschlag:

Die Energie, die Verbrauchern zugeführt wird und damit Endenergie ist, wird in

- Endenergie erster Ordnung (EE_1) und
- Endenergie zweiter Ordnung (EE_2)

unterteilt. Q_{EE1} ist dabei die Endenergie, die die Systemgrenze passiert, nicht selbst erzeugt wurde und i. d. R. abgerechnet sowie bezahlt wird. Demgegenüber soll als Endenergie zweiter Ordnung (EE_2) jene nach Wandlung von Q_{EE1} (hier in Wärme) angesehen werden. Sie ist immer noch Endenergie, da diese Energie an ein energienutzendes System geliefert wird (hier Gebäude), siehe Abbildung 3-10.

Bereich	Anlage	Input-Energieträger	Baselineperiode	Endenergieverbrauch pro Jahr [MWh]
Fabrikhalle 1	Dampferzeuger	Erdgas	2024	4 000 MWh/a
Fabrikhalle 1	Extraktion	Dampf	2024	1 200 MWh/a
Fabrikhalle 1	Destillation	Dampf	2024	1 000 MWh/a
Fabrikhalle 1	Konditionierer	Dampf	2024	1 100 MWh/a
Fabrikhalle 1	Dampferzeuger Verluste	Erdgas	2024	700 MWh/a

EE erster Ordnung

EE zweiter Ordnung

Abbildung 3-10: Differenzierung von Endenergie erster und zweiter Ordnung

Q_{EE2} (hier: Wärme) ist für den Abnehmer (hier: das Gebäude) i. d. R. aber auch Nutzenergie Q_{NE}, da es sich um Energie handelt, die dem Verbraucher in gewünschter nutzbarer Form zur Verfügung steht (Nutzenergie ist nach DIN EN ISO/IEC 13273-1:2016-06, Abschnitt 3.1.11.1, „Energie, die in einem energienutzenden System für den vorgesehenen Zweck verwendet wird"). Da sie nicht mehr gewandelt wird, findet im Zuge der Bereitstellung die Transformation in die nachgefragte Energiedienstleistung (EDL) statt, im Gebäudefall durch das „Schaffen einer behaglichen Atmosphäre".

- **Endenergie erster Ordnung (EE_1)** ist also Energie, die an der Systemgrenze zugeführt, nicht selbst erzeugt wurde und i. d. R. abgerechnet sowie bezahlt wird.
- **Endenergie zweiter Ordnung (EE_2)** ist dagegen jene Energie, die aus Primär- oder Endenergie erster Ordnung (PE bzw. EE_1) gewandelt und Prozessen zugeführt wurde oder wird und separat – eben als EE_2 – betrachtet werden muss, um eine Doppeltverrechnung beim Gesamtenergieeinsatz zu vermeiden.

Eine Möglichkeit der Energiebilanzierung besteht nun darin, die Energieeinsätze erster Ordnung zu addieren:

Verbrauch Endenergie 1	Umfang
Verbrauch EE_1 Erdgas	4 320 MWh/a
Verbrauch EE_1 Strom	2 850 MWh/a
Verbrauch EE_1 Fernwärme	930 MWh/a
Verbrauch EE_1 ext. Dampf	0 MWh/a
Verbrauch EE_1 ext. Druckluft	0 MWh/a
Verbrauch EE_1 Pellets, Öl, LNG	0 MWh/a
Verbrauch EE_1 …	0 MWh/a
Summe	8 100 MWh/a

Abbildung 3-11: Betriebliche Energiebilanzierung auf der Ebene der Energieträger

Nach Einführung des Ordnungsschemas für Endenergie (EE erster und EE zweiter Ordnung) würde das Energiebilanzschaubild wie folgt aussehen (siehe Abbildung 3-12).

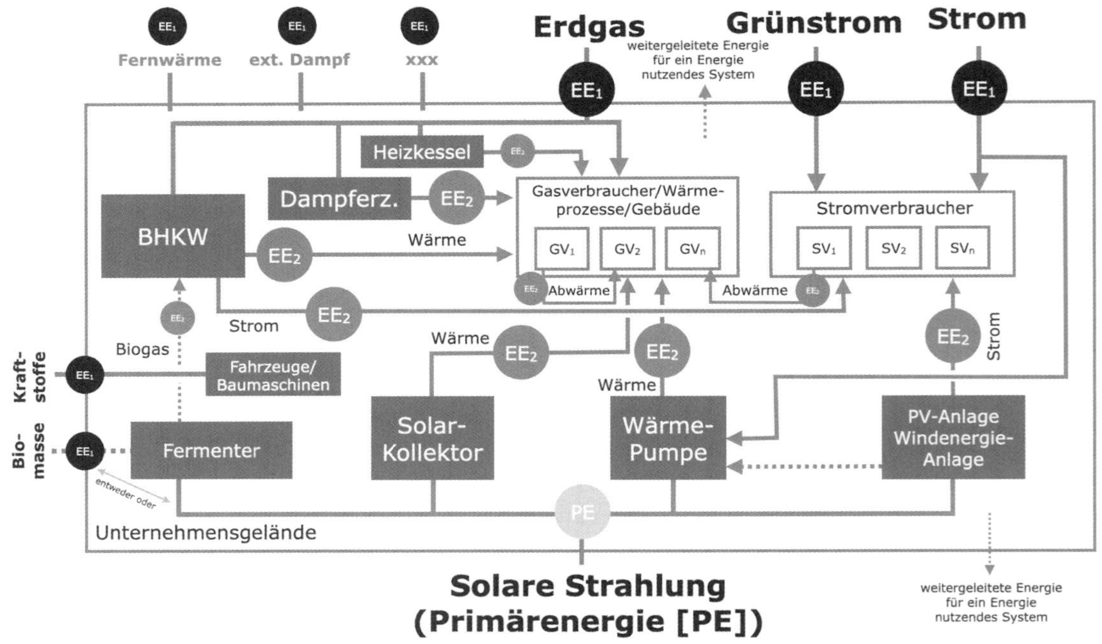

Quelle: eigene Darstellung

Abbildung 3-12: Energiestrombilanz eines Beispielunternehmens

Vorteil dieses – nur EE_1 betrachtenden – Bilanzierungsansatzes ist, dass der Datenerhebungsaufwand sehr gering ist, da die erforderlichen Informationen Rechnungen entnommen werden können. Ferner wird eine umfassende Messinfrastruktur nicht zwingend benötigt. Allerdings ist dieser Ansatz aufgrund seiner Grobkörnigkeit nicht für Steuerungszwecke geeignet und daher eher keine Grundlage für ein Energiemanagementsystem mit funktionierendem Energieleistungskennzahlensystem.

Als Alternative bietet sich eine Bilanzierung auf der Ebene der Energieverbraucher an. Um das Problem der Mehrfachverrechnung von Endenergie zu verhindern, wird im Folgenden eine Vorgehensweise vorgeschlagen, die zunächst die Energieverbraucher in vier verschiedene Gruppen unterteilt (siehe Abbildung 3-13):[17]

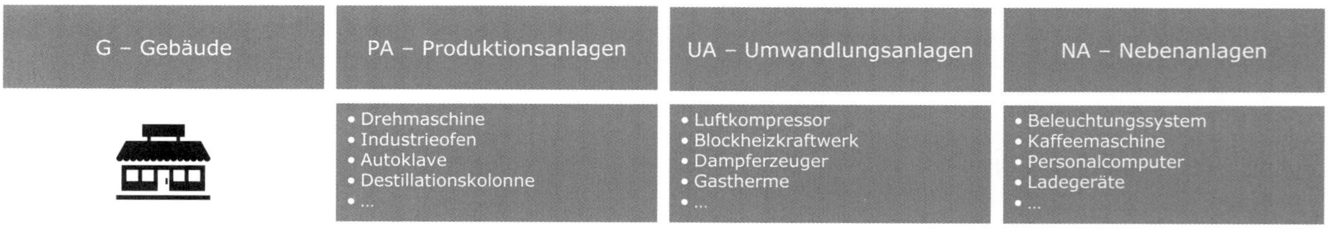

Quelle: eigene Darstellung in Anlehnung an Schieferdecker et al., 2006, S. 99 ff.

Abbildung 3-13: Abgrenzung von Energieverbrauchergruppen

Darauf folgt die Endenergiezuordnung. Bei Umwandlungsanlagen (UA) ist als Endenergieverbrauch nur der Energieverlust anzusehen. Bei Produktionsanlagen und Gebäuden (PA und G) ergibt er sich aus extern bereitgestelltem und intern erzeugtem Energieeinsatz. Die folgende Abbildung verdeutlicht den Zuordnungsansatz von Endenergiemengen, -kosten und -emissionen (Abbildung 3-14).

17 Vgl. Schieferdecker et al. 2006, S. 99 ff.

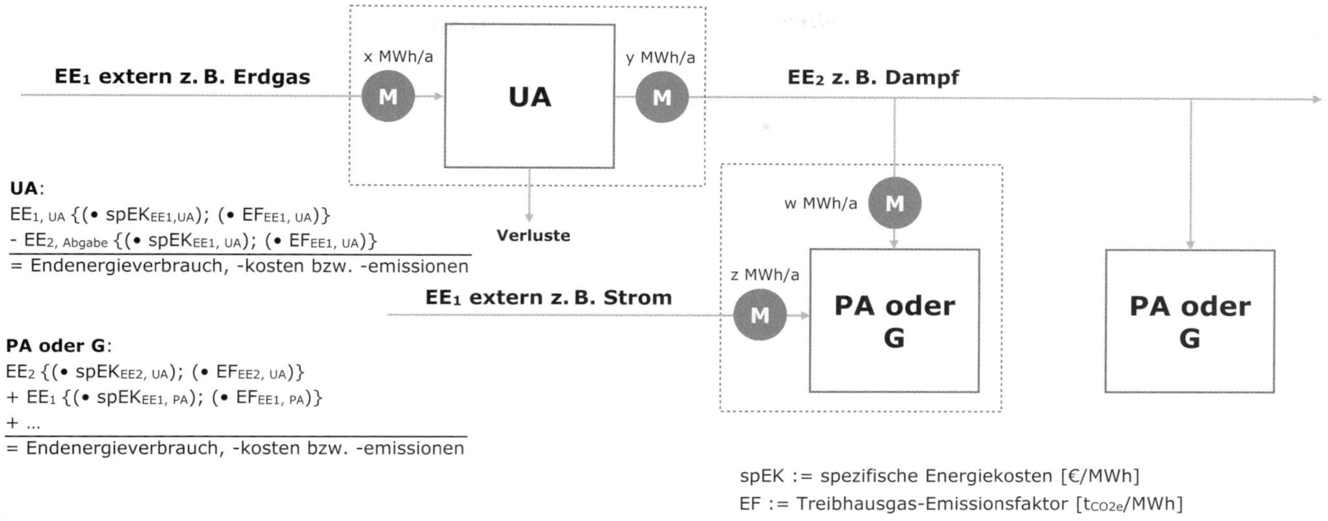

Quelle: eigene Darstellung

Abbildung 3-14: Zuordnungsansatz von Endenergiemengen, -kosten und -emissionen

Sofern es eine Wärmerückgewinnung gibt, wird die betrachtete Energiemenge für den aufnehmenden Prozess als Endenergieverbrauch zweiter Ordnung angesehen und zur Ermittlung der Energiekosten mit dem Kostensatz des eingesparten Energieträgers multipliziert. Und genau diese Energiemenge bzw. Kosten sind bei dem sendenden Prozess abzuziehen, siehe Abbildung 3-15.

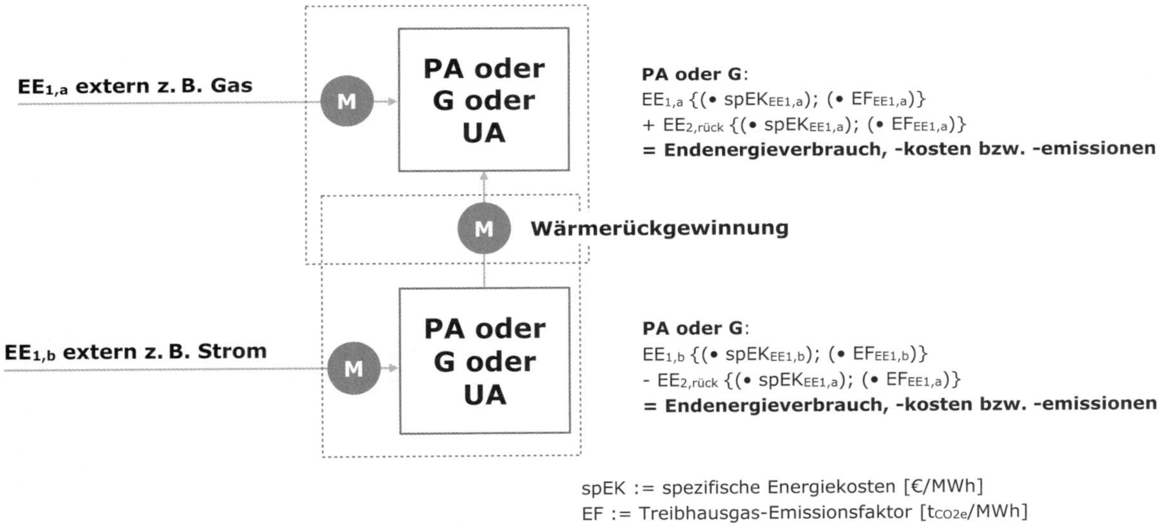

Quelle: eigene Darstellung

Abbildung 3-15: Bilanzierung einer Wärmerückgewinnung

Auf der Grundlage des soeben aufgeführten Ansatzes lässt sich eine betriebliche Endenergiebilanzierung aufstellen, die Mehrfachverrechnungen vermeidet. Sie bezieht sich allerdings auf Endenergie. Insofern stellt sich die Frage, ob eine Differenzierung der Nutzenergie nach dem o. a. Schema eventuell auch sinnvoll ist. Hierauf soll nun eingegangen werden. Verständnishilfe leistet ein einfaches Energieflussschaubild, in dem aufgezeigt wird, dass Endenergien zweiter Ordnung häufig gleichzeitig Nutzenergien sein können, siehe Abbildung 3-16.

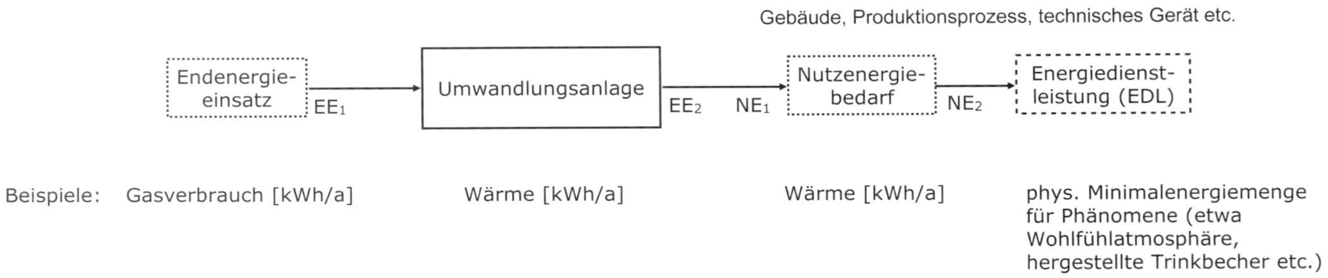

Quelle: eigene Darstellung

Abbildung 3-16: Energieflussschaubild mit Angabe von End- und Nutzenergie

„Nutzenergie" wird in Literatur und Praxis unterschiedlich definiert. Entsprechend einer Broschüre des BMWK[18] ist Nutzenergie diejenige Energie, die dem Endnutzer für seine Bedürfnisse zur Verfügung steht.

Nach DIN EN ISO/IEC 13273-1, Abschnitt 3.1.11.1, umfasst Nutzenergie im Gegensatz dazu die Energie, die für den vorgesehenen Zweck verwendet wird.

Aus der gemeinsamen Betrachtung dieser beiden Definitionen lassen sich zwei Arten von Nutzenergie ableiten, Nutzenergie erster und zweiter Ordnung (NE_1 und NE_2):

- **NE_1**: Energiemenge, die in gewünschter Form zur Verfügung gestellt wird, z. B. Wärme für ein Gebäude[19]
- **NE_2**: Energiemenge, die tatsächlich für den eigentlichen Zweck – nämlich das Hervorbringen der EDL (z. B. Wohlfühlatmosphäre oder Trinkbecher aus Spritzgussmaschine) – verwandt wird

NE_2 ist immer kleiner als oder gleich der NE_1. Wenn NE_2 unterschritten wird, käme die EDL nicht zustande. NE_2 ist insofern das **„physikalische Minimum"** (in Anlehnung an VDI 4663:2021 Blatt 1). Worum handelt es sich dabei?

Die Herstellung einer bestimmten **Anzahl** an Produkten (fertigungstechnischer Prozess) oder einer bestimmten **Menge** eines Produktes (verfahrenstechnischer Prozess) macht den Einsatz von Energie erforderlich. Die Energiemenge, die aus physikalischer Sicht zur Produktion eines bestimmten Produktions-Outputs mindestens erforderlich ist, wird als „physikalisches Minimum" und soll hier als Nutzenergie zweiter Ordnung NE_2 bezeichnet werden. Sie lässt sich je nach Prozessart mit unterschiedlichem Recherche- bzw. Analyseaufwand ermitteln. Relativ einfach ist etwa die Ermittlung bei Produktionsprozessen, bei denen Aggregatzustandsveränderungen eine zentrale Rolle spielen, z. B. beim Umformen (etwa Druck- und Spritzguss), wohingegen bei Schneid- und Schleifprozessen die Ermittlung deutlich schwieriger sein dürfte. So benötigt – als Beispiel für eine Ermittlung der Nutzenergie beim Spritzguss – die Umformung einer Jahresproduktionsmenge von 1 000 Tonnen Polypropylengranulat in Trinkbecher bei einer Umgebungstemperatur von 25 °C eine Energiemenge von mindestens 121 250 kWh (Temperaturerhöhung plus Schmelzenthalpie = physikalisches Minimum).

18 Siehe BMWK 2021, S. 79.

19 In der Regel wird Nutzenergie (Energieform für den vorgesehenen Zweck) an ihren Bestimmungsort zur Generierung der EDL geliefert (z. B. Wärme zur Schaffung einer Wohlfühlatmosphäre) und ist damit gleichzeitig auch Endenergie (zweiter Ordnung).

3.8 „Energieeffizienz", „Wirkungsgrad", „Nutzungsgrad" – Begriffsabgrenzungen und Beispiele

Energieeffizienz ist ein Maß für den Energieaufwand zur Erreichung eines festgelegten Nutzens. Sie beschreibt das Verhältnis des Ertrags an Leistung, Dienstleistungen, Waren oder (Output-) Energie zum Energieeinsatz (so auch § 3 Nr. 14 EnEfG und DIN EN ISO/IEC 13273-1:2016-06, Abschnitt 3.4.2). Energieeffizienz wird durch den folgenden Quotienten – der nicht immer numerisch ermittelt werden kann – ausgedrückt:

$$\text{Energieeffizienz} = \frac{\text{Nutzen}}{Q_{\text{Input}}}$$

Beim Nutzen handelt es sich entweder um Energie (nach einer Energieumwandlung von einer Energieträgerart in eine andere, etwa von elektrischem Strom in Wärme) oder um sogenannte Energiedienstleistung (Leistung, Dienstleistungen, Waren, Atmosphäre etc., also das, was der Energieverbrauch bewirken soll).

Je geringer der Energieeinsatz ist, um einen bestimmten Nutzen hervorzubringen, desto höher ist die Energieeffizienz. Wenn der Output eines Prozesses energetischen Charakter aufweist, dann lässt sich die Energieeffizienz als Nutzungsgrad η_N darstellen:

$$\eta_N = \frac{Q_{\text{Output}}\ [\text{kWh}]}{Q_{\text{Input}}\ [\text{kWh}]}$$

Abbildung 3-17 zeigt Beispiele dazu.

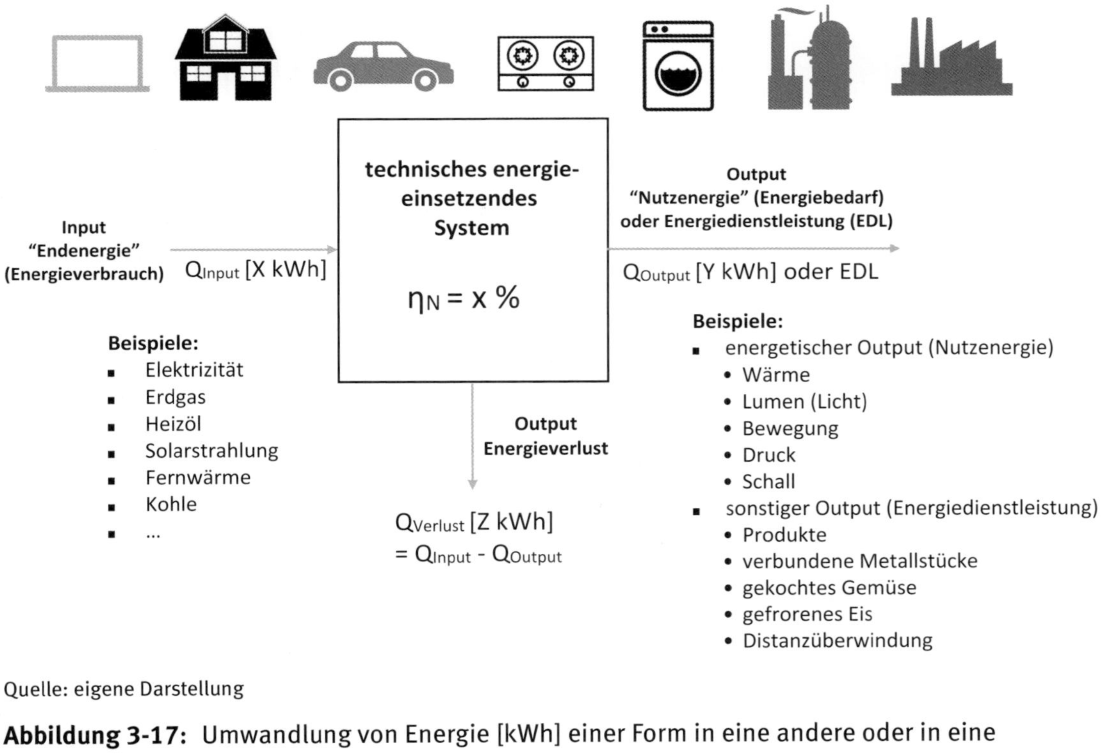

Quelle: eigene Darstellung

Abbildung 3-17: Umwandlung von Energie [kWh] einer Form in eine andere oder in eine Energiedienstleistung

Beim Nutzungsgrad stehen Energiewandlungen im Mittelpunkt. Daher werden Energiemengen sowohl auf Input- als auch auf Outputseite (Q_{out} zu Q_{in}) in ein Verhältnis gesetzt. Der Begriff „Energieeffizienz" ist dagegen weiter definiert und betrachtet das Verhältnis von allgemeinem nutzenstiftendem Output (z. B. Produktmenge) zu dem dafür erbrachten Energieeinsatz (Q_{in}). **Der Nutzungsgrad ist insofern ein Energieeffizienzmaß für Energieumwandlungsanlagen.**

Werden nicht Energiemengen [kWh oder kWh/a], sondern (physikalische) Leistungen [kW] ins Verhältnis gesetzt, spricht man vom **Wirkungsgrad** (siehe Abbildung 3-18), der für Investitionsrechnungen aber kaum eine Rolle spielt, weil energetische Leistungen nicht ökonomisch – etwa in Euro – bewertet werden (abgesehen von Leistungspreisen für Spitzenlasten, durch die Verbraucher an der Bereitstellung von Kraftwerkskapazitäten beteiligt werden sollen). Er ist deutlich leichter zu ermitteln, weil der Faktor Zeit (kW und nicht kWh) bei seiner Bestimmung nicht berücksichtigt zu werden braucht. Der Wirkungsgrad lässt sich beispielsweise bei einer Heiztherme ermitteln, indem auf einem Prüfstand die Therme über einen – eher kurzen – Zeitraum mit Erdgas beaufschlagt auf Nennleistung (= Maximalleistung) gebracht und das Verhältnis von abgegebener zu zugeführter Leistung (jeweilige Energiemenge dividiert durch die Zeit) ins Verhältnis gesetzt wird. **Der Wirkungsgrad spiegelt insofern eine Volllastausbringungsquote wider.**

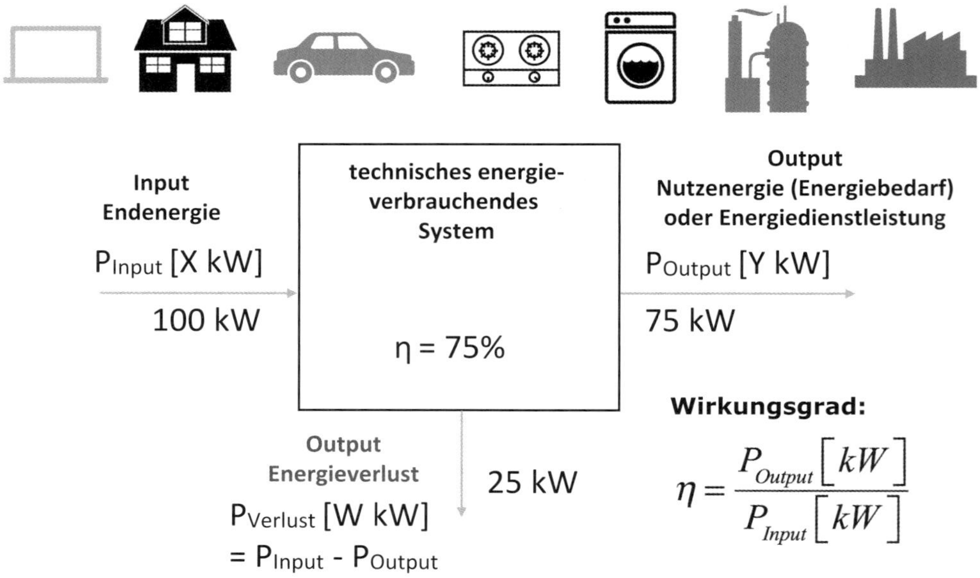

Quelle: eigene Darstellung

Abbildung 3-18: Abgrenzung des Wirkungsgrades

Da aber die Art der Nutzung eines energieeinsetzenden Systems über die Nutzungsdauer üblicherweise schwankt, je nachdem, auf welchem Lastniveau das System betrieben wird (Volllast, Halblast, Viertellast etc.), schwankt auch der Wirkungsgrad. Soll der Energieertrag, die Energieeinsparung oder der Energieverbrauch eines Systems ermittelt und – für eine Kapitalwertberechnung – mit Geldbeträgen (i. d. R. für einen Zeitraum von einem Jahr) bewertet werden, dann ist insofern der Wirkungsgrad üblicherweise ungeeignet (etwa, um aus einem Energiebedarf [kWh/a] einen Energieverbrauch [kWh/a] auszurechnen) und muss dem Nutzungsgrad weichen.

Die Steigerung der Energieeffizienz ist – abgesehen von Verhaltensänderungen und Prozessumstellungen (die man jeweils auch als Investition betrachten könnte) – in aller Regel mit Investitionsausgaben verbunden. Energieverbrauch wird dabei durch den Produktionsfaktor Kapital ersetzt (z. B. verbesserter Produktionsprozess oder Gebäudedämmung). Es wird investiert, um – bei konstanten Rahmengegebenheiten – weniger Energie einsetzen zu müssen.

Anreize zur Steigerung der Energieeffizienz ergeben sich – ökonomisch betrachtet – demzufolge immer dann, wenn eine Energieeffizienzverbesserungsmaßnahme ein positives Aufwand-Nutzen-Verhältnis aufweist, sich ein ökonomischer Vorteil ergibt, wenn also die Investitionsausgabe sowie weitere mögliche Auszahlungen während der gesamten Wirkungsdauer der Maßnahme von den diskontierten Rückflüssen, die bei energiebezogenen Investitionen aus Energiekosteneinsparungen oder Einspeisevergütungen sowie artverwandten Energieverkäufen bestehen, kompensiert werden und darüber hinaus eine Effektivverzinsung entsteht, die höher ist als die anderer Investitionsmöglichkeiten, und so ein Vorteil (eine wirtschaftliche Vorteilhaftigkeit) zustande kommt.

Üblicherweise lässt sich dieser mögliche Vorteil durch Kapitalwertrechnungen darstellen. Ist der Kapitalwert positiv bzw. angemessen, wird ein Anreiz, aktiv zu werden, ausgelöst, andernfalls nicht. Der kapitalwertgetriebene Anreiz zur Ergreifung von Energieeffizienzmaßnahmen steigt infolgedessen insbesondere mit

- sinkenden spezifischen Investitionsausgaben,
- hoher Wirkungsdauer (also Anzahl an Jahren/Perioden, in denen die Effizienzmaßnahme Rückflüsse erwirkt) [Jahre] und
- steigenden Energiepreisen [€/kWh], weil der Wert von Einsparungen dadurch ansteigt [€/Jahr].

3.9 Energieeffizienzarten, Energieintensitätsarten, „Emissionsintensität" – Abgrenzungen und Beispiele

Üblicherweise wird bei der Ermittlung von Energieeffizienz ein festgelegter Nutzen zum (End-) Energieeinsatz ins Verhältnis gesetzt:

$$\text{Energieeffizienz} = \frac{\text{Nutzen}}{\text{Endenergieeinsatz}}$$

Worauf sich die **Energieeffizienz** genau bezieht, klären wir im Folgenden.

Für das beispielhafte Erwärmen von 10 Litern Wasser von 10 °C auf 95 °C auf einem Gasherd sind unter üblichen Rahmengegebenheiten etwa 2,2 kWh erforderlich (da hier über das physikalische Minimum von 1 kWh hinaus Wärmeverluste von etwa 1,2 kWh zustande kommen). Ein konventioneller Elektroherd mit Gusseisenplatte benötigt demgegenüber 1,7 kWh. Auf den ersten Blick weist somit der Elektroherd eine höhere Effizienz auf, scheint also effizienter zu sein. Mit Blick auf die Formel für die Endenergieeffizienz ist das auch so:

$$\text{Endenergieeffizienz} = \frac{\text{Nutzen}}{\text{Endenergieeinsatz}}$$

Eine besondere Form der Endenergieeffizienz ist der im vorangegangenen Abschnitt bereits erwähnte Nutzungsgrad, der immer dann ermittelt werden kann, wenn der angestrebte Nutzen einen energetischen Charakter aufweist (also bei Energiewandlungsanlagen). Bei diesem angestrebten Nutzen handelt es sich dann um Nutzenergie, die durch den Einsatz von Endenergie – im Zuge einer Energieformwandlung – erzeugt werden soll. Insofern lässt sich die bereits vorgestellte Nutzungsgradformel wie folgt präzisieren:

$$\eta_N = \frac{Q_{\text{Output}}\,[\text{kWh}]}{Q_{\text{Input}}\,[\text{kWh}]} = \frac{\text{Nutzenergiemenge [kWh]}}{\text{Endenergiemenge [kWh]}}$$

Da die Nutzenergiemenge gemäß dem Ersten Hauptsatz der Thermodynamik niemals oberhalb der Endenergiemenge liegen kann, ist der maximale Nutzungsgrad auf 100 % begrenzt.

Bis hierhin wurde versäumt zu berücksichtigen, dass die Herstellung von konventionell erzeugter Elektrizität (etwa in Kohlekraftwerken) im Vergleich zur Bereitstellung von Erdgas deutlich ineffizienter ist. Außerdem spielte der eingesetzte Energieträger keine Rolle. Insbesondere wenn es darum geht, die Treibhausgas- oder die Naturbelastung von energetischen Prozessen zu vergleichen, erscheint die Endenergieeffizienz als Vergleichsmaßstab ungeeignet zu sein.

Alternativ dazu könnte man die **Primärenergieeffizienz** heranziehen. Sie lässt sich ermitteln, indem man anstelle des Endenergieeinsatzes den Primärenergieeinsatz bei der Verhältnisermittlung wie folgt zugrunde legt:

$$\text{Primärenergieeffizienz} = \frac{\text{Nutzen}}{\text{Primärenergieeinsatz}}$$

Der Primärenergieeinsatz spiegelt die Entnahme an Rohenergie aus der Natur wider, bezieht sich üblicherweise nur auf die nicht erneuerbaren Anteile, berücksichtigt Umwandlungs- und Übertragungsverluste und ist damit ein (grober) Indikator für die Treibhausgasbelastung, die von einem Prozess ausgeht. Nicht ohne Grund muss dieser Wert im Energieausweis ausgewiesen werden.

Der Primärenergieeinsatz lässt sich ermitteln, indem man den Endenergieeinsatz mit einem Primärenergiefaktor des jeweiligen Energieträgers multipliziert. Dieser Primärenergiefaktor, der regelmäßig aktualisiert wird, kann Normen und Gesetzen (insbesondere der Norm DIN/TS 18599-12 und dem GEG) entnommen werden.

Berechnet man nun die Primärenergieeffizienz als Division der Energiedienstleistung (Erwärmen von 10 Liter Wasser von 10 °C auf 95 °C) durch den Primärenergieeinsatz, kommt man im Beispiel zu einer gänzlich anderen Bewertung: Der mit konventionell erzeugtem Strom betriebene Standard-Elektroherd weist eine deutlich schlechtere Effizienz (jetzt Primärenergieeffizienz) auf, wie Abbildung 3-19 verdeutlicht.

Gasherd konventionell

$$Endenergieeffizienz_{Gasherd} = \frac{10\ Liter\ heißes\ Wasser}{2{,}2kWh}$$

$$Primärenergieeffizienz_{Gasherd} = \frac{10\ Liter\ heißes\ Wasser}{2{,}4kWh}$$

Elektroherd konventionell

$$Endenergieeffizienz_{Elektroherd} = \frac{10\ Liter\ heißes\ Wasser}{1{,}7kWh}$$

höhere Effizienz

$$Primärenergieeffizienz_{Elektroherd} = \frac{10\ Liter\ heißes\ Wasser}{3{,}1kWh}$$

geringere Effizienz

= 1,7 kWh × 1,8

Beispielhafte Primärenergiefaktoren (nicht erneuerbare Anteile):
Erdgas: 1,1
konv. Strom: 1,8

Quelle: eigene Darstellung

Abbildung 3-19: Unterschied zwischen Endenergie- und Primärenergieeffizienz am Beispiel des Kochens von Wasser unter realen Bedingungen mit Primärenergiefaktoren aus dem GEG

Wenngleich Primärenergieverbräuche und damit auch Primärenergieeffizienzen in der praktischen Wirklichkeit eine bedeutende Rolle spielen (etwa auf Energieausweisen), sind sie dennoch nur ein grober Indikator, weil sie nicht die tatsächlichen THG-Belastungen widerspiegeln. So haben nach der Normenreihe DIN V 18599:2018-09 – auf die das GEG referenziert – Heizöl, Erdgas, Flüssiggas und Steinkohle den gleichen Primärenergiefaktor, obwohl sich ihre Emissionsfaktoren massiv unterscheiden. Insofern ist nicht ganz nachzuvollziehen, wieso der GEG-Energieausweis die Darstellung des spezifischen Primärenergieverbrauchs fordert.

Denkbar ist auch die Ermittlung einer **Nutzenergieeffizienz**. Sie ergibt sich im Rahmen einer Division des Nutzens eines Energieeinsatzes zum eigentlichen Energieeinsatz:

$$\text{Nutzenergieeffizenz} = \frac{\text{Nutzen}}{\text{Nutzenergieeinsatz}}$$

Wenn ein Gebäude beispielsweise einen Jahresenergiebedarf von 20 000 kWh aufweist, der etwa durch Anwendung der Norm DIN/TS 18599-12 ermittelt worden ist, dann handelt es sich bei diesem Betrag um eine Wärmemenge, die als Nutzenergie erforderlich ist, um in allen Bereichen des Gebäudes eine Behaglichkeitsatmosphäre (= Nutzen) herzustellen. Würde nun durch eine energetische Sanierungsmaßnahme die Gebäudehülle verändern (etwa durch Installation eines Wärmedämmverbundsystems), ergäbe sich eine Erhöhung der Energieeffizienz, da nach der

Maßnahme z. B. nur noch 15 000 kWh Nutzenergie zur Generierung des gleichen Nutzens erforderlich wären.

Es fällt auf, dass – abgesehen vom Endenergieeffizienzindikator „Nutzungsgrad" – eine leicht verständliche, idealerweise numerische Aussage auf der Basis der Effizienzindikatoren nicht abgeleitet werden kann: „Man erhält den erwünschten Nutzen für 15 000 kWh."

Wenn bei konstantem Nutzen der Energieeinsatz (unabhängig davon, ob es sich um Nutzenergie, Endenergie oder Primärenergie handelt) abnimmt oder geringer ist, hat sich die jeweilige Effizienz erhöht, gar verbessert. Eine Aussage ergibt sich also aus Vergleichen vorher vs. nachher oder von zwei unterschiedlichen Prozessen, die den gleichen Nutzen hervorrufen. Ein Indikatorwert als solcher hat hingegen nur eine geringe Aussagekraft. Effizienzen sind – abgesehen vom Nutzungsgrad – im praktischen Gebrauch insofern etwas unhandlich.

Erheblich einfacher zu verstehen sind demgegenüber die sogenannten **Energieintensitäten.** Man ermittelt sie, indem man den Nutz-, End- oder Primärenergieeinsatz durch die Energiedienstleistung (z. B. Erwärmen von 10 Liter Wasser von 10 °C auf 95 °C) dividiert. Die Intensität ist somit der Reziprok- oder Kehrwert der Energieeffizienz. Die Energieintensität hat gegenüber der Energieeffizienz eine klarere und eingängigere Aussage und kann zudem leicht in Währungsbeträge transferiert werden, im Beispiel bei spezifischen Gaskosten in Höhe von 0,1 €/kWh: 1 Cent pro Liter Wasser (siehe Abbildung 3-20).

Bei der Erwärmung von Wasser liegt die Endenergieintensität bei einem konventionellen Gasherd bei 0,22 kWh pro Liter (2,2 kWh/10 Liter) und bei einem Elektroherd mit Gusseisenplatten und konventionell hergestelltem Strom bei 0,17 kWh pro Liter. Die Primärenergieintensitäten betragen hingegen 0,24 kWh pro Liter Wasser beim Gasherd und 0,31 kWh pro Liter beim Elektroherd.

Gasherd konventionell

$$Endenergieintensität_{Gasherd} = 0{,}22 \frac{kWh}{Liter\ heißes\ Wasser}$$

$$Spez.\ Energiekosten_{Gasherd} = 2{,}2 \frac{Cent}{Liter\ heißes\ Wasser}$$

$$Primärenergieintensität_{Gasherd} = 0{,}24 \frac{kWh}{Liter\ heißes\ Wasser}$$

$$Emissionsintensität_{Gasherd} = 53 \frac{gCO_{2e}}{Liter\ heißes\ Wasser}$$

Elektroherd konventionell

$$Endenergieintensität_{Elektroherd} = 0{,}17 \frac{kWh}{Liter\ heißes\ Wasser}$$

geringere Intensität

$$Spez.\ Energiekosten_{Elektroherd} = 5{,}1 \frac{Cent}{Liter\ heißes\ Wasser}$$

$$Primärenergieintensität_{Elektroherd} = 0{,}31 \frac{kWh}{Liter\ heißes\ Wasser}$$

höhere Intensität

$$Emissionsintensität_{Elektroherd} = 95 \frac{gCO_{2e}}{Liter\ heißes\ Wasser}$$

höhere Intensität

Beispielhafte Endenergiepreise:
Erdgas: 0,10 €/kWh
konv. Strom: 0,30 €/kWh

Beispielhafte Primärenergiefaktoren (nicht erneuerbare Anteile):
Erdgas: 1,1
konv. Strom: 1,8

Beispielhafte Emissionsfaktoren:
Erdgas: 240 g/kWh
konv. Strom: 550 g/kWh

Quelle: eigene Darstellung

Abbildung 3-20: Unterschied zwischen Endenergie-, Primärenergie- und Emissionsintensität am Beispiel des Kochens von Wasser unter realen Bedingungen

Wie im vorletzten Abschnitt bereits erwähnt, sind die Primärenergie und damit die Primärenergieeffizienz und -intensität nur grobe Indikatoren im Hinblick auf die Bewertung einer möglichen Treibhausgasbelastung. Besser – und keineswegs komplizierter zu ermitteln – erscheint die **Emissionsintensität**. Sie ergibt sich, indem man den prozessbedingten Umfang an THG-Emissionen durch die Energiedienstleistung (z. B. Erwärmen von 10 Liter Wasser von 10 °C auf 95 °C) dividiert.

Der Umfang an THG-Emissionen (üblicherweise gemessen in kg oder Tonnen) lässt sich vergleichsweise einfach durch Multiplikation des **Endenergie**einsatzes mit dem jeweiligen **Emissionsfaktor** ermitteln, der Standardtabellen (GEG oder Norm DIN/TS 18599-12) entnommen werden kann und z. T. Aktualisierungen unterworfen ist (etwa, wenn sich der Strommix in einem Land ändert). Bezugnehmend auf das behandelte Beispiel beträgt der aktuelle Emissionsfaktor für konventionellen Strom 550 g/kWh und der für Erdgas 240 g/kWh (wobei letztgenannter sich wohl nicht mehr ändern wird, weil er sich aus der Atomzusammensetzung der Erdgasmoleküle ergibt). Multipliziert man also nun beim Gasherd 2,2 kWh Erdgaseinsatz für die Erwärmung des Wassers mit 55 g/kWh und dividiert das Ganze durch die Energiedienstleistung (Erwärmen von 10 Liter Wasser von 10 °C auf 95 °C), ergibt sich eine Emissionsintensität in Höhe von 53 g THG pro Liter heißes Wasser. Bei der Erwärmung mit dem konventionell betriebenen Gusseisen-Elektroherd käme man demgegenüber auf 95 g THG pro Liter (siehe Abbildung 3-20).

Würde man nun im Beispiel beim Elektroherd einen Energieträgerwechsel vornehmen und den konventionellen Strom komplett durch Photovoltaikstrom ersetzen (Primärenergiefaktor: 0 [ohne Einheit] und Emissionsfaktor: 0 g/kWh), dann ergäbe sich bei der Ermittlung der (Endenergie-) Effizienz keine Änderung. Dagegen zeigen die Primärenergieintensität und Emissionsintensität, dass die Maßnahme (Energieträgerwechsel) eine massive Veränderung der THG-Belastung hervorgerufen hat (siehe Abbildung 3-21).

Elektroherd konventionell

$$Endenergieintensität_{Elektroherd} = 0{,}17 \frac{kWh}{Liter\ heißes\ Wasser}$$

$$Spez.Energiekosten_{Elektroherd} = 5 \frac{Cent}{Liter\ heißes\ Wasser}$$

$$Primärenergieintensität_{Elektroherd} = 0{,}31 \frac{kWh}{Liter\ heißes\ Wasser}$$

$$Emissionsintensität_{Elektroherd} = 95 \frac{gCO_{2e}}{Liter\ heißes\ Wasser}$$

Elektroherd solarunterstützt

$$Endenergieintensität_{PV\text{-}Elektroherd} = 0{,}17 \frac{kWh}{Liter\ heißes\ Wasser}$$

gleiche Endenergieintensität

$$Spez.Energiekosten_{PV\text{-}Elektroherd} = 3{,}4 \frac{Cent}{Liter\ heißes\ Wasser}$$

$$Primärenergieintensität_{PV\text{-}Elektroherd} = 0 \frac{kWh}{Liter\ heißes\ Wasser}$$

Null Primärenergieintensität

$$Emissionsintensität_{PV\text{-}Elektroherd} = 0 \frac{gCO_{2e}}{Liter\ heißes\ Wasser}$$

Null Emissionsintensität

Beispielhafte Endenergiepreise:
Erdgas: 0,10 €/kWh
Energiegestehungskosten PV-Strom: 0,20 €/kWh

Beispielhafte Primärenergiefaktoren (nicht erneuerbare Anteile):
Erdgas: 1,1
PV-Strom: 0

Beispielhafte Emissionsfaktoren:
Erdgas: 240 g/kWh
PV-Strom: 0 g/kWh

Quelle: eigene Darstellung

Abbildung 3-21: Unterschied zwischen Endenergie-, Primärenergie- und Emissionsintensität am Beispiel des Kochens von Wasser; hier Vergleich einer konventionellen und solarunterstützten Elektroherdnutzung

Am Beispiel eines zu beheizenden Gebäudes sollen die Zusammenhänge verdeutlicht werden. Ziel des Energieeinsatzes bei einem Wohn- oder Verwaltungsgebäude ist, eine Behaglichkeitsatmosphäre über ein gesamtes Jahr her- oder sicherzustellen. Im Sinne der Ermittlung einer Energieintensität ist die Erfüllung dieses Ziels der Nutzen und damit die Erbringung der Energiedienstleistung (EDL). Im Rahmen einer Bedarfsanalyse lässt sich der Wärme- und somit Nutzenergiebedarf ermitteln, der im Beispiel 21 000 kWh pro Jahr betragen soll. Mit Bezug auf den zuvor festgelegten Nutzen handelt es sich somit um die **Nutzenergieintensität** (21 000 kWh Nutzenergie pro Jahresnutzen), siehe Abbildung 3-22.

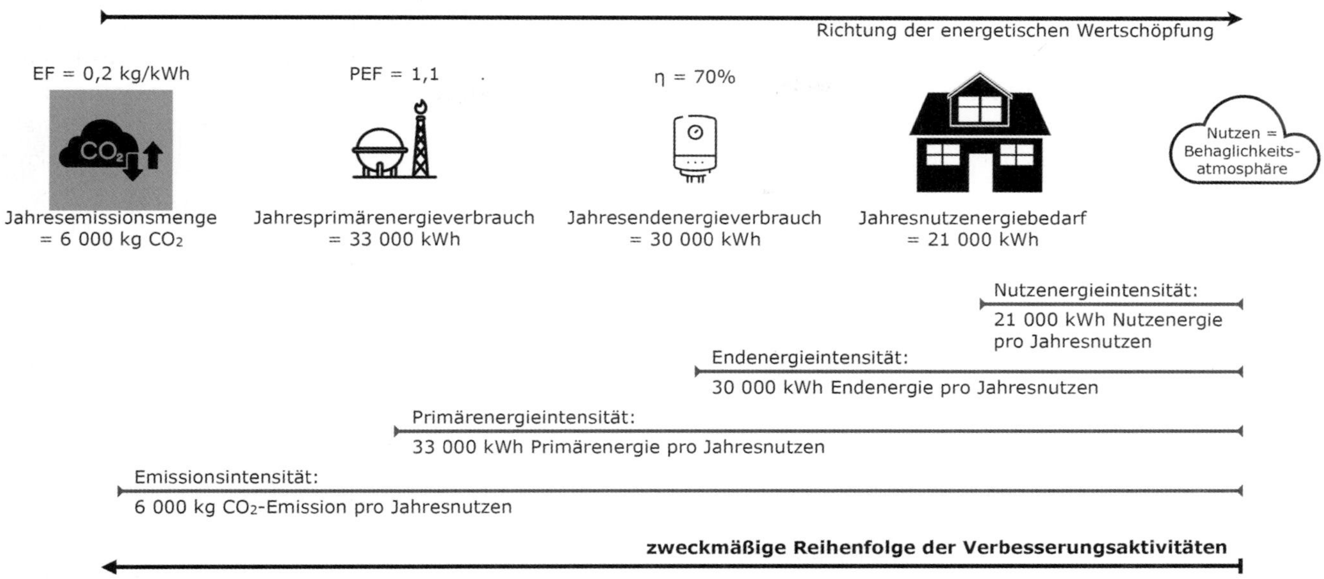

Legende

EF Emissionsfaktor

PEF Primärenergiefaktor

η Nutzungsgrad

Quelle: eigene Darstellung

Abbildung 3-22: Abgrenzung von Emissions-, Primärenergie-, Endenergie- und Nutzenergieintensität

Eine Reduzierung der Nutzenergieintensität lässt sich durch energetische Sanierungsmaßnahmen am Gebäude (etwa Wärmedämmung der Fassade) erwirken.

> **Hinweis**
>
> An dieser Stelle, also beim Nutzen, sollte die Suche nach Verbesserungsaktivitäten beginnen, weil hier – bei dem festgelegten Nutzen – die Ursache des Energieverbrauchs liegt.

Als Nächstes wäre die Endenergieintensität zu betrachten. Sie bezieht – im betrachteten Beispiel – die Umwandlung von Endenergie in Nutzenergie mit ein. Im vorliegenden Fall wird Erdgas durch einen Heizkessel in Wärme umgewandelt. Da der Heizkessel einen Nutzungsgrad von 70 % aufweist, werden zur Wärmeerzeugung 30 000 kWh Endenergie benötigt. Die **Endenergieintensität** beträgt daher 30 000 kWh Endenergie pro Jahresnutzen.

Eine Reduzierung der Endenergieintensität lässt sich – über die Reduzierung der Nutzenergieintensität, die sich auch auf die Endenergieintensität auswirkt, hinaus – herbeiführen, indem z. B. der Heizkessel durch einen moderneren ausgetauscht wird, der einen höheren Nutzungsgrad aufweist.

Nun widmen wir uns der **Primärenergieintensität**. Sie ergibt sich durch Multiplikation des Endenergieeinsatzes mit dem einschlägigen (fossilen) Primärenergiefaktor (hier für Erdgas: 1,1) in Relation zum erwarteten Nutzen. Im betrachteten Beispiel beträgt sie 33 000 kWh pro Jahresnutzen. Würde anstelle von Erdgas ein anderer Energieträger eingesetzt werden (z. B. grüner Wasserstoff), wäre ein anderer PEF zu wählen, wodurch sich die Primärenergieintensität ändern würde, ohne Einfluss auf die Endenergieintensität. Das bedeutet, man kann eine Reduzierung der Primärenergieintensität – über die Reduzierung der End- und Nutzenergieintensität hinaus, die sich jeweils auch auf die Primärenergieintensität auswirken – zustande bringen, indem ein (partieller) Energieträgerwechsel mit niedrigerem PEF vorgenommen wird.

Schließlich lässt sich die **Emissionsintensität** ermitteln, indem der Endenergieeinsatz mit dem einschlägigen Emissionsfaktor multipliziert zum Nutzen in Bezug gesetzt wird. Im oben aufgeführten Beispiel beträgt sie 6 000 kg CO_2-Emission pro Jahresnutzen.

Eine Reduzierung der Emissionsintensität wird – über die Reduzierung der End- und Nutzenergieintensität hinaus, die sich jeweils auch auf die Emissionsintensität auswirken – analog zur Primärenergieintensität durch einen (partiellen) Energieträgerwechsel ermöglicht, der nun aber nicht einen niedrigeren PEF, sondern EF aufweist. Im Vergleich zur Primärenergieintensität zeigt die Emissionsintensität insofern auf, welche Klimabelastung mit dem jeweiligen Energieverbrauch einhergeht; die Primärenergieintensität ist dazu nicht in der Lage.

Alle Intensitätskennzahlen haben ihre praktische Bedeutung. Die **Nutzenergieintensität** eines Prozesses sollte – wie bereits angedeutet – immer zuallererst betrachtet werden, um nahe der Ursache des Energieverbrauchs bzw. der THG-Emission Verbesserungsideen zu entwickeln. Entsprechende Maßnahmen würden sich auf alle weiteren Intensitäten auswirken. Die **Endenergieintensität** zeigt im Vergleich zur Nutzenergieintensität auf, wie effizient der Energiewandlungsprozess ist, und gibt daraus u. U. Anstöße zu dessen Optimierung. Die **Primärenergieintensität** ist für Steuerungszwecke nicht relevant. Erheblich zweckdienlicher mit Blick darauf, die THG-Belastung zu steuern, ist die **Emissionsintensität**, die über die Nutzenergie und die Endenergie auch den eingesetzten Energieträger in die Betrachtung und somit Steuerung einbezieht.

Zusammenfassend kann folgende Schlussfolgerung abgeleitet werden:

- Die Effizienz als Indikator ist unhandlich, weil Effizienzwertangaben schwer zu verstehen sind. Besser erscheint in dieser Hinsicht deren Kehrwert: die Energieintensität.
- Zweckmäßigerweise unterscheiden wir vier verschiedene Energieintensitätsarten:
  - Nutzenergieintensität
  - Endenergieintensität
  - Primärenergieintensität
  - Emissionsintensität
- Wenn es darum geht, die Treibhausgasbelastung von energetischen Prozessen zu vergleichen, erscheint die Nutz- und Endenergieintensität als Vergleichsmaßstab ungeeignet zu sein.
- Einen Fortschritt in diese Richtung verschafft die Primärenergieeffizienz und -intensität zwar. Es handelt sich hierbei aber nur um einen groben Indikator im Hinblick auf die Bewertung einer möglichen Treibhausgasbelastung.
- Besser – und keineswegs komplizierter zu ermitteln – ist zur Verwendung als Steuerungsindikator die Emissionsintensität.

3.10 „Nutzenergiewirkungsgrad“, „Nutzenergienutzungsgrad“ – Begriffsabgrenzungen und Beispiele

Das Niveau der Effizienz lässt sich bei Energiewandlungsprozessen ($Q_{EE_1} \rightarrow Q_{EE_2}$) numerisch durch Wirkungs- und Nutzungsgrade erfassen, da sowohl auf Input- als auch auf Outputseite Leistungen [kW] oder Energiemengen (etwa in kWh/a) ermittelbar sind und zueinander ins Verhältnis gesetzt werden können. Ermittelt wird dadurch die „Endenergieeffizienz“ bzw. der „Endenergienutzungsgrad“ oder – nach Verknüpfung mit Primärenergiefaktoren – die „Primärenergieeffizienz“ bzw. der „Primärenergienutzungsgrad“, siehe Abbildung 3-23.

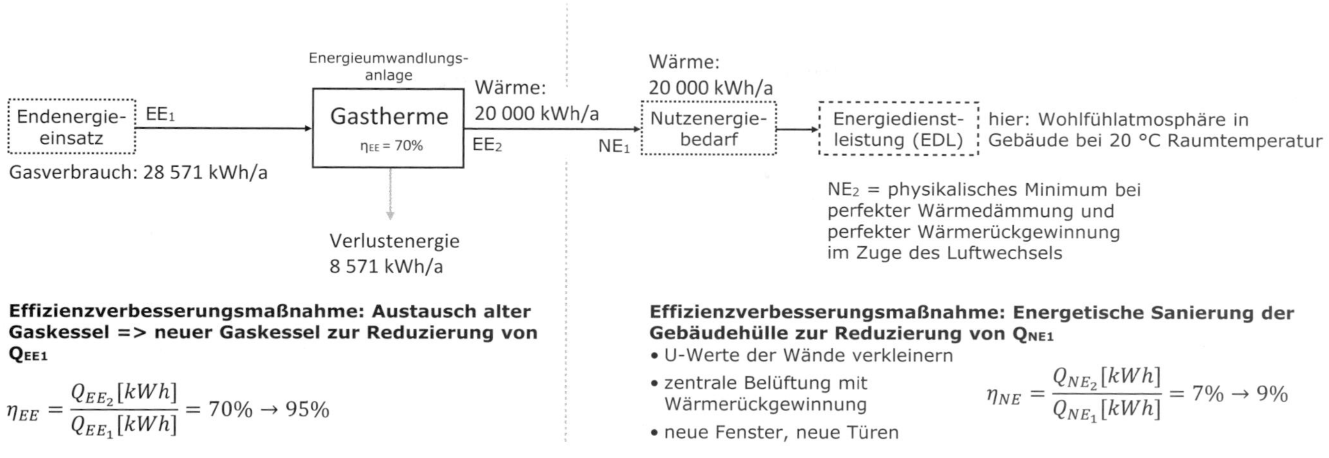

Quelle: eigene Darstellung

Abbildung 3-23: Übergang von einem Endenergienutzungsgrad zu einem Nutzenergienutzungsgrad

Dagegen lässt sich eine „Nutzenergieeffizienz" i. d. R. nicht als „Nutzenergienutzungsgrad" berechnen, weil es sich bei der Energiedienstleistung (= Ergebnisse des Nutzenergieeinsatzes) nicht um Energiemengen handelt, die man ins Verhältnis zu einer dafür benötigten Nutzenergiemenge setzen kann. Unterscheidet man allerdings NE_1 und NE_2, wie in Kapitel 3.7 geschehen, dann könnte man als NE_2 das physikalische Minimum der EDL ermitteln und in Beziehung zur NE_1-Menge setzen, woraus sich dann ein „Nutzenergiewirkungsgrad" ergäbe. Bei einem Gebäude wäre NE_2 beispielsweise die Energiemenge, die mindestens benötigt wird (also unter thermodynamisch idealen Voraussetzungen), um Behaglichkeit einer bestimmten Anzahl an Menschen in einem Gebäude unter lokalen Rahmengegebenheiten herzustellen (etwa einmaliges Aufheizen auf 20 °C, Luftaustausch für das Atmen und Feuchtigkeitsabfuhr). Und bei einem Spritzgussprozess (PP-Granulat → Trinkbecher) wäre das physikalische Minimum die Erwärmungsenergie (Umgebungsluft Halle → Schmelztemperatur) plus die Schmelzenthalpie (Zufuhr und Abfuhr).[20]

3.11 „Verbesserung der Energieeffizienz" und „Verringerung des Endenergieverbrauchs" – Abgrenzung der Termini und Beispiele

Das deutsche Gesetz zur Steigerung der **Energieeffizienz** (EnEfG) zielt darauf ab, zur Reduzierung des Primär- und Endenergieverbrauchs beizutragen (§ 1 Abs. 1 EnEfG). Es verpflichtet Unternehmen unter bestimmten Voraussetzungen, Umsetzungspläne über wirtschaftlich identifizierte **Endenergieeinsparmaßnahmen** zu erstellen und zu veröffentlichen, wobei Endenergieeinsparungen nach § 3 Nr. 9 EnEfG eingesparte Energiemengen sind, die durch Messung oder berechnungsbasierte Schätzung des Verbrauchs vor und nach der Umsetzung einer oder mehrerer Einzelmaßnahmen ermittelt werden. Ausdrücklich ist **nicht** – wie in anderen Gesetzen oder Verordnungen – von „Effizienzmaßnahmen" die Rede (vgl. § 8 und § 9 EnEfG).

Hier stellt sich die Frage, ob eine Verringerung des Endenergieverbrauchs grundsätzlich auch immer eine Steigerung der Energieeffizienz ist (so ja auch die Bezeichnung des Gesetzes). Andernfalls wäre die aufgeführte gesetzliche Regelung des EnEfG inkonsistent, zumindest verwirrend.

Unter **Energieeffizienz** versteht man das Verhältnis von Ertrag an Leistung, Dienstleistungen, Waren oder Energie zum „Energieeinsatz" (so etwa auch nach § 2 Nr. 7 EDL-G), womit hier wohl „**End**energieeinsatz" gemeint ist. Eine Verbesserung der Endenergieeffizienz ist aber nicht zwangsläufig eine Reduzierung des Endenergieeinsatzes.

20 In der betrieblichen Praxis ist es bei diesem verursacherorientierten Ansatz, Effizienzverbesserungspotenziale aufzudecken, nicht unbedingt erforderlich, die jeweiligen physikalischen Minima zu errechnen (was in vielen Fällen ohnehin sicherlich schwierig sein dürfte). Es reicht, sich über ein jeweiliges physikalisches Minimum eines betrachteten Prozesses Gedanken zu machen, um Ansatzpunkte für Verbesserungsmaßnahmen zu finden.

Wenn beispielsweise der Jahresendenergieverbrauch eines Produktionsprozesses, der ausschließlich von der Produktionsmenge abhängt (also keine Grundlast aufweist), von 100 MWh auf 90 MWh, also um 10 %, sinkt und die Produktionsmenge in der gleichen Zeitspanne von 100 t auf 80 t um 20 % abgenommen hat, dann ist zwar der Endenergieverbrauch zurückgegangen (um 10 MWh). Die Energieeffizienz hat sich jedoch verschlechtert, siehe Tabelle 5.

Tabelle 5: Vergleich von zwei Energieeffizienzangaben

Indikator	Vorjahr	Istjahr
Energieverbrauch	100 MWh	90 MWh
Produktionsmenge	100 t	80 t
spezifischer Energieverbrauch (= Energieintensität)	1 MWh/t	1,1 MWh/t
Energieeffizienz	1 t/MWh	0,89 t/MWh

Bei einer umgesetzten Maßnahme, die zu einem solchen Ergebnis geführt hat, kann es sich – auf den ersten Blick – um eine Endenergieeinsparmaßnahme handeln. Ob man die Maßnahme als Energieeffizienz(verbesserungs)maßnahme betrachten kann, wäre dann allerdings fraglich.

Als weiteres Beispiel betrachten wir die energetische Verbesserung der Gebäudehülle eines Verwaltungsgebäudes, das im Vorjahr einen Endenergieverbrauch in Höhe von 500 000 kWh aufwies. Im Folgejahr – nach Umsetzung einer Maßnahme – stellt man fest, dass sich der Endenergieverbrauch nicht verändert hat. Allerdings ist der **spezifische** Energieverbrauch – die Energiemenge pro Heizgradstunde [kWh/Kh] ohne Grundlast – deutlich zurückgegangen und damit die Energieintensität, was auf eine verbesserte Effizienz (oder besser: eine Verbesserung der energiebezogenen Leistung; dazu im nächsten Abschnitt mehr) hinweist, siehe Tabelle 6.

Tabelle 6: Vergleich von zwei Energieintensitätsangaben

Indikator	Vorjahr	Istjahr
Energieverbrauch	500 000 kWh	500 000 kWh
Davon witterungsunabhängige Grundlast	100 000 kWh	
Gradtagstunden	80 000 Kh	85 000 Kh
Spezifischer Energieverbrauch (= Energieintensität)	5 kWh/Kh	4,71 kWh/Kh

Der Endenergieverbrauch, der eigentlich hätte abnehmen müssen, bleibt im Beispiel konstant, da der Winter deutlich härter ausfiel (zu erkennen an den höheren Gradtagstunden). Die erfolgreiche Wirkung der Verbesserungsmaßnahme (siehe die letzte Zeile in Tabelle 6) konnte insofern beim Endenergieverbrauch nicht in Erscheinung treten.

Die Beispiele zeigen, dass Energieeinsparungen auf der einen Seite und Verbesserungen der Energieeffizienz auf der anderen nicht dieselbe Aussage haben müssen. Bei normativen Regelungen, etwa bei Gesetzen, Verordnungen oder Spezifikationsnormen (wie DIN EN ISO 50001), wäre es insofern eigentlich erforderlich, diese beiden Begriffe zu differenzieren und ggf. deutlich zu machen, was vom Normanwender erwartet wird: eine Effizienzverbesserung oder eine Endenergieverbrauchsenkung. Mit Blick darauf, dass der Endenergieeinsatz einer energieverbrauchenden Anlage von Faktoren beeinflusst wird, die – auch nach der Umsetzung einer Verbesserungsmaßnahme – nicht im Einflussbereich des jeweiligen Anlagenbetreibers/Energiemanagements liegen (z. B. Produktionsmenge, Außentemperatur etc.), erscheint es sinnvoll, die zu verbessernde Energieeffizienz in den Vordergrund zu stellen. Sie lässt sich durch Maßnahmen verbessern. Beim Endenergieverbrauch kann man in der industriellen Produktion, um die es hier schwerpunktartig geht, eine positive Veränderung grundsätzlich nicht sicherstellen.

3.12 „Verbesserung der energiebezogenen Leistung" im Vergleich zu „Effizienzverbesserung"

Der Terminus **„energiebezogene Leistung"** wird in DIN EN ISO 50001:2018-12, Abschnitt 3.4.3, definiert und ist die deutschsprachige Übersetzung von *„energy performance"*. Es handelt sich dabei um messbare Ergebnisse bezüglich Energieeffizienz, Energieeinsatz und Energieverbrauch, wobei „Energieeffizienz" in Abschnitt 3.5.3 als Verhältnis oder eine andere quantitative Beziehung zwischen einer erzielten Leistung bzw. einem Ertrag an Dienstleistungen, Gütern, Waren oder Energie und der eingesetzten Energie verstanden wird.

Von entscheidender Bedeutung bei der Anwendung der Norm ist eine **„Verbesserung der energiebezogenen Leistung"**. Kann sie nach einem Audit-Zyklus[21] nicht nachgewiesen werden, steht eine Zertifizierung bzw. Rezertifizierung infrage; denn nach Abschnitt 3.6 von DIN ISO 50003:2022 (Energiemanagementsysteme –Anforderungen an Stellen, die Energiemanagementsysteme auditieren und zertifizieren) deutet eine solche Sachlage auf eine **„wesentliche Nichtkonformität"** des Energiemanagementsystems hin, die eine (Re-)Zertifizierung verbieten würde.

Zum Nachweis der **Verbesserung der energiebezogenen Leistung** muss die Organisation Energieleistungskennzahlen (engl. *„energy performance indicators"*, kurz EnPIs) erarbeiten und anwenden (siehe DIN ISO 50003:2022, Abschnitt 6.4 Buchstabe a). Die Anwendung besteht dabei aus einem Vergleich der aktuellen EnPI-Werte mit entsprechenden energetischen Ausgangsbasen (EnB), nachdem eine **„Normalisierung"** stattgefunden hat.

Eine Normalisierung ist ein Verfahren, das die Analyse unter vergleichbaren Bedingungen oder Standardbedingungen ermöglicht (DIN ISO 50006:2025-02, Abschnitt 3.1.13). Üblicherweise werden dafür nach DIN ISO 50006:2025-02, Abschnitt 3.1.8, Energiemodelle zugrunde gelegt. Hierbei handelt es sich um Energieverbrauchsgleichungen, d. h. auf Datensätzen basierende mathematische Darstellungen, die die Beziehung zwischen relevanten Variablen (DIN ISO 50006: 2025-02, Abschnitt 3.1.15) und Energieverbrauch (DIN ISO 50006:2025-02, Abschnitt 3.1.5) über einen festgelegten Zeitraum beschreiben. Solche Energieverbrauchsgleichungen werden üblicherweise durch Regressionsanalysen auf der Grundlage einer Auswertung von Datensätzen bestehend aus Energieverbrauchswerten aus der Vergangenheit eines jeweiligen SEUs verknüpft mit Werten der möglichen Einflussfaktoren (relevante Variablen), die sinnvollerweise in der gleichen Granularität wie die Energieverbrauchswerte erfasst werden, erzeugt.

Ein beispielhafter EnPI als Indikator für die Ermittlung der energiebezogenen Leistung eines Produktionsprozesses 4711 als Ergebnis einer Regressionsanalyse von Vergangenheitsdaten kann wie folgt lauten:

$$\mathrm{EnPI}_{4711}\ [\mathrm{kWhErdgas}] = 94{,}03\,\frac{\mathrm{kWh}}{\mathrm{t}} \cdot \mathrm{PM}\ [\mathrm{t}] + 2{,}65\,\frac{\mathrm{kWh}}{\mathrm{GStd}} \cdot \mathrm{GStd}\ [\mathrm{Kh}] + 163{,}12\ \mathrm{kW} \cdot \mathrm{BStd}\ [\mathrm{h}]$$

Diese Energieverbrauchsgleichung lässt sich relativ einfach in eine Emissionsgleichung (und auch in eine Energiekostengleichung) durch Multiplikation mit dem passenden Emissionsfaktor des eingesetzten Energieträgers (hier Erdgas) bzw. spezifischen Energiepreis überführen:

$$\begin{aligned}&\mathrm{EnPI}_{4711} \cdot \mathrm{EF}\\ &= \left(94{,}03\,\frac{\mathrm{kWh}}{\mathrm{t}} \cdot \mathrm{PM}\ [\mathrm{t}] + 2{,}65\,\frac{\mathrm{kWh}}{\mathrm{GStd}} \cdot \mathrm{GStd}\ [\mathrm{Kh}] + 163{,}12\ \mathrm{kW} \cdot \mathrm{BStd}\ [\mathrm{h}]\right) \cdot 0{,}201\,\frac{\mathrm{kg}}{\mathrm{kWh}}\end{aligned}$$

Mit

EF Emissionsfaktor [kg/kWh]

PM Produktionsmenge [t]

GStd Gradstunden [Kh]

BStd Betriebsstunden [h]

21 Nach DIN EN ISO/IEC 17021-1:2015 „Konformitätsbewertung – Anforderungen an Stellen, die Managementsysteme auditieren und zertifizieren –Teil 1: Anforderungen", Abschnitt 9.1.3.2, beträgt der Audit- bzw. Zertifizierungszyklus drei Jahre.

Eine Energieleistungskennzahl (EnPI) ist dabei grundsätzlich **kein** Indikator der (End-)Energieintensität und erst recht keiner der Effizienz, gleichwohl eine gewisse Nähe zur Endenergieintensität vorliegt. Die Energieintensität ist definiert als Energieeinsatz im Verhältnis **zum Nutzen** des Energieeinsatzes (Energiedienstleistung). Demgegenüber zeigt die Energieleistungskennzahl (EnPI) auf, von welchen **Einflussfaktoren** in welchem Ausmaß der Energieeinsatz beeinflusst wird. Zu den Einflussfaktoren gehören die Energiedienstleistung, üblicherweise aber auch noch weitere Faktoren (Grundlast und damit Betriebsstundenzahl, Temperaturdifferenzen, Luftfeuchte etc.), die nicht als Nutzen angesehen werden können.

Die folgende Beispielberechnung macht deutlich, dass es Fallkonstellationen geben kann, bei denen eine Effizienzverschlechterung und damit eine Energieintensitätszunahme vorliegt, obwohl sich die energiebezogene Leistung nicht verändert hat.[22]

Parameter	2024	2025	normalisierter Wert von 2024	Änderung der energie-bezogenen Leistung
Produktionsmenge [t]	10 000	10 000		
Gradstunden [Kh]	60 000	70 000		
Betriebsstunden [h]	4 000	4 000		
errechneter Energieverbrauch [kWh] auf der Grundlage der o.e. Energieverbrauchsgleichung mit aktuellen Werten der relevanten Variablen			1 778 280	
tatsächlicher Energieverbrauch [kWh]	1 751 780	1 778 280		0
Endenergie-Effizienz (= Produktionsmenge / tatsächlichen Energieverbrauch) [t/kWh]	0,00571	0,00562		
Endenergie-Intensität (= tatsächlicher Energieverbrauch / Produktionsmenge) [kWh/t]	175	178		

Abbildung 3-24: Beispielhafter Vergleich von Änderungen der Endenergieintensität und der energiebezogenen Leistung nach Durchführung einer Verbesserungsmaßnahme

Solche scheinbaren Widersprüche der Aussagen zur Veränderung der Energieintensität einerseits und der energiebezogenen Leistung andererseits können immer dann gegeben sein, wenn sich die Werte derjenigen relevanten Variablen (hier der Gradstunden), die nicht als Prozessnutzen (EDL) anzusehen sind, ändern.

Im betrachteten Beispiel hat sich in energieorientierter Hinsicht prozesstechnisch gar nichts verändert. Der höhere Energieverbrauch im Jahr 2025 ist ausschließlich durch eine niedrigere Außentemperatur entstanden (zu erkennen am höheren Gradstundenwert). Der Wert der Energieintensität weist jedoch aus, dass eine Verschlechterung (höhere Intensität als im Vorjahr) zustande gekommen sei. Und diese Aussage ist – zumindest für das betrachtete Beispiel – irreführend.

Eine Verbesserung der Energieeffizienz ist insofern keine geeignete Steuerungsgröße, da sie nicht alle Einflussfaktoren berücksichtigt. Hieraus soll die Schlussfolgerung gezogen werden, dass in diesem Werk mit „Investition in Energieeffizienzmaßnahmen" ausschließlich solche investiven Aktivitäten gemeint sind, die energiebezogene Leistungen – im Sinne von DIN EN ISO 50001 – verbessern.

Lässt sich die im vorangegangenen Abschnitt gezogene Schlussfolgerung auch auf Klimaschutzmaßnahmen übertragen? Die Weiterentwicklung einer Energieverbrauchsgleichung zu einer

22 In der Übersicht soll davon ausgegangen werden, dass die o. a. Energieverbrauchsgleichung die tatsächlichen Verhältnisse sehr genau widerspiegelt (R^2-Wert von nahezu 1).

Emissionsgleichung durch Multiplikation mit jeweiligen Emissionsfaktoren stellt keinen großen Aufwand dar:

$$\begin{aligned} &\mathrm{CPI}_{4711}\ [\mathrm{kg\ CO_{2e}}] \\ &= \left(94{,}03\,\frac{\mathrm{kWh}}{\mathrm{t}}\cdot \mathrm{PM}\ [\mathrm{t}] + 2{,}65\,\frac{\mathrm{kWh}}{\mathrm{GStd}}\cdot \mathrm{GStd}\ [\mathrm{Kh}] + 163{,}12\ \mathrm{kW}\cdot \mathrm{BStd}\ [\mathrm{h}]\right)\cdot 0{,}201\,\frac{\mathrm{kg}}{\mathrm{kWh}} \end{aligned}$$

Ergebnis wäre ein Indikator[23], mit dem man klimabezogene Leistungsverbesserungen ermitteln könnte.

Als Klimaschutzmaßnahme wäre dann eine Investition vorstellbar, die nachweislich die klimabezogene Leistung verbessert (etwa eines SEU oder einer ganzen Fabrik). Könnte dies ein zielführender Indikator sein, wobei als Ziel der Beitrag zur Verhinderung der zunehmenden Erderwärmung und damit die Reduktion der Netto-THG-Belastung anzusehen wäre? Antwort: Als alleiniger Indikator wäre die klimabezogene Leistung **nicht** unbedingt zielführend, wie das folgende Beispiel verdeutlicht, siehe Abbildung 3-25.

Parameter	2024	2025	normalisierter Wert von 2024	Änderung der klimabezogenen Leistung	Änderung der THG-Emissionen
Produktionsmenge [t]	10 000	12 000			
Gradstunden [Kh]	60 000	60 000			
Betriebsstunden [h]	4 000	4 000			
errechnete THG-Emission [kg] auf der Grundlage der o.e. Emissionsgleichung mit aktuellen Werten der relevanten Variablen			465 562		
tatsächliche THG-Emissionen [kg]	420 427	446 362		-19 200	25 934

Abbildung 3-25: Beispielhafter Vergleich der Änderung der klimabezogenen Leistung nach Durchführung einer Effizienzverbesserungsmaßnahme (Verbesserung der klimabezogenen Leistung, Erhöhung der THG-Emissionen)

In der Tabelle ist zu erkennen, dass sich im Zeitintervall von 2024 bis 2025 beim betrachteten SEU die klimabezogene Leistung offenbar durch eine Effizienzverbesserungsmaßnahme verbessert hat, und zwar um 19,2 Tonnen; das Minus als Vorzeichen bedeutet Verbesserung. Die THG-Emissionen haben aber in der gleichen Zeitspanne um knapp 26 Tonnen zugenommen, was auf eine Erhöhung der Produktionsmenge um 20 % zurückzuführen ist. Man hat es also gleichzeitig mit einer Verbesserung und einer Verschlechterung zu tun. Oder anders ausgedrückt: Die Effizienzverbesserung ist durch die Produktionsmengenerhöhung überkompensiert worden.

Eine gegenläufige Konstellation ist auch denkbar: Weist beispielsweise ein SEU aufgrund einer ausgebliebenen Effizienzverbesserungsmaßnahme keine Änderung der klimabezogenen Leistung auf, reduzieren sich dennoch die THG-Emissionen deutlich durch eine Veränderung der Produktionsmenge, siehe Abbildung 3-26.

23 In Anlehnung an EnPIs für *„energy performance indicator“* käme terminologisch „CPI“ für *„climate oder carbon performance indicator“* infrage.

Parameter	2024	2025	normalisierter Wert von 2024	Änderung der klimabezogenen Leistung	Änderung der THG-Emissionen
Produktionsmenge [t]	10 000	8 000			
Gradstunden [Kh]	60 000	60 000			
Betriebsstunden [h]	4 000	4 000			
errechnete THG-Emission [kg] auf der Grundlage der o.e. Emissionsgleichung mit aktuellen Werten der relevanten Variablen			375 293		
tatsächliche THG-Emissionen [kg]	420 427	375 293		0	-45 134

Abbildung 3-26: Beispielhafter Vergleich der Änderung der klimabezogenen Leistung mit Änderung der Produktionsmenge (keine Veränderung der klimabezogenen Leistung, Reduzierung der THG-Emissionen)

Aus diesen Beispielen lassen sich folgende Schlüsse ziehen: Wenn als Indikator der klimabezogenen Leistung lediglich eine Erweiterung der EnPIs um Emissionsfaktoren vorgenommen wird (hin zu einem CPI), dann hat dieser Indikator mit Blick auf das übergeordnete Ziel, die CO_{2e}-Belastung auf Netto-Null zurückzufahren, nur eine begrenzte Aussagekraft. Er kann aufzeigen, dass Verbesserungen am SEU zustande gekommen sind, mehr nicht.

Wenn sich jedoch die Werte der relevanten Variablen von der einen Periode zur nächsten derart verändern, dass trotz der Effizienzverbesserung bzw. der Verbesserung der energiebezogenen Leistung eine THG-Zunahme zustande kommt, dann darf man nicht von einer ausreichenden Verbesserung der Lage und damit auch nicht von einer Klimaschutzmaßnahme sprechen, sondern nur von einer Effizienzverbesserungsmaßnahme.

Insofern hat ein solcher Indikator keine über den EnPI hinausgehende Aussagekraft. Es reicht, den EnPI als Indikator für bewusst eingebrachte Verbesserungen der energiebezogenen Leistungen (ebL) zu verwenden und als zweiten Indikator einen CEI (*carbon emission indicator* = Indikator, der durch Vergleiche über die Verringerung der THG-Emission Auskunft gibt) einzuführen, der die tatsächlichen Emissionsveränderungen je Betrachtungsobjekt in der Zeitspanne von einer Baseline-Periode zu einer Berichtsperiode aufzeigt. Beide Indikatoren zusammen –EnPI und CEI – erscheinen als geeignete Steuerungsgrößen für ein unternehmensbezogenes Klimaschutzmanagement.

Als Anforderung (aus einem Gesetz oder einer normativ-ausgerichteten Norm) könnte für eine (Re-)Zertifizierung beispielsweise festgelegt werden, dass beide Indikatoren über alle SEUs hinweg eine Verbesserung aufzuweisen haben.

Mit Blick auf **Steuerungsgrößen für ein Energiemanagementsystem**, das auch ein Management der THG-Emissionen umfasst, wird hier die Empfehlung ausgesprochen, dass sowohl

- EnPIs (im Sinne der DIN EN ISO 50001) als auch
- CEI (*carbon emission indicator*)

für jeden SEU bestimmt werden und zum Einsatz kommen. Der CEI zeigt die in Absolutwerten ermittelten THG-Emissionen eines jeweils betrachteten Prozesses auf (Energieverbrauchsmenge · Emissionsfaktor) und kann so für Vergleiche im Rahmen von Zeitreihenanalysen (insbesondere Emission Ist-Jahr vs. Emission Vorjahr) eingesetzt werden.

3.13 „Energieeffizienzinvestition", „Energieeinsparinvestition", „Klimaschutzinvestition" – Abgrenzung der Termini und Beispiele

Energieeffizienz ist ein Maß für den Energieaufwand zur Erreichung eines festgelegten Nutzens und lässt sich als Quotient darstellen mit dem nützlichen Output im Zähler und dem Energieeinsatz im Nenner. Wird nun der Energieeinsatz durch eine (Investitions-)Maßnahme reduziert, erhöht sich folgerichtig die Effizienz. Die „Effizienz" selbst ist insofern ein neutraler Begriff, auch wenn der Sprachgebrauch häufig auf etwas anderes hindeutet, etwa wenn ausgedrückt wird, eine Anlage oder ein Gerät sei besonders effizient. Eine Wertung kommt erst dann zustande, wenn eine Anlage, ein Gerät, ein Prozess etc. verglichen wird, etwa mit einer anderen Anlage oder mit dem Vorjahr. Dann vermittelt eine derartige Aussage, dass eine Anlage im Vergleich die effizienteste ist oder sich die Effizienz über die Zeit verändert, gar verbessert hat.

Eine Maßnahme zur Verbesserung der Energieeffizienz erwirkt nicht zwangsläufig, dass sich die Treibhausgasmenge reduziert. Kapitel 3.12 hat das bereits deutlich gemacht. Insofern kann nicht generell davon gesprochen werden, dass eine Effizienzverbesserungsmaßnahme auch eine Klimaschutzmaßnahme ist.

Auch der Leitspruch der EU-Energiepolitik „*energy efficiency first*" ist – mit Blick auf den Klimaschutz – nicht zwingend zielführend. In Abbildung 3-27 ist ein Prozess dargestellt, dessen spezifischer Gasverbrauch [kWh/t] um 20 % reduziert und damit die Effizienz um ebendiesen Anteil verbessert wurde. In der betrachteten Periode wird diese Verbesserung jedoch kompensiert durch ein Wachstum des Produktionsvolumens von mehr als 20 %, sodass sich eine Mehrbelastung an Treibhausgasen einstellt.

Periode	Indikator	Wertangabe	Anmerkung
Vor-Jahr	Gasverbrauch	500 MWh	
	THG-Emissionen (@ 0,2 t/MWh)	**100 t CO2**	
	Produktionsmenge	1 000 t	
	Spez. Gasverbrauch (= "Energieintensität")	0,5 MWh/t	
Ist-Jahr	Produktionsmenge	1 400 t	
	Effizienzverbesserung	20 %	Effizienzverbesserung
	Spez. Gasverbrauch (= "Energieintensität")	0,4 MWh/t	Reduzierung der Energieintensität
	Gasverbrauch	560 MWh	Verbrauchserhöhung
	THG-Emissionen (@ 0,2 t/MWh)	**112 t CO2**	Emissionserhöhung

Verbesserung der Effizienz

Erhöhung des Verbrauchs

Quelle: eigene Darstellung

Abbildung 3-27: Beispiel einer Endenergieeffizienzverbesserungsmaßnahme, die – in einer bestimmten Periode – nicht zu einer Treibhausgasreduzierung geführt hat

Generell kann gesagt werden, dass immer dann, wenn Prozesse bzw. Anlagen, deren Energieverbrauch von mindestens einer relevanten Variablen (einem Einflussfaktor, etwa Produktionsvolumen, Temperaturunterschied zwischen drinnen und draußen etc.) abhängt, eine Effizienzverbesserungsmaßnahme nicht zwingend auch zu Reduzierungen des Endenergieverbrauchs führt. Das gilt besonders für THG-Belastungen, wenn fossile Energieträger im Einsatz sind.[24] Insofern sollten derartige Maßnahmen nicht als Klimaschutzmaßnahmen bezeichnet werden.

In seltenen Fällen, in denen bei einem Produktionsprozess nicht einmal eine relevante Variable auszumachen ist (etwa bei der Grafitelektroden- oder der Glasproduktion), könnte man geneigt sein, eine Effizienzverbesserung auch als Klimaschutzmaßnahme anzusehen, weil ja tatsächlich der absolute Endenergieverbrauch durch eine Verbesserungsmaßnahme reduziert wird. Allerdings stellt sich hier die Frage, ob man in einem solchen Fall überhaupt von Effizienzverbesserung

24 Die Verbrennung von Holz (etwa in Form von Pellets), Biogas etc. führt zwar auch zu CO_2-Emissionen. Üblicherweise wird aber – noch – davon ausgegangen, dass diese Brennstoffe in gleichem Umfang nachwachsen, wie sie verfeuert werden und dabei die emittierten CO_2-Emissionen der Atmosphäre entnehmen, insofern eine CO_2-Neutralität vorliegt.

sprechen kann, denn eine Effizienz ist ja sinnvollerweise nur dann ermittelbar und aussagefähig, wenn der „nützliche Output“ (im Zähler des Quotienten) auch einen Einfluss auf den Energieverbrauch hat (Nenner des Quotienten).

Hieraus lässt sich nun ableiten, dass Effizienzverbesserungsmaßnahmen grundsätzlich nicht als Klimaschutzmaßnahmen angesehen werden können, weil durch sie nicht sichergestellt werden kann, dass der fossile Endenergieverbrauch und damit einhergehend die THG-Belastung reduziert wird.

Erneuerbare-Energie-Anlagen – etwa Photovoltaikmodule – tragen im Gegensatz dazu grundsätzlich dazu bei, die THG-Belastung zu reduzieren. Sie werden aber – im Umkehrschluss – grundsätzlich nicht als Energieeffizienzverbesserungsmaßnahmen angesehen, da sie üblicherweise keine Änderung des Endenergieeinsatzes nach sich ziehen.

Effizienzverbesserungsmaßnahmen sind demzufolge investive Aktivitäten, die den spezifischen Energieeinsatz im Verhältnis zum entstehenden Nutzen reduzieren. Eine energetische Sanierung eines Gebäudes durch Anbringen eines Wärmedämmverbundsystems gehört dazu oder die Wärmerückgewinnung bei einem Produktionsprozess, in dessen Rahmen Abwärme als Nutzenergie in einem anderen Prozess verwandt wird. Effizienzverbesserungsmaßnahmen stellen nicht sicher, dass der Endenergieverbrauch und in Folge die dabei entstehende THG-Emission reduziert werden. Sie können daher nicht als Klimaschutzmaßnahmen qualifiziert werden.

Es folgt eine Klärung des Terminus **„Klimaschutzinvestition“**. „Klimaschutz“ (engl. *„climate action“*) ist der Sammelbegriff für politische, organisatorische und technische Maßnahmen, die der menschengemachten globalen Erwärmung entgegenwirken und mögliche Folgen abmildern oder verhindern sollen (Mitigation)[25]. Als wichtige Grenze gilt nach dem sogenannten Paris-Agreement die Zwei-Grad-Schwelle, die zur Verhinderung von erheblichen Auswirkungen der globalen Erwärmung nicht überschritten werden darf. Im Vordergrund steht dabei die Reduzierung der Emission von Treibhausgasen. Sie ist dergestalt zu organisieren und zustande zu bringen, dass das globale – vom IPCC bestimmte – „Emissionsbudget“ und die daraus abgeleiteten nationalen Budgets nicht überschritten werden. Regierungen haben auf nationaler Ebene bestimmte Reduktionspfade festgelegt, nach denen das Emittieren von Treibhausgasen komplett zum Erliegen kommen soll.

Anpassungen (Adaptation) an sich verändernde Zustände aufgrund des Klimawandels sind mit „Klimaschutz“ nicht gemeint, gleichwohl sie aber nicht weniger bedeutend sind und auch beträchtliche Investitionen nach sich ziehen können. In diesem Werk werden **Investitionen in Anpassungsmaßnahmen** keine Rolle spielen.

Die Frage nach der begrifflichen Bedeutung des Terminus **„Klimaschutzinvestition“** ist auch deshalb wichtig, weil Fördermittel und später vielleicht auch gesetzliche Verpflichtungen mit diesem Begriff verknüpft sind. Klimaschutzmaßnahmen sind somit Aktivitäten, die dazu dienen, die THG-Belastung im Allgemeinen zu reduzieren. Sie lassen sich unterschiedlichen Akteursgruppen zuordnen. Hierzu zählen vor allem:

- der Staat, insbesondere Legislative und Exekutive (etwa staatliche Förderungen, Einführung einer CO_2-Steuer, Maßnahmen zur CO_{2e}-Emissionsreduzierung an Behördengebäuden usw.)
- Unternehmen (etwa die Installation einer Photovoltaikanlage zur innerbetrieblichen Nutzung der entstehenden Elektrizität)
- private Haushalte (etwa der Einbau eines Solarkollektors zur Bereitung von warmem Wasser, das sonst per Gastherme erwärmt werden würde)

In diesem Werk sollen nur unternehmensbezogene Maßnahmen eine Rolle spielen, die investiven und energiebezogenen Charakter haben. Nicht betrachtet werden verhaltensorientierte Klimaschutzmaßnahmen und solche, die energieunabhängige THG-Reduzierungen erwirken (etwa Austausch von Kältemitteln bei Klimaanlagen).

25 Vgl. IPCC 2007.

Eine **Klimaschutzinvestition** wird hier als eine Investition verstanden, nach deren Umsetzung die Emissionsbelastung definitiv sinkt, gemessen etwa durch Nutzung eines CEI, durch den die tatsächlichen Emissionsveränderungen zwischen einer Baseline-Periode und einer Berichtsperiode aufgezeigt werden.

Der CEI ist schlicht ein Absolutbetrag der jeweiligen CO_2-Emissionen einer Anlage, eines Gebäudes o. Ä. mit Bezug zu einer bestimmten Zeitspanne und nicht ein um Emissionsfaktoren erweiterter EnPI, also keine Emissionsgleichung.

Beispiel

Der Wert eines CEI sei für die Baseline-Periode:

$$CEI_{Verwaltungsgebäude,2024} = 112\ t/a$$

Sollte nun nach Durchführung einer Klimaschutzmaßnahme eine Verbesserung erzielt werden, etwa auf

$CEI_{Verwaltungsgebäude,2025} = 97\ t/a$, dann lässt sich auf einfache Weise eine Verbesserung als $\Delta CEI_{Verwaltungsgebäude}$ in Höhe von 15 t/a ermitteln.

Die Herleitung einer Emissionsgleichung (analog zu einem EnPI bei Energieeffizienzmaßnahmen) ist nicht erforderlich, weil eine Normalisierung sinnvollerweise nicht stattfindet, denn eine Normalisierung würde Änderungen der Rahmengegebenheiten neutralisieren, sodass eine tatsächliche Zunahme an CO_2-Emissionen nicht eindeutig sichtbar wäre, ggf. sogar als Emissionsreduktion in Erscheinung treten kann (wenn etwa bei der Betrachtung der Emissionslast eines Gebäudes der Winter deutlich kälter ausfällt als im Vorjahr).

Eine Klimaschutzmaßnahme bzw. eine Klimaschutzinvestition liegt nicht vor, wenn sie nur **eventuell** eine Klimaschutzwirkung, d. h. eine CO_2-Reduktion, nach sich zieht. Denn sonst wäre jede Effizienzinvestition eine Klimaschutzmaßnahme. Hieraus lässt sich folgende Definition für **„Klimaschutzmaßnahme“** ableiten: Eine Klimaschutzmaßnahme mit Energieverbrauchsbezug ist eine Investition, die die CO_2-Emission einer Anlage definitiv (und nicht nur eventuell, wie Effizienzmaßnahmen) reduziert. Das ist nur möglich, wenn vor der Durchführung einer Maßnahme ein fossiler Energieeinsatz vorgelegen hat.[26] Der Austausch einer älteren PV-Anlage durch eine kapazitativ gleiche neue ist insofern keine Klimaschutzmaßnahme (keine CO_2-Emissionsveränderung). Auch die Installation einer Kleinwindenergieanlage auf einem Werksgelände ist nicht immer als Klimaschutzmaßnahme zu werten, nämlich dann nicht, wenn es sich beim zu verdrängenden Strom um Grünstrom handelt.

Dagegen kann eine Energieeffizienzmaßnahme nie eine Klimaschutzmaßnahme sein, weil sie

- im Falle eines bisherigen Einsatzes fossiler Energieträger nur **eventuell** zu einer Emissionsminderung führt, nämlich nur dann, wenn die Effizienzverbesserung etwa bei einer Produktionsanlage größer ist als die Ausweitung des Produktionsvolumens;
- im Falle eines bisherigen Einsatzes von grüner Energie (etwa PV-Strom) ohnehin keine Reduktion von CO_2-Emissionen erwirkt, sodass der Begriff „Klimaschutzmaßnahme“ in solchen Fällen von vornherein ausscheidet.

Abschließend sollen noch die Begriffe **„Energieeinsparmaßnahme“** bzw. **„Energieeinsparinvestition“** in den Kontext eingeordnet werden. Sie sind unpräzise und daher für ein Energie- oder Carbon-Management in Unternehmen sowie für die Gesetzgebung (etwa als gesetzliche Forderung oder als Voraussetzung für staatliche Privilegien) ungeeignet. Das hat damit zu tun, dass in Unternehmen die Energieverbräuche von SEUs, also relevanter Anlagen, meist der Produktionsanlagen, in aller Regel zumindest von Produktionsvolumina beeinflusst werden. Dies bedeutet, dass ein Produktionswachstum nahezu immer auch eine Energieverbrauchszunahme nach sich

26 Hier wird davon ausgegangen, dass die Verbrennung von Holz zwar auch CO_2-Emissionen erzeugt, allerdings in mindestens gleichem Ausmaß ein Baumnachwuchs stattfindet, der die Emission wieder bindet.

zieht. Wenn eine Energieeinsparmaßnahme durchgeführt wird, die plangemäß eine Verbrauchsenkung von 20 % erwirken soll, dann werden diese 20 % allerdings nur erreicht, wenn sich die Rahmengegebenheiten nicht ändern. Sollte hingegen – aufgrund der Marktlage und ganz im Sinne einer Unternehmensleitung – eine Produktionsausweitung von beispielsweise 30 % zustande kommen, dann ist es – je nach Energieverbrauchsgleichung – sehr gut möglich, dass der tatsächliche Energieverbrauch trotz der Verbesserungsmaßnahme ansteigt. Der Begriff „Energieeinsparmaßnahme" würde dann nicht mehr passen, es wäre nur eine scheinbare Energieeinsparmaßnahme. Der Begriff wäre ad absurdum geführt. Insofern soll er im Folgenden keine Verwendung mehr finden, gleichwohl er in der betrieblichen Praxis und auch in der Gesetzgebung weit verbreitet ist. Zusammenfassend verdeutlicht Tabelle 7 in einer Gegenüberstellung die Unterschiede der Termini.

Tabelle 7: Gegenüberstellung der Unterschiede der Termini „Energieeffizienzmaßnahme", „Klimaschutzmaßnahme" und „Energieeinsparmaßnahme"

Maßnahmenart	Energieeffizienzmaßnahme	Klimaschutzmaßnahme	Energieeinsparmaßnahme
Synonyme	Endenergieeffizienzmaßnahme, Effizienzverbesserungsmaßnahme	Dekabonisierungsmaßnahme	Endenergieeinsparmaßnahme
Definition in Rechtstexten	Nach § 2 Nr. 22 EnFG eine wirtschaftlich durchführbare Maßnahme, durch die das Unternehmen energieeffizient wird, die bei der Wirtschaftlichkeitsbetrachtung im Rahmen des Energiemanagementsystems nach höchstens 90 % der vorgesehenen Nutzungsdauer einen positiven Kapitalwert aufweist. Nach den Begründungen zur EnSimiMaV eine Maßnahme zur Steigerung der Energieeffizienz, die im Rahmen von Energie- und Umweltmanagementsystemen identifiziert wird.	Nach § 11 BECV eine Investition für Maßnahmen zur Verbesserung der Energieeffizienz, die im Rahmen des jeweiligen Energiemanagementsystems nach konkret identifiziert und als wirtschaftlich durchführbar bewertet wurden. Nach § 30 Nr. 3c EnFG ... Maßnahmen, die nicht unmittelbar die Energieeffizienz verbessern, sondern Produktionsprozesse dekarbonisieren. In den Erläuterungen zu der BECV wird angeführt, dass alle Maßnahmen anrechenbar sind, die den Emissionswert der hergestellten Produkte auf einen Wert verringern, der unterhalb des im EU-Emissionshandel festgelegten Produkt-Benchmarks liegt.	Nach § 3 Nr. 15 EnEfG (Entwurfsfassung vom 18.10.2022): alle Maßnahmen, die zu überprüfbaren und der Höhe nach mess- oder schätzbaren Endenergieeinsparungen führen.
Definition für das vorliegende Buch	Eine Energieeffizienzmaßnahme ist eine investive Aktivität, die die energiebezogene Leistung eines Prozesses, einer Anlage, eines Gebäudes etc. – im Sinne der DIN EN ISO 50001 – verbessert.	Eine Klimaschutzmaßnahme (mit Energieverbrauchsbezug) ist eine Investition, die die CO_2-Emission einer Anlage, die bisher mit fossiler Energie betrieben wurde, definitiv reduziert. Energieeffizienzmaßnahmen zählen nicht dazu.	Der Begriff ist für ein Energie- und Carbon- Management sowie auch für die Gesetzgebung unpräzise und daher ungeeignet.
Nachweis, für das Vorliegen einer entsprechenden Maßnahme	Ermittlung des aktuellen EnPI-Wertes eines Prozesses (= Endenergieverbrauch der Berichtsperiode [kWh/a]) und Vergleich mit der normalisierten Baseline, die mithilfe des EnPI ermittelt wird, indem die aktuellen Werte der relevanten Variablen in die Energieverbrauchsgleichung (= EnPI) eingegeben werden.	Ermittlung des aktuellen CEI-Wertes eines Prozesses (= Endenergieverbrauch der Berichtsperiode · Emissionsfaktor) und Vergleich mit der nicht-normalisierten Baseline (i. d. R. Endenergieverbrauch der Baselineperiode · Emissionsfaktor [t/a]). Eine Klimaschutzmaßnahme führt in jedem Fall zu einer Verringerung der THG-Emissionen.	
Normalisierung zum Nachweis erforderlich?	Ja	Nein	

3.14 „Energieeinsparpotenzial", „Energieeffizienzverbesserungspotenzial", Potenzialarten – Begriffsabgrenzungen, artverwandte Begriffe und Beispiele

Ein weiterer wichtiger Begriff, der in unmittelbarer Beziehung zu energieorientierten Investitionen steht, ist der des „Potenzials". Ein **Potenzial** ist zunächst einmal eine noch nicht ausgeschöpfte und somit machbare Möglichkeit, sich zielorientiert fortzuentwickeln. Üblicherweise sind dazu Änderungsmaßnahmen erforderlich; die Fortentwicklung entsteht in aller Regel also nicht von selbst. Insofern geht der Ermittlung der Existenz und des Umfangs eines Potenzials üblicherweise eine Analyse des Betrachtungsgegenstandes voraus.

Im Energiebereich wird mit dem Ausschöpfen eines Potenzials üblicherweise das Ziel verfolgt, den (normalisierten) Energieverbrauch bzw. die Energiekosten, die Energieeffizienz oder den Umfang von Treibhausgasemissionen eines energieverbrauchenden Prozesses zu reduzieren. Gemessen wird die Differenz zwischen einem Status quo (etwa Ist-Energieverbrauch einer Produktionsanlage pro Jahr) und einem **Grenz- bzw. Vergleichs- oder Ausgangswert** (Baseline), wobei sich ein solcher Grenzwert an unterschiedlichen **Niveaus** orientieren kann:

- Denkbar ist als Extremniveau das sogenannte **physikalische Minimum** und damit der Energieverbrauch, der technisch nicht unterschritten werden kann, der also physikalisch notwendig ist, ohne den der Nutzen eines energieverbrauchenden Prozesses nicht zustande käme (z. B. bei der Herstellung von PP-Trinkbechern die Erwärmungsenergie zur Erwärmung des Kunststoffgranulats auf Schmelztemperatur und dessen Verflüssigungsenthalpie [fest → flüssig]). Selbstverständlich ist das Erreichen dieses Minimalniveaus in der Realität nicht machbar, weil im Grunde immer Wärmeverluste entstehen und zusätzliche Energieeinsätze für das Handling notwendig sind (etwa Bewegungsenergie für die Fortbewegung des Einsatzgutes). Dennoch kann man sich ein solches Potenzial vorstellen, es u. U. auch exakt ermitteln.
- Ein anderes Grenzwert-Niveau wäre die **technologische Machbarkeit**. Hier geht es darum, als Vergleichsmaßstab zum Status quo eine **optimal machbare technische Lösung** (beste verfügbare Technologie [BVT] in energetischer Hinsicht) zu entwickeln oder auszudenken, die den Energieverbrauch maximal möglich reduziert, ohne zu prüfen, ob sie wirtschaftlich vorteilhaft wäre.
- Darüber hinaus kann man als Grenzwert auch den Energieverbrauch festlegen, der sich nach Umsetzung einer zuvor ausgedachten konkreten Verbesserungsmaßnahme ergäbe (es muss nicht die wirkungsvollste sein) – also **maßnahmenspezifisch**. Das Potenzial wäre dann die Differenz zwischen dem Status quo und dem voraussichtlichen – normalisierten – Energieverbrauch nach Einführung ebendieser Maßnahme.
- Schließlich lässt sich als Grenzwert auch jener Energieverbrauch heranziehen, der sich nach Umsetzung einer konkreten Maßnahme (ggf. der BVT[27]) ergibt, unter der Bedingung, dass diese für das betroffene Unternehmen wirtschaftlich vorteilhaft ist, also einen positiven Kapitalwert aufweist (wirtschaftlich vorteilhafte Verbesserungsmaßnahme). Bei derartigen Maßnahmen kann man grundsätzlich davon ausgehen, dass sie von Unternehmen im Rahmen eines funktionierenden Controllings im Eigeninteresse erarbeitet und umgesetzt werden. Sie müssten insofern theoretisch eigentlich nicht lange vorliegen. (In Kapitel 1.1 wurde jedoch deutlich, dass dies häufig nicht der betrieblichen Praxis entspricht.)

Die Angabe von Potenzialen dient den folgenden Zwecken:

- **Motivation**

  Die Erkenntnis über ein vorhandenes Potenzial löst die Motivation aus, es ausschöpfen zu wollen. Potenziale haben motivatorische Wirkung.

27 Das Akronym „BVT" steht für die beste verfügbare Technik/Technologie.

- **Wirksamkeitsermittlung**

  Ein Potenzial beschreibt die zu erwartende Wirkung einer Verbesserungsmaßnahme. Durch Vergleich eines Planwertes mit einem Ist-Wert nach Umsetzung lässt sich die Wirksamkeit einer Maßnahme ermitteln.

- **Beschaffungs- und Kostenplanung**

  Sofern die Umsetzung einer Verbesserungsmaßnahme vorgesehen ist, ist der Umfang eines Potenzials eine Größe, die helfen kann, eine realitätsnahe Beschaffungs- und Kostenplanung aufzustellen.

- **Energiepolitik**

  Aggregierte Potenziale können energiepolitische Bedeutung haben, wenn es etwa darum geht, geeignete rechtliche Instrumente für die Verbesserung der Gesamtenergieeffizienz oder die Reduzierung von Treibhausgasen festzulegen.

- **Investitionsrechnungen**

  Ferner ist ein Potenzial Basis für die Durchführung von Investitionsrechnungen, da es i. d. R. die geplante Wirkung einer Verbesserungsmaßnahme ausdrückt, die – ökonomisch bewertet – den Return einer Investition darstellt.

- **Festlegung der Reihenfolge**

  Ferner hilft die grobe Abschätzung von Potenzialen (etwa von Produktionsanlagen einer Fabrik) zur Reihenfolgebildung bei der Erarbeitung von Verbesserungsmaßnahmen. (Anlagen, bei denen die höchsten Potenziale erwartet werden, sind vorrangig zu betrachten.)

Im Kontext von energieorientierten Investitionen/Maßnahmen werden verschiedene „Potenzial“-Termini unterschieden:

a) **„Energieeinsparpotenzial“** (etwa in der Beschlussempfehlung zur Änderung des EnEfG vom 05.07.2023)[28]

   Der Begriff bezieht sich auf Energieeinsparungen, die durch konkrete Maßnahmen angestrebt werden, also auf eine angenommene Reduzierung des Energieverbrauchs vor und nach einer Verbesserungsmaßnahme. Das Potenzial wird als Absolutwert angegeben. So könnte es in einem konkreten Fall nach Durchführung einer Verbesserungsmaßnahme 50 MWh/a Energieeinsparung ausmachen, was einer Reduzierung des Jahresenergieverbrauchs um 10 % entspräche:

$$\Delta Q = Q_{\text{vorher}} - Q_{\text{nachher}} = 500\ \text{MWh} - 450\ \text{MWh} = -50\ \text{MWh}$$

   Wenngleich diese Angabe in der Praxis weit verbreitet ist, steht ihre Sinnhaftigkeit infrage. In Kapitel 3.12 ist bereits ausgeführt worden, dass angestrebte Energieeinsparungen (Energieeinsparziele) keine geeignete Zielperspektive darstellen, wenn der Energieverbrauch von Faktoren beeinflusst wird, auf die eine Verbesserungsmaßnahme keinen Einfluss hat (etwa Produktionsmenge oder Außentemperatur), was häufig der Fall ist.

b) **„Energieeffizienzverbesserungspotenzial“**

   Dieser Begriff (bisweilen auch schlicht „Energieeffizienzpotenzial“) berücksichtigt im Vergleich zum „Energieeinsparpotenzial“ Änderungen des Outputs und damit des Nutzens eines Energieeinsatzes, etwa die Produktionsmenge bei einem Produktionsprozess.

   Ein Beispiel: Ein Produktionsprozess wird energetisch verbessert. Als Veränderungspotenzial ermittelt man eine 30%ige Energieintensitätsreduzierung (und damit eine entsprechende Energieeffizienzverbesserung). Bei einem Produktionsvolumen von 1 000 t werden vor der Maßnahme 100 MWh Energie (1 000 t · 100 kWh/t) und danach bei 1 500 t eine Energiemenge

28 Vgl. Deutscher Bundestag 2023.

von 105 MWh (1 500 t × 70 MWh/t) verbraucht. Das Potenzial von 30 kWh/t wird demzufolge exakt ausgeschöpft, wenngleich sich der Energieverbrauch erhöht hat:

$$\Delta\text{Energieintensität} = 100\frac{\text{kWh}}{\text{t}} - 30\frac{\text{kWh}}{\text{t}} = 70\frac{\text{kWh}}{\text{t}} = -30$$

Das Energieeffizienzverbesserungspotenzial, das in Prozent angegeben wird, kann somit die Wirksamkeit einer Verbesserungsmaßnahme – zumindest zum Teil (dazu gleich mehr) – abbilden.

c) **„Potenzial einer Verbesserung der energiebezogenen Leistung“** (so etwa in DIN EN 17463)

Dieser Begriff ist dem „Energieeffizienzverbesserungspotenzial“ insofern ähnlich, als dass er zumindest **einen** Verbrauchseinflussfaktor bei seiner Bemessung berücksichtigt, nämlich den Nutzen des jeweiligen Energieeinsatzes, der Haupteinflussfaktor des Energieverbrauchs ist (z. B. Produktionsmenge). Allerdings werden weitere Einflussfaktoren durch das Energieeffizienzverbesserungspotenzial nicht erfasst. Die **energiebezogene Leistung** nach DIN ISO 50006 geht in dieser Hinsicht weiter. Sie berücksichtigt sämtliche relevante Variablen, die im Rahmen von Regressionsanalysen eingebunden werden und schließlich Energieverbrauchsgleichungen als EnPI generieren. Die energiebezogene Leistung ist daher eine genauere, die Realität besser widerspiegelnde Basis für etwaige Potenzialbestimmungen.

Ein Potenzial zur Verbesserung der energiebezogenen Leistung wäre dann die Veränderung des Energieverbrauchs am betrachteten Prozess bei Gleichsetzung der relevanten Variablen vor und nach der Maßnahme (= Normalisierung). Auch hier wird das Potenzial als Prozentwert angegeben. Ein beispielhafter EnPI für einen Prozess mag – zur Verdeutlichung – lauten:

$$\text{EnPI}_{4711}\,[\text{kWh}] = 94{,}03\frac{\text{kWh}}{\text{t}} \cdot \text{PM}\,[\text{t}] + 2{,}65\frac{\text{kWh}}{\text{Kh}} \cdot \text{GStd}\,[\text{Kh}] + 163{,}12\,\text{kW} \cdot \text{BStd}\,[\text{h}]$$

Mit

PM Produktionsmenge [t]

GStd Gradstunden [Kh]

BStd Betriebsstunden [h]

Im folgenden Beispiel ist ermittelt worden, dass eine Verbesserungsmaßnahme die energiebezogene Leistung um etwa 30 % reduzieren kann. Das Potenzial umfasst demnach 30 %. Die folgende Tabelle zeigt einen Fall, in dem das Potenzial (–30 %) nicht voll ausgeschöpft wird (–22 %).

Parameter	Ist-Angaben 2023	Ist-Angaben 2024	normalisierter Wert von 2023 vor Maßnahme	Potentialabschätzung (= Veränderung nach Durchführung der Maßnahme)	Ist-Angaben 2024	Änderung der energiebezogenen Leistung	Relative Veränderung
Produktionsmenge [t]	10 000	13 000					
Gradstunden [Kh]	60 000	70 000					
Betriebsstunden [h]	4 000	4 000		-30 %			
errechneter Energieverbrauch [kWh] auf der Grundlage des EnPI			2 060 370				
tatsächlicher Energieverbrauch [kWh]	1 751 780				1 600 000	-460 370	-22 %

Abbildung 3-28: Beispielhafte Ermittlung der Veränderung der energiebezogenen Leistung

d) **„Normalisiertes Energieeinsparpotenzial“**

Das Energieeffizienzverbesserungspotenzial und insbesondere das Potenzial zur Verbesserung der energiebezogenen Leistung sind entgegen dem (schlichten) Energieeinsparpotenzial in der Lage, die zu erwartende Wirkung einer Verbesserungsmaßnahme – auch unter veränderten Rahmengegebenheiten – auszudrücken. Das macht diese Indikatoren wertvoll für Steuerungszwecke.

Da sie jedoch als Prozentwert und nicht als Absolutangaben ausgedrückt werden, eignen sie sich nicht für eine Reihenfolgebildung, wenn es etwa darum geht, abzuschätzen, welche der vorhandenen Produktionsanlagen prioritär einer Verbesserungsanalyse unterzogen werden sollen, also bei welchen das höchste absolute Potenzial erwartet wird. Auch für Investitionsrechnungen können derartige Potenziale nicht berücksichtigt werden.

Als Abhilfe kommt das sogenannte normalisierte Energieeinsparpotenzial infrage, bei dem

1) der EnPI, also die Energieverbrauchsgleichung (sofern ermittelt), zum Einsatz kommt,
2) mit geschätzten Werten der relevanten Variablen für die betrachtete Periode beaufschlagt wird, um dann
3) eine prozentuale Verbesserung, die sich durch die Umsetzung einer Verbesserungsmaßnahme voraussichtlich ergeben wird, abzuziehen, sodass am Ende
4) ein normalisiertes Energieeinsparpotenzial vorliegt.

$$\mathrm{EnPI}_{4711}\ [\mathrm{kWh}] = 94{,}03\,\frac{\mathrm{kWh}}{\mathrm{t}} \cdot \mathrm{PM}\ [\mathrm{t}] + 2{,}65\,\frac{\mathrm{kWh}}{\mathrm{Kh}} \cdot \mathrm{GStd}\ [\mathrm{Kh}] + 163{,}12\mathrm{kW} \cdot \mathrm{BStd}\ [\mathrm{h}]$$

Die folgenden Tabellen in Abbildung 3-29 und Abbildung 3-30 veranschaulichen die Vorgehensweise anhand eines Beispiels.

Parameter	Plan-Angaben für 2024	normalisierter Wert vor möglicher Maßnahme	Veränderung nach möglicher Durchführung der Maßnahme		Normalisiertes Energieeinsparpotential
Produktionsmenge [t]	13 000				
Gradstunden [Kh]	70 000				
Betriebsstunden [h]	4 000		-30 %		
errechneter Energieverbrauch [kWh] auf der Grundlage des EnPI		2 060 370		1 442 259	-618 111

Abbildung 3-29: Ermittlung eines normalisierten Einsparpotenzials

Wesentlicher Energieverbraucher (SEU)	Normalisiertes Energieeinsparpotential
Produktionsanlage 4711	-618 111 MWh/a
Produktionsanlage 4712	-524 000 MWh/a
Produktionsanlage 4720	-320 490 MWh/a
Fabrikgebäude A	-223 400 MWh/a
Produktionsanlage 4734	-123 455 MWh/a
...	
...	
...	

Abbildung 3-30: Übersicht der Einsparpotenziale verschiedener Anlagen

Beim normalisierten Energieeinsparpotenzial handelt es sich insofern um eine – i. d. R. jahresbezogene – Energieverbrauchsreduzierung, die durch eine Verbesserungsmaßnahme erwirkt werden kann, vorausgesetzt, die relevanten Variablen stellen sich so ein wie angenommen.

e) **„THG-Vermeidungspotenzial“ [t/a]**

Dieser Terminus beschreibt, bis zu welchem Niveau die THG-Belastung reduziert werden kann oder soll. Für einen beispielhaften Produktionsprozess ist als Potenzial etwa 420 t/a ermittelt worden. Ansatzpunkte, um das Potenzial auszuschöpfen, könnten sein,

- den – bisher auf fossilen Energieträgern basierenden – Endenergieeinsatz durch Umsetzung von Verbesserungsmaßnahmen zu drosseln,
- einen Energieträgerwechsel vorzunehmen (z. B. Wechsel der Stromversorgung von konventionell auf Elektrizität aus einer PV-Anlage) oder

- die Freisetzung von nicht auf Energieverbräuchen basierenden Treibhausgasen (etwa bei Kühlanlagen) zu reduzieren oder zu eliminieren (zu ersetzen).

Hier gilt jedoch das Gleiche, was weiter oben bereits zum Begriff „Energieeinsparpotenzial“ ausgeführt wurde: Abgesehen von Energieverbräuchen, bei denen Einflussfaktoren nicht ermittelt werden können, oder bei nicht energieverbrauchsbedingten Treibhausgasemissionen ist es nicht zweckdienlich, THG-Vermeidungspotenziale festzulegen, siehe Kapitel 3.12. Auch ein relatives Potenzialmaß analog zum EnPI, etwa einen CAI (*carbon abatement indicator* = Indikator über die Verringerung der THG-Emission), z. B.

$$\mathrm{CAI} = \mathrm{CPI}_{4711,\mathrm{vorher}} - \mathrm{CPI}_{4711,\mathrm{nachher}} = -20$$

Mit

$$\mathrm{CPI}_{4711}\ [\mathrm{kgCO_{2e}}] = \left(94{,}03\,\frac{\mathrm{kWh}}{\mathrm{t}} \cdot \mathrm{PM}\ [\mathrm{t}] + 2{,}65\,\frac{\mathrm{kWh}}{\mathrm{GStd}} \cdot \mathrm{GStd}\ [\mathrm{Kh}] + 163{,}12\mathrm{kW} \cdot \mathrm{BStd}\ [\mathrm{h}]\right) \cdot 0{,}201\,\frac{\mathrm{kg}}{\mathrm{kWh}}$$

führt nicht weiter, weil beim THG-Vermeidungspotenzial nicht die Wirksamkeit einer Maßnahme, sondern der tatsächliche Beitrag zur Reduktion der Treibhausgase im Vordergrund steht.

f) **„Energiekostensenkungspotenzial“**

Die Ermittlung bzw. Festlegung eines Energiekostensenkungspotenzials ist gegenüber den anderen Potenzialen relativ unproblematisch. Das Potenzial kann in Währungseinheiten – etwa €/a – angegeben werden und drückt aus, welchen Betrag man pro Jahr nach Umsetzung einer Verbesserungsmaßnahme einspart, wenn im Referenzjahr die gleichen Rahmengegebenheiten vorliegen. Zur Bestimmung, ob ein Potenzial ausgeschöpft wurde, eignet sich als Vergleichsmaßstab zum Ist-Wert die dann monetarisierte Energieverbrauchsgleichung des betrachteten Prozesses, wie beispielhaft:

$$\mathrm{Energiekosten}_{4711}\ [\mathrm{Euro}] = \left(94{,}03\,\frac{\mathrm{kWh}}{\mathrm{t}} \cdot \mathrm{PM}\ [\mathrm{t}] + 2{,}65\,\frac{\mathrm{kWh}}{\mathrm{GStd}} \cdot \mathrm{GStd}\ [\mathrm{Kh}] + 163{,}12\mathrm{kW} \cdot \mathrm{BStd}\ [\mathrm{h}]\right) \cdot 0{,}2\,\frac{\mathrm{Euro}}{\mathrm{kWh}}$$

Zusammenfassend bleibt festzuhalten, dass die Begriffe „Energieeinsparpotenzial“ und „THG-Vermeidungspotenzial“ unsinnig sind, weil sie in vielen Fällen nicht ermittelt werden können. Auch der Terminus „Energieeffizienzverbesserungspotenzial“ ist nicht unproblematisch, da er nur einen Einflussfaktor des Energieverbrauchs berücksichtigt.

Zur Bestimmung eines Potenzials als Planungsgröße und Orientierungspunkt eignet sich vornehmlich das **„Potenzial zur Verbesserung der energiebezogenen Leistung“**. Da dieser Begriff sperrig und unüblich ist, soll fortan „Energieeffizienzverbesserungspotenzial“ verwandt und als Potenzial zur Verbesserung der energiebezogenen Leistung verstanden werden.

Wie ist die schrittweise Vorgehensweise für die Ermittlung eines solchen Potenzials?

1) Im Zentrum der Betrachtung steht ein **existierender** Energieverbraucher (es geht nicht um einen neuen).
2) Bezugnehmend auf diesen Energieverbraucher (etwa eine Produktionsanlage) wird der Status quo seines Energieverbrauchs betrachtet.
3) Man überlegt sich Möglichkeiten, diesen Verbraucher als solchen oder die Art und Weise, wie dieser Verbraucher eingesetzt wird, zu verändern, sodass der Energieverbrauch pro Nutzen-/Outputeinheit reduziert wird.
4) Aus diesen Überlegungen resultieren zunächst grobe Ideen (häufig technischer, aber bisweilen auch prozessualer, also ablauforientierter Art), die nach Detailspezifizierung in konkreten Maßnahmen münden.

5) Danach wäre zu ermitteln, welche Wirkung eine jeweilige Maßnahme nach Umsetzung im Hinblick auf die Verbesserung der Energieeffizienz nach sich ziehen würde. Hierzu ist ein Vorher-Nachher-Vergleich durchzuführen: Man vergleicht den Energieeinsatz vor der Maßnahme mit dem anzunehmenden Energieeinsatz nach ihr, wobei der Nutzen (Output) beim Vergleich gedanklich konstant zu halten ist.
6) Das Ergebnis (z. B. Reduzierung des Energieverbrauchs einer Produktionsanlage von 100 MWh auf 90 MWh bei einer Tonne Outputgut = 10 %) dieser Betrachtung ergibt dann das Energieeffizienzverbesserungspotenzial.

Häufig wird ein Effizienzverbesserungspotenzial nur dann als solches wahrgenommen, wenn seine Ausschöpfung auch wirtschaftlich vorteilhaft ist. Andernfalls rechnet man nicht mit einer Umsetzung, es würde keine Umsetzungsempfehlung ausgesprochen werden. Insofern müssen die Kosten und Energieeinsparungen der Maßnahmenidee bewertet werden, um darauf einen Kapitalwert kalkulieren zu können, auf dessen Grundlage dann eine Freigabeentscheidung erfolgen kann.

4 Etablierte Investitionsrechnungsverfahren mit Beispielen aus dem Energiebereich

4.1 Unterscheidung zwischen statischen und dynamischen Berechnungsansätzen

Ob Investitionsvorhaben wirtschaftlich vorteilhaft sind, sollte generell mit dynamischen Methoden berechnet werden. Nur sie berücksichtigen Zinseszinseffekte und bringen so ein korrektes Ergebnis hervor. Zur Verdeutlichung: Würde ein Investor 100 000 Euro über einen Zeitraum von 10 Jahren bei einem gewährten Zinssatz von 5 % anlegen, erhielte er nach Ende der Laufzeit 162 889 Euro. Dies ist auch das Ergebnis der dynamischen („Endwert-")Rechnung (siehe Abbildung 4-1).

Periodenende t	0	1	2	3	4	5	6	7	8	9	10
Kalkulationszinsfuß i_t		5,0 %	5,0 %	5,0 %	5,0 %	5,0 %	5,0 %	5,0 %	5,0 %	5,0 %	5,0 %
Zinsfaktor q_t (= $1+i_t$)		1,05	1,05	1,05	1,05	1,05	1,05	1,05	1,05	1,05	1,05
Anlagebetrag	100 000 €										
Spaltensummen	100 000 €	0 €	0 €	0 €	0 €	0 €	0 €	0 €	0 €	0 €	0 €
Endwert-Entwicklung	100 000 €	105 000 €	110 250 €	115 763 €	121 551 €	127 628 €	134 010 €	140 710 €	147 746 €	155 133 €	162 889 €

Abbildung 4-1: Endwertermittlung mit Berücksichtigung des Zeitwertes des Geldes

Statisch berechnet ergeben sich hingegen nur 100 000 Euro, da beim statischen Berechnungsansatz der Zins und der Zinseszins unberücksichtigt bleiben (siehe Abbildung 4-2). Die Differenz in Höhe von 62 889 Euro kann im Beispiel als methodisch bedingter Berechnungsfehler gewertet werden, da in einem realen Fall unter den soeben zugrunde gelegten Einstellparametern der tatsächliche, also der Ist-Endwert um genau diesen Betrag vom Planwert abweichen würde.

Periodenende t	0	1	2	3	4	5	6	7	8	9	10
Kalkulationszinsfuß i_t		0,0 %	0,0 %	0,0 %	0,0 %	0,0 %	0,0 %	0,0 %	0,0 %	0,0 %	0,0 %
Zinsfaktor q_t (= $1+i_t$)		1,00	1,00	1,00	1,00	1,00	1,00	1,00	1,00	1,00	1,00
Anlagebetrag	100 000 €										
Spaltensummen	100 000 €	0 €	0 €	0 €	0 €	0 €	0 €	0 €	0 €	0 €	0 €
Endwert-Entwicklung	100 000 €	100 000 €	100 000 €	100 000 €	100 000 €	100 000 €	100 000 €	100 000 €	100 000 €	100 000 €	100 000 €

Abbildung 4-2: Endwertermittlung ohne Berücksichtigung des Zeitwertes des Geldes

Ein solcher Berechnungsfehler ist umso größer, je länger die Laufzeiten sind. Bei Investitionsentscheidungen im Energiebereich wirkt er sich besonders aus, wenn es etwa darum geht, zu klären, ob Gebäude energetisch saniert werden sollten, ob die Installation eines Blockheizkraftwerkes wirtschaftlich sinnvoll ist oder ob die abzuleitende Überschusswärme eines Prozesses durch eine Wärmerückgewinnungsanlage sinnvoll genutzt werden kann.

Das folgende Extrembeispiel verdeutlicht die Rolle des Zeitwertes von Geld auf besonders drastische Weise. Hier geht es um den Vergleich der dynamischen mit der statischen Endwertermittlung einer Einmalzahlung von einem Betrag in Höhe von 1 Euro zum Beginn der christlichen Zeitrechnung (siehe Abbildung 4-3).

	t=0	t=1	...	t=200	t=500	t=2025
Endwert EW_t (formal)	Z	$Z \cdot (1+i)$		$Z \cdot (1+i)^{200}$	$Z \cdot (1+i)^{500}$	$Z \cdot (1+i)^{2025}$
Endwert EW_t (dyn. ermittelt)	1 €	1,04 €	...	2 551 €	328 601 582 €	31 082 223 576 668 900 000 000 000 000 000 000 €
Endwert EW_t (stat. ermittelt nur Zins, kein Zinseszins)	1 €	1,04 €		9 €	21 €	82 €
Endwert EW_t (stat. ermittelt ohne Zins)	1 €	1 €		1 €	1 €	1 €

Abbildung 4-3: Entwicklung des Endwertes einer einmaligen Zahlung nach 2025 Jahren bei einem Kalkulationszinssatz von 4 %

Mit einer statischen Endwertberechnung, also nur mit dem Zins und ohne Berücksichtigung des Zinseszinses, erhalten wir einen Endwert in Höhe von 82 Euro ($1\,€ + 2024 \cdot 0{,}04\,€$) bzw. von 1 Euro, wenn auch der Zins unberücksichtigt bleibt. Eine dynamische Endwertberechnung führte hingegen zu einem Ergebnis ($31{,}1 \cdot 10^{33}$), das man gar nicht mehr in Worte fassen kann.

Statische Berechnungsmethoden mögen in weit zurückliegender Vergangenheit bei der Beurteilung von kleinumfänglichen Investitionsprojekten ihre Berechtigung gehabt haben, als Berechnungen manuell auf Papier durchgeführt wurden. Der grundsätzlich entstehende Berechnungsfehler war unter solchen Rahmengegebenheiten möglicherweise tolerierbar.

In der heutigen Zeit, in der Tabellenkalkulationsprogramme wie Excel oder Numbers jedem verfügbar sind und man insofern in der Lage ist, allgemeingültige Tableaus für dynamische Investitionsrechnungen abzuspeichern, mit denen man schnell und einfach ein Investitionsrechnungsmodell aufbauen kann, gibt es keinen Grund mehr, auf statische Investitionsrechnungsmethoden zurückzugreifen. Wir beschäftigen uns daher in diesem Werk nicht mehr mit solchen Methoden.

Die folgenden Ausführungen beschäftigen sich mit den bedeutendsten dynamischen Investitionsrechnungsmethoden:

- Verfahren zur Ermittlung des Endwertes (engl. „*end oder final value*“)
- Verfahren zur Ermittlung des Kapitalwertes (engl. „*net present value*“, kurz NPV)
- Verfahren zur Ermittlung des Internen Zinsfußes (engl. „*internal rate of return*“, kurz IRR)
- Verfahren zur Ermittlung der dynamischen Amortisationszeit (engl. „*discounted pay-off period*“)
- Verfahren zur Ermittlung der Annuität (engl. „*annuity*“)

Bei der **Endwertermittlung** werden die zu unterschiedlichen Anfallszeitpunkten anfallenden Zahlungen auf einen Endzeitpunkt bezogen. Die Frage lautet: Wie groß ist das Vermögen zum Endzeitpunkt oder Zeitpunkt T?

Die **Kapitalwertberechnung** fokussiert in die entgegengesetzte Richtung. Hier möchte man wissen, welchen Wert verschiedene Zahlungen, die zu unterschiedlichen Zeitpunkten in der Zukunft zustande kommen, aus heutiger Sicht gemeinsam haben.

Bei der **dynamischen Amortisationszeitberechnung** geht es darum, zu klären, ab welchem Zeitpunkt die diskontierten Rückflüsse die diskontierten Auszahlungen eines Investitionsprojektes übersteigen.

Demgegenüber zeigt der **Interne Zinsfuß** auf, bei welchem Kalkulationszinssatz die Auszahlungen und Rückflüsse zu einem Kapitalwert von null führen würden. Der Interne Zinsfuß wird auch „Effektivverzinsung“ genannt.

Schließlich handelt es sich bei der **Annuität** um die vollständige Ausschüttung eines Anfangsbetrages in der Form konstanter Jahresauszahlungen über einen definierten Zeitraum bei einem zuvor bestimmten Zinssatz. Die Summe der diskontierten Auszahlungen, der Kapitalwert also, entspricht demzufolge dem Anfangsbetrag.

Wir werden uns im Folgenden detailliert mit den soeben aufgeführten Verfahren auseinandersetzen. Es wird u. a. darum gehen,

- verschiedene Fallkonstellationen (konstante Zahlungsströme, konstanter Zins, wechselnde Zahlungsströme, unterschiedliche Zinssätze etc.) zu betrachten,
- mögliche Schwachstellen einzelner Methoden herauszuarbeiten,
- die Zusammenhänge der Methoden untereinander zu verdeutlichen,
- zu klären, welche Methode prioritär im Hinblick auf Entscheidungsfindungen eingesetzt werden sollte,
- Investitionsrechnungsmodelle zu entwickeln,
- den jeweils geeigneten Kalkulationszinssatz und die jeweils passende Wirkungsdauer festzulegen,
- zu untersuchen, welche Rolle das Anlagerisiko, Steuerzahlungen und Preissteigerungsraten einnehmen,

um schließlich ein universell anwendbares Investitionsrechnungstableau zu erarbeiten.

4.2 Ermittlung des Endwertes eines Investitionsvorhabens

4.2.1 Verfahren zur Ermittlung des Endwertes

Der Endwert einer Investition oder eines Investitionsvorhabens (engl. „*final value*" oder „*end value*") ist der Wert, der sich durch die Aufzinsung (Synonym: „Askontierung") der zugehörigen Aus- und Rückzahlungen (Einzahlungen) am Ende der Wirkungsdauer ergibt. Durch die Aufzinsung wird die Verzinsung (Zins und Zinseszins) des eingesetzten Kapitals berücksichtigt. Mithilfe der Endwertkalkulation lässt sich beispielsweise das Endvermögen einer Einzahlung auf einem Sparkonto (z. B. 1 000 Euro) nach einer bestimmten Zeit (z. B. nach einem Jahr) bei einem bestimmten Anlagezinssatz (z. B. 10 %) ermitteln (hier: Endwert = 1 100 €). Er wird in der betrieblichen Praxis eher im Finanzmanagement zur Beurteilung der Vermögensanlage genutzt und weniger bei der Vorbereitung von Investitionsentscheidungen. Dennoch ist der Endwert für das Verständnis über die Bewertung von Investitionsvorhaben wichtig, denn er ist die Basis aller dynamischen Investitionsrechnungsverfahren. Aus ihm werden die Indikatoren „Kapitalwert", „Interner Zinsfuß", „Dynamische Amortisationszeit" und auch „Annuität" abgeleitet. Daher steht die Ermittlung des Endwertes am Anfang der Vorstellung entsprechender Methoden.

Eine Investition ist absolut vorteilhaft, wenn ihr Endwert größer als ein erwarteter Wert ist, vorausgesetzt, nicht nur sämtliche Auszahlungen, sondern auch Nutzen können monetär erfasst werden. Werden mehrere sich gegenseitig ausschließende Investitionsalternativen verglichen, so ist diejenige mit dem größten Endwert die relativ vorteilhafteste. Ein negativer Endwert steht dem nicht grundsätzlich entgegen, sofern der mögliche Nutzen eines Investitionsvorhabens überhaupt nicht oder nur teilweise monetär erfassbar ist (beispielsweise bei Investitionsvorhaben wie Lagerhallen, Fuhrparks, Maschinen, Verwaltungsgebäuden etc.).

Im Zentrum der Ermittlung des Endwertes eines Investitionsvorhabens steht die Aufzinsung von Zahlungsströmen. Bei ihr wird bestimmt, welchen Endwert (EW) eine zu einem bestimmten Zeitpunkt (hier Zeitpunkt 0) erfolgte Zahlung (Z) zu einem späteren Zeitpunkt (t) unter Berücksichtigung von Zinsen und Zinseszinsen annimmt. Falls der Zinssatz (i) für alle Perioden (hier Jahre) zwischen den Zeitpunkten 0 und t gleich hoch ist, gilt:

für $t = 1$: $\mathrm{EW}_{t=1} = Z_0 \cdot (1 + i)$

für $t = 2$: $\mathrm{EW}_{t=2} = \mathrm{EW}_{t=1} \cdot (1 + i) = Z \cdot (1 + i) \cdot (1 + i) = Z \cdot (1 + i)^2$

für $t = 3$: $\mathrm{EW}_{t=3} = Z_0 \cdot (1 + i)^3$

Bei Aufzinsung eines Kapitalbetrags von 10 000 Euro über drei Jahre mit einem Zinssatz von 10 % (= 0,1) ergibt sich demzufolge ein Endwert in Höhe von $10\,000 \cdot (1 + 0{,}1)^3 = 13\,310$. Sind die Zinssätze nicht für alle Perioden gleich, dann wird für jede Periode t ein separater Aufzinsungsfaktor bestimmt ($1 + i_t$ bzw. q_t). Die Aufzinsung erfolgt, indem der eingesetzte Kapitalbetrag mit allen periodenspezifischen Faktoren multipliziert wird. Es gilt bei einer Aufzinsung über T Perioden:

$$\text{EW} = Z \cdot (1 + i_1) \cdot (1 + i_2) \cdot \ldots (1 + i_t) \cdot \ldots (1 + i_T)$$

Falls im obigen Beispiel bei ansonsten unveränderten Daten Zinssätze von i_1 = 10 %, i_{t2} = 10 % und i_3 = 15 % gelten, ergibt sich bei der Aufzinsung:

$$\text{EW} = 10\,000\,€ \cdot (1 + 0{,}1) \cdot (1 + 0{,}12) \cdot (1 + 0{,}15) = 14\,168\,€$$

Zahlt man beispielsweise zum Zeitpunkt $t = 0$ einen Betrag in Höhe von 50 000 Euro auf ein Sparkonto ein und belässt die sich jährlich ergebenden Zinsen auf dem Konto (Thesaurierung), dann verzinst sich nicht nur der Anfangsbetrag, sondern auch die Zinsen (= Zinseszins), sodass sich nach vier Jahren bei einem Zinssatz von 10 % ein Endwert (= Anlagevermögen) in Höhe von 73 205 Euro ergibt (siehe Abbildung 4-4).

Betrachtungszeitpunkt Jahr	t=0	t=1	t=2	t=3	t=4
Zahlung Z	50 000 €	0 €	0 €	0 €	0 €
Zins (i = 10%) und Zinseszins, thesauriert		5 000 €	5 500 €	6 050 €	6 655 €
Anlagevermögen = Endwert$_t$	50 000 €	55 000 €	60 500 €	66 550 €	73 205 €

Abbildung 4-4: Beispielhafte Ermittlung des Endwertes auf einem Sparkonto, i = 10 %

Formalisiert lässt sich die Berechnungslogik wie folgt darstellen: Nach einer Periode ist das ursprüngliche Vermögen Z um $Z \cdot i$ angewachsen, sodass sich ein Endwert von $\text{EW} = Z \cdot (1 + i)$ ergibt. Würde man die Anfangsauszahlung Z_0 als *EW* des Zeitpunktes $t = 0$, also als EW_0 bezeichnen, dann ergäbe sich als Endwert $\text{EW}_1 = \text{EW}_0 \cdot (1 + i)$. Dieser Endwert entspricht einem Vermögen, das sich aufgrund der Anfangsauszahlung sowie der Verzinsung über einen Zeitraum von einem Jahr ergeben hat.

Versuchen wir nun, den Planungshorizont (die Wirkungsdauer) zu erweitern. Den Endwert einer Einmalzahlung zum Zeitpunkt $t = 1$ haben wir soeben wie folgt hergeleitet:

$$\text{(a):}\ \ \text{EW}_1 = \text{EW}_0 \cdot (1 + i)$$

Der Endwert EW einer Periode setzt sich demnach zusammen aus dem Endwert der Vorperiode multipliziert mit dem Aufzinsungsfaktor $(1 + i)$. Demzufolge errechnet sich der Endwert der Periode $t = 2$, also EW_2, durch Multiplikation des Endwertes EW_1 mit $(1 + i)$ zu:

$$\text{(b):}\ \ \text{EW}_2 = \text{EW}_1 \cdot (1 + i)$$

Diese Gleichung lässt sich durch Einsetzen von (a) in (b) überführen in

$$\text{EW}_2 = \text{EW}_0 \cdot (1 + i) \cdot (1 + i)$$

und damit in

$$\text{EW}_2 = \text{EW}_0 \cdot (1 + i)^2$$

und somit auch in

$$\text{EW}_2 = Z_0 \cdot (1 + i)^2.$$

Betrachtungszeitpunkt	t=0	t=1	t=2	...	t=n
Endwert EW$_t$ (formal)	Z	EW$_0$·(1+i)	EW$_1$·(1+i)	...	
Endwert EW$_T$ (formal)	Z	Z·(1+i)	Z·(1+i)·(1+i)	...	
Endwert EW$_T$ (formal)	Z	Z·(1+i)	Z·(1+i)^2	...	Z·(1+i)^T
Endwert EW$_T$ (numerisch)	50 000 €	55 000 €	60 500 €	...	...

Abbildung 4-5: Formalisierung der Endwertermittlung, sofern i = konstant (hier: 10 %)

Erweitert man nun den Planungshorizont zu $t = T$, ergibt sich die allgemeine Endwertgleichung für eine Einmalzahlung bei konstantem Zins zu:

$$\text{EW}_T = Z_0 \cdot q^T = Z_0 \cdot (1 + i)^t$$

4.2.2 Endwertermittlung bei unterschiedlichen Fallkonstellationen

Die Herleitung der allgemeinen Berechnungsformel für den Endwert einer Einmalzahlung unter Berücksichtigung eines konstanten Kalkulationszinsfußes im vergangenen Abschnitt soll uns im Folgenden als Basis dienen, um allgemeine Endwertgleichungen für unterschiedliche Fallkonstellationen herzuleiten. Es geht dabei darum, die Freiheitsgrade von Endwertmodellen – Zinssatz, Zahlungsstromstruktur und Wirkungsdauer (Planungshorizont) – zu variieren (konstante oder sich zeitlich ändernde Kalkulationszinssätze auf der einen Seite und Einmalzahlung oder regelmäßige, konstante Zahlungen oder unregelmäßige, ungleiche Zahlungen auf der anderen).

4.2.2.1 Fall 1: Zahlungen nur in einer Periode, Aufzinsung zu periodenindividuellen Kalkulationszinsen

Im Fall 1 haben wir es mit einem nur in einer Periode vorkommenden Zahlungssaldo und je nach Periode unterschiedlichen Kalkulationszinssätzen zu tun. Dann ergibt sich der Endwert aus der periodenweisen Aufzinsung der Zahlungssumme mit den multiplikativ verknüpften Zinsfaktoren $q_t = (1 + i_t)$ beginnend in der ersten Periode (siehe Abbildung 4-6).

Periodenende	0	1	2	3	EW_T
Zinssatz i_t		4 %	3 %	5 %	
$q_t = (1+i_t)$		1,04	1,03	1,05	
Zahlungssumme	50 000 €				
Teil-Endwert$_t$		52 000 €	53 560 €	56 238 €	
Teil-Endwert$_t$ (formal)		$= Z_0 \cdot (1+i_1)$	$= Z_0 \cdot (1+i_1) \cdot (1+i_2)$	$= Z_0 \cdot (1+i_1) \cdot (1+i_2) \cdot (1+i_3)$	
EW_T (numerisch)					56 238 €
EW_T (formal)					$= Z_0 \cdot (1+i_1) \cdot (1+i_2) \cdot (1+i_3)$

Abbildung 4-6: Beispiel Endwertermittlung: eine Zahlung, unterschiedliche Zinssätze

Die allgemeine Endwertberechnungsformel für Zahlungen in nur einer Periode bei einer Aufzinsung zu periodenindividuellen Kalkulationszinsen ergibt sich daher wie folgt:

$$\text{EW}_T = Z_0 \cdot (1 + i_1) \cdot (1 + i_2) \dots (1 + i_T)$$

oder

$$\text{EW}_T = Z_0 \cdot q_1 \cdot q_2 \dots q_T$$

oder in Kurzschreibweise

$$\text{EW}_T = Z_0 \cdot \prod_{t=1}^{T} q_t$$

Mit

Z_0 Saldo aller Zahlungen in Periode 0.

q_t Zinsfaktor im Zeitpunkt t $(= 1 + i_T)$

i_T Kalkulationszinssatz zum Zeitpunkt t

4.2.2.2 Fall 2: Zahlungen zu unterschiedlichen Zeitpunkten, Aufzinsung zu periodenindividuellen Kalkulationszinsen

Fall 2 sieht vor, dass unser Modell verschiedene Zahlungen umfasst, die zu unterschiedlichen Zeitpunkten anfallen und zu periodenindividuellen Kalkulationszinsfüßen abgezinst werden sollen.

Der Endwert lässt sich hier ermitteln, indem alle Zahlungssummen je Periode (Periodensalden) zunächst separat erfasst und aufgezinst werden. Hieraus ergeben sich die Teilendwerte der jeweiligen Periode t (siehe Abbildung 4-7). Anschließend sind die Teilendwerte aufzusummieren.

Periodenende	0	1	2	3	T
Zinssatz i_t		4 %	3 %	5 %	
$q_t = (1+i_t)$		1,04	1,03	1,05	
Zahlungsreihe 1	50 000 €				
Zahlungsreihe 2		20 000 €	1 000 €	5 000 €	
Saldo (Summe)	50 000 €	20 000 €	1 000 €	5 000 €	
Teil-EW_t (numerisch)	56 238 €	21 630 €	1 050 €	5 000 €	
Endwert EW_T (numerisch)					83 918 €
Teil-EW_t (formal)	$= Z_0 \cdot (1+i_1) \cdot (1+i_2) \cdot (1+i_3)$	$= Z_1 \cdot (1+i_2) \cdot (1+i_3)$	$= Z_2 \cdot (1+i_3)$	$= Z_3$	
	$= Z_0 \cdot q_1 \cdot q_2 \cdot q_3$	$= Z_1 \cdot q_2 \cdot q_3$	$= Z_2 \cdot q_3$	$= Z_3$	
Endwert EW_T (formal)					$= Z_0 \cdot (1+i_1) \cdot (1+i_2) \cdot (1+i_3) + Z_1 \cdot (1+i_2) \cdot (1+i_3) + Z_2 \cdot (1+i_3) + Z_3$
					$= Z_0 \cdot q_1 \cdot q_2 \cdot q_3 + Z_1 \cdot q_2 \cdot q_3 + Z_2 \cdot q_3 + Z_3$

Abbildung 4-7: Beispiel Endwertermittlung: mehrere unterschiedliche Zahlungen, unterschiedliche Zinssätze

Die allgemeine Endwertberechnungsformel für den Fall mehrerer Zahlungen zu unterschiedlichen Zeitpunkten unter Berücksichtigung unterschiedlicher Zinssätze ergibt sich daher wie folgt:

$$\mathrm{EW}_T = Z_0 \cdot q_1 \cdot q_2 \cdot \ldots q_T + Z_1 \cdot q_2 \cdot \ldots \cdot q_T + \cdots Z_{t-1} \cdot q_T + Z_T$$

$$\mathrm{EW}_T = Z_0 \cdot (1+i_1) \cdot (1+i_2) \cdot \ldots \cdot (1+i_T) + Z_1 \cdot (1+i_2) \cdot \ldots (1+i_T) + Z_{T-1} \cdot (i+i_T) + Z_T$$

$$\mathrm{EW}_T = Z_0 \cdot \prod_{t=1}^{T} q_t + Z_1 \cdot \prod_{t=2}^{T} q_t + \ldots + Z_{T-1} \cdot q_T + Z_T$$

Mit

Z_t Saldo aller Zahlungen einer Periode t

q_t Zinsfaktor im Zeitpunkt t $(= 1 + i_T)$

i_T Kalkulationszinssatz zum Zeitpunkt t

4.2.2.3 Fall 3: Zahlungen nur in einer Periode, konstanter Zins

Haben wir es – wie im folgenden Fall – mit Zahlungen, die nur in einer Periode zustande kommen und über den gesamten Planungshorizont mit konstantem Zins aufgezinst werden sollen, zu tun, verkleinert sich die zuletzt hergeleitete Endwertformel: Die Zeitindizes der Aufzinsungsfaktoren (t von q_t) werden nicht mehr benötigt, da sie einander entsprechen. Die – bisher – multiplikative Verknüpfung dieser Faktoren vereinfacht sich daher von $q_t \cdot q_{t+1} \cdot q_{t+2} \cdots q_t$ zu q_T, und die Anzahl an Summanden reduziert sich zu einem Summanden, da nur noch eine Zahlung(ssumme) anfällt (siehe Abbildung 4-8).

Periodenende	0	1	2	3	EW_T
Zahlung	1 000 €				
EW_T (numerisch)	1 125 €				1 125 €
EW_T (formal)					$= Z_0 \cdot (1+i)^3$
EW_T (formal)					$= Z_0 \cdot q^3$

Abbildung 4-8: Beispiel Endwertermittlung: eine Zahlung, konstanter Zinssatz ($i = 4$ %)

Die allgemeine Endwertberechnungsformel für den Fall von Zahlungen in nur einer Periode unter Berücksichtigung eines konstanten Kalkulationszinssatzes ergibt sich daher wie folgt:

$$\text{EW}_t = Z_0 \cdot (1+i)^t$$

$$\text{EW}W_t = Z_0 \cdot q^t$$

Mit

Z_0 Saldo aller Zahlungen der Periode 0.

q_t Zinsfaktor im Zeitpunkt t $(= 1 + i_t)$

i_t Kalkulationszinssatz zum Zeitpunkt t

4.2.2.4 Fall 4: Zahlungen zu unterschiedlichen Zeitpunkten, konstanter Zins

Fall 4 beschreibt eine Situation, in der mehrere Zahlungen zu unterschiedlichen Zeitpunkten anfallen und die Abzinsung mit einem konstanten Kalkulationszinssatz erfolgen soll (siehe Abbildung 4-9).

Periodenende	0	1	2	3	EW_3
Zahlung	1 000 €	500 €	100 €	50 €	
Partikular-EW_t (numerisch)	1 125 €	541 €	104 €	50 €	
EW_3 (numerisch)					1 820 €
Teil-EW_t (formal)	$= Z_0 \cdot (1+i)^{T-0} = Z_0 \cdot (1+i)^3$	$= Z_1 \cdot (1+i)^2$	$= Z_2 \cdot (1+i)^1$	$= Z_3$	
Teil-EW_t (formal)	$=Z_0 \cdot q^3$	$=Z_1 \cdot q^2$	$=Z_2 \cdot q$	$= Z_3$	
EW_3 (formal) – beispielbezogen					$= Z_0 \cdot (1+i)^3 + Z_1 \cdot (1+i)^2 + Z_2 \cdot (1+i) + Z_3$
EW_3 (formal) – beispielbezogen					$=Z_0 \cdot q^3+Z_1 \cdot q^2+Z_2 \cdot q+Z_3$
EW_T (formal) – allgemeingültig					$=Z_0 \cdot q^T+Z_1 \cdot q^{T-1}+Z_2 \cdot q^{T-2}+Z_3 \cdot q^{T-3}+\ldots+Z_T \cdot q^{T-T}$

Abbildung 4-9: Endwertermittlung: mehrere Zahlungen zu unterschiedlichen Zeitpunkten, konstanter Zinssatz ($i = 4\,\%$)

Die allgemeine Endwertberechnungsformel für Modelle mit mehreren Zahlungen zu unterschiedlichen Zeitpunkten unter Berücksichtigung eines konstanten Kalkulationszinssatzes ergibt sich wie folgt:

$$\text{EW}_T = Z_0 \cdot q^T + Z_1 \cdot q^{T-1} + Z_2 \cdot q^{T-2} + \cdots + Z_{T-1} \cdot q + Z_T$$

$$\text{EW}_T = \sum_{t=0}^{T} Z_t \cdot q^{T-t}$$

Mit

Z_t Saldo aller Zahlungen einer Periode t

q_t Zinsfaktor im Zeitpunkt t $(= 1 + i_t)$

i_t Kalkulationszinssatz zum Zeitpunkt t

4.2.2.5 Fall 5: Endwert bei regelmäßigen, gleichbleibenden Zahlungen und konstantem Kalkulationszinsfuß

Bisher sind wir davon ausgegangen, dass Zahlungen immer am Ende einer Periode erfolgen. Aus diesem Grund wurde die erste Zeile – die Periodenzeile – unserer Berechnungstabellen mit „Periodenende" tituliert. In der betrieblichen Praxis sind dieser Zahlungszeitpunkt und demzufolge diese Zahlungszeitpunktzuordnung auch der/die Üblichere. Man spricht in diesem Zusammenhang von „nachschüssiger Zahlung" (engl. „*payment in arrears*"). Findet demgegenüber eine

Zahlung zum Periodenbeginn statt, wird der Begriff „vorschüssige Zahlung" (engl. *„payment in advance"*) verwendet.[29]

Beide Formen – vorschüssig und nachschüssig – treten in der Praxis in Berechnungsmodellen auf, die regelmäßige, gleichbleibende Zahlungen enthalten. Hierzu zählen etwa Gehaltszahlungen, Pensions- und Rentenzahlungen (i. d. R. nachschüssig) sowie Versicherungsgebühren, Beamtenbezüge, Mietzahlungen oder etwa Zahlungen für Abonnements (i. d. R. vorschüssig).

Regelmäßige, gleichbleibende Zahlungen werden in der Finanzmathematik auch als Renten bezeichnet. Da bei nachschüssigen Renten die Zahlung – wie erwähnt – immer am Schluss eines Zeitintervalls erfolgt, braucht die letzte Rente nicht mehr verzinst zu werden, weil der Zahlungszeitpunkt und der Endwertbestimmungszeitbezug einander entsprechen.

Bei vorschüssigen Renten erfolgt die Zahlung am Anfang jedes Zeitabschnitts. Die letzte Rente wird daher bei der Endwertberechnung noch ein Jahr lang verzinst.

Im Falle der nachschüssigen Rente wird die erste Zahlung bzw. der Saldo aller Zahlungen der ersten Periode demzufolge (T – 1) mal verzinst, also ergibt sich als Teilendwert $\mathrm{EW}_1 = Z_1 \cdot q_{T-1}$. Aus der zweiten Zahlung wird ein Teilendwert $\mathrm{EW}_2 = \mathrm{Z} \cdot q_{T-2}$. Die vorletzte Zahlung wird einmal verzinst und die letzte (T-te) Zahlung gar nicht. Die Summe aller Teilendwerte ergibt den Endwert (siehe Abbildung 4-10).

Periodenende	0	1	2	EW_T
Zahlung	1 000 €	1 000 €	1 000 €	
Teil-EW_t (formal)	$=Z_0 \cdot q^2$	$=Z_1 \cdot q^1$	$=Z_2$	
Teil-EW_t	1 082 €	1 040 €	1 000 €	
EW_T				3 122 €
EW_T (formal)				$=Z_0 \cdot q^2+Z_1 \cdot q+Z_2$

Abbildung 4-10: Endwertermittlung einer nachschüssigen Rente (i = 4 %)

Die allgemeine Endwertberechnungsformel für den Fall regelmäßiger, konstanter, nachschüssiger Zahlungen unter Berücksichtigung eines einzigen Kalkulationszinssatzes ähnelt unserem Fall 4 (siehe Kapitel 4.2.2.4):

$$\mathrm{EW}_T = Z_0 \cdot q^T + Z_1 \cdot q^{T-1} + Z_2 \cdot q^{T-2} + \cdots + Z_{T-1} \cdot q + Z_T$$

Der Unterschied ist, dass nun die Zeitindizes der Zahlungen vernachlässigt werden können, da alle Zahlungen die gleiche Höhe aufweisen und insofern je nach Zeitpunkt des Anfalls nicht mehr unterschiedlich sind. Der Endwert ergibt sich daher aus:

$$\mathrm{EW}_T = \mathrm{Z} \cdot q^{T-1} + \mathrm{Z} \cdot q^{T-2} + \cdots + \mathrm{Z} \cdot q + \mathrm{Z}$$

Wir werden in Kürze sehen, dass sich diese Berechnungsformel vereinfachen lässt. Zuvor soll noch der Endwert von vorschüssigen Renten bestimmt werden. Bei diesen erfolgt aufgrund der Vorschüssigkeit die tatsächliche Zahlung nahezu eine Periode früher als bei nachschüssigen Renten. Dieser kleine zeitliche Versatz wird vernachlässigt. Eine Zahlung zum Beginn der Periode 2 kann einer gleichhohen Zahlung zum Ende der Periode 1 gleichgesetzt werden. Mit Blick auf die Endwertermittlung ist es daher plausibel, bei vorschüssigen Zahlungen die Diskontierung in zeitlicher Hinsicht gedanklich um eine Periode nach vorne zu verschieben (siehe Abbildung 4-11).

29 Darüber hinaus ist auch denkbar, die Zahlung „mittelschüssig" (engl. *„mid-year discounting"*) anzusetzen, siehe Kapitel 6.2.2.3.

Periodenanfang	0	1	2	EW_T
Zahlung	1 000 €	1 000 €	1 000 €	
Teil-EW_t (formal)	=Z_0·q^3	=Z_1·q^2	=Z_2·q	
Teil-EW_t	1 125 €	1 082 €	1 040 €	
EW_T				3 246 €
EW_T (formal)				=Z_0·q^3+Z_1·q^2+Z_2·q

Abbildung 4-11: Endwertermittlung einer vorschüssigen Rente ($i = 4$ %)

Die allgemeine Endwertberechnungsformel für den Fall regelmäßiger, konstanter, vorschüssiger Zahlungen unter Berücksichtigung eines einzigen Kalkulationszinssatzes ergibt sich daher wie folgt:

$$\text{EW}_T = Z \cdot q^T + Z \cdot q^{T-1} + \cdots + Z \cdot q$$

4.2.2.6 Vereinfachung der Endwertgleichung für nachschüssige Rentenmodelle

Wie bereits angedeutet, lassen sich die beiden Endwertgleichungen für vor- oder nachschüssige Rentenmodelle stark vereinfachen. Diese Vereinfachung ist zum einen in rechentechnischer Hinsicht sinnvoll und hilfreich (der Rechenaufwand reduziert sich dadurch). Zum anderen werden die vereinfachten Rechenformeln an späterer Stelle benötigt, wenn es darum geht, Annuitäten herzuleiten.

Beginnen wir mit einem nachschüssigen Rentenmodell. Die Endwertermittlung ergibt sich wie folgt:

$$\text{EW}_T = Z \cdot q^{T-1} + Z \cdot q^{T-2} + \cdots + Z \cdot q + Z$$

Klammern wir nun die Zahlung Z aus, ergibt sich als Klammerausdruck in

$$\text{EW}_T = Z \cdot (q^{T-1} + q^{T-2} + \cdots + q + 1)$$

eine geometrische Reihe, die sich durch Multiplikation mit $(q-1)$

$$(q^{T-1} + q^{T-2} + \cdots + q + 1) \cdot (q-1)$$

zu

$$\begin{aligned}&(q^T + q^{T-1} + \cdots + q^2 + q) - (q^{T-1} + q^{T-2} + \cdots + q^2 + q + 1)\\ &\quad = q^T + q^{T-1} + \cdots + q^2 + q - q^{T-1} - q^{T-2} - \cdots - q^2 - q - 1\end{aligned}$$

umformen lässt, wobei sich die Terme in

$$q^{T-1} + \cdots + q^2 + q - q^{T-1} - q^{T-2} - \cdots - q^2 - q$$

gegenseitig auflösen, sodass sich die Ausgangsformel schließlich in

$$q^T - 1$$

umformt.

Durch anschließende Division mit $(q-1)$ wird dann die mathematische Erweiterung – Multiplikation mit $(q-1)$ – wieder rückgängig gemacht, was schließlich dazu führt, dass in der Gesamtbetrachtung mit

$$\text{EW}_t = Z \cdot \frac{q^T - 1}{q - 1}$$

vor allem bei Modellen mit langer Laufzeit, also großem Planungshorizont, eine erhebliche Vereinfachung der Berechnung des Endwertes entsteht. Abbildung 4-12 zeigt dazu ein Beispiel.

Zinssatz i	4 %						
Zinsfaktor q	1,04						
Periodenende	1	2	3	…	28	29	30
Zahlung	1 000 €	1 000 €	1 000 €	…	1 000 €	1 000 €	1 000 €
EW_T (formal)							Z* (q^T-1)/(q-1)
EW_T							56 085 €

Abbildung 4-12: Vereinfachung der Endwertgleichung für nachschüssige Rentenmodelle, konstanter Zinssatz (i = 4 %)

4.2.2.7 Vereinfachung der Endwertgleichung für vorschüssige Rentenmodelle

Analog zu nachschüssigen lässt sich auch bei vorschüssigen Modellen eine Vereinfachung erwirken. Beginnen wir auch hier mit der Ausgangsberechnungsformel, diesmal mit der für vorschüssige Rentenmodelle. Die Endwertermittlung ergibt sich wie folgt:

$$\mathrm{EW}_T = Z \cdot q^T + Z \cdot q^{T-1} + \cdots + Z \cdot q$$

Klammern wir die Zahlung Z aus, ergibt sich als Klammerausdruck in

$$\mathrm{EW}_T = Z \cdot (q^T + q^{T-1} + \cdots + q)$$

erneut eine geometrische Reihe, die sich durch Multiplikation mit (q–1)

$$(q^T + q^{T-1} + q^{T-2} + \cdots + q) \cdot (q - 1)$$

zu

$$(q^{T+1} + q^T + q^{T-1} + \cdots + q^2) - (q^T + q^{T-1} + \cdots + q^2 + q)$$
$$= q^{T+1} + q^T + q^{T-1} + \cdots + q^2 - q^T - q^{T-1} - \cdots - q^2 - q$$

zusammenfassen lassen. Die Terme in

$$= q^T + q^{T-1} + \cdots + q^2 - q^T - q^{T-1} - \cdots - q^2$$

lassen sich gegenseitig auflösen, sodass sich die Ausgangsformel schließlich in

$$= q^{T+1} - q$$

und schlussendlich in

$$q \cdot (q^T - 1)$$

umformen lässt.

Durch anschließende Division mit $(q - 1)$ wird dann die mathematische Erweiterung wieder rückgängig gemacht, was schließlich dazu führt, dass in der Gesamtbetrachtung mit

$$\mathrm{EW}_t = Z \cdot \frac{q \cdot (q^T - 1)}{q - 1}$$

erneut eine erhebliche Vereinfachung der Berechnung des Endwertes entsteht (siehe Abbildung 4-13).

Zinssatz i	4 %						
Zinsfaktor q	1,04						
Periodenanfang	1	2	3	…	28	29	30
Zahlung	1 000 €	1 000 €	1 000 €	…	1 000 €	1 000 €	1 000 €
EW_T (formal)							Z*q*(q^T-1)/(q-1)
EW_T							58 328 €

Abbildung 4-13: Vereinfachung der Endwertgleichung für vorschüssige Rentenmodelle, konstanter Zinssatz (i = 4 %)

Die Bearbeitung der verschiedenen Fallkonstellationen zur Herleitung der für die Praxis wesentlichen Endwertberechnungsverfahren ist nun abgeschlossen. Es folgen eine zusammenfassende Darstellung der Verfahren und die Herleitung eines allgemein anwendbaren Endwertberechnungstableaus.

4.2.2.8 Übersicht der Endwertberechnungsverfahren und Herleitung eines allgemein anwendbaren Endwertberechnungstableaus

Die folgende Tabelle 8 fasst die im vorangegangenen Abschnitt hergeleiteten Endwertberechnungsverfahren zusammen. Sie zeigt in ihrer letzten Tabellenzeile dasjenige, das den größten Freiheitsgrad aufweist (sich zeitlich ändernde Kalkulationszinssätze und unregelmäßige, ungleiche Zahlungen).

Tabelle 8: Übersicht der fallspezifischen Endwertberechnungsverfahren

Rahmengegebenheiten	Berechnung[a]
Zahlungen nur in einer Periode, konstanter Zins	$\text{EW}_T = Z_0 \cdot q^T$
Zahlungen nur in einer Periode, periodenindividuelle Kalkulationszinsen	$\text{EW}_T = Z_0 \cdot \prod_{t=1}^{T} q_t$
Zahlungen zu unterschiedlichen Zeitpunkten, konstanter Kalkulationszinsfuß	$\text{EW}_T = \sum_{t=0}^{T} Z_t \cdot q^{T-t}$
Regelmäßige, gleichbleibende Zahlungen und konstanter Kalkulationszinsfuß, vorschüssig	$\text{EW}_T = \text{Z} \cdot \frac{q^T - 1}{q - 1}$
Regelmäßige, gleichbleibende Zahlungen und konstanter Kalkulationszinsfuß, nachschüssig	$\text{EW}_T = \text{Z} \cdot \frac{q \cdot (q^T - 1)}{q - 1}$
Zahlungen zu unterschiedlichen Zeitpunkten, periodenindividuelle Kalkulationszinsen	$\text{EW}_T = Z_0 \cdot \prod_{t=1}^{T} q_t + Z_1 \cdot \prod_{t=2}^{T} q_t + \ldots + Z_{T-1} \cdot q_T + Z_T$

[a] Mit Z_T = Saldo aller Zahlungen in einer Periode t, T = Planungshorizont, i = Kalkulationszinssatz.

Alle anderen Verfahren unterliegen Einschränkungen. Es handelt sich um Vereinfachungen des Verfahrens, die vor allem dann hilfreich sind, wenn Endwerte auf manuelle Weise ermittelt werden sollen, sofern die in den Fällen angegebenen Rahmengegebenheiten – etwa konstanter Kalkulationszins – jeweils vorliegen.

In der betrieblichen Praxis werden Investitionsrechnungsprobleme aber nur noch selten manuell berechnet. Dies liegt vor allem daran, dass die computergestützte Berechnung mithilfe von Tabellenkalkulations- oder speziellen Investitionsrechnungsprogrammen in der heutigen Zeit kein Problem mehr darstellt, insofern üblich ist.

Vor diesem Hintergrund ist es sinnvoll, ein universell einsetzbares Endwertberechnungstableau zu erarbeiten, welches digital gespeichert und jederzeit abrufbar ist, um – nach Festlegung des Planungshorizontes, also der Anzahl zu berücksichtigender Perioden – im Bedarfsfall Zahlungsströme sowie Kalkulationszinsen einzugeben und so quasi automatisch und damit einfach und schnell einen Endwert auszurechnen. Ein derartiges beispielhaftes Tableau ist in Abbildung 4-14 dargestellt. Es wird später um weitere Investitionskennzahlen erweitert.

1	B	C	D	E	F	G	H	I	J	K	L
2	Basiskalkulationszinsfuß i	4,0 %									
3	Preisänderungsrate Erdgas	3,0 %									
4	Preisänderungsrate Sonstiges	2,0 %									
5	Periodenende t	0	1	2	3	4	5	6	7	8	9
6	Kalkulationszinsfuß i_t		4,0 %	4,0 %	4,0 %	4,0 %	4,0 %	4,0 %	4,0 %	4,0 %	4,0 %
7	Zinsfaktor q_t (= $1+i_t$)		1,04	1,04	1,04	1,04	1,04	1,04	1,04	1,04	1,04
8	Aggregierter Askontierungsfaktor $aq_t = q_t \cdot q_{t+1} \cdot \ldots q_T$		1,42	1,37	1,32	1,27	1,22	1,17	1,12	1,08	1,04
9	Auszahlungen										
10	Investitionsauszahlung	-54 000 €									
11	Wartung, Reparatur			-7 000 €	-7 140 €	-7 283 €	-7 428 €	-7 577 €	-7 729 €	-7 883 €	-8 041 €
12	Rückflüsse										
13	Erdgaskosteneinsparungen		15 000 €	15 450 €	15 914 €	16 391 €	16 883 €	17 389 €	17 911 €	18 448 €	19 002 €
14	Resultate/Indikatoren										
15	Summe	-54 000 €	15 000 €	8 450 €	8 774 €	9 108 €	9 454 €	9 812 €	10 182 €	10 565 €	10 961 €
16	Teilendwert	-76 859 €	20 529 €	11 120 €	11 101 €	11 081 €	11 060 €	11 037 €	11 013 €	10 988 €	10 961 €
17	$Endwert_T$	32 031 €									

Abbildung 4-14: Allgemeingültiges Tableau zur Ermittlung des Endwertes

Das Tableau besteht aus einer ersten Spalte, die die Zeilenbezeichnungen enthält. Darauf folgen T+1 Spalten für den zuvor festgelegten Planungshorizont mit einer Anzahl von T Perioden, wobei die Periode 0 den jeweils aktuellen Zeitpunkt darstellt.

Der Tabellenkopf zeigt die Perioden (im Beispiel Perioden-Enden für nachschüssige Zahlungsreihen; im Fall vorschüssiger Zahlungsreihen müsste dieser Begriff durch „Periodenanfang" ausgetauscht werden), den je Periode geltenden Kalkulationszinssatz sowie auch die hieraus abgeleiteten Zinsfaktoren und darüber hinaus weitere Parameter (hier Preisänderungsraten).

Im mittleren Bereich des Tableaus werden die Zahlungsströme eingegeben. Neben den Tabellenfeldern für die Kalkulationszinsen muss dieser Bereich editierbar, also überschreibbar ausgestaltet sein.

Der Tabellenfuß enthält die Zwischenergebnisse, also die Spaltensummen sowie die Teilendwerte je Periode und das Endergebnis.

In der folgenden Abbildung 4-15 werden in verschiedenen Berechnungsfeldern zur Veranschaulichung auch die Berechnungsformeln dargestellt. Für den Einsatz in der Praxis wären diese Zeilen überflüssig. An dieser Stelle machen sie jedoch deutlich, dass für die Ermittlung der Partikularendwerte sowie des Gesamtendwertes zwingend dasjenige Endwertberechnungsverfahren zum Einsatz kommen muss, das den größten Freiheitsgrad aufweist. Andernfalls wäre das Tableau nicht für alle Fälle einsetzbar.

1	B	C	D	E	F	G	H	I	J	K	L
2	Basiskalkulationszinsfuß i	4,0 %									
3	Preisänderungsrate Erdgas	3,0 %									
4	Preissteigerungsrate Sonstiges	2,0 %									
5	Periodenende t	0	1	2	3	4	5	6	7	8	9
6	Kalkulationszinsfuß i_t		4,0 %	4,0 %	4,0 %	4,0 %	4,0 %	4,0 %	4,0 %	4,0 %	4,0 %
7	Zinsfaktor q_t (= 1+i_t)		=1+D6	=1+E6	=1+F6	=1+G6	=1+H6	=1+I6	=1+J6	=1+K6	=1+L6
8	Aggregierter Askontierungsfaktor $aq_t = q_t \cdot q_{t}+1 \cdot \dots q^T$		=PRODUKT (D7:$L$7)	=PRODUKT (E7:$L$7)	=PRODUKT (F7:$L$7)	=PRODUKT (G7:$L$7)	=PRODUKT (H7:$L$7)	=PRODUKT (I7:$L$7)	=PRODUKT (J7:$L$7)	=PRODUKT (K7:$L$7)	=PRODUKT (L7:$L$7)
9	Auszahlungen										
10	Investitionsauszahlung	-54.000 €									
11	Wartung, Reparatur			-7.000 €	-7.140 €	-7.283 €	-7.428 €	-7.577 €	-7.729 €	-7.883 €	-8.041 €
12	Rückflüsse										
13	Erdgaskosteneinsparungen		15.000 €	15.450 €	15.914 €	16.391 €	16.883 €	17.389 €	17.911 €	18.448 €	19.002 €
14	Resultate/Indikatoren										
15	Summe	-54.000 €	15.000 €	8.450 €	8.774 €	9.108 €	9.454 €	9.812 €	10.182 €	10.565 €	10.961 €
16	Teilendwert	=C15×D8	=D15×E8	=E15×F8	=F15×G8	=G15×H8	=H15×I8	=I15×J8	=J15×K8	=K15×L8	=L15
17	Endwert$_T$	=SUMME(C16:L16)									

Abbildung 4-15: Allgemeingültiges Tableau zur Ermittlung des Endwertes (mit Angabe der Berechnungsformeln)

4.3 Ermittlung des Kapitalwertes eines Investitionsvorhabens – Grundlagen

4.3.1 Verfahren zur Ermittlung des Kapitalwertes

Die folgenden Ausführungen beschäftigen sich mit den Grundlagen der Kapitalwertberechnung. Mit ihnen soll ein Verständnis über Verfahren und Aussage des Kapitalwertes erzeugt und ein Verfahrensvergleich mit den Verfahren zur Ermittlung der dynamischen Amortisationszeit, des Internen Zinsfußes, des Endwertes und von Annuitäten ermöglicht werden. In Kapitel 6 werden weitere wichtige Sachverhalte bei der Ermittlung des Kapitalwertes erläutert.

Sowohl Literatur als auch betriebliche Praxis grenzen die Begriffe „Kapitalwert" (engl. „*net present value*", kurz „NPV") und „Barwert" (engl. „*present value*", kurz „PV") uneinheitlich voneinander ab. In den folgenden Ausführungen bedeuten diese Begriffe:

- **„Barwert":** abgezinste Zahlungen oder abgezinste zeitpunktbezogene Zahlungssalden (die Summe aller Aus- und Einzahlungen) einer jeweiligen Periode
- **„Kapitalwert":** der Gegenwartswert[30] eines gesamten Investitionsprojektes (also die Summe seiner Barwerte)

Besteht ein Investitionsvorhaben aus einer Zahlung oder mehreren Zahlungen nur einer Periode, dann stimmen Barwert und Kapitalwert überein.

Der Kapital- oder Barwert ist der Wert, den zukünftige Zahlungen in Ihrer Gesamtprojektbetrachtung in der Gegenwart besitzen (daher gelegentlich auch als „Gegenwartswert" bezeichnet). Er wird durch Abzinsung der zukünftigen Zahlungen und anschließendes Summieren ermittelt.

30 *Kruschwitz/Husmann* verwenden anstelle des Begriffs „Kapitalwert" den Terminus „Nettobarwert", weil dieser ihrer Meinung nach besser zum Ausdruck bringt, was gemeint ist. Vgl. Kruschwitz/Husmann 2012, S. 6.

In der Literatur wird häufig die folgende Interpretation von Kapitalwertberechnungsergebnissen aufgeführt:[31]

> „Eine Investition ist absolut vorteilhaft, wenn ihr Kapitalwert größer als Null ist, und relativ vorteilhaft, wenn eine Investitionsoption einen höheren Kapitalwert als andere betrachtete Optionen aufweist."

Diese Aussage ist nur eingeschränkt praktikabel und soll daher im vorliegenden Buch nicht verwandt werden, denn sie setzt voraus, dass alle Nutzen als monetär bewertete Rückflüsse erfasst werden können. Und das ist in der Praxis häufig nicht der Fall. Man stelle sich die Investition in eine neue Lagerhalle, eine große Reinigungsmaschine, in einen Fuhrpark, gar die Erweiterung einer Produktionsanlage, auf der viele verschiedene Produkte bearbeitet werden, vor. Die Nutzen derartiger Investitionen lassen sich i. d. R. zwar verbal abgrenzen, eine monetäre und vor allem investitionsobjektbezogene Bewertung ist aber vielfach schwierig oder gar nicht möglich. In solchen Fällen ist die Anwendung der eben aufgeführten Standardinterpretation ungeeignet, denn sie würde verhindern, Investitionsvorhaben für Lagerhallen, Reinigungsmaschinen, Fuhrparks, Produktionsanlagenerweiterung etc. in der Praxis freizugeben, obwohl sie für die Aufrechterhaltung des Betriebs oder gar für den Erfolg des Unternehmens u. U. notwendig sind.

Insofern soll im vorliegenden Buch die folgende Interpretation von Kapitalwertberechnungsergebnissen gelten:

Merksatz

Interpretation von Kapitalwertberechnungsergebnissen

Eine Investition ist absolut vorteilhaft (**absolute Vorteilhaftigkeit**), wenn ihr Kapitalwert größer als null ist, vorausgesetzt, nicht nur sämtliche Auszahlungen, sondern auch Nutzen können monetär erfasst werden.

Wenn diese Bedingungen erfüllt werden, gilt Folgendes:

- Kapitalwert = 0:
  - bei Finanzierung mit Eigenkapital: Der Investor erhält sein eingesetztes Kapital zurück sowie eine Verzinsung der ausstehenden Beträge in Höhe des Kalkulationszinssatzes. Die Investition hat keinen Vorteil gegenüber der zinshöchsten (risikoäquivalenten) Alternativanlage. Der Kalkulationszinssatz[32] entspricht dem Internen Zinsfuß.
  - bei Finanzierung mit Fremdkapital: Der Investor kann den Kapitaldienst (Zahlung von Zins und Tilgung) leisten und weiter nichts. Er hat keine Vor-, aber auch keine Nachteile gegenüber dem Nichthandeln.
- Kapitalwert > 0:
  - bei Finanzierung mit Eigenkapital: Der Investor erhält sein eingesetztes Kapital zurück, eine Verzinsung in der Höhe der besten – risikoäquivalenten – Alternativanlage sowie darüber hinaus über die Gesamtlaufzeit hinweg Zahlungsströme in Höhe des Kapitalwertes.
  - bei Finanzierung mit Fremdkapital: Der Investor kann den Kapitaldienst leisten und erzielt darüber hinaus über die Gesamtlaufzeit hinweg Zahlungsströme in Höhe des Kapitalwertes.
- Kapitalwert < 0:
  - bei Finanzierung mit Eigenkapital: Die Investition kann eine Verzinsung des eingesetzten Kapitals zum Kalkulationszinssatz, also in der Höhe der besten risikoäquivalenten Alternativanlage, nicht gewährleisten. Sie ist daher gegenüber dieser Alternative im Nachteil. Aus rein investitionsrechnerischer Betrachtung sollte das Engagement unterbleiben.

31 Vgl. Götze 2014, S. 78; Blohm et al. 2012, S. 19.

32 Auf die Festlegung des Kalkulationszinssatzes wird an späterer Stelle noch genauer eingegangen, siehe Kapitel 6.2.3.

- bei Finanzierung mit Fremdkapital: Der Investor kann den Kapitaldienst nicht komplett leisten. Aus rein investitionsrechnerischer Betrachtung sollte das Engagement unterbleiben.

Werden mehrere sich gegenseitig ausschließende Investitionsalternativen verglichen, so ist diejenige mit dem größten Kapitalwert die relativ vorteilhafteste (**relative Vorteilhaftigkeit**), wobei ein negativer Kapitalwert dem nicht grundsätzlich entgegensteht, sofern der mögliche Nutzen eines Investitionsvorhabens überhaupt nicht oder nur teilweise monetär erfassbar ist (beispielsweise bei Investitionsvorhaben wie Lagerhallen, Fuhrparks, Maschinen, Verwaltungsgebäuden etc.).

Zur Kalkulation von Kapitalwerten: Die mathematische Formel zur Berechnung des „Barwertes" (als eine Komponente des Kapitalwertes) lässt sich relativ einfach aus den Endwertberechnungsverfahren herleiten, indem beispielsweise die Frage gestellt wird, wie hoch der Barwert ist, wenn man einen Endwert in Höhe von 1 210 Euro zugrunde legt, der sich durch die Anlage von 1 000 Euro über einen Zeitraum von zwei Jahren bei einem Kalkulationszins von 10 % ergibt. Die Antwort fällt einfach: Der Bar- bzw. Kapitalwert ist 1 000 Euro, denn dieser Betrag ist ja der Initialbetrag, der zu dem Endwert führt, also der Gegenwartswert und somit der Bar- bzw. Kapitalwert (siehe Abbildung 4-16).

Versuchen wir, diesen Gedankengang nun allgemeingültig zu fassen, also einen Endwert in einen Barwert bzw. Kapitalwert umzuformen. Die Endwertberechnungsformel für den Fall einer einperiodigen Zahlungssumme bei konstantem Kalkulationszins – Fall 3 – lautet:

$$\mathrm{EW}_t = Z_0 \cdot (1 + i)^t$$

oder

$$\mathrm{EW}_t = Z_0 \cdot q^t$$

Gesucht ist der Endwert EW_t, gegeben die Anfangsauszahlung, der Kalkulationszinssatz bzw. Diskontierungsfaktor q und der Planungshorizont T. Gehen wir nun davon aus, dass dieser Endwert nicht gesucht, sondern bekannt ist und wir nicht mehr nach ihm, sondern nach der Anfangsauszahlung Z_0 fragen, formen wir die Endwertgleichung um zu:

$$Z_0 = \frac{\mathrm{EW}_t}{q^t}$$

Der Endwert EW_t ist dann ein Geldbetrag, der in Periode t zur Auszahlung bereitsteht, also eine Zahlung Z_t. Insofern können wir EW_t durch Z_t ersetzen und erhalten:

$$Z_0 = \frac{Z_t}{q^t}$$

Die ursprüngliche Anfangsauszahlung, die bei der Endwertermittlung bekannt und nun gesucht ist, entspricht insofern dem Gegenwartswert des Endwertes, also dem Kapital- oder Barwert. Daher können wir das Formelzeichen Z_0 durch dasjenige für den Barwert ersetzen und erhalten:

$$\mathrm{BW} = \frac{Z_t}{q^t} = \frac{Z_t}{(1 + i)^t}$$

Ergebnis ist die allgemeine Berechnungsformel für den Barwert einer Zahlung oder Zahlungssumme zum Zeitpunkt t unter Berücksichtigung eines konstanten Kalkulationszinsfußes i und damit Zinsfaktors $q = (1 + i)$.

Die folgende Tabelle (Abbildung 4-16) zeigt die Zusammenhänge zwischen Endwert und Barwert anhand eines Beispiels auf.

Periodenende	0	1	2
Zahlung	1 000 €		
Endwert EW_t (formal)	Z	Z • q	Z • q^2
Endwert EW_t (numerisch)	1 000 €	1 100 €	1 210 €
$Endwert_{t=2}$			1 210 €
Barwert	$EW_{t=2}/q^2$		
Barwert (numerisch)	1 000 €		

Abbildung 4-16: Ermittlung eines Endwertes und Barwertes einer Einmalzahlung bei konstantem Zins ($i = 10$ %)

Zu erkennen ist, dass sich die End- von der Barwertermittlung nur dadurch unterscheidet, dass Zahlungen, die während der Planungszeitspanne anfallen, im erstgenannten Fall durch Multiplikation mit einem Zinsfaktor $q = (1 + i)$ (bzw. bei unstetigen Faktoren: $q_t = [1 + i_t]$) aufgezinst – fachsprachlich: „askontiert“ – werden. Bei der Ermittlung der Barwerte zinst man dagegen die Zahlungen entweder durch Division mit dem Zinsfaktor, der einen positiven Exponenten trägt, $q_t = (1 + i)^t$, oder durch Multiplikation mit ebendiesem Zinsfaktor, der dann aber einen negativen Exponenten aufweist: $q^{-t} = (1 + i)^{-t}$ – was das gleiche Resultat hervorbringt –, ab (abzinsen fachsprachlich: „diskontieren“).

Angemerkt werden muss an dieser Stelle, dass in der üblichen Formel des Barwertes

$$\text{BW} = \frac{Z_t}{q^t} = \frac{Z_t}{(1 + i)^t}$$

die Potenzierung des Kalkulationsfaktors q mit dem Exponenten t nur dann möglich ist, wenn über den gesamten Betrachtungszeitraum der verwendete Kalkulationszins konstant ist. Nur wenn i_1, i_2, i_3, ...i_t gleich sind, kann der Index t entfallen, und es gilt:

$$\text{BW} = \frac{Z_t}{(1 + i_1) \cdot (1 + i_2) \cdot (1 + i_3) \cdot \ldots \cdot (1 + i_T)} = \frac{Z_t}{(1 + i)^t}$$

Sollte das nicht der Fall sein, dann muss zur Barwertermittlung die folgende Formel angewandt werden:

$$\text{BW} = \frac{Z_t}{(1 + i_1) \cdot (1 + i_2) \cdot (1 + i_3) \cdot \ldots \cdot (1 + i_T)}$$

4.3.2 Kapitalwertermittlung bei unterschiedlichen Fallkonstellationen

Die Herleitung der allgemeinen Berechnungsformel für den Barwert einer einperiodigen Zahlungssumme zum Zeitpunkt t unter Berücksichtigung eines konstanten Kalkulationszinsfußes soll uns nun als Basis dienen, um allgemeine Bar- bzw. Kapitalwertgleichungen für unterschiedliche Fallkonstellationen herzuleiten.

4.3.2.1 Fall 1 – Zahlungen nur in einer Periode, Aufzinsung zu periodenindividuellen Kalkulationszinsen

Im Fall 1 haben wir es mit einem nur in einer Periode vorkommenden Zahlungssaldo und je nach Periode unterschiedlichen Kalkulationszinssätzen zu tun. Unter diesen Rahmengegebenheiten ergibt sich der Kapital- bzw. Barwert aus der periodenweisen Abzinsung der Einmalzahlung mit den multiplikativ verknüpften Zinsfaktoren $q_t = (1 + i_t)$, siehe Abbildung 4-17.

Periodenende	0	1	2	3
Zinssatz i_t		4 %	4 %	5 %
$q_t = (1+i_t)$		1,04	1,04	1,05
Zahlungsreihe 2 (Rückflüsse)				100 000 €
Saldo (Summe)				100 000 €
Barwerte (numerisch)				88 053 €
Barwerte (formal)				$Z_3/(q_3 \cdot q_2 \cdot q_1)$
Kapitalwert = Barwert (numerisch)	88 053 €			
Kapitalwert = Barwert (formal)	$Z_T/(q_1 \cdot q_2 \cdot \ldots \cdot q_T)$			

Abbildung 4-17: Kapitalwertermittlung bei Zahlungen nur in einer Periode, Aufzinsung zu periodenindividuellen Kalkulationszinsen

Die allgemeine Kapital- bzw. Barwertberechnungsformel für

- Zahlungen nur in einer Periode bei einer
- Abzinsung zu periodenindividuellen Kalkulationszinsen

ergibt sich daher wie folgt:

$$\text{Kapitalwert} = \frac{Z_t}{(1+i_1)\cdot(1+i_2)\cdot(1+i_3)\cdot\ldots\cdot(1+i_t)} = \frac{Z_t}{\prod_{t=1}^{T} q_t}$$

Mit

Z_t Zahlung in Periode t

4.3.2.2 Fall 2 – Zahlungen zu unterschiedlichen Zeitpunkten, Aufzinsung zu periodenindividuellen Kalkulationszinsen

Fall 2 sieht vor, dass unser Modell mehrere Zahlungen, die zu unterschiedlichen Zeitpunkten anfallen, und unterschiedliche Kalkulationszinsfüße umfasst. Der Kapitalwert lässt sich unter diesen Rahmengegebenheiten ermitteln, indem alle Zahlungssummen je Periode zunächst separat abgezinst werden. Hieraus ergeben sich die Barwerte der jeweiligen Periode t (siehe Abbildung 4-18). Anschließend sind die Barwerte aufzusummieren, um den Kapitalwert zu erhalten.

Periodenende	0	1	2	3
Zinssatz i_t		4 %	4 %	5 %
$q_t = (1+i_t)$		1,04	1,04	1,05
Zahlungsreihe 1 (Auszahlung)	-60 000 €			
Zahlungsreihe 2 (Rückflüsse)		40 000 €	30 000 €	15 000 €
Saldo (Summe)	-60 000 €	40 000 €	30 000 €	15 000 €
Barwerte (numerisch)	-60 000 €	38 462 €	27 737 €	13 208 €
Barwerte (formal)	Z_0	Z_1/q_1	$Z_2/(q_2 \cdot q_1)$	$Z_3/(q_3 \cdot q_2 \cdot q_1)$
Kapitalwert (numerisch)	19 406 €			
Kapitalwert (formal)	$Z_3/(q_3 \cdot q_2 \cdot q_1) + Z_2/(q_2 \cdot q_1) + Z_1/q_1 + Z_0$			

Abbildung 4-18: Kapitalwertermittlung bei Zahlungen zu unterschiedlichen Zeitpunkten und Aufzinsung zu periodenindividuellen Kalkulationszinsen

Beim Barwert in einem Kapitalwerttableau handelt es sich demzufolge um den jeweiligen Gegenwartswert eines Periodensaldos (Summe sämtlicher Ein- und Auszahlungen einer Periode). Da Gegenwartswerte unterschiedlicher Perioden den gleichen Zeitbezug – die Gegenwart – haben, können sie aufsummiert werden und ergeben zusammen den Kapitalwert des gesamten Investitionsvorhabens.

Der in der letzten Spalte (Periode 3) angegebene Betrag in Höhe von 13 208 Euro bedeutet beispielsweise, dass der Aus- und Einzahlungssaldo in Höhe von 15 000 Euro in der Gegenwart einen Wert von 13 208 Euro darstellt. Hätte der Investor nämlich 13 208 Euro in der Gegenwart zur Verfügung und würde diesen Betrag zu den angegebenen Zinsen anlegen, ergäbe sich ein Vermögen (= Endwert) in Höhe von 15 000 Euro.

Die allgemeine Kapitalwertberechnungsformel für den Fall

- mehrerer Zahlungen zu unterschiedlichen Zeitpunkten
- unter Berücksichtigung unterschiedlicher Zinssätze

ergibt sich daher wie folgt:

$$\text{Kapitalwert} = Z_0 + \frac{Z_1}{q_1} + \frac{Z_2}{q_1 \cdot q_2} + \cdots + \frac{Z_T}{q_1 \cdot q_2 \ldots \cdot q_T}$$

$$\text{Kapitalwert} = Z_0 + \frac{Z_1}{q_1} + \frac{Z_2}{\prod_{t=1}^{2} q_t} + \cdots + \frac{Z_T}{\prod_{t=1}^{T} q_t}$$

Mit

Z_T Saldo aller Zahlungen einer Periode t

4.3.2.3 Fall 3 – Zahlungen nur in einer Periode, konstanter Zins

Haben wir es im folgenden Fall mit Zahlungen, die nur in einer Periode zustande kommen und über den gesamten Planungshorizont mit konstantem Zins aufgezinst werden sollen, zu tun, verkleinert sich die zuletzt hergeleitete Kapitalwertformel: Die Zeitindizes der Abzinsungsfaktoren (t von q_T) werden nicht mehr benötigt, da diese einander entsprechen. Die multiplikative Verknüpfung dieser Faktoren vereinfacht sich daher von $q_1 \cdot q_2 \cdot q_3 \ldots \cdot q_T$ zu q_T, und die Anzahl an Summanden reduziert sich auf einen Summanden, da nur noch eine Zahlung(ssumme) anfällt (siehe Abbildung 4-19).

Periodenende	0	1	2	3
Zahlungsreihe 2 (Rückflüsse)				100 000 €
Saldo (Summe)				100 000 €
Barwerte (numerisch)				88 900 €
Barwerte (formal)				Z_3/q^3
Kapitalwert = Barwert (numerisch)	88 900 €			
Kapitalwert = Barwert (formal)	Z_T/q^T			

Abbildung 4-19: Kapitalwertermittlung bei Zahlungen nur in einer Periode, konstanter Zins (hier: $i = 4\,\%$)

Die allgemeine Kapital- bzw. Barwertberechnungsformel für den Fall von

- Zahlungen in nur einer Periode
- unter Berücksichtigung eines konstanten Kalkulationszinssatzes

ergibt sich daher wie folgt:

$$\text{Kapitalwert} = \frac{Z_T}{q^T}$$

Mit

Z_T Zahlung in Periode T

4.3.2.4 Fall 4 – Zahlungen zu unterschiedlichen Zeitpunkten, konstanter Zins (Standardfall)

Fall 4 beschreibt eine Situation, in der mehrere Zahlungen zu unterschiedlichen Zeitpunkten anfallen und die Abzinsung mit einem konstanten Kalkulationszinssatz erfolgen soll. Derartige Rahmengegebenheiten finden sich in den meisten Beispielen zur Kapitalwertberechnung in Fachbüchern und in der betrieblichen Praxis wieder. Er soll daher mit dem Begriff **„Standardfall"** bezeichnet werden.

Periodenende	0	1	2	3
Zahlungsreihe 1 (Auszahlung)	-60 000 €			
Zahlungsreihe 2 (Rückflüsse)		40 000 €	30 000 €	15 000 €
Saldo (Summe)	-60 000 €	40 000 €	30 000 €	15 000 €
Barwerte (numerisch)	-60 000 €	38 462 €	27 737 €	13 335 €
Barwerte (formal)	Z_0	Z_1/q^1	Z_2/q^2	Z_3/q^3
Kapitalwert (numerisch)	19 533 €			
Kapitalwert (formal)	$Z_3/q^3+ Z_2/q^2+ Z_1/q+Z_0$			

Abbildung 4-20: Kapitalwertermittlung bei Zahlungen zu unterschiedlichen Zeitpunkten bei konstantem Zins (hier $i = 4\ \%$)

Bei einem konstanten Kalkulationszins können die Abzinsungsfaktoren, die in Fall 2 eine unterschiedliche Höhe aufwiesen und daher multiplikativ verknüpft waren (etwa $\frac{Z_3}{q_1 \cdot q_2 \cdot q_3}$), zu einem Abzinsungsfaktor mit Exponenten (etwa $\frac{Z_3}{q_3}$) zusammengefasst werden. Die allgemeine Kapitalwertberechnungsformel für Modelle mit

- mehreren Zahlungen zu unterschiedlichen Zeitpunkten
- unter Berücksichtigung eines konstanten Kalkulationszinssatzes

ergibt sich daher wie folgt:

$$\text{Kapitalwert} = Z_0 + \frac{Z_1}{q} + \frac{Z_2}{q^2} + \frac{Z_3}{q^3} + \ldots + \frac{Z_T}{q^T} = \sum_{t=0}^{T} \frac{Z_t}{q^t}$$

mit

Z_t Saldo aller Zahlungen in Periode t.

4.3.2.5 Fall 5 – Kapitalwert bei regelmäßigen, gleichbleibenden Zahlungen und konstantem Kalkulationszinsfuß

Die in Kapitel 4.2.2.6 und Kapitel 4.2.2.7 hergeleiteten vereinfachenden Endwertberechnungsformeln für nachschüssige und vorschüssige regelmäßige und gleichbleibende Zahlungsströme, also Renten, wollen wir uns nun zunutze machen, um Kapitalwerte aus Rentenzahlungen zu ermitteln. Beginnen wir mit **nachschüssigen Renten.** Der Kapitalwert einer Anlage entspricht dem auf den Zeitpunkt 0 mit q^T abgezinsten Endwert_T:

$$\text{Kapitalwert} = \frac{\text{Endwert}_T}{q^T}$$

Die (vereinfachende) Endwertberechnungsformel für nachschüssige Renten lautet:

$$\text{Endwert}_T = Z \cdot \frac{q^T - 1}{q - 1}$$

Daraus folgt für den Kapitalwert eines nachschüssigen Rentenzahlungsmodells:

$$\text{Kapitalwert} = Z \cdot \frac{q^T - 1}{q^T(q-1)}$$

Der Quotient auf der rechten Seite der Gleichung wird „vorschüssiger Rentenbarwertfaktor" oder „vorschüssiger Abzinsungssummenfaktor (v_{ASF})" genannt und kann Tabellenwerken entnommen werden, um auf manuelle Weise entsprechende Kapitalwerte zu ermitteln (heutzutage kaum noch von Bedeutung). Ein praktisches Beispiel zur Ermittlung eines Kapitalwertes aus regelmäßigen, gleichbleibenden, vorschüssigen Zahlungen enthält Abbildung 4-21.

Periodenende	1	2	3
Zahlung	20 000 €	20 000 €	20 000 €
Kapitalwert (formal)	Z • (q^T-1)/(q^T • [q-1])		
Kapitalwert	55 502 €		

Abbildung 4-21: Beispiel Barwertermittlung mithilfe des nachschüssigen Abzinsungssummenfaktors: konstant gleiche Zahlungen, konstanter Zinssatz, nachschüssig (i = 4 %)

Sollten **vorschüssige Zahlungen** vorliegen, die gleichbleibend und regelmäßig anfallen, ergibt sich der Kapitalwert – den obigen Ausführungen analog – durch Division der bereits hergeleiteten (vereinfachenden) Berechnungsformel für den Endwert eines vorschüssigen Rentenzahlungsmodells

$$\text{EW}_t = Z \cdot \frac{q \cdot (q^T - 1)}{q-1}$$

dem Abzinsungsfaktor q^T zu

$$\text{Kapitalwert} = Z \cdot \frac{q \cdot (q^T - 1)}{q^T \cdot (q-1)}$$

bzw. zu

$$\text{Kapitalwert} = Z \cdot \frac{q^T - 1}{q^{T-1} \cdot (q-1)}$$

Der Quotient auf der rechten Seite der Gleichung wird „vorschüssiger Rentenbarwertfaktor" oder „vorschüssiger Abzinsungssummenfaktor (n_{ASF})" genannt und kann Tabellenwerken entnommen werden, um auf manuelle Weise entsprechende Kapitalwerte zu ermitteln. Ein praktisches Beispiel zur Ermittlung eines Kapitalwertes aus regelmäßigen, gleichbleibenden, vorschüssigen Zahlungen enthält Abbildung 4-22.

Periodenende	1	2	3
Zahlung	20 000 €	20 000 €	20 000 €
Kapitalwert (formal)	Z • (q^T-1)/(q^{T-1} • [q-1])		
Kapitalwert	57 722 €		

Abbildung 4-22: Barwertermittlung mithilfe des vorschüssigen Abzinsungssummenfaktors: konstant gleiche Zahlungen, konstanter Zinssatz, vorschüssig (i = 4 %)

4.3.2.6 Sonderfall 1 – Kapitalwertermittlung bei konstant wiederkehrenden nachschüssigen Zahlungen im Falle unbegrenzter Periodenzahl

Bei Investitionsvorhaben, die regelmäßige Zahlungen in gleicher Höhe und zudem einen sehr langen Planungshorizont aufweisen (etwa Immobilien), ist es bisweilen zweckmäßig, von einer unbegrenzten Periodenanzahl auszugehen, um hierdurch eine weitere Vereinfachung der Berechnung von Kapitalwerten zu erreichen. Die Periodenanzahl T in der Kapitalwertberechnungsformel für Renten (Fall 5) lässt man dazu gegen unendlich streben.

Zunächst betrachten wir ein Modell mit nachschüssigen Zahlungen. Im ersten Schritt wird die Kapitalwertberechnungsformel für nachschüssige Renten

$$\text{Kapitalwert} = Z \cdot \frac{q^T - 1}{q^T(q-1)}$$

umgeformt in:

$$\text{Kapitalwert} = Z \cdot \frac{q^T - 1}{q^T \cdot (q-1)} = Z \cdot \frac{(1+i)^T - 1}{(1+i)^T \cdot \big((1+i) - 1\big)} = Z \cdot \frac{(1+i)^T - 1}{(1+i)^T \cdot i}$$

Anschließend sind sowohl Zähler als auch Nenner durch $(1+i)^T$ zu dividieren:

$$\text{Kapitalwert} = Z \cdot \frac{1 - \frac{1}{(1+i)^T}}{i}$$

Schließlich wird T gegen unendlich gesetzt, was aufgrund von

$$\lim_{T\to\infty} \frac{1}{(1+i)^T} \approx 0$$

zu der vereinfachenden Kapitalwertberechnungsformel für konstant wiederkehrende **nachschüssige** Zahlungen im Falle unbegrenzter Periodenzahl führt:

$$\text{Kapitalwert}_T = Z \cdot \frac{1}{i}$$

Das folgende Beispiel verdeutlicht die Anwendung dieser vereinfachenden Berechnungsformel. Es geht dabei um die monetäre Bewertung einer Immobilie, etwa eines vermieteten Einfamilienhauses, das als Anlageobjekt erworben werden kann. Der zu erwartende Monatsmietzins beträgt 820 Euro und wird – hier entgegen der Norm – nachschüssig bezahlt. Die Wartungs- und sonstigen Kosten werden mit 50 Euro im Monat veranschlagt (hier vereinfachend als konstant angenommen), siehe Abbildung 4-23.

Sachverhalt	Wertangabe
Anlagezinssatz i	6 %
Monatsmietzins	820 €
ø Zahlungen für Wartung, Reparatur und Steuer pro Monat	50 €
Jahresertrag Z	9 240 €
Kapitalwert = Z/i	154 000 €

Abbildung 4-23: Kapitalwertberechnung für eine Hausbewertung bei nachschüssiger Zahlung

Wir gehen von einem unbegrenzten Planungshorizont aus und wenden insofern die soeben hergeleitete vereinfachende Kapitalwertformel an, indem der Jahresertrag Z durch den zugrunde gelegten Kalkulationszinssatz dividiert wird. Ergebnis ist ein Kapitalwert in Höhe von 154 000 Euro. Er drückt aus, dass das Gebäude unter den gegebenen Rahmengegebenheiten (Parametereinstellwerten) einen Wert in ebendieser Höhe hat.

4.3.2.7 Sonderfall 2 – Kapitalwertermittlung bei konstant wiederkehrenden vorschüssigen Zahlungen im Falle unbegrenzter Periodenzahl

Als Nächstes soll eine vereinfachende Kapitalwertberechnungsformel für unbegrenzte Rentenzahlungen hergeleitet werden, diesmal aber bei vorschüssiger Zahlungsweise.

Analog zum vorangegangenen Abschnitt gehen wir dazu von der Kapitalwertberechnungsformel für vorschüssige Renten aus und formen schrittweise wie folgt um:

$$\text{Kapitalwert} = Z \cdot \frac{q^T - 1}{q^{T-1} \cdot (q-1)} = Z \cdot \frac{(1+i)^T - 1}{(1+i)^{T-1} \cdot ((1+i) - 1)} = Z \cdot \frac{(1+i)^T - 1}{(1+i)^{T-1} \cdot i}$$

Anschließend werden sowohl der Zähler als auch der Nenner des Quotienten durch $(1 + i)^T$ dividiert:

$$\text{Kapitalwert} = Z \cdot \frac{1 - \frac{1}{(1+i)^T}}{(1+i)^{-1} \cdot i} = Z \cdot \frac{\left(1 - \frac{1}{(1+i)^T}\right) \cdot (1+i)}{i} = Z \cdot \frac{(1+i) - \frac{1}{(1+i)^{T-1}}}{i}$$

Schließlich wird T gegen unendlich gesetzt, was aufgrund von

$$\lim_{T \to \infty} \frac{1}{(1+i)^{T-1}} \approx 0$$

zu der vereinfachenden Kapitalwertberechnungsformel für konstant wiederkehrende **vorschüssige** Zahlungen im Falle unbegrenzter Periodenzahl führt:

$$\text{Kapitalwert}_T = Z \cdot \frac{1+i}{i}$$

Auch dieses Ergebnis soll anhand eines Beispiels veranschaulicht werden. Es geht dabei um dieselbe Immobilie wie zuvor. Diesmal gehen wir aber von vorschüssigen Zahlungsströmen aus. Berechnungsergebnis ist ein Kapitalwert in Höhe von 163 240 Euro (siehe Abbildung 4-24). Das Haus gewinnt also an Wert (9 240 Euro), wenn die Zahlungen vorschüssig anstatt nachschüssig getätigt werden.

Sachverhalt	Wertangabe
Anlagezinssatz i	6 %
Monatsmietzins	€ 820
ø Zahlungen für Wartung, Reparatur & Steuer pro Monat	€ 50
Jahresertrag Z	€ 9 240
Kapitalwert = Z • (1+i)/i	€ 163 240

Abbildung 4-24: Kapitalwertberechnung für eine Hausbewertung bei vorschüssiger Zahlung

Unendliche Planungshorizonte sind abstrakte Vorstellungen. I. d. R. hat eine Investitionsmaßnahme eine begrenzte Wirkungsdauer. Insofern stellt sich die Frage, bis zu welcher Periodenzahl die vereinfachenden Kapitalwertformeln für vor- und nachschüssige Rentenmodelle praktisch angewandt werden können. Eine Antwort darauf lässt sich durch einen Kapitalwertvergleich finden (siehe Abbildung 4-25).

Kalkulations-Zinssatz	6 %				
Periodenende	0	1	2	3	4
Mieteinnahmen netto		9 240 €	9 240 €	9 240 €	9 240 €
KW (T = 5)	38 922 €				
KW (T = 20)	105 982 €				
KW (T = 50)	145 640 €				
KW (T = 100)	153 546 €				
KW (T = ∞)	154 000 €				

Abbildung 4-25: Kapitalwert in Abhängigkeit vom Planungshorizont (nachschüssige Zahlungen)

Die Tabellenwerte für dieses Beispiel machen deutlich, dass ab einem Planungshorizont von etwa 50 Jahren das Ergebnis der Kapitalwertberechnung auf der Basis der vereinfachenden Kapitalwertformel für unendliche Renten (KW [$T = \infty$]) relativ nahe am exakten Ergebnis liegt. Sichtbar wird die beginnende Asymptote ab Periode 50 in Abbildung 4-26.

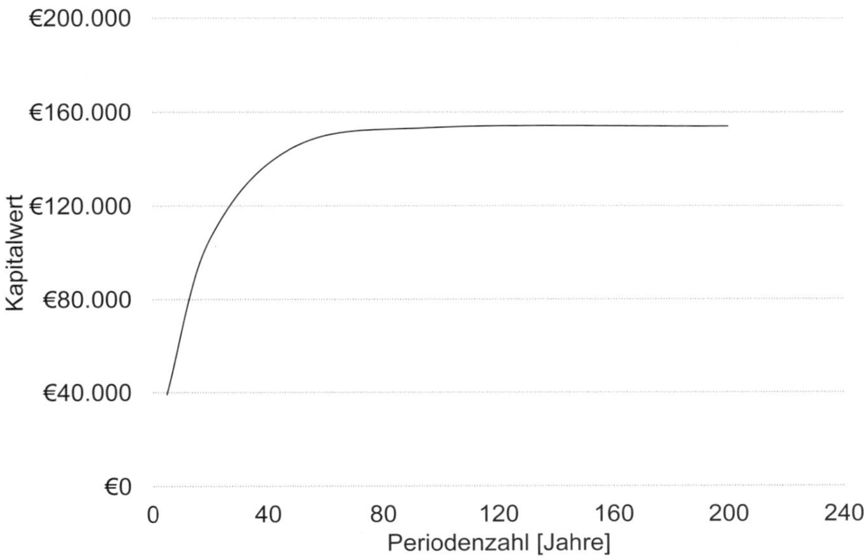

Quelle: eigene Darstellung

Abbildung 4-26: Entwicklung des Kapitalwertes in Abhängigkeit von der Periodenzahl (nachschüssige Zahlungen)

Für unser Hausbeispiel bedeutet dies: Wenn man davon ausgeht, dass eine Immobilie mindestens 50 Jahre existiert und Netto-Mieterträge, die sich ohnehin nie genau abschätzen lassen, generiert, kann der Wert des Hauses mit der Kapitalwertberechnungsformel für unendliche Renten durchaus ermittelt werden.

4.3.2.8 Übersicht der Kapitalwertberechnungsverfahren und Herleitung eines allgemein anwendbaren Kapitalwertberechnungstableaus

Die folgende Tabelle 9 fasst die im vorangegangenen Abschnitt hergeleiteten Kapitalwertberechnungsverfahren zusammen und zeigt in der letzten Tabellenzeile das – universelle – Kapitalwertberechnungsverfahren, das den größten Freiheitsgrad aufweist (sich zeitlich ändernde Kalkulationszinssätze auf der einen und unregelmäßige, ungleiche Zahlungen auf der anderen Seite). Alle anderen Verfahren sind Vereinfachungen davon, unterliegen insofern Einschränkungen.

Tabelle 9: Übersicht der fallspezifischen Kapitalwert-Berechnungsverfahren

Rahmengegebenheiten	Berechnung[a] (mit Z_T = Saldo aller Zahlungen einer Periode t; T = Planungshorizont; i = Kalkulationszinssatz)
Zahlungen nur in einer Periode, konstanter Zins	$\text{Kapitalwert} = \frac{Z_T}{q^T}$
Zahlungen nur in einer Periode, perioden-individuelle Kalkulationszinsen	$\text{Kapitalwert} = \frac{Z_T}{(1+i_1)\cdot(1+i_2)\cdot(1+i_3)\cdot\ldots\cdot(1+i_T)} = \frac{Z_T}{\prod_{t=1}^{T} q_t}$
Zahlungen zu unterschiedlichen Zeitpunkten, konstanter Kalkulationszinsfuß	$\text{Kapitalwert} = Z_0 + \frac{Z_1}{q} + \frac{Z_2}{q^2} + \frac{Z_2}{q^3} + \ldots + \frac{Z_T}{q^T} = \sum_{t=0}^{T} \frac{Z_t}{q^t}$
Regelmäßige, gleichbleibende Zahlungen und konstanter Kalkulationszinsfuß, vorschüssig	$\text{Kapitalwert} = Z \cdot \frac{q^T - 1}{q^{T-1}\cdot(q-1)}$
Regelmäßige, gleichbleibende Zahlungen und konstanter Kalkulationszinsfuß, nachschüssig	$\text{Kapitalwert} = Z \cdot \frac{q^T - 1}{q^T(q-1)}$
Regelmäßige, gleichbleibende Zahlungen und konstanter Kalkulationszinsfuß, nachschüssig	$\text{Kapitalwert}_T = Z \cdot \frac{1}{i}$
Gleichbleibende wiederkehrende Zahlungen und unbegrenzter Planungshorizont, vorschüssig	$\text{Kapitalwert}_T = Z \cdot \frac{1+i}{i}$
Zahlungen zu unterschiedlichen Zeitpunkten, periodenindividuelle Kalkulationszinsen	$\text{Kapitalwert} = Z_0 + \frac{Z_1}{q_1} + \frac{Z_2}{q_1 \cdot q_2} + \cdots + \frac{Z_T}{q_1 \cdot q_2 \ldots \cdot q_T}$

[a] Mit Z_T = Saldo aller Zahlungen einer Periode t, T = Planungshorizont, i = Kalkulationszinssatz).

Die Anwendung der vereinfachenden Verfahren ist vor allem dann hilfreich, wenn Kapitalwerte auf manuelle Weise ermittelt werden sollen. Wird hingegen ein universell einsetzbares Berechnungstableau, das auf einem Computer gespeichert ist, verwandt, dann sollte die universell einsetzbare Berechnungsformel angewandt werden, da nur durch sie alle Fallkonstellationen abgedeckt sind. Die Berechnungslogik kann Tabelle 9 entnommen werden.

4.3.2.9 Integration des Kapitalwertes in ein universell einsetzbares Investitionsrechnungstableau

In Kapitel 4.2.2.8 haben wir ein allgemeingültig anwendbares Berechnungstableau für Endwerte bereits erarbeitet. Nun gilt es, dieses Tableau um die Ermittlung von Kapitalwerten zu erweitern (siehe die Zeilen 9, 19 und 20 in Abbildung 4-27).

1	B	C	D	E	F	G	H	I	J	K	L
2	Basiskalkulationszinsfuß i (für Periode 1)	4,0 %									
3	Preisänderungsrate Erdgas	3,0 %									
4	Preisänderungsrate Sonstiges	2,0 %									
5	Periodenende t	0	1	2	3	4	5	6	7	8	9
6	Kalkulationszinsfuß i_t		4,0 %	3,0 %	2,0 %	2,0 %	3,0 %	4,0 %	5,0 %	5,0 %	4,0 %
7	Zinsfaktor q_t (= 1+i_t)		1,04	1,03	1,02	1,02	1,03	1,04	1,05	1,05	1,04
8	Aggregierter Askontierungsfaktor $\Pi aq_t = q_t{*}q_{t+1}{*}\ldots\ q_T$		1,37	1,32	1,28	1,25	1,23	1,19	1,15	1,09	1,04
9	Aggregierter Diskontierungsfaktor $\Pi dq_t = q_1{*}q_2{*}\ldots\ q_t$		1,04	1,07	1,09	1,11	1,15	1,19	1,25	1,32	1,37
10	Auszahlungen										
11	Investitionsauszahlung	-54 000 €									
12	Wartung, Reparatur			-7 000 €	-7 140 €	-7 283 €	-7 428 €	-7 577 €	-7 729 €	-7 883 €	-8 041 €
13	Rückflüsse										
14	Erdgaskosteneinsparungen		15 000 €	15 450 €	15 914 €	16 391 €	16 883 €	17 389 €	17 911 €	18 448 €	19 002 €
15	Resultate/Indikatoren										
16	Summe	-54 000 €	15 000 €	8 450 €	8 774 €	9 108 €	9 454 €	9 812 €	10 182 €	10 565 €	10 961 €
17	Teilendwerte	-73 917 €	19 743 €	10 798 €	10 991 €	11 187 €	11 274 €	11 251 €	11 119 €	10 988 €	10 961 €
18	Endwert$_T$	34 393 €									
19	Barwerte	-54 000 €	14 423 €	7 888 €	8 030 €	8 173 €	8 236 €	8 219 €	8 123 €	8 027 €	8 007 €
20	Kapitalwert	25 126 €									

Abbildung 4-27: Allgemeingültiges Tableau zur Ermittlung des End- und Kapitalwertes

Da in der betrieblichen Investitionsrechnungspraxis die Ermittlung des Endwertes eine untergeordnete Rolle spielt, soll er fortan in den Berechnungstableaus des vorliegenden Buches keine Rolle mehr spielen. In den folgenden Tableaus kommt er auch nicht mehr vor.

Für die universelle Nutzung eines Kapitalwertberechnungstableaus sollte das Modell folgendermaßen aufgebaut werden (siehe Abbildung 4-28):

1) Zunächst müssen die „Einstellparameter" im Tabellenkopf festgelegt werden (hier Zeile 2 bis 4).
2) Dann folgt die Angabe der Perioden beginnend mit Periode 0 als Ausgangspunkt (Zeile 5).
3) Die nächsten Zeilen 6 und 7 umfassen die variierenden Zinssätze (sofern variierend, falls nicht, wären sämtliche Zellen dieser Zeile mit der Zelle C2 zu verknüpfen) und Zinsfaktoren.
4) In Zeile 8 sind die aggregierten Zinsfaktoren aufgeführt, die sich aus der Multiplikation der Zinsfaktoren ergeben.
5) Dann folgen die Zahlungsströme eines jeweils betrachteten Investitionsrechnungsprojektes. In Abbildung 4-28 sind drei Zahlungsströme (Zeilen 9 bis 13) aufgeführt. Je nach Projekt könnten deutlich mehr davon zu berücksichtigen sein. Dann wären weitere Tabellenzeilen einzufügen.
6) Die Zeilen 15 bis 17 umfassen Resultate, Zeile 15 die Spaltensummen, Zeile 16 die Barwerte je Spalte/Periode (= Spaltensumme dividiert durch den jeweiligen aggregierten Diskontierungsfaktor) und Zeile 17 den Kapitalwert als Summe der Barwerte.

1	B	C	D	E	F	G	H	I	J	K	L
2	Basiskalkulationszinsfuß i (für Periode 1)	4,0 %									
3	Preisänderungsrate Erdgas	3,0 %									
4	Preisänderungsrate Sonstiges	2,0 %									
5	Periodenende t	0	1	2	3	4	5	6	7	8	9
6	Kalkulationszinsfuß i_t		4,0 %	3,0 %	2,0 %	2,0 %	3,0 %	4,0 %	5,0 %	5,0 %	4,0 %
7	Zinsfaktor q_t (= 1+i_t)		1,04	1,03	1,02	1,02	1,03	1,04	1,05	1,05	1,04
8	Aggregierter Diskontierungsfaktor $\Pi dq_t = q_1 {*} q_2 {*} \ldots q_t$		1,04	1,07	1,09	1,11	1,15	1,19	1,25	1,32	1,37
9	Auszahlungen										
10	Investitionsauszahlung	-54 000 €									
11	Wartung, Reparatur			-7 000 €	-7 140 €	-7 283 €	-7 428 €	-7 577 €	-7 729 €	-7 883 €	-8 041 €
12	Rückflüsse										
13	Erdgaskosteneinsparungen		15 000 €	15 450 €	15 914 €	16 391 €	16 883 €	17 389 €	17 911 €	18 448 €	19 002 €
14	Resultate/Indikatoren										
15	Summe	-54 000 €	15 000 €	8 450 €	8 774 €	9 108 €	9 454 €	9 812 €	10 182 €	10 565 €	10 961 €
16	Barwerte	-54 000 €	14 423 €	7 888 €	8 030 €	8 173 €	8 236 €	8 219 €	8 123 €	8 027 €	8 007 €
17	Kapitalwert	25 126 €									

Abbildung 4-28: Allgemeingültiges Tableau zur Ermittlung des Kapitalwertes (mit variierenden Kalkulationszinsfüßen)

Ein solches Tableau lässt sich zur Wiederverwendung abspeichern. Wird dann später ein neues Investitionsprojekt betrachtet, müssten nur die Einstellparameter (Zeilen 2 bis 4) neu adjustiert und ggf. um weitere ergänzt sowie die relevanten Zahlungsströme (Zeilen 9 bis 13) eingetragen werden.

4.3.3 Der Kapitalwert eines Investitionsprojektes im Betrieb als Beitrag zur Steigerung des Unternehmenswertes

Nach dem in der Praxis zur Bewertung von Unternehmen weit verbreiteten „Discounted-Cash-Flow-Ansatz" (DCF-Ansatz) wird ein Unternehmen als Investitionsobjekt aufgefasst, welches Auszahlungen verursacht, die schließlich zu Rückzahlungen führen. Insofern entspricht der DCF dem Kapitalwert der Free Cashflows, die im Rahmen der gesamten Unternehmensexistenz zu unterschiedlichen Zeitpunkten anfallen. Bei den Auszahlungen und Rückflüssen dürfen nur sogenannte Free Cashflows zugrunde gelegt werden, also Finanzmittel aus laufender Unternehmenstätigkeit, die zur Befriedigung der Ansprüche von Eigen- und Fremdkapitalgebern zur Verfügung stehen.

Die Ermittlung des Unternehmenswertes ergibt sich – stark vereinfacht – nach folgender Formel:

$$\mathrm{UW} = \sum_{t=0}^{T} \frac{\mathrm{RF}_t - \mathrm{AZ}_t}{(1+i)^t}$$

UW ist hierbei der Unternehmenswert des betrachteten Unternehmens, also der Kapitalwert sämtlicher Auszahlungen (AZ_t) und Rückflüsse (RF_t), die als Free Cashflow betrachtet werden können.

Das folgende einfache Beispiel zeigt die Berechnungsvorgehensweise anhand eines erdachten Beispielunternehmens, dessen Existenzdauer hier auf fünf Jahre begrenzt sein soll und bei dem kein Restwert übrigbleibt (Abbildung 4-29).

Jahr (t) ab heute	Heute	1	2	3	4	5
Auszahlungen (AZ)	-10 000 T€	-24 000 T€	-18 000 T€	-29 000 T€	-16 900 T€	-22 000 T€
Rückflüsse (RF)		40 000 T€	36 000 T€	40 000 T€	25 000 T€	24 500 T€
Summe	-10 000 T€	16 000 T€	18 000 T€	11 000 T€	8 100 T€	2 500 T€
Barwerte	-10 000 T€	15 238 T€	16 327 T€	9 502 T€	6 664 T€	1 959 T€
Kapitalwert = Unternehmenswert	39 690 T€					

Abbildung 4-29: Beispielhafte Unternehmensbewertung (stark vereinfacht)

Das Unternehmen hat zum Startzeitpunkt und auch in den Folgejahren verschiedene Auszahlungen, die ab dem ersten Geschäftsjahr zu regelmäßigen Rückflüssen (etwa Nettoumsatzeinzahlungen) führen. Der Kapitalwert sämtlicher Zahlungen (39,7 Millionen Euro) spiegelt unter den gegebenen Annahmen zugleich den Unternehmenswert wider.

Wenn im Rahmen des DCF-Ansatzes ein Unternehmen als Investitionsobjekt aufgefasst wird, dann kann man es auch als Summe zahlreicher Investitionsprojekte, die ihre jeweiligen Aus- und Rückzahlungen aufweisen und zusammen den Unternehmenswert ausmachen, verstehen.

Da Energieeffizienz- und Klimaschutzmaßnahmen i. d. R. mit einer Investitionsauszahlung beginnen, der zahlungswirksame Kosten (etwa Wartung, Reparatur, Betriebsstoffe etc.) und Rückflüsse (etwa Einspeisevergütungen oder Energiekosteneinsparungen) folgen, liegt es nahe, sie als Investitionsprojekte zu verstehen, die einen jeweiligen Beitrag zur Veränderung des Unternehmenswertes leisten.

Zur Veranschaulichung sollen mit der folgenden Berechnungsformel verschiedene Energiekostensenkungs-Maßnahmen $x = 1 \ldots n$ betrachtet werden, deren Aus- und Rückzahlungen zu unterschiedlichen Zeitpunkten t (bis maximal T) anfallen. Derartige Zahlungsströme lassen sich mit einem Kalkulationszinssatz abgezinst zum Kapitalwert zusammenfassen, der gleichzeitig auch den Beitrag Δ zur Unternehmenswertsteigerung darstellt:

$$\Delta \text{UW} = \sum_{x=1}^{n} \sum_{t=0}^{T} \frac{\text{RF}_{x,t} - \text{AZ}_{x,t}}{(1+i)^t}$$

Mit

ΔUW Beitrag zur Steigerung des Unternehmenswertes [€]

RF Rückfluss [€]

AZ Auszahlung [€]

i Kalkulationszinssatz

x Maßnahmenindex $\{1 \ldots n\}$

t Zeitindex $\{0 \ldots T\}$

Aus dieser Formel wird deutlich, dass die Ermittlung des Wertsteigerungsbeitrages einer oder mehrerer Maßnahmen es erforderlich macht, sämtliche Auszahlungen und Rückflüsse einschließlich zu erwartender Preissteigerungsraten zu erfassen und entsprechenden Zeitpunkten entlang des zuvor festzulegenden Planungshorizontes zuzuordnen. Eine intensive Analyse aller künftigen Wirkungen einer jeweiligen Maßnahme ist daher geboten. Darüber hinaus muss sich der Investitionsrechner im Hinblick auf die Festlegung des Kalkulationszinssatzes umfassend mit Alternativanlagemöglichkeiten und dem Projektrisiko auseinandersetzen. Ein gewisser Arbeitsaufwand entsteht dabei unzweifelhaft. Gegenüber dem ausschließlichen Hervorheben der Investitionskosten und der verbalen Beschreibung etwaiger Nutzen einer Maßnahme (wie in der Praxis nicht selten anzutreffen), bringt der kalkulierte Unternehmenswertbeitrag aber eine klare kaufmännische Aussage hervor und kann somit als Entscheidungsvorlage dienen. Zudem eignen sich gerade

Energieeffizienz- und Klimaschutzmaßnahmen besonders gut zur Ermittlung von Wertsteigerungsbeiträgen. Dies hat verschiedene Gründe: Zum einen haben sie – wie bereits angedeutet – aufgrund ihrer zeitlichen und betragsmäßigen Abgrenzbarkeit von anderen Geschäftsaktivitäten, ihrer Lebenszyklus- und Entscheidungsorientierung i. d. R. Projektcharakter, was sie generell für eine wertorientierte Bewertung qualifiziert.[33] Zum anderen zeigt die Praxis, dass nicht nur die Auszahlungsströme, sondern auch die Rückflüsse (gemessen zunächst in kWh, dann multipliziert mit den spezifischen Energiepreisen [€/kWh] der jeweiligen eingesetzten Endenergieträger) über den gesamten Planungshorizont einer Energiemaßnahme vergleichsweise einfach zu ermitteln sind.

Im Hinblick auf die Festlegung von Kalkulationszinsfüßen kann man in vielen Fällen davon ausgehen, dass das Projektrisiko entweder dem jeweiligen Geschäftsrisiko (etwa bei Wärmerückgewinnung oder Wärmedämmung von Produktionsöfen) entspricht oder als weitgehend unabhängig vom Betriebsergebnis und sonstigen wirtschaftlichen Rahmengegebenheiten angesehen werden kann, sodass das Risiko projektindividuell festgelegt werden muss (etwa Finanzanlage in eine Windkraftanlage zur Stromeinspeisung nach dem EEG etc.). Dies dürfte in vielen Fällen kein wesentliches praktisches Problem darstellen.

Eine Orientierung von Energieeffizienz- und Klimaschutzmaßnahmen an möglichen Unternehmenswertsteigerungsbeiträgen dürfte in vielen Fällen nicht nur im Hinblick auf die Bewertung und Priorisierung von Energiemaßnahmen sehr hilfreich sein, sondern zudem auch sehr unterstützend beim Aufbau von Energiemanagementsystemen wirken, wenn es darum geht, Energie-/Effizienzziele und -maßnahmen festzulegen, die nicht nur einen energetischen, sondern auch einen ökonomischen Vorteil bringen sollen.

4.4 Ermittlung der dynamischen Amortisationszeit eines Investitionsvorhabens

Das Verfahren zur Ermittlung der dynamischen Amortisationszeit (engl. „*Discounted Payback Period Method*", kurz DPB) basiert auf der Kapitalwertberechnung. Die Amortisationszeit ist dabei der Zeitpunkt, an dem die abgezinsten Rückflüsse einer Investition (zum Beispiel eingesparte Energiekosten) die abgezinsten Auszahlungen genau decken. Zu diesem Zeitpunkt ist der Kapitalwert null. Üblicherweise nimmt der Kapitalwert ab dann zu. Die dynamische Amortisationszeit ist also eine Art „*Break-even*"-Punkt für eine Investition. Die statische Variante der Amortisationsrechnung hat die gleiche Aussage, lässt jedoch Zins und Zinseszins sowie auch Schwankungen der künftigen Zahlungen außer Betracht. Sie ist daher für eine realitätsnahe Investitionsrechnung sowieso nicht zu empfehlen.

Die dynamische Amortisationszeit wird ermittelt, indem schrittweise für jede Periode – beginnend mit der Gegenwart (Periode 0) – die Auszahlungen und Rückzahlungen bilanziert werden, daraus ein Saldo gebildet und dieser auf den Anfangszeitpunkt abgezinst wird. Der Gegenwartswert des Periodensaldos wird „Barwert" genannt. Die Barwerte der Perioden werden von Periode 0 an kumuliert und bilden den Kapitalwert der Investition in Abhängigkeit von der jeweils berücksichtigten Periodenzahl (siehe Abbildung 4-30, Zeile 7).

33 Vgl. Bea et al. 2011, S. 525 ff.

A	B	C	D	E	F	G	H	I	J	K	L	M
2	Periodenende	0	1	2	3	4	5	6	7	8	9	10
3	Auszahlung	-400 000										
4	Rückzahlung		100 000	100 000	100 000	100 000	100 000	100 000	100 000	100 000	100 000	100 000
5	Saldo	-400 000	100 000	100 000	100 000	100 000	100 000	100 000	100 000	100 000	100 000	100 000
6	Barwert (bei i = 5%)	-400 000	95 238	90 703	86 384	82 270	78 353	74 622	71 068	67 684	64 461	61 391
7	Kapitalwert in Abhängigkeit von der Laufzeit (kumulierte Barwerte)	-400 000	-304 762	-214 059	-127 675	-45 405	32 948	107 569	178 637	246 321	310 782	372 173
8	→ Berechnung von Zeile 7:	=summe (C6:C6)	=summe (C6:D6)	=summe (C6:E6)	=summe (C6:F6)	=summe (C6:G6)	=summe (C6:H6)	=summe (C6:I6)	=summe (C6:J6)	=summe (C6:K6)	=summe (C6:L6)	=summe (C6:M6)
9	Kapitalwert KW (Summe Zeile 6)	372 173										
10	Amortisationszeit [Jahre]						4,6					
11	→ Berechnung von Zeile 10:		=WENN(UND(D7<0;D7>0);D$2+(D7÷(D7−D7));"")	=WENN(UND(D7<0;E7>0);D$2+(D7÷(D7−E7));"")	=WENN(UND(E7<0;F7>0);E$2+(E7÷(E7−F7));"")	=WENN(UND(F7<0;G7>0);F$2+(F7÷(F7−G7));"")	=WENN(UND(G7<0;H7>0);G$2+(G7÷(G7−H7));"")	=WENN(UND(H7<0;I7>0);H$2+(H7÷(H7−I7));"")	=WENN(UND(I7<0;J7>0);I$2+(I7÷(I7−J7));"")	=WENN(UND(J7<0;K7>0);J$2+(J7÷(J7−K7));"")	=WENN(UND(K7<0;L7>0);K$2+(K7÷(K7−L7));"")	=WENN(UND(L7<0;M7>0);L$2+(L7÷(L7−M7));"")

Abbildung 4-30: Ermittlung des Amortisationszeitpunktes für ein Modell mit zehn Zahlungsperioden ($i = 5$ %)

In der Tabelle wird zunächst der Kapitalwert aus der Summe der Barwerte der ersten beiden Perioden berechnet (hier: −304 762 €), dann derjenige der ersten drei Perioden (−214 059 €), dann der ersten vier Perioden und so fort. Beginnend mit der Periode null wird die berücksichtigte Periodenanzahl sukzessive erhöht, um schließlich nach dem Zeitpunkt zu suchen, bei dem der periodenspezifische Kapitalwert einen Nullwert hervorbringt (zwischen denjenigen Kapitalwertangaben, bei denen das Vorzeichen wechselt). Dieser Zeitpunkt wird Amortisationszeit genannt (in obiger Tabelle zwischen der vierten und der fünften Periode).

4.4.1 Interpretation der Amortisationszeit

In der Literatur ist häufig die folgende Interpretation der Amortisationszeit zu lesen:[34]

> „Ein Investitionsobjekt ist absolut vorteilhaft, falls seine Amortisationszeit geringer ist als ein vorzugebender Grenzwert. Ein Investitionsobjekt ist relativ vorteilhaft, falls seine Amortisationszeit geringer ist als die eines jeden anderen zur Wahl stehenden Objektes."

Analog zur Kritik an der Standardinterpretation des Kapitalwertes (siehe Kapitel 4.3) sind auch diese Aussagen nur eingeschränkt praktikabel und sollen daher im vorliegenden Buch nicht verwandt werden, denn sie setzen voraus, dass alle Nutzen als monetär bewertete Rückflüsse erfasst werden können. Nur dann lässt sich überhaupt eine Amortisationszeit ermitteln. Darüber hinaus ist zur Klärung der absoluten Vorteilhaftigkeit das Setzen und Anwenden von Grenzwerten höchst problematisch, denn sie werden in der Praxis meist nicht fallbezogen, nicht systematisch und nicht wissenschaftlich fundiert, sondern irrational „aus dem Bauch heraus" festgelegt. Üblich sind drei Jahre Amortisationszeit.

Im vorliegenden Buch soll die Amortisationszeit wie folgt interpretiert werden:

Merksatz

Interpretation der Amortisationszeit

Ein Investitionsobjekt ist absolut vorteilhaft, falls eine Amortisationszeit ermittelt werden kann (dann hat sie – i. d. R.[35] – auch einen positiven Kapitalwert), vorausgesetzt, nicht nur sämtliche Auszahlungen, sondern auch Nutzen können monetär erfasst werden.

---

34 Vgl. Blohm H. et al. 2012, S. 70, Becker 2014, S. 117.

35 Ausnahmen kommen dann vor, wenn am Ende der Wirkungsdauer eines Investitionsprojektes hohe Auszahlungen zu tätigen sind. Dann kann es sein, dass ein negativer Kapitalwert zustande kommt und sich trotzdem eine Amortisationszeit ermitteln lässt.

Eine – modifizierte – Interpretationsaussage zur **relativen Vorteilhaftigkeit** soll hier nicht abgegeben werden, weil ein Vergleich von Investitionsobjekten anhand der dynamischen Amortisationszeit i. d. R. nicht zielführend ist, denn der Umfang der Wirkung einer Investition kann durch die Amortisationszeit nicht ausgedrückt werden, sodass leicht ein Äpfel-mit-Birnen-Vergleich zustande kommt. So ist etwa denkbar, dass hinsichtlich der Amortisationszeit die Beschaffung von 10 Bewegungsmeldern für Toiletten als Investitionsoption A einer Option B über die Installation einer umfänglichen Wärmerückgewinnungsanlage vorgezogen wird, weil A eine Amortisationszeit von drei Jahren und B von vier Jahren aufweist. Die energetische Wirkung, der Kapitalwert und damit auch der Beitrag zur Unternehmenswertsteigerung dürften bei Investitionsoption B deutlich höher liegen. Dies wäre aber bei der Entscheidungsfindung auf der Grundlage der Amortisationszeit irrelevant.

4.4.2 Integration der Amortisationszeit in ein universell einsetzbares Investitionsrechnungstableau

Dem universellen Investitionsrechnungstableau aus dem vorangegangenen Kapitel soll im Folgenden die Ermittlung der Amortisationszeit hinzugefügt werden. Abbildung 4-31 umfasst eine beispielhafte Anwendung und zeigt in den Zeilen 18 und 19 die Ermittlung der dynamischen Amortisationszeit.

1	B	C	D	E	F	G	H	I	J	K	L
2	Basiskalkulationszinsfuß i (für Periode 1)	4,0 %									
3	Preisänderungsrate Erdgas	3,0 %									
4	Preisänderungsrate Sonstiges	2,0 %									
5	Periodenende t	0	1	2	3	4	5	6	7	8	9
6	Kalkulationszinsfuß i_t		4,0 %	3,0 %	2,0 %	2,0 %	3,0 %	4,0 %	5,0 %	5,0 %	4,0 %
7	Zinsfaktor q_t (= $1+i_t$)		1,04	1,03	1,02	1,02	1,03	1,04	1,05	1,05	1,04
8	Aggregierter Diskontierungsfaktor $\Pi dq_t = q_1 * q_2 * \ldots q_t$		1,04	1,07	1,09	1,11	1,15	1,19	1,25	1,32	1,37
9	Auszahlungen										
10	Investitionsauszahlung	-54 000 €									
11	Wartung, Reparatur			-7 000 €	-7 140 €	-7 283 €	-7 428 €	-7 577 €	-7 729 €	-7 883 €	-8 041 €
12	Rückflüsse										
13	Erdgaskosteneinsparungen		15 000 €	15 450 €	15 914 €	16 391 €	16 883 €	17 389 €	17 911 €	18 448 €	19 002 €
14	Resultate/Indikatoren										
15	Summe	-54 000 €	15 000 €	8 450 €	8 774 €	9 108 €	9 454 €	9 812 €	10 182 €	10 565 €	10 961 €
16	Barwerte	-54 000 €	14 423 €	7 888 €	8 030 €	8 173 €	8 236 €	8 219 €	8 123 €	8 027 €	8 007 €
17	Kapitalwert	25 126 €									
18	Kapitalwert in Abhängigkeit von der Laufzeit (kumulierte Barwerte)	-54 000 €	-39 577 €	-31 689 €	-23 659 €	-15 486 €	-7 250 €	969 €	9 092 €	17 119 €	25 126 €
19	Amortisationszeit [Jahre]							5,9			

Abbildung 4-31: Allgemeingültiges Tableau zur Ermittlung des Kapitalwertes und der dynamischen Amortisationszeit (mit variierenden Kalkulationszinsfüßen)

In der DIN-Mediathek steht ein allgemeingültiges „Investitionsrechnungstableau“ als Excel- oder Numbers-Tabelle zur Verfügung (Datei „VALERI_Tabellen_zum_Buch“). Es enthält alle Berechnungsformeln für die Berechnung des Kapitalwertes sowie alle weiteren Berechnungsformeln, die in den nächsten Abschnitten erarbeitet werden. Für Schäden, die durch die Anwendung des bereitgestellten Tableaus entstehen, übernehmen DIN Media und der Autor keine Haftung.

4.5 Ermittlung des Internen Zinsfußes eines Investitionsvorhabens

Dem „Internen Zinsfuß"[36] (kurz IZF, engl. *„internal rate of return"* [IRR]) liegt die Kapitalwertberechnung zugrunde. Er zeigt die Verzinsung des durchschnittlich gebundenen Kapitals auf und ist damit der Zins, bei dem der Kapitalwert einer Investition, also die Summe aller diskontierten Zahlungsströme, den Wert null annimmt.

Der Kapitalwert wird auf null gesetzt. Gesucht ist der Kalkulationszins i, der ebendiesen Kapitalwert von null hervorbringt.

$$\text{Kapitalwert} = Z_0 + \frac{Z_1}{(1+i)} + \frac{Z_2}{(1+i)^2} + \frac{Z_3}{(1+i)^3} + \ldots + \frac{Z_T}{(1+i)^T} = \sum_{t=0}^{T} \frac{Z_t}{(1+i)^t} = 0$$

Der Interne Zinsfuß (auch „Interner Zinssatz") ist folgendermaßen zu interpretieren:

Merksatz

Interpretation des Internen Zinsfußes:

Ein Investitionsobjekt ist absolut vorteilhaft (**absolute Vorteilhaftigkeit**), wenn sein Interner Zinsfuß größer ist als der Kalkulationszinssatz, vorausgesetzt, nicht nur sämtliche Auszahlungen, sondern auch Nutzen können monetär erfasst werden.

Ein Investitionsobjekt ist relativ vorteilhaft (**relative Vorteilhaftigkeit**), wenn sein Interner Zinsfuß größer ist als der eines jeden anderen zur Wahl stehenden Objektes.

4.5.1 Kalkulation des Internen Zinsfußes

Üblicherweise lässt sich der Interne Zinsfuß nicht exakt, sondern nur durch Annäherung iterativ ermitteln. Zur Verdeutlichung dient das folgende Beispiel (siehe Abbildung 4-32).

Periodenende	0	1	2	3	4	5	6
Auszahlung	-100 000 €						
Rückzahlung		20 000 €	20 000 €	20 000 €	20 000 €	20 000 €	20 000 €
Saldo	-100 000 €	20 000 €	20 000 €	20 000 €	20 000 €	20 000 €	20 000 €

Abbildung 4-32: Zahlungsströme

Die zu null gesetzte Kapitalwertermittlungsgleichung dazu lautet:

$$\text{Kapitalwert} = -100\,000 + \frac{20\,000}{(1+i)} + \frac{20\,000}{(1+i)^2} + \frac{20\,000}{(1+i)^3} + \frac{20\,000}{(1+i)^4} + \frac{20\,000}{(1+i)^5} + \frac{20\,000}{(1+i)^6} = 0$$

Um den Internen Zinsfuß zu ermitteln, wäre diese Gleichung nach i aufzulösen, und dies ist bei Planungshorizonten > 4 Perioden nicht mehr möglich.[37] Daher behilft man sich damit, dass Computerprogramme algorithmisch durch Annähern einen Näherungswert finden. Ein Algorithmus ermittelt dazu verschiedene Kapitalwerte, beginnend mit einem Start-Kalkulationszinssatz (z. B. 0 %), der dann in mehreren Schleifen mit zunehmendem Feinheitsgrad den jeweiligen Kalkulationszinsfuß schrittweise erhöht oder erniedrigt, bis ein Kapitalwert errechnet worden ist, der einen Wert von nahezu null aufweist. Dann bricht der Algorithmus ab und präsentiert das Ergebnis (siehe Abbildung 4-33).

36 Wird auch „Effektivverzinsung" genannt.

37 Vgl. Breuer 2011, S. 125.

Zins i	KapWert KW
0 %	20 000 €
1 %	15 910 €
2 %	12 029 €
3 %	8 344 €
4 %	4 843 €
5 %	1 514 €
6 %	-1 654 €
Rücksprung	
5 %	1 514 €
5,1 %	1 190 €
5,2 %	868 €
5,3 %	547 €
5,4 %	228 €
5,5 %	-89 €
Rücksprung	
5,4 %	228 €
5,41 %	196 €
5,42 %	164 €
5,43 %	133 €
5,44 %	101 €
5,45 %	69 €
5,46 %	37 €
5,47 %	6 €
5,48 %	-26 €
Abbruch	
5,47 %	Lösung

Abbildung 4-33: Algorithmische Ermittlung des Internen Zinsfußes

Zur Bestimmung des IZF stellen Tabellenkalkulationsprogramme wie MS-Excel (Microsoft) oder Numbers (Apple) entsprechende Tabellenformeln bereit, die folgender Syntax unterliegen:

- in der englischsprachigen Version IRR(Zahlungsreihe;Schätzwert)
- in der deutschsprachigen Version IKV(Zahlungsreihe;Schätzwert)[38]

Die folgende Abbildung 4-34 enthält ein Beispiel dazu.

A	B	C	D	E	F	G	H	I
2	Periodenende	0	1	2	3	4	5	6
3	Auszahlung	-100 000 €						
4	Rückzahlung		20 000 €	20 000 €	20 000 €	20 000 €	20 000 €	20 000 €
5	Saldo	-100 000 €	20 000 €	20 000 €	20 000 €	20 000 €	20 000 €	20 000 €
6	IRR (nach EXCEL)	5,47 %						
7	Syntax englisch	=IRR(C5:I5;2%)						
8	Syntax deutsch	=IKV(C5:I5;2%)						

Abbildung 4-34: Ermittlung des IZF mit Excel (Microsoft) oder Numbers (Apple)

38 Das Akronym „IKV" steht für Interne Kapitalverzinsung.

Diesen Tabellenformeln liegen Algorithmen zugrunde, die eine sehr genaue Annäherung an einen exakten IZF-Wert ermöglichen.

4.5.2 Integration des Internen Zinsfußes in ein universell einsetzbares Investitionsrechnungstableau

Mit der folgenden Abbildung 4-35 wird die Ermittlung des Internen Zinsfußes in unser universelles Investitionsrechnungstableau für die bekannte beispielhafte Anwendung nachgetragen.

1	B	C	D	E	F	G	H	I	J	K	L
2	Basiskalkulationszinsfuß i (für Periode 1)	4,0 %									
3	Preisänderungsrate Erdgas	3,0 %									
4	Preisänderungsrate Sonstiges	2,0 %									
5	Periodenende t	0	1	2	3	4	5	6	7	8	9
6	Kalkulationszinsfuß i_t		4,0 %	3,0 %	2,0 %	2,0 %	3,0 %	4,0 %	5,0 %	5,0 %	4,0 %
7	Zinsfaktor q_t (= $1+i_t$)		1,04	1,03	1,02	1,02	1,03	1,04	1,05	1,05	1,04
8	Aggregierter Diskontierungsfaktor $\Pi dq_t = q_1 * q_2 * \ldots q_t$		1,04	1,07	1,09	1,11	1,15	1,19	1,25	1,32	1,37
9	Auszahlungen										
10	Investitionsauszahlung	-54 000 €									
11	Wartung, Reparatur			-7 000 €	-7 140 €	-7 283 €	-7 428 €	-7 577 €	-7 729 €	-7 883 €	-8 041 €
12	Rückflüsse										
13	Energiekosteneinsparungen		15 000 €	15 450 €	15 914 €	16 391 €	16 883 €	17 389 €	17 911 €	18 448 €	19 002 €
14	Resultate/Indikatoren										
15	Summe	-54 000 €	15 000 €	8 450 €	8 774 €	9 108 €	9 454 €	9 812 €	10 182 €	10 565 €	10 961 €
16	Barwerte	-54 000 €	14 423 €	7 888 €	8 030 €	8 173 €	8 236 €	8 219 €	8 123 €	8 027 €	8 007 €
17	Kapitalwert	25 126 €									
18	Kapitalwert in Abhängigkeit von der Laufzeit (kumulierte Barwerte)	-54 000 €	-39 577 €	-31 689 €	-23 659 €	-15 486 €	-7 250 €	969 €	9 092 €	17 119 €	25 126 €
19	Amortisationszeit [Jahre]							5,9			
20	Interner Zinsfuß	12,7 %									

Abbildung 4-35: Allgemeingültiges Tableau zur Ermittlung des Kapitalwertes, der dynamischen Amortisationszeit und des Internen Zinsfußes

4.6 Ermittlung von Annuitäten eines Investitionsvorhabens

Eine Annuität (engl. „*annuity*") ist eine Folge gleich hoher Zahlungen, die in jeder Periode des Betrachtungszeitraums anfallen. Sie lässt sich als Betrag interpretieren, den ein Investor bei Durchführung eines Projekts in jeder Periode zusätzlich (also über die Verzinsung zum Kalkulationszins) entnehmen kann. Der Annuität liegt die Kapitalwertberechnung zugrunde.

Die Barwertsumme der Annuität eines Investitionsobjekts ist dem Kapitalwert der tatsächlichen Zahlungen desselben Objekts äquivalent. Das heißt, es ist möglich, beide Größen gemäß den Regeln der Finanzmathematik ineinander zu überführen.

Merksatz

Interpretation von Annuitätsberechnungsergebnissen

Ein Investitionsobjekt ist absolut vorteilhaft, falls seine Annuität größer als null ist, vorausgesetzt, nicht nur sämtliche Auszahlungen, sondern auch Nutzen können monetär erfasst werden. Ein Investitionsobjekt ist relativ vorteilhaft, falls seine Annuität größer ist als die eines jeden anderen zur Wahl stehenden Objekts.

4.6.1 Kalkulation einer Annuität

Der Kapitalwert einer gleichbleibenden **nachschüssigen** Zahlung bei konstantem Zins errechnet sich – wie bereits bearbeitet – entsprechend der folgenden bereits hergeleiteten Formel:

$$\text{Kapitalwert} = Z \cdot \frac{q^T - 1}{q^T(q-1)}$$

Mit Blick auf Annuitäten ist jetzt aber nicht der Kapitalwert gesucht, sondern die gleichbleibende Rückzahlung, die wir nicht Z, sondern Annuität A nennen wollen:

$$\text{Kapitalwert} = A \cdot \frac{q^T - 1}{q^T(q-1)}$$

Daher wird die Formel nun nach A umgestellt

$$A = \text{Kapitalwert} \cdot \frac{q^T(q-1)}{q^T - 1}$$

und der Terminus „Kapitalwert" durch die Z_0 (= Anfangsauszahlung) ersetzt. Dies führt zur der nachschüssigen Annuität A_{n,T_A} („n" für nachschüssig und „T_A" für Anzahl an Annuitätenperioden):

$$A_{n,T_A} = Z_0 \cdot \frac{q^{T_A}(q-1)}{q^{T_A} - 1}$$

Demzufolge ergibt sich aus dem Kapitalwert einer gleichbleibenden **vorschüssigen** Zahlung bei konstantem Zins:

$$\text{Kapitalwert} = Z \cdot \frac{q^T - 1}{q^{T-1} \cdot (q-1)}$$

die vorschüssige Annuität („v" für vorschüssig und „T_A" für Anzahl an Annuitätenperioden) ...

$$A_{v,T_A} = Z_0 \cdot \frac{q^{T_A - 1} \cdot (q-1)}{q^{T_A} - 1}$$

Die folgenden Tabellen (Abbildung 4-36 und Abbildung 4-37) veranschaulichen Beispiele für die Berechnung nachschüssiger und vorschüssiger Annuitäten.

Zinssatz	4 %			
Zinsfaktor	1,04			
Periodenende	0	1	2	3
Einzahlung	20 000 €			
Annuität $A_{n,3}$		7 207 €	7 207 €	7 207 €
A (formal)		$Z_0 \cdot (q^T \cdot [q-1])/(q^T-1)$	$Z_0 \cdot (q^T \cdot [q-1])/(q^T-1)$	$Z_0 \cdot (q^T \cdot [q-1])/(q^T-1)$

Abbildung 4-36: Beispiel Annuitätsermittlung: konstanter Zinssatz, nachschüssig

Zinssatz	4 %			
Zinsfaktor	1,04			
Periodenende	0	1	2	3
Einzahlung	20 000 €			
Annuität $A_{v,4}$		6 930 €	6 930 €	6 930 €
A (formal)		$Z_0 \cdot (q^{T-1} \cdot [q-1])/(q^T-1)$	$Z_0 \cdot (q^{T-1} \cdot [q-1])/(q^T-1)$	$Z_0 \cdot (q^{T-1} \cdot [q-1])/(q^T-1)$

Abbildung 4-37: Beispiel Annuitätsermittlung: konstanter Zinssatz, vorschüssig

Erkennbar ist, dass sich Annuitäten nur unter Zugrundelegung von konstanten Zinssätzen i_A ermitteln lassen. Dies ist als eine Einschränkung des Verfahrens anzusehen.

4.6.2 Integration der Annuitätenberechnung in ein universell einsetzbares Investitionsrechnungstableau

Mit der folgenden Abbildung 4-38 wird die Ermittlung von Annuitäten (hier nur nachschüssige) für die bekannte beispielhafte Anwendung in unser universelles Investitionsrechnungstableau integriert. Neu eingefügt sind die Zeilen 5, 6 und 23.

1	B	C	D	E	F	G	H	I	J	K	L
2	Basiskalkulationszinsfuß i (für Periode 1)	4,0 %									
3	Preisänderungsrate Erdgas	3,0 %									
4	Preisänderungsrate Sonstiges	2,0 %									
5	Annuitätenzinssatz i_A	4 %									
6	Annuitätenperioden T_A [Jahre]	5									
7	Periodenende t	0	1	2	3	4	5	6	7	8	9
8	Kalkulationszinsfuß i_t		4,0 %	3,0 %	2,0 %	2,0 %	3,0 %	4,0 %	5,0 %	5,0 %	4,0 %
9	Zinsfaktor q_t (= 1+i_t)		1,04	1,03	1,02	1,02	1,03	1,04	1,05	1,05	1,04
10	Aggregierter Diskontierungsfaktor $\Pi dq_t = q_1 * q_2 * \ldots q_t$		1,04	1,07	1,09	1,11	1,15	1,19	1,25	1,32	1,37
11	Auszahlungen										
12	Investitionsauszahlung	-54 000 €									
13	Wartung, Reparatur			-7 000 €	-7 140 €	-7 283 €	-7 428 €	-7 577 €	-7 729 €	-7 883 €	-8 041 €
14	Rückflüsse										
15	Energiekosteneinsparungen		15 000 €	15 450 €	15 914 €	16 391 €	16 883 €	17 389 €	17 911 €	18 448 €	19 002 €
16	Resultate/Indikatoren										
17	Summe	-54 000 €	15 000 €	8 450 €	8 774 €	9 108 €	9 454 €	9 812 €	10 182 €	10 565 €	10 961 €
18	Barwerte	-54 000 €	14 423 €	7 888 €	8 030 €	8 173 €	8 236 €	8 219 €	8 123 €	8 027 €	8 007 €
19	Kapitalwert	25 126 €									
20	Kapitalwert in Abhängigkeit von der Laufzeit (kumulierte Barwerte)	-54 000 €	-39 577 €	-31 689 €	-23 659 €	-15 486 €	-7 250 €	969 €	9 092 €	17 119 €	25 126 €
21	Amortisationszeit [Jahre]							5,9			
22	Interner Zinsfuß	12,7 %									
23	Nachschüssige Annuitäten $A_{n,5}$		5 644 €	5 644 €	5 644 €	5 644 €	5 644 €				

Abbildung 4-38: Allgemeingültiges Tableau zur Ermittlung des Kapitalwertes, der dynamischen Amortisationszeit, des Internen Zinsfußes und von Annuitäten

Eine Excel- oder Numbers-Vorlage des vollständigen, universell einsetzbaren Investitionsrechnungstableaus mit den Funktionen für die Ermittlung von Kapitalwert, Amortisationszeit, Internem Zinsfuß und nachschüssigen Annuitäten finden Sie in der DIN-Mediathek zum Download (Dateien „VALERI_Tabellen_zum_Buch"). Bitte folgen Sie dazu der Anleitung auf der gelben Seite am Anfang des Buches. Für Schäden, die durch die Anwendung des bereitgestellten Tableaus entstehen, übernehmen DIN Media und der Autor keine Haftung.

5 Unzulänglichkeiten und Stärken einzelner Investitionsrechnungsverfahren

Ergebnisse der drei wesentlichen Investitionsrechnungsverfahren (Kapitalwert, Interner Zinsfuß und Amortisationszeit) können miteinander im Konflikt stehen. Wenn beispielsweise drei sich ausschließende Anlagealternativen bei jeweils einem der Indikatoren den besten Wert erzielen, ergibt sich zwangsläufig die Frage, welches Ergebnis Vorrang hat und wonach entschieden werden soll.

Aus dieser Problematik ergibt sich die Notwendigkeit, eine Prioritätenreihenfolge der Investitionsrechnungsmethoden festzulegen, um gute Investitionsentscheidungen fällen zu können. Im Vordergrund steht also die Frage, ob es eine Berechnungsmethode gibt, die vorrangig angewandt werden sollte. Hiermit wollen wir uns im nächsten Abschnitt näher beschäftigen. Es geht vor allem darum, zu klären, ob bei einzelnen Verfahren Schwachstellen vorliegen, die Fehlentscheidungen oder Fehlinterpretationen der Ergebnisse hervorrufen könnten. Wäre es plausibel, betroffenen Verfahren mit Blick auf Investitionsentscheidungen eine geringere Bedeutung beizumessen, sie in der Rangfolge also nach hinten zu setzen oder ganz auszusortieren?

5.1 Methodologische Unzulänglichkeiten des Internen Zinsfußes

Der Interne Zinsfuß entspricht dem Kalkulationszins bei einer Kapitalwertberechnung, der zu einem Kapitalwert von null führen würde.

5.1.1 Geringe Aussagekraft des Internen Zinsfußes

Es ist daher ein Verhältnis- und somit ein Prozent- und kein Absolutwert, der die durchschnittliche Jahresverzinsung des investierten Kapitals zum Ausdruck bringt. Dadurch ist er nicht in der Lage, das Ausmaß der Wirkung einer Investition aufzuzeigen. Das folgende Beispiel soll die Einsatzproblematik verdeutlichen (siehe Tabelle 10).

Tabelle 10: Beispiel zur Verdeutlichung der Aussagekraft des Internen Zinsfußes

Option	Interner Zinsfuß (Effektivverzinsung)	Kapitalwert (NPV)	Maßnahmen
1	6,9 %	11 234 €	Austausch von Leuchtmitteln
2	8,2 %	4 500 €	Bewegungsmelder Toiletten
3	6,2 %	14 250 €	Austausch von Elektromotoren
4	5,4 %	104 320 €	Wärmerückgewinnungsanlage
5	5,8 %	342 700 €	Einbindung eines Blockheizkraftwerkes

In Tabelle 10 sind fünf verschiedene Energieeffizienzverbesserungsmaßnahmen aufgelistet und sowohl nach dem Internen Zinsfuß als auch nach dem Kapitalwert bewertet. Ginge es nach dem Kapitalwert, dann hätte die Einbindung eines Blockheizkraftwerkes eindeutig Priorität und im Hinblick auf die Schaffung von umfassenden Beiträgen zur Steigerung des Unternehmenswertes wäre diese Maßnahme zielführend. In dem vergleichsweise hohen Kapitalwert wird nämlich zum Ausdruck gebracht, dass eine relativ starke Wirkung im Hinblick auf Energiekosteneinsparungen erzielt wird, die deutlich über den – möglicherweise hohen – Investitionsausgaben liegt. Der Interne Zinsfuß kann diese Wirkung als Prozentwert nicht ausdrücken. Wenn eine Effizienzmaßnahme nur eine niedrige Investitionsausgabe erfordert und infolgedessen auch nur eine geringe Energiekostensenkungswirkung erzeugt, diese Kostensenkung aber dennoch in einem sehr angemessenen Verhältnis zur Ausgabe steht, dann kann ein hoher Interner Zinsfuß zustande kommen. Eine umfassende Senkung der Energiekosten ist damit notwendigerweise aber nicht erreicht.

Selbstverständlich ist denkbar, dass alle in der o. a. Tabelle aufgeführten Maßnahmen umgesetzt werden. Das wäre aus ökonomischer Sicht auch zweckmäßig, da alle Maßnahmen einen positiven Kapitalwert aufweisen. Den Fokus auf den Internen Zinsfuß als prioritären Entscheidungsindikator etwa im Rahmen von Energiemanagementsystemen zu legen, führt jedoch u. U. dazu, dass Entscheidungen in die falsche Richtung gehen, insbesondere, wenn der Kapitalwert gar nicht ermittelt wird.

5.1.2 Nichterfüllung der sogenannten Wiederanlageprämisse

Eine weitere Schwäche der Interner-Zinsfuß-Methode ist, dass sie davon ausgeht, frei werdende Zahlungsbeträge könnten zum Internen Zinsfuß angelegt werden (sogenannte Wiederanlageprämisse). Dies ist insbesondere bei sehr hohen IZF problematisch, weil derartige Anlagemöglichkeiten häufig einzigartig sind.

Hierzu ein Beispiel: Wir gehen davon aus, dass eine – offensichtlich sehr rentable und einzigartige – Anlagemöglichkeit gegeben sei, die eine Laufzeit von einer Periode hat, mit einer Auszahlung in Höhe von 20 000 Euro beginnt und nach einem Jahr zu einem Rückfluss von 40 000 Euro führt, siehe Abbildung 5-1.

Periodenende	0	1
Auszahlung	-20 000 €	
Rückfluss		40 000 €
IZF	100 %	

Abbildung 5-1: Investitionsrechnungsmodell mit 100 % IZF

Eine Investitionsrechnung würde bei dieser Anlage zu dem Ergebnis kommen, dass der IZF bei 100 % läge. Berechnen wir nun den Kapitalwert dieser Anlage und legen dabei ebendiesen IZF als Kalkulationszins zugrunde, erhielten wir als Ergebnis 0 Euro (nach der Definition des IZF konnte es auch nicht anders sein, Abbildung 5-2).

Periodenende	0	1
Auszahlung	-20 000 €	
Rückfluss		40 000 €
Barwerte (bei 100%)	-20 000 €	20 000 €
Barwerte (bei 100%) formal		= 40 000 / (1+100%)
		= 40 000/2
Kapitalwert (bei 100%)	0 €	

Abbildung 5-2: Investitionsrechnungsmodell mit 100 % IZF (Nachbetrachtung)

Wenn wir uns die einzelnen Schritte, die zu diesem Rechenergebnis geführt haben, nun einmal genau ansehen, dann wird deutlich, dass im Rahmen der Berechnung der am Ende der ersten Periode entstehende Rückfluss in Höhe von 20 000 Euro mit 100 % diskontiert wurde $\left(\frac{40\,000}{(1+100\,\%)}\right)$. Das Berechnungsverfahren unterstellt also implizit, dass dies der Alternativzinssatz sei, dass wir also in jedem Fall zu diesem – in diesem Beispielfall sehr hohen – Zins liquide Mittel anlegen können. Und das ist unrealistisch.[39]

39 Vgl. Röhrich 2007, S. 86.

5.1.3 Mehrere Interne Zinsfüße möglich

Unter bestimmten Rahmengegebenheiten kann die Interne-Zinsfuß-Methode zu mehreren Ergebnissen führen, ohne dass dies in der betrieblichen Praxis wahrgenommen wird (etwa bei Nutzung eines Tabellenkalkulationsprogrammes). Die folgende Tabelle veranschaulicht die Problematik anhand eines Beispiels (siehe Abbildung 5-3).

1	B	C	D	E	F	…	V	W	X
2	Basiskalkulationszinsfuß i (für Periode 1)	5,0 %							
3	Preisänderungsrate Erdgas	3,0 %							
4	Preisänderungsrate Sonstiges	2,0 %							
5	Periodenende t	0	1	2	3	…	19	20	21
6	Kalkulationszinsfuß i_t		5,0 %	5,0 %	5,0 %	…	5,0 %	5,0 %	5,0 %
7	Zinsfaktor q_t (= 1+i_t)		1,05	1,05	1,05	…	1,05	1,05	1,05
8	Aggregierter Diskontierungsfaktor $\Pi dq_t = q_1 * q_2 * \dots q_t$		1,05	1,10	1,16	…	2,53	2,65	2,79
9	Auszahlungen								
10	Investitionsauszahlung	-225 000 €							
11	Wartung, Reparatur		-6 000 €	-6 242 €	-6 367 €	…	-8 741 €	-8 916 €	-9 094 €
12	Demontage und Entsorgung								-600 000 €
12	Rückflüsse								
13	Erdgaskosteneinsparungen		35 000 €	36 050 €	37 132 €	…	59 585 €	61 373 €	
14	Resultate/Indikatoren								
15	Summe	-225 000 €	29 000 €	29 808 €	30 764 €	…	50 844 €	52 457 €	-609 094 €
16	Barwerte	-225 000 €	27 619 €	27 036 €	26 575 €	…	20 121 €	19 771 €	-218 630 €
17	Kapitalwert	25 500 €							
18	Interner Zinsfuß (=IKV[C15:X15;Schätzwert: 9%])	9,87 %							
19	Interner Zinsfuß (=IKV[C15:X15;Schätzwert: 2%])	1,56 %							

Abbildung 5-3: Sonderfall – Berechnungsergebnis des Internen Zinsfußes mit zwei Ergebnissen

In den letzten beiden Zeilen der Tabelle ist zu erkennen, dass zwei Ergebnisse für ein und dasselbe Investitionsprojekt zustande gekommen sind. Der Interne Zinsfuß liegt zum einen bei 9,87 % und zum anderen bei 1,56 %, je nachdem, welchen Schätzwert man in die Excel-Tabellenformel eingegeben hat.

Wie ist es möglich, dass mehrere Ergebnisse bei der IZF-Methode hervorgebracht werden können? Bei einer Kapitalwertgleichung

$$\text{Kapitalwert} = Z_0 + \frac{Z_1}{(1+i)} + \frac{Z_2}{(1+i)^2} + \frac{Z_3}{(1+i)^3} + \dots + \frac{Z_T}{(1+i)^T}$$

handelt es sich – mathematisch ausgedrückt – um ein Polynom T-ten Grades, das maximal T verschiedene Schnittpunkte mit der Abszisse (also mit der Zins-Achse) und damit T verschiedene Interne Zinsfüße aufweisen kann.

Nach der „Kartesischen Vorzeichenregel" (nach René Descartes, einem französischen Philosophen, Mathematiker und Naturwissenschaftler) entspricht die Anzahl der positiven Lösungen höchstens der Anzahl an Vorzeichenwechseln. Nur für den allgemeinen Fall, dass auf eine Auszahlungsreihe nur Rückzahlungsreihen folgen (man spricht dann auch von „Normalinvestition“[40]) und somit nur ein Vorzeichenwechsel vorliegt, ist sichergestellt, dass nur ein Interner Zinsfuß vorliegt.

Bei Energie-Investitionen ist hiervon i. d. R. dann auszugehen, wenn eine kostenverursachende Entsorgung der Anlage (etwa Rückbau etc.) am Ende der Lebensdauer nicht einbezogen werden muss. Dennoch kommt es vor, dass auch ohne Entsorgungskosten – etwa im Rahmen eines Repowerings einer Windenergieanlage oder einer einzuplanenden kostenintensiven Wartungs- oder Reparaturaktivität nach beispielsweise fünf Jahren Laufzeit – mehr als ein Vorzeichenwechsel gegeben ist. Dann könnte es theoretisch mehr als ein Ergebnis geben. Allerdings kommt dies sehr selten nur bei besonderen Zahlungskonstellationen vor, sodass in dieser Hinsicht nicht von einer gravierenden Schwäche der Interner-Zinsfuß-Methode für die Betriebspraxis gesprochen werden kann.

5.1.4 Kein Vorteil durch Wegfall der Festlegung eines Kalkulationszinssatzes

Bisweilen hört man in der betrieblichen Praxis, die Interner-Zinsfuß-Methode sei deshalb sehr praktisch und daher beliebt, weil im Gegensatz zur Kapitalwert- und zur Amortisationszeitmethode die – bisweilen durchaus anspruchsvolle – Festlegung eines Kalkulationszinssatzes (oder gar von mehreren Kalkulationszinssätzen) wegfällt. Dies ist ein Irrglaube.

Zwar wird bei der IZF-Methode nicht unmittelbar ein Kalkulationszins zur Ergebnisermittlung benötigt. Das Ergebnis einer Berechnung ist jedoch ein Zinssatz (der IZF), der als solches zunächst einmal keine Aussagekraft besitzt und erst dann Entscheidungsrelevanz bekommt, wenn er mit einem anderen Zinssatz verglichen wird, und zwar mit demjenigen der besten risikoäquivalenten Alternativanlage, dem Kreditzins oder einer gewichteten Mischung davon. Und dies wäre wiederum der Kalkulationszins, den man auch bei der Kapitalwert- und Amortisationszeitmethode zugrunde legen würde.

Zusammenfassung

In der Gesamtbeurteilung weist die Interner-Zinsfuß-Methode folgende Schwachstellen auf:

- Das Ergebnis, der Interne Zinsfuß, ist nicht imstande, das Ausmaß der Wirkung einer Investition auszudrücken. Insofern kann bei der Auswahl von Investitionsprojekten eine falsche Priorisierung zustande kommen.
- Unter bestimmten Rahmengegebenheiten, nämlich bei mehr als einem Vorzeichenwechsel bei den Zahlungsstromsalden, kann die IZF-Berechnung mehr als ein Ergebnis hervorbringen, die bei der Nutzung von Tabellenkalkulationsprogrammen wie Excel oder Numbers u. U. nicht einmal sichtbar werden.
- Implizit unterstellt die Berechnungsmethode, dass frei werdende Rückflüsse zum Internen Zinssatz (und nicht zu einem Kalkulationszinssatz, der sich an Alternativanlagemöglichkeiten orientiert) wiederangelegt werden. Diese Wiederanlageprämisse ist in aller Regel unrealistisch, insbesondere, wenn ein betrachtetes Projekt einen hohen IZF aufweist.
- Wenngleich die IZF-Berechnung unmittelbar nicht die Festlegung eines Kalkulationszinssatzes erforderlich macht, so ist dies dennoch nicht ein praktischer Vorteil, da das Ergebnis einer Berechnung – der IZF – nur dann Aussagekraft erhält, wenn der IZF mit einem Zins verglichen wird, der ein Kalkulationszinsfuß wäre. Die Festlegung eines Kalkulationszinsfußes ist also mittelbar notwendig. Es handelt sich somit um einen vermeintlichen Vorteil.

Eine besondere Problematik speziell im Hinblick auf Energieinvestitionen ist nicht auszumachen. Aufgrund der soeben zusammengefassten grundsätzlichen Schwachstellen kann dem Internen Zinsfuß nur eine eingeschränkte Eignung als Entscheidungsfindungsverfahren attestiert werden. Mit anderen Worten sollte der IZF nicht „Zünglein an der Waage“ sein. Kruschwitz geht sogar so

40 Vgl. Breuer 2011, S. 126.

weit, den IZF für unbrauchbar zu erklären. Seiner Auffassung nach sollte er aus den Lehrbüchern gestrichen werden.[41]

5.2 Methodologische Unzulänglichkeiten der Amortisationszeit

Die „dynamische Amortisationszeit" ist derjenige Zeitpunkt, zu dem der Kapitalwert null wird. In diesem Moment entsprechen die rückfließenden – diskontierten – Zahlungsströme den herausströmenden. Er ist also ein Break-even-Punkt. Die Amortisationszeit wird angegeben in Periodeneinheiten, i. d. R. in Jahren.

5.2.1 Geringe Aussagekraft der Amortisationszeit

Mit dieser Einheit ist der Indikator – analog zum Internen Zinsfuß – nicht in der Lage, das Ausmaß der Wirkung einer Investition aufzuzeigen. Das folgende tabellarische Beispiel verdeutlicht die Einsatzproblematik (siehe Tabelle 11).

Tabelle 11: Beispiel zur Verdeutlichung der Aussagekraft der Amortisationszeit

Option	Dynamische Amortisationszeit	Kapitalwert (NPV)	Maßnahmen
1	2,5 Jahre	11 234 €	Austausch von Leuchtmitteln
2	1,5 Jahre	4 500 €	Bewegungsmelder Toiletten
3	3 Jahre	14 250 €	Austausch von Elektromotoren
4	4,8 Jahre	104 320 €	Wärmerückgewinnungsanlage
5	6,4 Jahre	342 700 €	Einbindung eines Blockheizkraftwerkes

In Tabelle 11 sind die fünf aus Kapitel 5.1.1 bekannten Energieeffizienzverbesserungsmaßnahmen aufgelistet und sowohl nach der Amortisationszeit als auch nach dem Kapitalwert bewertet. Ginge es nach dem Kapitalwert, dann hätte die Einbindung eines Blockheizkraftwerks eindeutig Priorität, und im Hinblick auf die Schaffung von umfassenden Beiträgen zur Steigerung des Unternehmenswertes wäre diese Maßnahme zielführend. In dem vergleichsweise hohen Kapitalwert wird nämlich zum Ausdruck gebracht, dass eine relativ starke Wirkung im Hinblick auf Energiekosteneinsparungen erzielt wird, die deutlich über den – durchaus auch hohen – Investitionsausgaben liegt. Die Amortisationszeit kann diese Wirkung als Jahresangabe nicht ausdrücken. Wenn eine Effizienzmaßnahme nur eine niedrige Investitionsausgabe erfordert (etwa Bewegungsmelder für Toiletten) und infolgedessen auch nur eine geringe Energiekostensenkungswirkung erzeugt, diese Kostensenkung aber dennoch recht kurzfristig zustande kommt, dann kann eine kurze Amortisationszeit die Folge sein. Eine umfassende Senkung der Energiekosten ist damit notwendigerweise aber nicht erreicht.

Selbstverständlich ist denkbar, dass alle in der o. a. Tabelle aufgeführten Maßnahmen umgesetzt werden. Das wäre aus ökonomischer Sicht auch zweckmäßig, da alle Maßnahmen einen positiven Kapitalwert aufweisen. Den Fokus auf die Amortisationszeit als prioritären Entscheidungsindikator etwa im Rahmen von Energiemanagementsystemen zu legen, führt aber u. U. dazu, dass Entscheidungen in die falsche Richtung gehen, insbesondere wenn der Kapitalwert gar nicht ermittelt wird.

5.2.2 Irrelevanz von Zahlungsströmen nach Erreichen des Amortisationszeitpunktes

Die bedeutendste Schwäche der Amortisationszeit-Methode liegt darin, dass zur Ermittlung des Amortisationszeitpunktes nur diejenigen Zahlungsströme benötigt und daher berücksichtigt werden, die im Amortisationszeitintervall, also bis zum Erreichen der Amortisationszeit, anfallen. Alle weiteren Zahlungsströme sind irrelevant.

41 Vgl. Kruschwitz 2011, S. 92.

Abbildung 5-4 beschreibt eine Energieeffizienzinvestition in eine Produktionsanlage, die eine Investitionsausgabe in Höhe von 200 000 Euro erforderlich macht und über einen Zeitraum von zehn Jahren Einsparungen in Höhe von jährlich 42 000 Euro (plus jeweiliger Preissteigerung) generiert.

Kalkulationszinssatz i	4 %										
Periodenende t	0	1	2	3	4	5	6	7	8	9	10
ZAHLUNGSSTRÖME											
Netto-Anschaffungsauszahlungen	-200 000 €										
Energiekosteneinsparungen		42 000 €	44 100 €	46 305 €	48 620 €	51 051 €	53 604 €	56 284 €	59 098 €	62 053 €	65 156 €
ERGEBNISSE											
Periodensalden	-200 000 €	42 000 €	44 100 €	46 305 €	48 620 €	51 051 €	53 604 €	56 284 €	59 098 €	62 053 €	65 156 €
Barwerte	-200 000 €	40 385 €	40 773 €	41 165 €	41 561 €	41 960 €	42 364 €	42 771 €	43 182 €	43 598 €	44 017 €
Kapitalwert	221 776 €										
Kapitalwert = f(T)	-200 000 €	-159 615 €	-118 842 €	-77 677 €	-36 117 €	5 844 €	48 208 €	90 979 €	134 161 €	177 759 €	221 776 €
Dynamische Amortisationszeit	4,86 Jahre										

Abbildung 5-4: Berechnung einer Energiemaßnahme mit zehn Jahre andauernden Rückflüssen

Als Ergebnis der Berechnungen wird ein Kapitalwert von 221 778 Euro und eine dynamische Amortisationszeit von 4,86 Jahren ermittelt.

Nun wird festgestellt, dass bei der Planung und Kalkulation die Nutzungsdauer fehlerbehaftet eingestellt worden ist: Die Anlage wird voraussichtlich nicht über zehn Jahre, sondern nur über fünf Jahre einen Nutzen erzeugen können, weil sie nach dieser Zeitspanne stillgelegt werden muss. Insofern werden sämtliche Rückflüsse der Perioden 6 bis 10 gestrichen (siehe Abbildung 5-5). Welche Wirkung hat diese Änderung?

Kalkulationszinssatz i	4 %										
Periodenende t	0	1	2	3	4	5	6	7	8	9	10
ZAHLUNGSSTRÖME											
Netto-Anschaffungsauszahlungen	-200 000 €										
Energiekosteneinsparungen		42 000 €	44 100 €	46 305 €	48 620 €	51 051 €					
ERGEBNISSE											
Periodensalden	-200 000 €	42 000 €	44 100 €	46 305 €	48 620 €	51 051 €	0 €	0 €	0 €	0 €	0 €
Barwerte	-200 000 €	40 385 €	40 773 €	41 165 €	41 561 €	41 960 €	0 €	0 €	0 €	0 €	0 €
Kapitalwert	5 844 €										
Kapitalwert = f(T)	-200 000 €	-159 615 €	-118 842 €	-77 677 €	-36 117 €	5 844 €	5 844 €	5 844 €	5 844 €	5 844 €	5 844 €
Dynamische Amortisationszeit	4,86 Jahre										

Abbildung 5-5: Berechnung einer Energiemaßnahme mit nur fünf Jahre andauernden Rückflüssen

Im Ergebnis bricht der Kapitalwert um 215 934 Euro (= 221 778 € – 5 844 €) ein, da fünf Zahlungsströme der Perioden 6 bis 10 wegfallen. Die Amortisationszeit ändert sich hingegen nicht, weil die Änderungen (Wegfall der letzten fünf Zahlungsperioden) nach Erreichen der Amortisationszeit zustande kommen. Diese Zahlungsströme, die nach Erreichen der Amortisationszeit zustande kommen, werden systematisch bei der Ermittlung der Amortisationszeit nicht berücksichtigt.

Besonders deutlich wird die negative Auswirkung der Nichtberücksichtigung aller Zahlungsströme ab dem Amortisationszeitpunkt, wenn am Ende der Lebensdauer einer Anlage kostspielige Rückbau-/Abbau-, Sanierungs- oder Modernisierungskosten einzuplanen sind (siehe in Abbildung 5-6 in Periode 6). Solche Kosten werden bei der Amortisationszeitrechnung ebenso systematisch ausgegrenzt wie die anderen Zahlungen ab dem Amortisationszeitpunkt (zu erkennen daran, dass sich die Amortisationszeit bei ihrer Berücksichtigung nicht ändert). Gleichwohl ergibt sich durch den notwendigen Rückbau im Beispiel ein geringerer – hier sogar negativer – Kapitalwert.

Kalkulationszinssatz i	4 %										
Periodenende t	0	1	2	3	4	5	6	7	8	9	10
ZAHLUNGSSTRÖME											
Netto-Anschaffungsauszahlungen	-200 000 €										
Rückbau							-20 000 €				
Energiekosteneinsparungen		42 000 €	44 100 €	46 305 €	48 620 €	51 051 €					
ERGEBNISSE											
Periodensalden	-200 000 €	42 000 €	44 100 €	46 305 €	48 620 €	51 051 €	-20 000 €	0 €	0 €	0 €	0 €
Barwerte	-200 000 €	40 385 €	40 773 €	41 165 €	41 561 €	41 960 €	-15 806 €	0 €	0 €	0 €	0 €
Kapitalwert	-9 963 €										
Kapitalwert = f(T)	-200 000 €	-159 615 €	-118 842 €	-77 677 €	-36 117 €	5 844 €	-9 963 €	-9 963 €	-9 963 €	-9 963 €	-9 963 €
Dynamische Amortisationszeit	4,86 Jahre										

Abbildung 5-6: Energiemaßnahme mit fünf Jahre andauernden Rückflüssen plus Rückbau o. Ä.

Diese Ausführungen machen deutlich, dass die Amortisationszeitrechnung unvollständige Ergebnisse liefert, weil sie Zahlungsströme nicht vollumfänglich berücksichtigt. Aus diesem Grund wird sie von vielen Fachvertretern[42] nicht als Investitionsrechnung zur Entscheidungsfindung angesehen. Die Unvollständigkeit wirkt sich vor allem bei langlaufenden Investitionsprojekten aus. Und dazu gehören in aller Regel Investitionen in Energieeffizienz oder erneuerbare Energie.

5.2.3 Festlegung eines Sollwertes für Amortisationszeiten sehr problematisch

Ergebnisse von Amortisationszeitberechnungen werden zum einen dazu verwandt, unterschiedliche Investitionsalternativen miteinander zu vergleichen, sodass am Ende eine Alternative ausgewählt werden kann. Zum anderen dienen sie häufig auch der Prüfung, ob ein mögliches Investitionsvorhaben – in der Einzelbetrachtung – überhaupt infrage kommt. Bei Energieinvestitionen scheint letztgenannter Einsatzzweck von herausragender Bedeutung zu sein. Um eine derartige Prüfung vorzunehmen, werden die ermittelten Amortisationszeiten zuvor festgelegten Maximalzeiten gegenübergestellt und bei Überschreiten abgelehnt. Häufig wird der Maximalwert bei drei Jahren festgelegt[43] und gilt generell, ist also bei jedem Investitionstyp gleichermaßen anzuwenden.

42 Vgl. Pape 2023, S. 434, Kruschwitz 2011, S. 313 ff., Götze 2014, S. 117.

43 So auch Bauernhansel/Dürr 2013, S. 194.

Eine derartige Pauschalregelung ist jedoch als sehr problematisch anzusehen, da solche Maximalwerte nicht erkennbar rational hergeleitet werden (wieso genau drei Jahre?), insofern nicht als objektive Entscheidungsgrundlage angesehen werden können. Insbesondere bei Investitionen, die über einen langen Zeitraum Rückflüsse generieren (häufig: Energie-Investitionen), führt die Prüfung, inwieweit ein Amortisationszeit-Grenzwert überschritten ist, sehr schnell zur Ablehnung, wenn die Amortisationszeitrechnung das prioritäre Entscheidungsfindungsverfahren ist, auch wenn Kapitalwert und der Interne Zinsfuß relativ erfolgversprechende Werte aufweisen.

Zusammenfassung

In der Gesamtbeurteilung der (dynamischen) Amortisationszeitrechnung lässt sich festhalten, dass Amortisationszeitberechnungen wegen

- der geringen Aussagekraft im Hinblick auf den Umfang der Wirkung einer Investition,
- der Vernachlässigung sämtlicher Zahlungsströme jenseits des Amortisationszeitpunktes und
- der i. d. R. stattfindenden, nicht rational nachvollziehbaren Prüfung, inwieweit ein Amortisationszeitgrenzwert (häufig drei Jahre) nicht überschritten ist,

keine gute Entscheidungsbasis darstellen.[44]

Insbesondere bei Energieinvestitionen (die sehr häufig langfristorientiert sind) sollte die Anwendung der Amortisationszeitrechnung grundsätzlich unterbleiben.

5.3 Stärke der Kapitalwertmethode: Herausstellung des Wirkungsumfanges einer Investition

Die vorangegangenen Ausführungen haben aufgezeigt, dass der Interne Zinsfuß und die dynamische Amortisationszeit jeweils keine Aussage über den Umfang der Wirkung eines Investitionsvorhabens abgeben. Bei energieorientierten Investitionen ist mit Umfang der Wirkung i. d. R. das Ausmaß der Energieeinsparung oder der Erzeugung von Regenerativenergie – etwa zur Einspeisung – gemeint. Verdeutlicht wurde, dass die Berechnungsergebnisse dieser Verfahren, die in Prozent bzw. in Jahren angegeben werden, eine derartige Aussage nicht zulassen. Demgegenüber scheint der Kapitalwert in dieser Hinsicht zweckdienlicher zu sein. Gilt das generell? Um eine Antwort auf diese Frage zu finden, sollen zwei beispielhafte Energieeffizienzverbesserungsmaßnahmen mit deutlich unterschiedlichen Wirkungen betrachtet werden.

In Abbildung 5-7 ist der Kapitalwert einer Effizienzverbesserungsmaßnahme, die eine relativ geringe Energieeinsparung (5 000 kWh/Jahr) nach sich zieht, ermittelt worden. Er liegt mit 1 603 Euro recht niedrig.

44 Ähnlich auch Herbst 2010, S. 10.

Kalkulationszins i	3 %							
Erdgaseinsparung (@ 0,10 €/kWh)	5 000 kWh							
Jahrespreisänderungsrate Gas	5 %							
Jahrespreisänderungsrate Sonstiges	3 %							
Periode	0	1	2	3	4	5	6	7
Auszahlung	-2 000 €							
Energiekosteneinsparung		500 €	525 €	551 €	579 €	608 €	638 €	670 €
Gesamt	-2 000 €	500 €	525 €	551 €	579 €	608 €	638 €	670 €
Barwerte	-2 000 €	485 €	495 €	504 €	514 €	524 €	534 €	545 €
Kapitalwert (KW)	**1 603 €**							

Abbildung 5-7: Ergebnis der Kapitalwertberechnung einer Maßnahme mit geringer Wirkung → kleiner Kapitalwert

Wenn es möglich wäre, die Anfangsauszahlung von 2 000 Euro auf 100 Euro zu reduzieren, würde der Kapitalwert zwar ansteigen, aber nur in einem geringen Ausmaß, siehe Abbildung 5-8.

Kalkulationszins i	3 %							
Erdgaseinsparung (@ 0,10 €/kWh)	5 000 kWh							
Jahrespreisänderungsrate Gas	5 %							
Jahrespreisänderungsrate Sonstiges	3 %							
Periode	0	1	2	3	4	5	6	7
Auszahlung	-100 €							
Energiekosteneinsparung		500 €	525 €	551 €	579 €	608 €	638 €	670 €
Gesamt	-100 €	500 €	525 €	551 €	579 €	608 €	638 €	670 €
Barwerte	-100 €	485 €	495 €	504 €	514 €	524 €	534 €	545 €
Kapitalwert (KW)	**3 503 €**							

Abbildung 5-8: Ergebnis der Kapitalwertberechnung einer Maßnahme mit geringer Wirkung und niedriger Investitionsauszahlung → kleiner Kapitalwert

Nun kommt die Idee für eine andere Maßnahme auf und wird bewertet. Sie ist mit einer Energieverbrauchsreduktion von 300 000 kWh/Jahr deutlich wirkungsvoller. Dies macht sich im Beispiel deutlich im Kapitalwert bemerkbar, da sich die Anfangsauszahlung in Grenzen hält, siehe Abbildung 5-9.

Kalkulationszins i	3 %							
Erdgaseinsparung (@ 0,10 €/kWh)	300 000 kWh							
Jahrespreisänderungsrate Gas	5 %							
Jahrespreisänderungsrate Sonstiges	3 %							
Periode	0	1	2	3	4	5	6	7
Auszahlung	-80 000 €							
Energiekosteneinsparung		30 000 €	31 500 €	33 075 €	34 729 €	36 465 €	38 288 €	40 203 €
Gesamt	-80 000 €	30 000 €	31 500 €	33 075 €	34 729 €	36 465 €	38 288 €	40 203 €
Barwerte	-80 000 €	29 126 €	29 692 €	30 268 €	30 856 €	31 455 €	32 066 €	32 689 €
Kapitalwert (KW)	**136 152 €**							

Abbildung 5-9: Ergebnis der Kapitalwertberechnung einer Maßnahme mit großer Wirkung → ergibt hohen Kapitalwert bei moderater Anfangsauszahlung

Ist bei dieser wirkungsvollen Maßnahme hingegen die Anfangsauszahlung hoch (in der folgenden Kalkulation: 210 000 Euro), nimmt der Kapitalwert einen niedrigen Wert an, siehe Abbildung 5-10.

Kalkulationszins i	3 %							
Erdgaseinsparung (@ 0,10 €/kWh)	300 000 kWh							
Jahrespreisänderungsrate Gas	5 %							
Jahrespreisänderungsrate Sonstiges	3 %							
Periode	0	1	2	3	4	5	6	7
Auszahlung	-210 000 €							
Energiekosteneinsparung		30 000 €	31 500 €	33 075 €	34 729 €	36 465 €	38 288 €	40 203 €
Gesamt	-210 000 €	30 000 €	31 500 €	33 075 €	34 729 €	36 465 €	38 288 €	40 203 €
Barwerte	-210 000 €	29 126 €	29 692 €	30 268 €	30 856 €	31 455 €	32 066 €	32 689 €
Kapitalwert (KW)	**6 152 €**							

Abbildung 5-10: Ergebnis der Kapitalwertberechnung einer Maßnahme mit großer Wirkung → ergibt niedrigen Kapitalwert bei hoher Anfangsauszahlung

Aus alldem lässt sich folgende Erkenntnis ableiten: Wenn bei Investitionen ein relativ großer Kapitalwert vorliegt, dann ist immer auch von einer umfangreichen Wirkung (Energieeinsparung oder Energieerzeugung) auszugehen, denn mit kleinen Wirkungen kann sich kein großer Kapitalwert ergeben, auch wenn die Anfangsauszahlung sehr niedrig sein sollte. Aus kleinen Kapitalwerten kann man im Umkehrschluss allerdings nicht ableiten, dass nur eine kleine Wirkung zustande kommen wird.

5.4 Geringe Relevanz des Endwertes und der Annuitäten bei Energieeffizienz- und Klimaschutzmaßnahmen

Nach Klärung der methodologischen Unzulänglichkeiten des Internen Zinsfußes und der dynamischen Amortisationszeit sollen zwei weitere Indikatoren auf ihre Tauglichkeit zur Bewertung von Investitionen im Allgemeinen und insbesondere von energie- und klimaschutzorientierten Investitionen untersucht werden. Es geht um den

- Endwert und die
- Annuität.

5.4.1 Endwert als Indikator zur Beurteilung einer energie- oder klimaschutzorientierten Investition

Der Endwert beschreibt den Wert einer Sach- oder Finanzanlage zu einem bestimmten Zeitpunkt in der Zukunft unter Berücksichtigung von Zins und Zinseszins sowie sämtlicher Zahlungsströme. Hat man einen Endwert ermittelt, ist es einfach, daraus einen Bar- bzw. Kapitalwert zu errechnen, indem man nämlich eine Abzinsung des Endwertes ($t = T$) wie folgt vornimmt:

$$\text{Kapitalwert} = \text{Barwert} = \frac{\text{Endwert}_T}{q^T} = \frac{\text{Endwert}_T}{(1+i)^T}$$

Die Umwandlung eines zuvor ermittelten Endwertes in einen Kapitalwert ist dementsprechend genauso einfach:

$$\text{Endwert}_T = \text{Kapitalwert} \cdot (1+i)^T$$

Am Indexwert T kann man erkennen, auf welche Periode sich ein Endwert bezieht. Beim Kapitalwert ist eine solche Indexprüfung nicht erforderlich. Der Kapitalwert bezieht sich ja immer auf die Gegenwart, also auf $t = 0$.

Dies verdeutlicht, dass – anders als der Endwert – der Kapitalwert immer den gleichen Zeitbezug hat und daher Kapitalwerte sofort miteinander verglichen werden können. Das ist für die Bewertung von Investitionen sehr hilfreich, weil bei ihnen Vergleiche üblich sind. Investitionen mithilfe von Endwerten zu vergleichen, wäre nur dann zielführend, wenn die Endwerte aller betrachteten Alternativen den gleichen Periodenbezug hätten. Dann würde die Priorisierung von Investitionsalternativen in der gleichen Reihenfolge wie bei Kapitalwerten zustande kommen. Kapitalwert und Endwert ein und derselben Investition verhalten sich proportional zueinander, eine Ergebniskollision gäbe es nicht.

Die Prüfung, dass die Endwerte aller zum Vergleich stehenden Investitionsalternativen auf die gleiche Periode bezogen sind, und die damit verbundene Fehleranfälligkeit können vermieden werden, wenn statt des Endwertes grundsätzlich Kapitalwerte und nicht Endwerte als Vergleichsmaßstab herhalten. Vielleicht ist das der Grund, weshalb sich in der betrieblichen Praxis bei der Beurteilung von Sachinvestitionen Kapitalwerte durchgesetzt haben. Bei der Beurteilung von Finanzanlagen, wenn es darum geht, zu klären, welches Vermögen nach X Jahren Laufzeit erwartet werden kann, ist der Endwert hingegen führender Indikator.

5.4.2 Annuität als Indikator zur Beurteilung einer energie- oder klimaschutzorientierten Investition

Eine Annuität ist eine aus einem Basisbetrag stammende konstante regelmäßige Zahlung über einen bestimmten Zeitraum unter Berücksichtigung von Zins und Zinseszins, siehe die folgende Formel für die Ermittlung einer nachschüssigen Annuität:

$$A = \text{Basisbetrag} \cdot \frac{q^T(q-1)}{q^T-1}$$

Ist eine Annuität ermittelt, entspricht deren Kapitalwert dem Basisbetrag:

$$\text{Basisbetrag} = \text{Kapitalwert} = \sum_{t=0}^{T} \frac{A}{q^t} = A \cdot \frac{q^T - 1}{q^T(q-1)}$$

Der Kapitalwert einer Investitionsalternative ist, wie man der Formel entnehmen kann, proportional zu deren Annuität (etwa: doppelte Annuität = doppelter Kapitalwert), sodass die Berechnungsergebnisse bei Alternativenvergleichen zu einer gleichen Priorisierungsreihenfolge kommen. Insofern könnte man eine Bewertung auch nach Annuitäten vornehmen. Konflikte gäbe es prinzipiell nicht. Es wäre „Geschmackssache".

Allerdings gilt diese Aussage nur, wenn aus sämtlichen Zahlungsströmen zunächst ein Kapitalwert errechnet wird, um danach dann aus ihm die (Gesamt-)Annuität oder verschiedene Teilannuitäten zu ermitteln (eine für die Entscheidung überflüssige Tätigkeit). Ist hingegen vorgesehen, Zahlungsströme, etwa laufende Betriebskosten, direkt als (Teil-)Annuitäten zu präsentieren (verschiedene Teilannuitäten, die sich zu einer Gesamtannuität aufsummieren), muss die Bedingung erfüllt sein, dass die Zahlungsströme konstant sind, und das dürfte in den meisten Fällen nicht der Fall sein. Zusätzlich setzt eine Bewertung von Investitionen auf der Grundlage ihrer Annuität voraus, dass auch der Kalkulationszins konstant ist. Aus alldem ergibt sich, dass die Anwendung der Annuitätenrechnung für die Investitionsentscheidungsfindung keine Vorteile, eher Nachteile bringt, und sie daher im Folgenden nicht weiterverfolgt wird.

5.5 Empfehlungen für die Praxis: Anwendung der Kapitalwertmethode

Basis der in diesem Kapitel vorgestellten dynamischen Investitionsrechnungsverfahren ist – abgesehen von der Endwertmethode – die Kapitalwertrechnung, die wiederum aus der Endwertrechnung hervorgeht. Alle anderen Methoden zur Ermittlung der dynamischen Amortisationszeit, zum Internen Zinsfuß und der Annuität sind aus der Kapitalwertberechnung abgeleitet. Statische Verfahren wurden nicht erklärt, weil sie fehlerhafte (im Sinne von nicht der Realität entsprechende) Ergebnisse hervorbringen, denn sie berücksichtigen nicht den Zeitwert des Geldes.

Die Kapitalwertberechnung sowie die mit ihr **direkt** verbundenen Verfahren – Endwertmethode und Annuitätenmethode (die sich ineinander überführen lassen und daher proportional miteinander verknüpft sind) – weisen zwar keine methodischen Schwachstellen auf. Eine gewisse Fehleranfälligkeit und die Erfüllung bestimmter Voraussetzungen, die in der Praxis häufig nicht gegeben sind, machen jedoch deutlich, dass diese Verfahren gegenüber der Kapitalwertmethode zumindest keine Vorteile aufweisen. In Kapitel 12.2.1 werden wir sehen, dass die Annuitätenmethode bei der Bestimmung der Energiegestehungskosten weitere Probleme aufwerfen kann.

Der Interne Zinsfuß und insbesondere die dynamische Amortisationszeit weisen jedoch – wie in Kapitel 5.1 und Kapitel 5.2 umfassend erörtert – gravierende Schwächen auf. Es kann die Auffassung vertreten werden, dass die Amortisationsrechnung aufgrund ihrer unvollständigen Berücksichtigung aller relevanten Zahlungsströme gar keine Investitionsrechnung ist.

Insofern wird an dieser Stelle die Empfehlung ausgesprochen, Ergebnisse der Kapitalwertmethode als Basis zur Entscheidungsfindung zumindest prioritär einzusetzen. Die Interne-Zinsfuß-Methode mag flankierend unterstützen. Die Amortisationszeitmethode ist abzulehnen.

Im vorliegenden Werk wird nur noch die Kapitalwertmethode angewandt.

6 Aufbau eines Kalkulationsmodells für energieorientierte Kapitalwertberechnungen

Die Kapitalwertmethode ist ein vergleichsweise einfach anzuwendendes Verfahren, was die Kalkulationsvorgehensweise betrifft. Kompliziert und bisweilen aufwendig zu bestimmen sind hingegen nicht selten die praktischen Details, die zum Aufstellen eines Kalkulationsmodells erforderlich sind. Es geht dabei sowohl um die Bestimmung der Zahlungsströme, bei energieorientierten Investitionen insbesondere um die genaue Abgrenzung der Energiekosteneinsparungen, als auch um die Werte der sogenannten Einstellparameter, also den Faktoren, die Einfluss auf das Kalkulationsergebnis haben, ohne selbst Zahlungsstrom zu sein. Hiermit beschäftigen sich die folgenden Ausführungen.

6.1 Ermittlung relevanter Zahlungsströme für ein mögliches Investitionsvorhaben

Im Rahmen einer Kapitalwertberechnung werden **Zahlungsströme** (sogenannte Cashflows), die zu unterschiedlichen Zeitpunkten auftreten, unter Berücksichtigung der Werteinstellungen verschiedener relevanter **Parameter** zu einer Kenngröße – dem Kapitalwert – zusammengefasst, der als Entscheidungsgrundlage dient. Bei den **Zahlungsströmen** handelt es sich üblicherweise um

- eine oder verschiedene Anfangsauszahlung(en), die der Periode 0 und damit der Gegenwart zugeordnet werden, sowie
- zahlreiche in der Zukunft liegende Rückflüsse und mögliche laufende Auszahlungen (etwa für Wartung, Reparatur, Betriebsstoffe, Energieverbrauch, Versicherung etc.), die sich über die Wirkungsdauer des Investitionsprojektes ergeben.

Rückflüsse müssen nicht zwangsläufig tatsächliche direkte Zahlungen sein; gleichbedeutend sind Reduktionen von Zahlungsströmen (also sozusagen negative Auszahlungen), die speziell im Energiebereich relevant sind, etwa Strom- oder Gaskosteneinsparungen (hierauf wird noch genauer eingegangen).

Die zu berücksichtigenden **Parameter** umfassen alle Größen, die den Kapitalwert beeinflussen, ohne selbst unmittelbar Zahlungsstrom zu sein. Grundsätzlich zählen dazu die

- Wirkungsdauer (= Nutzungsdauer, Planungshorizont etc.) und der
- Kalkulationszins.

Je nach Sachlage werden – insbesondere bei energieorientierten Investitionen – weitere Parameter berücksichtigt, etwa

- spezifische Energiepreise,
- Preisänderungsraten,
- CO_2-Bepreisungssätze,
- Einkommenssteuersatz,
- Mehrwertsteuersatz.

Diese Parameter werden im Folgenden **„Einstellparameter“** genannt, weil man mit ihnen Kapitalwertkalkulationen im Hinblick auf unterschiedliche Zukunftsaussichten (Szenarien) **einstellen** kann. Die folgenden vier Abbildungen verdeutlichen, welche Hebelwirkung in den Einstellparametern stecken können.

Kalkulationszins i	3 %							
Erdgaseinsparung (@ 0,10 €/kWh)	700 000 kWh							
Jahrespreisänderungsrate Gas	5 %							
Jahrespreisänderungsrate Sonstiges	3 %							
Periode	0	1	2	3	4	5	6	7
Auszahlung	-230 000 €							
Zus. Wartung, Reparatur		-7 000 €	-7 210 €	-7 426 €	-7 649 €	-7 879 €	-8 115 €	-8 358 €
Energiekosteneinsparung		70 000 €	73 500 €	77 175 €	81 034 €	85 085 €	89 340 €	93 807 €
Gesamt	-230 000 €	63 000 €	66 290 €	69 749 €	73 385 €	77 207 €	81 225 €	85 448 €
Barwerte	-230 000 €	61 165 €	62 485 €	63 830 €	65 201 €	66 599 €	68 024 €	69 477 €
Kapitalwert (KW)	**226 782 €**							

Abbildung 6-1: Ausgangstableau der Kapitalwertberechnung einer Energieeffizienzverbesserungsmaßnahme

Abbildung 6-1 dient als Ausgangstableau und beinhaltet Daten eines Energieeffizienzverbesserungsprojektes, welches zu einer Einsparung von 700 000 kWh pro Jahr führen würde. Bei einer Investitionsauszahlung in Höhe von 230 000 Euro ergäbe sich bei einem Kalkulationszinssatz von 3 %, einer Gaspreissteigerungsrate von 5 % pro Jahr und einer angenommenen Wirkungsdauer von sieben Jahren ein Kapitalwert von 226 780 Euro.

Änderte man nun den Kalkulationszinssatz von 3 % auf 5 %, würde der Kapitalwert um etwa 30 000 Euro sinken, siehe Abbildung 6-2.

Kalkulationszins i	5 %							
Erdgaseinsparung (@ 0,10 €/kWh)	700 000 kWh							
Jahrespreisänderungsrate Gas	5 %							
Jahrespreisänderungsrate Sonstiges	3 %							
Periode	0	1	2	3	4	5	6	7
Auszahlung	-230 000 €							
Zus. Wartung, Reparatur		-7 000 €	-7 210 €	-7 426 €	-7 649 €	-7 879 €	-8 115 €	-8 358 €
Energiekosteneinsparung		70 000 €	73 500 €	77 175 €	81 034 €	85 085 €	89 340 €	93 807 €
Gesamt	-230 000 €	63 000 €	66 290 €	69 749 €	73 385 €	77 207 €	81 225 €	85 448 €
Barwerte	-230 000 €	60 000 €	60 127 €	60 252 €	60 374 €	60 494 €	60 611 €	60 727 €
Kapitalwert (KW)	**192 584 €**							

Abbildung 6-2: Wirkung der Erhöhung des Kalkulationszinses auf den Kapitalwert

Eine noch stärkere Absenkung des Kapitalwertes ergäbe sich im vorliegenden Beispiel bei einer Änderung der Wirkungsdauer von ursprünglich sieben auf sechs Jahre, siehe Abbildung 6-3.

Kalkulationszins i	3 %							
Erdgaseinsparung (@ 0,10 €/kWh)	700 000 kWh							
Jahrespreisänderungsrate Gas	5 %							
Jahrespreisänderungsrate Sonstiges	3 %							
Periode	0	1	2	3	4	5	6	7
Auszahlung	-230 000 €							
Zus. Wartung, Reparatur		-7 000 €	-7 210 €	-7 426 €	-7 649 €	-7 879 €	-8 115 €	
Energiekosteneinsparung		70 000 €	73 500 €	77 175 €	81 034 €	85 085 €	89 340 €	
Gesamt	-230 000 €	63 000 €	66 290 €	69 749 €	73 385 €	77 207 €	81 225 €	
Barwerte	-230 000 €	61 165 €	62 485 €	63 830 €	65 201 €	66 599 €	68 024 €	
Kapitalwert (KW)	**157 305 €**							

Abbildung 6-3: Wirkung der Reduktion der Wirkungsdauer um eine Periode auf den Kapitalwert

Eine deutliche Anhebung des Kapitalwertes käme hingegen durch eine Erhöhung der Preissteigerungsrate von Erdgas auf 7 % (im Vergleich zu ursprünglich 5 %) zustande, siehe Abbildung 6-4.

Kalkulationszins i	3 %							
Erdgaseinsparung (@ 0,10 €/kWh)	700 000 kWh							
Jahrespreisänderungsrate Gas	7 %							
Jahrespreisänderungsrate Sonstiges	3 %							
Periode	0	1	2	3	4	5	6	7
Auszahlung	-230 000 €							
Zus. Wartung, Reparatur		-7 000 €	-7 210 €	-7 426 €	-7 649 €	-7 879 €	-8 115 €	-8 358 €
Energiekosteneinsparung		70 000 €	74 900 €	80 143 €	85 753 €	91 756 €	98 179 €	105 051 €
Gesamt	-230 000 €	63 000 €	67 690 €	72 717 €	78 104 €	83 877 €	90 064 €	96 693 €
Barwerte	-230 000 €	61 165 €	63 804 €	66 546 €	69 394 €	72 353 €	75 427 €	78 620 €
Kapitalwert (KW)	**257 310 €**							

Abbildung 6-4: Wirkung der Reduzierung der Gaspreisänderungsrate auf den Kapitalwert

Durch die Beispiele wird erkennbar, dass Parameterwertveränderungen z. T. beträchtliche Wirkungen auf den Kapitalwert haben. Generell und besonders in Bezug auf energieorientierte Investitionsvorhaben kann man Folgendes sagen:

- Kalkulationszinssatz ↗ → Kapitalwert ↘
- Wirkungsdauer ↗ → Kapitalwert ↗
- spezifischer Energiepreis ↗ → Kapitalwert ↗
- Energiepreisänderungsrate(n) ↗ → Kapitalwert ↗
- Preisänderungsrate Sonstiges ↗ → Kapitalwert ↘ oder ↗, wenn durch eine Maßnahme Serviceaufwand [z. B. Wartung] reduziert wird
- Risiko ↗ → Kapitalwert ↘

und vice versa.

Über den Cashflow und die Einstellparameter hinaus gibt es üblicherweise noch weitere Sachverhalte, die für die Entscheidung über die Freigabe einer Investitionsalternative relevant sein können, sich im Kalkulationstableau mangels Monetarisierbarkeit aber nicht wiederfinden.

Es geht dabei um Effekte, die unter dem Begriff **„Multiple Benefits“** subsumiert werden. Hierzu gehören beispielsweise:

- positive Wirkung auf die Reputation einer Firma (nach Installation einer Windenergieanlage)
- Lärmreduzierung (durch Wärmedämmung einer Fassade)
- bessere Arbeitsraum-Atmosphäre (nach Installation eines alternativen Heizsystems)
- geringere CO_2-Emissionen (durch Einsparungen fossiler Energieträger)
- Verbesserung der Kundenbindung (durch Beiträge zum Klimaschutz)
- Reduktion der Mitarbeiterfluktuation (durch Beiträge zum Klimaschutz)
- Erhöhung der Attraktivität als Arbeitgeber (durch Beiträge zum Klimaschutz)
- Wertsteigerung von Gebäuden (nach energetischen Sanierungen)
- Reduzierungen der Unabhängigkeit von risikobehafteten externen Energielieferquellen (durch Einsparungen fossiler Energieträger)

Derartige Wirkungen können von großer Bedeutung für die Entscheidungsfindung sein und sollten daher separat ermittelt und dokumentiert werden.

6.1.1 Typische Auszahlungen bei energieorientierten Investitionen, ihre Merkmale und Schwierigkeiten ihrer Erfassung

Die relevanten Zahlungsströme einer Kapitalwertkalkulation werden in die Zahlungsstromarten „Auszahlungen“ und „Rückflüsse“ (oder „Einzahlungen“) unterteilt. Die Zahlungen oder Zahlungsströme treten üblicherweise entweder einmalig auf oder fallen regelmäßig oder unregelmäßig über die Wirkungsdauer hinweg an. Sie haben innerhalb einer jeweiligen Periode entweder einen kontinuierlichen, anhaltenden Charakter (etwa Energieverbrauchsreduzierungen) oder kommen eher punktuell zu einem bestimmten Zeitpunkt zustande (z. B. eine Versicherung, deren Gebühr immer am 1. Dezember eines Jahres fällig wird). Eine Übersicht typischer Zahlungsstromarten enthält Tabelle 12.

Tabelle 12: Typische Zahlungsstromarten bei energieorientierten Investitionen und Merkmale (ohne Berücksichtigung von steuerspezifischen Zahlungsströmen)

Zahlungsartengruppe	Zahlungsart	Häufigkeit (i. d. R.)	Übliches zeitliches Verhalten des Zahlungsstromes
Auszahlungen	Anschaffungsauszahlungen	Einmalig, zu Beginn	Zeitpunktorientiert
	Planungskosten	Einmalig, zu Beginn	Zeitpunktorientiert
	Beratungskosten	Einmalig, zu Beginn	Zeitpunktorientiert
	Handwerkliche Arbeiten	Einmalig, zu Beginn	Zeitpunktorientiert
	Kosten durch Produktionsausfall	Einmalig, zu Beginn	Zeitpunktorientiert
	Kosten für den Abbau der Anlage	Einmalig, am Ende	Zeitpunktorientiert
	Entsorgungskosten	Fortlaufend	Zeitpunktorientiert
	Wartungskosten	Fortlaufend	Zeitpunktorientiert
	Reparaturkosten	Fortlaufend	Zeitpunktorientiert
	Versicherungskosten	Fortlaufend	Zeitpunktorientiert
	Reinigungskosten	Fortlaufend	Zeitpunktorientiert
	Zusätzlicher Betriebsmittelverbrauch (z. B. Öle und Fette)	Fortlaufend	Zeitraumorientiert, verteilt auf das ganze Jahr

Zahlungsartengruppe	Zahlungsart	Häufigkeit (i. d. R.)	Übliches zeitliches Verhalten des Zahlungsstromes
Auszahlungen	Zusätzliche Energieverbrauchskosten	Fortlaufend	Zeitraumorientiert, verteilt auf das ganze Jahr (etwa Gasverbrauchskosten bei Blockheizkraftwerk)
Rückflüsse – zahlungswirksame Erträge	Einspeisevergütung	Fortlaufend	Zeitraumorientiert oder verteilt auf das ganze Jahr
	Verkauf von Energie	Fortlaufend	Zeitraumorientiert oder verteilt auf das ganze Jahr
	Förderungen	Einmalig	Zeitpunktorientiert
	Restwert	Einmalig	Zeitpunktorientiert
Rückflüsse – zahlungswirksame Einsparungen	Energiekosteneinsparungen	Fortlaufend	Zeitraumorientiert, verteilt auf das ganze Jahr
	Reduzierung der CO_2-Bepreisung, Energiesteuer und sonstigen der spezifischen Brutto-Energiekosten	Fortlaufend	Zeitpunktorientiert
	Reduzierung der Kosten für Emissionszertifikate	Fortlaufend	Zeitpunktorientiert
	Wartungskosteneinsparungen	Fortlaufend	Zeitraumorientiert, verteilt auf das ganze Jahr
	Reparaturkosteneinsparungen	Fortlaufend	Zeitraumorientiert, verteilt auf das ganze Jahr

6.1.1.1 Einmalige Auszahlungen zu Beginn eines Investitionsprojektes

Auszahlungen, die ausschließlich zu Beginn der Umsetzung eines Investitionsprojektes anfallen, dürften hinsichtlich der Betragsfestlegung im Kapitalwerttableau in den meisten Fällen keine Probleme bereiten. Üblicherweise liegen Einkaufspreise aus Katalogen oder Angebote bzw. Kostenvoranschläge vor. Die zeitliche Orientierung ist irrelevant, da sämtliche Zahlungen der Periode 0 zugeordnet werden und eine Diskontierung nicht stattfindet.

6.1.1.2 Bestimmung einer fiktiven Investitionsausgabe für eine Energieeffizienzmaßnahme ohne Investitionsauszahlung

Bisweilen kommt es vor, dass Unternehmen zum Nachweis von getätigten oder geplanten Investitionen die Höhe der Investitionsausgabe (Investitionsvolumen) angeben müssen, beispielsweise im Rahmen des Vollzugs des EnEfG. Bezugnehmend auf § 9 EnEfG („Umsetzungspläne von Endenergieeinsparmaßnahmen“) regelt die zugehörige Verwaltungsvorschrift des Bafa, dass entsprechende Angaben zu bestimmen und offenzulegen sind. Schwierigkeiten könnte die Abgabe derartiger Informationen dann bereiten, wenn eine investive Energieeffizienz- oder Klimaschutzmaßnahme nicht eingekauft, sondern geleast wird.

Im folgenden Beispiel geht es darum, dass ein Unternehmen propangasbetriebene Gabelstapler durch elektrische ersetzt, um Energiekosten einzusparen. Die Elektrostapler werden jedoch nicht eingekauft, sondern mit Preisgleitklausel geleast. Die Leasingvertrags- und auch die Wirkungsdauer sollen zehn Jahre betragen. Eine Investitionsauszahlung findet also nicht statt. Auch schon aufgrund des Vertragsschlusses mit vergleichsweise langer Vertragsdauer handelt es sich unzweifelhaft um eine Investition, die als solche im Zuge des EnEfG-Vollzugs zu berücksichtigen wäre. Allerdings fehlt eine Investitionsauszahlung, die man in den Formblättern als Nachweisdokument angeben könnte.

Bei derartigen Rahmenbedingungen bietet es sich an, fiktive Investitionsauszahlungsbeträge zu kalkulieren, die sich aus den Kapitalwerten der Leasingraten ergeben, denn man kann eine

Leasingrate, die jährlich gezahlt wird, auch als Annuität verstehen. Abbildung 6-5 zeigt eine beispielhafte Kalkulation dazu.

Kalkulationszins i	4 %										
Jahrespreisänderungsfaktor Leasing	3 %										
Periode	0	1	2	3	4	5	6	7	8	9	10
Leasing-Rate pro Jahr		2 000 €	2 060 €	2 122 €	2 185 €	2 251 €	2 319 €	2 388 €	2 460 €	2 534 €	2 610 €
Gesamt	0 €	2 000 €	2 060 €	2 122 €	2 185 €	2 251 €	2 319 €	2 388 €	2 460 €	2 534 €	2 610 €
Barwerte	0 €	1 923 €	1 905 €	1 886 €	1 868 €	1 850 €	1 832 €	1 815 €	1 797 €	1 780 €	1 763 €
Kapitalwert = Höhe der fiktiven Investitionsausgabe	18 420 €										

Abbildung 6-5: Bestimmung einer fiktiven Investitionsausgabe für eine Energieeffizienzmaßnahme ohne Investitionsauszahlung

In Abbildung 6-6 ist die Kapitalwertbestimmung des Projektes ohne fiktive Investitionsauszahlung dargestellt.

Kalkulationszins i	4 %										
Jahrespreisänderungsfaktor Leasing	3 %										
Jahrespreisänderungsfaktor Strom	2 %										
Jahrespreisänderungsfaktor Propangas	5 %										
Periode	0	1	2	3	4	5	6	7	8	9	10
Leasing-Rate pro Jahr		-2 000 €	-2 060 €	-2 122 €	-2 185 €	-2 251 €	-2 319 €	-2 388 €	-2 460 €	-2 534 €	-2 610 €
Stromkosten Elektrogabelstapler		-2 000 €	-2 040 €	-2 081 €	-2 122 €	-2 165 €	-2 208 €	-2 252 €	-2 297 €	-2 343 €	-2 390 €
Kosteneinsparung Propangas		6 000 €	6 300 €	6 615 €	6 946 €	7 293 €	7 658 €	8 041 €	8 443 €	8 865 €	9 308 €
Gesamt	0 €	2 000 €	2 200 €	2 412 €	2 638 €	2 877 €	3 131 €	3 400 €	3 685 €	3 988 €	4 308 €
Barwerte	0 €	1 923 €	2 034 €	2 145 €	2 255 €	2 365 €	2 474 €	2 584 €	2 693 €	2 802 €	2 910 €
Kapitalwert	24 185 €										

Abbildung 6-6: Anwendung der fiktiven Investitionsausgabe (Kapitalwert bei Betrachtung der Leasing-Raten)

Ersetzt man die Leasingraten durch eine fiktive Investitionsauszahlung, kommt – wie das Ergebnis in Abbildung 6-7 zeigt – das gleiche Ergebnis heraus, und man hat eine Investitionsauszahlung ausgewiesen.

Kalkulationszins i	4 %										
Jahrespreisänderungsfaktor Leasing	3 %										
Jahrespreisänderungsfaktor Strom	2 %										
Jahrespreisänderungsfaktor Erdgas	5 %										
Periode	0	1	2	3	4	5	6	7	8	9	10
(Fiktive) Investitionsauszahlung	-18 420 €										
Stromkosten Elektrogabelstapler		-2 000 €	-2 040 €	-2 081 €	-2 122 €	-2 165 €	-2 208 €	-2 252 €	-2 297 €	-2 343 €	-2 390 €
Energiekosteneinsparung		6 000 €	6 300 €	6 615 €	6 946 €	7 293 €	7 658 €	8 041 €	8 443 €	8 865 €	9 308 €
Gesamt	-18 420 €	4 000 €	4 260 €	4 534 €	4 823 €	5 128 €	5 450 €	5 788 €	6 145 €	6 521 €	6 918 €
Barwerte	-18 420 €	3 846 €	3 939 €	4 031 €	4 123 €	4 215 €	4 307 €	4 399 €	4 490 €	4 582 €	4 673 €
Kapitalwert	24 185 €										

Abbildung 6-7: Anwendung der fiktiven Investitionsausgabe (KW bei Betrachtung der fiktiven Zahlung)

6.1.1.3 Einmalige Auszahlungen zum Ende eines Investitionsprojektes

Einmalige Auszahlungen zum Ende eines Investitionsprojektes, wie Abbau- und Entsorgungskosten, sind deutlich schwieriger zu bestimmen. Sie weisen die stärkste Zukunftsorientierung auf und sind daher regelmäßig mit großen Unsicherheiten behaftet. Insbesondere bei sehr langen Wirkungsdauern dürfte in den meisten Fällen eine relativ genaue Abschätzung ausgeschlossen sein. Der genaue Zahlungszeitpunkt (ob am Anfang, in der Mitte oder am Ende der letzten Wirkungsperiode) ist insbesondere bei Investitionen mit langer Wirkungsdauer (wie meistens bei energieorientierten Investitionen) wegen der starken Diskontierung nicht besonders relevant. Wichtig ist, dass man sich überhaupt über mögliche Zahlungsströme dieser Art Gedanken macht und ggf. berücksichtigt. Aufgrund der Unsicherheit bietet es sich an, derartige Kosten mit einer großen Schwankungsbreite bei einer Szenarioanalyse zu versehen.

Sollte bei einem Investitionsprojekt die dynamische Amortisationszeit ermittelt werden, und sollte sie sich ermitteln lassen (Kapitalwert > 0 bei Plan-Wirkungsdauer), dann würde ebendiese Auszahlung zum Ende des Investitionsprojektes regelmäßig nicht berücksichtigt werden, da sie ja erst nach Erreichen der Amortisationszeit anfällt. Hier wird die methodische Schwäche der Amortisationszeit besonders deutlich.

6.1.1.4 Fortlaufende Auszahlungen bei energieorientierten Investitionen

Zahlungsströme, die im Verlauf der Wirkungsdauer eines umgesetzten Investitionsprojektes mehrfach zustande kommen („fortlaufende Auszahlungen"), fallen

- entweder regelmäßig in allen Perioden,
- zwar auch regelmäßig, aber in größeren Zeitintervallen (regelmäßig in manchen Perioden) oder
- mehrfach, aber unregelmäßig (unregelmäßig in manchen Perioden) an.

Handelt es sich bei den fortlaufenden Zahlungen um solche, die auf den Verbrauch von Produktionsmitteln (Energie, Schmierstoffe, Kühlstoffe etc.) zurückzuführen sind, kann man davon ausgehen, dass sie **zeitraumorientierten Charakter** haben, sodass eine Zuordnung dieser Zahlungen auf den Periodenanfang oder das Periodenende die Realität weniger gut abbildet als eine Projektion auf die Mitte einer Zahlungsperiode.[45]

45 Die Kapitalwertmethode verlangt, dass Zahlungen innerhalb einer Periode einem konkreten Zahlungszeitpunkt zugeordnet werden.

Bei anderen – nicht verbrauchsabhängigen – fortlaufenden Zahlungen liegt demgegenüber meist ein **zeitpunktorientierter Zahlungscharakter** vor (etwa Wartungs-, Reparatur-, Versicherungs- oder Reinigungskosten), bei denen man u. U. aus den Verträgen heraus ermitteln kann, zu welchen genauen Zeitpunkten die jeweiligen Zahlungen erfolgen.

6.1.2 Typische Rückflüsse bei energieorientierten Investitionen, ihre Merkmale und Schwierigkeiten ihrer Erfassung

Die Rückflüsse einer energiebezogenen Investition ergeben sich vornehmlich aus Einsparungen durch Reduzierungen des Energieverbrauchs und – in Folge – CO_2-Bepreisungen (ggf. auch fiktiven) oder dem Verkauf von Endenergie. Eine sinnvolle Unterteilung ergibt sich nach der Art der Rückflüsse, nämlich danach, inwieweit unmittelbar Erträge generiert werden oder der Rückfluss aus einer Einsparung bzw. reduzierten CO_2-Bepreisungen besteht.

6.1.2.1 Zahlungswirksame Erträge

Im Zentrum der Rückflüsse, die zu zahlungswirksamen Erträgen führen, stehen technische Anlagen, welche Endenergie erzeugen oder Überschussenergie – i. d. R. Wärme durch Wärmerückgewinnung – nutzen, die nicht dem Eigenverbrauch dient (sonst wären es Endenergieeinsparungen, die im nächsten Abschnitt behandelt und anders bewertet werden), sondern dem Verkauf zugeführt wird, etwa direkt an Kunden über Direktleitung, Energiemärkte oder in der Form der Einspeisung gegen Einspeisevergütung. Zu derartigen Anlagen zählen etwa: Photovoltaiksysteme, Windenergieräder, Brennstoffzellen, elektrischer Strom eines Blockheizkraftwerkes, Überschusswärme aus Produktionsprozessen etc.

Wenngleich die durch solche Anlagen erzeugte Endenergie üblicherweise einen kontinuierlichen Erzeugungscharakter aufweist, dürften die sich aus ihr ergebenden Zahlungen eher zeitpunktorientiert und am Ende einer Periode entstehen, möglicherweise aber auch im Monatsrhythmus, sodass hier eine Klärung dieser Frage anhand der jeweiligen Vertragsausgestaltung sinnvoll erscheint.

Neben den Rückflüssen aus Endenergieverkauf gibt es weitere zahlungswirksame Erträge, deren Existenz bei der Planung eines möglichen Investitionsvorhabens geprüft werden sollte. Hierzu zählen z. B. Projektförderungen, die im Kalkulationstableau in Periode 0 zu verbuchen wären und deren Zeitpunktorientierung insofern irrelevant ist. Darüber hinaus empfiehlt es sich, darüber nachzudenken, ob am Ende der Lebensdauer eine Verwertung des Restbestandes der betrachteten Anlage möglich erscheint und wenn ja, zu welchen Konditionen. Hier gilt, dass der genaue Zahlungszeitpunkt wegen der starken Diskontierung nicht besonders relevant ist.

6.1.2.2 Zahlungswirksame Einsparungen

Handelt es sich bei den zu betrachtenden Rückflüssen um Einsparungen, ist zunächst die Frage zu beantworten, ob denn überhaupt Cashflows vorliegen, die im Kapitalwerttableau berücksichtigt werden können, schließlich findet – auf den ersten Blick – ja gar keine Einzahlung statt. Ist mit anderen Worten eine Einsparung zahlungswirksam und somit ein Cashflow? Die folgenden Tabellen sollen eine Klärung dieser Frage herbeiführen.

In Abbildung 6-8 ist ein Teil einer Liquiditätsplanung eines Unternehmens für das Folgejahr dargestellt. Zahlreiche zahlungswirksame Erträge werden zahlungswirksamen Aufwendungen gegenübergestellt. Zu diesen zahlungswirksamen Aufwendungen zählt hier auch der Verbrauch an elektrischem Strom in Höhe von 100 000 Euro.

Zahlungsstromart	Betrag
Investitionsausgaben	
...	
Zahlungswirksame Erträge	
Ertrag 1	230 000 €
Ertrag 2	100 000 €
...	
...	
Zahlungswirksame Aufwendungen	
Aufwendungen 1	-70 000 €
Aufwendungen 2	-50 000 €
Energieverbrauch elektrischer Strom	**-100 000 €**
...	
Ausschnitt der verfügbaren liquiden Mittel für 2024	110 000 €

Abbildung 6-8: Ausschnitt aus dem beispielhaften Liquiditätsplan eines Unternehmens für 2024

Nun denken sich Mitarbeiter des Unternehmens eine energieorientierte Investition in der Form einer Photovoltaikanlage aus, deren Stromerträge – aus welchem Grund auch immer – ausschließlich verkauft und eben nicht der Selbstnutzung zugeführt werden sollen, siehe Abbildung 6-9.

Zahlungsstromart	Betrag
Investitionsausgaben	
Investitionsausgaben für Photovoltaikanlage	-80 000 €
...	
Zahlungswirksame Erträge	
Ertrag 1	230 000 €
Ertrag 2	100 000 €
Einspeisevergütungen	**15 000 €**
Energieverkäufe	**10 000 €**
...	
Zahlungswirksame Aufwendungen	
Aufwendungen 1	-70 000 €
Aufwendungen 2	-50 000 €
Energieverbrauch elektrischer Strom	**-100 000 €**
...	
Ausschnitt der verfügbaren liquiden Mittel	55 000 €
Liquiditätszuwachs durch Stromveräußerung	25 000 €

Abbildung 6-9: Ausschnitt aus dem Liquiditätsplan für 2024 mit Berücksichtigung einer Photovoltaikanlage, deren Elektrizität vollständig veräußert wird

Zu erkennen ist, dass die Verkaufserlöse als zahlungswirksame Erträge erscheinen. Nun wird geklärt und entschieden, dass der PV-Strom nicht mehr verkauft, sondern vollständig zur Selbstnutzung verwendet werden soll. Insofern erfolgt ein Eintrag in der Zahlungsstromartgruppe „zahlungswirksame Aufwendungen“ unterhalb des Energieverbrauchs, allerdings mit umgekehrtem – positivem – Vorzeichen, also als Abzug (hier: 40 000 Euro), siehe Abbildung 6-10.

Zahlungsstromart	Betrag
Investitionsausgaben	
Investitionsausgaben für Photovoltaikanlage	-80 000 €
Zahlungswirksame Erträge	
Ertrag 1	230 000 €
Ertrag 2	100 000 €
...	
...	
Zahlungswirksame Aufwendungen	
Aufwendungen 1	-70 000 €
Aufwendungen 2	-50 000 €
Energieverbrauch elektrischer Strom	**-100 000 €**
Energieverbrauchsreduktion elektrischer Strom durch Photovoltaikanlage	**40 000 €**
...	
Ausschnitt der verfügbaren liquiden Mittel	70 000 €
Liquiditätszuwachs durch Energieverbrauchsreduktion	40 000 €

Abbildung 6-10: Ausschnitt aus dem Liquiditätsplan für 2024 mit Berücksichtigung einer Photovoltaikanlage, deren Elektrizität vollständig selbst genutzt wird (Darstellungsvariante 1)

Es entsteht durch die Verbrauchsreduktion somit unmittelbar kein Cashflow, sondern eine Reduktion der Auszahlung für Strom. Allerdings kann man diese Verbrauchsreduktion wegen des positiven Vorzeichens auch umwidmen in einen zahlungswirksamen Ertrag, siehe Abbildung 6-11, der dann eine fiktive Zahlung darstellt und kalkulatorisch zu dem gleichen Liquiditätszuwachs führt.

Zahlungsstromart	Betrag
Investitionsausgaben	
Investitionsausgaben für Photovoltaikanlage	-80 000 €
Zahlungswirksame Erträge	
Ertrag 1	230 000 €
Ertrag 2	100 000 €
Energieverbrauchsreduktion elektrischer Strom durch Photovoltaikanlage	**40 000 €**
…	
…	
Zahlungswirksame Aufwendungen	
Aufwendungen 1	-70 000 €
Aufwendungen 2	-50 000 €
Energieverbrauch elektrischer Strom	**-100 000 €**
…	
Ausschnitt der verfügbaren liquiden Mittel	70 000 €
Liquiditätszuwachs durch Energieverbrauchsreduktion	40 000 €

Abbildung 6-11: Ausschnitt aus dem Liquiditätsplan für 2024 mit Berücksichtigung einer Photovoltaikanlage, deren Elektrizität vollständig selbst genutzt wird (Darstellungsvariante 2)

Dies bedeutet, dass Einsparungen zwar keine unmittelbaren Einzahlungen sind, de facto aber die gleiche Liquiditätsänderung darstellen wie Einzahlungen und daher als – fiktive – Einzahlungen angesehen werden können, sodass kalkulatorisch keine Probleme entstehen.

6.1.2.3 Berücksichtigung fiktiver Rückflüsse für eingesparte interne CO_2-Verrechnungskosten

Ein interner CO_2-Preis ist ein monetärer Wert, den Unternehmen Treibhausgasemissionen, die sie verursachen, zuordnen, um die sich daraus ergebenden (fiktiven) Belastungen in Investitionsentscheidungen einzubeziehen. Verschiedene Unternehmen haben ein solches System eingeführt. Die EU-Nachhaltigkeitsberichterstattungsrichtlinie CSRD zwingt Betroffene durch Verarbeitung von Abschnitt E1-8, sich mit diesem Thema auseinanderzusetzen.

Ein solcher interner CO_2-Preis zielt üblicherweise darauf ab, als strategisches Instrument zur Bewältigung klimabezogener Geschäftsrisiken und zur Vorbereitung auf den Übergang zu einer kohlenstoffarmen Wirtschaft beizutragen. Er wirkt genauso wie eine tatsächliche CO_2-Bepreisung nach dem BEHG oder dem EU-ETS.

Abbildung 6-12 und Abbildung 6-13 zeigen, dass die Anwendung eines internen CO_2-Preises etwa bei der Berücksichtigung von Kalkulationen für Energieeffizienzmaßnahmen vergleichsweise einfach ist: Ausgehend von einer Standardkapitalwertkalkulation wird in einem modifizierten Tableau die erwartete Jahresenergieeinsparung mit dem einschlägigen Emissionsfaktor multipliziert, um dann mit dem zuvor festgelegten internen spezifischen CO_2-Preis beaufschlagt zu werden.

Kalkulationszinsfuß i	4,0 %								
Jahrespreisänderungsrate Erdgas	3,0 %								
Emissionsfaktor Erdgas	0,2 kg/kWh								
Zu berücksichtigende Perioden	20								
Reduktion des Erdgasverbrauchs	300 000 kWh								
Periodenende t	0	1	2	3	4	5	...	19	20
Berücksichtigte Perioden ("1" = "Ja")	1	1	1	1	1	1	...	1	1
Jeweiliger spezifischer Strompreis [€/kWh]	0,06	0,06	0,06	0,07	0,07	0,07	...	0,11	0,11
Interner CO2-Preis [€/t]	0	0	0	0	0	0	...	0	0
Auszahlungen									
Maßnahme XYZ	-330 000 €								
Rückflüsse									
Gaskosteneinsparung		18 540 €	19 096 €	19 669 €	20 259 €	20 867 €	...	31 563 €	32 510 €
Eingesparte CO2-Bepreisung		0 €	0 €	0 €	0 €	0 €	...	0 €	0 €
Resultate/Indikatoren									
Summe	-330 000 €	18 540 €	19 096 €	19 669 €	20 259 €	20 867 €	...	31 563 €	32 510 €
Barwerte	-330 000 €	17 827 €	17 656 €	17 486 €	17 318 €	17 151 €	...	14 981 €	14 837 €
Kapitalwert	-4 225 €								

Abbildung 6-12: Kapitalwertermittlung einer Energieeffizienzmaßnahme ohne CO_2-Bepreisung

Im folgenden Beispiel ergibt sich dadurch eine Änderung des Kapitalwertes von –4 025 Euro auf 78 132 Euro. Hiermit wird deutlich, dass zunächst unwirtschaftlich erscheinende Investitionsprojekte nach Einführung eines internen CO_2-Preises durchaus in den positiven Kapitalwertbereich rutschen und sich damit für eine Freigabe qualifizieren können.

Kalkulationszinsfuß i	4,0 %								
Jahrespreisänderungsrate Erdgas	3,0 %								
Emissionsfaktor Erdgas	0,2 kg/kWh								
Zu berücksichtigende Perioden	20								
Reduktion des Erdgasverbrauchs	300 000 kWh								
Periodenende t	0	1	2	3	4	5	...	19	20
Berücksichtigte Perioden ("1" = "Ja")	1	1	1	1	1	1	...	1	1
Jeweiliger spezifischer Strompreis [€/kWh]	0,06	0,06	0,06	0,07	0,07	0,07	...	0,11	0,11
Interner CO_2-Preis [€/t]	100	100	100	100	100	100	...	100	100
Auszahlungen									
Maßnahme XYZ	-330 000 €								
Rückflüsse									
Gaskosteneinsparung		18 540 €	19 096 €	19 669 €	20 259 €	20 867 €	...	31 563 €	32 510 €
Eingesparte CO_2-Bepreisung		6 060 €	6 060 €	6 060 €	6 060 €	6 060 €	...	6 060 €	6 060 €
Resultate/Indikatoren									
Summe	-330 000 €	24 600 €	25 156 €	25 729 €	26 319 €	26 927 €	...	37 623 €	38 570 €
Barwerte	-330 000 €	23 654 €	23 258 €	22 873 €	22 498 €	22 132 €	...	17 858 €	17 603 €
Kapitalwert	78 132 €								

Abbildung 6-13: Kapitalwertermittlung einer Energieeffizienzmaßnahme mit CO_2-Bepreisung

Die Herausforderung liegt also weniger in der kalkulatorischen Berücksichtigung von internen CO_2-Preisen als vielmehr in deren Bestimmung.

6.1.2.4 Umgang mit Fällen, bei denen sich der Nutzen und damit der Rückfluss eines Investitionsvorhabens nicht monetarisieren lässt

6.1.2.4.1 Kapitalwertberechnung ohne Berücksichtigung von Rückflüssen

Die Ermittlung und Monetarisierung des „Nutzens" gestaltet sich mitunter schwierig. Fragen wie: „Welcher in Geldbeträgen ausgedrückte Nutzen entsteht durch

- eine neue Lagerhalle,
- einen dritten Gabelstapler,
- eine größere Lackieranlage oder
- ein neuen Kleinlasterfuhrpark?"

lassen sich nicht selten nur schwer oder gar nicht beantworten, wobei diese Problematik bei energieorientierten Investitionen eher selten vorkommt. Derartige Fälle werden dann verschiedentlich entweder überhaupt nicht oder lediglich verbal im Ergebnisbericht behandelt und gehen nicht in die Investitionsrechnung ein. Entweder bleibt dann die Investitionsrechnung aus, weil die Datenlage als unvollständig erachtet wird, oder es wird ein Kapitalwert berechnet, der dann meist ein Negativergebnis, also einen negativen Kapitalwert aufweist, weil die Nutzen und damit die Rückflüsse nicht berücksichtigt sind.

Was merkwürdig erscheinen mag (negativer Kapitalwert), kann in der Praxis jedoch Sinn ergeben. Denn nicht selten werden Investitionsrechnungen dazu verwandt, mehrere Investitionsalternativen miteinander zu vergleichen, um schließlich die beste auszuwählen. Hat man nun z. B. drei Alternativen kalkuliert und weisen alle – wegen fehlender Monetarisierung des Nutzens – einen negativen Kapitalwert auf, kann man diejenige Alternative auswählen, die den niedrigsten negativen Kapitalwert hat (davon ausgehend, dass die Nutzen mehr oder weniger äquivalent sind). Hiervon ist allerdings abzuraten. Die folgenden vier Abbildungen sollen die sich daraus entstehende Problematik verdeutlichen.

Kalkulationszins i	5 %					
Periode	0	1	2	3	4	5
Auszahlung	-200 000 €					
Wartung, Reparatur		-5 000 €	-5 000 €	-5 000 €	-5 000 €	-5 000 €
Rückfluss						
Gesamt	-200 000 €	-5 000 €	-5 000 €	-5 000 €	-5 000 €	-5 000 €
Barwerte	-200 000 €	-4 762 €	-4 535 €	-4 319 €	-4 114 €	-3 918 €
Kapitalwert (KW)	**-221 647 €**					

Abbildung 6-14: Kapitalwertermittlung Reinigungsanlage A ohne monetarisierbaren Nutzen bei $i = 5\,\%$

Abbildung 6-14 zeigt ein beispielhaftes Kapitalwerttableau. Es geht hierbei um die mögliche Beschaffung einer Reinigungsanlage (von zwei Alternativen), deren Effekte – gereinigte Gebäude – nach Ansicht des Kalkulators nicht als Geldbeträge zu erfassen sind. Ein monetarisierter Rückfluss wird daher im Tableau nicht ausgewiesen. Das Kalkulationsergebnis ist in Folge negativ (Kapitalwert = –221 647 Euro) und kann mit dem einer Alternativinvestition verglichen werden, die in Abbildung 6-15 veranschaulicht wird.

Kalkulationszins i	5 %					
Periode	0	1	2	3	4	5
Auszahlung	-170 000 €					
Wartung, Reparatur		-18 000 €	-18 000 €	-18 000 €	-18 000 €	-18 000 €
Rückfluss						
Gesamt	-170 000 €	-18 000 €	-18 000 €	-18 000 €	-18 000 €	-18 000 €
Barwerte	-170 000 €	-17 143 €	-16 327 €	-15 549 €	-14 809 €	-14 103 €
Kapitalwert (KW)	**-247 931 €**					

Abbildung 6-15: Kapitalwertermittlung alternative Reinigungsanlage B ohne monetarisierbaren Nutzen bei $i = 5\ \%$

Die Abbildungen verdeutlichen, dass Reinigungsanlage A den geringeren negativen Kapitalwert aufweist und daher vorzuziehen und insofern vorteilhafter wäre. Eine Entscheidungsunterstützung wird also durch die Kapitalwertberechnung auch dann geboten, wenn die Rückflüsse nicht monetär erfasst werden oder werden können und man sie daher vernachlässigt.

Allerdings führt eine derartige Vernachlässigung zu Inkonsistenzen, die u. U. Verwirrungen hervorrufen. Denn bei Kalkulationen mit negativen Kapitalwerten kann eine Erhöhung des Kalkulationszinses sowohl zu abnehmenden (was normal wäre) als auch zu zunehmenden Kapitalwerten führen. Abbildung 6-16 zeigt die Verschlechterung des Kapitalwerts für Reinigungsanlage A nach Absenken des Kalkulationszinses von 5 % auf 2 %.

Kalkulationszins i	2 %					
Periode	0	1	2	3	4	5
Auszahlung	-200 000 €					
Wartung, Reparatur		-5 000 €	-5 000 €	-5 000 €	-5 000 €	-5 000 €
Rückfluss						
Gesamt	-200 000 €	-5 000 €	-5 000 €	-5 000 €	-5 000 €	-5 000 €
Barwerte	-200 000 €	-4 902 €	-4 806 €	-4 712 €	-4 619 €	-4 529 €
Kapitalwert (KW)	**-223 567 €**					

Abbildung 6-16: Kapitalwertermittlung Reinigungsanlage A ohne monetarisierbaren Nutzen bei $i = 2\ \%$

Um derartige Verzerrungen und daraus resultierende Verwirrungen zu vermeiden, empfiehlt es sich, fiktive Rückflüsse vorzusehen. Hierauf wird im nächsten Abschnitt eingegangen.

6.1.2.4.2 Bestimmung des Kapitalwertes eines Investitionsvorhabens mit fiktivem Rückfluss

Wir gehen davon aus, dass abgeschätzt werden konnte, welche Kosten durch eine Reinigung eines externen Dienstleisters entstehen würden (55 000 Euro pro Jahr). Abbildung 6-17 und Abbildung 6-18 zeigen die Kalkulationsergebnisse unter Berücksichtigung dieser fiktiven Rückflüsse.

Kalkulationszins i	5 %					
Periode	0	1	2	3	4	5
Auszahlung	-200 000 €					
Wartung, Reparatur		-5 000 €	-5 000 €	-5 000 €	-5 000 €	-5 000 €
Rückfluss (fiktiv)		55 000 €	55 000 €	55 000 €	55 000 €	55 000 €
Gesamt	-200 000 €	50 000 €	50 000 €	50 000 €	50 000 €	50 000 €
Barwerte	-200 000 €	47 619 €	45 351 €	43 192 €	41 135 €	39 176 €
Kapitalwert (KW)	**16 474 €**					

Abbildung 6-17: Kapitalwertermittlung Reinigungsanlage A mit fiktivem Nutzen mit $i = 5\ \%$

Kalkulationszins i	5 %					
Periode	0	1	2	3	4	5
Auszahlung	-170 000 €					
Wartung, Reparatur		-18 000 €	-18 000 €	-18 000 €	-18 000 €	-18 000 €
Rückfluss (fiktiv)		55 000 €	55 000 €	55 000 €	55 000 €	55 000 €
Gesamt	-170 000 €	37 000 €	37 000 €	37 000 €	37 000 €	37 000 €
Barwerte	-170 000 €	35 238 €	33 560 €	31 962 €	30 440 €	28 990 €
Kapitalwert (KW)	**-9 809 €**					

Abbildung 6-18: Kapitalwertermittlung alternative Reinigungsanlage B mit fiktivem Nutzen mit $i = 5\ \%$

Idealerweise handelt es sich bei derartigen fiktiven Rückflüssen um tatsächlich entstehende Kosten (etwa eines externen Reinigungsdienstleisters), die man durch die Investitionen vermeiden würde. Wenn derartige Informationen nicht beschafft werden können, kann man sich auch mit ausgedachten fiktiven Rückflüssen begnügen, die dann allerdings auf ein Niveau eingestellt werden sollten, dass sich durch die Berechnung ein positiver Kapitalwert ergibt. Wenn derartige fiktive Rückflüsse bei allen Investitionsalternativen in gleicher Weise berücksichtigt werden, setzt ihr Einsatz die Annahme voraus, dass die zu untersuchenden Investitionsalternativen den gleichen Nutzen hervorrufen.

Schwierigkeiten, die Nutzen der Investition als monetarisierte Rückflüsse zu erfassen, liegen bei Energie- und Klimaschutzinvestitionsvorhaben i. d. R. nicht vor. Derartige Investitionen sind – im hier verstandenen Sinne – entweder Effizienz- oder Substitutionsmaßnahmen und werden gemessen in kWh oder t_{CO2} pro Jahr (oder ähnlich). Die reduzierten Energie- oder Treibhausgasmengen stellen den jeweiligen Nutzen dar und lassen sich üblicherweise gut abschätzen bzw. technisch berechnen. Durch Multiplikation mit dem spezifischen Energiepreis des eingesparten oder substituierten Energieträgers (= Monetarisierung) ergibt sich aus diesem Nutzen unmittelbar der Zahlungsstrom.

Zahlungsströme werden bezugnehmend auf einzelne Zahlungsarten ermittelt oder abgeschätzt (z. B. Zahlungen für Wartungsarbeiten) und bestehen aus einzelnen Zahlungen zu unterschiedlichen Zeitpunkten (z. B. am Ende der dritten und fünften Periode, siehe Abbildung 6-18). Aufgrund der Geldentwertung (Inflation) ist davon auszugehen, dass die Zahlungshöhen einer Zahlungsart auch bei gleichbleibender Leistung (z. B. Wartung in konstantem Umfang) mit der Zeit zunehmen. Im Investitionsrechnungsmodell kann diese Wertzunahme in steigenden Zahlungshöhen ausgedrückt werden (Angabe von Nominalzahlungen). Möglich ist auch, Investitionsberechnungen inflationsbereinigt durchzuführen, indem man Preissteigerungen in den Zahlungsströmen unberücksichtigt lässt und stattdessen den Kalkulationszins adjustiert (und damit den nominalen zu einem realen Kalkulationszins umformt). Beide Vorgehensweisen, nämlich

a) Berücksichtigung nominaler Zahlungsreihen und Diskontierung mit **nominalem** Kalkulationszins oder
b) Berücksichtigung realer (also inflationsbereinigter) Zahlungsreihen und Diskontierung mit adjustiertem (realem) Kalkulationszins

führen zu identischen Ergebnissen, allerdings nur, sofern mit der gleichen Preissteigerungsrate bei allen Zahlungsströmen gerechnet wird (denn es kann nur einen **realen** Kalkulationszins geben), was in der betrieblichen Praxis bei üblichen, nicht-energieorientierten Investitionsvorhaben auch normal zu sein scheint.

Diese Restriktion gilt bei Energie-Investitionen jedoch nicht. Die vergangenen Jahre haben gezeigt, dass sich die Preise sämtlicher Energieträger generell unterschiedlich und im Vergleich zu anderen hier relevanten Zahlungsarten (wie zahlungswirksame Fertigprodukt-, Komponenten-, Material-, Personal-, Betriebsstoff-, Dienstleistungs-, Ersatzteilkosten etc.) deutlich schneller fortentwickelt haben. Die Preisänderungsraten der verschiedenen Zahlungsarten in Energie-Investitionsrechnungsmodellen sind mit anderen Worten i. d. R. sehr inhomogen und sollten infolgedessen keineswegs gleichgesetzt werden.

Dies bedeutet, dass das obige Verfahren (b) für Energie-Investitionsrechnungsmodelle ungeeignet ist, da die verschiedenen Preissteigerungsraten über den adjustierten (realen) Kalkulationszinssatz egalisiert werden würden. Eine Kapitalwertberechnung führte zu unrealistischen Kapitalwerten; die Werte wären zu niedrig. Hierauf wird in Kapitel 6.2.5 noch genauer eingegangen.

6.1.2.5 Notwendigkeit einer Normalisierung von Rückflüssen bei energieorientierten Investitionen

Zahlungswirksame Energiekosteneinsparungen bei energieorientierten Investitionen ergeben sich aus

- Energieverbrauchseinsparungen durch Änderung der Energieeffizienz bzw. Energieintensität einer Anlage,
- Energieverbrauchseinsparungen durch Erzeugung von (erneuerbarer) Endenergie, mit der konventionelle Endenergie an anderer Stelle verdrängt wird,
- Reduzierung der CO_2-Bepreisung, Energiesteuer und sonstigen der spezifischen Brutto-Energiekosten und/oder
- Reduzierung der Kosten für Emissionszertifikate.

Auf derartige Einsparungen soll sogleich genauer eingegangen werden. Über die sich daraus ergebenden energiebezogenen Rückflüsse hinaus entstehen durch energieorientierte Investitionen aber u. U. auch Vorteile an anderer Stelle, deren Vorkommen bei der Planung geprüft und bei der Freigabeentscheidung berücksichtigt werden sollten. Derartige Vorteile werden *„Multiple Benefits“* genannt. Hierauf wurde schon hingewiesen. Es kommt beispielsweise vor, dass eine Energieeffizienzmaßnahme an einer Produktionsanlage auch eine Reduktion der Wartungs- und ggf. auch Reparaturkosten ebendieser Anlage nach sich zieht. Solche nicht unmittelbar energieorientierten Kosteneinsparungen sollten berücksichtigt werden, wenn sie vorhabenbedingt sind, denn sie entstehen durch die Entscheidung zur Freigabe ebendieses energieorientierten Investitionsvorhabens.

Im Zentrum der Gruppe der zahlungswirksamen Einsparungen steht jedoch die Energieverbrauchsreduktion und die sich daraus ergebende Kosteneinsparung nach der Umsetzung eines solchen Investitionsprojektes. Diese Kosteneinsparung ist der eigentliche – zumindest ökonomische – Zweck einer energieorientierten Investition. Sie wird erreicht, indem

- die Energieeffizienz einer Wirtschaftseinheit – einer Fabrik als Ganzes, eines Prozesses, eines Gebäudes etc. sowohl geschäftlich als auch privat – verbessert wird (siehe Kapitel 3.11) und/oder

- der Verbrauch von CO_{2e}-emittierenden Energieträgern bei der Wirtschaftseinheit selbst oder bei einer anderen Wirtschaftseinheit (indem erneuerbare Energie dorthin veräußert wird) reduziert wird.

Die Energieeffizienz eines Systems ist der Reziprokwert (oder Kehrwert) der Energieintensität, die verständlicher als die Energieeffizienz dargestellt und ausgewertet werden kann. Es gilt: Reduziert sich die Energieintensität um X %, erhöht sich die Energieeffizienz um den gleichen Prozentsatz. Bei einem Produktionsprozess lässt sich die Änderung der Energieintensität durch einen spezifischen Energieverbrauch als Ausschnitt der Energieverbrauchsgleichung dieses Prozesses (etwa hergeleitet durch eine Regressionsanalyse von Vergangenheitsdaten auf der Grundlage DIN ISO 50006) ausdrücken, z. B. aus der Energieverbrauchsgleichung dieses Prozesses:

$$\text{Jahresgasverbrauch}_{\text{Prozess A}} = 10\,\frac{\text{MWh}}{\text{t}} \cdot \text{Produktionsmenge}\left[\frac{\text{t}}{\text{a}}\right] + 480\,\frac{\text{MWh}}{\text{a}}$$

$$\text{spez.Gasverbrauch}_{\text{Prozess A}} \text{ vor Maßnahme} = 10\,\frac{\text{MWh}}{\text{t}}$$

Die Aussage der Energieintensität (und damit auch des Kehrwertes der „Energieeffizienz“) ist zunächst einmal neutral. Allein betrachtet drückt sie weder eine Verbesserung noch eine Verschlechterung aus. Allenfalls kann man sie zum Vergleich mit anderen Prozessen und – als Energieverbrauchsgleichung – zur Planung der Energiekosten der nächsten Periode einsetzen.

Energieeffizienzmaßnahmen sollen die Energieeffizienz verbessern, also erhöhen, und damit die Energieintensität verringern. Das ist ihr Ziel. Eine Effizienzverbesserung wird demzufolge sichtbar, wenn der spezifische Energieverbrauch zurückgeht, im Beispiel etwa auf:

$$\text{spez.Gasverbrauch}_{\text{Prozess A}} \text{ nach Maßnahme} = 8\,\frac{\text{MWh}}{\text{t}}$$

Diese beispielhafte 20%ige Intensitätsreduzierung bzw. Effizienzverbesserung wäre die Wirkung der Effizienzverbesserungsmaßnahme, für die – mit Blick auf die Investitionsrechnung – eine Anschaffungsausgabe sowie mögliche weitere Zahlungen gezahlt werden würden. Sie ist insofern die Grundlage der Rückzahlung, die für die Kapitalwertkalkulation benötigt wird. Jene Rückzahlung lässt sich nun ermitteln, indem der (jeweilige) Umfang des Einflussfaktors oder der Einflussfaktoren – hier Produktionsmenge [t/Jahr] – für die nächste Periode bestimmt und mit der Energieintensität vor und nach der Effizienzverbesserungsmaßnahme verrechnet wird, z. B.

$$\text{normalisierte Reduktion Gasverbrauch}_{\text{Prozess A}} = \left(10\,\frac{\text{MWh}}{\text{t}} - 8\,\frac{\text{MWh}}{\text{t}}\right) \cdot 1\,000\,\frac{\text{t}}{\text{a}} = 2\,000\,\frac{\text{MWh}}{\text{a}}$$

Das Berechnungsergebnis spiegelt die in der Kapitalwertkalkulation anzusetzende Energieverbrauchseinsparung wider, die mit

- dem spezifischen Energiepreis und
- einer Jahrespreisänderungsrate sowie

ggf. einer Degradationsrate[46] verknüpft werden muss. Es handelt sich um eine „normalisierte“ Einsparung, die im Kalkulationstableau berücksichtigt wird, weil der oder die Verbrauchseinflussfaktor(en) vor und nach der Effizienzverbesserungsmaßnahme gleichgesetzt, eben „normalisiert“ werden, um das Ergebnis der Kalkulation nicht durch Veränderungen der Rahmengegebenheiten (hier mögliche unterschiedliche Produktionsmengen) zu verfälschen. Die „normalisierte“ Energieeinsparung entspricht daher üblicherweise nicht der tatsächlichen. Hätte etwa im Beispiel vor der Durchführung der Verbesserungsmaßnahme die Produktionsmenge bei 700 Tonnen pro Jahr gelegen, dann wäre ein Energieverbrauch von 7 000 MWh (700 t · 10 MWh/t) plus der Grundlast von 480 MWh entstanden, der dann 1 000 MWh niedriger gewesen wäre als nach der Verbesserungsmaßnahme (7 000 MWh – 1 000 t · 8 MWh/t plus der Grundlast von 480 MWh).

46 Mit einer Degradationsrate (gemessen in %) wird der alters- bzw. einsatzbedingte Leistungsverlust einer energiebezogenen Anlage (PV-Anlage, Windenergieanlage, aber auch Wärmeübertrager etc.) über die Zeit beschrieben. Zur Ermittlung und Verrechnung einer solchen Rate siehe Abbildung 11-192.

Daher ist es notwendig, grundsätzlich nur normalisierte Einsparungen und nicht erwartete tatsächliche in der Kapitalwertberechnung zu berücksichtigen, weil nur sie das deutlich machen, was eine Maßnahme bewirkt (siehe Kapitel 3.12).

Fazit

Bei der Festlegung der Energieeinsparungen, die durch eine Energieeffizienzverbesserungsmaßnahme erwirkt und im Kapitalwerttableau berücksichtigt werden, sind mögliche Änderungen der Rahmengegebenheiten (die Norm DIN ISO 50006 nennt sie „Werte der relevanten Variablen") durch Normalisierung zu neutralisieren. Die Schätzung der Energieeinsparung sollte daher auf der Basis eingefrorener relevanter Variablen stattfinden. Man geht also dabei davon aus, dass sich die Werte der relevanten Variablen (etwa die Produktionsmenge) nicht verändern.

6.2 Bestimmung der Parameterwerte, Zuordnung der Zahlungsströme zu Perioden und Besonderheiten bei Energieeffizienz- und Klimaschutzinvestitionen

6.2.1 Bestimmung der Wirkungsdauer

Ein Vergleich von Kapitalwerten eines Investitionsvorhabens bei unterschiedlich eingestellten Wirkungsdauern (vgl. z. B. Abbildung 6-1 mit Abbildung 6-3) macht deutlich, dass das Kalkulationsergebnis von ebendiesen Einstellungen erheblich beeinflusst werden kann. Weicht – im Nachhinein festgestellt – die festgelegte Wirkungsdauer deutlich von der Realität ab, liegt eine grob fehlerhafte Einstellung vor, die zu Fehleinschätzungen und in Folge möglicherweise zu einer Fehlentscheidung hinsichtlich der Freigabe oder Ablehnung eines entsprechenden Investitionsprojektes geführt haben kann. Das ist nicht im Sinne von Unternehmen. Darüber hinaus kann eine etwa bewusst zu kurz festgelegte Wirkungsdauer bewirken, dass eine Kalkulation zu einem vermeintlich negativen Kapitalwert führt, sodass auf diese Weise gesetzliche Verpflichtungen (seinerzeit etwa aus der EnSimiMaV oder jetzt aus dem EnEfG) oder ökologische Gegenleistungen für staatliche Privilegien (etwa Spitzenausgleich nach dem EnergieStG oder CO_2-Bepreisungsrückerstattungen nach der BECV) ausgehebelt werden. Und das wäre nicht im Sinne des Gesetzgebers.

Doch wie bestimmt man die Wirkungsdauer insbesondere von energieorientierten Investitionsvorhaben möglichst realitätsnah? Und könnte es sinnvoll sein, den Ansatz zur Bestimmung der Wirkungsdauer vom Zweck der Kalkulation abhängig zu machen (interner Zweck [Entscheidungsgrundlage für Freigabe] oder gesetzlich vorgeschriebene Kalkulation)? Diesen Fragen soll nun nachgegangen werden.

Zum Begriff „Wirkungsdauer": Betrachtet wird die Zeitspanne, in der eine Investition nach der Investitionsauszahlung wirkt und Rückflüsse erzeugt (ggf. auch Auszahlungen notwendig macht). In Literatur, Praxis und Gesetzgebung kommen für diese Spanne unterschiedliche Begriffe vor, so etwa „Planungshorizont", „Nutzungszeit", „Nutzungsdauer", „Lebensdauer", „technische Lebensdauer" und neuerdings auch „Bewertungszeitraum" oder „Betrachtungszeitraum".

Die Begriffe „Lebensdauer" und „technische Lebensdauer" erscheinen ungeeignet, da energieorientierte Investitionen nicht immer über ihre gesamte Lebensdauer hinweg wirken. So kann es beispielsweise bei energetischen Modernisierungen von bestehenden Produktionsanlagen vorkommen, dass neue Anlagenkomponenten beschafft und installiert werden, die möglicherweise eine deutlich höhere Lebensdauer (z. B. 15 Jahre) aufweisen als die Produktionsanlage, die durch sie modernisiert wurde (z. B. eine Restlebensdauer von acht Jahren).

Auch die Termini „Nutzungszeit" und „Nutzungsdauer" können Fehldeutungen hervorrufen, da vorstellbar ist, dass nach dem Ende der Nutzung einer Investition etwa Abbau- oder Entsorgungskosten entstehen, die kalkulatorisch berücksichtigt werden müssten.

In diesem Werk wird daher der Begriff „Wirkungsdauer“ verwendet, um genau das deutlich zu machen, worum es geht: um den gesamten Zeitraum, in dem eine **Wirkung** durch die Investition zustande kommt.

Bedeutung der Wirkungsdauer für den Kapitalwert: Da nach der Investitionsauszahlung (am Anfang eines Investitionsprojektes) regelmäßig mehr Einzahlungen (z. B. Energiekosteneinsparungen) als Auszahlungen (etwa für Reparatur, Wartung, aber auch ggf. Abbau und Entsorgung am Ende) zustande kommen, nimmt der Kapitalwert einer Investition mit zunehmender Wirkungsdauer zu und vice versa (siehe Abbildung 6-3).

Die Bestimmung der Wirkungsdauer eines (energieorientierten) Investitionsprojektes lässt sich **outside-in** oder **inside-out** vornehmen. Im Rahmen einer Outside-in-Abschätzung betrachtet man das Projekt als Ganzes und versucht zu klären, ab wann mit keiner (ökonomischen) Wirkung mehr zu rechnen ist, also wann die Energieeinsparungen aufhören oder eine kostenverursachende Entsorgung, Zerlegung etc. der betrachteten Anlage zu erwarten ist.

Bei der Inside-out-Betrachtung stehen – im Gegensatz dazu – gleich zu Beginn die einzelnen Zahlungsströme im Zentrum der Bestimmung, und man sucht nach dem Zahlungsstrom, der am längsten anhält. Diese Vorgehensweise setzt voraus, dass zunächst alle relevanten Zahlungsströme und die jeweiligen Zahlungszeitpunkte bestimmt worden sind. Hiermit beschäftigt sich der nächste Abschnitt.

6.2.1.1 Bestimmung der Wirkungsdauer für unternehmenszweckorientierte Kapitalwertkalkulationen

Übliche Kapitalwertberechnungen, die in diesem Kapitel als „unternehmenszweckorientierte Kapitalwertkalkulationen“ bezeichnet werden, um sie von gesetzlich vorgeschriebenen zu unterscheiden, dienen dazu, eine Entscheidungsgrundlage für die Freigabe und Umsetzung eines Investitionsvorhabens zu generieren. Sollte der Unternehmenszweck vor allem wirtschaftlicher Natur sein und etwa darin bestehen, langfristig zu existieren und dabei kontinuierlich eine Unternehmenswertsteigerung zu erzeugen, dann wäre es zweckdienlich, die Wirkungsdauer so realistisch wie möglich festzulegen.

Ökonomisch bestimmt sich die Wirkungsdauer durch den letzten investitionsbedingten Zahlungsstrom. Den gilt es, herauszufinden.

Die in veröffentlichten Katalogen ablesbare technische Lebensdauer einer Maßnahme (etwa aus VDI 2067:2012 Blatt 1) oder die Nutzungsdauern aus den AfA-Listen des Bundesfinanzministeriums helfen aus folgenden Gründen **nicht** weiter:

- **Fehlende Angaben in Katalogen**: Vor dem Hintergrund, dass Energieeffizienzverbesserungsmaßnahmen häufig Änderungsinvestitionen, also Anlagenänderungen nach sich ziehen, dürften in vielen Fällen Katalogwerte für realistische Nutzungsdauern gar nicht vorliegen. Die Maßnahmen sind nämlich nicht selten selbst keine eigenständigen Wirtschaftsgüter, worauf AfA-Listen aber ausgerichtet sind, sondern nur Teile davon. Für solche Maßnahmen wären Plan-Nutzungsdauern neu und individuell festzulegen.
- **Katalogangaben beziehen sich auf Neuanlagen**: Angaben über Nutzungs- oder Lebensdauern von Wirtschaftsgütern in veröffentlichten Katalogen beziehen sich in aller Regel auf Neuanlagen. Energieeffizienzverbesserungsmaßnahmen modernisieren jedoch häufig auch Bestandsanlagen und gehen üblicherweise in ihnen auf, sodass sie dadurch eigentlich nicht mehr als Neuanlage anzusehen sind.
- **Nutzungsdauer der Effizienzmaßnahme z. T. abhängig von der Nutzungsdauer der modernisierten Anlage**: Änderungsinvestitionen beziehen sich auf bestehende Anlagen, deren Energieeffizienz sie verbessern. Dies bedeutet, dass die Wirkung der Maßnahme von der Nutzungsdauer der modernisierten Anlage abhängt. Sollte beispielsweise ein Keramikbrennofen durch eine Wärmedämmung energetisch modernisiert werden und hätte die Wärmedämmung selbst eine theoretische Lebensdauer von 15 Jahren, dann wäre diese Angabe als vermeintliche

Wirkungsdauer für die Kalkulation ungeeignet, solange die Lebensdauer des Brennofens niedriger als 15 Jahre eingeschätzt wird. In solchen Fällen wäre bei Änderungsinvestitionen die geschätzte Restnutzungsdauer der modernisierten Anlage als Wirkungsdauer anzusetzen, auf keinen Fall die buchhalterische, weil sie normalerweise nicht die tatsächliche Nutzungsdauer widerspiegelt, wenn beispielsweise der Brennofen perspektivisch noch zehn Jahre eingesetzt wird, obwohl er bereits vollständig abgeschrieben ist.

- **Katalognutzungsdauern spiegeln die tatsächlichen Nutzungsdauern häufig nicht wider, weil sie aus anderen Gründen erarbeitet wurden**: Neben Maßnahmen, die unmittelbar auf bestehende Prozesse oder auf Bestandsgebäude einwirken, um die Energieeffizienz zu verbessern, kommen auch solche in Betracht, die als neue Anlagegüter anzusehen sind. Wenn beispielsweise bestehende Elektromotoren, Pumpen oder Druckluftanlagen aus Energieeffizienzgründen ausgetauscht werden, kommen Neuanlagen zum Einsatz, für die AfA-Nutzungsdauern ermittelt werden können. Gleiches gilt für den Austausch ganzer Produktionsprozesse. Hier könnte man die AfA-Nutzungsdauern zugrunde legen, wenn sie die tatsächlichen Nutzungsdauern widerspiegeln. Das ist jedoch nicht immer der Fall, denn die AfA-Dauern sind aus einem gänzlich anderen Zweck festgelegt worden: Sie sollen eine einheitliche Basis zur Steuerbemessung von Abschreibungen für Abnutzung bieten und nicht zur Ermittlung der – individuellen – Wirtschaftlichkeit eines Anlageguts dienen. Die Nutzungsdauer einer beispielhaften Maschine mag in der entsprechenden AfA-Liste auf zehn Jahre festgelegt worden sein. So wird sie dann auch in der Abteilung Finanzwirtschaft für die Erstellung der Gewinn- und Verlustrechnung abgeschrieben. Aus vorliegender Erfahrung weiß man im Unternehmen jedoch, dass die betrachtete Maschine eine tatsächliche Nutzungsdauer von mindestens 20 Jahren aufweist, was dann in der Controlling-Abteilung auch in der Kalkulation von Produkten entsprechend berücksichtigt wird. Realität und AfA-Nutzungsdauern können in der betrieblichen Praxis dementsprechend sehr unterschiedlich sein. Die gelebte Praxis zeigt, dass Katalognutzungsdauern häufig kürzer sind als die tatsächlichen.
- **Keine individuelle Nutzungsdauerfestlegung**: Tabellen über AfA-Nutzungsdauern dienen als Grundlage, um Abschreibungen für Wirtschaftsgüter zu ermitteln, die als Aufwendungen in Gewinn- und Verlustrechnungen berücksichtigt werden. Diese Abschreibungen beeinflussen das ausgewiesene Geschäftsergebnis und damit auch die Steuerlast eines Unternehmens. Um Manipulationsmöglichkeiten zu verhindern, sind diese Nutzungsdauern – zumindest branchenbezogen – vereinheitlicht. Allein aufgrund dieser Vereinheitlichung ist eine individuelle Nutzungsdauerfestlegung de facto ausgeschlossen. Auch wenn die AfA-Listen des Bundesfinanzministeriums zahlreiche Wirtschaftsgüter umfassen, so werden unterschiedliche Spezifika eines speziellen Wirtschaftsgutes – etwa einer Solaranlage (AfA-Nr. 3.1.7) –, wie etwa der Typ (Flachbrett oder Vakuumröhren) oder die Größe (3 m^2 oder 60 m^2 Aperturfläche), die jeweils eine Bedeutung für die Wirkungsdauer haben, nicht berücksichtigt. Für alle Solaranlagen ist festgelegt, dass die Nutzungsdauer zehn Jahre beträgt.
- **Zweckdisharmonie**: Aus der Zweckbestimmung, der Vereinheitlichung und aus dem Umfang an verfügbaren AfA-Nutzungsdauern mag deutlich werden, dass sie die Nutzungsdauern von Wirtschaftsgütern nicht realistisch widerspiegeln. Ihre Nutzung zur Bestimmung von Wirkungsdauern für Kapitalwertberechnungen ist daher zumindest zweifelhaft. Nicht ohne Grund werden die AfA-Nutzungsdauern und die aus ihnen abgeleiteten AfA-Abschreibungsbeträge in der Kostenrechnung eines Unternehmens üblicherweise nicht berücksichtigt, sondern sogenannte „kalkulatorische Abschreibungen“, für deren Ermittlung andere, nämlich tatsächliche Nutzungsdauern möglichst realistisch vom Unternehmen – auf Grundlage von Erfahrungswerten – und individuell geschätzt werden, also Zeitspannen, die der technischen oder der erwarteten realen Nutzungsdauer entsprechen sollen.

Statt auf Katalogwerte o. Ä. zurückzugreifen, wird an dieser Stelle für die Bestimmung der Wirkungsdauer von Energieeffizienzmaßnahmen bei unternehmenszweckorientierten Kapitalwertkalkulationen Folgendes empfohlen:

- Generell und über energieorientierte Investitionen hinaus erscheint eine Abgrenzung von Götze sehr zielführend, wonach die Wirkungsdauer dem „letzten Zeitpunkt, in dem Zahlungen anfallen (Ende der Nutzungsdauer)"[47] entspricht.
- Bei energetischen Modernisierungen bestehender (Produktions-)Anlagen ist die tatsächliche Restnutzungsdauer der modernisierten Anlage abzuschätzen. Wenn Demontage-, Entsorgungs- oder sonstige Kosten speziell für den Effizienzmaßnahmenanteil am Ende der Lebensdauer zu erwarten sind, ist der Zeitpunkt ebendieser Zahlung zugrunde zu legen. Entsprechende Abschätzungen liegen nicht selten in den Controlling-Abteilungen der Unternehmen vor, da sie zur Ermittlung der kalkulatorischen Abschreibungen in der Kostenrechnung benötigt werden.
- Bei energetischen Modernisierungen von bestehenden Gebäuden ist entweder die tatsächliche Restnutzungsdauer des sanierten bzw. modernisierten Gebäudes abzuschätzen (wenn Gebäudenutzungsdauer < potenzielle Wirkungsdauer der Maßnahme) oder die Lebensdauer der Maßnahme (wenn Gebäudenutzungsdauer > potenzielle Wirkungsdauer der Maßnahme). Wenn Demontage-, Entsorgungs- oder sonstige Kosten speziell für den Effizienzmaßnahmenanteil am Ende der Lebensdauer zu erwarten sind, ist der Zeitpunkt ebendieser Zahlung zugrunde zu legen.
- Bei Neuanschaffungen einer (Produktions-)Anlage zur Substitution einer anderen aus energiebedingten oder klimaschutzinduzierten Gründen ist die tatsächliche Lebensdauer auf der Grundlage von etwaigen Erfahrungen abzuschätzen und daraus die Nutzungsdauer abzuleiten (einschließlich eines etwaigen Abbaus, einer Entsorgung etc.). Wenn keine Erfahrungswerte vorliegen, mögen AfA-Werte Anhaltspunkte für die ersten Abschätzungen sein. Entsprechende Abschätzungen liegen nicht selten in den Controlling-Abteilungen der Unternehmen vor, da sie zur Ermittlung der kalkulatorischen Abschreibungen in der Kostenrechnung benötigt werden. Ansonsten mag hilfreich sein, für jede einzelne Zahlungsart (Energieeinsparung, Reparatur, Wartungskosten etc.) kritisch zu hinterfragen, wann sie wohl das letzte Mal zustande kommt.
- Bei Neuanschaffungen von Energieversorgungsanlagen zur überwiegenden Selbstversorgung, etwa einer Photovoltaikanlage für die Grundlastversorgung, ist die tatsächliche Lebensdauer auf der Grundlage von etwaigen Erfahrungen abzuschätzen und daraus die Nutzungsdauer abzuleiten (einschließlich eines etwaigen Abbaus, einer Entsorgung etc.). Hilfreich mögen im Internet zu findende Auswertungen von entsprechenden Anlagenbetreibern sein.

6.2.1.2 Wirkungsdauer von Investitionsvorhaben bei gesetzlich vorgeschriebenen Kapitalwertkalkulationen

Gesetzlich vorgeschriebene Kapitalwertkalkulationen (etwa nach der BECV, EnSimiMaV oder dem EnEfG) dienen dem Zweck, Unternehmen zu verpflichten, sich mit der wirtschaftlichen Vorteilhaftigkeit von etwaigen Effizienzmaßnahmen auseinanderzusetzen und unter bestimmten Voraussetzungen diese Maßnahmen auch umzusetzen. Die Voraussetzungen für eine Umsetzungspflicht sind je nach Gesetz oder Verordnung unterschiedlich:

- Bei der – zwischenzeitlich nicht mehr wirksamen – EnSimiMaV ergab sie sich, wenn eine Maßnahme nach 20 % der Nutzungsdauer einen positiven Kapitalwert hervorbrachte (jedoch begrenzt auf einen Bewertungszeitraum von maximal 15 Jahren).
- Die BECV bestimmt, dass nach 60 % der Nutzungsdauer ein positiver Kapitalwert vorliegen muss, um verpflichtet zu sein (jedoch begrenzt auf einen Bewertungszeitraum von höchstens neun Jahren).

47 Siehe Götze 2014, S. 80.

- Demgegenüber fordert das EnEfG eine Umsetzungsplanung, wenn ein positiver Kapitalwert bei 50 % der Nutzungsdauer vorliegt (jedoch begrenzt auf Maßnahmen mit einer Nutzungsdauer von maximal 15 Jahren). Zur Bestimmung der Nutzungsdauer sind hier die Abschreibungstabellen für die Absetzung für Abnutzung des Bundesministeriums der Finanzen zu verwenden.

Sichtbar wird, dass der Gesetzgeber Unternehmen zwar zur Auseinandersetzung mit der wirtschaftlichen Vorteilhaftigkeit von Effizienzmaßnahmen verpflichtet (sie haben Kapitalwertberechnungen nach der Norm DIN EN 17463 durchzuführen). Sie müssen jedoch nur dann entsprechende Maßnahmen umsetzen bzw. eine Umsetzungsplanung veröffentlichen, wenn bereits

- nach X % der festgelegten (u. U. auf Y Jahre beschränkte) Nutzungsdauer,
- die möglicherweise nach AfA-Tabellen bestimmt wurde und daher kürzer als die voraussichtlich tatsächliche Nutzungsdauer ist,

ein positiver Kapitalwert und damit weit mehr als eine wirtschaftliche Vorteilhaftigkeit vorliegt, nämlich – so mag man es nennen – eine **„Super-Vorteilhaftigkeit“**. Wenn Investitionsvorhaben eine wirtschaftliche Vorteilhaftigkeit (positiven Kapitalwert) aufweisen und erst recht eine Super-Vorteilhaftigkeit gegeben ist, dann liegt es im Eigeninteresse eines Unternehmens, diese Investitionen jedweder Art – und somit auch energiebezogene – freizugeben und umzusetzen.

Insofern richtet sich die Umsetzungspflicht des Gesetzgebers nur an diejenigen Unternehmen bzw. Entscheider in Unternehmen, bei denen – aus welchen Gründen auch immer – die wirtschaftliche Vorteilhaftigkeit für eine mögliche Freigabe zur Umsetzung einer Investition **nicht** im Vordergrund steht, bei denen entsprechende Kenntnisse oder die zeitlichen/kapazitativen Möglichkeiten, Potenziale systematisch aufzudecken, fehlen. Alle anderen Unternehmen setzen Maßnahmen, die einen positiven Kapitalwert aufweisen (eine Super-Vorteilhaftigkeit ist nicht notwendig) im Eigeninteresse um. Insofern lassen sich die Adressaten in

- Unternehmen mit umfassenden Kenntnissen in der Investitionsrechnung und
- Unternehmen mit ergänzungs- oder korrekturbedürftigen Kenntnissen in der Investitionsrechnung

unterscheiden.

Um eine hohe Wirksamkeit der gesetzlichen Regelungen zu erreichen, um also Unternehmen zu bewegen (zu verpflichten), möglichst viele Maßnahmen umzusetzen, wäre es aus der Sicht des Staates sinnvoll, darauf hinzuwirken, möglichst lange Nutzungsdauern je Projekt in den Unternehmen zu erwirken; denn lange Nutzungsdauern erzeugen tendenziell hohe Kapitalwerte, sodass sich auch bei eingeschränkter Nutzungsdauer (20 %, 50 % oder 60 %) positive Kapitalwerte ergeben. Insofern erscheinen die staatlichen Limitierungen der zu betrachtenden Nutzungsdauern zunächst unverständlich.

Auf der anderen Seite hat der Staat jedoch ein Interesse, dass die Manipulationsmöglichkeiten durch freie Festlegung der Nutzungsdauern hin zu kurzen (um nicht verpflichtet zu werden) und auch der Vollzugskontrollaufwand geringgehalten werden. Dies spricht für einheitliche Nutzungsdauern je Wirtschaftsgut, das im Rahmen der Effizienzmaßnahme zum Einsatz kommt, mithin für AfA-Werte.

Wenn jedoch etwa durch Verwaltungsvorschriften geregelt werden würde, dass als Wirkungsdauern Katalogwerte zugrunde gelegt werden können oder müssen (das EnEfG – als einzige gesetzliche Regelung – schreibt die Nutzung von AfA-Werten sogar ausdrücklich vor), dann wäre das nur dann nutzenstiftend, wenn Unternehmen pro Effizienzmaßnahme mindestens zwei Kapitalwertkalkulationen durchführten, einmal mit realistisch abgeschätzten Wirkungsdauern und ein zweites Mal mit AfA- oder sonstigen Katalogwerten und den jeweiligen gesetzlichen Einschränkungen der Nutzungsdauern. Nur dann würden sich Unternehmen mit der „wahren“ wirtschaftlichen Vorteilhaftigkeit von Effizienzmaßnahmen im Sinne des Staates auch auseinandersetzen. Und da das nicht zu erwarten ist, soll hier die Empfehlung ausgesprochen werden, generell nicht Katalogwerte über Nutzungsdauern zum Einsatz zu bringen (abgesehen vom EnEfG, wo dies ausdrücklich gefordert wird). Die folgende Tabelle 13 fasst die Vorschläge für die Bestimmung von Wirkungsdauern für Kapitalwertberechnungen zusammen.

Tabelle 13: Vorschläge für die Bestimmung von Wirkungsdauern für Kapitalwertberechnungen

Energieorientierter Investitionstyp	Typ	Beispiel(e)	Anhaltspunkte zur Festlegung der Wirkungsdauer
1. Energetische Modernisierung einer bestehenden (Produktions-)Anlage, wobei die Investition (auch buchhalterisch) separat von der bestehenden Anlage zu betrachten ist	I. d. R. Effizienzverbesserungsmaßnahme	Installation einer Wärmerückgewinnungsanlage zur Nutzung von Abwärme in den Sanitärräumen	Da i. d. R. die Effizienzverbesserungsmaßnahme vom Betrieb der modernisierten (Haupt-)Anlage abhängt, ist hier die Restnutzungsdauer der Anlage als Wirkungsdauer zu berücksichtigen. Sofern die geschätzte Lebensdauer der Maßnahme kürzer ist, ist diese heranzuziehen, sonst die Restnutzungsdauer, es sei denn, die Maßnahme kann später weiterverwendet werden.
2. Energetische Modernisierung einer bestehenden (Produktions-)Anlage, wobei die Effizienzinvestition in die bestehende Anlage aufgeht	i. d. R. Effizienzverbesserungsmaßnahme	Wärmedämmung eines Wärmebades in der Produktion Austausch der – leckagebehafteten – Druckluftleitungen Installation einer bedarfsabhängigen Steuerung für die Prozesskälteanlage	Da i. d. R. die Effizienzverbesserungsmaßnahme vom Betrieb der modernisierten (Haupt-)Anlage abhängt, ist hier die Restnutzungsdauer der Anlage als Wirkungsdauer anzusetzen, sofern die Lebensdauer der Maßnahme nicht kürzer ist. Dann sollte diese herangezogen werden.
3. Energetische Modernisierung eines bestehenden Gebäudes	I. d. R. Klimaschutzmaßnahme	Energetische Komplettsanierung des Verwaltungsgebäudes Wärmedämmung eine Fabrikhallendaches Austausch des Beleuchtungssystems durch Energiesparlampen Einbau einer neuen Heizanlage (Wärmepumpe für eine Gastherme) Automatische Steuerung der Dach- oder Fassadenfenster Beseitigung von Wärmebrücken	Da i. d. R. die Effizienzverbesserungsmaßnahme von der Nutzung des sanierten Gebäudes abhängt, ist hier die Restnutzungsdauer des Gebäudes als Wirkungsdauer anzusetzen, sofern die Lebensdauer der Maßnahme nicht kürzer ist. Dann sollte diese herangezogen werden.
4. Neuanschaffung einer (Produktions-)Anlage zur Substitution einer anderen aus energiebedingten oder klimaschutzinduzierten Gründen	I. d. R. Effizienzverbesserungsmaßnahme	Neue Produktionsanlage zur Extraktion von Stoff XY aus einem Stoffgemisch als Ersatz für eine alte Anlage Ersatz alter durch neue Mühlen zum Mahlen von Getreide	Tatsächliche Lebensdauer ist abzuschätzen (einschließlich eines etwaigen Abbaus, einer Entsorgung etc.); Anhaltspunkte mögen AfA-Werte sein.

Energieorientierter Investitionstyp	Typ	Beispiel(e)	Anhaltspunkte zur Festlegung der Wirkungsdauer
5. Neuanschaffung einer Energieversorgungsanlage zur überwiegenden Selbstversorgung	I. d. R. Klimaschutzmaßnahme	Anschaffung einer Photovoltaikanlage zur Selbstversorgung Anschaffung einer Wärmepumpe zur Wärmeversorgung von Produktionsanlagen Anschaffung eines Blockheizkraftwerkes Austausch Druckluftsystem	Tatsächliche Lebensdauer ist abzuschätzen (einschließlich eines etwaigen Abbaus, einer Entsorgung etc.); Anhaltspunkte mögen AfA-Werte sein
Handwerkliche Korrekturen	I. d. R. keine Investition	Punktuelle Beseitigung von Leckagen der Druckluftanlage Hydraulischer Abgleich Nachtabsenkung der Heizung	Irrelevant
Kleinere Teilprozesse	I. d. R. keine Investition	Austausch eines defekten Elektromotors durch einen hocheffizienten neuen Motor Nutzung von Bewegungssensoren für das Beleuchtungssystem	Irrelevant

6.2.2 Zuordnung der Ein- und Auszahlungen zu Kalkulationsperioden

Die Wirkungsdauer von Investitionsvorhaben wird in Perioden angegeben, die i. d. R. einen Zeitabschnitt von jeweils einem Jahr ausmachen. Cashflows, die man diesen Zeiträumen zuordnet, sind allerdings z. T. zeitpunkt- und somit nicht zeitspannenorientiert. Sie ergeben sich in einem bestimmten Moment, der am Anfang, am Ende oder sonst wo in einer Periode liegen kann, oder über eine Zeitspanne. Insofern stellt sich die Frage, welche Zuordnung eine Zahlung innerhalb einer Periode sinnvollerweise erfährt.

6.2.2.1 Nachschüssige Orientierung der Ein- und Auszahlungen

Üblicherweise – oder besser: traditionell – werden bei Kapitalwertberechnungen Zahlungsströme dem Ende einer Periode zugeordnet. Derartige Cashflows bezeichnet man als **„nachschüssige"** Zahlungen. Offenbar geht – oder ging – man in Wissenschaft und Praxis grundsätzlich von nachschüssigen Zahlungen aus, wie die allgemeine Barwertformel, die ja Bestandteil der Kapitalwertformel ist, deutlich macht: Die Formel

$$\mathrm{BW} = \frac{Z_t}{(1+i)^t}$$

bezieht sich auf die Barwertermittlung für nachschüssige Zahlungen, z. B. einen Barwert einer nachschüssigen Zahlung mit nur einer Periode:

$$\mathrm{BW} = \frac{Z_1}{(1+i)^1} = \frac{Z_1}{(1+i)}$$

In dieser Gleichung ist zu erkennen, dass implizit angenommen wird, die Zahlung stünde über ein ganzes Jahr nicht zur Verfügung (erst am 31.12. des jeweiligen Jahres), sodass sie über ebendieses ganze Jahr abgezinst wird.

6.2.2.2 Vorschüssige Orientierung der Ein- und Auszahlungen

Geht man davon aus, die Zahlung kommt am Anfang einer Periode (eines Jahres, also sozusagen am 01.01.) zustande, dann ist diese sogenannte **vorschüssige** Zahlung ein Jahr weniger als die nachschüssige wie folgt abzuzinsen:

$$\text{BW} = \frac{Z_t}{(1+i)^{t-1}}$$

Für vorschüssige Zahlungen bzw. für einen Barwert einer vorschüssigen Zahlung mit nur einer Periode ergibt sich:

$$\text{BW} = \frac{Z_1}{(1+i)^0} = \frac{Z_1}{1} = Z_1$$

Vorschüssige Zahlungsbetrachtungen kommen in der Investitionsrechnung vor, wenngleich deutlich seltener als nachschüssige, nämlich dann, wenn offensichtlich ist, dass ein Zahlungsstrom immer am Anfang einer Periode zustande kommt, etwa wenn es um Vermietungen geht, bei denen die Jahresmiete im Voraus zu bezahlen ist. Wird vorschüssig kalkuliert, dann unterstellt man, dass alle Zahlungen zu Beginn einer Periode zustande kommen, im Beispiel also neben den Mieten auch etwa Wartungs-/Instandhaltungs- und Reparaturkosten. Und da das in den überwiegenden Fällen nicht der Fall ist, haben sich nachschüssige Berechnungen durchgesetzt.

6.2.2.3 Mid-Year-Orientierung der Ein- und Auszahlungen

An dieser Stelle mag man einwenden, dass die bei Investitionsrechnungen üblicherweise zugrunde liegende Annahme, die Cashflows ergäben sich immer am Ende einer Periode (nachschüssige Zahlungen), manchmal nicht der Realität entspricht. Die Zahlungen in diesen Fällen kalkulatorisch an den Anfang der Periode zu legen, ist – wie soeben dargelegt – auch nicht immer zielführend. Es mag daher realitätsnaher erscheinen, einen in der Praxis neuen, aber zunehmend aufkommenden Mittelweg zu gehen und die Annahme aufzustellen, dass im Durchschnitt die Zahlungen – sozusagen als Kompromiss – in der Mitte des Jahres erfolgen. Hieraus ergibt sich das sogenannte **Mid-Year-Discounting**, wie die folgenden Barwertgleichungen verdeutlichen:

$$\text{BW} = \frac{Z_t}{(1+i)^{t-0,5}}$$

Für nachschüssige Zahlungen bzw. für einen Barwert einer Mid-Year-Zahlung mit nur einer Periode:

$$\text{BW} = \frac{Z_1}{(1+i)^{0,5}}$$

Die folgenden beiden Tabellen (Abbildung 6-19 und Abbildung 6-20) zeigen die alternativen Abzinsungsvarianten vorschüssig und mitteljährlich bei der Ermittlung eines Kapitalwertes auf.

A	B	C	D	E	F	G	H
2	Kalkulationszins i	7,5 %					
3	Stromeinsparung	150 000 kWh					
4	Jahresstrompreissteigerungsrate	3 %					
5	Periodenanfang	0	1	2	3	4	5
6	Strompreis	0,2 €/kWh	0,206 €/kWh	0,212 €/kWh	0,219 €/kWh	0,225 €/kWh	0,232 €/kWh
7	Anschaffungsauszahlung	-100 000 €					
8	Energiekosteneinsparung		30 900 €	31 827 €	32 782 €	33 765 €	34 778 €
9	Gesamt	-100 000 €	30 900 €	31 827 €	32 782 €	33 765 €	34 778 €
10	Barwerte	-100 000 €	30 900 €	29 607 €	28 367 €	27 180 €	26 042 €
11	EXCEL-Funktion der Barwertermittlung	...	= D9/(1+$C$2)^(D5-1)	...	...	...	...
12	**Kapitalwert**	**42 096 €**					

Abbildung 6-19: Kapitalwertermittlung einer Effizienzmaßnahme X mit vorschüssigen Zahlungen

A	B	C	D	E	F	G	H
2	Kalkulationszins i	7,5 %					
3	Stromeinsparung	150 000 kWh					
4	Jahresstrompreissteigerungsrate	3 %					
5	Periodenmitte	0	1	2	3	4	5
6	Strompreis	0,2 €/kWh	0,206 €/kWh	0,212 €/kWh	0,219 €/kWh	0,225 €/kWh	0,232 €/kWh
7	Anschaffungsauszahlung	-100 000 €					
8	Energiekosteneinsparung		30 900 €	31 827 €	32 782 €	33 765 €	34 778 €
9	Gesamt	-100 000 €	30 900 €	31 827 €	32 782 €	33 765 €	34 778 €
10	Barwerte	-100 000 €	29 803 €	28 555 €	27 360 €	26 215 €	25 117 €
11	EXCEL-Funktion der Barwertermittlung	...	= D9/(1+$C$2)^(D5-0,5)	...	...	...	...
12	**Kapitalwert**	**37 050 €**					

Abbildung 6-20: Kapitalwertermittlung einer Effizienzmaßnahme X mit mitteljährlichen Zahlungen (Mid-Year-Discounting)

Wenngleich ein Mid-Year-Discounting die Realität insbesondere bei energieorientierten Investitionen besser als nachschüssige und insbesondere vorschüssige Diskontierung widerzuspiegeln scheint,[48] soll in den folgenden Beispielen dieses Werkes dennoch weiter nachschüssig gerechnet werden, weil es so üblich ist und dadurch Verwirrungen vermieden werden sollen.

> **Hinweis**
>
> Wenn eine Kalkulationsgrundlage aus mehreren Zahlungsströmen besteht, die unterschiedliche Zahlungszeitpunkte haben, muss man sich auf einen Zeitpunkt einigen, weil die Kalkulation nur mit einer Zeitpunktorientierung – nachschüssig, vorschüssig oder Mid-Year-Discounting – rechnen kann.

48 Üblicherweise weisen Rückflüsse aus energieorientierten Investitionen eine gewisse Dauerhaftigkeit und eben keine Punktualität auf, sodass gerade bei ihnen das Mid-Year-Discounting eine Genauigkeitsverbesserung nach sich ziehen würde.

6.2.3 Bestimmung des Kalkulationszinses

Der Kalkulationszins übt einen starken Einfluss auf das Ergebnis einer Kapitalwertkalkulation aus. Insofern ist auch er mit Bedacht festzulegen. Der Zins orientiert sich zweckmäßigerweise an verschiedenen Sachverhalten. Eine davon ist die Finanzierungsart. Als Alternativen stehen zur Wahl:

- reine Eigenkapitalfinanzierung (dann Festlegung des Kalkulationszinses auf der Basis der besten risikoäquivalenten Alternativanlagemöglichkeit),
- reine Fremdkapitalfinanzierung (dann Festlegung des Kalkulationszinses auf der Basis des Kreditzinses) oder
- eine Mischung aus den beiden Varianten.

Über die Klärung der Finanzierungsart hinaus ist im Vorfeld einer Kalkulation festzulegen, ob bei der Kapitalwertkalkulation Ertragssteuern berücksichtigt werden sollen oder nicht, weil der Kalkulationszins entsprechend eingestellt sein muss.

Schließlich ist noch zu entscheiden, auf welche Weise mit Investitionsrisiken umgegangen wird, da die Möglichkeit besteht, Risiken über Risikofaktoren – sogenannte Beta-Faktoren – im Zinssatz (risikoangepasster Zinssatz) zu berücksichtigen.

Mit den ersten beiden Sachverhalten – Finanzierungsart und Ertragssteuern – werden sich die nächsten Kapitel beschäftigen. Anschließend folgen Ausführungen über die Berücksichtigung von Investitionsrisiken.

6.2.3.1 Bestimmung des Kalkulationszinses bei reiner Eigenkapitalfinanzierung ohne Berücksichtigung von Steuern und Risiken

Bei reiner Eigenkapitalfinanzierung wird üblicherweise der Interne Zinsfuß der **besten Alternativanlage**[49] und damit ein Opportunitätskostensatz als Kalkulationszins zugrunde gelegt,[50] sofern diese Alternativanlage eine ähnliche Risikolage[51] aufweist wie das betrachtete Investitionsprojekt.

Methodischer Hintergrund dieser Verknüpfung mit einer besten Alternativanlage ist der sich dadurch ergebende Vergleich eines betrachteten Investitionsprojektes mit einem Benchmark (der besten Alternative). Ist der Kapitalwert größer 0, bedeutet dies, dass eine wirtschaftliche Vorteilhaftigkeit gegenüber dem Benchmark und damit auch allen anderen Alternativen vorliegt, andernfalls ist die beste Alternative im Vorteil und sollte ausgewählt werden.

Hier stellt sich die Frage, was unter „beste Alternative" verstanden werden soll, ob es bestimmte Anforderungen an sie gibt und wie man sie schließlich auswählt. Ein Beispiel soll die Zusammenhänge verdeutlichen.

Es geht darin um einen **Windanlagenpark** mit zwei identischen Windenergieanlagen, die die in der Abbildung 6-21 aufgeführten Merkmale bzw. Parametereinstellungen aufweisen.

---

49 Vgl. z. B. Götze 2014, S. 96.

50 Auf die bisweilen gegebenen Schwierigkeiten, den Opportunitätskostensatz zu ermitteln, weist zurecht Götze 2014 hin.

51 Auf eine Variation der Risikolage wird an späterer Stelle eingegangen, vgl. Abschnitt 6.9.

Sachverhalt	WEA 1	WEA 2	WEA 1 + WEA 2
Anschaffungsausgabe	57 885 €	57 885 €	115 769 €
Wirkungsdauer	5 Jahre	5 Jahre	5 Jahre
Jahresstromertrag im ersten Jahr	75 000 kWh	75 000 kWh	150 000 kWh
Jahresdegradation (aus Vereinfachungsgründen vernachlässigt)	0 %	0 %	0 %
Aktueller spezifischer Strompreis			0,2 €/kWh
Jahresstrompreisänderungsrate			4 %
EK-Zinsfuß vor Steuern $i_{EK,VS}$			5 %
FK-Zins vor Steuern $i_{FK,VS}$			4 %
Eigenverbrauchsanteil (EVA)	100 %	100 %	100 %

Legende

EK Eigenkapital
FK Fremdkapital
VS Vor Steuern

Abbildung 6-21: Merkmale einer beispielhaften Windenergieanlage (WEA)

Geprüft worden ist, dass im Unternehmen entsprechende Eigenmittel vorhanden sind und disponiert werden können. Fest steht auch, dass die genannten 115 769 Euro anderweitig angelegt werden würden, käme die Investition in den Windanlagenpark – bei einem negativen Kapitalwert – nicht zustande. Für die Alternativanlage soll ein Interner Zins von 5 % angenommen werden, noch ohne darauf einzugehen, was als Alternativanlage zugrunde gelegt werden kann.

Zunächst ist davon auszugehen, dass der gesamte Stromertrag in Höhe von 150 000 kWh pro Jahr einem Eigenverbrauch zugeführt werden kann, da relativ hohe Stromgrundlasten im Unternehmen vorliegen. Dadurch wird erwirkt, dass ein Teil des Unternehmensstromverbrauchs aus dem öffentlichen Netz verdrängt wird, wodurch dann Jahresstromkosteneinsparungen in Höhe des Jahresertrages multipliziert mit dem sonst zu zahlenden spezifischen Strompreis entstehen. Dieser Strompreis liegt im Beispiel aktuell bei 0,20 €/kWh und weist eine angenommene Jahrespreissteigerungsrate von 4 % auf.

Nun kann eine Kapitalwertberechnung erfolgen. Unter Zugrundelegung des Kalkulationszinssatzes von 5 % ergibt sich ein Kapitalwert in Höhe von 30 000 Euro, siehe Abbildung 6-22.

Kalkulationszins $i_{EK,VS}$	5 %					
Kalkulationszins $i_{EK,NS}$	3,5 %					
Stromeinsparung	150 000 kWh					
Periode	0	1	2	3	4	5
Spezifische Stromkosten	0,2 €/kWh	0,21 €/kWh	0,22 €/kWh	0,22 €/kWh	0,23 €/kWh	0,24 €/kWh
Anschaffungsauszahlung	-115 769 €					
Energiekosteneinsparung		31 200 €	32 448 €	33 746 €	35 096 €	36 500 €
Gesamt	-115 769 €	31 200 €	32 448 €	33 746 €	35 096 €	36 500 €
Barwerte	-115 769 €	29 714 €	29 431 €	29 151 €	28 873 €	28 598 €
Kapitalwert (KW)	**30 000 €**					

Abbildung 6-22: Kapitalwertberechnung der beispielhaften Windenergieanlage bei vollständiger Selbstnutzung des Stromertrages

Der Kapitalwert sagt aus, dass um ebendiesen Betrag das betrachtete Investitionsprojekt gegenüber der besten Alternative vorteilhaft ist und daher gewählt, also freigegeben und umgesetzt werden sollte, sofern nicht andere relevante Sachverhalte – so auch *soft facts* – dagegensprechen. Wäre der Kapitalwert hingegen negativ, bedeutete dies, dass die Alternative im Vorteil ist und es daher sinnvoll erscheint, Abstand vom betrachteten Investitionsprojekt zu nehmen. Dann müsste der eingeplante Betrag in Höhe von 115 769 Euro für die Alternativanlage eingesetzt werden.

Die Nutzung der besten Alternativinvestition als Benchmark zur Beurteilung eines Investitionsprojektes ist insofern nur dann zielführend, wenn die für das Investitionsvorhaben vorhandenen Mittel durch die Alternative auch aufgenommen werden könnten und würden. Dies ist **Anforderung #1**.

Ferner ist Folgendes zu bedenken: Eine Investition beginnt mit einer Anfangsauszahlung und sollte danach regelmäßig Nettorückflüsse erwarten lassen. Diese Nettorückflüsse sind Cashflows, also Zahlungen (auch Zahlungsreduzierungen). Deren Diskontierung drückt die Erwartung aus, dass die jeweiligen Beträge zum Kalkulationszinssatz der besten Alternative angelegt werden. Eine Wiederanlageprämisse wird also zugrunde gelegt.

Im Beispiel wird demnach davon ausgegangen, dass die Stromerträge der Selbstnutzung zugeführt werden, sodass hieraus eine Stromkosteneinsparung entsteht, siehe Abbildung 6-23.

A	B	C	D	E	F	G	H
2	Zinssatz i (aus bester Alternativanlage)	5 %					
3	Jahrespreisänderungsrate	4 %					
4	Jahresstromertrag	150 000 kWh					
5	Periodenende	0	1	2	3	4	5
6	Spezifischer Energiepreis	0,2 €/kWh	0,21 €/kWh	0,22 €/kWh	0,22 €/kWh	0,23 €/kWh	0,24 €/kWh
7	Anschaffungsausgabe	-115 769 €					
8	Energiekosteneinsparung **durch Eigenverbrauch der Elektrizität**		31 200 €	32 448 €	33 746 €	35 096 €	36 500 €
9	Periodensaldo	-115 769 €	31 200 €	32 448 €	33 746 €	35 096 €	36 500 €
10	Barwert	-115 769 €	29 714 €	29 431 €	29 151 €	28 874 €	28 599 €
11	Barwert (EXCEL-Funktion in den Barwert-Zellen)	...	...	...	= F9/(1+$C$2)^F5	...	...
12	Barwert (Berechnungsformel)				$= 33\,746€ / (1 + 5\%)^3$		
13	Kapitalwert	30 000 €					

Abbildung 6-23: Barwertberechnung der beispielhaften Windenergieanlage bei vollständiger Selbstnutzung des Stromertrages

Alternativ käme auch infrage, die Stromerträge in das öffentliche Netz einzuspeisen (hier mit einem sehr hohen – konstanten – Einspeisevergütungssatz von 0,20 €/kWh), siehe Abbildung 6-24.

A	B	C	D	E	F	G	H
2	Zinssatz i (aus bester Alternativanlage)	5 %					
3	Jahrespreisänderungsrate	4 %					
4	Jahresstromertrag	150 000 kWh					
5	Periodenende	0	1	2	3	4	5
6	Einspeisevergütung	0,2 €/kWh	0,2 €/kWh	0,2 €/kWh	0,2 €/kWh	0,2 €/kWh	0,2 €/kWh
7	Anschaffungsausgabe	-115 769 €					
8	Erträge durch **Einspeisung oder sonstigen Verkauf**		30 000 €	30 000 €	30 000 €	30 000 €	30 000 €
9	Periodensaldo	-115 769 €	30 000 €	30 000 €	30 000 €	30 000 €	30 000 €
10	Barwert	-115 769 €	28 572 €	27 211 €	25 915 €	24 681 €	23 506 €
11	Barwert (EXCEL-Funktion in den Barwert-Zellen)	...	...	...	= F9/(1+$C$2)^F5	...	...
12	Barwert (Berechnungsformel)				= 30 000€ / (1 + 5%)^3		
13	Kapitalwert	14 116 €					

Abbildung 6-24: Barwertberechnung der beispielhaften Windenergieanlage bei vollständiger Einspeisung in das öffentliche Netz

Betrachten wir zunächst den Barwert in Periode 3 der Abbildung 6-24. Dieser Barwert in Höhe von 25 915 Euro ergibt sich aus dem abgezinsten Saldo der Periode 3 (abgezinst auf den Zeitpunkt 0). Der Periodensaldo in Höhe von 30 000 Euro ist dabei eine tatsächliche Zahlung, z. B. wie hier eine Einspeisevergütung. Die Abzinsung dieser Zahlung erfolgt, weil davon ausgegangen wird, dass der Betrag von 30 000 Euro in Periode 3 einen geringeren Wert hat als der gleiche Betrag in Periode 0, da er – wenn er in Periode 0 zur Verfügung stünde – über einen Zeitraum von drei Perioden zu einem Zinssatz von (hier:) 5 % angelegt werden würde. Praktisch lässt sich das durch ein fiktives Anlagekonto visualisieren, siehe Abbildung 6-25.

Basiskalkulationszinsfuß i	5 %					
Periodenende t	0	1	2	3	4	5
Rückflüsse		30 000 €	30 000 €	30 000 €	30 000 €	30 000 €
Zins und Zinseszins Ende Periode 2		1 500 €				
Zins und Zinseszins Ende Periode 3		1 575 €	1 500 €			
Zins und Zinseszins Ende Periode 4		1 654 €	1 575 €	1 500 €		
Zins und Zinseszins Ende Periode 5		1 736 €	1 654 €	1 575 €	1 500 €	
Resultate/Indikatoren						
Teilendwert	0 €	36 465 €	34 729 €	33 075 €	31 500 €	30 000 €
$Endwert_T$ der Rückflüsse	165 769 €					
Barwert der Rückflüsse	129 885 €					
Abzüglich der Anschaffungsausgabe	-115 769 €					
Kapitalwert	**14 116 €**					

Abbildung 6-25: Berechnung eines Kapitalwertes der Windenergieanlage aus den Endwerten der verzinsten Rückflüsse

In dieser Kontoübersicht werden neben den Rückflüssen auch die Zinsen und Zinseszinsen aufgeführt, die bei einem Anlagezinssatz von 5 % zusammen einen Endwert in Höhe von 165 769 Euro ergeben. Ermittelt man nun den Barwert aus diesem Endwert der Rückflüsse (= 129 885 €) und verrechnet ihn mit der Anschaffungsausgabe, dann erhält man den Kapitalwert, wie er im obigen Kapitalwerttableau schon ermittelt worden ist (siehe Abbildung 6-24).

Dieses Tableau macht anschaulich, dass tatsächlich von einer Anlage der Rückflüsse ausgegangen wird (als Prämisse der Anwendung der Kapitalwertmethode). Und das bedeutet, dass die beste Alternative auch in der gesamten Laufzeit des betrachteten Investitionsvorhabens in der Lage sein muss, entsprechende Beträge aufzunehmen und „zu verarbeiten". Dies ist **Anforderung #2**. Die beste Alternative ist sozusagen ein „Staubsauger", der freie Liquidität „aufsaugt" und verzinst.

In Fällen, bei denen man es – wie im Beispiel – mit unmittelbaren Rückflusszahlungen zu tun hat, werden also flexible Anlagemöglichkeiten benötigt, die in der Lage sind, permanent Geldbeträge aufzunehmen und zu verarbeiten sowie mindestens über die Gesamtwirkungsdauer eines betrachteten Investitionsvorhabens zur Verfügung stehen. Infrage kommen vor allem Finanzprodukte wie Festgeld, Fondsanteile, Anleihen und Aktien.

Abbildung 6-26 und Abbildung 6-27 zeigen, wie die Anfangsauszahlung (im Falle einer Ablehnung des Projektes) und die Rückflüsse des Windenergieanlagenprojektes (im Falle einer Freigabe) angelegt und verzinst werden könnten (hier verdeutlicht durch die Buchungsangaben des beispielhaften Festgeldkontos).

Periodenende	0	1	2	3	4	5	6
Einzahlung	-115 769 €						
Zinserträge		5 788 €	5 788 €	5 788 €	5 788 €	5 788 €	5 788 €
Rückzahlung							115 769 €
Summe	-115 769 €	5 788 €	5 788 €	5 788 €	5 788 €	5 788 €	121 557 €
IZF	5,0 %						

Abbildung 6-26: Anlage des Investitionsbetrags auf einem Festgeldkonto

Periodenende	0	1	2	3	4	5	IZF
Anlage von Rückfluss aus Periode 1		-30 000 €	1 500 €	1 500 €	1 500 €	31 500 €	5 %
Anlage von Rückfluss aus Periode 2			-30 000 €	1 500 €	1 500 €	31 500 €	5 %
Anlage von Rückfluss aus Periode 3				-30 000 €	1 500 €	31 500 €	5 %
Anlage von Rückfluss aus Periode 4					-30 000 €	31 500 €	5 %
Summe	0 €	-30 000 €	-28 500 €	-27 000 €	-25 500 €	126 000 €	
IZF gesamt							5 %

Abbildung 6-27: Verwendung der Rückflüsse der Windenergieanlage

Wenn hingegen auch eine mögliche Sachanlage als Alternative bereitsteht (siehe Abbildung 6-28) und diese Anlage über den Internen Zinsfuß der Finanzprodukte hinausgeht, dann kann man geneigt sein, diese Sachanlage als beste Alternative heranzuziehen und deren Internen Zins als Kalkulationszins zu verwenden. Grundsätzlich muss man davon aber abraten, weil ein solches Sachanlagen-Projekt in aller Regel nicht in der Lage ist, die liquiden Mittel zu binden, zumindest nicht vollständig.

Periodenende	0	1	2	3
Invest-Projekt XYZ	-50 000 €	20 000 €	20 000 €	20 000 €
IZF	9,7 %			

Abbildung 6-28: Sachinvestition als mögliche beste Alternative

Das Beispiel in Abbildung 6-28 zeigt auf, dass weder die Anfangsauszahlung des Windenergieanlagenprojektes in Höhe von 115 769 Euro vollständig aufgenommen werden kann, sollte es nicht zustande kommen, noch die Rückflüsse während der Wirkungsdauer, davon ausgehend, dass genau dieses Projekt nur jetzt und nicht auch in ein, zwei oder fünf Jahren zur Verfügung steht. Die Überlegung, ggf. eine Mischung aus Sachanlagenprojekt (9,7 %) und Festgeld (5 %) zu wählen und dann mit einem Mischzinssatz zu arbeiten, scheidet wegen des letztgenannten Argumentes (Aufnahme der Rückflüsse) daher auch aus.

Kommen wir zurück zur Windenergieanlage, deren Stromerträge vollständig vom Unternehmen selbst genutzt werden. Dieser Fall entspricht vom Charakter her kalkulatorisch üblichen Maßnahmen zur Energieeffizienzverbesserung insofern, als dass keine unmittelbaren Rückflüsse (wie etwa bei Einspeisungen oder dem Verkauf von Energie), sondern Verringerungen von laufenden Zahlungsströmen als Folge von Energieverbrauchssenkungen[52] zustande kommen.

Mittelbare Rückflüsse (Einsparungen) haben zwar kalkulatorisch die gleiche Bedeutung wie unmittelbare, etwa Einspeisevergütungen, müssen also diskontiert werden. Allerdings stellt sich beim jeweiligen Periodensaldo (z. B. der Saldo von Periode 3 in Abbildung 6-23 in Höhe von 33 746 Euro) nicht die Frage nach der besten Alternativanlagemöglichkeit. Diese Frage ist im Grunde bereits beantwortet: Da die – jetzt reduzierten – Energiekosten Bestandteil der wirtschaftlichen Erfolgsrechnung und damit der Internen Verzinsung des Betriebsgeschehens eines betreffenden Unternehmens sind, kommt eigentlich nur die Gesamtkapitalrendite des Unternehmens, also der Return on Assets, als Kalkulationszinssatz infrage.

6.2.3.2 Anforderungen an beste Alternativinvestition bei eigenkapitalfinanzierten Vorhaben und Auswahl derselben

Im vorangegangenen Kapitel wurde anhand eines Beispiels deutlich gemacht, dass mit Blick auf die Festlegung des Kalkulationszinssatzes für eine Kapitalwertberechnung als beste Alternative zu einem Investitionsvorhaben nicht jede Anlagemöglichkeit infrage kommen kann. Es konnten Anforderungen abgeleitet werden, die sich wie folgt zusammenfassen lassen. Hiernach muss die „beste Alternativanlagemöglichkeit“

- mindestens so lange wie die Wirkungsdauer eines möglichen Investitionsvorhabens zur Verfügung stehen,
- in der Lage sein, unterschiedliche Betragshöhen (je nach betrachtetem Investitionsvorhaben, also ggf. Anfangsauszahlung und die jeweiligen Rückflüsse) aufnehmen zu können und
- die Fähigkeit besitzen, auch kurzfristig und spontan, also flexibel Geldbeträge zu absorbieren, immer dann, wenn mögliche Investitionsvorhaben anstehen, aber doch möglicherweise nicht freigegeben werden, und wenn Rückflüsse zustande kommen.

Konkrete Sachinvestitionen etwa in Maschinen, Energieeffizienz etc. kommen daher als „beste Alternative“ eher nicht infrage, auch wenn sie im Einzelfall einen hohen Internen Zinsfuß aufweisen mögen, da sie nicht teilbar sind, eine konkrete – unveränderbare – Wirkungsdauer aufweisen

52 Selbst wenn nach einer Energieeffizienzverbesserung eines Produktionsprozesses (etwa um 5 %) der Energieverbrauch aufgrund einer Ausweitung des Produktionsvolumens (z. B. 10 %) steigen sollte, liegt eine Energieverbrauchsreduzierung im kapitalwertkalkulatorischen Sinne vor. Denn hätte es die Verbesserung nicht gegeben, wäre der Verbrauch noch höher ausgefallen.

und auch nicht flexibel Geldbeträge aufnehmen können. Übrig bleiben vor allem Finanzprodukte wie Festgeld, Fondsanteile, Anleihen, Aktien usw., aus denen man – unter Berücksichtigung der jeweiligen Risikolage – diejenigen auswählt, die den höchsten Internen Zinsfuß aufweisen, und darüber hinaus das Belassen liquider Mittel im Unternehmen, um hieraus zusätzliche Eigenkapitalrendite zu erzeugen, wenn die Mittel auch tatsächlich eingesetzt werden. Hier böte es sich an, die Plan-Gesamtkapitalrendite als interne Verzinsung des Unternehmens, also den Return on Assets (ROA) als Kalkulationszinssatz zugrunde zu legen.[53]

Neben Alternativanlagen mit ähnlicher Risikoneigung sollten auch nicht-risikoäquivalente in Erwägung gezogen werden, bei denen der Interne Zinsfuß vor dem Einsatz als Kalkulationszinssatz einer Kapitalwertberechnung durch einen *„Risk Premium"* zu modifizieren ist oder ein Risikoab-/-zuschlag als fiktiver Zahlungsstrom eingefügt wird. Hierauf wird in Kapitel 6.9.2.4 noch eingegangen.

6.2.3.3 Bestimmung des Kalkulationszinses bei reiner Fremdkapitalfinanzierung ohne Berücksichtigung von Steuern

Fremdkapitalkosten ergeben sich i. d. R. aus Kreditverträgen. Sind im Unternehmen verschiedene zinstragende Fremdkapitalarten vorzufinden, so ist ein gewichteter Fremdkapitalkostensatz zu bilden. Beginnen wir mit einer Zahlungsstromübersicht, die auch die Kreditbedienung umfasst (siehe Abbildung 6-29).

Kalkulationszins $i_{FK,VS}$	4 %					
Stromeinsparung pro Jahr	150 000 kWh					
Periode	0	1	2	3	4	5
Spezifische Stromkosten	0,2 €/kWh	0,21 €/kWh	0,22 €/kWh	0,22 €/kWh	0,23 €/kWh	0,24 €/kWh
Anschaffungsauszahlung	-115 769 €					
Kreditaufnahme	*115 769 €*					
Energiekosteneinsparung		31 200 €	32 448 €	33 746 €	35 096 €	36 500 €
Tilgung		*-23 154 €*	*-23 154 €*	*-23 154 €*	*-23 154 €*	*-23 154 €*
Zinsen		*-4 631 €*	*-3 705 €*	*-2 778 €*	*-1 852 €*	*-926 €*
Gesamt	0 €	3 415 €	5 590 €	7 814 €	10 090 €	12 420 €
Barwerte	0 €	3 284 €	5 168 €	6 946 €	8 625 €	10 208 €
Kapitalwert	**34 231 €**					

Abbildung 6-29: Kapitalwertermittlung der kreditfinanzierten beispielhaften WEA vor Steuern

In obigem Tableau werden alle relevanten Zahlungen, die bei einer rein fremdkapitalfinanzierten Investition Relevanz haben, aufgeführt. Neben der Anschaffungsausgabe und den Rückflüssen sind das der Kreditbetrag, die Tilgung und die zu zahlenden Zinsen. Der Kalkulationszinssatz entspricht hierbei dem Kreditzins. Im Vergleich mit der Eigenkapitalfinanzierung ist der Kapitalwert deutlich höher. Das liegt daran, dass die Verzinsungsansprüche wegen des niedrigeren Risikos für den Kapitalgeber geringer sind.

Diese Tabelle können wir entschlacken, indem die Cashflows der Kreditbedienung eliminiert werden (siehe Abbildung 6-30).

53 In diese Richtung gehend auch Götze 2014, S. 96 sowie Pape 2023, S. 408.

Kalkulationszins $i_{FK,VS}$	4 %					
Stromeinsparung pro Jahr	150 000 kWh					
Periode	0	1	2	3	4	5
Spezifische Stromkosten	0,2 €/kWh	0,21 €/kWh	0,22 €/kWh	0,22 €/kWh	0,23 €/kWh	0,24 €/kWh
Anschaffungsauszahlung	-115 769 €					
Energiekosteneinsparung		31 200 €	32 448 €	33 746 €	35 096 €	36 500 €
Gesamt	-115 769 €	31 200 €	32 448 €	33 746 €	35 096 €	36 500 €
Barwerte	-115 769 €	30 000 €	30 000 €	30 000 €	30 000 €	30 000 €
Kapitalwert	**34 231 €**					

Abbildung 6-30: Kapitalwertermittlung der kreditfinanzierten beispielhaften WEA vor Steuern ohne Auflistung der Kreditbedienung

Diese Tabelle macht deutlich, dass wir ohne Angabe der Zahlungsströme der Kreditbedienung zum gleichen Ergebnis kommen. Woran liegt das? Die Kreditbedienung kann kalkulatorisch vernachlässigt werden, weil der Kapitalwert aller kreditrelevanten Cashflows einer rein fremdkapitalfinanzierten Investition immer einen Nullwert hervorbringt (siehe Abbildung 6-31 und Abbildung 6-32).

Kalkulationszins $i_{FK,VS}$	4 %					
Stromeinsparung pro Jahr	150 000 kWh					
Periode	0	1	2	3	4	5
Kreditaufnahme	115 769 €					
Tilgung		-23 154 €	-23 154 €	-23 154 €	-23 154 €	-23 154 €
Zinsen		-4 631 €	-3 705 €	-2 778 €	-1 852 €	-926 €
Gesamt	115 769 €	-27 785 €	-26 858 €	-25 932 €	-25 006 €	-24 080 €
Barwerte	115 769 €	-26 716 €	-24 832 €	-23 054 €	-21 375 €	-19 792 €
Kapitalwert	**-0 €**					

Abbildung 6-31: Kapitalwert der Kreditbedienung mit einer bestimmten Tilgungsstruktur

Kalkulationszins $i_{FK,VS}$	4 %					
Stromeinsparung pro Jahr	150 000 kWh					
Periode	0	1	2	3	4	5
Kreditaufnahme	115 769 €					
Tilgung						-115 769 €
Zinsen		-4 631 €	-4 631 €	-4 631 €	-4 631 €	-4 631 €
Gesamt	115 769 €	-4 631 €	-4 631 €	-4 631 €	-4 631 €	-120 400 €
Barwerte	115 769 €	-4 453 €	-4 281 €	-4 117 €	-3 958 €	-98 960 €
Kapitalwert	**0 €**					

Abbildung 6-32: Kapitalwert der Kreditbedienung mit alternativer Tilgungsstruktur

Durch den Vergleich der beiden letzten Tabellen wird deutlich, dass auch das Tilgungsschema irrelevant ist. Es ändert nichts an der Tatsache, dass sich die Kreditbedienung „wegdiskontiert".

6.2.3.4 Irrelevanz der Zahlungsströme der Kreditbedienung für den Kapitalwert bei reiner Fremdkapitalfinanzierung

Im vorangehenden Abschnitt wurde behauptet, dass die Bereitstellung des Kreditbetrages, die Tilgung und die Zinszahlungen separat betrachtet immer zu einem Kapitalwert von 0 führen. Anhand von zwei Extrembeispielen soll dieses Phänomen der „Wegdiskontierung" erläutert werden. In einem ersten Schritt betrachten wir ein Investitionsvorhaben mit nur einer Periode Wirkungsdauer, einer Anfangsauszahlung von 100 000 Euro, das vollständig kreditfinanziert ist und bei dem der Kreditzins auf 5 % festgelegt wurde, und sehen uns nur die Zahlungsströme des Kapitaldienstes an (siehe die kursiv markierten Zahlungsströme in den folgenden Beispieltabellen in Abbildung 6-33 und Abbildung 6-34).

FK-Zins i_{FK} =	5 %					
Zinsfaktor q_{FK} =	1,05					
Periodenende	0	1	2	3	4	5
Kreditaufnahme	*100 000 €*					
Tilgung		*-100 000 €*				
Zinsen		*-5 000 €*				
Summe	100 000 €	-105 000 €	0 €	0 €	0 €	0 €
Barwert	100 000 €	-100 000 €	0 €	0 €	0 €	0 €
Kapitalwert	**0 €**					

Abbildung 6-33: Kapitalwertermittlung des Kapitaldienstes eines einjährigen kreditfinanzierten Investitionsvorhabens

Hat das Projekt beispielsweise eine Laufzeit von einem Jahr, dann entspricht die Zinszahlung (hier von 5 000 Euro) exakt der entgangenen Einnahme (= Opportunitätskosten), die eine Bank für ein anderes Projekt zum aktuellen Zeitpunkt (Periode 0) erhalten hätte, würde sie die 100 000 Euro dort zu 5 % ausleihen. Die 5 000 Euro sind also der Zeitwert des Geldes, den die Bank verlöre, wenn sie ein Jahr auf das Verleihen des Geldes warten müsste.

Die allgemeine Kapitalwertformel

$$\text{Kapitalwert}_{\text{Kreditbedienung}} = Z_0 + \frac{Z_1}{(1+i)} + \frac{Z_2}{(1+i)^2} + \frac{Z_3}{(1+i)^3}$$

verkürzt sich für den Einperiodenfall zu

$$\text{Kapitalwert}_{\text{Kreditbedienung}} = Z_0 + \frac{Z_1}{(1+i)} \,.$$

Setzt man nun die Beispielbeträge ein

$$\text{Kapitalwert}_{\text{Kreditbedienung}} = 100\,000 + \frac{-100\,000 - 100\,000 \cdot 5\,\%}{1 + 5\,\%}$$

und kürzt

$$\text{Kapitalwert}_{\text{Kreditbedienung}} = 100\,000 - \frac{100\,000 \cdot (1 + 5\,\%)}{1 + 5\,\%}$$

dann erhält man schließlich einen Kapitalwert von

$$\text{Kapitalwert}_{\text{Kreditbedienung}} = 100\,000 - 100\,000 = 0$$

Die folgende Tabelle zeigt das gleiche Beispiel als Zweiperiodenfall (siehe Abbildung 6-34).

FK-Zins i_{FK} =	5 %					
Zinsfaktor q_{FK} =	1,05					
Periodenende	0	1	2	3	4	5
Kreditaufnahme	*100 000 €*					
Tilgung			*-100 000 €*			
Zinsen		*-5 000 €*	*-5 000 €*			
Summe	100 000 €	-5 000 €	-105 000 €	0 €	0 €	0 €
Barwert	100 000 €	-4 762 €	-95 238 €	0 €	0 €	0 €
Kapitalwert	**0 €**					

Abbildung 6-34: Kapitalwertermittlung des Kapitaldienstes eines zweijährigen kreditfinanzierten Investitionsvorhabens

Die allgemeine Kapitalwertformel

$$\text{Kapitalwert}_{\text{Kreditbedienung}} = Z_0 + \frac{Z_1}{(1+i)} + \frac{Z_2}{(1+i)^2} + \frac{Z_3}{(1+i)^3}$$

verkürzt sich für den Zweiperiodenfall zu

$$\text{Kapitalwert}_{\text{Kreditbedienung}} = Z_0 + \frac{Z_1}{(1+i)} + \frac{Z_2}{(1+i)^2}.$$

Setzt man nun die Beispielbeträge ein

$$\text{Kapitalwert}_{\text{Kreditbedienung}} = 100\,000 + \frac{-100\,000 \cdot 5\,\%}{1+5\,\%} + \frac{-100\,000 - 100\,000 \cdot 5\,\%}{(1+5\,\%)^2}$$

und kürzt

$$\text{Kapitalwert}_{\text{Kreditbedienung}} = 100\,000 - \left(\frac{100\,000 \cdot 5\,\%}{1+5\,\%} + \frac{100\,000 \cdot (1+5\,\%)}{(1+5\,\%)^2}\right)$$

$$\text{Kapitalwert}_{\text{Kreditbedienung}} = 100\,000 - \left(\frac{100\,000 \cdot 5\,\%}{1+5\,\%} + \frac{100\,000}{1+5\,\%}\right)$$

$$\text{Kapitalwert}_{\text{Kreditbedienung}} = 100\,000 - \frac{100\,000 \cdot (1+5\,\%)}{1+5\,\%}$$

dann erhält man schließlich einen Kapitalwert von

$$\text{Kapitalwert}_{\text{Kreditbedienung}} = 100\,000 - 100\,000 = 0.$$

Wenn man das Ganze auf drei, vier, ... Perioden ausweitet, gilt immer das Gleiche: Der Kapitalwert des Kapitaldienstes ist null. Er wird „wegdiskontiert".

6.2.3.5 Bestimmung des Kalkulationszinses bei Mischfinanzierung

6.2.3.5.1 Diskontierung bei Mischfinanzierung auf der Grundlage des Weighted Average Cost of Capital vor Ertragssteuern

In der betrieblichen Praxis werden Investitionen häufig mischfinanziert. Die verwendeten Mittel bestehen dann zum einen aus Eigen- und zum anderen aus Fremdkapital. So soll es auch jetzt bei unserem Windanlagen-Beispiel sein. Wir gehen davon aus, dass die benötigten 115 769 Euro Projektgesamtkapital (GK) zu 50 % aus Fremdkapital (FK/GK) und zu 50 % aus Eigenkapital (EK/GK) stammen (siehe Abbildung 6-35)

Sachverhalt	WEA 1	WEA 2	WEA 1 + WEA 2
Anschaffungsausgabe	57 885 €	57 885 €	115 769 €
Wirkungsdauer	5 Jahre	5 Jahre	5 Jahre
Jahresstromertrag im ersten Jahr	75 000 kWh	75 000 kWh	150 000 kWh
Jahresdegradation (aus Vereinfachungsgründen vernachlässigt)	0 %	0 %	0 %
Aktueller spezifischer Strompreis	0,2 €/kWh		
Jahresstrompreisänderungsrate	4 %		
EK-Zinsfuß vor Steuern $i_{EK,VS}$	5 %		
FK-Zins vor Steuern $i_{FK,VS}$	4 %		
Eigenverbrauchsanteil (EVA)	100 %	100 %	100 %
EK-Anteil	50 %		
FK-Anteil	50 %		
$WACC_{VS}$ mit Tax Shield	3,9 %		
$WACC_{VS}$ ohne Tax Shield	4,5 %		

Legende

EK Eigenkapital
FK Fremdkapital
VS Vor Steuern

Abbildung 6-35: Merkmale einer beispielhaften Windenergieanlage (2)

Wie können die unterschiedlichen Finanzierungsarten bei der Diskontierung berücksichtigt werden?

Mit Blick auf eine Kapitalwertberechnung ist es in der betrieblichen Praxis eines Investitionsprojektes bei Mischfinanzierung üblich, einen Mischkalkulationszinssatz, den sogenannten *Weighted Average Cost of Capital* (WACC), einzusetzen. Alternativ dazu käme auch in Betracht, zwei separate Kapitalwertkalkulationen durchzuführen, eine eigenkapital- und eine fremdkapitalorientierte, deren Ergebnisse (Teilkapitalwerte) am Ende zu einem Kapitalwert zusammengefasst werden. Im Beispiel ließe sich das gut veranschaulichen, da es sich um zwei deckungsgleiche Windenergieanlagen handelt, sodass man sich vorstellen könnte, die eine WEA wird vollständig mit Eigenkapital und die andere vollständig mit Fremdkapital finanziert. Beide Vorgehensweisen werden im Folgenden erläutert, um sie anschließend zu vergleichen.

Der WACC kommt in zwei Varianten zum Einsatz: mit und ohne „*Tax Shield*". Mit dem sogenannten Tax Shield errechnet sich der WACC wie folgt:

$$\text{WACC}_{\text{TS}} = \frac{\text{EK}}{\text{GK}} \cdot i_{\text{EK}} + \frac{\text{FK}}{\text{GK}} \cdot i_{\text{FK}} \cdot (1 - s)$$

Das Tax Shield „$(1 - s)$" ergibt sich aus der Tatsache, dass aufgenommenes Fremdkapital (FK) zu Zinszahlungen führt, die wiederum steuerlich absetzbar sind, was eine Entlastung nach sich zieht, die bei einer Finanzierung mit Eigenkapital (EK) nicht gegeben ist. Beispiel: Nimmt ein Investor 1 000 Euro Kredit (K) auf, für die ein Jahreszins von $i_{\text{FK}} = 10\ \%$ vereinbart wurde, dann schmälern die Zinszahlungen von 100 €/Jahr den Gewinn und damit auch die Steuerzahlung um 100 € · Steuersatz s, also bei einem Steuersatz von 50 % um 50 Euro. Im Saldo ergibt sich demnach eine de facto FK-Forderung von 50 Euro aus: $K \cdot i_{\text{FK}} - K \cdot i_{\text{FK}} \cdot s = K \cdot i_{\text{FK}} \cdot (1 - s)$. In unserem Beispiel beträgt der WACC mit Tax Shield 50 % · 5 % + 50 % · 4 % · (1 – 30 %) = 3,9 % (siehe Abbildung 6-35).

Die WACC-Formel ohne Tax Shield lautet:

$$\text{WACC} = \frac{\text{EK}}{\text{GK}} \cdot i_{\text{EK}} + \frac{\text{FK}}{\text{GK}} \cdot i_{\text{FK}}$$

Sie führt im Beispielfall zu einem WACC von 4,5 %. Dieser WACC (also ohne Tax Shield) entspricht – unternehmensbezogen – der Gesamtkapitalrendite (GKR, engl. „*Return On Assets*“, kurz ROA):

$$ROA = GKR = \frac{Gewinn + Zinsen}{GK}$$

$$ROA = \frac{Gewinn}{GK} + \frac{Zinsen}{GK}$$

$$ROA = \frac{Gewinn}{GK} + \frac{FK \cdot i_{FK}}{GK}$$

$$i_{EK} = \frac{Gewinn}{EK}$$

$$Gewinn = EK \cdot i_{EK}$$

$$ROA = \frac{EK}{GK} \cdot i_{EK} + \frac{FK}{GK} \cdot i_{FK} = WACC$$

Wenden wir die WACC-Mischkalkulationszinssätze auf unser Beispielmodell an.

Kalkulationszins WACC mit Tax Shield WACCvs	3,9 %					
Stromeinsparung pro Jahr	150 000 kWh					
Periode	0	1	2	3	4	5
Anschaffungsauszahlung	-115 769 €					
Energiekosteneinsparung		31 200 €	32 448 €	33 746 €	35 096 €	36 500 €
Gesamt	-115 769 €	31 200 €	32 448 €	33 746 €	35 096 €	36 500 €
Barwerte	-115 769 €	30 029 €	30 058 €	30 087 €	30 116 €	30 145 €
Kapitalwert	**34 665 €**					

Abbildung 6-36: Kapitalwertermittlung der mischfinanzierten beispielhaften Windenergieanlage mit WACC mit Tax Shield vor Steuern

Mit Tax Shield ergibt sich ein Kapitalwert in Höhe von 34 665 Euro (Abbildung 6-36), ohne Tax Shield von 32 092 Euro (Abbildung 6-37) vor Steuern.

Kalkulationszins WACC ohne Tax Shield WACCvs	4,5 %					
Stromeinsparung pro Jahr	150 000 kWh					
Periode	0	1	2	3	4	5
Anschaffungsauszahlung	-115 769 €					
Energiekosteneinsparung		31 200 €	32 448 €	33 746 €	35 096 €	36 500 €
Gesamt	-115 769 €	31 200 €	32 448 €	33 746 €	35 096 €	36 500 €
Barwerte	-115 769 €	29 856 €	29 714 €	29 571 €	29 430 €	29 289 €
Kapitalwert	**32 092 €**					

Abbildung 6-37: Kapitalwertermittlung der mischfinanzierten beispielhaften Windenergieanlage mit WACC ohne Tax Shield vor Steuern

6.2.3.5.2 Separate Diskontierung bei Mischfinanzierung vor Ertragssteuern

Zur Ermittlung eines Kapitalwertes bei Mischfinanzierung mit separater Diskontierung wird ein Investitionsprojekt in zwei Kalkulationsanteile aufgeteilt, einen Teil für reine Eigenkapitalfinanzierung und den anderen für reine Fremdkapitalfinanzierung. Beide Anteile werden separat kalkuliert, um dann die sich ergebenden anteiligen Kapitalwerte zu einem gesamten Kapitalwert zusammenzufassen.

$$\text{Kapitalwert}_{\text{EK-Anteil}} = \frac{\text{EK}}{\text{GK}} \cdot \sum_{t=0}^{T} \frac{Z_t}{(1+i_{EK})^t}$$

$$\text{Kapitalwert}_{\text{FK-Anteil}} = \frac{\text{FK}}{\text{GK}} \cdot \sum_{t=0}^{T} \frac{Z_t}{(1+i_{FK})^t}$$

$$\text{Kapitalwert} = \text{Kapitalwert}_{\text{EK-Anteil}} + \text{Kapitalwert}_{\text{FK-Anteil}}$$

$$\text{Kapitalwert} = \frac{\text{EK}}{\text{GK}} \cdot \sum_{t=0}^{T} \frac{Z_t}{(1+i_{\text{EK}})^t} + \frac{\text{FK}}{\text{GK}} \cdot \sum_{t=0}^{T} \frac{Z_t}{(1+i_{\text{FK}})^t}$$

Im vorliegenden Beispiel mit zwei deckungsgleichen Windenergieanlagen und einer 50-%-zu-50-%-Finanzierung ist die Separierung besonders einfach und anschaulich. Wir stellen uns vor, dass die eine Windenergieanlage vollständig mit EK und die andere mit FK finanziert wird. Die Investitionsauszahlung sind dann 57 885 Euro und die Energieeinsparung beträgt – im Beispiel konstant – 75 000 kWh pro Jahr, siehe Abbildung 6-38.

Kapitalwertkalkulation des EK-Anteils des Investitionsvorhabens						
Kalkulationszins $i_{EK,VS}$	5 %					
Stromeinsparung pro Jahr	75 000 kWh					
Jahrestromspreisänderungsrate	4 %					
Periode	0	1	2	3	4	5
Spez. Strompreis	0,2 €/kWh	0,21 €/kWh	0,22 €/kWh	0,22 €/kWh	0,23 €/kWh	0,24 €/kWh
Anschaffungsauszahlung	-57 885 €					
Energiekosteneinsparung		15 600 €	16 224 €	16 873 €	17 548 €	18 250 €
Gesamt	-57 885 €	15 600 €	16 224 €	16 873 €	17 548 €	18 250 €
Barwerte	-57 885 €	14 857 €	14 716 €	14 575 €	14 437 €	14 299 €
EK-anteiliger Kapitalwert	15 000 €					
Kapitalwertkalkulation des FK-Anteils des Investitionsvorhabens						
Kalkulationszins $i_{FK,VS}$	4 %					
Stromeinsparung	75 000 kWh					
Periode	0	1	2	3	4	5
Anschaffungsauszahlung	-57 885 €					
Energiekosteneinsparung		15 600 €	16 224 €	16 873 €	17 548 €	18 250 €
Gesamt	-57 885 €	15 600 €	16 224 €	16 873 €	17 548 €	18 250 €
Barwerte	-57 885 €	15 000 €	15 000 €	15 000 €	15 000 €	15 000 €
FK-anteiliger Kapitalwert	17 116 €					
Gesamter Kapitalwert	32 115 €					

Abbildung 6-38: Kapitalwertermittlung mithilfe von separaten Kapitalwertkalkulationen der Finanzierungsanteile der mischfinanzierten beispielhaften Windenergieanlage vor Steuern

Die eine WEA wird – in unserer Vorstellung – ausschließlich durch EK finanziert. Demzufolge ist die Renditeerwartung höher und liegt hier bei 5 %. Der zu erwartende Kapitalwert errechnet sich unter Zugrundelegung der vorliegenden technischen Daten (vor allem Nennleistung, Lastgang und durchschnittliche Windgeschwindigkeit) zu 15 000 Euro bei einer – hier unrealistisch kurzen – Nutzungsdauer von fünf Jahren.

Die zweite Windenergieanlage erzeugt die gleichen Zahlungsüberschüsse wie die erste. Die Cashflows müssen jedoch mit einem niedrigeren Zins diskontiert werden. Dadurch ergibt sich ein höherer Teilkapitalwert (17 116 Euro). Insgesamt wird für beide Anlagen zusammen ein Kapitalwert in Höhe von 32 115 Euro vor Steuern generiert (siehe Abbildung 6-38).

Generell wird bei Mischfinanzierung und separater Diskontierung das Investitionsvorhaben gedanklich in zwei Anteile aufgegliedert, in einen, der vollständig durch Eigenkapital, und einen anderen, der vollständig durch Fremdkapital finanziert wird. Beim Windanlagenbeispiel war diese Aufteilung zufälligerweise auch materiell möglich. Für beide Anteile wird separat jeweils ein Kapitalwert errechnet und zu einem Gesamtkapitalwert aufaddiert.

6.2.3.5.3 Unterschiede der beiden Kalkulationsvorgehensweisen bei Mischfinanzierung und Empfehlungen

Die in den beiden letzten Abschnitten dargestellten Verfahren zur Berechnung von Kapitalwerten bei Mischfinanzierung führen grundsätzlich zu unterschiedlichen Ergebnissen. Die Beschreibung des Windanlagenbeispiels, bei der tatsächlich zwei identische WEA betrachtet wurden (zweimal 50 % der Gesamtanlage) und die Finanzierung zufälligerweise zu jeweils 50 % aus EK und FK bestand, machte deutlich, dass die Kapitalwertermittlung mit separater Diskontierung zu einem korrekten Ergebnis führt, denn man hätte das Projekt in zwei Teilprojekte aufsplitten können. Dagegen müssen beim Einsatz des WACC ganz offensichtlich Ungenauigkeiten in Kauf genommen werden. Hintergrund dafür ist, dass der WACC eigentlich für die Bewertung von Unternehmen nach dem Discounted-Cashflow-Ansatz gedacht ist. Zumindest ist er dafür hergeleitet worden[54] und in erster Linie nicht als Mischkalkulationszinssatz von Anlagegütern, gleichwohl er in der Betriebspraxis dort auch zur Anwendung kommt, wahrscheinlich, weil er praktisch ist, denn mit ihm ist nur **eine** Kapitalwertrechnung erforderlich. Es stellt sich insofern die Frage, welche Ausmaße die Ungenauigkeiten annehmen und von welchen Parametern sie abhängig sind.

Die allgemeine Berechnungsformel zur Ermittlung des Kapitalwertes bei Mischfinanzierung unter Verwendung eines WACC lautet:

$$\text{Kapitalwert}_{\text{WACC}} = \sum_{t=0}^{T} \frac{Z_t}{\left(1 + \left(\frac{\text{EK}}{\text{GK}} \cdot i_{\text{EK}} + \frac{\text{FK}}{\text{GK}} \cdot i_{\text{FK}}\right)\right)^t}$$

Und bei separater Diskontierung:

$$\text{Kapitalwert}_{\text{separate Diskontierung}} = \frac{\text{EK}}{\text{GK}} \cdot \sum_{t=0}^{T} \frac{Z_t}{(1 + i_{\text{EK}})^t} + \frac{\text{FK}}{\text{GK}} \cdot \sum_{t=0}^{T} \frac{Z_t}{(1 + i_{\text{FK}})^t}$$

Zur Klärung der Ungenauigkeiten der erstgenannten Berechnungsvorgehensweise sollen Extremwerte in die Gleichungen aufgenommen und die Berechnungsergebnisse verglichen werden. Setzt man den Eigen- bzw. den Fremdkapitalanteil der Finanzierung zu null bzw. 100 % (EK/GK = 0 %, also FK/GK = 100 % bzw. FK/GK = 0 %, also EK/GK = 100 %) ergibt sich:

$$\text{Kapitalwert}_{\text{WACC}} = \frac{Z_t}{(1 + i_{\text{FK}})^t}$$

und

$$\text{Kapitalwert}_{\text{separate Diskontierung}} = \sum_{t=0}^{T} \frac{Z_t}{(1 + i_{\text{FK}})^t}$$

54 In diese Richtung gehen etwa Nöll/Wiedemann, S. 2008.

bzw.

$$\text{Kapitalwert}_{\text{WACC}} = \sum_{t=0}^{T} \frac{Z_t}{(1 + i_{\text{EK}})^t}$$

und

$$\text{Kapitalwert}_{\text{separate Diskontierung}} = \sum_{t=0}^{T} \frac{Z_t}{(1 + i_{\text{EK}})^t}$$

Beide Berechnungsvorgehensweisen liefern dasselbe Ergebnis, was in diesen Extremfällen auch daran liegt, dass sich die Mischfinanzierungsberechnungen dann in jeweils eine reine EK- bzw. FK-Finanzierungsberechnung gewandelt haben.

Wenn man hingegen den EK-Anteil zu 50 % bzw. 0,5 und damit den FK-Anteil (= 1–EK-Anteil) ebenfalls auf 50 % bzw. 0,5 setzt, ergibt sich:

$$\text{Kapitalwert}_{\text{WACC}} = \sum_{t=0}^{T} \frac{Z_t}{\left(1 + (0{,}5 \cdot i_{\text{EK}} + 0{,}5 \cdot i_{\text{FK}})\right)^t}$$

und

$$\text{Kapitalwert}_{\text{separate Diskontierung}} = 0{,}5 \cdot \sum_{t=0}^{T} \frac{Z_t}{(1 + i_{\text{EK}})^t} + 0{,}5 \cdot \sum_{t=0}^{T} \frac{Z_t}{(1 + i_{\text{FK}})^t}$$

Diese Gleichungen lassen grundsätzlich unterschiedliche Ergebnisse erahnen.

Zur Verdeutlichung der Unterschiede soll nur eine Periode, nämlich $t = 1$, betrachtet und davon ausgegangen werden, dass der Zahlungsstrom 2 Euro ist. Die Kapitalwerte werden wie folgt kalkuliert:

$$\text{Kapitalwert}_{\text{WACC nur Periode 1 und } Z=2 \text{ Euro}} = \frac{2}{\left(1 + (0{,}5 \cdot i_{\text{EK}} + 0{,}5 \cdot i_{\text{FK}})\right)}$$

und

$$\text{Kapitalwert}_{\text{separate Diskontierung nurPeriode 1 und } Z=2 \text{ Euro}} = \frac{1}{1 + i_{\text{EK}}} + \frac{1}{1 + i_{\text{FK}}}$$

Wären die Zinssätze identisch, also $i_{\text{EK}} = i_{\text{FK}} = i$, dann würden die Mischfinanzierungsgleichungen erneut in Gleichungen für reine EK- bzw. FK-Finanzierungen umgewandelt werden.

$$\text{Kapitalwert}_{\text{WACC nur Periode 1 und } Z=2 \text{ Euro}} = \frac{2}{1 + i}$$

und

$$\text{Kapitalwert}_{\text{separate Diskontierung nur Periode 1 und } Z=2 \text{ Euro}} = \frac{2}{1 + i}$$

Wird demgegenüber davon ausgegangen, die Zinssätze sind sehr unterschiedlich, z. B. i_{FK} tendiert gegen null und i_{EK} gegen unendlich, dann wird der Unterschied der beiden Berechnungsvorgehensweisen sichtbar:

$$\text{Kapitalwert}_{\text{WACC nur Periode 1 und } Z=2 \text{ Euro}} = \frac{2}{\left(1 + (0{,}5 \cdot i_{\text{EK}})\right)} = \frac{2}{\left(1 + (0{,}5 \cdot \infty)\right)} = \frac{2}{\infty}$$

und

$$\text{Kapitalwert}_{\text{separate Diskontierung nur Periode 1 und } Z=2 \text{ Euro}} = \frac{1}{1 + i_{\text{EK}}} + 1 = \frac{1}{1 + \infty} + 1 = \frac{1}{\infty} + 1$$

Nun soll – zum Vergleich – der EK-Anteil auf 75 % bzw. 0,75 erhöht und damit der FK-Anteil (= 1–EK-Anteil) auf 25 % bzw. 0,25 reduziert werden.

$$\text{Kapitalwert}_{\text{WACC}} = \sum_{t=0}^{T} \frac{Z_t}{(1 + (0{,}75 \cdot i_{\text{EK}} + 0{,}25 \cdot i_{\text{FK}}))^t}$$

und

$$\text{Kapitalwert}_{\text{separate Diskontierung}} = 0{,}75 \cdot \sum_{t=0}^{T} \frac{Z_t}{(1 + i_{\text{EK}})^t} + 0{,}25 \cdot \sum_{t=0}^{T} \frac{Z_t}{(1 + i_{\text{FK}})^t}$$

$$\text{Kapitalwert}_{\text{WACC}} = \frac{2}{(1 + (0{,}75 \cdot i_{\text{EK}} + 0{,}25 \cdot i_{\text{FK}})} = \frac{2}{(1 + 0{,}75 \cdot i_{\text{EK}} + 0{,}25 \cdot i_{\text{FK}})}$$

$$\text{Kapitalwert}_{\text{separate Diskontierung}} = 0{,}75 \cdot \frac{Z_t}{1 + i_{\text{EK}}} + 0{,}25 \cdot \frac{Z_t}{1 + i_{\text{FK}}}$$

$$\text{Kapitalwert}_{\text{WACC}} = \frac{2}{(1 + 0{,}75 \cdot \infty)} = \frac{2}{\infty}$$

$$\text{Kapitalwert}_{\text{separate Diskontierung}} = 0{,}75 \cdot \frac{2}{1 + \infty} + 0{,}25 \cdot \frac{2}{1 + 0} = 0{,}75 \cdot \frac{2}{\infty} + 0{,}25 \cdot 2$$

Aus alldem wird deutlich, dass der bei Mischfinanzierung mit separater Diskontierung ermittelte – präzise – Kapitalwert grundsätzlich höher ausfällt als der mittels eines WACC errechnete, weil bei erstgenannter Vorgehensweise der effektive Diskontierungsfaktor $(1 + i)_{\text{eff.}}$ einen niedrigeren Wert annimmt. Der Umfang der sich daraus ergebenden Ungenauigkeit einer WACC-Kapitalwertermittlung lässt sich wie folgt ausdrücken:

- Nähe des EK- und FK-Anteils an 50 % ↗ → Ungenauigkeit der WACC-Kapitalwertberechnung ↗
- Wirkungsdauer ↗ → Ungenauigkeit WACC-Kapitalwertberechnung ↗
- Unterschied der Kalkulationszinssätze i_{EK} und i_{FK} ↗ → Ungenauigkeit WACC-Kapitalwertberechnung ↗

Die folgende Abbildung 6-39 zeigt anhand des bisher genutzten Windenergieanlagenbeispiels die durch den Einsatz des WACC verursachte Ungenauigkeit auf, wenn EK- und FK-Zinssatz deutlich voneinander abweichen und eine für energiebezogene Investitionen übliche Wirkungsdauer eingestellt wird (hier von 20 Jahren).

EK-Anteil	50 %								
FK-Anteil	50 %								
Anschaffungsauszahlung [€]	115 769								
Stromeinsparung [kWh]	150 000								
Jahresstrompreisänderungsrate	4 %								
zu berücksichtigende Periodenzahl [Jahre]	20								
Kapitalwertkalkulation mit separater Diskontierung									
Kapitalwertkalkulation des EK-Anteils des Investitionsvorhabens									
Periode	0	1	2	3	4	5	…	19	20
Berücksichtigte Periode (1 = „Ja")	1	1	1	1	1	1	…	1	1
Spez. Strompreis [€/kWh]	0,20	0,21	0,22	0,22	0,23	0,24	…	0,42	0,44
Kalkulationszins i_{EK}	10 %								
Anteilige Anschaffungsauszahlung [€]	-57 885								
Anteilige Energiekosteneinsparung [€]		15 600	16 224	16 873	17 548	18 250	…	31 603	32 867
Gesamt [€]	-57 885	15 600	16 224	16 873	17 548	18 250	…	31 603	32 867
Barwerte [€]	-57 885	14 182	13 408	12 677	11 985	11 332	…	5167	4885
EK-anteiliger Kapitalwert [€]	117 434								
Kapitalwertkalkulation des FK-Anteils des Investitionsvorhabens									
Kalkulationszins i_{FK}	5 %								
Anteilige Anschaffungsauszahlung [€]	-57 885								
Anteilige Energiekosteneinsparung [€]		15 600	16 224	16 873	17 548	18 250	…	31 603	32 867
Gesamt [€]	-57 885	15 600	16 224	16 873	17 548	18 250	…	31 603	32 867
Barwerte [€]	-57 885	14 857	14 716	14 575	14 437	14 299	…	12 506	12 387
FK-anteiliger Kapitalwert [€]	213 850								
Gesamter KW bei separater Diskontierung [€]	331 284								
Kapitalwertkalkulation mittels eines Mischkalkulationszinssatzes WACC									
Kalkulationszins i_{WACC}	7,5 %								
Anschaffungsauszahlung gesamt [€]	-115 769								
Energiekosteneinsparung gesamt [€]		31 200	32 448	33 746	35 096	36 500	…	63 205	65 734
Gesamt [€]	-115 769	31 200	32 448	33 746	35 096	36 500	…	63 205	65 734
Barwerte mit WACC [€]	-115 769	29 023	28 078	27 164	26 280	25 424	…	15 995	15 475
Kapitalwert mit WACC [€]	315 844								
Vergleich der beiden Berechnungsverfahren									
Absolute Kapitalwertdifferenz [€]	15 441								
Relative Kapitalwertdifferenz	4,66 %								

Abbildung 6-39: Vergleich der Kalkulationsverfahren einer Kapitalwertberechnung bei Mischfinanzierung

Empfehlung

Bei der Betrachtung von Energie-Investitionen sollte von der Anwendung des Weighted Average Cost of Capital (WACC) als Mischkalkulationszinssatz Abstand genommen und stattdessen die separate Diskontierung von finanzierungsspezifischen Investitionsprojektanteilen bevorzugt werden. Eine Kapitalwertberechnung auf der Grundlage des Mischfinanzierungs-Kalkulationszinssatzes WACC führt immer zu Berechnungsergebnissen, die unterhalb des tatsächlichen Kapitalwertes liegen, sodass u. U. Fehlentscheidungen die Folge sind.

6.2.4 Einfluss der Ertragsbesteuerung auf die Vorteilhaftigkeit von Investitionen

Investitionsprojekte haben eine Wirkung auf das Betriebsergebnis und die Bilanz eines Unternehmens, indem sie

- Aufwendungen, etwa laufende Betriebskosten, Reparatur- und Wartungskosten[55], aber auch Abschreibungen auf der einen Seite und
- Erträge, etwa zusätzliche Deckungsbeiträge (als Umsatz minus variabler Kosten), aber auch – speziell im Energieeffizienzbereich – Kostensenkungen auf der anderen

generieren. Insofern wird die Ertragssteuerlast eines Unternehmens von Investitionen tangiert. Inwieweit eine Berücksichtigung von Ertragssteuern bei der Kapitalwertberechnung eine Entscheidungsrelevanz für oder gegen die Freigabe eines Investitionsprojektes hat, soll deshalb geklärt werden.

Die folgenden Ausführungen zeigen zunächst auf, auf welche Weise Ertragssteuern bei der Kapitalwertberechnung berücksichtigt werden können, um im Anschluss Hinweise abzugeben, ob eine Berücksichtigung derartiger Steuern, die den Kalkulationsaufwand vergrößert, grundsätzlich ratsam erscheint.

6.2.4.1 Bestimmung des Kalkulationszinses bei reiner Eigenkapitalfinanzierung mit Berücksichtigung von Steuern

Der Kalkulationszins spiegelt Erwartungen wider (engl. „*requirements*“, deshalb wird häufig als Formelzeichen anstelle von „i“ für den Kalkulationszins „r“ verwandt). Es sind Kapitalkosten, die gegenüber EK-Gebern oder FK-Gebern anfallen. Bei den Erwartungen handelt es sich um Kapitalerträge („Brutto-Erwartungen“), die mit dem Ertragssteuersatz s zu versteuern sind (→ „Nettoerträge“). Die zahlungsunwirksamen, aber steuerrelevanten Aufwendungen sind im Kalkulationsmodell zu berücksichtigen, und die Diskontierung der Zahlungsströme Z hat dann mit einem modifizierten Kalkulationszinssatz (nach Steuern) i_{NS} zu erfolgen („VS“ steht für „vor Steuern“).[56]

- Brutto-Erwartung: $Z \cdot i_{VS}$
- Netto-Erwartung: $Z \cdot i_{VS} - Z \cdot i_{VS} \cdot s = Z \cdot i_{VS} \cdot (1 - s) = Z \cdot i_{NS}$
- und demzufolge: $i_{VS} = i_{NS} \cdot (1 - s)$

Darüber hinaus sind zusätzliche – steuerrelevante – Zahlungsströme zu berücksichtigen. Zur Verdeutlichung greifen wir auf das zuletzt verwendete Beispiel der Windenergieanlagen zurück und erweitern die Basisinformationenübersicht wie folgt (siehe die letzten sechs Zeilen in Legende Abbildung 6-40):

55 Hierbei handelt es sich um aufwandswirksame Kosten.

56 So etwa auch Götze 2014, S. 141 f.

Sachverhalt	**WEA 1**	**WEA 2**	**WEA 1 + WEA 2**
Anschaffungsausgabe	57 885 €	57 885 €	115 769 €
Wirkungsdauer	5 Jahre	5 Jahre	5 Jahre
Jahresstromertrag im ersten Jahr	75 000 kWh	75 000 kWh	150 000 kWh
Jahresdegradation (aus Vereinfachungsgründen vernachlässigt)	0 %	0 %	0 %
Aktueller spezifischer Strompreis	0,2 €/kWh		
Jahresstrompreisänderungsrate	4 %		
EK-Zinsfuß vor Steuern $i_{EK,VS}$	5 %		
FK-Zins vor Steuern $i_{FK,VS}$	4 %		
Eigenverbrauchsanteil (EVA)	100 %	100 %	100 %
EK-Anteil	50 %		
FK-Anteil	50 %		
$WACC_{VS}$ mit Tax Shield	3,9 %		
$WACC_{VS}$ ohne Tax Shield	4,5 %		
Abschreibungsdauer [Jahre] linear	5 Jahre	5 Jahre	5 Jahre
Abschreibungsbetrag AfA	11 577 €	11 577 €	23 154 €
Ertragssteuersatz s	30 %		
EK-KalkZinsfuß nach Steuern $i_{EK,NS}$ (= $i_{EK,VS} \cdot [1 - s]$)	3,5 %		
FK-Zins nach Steuern $i_{FK,NS}$ (= $i_{FK,VS} \cdot [1 - s]$)	2,8 %		
$WACC_{NS}$ (= $WACC_{VS}$ ohne Tax Shield $\cdot [1 - s]$)	3,15 %		

Legende

EK Eigenkapital
FK Fremdkapital
VS Vor Steuern
NS Nach Steuern

Abbildung 6-40: Erweiterte Basisdaten von zwei Windenergieanlagen

Der Ertragssteuersatz entspricht bei Gewerbebetrieb der Einkommens- bzw. Körperschaftssteuer plus Gewerbesteuer; bei privater Anlage entspricht der Ertragssteuersatz dem Einkommenssteuersatz. Auf die Herleitung des WACC wird noch eingegangen.

Zunächst soll der Kapitalwert nach Steuern ermittelt werden. Ein entsprechend aufbereitetes Kalkulationstableau zeigt Abbildung 6-41.

Kalkulationszins $i_{EK,VS}$	5 %					
Kalkulationszins $i_{EK,NS}$	3,5 %					
Stromeinsparung	150.000 kWh					
Periode	0	1	2	3	4	5
Spezifische Stromkosten	0,2 €/kWh	0,21 €/kWh	0,22 €/kWh	0,22 €/kWh	0,23 €/kWh	0,24 €/kWh
Anschaffungsauszahlung	-115 769 €					
Energiekosteneinsparung		31 200 €	32 448 €	33 746 €	35 096 €	36 500 €
Steuern aufgrund von reduzierten Aufwendungen (hier Stromkosten)		*-9 360 €*	*-9 734 €*	*-10 124 €*	*-10 529 €*	*-10 950 €*
Steuersenkung durch AfA		*6 946 €*	*6 946 €*	*6 946 €*	*6 946 €*	*6 946 €*
Gesamt	-115 769 €	28 786 €	29 660 €	30 568 €	31 513 €	32 496 €
Barwerte	-115 769 €	27 813 €	27 688 €	27 571 €	27 462 €	27 361 €
Kapitalwert	**22 125 €**					

Abbildung 6-41: Kapitalwertermittlung der eigenkapitalfinanzierten WEA nach Steuern

Die Kalkulation der beiden Windenergieanlagen führte unter Zugrundelegung eines Kalkulationszinssatzes von 5 % im Kapitel 6.2.3.1 zu einem Kapitalwert in Höhe von 30 000 Euro (Abbildung 6-22). Die EK-Geber erhalten somit über ihre geforderten 5 % hinaus einen Rückstrom in Höhe von 30 000 Euro **vor Steuern.**

Werden jetzt Steuerzahlungen berücksichtigt, dann sind – über die Anpassung des Zinssatzes hinweg – nicht nur die Zahlungsüberschüsse und zahlungsüberschussäquivalenten Wirkungen (reduzierte, steuerlich ansetzbare Aufwendungen wie Stromverbrauchskosten) relevant. Durch die Anschaffungsausgabe entstehen zusätzliche Aufwendungen durch Abschreibungen, die den Unternehmensgewinn reduzieren und sich daher steuerermäßigend auswirken. Aus diesem Grund sind auch die investitionsbedingten AfA · Steuersatz als Rückfluss aufzufassen, den Cashflows zuzurechnen und fließen dementsprechend in den Kapitalwert ein. Es ergibt sich – wie Abbildung 6-40 zeigt – ein Kapitalwert nach Steuern in Höhe von 22 125 Euro, der demzufolge um 7 875 Euro niedriger liegt als vor Steuern. Hieraus lässt sich allerdings nicht die Pauschalaussage ableiten, dass durch die Berücksichtigung von Erlössteuern der Kapitalwert sinkt.

6.2.4.2 Bestimmung des Kalkulationszinses bei reiner Fremdkapitalfinanzierung mit Berücksichtigung von Steuern

Der folgenden Tabelle (in Abbildung 6-42) kann entnommen werden, dass bei der Kapitalwertermittlung nach Steuern bei reiner FK-Finanzierung nicht nur die AfA, sondern auch die FK-Zinsen steuermindernd wirken. Dies liegt daran, dass sowohl FK-Zinsen als auch Abschreibungen als Aufwand das Unternehmensergebnis schmälern und daher das Steueraufkommen reduzieren.

Kalkulationszins $i_{FK,VS}$	4 %					
Kalkulationszins $i_{FK,NS}$	2,8 %					
Stromeinsparung pro Jahr	150 000 kWh					
Periode	0	1	2	3	4	5
Spezifische Stromkosten	0,2 €/kWh	0,21 €/kWh	0,22 €/kWh	0,22 €/kWh	0,23 €/kWh	0,24 €/kWh
Anschaffungsauszahlung	-115 769 €					
Kreditaufnahme	115 769 €					
Energiekosteneinsparung		31 200 €	32 448 €	33 746 €	35 096 €	36 500 €
Tilgung		-23 154 €	-23 154 €	-23 154 €	-23 154 €	-23 154 €
Zinsen		-4 631 €	-3 705 €	-2 778 €	-1 852 €	-926 €
Steuern aufgrund von reduzierten Aufwendungen (hier Stromkosten)		-9 360 €	-9 734 €	-10 124 €	-10 529 €	-10 950 €
Steuersenkung durch Zins		1 389 €	1 111 €	834 €	556 €	278 €
Steuersenkung durch AfA		6 946 €	6 946 €	6 946 €	6 946 €	6 946 €
Gesamt	0 €	2 391 €	3 913 €	5 470 €	7 063 €	8 694 €
Barwerte	0 €	2 326 €	3 702 €	5 035 €	6 324 €	7 573 €
Kapitalwert	**24 960 €**					

Abbildung 6-42: Kapitalwertermittlung der fremdkapitalfinanzierten WEA nach Steuern

Die in Kapitel 6.2.3.4 erläuterte Möglichkeit, die Zahlungsreihen der Kreditbedienung bei der Kapitalwertermittlung einer rein fremdkapitalfinanzierten Investition zu vernachlässigen, ist auch bei Berücksichtigung von Steuern gegeben. Dann sollten jedoch die FK-Zinsen unberücksichtigt bleiben, da sie sich als Bestandteil der Kreditbedienungs-Zahlungsreihen „wegdiskontieren", siehe Abbildung 6-43.

Kalkulationszins $i_{FK,VS}$	4 %					
Kalkulationszins $i_{FK,NS}$	2,8 %					
Stromeinsparung pro Jahr	150 000 kWh					
Periode	0	1	2	3	4	5
Spezifische Stromkosten	0,2 €/kWh	0,21 €/kWh	0,22 €/kWh	0,22 €/kWh	0,23 €/kWh	0,24 €/kWh
Anschaffungsauszahlung	-115 769 €					
Energiekosteneinsparung		31 200 €	32 448 €	33 746 €	35 096 €	36 500 €
Steuern aufgrund von reduzierten Aufwendungen (etwa Stromkosten)		-9 360 €	-9 734 €	-10 124 €	-10 529 €	-10 950 €
Steuersenkung durch AfA		6 946 €	6 946 €	6 946 €	6 946 €	6 946 €
Gesamt	-115 769 €	28 786 €	29 660 €	30 568 €	31 513 €	32 496 €
Barwerte	-115 769 €	28 002 €	28 066 €	28 138 €	28 218 €	28 305 €
Kapitalwert	**24 960 €**					

Abbildung 6-43: Kapitalwertermittlung der fremdkapitalfinanzierten WEA nach Steuern ohne Auflistung der Kreditbedienung

Abbildung 6-44 verdeutlicht, dass die gesamte Kreditbedienung (einschließlich der Steuerermäßigungen durch Zinszahlungen) einen Kapitalwert von null aufweist, da die Kreditzinsen bei reiner FK-Finanzierung den Kalkulationszins der Kapitalwertberechnung bestimmen und sie zunächst Zahlungen erzeugen, die in exakt gleicher Höhe durch Anwendung des Kalkulationszinssatzes wieder „wegdiskontiert" werden. Es werden mit anderen Worten neben der Bereitstellung und der Rückzahlung des Kreditbetrages auf der Grundlage eines bestimmten Zinssatzes (dem Kreditzins) Zahlungsströme generiert und dann mit genau dem gleichen Zinssatz diskontiert, sodass sich die

Zahlungsströme gegenseitig aufheben und ein Kapitalwert des Schuldendienstes von null entsteht.

Kalkulationszins i_{FK}^{VS}	4 %					
Kalkulationszins i_{FK}^{NS}	2,8 %					
Stromeinsparung pro Jahr	150 000 kWh					
Periode	0	1	2	3	4	5
Kreditaufnahme	115 769 €					
Tilgung		-23 154 €	-23 154 €	-23 154 €	-23 154 €	-23 154 €
Zinsen		-4 631 €	-3 705 €	-2 778 €	-1 852 €	-926 €
Steuersenkung durch Zins		1 389 €	1 111 €	834 €	556 €	278 €
Gesamt	115 769 €	-26 395 €	-25 747 €	-25 099 €	-24 450 €	-23 802 €
Barwerte	115 769 €	-25 676 €	-24 364 €	-23 103 €	-21 893 €	-20 732 €
Kapitalwert	**0 €**					

Abbildung 6-44: Kapitalwertermittlung der Kreditbedienung nach Steuern

6.2.4.3 Diskontierung bei Mischfinanzierung auf der Grundlage des *Weighted Average Cost of Capital* (WACC) nach Ertragssteuern

Wird bei einem mischfinanzierten Investitionsprojekt als Kalkulationszinssatz ein WACC zugrunde gelegt, ist dieser zunächst um den jeweils vorliegenden Ertragssteuersatz anzupassen, im vorliegenden Fall von 4,5 % · (1–30 %) = 3,15 %, siehe Abbildung 6-45.

Kalkulationszins $WACC_{VS}$	4,5 %					
Kalkulationszins $WACC_{NS}$	3,15 %					
Stromeinsparung pro Jahr	150 000 kWh					
Periode	0	1	2	3	4	5
Anschaffungsauszahlung	-115 769 €					
Energiekosteneinsparung		31 200 €	32 448 €	33 746 €	35 096 €	36 500 €
Ertragssteuern aufgrund von reduzierten Aufwendungen (etwa Stromkosten)		-9 360 €	-9 734 €	-10 124 €	-10 529 €	-10 950 €
Steuersenkung durch AfA		6 946 €	6 946 €	6 946 €	6 946 €	6 946 €
Gesamt	-115 769 €	28 786 €	29 660 €	30 568 €	31 513 €	32 496 €
Barwerte	-115 769 €	27 907 €	27 876 €	27 852 €	27 837 €	27 828 €
Kapitalwert	**23 531 €**					

Abbildung 6-45: Kapitalwertermittlung der mischfinanzierten WEA nach Steuern

Alles Weitere entspricht der bereits angeführten Vorgehensweise (Angabe der Zahlungsströme zu Ertragssteuern aufgrund von reduzierten Aufwendungen sowie zur Steuersenkung durch Afa).

6.2.4.4 Separate Diskontierung bei Mischfinanzierung nach Ertragssteuern

Eine Berechnung des Kapitalwertes bei Mischfinanzierung im Zuge einer separaten Diskontierung nach Steuern erfolgt analog der bisherigen Vorgehensweise. Abbildung 6-46 zeigt das passende Beispiel.

Kapitalwertkalkulation des EK-Anteils des Investitionsvorhabens						
Kalkulationszins $i_{EK,VS}$	5 %					
Kalkulationszins $i_{EK,NS}$	4 %					
Stromeinsparung pro Jahr	75 000 kWh					
Jahrestromspreisänderungsrate	4 %					
Periode	0	1	2	3	4	5
Spez. Strompreis	0,2 €/kWh	0,21 €/kWh	0,22 €/kWh	0,22 €/kWh	0,23 €/kWh	0,24 €/kWh
Anschaffungsauszahlung	-57 885 €					
Energiekosteneinsparung		15 600 €	16 224 €	16 873 €	17 548 €	18 250 €
Ertragssteuern aufgrund von reduzierten Aufwendungen (etwa Stromkosten)		-4 680 €	-4 867 €	-5 062 €	-5 264 €	-5 475 €
Steuersenkung durch AfA		3 473 €	3 473 €	3 473 €	3 473 €	3 473 €
Gesamt	-57 885 €	14 393 €	14 830 €	15 284 €	15 757 €	16 248 €
Barwerte	-57 885 €	13 906 €	13 844 €	13 785 €	13 731 €	13 680 €
EK-anteiliger Kapitalwert	11 062 €					
Kapitalwertkalkulation des FK-Anteils des Investitionsvorhabens						
Kalkulationszins $i_{FK,VS}$	4 %					
Kalkulationszins $i_{FK,NS}$	2,8 %					
Stromeinsparung	75 000 kWh					
Periode	0	1	2	3	4	5
Anschaffungsauszahlung	-57 885 €					
Energiekosteneinsparung		15 600 €	16 224 €	16 873 €	17 548 €	18 250 €
Ertragssteuern aufgrund von reduzierten Aufwendungen (etwa Stromkosten)		-4 680 €	-4 867 €	-5 062 €	-5 264 €	-5 475 €
Steuersenkung durch AfA		3 473 €	3 473 €	3 473 €	3 473 €	3 473 €
Gesamt	-57 885 €	14 393 €	14 830 €	15 284 €	15 757 €	16 248 €
Barwerte	-57 885 €	14 001 €	14 033 €	14 069 €	14 109 €	14 152 €
FK-anteiliger Kapitalwert	12 480 €					
Gesamter Kapitalwert nach Steuern	23 542 €					

Abbildung 6-46: Kapitalwertermittlung mithilfe von separaten Kapitalwertkalkulationen der Finanzierungsanteile der WEA nach Steuern

6.2.4.5 Steuerparadoxon

Ertragssteuerzahlungen stellen zusätzliche Auszahlungen in der Zahlungsreihe der Investition dar und mindern die Nettorückflüsse. Damit sinkt der Nominalwert der Investition in Höhe des Volumens der Steuerzahlungen. Die Kompensation der negativen Anfangsauszahlung durch die diskontierten periodischen Zahlungsüberschüsse fällt somit um den Steuerzahlungsbarwert geringer aus.

Wird die Diskontierung der nunmehr – nach Steuern – geringeren Nettozahlungsüberschüsse vorgenommen, wirkt sich dieser **„Volumeneffekt"** negativ auf den Kapitalwert aus. Mit anderen Worten: Er sinkt.

Durch die Ertragsbesteuerung verringert sich jedoch auch der Kalkulationszinsfuß der Investition von i_{VS} auf $i_{NS} = i_{VS} \cdot (1 - s)$. Die periodischen Zahlungsüberschüsse nach der Ertragsbesteuerung werden insofern mit einem geringeren Zinssatz diskontiert, was sich positiv auf den Kapitalwert auswirkt. Dies wird als **„Zinseffekt"** bezeichnet.

Volumeneffekt und Zinseffekt haben eine gegenläufige Wirkung auf den Kapitalwert und sind daher zwingend gemeinsam zu betrachten. Je nachdem, welcher Teileffekt projektindividuell überwiegt, kann der Kapitalwert nach Ertragssteuern kleiner, größer oder gleich dem Kapitalwert vor der Ertragsbesteuerung sein. Üblich ist eine Kapitalwertsenkung durch Berücksichtigung der Steuern. Ist das Gegenteil der Fall, spricht man vom **„Steuerparadoxon"**: Investitionen, die vor Ertragsbesteuerung kalkuliert und als nicht wirtschaftlich vorteilhaft beurteilt werden, sind nach der Steuerberücksichtigung (plötzlich) als wirtschaftlich vorteilhaft anzusehen und sollten durchgeführt werden. Die folgenden Tabellen in Abbildung 6-47 und Abbildung 6-48 zeigen ein solches Beispiel.

EK-KalkZinsfuß vor Steuern i_{VS} = 10 % Zinsfaktor q_{VS} = 1,10						
Periodenende	0	1	2	3	4	5
Anschaffungsausgabe	-129 000 €					
Zahlungsüberschüsse		30 000 €	40 000 €	30 000 €	40 000 €	30 000 €
Cash Flows	-129 000 €	30 000 €	40 000 €	30 000 €	40 000 €	30 000 €
Barwert	-129 000 €	27 273 €	33 058 €	22 539 €	27 321 €	18 628 €
Kapitalwert$_{VS}$	-182 €					

Abbildung 6-47: Ermittlung des Kapitalwertes eines Investitionsprojektes vor Steuern

Zu erkennen ist in diesem Beispiel, dass sich ohne Berücksichtigung von Ertragssteuern ein negativer Kapitalwert ergibt. Die Investition müsste insofern eigentlich abgelehnt werden. Durch Berücksichtigung von Ertragssteuern wendet sich das Blatt.

EK-KalkZinsfuß vor Steuern i_{VS} = 10 % Steuersatz s = 30 % EK-KalkZinsfuß nach Steuern i_{NS} = 7 % Zinsfaktor q_{NS}= 1,07						
Periodenende	0	1	2	3	4	5
Anschaffungsausgabe	-129 000 €					
Zahlungsüberschüsse		30 000 €	40 000 €	30 000 €	40 000 €	30 000 €
Steuern auf Zahlungsüberschüsse		-9 000 €	-12 000 €	-9 000 €	-12 000 €	-9 000 €
Steuersenkung durch AfA		7 740 €	7 740 €	7 740 €	7 740 €	7 740 €
Cash Flows	-129 000 €	28 740 €	35 740 €	28 740 €	35 740 €	28 740 €
Barwert	-129 000 €	26 860 €	31 217 €	23 460 €	27 266 €	20 491 €
Kapitalwert$_{NS}$	294 €					

Abbildung 6-48: Ermittlung des Kapitalwertes desselben Investitionsprojektes nach Steuern

In diesem Beispiel sind zwar wegen der Steuerberücksichtigung Nettozahlungen an das Finanzamt zu zahlen (Volumeneffekt), der Zinseffekt ist hier jedoch höher, sodass sich in der Gesamtbetrachtung ein positiver Kapitalwert ergibt.

Da in aller Regel Ertragssteuern zu zahlen sind und es möglich ist, dass die Berücksichtigung von derartigen Steuern einen Ausschlag hinsichtlich der Beurteilung als „wirtschaftlich vorteilhaft" oder eben „wirtschaftlich nicht vorteilhaft" haben kann, sollten bei Kapitalwertberechnungen in der betrieblichen Praxis (nicht bei Privatpersonen) grundsätzlich Ertragssteuern berücksichtigt werden. Die folgenden Beispielberechnungen weichen von dieser Empfehlung ab, um die Kalkulationstabellen klein zu halten und weil in den anderen Kapiteln der Fokus nicht auf Steuern liegt.

6.2.5 Relevanz der Geldentwertung und Bestimmung von Preisänderungsraten

6.2.5.1 Relevanz der Preissteigerung bei der Kapitalwertberechnung

Die folgenden Ausführungen behandeln die Frage, ob und wenn ja auf welche Weise, speziell bei energieorientierten Investitionen, die Geldentwertung berücksichtigt werden sollte. Beginnen wir mit einem Beispiel. Als Formelzeichen und Indizes dienen:

q als Zinsfaktor ($= [i + 1]$),

q_N als nominaler Zinsfaktor,

q_R als realer Zinsfaktor,

g als Preissteigerungsrate und

q_G als Preissteigerungsfaktor $(1 + g)$

Eine Geldentwertung (oder Preissteigerung, Inflation) lässt sich berechnen, indem ein Anfangsbetrag Z_0 mit einem Preissteigerungsfaktor (oder besser: Preisänderungsfaktor, da auch Preissenkungen vorkommen) q_G (etwa 1 + 10 %) verknüpft wird, z. B. für eine 10%ige Jahrespreissteigerung des Anfangsbetrages in Höhe von 100 Euro über zwei Perioden:

$$Z_0 = 100 \text{ Euro}$$

$$Z_2 = 100 \text{ Euro} \cdot q_G \cdot q_G = 100 \text{ Euro} \cdot (1 + 10\,\%) \cdot (1 + 10\,\%) = 100 \text{ Euro} \cdot q_G^2 = 121 \text{ Euro}$$

Das Ergebnis spiegelt den „Nominalbetrag" $Z_{N,t}$ = 121 € wider, daher der Index „N".

Eine zum „Realbetrag" führende Preisbereinigung (auch Inflationsbereinigung) ergibt sich dann durch Umkehrung der Berechnung:

$$Z_{R,t} = \frac{121 \text{ Euro}}{(1 + 10\,\%)^2} = 100 \text{ Euro}$$

Oder allgemein:

$$Z_{R,t} = \frac{Z_{N,t}}{q_G^t}$$

Kommen wir nun zum Kapitalwert und betrachten zunächst die allgemeine Berechnungsformel (bei konstanten Zinssätzen), die üblicherweise mit nominalen Cashflows arbeitet, auch ohne konkret darauf hinzuweisen, worauf nun aber bewusst hingewiesen werden soll (durch explizite Angabe der Indizes „N" bei den Zahlungsströmen und beim Diskontierungsfaktor).

$$\text{Kapitalwert} = \sum_{t=0}^{T} \frac{Z_{N,t}}{q_N^t}$$

Werden nun beide Seiten des Quotienten durch q_G^t dividiert und die nominalen Zahlungsströme durch reale ersetzt, erhält man die Kapitalwertberechnungsformel auf der Basis von Realzahlungen, also mit preis- bzw. inflationsbereinigten Cashflows:

$$\text{Kapitalwert} = \sum_{t=0}^{T} \frac{Z_{N,t}}{q_N^t} = \sum_{t=0}^{T} \frac{\frac{Z_{N,t}}{q_G^t}}{\frac{q_N^t}{q_G^t}} = \sum_{t=0}^{T} \frac{\frac{Z_{N,t}}{q_G^t}}{\left(\frac{q_N}{q_G}\right)^t} = \sum_{t=0}^{T} \frac{Z_{R,t}}{\left(\frac{q_N}{q_G}\right)^t} = \sum_{t=0}^{T} \frac{Z_{R,t}}{q_R^t}$$

Als realer Zinsfaktor q_R wird – in Abgrenzung zum bisher eingesetzten nominalen Zinsfaktor – dabei wie in der Formel erkennbar der Quotient

$$q_R = \frac{q_N}{q_G}$$

mit

$$q_R = 1 + i_R$$

festgelegt.

Die beiden folgenden Tabellen (Abbildung 6-49 und Abbildung 6-50) zeigen den Vergleich der Berechnungsvorgehensweisen, wobei im Tabellenkopf beider Tabellen die relevanten Kalkulationszinssätze bzw. Diskontierungsfaktoren sowie die Preisänderungsraten (hier noch „Geldentwertungsraten") angegeben sind.

Kalkulationszins nominal (i_N) =		8 %	nominaler Diskontierungsfaktor $q_N = (1+i_N) = 1{,}08$				
allg Geldentwertungsrate g =		4 %	Geldentwertungsfaktor $q_g = 1{,}04$				
"Kalkulationszins real" (i_R) =		3,85 %	realer Diskontierungsfaktor $q_R = (1+i_R) = 1{,}038$				
Periode:		0	1	2	3	4	5
Auszahlung	Basiswerte (t = 0)						
Investauszahlung		-100 000 €					
Wartungskosten (zahlungswirksam)	-10 000 €		-10 400 €	-10 816 €	-11 249 €	-11 699 €	-12 167 €
Reparaturkosten (zahlungswirksam)	-12 000 €			-12 979 €		-14 038 €	
Rückfluss	Basiswerte (t = 0)						
Energiekosteneinsparungen	50 000 €		52 000 €	54 080 €	56 243 €	58 493 €	60 833 €
Summe		-100 000 €	41 600 €	30 285 €	44 995 €	32 756 €	48 666 €
Partielle Barwerte **(diskoniert mit q_N)**		-100 000 €	38 519 €	25 964 €	35 718 €	24 077 €	33 121 €
Kapitalwert		57 399 €					

Abbildung 6-49: Kapitalwertberechnung mit Nominalwerten (diskontiert mit q_N)

Kalkulationszins nominal (i_N) =		8 %	nominaler Diskontierungsfaktor $q_N = (1+i_N) = 1{,}08$				
allg. Geldentwertungsrate g =		4 %	Geldentwertungsfaktor $q_g = 1{,}04$				
"Kalkulationszins real" (i_R) =		3,85 %	realer Diskontierungsfaktor $q_R = (1+i_R) = 1{,}038$				
Periode:		0	1	2	3	4	5
Auszahlung	Basiswerte (t = 0)						
Investauszahlung		-100.000 €					
Wartungskosten (zahlungswirksam)	-10.000 €		-10.000 €	-10.000 €	-10.000 €	-10.000 €	-10.000 €
Reparaturkosten (zahlungswirksam)	-12.000 €			-12.000 €		-12.000 €	
Rückfluss	Basiswerte (t = 0)						
Energiekosteneinsparungen	50.000 €		50.000 €	50.000 €	50.000 €	50.000 €	50.000 €
Summe		-100.000 €	40.000 €	28.000 €	40.000 €	28.000 €	40.000 €
Partielle Barwerte **(diskoniert mit q_R)**		-100.000 €	38.519 €	25.964 €	35.718 €	24.077 €	33.121 €
Kapitalwert		57.399 €					

Abbildung 6-50: Kapitalwertberechnung mit Realwerten (diskontiert mit q_R)

Die Berechnungen zeigen: Die Ergebnisse sind identisch. Insofern scheint es auf den ersten Blick unbedeutend zu sein, für welche Kapitalwertermittlungsmethode man sich entscheidet, ob

1) mit inflationsbereinigten Zahlungsreihen (gut zu erkennen an den konstanten Zahlungsströmen über die Zeit) und einem realen Diskontierungsfaktor oder
2) mit nominalen Zahlungsreihen (die Preissteigerungen berücksichtigen) und einem nominalen Diskontierungsfaktor.

Beide Verfahren kommen – wie anhand des Beispiels dargelegt – zum gleichen Ergebnis.

Diese Aussage trifft jedoch nur dann zu, wenn alle Zahlungsreihen derselben Preisänderungsrate unterworfen sind. Sind hingegen unterschiedliche Raten anzusetzen, weil etwa die Kosten für Reparaturdienstleistungen langsamer ansteigen als für eingesparte Stromkosten, dann scheidet Methode 1) aus, da ein realer Diskontierungsfaktor nur **eine** Geld-Entwertungsrate berücksichtigen kann.[57]

57 So auch Röhrich 2007, S. 156.

Mit Blick auf Investitionsrechnungen für energieorientierte Maßnahmen muss an dieser Stelle klar die Empfehlung ausgesprochen werden, grundsätzlich nur mit nominalen Zahlungsreihen respektive Diskontierungsfaktoren zu rechnen, also die Methode 2) einzusetzen, da sich in aller Regel die Preisänderungsraten von Energieträgern und darüber hinaus insbesondere auch von anderen Produktionsfaktoren unterscheiden.

Zusammenfassung

Die Berücksichtigung von Preisänderungen bzw. die Inflationsbereinigung – was das Gegenteil ist – als solche hat, wenn nicht unterschiedliche Raten bei internationalen Geschäften vorliegen, keinen Einfluss auf den Kapitalwert, sofern jeweils mit realen Zahlungsreihen und realen Kalkulationszinsen bzw. mit nominalen Zahlungsreihen und nominalen Kalkulationszinsen kalkuliert wird. Insofern ist es für das Kalkulationsergebnis irrelevant, welche Berechnungsvorgehensweise man wählt.

Unter einer bestimmten Voraussetzung kommt allerdings eine Kalkulation nur mit Realwerten **nicht** infrage, nämlich dann, wenn im Berechnungsmodell mehr als eine Preisänderungsrate vorliegt. Und das ist bei energieorientierten Investitionen häufig der Fall. So verteuern sich in den letzten Jahren die spezifischen Kosten für elektrischen Strom und Erdgas unterschiedlich und erheblich schneller als die meisten anderen für Haushalte und Industrie relevanten Kostenträger (etwa Personalkosten, Produktionsmaterialkosten, Wohnraum etc.).

6.2.5.2 Berücksichtigung und Abschätzung von Preisänderungsraten

Prinzipiell muss davon ausgegangen werden, dass – abgesehen von Initialauszahlungen (in Periode 0) – jeder einzelne Zahlungsstrom, der im Berechnungsmodell eines angedachten Investitionsprojektes und somit in einem – nominellen, also nicht-inflationsbereinigtem – Kapitalwerttableau berücksichtigt wird, seine individuelle Jahrespreisänderungsrate aufweist. Der Zahlungsstrom hat zunächst einen Basiswert (also zahlungswirksame Kosten oder Einnahmen zum gegenwärtigen Zeitpunkt), der mit der jeweiligen Preisänderungsrate multiplikativ verknüpft einen zukünftigen Wert ergibt und einer Periode oder mehreren künftigen Perioden zugeordnet werden kann. Das folgende Beispiel in Abbildung 6-51 soll diese Aussagen verdeutlichen. In diesem Beispiel geht es im Zuge einer energetischen Gebäuderenovierung um das Heizsystem und die Frage, ob erneut eine Gastherme eingebaut werden soll oder ein Wechsel zu einer Wärmepumpe ratsam ist. Eine Raumwärmeübertragung per Fußbodenheizung (eigentlich müsste man vom „Fußbodenwärmeübertrager" sprechen) ist vorhanden.

Kalkulationszins i		4 %								
Jahresstromverbrauch Wärmepumpe		1 907 kWh								
Jahresgasverbrauch Gastherme		9 084 kWh								
Emissionsfaktor Erdgas		0,2 kg/kWh								
Jahrespreisänderungsraten										
Preisänderungsrate el. Strom		2 %								
Preisänderungsrate Erdgas		5 %								
Wartungs- und Reparaturkosten		3 %								
Schornsteinfegerkosten		4 %								
Gasgrundgebühr		2 %								
Periodenspezifische Angaben										
Periodenende		0	1	2	3	4	5	…	19	20
Spezifische Stromkosten		0,3 €/kWh	0,31 €/kWh	0,31 €/kWh	0,32 €/kWh	0,32 €/kWh	0,33 €/kWh	…	0,44 €/kWh	0,45 €/kWh
Spezifische Gaskosten		0,12 €/kWh	0,13 €/kWh	0,13 €/kWh	0,14 €/kWh	0,15 €/kWh	0,15 €/kWh	…	0,3 €/kWh	0,32 €/kWh
Spezifischer CO_2-Preis nach BEHG		45 €/t	55 €/t	65 €/t	68 €/t	72 €/t	75 €/t	…	149 €/t	156 €/t
BELASTUNGEN	Basiswerte									
Preis der Wärmepumpe komplett inkl. Speicher + Rohrleitungen + Steuerung	20 000 €	-20 000 €								
Kosten für Installation der Wärmepumpe	5 000 €	-5 000 €								
Wartungskosten Wärmepumpe	200 €		-206 €	-212 €	-219 €	-225 €	-232 €	…	-351 €	-361 €
Reparaturkosten Wärmepumpe	300 €						-348 €	…		-542 €
Stromverbrauch Wärmepumpe	1 907 kWh		-584 €	-595 €	-607 €	-619 €	-632 €	…	-834 €	-850 €
NUTZEN										
Eingesparter Preis für neue Gastherme	12 000 €	12 000 €								
Eingesparte Kosten für Installation der Gastherme	3 500 €	3 500 €								
Eingesparte Wartungskosten Gastherme	150 €		155 €	159 €	164 €	169 €	174 €	…	263 €	271 €
Eingesparte Reparaturkosten Gastherme	150 €						174 €	…		271 €
Eingesparte Schornsteinfegerkosten	120 €		125 €	130 €	135 €	140 €	146 €	…	253 €	263 €
Eingesparte CO_2-Bepreisung		82 €	100 €	118 €	124 €	130 €	137 €	…	271 €	284 €
Eingesparte Gasgrundgebühr	100 €		102 €	104 €	106 €	108 €	110 €	…	146 €	149 €
Eingesparter Verbrauch Erdgas für Gastherme	9 084 kWh		1 145 €	1 202 €	1 262 €	1 325 €	1 391 €	…	2 755 €	2 892 €
Gesamt		-9 418 €	836 €	905 €	965 €	1 028 €	921 €	…	2 503 €	2 377 €
Barwerte		-9 418 €	804 €	837 €	858 €	879 €	757 €	…	1 188 €	1 085 €
Kapitalwert bei Einbau der Wärmepumpe		10 297 €								

Abbildung 6-51: Kapitalwertberechnung zur Klärung der Frage, ob im Zuge einer Heizsystem-Erneuerung erneut eine Gastherme eingebaut werden soll oder ein Wechsel zu einer Wärmepumpe ratsam ist (Wirkungsdauer: 20 Jahre)

Der Berechnung kann man entnehmen, dass über die zu leistenden oder einzusparenden Initialauszahlungen im Modell des Beispiels neun Zahlungsstromarten vorkommen, die über die Wirkungsdauer der Investition hinweg regelmäßige Zahlungen oder Zahlungseinsparungen (was investitionsrechnerisch das Gleiche ist, allerdings mit anderem Vorzeichen) nach sich ziehen. Es geht

- bei der möglichen Wärmepumpe um die laufenden Kosten/Auszahlungen für
  - Wartung,
  - Reparatur,
  - Stromverbrauch
- und bei der dann wegfallenden Gastherme um die eingesparten Kosten/Auszahlungen für
  - Wartung,
  - Reparatur,
  - Schornsteinfeger,
  - Gasgrundgebühr,
  - Erdgasverbrauch und
  - CO_2-Bepreisung.

Es wäre – im Beispiel – sicherlich sehr unrealistisch anzunehmen, dass alle neun aufgeführten Zahlungsströme demselben Preisänderungsfaktor unterliegen (etwa einer allgemeinen Inflationsrate). Plausibel erscheint vielleicht, dass die Preisänderungsraten von Wartungs- und Reparaturkosten sowohl bei Gasthermen als auch bei Wärmepumpen den gleichen Wert haben, also zusammengefasst werden können, da derartige Arbeiten häufig von demselben Handwerksbetrieb vorgenommen werden. Dies ist im obigen Beispiel auch erfolgt. Gleiches soll für die Entwicklung des spezifischen Erdgaspreises und der CO_2-Bepreisung (ab Beginn der Versteigerung der Emissionszertifikate ab 2026) gelten. Alle anderen Zahlungsströme dürfen sich dagegen auf unterschiedliche Weise entwickeln. Und genau das sollte durch differenzierte Preisänderungsraten berücksichtigt werden, im vorliegenden Beispielfall also durch insgesamt **fünf verschiedene Raten**.

Wirken sich die Preisänderungsraten vor allem im Bereich „Belastungen“[58] aus, dann führt eine hohe und steigende Rate zu einer Reduzierung des Kapitalwertes. Im Bereich „Nutzen“ ist es genau umgekehrt. Hohe Preisänderungsraten haben dort kapitalwertsteigende Wirkungen.

Doch wie ermittelt/bestimmt man derartige Preisänderungsraten? Die – scheinbar – genaueste Vorgehensweise ist sicherlich, statt der eigentlichen Preisänderungsraten die – variierenden – Zahlungsbeträge über alle einzelnen Perioden der gesamten Wirkungsdauer eines Projektes abzuschätzen. Bei unserem Beispielprojekt mit neun relevanten Zahlungsstromarten, von denen anzunehmenderweise fünf unterschiedlich variieren, und einer angenommenen Wirkungsdauer von 20 Jahren hieße das, 100 verschiedene Zahlungsabschätzungen vorzunehmen. In Anbetracht der Tatsache, dass eine derartig weit in die Zukunft gerichtete Abschätzung generell – also unabhängig vom Thema und der Untersuchungsgenauigkeit – mit großer Unsicherheit behaftet ist, dürfte in den meisten Fällen ein schlechtes Aufwand-Nutzen-Verhältnis vorliegen, was letzten Endes gegen eine solche Vorgehensweise spricht.

Gleiches gilt für periodenspezifische Preisänderungsraten, sofern nicht Hinweise vorliegen, dass eine bestimmte Preissteigerungsrate sich in den nächsten X Jahren wahrscheinlich in die eine und den darauffolgenden Y Jahren in eine andere Richtung bewegt (z. B. weil die allgemeine Inflationsrate gerade auf einem hohen Stand ist und man mit politischen Interventionen rechnet oder weil der Rohölpreis im Moment stark von äußeren Einflüssen bestimmt wird, deren Ende in absehbarer Zeit erwartet wird).

In allen anderen Fällen wird üblicherweise mit konstanten Jahrespreisänderungsraten, die insofern dann Durchschnittswerte über die gesamte Wirkungsdauer darstellen, gerechnet.

58 Ein Synonym für diesen Bereich ist der Begriff „Anstrengungen“.

Die Abschätzung einer durchschnittlichen Preisänderungsrate für eine Zahlungsstromart (etwa elektrischer Strom, Wartung/Reparaturkosten, Schornsteinpflegerkosten, Gasgrundgebühr etc.) kann erfolgen, indem man

- den Basiswert, also den Preis zum gegenwärtigen Zeitpunkt, betrachtet,
- die üblichen Jahreswartungs- und Reparaturkosten für eine Wärmepumpe[59] zugrunde legt oder
- die spezifischen Stromkosten durch Sichtung der Rechnung und Verrechnung des Leistungspreises auf den Arbeitspreis verwendet.

Danach kann es Sinn machen, mit Blick auf eine mögliche Projektion der vergangenen Preisentwicklung in die Zukunft die bisherigen Preisänderungen einer Zahlungsstromart über die letzten Jahre zu ermitteln. Verschiedene Quellen bieten hierfür z. T. kostenfreie Informationen, etwa das Statistische Bundesamt.[60]

Eine weitere hilfreiche – kostenfreie – Quelle sind häufig auch veröffentlichte Ergebnisse einschlägiger Forschungsprojekte, in denen es u. a. um (Energie-)Preisszenarien geht, etwa vom Energiewirtschaftlichen Institut an der Universität zu Köln (EWI), von Prognos und Agora. Zudem kann es hilfreich sein, spezialisierte Datenbankservices von Unternehmen zu nutzen, die sich auf Preisszenarien – speziell von Energiepreisentwicklungen – spezialisiert haben, etwa von Montel.

Nach Verarbeitung solcher externer Informationen empfiehlt es sich, die betrachteten Zahlungsstromarten nach lokalen, regionalen und internationalen Einflussfaktoren zu hinterfragen, sie aufzulisten und insbesondere zu klären, was die Stärke der Wirkung eines jeden Einflussfaktors bestimmt und wie die voraussichtliche zeitliche Entwicklung sein wird. Die künftige Preisentwicklung ist insbesondere im Energiesektor komplex und hängt von verschiedenen Faktoren ab, darunter die weltweite Nachfrage, geopolitische Entwicklungen, die Verfügbarkeit von Rohstoffen und die Fortschritte in der Erneuerbaren-Energien-Technologie. In den kommenden Jahren sind sowohl Preissteigerungen als auch -rückgänge möglich.

Aufgrund der Unmöglichkeit, die Zukunft vorauszusagen, weisen Preisänderungsraten z. T. große Unsicherheiten auf, die mit wachsender Wirkungsdauer eines Projektes zunehmen. Insofern erscheint es geboten, dieser Unsicherheit sowohl nach außen hin Beachtung zu verleihen (Stichwort: Transparenz) als auch nach innen, indem man zu jeder geschätzten Preisänderungsrate Spannbreiten mitbestimmt, die später in Sensitivitäts- und Szenarioanalysen Verwendung finden.

Ergebnis sollte sein, für jede Zahlungsstromart eine reflektierte, mit Informationen untermauerte Preisänderungsrate zu bestimmen, zu der dann auch Spannbreiten angegeben werden. Abbildung 6-52 zeigt eine exemplarische Übersicht für das Beispiel aus Abbildung 6-51 auf.

Preisänderungsrate für Zahlungsstromart ...	wahrscheinlicher Fall	Minimalwert	Maximalwert
Preisänderungsrate el. Strom	2 %	0 %	5 %
Preisänderungsrate Erdgas	5 %	3 %	7 %
Wartungs- und Reparaturkosten	3 %	2 %	4 %
Schornsteinfegerkosten	4 %	3 %	5 %
Gasgrundgebühr	2 %	2 %	4 %

Abbildung 6-52: Bestimmung der Preisänderungsraten mit Angabe von Spannbreiten

59 Z. B. durch Nachfrage bei einem entsprechenden Fachbetrieb. Im Beispiel 200 Euro Jahresbetrag für Wartung (ohne Wartungsvertag mit konstanten Gebühren) und 300 Euro für Reparatur alle 5 Jahre.

60 Siehe https://www-genesis.destatis.de.

6.2.5.3 Die Bedeutung von Energiepreissteigerungen für Investitionen

Preissteigerungen haben dann eine positive Wirkung auf den Kapitalwert, wenn sie sich ausschließlich oder zumindest vornehmlich auf Zahlungsstromarten des Bereichs „Nutzen" auswirken. Im Bereich „Belastungen" (oder synonym „Anstrengungen") ist es umgekehrt. Im Beispiel eines möglichen Heizungssystemwechsels hin zu einer Wärmepumpe (siehe Kapitel 6.2.5.1) würde eine Steigerung der Erdgaskosten ceteris paribus den Kapitalwert ansteigen lassen.

Geht man von anhaltenden Preissteigerungen bei Zahlungsstromarten des Bereichs „Nutzen" aus, kann man auf den Gedanken kommen, entsprechende Investitionsaktivitäten aufzuschieben, sofern das möglich ist (im Beispiel die bestehende Heizanlage noch funktioniert), um so den Kapitalwert und damit den Beitrag zur Steigerung des Unternehmenswertes zusätzlich zu erhöhen. Denkbar wäre beispielsweise, eine Energieeffizienzmaßnahme, die bei unmittelbarer Umsetzung unter Zugrundelegung eines Kalkulationszinses von 5 % und einer Erdgaspreissteigerungsrate von 5 % pro Jahr einen Kapitalwert in Höhe von knapp 25 000 Euro generieren würde (siehe Abbildung 6-53), z. B. ein Jahr später in Angriff zu nehmen (siehe Vergleich Abbildung 6-53 und Abbildung 6-54).

Kalkulationszins	5 %										
Preisänderungsrate Erdgas	5 %										
Periode	0	1	2	3	4	5	6	7	8	9	10
Spez. Erdgaskosten [€/kWh]	0,10	0,11	0,11	0,12	0,12	0,13	0,13	0,14	0,15	0,16	0,16
Gaseinsparung [kWh]		150 000	150 000	150 000	150 000	150 000					
Investitionszahlung [€]	-50 000 €										
Gaskostenreduktion [€]		15 750 €	16 538 €	17 364 €	18 233 €	19 144 €					
Summe	-50 000 €	15 750 €	16 538 €	17 364 €	18 233 €	19 144 €	0 €	0 €	0 €	0 €	0 €
Barwerte	-50 000 €	15 000 €	15 000 €	15 000 €	15 000 €	15 000 €	0 €	0 €	0 €	0 €	0 €
Kapitalwert	25 000 €										

Abbildung 6-53: Kapitalwertberechnung Alternative A (bei 5 % Jahresenergiekostensteigerung, Kalkulationszins = 5 %)

Will man eine Zeitverschiebung vornehmen, bedeutet dies investitionsrechnerisch, sämtliche Zahlungs- bzw. Energieertragsströme um eine Spalte nach rechts zu verschieben (siehe Abbildung 6-54). Das Ergebnis erscheint ermutigend.

Kalkulationszins	5 %										
Preisänderungsrate Erdgas	5 %										
Periode	0	1	2	3	4	5	6	7	8	9	10
Spez. Erdgaskosten [€/kWh]	0,10	0,11	0,11	0,12	0,12	0,13	0,13	0,14	0,15	0,16	0,16
Gaseinsparung [kWh]			150 000	150 000	150 000	150 000	150 000				
Investitionszahlung [€]		-50 000 €									
Gaskostenreduktion [€]			16 538 €	17 364 €	18 233 €	19 144 €	20 101 €				
Summe	0 €	-50 000 €	16 538 €	17 364 €	18 233 €	19 144 €	20 101 €	0 €	0 €	0 €	0 €
Barwerte	0 €	-47 619 €	15 000 €	15 000 €	15 000 €	15 000 €	15 000 €	0 €	0 €	0 €	0 €
Kapitalwert	27 381 €										

Abbildung 6-54: Kapitalwertberechnung Alternative A nach Aufschub der Energiemaßnahme um ein Jahr (bei 5 % Jahresenergiekostensteigerung, Kalkulationszins = 5 %)

Es sieht so aus, als hätte man dadurch tatsächlich den Kapitalwert erhöht. Offenbar lohnt es sich, bei steigenden Energiepreisen Energiemaßnahmen aufzuschieben. Stimmt das?

Zunächst sollte man sich vergegenwärtigen, dass ohne Steigerungsraten auf der Rückflussseite die Kapitalwerte von Investitionsprojekten mit zunehmender zeitlicher Versetzung abnehmen. Ein Vergleich von Abbildung 6-55 mit Abbildung 6-56 macht dies deutlich.

Kalkulationszins	5 %										
Preisänderungsrate Erdgas	0 %										
Periode	0	1	2	3	4	5	6	7	8	9	10
Spez. Erdgaskosten [€/kWh]	0,10	0,10	0,10	0,10	0,10	0,10	0,10	0,10	0,10	0,10	0,10
Gaseinsparung [kWh]		150 000	150 000	150 000	150 000	150 000					
Investitionszahlung [€]	-50 000 €										
Gaskostenreduktion [€]		15 000 €	15 000 €	15 000 €	15 000 €	15 000 €					
Summe	-50 000 €	15 000 €	15 000 €	15 000 €	15 000 €	15 000 €	0 €	0 €	0 €	0 €	0 €
Barwerte	-50 000 €	14 286 €	13 605 €	12 958 €	12 341 €	11 753 €	0 €	0 €	0 €	0 €	0 €
Kapitalwert	14 942 €										

Abbildung 6-55: Kapitalwertberechnung Alternative A (bei konstanten spezifischen Erdgaskosten; Kalkulationszins = 5 %)

Die Verschiebung um eine Periode reduziert den Kapitalwert von 14 942 Euro auf 14 231 Euro. Dieses Ergebnis tritt jedoch nur ein, wenn die Rückflüsse nicht ansteigen.

Kalkulationszins	5 %										
Preisänderungsrate Erdgas	0 %										
Periode	0	1	2	3	4	5	6	7	8	9	10
Spez. Erdgaskosten [€/kWh]	0,10	0,10	0,10	0,10	0,10	0,10	0,10	0,10	0,10	0,10	0,10
Gaseinsparung [kWh]			150 000	150 000	150 000	150 000	150 000				
Investitionszahlung [€]		-50 000 €									
Gaskostenreduktion [€]			15 000 €	15 000 €	15 000 €	15 000 €	15 000 €				
Summe	0 €	-50 000 €	15 000 €	15 000 €	15 000 €	15 000 €	15 000 €	0 €	0 €	0 €	0 €
Barwerte	0 €	-47 619 €	13 605 €	12 958 €	12 341 €	11 753 €	11 193 €	0 €	0 €	0 €	0 €
Kapitalwert	14 231 €										

Abbildung 6-56: Kapitalwertberechnung Alternative A nach Aufschub der Energiemaßnahme um ein Jahr (bei konstanten spezifischen Energiekosten; Kalkulationszins = 5 %)

Abbildung 6-57 zeigt als Differenztabelle der beiden Berechnungen nun die Hintergründe der Kapitalwertmehrung durch eine Verschiebung der Investition um eine Periode (Alternative A+1) auf. In Periode 0 sind bei Alternative A bereits 50 Tausend Euro gebunden, was als ein Anlagenachteil gegenüber Alternative A+1 anzusehen ist. Um genau den Betrag in Höhe von 2 381 Euro ist „Alternative A+1" attraktiver, was den Kapitalwert angeht.

Kalkulationszins	5 %										
Preisänderungsrate Erdgas	5 %										
Periode	0	1	2	3	4	5	6	7	8	9	10
Spez. Erdgaskosten [€/kWh]	0,10	0,11	0,11	0,12	0,12	0,13	0,13	0,14	0,15	0,16	0,16
Gaseinsparung [kWh]	150 000	150 000	150 000	150 000	150 000	150 000	150 000				
Differenz Invest-Auszahlung	50 000 €	-50 000 €	0 €	0 €	0 €	0 €	0 €	0 €	0 €	0 €	0 €
Differenz Gaskostenreduktion	0 €	-15 750 €	0 €	0 €	0 €	0 €	20 101 €	0 €	0 €	0 €	0 €
Summe	50 000 €	-65 750 €	0 €	0 €	0 €	0 €	20 101 €	0 €	0 €	0 €	0 €
Barwerte	50 000 €	-62 619 €	0 €	0 €	0 €	0 €	15 000 €	0 €	0 €	0 €	0 €
Kapitalwert	2 381 €										

Abbildung 6-57: Differenztabelle Vorteil von Alternative A+1 gegenüber Alternative A (bei 5 % Jahresenergiekostensteigerung; Kalkulationszins = 5 %)

Die relativ hohen Gaskostenreduktionen in Periode 6 in Höhe von nominal 20 101 Euro (für Alternative A+1) im Vergleich zur vergleichsweise geringen Gaskostenreduktionen in Periode 1 in Höhe von nominal 15 750 Euro (für Alternative A) spielen bei dieser Fallkonstellation keine Rolle. Dies liegt daran, dass der Preissteigerungseffekt sowohl in Periode 6 für Alternative A+1 als auch in Periode 1 für Alternative A jeweils komplett durch die Abzinsung aufgezehrt wird. Generell gilt das jedoch nicht, sondern hat damit zu tun, dass im Moment noch davon ausgegangen wird, die Preissteigerungsrate für Energie entspräche exakt dem Kalkulationszinssatz (5 % Preissteigerungsrate und 5 % Kalkulationszins).

Würde die Preissteigerungsrate für Erdgas den Kalkulationszins übersteigen, wäre der (vermeintliche) Kapitalwertsteigerungseffekt größer und vice versa. Bei sehr geringen Preissteigerungsraten (deutlich unterhalb des Kalkulationszinses) kann der sich hieraus ergebende Nachteil einer zeitlichen Verschiebung des Investitionsprojektes gar den Kapitalwertvorteil aus der Verschiebung der Investitionsauszahlung überkompensieren, sodass am Ende der Kapitalwert bei zeitlicher Verschiebung (auch bei leichter Energiepreissteigerung) abnimmt.

Bleiben wir zunächst noch bei unserer Beispielkonstellation (5 % Energiepreissteigerungsrate und 5 % Kalkulationszins), die den Anschein erweckte, dass der Kapitalwert bei einer zeitlichen Versetzung der Investitionsaktivität um eine Periode zunehmen würde. Hieraus könnte man nun den Schluss ziehen, das Ganze auf die Spitze zu treiben und den Zeitversatz weiter zu erhöhen, z. B. auf fünf Jahre. Abbildung 6-58 zeigt das Ergebnis einer solchen möglichen Entscheidung.

Kalkulationszins	5 %										
Preisänderungsrate Erdgas	5 %										
Periode	0	1	2	3	4	5	6	7	8	9	10
Spez. Erdgaskosten [€/kWh]	0,10	0,11	0,11	0,12	0,12	0,13	0,13	0,14	0,15	0,16	0,16
Gaseinsparung [kWh]		150 000	150 000	150 000	150 000	150 000	150 000	150 000	150 000	150 000	150 000
Investitionszahlung [€]						-50 000 €					
Gaskostenreduktion [€]							20 101 €	21 107 €	22 162 €	23 270 €	24 433 €
Summe	0 €	0 €	0 €	0 €	0 €	-50 000 €	20 101 €	21 107 €	22 162 €	23 270 €	24 433 €
Barwerte	0 €	0 €	0 €	0 €	0 €	-39 176 €	15 000 €	15 000 €	15 000 €	15 000 €	15 000 €
Kapitalwert	35 824 €										

Abbildung 6-58: Kapitalwertberechnung Alternative A nach Aufschub der Energiemaßnahme um fünf Jahre (bei 5 % Jahresenergiekostensteigerung; Kalkulationszins = 5 %)

Erneut hat sich der Kapitalwert erhöht, jetzt von 27 381 Euro auf 35 824 Euro. Das Abwarten scheint sich zu lohnen. Ist es so? Antwort: Nein!

Bei den bisherigen Betrachtungen sind wir davon ausgegangen, Energieeffizienz- und Klimaschutzmaßnahmen stünden im Wettbewerb zueinander und man müsste eine Alternative aus mehreren auswählen (wie es häufig bei Investitionsentscheidungen ja auch der Fall ist). Bei der investitionsrechnerischen Untersuchung des geeigneten Startzeitpunktes von Energiemaßnahmen geht es hingegen in aller Regel nicht um Projekte, die sich gegenseitig ausschließen. Sie können sich vielmehr in zeitlicher Hinsicht ergänzen, um auf diese Weise – also nicht durch Exklusion, sondern durch Inklusion – den Gesamtkapitalwert zu steigern.

Es wäre, wie Abbildung 6-59 beispielhaft verdeutlicht, bezugnehmend auf unser Beispiel unsinnig, die angedachte – hier aus Darstellungsgründen auf fünf Jahre Wirkungsdauer begrenzte – Energieeinsparmaßnahme (150 000 kWh pro Jahr) erst in fünf Jahren umzusetzen.

Kalkulationszins	5 %										
Preisänderungsrate Erdgas	5 %										
Periode	0	1	2	3	4	5	6	7	8	9	10
Spez. Erdgaskosten [€/kWh]	0,10	0,11	0,11	0,12	0,12	0,13	0,13	0,14	0,15	0,16	0,16
Gaseinsparung [kWh]		150 000	150 000	150 000	150 000	150 000	150 000	150 000	150 000	150 000	150 000
Investitionszahlung [€]	-50 000 €					-50 000 €					
Gaskostenreduktion [€]		15 750 €	16 538 €	17 364 €	18 233 €	19 144 €	20 101 €	21 107 €	22 162 €	23 270 €	24 433 €
Summe	-50 000 €	15 750 €	16 538 €	17 364 €	18 233 €	-30 856 €	20 101 €	21 107 €	22 162 €	23 270 €	24 433 €
Barwerte	-50 000 €	15 000 €	15 000 €	15 000 €	15 000 €	-24 176 €	15 000 €	15 000 €	15 000 €	15 000 €	15 000 €
Kapitalwert	60 824 €										

Abbildung 6-59: Zur Zweckmäßigkeit, Energiemaßnahmen aufzuschieben – Alternative A plus Alternative A+5 (bei 5 % Jahresenergiekostensteigerung; Kalkulationszins = 5 %)

Ein wesentlich höherer Kapitalwert (im Beispiel 60 824 Euro) ergibt sich, wenn Alternative A plus Alternative A+5 in Kombination, also nacheinander umgesetzt werden.

Zusammenfassung

Es lässt sich festhalten, dass Energiemaßnahmen – sofern die Finanzierung es zulässt – grundsätzlich und unmittelbar dann umgesetzt werden sollten, wenn eine Investitionsrechnung positive Kapitalwerte hervorbringt. Ein Aufschieben von Maßnahmen in Zeiten steigender spezifischer Energiepreise in die Zukunft mit dem Hintergedanken, partiell den jeweiligen Kapitalwert zu erhöhen, führt nicht zu entsprechend positiven Effekten und sollte daher unterbleiben.

6.3 Eindeutige Abgrenzung von Zahlungen

Dynamische Investitionsrechnungsverfahren verrechnen **Zahlungen** oder besser **Zahlungsströme**. Diese können, müssen aber nicht gleichzeitig **Kosten** sein. Beispiel: Die Reparatur**kosten** einer geplanten Windenergieanlage oder die Wartungs**kosten** eines Blockheizkraftwerkes sind gleichzeitig auch als **Zahlungen** anzusehen, die als solche in Investitionsberechnungen unverändert berücksichtigt werden können. Bei diesen Kostenarten handelt es sich nämlich um **zahlungswirksame Kosten**. Bei Abschreibungen (oder Abschreibungsaufwand, Abschreibungskosten) ist das nicht der Fall. Abschreibungen bemessen Werteverluste von Anlagegütern wie Heizanlagen, die keine unmittelbaren Zahlungen nach sich ziehen. Als **zahlungsunwirksame Kosten** oder **zahlungsunwirksame Aufwendungen** dürfen sie **nicht** in dynamischen Investitionsrechnungsmodellen verrechnet werden. Dagegen führt die Anschaffung eines Investitionsobjektes (die Anschaffungsausgabe oder Anschaffungsauszahlung) zwar zu Zahlungen, aber nicht zu Kosten oder Aufwendungen (**kostenunwirksame Zahlungen**). Solche Zahlungen sind zwingend zu berücksichtigen.

Zur Verdeutlichung schauen wir uns ein Beispiel an. Ein Investitionsobjekt wird zu einem Preis in Höhe von 1 000 000 Euro angeboten (unmittelbar zu zahlen, keine Ratenzahlung). Die Abschreibungsdauer beträgt fünf Jahre. Bei linearer Abschreibungsbetragsermittlung betragen die jährlichen Abschreibungskosten demzufolge 200 000 Euro. Wir vernachlässigen Rückflüsse und versuchen, mithilfe eines einfachen Investitionsrechnungsmodells den Kapitalwert bei einem Kalkulationszinssatz von 10 % zum einen auf der Grundlage der Zahlungsströme und zum anderen auf Basis der Kosten zu ermitteln.

Bei Berücksichtigung der Zahlungsströme erhalten wir als Kapitalwert einen, der der Anfangsauszahlung entspricht (Abbildung 6-60). Offensichtlich ist das Ergebnis korrekt: Der Wert der Anlage zum gegenwärtigen Zeitpunkt (= Verkaufspreis) entspricht seinem Kapital- bzw. Barwert.

Betrachtungszeitpunkt t = ...	0	1	2	3	4	5
Anschaffungsausgabe	-1 000 000 €					
Kapitalwert	-1 000 000 €					

Abbildung 6-60: Kapitalwertermittlung von Zahlungsströmen; $i = 10\ \%$

Würden wir nun anstelle der Zahlungsströme (hier nur eine Zahlung) die Aufwendungen bzw. Kosten, also die Abschreibungsbeträge zugrunde legen, dann ermittelten wir einen Kapitalwert in Höhe von 758 157 Euro, also ein erheblich niedrigeres Berechnungsergebnis (siehe Abbildung 6-61), das die tatsächlichen Gegebenheiten – der Kapitalwert muss zum Zeitpunkt $t = 0$ der Anschaffungsauszahlung entsprechen – nicht widerspiegelt.

Betrachtungszeitpunkt t = ...	0	1	2	3	4	5
Abschreibungen		-200 000 €	-200 000 €	-200 000 €	-200 000 €	-200 000 €
Barwerte		-181 818 €	-165 289 €	-150 263 €	-136 603 €	-124 184 €
Kapitalwert (= ∑Barwerte)	-758 157 €					

Abbildung 6-61: Kapitalwertermittlung von (zahlungsunwirksamen) Aufwandsströmen; $i = 10\ \%$

Wie ist der Unterschied dieser Berechnungsergebnisse zu erklären? Bei der Kapitalwertermittlung auf Basis der Abschreibungskosten findet eine „Entwertung" künftiger Beträge (von jeweils 200 000 Euro pro Periode) über einen Zeitraum von fünf Jahren statt. Diese Entwertung (oder auch Diskontierung) ist aus heutiger Sicht umso höher, je weiter der Betrag in der Ferne liegt. Implizit geht man dabei davon aus, dass z. B. die letzten 200 000 Euro erst zum Ende der fünften Periode zu zahlen sind und demzufolge in den ersten vier Perioden zu 10 % angelegt werden können. Demzufolge erscheint die Belastung niedriger. Das entspricht aber nicht der Realität. Möglich wäre die Belastungsreduzierung nur, wenn die Abschreibungsbeträge tatsächliche Zahlungen wären, wenn also periodenweise (etwa in Form einer Ratenzahlung) Beträge in Höhe von jeweils 200 000 Euro gezahlt werden müssten. Diese Möglichkeit ist aber nicht gegeben.

Zusammenfassend lässt sich festhalten, dass in dynamischen Investitionsrechnungsmodellen nur Zahlungen verrechnet werden dürfen, weil nur sie zinsfähig sind. Kosten, die keinen Zahlungscharakter haben, haben in dynamischen Investitionsrechnungsmodellen nichts zu suchen.

6.4 Bedeutung der Investitionsentscheidungsart für Kapitalwertberechnungen

In den folgenden Ausführungen sollen **fakultative** Investitionsentscheidungen von **obligatorischen** unterschieden werden. Es geht um die Investitionsentscheidungs**art**. Diese Unterscheidung hat Einfluss auf die Art und Weise der Kapitalwertberechnung und ist bei energieorientierten Investitionsentscheidungen häufig von Bedeutung (aber auch bei nicht-energieorientierten).

Üblicherweise sind Investitionsentscheidungen fakultativ: Man kann, muss aber nicht investieren. Stehen mehrere Investitionsmöglichkeiten zur Wahl, wählt man – bei rein ökonomischer Betrachtung – diejenige mit dem höchsten Kapitalwert aus, ggf. auch mehrere, sofern sie einen positiven Kapitalwert aufweisen und ausreichend Liquidität oder Zugriff auf Fremdmittel vorhanden ist. Der Investitionsumfang wird dabei häufig durch ein Investitionsmittelbudget begrenzt, sodass man ein Investitionsprogramm festlegt.

Steht nur eine Investitionsmöglichkeit zur Wahl, handelt es sich um eine **Ja-nein-Entscheidung**, bei zwei Alternativen um eine **zweifache Ja-nein-Entscheidung**, ansonsten um eine **multiple Ja-nein-Entscheidung**.

In der Lebenswirklichkeit kommt es aber auch vor, dass **eine** investive Maßnahme ausgewählt werden **muss**, um die Funktionsfähigkeit des übergeordneten Systems sicherzustellen.[61] Es muss investiert werden, um einen Bedarf zu befriedigen (etwa einen konkreteren Nutzwärmebedarf eines Gebäudes, einen Druckluftbedarf oder einen Heißdampfbedarf in der Produktion).

Für den Bau eines Einfamilienhauses ist es beispielsweise erforderlich, ein Heizsystem auszuwählen; andernfalls wäre das Gebäude unbewohnbar. Ein Unternehmen, das einen eigenen Fuhrpark unterhält, muss einen neuen Kleintransporter anschaffen, wenn der bisherige nicht mehr genutzt werden kann, da andernfalls Endprodukte nicht an Kunden ausgeliefert werden können, wenn ein externer Dienst nicht möglich ist. Im dritten Beispiel geht es um eine neue Lagerhalle, die zwingend erforderlich ist, um Halbfertig- und Fertigfabrikate zu lagern. In all diesen Fällen muss **eine**

61 Eigentlich müsste das übergeordnete System – einmal mit und einmal ohne die betrachtete Investition – einer Kapitalwertberechnung unterzogen werden. Dies ist in der Praxis aber üblicherweise nicht möglich.

Investition getätigt, also eine positive Investitionsentscheidung für **eine** Investitionsalternative gefällt werden. Ob bei ihrer Bewertung ggf. negative Kapitalwerte zustande kommen, ist belanglos.

Sollte in solchen Situationen jeweils nur eine einzige Investitionsalternative gegeben sein, so läge eine **„auswahllose Entscheidung“** vor (eigentlich ist es dann keine Entscheidung mehr). Eine Kapitalwertberechnung ist für sie nicht erforderlich. Es wird in genau diese Maßnahme investiert, weil es so sein muss und etwas anderes nicht infrage kommt. Die Bestimmung eines adäquaten Kalkulationszinses, der Wirkungsdauer, der Preisänderungsraten etc. entfällt dann, weil man – mangels erforderlicher Kalkulation – diese Informationen nicht benötigt.

Stehen hingegen mehr als eine Investitionsalternative für das zu lösende Problem zur Wahl, hat man es bei zwei Alternativen mit einer **Entweder-oder-Entscheidung** zu tun, sonst mit einer **Entweder-oder-oder-Entscheidung** und so fort.

In diesen Fällen ist eine Investitionsrechnung erforderlich, um die wirtschaftlich vorteilhafteste Lösung auszuwählen. Selbst wenn alle betrachteten Alternativen einen negativen Kapitalwert aufweisen würden, etwa weil tatsächlich die wirtschaftliche Vorteilhaftigkeit infrage steht oder die Rückflüsse generell nicht oder nicht in monetarisierter Form erfasst werden können und man fiktive Rückflüsse nicht berücksichtigen möchte, müsste man am Ende eine, und zwar diejenige Alternative auswählen, die den geringsten negativen Kapitalwert aufweist.

Auf die Interpretations-Problematik von negativen Kapitalwerten ist schon eingegangen worden (siehe Kapitel 6.1.2.4). In solchen Fällen ist zu überlegen, fiktive Rückflüsse einzuführen, um auf diese Weise negative Kapitalwerte zu vermeiden. Allerdings ist die Festlegung von fiktiven Rückflüssen mitunter schwierig.

Schwierig erscheint nicht selten auch die Kalkulation als solche, weil bei **Entweder-oder-Entscheidungen** die Rückflüsse häufig nicht oder nur sehr vage monetär erfasst werden können (etwa der Wärmebedarf eines Gebäudes als Nutzenergiemenge, die bewertet in der Kapitalwertkalkulation als Rückfluss eigentlich berücksichtigt werden müsste). Hier bietet sich u. U. eine vergleichende Kapitalwertberechnung an, auf die im Folgenden eingegangen werden soll.

6.5 Solitäre und vergleichende Kapitalwertberechnungen

Bei obligatorischen Investitionsentscheidungen sind Rückflüsse häufig unbestimmbar (siehe Kapitel 6.4, z. B. Wärmebedarf eines Gebäudes, Druckbedarf eines Industrieprozesses etc.). Das kann entweder dazu führen, dass die zugehörigen Kapitalwerttableaus unvollständig sind und negative Kapitalwerte aufweisen, obwohl eine wirtschaftliche Vorteilhaftigkeit durchaus vorliegen kann (sie aber nicht ermittelbar ist), oder dass mit fiktiven Rückflüssen gearbeitet wird, die z. T. schwierig zu bestimmen sind. Hier kann die **„vergleichende Kapitalwertberechnung“** helfen.

Kapitalwertberechnungen lassen sich **solitär** oder u. U. auch **vergleichend** durchführen. Bei solitären – üblichen – Berechnungen wird **ein** Kapitalwerttableau **pro** Investitionsalternative erstellt. Stehen z. B. vier Investitionsalternativen zur Wahl, sind vier Tableaus anzufertigen, bei denen einige Einstellparameter möglicherweise die gleichen Wertangaben aufweisen (z. B. Kalkulationszins, spezifischer Energiepreis, Energiepreisänderungsrate, Preisänderungsrate Sonstiges etc.). Als Ergebnis der Berechnungen ergeben sich vier Kapitalwerte, die miteinander verglichen werden können, sodass eine Auswahlentscheidung getroffen werden kann.

Solitäre Kapitalwertberechnungen sind grundsätzlich immer möglich, unabhängig von der Anzahl an betrachteten Investitionsalternativen, im Falle von unklaren Rückflüssen u. a. mit negativen Kapitalwerten (die eine Unvorteilhaftigkeit dann nicht ausdrücken) oder mit schwierig festzulegenden fiktiven Rückflüssen. Alle bisher dargestellten Beispiele von Kapitalwertberechnungen waren von diesem Typus.

Eine **vergleichende Kapitalwertberechnung** umfasst demgegenüber zwei Investitionsalternativen in einem Tableau. Sie ist nur anwendbar, wenn zwei Alternativen zur Wahl stehen und beide den gleichen Output (häufig die gleiche zu deckende Nutzenergie) aufweisen. In solchen Fällen muss der Output dann auch nicht exakt bestimmt und monetarisiert werden, denn er wird nicht in das Kalkulationstableau übernommen; schließlich hat er keinen Einfluss auf das Kalkulationsergebnis. Hierzu Beispiele:

- Im Rahmen einer energetischen Sanierung eines Gebäudes wird festgestellt, dass die bestehende Gastherme am Lebensende angekommen ist oder gar nicht oder nicht mehr ordnungsgemäß funktioniert und entweder durch eine neue Gastherme oder eine Wärmepumpe ausgetauscht werden soll.
- Ein Neubau wird geplant und es muss darüber entschieden werden, ob entweder eine bestimmte Gastherme oder eine bestimmte Wärmepumpe eingebaut werden soll.

Eine der beiden Alternativen wird jeweils als **Primäralternative** deklariert (hier Wärmepumpe oder Gastherme) und die andere als **Sekundäralternative**. Mit einer nun erfolgenden vergleichenden Kapitalwertberechnung soll die Frage beantwortet werden, ob und inwieweit die Primäralternative gegenüber der Sekundäralternative eine wirtschaftliche Vorteilhaftigkeit aufweist.

Bei **Entweder-oder-Entscheidungen**, bei der eine von zwei Alternativen ausgewählt werden muss und die Rückflüsse gleich sind, ist diese Möglichkeit der vergleichenden Kapitalwertberechnung generell gegeben und auch sinnvoll. Bei **Ja-nein-Entscheidungen** ist sie auch möglich, wenn der Output der zu vergleichenden Alternativen übereinstimmt.

Zur Verdeutlichung des Nutzens von vergleichenden Kapitalwertberechnungen werden im Folgenden zunächst zwei solitäre Kalkulationen aufgezeigt, die schließlich in einer vergleichenden münden.

Die folgende Abbildung 6-62 zeigt eine Kapitalwertberechnung für eine **auswahllose Entscheidung**, d. h., es gibt keine Auswahlalternative. In diesem Beispiel soll eine bestimmte Wärmepumpe eingebaut werden. Der Kapitalwert ist hier negativ, was vor allem darauf zurückzuführen ist, dass der Rückfluss (der Nutzen) nicht monetär erfasst werden kann.

Kalkulationszins i	5 %									
Nutzenergiebedarf	20 000 kWh									
Jahresarbeitszahl JAZ (entspricht etwa dem Nutzungsgrad)	4									
Endenergieverbrauch	5 000 kWh									
Jahresstrompreissteigerungsrate	3 %									
Jahrespreissteigerungsrate Sonstiges	2 %									
Degradationsrate	0 %									
Periodenende	0	1	2	3	4	5	6	...	19	20
Endenergieverbrauch		5 000 kWh	5 000 kWh	5 000 kWh	5 000 kWh	5 000 kWh	5 000 kWh	...	5 000 kWh	5.000 kWh
Spezifische Stromkosten	0,35 €/kWh	0,36 €/kWh	0,37 €/kWh	0,38 €/kWh	0,39 €/kWh	0,41 €/kWh	0,42 €/kWh	...	0,61 €/kWh	0,63 €/kWh
ANSTRENGUNGEN										
Anschaffungsauszahlung für Wärmepumpe etc. inkl. Installation	-15 000 €									
Warmwasserspeicher inkl. Installation	-2 000 €									
Fussbodenheizung inkl. Installation	-8 000 €									
Kosten für Wartung und Reparatur		-122 €	-125 €	-127 €	-130 €	-132 €	-135 €	...	-175 €	-178 €
Jahresstromkosten		-1 803 €	-1 857 €	-1 912 €	-1 970 €	-2 029 €	-2 090 €	...	-3 069 €	-3 161 €
NUTZEN										
Wert der Behaglichkeitsatmosphäre als Energiedienstleistung	?	?	?	?	?	?	?	...	?	?
Gesamt	-25 000 €	-1 925 €	-1 981 €	-2 040 €	-2 100 €	-2 161 €	-2 225 €	...	-3 243 €	-3 339 €
Barwerte	-25 000 €	-1 833 €	-1 797 €	-1 762 €	-1 727 €	-1 693 €	-1 660 €	...	-1 284 €	-1 258 €
Kapitalwert	-55 572 €									

Abbildung 6-62: Solitäre Kapitalwertberechnung für eine auswahllose Entscheidung: Einbau einer Wärmepumpe

Das Kalkulationsergebnis beträgt –55 572 Euro, ist also negativ, was auf eine wirtschaftlich nichtvorteilhafte Investition hindeuten könnte. Diese Aussage ist jedoch zum einen falsch, weil der Rückfluss nicht berücksichtigt wurde, und zum anderen irrelevant, weil es sich um eine auswahllose Entscheidung handelt.

Jetzt kommt eine Gastherme ins Spiel, die als Alternative zur Wärmepumpe angesehen wird. Auch bei ihr ist der Nutzen nicht monetär erfassbar. (Es wäre ohnehin der gleiche Nutzen wie bei der eben angeführten Wärmepumpe und daher nicht ergebnisrelevant.[62]) Da es sich hier um eine **Entweder-oder-Entscheidung** handelt, muss eine von beiden ausgewählt werden. Die Kapitalwertermittlung für die Gastherme zeigt Abbildung 6-63.

Kalkulationszins i	5 %								
Nutzenergiebedarf	20 000 kWh								
Nutzungsgrad	98 %								
Endenergieverbrauch	20 408 kWh								
Jahresgaspreissteigerungsrate	5 %								
Jahrespreissteigerungsrate Sonstiges	2 %								
Degradationsrate	0 %								
Periodenende	0	1	2	3	4	5	...	19	20
Endenergieverbrauch		20 408 kWh	20 408 kWh	20 408 kWh	20 408 kWh	20 408 kWh	...	20 408 kWh	20 408 kWh
spezifische Gaskosten	0,12 €/kWh	0,13 €/kWh	0,13 €/kWh	0,14 €/kWh	0,15 €/kWh	0,15 €/kWh	...	0,3 €/kWh	0,32 €/kWh
ANSTRENGUNGEN									
Anschaffungsauszahlung für Gastherme etc. inkl. Installation	-10 000 €								
Warmwasserspeicher inkl. Installation	-2 000 €								
Heizkörperinfrastruktur mit Radiatoren inkl. Installation	-4 000 €								
Kosten für Wartung und Reparatur		-204 €	-208 €	-212 €	-216 €	-221 €	...	-291 €	-297 €
Jahresgaskosten		-2 571 €	-2 700 €	-2 835 €	-2 977 €	-3 126 €	...	-6 188 €	-6 498 €
NUTZEN									
Wert der Behaglichkeitsatmosphäre als Energiedienstleistung	?	?	?	?	?	?	...	?	?
Gesamt	-16 000 €	-2 775 €	-2 908 €	-3 047 €	-3 193 €	-3 346 €	...	-6 480 €	-6 795 €
Barwerte	-16 000 €	-2 643 €	-2 638 €	-2 632 €	-2 627 €	-2 622 €	...	-2 564 €	-2 561 €
Kapitalwert	-67 971 €								

Abbildung 6-63: Solitäre Kapitalwertermittlung für den Einbau einer Gastherme

Auch bei dieser Investitionsalternative liegt ein negativer Kapitalwert vor. Auszuwählen wäre diejenige Alternative, die den geringsten negativen Kapitalwert aufweist (im Beispiel die Wärmepumpe).

Die **vergleichende Kapitalwertberechnung** umfasst zwei Investitionsalternativen **in einem** Tableau für einen direkten Vergleich. Hierzu muss zu Beginn eine der auszuwählenden Alternativen als **Primäralternative** deklariert werden. Sämtliche Zahlungsströme, die im Falle der Umsetzung dieser Primäralternative zustande kämen, werden dann – wie üblich – als Belastungen, also als Auszahlungen, und sämtliche Einzahlungen als Nutzen, und damit als Rückflüsse, berücksichtigt.

Darüber hinaus – und das ist neu – sind alle Auszahlungen, die bei der Umsetzung der **Sekundäralternative** entstünden, als Rückflüsse zu verrechnen und alle Rückflüsse der Sekundäralternative als Auszahlung, also als Belastung der Primäralternativen, weil sie ja mit der Freigabe-Entscheidung für die Primäralternative nicht zustande kämen.

62 Wenn zwei Investitionsalternativen bei einer bestimmten Zahlungsart die gleichen Zahlungsströme aufweisen (z. B. der Nutzenergieertrag sowohl einer Wärmepumpe als auch einer Gastherme, da beide den gleichen Nutzenergiebedarf decken sollen), sind diese zwar entscheidungsrelevant (denn sie kommen durch die Entscheidung zustande), aber nicht ergebnisrelevant.

In unserem Beispiel untersucht die vergleichende Kapitalwertkalkulation, ob und inwieweit die oben berechnete Wärmepumpe (als Primäralternative) gegenüber der Gastherme (als Sekundäralternative) wirtschaftlich vorteilhaft ist. Da beide Anlagen demselben Zweck dienen (hier: bestimmte Nutzenergiebereitstellung zur Gewährleistung einer behaglichen Wohnatmosphäre), braucht die Nutzenergiemenge nicht berücksichtigt zu werden. Auch andere Zahlungsströme, die bei beiden Maßnahmen gleich sind, wie hier ein Warmwasserspeicher, können unberücksichtigt bleiben, da sie nicht entscheidungsrelevant sind. Die Parametereinstellungen, die Zahlungsströme und das Ergebnis zeigt Abbildung 6-64.

Kalkulationszins i	5 %								
Nutzenergiebedarf	20 000 kWh								
Jahresarbeitszahl JAZ Wärmepumpe	4								
Jahresstromverbrauch	5 000 kWh								
Nutzungsgrad Gastherme	98 %								
Jahresgasverbrauch	20 408 kWh								
Jahresstrompreissteigerungsrate	3 %								
Jahresgaspreissteigerungsrate	5 %								
Jahrespreissteigerungsrate Sonstiges	2 %								
Degradationsrate	0 %								
Periodenende	0	1	2	3	4	5	...	19	20
Stromverbrauch		5 000 kWh	5 000 kWh	5 000 kWh	5 000 kWh	5 000 kWh	...	5 000 kWh	5 000 kWh
Gasverbrauch		20 408 kWh	20 408 kWh	20 408 kWh	20 408 kWh	20 408 kWh	...	20 408 kWh	20 408 kWh
Spezifische Stromkosten	0,35 €/kWh	0,36 €/kWh	0,37 €/kWh	0,38 €/kWh	0,39 €/kWh	0,41 €/kWh	...	0,61 €/kWh	0,63 €/kWh
Spezifische Gaskosten	0,12 €/kWh	0,13 €/kWh	0,13 €/kWh	0,14 €/kWh	0,15 €/kWh	0,15 €/kWh	...	0,3 €/kWh	0,32 €/kWh
ANSTRENGUNGEN									
Anschaffungsauszahlung für Wärmepumpe etc. inkl. Installation	-15 000 €								
Fussbodenheizung inkl. Installation	-8 000 €								
Kosten für Wartung und Reparatur		-122 €	-125 €	-127 €	-130 €	-132 €	...	-175 €	-178 €
Jahresstromkosten		-1 803 €	-1 857 €	-1 912 €	-1 970 €	-2 029 €	...	-3 069 €	-3 161 €
NUTZEN									
Eingesparte Anschaffungsauszahlung für Gastherme etc. inkl. Installation	10 000 €								
Eingesparte Heizkörperinfrastruktur mit Radiatoren inkl. Installation	4 000 €								
Eingesparte Kosten für Wartung und Reparatur für Gastherme		204 €	208 €	212 €	216 €	221 €	...	291 €	297 €
Eingesparte Jahreskosten Erdgas		2 571 €	2 700 €	2 835 €	2 977 €	3 126 €	...	6 188 €	6 498 €
Gesamt	-9 000 €	851 €	927 €	1 008 €	1 094 €	1 185 €	...	3 236 €	3 456 €
Barwerte	-9 000 €	810 €	841 €	870 €	900 €	929 €	...	1 281 €	1 303 €
Vergleichskapitalwert	12 400 €								

Abbildung 6-64: Vergleichende Investitionsrechnung bei einer Entweder-oder-Entscheidung: Wärmepumpe (Primäralternative) vs. Gastherme (Sekundäralternative)

Als Ergebnis der Kalkulation wird ein **„Vergleichskapitalwert“**, hier in Höhe von 12 400 Euro berechnet. Er ist positiv. Dies bedeutet, dass die Primäralternative (hier: die Wärmepumpe) eine wirtschaftliche Vorteilhaftigkeit gegenüber der Sekundäralternative (hier: Gastherme) in eben dieser Höhe aufweist. Bei negativem Ergebnis wäre es umgekehrt. Das Berechnungsresultat führt damit automatisch zu einer Auswahlpräferenz.

Wie geht man vor, wenn mehr als zwei Investitionsalternativen gegeben sind? Auf welche Weise lässt sich beispielsweise die wirtschaftlich vorteilhafteste Heizanlage bei drei Alternativen ermitteln?

Im Zuge von solitären Kapitalwertberechnungen wären dann **drei** Kalkulationen durchzuführen und deren Ergebnisse zu vergleichen, wobei zur Verhinderung von negativen Kapitalwerten sinnvollerweise die Nutzenergiebereitstellung (Wärme in kWh/a) fiktiv bewertet wird [€/kWh], um so als Rückfluss [€/a] im Kalkulationstableau berücksichtigt zu werden.

Sollen vergleichende Kapitalwertberechnungen zum Einsatz kommen, sind hingegen nur **zwei** Kalkulationen notwendig, die dann in einer Tabelle zusammengefasst werden können, siehe Abbildung 6-65:

a) Luft-Wasser-WP vs. Gastherme und

b) Sole-Wasser-WP vs. Gastherme

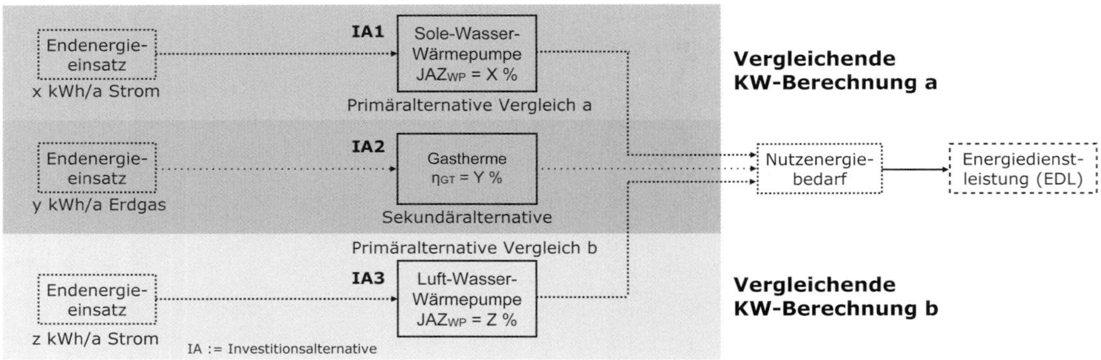

Quelle: eigene Darstellung

Abbildung 6-65: Notwendige Kalkulationen bei drei Investitionsalternativen im Rahmen einer Entweder-oder-oder-Entscheidung

Im Vergleich mit zwei solitären Kapitalwertberechnungen ist die vergleichende Kalkulation wesentlich kompakter und weist sonst mehrfach vorkommende Angaben nur einmal aus (insbesondere im Tabellenkopf). Zudem ist der Durchführungsaufwand geringer und die Transparenz höher mit positiver Wirkung auf die Verständlichkeit.

Ein weiterer Vorteil ist, dass man im Zuge der vergleichenden Kapitalwertanalyse einen Schwellenwert (oder Kipppunkt) für den Kalkulationszinssatz ermitteln kann, ab dem eine Prioritätenumkehr erfolgen würde. Das folgende Beispiel zeigt, was damit gemeint ist (siehe Abbildung 6-66).

Kalkulationszins i	5 %						
Nutzenergiebedarf	20 000 kWh						
Jahresarbeitszahl JAZ Wärmepumpe	4						
Jahresstromverbrauch	5 000 kWh						
Nutzungsgrad	98 %						
Jahresgasverbrauch	20 408 kWh						
Jahresstrompreisänderungsrate	3 %						
Jahresgaspreisänderungsrate	5 %						
Jahrespreisänderungsrate Sonstiges	2 %						
Degradationsrate	0 %						
Periodenende	0	1	2	3	...	19	20
Stromverbrauch		5 000 kWh	5 000 kWh	5 000 kWh	...	5 000 kWh	5 000 kWh
Gasverbrauch		20 408 kWh	20 408 kWh	20 408 kWh	...	20 408 kWh	20 408 kWh
Spezifische Stromkosten	0,35 €/kWh	0,36 €/kWh	0,37 €/kWh	0,38 €/kWh	...	0,61 €/kWh	0,63 €/kWh
Spezifische Gaskosten	0,12 €/kWh	0,13 €/kWh	0,13 €/kWh	0,14 €/kWh	...	0,3 €/kWh	0,32 €/kWh
ANSTRENGUNGEN							
Anschaffungsauszahlung für Wärmepumpe etc. inkl. Installation	-15 000 €						
Fussbodenheizung inkl. Installation	-8 000 €						
Kosten für Wartung und Reparatur		-122 €	-125 €	-127 €	...	-175 €	-178 €
Jahresstromkosten		-1 803 €	-1 857 €	-1 912 €	...	-3 069 €	-3 161 €
NUTZEN							
Eingesparte Anschaffungsauszahlung für Gastherme etc. inkl. Installation	10 000 €						
Eingesparte Heizkörperinfrastruktur mit Radiatoren inkl. Installation	4 000 €						
Eingesparte Kosten für Wartung und Reparatur für Gastherme		204 €	208 €	212 €		291 €	297 €
Eingesparte Jahreskosten Erdgas		2 571 €	2 700 €	2 835 €		6 188 €	6 498 €
Gesamt	-9 000 €	851 €	927 €	1 008 €		3 236 €	3 456 €
Barwerte	-9 000 €	810 €	841 €	870 €		1 281 €	1 303 €
Kapitalwert	12 400 €						
Interner Zinsfuss (hier Kipppunkt)	14,6 %						

Abbildung 6-66: Vergleichende Wirtschaftlichkeitsberechnung Wärmepumpe (Primäralternative) vs. Gastherme (Sekundäralternative) mit Kipppunkt

Setzt man – wie in der Tabelle angegeben – sukzessive den Kalkulationszinssatz herauf, verlieren die langfristigen wirtschaftlichen Vorteile der Primäralternative (hier: Wärmepumpe) in Form niedrigerer Energieverbrauchskosten aufgrund der dann stärkeren Abzinsung an Bedeutung, sodass ab einem Schwellenwert (von hier bei knapp 15 %) ein Kipppunkt erreicht wird, ab dem die Sekundäralternative vorteilhafter wäre. Dieser Kipppunkt entspricht dem Internen Zinsfuß, der in der letzten Zeile des Tableaus ebenfalls ausgewiesen wird und im Zuge einer Sensitivitätsuntersuchung sinnvollerweise mit zu berücksichtigen ist.

Derartige Entweder-oder-Entscheidungen kommen im Energiemanagement verschiedentlich vor. Insofern ist die vergleichende Kapitalwertkalkulation keineswegs eine Randerscheinung. Neben der Auswahl des ökonomisch besten Heizsystems für ein Gebäude (z. B. auch Pelletheizung vs. Infrarot) sind als weitere Beispiele zu nennen: die Auswahl von Belüftungssystemen (zentral vs. dezentral), Dämmstoffstärken bei Wärmedämmverbundsystemen oder Antriebstechnologien von Fahrzeugen (Elektro vs. Benziner oder Diesel).

6.6 Entscheidungsbedingte Zahlungsströme

Für eine korrekte Durchführung einer Kapitalwertberechnung und damit für die Vermeidung von Entscheidungsfehlern ist von großer Bedeutung, die relevanten Zahlungsströme im Berechnungsmodell **vollständig** zu erfassen. Gemeint sind damit alle Cashflows, die **entscheidungsbedingt** sind, und zwar vollständig. **Entscheidungsunabhängige Zahlungen** lässt man dagegen sinnvollerweise unberücksichtigt.

Begründung: Kapitalwertberechnungen sollen Investitionsentscheidungen vorbereiten. Es sind also Plankalkulationen. Im Falle eines positiven Kapitalwertes soll die Investition befürwortet, also freigegeben und schließlich umgesetzt werden, so zumindest die Theorie. Eine solche Plankalkulation macht nur dann Sinn, wenn die Planangaben zumindest annähernd der Realität entsprechen. Jeder einzelne Zahlungsstrom eines Investitionsprojektes sollte sich nach einer positiven Entscheidung und Umsetzung in der Wirklichkeit wiederfinden. Zahlungen, die von dieser Entscheidung unabhängig sind, weil sie ohnehin zustande kommen, spielen daher keine Rolle. Sie fallen mit oder ohne diese Entscheidung an. Es handelt sich dann um entscheidungs**unabhängige** Zahlungen. Ihre Berücksichtigung würde das Kalkulationsergebnis u. U. verfälschen.

Wenn beispielsweise im Zuge einer energetischen Gebäudesanierung zu entscheiden ist, ob eine bestehende Gastherme erneuert oder durch eine Pelletheizung ersetzt werden soll, in jedem Fall aber feststeht, dass eine Fußbodenheizung das bestehende Radiatorsystem zu ersetzen hat, dann sind die Kosten, die durch die Fußbodenheizung und ihre Installation entstehen, für die Entscheidungsfindung und somit auch für die Kalkulation irrelevant. Es handelt sich nicht um einen entscheidungsbedingten Zahlungsstrom.

Ein weiteres Beispiel: Ein Gebäude benötigt eine Fassadensanierung, die eine Neuaufbringung des Putzes umfasst. Im Zuge der Planung kommt die Idee auf, das ganze Gebäude komplett energetisch zu sanieren, sofern dies wirtschaftlich vorteilhaft wäre. Bei einer dafür durchzuführenden Kapitalwertkalkulation sind die Verputzungs- und Gerüstkosten dann nicht anzusetzen, da sie ohnehin anfallen würden (sogenannte „Eh-da-Kosten“). Sie sind im Beispiel nicht entscheidungsbedingt und damit ergebnisneutral.

Der folgende Fall soll beispielhaft verdeutlichen, wie entscheidungsbedingte Zahlungsströme als solche abgegrenzt werden. Im Zuge einer energetischen Gebäudesanierung sollen prioritär eine Sole-Wasser-Wärmepumpe mit Erdsonde als Wärmeübertrager und eine Fußbodenheizung installiert werden. Das ist die Primäralternative. Denkbar ist allerdings auch, die Heizkörperinfrastruktur zu belassen und eine neue Gastherme anstelle der alten, die an ihrem Lebensende angekommen ist, einzubauen (Sekundäralternative).

Geprüft werden soll im Rahmen einer vergleichenden Kapitalwertberechnung, ob die Installation des Wärmepumpensystems wirtschaftlich vorteilhaft ist. Zur Erstellung eines Kapitalwerttableaus lassen sich beispielhaft die in Tabelle 14 bis Tabelle 15 aufgeführten Zahlungsströme abgrenzen:

Tabelle 14: Beispielhafte Prüfung von Zahlungsströmen im Bereich „Anstrengungen“

Auszahlungsart	Anstrengung	Anmerkung	Prüfergebnis
Initialauszahlungen	Preise von Wärmepumpe, Rohrleitungen, Steuerung (Hardware)		Entscheidungsbedingter Zahlungsstrom
	Kosten für Erdsonden plus Kosten für Planung und Genehmigung		Entscheidungsbedingter Zahlungsstrom
	Kosten für Installation der Wärmepumpe		Entscheidungsbedingter Zahlungsstrom
	Kosten für Installation der Erdsonden		Entscheidungsbedingter Zahlungsstrom
	Kosten für den Warmwasserspeicher	Ist kein entscheidungsbedingter Zahlungsstrom, da in beiden Fällen (Wärmepumpe und Gastherme) der gleiche Warmwasserspeicher eingebaut werden soll.	Kein entscheidungsbedingter Zahlungsstrom
	Kosten für Installation des Warmwasserspeichers	Ist kein entscheidungsbedingter Zahlungsstrom, da in beiden Fällen (Wärmepumpe und Gastherme) der gleiche Warmwasserspeicher eingebaut werden soll.	Kein entscheidungsbedingter Zahlungsstrom

Auszahlungsart	Anstrengung	Anmerkung	Prüfergebnis
Initialauszahlungen	Materialkosten Fußbodenheizung einschließlich der Rohre für Zu- und Rücklauf		Entscheidungsbedingter Zahlungsstrom
	Vorbereitung und Installation der Fußbodenheizung		Entscheidungsbedingter Zahlungsstrom
	Eingesparte Kosten für Stromnetzanschluss	Ist – im Vergleich zum u. a. Gasnetzanschluss – grundsätzlich **kein** entscheidungsbedingter Zahlungsstrom, da der Anschluss unabhängig vom Heizsystem zu erfolgen hat, da Elektrizität generell benötigt wird.	Kein entscheidungsbedingter Zahlungsstrom, da Altbausanierung
	Entsorgung Gastherme (sofern die bestehende Gastherme nicht ohnehin ausgetauscht werden müsste)	Ist nur dann ein entscheidungsbedingter Zahlungsstrom, wenn die Gastherme noch eine gewisse Lebenserwartung hätte; dann würde sie vorzeitig entsorgt werden.	Kein entscheidungsbedingter Zahlungsstrom, da neue Gastherme erforderlich wäre
Laufende Auszahlungen	Wartungskosten Wärmepumpe		Entscheidungsbedingter Zahlungsstrom
	Reparaturkosten Wärmepumpe		Entscheidungsbedingter Zahlungsstrom
	Stromverbrauchskosten Wärmepumpe (→ Energieflussdiagramm)		Entscheidungsbedingter Zahlungsstrom
	Wert der entgangenen Nutzenergieerzeugung durch die **Gastherme** zur Herstellung einer behaglichen Wohnatmosphäre (als Energiedienstleistung)	Irrelevant, weil die Nutzenergie der Gastherme und die Wärmepumpe identisch sind; sie entsprechen dem Wärmebedarf unabhängig von der Heizanlage.	Kein entscheidungsbedingter Zahlungsstrom

Tabelle 15: Beispielhafte Prüfung von Zahlungsströmen im Bereich „Nutzen" (Rückflüsse)

Rückflussart	Nutzen	Anmerkung	Prüfergebnis
Initialrückflüsse	Eingesparter Preis für neue Gastherme	Entscheidungsbedingter Zahlungsstrom generell bei Neubau; bei Sanierung, falls Neuanlage erforderlich oder gewünscht; wenn die bestehende Gastherme noch eine nicht unwesentliche Lebenserwartung hätte, dann müsste sie nicht ausgetauscht werden; dann würde für diese Zeitspanne ein Nutzen aus eingesparter Gastherme nicht zustandekommen.	Kein entscheidungsbedingter Zahlungsstrom, da Altbausanierung
	Eingesparte Kosten für Installation der Gastherme (bei Neubau; bei Sanierung falls Neuanlage erforderlich oder gewünscht)	Entscheidungsbedingter Zahlungsstrom generell bei Neubau; bei Sanierung falls Neuanlage erforderlich oder gewünscht; wenn die bestehende Gastherme noch eine nicht unwesentliche Lebenserwartung hätte, dann müsste sie nicht ausgetauscht werden; dann würde für diese Zeitspanne ein Nutzen aus eingesparter Gastherme nicht zustande kommen.	Entscheidungsbedingter Zahlungsstrom, da neue Gastherme erforderlich wäre

Rückflussart	Nutzen	Anmerkung	Prüfergebnis
Initialrückflüsse	Eingesparte Kosten für Gasnetzanschluss	Ist nur bei Neubau ein entscheidungsbedingter Zahlungsstrom, da der Anschluss bei Bestandsgebäuden ohnehin vorhanden wäre.	Kein entscheidungsbedingter Zahlungsstrom, da Altbausanierung
	Eingesparte Kosten für Radiatoren	Ist nur bei Neubau ein entscheidungsbedingter Zahlungsstrom, da sie bei Bestandsgebäuden ohnehin vorhanden wären.	Kein entscheidungsbedingter Zahlungsstrom, da Altbausanierung
	Eingesparte Kosten für Installation der Radiatoren einschl. Rohrleitungen	Ist nur bei Neubau ein entscheidungsbedingter Zahlungsstrom, da sie bei Bestandsgebäuden ohnehin vorhanden wären.	Kein entscheidungsbedingter Zahlungsstrom, da Altbausanierung
	Eingesparte Kosten für Schornstein	Ist nur bei Neubau ein entscheidungsbedingter Zahlungsstrom, da er bei Bestandsgebäuden ohnehin vorhanden wäre.	Kein entscheidungsbedingter Zahlungsstrom, da Altbausanierung
Laufende Rückflüsse	Eingesparte Kosten für den Verbrauch an Erdgas an Gastherme (→ Energieflussdiagramm)		Entscheidungsbedingter Zahlungsstrom
	Eingesparte Wartungskosten Gastherme		Entscheidungsbedingter Zahlungsstrom
	Eingesparte Reparaturkosten Gastherme		Entscheidungsbedingter Zahlungsstrom
	Eingesparte Schornsteinfegerkosten		Entscheidungsbedingter Zahlungsstrom
	Eingesparte Gasgrundgebühr		Entscheidungsbedingter Zahlungsstrom
	Wert der entgangenen Nutzenergieerzeugung durch die **Wärmepumpe** zur Herstellung einer behaglichen Wohnatmosphäre (als Energiedienstleistung)	Irrelevant, weil die Nutzenergie der Gastherme und die Wärmepumpe identisch sind; sie entsprechen dem Wärmebedarf unabhängig von der Heizanlage	Kein entscheidungsbedingter Zahlungsstrom

Die Nutzwärmeenergie zur Beheizung des Gebäudes (also der Output der Wärmepumpe bzw. der Gastherme) ist zwar jeweils ein Rückfluss, im vergleichenden Kapitalwerttableau aber nicht zu berücksichtigen, weil sie in beiden Fällen gleich und daher nicht entscheidungsbedingt ist. Zudem ist sie schwer zu monetarisieren.

Im Gegensatz zur Gebühr für den Anschluss an das Gasnetz im Falle der Wahl einer Gastherme ist eine Stromnetzanschlussgebühr bei der vorliegenden Modellerarbeitung ebenfalls nicht zu berücksichtigen, weil diese Gebühr ohnehin anfallen würde, also auch nicht entscheidungsbedingt ist.

Wenn Rückflüsse nicht erfass- und monetarisierbar, aber bei beiden zur Wahl stehenden Alternativen gleich sind (z. B. die erzeugte Nutzenergiemenge), können sie wegen mangelnder Entscheidungsrelevanz ebenfalls unberücksichtigt bleiben.

6.7 Umgang mit unterschiedlichen Zahlungshöhen und Projektlaufzeiten beim Vergleich mehrerer Investitionsalternativen

Nicht selten kommt es vor, dass mehrere mögliche Investitionsvorhaben im Wettbewerb zueinanderstehen. Bei sich hieraus ergebenden Vergleichs- und in Folge Auswahlprozessen stellt sich die Frage, ob derartige Vergleiche auch dann zweckmäßig und zielführend sind, wenn Unterschiede hinsichtlich

- der Höhe der Anschaffungsausgabe,
- der laufenden zahlungswirksamen Kosten und Erträge sowie
- der Nutzungsdauer der Anlage (Planungshorizont)

vorliegen. So ist zum Beispiel denkbar, dass eine von zwei Investitionsalternativen eine höhere Anschaffungsausgabe erfordert als die andere und zudem eine längere Laufzeit aufweist. Vergleicht man dann nicht Äpfel mit Birnen, und eine Kalkulation des Vergleichs wird unsinnig? Dieser Frage soll nun anhand eines Beispiels nachgegangen werden.

Verglichen wird eine Investition A – eine Windenergieanlage – mit einer Investition B (siehe Abbildung 6-67).

Zinssatz i =	5 %							
Periodenende	0	1	2	3	4	5	6	Kapitalwert
Windenergieprojekt A	-115 769 €	31 200 €	32 448 €	33 746 €	35 096 €	36 500 €		
Investprojekt B	-200 000 €	60 000 €	50 000 €	45 000 €	42 000 €	39 000 €	31 522 €	
Barwerte A	-115 769 €	29 714 €	29 431 €	29 151 €	28 873 €	28 598 €		30 000 €
Barwerte B	-200 000 €	57 143 €	45 351 €	38 873 €	34 554 €	30 558 €	23 522 €	30 000 €

Abbildung 6-67: Vergleich zweier Investitionsoptionen mit gleichen Kapitalwerten

Verfügt ein Investor über 200 000 Euro, um die eine oder die andere Investitionsoption zu tätigen, und möchte er Investition A mit Investition B vergleichen, so muss er sich auch Gedanken darüber machen, was er mit dem übrigbleibenden Betrag in Höhe von 84 231 Euro Euro unternimmt, wenn er sich für Investition A entscheidet.

Ideale Handlungsalternativen liegen vor, wenn das jeweils in der Investition gebundene Kapital und die jeweilige Nutzungsdauer gleich groß sind. I. d. R. weichen jedoch sowohl die Anschaffungsausgabe als auch die Höhe der Rückflüsse und deren zeitlicher Anfall voneinander ab. Wenn ein „Äpfel-mit-Birnen"-Vergleich vorliegt, dann dürfen Alternativenvergleiche eigentlich nicht angestellt werden.

Im Beispiel gehen wir davon aus, dass eine konkrete Investitionsmöglichkeit als beste Alternativanlagemöglichkeit vorliegt (z. B. Festgeldkonto), die einen Internen Zinsfuß von 5 % aufweist (siehe Abbildung 6-67). Beide potenziellen Investitionsvorhaben werden insofern mit einem Zins von 5 % kalkuliert. Zufälligerweise ergibt sich bei beiden Optionen ein gleicher Kapitalwert in Höhe von jeweils 30 000 Euro. Vorhaben B erfordert allerdings im Vergleich zu Vorhaben A fast doppelt so hohe Anschaffungsausgaben, führt jedoch auch zu deutlich höheren Rückflüssen.

Sind hier bei gleichem Kapitalwert trotz der unterschiedlichen Strukturen dennoch beide Optionen investitionsrechnerisch als gleichwertig zu betrachten? Die Antwort lautet: Ja, vorausgesetzt beim Kalkulationszinssatz handelt es sich um einen, der die Verzinsung einer risikoäquivalenten Alternativ-Anlagemöglichkeit widerspiegelt, und die Anforderungen an eine beste Alternative sind erfüllt (siehe Kapitel 6.2.3.2). Bei Vergleichen von Investitionsoptionen mit gleichem Kapitalwert führt eine Kapitalwertrechnung der Zahlungsdifferenzen beider Optionen nämlich immer zu einem Kapitalwert in Höhe von 0 Euro (siehe Abbildung 6-68), weil der Interne Zinssatz – per Definition – einem Kalkulationszins entspricht, der einen Kapitalwert von null erzeugt.

Zinssatz i =	5 %							
Periodenende	0	1	2	3	4	5	6	Kapitalwert
Differenz (A-B)	-84 231 €	28 800 €	17 552 €	11 254 €	6 904 €	2 500 €	31 522 €	
Barwerte	-84 231 €	27 429 €	15 920 €	9 722 €	5 680 €	1 959 €	23 522 €	-0 €

Abbildung 6-68: Kapitalwertrechnung der Zahlungsdifferenzen beider Optionen

Die Alternative A kann also mit den diskontierten Zahlungsdifferenzen zur Alternative B verknüpft werden, ohne dass sich etwas am Gesamtkapitalwert ändert. Es wird dabei davon ausgegangen, dass der Differenzbetrag in der besten Anlagealternative angelegt wird, siehe Abbildung 6-69.

Zinssatz i =	5 %							
Periodenende	0	1	2	3	4	5	6	Kapitalwert
Windenergieprojekt A_1	-115 769 €	31 200 €	32 448 €	33 746 €	35 096 €	36 500 €		
Einsatz der Differenz in bester Alternative A_2	-84 231 €	28 800 €	17 552 €	11 254 €	6 904 €	2 500 €	31 522 €	
Investprojekt B	-200 000 €	60 000 €	50 000 €	45 000 €	42 000 €	35 687 €	35 000 €	
Barwerte A_1	-115 769 €	29 714 €	29 431 €	29 151 €	28 873 €	28 598 €		30 000 €
Barwerte A_2	-84 231 €	27 429 €	15 920 €	9 722 €	5 680 €	1 959 €	23 522 €	-0 €
Barwerte A_{1+2}	-200 000 €	57 143 €	45 351 €	38 873 €	34 554 €	30 558 €	23 522 €	30 000 €
Barwerte B	-200 000 €	57 143 €	45 351 €	38 873 €	34 554 €	27 962 €	26 118 €	30 000 €

Abbildung 6-69: Vergleich zweier Investitionsoptionen mit gleichen Kapitalwerten

Unter Zugrundelegung der Annahme, dass eine Anlagemöglichkeit zum Internen Zins der besten Alternative gegeben ist, zeigt sich, dass Unterschiede der Anschaffungsauszahlungen sowie auch der Nutzungsdauern keine Bedeutung für die Interpretation des Kalkulationsergebnisses haben. Das gilt allerdings nur, wenn die beste Alternative tatsächlich auch existiert und die in Kapitel 6.2.3.2 aufgeführten Anforderungen erfüllt.

Wenn bei einem Alternativenvergleich zwei Investitionsoptionen mit unterschiedlichen Laufzeiten und Anschaffungsauszahlungshöhen unterschiedliche Kapitalwerte aufweisen (was der Regelfall sein dürfte), dann ist – unter Zugrundelegung der o. a. Annahmen – grundsätzlich diejenige mit dem höheren Kapitalwert vorzuziehen, auch wenn deutlich höhere Anfangsauszahlungen erforderlich sind.

Zusammenfassung

Zwei oder mehrere Investitionen können anhand des Kapitalwertes auch dann miteinander verglichen werden, wenn Anschaffungsauszahlung und andere zahlungswirksame Kosten und Rückflüsse weder der Höhe nach noch in zeitlicher Hinsicht übereinstimmen. Dies ist möglich, da bei opportunitätskostenorientierter Kalkulationszinsfestlegung implizit davon ausgegangen wird, dass alle Zahlungsdifferenzen zum gleichen Zinssatz wie der der betrachteten besten Investitionsalternativen angelegt werden.

Die Kapitalwertmethode wird insofern weder durch unterschiedlich hohe Anschaffungsauszahlungen noch durch unterschiedliche Nutzungsdauern (bei geltender Annahme: Anlagemöglichkeit zum Kalkulationszinsfuß) in ihrer Aussagefähigkeit negativ beeinflusst.

6.8 Herausforderungen beim Aufbau eines Berechnungsmodells

Auf den ersten Blick mag die Befüllung von in den vorangegangenen Abschnitten vorgestellten Kapitalwertkalkulationstableaus simpel anmuten. In der betrieblichen Realität tauchen jedoch an verschiedenen Stellen zahlreiche praktische Probleme auf, die bei Energieinvestitionen im Vergleich zu anderen Investitionsvorhaben (etwa Produktionsmaschine, Lagerhalle, Fuhrpark, Unternehmensübernahme etc.) eher in geringerem Ausmaß zum Tragen kommen. Die folgende Tabelle 16 gibt dazu eine Übersicht.

Tabelle 16: Übliche Herausforderungen beim Aufbau eines Berechnungsmodells und Besonderheiten bei Energiemaßnahmen

Einstellparameter bzw. Zahlungsstrom	Aspekt	Übliche Investitionsprojekte in Unternehmen	Investitionen in energiewirtschaftliche Maßnahmen
Zahlungsströme	Ermittlung der „Belastungen“	I. d. R. unproblematisch	
	Monetarisierbarkeit der „Belastungen“ (→ Auszahlungsbeträge)	I. d. R. unproblematisch	
	Ermittlung der „Nutzen“	Verschiedentlich gar nicht oder nur schwer ermittelbar	Nutzen i. d. R. gut abgrenz- und ermittelbar (→ kWh/a).
	Monetarisierbarkeit der Nutzen (→ Einzahlungs- bzw. Rückflussbeträge)	Verschiedentlich gar nicht oder nur schwer monetarisierbar	I. d. R. unproblematisch (durch Multiplikation der generierten oder eingesparten Energieströme [kWh/a] mit den spezifischen Energiekosten [€/kWh]).
	Abschätzung der Preisentwicklung von Zahlungen; Preisänderungsraten	I. d. R. unproblematisch. Häufig kann ein und dieselbe Preisänderungsrate für unterschiedliche Zahlungsstromarten zugrunde gelegt werden.	Da sich die Preise unterschiedlicher Energieträger mittlerweile sehr unterschiedlich entwickeln und diese Entwicklung von einer allgemeinen Preisentwicklung (Inflationsrate) abgekoppelt ist, erscheint es notwendig, mit mehreren unterschiedlichen Preisänderungsraten zu kalkulieren.
Planungshorizont	Zeitliche Zuordnung der einzelnen Zahlungen zu Zahlungszeitpunkten	Sehr unterschiedlich	I. d. R. unproblematisch
	Festlegung der Wirkungsdauer	I. d. R. unproblematisch, sofern sich die zeitliche Zuordnung der Zahlungsreihen vorliegt, da sich die Wirkungsdauer aus der spätesten Zahlung aller Zahlungsreihen ergibt. Üblicherweise wird die kalkulatorische Nutzungsdauer zugrunde gelegt.	Sofern die Energiemaßnahme aus einer Investition in eine Neuanlage besteht: siehe Ausführungen auf der linken Seite. Sollte es sich um eine Änderung (energetische Verbesserung) eines bestehenden (Produktions-)Prozesses oder eines Gebäudes handeln, ist die Festlegung der Wirkungsdauer bisweilen schwierig.
	Vergleich von mehreren Investitionsalternativen, bei denen unterschiedliche Wirkungsdauern vorliegen und alle relevanten „Belastungen“ und „Nutzen“ erfassbar und monetarisierbar sind.	I. d. R. unproblematisch	
	Vergleich von mehreren Investitionsalternativen bei denen unterschiedliche Wirkungsdauern vorliegen und **nicht** alle relevanten „Belastungen“ und „Nutzen“ erfassbar und monetarisierbar sind.	Funktionale Äquivalenz der zu vergleichenden Investitions-Optionen muss hergestellt werden; andernfalls würden „Äpfel mit Birnen“ verglichen; dies ist häufig schwierig.	Funktionale Äquivalenz über kWh-Einsparung oder kWh-Generierung i. d. R. leicht herstellbar (differenziert nach Energieträgern).

Einstellparameter bzw. Zahlungsstrom	Aspekt	Übliche Investitionsprojekte in Unternehmen	Investitionen in energiewirtschaftliche Maßnahmen
Zuordnung der Zahlungsströme zu Perioden	Auszahlungen	Zukünftige Auszahlungen (nach Periode 0) weisen regelmäßig einen punktuellen Charakter auf und lassen sich z. T. genau einem Zeitpunkt zuordnen (etwa Versicherungs- oder Wartungsbeträge) oder eben nicht (etwa Reparaturkosten).	
	Rückflüsse	Je nach Investitionsprojekt fallen Rückflüsse über ganze Perioden verteilt und damit nicht punktuell oder punktuell an.	Energiebedingte Rückflüsse fallen i. d. R. über ganze Perioden verteilt und damit nicht punktuell an, sodass sie sinnvollerweise auf die Mitte einer Periode bezogen werden sollten (→ mid-year-discounting).
Unsicherheit, Risiko		Sehr unterschiedlich	Häufig relativ geringes, z. T. gut einzuschätzendes Risiko, sofern die Energie-Investition gut abgrenzbar ist.
Kalkulationszinssatz	Festlegung des passenden Kalkulationszinssatzes	I. d. R. schwierig; immer individuell je nach Möglichkeiten der Wiederanlage von Rückzahlungen zu klären.	

Die Ermittlung der „Nutzen“ ist bei energieorientierten Investitionen i. d. R. vergleichsweise einfach, da es sich üblicherweise um errechenbare Energiekosteneinsparungen oder Einspeisungen handelt. Bei anderen Investitionen kommt es hingegen häufig vor, dass die Nutzen zwar abgrenzbar, in vielen Fällen aber nicht monetarisierbar sind (z. B. bei einer Produktionsmaschine, auf der verschiedene Endprodukte gefertigt werden, oder einem Fuhrpark, eine Lagerhalle etc.).

Da sich die Preise unterschiedlicher Energieträger zwischenzeitlich sehr unterschiedlich entwickeln und diese Entwicklung von einer allgemeinen Preisentwicklung (Inflationsrate) abgekoppelt ist, ist es bei energieorientierten Investitionen erforderlich, mit mehreren unterschiedlichen Preisänderungsraten zu kalkulieren. Eine inflationsbereinigte Kapitalwertkalkulation kommt hier grundsätzlich nicht infrage.

Sollte es sich bei einer energieorientierten Investition um eine Änderung (energetische Verbesserung) eines bestehenden (Produktions-)Prozesses oder eines Gebäudes handeln, ist die Festlegung der Wirkungsdauer bisweilen schwierig.

Sofern sich mehrere zur Auswahl stehende Investitionsprojekte im Wettbewerb zueinander befinden, sie unterschiedliche Wirkungsdauern aufweisen und nicht alle relevanten „Belastungen“ und „Nutzen“ erfassbar und monetarisierbar sind, muss eine funktionale Äquivalenz hergestellt werden, damit nicht „Äpfel mit Birnen“ verglichen werden. Dies ist häufig schwierig, doch bei energieorientierten Investitionen lässt sich die funktionale Äquivalenz i. d. R. über kWh-Einsparung oder kWh-Generierung (differenziert nach Energieträgern) leicht herstellen.

Bei energieorientierten Investitionen fallen die Rückflüsse i. d. R. über ganze Perioden verteilt und damit nicht punktuell an, sodass sie sinnvollerweise auf die Mitte einer Periode bezogen werden sollten. Dies spricht für ein „Mid-Year-Discounting“ (siehe Kapitel 6.2.2.3).

6.9 Berücksichtigung von Risiken bei Kapitalwertberechnungen

6.9.1 Sensitivität des Kapitalwertes auf Änderungen der Einstellparameterwerte

Das Kalkulationsergebnis einer Kapitalwertberechnung, der Kapitalwert, wird nicht nur durch die Höhe der Zahlungsströme, sondern auch von den Werten der relevanten Einstellparameter beeinflusst. Die Einstellung dieser Parameterwerte sollte daher mit Bedacht vorgenommen werden, denn eine Fehleinstellung kann beträchtliche Auswirkungen nach sich ziehen, die zu Fehlentscheidungen führen können.

Durch diese Sensitivität bestehen große Manipulationsmöglichkeiten, ein vor der Kalkulation erwünschtes Kalkulationsergebnis im Zuge der Kalkulation am Ende auch zustande zu bekommen. Die folgenden drei Beispiele in Abbildung 6-70, Abbildung 6-71 und Abbildung 6-72 verdeutlichen, dass es bisweilen sogar relativ einfach sein kann, einen negativen Kapitalwert durch **eine** relativ unauffällige Parameterwertänderung herbeizuführen, wenn beispielsweise verhindert werden soll, eine bestimmte Maßnahme aus gesetzlichen Gründen umsetzen zu müssen, weil sie einen positiven Kapitalwert hat.

Basistableau

Basiskalkulationszinsfuß i	3,0 %										
Preisänderungsrate Strom	4,0 %										
Spez. Strompreis	0,16 €/kWh										
Techn. Einsparpotential	250 000 kWh										
Investausgabe	390 000 €										
Periode t	0	1	2	3	4	5	6	7	8	9	10
Spezifischer Energiepreis		0,166 €/kWh	0,173 €/kWh	0,18 €/kWh	0,187 €/kWh	0,195 €/kWh	0,202 €/kWh	0,211 €/kWh	0,219 €/kWh	0,228 €/kWh	0,237 €/kWh
Auszahlungen											
Investitionsauszahlung	-390 000 €										
Einzahlungen											
Stromkosteneinsparungen		41 600 €	43 264 €	44 995 €	46 794 €	48 666 €	50 613 €	52 637 €	54 743 €	56 932 €	59 210 €
Resultate/Indikatoren											
Summe	-390 000 €	41 600 €	43 264 €	44 995 €	46 794 €	48 666 €	50 613 €	52 637 €	54 743 €	56 932 €	59 210 €
Barwerte	-390 000 €	40 388 €	40 780 €	41 176 €	41 576 €	41 980 €	42 387 €	42 799 €	43 214 €	43 634 €	44 058 €
Kapitalwert	**31 994 €**										

Veränderung des Kalkulationszinses von 3 auf 5%

Basiskalkulationszinsfuß i	5,0 %										
Preisänderungsrate Strom	4,0 %										
Spez. Strompreis	0,16 €/kWh										
Techn. Einsparpotential	250 000 kWh										
Investausgabe	390 000 €										
Periode t	0	1	2	3	4	5	6	7	8	9	10
Spezifischer Energiepreis		0,166 €/kWh	0,173 €/kWh	0,18 €/kWh	0,187 €/kWh	0,195 €/kWh	0,202 €/kWh	0,211 €/kWh	0,219 €/kWh	0,228 €/kWh	0,237 €/kWh
Auszahlungen											
Investitionsauszahlung	-390 000 €										
Einzahlungen											
Stromkosteneinsparungen		41 600 €	43 264 €	44 995 €	46 794 €	48 666 €	50 613 €	52 637 €	54 743 €	56 932 €	59 210 €
Resultate/Indikatoren											
Summe	-390 000 €	41 600 €	43 264 €	44 995 €	46 794 €	48 666 €	50 613 €	52 637 €	54 743 €	56 932 €	59 210 €
Barwerte	-390 000 €	39 619 €	39 242 €	38 868 €	38 498 €	38 131 €	37 768 €	37 408 €	37 052 €	36 699 €	36 350 €
Kapitalwert	**-10 365 €**										

Abbildung 6-70: Kalkulationsbeispiel, bei dem ein negativer Kapitalwert durch Erhöhung des Kalkulationszinses erwirkt wird

Basistableau

Basiskalkulationszinsfuß i	3,0 %										
Preisänderungsrate Strom	4,0 %										
Spez. Strompreis	0,16 €/kWh										
Techn. Einsparpotential	250 000 kWh										
Investausgabe	390 000 €										
Periode t	0	1	2	3	4	5	6	7	8	9	10
Spezifischer Energiepreis		0,166 €/kWh	0,173 €/kWh	0,18 €/kWh	0,187 €/kWh	0,195 €/kWh	0,202 €/kWh	0,211 €/kWh	0,219 €/kWh	0,228 €/kWh	0,237 €/kWh
Auszahlungen											
Investitionsauszahlung	-390 000 €										
Einzahlungen											
Stromkosteneinsparungen		41 600 €	43 264 €	44 995 €	46 794 €	48 666 €	50 613 €	52 637 €	54 743 €	56 932 €	59 210 €
Resultate/Indikatoren											
Summe	-390 000 €	41 600 €	43 264 €	44 995 €	46 794 €	48 666 €	50 613 €	52 637 €	54 743 €	56 932 €	59 210 €
Barwerte	-390 000 €	40 388 €	40 780 €	41 176 €	41 576 €	41 980 €	42 387 €	42 799 €	43 214 €	43 634 €	44 058 €
Kapitalwert	**31 994 €**										

Veränderung der Preisänderungsrate für Strom von 4 auf 2%

Basiskalkulationszinsfuß i	3,0 %										
Preisänderungsrate Strom	2,0 %										
Spez. Strompreis	0,16 €/kWh										
Techn. Einsparpotential	250 000 kWh										
Investausgabe	390 000 €										
Periode t	0	1	2	3	4	5	6	7	8	9	10
Spezifischer Energiepreis		0,163 €/kWh	0,166 €/kWh	0,17 €/kWh	0,173 €/kWh	0,177 €/kWh	0,18 €/kWh	0,184 €/kWh	0,187 €/kWh	0,191 €/kWh	0,195 €/kWh
Auszahlungen											
Investitionsauszahlung	-390 000 €										
Einzahlungen											
Stromkosteneinsparungen		40 800 €	41 616 €	42 448 €	43 297 €	44 163 €	45 046 €	45 947 €	46 866 €	47 804 €	48 760 €
Resultate/Indikatoren											
Summe	-390 000 €	40 800 €	41 616 €	42 448 €	43 297 €	44 163 €	45 046 €	45 947 €	46 866 €	47 804 €	48 760 €
Barwerte	-390 000 €	39 612 €	39 227 €	38 846 €	38 469 €	38 096 €	37 726 €	37 359 €	36 997 €	36 638 €	36 282 €
Kapitalwert	**-10 749 €**										

Abbildung 6-71: Kalkulationsbeispiel, bei dem ein negativer Kapitalwert durch Herabsenkung der Strompreisänderungsrate erwirkt wird

Basistableau

Basiskalkulationszinsfuß i	3 %										
Preisänderungsrate Strom	4,0 %										
Spez. Strompreis	0,16 €/kWh										
Techn. Einsparpotential	250 000 kWh										
Investausgabe	390 000 €										
Periode t	0	1	2	3	4	5	6	7	8	9	10
Spezifischer Energiepreis		0,166 €/kWh	0,173 €/kWh	0,18 €/kWh	0,187 €/kWh	0,195 €/kWh	0,202 €/kWh	0,211 €/kWh	0,219 €/kWh	0,228 €/kWh	0,237 €/kWh
Auszahlungen											
Investitionsauszahlung	-390 000 €										
Einzahlungen											
Stromkosteneinsparungen		41 600 €	43 264 €	44 995 €	46 794 €	48 666 €	50 613 €	52 637 €	54 743 €	56 932 €	59 210 €
Resultate/Indikatoren											
Summe	-390 000 €	41 600 €	43 264 €	44 995 €	46 794 €	48 666 €	50 613 €	52 637 €	54 743 €	56 932 €	59 210 €
Barwerte	-390 000 €	40 388 €	40 780 €	41 176 €	41 576 €	41 980 €	42 387 €	42 799 €	43 214 €	43 634 €	44 058 €
Kapitalwert	**31 994 €**										

Veränderung der Wirkungsdauer von 10 auf 9 Jahre

Basiskalkulationszinsfuß i	3,0 %									
Preisänderungsrate Strom	4,0 %									
Spez. Strompreis	0,16 €/kWh									
Techn. Einsparpotential	250 000 kWh									
Investausgabe	390 000 €									
Periode t	0	1	2	3	4	5	6	7	8	9
Spezifischer Energiepreis		0,166 €/kWh	0,173 €/kWh	0,18 €/kWh	0,187 €/kWh	0,195 €/kWh	0,202 €/kWh	0,211 €/kWh	0,219 €/kWh	0,228 €/kWh
Auszahlungen										
Investitionsauszahlung	-390 000 €									
Einzahlungen										
Stromkosteneinsparungen		41 600 €	43 264 €	44 995 €	46 794 €	48 666 €	50 613 €	52 637 €	54 743 €	56 932 €
Resultate/Indikatoren										
Summe	-390 000 €	41 600 €	43 264 €	44 995 €	46 794 €	48 666 €	50 613 €	52 637 €	54 743 €	56 932 €
Barwerte	-390 000 €	40 388 €	40 780 €	41 176 €	41 576 €	41 980 €	42 387 €	42 799 €	43 214 €	43 634 €
Kapitalwert	**-12 064 €**									

Abbildung 6-72: Kalkulationsbeispiel, bei dem ein negativer Kapitalwert durch leichte Reduzierung der Wirkungsdauer erwirkt wird

Was kann gegen bewusste Fehleinstellung getan werden? Naheliegend ist die Anwendung des Mehraugenprinzips, die es erforderlich macht, mehrere Personen an der Kalkulation eines Kapitalwertes zu beteiligen.

Unbewusste Fehleinstellungen lassen sich durch Übung reduzieren. Um Lerneffekte zu erzielen, ist es erforderlich, dass Kalkulatoren mit unbewussten Einstellungsfehlern konfrontiert werden. Hierfür ist die nachträgliche Prüfung der Einstellwerte etwa im Rahmen einer Kalkulations-Qualitätskontrolle erforderlich. Hiermit beschäftigt sich Kapitel 6.12.

Entscheidend ist jedoch, die Kalkulation eines Kapitalwertes so transparent wie möglich zu gestalten, sodass sämtliche Zahlungsströme und Einstellparameterwerte von allen Interessierten nachvollzogen werden können.

6.9.2 Berücksichtigung von Investitionsrisiken bei der Kapitalwertberechnung

Das Investitionsrisiko wird üblicherweise verstanden als die Wahrscheinlichkeit auftretender Abweichungen von zu erwartenden Rückflüssen einer bestimmten Investition (Volatilität). Zu den möglichen Risiken bei energiebezogenen Investitionen (Investitionen in Energieeffizienz und erneuerbare Energieanwendungen) zählen vor allem:

- mögliche künftige Ertragsausfälle (etwa bei Regenerativanlagen, durch Hagelschlag o. ä.)
- technischer Ausfall von Anlagen (z. B. Wärmerückgewinnung) über einen Zeitraum oder dauerhaft
- geringere Energiepreissteigerungen als erwartet
- Schwankung der Produktionsvolumina (da i. d. R. das Produktionsvolumen den Energieverbrauch einer Anlage maßgeblich bestimmt und demzufolge die Wirkung von Effizienzmaßnahmen bei Produktionsanlagen auch davon abhängig ist)
- Ausfall von Produktionsanlagen, bei denen Effizienzverbesserungsmaßnahmen umgesetzt worden sind
- äußere Rahmengegebenheiten wie Temperatur, Luftfeuchte, insbesondere der Klimawandel (steigende Temperaturen führen dazu, dass der Wärmebedarf – etwa eines Gebäudes – sinkt und in Folge der Kapitalwert von Wärmedämmmaßnahmen ebenso [und vice versa bei Abkühlungsprozessen])

Technologieänderungen und -entwicklungen stellen keine Investitionsrisiken i. e. S. dar, da sich eine Investitionsrechnung auf eine (aktuelle) Technologie bezieht und Opportunitätskosten (durch Nichtanwendung der neuen Technologie) üblicherweise nicht berücksichtigt werden; denn dann müsste die Technologie zum Zeitpunkt der Berechnung ja schon bekannt und bewusst nicht ausgewählt worden sein. Gleiches gilt für eine mögliche staatliche Deckelung einer Investitionszulage oder Steuerermäßigung. Sie kann Investitionen verhindern. Ein Risiko während der Projektlaufzeit, das dann mit einem Risikoabzug oder einer β-Faktor -Erhöhung (hierzu gleich mehr) berücksichtigt werden sollte, ist dadurch aber nicht gegeben.

Investitionsrisiken beschreiben Unsicherheiten, die im Rahmen von Investitionsvorhaben wahrgenommen und üblicherweise negativ bewertet werden (Risikoaversion). Davon ist auch bei energieorientierten Investitionen auszugehen. Unter dieser Prämisse ziehen Investoren sichere Anlagen unsicheren vor, sodass man annehmen kann, dass für Risiken generell eine Kompensation etwa in der Form eines Zinserwartungsaufschlages erwartet wird.

Man stelle sich vor, ein Investor hat 100 000 Euro zur Verfügung und die Wahl zwischen

- einer relativ sicheren Anlage (z. B. selbstbetriebene Photovoltaikanlage, nahezu wartungsfrei, gesetzlich zugesicherte Einspeisevergütung über 20 Jahre) auf der einen Seite und
- einem spekulativen Aktienpaket mit gleicher Anfangsauszahlung und gleichen geplanten Rückflüssen auf der anderen.

Geht man bei beiden Optionen von einer gleichen Effektivverzinsung (= Interner Zinsfuß) in Höhe von 6 % aus, dann wird sicherlich die PV-Anlage vorgezogen, da das Investitionsrisiko bei ihr deutlich geringer erscheint (hier soll von risikoaversen Entscheidern ausgegangen werden). Liegt der Interne Zinsfuß der PV-Anlage hingegen bei 5 % und derjenige des Aktienpaketes bei 12 %, dann kann es je nach Risikoaffinität und -abschätzung aufseiten des Investors durchaus sein, dass er sich für das Aktienpaket entscheidet.

Hintergrund dieser höheren Zinserwartung bzw. Zinsforderung ist, dass die reine Aktienanlage Risiken birgt (beginnend von Kursschwankungen bis zum Totalausfall), die potenzielle Investoren nur dann akzeptieren, wenn eine höhere Rendite im Vergleich zur relativ sicheren Anlage in Aussicht gestellt wird. Diese Kompensationsforderung wird „*Risk Premium*" (i_P) genannt und der Rendite risikofreier Anlagen (i_f) aufgeschlagen. Die sich für nicht-risikofreie Anlagen entwickelnde Markt-Rendite (i_M) ergibt sich daher wie folgt:

$$i_M = i_f + i_P$$

Ein durch ein Risk Premium erhöhter Kalkulationszinssatz führt zu kleineren Kapitalwerten. Es wird insofern bei zunehmenden Risiken schwieriger, ein entsprechendes Investitionsvorhaben durchzusetzen.

Neben der Berücksichtigung eines Risikozuschlags als Teil des Kalkulationszinses kann er auch als zusätzlicher negativer Cashflow definiert werden. Darüber hinaus unterstützen

a) Sensitivitäts- und

b) Szenarioanalysen

eine Risikobetrachtung. Sensitivitätsanalysen zeigen die Parameter mit der stärksten Wirkung auf den Kapitalwert auf. Szenarioanalysen zeigen die Schwankungsbreite der Kapitalwertergebnisse auf.

Bei rein fremdkapitalfinanzierten Investitionsvorhaben braucht man auf das Risiko im Rahmen der Kapitalwertberechnung nicht explizit einzugehen, weil eine Risikoabschätzung bei der Festlegung des Kreditzinses durch das jeweilige Kreditinstitut ohnehin vorgenommen wird, das Risiko insofern vor Beginn der Kapitalwertkalkulation bereits „eingepreist" ist.

Bevor auf die verschiedenen Verfahren, Risiko bei der Kapitalwertberechnung zu berücksichtigen, vertiefend eingegangen werden soll, wird im nächsten Abschnitt zunächst der Frage nachgegangen: Welche typischen Sachverhalte können bei energieorientierten Investitionen darauf hinwirken, dass Rückflüsse anders verlaufen als erwartet?

6.9.2.1 Begriffliche Abgrenzung „Investitionsrisiko"

Risiko beschreibt die aus der Unvorhersehbarkeit der Zukunft resultierende, durch Störungen verursachte Möglichkeit, von geplanten Zielwerten (z. B. Plan-Wirkungen einer Werbekampagne oder erwartete Kurswertentwicklung eines Aktienportfolios) abzuweichen. Es kann daher auch als „Streuung" um einen Erwartungs- oder Zielwert betrachtet werden. Inwieweit die Wirkung der Störung auf das verfolgte Ziel (Werbekampagnenwirkung, Kurswertentwicklung) einen negativen oder positiven Charakter hat, ist irrelevant. Wenngleich der Begriff „Risiko" negativ anmutet und bezogen auf das Aktienportfolio eher eine Kurssenkung als eine Kurssteigerung vermuten lässt, so handelt es sich doch zunächst um einen neutralen Begriff.

Dennoch wird „Risiko" überwiegend negativ konnotiert, weil es Unsicherheit schafft, die von der Mehrheit der betroffenen Akteure – so wird üblicherweise angenommen – vermieden wird (Risikoaversion im Gegensatz zur Risikoaffinität). Der Komplementärbegriff von „Risiko" ist „Sicherheit".

„Investitionsrisiko" beschreibt die Unsicherheit hinsichtlich der Vorteilhaftigkeit einer Investition. Bei Investitionsentscheidungen unter Risiko (was in der betrieblichen Praxis der Normalfall sein dürfte) wird davon ausgegangen, dass die zukünftigen diskontierten Einzahlungsüberschüsse je nach Risikoniveau von Störungen mehr oder weniger stark beeinflusst werden können.

Die Schwankung und die Schwankungsanfälligkeit (Volatilität) beinhalten die Möglichkeit, geringere, aber auch höhere Netto-Rückflüsse als geplant zu erhalten. Geringere Rückflüsse bedeutet für den Investor eine Verschlechterung seiner Vermögensposition.

Das Investitionsrisiko ist schlechthin in der Unsicherheit der Zukunftserwartungen begründet. Es erscheint umso größer, je weiter das Projekt in die Zukunft reicht.

Risiko an sich kann zwar prinzipiell nicht behoben werden, jedoch ist es möglich und für das Treffen fundierter Entscheidungen sinnvoll, sich Klarheit über das Ausmaß der Unsicherheit und die sich daraus für die Zielerreichung möglicherweise ergebenden Konsequenzen zu verschaffen. Das kann dadurch geschehen, dass die Investitionsrechnungen unsichere Erwartungen berücksichtigen.

6.9.2.2 Typische Risiken bei energiebezogenen Investitionen

Welche Ereignisse können vorkommen, die die Rückflüsse typischer Energiemaßnahmen und damit verbunden deren Kapitalwerte negativ beeinflussen? In Abbildung 3-2 hatten wir bereits Energieeffizienz- und Klimaschutzinvestitionen in die folgenden **Typen** unterteilt:

- energetische Modernisierung einer bestehenden (Produktions-)Anlage
- energetische Modernisierung eines bestehenden Gebäudes
- Anschaffung einer (Produktions-)Anlage zur Substitution einer anderen aus energiebedingten oder klimaschutzinduzierten Gründen
- Neuanschaffung einer Energieversorgungsanlage zur überwiegenden Selbstversorgung (z. B. Photovoltaik-Anlage, Wärmepumpe etc.)

Bei diesen Typen können sich unterschiedliche unvorhersehbare Ereignisse (= Risiken) ergeben, die die tatsächliche wirtschaftliche Vorteilhaftigkeit eines Investitionsprojektes belasten. Eine – sicherlich nicht vollständige – Übersicht solch typischer Risiken enthält Tabelle 17.

Tabelle 17: Typische Risikoarten von energieorientierten Investitionen

Energieorientierter Investitionstyp	Beispiel(e)	Typisches Risiko, dessen Eintritt sich negativ auf den jeweiligen Kapitalwert auswirken würde
1. Energetische Modernisierung einer bestehenden (Produktions-)Anlage, wobei die Investition (auch buchhalterisch) separat von der bestehenden Anlage zu betrachten ist	– Installation einer Wärmerückgewinnungsanlage zur Nutzung von Abwärme in den Sanitärräumen – Austausch der – leckagebehafteten – Druckluftleitungen	– Technischer Ausfall der (Produktions-)Anlage und damit entsprechend auch der Wirkung der Effizienzmaßnahme (z. B. Wärmerückgewinnung) über einen Zeitraum oder dauerhaft – Geringere Produktionsvolumina als erwartet (da i. d. R. das Produktionsvolumen den Energieverbrauch einer Anlage maßgeblich bestimmt und demzufolge die Wirkung von Effizienzmaßnahmen auch davon abhängig ist) – Unvorhersehbare Schäden, die an der für die Effizienzverbesserung zuständigen Teilanlage entstanden sind – Niedrigere Energiepreissteigerungsraten für die extern bezogene Energie als erwartet (durch das Investitionsvorhaben soll die Energieeffizienz verbessert werden; die wirtschaftliche Vorteilhaftigkeit erhöht sich demzufolge, wenn die spezifischen Preise für Energie stärker als erwartet steigen, weil dadurch die Energieeinsparung an Wert gewinnt).
2. Energetische Modernisierung einer bestehenden (Produktions-)Anlage, wobei die Effizienzinvestition in die bestehende Anlage aufgeht	– Wärmedämmung eines Wärmebades in der Produktion – Installation einer bedarfsabhängigen Steuerung für die Prozesskälteanlage	

Energieorientierter Investitionstyp	Beispiel(e)	Typisches Risiko, dessen Eintritt sich negativ auf den jeweiligen Kapitalwert auswirken würde
3. Energetische Modernisierung eines bestehenden Gebäudes	– Energetische Komplettsanierung des Verwaltungsgebäudes – Wärmedämmung eines Fabrikhallendaches – Austausch des Beleuchtungssystems durch Energiesparlampen – Einbau einer neuen Heizanlage (Wärmepumpe für eine Gastherme) – automatische Steuerung der Dach- oder Fassadenfenster – Beseitigung von Wärmebrücken	– Äußere Rahmengegebenheiten wie Temperatur, Luftfeuchte, insbesondere der Klimawandel (zunehmende Temperatur führt regelmäßig dazu, dass der Wärmebedarf – etwa eines Gebäudes – sinkt und in Folge der Kapitalwert von Wärmedämmmaßnahmen ebenso [und vice versa bei Abkühlungsprozessen]) – Unvorhersehbare Schäden, die im Zuge der Modernisierung/Sanierung entstanden sind
4. Anschaffung einer (Produktions-)Anlage zur Substitution einer anderen aus energiebedingten oder klimaschutzinduzierten Gründen	– Neue Produktionsanlage zur Extraktion von Stoff XY aus einem Stoffgemisch als Ersatz für eine alte Anlage – Ersatz alter durch neue Mühlen zum Mahlen von Getreide	– Höhere Wartungs- und Reparaturkosten als erwartet – Niedrigere Energiepreissteigerungsraten für die extern bezogene Energie als erwartet (durch die Anlage soll der Energieeinsatz pro Outputmenge reduziert, also die Energieeffizienz verbessert werden; die wirtschaftliche Vorteilhaftigkeit erhöht sich demzufolge, wenn die spezifischen Preise für die eingesetzte Energie stärker als erwartet steigen, weil dadurch die Energieeinsparung an Wert gewinnt)
5. Neuanschaffung einer Energieversorgungsanlage zur überwiegenden Selbstversorgung (z. B. Photovoltaik-Anlage, Wärmepumpe etc.)	– Anschaffung einer Photovoltaikanlage zur Selbstversorgung – Anschaffung einer Wärmepumpe zur Wärmeversorgung von Produktionsanlagen – Anschaffung eines Blockheizkraftwerkes – Austausch Druckluftsystem	– Ausfall durch Defekte (etwa durch Hagelschlag bei PV-Anlagen) – Unvorhersehbare Reparaturkosten – Geringere Leistung als erwartet (hohe Degradation) – Wartungs-/Reinigungskosten höher als erwartet – Niedrigere Energiepreissteigerungsraten für konventionelle Energieträger als erwartet (durch die Anlage soll der Einsatz konventioneller Energieträger substituiert werden; die wirtschaftliche Vorteilhaftigkeit erhöht sich demzufolge, wenn die spezifischen Preise für die konventionellen Energieträger stärker als erwartet steigen)

Eine Vorgehensweise, wie mit solchen Risiken bereits bei der Kapitalwertbestimmung umgegangen wird, beschreiben die nächsten Abschnitte.

6.9.2.3 Berücksichtigung von Investitionsrisiken durch Adjustierung des Kalkulationszinssatzes

Die Berücksichtigung von Investitionsrisiken durch Adjustierung des Kalkulationszinssatzes besteht darin, in Anlehnung an das sogenannte *„Capital Asset Pricing Model“* (CAPM) einen Beta-Faktor (β-Faktor) zu schätzen und mit dem Kalkulationszinssatz zu verknüpfen. Die folgenden Ausführungen vernachlässigen – der Einfachheit halber, aber auch weil es in der Praxis üblich ist – die Zahlung von Steuern in der Kalkulation.

Im ersten Schritt wäre zu klären, welches die beste Alternative zum gegebenen Investmentvorhaben ist und wie die Risikolage ebendieser Alternative bewertet werden könnte. Hierauf wurde in Kapitel 6.2.3.2 näher eingegangen. Wenn die beste Alternative (BA) eine sehr ähnliche Risikolage aufweist, kann der Kalkulationszinssatz mit dem Internen Zins der Alternative i_{BA} gleichgesetzt werden, siehe den mittleren Balken in Abbildung 6-73.

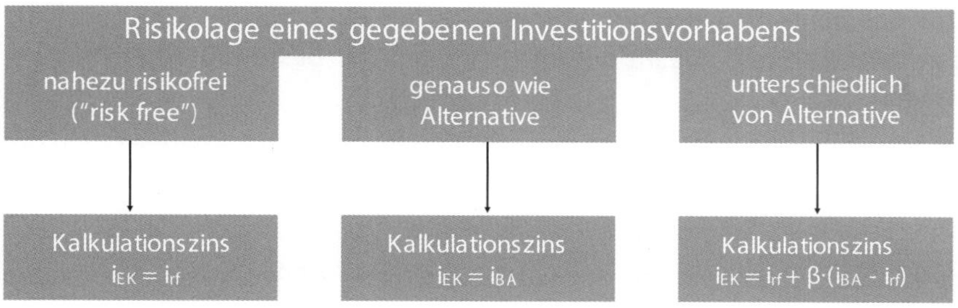

Quelle: eigene Darstellung

Abbildung 6-73: Ermittlung des Kalkulationszinssatzes unter Berücksichtigung von Investitionsrisiken

Risikolage genauso wie die der besten Alternative (BA): Das Risiko von energieorientierten Investitionsvorhaben, die produktionsbezogen sind (Typ 1 und 2 in Tabelle 17), kann zumindest in Teilen als deckungsgleich mit dem normalen Geschäftsrisiko gesetzt werden, weil der Umfang an Energieeinsparung (etwa durch eine Wärmerückgewinnungsanlage oder eine Wärmedämmmaßnahme eines Schmelzofens) an einem Produktionsprozess mit der Auslastung ebendieses Produktionsprozesses korreliert. In solchen Fällen bietet es sich u. U. an, den Kalkulationszins mit dem Internen Zinssatz des Unternehmens und damit der Gesamtkapitalrendite (engl. „*return on assets*“, kurz ROA) gleichzusetzen.

Nahezu risikofrei: Wenn das energieorientierte Investitionsvorhaben als (nahezu) risikofrei angesehen wird, ist als Zinssatz ein vergleichbarer zu anderen bekannten risikofreien Anlagen (etwa Staatsanleihen in Deutschland) auszuwählen.

Risikolage nicht gleich wie die der besten Alternative, aber nicht risikofrei: Sofern die beste Alternative nicht der Risikolage des betrachteten Investitionsprojektes entspricht und dieses nicht als (nahezu) risikofrei angesehen werden kann, ist eine **Risikoprämie** zu bestimmen und im Kalkulationszinssatz bei der Kapitalwertberechnung zu berücksichtigen.

Zur Bestimmung einer solchen Risikoprämie soll im Folgenden in Anlehnung an das Risk Premium des Capital Asset Pricing Models (CAPM, allerdings leicht modifiziert) zunächst die Risikoprämie der besten Alternative und dann ein sogenannter Risiko-Faktor β (Beta-Faktor) bestimmt werden.

Zur Ermittlung der Risikoprämie der besten Alternative wird

- der Interne Zinssatz der besten Alternative (i_{BA}) und
- derjenige eines risikofreien Investments *a risk free investment* (i_{rf})

benötigt.

Die Differenz dieser beiden Werte ergibt die Risikoprämie der besten Alternative und wird wie folgt kalkuliert:

$$\text{Risikoprämie}_{BA} = i_{BA} - i_{rf}$$

z. B.

$$\text{Risikoprämie}_{BA} = 5\ \%$$

Mit

i_{BA} Interner Zins der besten alternativen Investitionsmöglichkeit [%], hier z. B. 8 %

i_{rf} Interner Zins einer risikofreien Anlagemöglichkeit [%], hier z. B. 3 %

Danach wird der β-Faktor bestimmt. Dieser Faktor beschreibt mit Blick auf die Risikolage die Ähnlichkeit zwischen dem betrachteten Investitionsvorhaben und der besten Alternativanlagemöglichkeit. Ein β-Faktor von

- 1 drückt zum Beispiel aus, dass das Risiko eines betrachteten Investitionsvorhabens dem der Alternativanlage entspricht.
- 0 bedeutet, dass (nahezu) kein Risiko vorliegt.
- 1,5 stellt klar, dass das Risiko des betrachteten Investitionsvorhabens 50 % höher einzustufen ist als das der Alternative.
- 0,8 zeigt auf, dass die Risikolage des in Betracht gezogenen Investitionsvorhabens etwa 20 % niedriger zu sein scheint als das der Alternativanlage.

Nach der Schätzung des β-Faktors kann die Risikoprämie des Investitionsvorhabens bestimmt werden.

$$\text{Risikoprämie}_{\text{Investitionsvorhaben}} = \beta \cdot \text{Risikoprämie}_{\text{BA}} = \beta \cdot (i_{\text{BA}} - i_{\text{rf}})$$

Der Kalkulationszins des Eigenkapitals, der die Risikoprämie berücksichtigt, besteht dann aus dem Zins der risikofreien Anlage und der Risikoprämie des Investitionsvorhabens:

$$i_{\text{EK}} = \text{Risikoprämie}_{\text{Investitionsvorhaben}} + i_{\text{rf}}$$

Abbildung 6-74 stellt dies dar:

Kennwert	Wertangabe					
Geschätzter Riskofaktor β des Invest-Projektes durch Vergleich mit bester Alternative	0	0,5	0,8	1	1,3	1,5
Risikoloser Zinssatz i_{rf}	2 %					
Erwartete Rendite des besten Alternativanlagemöglichkeit i_{Alt}	5 %					
Risikoprämie der besten Alternative (= i_{Alt} - i_{rf})	3 %					
Risikoprämie des InvestVorhabens (= β·[i_{Alt} - i_{rf}])	0 %	1,5 %	2,4 %	3 %	3,9 %	4,5 %
Kalkulationszinssatz i_{EK} = i_{rf} + $\text{Risikoprämie}_{\text{InvestVorhaben}}$	2 %	3,5 %	4,4 %	5 %	5,9 %	6,5 %

Abbildung 6-74: Auswirkungen der Risikobestimmung auf den Kalkulationszins

Im folgenden Beispiel einer Wärmerückgewinnungsanlage (WRG-Anlage) zur Nutzung von Produktionsabwärme für die Sanitäranlagenbeheizung wird angenommen, die beste Investitionsalternative wäre, die liquiden Mittel im Unternehmen zu belassen. Da der Plan-ROA auf 5 % geschätzt wird, ist dieser Zinssatz zunächst die Basis zur Ermittlung des Kalkulationszinssatzes für den Eigenkapitalanteil der Investition. Das Investitionsrisiko der WRG-Anlage setzt sich zusammen aus dem Geschäftsrisiko des Unternehmens (wenn weniger produziert wird, kann auch nur weniger Wärme rückgewonnen werden) und aus einem zusätzlichen Ausfallrisiko der Anlage an sich. Hier wird ein 50%iger Risikoaufschlag (β-Faktor = 1,5) zugrunde gelegt, der bei einem i_{rf}-Zinssatz für risikofreie Anlagen von 2 % zu einem Kalkulationszinssatz i_{EK} von 6,5 % führt (siehe Abbildung 6-75).

Kapitalwertkalkulation des EK-Anteils des Investitionsvorhabens						
Kalkulationszins der besten Alternative i_{BA}	5 %					
Riskofaktor β	1,5					
Zinssatz der risikofreien Anlage i_{rf}	2 %					
Risikoprämie	4,5 %					
Risikoadjustierter Kalkulationszinssatz $i_{EK,VS}$	6,5 %					
Stromeinsparung pro Jahr	75.000 kWh					
Periode	0	1	2	3	4	5
Anschaffungsauszahlung	-57 885 €					
Energiekosteneinsparung		15 600 €	16 224 €	16 873 €	17 548 €	18 250 €
Gesamt	-57 885 €	15 600 €	16 224 €	16 873 €	17 548 €	18 250 €
Barwerte	-57 885 €	14 648 €	14 304 €	13 968 €	13 640 €	13 320 €
EK-anteiliger Kapitalwert	11 996 €					
Kapitalwertkalkulation des FK-Anteils des Investitionsvorhabens						
Kalkulationszins $i_{FK,VS}$	4 %					
Stromeinsparung pro Jahr	75 000 kWh					
Periode	0	1	2	3	4	5
Anschaffungsauszahlung	-57 885 €					
Energiekosteneinsparung		15 600 €	16 224 €	16 873 €	17 548 €	18 250 €
Gesamt	-57 885 €	15 600 €	16 224 €	16 873 €	17 548 €	18 250 €
Barwerte	-57 885 €	15 000 €	15 000 €	15 000 €	15 000 €	15 000 €
FK-anteiliger Kapitalwert	17 116 €					
Gesamter Kapitalwert	29 112 €					

Abbildung 6-75: Kapitalwertermittlung einer WRG-Anlage unter Berücksichtigung von Risiken

Insgesamt ergibt sich ein Kapitalwert in Höhe von 29 112 Euro, der höher ausfallen würde, wenn man das WRG-spezifische Risiko nicht berücksichtigen würde.

Die Risikofestlegungen und -abschätzungen zur Bestimmung eines β-Faktor sind stark subjektiv, da der eingestellte Wert von der Risikowahrnehmung des Kalkulators abhängig ist. Insofern sind sie bedeutende Hebel, die den Kapitalwert massiv beeinflussen können. Sie sollten daher mit großer Behutsamkeit vorgenommen werden und auch einem Plausibilitätstest standhalten, sofern Kapitalwerte aufgrund von gesetzlichen Vorschriften ermittelt werden müssen.

6.9.2.4 Berücksichtigung von Investitionsrisiken durch Risikoabschläge

Eine weitere Möglichkeit, Risiko in Kapitalwertberechnungen zu berücksichtigen, besteht darin, es als zusätzliche Auszahlung oder zusätzlichen Rückfluss in der Kalkulationstabelle zu betrachten. Dieser Ansatz erfordert vom Kalkulator, dass er den Wert eines bestimmten Investitionsrisikos – im Vergleich zur besten Alternative – als Zahlungsstrom (Cashflow) ermittelt. Auch diese Bestimmung ist stark subjektiv, da die Festlegung dieses Zahlungsstromes von der Risikowahrnehmung des Kalkulators abhängig ist.

In einem ersten Schritt ist eine mögliche „auftretende Nettorückflussänderung" zu definieren, etwa indem man ausdrückt: „Es ist denkbar, dass der Nettorückfluss je Periode – im Vergleich zur besten Alternativinvestition – um X% geringer oder höher ausfallen könnte als erwartet" (im Beispiel 30 % geringer). Dieser Indikator wird als „Risiko, ausgedrückt in einer möglichen quantifizierten Rückflussänderung" $\boldsymbol{\Delta R}$, bezeichnet. In einem zweiten Schritt muss die „Eintrittswahrscheinlichkeit dieses Risikos" $\boldsymbol{P_{\Delta R}}$ geschätzt werden, indem die folgende Frage beantwortet wird: „Wie wahrscheinlich ist – im Vergleich zur besten Alternativinvestition – das Auftreten einer X%igen Nettorückflusseinbuße" (Antwort im vorliegenden Beispiel: 20 %).

Diese beiden Indikatoren (ΔR und $P_{\Delta R}$) sind nun auf die einzelnen Netto-Cashflows anzuwenden, um die „Nettorückflussänderung" und damit deren Erwartungswert wie folgt zu berechnen:

$$\text{Nettorückflussänderung}_t = \sum_{x=0}^{n} Z_{x,t} \cdot \Delta R \cdot P_{\Delta R}$$

Mit

x Cashflow-Reihe (1 ... N)

t Periode

ΔR quantifizierte mögliche Rückflussänderung in Prozent

$P_{\Delta R}$ Eintrittswahrscheinlichkeit des Risikos der Rückflussänderung in Prozent

Erneut soll die Wärmerückgewinnungsanlage als Beispiel dienen. Als Kalkulationszins i_{EK} wird 5 % zugrunde gelegt und nicht adjustiert (wie im vorigen Abschnitt), weil davon ausgegangen wird, dass die WGR-Anlage auch das Geschäftsrisiko trägt. Stattdessen legt der Kalkulator als mögliche Rückflussänderung 20 % fest, deren Eintrittswahrscheinlichkeit er mit 20 % schätzt (siehe Abbildung 6-76).

Kapitalwertkalkulation des EK-Anteils des Investitionsvorhabens						
Kalkulationszins der besten Alternative i_{BA}	5 %					
Risiko, ausgedrückt in einer möglichen quantifizierten Rückflussänderung ΔR	-20 %					
Eintrittswahrscheinlichkeit dieses Risikos $P_{\Delta R}$	20 %					
Stromeinsparung pro Jahr	75 000 kWh					
Periode	0	1	2	3	4	5
Anschaffungsauszahlung	-57 885 €					
Energiekosteneinsparung		15 600 €	16 224 €	16 873 €	17 548 €	18 250 €
Vorläufiges Gesamt	-57 885 €	15 600 €	16 224 €	16 873 €	17 548 €	18 250 €
„Risikoabschlag" bzw „Risikozuschlag"		-624 €	-649 €	-675 €	-702 €	-730 €
Gesamt	-57 885 €	14 976 €	15 575 €	16 198 €	16 846 €	17 520 €
Barwerte	-57 885 €	14 263 €	14 127 €	13 992 €	13 859 €	13 727 €
EK-anteiliger Kapitalwert	12 084 €					
Kapitalwertkalkulation des FK-Anteils des Investitionsvorhabens						
Kalkulationszins $i_{FK,VS}$	4 %					
Stromeinsparung pro Jahr	75 000 kWh					
Periode	0	1	2	3	4	5
Anschaffungsauszahlung	-57 885 €					
Energiekosteneinsparung		15 600 €	16 224 €	16 873 €	17 548 €	18 250 €
Gesamt	-57 885 €	15 600 €	16 224 €	16 873 €	17 548 €	18 250 €
Barwerte	-57 885 €	15 000 €	15 000 €	15 000 €	15 000 €	15 000 €
FK-anteiliger Kapitalwert	17 116 €					
Gesamter Kapitalwert	29 200 €					

Abbildung 6-76: Kapitalwertermittlung einer WRG-Anlage unter Berücksichtigung von Risikoabzügen

Erkennbar ist in der Mitte der Tabelle, dass ein Risikoabschlag berücksichtigt wurde, der sich je Periode aus der Multiplikation vom Spaltensaldo $\cdot \Delta R \cdot P_{\Delta R}$ ergibt. Auf diese Weise wird der Kapitalwert – risikoadäquat – reduziert. Das Ergebnis ist nahezu deckungsgleich mit dem Kapitalwert der WRG-Anlage nach Berücksichtigung der Risikos mithilfe eines β-Farktors (siehe Abbildung 6-75).

6.9.2.5 Festlegung eines Kalkulationszinssatzes unter Berücksichtigung von Investitionsrisiken

Durch die Berücksichtigung von Investitionsrisiken werden unterschiedliche Risiken von zu vergleichenden möglichen Investitionsvorhaben in der Kapitalwertberechnung wertmäßig abgebildet. Es findet mit anderen Worten eine Art Normalisierung statt, sodass ein fairer Vergleich dadurch überhaupt erst ermöglicht wird.

Dennoch scheint in der betrieblichen Praxis bei der Bewertung von sachgüterbezogenen Investitionen im Vergleich zu Unternehmensbewertungen Risiko eher selten eine Rolle zu spielen. Dies mag damit zu tun haben, dass die Anwendung von risikoberücksichtigenden Methoden manchmal nicht ganz einfach ist, zumindest einen gewissen Arbeitsaufwand notwendig macht und das Ergebnis bei bestimmten Rahmengegebenheiten unplausibel erscheint (insbesondere bei der

Berücksichtigung von Risiko-Cashflows, obwohl gerade diese Methode auf den ersten Blick sehr nachvollziehbar wirkt).

Das folgende Beispiel soll die Sachlage verdeutlichen: Firma XY plant, auf dem Firmengelände eine Windenergieanlage zu installieren, deren Elektrizität vollständig in das öffentliche Stromnetz eingespeist werden soll. Der Ertrag wird daher als vollständig unabhängig von der Produktionsleistung des Unternehmens und daher als weniger risikobehaftet als der Geschäftsbetrieb angesehen. Sieht man ebendiesen laufenden Geschäftsbetrieb als beste Alternativanlage an und berücksichtigt das Risiko des WEA-Investitionsvorhabens über eine Zinssatzadjustierung (per β-Faktor), dann ergibt sich infolgedessen ein niedrigerer Kalkulationszins als der ROI des Unternehmens, was den Kapitalwert erhöht. Plant man hingegen, das Risiko über Risiko-Cashflow abzubilden, ist es erforderlich, zusätzliche Zuflüsse anzusetzen, die in der Realität aber gar nicht erwartet werden, und das lässt die Berechnung unplausibel erscheinen.

In der folgenden Tabelle wird beispielhaft davon ausgegangen, dass das Risiko der WEA etwa 20 % niedriger liegt als das Geschäftsrisiko des Unternehmens als Ganzes und dass die Eintrittswahrscheinlichkeit des Geschäftsrisikos bei 20 % liegt (siehe Abbildung 6-77).

Kapitalwertkalkulation des EK-Anteils des Investitionsvorhabens						
Kalkulationszins der besten Alternative i_{BA}	5 %					
Risiko, ausgedrückt in einer möglichen quantifizierten Rückflussänderung ΔR	20 %					
Eintrittswahrscheinlichkeit dieses Risikos $P_{\Delta R}$	20 %					
Stromeinsparung pro Jahr	75 000 kWh					
Periode	0	1	2	3	4	5
Anschaffungsauszahlung	-57 885 €					
Energiekosteneinsparung		15 600 €	16 224 €	16 873 €	17 548 €	18 250 €
Vorläufiges Gesamt	-57 885 €	15 600 €	16 224 €	16 873 €	17 548 €	18 250 €
„Risikoabschlag" bzw „Risikozuschlag"		624 €	649 €	675 €	702 €	730 €
Gesamt	-57 885 €	16 224 €	16 873 €	17 548 €	18 250 €	18 980 €
Barwerte	-57 885 €	15 451 €	15 304 €	15 159 €	15 014 €	14 871 €
EK-anteiliger Kapitalwert	17 915 €					
Kapitalwertkalkulation des FK-Anteils des Investitionsvorhabens						
Kalkulationszins i_{FK}^{VS}	4 %					
Stromeinsparung pro Jahr	75 000 kWh					
Periode	0	1	2	3	4	5
Anschaffungsauszahlung	-57 885 €					
Energiekosteneinsparung		15 600 €	16 224 €	16 873 €	17 548 €	18 250 €
Gesamt	-57 885 €	15 600 €	16 224 €	16 873 €	17 548 €	18 250 €
Barwerte	-57 885 €	15 000 €	15 000 €	15 000 €	15 000 €	15 000 €
FK-anteiliger Kapitalwert	17 116 €					
Gesamter Kapitalwert	35 031 €					

Abbildung 6-77: Kapitalwertermittlung einer WEA unter Berücksichtigung von Risikoabzügen

Die Tabelle in Abbildung 6-77 verdeutlicht, dass im Beispiel ein Positivrisiko angesetzt wird, welches dazu führt, eine – kapitalwerterhöhende – „Risikozulage" zu verrechnen, die den Anschein erzeugt, die WEA würde über die Einspeisung von Elektrizität hinaus zusätzliche Rückflüsse erzeugen. Dem ist aber nicht so. Bei der ausgewiesenen Risikozulage handelt es sich vielmehr um fiktive Zahlungen, die anzusetzen sind, um das geringere Risiko im Vergleich zur besten Alternative (Geschäftsbetrieb) zu berücksichtigen. Dies mag zu Konfusionen und Interpretationsschwierigkeiten führen.

Die folgende Tabelle 18 soll daher als Handreichung dienen, einen zweckmäßig erscheinenden EK-Kalkulationszinssatz, der das Investitionsrisiko berücksichtigt, je nach vorliegender Rahmengegebenheit festzulegen. Bei diesen möglichen Rahmengegebenheiten wird unterschiedenen,

- inwieweit ein betrachtetes Investitionsvorhaben produktionsbezogen ist (dann würden die sich aus dem Geschäftsbetrieb ergebenden Risiken automatisch in das Vorhaben eingehen),

- welche beste Alternativinvestition zugrunde gelegt wird (die Mittel verbleiben im Geschäftsbetrieb oder es gibt eine konkrete [externe] Investitionsoption) und
- welche Risikoneigung das betrachtete Investitionsvorhaben im Vergleich zur Alternativinvestition aufweist.

Tabelle 18 zeigt Beispiele für alle Kombinationen.

Tabelle 18: Handreichung zur Festlegung eines Kalkulationszinssatzes unter Berücksichtigung von Investitionsrisiken mit Beispielen

Betrachtetes Investitionsvorhaben ist produktionsbezogen?	**Beispiel**	**Beste Alternativinvestition (BA)**	**Risikoneigung des betrachteten Investitionsvorhabens**	**Festlegung Kalkulationszins**	**Anmerkung**
Ja oder überwiegend	Wärmerückgewinnungsanlage gekoppelt an Produktionsprozess oder PV-Anlage zur überwiegenden Selbstnutzung für den Nicht-Grundlastbereich	Unternehmen	(nahezu) äquivalent zur BA	Kalkulationszins = RoA	
			höher als BA	Kalkulationszins = RoA plus Risikoabzug als Cashflow oder adjustiert mit β-Faktor > 1	Durch die Produktionsbezogenheit geht das Risiko der Produktion in das Risiko der betrachteten Anlage über. Separate Risiken der betrachteten Anlage können insofern hinzuaddiert werden. Daher ist die Kategorie †Risikoneigung = niedriger als BA” nicht aufgeführt.
		Dauerhafte externe Anlagemöglichkeit	(nahezu) äquivalent zur BA	Kalkulationszins = i_{BA}	
			höher als BA	Kalkulationszins = i_{BA} plus Risikoabzug als Cashflow oder adjustiert mit β-Faktor > 1	Der Risikoabzug als Cashflow darf nur jenes Risiko umfassen, dass oberhalb des Risikos der BA liegt. Da es regelmäßig schwierig abzugrenzen ist, wird bei dieser Fallkonstellation von dem Risikoabschlag abgeraten und eine Adjustierung mit β-Faktor empfohlen.
			niedriger als BA	Kalkulationszins = i_{BA} adjustiert mit β-Faktor < 1	Eine Risikoabzulage als Cashflow wäre auch denkbar, dürfte aber in der Praxis leicht zu Verwirrungen führen, weil der Return —hier die Energieeinsparung — aufgrund des geringeren Risikos als das der Alternative rechnerisch-formal zunehmen würde.
Nein oder kaum	PV-Anlage zur exklusiven Einspeisung der Stromerträge oder für Selbstnutzung im Grundlastbereich	Dauerhafte externe Anlagemöglichkeit	(nahezu) äquivalent zur BA	Kalkulationszins = RoA	
			höher als BA	Kalkulationszins = RoA plus Risikoabzug als Cashflow oder adjustiert mit β-Faktor > 1	Aufgrund der nicht gegebenen Produktionsbezogenheit der betrachteten Anlage geht das Risiko der Produktion in das Risiko der betrachteten Anlage nicht über. Die Risiken sind also unabhängig voneinander. Der Risikoabzug als Cashflow darf nur jenes Risiko umfassen, dass oberhalb des Risikos der BA (hier Betriebstätigkeit des Unternehmens) liegt. Da es regelmäßig schwierig abzugrenzen ist, wird bei dieser Fallkonstellation von dem Risikoabschlag abgeraten und eine Adjustierung mit β-Faktor empfohlen.

Betrachtetes Investitionsvorhaben ist produktionsbezogen?	Beispiel	Beste Alternativinvestition (BA)	Risikoneigung des betrachteten Investitionsvorhabens	Festlegung Kalkulationszins	Anmerkung
Nein oder kaum	PV-Anlage zur exklusiven Einspeisung der Stromerträge oder für Selbstnutzung im Grundlastbereich	Dauerhafte externe Anlagemöglichkeit	niedriger als BA	Kalkulationszins = i_{BA} adjustiert mit β-Faktor < 1	Eine Risikoabzulage als Cashflow wäre auch denkbar, dürfte aber in der Praxis leicht zu Verwirrungen führen, weil der Return —hier die Energieeinsparung — aufgrund des geringeren Risikos als das der Alternative rechnerisch-formal zunehmen würde.
			(nahezu) äquivalent zur BA	Kalkulationszins = i_{BA}	
			höher als BA	Kalkulationszins = i_{BA} plus Risikoabzug als Cashflow oder adjustiert mit β-Faktor > 1	Der Risikoabzug als Cashflow darf nur jenes Risiko umfassen, dass oberhalb des Risikos der BA liegt. Da es regelmäßig schwierig abzugrenzen ist, wird bei dieser Fallkonstellation von dem Risikoabschlag abgeraten und eine Adjustierung mit β-Faktor empfohlen.
			niedriger als BA	Kalkulationszins = i_{BA} adjustiert mit β-Faktor < 1	Eine Risikoabzulage als Cashflow wäre auch denkbar, dürfte aber in der Praxis leicht zu Verwirrungen führen, weil der Return —hier die Energieeinsparung — aufgrund des geringeren Risikos als die der Alternative rechnerisch-formal zunehmen würde.

6.9.2.6 Relevanz des Verschuldungsgrades bei der Festlegung des Kalkulationszinses

Neben Kompensationsforderungen für das zu tragende Investitionsrisiko erwarten Investoren auch eine Prämie für Risiken, die sich aus der jeweiligen Kapitalstruktur ergeben (Finanzrisiko). Eine derartige Prämie für den Eigenkapitalgeber soll dafür entschädigen, dass er sein Anlagekapital aufgrund der Kapitalstruktur mehr gefährdet, da Fremdkapital bei Insolvenzen immer prioritär im Vergleich zum Eigenkapital behandelt wird. Daher sind üblicherweise die Kosten für Eigenkapital höher als für Fremdkapital, und das umso mehr, je höher der Verschuldungsgrad eines Unternehmens ist.

Es gilt allgemein: Je höher der Verschuldungsgrad, desto höher ist die Renditeerwartung. Mithilfe einer Darstellung des sogenannten Leverage-Effektes soll im Folgenden das mit zunehmenden Verschuldungsgrad steigende Risiko erläutert werden, siehe Abbildung 6-78.

VOR STEUERN	Szenario 1: ROA > i_{FK}		Szenario 2: ROA < i_{FK}		Szenario 3: ROA = i_{FK}	
Kennwert	Ausgangsbasis A	Änderung EK-Anteil von 50 % auf 20 %	Ausgangsbasis A	Änderung EK-Anteil von 50 % auf 20 %	Ausgangsbasis A	Änderung EK-Anteil von 50 % auf 20 %
Gesamtkapital GK (Total Assets)	1 000 €	1 000 €	1 000 €	1 000 €	1 000 €	1 000 €
EBIT	200 €	200 €	75 €	75 €	100 €	100 €
Kredit-Zinssatz i_{FK}	10 %	10 %	10 %	10 %	10 %	10 %
Zinszahlung	50 €	80 €	50 €	80 €	50 €	80 €
EBT	150 €	120 €	25 €	-5 €	50 €	20 €
Steuern (0%)	0 €	0 €	0 €	0 €	0 €	0 €
Reingewinn (Net Profit)	150 €	120 €	25 €	-5 €	50 €	20 €
Eigenkapital (EK)	500 €	200 €	500 €	200 €	500 €	200 €
Verbindlichkeiten (FK)	500 €	800 €	500 €	800 €	500 €	800 €
EK-Anteil (Equity Ratio [ER]) = EK/GK	50 %	20 %	50 %	20 %	50 %	20 %
EK-Rendite (Return On Equity [ROE]) (= Reingewinn / EK)	30 %	60 %	5 %	-2,5 %	10 %	10 %
GK-Rendite (Return On Assets [ROA]) (= [Reingewinn + Zinszahlung] / GK)	20 %	20 %	7,5 %	7,5 %	10 %	10 %
Konsequenz	ROE nimmt zu; EK-Geber sind zufrieden		ROE wird negativ; EK-Geber sind sehr unzufrieden		Keine Auswirkung auf den ROE	

Abbildung 6-78: Einfluss des Verschuldungsgrades auf das Geschäfts-/Projekt-Risiko (hier ohne Berücksichtigung von Steuern)

Szenario 1 zeigt verschiedene Ergebniskennzahlen einer abgelaufenen Geschäftsperiode. Das betrachtete Unternehmen verfügt über ein Gesamtkapital von 1 000 Euro. Der *Earnings Before Interest and Taxes* (EBIT) beträgt 200 Euro, der Kreditzins liegt bei 10 % und der Eigenkapitalanteil bei 50 %. Unter diesen Rahmengegebenheiten generiert das Unternehmen einen Reingewinn in Höhe von 150 Euro und infolgedessen eine EK-Rendite (ROE) von 30 %.

Nun kommt das Unternehmen auf den Gedanken, den Verschuldungsgrad (V = FK/EK) von 1 auf 4 zu erhöhen bzw. den EK-Anteil von 50 % auf 20 % zu reduzieren. Ergebnis ist, dass die EK-Rendite allein aufgrund dieser Veränderung von 30 % auf 60 % ansteigt. Hätte hingegen – etwa aufgrund einer geringeren Nachfrage – die GK-Rendite bei 7,5 % und damit unterhalb des Kreditzinssatzes i_{FK} und die EK-Rendite bei 5 % gelegen (Szenario 2), dann wäre durch die Erhöhung des Verschuldungsgrades ein Negativergebnis mit einer EK-Rendite von −2,5 % entstanden. Man hätte genau die entgegengesetzte Wirkung erzielt (anstelle einer Unterstützung der EK-Renditeerhöhung [Szenario 1] eine Forcierung der EK-Renditesenkung [Szenario 2]).

Allgemeingültig ausgedrückt gilt: Wenn die GK-Rendite (ROA) den Kreditzinssatz i_{FK} übersteigt (hier Szenario 1), dann wächst die Eigenkapitalrendite (ROE) mit zunehmender Verschuldung. Umkehrt proportional verhält es sich hingegen bei einem ROA, der unterhalb des Kreditzinssatzes liegt (Vergleich Szenario 1 mit Szenario 2). Unter Einbeziehung von Steuerzahlungen fallen die Auswirkungen geringer aus. Sind der Kreditzinssatz i_{FK} und der ROA deckungsgleich, ändert sich die EK-Rendite bei Zu- oder Abnahme der Verschuldung nicht (Szenario 3)

Hieraus folgt: Auch ohne Verbesserung des ROA kann ein Unternehmen in wirtschaftlich erfolgreichen Phasen (ROA deutlich über den Fremdkapitalzinsen) durch Erhöhung des Verschuldungsgrades den ROE – im Interesse der EK-Geber – steigern. Mit anderen Worten stellt der Verschuldungsgrad V bzw. der EK-Anteil einen Hebel (engl. „*lever*") zum Anheben der Eigenkapitalrendite (ROE) – bei konstanter GK-Rendite (ROA) – dar. Diesen Effekt nennt man daher auch „Leverage-Effekt".

Im Leverage-Effekt steckt jedoch auch ein Risiko: Sollte das – dann stark verschuldete – Unternehmen zu einem späteren Zeitpunkt in wirtschaftlich schwieriges Fahrwasser geraten, in dessen Rahmen der ROA auf ein Niveau unterhalb des i_{FK} abrutscht, dann würde der ROE aufgrund der hohen Zinsbelastungen wesentlich stärker absinken als bei niedriger Verschuldung (u. U. sogar – wie in Szenario 2 – einen Negativwert annehmen). Mit anderen Worten ist der Verschuldungsgrad ein risikobestimmender Faktor, der bei der Bemessung des Eigenkapitalzinssatzes zu berücksichtigen ist.

6.9.2.7 Planung und Durchführung von Szenario- und Sensitivitäts-Analysen

Szenario- und Sensitivitätsanalysen bei Investitionsrechnungen sind Maßnahmen des Risikomanagements. Sie dienen dazu, die Schwankungsbreite möglicher Berechnungsergebnisse durch Variation von Einstellparametern darzustellen, um hieraus Schlüsse zu ziehen und ggf. Handlungen abzuleiten.

Bei **Szenarioanalysen** wird auf der Basis einer die Realität bestmöglich abbildenden Grundeinstellung der Einstellparameter (realistisches Szenario oder Most-Likely-Case-Szenario) ein Spannungsbogen zwischen gerade noch denkbaren Adjustierungen in beide Richtungen (plus und minus) vorgenommen, die dann zu einem

- extrem niedrigen (Worst Case) und einem
- extrem hohen (Best Case)

Kapitalwert führen. Ziel ist zu zeigen, wie extreme, aber dennoch realistische Ergebnisse im Vergleich zum wahrscheinlichsten Fall (Most Likely Case) aussehen könnten, um daraus ggf. Impulse abzuleiten.

Szenarioanalysen betrachten die Variation der Einstellparameter en bloc, also zusammen. Dies bedeutet, dass alle Einstellparameter zusammen einmal extrem im Hinblick auf einen niedrigen und einmal extrem im Hinblick auf einen hohen Kapitalwert eingestellt werden. Wichtig ist dabei, dass die festgelegten extremen Einstellwerte nicht utopisch, also nicht völlig unrealistisch sind. Wenngleich sie relativ unwahrscheinlich sind, sollen sie doch denkbar sein. Ziel ist herauszufinden, welches Ergebnis im schlimmsten oder im besten Fall herauskommen könnte. Das Wunschergebnis einer Case-Analyse ist, dass alle Szenarien, auch das Worst-Case-Szenario, einen positiven Kapitalwert hervorbringen. Dann wäre man mit dem angedachten Investitionsprojekt „auf der sicheren Seite“.

Hinsichtlich des Ziels, aber auch der Vorgehensweise unterscheiden sich Szenarioanalysen von **Sensitivitätsanalysen.** Bei Letztgenannten steht die Variation der Einstellparameterwerte jeweils einzeln im Vordergrund. Insofern ist die Durchführung von Sensitivitätsanalysen etwas aufwendiger, weshalb sie in der Norm DIN EN 17463 auch nicht als Anforderung, sondern nur als Empfehlung aufgeführt ist. Ziel ist zu klären, wie stark ein jeweiliger Einstellparameter auf das Kalkulationsergebnis einwirkt, um schließlich die besonders mächtigen Einstellparameter einer genaueren Betrachtung zu unterziehen.

Am Beispiel einer stark vereinfachten Windenergieanlage (WEA) sollen sowohl eine Szenario- als auch eine Sensitivitätsanalyse veranschaulicht werden. Als realistisch angenommen wird, dass die betrachtete WEA jährlich 150 000 kWh Strom erzeugt, der vollständig für den Eigenbedarf eingesetzt werden kann. Degradation[63] ist ausgeschlossen. Die Laufzeit beträgt fünf Jahre. Derzeit wird ein spezifischer Strompreis von 20 Cent pro kWh bezahlt. Für die Wartungskosten würde man aktuell pro Jahr 2 000 Euro zahlen. Man geht von 4 % Jahrespreissteigerungsrate für Strom aus und 2 % für die Wartungskosten. Diese Angaben scheinen den Planern am realistischsten.

Als Erstes wird für die **Szenarioanalyse** ein Kapitalwerttableau aufgestellt und der Kapitalwert auf der Grundlage der eben genannten Parameterwerte und Zahlungsströme berechnet (siehe Abbildung 6-79).

63 Mit einer Degradationsrate (gemessen in %) wird der alters- bzw. einsatzbedingte Leistungsverlust einer energiebezogenen Anlage (PV-Anlage, Pumpen, Windenergieanlage, aber auch Wärmeübertrager etc.) über die Zeit beschrieben. Zur Ermittlung und Verrechnung einer solchen Rate siehe Abbildung 11-192.

Kalkulationszins i	5 %					
Stromeinsparung pro Jahr	150 000 kWh					
Jahreswartungskosten derzeit	2 000 €					
Jahrespreisänderungsrate el. Strom	4 %					
Jahrespreisänderungsrate Wartung	2 %					
Periode	0	1	2	3	4	5
Spez. Strompreis	0,2 €/kWh	0,21 €/kWh	0,22 €/kWh	0,22 €/kWh	0,23 €/kWh	0,24 €/kWh
ANSTRENGUNGEN						
Anschaffungsauszahlung	-110 000 €					
Wartungskosten		-2 040 €	-2 081 €	-2 122 €	-2 165 €	-2 208 €
NUTZEN						
Energiekosteneinsparung		31 200 €	32 448 €	33 746 €	35 096 €	36 500 €
Gesamt	-110 000 €	29 160 €	30 367 €	31 624 €	32 931 €	34 291 €
Barwerte	-110 000 €	27 771 €	27 544 €	27 318 €	27 092 €	26 868 €
Kapitalwert	26 594 €					

Abbildung 6-79: Ermittlung des Kapitalwertes für das realistische Szenario (Most Likely Case)

Ergebnis der Berechnung ist ein Kapitalwert in Höhe von 26 594 Euro. Dieser Kapitalwert erscheint der Realität am nächsten zu sein, weil die ihm zugrunde liegenden Parameterwerte als am wahrscheinlichsten festgelegt worden sind.

Im nun folgenden Schritt werden all jene Parameter, bei denen man sich deutliche Abweichungen vom Schätzwert gut vorstellen kann (also i. d. R. nicht von Initialzahlungen oder spezifischen Energiepreisen zum gegenwärtigen Zeitpunkt), abgegrenzt und aufgelistet (in der ersten Spalte der Tabelle) und deren Parameterwerte mit Blick auf Extremwerte variiert (in der Abbildung im Bereich „Spannbreite“). Die folgende Tabelle zeigt ein solches beispielhaftes Variationsergebnis (siehe Abbildung 6-80).

Einstellparameter	Grund-einstellung	Szenarioanalyse			
		Spannbreite			
		Best Case	Δ	Worst Case	Δ
Kalkulationszins i	5 %	3 %	-40 %	6 %	20 %
Stromeinsparung pro Jahr	150 000 kWh	180 000 kWh	20 %	120 000 kWh	-20 %
Jahrestromspreis-änderungsrate	4 %	5 %	25 %	2 %	-50 %
Kapitalwert	?	?		?	

Abbildung 6-80: Variation der Parameterwerte

Im vorliegenden Beispiel werden der Kalkulationszins {3 % ... 6 %}, die Stromeinsparung pro Jahr {180 000 kWh ... 120 000 kWh}, die Preisänderungsraten für Strom {5 % ... 2 %} und für Wartung {1 % ... 3 %} in Richtung der festgelegten Extremwerte variiert. Sichtbar wird hier, dass hohe Preisänderungsraten einmal offenbar positiv wirken (→ Best-Case-Szenario), nämlich immer dann, wenn der betrachtete Parameter mit Zahlungsströmen im Bereich „Nutzen“ verknüpft ist, oder eben auch negativ, nämlich dann, wenn eine Verknüpfung mit Cashflows aus dem Bereich Aufwand vorliegt.

Als Nächstes werden die Best- und Worst-Case-Parameterwerte jeweils in das Kapitalwerttableau übernommen und die sich ergebenden Kapitalwerte festgehalten. Die folgende Abbildung 6-81 zeigt die Berechnung des Best-Case-Szenarios auf.

Kalkulationszins i	3 %					
Stromeinsparung pro Jahr	180 000 kWh					
Jahreswartungskosten derzeit	2 000 €					
Jahrespreisänderungsrate el. Strom	5 %					
Jahrespreisänderungsrate Wartung	1 %					
Periode	0	1	2	3	4	5
Spez. Strompreis	0,2 €/kWh	0,21 €/kWh	0,22 €/kWh	0,23 €/kWh	0,24 €/kWh	0,26 €/kWh
ANSTRENGUNGEN						
Anschaffungsauszahlung	-110 000 €					
Wartungskosten		-2 020 €	-2 040 €	-2 061 €	-2 081 €	-2 102 €
NUTZEN						
Energiekosteneinsparung		37 800 €	39 690 €	41 675 €	43 758 €	45 946 €
Gesamt	-110 000 €	35 780 €	37 650 €	39 614 €	41 677 €	43 844 €
Barwerte	-110 000 €	34 738 €	35 489 €	36 252 €	37 029 €	37 820 €
Kapitalwert	71 329 €					

Abbildung 6-81: Ermittlung des Kapitalwertes für das Best-Case-Szenario

Der Kapitalwert beträgt 71 329 Euro für den Best Case. Die nächste Abbildung verdeutlicht das Kalkulationsergebnis des Worst-Case-Szenarios.

Kalkulationszins i	6 %					
Stromeinsparung pro Jahr	120 000 kWh					
Jahreswartungskosten derzeit	2 000 €					
Jahrespreisänderungsrate el. Strom	2 %					
Jahrespreisänderungsrate Wartung	3 %					
Periode	0	1	2	3	4	5
Spez. Strompreis	0,2 €/kWh	0,2 €/kWh	0,21 €/kWh	0,21 €/kWh	0,22 €/kWh	0,22 €/kWh
ANSTRENGUNGEN						
Anschaffungsauszahlung	-110 000 €					
Wartungskosten		-2 060 €	-2 122 €	-2 185 €	-2 251 €	-2 319 €
NUTZEN						
Energiekosteneinsparung		24 480 €	24 970 €	25 469 €	25 978 €	26 498 €
Gesamt	-110 000 €	22 420 €	22 848 €	23 284 €	23 727 €	24 179 €
Barwerte	-110 000 €	21 151 €	20 334 €	19 549 €	18 794 €	18 068 €
Kapitalwert	-12 103 €					

Abbildung 6-82: Ermittlung des Kapitalwertes für das Worst-Case-Szenario

Anschließend können die Ergebnisse in einer Szenarioanalyse-Tabelle zusammengefasst werden. Ein Beispiel zeigt Abbildung 6-83.

Einstellparameter	Grund-einstellung	Szenarioanalyse			
		Spannbreite			
		Best Case	Δ	Worst Case	Δ
Kalkulationszins i	5 %	3 %	-40 %	6 %	20 %
Stromeinsparung pro Jahr	150 000 kWh	180 000 kWh	20 %	120 000 kWh	-20 %
Jahrestromspreis-änderungsrate	4 %	5 %	25 %	2 %	-50 %
Kapitalwert	26 594 €	71 329 €		-12 103 €	

Abbildung 6-83: Zusammenfassung der Ergebnisse einer Szenarioanalyse

Im Beispiel ergibt sich beim Worst-Case-Szenario ein negativer Kapitalwert. Dies bedeutet, dass im schlechtesten Fall, wenn alle relevanten Einstellparameter einen extrem ungünstigen Wert aufweisen, eine wirtschaftliche Vorteilhaftigkeit beim betrachteten Investitionsprojekt nicht gegeben ist. In einer solchen Situation bietet es sich an, die Parameterwerte hinsichtlich ihrer Realitätsnähe zu prüfen. Sollten sie nicht geändert werden, dann wäre abzuschätzen, wie hoch die Wahrscheinlichkeit für ein Worst-Case-Szenario – d. h., alle relevanten Einstellparameter weisen einen derart problematischen Wert auf – ist. Hilfreich mag zudem auch sein, den Internen Zinsfuß zusätzlich zu ermitteln (siehe Abbildung 6-84).

Kalkulationszins i	6 %					
Stromeinsparung pro Jahr	120 000 kWh					
Jahreswartungskosten derzeit	2 000 €					
Jahrespreisänderungsrate el. Strom	2 %					
Jahrespreisänderungsrate Wartung	3 %					
Periode	0	1	2	3	4	5
Spez. Strompreis	0,2 €/kWh	0,2 €/kWh	0,21 €/kWh	0,21 €/kWh	0,22 €/kWh	0,22 €/kWh
ANSTRENGUNGEN						
Anschaffungsauszahlung	-110 000 €					
Wartungskosten		-2 060 €	-2 122 €	-2 185 €	-2 251 €	-2 319 €
NUTZEN						
Energiekosteneinsparung		24 480 €	24 970 €	25 469 €	25 978 €	26 498 €
Gesamt	-110 000 €	22 420 €	22 848 €	23 284 €	23 727 €	24 179 €
Barwerte	-110 000 €	21 151 €	20 334 €	19 549 €	18 794 €	18 068 €
Kapitalwert	-12 103 €					
Interner Zinsfuß	1,9 %					

Abbildung 6-84: Ermittlung des Kapitalwertes für das Worst-Case-Szenario mit Angabe des Internen Zinsfußes

Im vorliegenden Fall beträgt der Interne Zinsfuß 1,9 % und sagt aus, dass in jedem Fall eine Kapitalmehrung, also eine Wertsteigerung zustande kommt, im betrachteten Extremfall allerdings nicht in der Höhe wie die beste Alternative (bei Risikoäquivalenz und vollständiger EK-Finanzierung). All diese Informationen mögen schließlich hilfreich sein, um eine Freigabe zu erteilen oder zu verweigern.

Bei der **Sensitivitätsanalyse** eines Investitionsprojektes steht die Variation einzelner Einstellparameterwerte im Vordergrund unter sonst gleichbleibenden Bedingungen. Dafür ergänzen wir die Case-Analyse-Tabelle um sechs Spalten (siehe Abbildung 6-85).

Zu Beginn wird festgelegt, bis zu welcher Grenze die Parameterwerte variiert werden sollen. Sinnvollerweise orientiert man sich dabei an den höchsten Abweichungen (Spalten Δ) der Case-Analyse. Im vorliegenden Beispiel beträgt die maximale Abweichung von der Grundeinstellung

±50 %. Dementsprechend werden nun sämtliche Parameter um den Grundeinstellungswert variiert. Die sich hieraus ergebenden Parameterwerte sind dann – einer nach dem anderen – in das Kapitalwerttableau zu übernehmen, der Kapitalwert zu kalkulieren und das Ergebnis in die drittletzte und letzte Spalte der Tabelle (in Abbildung 6-85) zu übernehmen.

Einstellparameter	Grund-einstellung	Szenarioanalyse				Sensitivitätsanalyse					
		Spannbreite				Parameterwerte			Kapitalwert bei		
		Best Case	Δ	Worst Case	Δ	-50 % unter	Grund-einstellung	50 % über	-50 % unter	Grund-einstellung	50 % über
Kalkulationszins i	5 %	3 %	-40 %	6 %	20 %	2,5 %	5 %	7,5 %	36 861 €	26 594 €	17 404 €
Stromeinsparung pro Jahr	150 000 kWh	180 000 kWh	20 %	120 000 kWh	-20 %	75 000 kWh	150 000 kWh	225 000 kWh	-46 291 €	26 594 €	99 478 €
Jahrepreisänderungsrate el. Strom	4 %	5 %	25 %	2 %	-50 %	2 %	4 %	6 %	18 447 €	26 594 €	35 166 €
Jahrepreisänderungsrate Wartung	2 %	1 %	-50 %	3 %	50 %	1 %	2 %	3 %	26 855 €	26 594 €	26 325 €
Kapitalwert	26 594 €	71 329 €		-12 103 €							

Abbildung 6-85: Aufbau und Ergebnisse einer kombinierten Szenario- und Sensitivitätsanalyse

Auf diese Weise erhält man eine Übersicht der Schwankungsbreiten des Kapitalwertes bei Variation eines jeweiligen Einstellparameters. In der betrieblichen Praxis hat es sich bewährt, derartige Ergebniswerte als Liniendiagramm darzustellen, wobei es zweckmäßig ist, die Linien nur so weit erscheinen zu lassen, wie sie in der Realität (gerade noch) vorkommen können (siehe Abbildung 6-86).

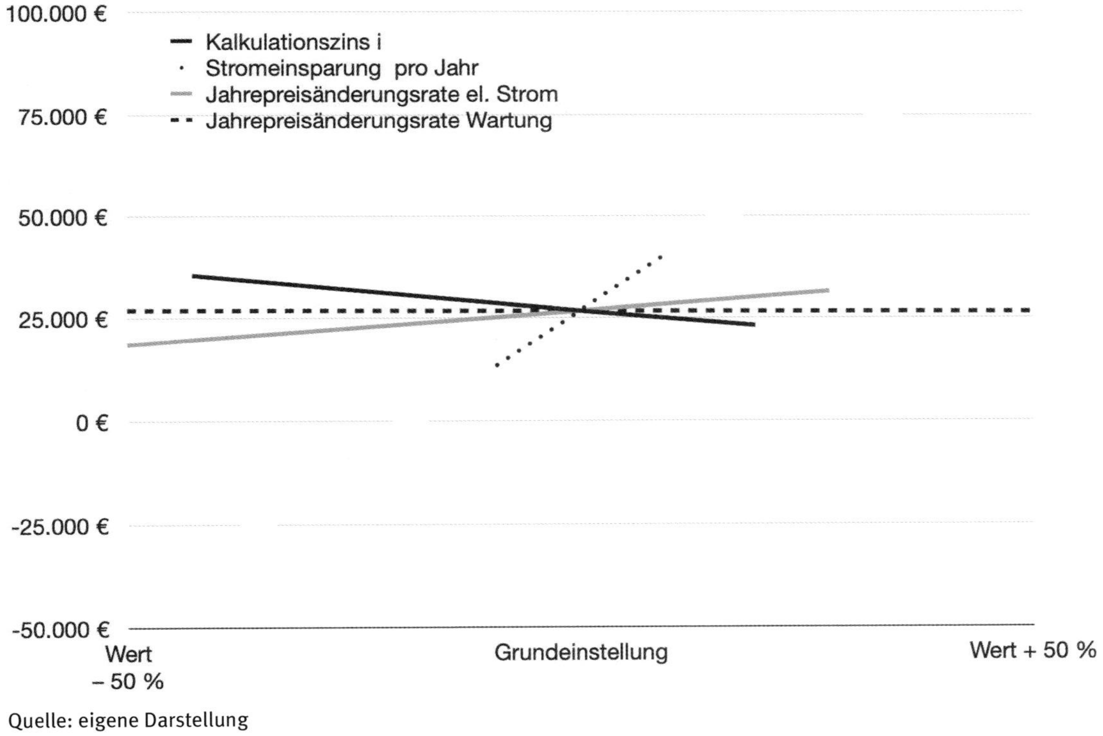

Quelle: eigene Darstellung

Abbildung 6-86: Visualisierung der Ergebnisse einer Szenario- und Sensitivitätsanalyse

Die Linienlänge wird durch die Angaben in der Szenarioanalyse begrenzt. Zum Beispiel ist die gepunktete Kapitalwertgerade des Parameters „Stromeinsparung pro Jahr“ beidseitig relativ kurz, weil gemäß der Szenarioanalyse die Schwankungsbreite auf ±20 % um die Grundeinstellung von 150 000 kWh/a begrenzt ist.

In der Grafik ist zu erkennen, dass bei der Einzelvariation der Einstellparameter in keinem einzigen Fall ein negativer Kapitalwert zustande kommt. Ferner sind die Geradensteigungen der Parameter „Kalkulationszins", „Jahrespreisänderungsrate Strom" und „Jahrespreisänderungsrate" Wartung verhältnismäßig moderat. Dies bedeutet, dass diese Parameter keinen besonders starken Einfluss auf das Kalkulationsergebnis, d. h. auf den Kapitalwert, haben. Die stärkste Wirkung hat die Stromeinsparung pro Jahr. Hier wäre ggf. erneut die denkbare Schwankungsbreite zu prüfen und zu modifizieren, bevor schlussendlich eine Entscheidung für oder gegen die Freigabe erfolgt.

6.10 Ermittlung optimaler Nutzungsdauern und optimaler Ersatzzeitpunkte

Sachanlagen, in die investiert worden ist, müssen nicht bis zum Ende ihrer technischen Lebensdauer eingesetzt werden. In vielen Fällen ist die Möglichkeit gegeben, sie vorzeitig zu einem Restwert bzw. Liquidationserlös zu verkaufen. Das gilt für alle Arten von Sachanlagen, auch für energieorientierte. Das Angebot an Internetplattformen für gebrauchte Maschinen, Anlagen etc. ist umfangreich, der vorzeitige Verkauf nicht ungewöhnlich.

Üblicherweise nimmt der Restwert einer Sachanlage mit zunehmender Nutzungsdauer ab, bis er Schrottwertniveau erlangt oder gar Kosten für den Abbau, die Entsorgung etc. entstehen. Sofern Liquidationserlöse im Einzelfall zu erwarten sind, sind sie als Zusatzrückflüsse aufzufassen, deren Inanspruchnahme jedoch dazu führt, dass Normalrückflüsse aus dem Betrieb der Investition vorzeitig ausbleiben und somit gegengerechnet werden müssten. Je länger mit dem Verkauf der Anlage gewartet wird, desto höher sind zwar die Normalrückflüsse aus der Investition; die Zusatzrückflüsse aus dem vorzeitigen Verkauf nehmen dafür aber ab. Deshalb stellt sich die Frage, wie die optimale Nutzungsdauer (und eben nicht die technische Lebensdauer) einer Investition bestimmt werden kann.

Zur Klärung wird zunächst eine einmalige Investition ohne Nachfolgeprojekt betrachtet, um darauf aufbauend eine weitere darzustellen, die eine unendliche Anzahl identischer Nachfolgeanlagen umfasst (sogenannte unendliche Kette). Schließlich wird auf optimale Ersatzzeitpunkte von existierenden Sachanlagen eingegangen.

6.10.1 Einmalinvestition ohne Nachfolgeprojekt

Eine Investition generiert abhängig vom Verkaufszeitpunkt vor Ende der technischen Lebensdauer und der Nutzungsdauer unterschiedliche Liquidationserlöse. Insofern wird für das folgende Beispiel ein Kapitalwerttableau aufgebaut, bei dem die Nutzungsdauern variiert werden können (siehe Abbildung 6-87).

Kalkulationszinsfuß nominell	5 %							
Annuitätenperioden T_A [Jahre]	7							
Zu berücksichtigende Perioden [Jahren]	7							
Periodenende t	0	1	2	3	4	5	6	7
Berücksichtigte Perioden (1 = ja)		1	1	1	1	1	1	1
Möglicher Rückfluss		88 000 €	70 400 €	56 320 €	45 056 €	36 045 €	28 836 €	23 069 €
Liquidationserlöse		180 000 €	130 000 €	100 000 €	60 000 €	40 000 €	30 000 €	9 000 €
Investitionsauszahlung	-250 000 €							
Rückflüsse		88 000 €	70 400 €	56 320 €	45 056 €	36 045 €	28 836 €	23 069 €
Liquidationserlös		0 €	0 €	0 €	0 €	0 €	0 €	9 000 €
Resultate/Indikatoren								
Summe	-250 000 €	88 000 €	70 400 €	56 320 €	45 056 €	36 045 €	28 836 €	32 069 €
Barwerte	-250 000 €	83 810 €	63 855 €	48 651 €	37 068 €	28 242 €	21 518 €	22 791 €
Kapitalwert	55 934 €							

Abbildung 6-87: Ermittlung der optimalen Nutzungsdauer ohne Nachfolgeprojekt, Einstellung: 7 Jahre

Nachdem ein Kapitalwert für eine bestimmte Nutzungsdauer ermittelt worden ist (hier: 55 934 Euro bei sieben Jahren Nutzungsdauer), wird die Tabelle auf eine andere Nutzungsdauer eingestellt, das Ergebnis festgehalten und so fort (siehe Abbildung 6-88).

Kalkulationszinsfuß nominell	5 %							
Annuitätenperioden T_A [Jahre]	4							
Zu berücksichtigende Perioden [Jahren]	4							
Periodenende t	0	1	2	3	4	5	6	7
Berücksichtigte Perioden (1 = ja)		1	1	1	1	0	0	0
Möglicher Rückfluss		88 000 €	70 400 €	56 320 €	45 056 €	36 045 €	28 836 €	23 069 €
Liquidationserlöse		180 000 €	130 000 €	100 000 €	60 000 €	40 000 €	30 000 €	9 000 €
Investitionsauszahlung	-250 000 €							
Rückflüsse		88 000 €	70 400 €	56 320 €	45 056 €	0 €	0 €	0 €
Liquidationserlös		0 €	0 €	0 €	60 000 €	0 €	0 €	0 €
Resultate/Indikatoren								
Summe	-250 000 €	88 000 €	70 400 €	56 320 €	105 056 €	0 €	0 €	0 €
Barwerte	-250 000 €	83 810 €	63 855 €	48 651 €	86 430 €	0 €	0 €	0 €
Kapitalwert	32 746 €							

Abbildung 6-88: Ermittlung der optimalen Nutzungsdauer ohne Nachfolgeprojekt, Einstellung: 4 Jahre

Sobald alle möglichen Verkaufszeitpunkte abgearbeitet und die Ergebnisse festgehalten wurden, wird der Zeitpunkt bestimmt, der zu dem höchsten Kapitalwert führt (hier sieben Jahre, siehe Abbildung 6-89).

Ersatzzeitpunkt	Kapitalwert
1	5 238 €
2	15 578 €
3	32 699 €
4	32 746 €
5	42 967 €
6	55 930 €
7	55 934 €

Abbildung 6-89: Festlegung des optimalen Ersatzzeitpunktes

Im vorliegenden Fall liegt der höchste Kapitalwert und damit der optimale Ersatzzeitpunkt bei sieben Jahren.

Die dieser Berechnung zugrunde liegende Annahme, dass nach Ende der Nutzungsdauer eine Nachfolgeanlage nicht vorgesehen ist, kommt in der praktischen Realität eher selten vor. Üblich ist, dass es Nachfolger gibt, und damit gedanklich unbegrenzt häufig. Eine solche unbegrenzte Häufigkeit nennt man unendliche Kette.

6.10.2 Optimaler Ersatzzeitpunkt bei unendlicher Kette

Bei einer unendlichen Kette wird für eine Investition zunächst der (einfache) Kapitalwert bei einer zuvor festgelegten Wirkungsdauer, die gleichzeitig der Zeitpunkt der Ersatzinvestition ist, ermittelt, dieser in eine Annuität umgewandelt, um darauf dann einen Kapitalwert einer unendlichen Reihe (Kapitalwert für $T = \infty$) zu berechnen. Dann wird die Wirkungsdauer, und damit der Zeitpunkt der Ersatzinvestition, variiert und beobachtet, wie sich der Kapitalwert der unendlichen Kette ändert. Diejenige Wirkungsdauereinstellung, die den höchsten Kapitalwert generiert, ist als optimale auszuwählen.

Hierzu ist eine inflationsbereinigte Kalkulation erforderlich, der – wie in Kapitel 4.3.2.5 erläutert – eine geometrische Reihe zugrunde liegt, die wiederum nur dann gegeben ist, wenn die Rückflüsse konstant sind, also keine Preissteigerungen aufweisen. Die folgende Kalkulationstabelle in Abbildung 6-90 veranschaulicht eine derartige Kalkulation.[64]

64 Ein ähnliches Beispiel mit umfassenden Erläuterungen in: Götze 2014, S. 255 ff.

Kalkulationszinsfuß nominell		5 %							
Jahrespreisänderungsrate		2 %							
Kalkulationszinsfuß real		2,9 %							
Annuitätenperioden T_A [Jahre]		3							
Zeitpunkt Ersatzinvestition T_{EI}		3							
Zu berücksichtigende Perioden [Jahren]		7							
Periodenende t		0	1	2	3	4	5	6	7
Berücksichtigte Perioden (1 = ja)		1	1	1	1	1	1	1	1
Liquidationserlöse (ohne Preissteigerung)			180 000 €	130 000 €	100 000 €	60 000 €	40 000 €	30 000 €	9 000 €
Nutzen (ohne Preissteigerung)			88 000 €	70 400 €	56 320 €	45 056 €	36 045 €	28 836 €	23 069 €
ZAHLUNGSSTRÖME ALTE ANLAGE	EXCEL-Funktion								
Investitionsauszahlung		-250 000 €							
Liquidationserlös			0 €	0 €	100 000 €	0 €	0 €	0 €	0 €
Nutzen			88 000 €	70 400 €	56 320 €	0 €	0 €	0 €	0 €
Zwischensumme		-250 000 €	88 000 €	70 400 €	156 320 €	0 €	0 €	0 €	0 €
Barwerte		-250 000 €	85 486 €	66 435 €	143 300 €	0 €	0 €	0 €	0 €
Kapitalwert bei einmaliger Investition	= SUMME(D17:K17)	45 221 €							
Nachschüssige Annuitäten A_n	= ($D$18×((1+$D$4)−1)×(1+$D$4)^$D$5)÷(((1+$D$4)^$D$5)−1)	15 969 €							
Kapitalwert einer unendlichen Reihe	= D19÷D$4	542 939 €							

Abbildung 6-90: Optimaler Ersatzzeitpunkt bei unendlicher Kette

Als Erstes wird nach Kalkulation der Barwerte aller Perioden ein Kapitalwert ermittelt, der sich bei einmaliger Investition ergeben würde (vorletzte Zeile). Dann erfolgt die Umwandlung dieses Kapitalwertes in eine nachschüssige Annuität (letzte Zeile). Im darauffolgenden Schritt ist ein Kapitalwert einer unendlichen Reihe auf Basis dieser Annuität zu ermitteln. Hier ergibt sich bei T_{EI} = 3 Jahre (EI: Ersatzinvestition) ein Kapitalwert in Höhe von 542 939 Euro. Im Anschluss werden die möglichen Ersatzzeitpunkte variiert. Der Tabelle in der folgenden Abbildung 6-91 ist zu entnehmen, dass T_{EI} = 3 Jahre zum höchsten Kapitalwert führen würde, sodass dieser Ersatzzeitpunkt hier als der optimale anzusehen ist.

Ersatzzeitpunkt	Kapitalwert
1	362 000 €
2	436 701 €
3	542 939 €
4	430 250 €
5	440 673 €
6	465 406 €
7	409 833 €

Abbildung 6-91: Optimaler Ersatzzeitpunkt einer PV-Anlage bei unendlicher Kette (Nutzen inflationsbereinigt)

Wenn bei der Bestimmung optimaler Ersatzzeitpunkte Jahrespreissteigerungsraten vorliegen, die üblicherweise Berücksichtigung fänden, dann sollte vor der Bestimmung des Kapitalwertes einer unendlichen Reihe eine Inflationsbereinigung des Kalkulationstableaus und damit eine entsprechende Adjustierung der Zahlungsströme und des Kalkulationszinses vorgenommen werden. Andernfalls würde man die Preissteigerungen bei der Projektion von T gegen unendlich „einfrieren“, also nur einmal zum Tragen kommen lassen. Darüber hinaus läge eine geometrische Reihe dann nicht vor, wenn die Zahlungsströme nicht konstant sind. Eine gewisse Ungenauigkeit entsteht, weil implizit davon ausgegangen wird, dass die Preisänderungsraten aller Zahlungsströme identisch sind, was der Realität sicherlich nicht entspricht. Diese Ungenauigkeit wäre hinzunehmen.

Das folgende Beispiel ähnelt dem vorangegangenen. In Abbildung 6-92 geht es jedoch nicht um den Ersatz einer Maschine, sondern um eine Photovoltaik-Anlage, die bei vorzeitigem Verkauf Liquidationserlöse generieren kann.

Kalkulationszinsfuß nominell		5 %														
Allgemeine Preissteigerungsrate		2 %														
Kalkulationszinsfuß real		2,9 %														
Spezifischer Strompreis		0,3 €/kWh														
Degradationsrate		1,0 %														
Zeitpunkt Ersatzinvestition TEI		13														
Zu berücksichtigende Perioden [Jahren]		20														
Periodenende t		0	1	2	3	4	…	12	13	14	15	16	17	18	19	20
Berücksichtigte Perioden (1 = ja)		1	1	1	1	1	…	1	1	0	0	0	0	0	0	0
Liquidationserlöse			50 000 €	50 000 €	50 000 €	50 000 €	…	30 000 €	30 000 €	20 000 €	5 000 €	1 000 €	0 €	0 €	0 €	0 €
ZAHLUNGSSTRÖME	Basiswerte bzw. EXCEL-Funktion															
Invest	90 000 €	-90 000 €														
Liquidationserlös			0 €	0 €	0 €	0 €	…	0 €	30 000 €	0 €	0 €	0 €	0 €	0 €	0 €	0 €
Nutzen (Degradation berücksichtigend)	90 000 kWh/a		27 000 €	26 730 €	26 463 €	26 198 €	…	24 174 €	23 932 €	0 €	0 €	0 €	0 €	0 €	0 €	0 €
Zwischensumme		-90 000 €	27 000 €	26 730 €	26 463 €	26 198 €	…	24 174 €	53 932 €	0 €	0 €	0 €	0 €	0 €	0 €	0 €
Barwerte		-90 000 €	26 229 €	25 224 €	24 259 €	23 330 €	…	17 072 €	36 999 €	0 €	0 €	0 €	0 €	0 €	0 €	0 €
Kapitalwert bei einmaliger Investition mit Wirkungsdauer von TEI	= SUMME(D17:X17)	203 238 €														
Nachschüssige Annuitäten An	= ($D$18×((1+$D$4)−1)×(1+$D$4)^$D$7)÷(((1+$D$4)^$D$7)−1)	19 039 €														
Kapitalwert einer unendlichen Reihe	= D19÷D$4	647 312 €														

Abbildung 6-92: Optimaler Ersatzzeitpunkt einer PV-Anlage bei unendlicher Kette (Nutzen inflationsbereinigt)

Im Beispiel ergibt sich der höchste Kapitalwert, wenn die beispielhafte PV-Anlage alle 13 Jahre erneuert wird.

6.10.3 Optimaler Ersatzzeitpunkt einer existierenden Produktionsanlage

Für den Fall, dass man eine existente Anlage betrachtet und sich fragt, ob es ökonomisch zweckmäßig ist, sie vorzeitig zu ersetzen, muss die zuletzt vorgestellte Kapitalwertkalkulation leicht umgestellt werden, siehe Abbildung 6-93.[65]

65 Ein ähnliches Beispiel mit umfassenden Erläuterungen ist zu finden in: Blom et al. 2012, S. 48 ff.

Kalkulationszinsfuß real		2,9 %					
Aktueller spez. Gaspreis		0,1 €/kWh					
Jahrespreisänderungsrate Gas und Wärme		0 %					
Jahrespreisänderungsrate Sonstiges		0 %					
Fiktiver Nutzen (Prozesswärme)		500 000 kWh					
Angenommener Wert des fiktiven Nutzens		0,2 €/kWh					
Annuitätenperioden T_A [Jahre]		5					
Zeitpunkt Ersatzinvestition T_{EI}		1					
Zu berücksichtigende Perioden [Jahren]		5					
Periodenende t		0	1	2	3	4	5
Berücksichtigte Perioden (1 = ja)		1	1	1	1	1	1
Jeweils aktueller Gaspreis		0,1 €/kWh	0,1 €/kWh	0,1 €/kWh	0,1 €/kWh	0,1 €/kWh	0,1 €/kWh
Rückfluss alte Anlage			15 000 €	12 000 €	10 000 €		
Rückfluss neue Anlage			30 000 €	40 000 €	30 000 €	20 000 €	20 000 €
Liquidationserlöse		31 000 €	25 000 €	17 000 €	5 000 €		
ZAHLUNGSSTRÖME ALTE ANLAGE	Basiswerte						
Liquidationserlös		0 €	25 000 €	0 €	0 €		
Rückfluss alte Anlage			15 000 €	0 €	0 €		
Zwischensumme alte Anlage		0 €	40 000 €	0 €	0 €		
Barwerte alte Anlage		0 €	38 857 €	0 €	0 €		
Kapitalwert alte Anlage		38 857 €					
ZAHLUNGSSTRÖME NEUE ANLAGE	Basiswerte						
Investitionsauszahlung neue Anlage	100 000 €	-100 000 €					
Rückfluss neue Anlage			30 000 €	40 000 €	30 000 €	20 000 €	20 000 €
Zwischensumme neue Anlage		-100 000 €	30 000 €	40 000 €	30 000 €	20 000 €	20 000 €
Barwerte neue Anlage		-100 000 €	29 143 €	37 747 €	27 501 €	17 810 €	17 302 €
Kapitalwert der neuen Anlage		29 503 €					
Nachschüssige Annuitäten A_n		6 431 €					
Kapitalwert einer unendlichen Reihe bei T		218 665 €					
Kapitalwert einer unendlichen Reihe bei T_{EI} (KW_T auf TI diskontiert)		212 417 €					
GESAMTERGEBNIS							
Gesamtkapitalwert		251 274 €					

Abbildung 6-93: Optimaler Ersatzzeitpunkt für den Austausch einer existierenden Produktionsanlage durch eine modernere ohne Preissteigerung (inflationsbereinigt)

Im Unterschied zu den vorangegangenen Tableaus wird für die existente Anlage keine Investitionsauszahlung aufgeführt. Die Zahlungsströme bestehen daher nur aus Liquidationserlösen und Rückflüssen (etwa Deckungsbeiträgen). Im Zuge eines frühzeitigen Ersatzes würden im Beispiel bis zum Ende des Folgejahres dann Zahlungen noch berücksichtigt, die dann einen eigenständigen Kapitalwert bilden, der möglicherweise später wegen des sinkenden Liquidationserlöses nachlässt. Parallel dazu wird der Kapitalwert der Ersatzinvestition kalkuliert, in einen Kapitalwert einer unendlichen Reihe weiterentwickelt, um ihn wiederum auf den Zeitpunkt der Ersatzinvestition T_{EI} abzuzinsen (siehe Abbildung 6-93). Nun wird T_{EI} variiert und beobachtet, bis sich der höchste Kapitalwert einstellt, der dann als optimaler anzusehen ist.

In der folgenden Abbildung 6-94 geht es um den optimalen Ersatzzeitpunkt einer bestehenden durch eine neue Produktionsanlage, die eine höhere Energieeffizienz aufweist.

Kalkulationszinsfuß real		2,9 %								
Akt. spez. Gaspreis		0,1 €/kWh								
Fiktiver Nutzen		100 000 €								
Zeitpunkt Ersatzinvestition TEI		1								
Zu berücksichtigende Perioden [Jahren]		15								
Periodenende t		0	1	2	3	4	5	...	14	15
Berücksichtigte Perioden (1 = ja)		1	1	1	1	1	1	...	1	1
Liquidationserlöse			60 000 €	30 000 €						
ZAHLUNGSSTRÖME ALTE ANLAGE	Basiswerte									
Gasverbrauch alte Anlage	800 000 kWh		-80 000 €	0 €	0 €	0 €	0 €	...	0 €	0 €
Liquidationserlös am Ende des Jahres			60 000 €	0 €	0 €	0 €	0 €	...	0 €	0 €
Fiktiver Nutzen			100 000 €	0 €	0 €	0 €	0 €	...	0 €	0 €
Zwischensumme alte Anlage			80 000 €	0 €	0 €	0 €	0 €	...	0 €	0 €
Barwerte alte Anlage			77 714 €	0 €	0 €	0 €	0 €	...	0 €	0 €
Kapitalwert alte Anlage		77 714 €								
ZAHLUNGSSTRÖME NEUE ANLAGE	Basiswerte									
Investitionsauszahlung neue Anlage	200 000 €	-200 000 €								
Gasverbrauch neue Anlage	600 000 kWh		-60 000 €	-60 000 €	-60 000 €	-60 000 €	-60 000 €	...	-60 000 €	-60 000 €
Fiktiver Nutzen			100 000 €	100 000 €	100 000 €	100 000 €	100 000 €	...	100 000 €	100 000 €
Zwischensumme neue Anlage		-200 000 €	40 000 €	40 000 €	40 000 €	40 000 €	40 000 €	...	40 000 €	40 000 €
Barwerte neue Anlage		-200 000 €	38 857 €	37 747 €	36 668 €	35 621 €	34 603 €	...	26 657 €	25 895 €
Kapitalwert der neuen Anlage		279 555 €								
Nachschüssige Annuitäten An		23 318 €								
Kapitalwert einer unendlichen Reihe bei Einstieg in T = 0		792 808 €								
Kapitalwert einer unendlichen Reihe bei Einstieg in T_{EI}		770 156 €								
GESAMTERGEBNIS										
Gesamtkapitalwert		847 871 €								

Abbildung 6-94: Optimaler Ersatzzeitpunkt für den Austausch einer bestehenden durch eine energieeffizientere Produktionsanlage

Im vorliegenden Fall ergibt sich der optimale Ersatzzeitpunkt zum Ende des Folgejahres. Hier wurde mit fiktivem Nutzen gearbeitet, weil der tatsächliche Nutzen offenbar nicht oder nur schwer ermittelt werden kann oder er sich durch die Umsetzung der Ersatzinvestition ohnehin nicht ändert (zum Beispiel Wohlfühltemperatur in einem Gebäude).

6.11 Entscheidungen über Investitionsprogramme

Investitionsprogramme sind Bündelungen einzelner Investitionsprojekte, die freigegeben wurden und umgesetzt werden sollen. Wenngleich prinzipiell gilt, dass alle Investitionsprojekte mit positivem Kapitalwert wirtschaftlich vorteilhaft sind und daher einer Umsetzung zugeführt werden sollten, so gibt es in der betrieblichen Praxis häufig Restriktionen in Form von Limits, die einzuhalten sind. Derartige Limits sind üblicherweise Investitionsbudgets, die nicht überschritten werden dürfen.

Liegt ein derartiges Budget vor, dann muss die Entscheidung gefällt werden, welche Investitionsprojekte in das Investitionsprogramm aufgenommen werden sollen, sodass der höchstmögliche Erfolg erzielt wird. Die Zielfunktion und die Restriktion lauten daher:

$$\sum_{j=1}^{J} \text{Kapitalwert}_j \cdot x_j \Rightarrow \max!$$

und

$$\sum_{j=1}^{J} Z_{0,j} \cdot x_j \leq \text{Budget}$$

Mit

$Kapitalwert_j$	Kapitalwert des Projektes j
x_j	Binärvariable, deren Wert angibt, ob eine Investition realisiert wird ($x_j = 1$) oder nicht ($x_j = 0$), $j = 1, \ldots, J$
$Z_{0,j}$	Anfangsauszahlung für Projekt j

Vor der Aufstellung eines Investitionsprogrammes sind insofern zunächst die Kapitalwerte aller infrage kommenden Investitionsprojekte zu ermitteln. Diese Kalkulationen mögen folgende Ergebnisse hervorgebracht haben (siehe Abbildung 6-95).

Projekt	InvestAuszahlung	Kapitalwert
Projekt 1	40 000 €	30 000 €
Projekt 2	72 000 €	47 000 €
Projekt 3	123 000 €	98 000 €
Projekt 4	87 000 €	92 000 €
Projekt 5	65 000 €	45 000 €

Abbildung 6-95: Ergebnisse der Kapitalwertberechnung von fünf Investitionsprojekten

Nun lassen sich Zielfunktion und Restriktion anwenden. Hierzu werden alle Kombinationen an Investitionsprojekten tabellarisch aufgezeigt und deren Gesamtanfangsauszahlung mit dem vorgegebenen Budget verglichen, sodass zulässige herausgefiltert werden, siehe Abbildung 6-96.

Projekt 1			Projekt 2			Projekt 3			Projekt 4			Projekt 5			Gesamt-Invest	Gesamt-KW
Wahl	Z_0	KW	Wahl	Z_0	KW	Wahl	Z_0	KW	Wahl	Z_0	KW	Wahl	Z_0	KW		
✓	**40000 €**	**30000 €**	✓	**72000 €**	**47000 €**	✓	**123000 €**	**98000 €**	✓	**87000 €**	**92000 €**	☐	**65000 €**	**45000 €**	**322000 €**	**267000 €**
✓	40 000 €	30 000 €	✓	72 000 €	47 000 €	✓	123 000 €	98 000 €	☐	87 000 €	92 000 €	✓	65 000 €	45 000 €	300 000 €	220 000 €
✓	40 000 €	30 000 €	✓	72 000 €	47 000 €	☐	123 000 €	98 000 €	✓	87 000 €	92 000 €	✓	65 000 €	45 000 €	264 000 €	214 000 €
✓	40 000 €	30 000 €	☐	72 000 €	47 000 €	✓	123 000 €	98 000 €	✓	87 000 €	92 000 €	✓	65 000 €	45 000 €	315 000 €	265 000 €
☐	40 000 €	30 000 €	✓	72 000 €	47 000 €	✓	123 000 €	98 000 €	✓	87 000 €	92 000 €	☐	65 000 €	45 000 €	282 000 €	237 000 €
☐	40 000 €	30 000 €	✓	72 000 €	47 000 €	☐	123 000 €	98 000 €	✓	87 000 €	92 000 €	✓	65 000 €	45 000 €	224 000 €	184 000 €
☐	40 000 €	30 000 €	✓	72 000 €	47 000 €	✓	123 000 €	98 000 €	✓	87 000 €	92 000 €	☐	65 000 €	45 000 €	282 000 €	237 000 €

Abbildung 6-96: Kombinationsmöglichkeiten von Investitionsprojekten für eine Programmentscheidung bei einer Budgetrestriktion von 340 000 Euro

Sodann ist der Gesamtkapitalwert aller zulässigen Kombinationen zu ermitteln. Ausgewählt wird schließlich die Kombination, die den höchsten Gesamtkapitalwert aufweist. Sie steht in Abbildung 6-96 in der ersten Zeile.

6.12 Qualitätsprüfung der Kapitalwertberechnungsergebnisse

Eine Kapitalwertkalkulation ist grundsätzlich eine Planungsrechnung. Es wird kalkuliert, um eine Investitionsentscheidung vorzubereiten. Eine solche Kalkulation findet insofern immer vor der Umsetzung und Nutzung eines Investitionsvorhabens statt. Sollte der sich ergebende Kapitalwert größer 0 sein, würde unter normalen Umständen eine Freigabe erteilt und schließlich die Maßnahme umgesetzt werden. Erst danach, also im laufenden Betrieb, wäre es dann möglich zu prüfen, ob die Kalkulation gut war und zielerfüllend entschieden wurde.

Die Qualität einer Kapitalwertberechnung misst sich insofern daran, inwieweit die Einstellparameter und die Zahlungsströme, die ihr zugrunde gelegt worden sind, der Realität entsprechen, etwa im Nachhinein durch den Vergleich der abgeschätzten Energieeinsparungen mit den tatsächlichen oder der angenommenen Preisänderungsraten mit den realen. Der Zweck einer Qualitätsprüfung besteht dann darin, aus den ermittelten Abweichungen zu lernen, sodass bei künftigen Investitionsrechnungen derartige Fehler unterbleiben.

Da ein Investitionsvorhaben Zahlungsströme über mehrere Perioden umfasst, ist eine abschließende Qualitätsbeurteilung einer Kapitalwertkalkulation für ein Investitionsprojekt eigentlich erst nach Ablauf seiner Wirkungsdauer möglich, weil erst dann alle notwendigen Daten vollständig vorliegen und sich auch erst dann für **sämtliche** Zahlungsströme und Einstellparameter über den gesamten Planungshorizont prüfen lässt, ob sie realitätsnah bestimmt worden sind. Bei langfristigen Projekten (z. B. im Immobilienbereich) wäre eine lange Wartezeit sicherlich sehr unpraktisch, möchte man doch möglichst bald aus Prüfungsergebnissen für kommende Kapitalwertberechnungen lernen.

Insofern macht es Sinn, schon im laufenden Betrieb Qualitätsprüfungen – sozusagen rollierend – durchzuführen. Hiermit ist gemeint, zunächst sämtliche in der Kapitalwertkalkulation berücksichtigte Werte der Einstellparameter und Zahlungsströme bis zum Zeitpunkt der Qualitätsprüfung den tatsächlichen Werten gegenüberzustellen, um schließlich durch Vergleich des „Ist-Kapitalwertes" mit dem der Investitionsentscheidung zugrunde liegenden „Plan-Kapitalwert" eine „Kapitalwert-Abweichung" zu ermitteln.

Das folgende Beispiel veranschaulicht dieses Vorgehen. Zugrunde liegt die in Abbildung 6-97 dargestellte Kapitalwertkalkulation, die für das betrachtete Investitionsvorhaben einen Kapitalwert in Höhe von 110 088 Euro ausweist.

Kalkulationszinssatz i	5 %											
Jahrespreisänderungsrate Erdgas	3 %											
Jahrespreisänderungsrate Strom	2 %											
Jahrespreisänderungsrate Sonstiges	3 %											
Zu berücksichtigende Perioden [Jahre]	8											
Periode		0	1	2	3	4	5	6	7	8	9	10
Spez. Preis Erdgas [€/kWh]		0,06	0,06	0,06	0,07	0,07	0,07	0,07	0,07	0,08	0,08	0,08
Spez. Preis Strom [€/kWh]		0,12	0,12	0,12	0,13	0,13	0,13	0,14	0,14	0,14	0,14	0,15
Berücksichtigte Perioden (1 = ja)		1	1	1	1	1	1	1	1	1	0	0
ZAHLUNGSSTRÖME Z_t	Basiswerte	Cash Flows [€]										
Investitionsauszahlung	90 000 €	-90 000										
Wartung	3 000 €				-3 278			-3 582			-3 914	
Erdgasverbrauch BHKW pro Jahr	1 000 000 kWh		-61 800	-63 654	-65 564	-67 531	-69 556	-71 643	-73 792	-76 006	-78 286	-80 635
Energieverbrauchreduzierung des Heizkessels pro Jahr (= Einsparung Erdgas)	700 000 kWh		43 260	44 558	45 895	47 271	48 690	50 150	51 655	53 204	54 800	56 444
Stromerzeugung zur Eigennutzung pro Jahr (= Einsparung Strom)	400 000 kWh		48 960	49 939	50 938	51 957	52 996	54 056	55 137	56 240	57 364	58 512
ERGEBNISSE												
Periodensalden [€]		-90 000	30 420	30 843	27 991	31 698	32 129	28 981	32 999	33 438	0	0
Barwerte [€]		-90 000	28 971	27 976	24 179	26 078	25 174	21 626	23 452	22 632	0	0
Kapitalwert [€]		110 088										

Abbildung 6-97: Beispielhafte Kapitalwertkalkulation eines energieorientierten Investitionsprojektes

Nach einer Laufzeit von z. B. zwei Jahren soll eine Qualitätsprüfung der Kalkulation durchgeführt werden. In diesem Rahmen stellt sich heraus, dass die Werte der Einstellparameter nicht mehr der Realität entsprechen und daher Aktualisierungen vorgenommen werden sollten, siehe Abbildung 6-98.

Einstellparameter	"Plan-Wert"	zu aktualisieren auf "Ist-Wert"
Kalkulationszinssatz i	5 %	4 %
Jahrespreisänderungsrate Erdgas	3 %	4 %
Jahrespreisänderungsrate Strom	2 %	1,5 %
Erdgasverbrauch BHKW pro Jahr	1 000 000 kWh	980 000 kWh
Energieverbrauchreduzierung des Heizkessels pro Jahr (= Einsparung Erdgas)	700 000 kWh	680 000 kWh
Stromerzeugung zur Eigennutzung pro Jahr (= Einsparung Strom)	400 000 kWh	350 000 kWh

Abbildung 6-98: Erforderliche Anpassungen der Kapitalwert-Einstellparameter im Rahmen einer Qualitätsprüfung

Befüllt wird ein neues Kapitalwerttableau mit den aktualisierten Parameterwerten und Energieflüssen (→ Zahlungsstromänderungen)[66], das zu einem vorläufigen Ist-Kapitalwert führt, der mit dem Plan-Kapitalwert verglichen werden kann, siehe Abbildung 6-99.

Kalkulationszinssatz i	4 %
Jahrespreisänderungsrate Erdgas	4 %
Jahrespreisänderungsrate Strom	1,5 %
Jahrespreisänderungsrate Sonstiges	3 %
Zu berücksichtigende Perioden [Jahre]	8

Periode		0	1	2	3	4	5	6	7	8	9	10
Spez. Preis Erdgas [€/kWh]		0,06	0,06	0,06	0,07	0,07	0,07	0,08	0,08	0,08	0,09	0,09
Spez. Preis Strom [€/kWh]		0,12	0,12	0,12	0,13	0,13	0,13	0,13	0,13	0,14	0,14	0,14
Berücksichtigte Perioden (1 = ja)		1	1	1	1	1	1	1	1	1	0	0
ZAHLUNGSSTRÖME Zt	Basiswerte	Cash Flows [€]										
Investitionsauszahlung	90 000 €	-90 000										
Wartung	2 000 €				-2 185			-2 388			-2 610	
Erdgasverbrauch BHKW pro Jahr	980 000 kWh		-61 152	-63 598	-66 142	-68 788	-71 539	-74 401	-77 377	-80 472	-83 691	-87 038
Energieverbrauchreduzierung des Heizkessels pro Jahr (= Einsparung Erdgas)	680 000 kWh		42 432	44 129	45 894	47 730	49 639	51 625	53 690	55 838	58 071	60 394
Stromerzeugung zur Eigennutzung pro Jahr (= Einsparung Strom)	350 000 kWh		42 630	43 269	43 918	44 577	45 246	45 925	46 613	47 313	48 022	48 743
ERGEBNISSE												
Periodensalden [€]		-90 000	23 910	23 801	21 485	23 520	23 346	20 761	22 927	22 678	0	0
Barwerte [€]		-90 000	22 990	22 005	19 101	20 105	19 189	16 408	17 422	16 571	0	0
Kapitalwert [€]		63 791										
Abweichung		-42,1 %										

Abbildung 6-99: Ermittlung des Ist-Kapitalwertes nach Aktualisierung der Einstellparameter im Rahmen einer Qualitätsprüfung

66 Wichtig ist dabei, dass Ist-Kapitalwerte auf normalisierten Zahlungsströmen zu basieren haben, da sonst ein unfairer Vergleich zustande kommt.

Vorläufig ist dieser Kapitalwert, weil der endgültige Ist-Kapitalwert ja erst am Ende der Wirkungsdauer ermittelt werden kann; alle vorangehenden sind daher vorläufige.

Ergebnis des Vergleichs ist eine Gesamtabweichung, die die Wirkung der fehleingestellten Parameter verdeutlicht, im Beispiel ca. 42 %, siehe letzte Zeile in der Tabelle. Für Plan-Abweichungen könnte ein Grenzwert festgelegt worden sein (z. B. 20 %), dessen Überschreiten eine Reaktion auslösen muss, sich mit den Einzelabweichungen der Parameterwerte, die ja die Ursache der Gesamtabweichung sind, näher auseinanderzusetzen.

Ursachen von Abweichungen können sein:

- ungeeignete Informationsquellen (z. B. für die Abschätzung von Energiepreisänderungsraten),
- Fehleinschätzungen,
- eine zu geringe Gewissenhaftigkeit bei der Abschätzung,
- fehlende Erfahrung oder
- mangelnde Kenntnis bei der Anfertigung von Kapitalwertkalkulationen.

Das Sammeln von Erfahrungen und insbesondere das Durchführen von Qualitätsprüfungen mögen hier helfen.

Auf der anderen Seite kommt es aber auch vor, dass Ermessensspielräume bei der Festlegung von Parameterwerten bewusst derart ausgeschöpft werden, dass eine Kapitalwertkalkulation für ein Investitionsvorhaben ein wunschgemäßes Ergebnis hervorbringt, weil der Kalkulator sich dadurch einen Vorteil verspricht. Verschiedene Gründe sind dafür denkbar.

Erstens kann es sein, dass ein Kalkulator darauf abzielt oder abzielen soll, bei Energieeffizienzmaßnahmen grundsätzlich negative Kapitalwerte „herzukalkulieren", um nicht durch den Gesetzgeber verpflichtet zu sein, eine Umsetzung in die Wege zu leiten (etwa nach BECV oder seinerzeit EnSimiMaV) bzw. eine Umsetzung zu planen und diese Planung zu veröffentlichen (EnEfG). Um ein derartiges Fehlverhalten zu verhindern, sieht der Gesetzgeber für das EnEfG oder die BECV vor, dass die Kalkulationsergebnisse durch eine unabhängige externe Instanz (i. d. R. akkreditierte EnMS-Zertifizierungsorganisationen) geprüft werden müssen.

Zweitens kommt es in der betrieblichen Praxis vor, dass Mitarbeiter bei größeren Investitionsprojekten – so auch im Energiebereich – die Chance sehen, sich durch eine Projektleiterfunktion profilieren zu können. Dazu muss allerdings das Projekt dann auch zustande kommen, und dies setzt einen positiven Kapitalwert voraus. Hier handelt es sich um ein sogenanntes Prinzipal-Agent-Problem: Die Fehlentscheidung entsteht, weil sowohl eine Informationsasymmetrie (einseitiges Herrschaftswissen aufseiten des Kalkulators) als auch ein Zielkonflikt (Unternehmensleitung will unternehmenszentrierte Entscheidung fällen, Mitarbeiter denkt dagegen opportunistisch) vorliegt. Auch in dieser Hinsicht dürfte eine unabhängige Qualitätskontrolle der Kapitalwertberechnung helfen, Fehler in der Zukunft zu vermeiden. Eine systematische Qualitätsprüfung, die regelmäßig bei allen Investitionsrechnungen durchgeführt wird, hätte zudem auch eine abschreckende Wirkung gegenüber bewussten Manipulationen aus Eigeninteresse.

Um Lerneffekte bei der Durchführung von Kapitalwertberechnungen zu erzielen, erscheint es zweckmäßig, die Qualität der Berechnungen nach Umsetzung eines Investitionsprojektes durch Plan-Ist-Vergleiche zu beurteilen. Hierzu können die verrechneten Zahlungsströme und Einstellparameter, die im Ausgangstableau als Planwerte einzusehen sind, durch tatsächliche Werte ersetzt werden, soweit verfügbar. Die Differenz zwischen dem Plan-Kapitalwert und dem Ist-Kapitalwert zeigt die Ungenauigkeit der Zahlungsstrom- und Parameterabschätzung auf und macht ggf. deutlich, an welcher Stelle künftig Abschätzungsänderungen vorgenommen werden sollten.

7 Aufbau und Ablauf von Kapitalwertberechnungen für Effizienz- und Klimaschutzinvestitionen nach DIN EN 17463

Die korrekte Ermittlung von Investitionsrechnungskennwerten wie dem Kapitalwert setzt fundierte Kenntnisse der jeweiligen Berechnungsmethode sowie die Fähigkeit, Rechenergebnisse zu interpretieren, voraus. In der betrieblichen Praxis sollten deshalb entsprechende Methodenkenntnisse und Interpretationsfähigkeiten vorliegen. Das ist häufig auch kein Problem.

Die Herausforderung in der betrieblichen Praxis liegt vor allem darin, vor der Berechnung einer möglichen Investitionsidee alle Informationen zusammenzutragen, die für eine vollständige Kapitalwertkalkulation und anschließende Interpretation der Ergebnisse erforderlich sind. Die vollständige und kompakte – daher i. d. R. tabellarische – Darstellung aller relevanten Sachverhalte nennen wir „**Berechnungsmodell**".

Diese relevanten Sachverhalte haben positive oder negative Wirkungen (sind „Nutzen" oder „Belastungen") für ein betrachtetes Investitionsprojekt. Wenn möglich, sollten derartige Nutzen und Belastungen immer in Geldbeträgen erfasst werden, da so Zahlungsströme – Cashflows – abgeleitet und unmittelbar in der Kalkulation berücksichtigt werden können. Hiermit soll nicht ausgedrückt werden, Nicht-Zahlungsströme, sogenannte Soft Facts, zu vernachlässigen. Im Gegenteil erscheint es häufig sehr sinnvoll, derartige Wirkungen auch zu bestimmen und festzuhalten, um sie bei der endgültigen Entscheidungsfindung für oder gegen eine Freigabe des Investitionsprojektes mit zu berücksichtigen, gleichwohl sie nicht in die Berechnung der Kapitalwerte eingeflossen sind.

Alle relevanten Einstellparameter, deren Adjustierung Einfluss auf den Kapitalwert hat, müssen zunächst für den wahrscheinlichen Fall (Most Likely Case) festgelegt werden (und sind dann später für den Best und Worst Case zu ermitteln). Hierzu zählen der Kalkulationszinssatz und die Laufzeit, d. h. die voraussichtliche Wirkungsdauer des Investitionsprojektes (der Planungshorizont). Des Weiteren fallen insbesondere bei energieorientierten Investitionen darunter die spezifischen Energiepreise, Preisänderungsraten, Risikofaktoren etc.

Die tabellarische Erfassung aller für eine Kapitalwertberechnung relevanten Informationen, d. h. Cashflows, Soft Facts sowie Einstellparameter, in Berechnungsmodellen ist der notwendige Vorbereitungsprozess der eigentlichen Rechnung. Erst wenn dieser Prozess abgeschlossen ist, kann die Kapitalwertberechnung – im Sinne der Methodenanwendung – erfolgen.

Als Herausforderung hat sich dabei in der Praxis bisweilen gezeigt, die energiebedingten Cashflows (i. d. R. die Energiekosteneinsparungen oder die zur Einspeisung vorgesehenen Energieerträge) von den anderen Cashflows abzugrenzen (wie der Anschaffungsauszahlung, möglichen regelmäßigen Wartungs- oder Reparaturkosten etc.), die vergleichsweise einfach zu erfassen sind. Flussdiagramme, die den bestehenden Zustand einer Anlagenkonfiguration und den möglichen künftigen Zustand mit Angaben von Energiemengen und Nutzungsgraden grafisch darstellen, können dabei sehr helfen.

Als Vorgehensweise für die Kapitalwertberechnung – insbesondere im Energiebereich – wird folgender Ablauf empfohlen (der später bei der Vorstellung verschiedener Beispiele so auch angewandt wird):

1) Erarbeitung eines Flussdiagramms, das den **bestehenden** Zustand einer Anlagenkonfiguration **und** den möglichen **künftigen** darstellt, mit Angabe der relevanten Energiemengen (oder Leistungen und Volllast-Betriebsstunden) sowie Nutzungsgraden, aus dem die relevanten Veränderungen der Energieströme abgeleitet werden können.
2) Aufbau eines **Berechnungsmodells**, das
   - in Abschnitt 1 die relevanten Einstellparameter und Energiemengen aufführt mit Angaben der jeweiligen Adjustierungen sowohl für den „Most Likely Case" als auch den „Best Case" und den „Worst Case" sowie

- in Abschnitt 2 alle positiven und negativen Wirkungen („Nutzen" und „Belastungen") möglichst in Geldbeträgen – das wären dann die Zahlungsströme bzw. Cashflows – vollständig erfasst.

3) Übertragung der Cashflow- und Einstellparameterwerte in drei **Standard-Kapitalwerttableaus** („Most Likely Case", „Best Case" und „Worst Case")
4) schriftliche Interpretation der Ergebnisse mit Angabe eines Entscheidungsvorschlages
5) Zusammenfassung einer Vorlage zur Entscheidung

Vor einer Kapitalwertberechnung ist das Untersuchungsobjekt auszuwählen. Im Bereich von Energieeffizienz- oder Klimaschutzmaßnahmen geht es vor allem um investive Ideen, bestehende Prozesse energieorientiert zu modernisieren oder vorhandene Energiebereitstellungsanlagen durch effizientere und/oder emissionsärmere auszutauschen. Danach wären verschiedene Schritte zu durchlaufen, bis am Ende eine erfolgreiche Umsetzung einer solchen Maßnahme erzielt ist. Abbildung 7-1 zeigt diese Schritte und verdeutlicht, wo DIN EN ISO 50001 und die VALERI-Norm DIN EN 17463 Unterstützung leisten.

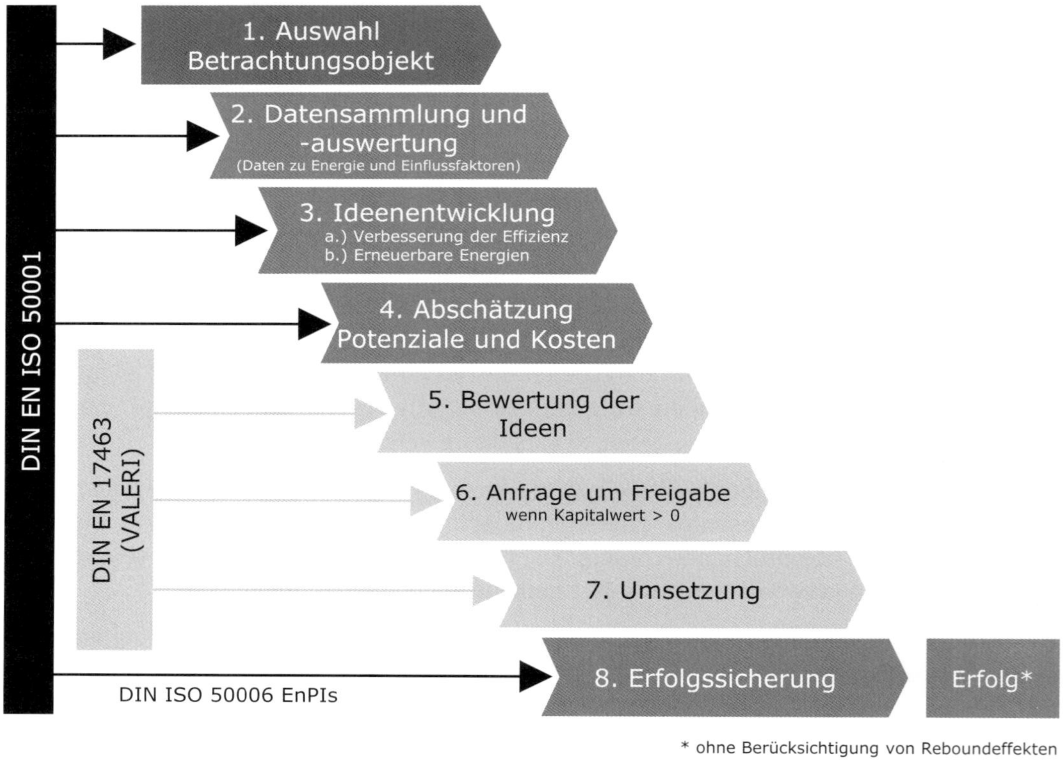

Quelle: eigene Darstellung

Abbildung 7-1: Vorgehensweise zur erfolgversprechenden Umsetzung einer Energieeffizienzmaßnahme

Im Energiemanagement ist der erste Schritt die Auswahl eines Betrachtungsobjektes, für das eine Verbesserungsidee entwickelt werden soll. Hierbei handelt es sich üblicherweise um bestehende Produktionsprozesse, Gebäude oder Energieversorgungsanlagen. Sofern ein Energiemanagementsystem nach DIN EN ISO 50001 vorliegt, sind derartige Betrachtungsobjekte nach ihrem Jahresenergieeinsatz differenziert in „wesentliche Energieeinsätze", engl. „*significant energy uses*" (SEUs), und Nicht-SEUs, sodass schwerpunktorientiert vorgegangen werden kann. Für SEUs werden Daten (über Energieverbräuche und Einflussfaktoren) erhoben, ausgewertet und zunächst grobe Ideen, deren Umsetzung zu einer Effizienz-/Emissionsreduzierung beitragen würde, entwickelt. Nun konkretisiert man die Ideen, holt Angebote ein und rechnet die Energieverbrauchsreduzierungen aus, um daraus die Einsparpotenziale und Kosten abzuschätzen. An dieser Stelle setzt die Investitionsrechnung – etwa auf der Basis von DIN EN 17463 – an, die schließlich zu einer Entscheidungsvorlage und ggf. zu einer Freigabe sowie Umsetzung einer Maßnahme führt. Im Nachgang ist sinnvollerweise eine Erfolgssicherung vorzunehmen, die – im Falle eines vorliegenden Energiemanagementsystems nach DIN EN ISO 50001 – durch ein Energieleistungskennzahlensystem (EnPI-System) etabliert werden könnte.

Im Zentrum der nächsten Kapitel steht Schritt 5: die Bewertung einer Idee.

7.1 Energieflussdiagramme als Hilfe zur Bestimmung von Rückflüssen

Nach dem ersten Hauptsatz der Thermodynamik, dem „Energieerhaltungssatz", kann – in geschlossenen Systemen – Energie nicht erzeugt, sondern lediglich umgewandelt werden. Das bedeutet, dass sämtliche Energie, die in ein energieeinsetzendes System eingebracht wird (Energieinput), das System in voller Höhe als Output auch verlässt, wobei nur ein Teil des Outputs dem eigentlichen Zweck entspricht (Nutzenergie oder Energiedienstleistung) und der andere als Verlustenergie zu qualifizieren ist, die als Anergie i. d. R. nicht weiterverwendet werden kann.

Da Input = Output gilt, können Bilanzen aufgestellt und Flussdiagramme gezeichnet werden, die häufig eine große Hilfe zur Veranschaulichung und letzten Endes zur Bestimmung der fortlaufenden (regelmäßigen oder unregelmäßigen) Zahlungsströme als auch der Rückflüsse von Energieinvestitionen darstellen, siehe Abbildung 7-2.

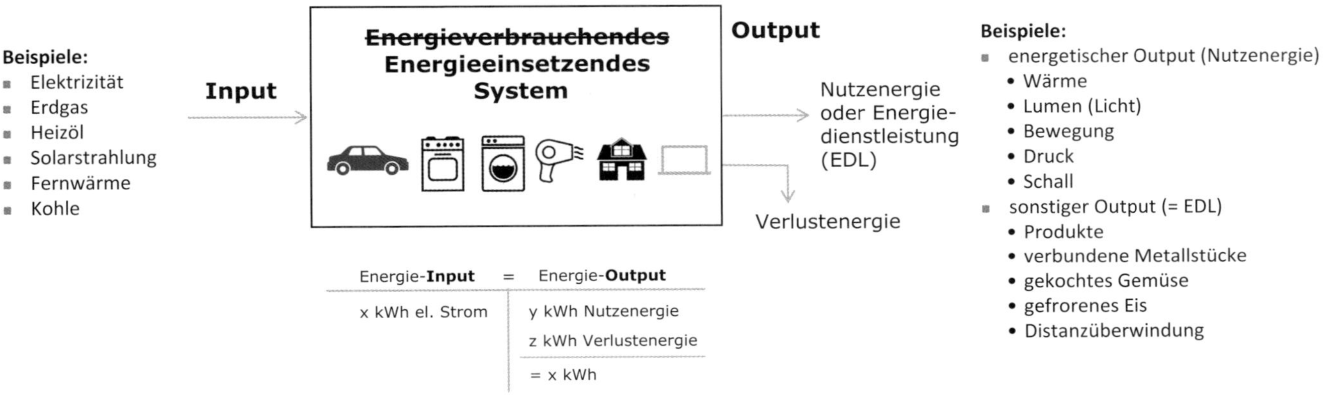

Quelle: eigene Darstellung

Abbildung 7-2: Flussdiagramm eines energieeinsetzenden Systems

Die folgende Abbildung 7-3 zeigt beispielhaft ein Flussdiagramm einer Erdgasheizung.

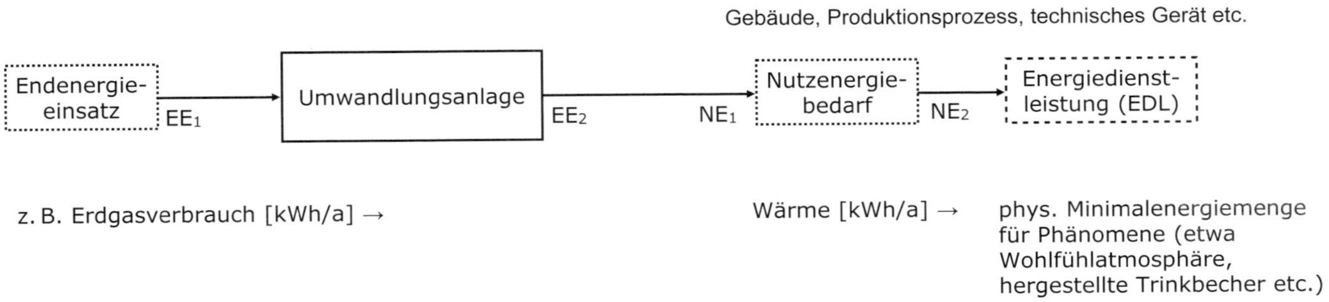

Quelle: eigene Darstellung

Abbildung 7-3: Energieflussdiagramm einer Erdgasheizung

Die folgende Illustration umfasst ein Flussdiagramm, das die Einbindung eines Blockheizkraftwerkes in ein Heizsystem veranschaulicht, das prioritär durch eine Erdgastherme versorgt wird, mit Angaben zu den relevanten Energieströmen, siehe Abbildung 7-4.

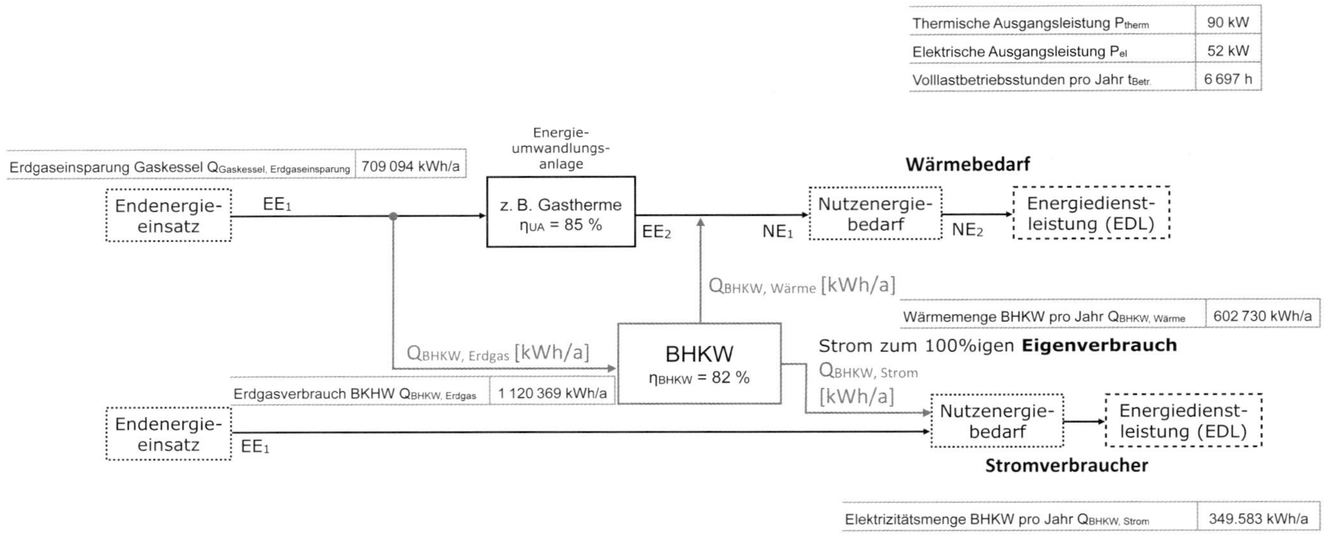

Quelle: eigene Darstellung

Abbildung 7-4: Energieflussdiagramm einer Einbindung eines Blockheizkraftwerkes in ein Heizsystem

7.2 Aufbau von Berechnungsmodellen

Ein im Vorfeld einer Kapitalwertkalkulation erarbeitetes **Berechnungsmodell** bezweckt, eine gute Übersicht zu erhalten und darauf hinzuwirken, dass alle relevanten Sachverhalte und Werte bei der späteren Kapitalwertkalkulation vollständig erfasst sind, nicht nur diejenigen, die sich monetarisieren lassen und später als Cashflow in die Kalkulation eingehen.

Für den Aufbau des Berechnungsmodells hat es sich als praktisch erwiesen, mögliche Investitionsprojekte strukturiert hinsichtlich ihrer Wirkungen zu hinterfragen, um so die möglichen Zahlungsströme zu bestimmen und alle relevanten Einstellparameter mit Angabe von Spannbreiten abzuschätzen, sowie das Ganze kompakt tabellarisch darzustellen. An einem Beispiel soll die Vorgehensweise verdeutlicht werden. Es geht um eine Energieeffizienzmaßnahme, die darin besteht, bei einem Wärmeprozess eine Wärmedämmung vorzusehen.

Nachdem auf der Grundlage eines Flussdiagramms und einer Berechnung festgestellt wurde, dass die angedachte Maßnahme eine Stromverbrauchsreduzierung von 150 000 kWh erwirken würde, werden die Werte aller relevanten Einstellparameter mit ihren Spannbreiten tabellarisch festgehalten, siehe Abbildung 7-5.

Einstellparameter	Wertangabe	Spannbreite	
	Most Likely Case	Best Case	Worst Case
Reduzierung des Stromverbrauchs pro Jahr [kWh]	150 000 kWh/a	180 000 kWh/a	120 000 kWh/a
Wirkungsdauer des Investitionsprojektes	9 Jahre	10 Jahre	8 Jahre
Kalkulationszinssatz i	7 %	5 %	8 %
Aktueller spezifischer Strompreis	0,2 €/kWh		
Jahrespreisänderungsrate Strom	4 %	5 %	2 %
Jahrespreisänderungsrate Sonstiges	3 %	1 %	6 %

Abbildung 7-5: Berechnungsmodell, 1. Teil: Einstellparameter für eine beispielhafte Wärmedämmmaßnahme

Es folgt, alle Nutzen listenförmig festzuhalten. Im Beispiel sind dies Stromkosteneinsparungen, Förderungen und Schalldämmung. Ebenso wird mit den Belastungen verfahren: Materialkosten, Einbaukosten, Projektierungskosten und regelmäßige Wartungskosten. Die Auflistung wird so lange weitergeführt, bis man der Auffassung ist, eine vollständige Übersicht erarbeitet zu haben. Danach versucht man, für jede Wirkungsart die Nutzen oder Belastungen zu quantifizieren, zunächst noch, ohne an die Anfallzeitpunkte zu denken. Ist eine Monetarisierung möglich, ist der Wert je Einheit anzugeben (z. B. 0,2 €/kWh für Strom). Nun können die Zahlungsströme für Periode 0 bestimmt werden. Hierauf folgt für jede Wirkungsart die Festlegung der Zahlungszeitpunkte sowie des letztmaligen Anfalls. Wenn eine Degradation[67] der Wirkung zu erwarten ist, muss sie ebenfalls in die Liste eingetragen werden. Diese erste Berechnungsmodelltabelle bildet die Basis zur Bestimmung der Cashflows, siehe Abbildung 7-6.

Wirkungsart	Wirkung	Umfang mit Einheit	Monetarisierung möglich? → Cash-Flow-Ermittlung	Wert je Einheit (= spezifische Kosten bzw. Erlöse)	Cash Flow in Periode 0	Zahlungs-zeitpunkt	Letztmaliger Anfall	Jahres-degradation
Nutzen	Stromkosten-einsparungen	150 000 kWh/a	ja	0,2 €/kWh	erst ab Periode 1	jedes Jahr	nach 9 Jahren	nicht anwendbar
	Förderungen	1 Stück	ja	10 000 €	10 000 €	Gegenwart (nullte Periode)	irrelevant	nicht anwendbar
	Schalldämmung	-25 dB	nein	-	-	-	-	nicht anwendbar
Anstrengungen	Materialkosten	1 Stück	ja	120 000 €	120 000 €	Gegenwart (nullte Periode)	irrelevant	nicht anwendbar
	Einbaukosten	1 Stück	ja	55 000 €	55 000 €	Gegenwart (nullte Periode)	irrelevant	nicht anwendbar
	Projektierungs-kosten	1 Stück	ja	6 000 €	6 000 €	Gegenwart (nullte Periode)	irrelevant	nicht anwendbar
	Wartungskosten	1 Stück	ja	600 €	erst ab Periode 5	alle 5 Jahre	nach 9 Jahren	nicht anwendbar

Abbildung 7-6: Berechnungsmodell, 2. Teil: Nutzen und Wirkungen einer beispielhaften Wärmedämmmaßnahme

Sind diese Tabellen aus der Sicht des Erstellers vollständig ausgefüllt, enthalten sie alle relevanten Einstellparameter und Nutzen sowie Belastungen, dann kann mit der Kalkulation des Kapitalwertes begonnen werden. Dieser letzte Schritt ist üblicherweise nicht mehr mit einem großen Aufwand verbunden, weil es ja nur noch darum geht, die bestimmten Cashflows und die Parametereinstellungen in ein universelles Kapitalwerttableau zu übertragen (siehe Abbildung 7-7). Da die Rechenergebnisse in derartigen Tabellen automatisch erzeugt werden, geht es danach dann nur noch um die Interpretation der Resultate.

67 Mit einer Degradationsrate (gemessen in %) wird der alters- bzw. einsatzbedingte Leistungsverlust einer energiebezogenen Anlage (PV-Anlage, Windenergieanlage, aber auch Wärmeübertrager etc.) über die Zeit beschrieben. Zur Ermittlung und Verrechnung einer solchen Rate siehe Abbildung 11-192.

Kalkulationszinsfuß i	7,0 %									
Jahrespreisänderungsrate el. Strom	4,0 %									
Jahrespreisänderungsrate Sonstiges	3,0 %									
Jahresdegradationsrate	0,00 %									
Zu berücksichtigende Perioden	9									
Stromeinsparungen in erster Periode [kWh/a]	150 000									
Periodenende t	0	1	2	3	4	5	6	7	8	9
Berücksichtigte Perioden ("1" = "Ja")	1	1	1	1	1	1	1	1	1	1
Jahres-Energieeinsparungen mit Berücksichtigung der Degradation [kWh/a]		150 000	150 000	150 000	150 000	150 000	150 000	150 000	150 000	150 000
Jeweiliger spezifischer Strompreis [€/kWh]	0,20	0,21	0,22	0,22	0,23	0,24	0,25	0,26	0,27	0,28
Anstrengungen; Auszahlungen										
Material- und Einbaukosten	-175 000 €									
Projektierungskosten	-6 000 €									
Wartungskosten						-696 €				
Nutzen; Rückflüsse										
Stromkosteneinsparungen		31 200 €	32 448 €	33 746 €	35 096 €	36 500 €	37 960 €	39 478 €	41 057 €	42 699 €
Förderungen	10 000 €									
Resultate/Indikatoren										
Summe [€]	-171 000 €	31 200 €	32 448 €	33 746 €	35 096 €	35 804 €	37 960 €	39 478 €	41 057 €	42 699 €
Barwerte	-171 000 €	29 159 €	28 341 €	27 547 €	26 774 €	25 528 €	25 294 €	24 585 €	23 896 €	23 226 €
Kapitalwert	63 349 €									

Abbildung 7-7: Kapitalwertkalkulation einer beispielhaften Wärmedämmmaßnahme

Die Kombination aus Berechnungsmodell und Kapitalwertkalkulationstableau erzeugt für den (auch externen) Betrachter eine Übersicht, die i. d. R. selbsterklärend ist. Das Gebot einer bestmöglichen Transparenz ist damit erfüllt.

7.3 Praxisbeispiel für die Erarbeitung eines Berechnungsmodells

Anhand eines Praxisbeispiels sollen die Abgrenzung und Wertbestimmung relevanter Einstellparameter und der Aufbau eines Berechnungsmodells geübt werden. Im Zentrum der Betrachtung steht ein angebotenes Blockheizkraftwerk (BHKW) mit einer thermischen Nennleistung von 90 kW und einer elektrischen Abgabeleistung von 52,2 kW. Das BHKW soll einen Brennwert-Heizkessel in einem kleineren Industrieunternehmen ergänzen. Die entstehende BHKW-Wärme würde den Kessel entlasten, sodass sich beim Heizkessel ein geringerer Endenergieverbrauch ergäbe (Gaseinsparungen als Nutzen 1), wobei hier eine mögliche Verschlechterung des Nutzungsgrades $\eta_{\text{Heizkessel}}$ aufgrund der dann entstehenden Unterauslastung vernachlässigt werden soll (er liege bei 85 %). Zudem erzeugt das BHKW elektrischen Strom, der über 6 697 Betriebsstunden im Jahr komplett selbst genutzt werden soll, wodurch sich konventioneller elektrischer Strom einsparen ließe (Nutzen 2). Gegenzurechnen ist der Eigenverbrauch des BHKW an Erdgas (Belastung 1). Der Gesamtnutzungsgrad des Blockheizkraftwerkes η_{BHKW} ist 82 %.

Schritt 1 beginnt mit der Erarbeitung eines Flussdiagramms zur groben Darstellung der Energieflüsse, Abbildung 7-8.

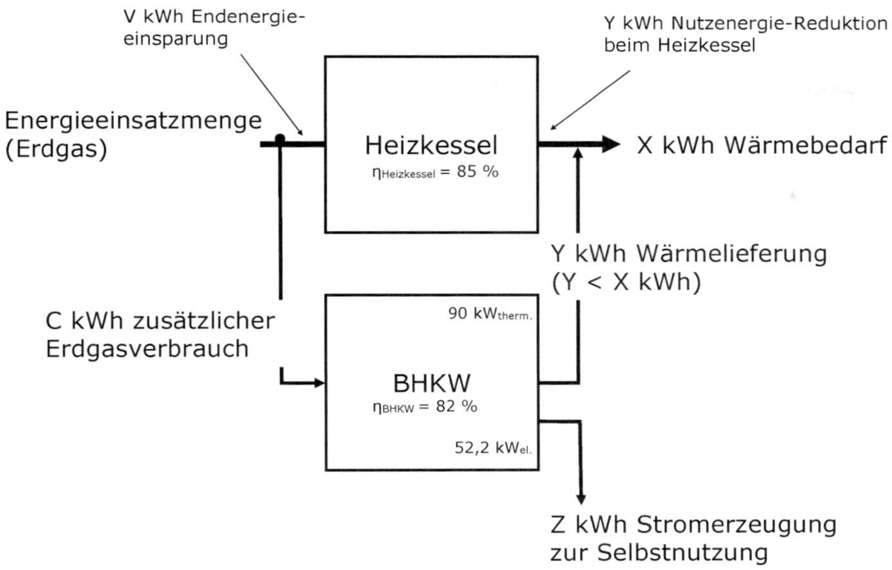

Quelle: eigene Darstellung

Abbildung 7-8: Mögliche Einbindung eines Blockheizkraftwerkes in ein heizkesselbetriebenes Heizsystem

Nun folgt in **Schritt 2** die zunächst nur begriffliche Abgrenzung sämtlicher relevanter **Belastungen** sowie **Nutzen**, die das Investitionsvorhaben aufwirft (siehe Tabelle 19). Es geht hier noch nicht um die Klärung der Zahlungsströme.

Tabelle 19: Aufbau eines Berechnungsmodells für die Integration eines Blockheizkraftwerkes: Festlegung der Anstrengungen/Belastungen und Nutzen

Wirkungsart	Wirkung
Anstrengungen/ Belastungen	Zusätzlicher Gasverbrauch des BHKW
	Reduzierte Auslastung des Heizkessels → reduzierter Nutzungsgrad möglich (hier als irrelevant angenommen)
	Investitionsauszahlung für das BHKW
	Wartungs- und Reparaturkosten
	Zusätzlicher Lärm
	Zusätzlicher Platzbedarf
Nutzen	Jährliche Energieeinsparungen (Gasheizkessel)
	Jährliche Stromerzeugung zur Selbstnutzung

Sämtliche Wirkungen des Investitionsvorhabens, und damit nicht nur die monetarisierbaren, sondern auch *Soft Facts*, sollten erfasst werden. Im Vordergrund steht dabei die Vollständigkeit der Erfassung und noch nicht die Messung oder Abschätzung des jeweiligen Umfangs.

Sind alle Anstrengungen und Nutzen aufgelistet, werden – in **Schritt 3** – die relevanten Lasten oder Jahresenergieströme (i. d. R. die Einsparungen oder Einspeisungen) konkret ermittelt (i. d. R. grafisch durch Komplettierung des o. a. Flussdiagramms) und ausgewertet, sodass reduzierte und zusätzliche Jahresenergieverbräuche bzw. Einspeisungen, ggf. auch zusätzliche Verbräuche, sichtbar werden, siehe Abbildung 7-9.

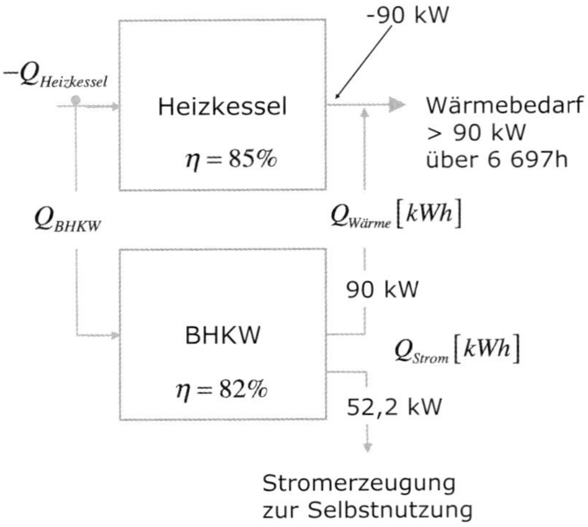

$$Q_{BHKW} = \frac{6\,697\text{ h} \cdot (90\text{ kW} + 52{,}2\text{ kW})}{82\ \%} = 1\,161\,358\text{ kWh}$$

$$-Q_{Heizkessel} = \frac{6\,697\text{ h} \cdot 90\text{ kW}}{85\ \%} = 709\,094\text{ kWh}$$

$$Q_{Strom} = 6\,697\text{ h} \cdot 52{,}2\text{ kW} = 349\,583\text{ kWh}$$

Quelle: eigene Darstellung

Abbildung 7-9: Flussdiagramm mit Ausweis der veränderten Jahresenergieverbräuche

Sämtliche Nutzen und Belastungen sind nun erfasst und die Jahresenergieveränderungen liegen vor. Nun kann die Modelltabelle wie in Abbildung 7-10 dargestellt komplettiert werden (**Schritt 4**).

Als Erstes sind die Umfänge der Nutzen und Belastungen/Anstrengungen einzutragen. Es sollte sich hierbei um Einschätzungen handeln, die aus der Sicht der Kalkulatoren am ehesten die Realität widerspiegeln (Most Likely Case). Dann ist zu klären, ob eine Monetarisierung möglich ist. Ist das der Fall, können Cashflows bestimmt werden, sodass eine Berücksichtigung ihrer Wirkungen im Kapitalwert möglich ist. Danach sind die Zahlungszeitpunkte der Cashflows zu bestimmen und schließlich auch noch eine mögliche Degradation[68]. Alle für die Kalkulation relevanten Daten der Wirkungen des Investitionsprojektes sind damit erfasst (siehe Abbildung 7-10).

Wirkungsart	Wirkung	Umfang mit Einheit	Monetarisierung möglich? → Cash-Flow-Ermittlung	Wert je Umfangs-Einheit (= spezifische Kosten)	Cash Flow	Spannbreite (Best Case vs. Worst Case)	Zeitpunkt	Letztmaliger Anfall	Jahresdegradation
Anstrengungen	Investitionsauszahlung für das BHKW	1 Stück	ja	90 000 €	90 000 €	+/- 5%	Gegenwart (nullte Periode)	irrelevant	nicht anwendbar
	Wartungs- und Reparaturkosten	100 Stunden	ja	30 €/h	3 000 €	+/- 10%	alle 3 Jahre	unklar	nicht anwendbar
	zusätzlicher Gasverbrauch des BHKW	1 161 358 kWh/a	ja	0,06 €/kWh	69 681 €	+/- 20%	jedes Jahr	nach 18 Jahren	0 %
	reduzierte Auslastung des Heizkessels → reduzierter Nutzungsgrad möglich	nicht relevant	nicht relevant	-	-	-	nicht anwendbar	irrelevant	nicht anwendbar
	zusätzlicher Lärm	unbekannt	nicht monetarisierbar	-	-	-	nicht anwendbar	irrelevant	nicht anwendbar
	zusätzlicher Platzbedarf	40 m²	nein	-	-	-	nicht anwendbar	irrelevant	nicht anwendbar
Nutzen	jährliche Energieeinsparungen (Gasheizkessel)	709 094 kWh/a	ja	0,06 €/kWh	42 546 €	+/- 20%	jedes Jahr	nach 18 Jahren	0 %
	jährliche Stromerzeugung zur Selbstnutzung	349 583 kWh/a	ja	0,12 €/kWh	41 950 €	+/- 20%	jedes Jahr	nach 18 Jahren	0 %

Abbildung 7-10: Bestimmung der Belastungen und Nutzen für den Most Likely Case sowie der Spannbreiten

68 Mit einer Degradationsrate (gemessen in %) wird der alters- bzw. einsatzbedingte Leistungsverlust einer energiebezogenen Anlage (PV-Anlage, Windenergieanlage, aber auch Wärmeübertrager etc.) über die Zeit beschrieben. Zur Ermittlung und Verrechnung einer solchen Rate siehe Abbildung 11-192.

Darauf folgt die Bestimmung der Einstellparameter. Genau wie bei den Belastungen/Anstrengungen und dem Nutzen hat es sich auch bei ihnen als zweckmäßig erwiesen, Spannbreiten mit anzugeben, die ausdrücken, welcher Wert im schlechtesten oder im besten, aber jeweils noch realistischen Fall erwartet werden kann (siehe Abbildung 7-11).

Einstellparameter	Wertangabe	Spannbreite	
	Most Likely Case	Best Case	Worst Case
Wirkungsdauer des Investitionsprojektes	18 Jahre	22 Jahre	15 Jahre
Kalkulationszinssatz i	7 %	5 %	8 %
Jahrespreisänderungsrate Erdgas	5 %	9 %	3 %
Jahrespreisänderungsrate Strom	1 %	4 %	-2 %
Jahrespreisänderungsrate Sonstiges	3 %	1 %	6 %

Abbildung 7-11: Einstellparameter für den Most Likely Case

Diese Spannbreiten werden später für die Erarbeitung von Best- und Worst-Case-Szenarien benötigt. In Zeile 1 wird der Planungshorizont, die Wirkungsdauer des Investitionsprojektes, festgelegt. Hierbei geht es darum zu beurteilen, über welchen Zeitraum das Investitionsvorhaben voraussichtlich Wirkung entfaltet, also letztendlich Zahlungsströme erwartet werden können. Die bereits stattgefundene Auseinandersetzung mit allen Belastungen/Anstrengungen und Nutzen hilft einem dabei. In unserem Beispiel legen wir einen Planungshorizont von 18 Jahren mit einer Spannbreite von 15 bis 22 Jahren zugrunde.

Des Weiteren ist der Kalkulationszinssatz zu bestimmen (hier 7 % mit einer Spannbreite von 5 % bis 8 %). Diese beiden Parameter, Wirkungsdauer und Kalkulationszinssatz, sind grundsätzlich in jeder Kapitalwertberechnung zu berücksichtigen. Darüber hinaus können – je nach Fallkonstellation – weitere Parameter eine Rolle spielen. Im Beispielfall ist zwischen drei verschiedenen Preisänderungsraten zu differenzieren: eine für die Kosten von Erdgas, eine für Stromkosten und eine dritte für Wartungs- und Reparaturkosten.

Sobald alle Einstellparameter mit ihren Spannbreiten festgelegt sind, kann das Berechnungsmodell – in **Schritt 5** – in ein Kalkulationstableau überführt werden. Hierbei sollten alle Zahlungsstromarten erneut kritisch hinterfragt werden, wann sie voraussichtlich zum letzten Mal auftreten werden. Aus dieser Prüfung ergibt sich die Wirkungsdauer, die mit dem zuvor angenommenen Planungshorizont übereinstimmen sollte, sonst wäre sie zu korrigieren. Im Anschluss kann mithilfe des Kalkulationstableaus der Kapitalwert ermittelt werden (siehe Abbildung 7-12).

Kalkulationszinssatz i	7 %										
Jahrespreisänderungsrate Erdgas	3 %										
Jahrespreisänderungsrate Strom	2 %										
Jahrespreisänderungsrate Sonstiges	3 %										
Zu berücksichtigende Perioden [Jahre]	18										
Periode		0	1	2	3	4	5	...	18	19	20
Spez. Preis Erdgas [€/kWh]		0,06	0,06	0,06	0,07	0,07	0,07	...	0,10	0,11	0,11
Spez. Preis Strom [€/kWh]		0,12	0,12	0,12	0,13	0,13	0,13	...	0,17	0,17	0,18
Berücksichtigte Perioden (1 = ja)		1	1	1	1	1	1	...	1	0	0
ZAHLUNGSSTRÖME	Basiswerte	Cash Flows [€]									
Investitionsauszahlung	90 000 €	-90 000									
Wartung	3 000 €				-3 278				-5 107		
Erdgasverbrauch BHKW	1 161 358 kWh		-71 772	-73 925	-76 143	-78 427	-80 780	...	-118 628	-122 187	-125 852
Energieverbrauchreduzierung des Heizkessels (= Kosteneinsparung Erdgas)	709 094 kWh		43 822	45 137	46 491	47 886	49 322	...	72 431	74 604	76 842
Stromerzeugung zur Eigennutzung (= Kosteneinsparung)	349 583 kWh		42 789	43 645	44 518	45 408	46 316	...	59 915	61 113	62 336
ERGEBNISSE											
Periodensalden [€]		-90 000	14 839	14 856	11 587	14 866	14 858	...	8 611	0	0
Barwerte [€]		-90 000	13 868	12 976	9 459	11 342	10 594	...	2 548	0	0
Kapitalwert [€]		45 063									

Abbildung 7-12: Ermittlung des Kapitalwertes für den Most Likely Case mithilfe des Kapitalwerttableaus

Zusammenfassend besteht der Prozess zur Entwicklung einer Kalkulationsgrundlage also darin, nach Abgrenzung und Monetarisierung der Belastungen/Anstrengungen und Nutzen eines möglichen Investitionsvorhabens zunächst die relevanten Zahlungsströme zu extrahieren und die daraus folgenden Zahlungen zeitlich zuzuordnen. Die in zeitlicher Hinsicht längste Zahlungsreihe determiniert dann den Planungshorizont, die Wirkungsdauer also. Risiken – auf die wir in Kapitel 6.9.2 genauer eingegangen sind – können dabei in den Zahlungsreihen oder im Kalkulationszinssatz, der schließlich auch noch vor Berechnungsbeginn festgelegt werden muss, berücksichtigt werden.

7.4 Gestaltung von Kapitalwertberechnungstableaus und Durchführung der Kapitalwertberechnung

Aus den am Anfang des vorliegenden Werkes aufgelisteten Anforderungen an eine Investitions-Entscheidungsvorlage (siehe Kapitel 1.4) lassen sich konkrete Merkmale ableiten, die Kapitalwertberechnungstableaus aufweisen sollten. Die folgende Tabelle 20 zeigt eine Übersicht.

Tabelle 20: Anforderungen an investitionsorientierte Entscheidungsvorlagen und daraus abgeleitete erforderliche Merkmale von Berechnungstableaus

Investitionsorientierte Entscheidungsvorlagen sollten ...	**Notwendige Merkmale von Investitionsberechnungstableaus**
einheitlich sein.	Das Format eines Berechnungstableaus sollte als betrieblicher Standard deklariert werden.
für den Betrachter benutzerfreundlich sein.	Es sollte mit einem Tabellenkalkulationsprogramm erarbeitet werden, das gängig ist, also MS-Excel oder Apple-Numbers. Weitere Merkmale: Kurz und knapp und nur das Wesentliche. Keine Dekoration. Farben sind irrelevant. Dickdruck ist nicht erforderlich. Keine Excel-Makros.
in einem Format vorgelegt werden, das es dem Betrachter erlaubt, sämtliche Berechnungsergebnisse zu prüfen.	Ungesperrte Excel-Tabellen und keine PDF-Dateien. Sämtliche Einstellparameter im Tabellenkopf sichtbar machen und mit den Ergebniszeilen verknüpfen.
vollständige, die Realität abbildende Ergebnisse wiedergeben.	Eine Vollständigkeit aller relevanten Zahlungsströme sollte durch sorgfältiges Erstellen des Berechnungsmodells sichergestellt sein. Mindestinhalt: sämtliche entscheidungsrelevanten Zahlungsströme, Zeitwert des Geldes durch einen Kalkulationszinssatz berücksichtigen, unterschiedliche Preisänderungsraten vorsehen, die Projektlaufzeit und damit das tatsächliche Ende der Projektlebensdauer durch entsprechende Tabellenspalten sichtbar machen.
nachvollziehbar und leicht reproduzierbar sein.	Berechnungen so transparent wie möglich gestalten und getroffene Annahmen in der Tabelle ggf. erläutern. Herausstellen aller relevanten Einstellparameter im Tabellenkopf und Verknüpfung der Zellen mit dem Ergebnisbereich. Die sich aus den Preisänderungsraten ergebenden spezifischen Energiepreise in den Periodenangaben sichtbar machen. Für jede zu berücksichtigende Periode sollte jeweils eine Tabellenspalte vorgesehen sein.
möglichst einfach in ihrer Erstellung sein.	Der Anwender kann aufgrund der Vereinheitlichung des Formats im Tabellenkopf Parameter anpassen. Dadurch entsteht ein flexibles Berechnungs-Schema.

Die folgende Berechnungstabelle einer beispielhaften potenziellen Energieeffizienzmaßnahme veranschaulicht die soeben aufgelisteten Merkmale (siehe Abbildung 7-13).

		A	B	C	D	E	F		L	M
Einstell-parameter im Tabellenkopf	1	Kalkulationszinssatz i	5 %							
	2	Jahrespreisänderungsrate Erdgas	3 %							
	3	Jahrespreisänderungsrate Strom	2 %							
	4	Jahrespreisänderungsrate Sonstiges	3 %							
	5	Zu berücksichtigende Perioden [Jahre]	8							
Periodenangaben	6	Periode		0	1	2	3	...	9	10
	7	Spez. Preis Erdgas [€/kWh]		0,06	0,06	0,06	0,07	...	0,08	0,08
	8	Spez. Preis Strom [€/kWh]		0,12	0,12	0,12	0,13	...	0,14	0,15
	9	Berücksichtigte Perioden (1 = ja)		1	1	1	1	...	0	0
Zahlungsströme	10	ZAHLUNGSSTRÖME	Basiswerte				Cash Flows [€]			
	11	Investitionsauszahlung	90 000 €	-90 000						
	12	Wartung	3 000 €				-3 278	...	-3 914	
	13	Erdgasverbrauch BHKW	1 000 000 kWh		-61 800	-63 654	-65 564	...	-78 286	-80 635
	14	Energieverbrauchreduzierung des Heizkessels (= Kosteneinsparung Erdgas)	700 000 kWh		43 260	44 558	45 895	...	54 800	56 444
	15	Stromerzeugung zur Eigennutzung (= Kosteneinsparung)	400 000 kWh		48 960	49 939	50 938	...	57 364	58 512
Ergebnisbereich	16	ERGEBNISSE								
	17	Periodensalden [€]		-90 000	30 420	30 843	27 991	...	0	0
	18	Barwerte [€]		-90 000	28 971	27 976	24 179	...	0	0
	19	Kapitalwert [€]		110 088						

In Zellen hinterlegte EXCEL-Funktionen:

	A	C	D	E	F		L	M
7	Spez. Preis Erdgas [€/kWh]	0,06	=$C$7×(1+$B$2)^D6	=$C$7×(1+$B$2)^E6	=$C$7×(1+$B$2)^F6	...	=$C$7×(1+$B$2)^L6	=$C$7×(1+$B$2)^M6
8	Spez. Preis Strom [€/kWh]	0,12	=$C$8×(1+$B$3)^D6	=$C$8×(1+$B$3)^E6	=$C$8×(1+$B$3)^F6	...	=$C$8×(1+$B$3)^L6	=$C$8×(1+$B$3)^M6
9	Berücksichtigte Perioden (1 = ja)	=WENN($B$5≥C6;1;0)	=WENN($B$5≥D6;1;0)	=WENN($B$5≥D6;1;0)	=WENN($B$5≥D6;1;0)	...	=WENN($B$5≥D6;1;0)	=WENN($B$5≥D6;1;0)
16	ERGEBNISSE							
17	Periodensalden [€]	=SUMME(C11:C15)×C9	=SUMME(D11:D15)×D10	=SUMME(E11:E15)×E11	=SUMME(F11:F15)×F12	...	=SUMME(L11:L15)×L18	=SUMME(M11:M15)×M19
18	Barwerte [€]	=C17÷(1+$B$1)^C6	=D17÷(1+$B$1)^D6	=E17÷(1+$B$1)^E6	=F17÷(1+$B$1)^F6	...	=L17÷(1+$B$1)^L6	=M17÷(1+$B$1)^M6
19	Kapitalwert [€]	=SUMME(C18:M18)						

Abbildung 7-13: Aufbau einer Berechnungstabelle einer beispielhaften potenziellen Energieeffizienzmaßnahme

Der **Tabellenkopf** umfasst sichtbar alle relevanten Einstellparameter, hier neben dem Kalkulationszinssatz verschiedene relevante Jahrespreisänderungsraten und die erwartete Wirkungsdauer. Die Zellen der Wertangaben sind dabei mit dem Ergebnisbereich verknüpft, sodass später bei Änderungen der Wertangaben die Änderungswirkung auf den Kapitalwert sofort angezeigt wird.

Es folgt der Bereich **Periodenangaben**, in dem zunächst die Perioden angegeben werden (i. d. R. Jahresenden, also nachschüssig), gefolgt von den spezifischen Energiepreisen, deren Entwicklung über die Perioden hinweg sichtbar wird. In der anschließenden Zeile sind Periodenschalter eingebaut, die eine 1 für „Ja" anzeigen und eine 0 für „Nein". Die Zellen dieser Zeile sind mit der letzten Zeile im Tabellenkopf verknüpft („zu berücksichtigende Perioden") und zeigen immer eine 1, wenn die in der Periodenzeile angezeigte Periode kleiner oder gleich dem Wert der Zelle „zu berücksichtigende Perioden" ist. Der ausgegebene Wert (1 oder 0) ist mit dem Ergebnisbereich verknüpft und setzt diejenigen Beträge zu null, deren Periode nicht berücksichtigt werden soll. Mithilfe dieser Periodenschalter lässt sich auf einfache Weise die Wirkung der Veränderung der Wirkungsdauer auf den Kapitalwert simulieren.

Der Bereich **Zahlungsströme** enthält alle Cashflows, die für das betrachtete Investitionsprojekt von Bedeutung sind. Handelt es sich um Energiekosteneinsparungen, ist es empfehlenswert – weil transparenzerhöhend – zunächst in einer Sonderspalte die Energieverbrauchsreduktionen mit ihrer physikalischen Einheit (etwa kWh pro Jahr) anzugeben und in der Folge erst in der Tabelle mit den jeweiligen periodenspezifischen Energiepreisen zu verknüpfen.

Der **Ergebnisbereich** besteht ausschließlich aus Excel-Funktionen, die die Spaltensummen aufzeigen, die Barwerte je Periode ermitteln und schließlich – als Summe der Barwerte – den Kapitalwert anzeigen.

7.5 Interpretation und Dokumentation von Berechnungsergebnissen

Häufig ist die Person, die die Kapitalwertkalkulation durchführt, nicht gleichzeitig auch diejenige, die über die Freigabe entscheidet. Insofern ist es von großer Bedeutung, dass die Berechnungsergebnisse nachvollzogen und verstanden werden können, damit eine sichere Entscheidung abgeleitet werden kann. Hieraus ergeben sich verschiedene Anforderungen an die Interpretation des Kalkulationsergebnisses und die Berichterstattung an Entscheider oder externe Prüfer.

Das Ergebnis einer Kapitalwertkalkulation ist der Kapitalwert. Er drückt den diskontierten Wert der Zahlungsüberschüsse aus, der über die eigentliche Verzinsung hinausgeht.

Ein Kapitalwert lässt sich nur im Kontext des Kalkulationszinses interpretieren. Liegt eine Finanzierung mit 100 % Eigenkapital vor, dann sollte es sich beim Kalkulationszinssatz um den Internen Zins der besten Alternativanlage handeln (die selbst bestimmte Kriterien erfüllen muss, um als Alternativanlage zu gelten, worauf in Abschnitt 6.2.3.2 bereits eingegangen wurde), der ggf. wegen einer ungleichen Risikolage entsprechend adjustiert ist. Bei Fremdkapitalfinanzierung ist der Kreditzins zu wählen.

Liegt beispielsweise der Kapitalwert für ein Photovoltaiksystem bei 100 000 Euro und ist der Kalkulationszins auf 3 % eingestellt (z. B. Zinsen des Festgeldkontos), dann sagen diese beiden Werte aus, dass mit dem PV-System eine interne Verzinsung von 3 % generiert wird und darüber hinaus auch noch ein Zahlungsüberschuss mit einem Wert in Höhe von ebendiesen 100 000 Euro. Läge der Kapitalwert bei genau 0 Euro, dann würde sich nur die interne Verzinsung von 3 % ergeben. Dann wäre das PV-System gleichwertig mit der alternativen Geldanlage. Bei einem Kapitalwert von100 000 Euro ist das PV-System wirtschaftlich vorteilhaft, hat also gegenüber der Alternative einen Vorteil in Höhe dieses Betrages. Das PV-System umzusetzen, ist demnach um 100 000 Euro wertvoller, als den Initialbetrag auf dem Festgeldkonto zu belassen (im Beispiel als Alternativanlagemöglichkeit betrachtet).

Wenn für ein mögliches Investitionsprojekt ein Kapitalwert ermittelt wird, dann sollte man sich als Kalkulator eine solche Interpretationsaussage bewusst machen. Während dieser **internen Interpretation** leitet der Kalkulator aus den Berechnungsergebnissen eine Aussage ab. Zur internen Interpretation gehört auch, die Ergebnisse der Szenarioanalyse und – wenn durchgeführt – der Sensitivitätsanalyse zu berücksichtigen. Hat beispielsweise selbst die Worst-Case-Analyse einen positiven Kapitalwert hervorgebracht, dann ist man mit der betrachteten möglichen Investition „auf der sicheren Seite“. Es kann eigentlich nichts schiefgehen. Sollte jedoch der Kapitalwert des realistischsten Falls bereits recht niedrig sein und der Worst Case im stark negativen Bereich, dann sollte man im Rahmen der Ergebnisinterpretation auf die Einzelrisiken eingehen und versuchen, abzuschätzen, mit welchen Wahrscheinlichkeiten sie eintreten könnten. Eine Sensitivitätsanalyse kann dabei sehr helfen.

Ein weiterer wichtiger Aspekt bei der internen Interpretation ist, auch die Soft Facts zu berücksichtigen. Hierbei handelt es sich um Wirkungen, die von einer möglichen Investition ausgehen, aber nicht monetarisierbar, möglicherweise nicht einmal quantifizierbar, aber dennoch unter Umständen entscheidungsrelevant sind. So könnte es sein, das von einer Investition u. a. auch eine bedeutende Werbewirkung ausgeht oder es kommt ein großer Beitrag zur CO_2-Reduktion zustande, der aus der Sicht der Unternehmensleitung einen großen immateriellen Wert darstellt.

Nach der internen folgt die **externe Interpretation**. Der Kalkulator bereitet dazu das Berechnungstableau, die Berechnungsergebnisse (mindestens der drei verschiedenen Szenarien) und die Interpretation der Ergebnisse sowie Anmerkungen zu Soft Facts und Risiken verständlich auf, sodass auf dessen Seite vom Empfänger Handlungen unmittelbar abgeleitet werden können. Ziel sollte sein, aus dem Ergebnisbericht heraus direkt eine Entscheidung über Freigabe oder Ablehnung einer Investitionsalternative treffen zu können. Insofern ist es sehr hilfreich, wenn die

Ergebnispräsentation auch direkt eindeutige **Handlungsempfehlungen** enthält. Derartige Empfehlungen müssen nicht angenommen werden. Sie tragen jedoch dazu bei, Berechnungsergebnisse zu verstehen, und helfen dem Empfänger, die richtige Entscheidung zu treffen.

Um darauf hinzuwirken, dass beim Berichtsempfänger ein gutes Verständnis des Kalkulationsergebnisses entsteht, sollte der Bewertungsbericht Folgendes enthalten:

- eine Übersicht der quantifizierten Wirkungen der betrachteten Investition (etwa Umfang der Reduzierung des normalisierten Energieverbrauchs oder der erzeugten Energie, ausgedrückt in kWh)
- die Monetarisierung und die qualitative Beschreibung aller identifizierten Nutzen und Belastungen, einschließlich der erwarteten Preisänderungsraten
- eine kurze Beschreibung der Bestimmung des Kalkulationszinssatzes und der Berücksichtigung des Risikos
- die Kalkulationstabelle für das wahrscheinlichste, schlechteste und beste Szenario mit transparenter Darstellung der Parametereinstellungen und der Beschreibung der nicht monetarisierbaren Wirkungen und ihrer Auswirkungen auf das Projekt
- Übermittlung einer aus den Berechnungsergebnissen abgeleiteten Aussage
- Vorschlag für die Entscheidung und Begründung

Die Kalkulationstabellen sollten schließlich als editierbare Dateien ohne Zellensperrung vorgelegt werden, sodass der Empfänger in die Lage versetzt wird, alle Berechnungen zurückzuverfolgen und somit nachzuvollziehen. Genau so verlangt es die Norm DIN EN 17463 (VALERI).

8 Die Norm DIN EN 17463 (VALERI)

8.1 Hintergründe von DIN EN 17463

Anfang 2017 wurde im *Sektorforum Energiemanagement* (SFEM) – einer Beratungs- und Koordinationskommission für Politik und strategische Angelegenheiten auf europäischer und damit CEN- und CENELEC-Normungsebene – von einem Bedarf nach einer Standardisierung der wirtschaftlichen Bewertung von Energieeffizienzverbesserungsmaßnahmen seitens der EU-Kommission und der EU-Generaldirektion Energie berichtet, der vor allem von Finanzinstitutionen geäußert wurde. Es entstand die Idee, ein entsprechendes Normungsprojekt einzuleiten, das schließlich von der deutschen (DIN-)Delegation angenommen, initiiert und im Anschluss auch geleitet wurde. Dieses Normungsprojekt führte zu der europäischen Norm DIN EN 17463:2021 „Bewertung von energiebezogenen Investitionen" (oder im englischen Originaltext: „Valuation of energy related Investments" [VALERI]), deren Veröffentlichung in der deutschsprachigen Fassung als Entwurf im Februar 2020[69] und in der endgültigen Fassung im Dezember 2021 erfolgte. Die aktuell gültige Fassung der Norm ist DIN EN 17463:2026-07.

Bei DIN EN 17463 handelt es sich um eine „normative" Norm (im Gegensatz zum Typ „informativ"), in der überprüfbare Anforderungen festgelegt sind, deren Einhaltung (Normkonformität) geprüft und verifiziert werden kann. Die Normungsregelungen sind daher mit den Modalverben „muss" und „soll" verfasst – im Gegensatz zu Begriffen wie „könnte" und „sollte", die in informativen Normen (i. d. R. Leitfäden) üblich sind.

8.2 Ziele von DIN EN 17463

Die Norm DIN EN 17463 soll einen Beitrag leisten, um bisher nicht ausgeschöpfte, wirtschaftlich vorteilhafte Energieeinsparpotenziale in Unternehmen aufzudecken und auszuschöpfen. Die Existenz derartiger Potenziale, die mit steigenden Energiepreisen zunehmen, ist eine Erkenntnis aus der Forschung zur Energy Efficiency Gap. Seit Mitte der 1990er-Jahre ist in diesem Forschungsgebiet durch zahlreiche Studien aufgezeigt und empirisch nachgewiesen worden, dass häufig umfangreiche Effizienzdefizite, deren Beseitigung wirtschaftliche Vorteile böten, vorliegen und das Nicht-Ausschöpfen auf die Herausbildung von Barrieren zurückzuführen ist (siehe Kapitel 1.1). Eine wesentliche Barriere ist das Fehlen einer nachvollziehbaren standardisierten Vorgehensweise der Bewertung von Energieeffizienzmaßnahmen.

8.3 Verfahren zur Bewertung einer energieorientierten Investition nach DIN EN 17463

Mit DIN EN 17463 wird ein Verfahren zur systematischen Beurteilung von energiebezogenen Investitionen vorgelegt. Beurteilt werden sowohl Energieeffizienzmaßnahmen als auch Energiebereitstellungssysteme und damit auch Erneuerbare-Energie-Anlagen. Die Norm legt eine Investitionsrechnungsmethode fest, die Kapitalwertmethode, geht jedoch weit über die Anwendung dieser Methode hinaus. Das Bewertungsverfahren nach der Norm umfasst die in Abbildung 8-1 dargestellten vier Schritte.

69 Die Carbon-Leakage-Verordnung (BECV) wurde im Jahr 2021 verabschiedet und hat daher die veröffentlichte Entwurfs- und nicht die Endfassung mit einem statischen Verweis eingebunden.

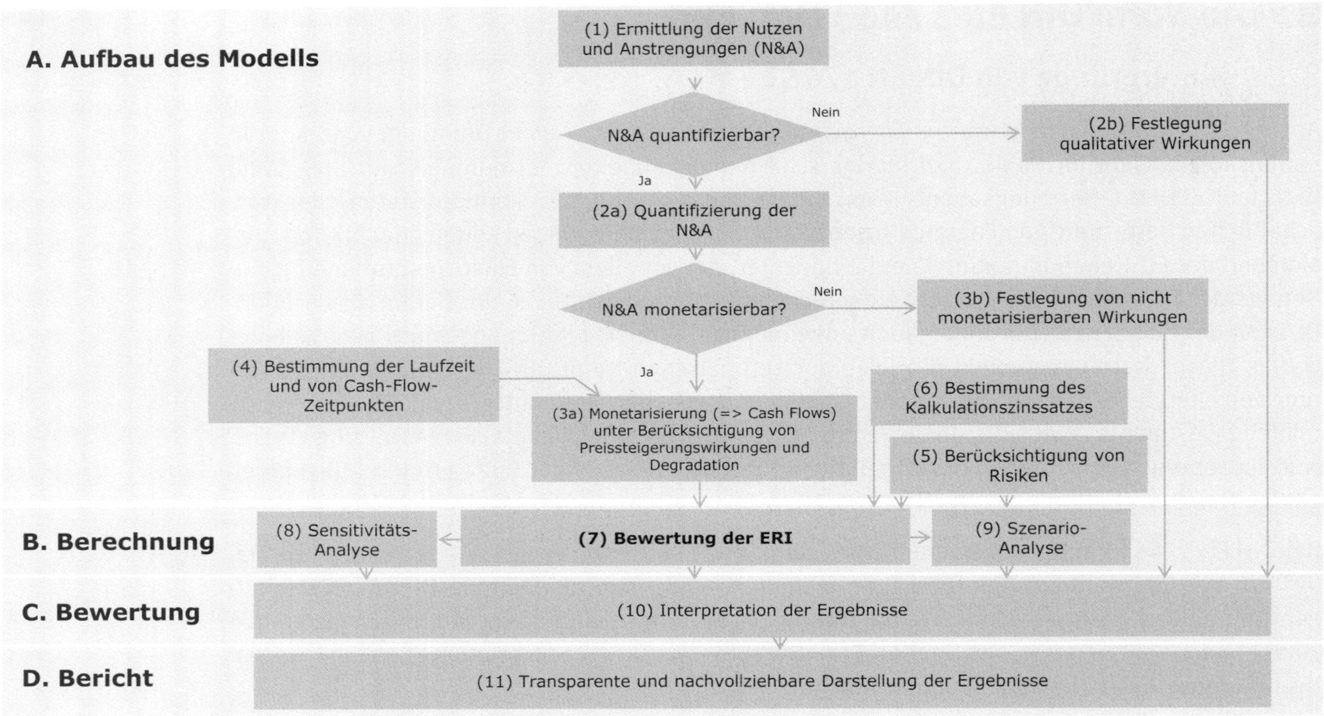

Quelle: eigene Darstellung

Abbildung 8-1: Verfahrensstruktur nach DIN EN 17463:2026-07, Bild 1

In **Schritt A** werden sämtliche Informationen zusammengetragen, die für die Bewertung eines Investitionsprojektes erforderlich sind. Hierbei handelt es sich nicht nur um monetarisierte – in Geldbeträgen ausgedrückte – Informationen, sondern auch um Soft Facts, die für eine Freigabe oder Ablehnung relevant sein können. Insofern sind zu Beginn alle Anstrengungen[70] und Nutzen aufzulisten. Erst danach erfolgt eine Quantifizierung und – sofern möglich – eine Monetarisierung.

Entscheidend ist die Vollständigkeit der Erfassung, die Sicherstellung, dass alle Anstrengungen und Nutzen ermittelt worden sind und keine Informationslücken verbleiben. Nach erfolgter Monetarisierung erfolgt die Klärung, zu welchen Zeitpunkten einzelne Zahlungsströme voraussichtlich auftreten. Es folgen die Abschätzung der Raten von zu erwartenden Preisänderungen, mögliche Degradationswirkungen[71] und die Festlegung, was davon und darüber hinaus im Bewertungsbericht erscheinen soll. All dies soll in einer tabellarischen Übersicht zusammengefasst werden, dem Berechnungsmodell (siehe Abbildung 8-2).

70 Anstelle des Begriffs „Anstrengungen" verwendet DIN EN 17463 „Lasten". Da dieser Begriff zu Missverständnissen geführt hat, werden in diesem Werk die Begriffe „Anstrengungen" oder „Belastungen" verwandt.

71 Mit einer Degradationsrate (gemessen in %) wird der alters- bzw. einsatzbedingte Leistungsverlust einer energiebezogenen Anlage (PV-Anlage, Windenergieanlage, aber auch Wärmeübertrager etc.) über die Zeit beschrieben. Zur Ermittlung und Verrechnung einer solchen Rate siehe Abbildung 11-192.

Wirkungen von ERI		Umfang Last bzw Nutzen (nur numerisch)	Einheit	Monetarisierung möglich (ja/nein)?	Spezifische Kosten/Nutzen [€/Einheit] (nur numerisch ohne Einheit)	Einheit	Gesamtbetrag [€]	Häufigkeit und Zeitpunkt der Zahlung	Preisänderungsrate [%/a]	Degradation [%]	Aufnahme i. d. Abschlussbericht?
Beispiel	Anschaffung von Hocheffizienz-Elektromotoren xyz	10	Stk.	ja	1 000	€ pro Stk.	10 000 €	Jahr 0	-	irrel.	ja
Anstrengung	Investitionsauszahlung für neue Pumpen	5	Pumpe(n)	ja	12 000	€ pro Pumpe	60 000 €	Jahr 0	-	nicht anwendbar	ja
	Auslegung eines neuen Pumpensystems	100	h	ja	50	€ pro h	5 000 €	Jahr 0	-	nicht anwendbar	ja
	Produktionsausfälle bei der Inbetriebnahme	15	h	ja	200	€ pro h	3 000 €	Jahr 0	-	nicht anwendbar	ja
Nutzen	Energieeinsparung (Strom)	150 000	kWh/a	ja	0,18	€ pro kWh/a	27 000 €	jedes Jahr ab Jahr 1	+3 %/a	+0 %/a	ja
	Geringere Wartung	5	h/a	ja	50	€ pro h/a	250 €	jedes Jahr ab Jahr 1	+2 %/a	nicht anwendbar	ja
	Lärmminderung	-25	dB	nein	-	€ pro dB		jedes Jahr ab Jahr 1	-	nicht anwendbar	ja
	Schrottwert alter Pumpen	5	Pumpe(n)	ja	300	€ pro Pumpe	1 500 €	Jahr 0	-	nicht anwendbar	ja
	Neues Pumpsystem benötigt weniger Platz	10	m2	nein	-	€ pro m2		jedes Jahr ab Jahr 1	-	nicht anwendbar	ja

Abbildung 8-2: Modellerarbeitung – Quantifizierung des Nutzens und der Anstrengungen (Beispiel hier: neue Pumpenanlage)

Zur Modellerarbeitung zählt auch die Festlegung des Kalkulationszinses und der Nutzungsdauer der möglichen Investition, die sich nach den in der Norm aufgeführten Empfehlungen richten sollte. Danach kann dann durch Nutzung einer Standardtabelle – in **Schritt B** – der Kapitalwert berechnet werden (siehe Abbildung 8-3).

Periode t		0	1	2	3	4	5	6	7	8	9	10	11	12	13	14	15
Kalkulationszinssatz i	6,96 %																
Jahresstrompreisänderungsrate Δp_E	3 %																
Jahrespreisänderungsrate Sonstiges Δp_S	2 %																
Aktueller spezifischer Strompreis	0,18 €/kWh																
Zu berücksichtigende Perioden	15																
Auszahlungen	Basiswerte																
Investitionsauszahlung	60 000 €	-60 000 €															
Planungskosten	5 000 €	-5 000 €															
Produktionsausfälle bei der Inbetriebnahme	3 000 €	-3 000 €															
Einzahlungen	Basiswerte																
Energieeinsparungen jährlich	150 000 kWh		27 810 €	28 644 €	29 504 €	30 389 €	31 300 €	32 239 €	33 207 €	34 203 €	35 229 €	36 286 €	37 374 €	38 496 €	39 650 €	40 840 €	42 065 €
Geringere Wartung	250 €		255 €	260 €	265 €	271 €	276 €	282 €	287 €	293 €	299 €	305 €	311 €	317 €	323 €	330 €	336 €
Schrottwert alter Pumpen	1 500 €	1 500 €															
Gesamt		-66 500 €	28 065 €	28 904 €	29 769 €	30 659 €	31 576 €	32 521 €	33 494 €	34 496 €	35 528 €	36 590 €	37 685 €	38 813 €	39 974 €	41 170 €	42 402 €
Barwerte		-66 500 €	26 239 €	25 265 €	24 328 €	23 425 €	22 556 €	21 719 €	20 913 €	20 137 €	19 390 €	18 670 €	17 978 €	17 311 €	16 669 €	16 050 €	15 455 €
Kapitalwert		239 603 €															

Abbildung 8-3: Kapitalwertberechnungstableau nach DIN EN 17463

Bei dem berechneten Ergebnis handelt es sich um den Kapitalwert mit der größten Eintrittswahrscheinlichkeit (Most Likely Case), weil die Parameter und die Zahlungsströme unter der Annahme der größten Realitätsnähe festgelegt worden sind. Diese Annahme ist nun für die darauffolgende Szenarioanalyse aufzugeben. Hierzu listet man alle relevanten Einstellparameter in einer Tabelle mit Angabe der Most-Likely-Case-Werte auf und variiert diese Parameterwerte jeweils für einen Best Case und einen Worst Case, die jeweils zwar nicht erwartet werden, aber eintreten könnten. Mit diesen Extremwerten werden nun zwei weitere Kapitalwertberechnungen durchgeführt und die Ergebnisse tabellarisch in der letzten Zeile festgehalten (siehe Abbildung 8-4).

Einstellparameter	Most Likely Case	Worst Case	Best Case
Investitionsauszahlung	60 000 €	85 000 €	50 000 €
Jahresstromeinsparung oder -ertrag	150 000 kWh/a	100 000 kWh/a	175 000 kWh/a
Jahrespreisänderungsrate für Strom	3 %	1,5 %	4,5 %
Jahrespreisänderungsrate für die sonstigen Zahlungsströme	2,0 %	3,0 %	1,5 %
Anzahl der Planungsperioden	15 Jahre	7,5 Jahre	20 Jahre
Kalkulationszinssatz i	7 %	9 %	5 %
Kapitalwert	239 603 €	5 609 €	546 500 €

Abbildung 8-4: Ergebnisse der Szenarioanalyse gemäß DIN EN 17463

Auf Grundlage der Ergebnisse der Szenarioanalyse soll der Normanwender einen Eindruck über das Risiko eines Investitionsprojektes bekommen. Ergibt sich selbst im Worst-Case-Szenario ein positiver Kapitalwert, ist man „auf der sicheren Seite". Andernfalls wäre es ratsam, Ideen zu entwickeln, wie das Risiko gemindert werden könnte.

Über die Szenarioanalyse hinaus empfiehlt die Norm, auch eine Sensitivitätsanalyse durchzuführen. Sie ist nicht vorgeschrieben, insofern freiwillig. Bei einer solchen Analyse werden nicht wie bei der Szenarioanalyse alle relevanten Einstellparameter en bloc variiert, sondern ein Parameter nach dem anderen, also ceteris paribus, sodass sich in Abhängigkeit von der Variation eines jeweiligen Einstellparameters zahlreiche Kapitalwerte ergeben, die zunächst tabellarisch und dann sinnvollerweise auch grafisch dargestellt werden (siehe Abbildung 8-5 und Abbildung 8-6).

Einstellparameter	Einstellungen			Kapitalwert		
	Wert −50 %	Grund-einstellung	Wert +50 %	Bei Wert −50 %	Bei Grund-einstellung	Bei Wert +50 %
Jährliche Strompreisschwankungen	1,5 %	3 %	4,5 %	209 321 €	239 603 €	274 033 €
Jährliche Menge der eingesparten oder produzierten Elektrizität	75 000 kWh/a	150 000 kWh/a	225 000 kWh/a	87 861 €	239 603 €	391 345 €
Jährliche Preisschwankungsrate für relevante Dienstleistungen und Materialien	1,0 %	2,0 %	3,0 %	239 427 €	239 603 €	239 794 €
Laufzeit der Investition *T*	7,5	15	22,5	97 944 €	239 603 €	308 690 €
Kalkulationszinssatz *i* mit Risikoeinschätzung	3,48 %	6,96 %	10,44 %	327 140 €	239 603 €	178 087 €
Investitionsauszahlung	33 250 €	66 500 €	99 750 €	272 853 €	239 603 €	206 353 €

Abbildung 8-5: Beispielhafte Basistabelle für die Sensitivitätsanalyse nach DIN EN 17463

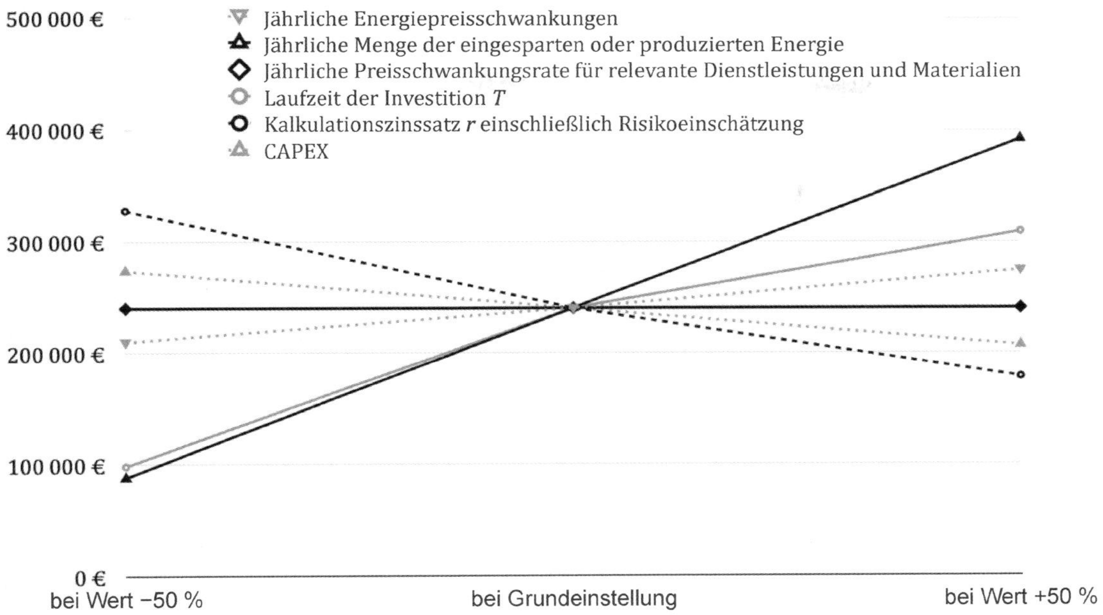

Quelle: DIN EN 17463:2026-07, Bild 2

Abbildung 8-6: Grafische Darstellung der Ergebnisse einer Sensitivitätsanalyse nach DIN EN 17463

Dem Ergebnis der Sensitivitätsanalyse kann man entnehmen, welche Einstellparameter die stärkste Wirkung auf den Kapitalwert ausüben: Es sind die Einstellparameter der Geraden mit der größten Steigung. Diese Parameter sollten mit besonderer Behutsamkeit festgelegt werden.

Sind alle Untersuchungen durchgeführt und haben entsprechende Ergebnisinterpretationen stattgefunden (**Schritt C**), hat der Normanwender in **Schritt D** sämtliche Ergebnisse und die Festlegungen der Einstellparameter in einem Bewertungsbericht nachvollziehbar festzuhalten und zu erläutern. Mit „nachvollziehbar" ist gemeint, dass alle Berechnungen vollständig und verständlich aufgeführt sind. Dies wird in der Praxis regelmäßig nur möglich sein, wenn die Berechnungstabellen – üblicherweise eine Excel-Datei – ohne Zellensperrung mit dem Bericht zusammen vorgelegt werden (siehe Anhang-Angaben im Beispielbericht der Abbildung 20).

Bewertungsbericht Nr._2 „Einbau eines Blockheizkraftwerkes"

Name des Antragstellers: ...	**Datum: 07.10.2018**

Kurze Beschreibung der energiebezogenen Investition:
Es muss untersucht werden, ob der Einbau eines 90-kW$_{\text{thermisch}}$-Blockheizkraftwerkes (BHKW) in eine bestehende Heizungsanlage, die derzeit aus einem einzigen Standardheizkessel besteht, einen Vorteil bringt oder nicht.

Vorschlag zur Entscheidung:
Die Investition sollte durchgeführt werden, da der positive Kapitalwert einen Wertsteigerungsbeitrag von 64 480 € für das Unternehmen aufweist. Die Wahrscheinlichkeit, dass das Worst-Case-Szenario eintrifft, ist sehr gering.

Alle Ergebnisse und Berechnungen sind in diesem Bewertungsbericht enthalten.

Zusammenfassung der Ergebnisse

Kapitalwert:

Der Kapitalwert für die gegebene ERI beträgt 64 480 € für den wahrscheinlichsten Fall unter Berücksichtigung der unten im Abschnitt für Einstellungen der Einstellparameter genannten Annahmen.

Sensitivitäts- und Szenarioanalyse:

Die Sensitivitätsanalyse zeigt, dass das Ergebnis stark von der „jährlichen Menge der eingesparten oder produzierten Energie" abhängig ist, insbesondere von dem erzeugten Strom, der direkt genutzt (und nicht eingespeist) wird. Ein Rückgang der Stromerzeugung um 1 % würde zu einer Verringerung des Kapitalwerts um 1 899 € führen. So wurden die technischen Berechnungen doppelt überprüft, und die zu erwartende Strommenge, die erzeugt und direkt verbraucht würde, erscheint sinnvoll.

Die Szenarioanalyse zeigt, dass der Kapitalwert in einem unwahrscheinlichen, aber möglichen Worst-Case auf −202 802 € sinken würde – also negativ wäre – und im besten Fall bei 598 320 € liegen würde.

Qualitative Beschreibung nicht monetarisierbarer Wirkungen:

Neben einem positiven Kapitalwert erzeugt die Investition keine bedeutenden günstigen qualitativen Wirkungen. Negative Auswirkungen sind: zusätzliche Geräuscherzeugung (aber auf niedrigem Pegel; daher nicht relevant) und Raumbedarf (auch nicht relevant, da der benötigte Raum nichts ersetzt und nichts ersetzen wird).

Einstellungen der Einstellparameter:

Kalkulationszinssatz:

Die *WACC* wurden berechnet und als Kalkulationszinssatz verwendet. Unter Berücksichtigung eines Anteils von 80 % Eigenkapital (7,2 %) und eines Anteils von 20 % Fremdkapital (6 %) ergeben sich *WACC* von 6,96 %.

Laufzeit:

Mehrere Gespräche mit erfahrenen Anwendern von BHKW der vorgesehenen Größe haben deutlich gemacht, dass mit 18 Jahren zu rechnen ist.

Degradation:

Die Degradation für das BHKW wurde auf 0 % festgelegt, da der Leistungsabfall aufgrund der regelmäßigen Wartung sehr gering sein soll.

Annahmen über Preisschwankungen:

Die Preisschwankungsraten lagen bei 3 % für Energie und 2 % für nichtenergetische Cashflows.

Risiko:

Das Risiko für die Investition kann als ähnlich wie das normale Geschäftsrisiko betrachtet werden. Daher wurde keine Risikoanpassung vorgenommen.

Anhang
- Tabelle 1: Berechnung des Kapitalwerts (wahrscheinlichstes Fallszenario) nach EN 17463.
- Tabelle 2: Berechnung des Kapitalwerts (Best-Case-Szenario) nach EN 17463.
- Tabelle 3: Berechnung des Kapitalwerts (Worst-Case-Szenario) nach EN 17463.
- Bild 2: Sensitivitätsanalyse nach EN 17463.

Quelle: DIN EN 17463:2021-12, Tabelle D.8

Abbildung 8-7: Beispielhafter Bewertungsbericht nach DIN EN 17463

9 Die Norm DIN EN 17463 in deutschen Rechtsakten

Seit ihrem Erscheinen als Entwurf im Februar 2020 und später als Endfassung im Dezember 2021 ist die Norm DIN EN 17463 in Deutschland in mehrere Rechtstexte eingebunden worden, so

- als freiwillig anzuwendende Gegenleistungsregelung für Privilegien
  - in § 11 Abs. 2 und § 12 Abs. 2 **BECV** (Carbon-Leakage-Verordnung, Einbettung der Entwurfsfassung von VALERI)
  - indirekt durch Verweis auf die einschlägigen Regelungen der BECV in Abschnitt 4.2.1c der **EU-ETS-Strompreiskompensations**-Förderrichtlinien (SPK-RiLi)
  - in § 30 Nr. 2 i. V. m. § 2 Nr. 22 **EnFG**, das der Finanzierung der nach dem Erneuerbare-Energien-Gesetz und dem Kraft-Wärme-Kopplungsgesetz entstehenden Ausgaben der Netzbetreiber dient
  - in § 55 Abs. 5 Nr. 6 **EnergieStG** (i. d. F. vom 19.12.22, die nur für das Jahr 2023 galt und auch nur indirekt, indem vom Anwender die „wirtschaftlich vorteilhaft identifizierten Endenergieeinsparmaßnahmen" zu ermitteln und umzusetzen sind, wobei die wirtschaftliche Vorteilhaftigkeit im Gesetzesentwurf durch Bezugnahme auf EN 17463 geklärt wird)
  - in § 10 Abs. 4 Nr. 3 **StromStG** (i. d. F. vom 19.12.22, die nur für das Jahr 2023 galt und auch nur indirekt, indem vom Anwender die „wirtschaftlich vorteilhaft identifizierten Endenergieeinsparmaßnahmen" zu ermitteln und umzusetzen sind, wobei die wirtschaftliche Vorteilhaftigkeit im Gesetzesentwurf durch Bezugnahme auf EN 17463 geklärt wird)
- als Verpflichtung
  - in § 4 Abs. 1 **EnSimiMaV** (am 30.09.2024 außer Kraft getreten)
  - in § 9 **EnEfG**

In allen Fällen geht es darum, dass Unternehmen unter Zugrundelegung von DIN EN 17463 aufgefordert werden, die

- „wirtschaftliche Durchführbarkeit" (EnSimiMaV, BECV, SPK, EnFG),
- „wirtschaftliche Vorteilhaftigkeit" (EnergieStG, StromStG) oder die
- „Wirtschaftlichkeit" (EnEfG)

für zuvor ausgedachte Maßnahmen zur Verbesserung der Energieeffizienz zu ermitteln. Wenn ein Berechnungsergebnis einen positiven – durch die jeweilige Gesetzgebung besonders definierten, nicht VALERI-Norm konformen – Kapitalwert hervorbringt, dann ist das betreffende Unternehmen verpflichtet, entweder die Maßnahme umzusetzen oder einen Umsetzungsplan dazu zu veröffentlichen.

9.1 Regelungszweck und Ziele der Einbindung von DIN EN 17463 in deutsche Energiegesetze

Hintergrund der Einbindung der Norm DIN EN 17463 in verschiedene Rechtsakte ist ganz offenbar die Überzeugung des Gesetz- bzw. Verordnungsgebers, dass in großem Umfang in Unternehmen Energieeinsparpotenziale vorliegen, die nicht ausgeschöpft werden, obwohl dies jeweils wirtschaftlich vorteilhaft wäre. Dieser Sachverhalt ist – bekanntermaßen – Erkenntnis der Energy-Efficiency-Gap-Forschung und wird außerdem in den Monitoring-Berichten der Energieeffizienznetzwerke (Initiative der Bundesregierung) deutlich. Der Gesetzgeber möchte diese Lücke (zumindest zum Teil) schließen. DIN EN 17463 ist ein Element im gesetzgeberischen Baukasten.

Wäre beste Informations- und methodische Kenntnislage in den Unternehmen gegeben und würden alle Unternehmen ihre Energiekostensenkungspotenziale – im eigenen Interesse – ausschöpfen, dann wären die einschlägigen gesetzlichen Regelungen wirkungslos. Man bräuchte sie nicht. Denn wenn eine Investition – ob energieorientiert oder für einen gänzlich anderen Zweck – einen positiven Kapitalwert aufweist, dann ist deren Umsetzung für ein Unternehmen wirtschaftlich vorteilhaft (sie ist besser als die beste Alternative) und daher nie als Last, sondern wirtschaftlicher Nutzen zu sehen. Ökonomisch rational handelnde Entscheider müssten dazu – eigentlich – nicht verpflichtet werden. Dann gäbe es keine Energy Efficiency Gap.

Offenbar braucht es jedoch Gesetze wie das EnEfG und einschlägige Normen wie DIN EN ISO 50001, DIN ISO 50006 und DIN EN 17463, um Unternehmen dabei zu unterstützen, ihre Potenziale aufzudecken und auszuschöpfen, ganz in ihrem eigenen Sinne, aber auch im Sinne des Klimaschutzes.

Mit der Norm DIN EN 17463 sollen – **als Regelungszweck** – die Anwender verpflichtet werden, sich mit der möglichen wirtschaftlichen Vorteilhaftigkeit von Effizienzmaßnahmen, die im Rahmen eines Energiemanagement- oder Umweltmanagementsystems bzw. eines Energieaudits identifiziert worden sind, auseinanderzusetzen. Als gesetzgeberisches **Ziel** der Verpflichtung zur Anwendung der DIN EN 17463 lässt sich ableiten, möglichst alle im Rahmen von Energie-/Umweltmanagementsystemen bzw. Energieaudits identifizierten Energieeffizienzmaßnahmen hinsichtlich ihres – je nach gesetzlicher Regelung speziell modifizierten – Kapitalwertes durch alle betroffenen Unternehmen nach einem einheitlichen und somit nachvollziehbaren Schema bewerten zu lassen, um dadurch eine gesetzgeberische Basis zu schaffen, die Unternehmen zur Umsetzung zu verpflichten, ohne sie dabei wirtschaftlich zu belasten. In der Erläuterung zum damaligen § 8 Abs. 3 EnEfG aus dem Gesetzentwurf der Bundesregierung heißt es dazu:

> „Die (...) identifizierten technisch realisierbaren Maßnahmen müssen nach DIN EN 17463, unter Beachtung der gesamten Nutzungsdauer der jeweiligen Maßnahmen, wirtschaftlich bewertet werden. Hierdurch soll erreicht werden, dass in der Folge wirtschaftliche Energieeffizienzmaßnahmen umgesetzt werden und entsprechende Kosteneinsparungen beim Betreiber generieren."

9.1.1 Beispiel für eine Regelung über die Anwendung von DIN EN 17463 als Gegenleistung für Privilegien (BECV)

Nach § 11 Abs. 2 und 3 BECV muss die von Unternehmen für Maßnahmen aufgewandte Netto-Investitionssumme

- für die Abrechnungsjahre 2023 und 2024 mindestens 50 % und
- ab dem Abrechnungsjahr 2025 mindestens 80 %

des Beihilfebetrags entsprechen, das dem jeweiligen Unternehmen gewährt wird, es sei denn, das Gesamtinvestitionsvolumen für „wirtschaftlich durchführbare" Maßnahmen ist geringer als die genannten Mindestschwellen. Dann beschränkt sich der Investitionsnachweis auf diese Maßnahmen.

Die „wirtschaftliche Durchführbarkeit" einer Maßnahme ist gem. § 11 Abs. 2 und 3 BECV gegeben, wenn sie bei der Investitionsrechnung nach DIN EN 17463 einen positiven Kapitalwert

- nach max. 60 % (bis 2025) (jedoch begrenzt auf einen Bewertungszeitraum von höchstens neun Jahren) bzw.
- 90 % (ab 2026) der vorgesehenen Nutzungsdauer

aufweist.

9.1.2 Übersicht der relevanten Unterschiede bei der Einbeziehung von DIN EN 17463 im deutschen Energierecht

Verschiedene Regelungen, in denen DIN EN 17463 eingebettet wurde, sind nach der Inkraftsetzung der BECV erlassen worden (EnSimiMaV, SPK, EnFG, EnergieStG, StromStG, EnEfG). Sie weisen zum Teil eine große Ähnlichkeit untereinander auf. Eine vergleichende Übersicht der besonders relevanten Unterschiede enthält Abbildung 9-1.

Regelung	EnEfG	EnSimiMaV	BECV 2023 bis 2025	BECV ab 2026	EnFG	SpaVerlG i. V. m. EnergieStG und StromStG
Kriterium für die Auswahl von Energieeffizienzmaßnahmen zur Umsetzung oder Umsetzungsveröffentlichung	„Wirtschaftlichkeit“	„Wirtschaftliche Durchführbarkeit“				„wirtschaftliche Vorteilhaftigkeit“
{„Wirtschaftliche Durchführbarkeit“, „Wirtschaftlichkeit“, „wirtschaftliche Vorteilhaftigkeit“} läge vor, wenn bei einem Bewertungszeitraum von …% der Nutzungsdauer ein Kapitalwert > 0 entstünde.	50 %	20 %	60 %	90 %	90 %	100 %
Begrenzung auf einen Bewertungszeitraum von … Jahren bzw. begrenzt auf Maßnahmen mit einer Nutzungsdauer von maximal… Jahren	15 Jahren	15 Jahren	9 Jahren	k. A.	k. A.	k. A.
Dies bedeutet, dass nicht mehr als eine Amortisationszeit von … erwartet wird.	7,5 Jahren	3 Jahren	5,4 Jahren			

Abbildung 9-1: Relevante Regelungsunterschiede der Anwendung von DIN EN 17463 im deutschen Energierecht

Die Übersicht verdeutlicht, dass der Gesetzgeber den Anteil an Nutzungsjahren, für die ein positiver Kapitalwert vorliegen muss, der eine „Wirtschaftlichkeit“, „wirtschaftlichen Vorteilhaftigkeit“ oder „wirtschaftliche Durchführbarkeit“ anzeigt, sehr uneinheitlich festgelegt hat. Er rangiert zwischen 20 % und 100 % der Nutzungsdauer.

9.2 Auslegung gesetzlicher Regelungen, die einen Bezug zur DIN EN 17463 aufweisen

Die Vorschriften zur Anwendung von DIN EN 17463 in den verschiedenen Gesetzen und Verordnungen (EnSimiMaV, BECV, SPK, EnFG, EnergieStG, StromStG, EnEfG) sind z. T. recht unpräzise gestaltet und bedürfen in vielen Fällen der Auslegung.

Der relevante Regelungstext des Energieeffizienzgesetzes (EnEfG) mag dies beispielhaft verdeutlichen: Nach § 8 EnEfG sind Unternehmen, die einen durchschnittlichen Gesamtendenergieverbrauch innerhalb der letzten drei Jahre von mehr als 7,5 Gigawattstunden aufweisen, verpflichtet, ein Energie- oder Umweltmanagementsystem nach DIN EN ISO 50001 bzw. EMAS einzurichten und aufrechtzuerhalten. Liegt der Jahresendenergieverbrauch zwischen 2,5 und 7,5 GWh, reicht ein regelmäßig durchzuführendes Energieaudit nach DIN EN 16247-1 aus.

Nach § 9 Abs. 1 EnEfG müssen diese Unternehmen für alle im Rahmen der Systemaufrechterhaltung oder Auditdurchführung als „wirtschaftlich“ identifizierten Endenergieeinsparmaßnahmen spätestens binnen drei Jahren konkrete, durchführbare Pläne erstellen und veröffentlichen. Die Klärung der Frage, ob eine Maßnahme als „wirtschaftlich“ anzusehen ist („Wirtschaftlichkeit“) ist dabei nach DIN EN 17463 durchzuführen.

Aus den rechtlichen Vorschriften ergeben sich folgende Klärungsbedarfe:

1) Was ist mit „Unternehmen“ gemeint?
2) Wie wird der Gesamtendenergieverbrauch abgegrenzt?
3) Wie kann der Veröffentlichungspflicht Genüge getan werden?
4) Was zählt zu Energieeffizienzmaßnahmen? Sind auch verhaltensorientierte Maßnahmen gemeint (bei ihnen kann DIN EN 17463 gar nicht angewandt werden)? Sofern nur Sachinvestitionen gemeint sind, gibt es Schwellenwerte, deren Unterschreitung eine Bewertung nach DIN EN 17463 nicht erforderlich macht?
5) Wie wird die Nutzungsdauer bei den rechtlichen Vorschriften (EnSimiMaV, BECV, SPK, EnFG, EnergieStG und StromStG) abgegrenzt, die die AfA-Regelung der EnEfG nicht enthalten?

6) Wie wird die Nutzungsdauer im EnEfG dann abgegrenzt, wenn die AfA-Tabellen einen betrachteten Sachverhalt nicht aufführen?
7) Für das EnEfG gilt eine Maßnahme als „wirtschaftlich“, wenn ein Kapitalwert nach 50 % der Nutzungsdauer einen Wert größer 0 annimmt. Die anderen o. a. Rechtsakte wählen statt des Terminus' „wirtschaftlich“, „wirtschaftlich durchführbar“ oder „wirtschaftlich vorteilhaft“ und schränken die zu berücksichtigende Nutzungsdauer anders ein. Wie wird ein Kapitalwert ermittelt, der nur X % der Nutzungsdauer berücksichtigt? Muss man zwei, drei oder noch mehr Kapitalwerte ermitteln, je nachdem, welche Rechtsvorschrift für das betroffene Unternehmen jeweils anzuwenden ist?
8) Auf welche Weise hat die Prüfung der Bewertung von Energieeffizienzmaßnahmen nach DIN EN 17463 durch Zertifizierer, Umweltgutachter oder Energieauditoren zu erfolgen?

Für die Fragen 1) bis 6) sind zwischenzeitlich Konkretisierungen in Leitfäden vom Bundesamt für Wirtschaft und Ausfuhrkontrolle (Bafa) und von der Deutschen Emissionshandelsstelle im Umweltbundesamt (DEHSt) erarbeitet und veröffentlicht worden,[72] auf die an dieser Stelle verwiesen wird. Insofern soll im Folgenden auf die Fragen 7) und 8) näher eingegangen werden.

9.3 Die Begriffe „wirtschaftliche Vorteilhaftigkeit“, „Wirtschaftlichkeit“, „wirtschaftliche Durchführbarkeit“ in der Gesetzgebung und Kapitalwertberechnung mit verkürzter Nutzungsdauer

Der deutsche Gesetzgeber benutzt für die Beurteilung von energiebezogenen Investitionen (ohne den Begriff „Investition“ selbst zu nennen) die Begriffe

- **„wirtschaftliche Vorteilhaftigkeit“** (EnergieStG, StromStG [nur in der Fassung von 2023, die Ende 2023 zurückgezogen wurde]),
- **„Wirtschaftlichkeit“** (EnEfG) und
- **„wirtschaftliche Durchführbarkeit“** (BECV, EnFG, EnSimiMaV).

Der nur sehr kurzzeitig verwendete Begriff **„wirtschaftliche Vorteilhaftigkeit“** im EnergieStG und im StromStG (nur 2023) wurde seinerzeit nicht legaldefiniert und in seiner Anwendung auch nicht eingeschränkt. Beim Begriff „Wirtschaftlichkeit“ im EnEfG ist es nicht so. Nach § 9 Abs. 1 EnEfG müssen Unternehmen unter bestimmten Umständen „für alle als wirtschaftlich identifizierten Endenergieeinsparmaßnahmen“ konkrete, durchführbare Pläne erstellen und veröffentlichen. „Eine Maßnahme gilt als wirtschaftlich, wenn sich bei der Wirtschaftlichkeitsbetrachtung (...) nach maximal 50 Prozent der Nutzungsdauer ein positiver Kapitalwert ergibt, jedoch begrenzt auf Maßnahmen mit einer Nutzungsdauer von maximal 15 Jahren.“ Durch diese Einschränkung gilt implizit eine maximale Amortisationsdauer von 7,5 Jahren (50 % von 15 Jahren). Zur Bestimmung der Nutzungsdauer sind die Abschreibungstabellen für die Absetzung für Abnutzung des Bundesministeriums der Finanzen zu verwenden. Durch diese Einschränkungen (50 % der Nutzungsdauer und 15 Jahre) werden Kalkulationsergebnisse erzeugt, die z. T. stark von herkömmlichen Kapitalwerten abweichen.

Die folgende Abbildung verdeutlicht die Berechnung eines EnEfG-Kapitalwertes – mit verkürzter Wirkungsdauer – anhand eines Beispiels. Im vorliegenden Fall geht es um eine Effizienzverbesserungsmaßnahme, die zu einer Stromkostenreduzierung von etwa 350 000 kWh pro Jahr führen würde. Mit einer üblichen Kapitalwertkalkulation ergibt sich bei einem hier zugrunde gelegten Kalkulationszinssatz von 3 %, einer Strompreisänderungsrate von 4 % und einer tatsächlichen Wirkungsdauer von zehn Jahren ein Kapitalwert von 290 791 Euro, siehe Abbildung 9-2.

72 Bafa, 2025, DEHSt, 2024.

Basiskalkulationszinsfuß i	3 %										
Jahrespreisänderungsrate Strom	4,0 %										
Spez. Stromkosten	0,16 €/kWh										
Techn. Einsparpotenzial	350 000 kWh										
Investitionsausgabe	300 000 €										
Nutzungsdauer real [Jahre]	10										
Nutzungsdauer nach AfA [Jahre]	8										
50% der AfA-Nutzungsdauer [Jahre]	4										
Periode t	0	1	2	3	4	5	6	7	8	9	10
Spezifischer Energiepreis		0,17 €/kWh	0,17 €/kWh	0,18 €/kWh	0,19 €/kWh	0,19 €/kWh	0,2 €/kWh	0,21 €/kWh	0,22 €/kWh	0,23 €/kWh	0,24 €/kWh
Auszahlungen											
Investitionsauszahlung	-300 000 €										
Einzahlungen											
Energiekosteneinsparungen		58 240 €	60 570 €	62 992 €	65 512 €	68 133 €	70 858 €	73 692 €	76 640 €	79 705 €	82 894 €
Resultate/Indikatoren											
Summe	-300 000 €	58 240 €	60 570 €	62 992 €	65 512 €	68 133 €	70 858 €	73 692 €	76 640 €	79 705 €	82 894 €
Barwerte	-300 000 €	56 544 €	57 093 €	57 647 €	58 207 €	58 772 €	59 342 €	59 918 €	60 500 €	61 088 €	61 681 €
Kumulierte Barwerte: KW = f(T)	-300 000 €	-243 456 €	-186 364 €	-128 717 €	-70 510 €	-11 738 €	47 604 €	107 523 €	168 023 €	229 110 €	290 791 €
Kapitalwert	290 791 €										

Abbildung 9-2: Berechnung eines EnEfG-Kapitalwertes

Das Unternehmen wäre in diesem Beispiel bei einem derart hohen Kapitalwert gut beraten, die Effizienzverbesserungsmaßnahme freizugeben und umzusetzen. Sie würde damit einen Beitrag zur Erhöhung des Unternehmenswertes leisten.

Das EnEfG fordert jedoch, einen anderen als den nach DIN EN 17463 ermittelten Kapitalwert zu berechnen, einen eingeschränkten Kapitalwert, der die Wirkungsdauer verkürzt auf hier vier Jahre (50 % von der AfA-Dauer, die im vorliegenden Beispiel bei acht Jahren liegen soll).

Die obige Abbildung zeigt, dass im Beispielfall dieser gemäß EnEfG ermittelte Kapitalwert bei −70 520 Euro liegt, also im Negativbereich. Das bedeutet, dass die Maßnahme nicht in den zu veröffentlichenden Durchführungsplan aufgenommen werden muss, da dem Wortlaut der gesetzlichen Regelung nach die Maßnahme nicht wirtschaftlich (also „unwirtschaftlich"?) ist. Paradoxerweise scheint durch eine solche gesetzeskonforme Rechnung eine vermeintliche Unwirtschaftlichkeit eines energieorientierten Investitionsprojektes in vielen Fällen in der betrieblichen Anwendungspraxis erwirkt zu sein, auch wenn der „richtige" Kapitalwert positiv ist. Die Formulierung der gesetzlichen Regelung, speziell die Einschränkung der Nutzungsdauer bei der Ermittlung des Kapitalwertes, soll die finanzielle Belastung bei der Umsetzung von Effizienzmaßnahmen reduzieren, führt jedoch zu Widersprüchen, Verwirrungen und schließlich verschiedentlich sicher auch zu Fehlentscheidungen.

Die Anforderung, einen Kapitalwert bei X % der Nutzungsdauer (oder einem anderen Anteil, je nach Rechtsgrundlage, siehe Abbildung 9-1) auf der Grundlage von DIN EN 17463 zu ermitteln, führt in der Betriebspraxis zwangsläufig dazu, dass Unternehmen für alle ausgedachten Effizienzverbesserungsmaßnahmen jeweils zwei, drei und noch mehr Kapitalwerte zu berechnen haben, einen nach DIN EN 17463 („Standard-KW") und weitere, die sich nach X % und Y % der Nutzungsdauer ergeben. Alle Maßnahmen,

- die einen positiven EnEfG-KW, BECV-KW und damit gewissermaßen „Super-Vorteilhaftigkeit" aufweisen, sind umzusetzen bzw. in der Form von Umsetzungsplänen zu veröffentlichen;
- deren Kalkulationsergebnis nach DIN EN 17463 zwar einen positiven Standard-KW, jedoch einen negativen EnEfG-KW oder BECV-KW hervorbringt, unterliegen keiner Verpflichtung.

Dies macht deutlich, dass im Zuge der Kapitalwertberechnung ungenutzte Potenziale sichtbar gemacht werden, deren freiwillige oder erzwungene Ausschöpfung Unternehmenswertsteigerungsbeiträge zur Folge hätte, also grundsätzlich im Sinne der jeweiligen Unternehmen sein müssten, wie die folgende Abbildung 9-3 eines beispielhaften Maßnahmenprogramms (hier mit Bezug zum EnEfG) aufzuzeigen vermag.

SEU*-Bezeichnung	Energie-effizienz-maßnahme	Nutzungs-dauer [Jahre]	Kapitalwert	EnEfG		Potenzial über EnEfG hinaus (wenn Kapitalwert positiv und EnEfG-Kapitalwert negativ)
				50% Nutzungsdauer	EnEfG-Kapitalwert	
Prozess 17	Maßnahme 17	10 Jahre	290 791 €	5 Jahre	-11 738 €	X
Prozess 23	Maßnahme 23	20 Jahre	...	10 Jahre	...	...
Prozess 5	Maßnahme 5	15 Jahre	312 445 €	8 Jahre	2 134 €	-
Werkshalle A	Maßnahme A	30 Jahre	234 500 €	15 Jahre	23 400 €	-
...	Maßnahme 21	8 Jahre	34 302 €	4 Jahre	-136 079 €	X
...	Maßnahme 22	12 Jahre	112 340 €	6 Jahre	-43 500 €	X
...	Maßnahme 23	11 Jahre	-43 589 €	6 Jahre	...	-

Abbildung 9-3: Beispielhaftes Maßnahmenprogramm eines Unternehmens mit vorhandenem DIN EN ISO 50001-System

Der Tabelle kann man entnehmen, dass beim Beispielunternehmen von sieben evaluierten Effizienzverbesserungsmaßnahmen fünf einen positiven Normal-KW aufweisen, allerdings nur zwei davon einen positiven EnEfG-Kapitalwert („Super-Vorteilhaftigkeit"), insofern nur für diese beiden ein Umsetzungsplan erstellt und veröffentlicht werden muss. Würde ein Unternehmen die einschlägigen Anforderungen des EnEfG exakt befolgen und nicht darüber hinausgehen (was eigentlich nicht wirtschaftlich rational wäre), verbliebe mit den drei verbleibenden Maßnahmen (siehe letzte Spalte) ein Kapitalwert- und somit Unternehmenswertsteigerungs-Potenzial in Höhe von etwa 435 Tausend Euro, das nicht ausgeschöpft würde.

Die folgende Abbildung 9-4 verdeutlicht am Beispiel des EnEfG, dass durch die Fokussierung auf eine „Super-Vorteilhaftigkeit" generell davon auszugehen ist, dass ein Großteil des Effizienzverbesserungspotenzials unausgeschöpft bleibt.

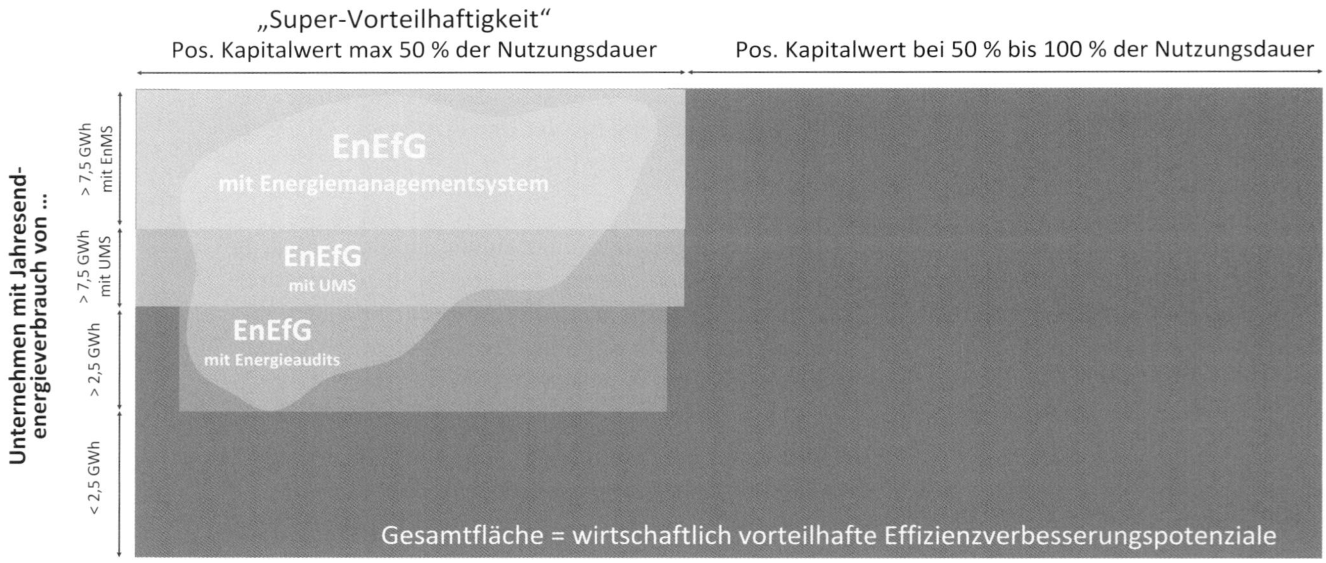

Quelle: eigene Darstellung

Abbildung 9-4: Durch Fokussierung auf „Super-Vorteilhaftigkeit" wird ein Großteil des Effizienzverbesserungspotenzials nicht ausgeschöpft

Die rechteckige Außenfläche der Grafik soll das Effizienzverbesserungspotenzial aufzeigen, das in Unternehmen, die zum Adressatenkreis des EnEfG gehören, vorliegt, und dessen Ausschöpfung ihnen wirtschaftliche Vorteile brächte. Dementsprechend zeigen die **nicht** durch das EnEfG abgedeckten Flächen ein Effizienzverbesserungspotenzial, dessen Ausschöpfung nicht forciert wird. Es ist mit anderen Worten eine verbleibende Energie-Effizienz-Lücke (Energy Efficiency Gap), die dadurch entsteht, dass einzelne Unternehmen

- das EnEfG gar nicht befolgen, weil sie es nicht müssen,
- das EnEfG trotz Pflicht gar nicht befolgen und Bußgeldzahlungen riskieren,
- das EnEfG nicht ordnungsgemäß befolgen, indem sie weniger Effizienzmaßnahmen ausdenken/entwickeln, als es möglich wäre (kaum kontrollierbar),
- ausgedachte Maßnahmen – durch entsprechende Adjustierung der relevanten Einstellparameter wie Kalkulationszins, Nutzungsdauer und Preisänderungsraten – bewusst so bewerten, dass ein negativer Kapitalwert nach 50 % der Nutzungsdauer entsteht (zu kontrollieren durch externe Sachverständige, etwa EnMS-Zertifizierer),
- nicht vorsätzlich, z. B. aufgrund fehlender Informationen/Kenntnisse/Erfahrungen, fehlerhaft kalkulieren,
- das EnEfG ordnungsgemäß befolgen, aber nur solche Maßnahmen zur Umsetzung freigeben, die bei max. 50 % der Nutzungsdauer einen positiven Kapitalwert aufweisen oder
- das EnEfG ordnungsgemäß befolgen, aber Maßnahmen, die möglicherweise zwar einen positiven Kapitalwert aufweisen würden, deren Nutzungsdauer aber bei > 15 Jahre liegt, generell nicht prüfen.

9.4 Kontrolle über die normkonforme Anwendung von DIN EN 17463

Prinzipiell muss damit gerechnet werden, dass betroffene Unternehmen bei obligatorischen Kapitalwertkalkulationen unter Zugrundelegung von DIN EN 17463 tendenziell geneigt sind, ein eher negatives Ergebnis zu errechnen, weil dann die Entscheidungs-Freiheitsgrade am größten sind. Möglichkeiten zur Einflussnahme auf ein jeweiliges Kapitalwert-Kalkulationsergebnis liegen grundsätzlich und umfassend vor. Daher ist es aus gesetzgeberischer Sicht nachvollziehbar und jeweils gesetzlich auch vorgesehen, durch Zertifizierer, Umweltgutachter (gemäß DIN EN ISO 50001 bzw. EMAS) oder Energieauditoren (gemäß Energieaudits nach EDL-G i. V. m. DIN EN 16247-1) die normkonforme Anwendung von DIN EN 17463 bestätigen zu lassen.

Eine Bestätigung setzt eine Prüfung voraus. Hierbei haben die Prüfer vor allem diejenigen Sachverhalte einer Untersuchung zu unterziehen, die Stellhebel für einen Negativ-Kapitalwert sind, und dies insbesondere bei solchen Maßnahmen, die aufgrund einer vielleicht vermeintlich nicht vorliegenden wirtschaftlichen Vorteilhaftigkeit (nach vorgelegten Berechnungsergebnissen) für eine Umsetzung zunächst einmal nicht vorgesehen werden. Es geht dabei vor allem um folgende Sachverhalte, die einen bedeutenden Einfluss auf den Kapitalwert haben:

- Bei der **Abschätzung der Cashflows** könnten beispielsweise die Auszahlungen zu hoch und die Rückflüsse zu niedrig angesetzt sein, um einen niedrigen oder gar negativen Kapitalwert zu erwirken.
- **Preisänderungsraten** beeinflussen den Kapitalwert massiv. Energiepreissteigerungen etwa führen zu einer Höherbewertung von Energieeinsparungen und somit zu steigenden Kapitalwerten. Preissteigerungen von anderen Sachverhalten (etwa geschätzten Wartungskosten) haben eine umgekehrte Wirkung. Würde man von sinkenden Energiepreisen ausgehen, hätte das einen negativen Effekt auf einen Kapitalwert.
- Je kürzer die **Plan-Nutzungsdauer** ist, desto kleiner fällt ein Kapitalwert aus.
- Ein hoher **Kalkulationszinssatz** führt zu einem niedrigen (gar negativen) Kapitalwert.

Zu klären ist noch, bei welchen Maßnahmen nach den einschlägigen Gesetzen und Verordnungen die VALERI-Norm zum Einsatz kommen soll, was konkret unter den Begriffen **„Maßnahme“** oder **„Effizienzverbesserungsmaßnahme“** bzw. **„Dekarbonisierungsmaßnahme“** im Sinne des Gesetzes und was unter **„Investition“** in diesem Zusammenhang zu verstehen ist.

Die jeweils einschlägigen Rechtstexte sehen vor, dass Unternehmen verpflichtet sind, in den Energieaudits sowie im Rahmen eines Energie- oder Umweltmanagementsystems **alle konkret identifizierten** und als wirtschaftlich bzw. wirtschaftlich durchführbar bewerteten Maßnahmen umzusetzen, um die Energieeffizienz in ihrem Unternehmen unverzüglich zu verbessern (unmittelbare Verpflichtung [etwa EnSimiMaV] oder Forderung, um staatliche Privilegien zu erhalten [etwa BECV, SPK, EnergieStG/StromStG]) oder in einem Umsetzungsplan zu veröffentlichen (EnEfG).

Es handelt sich also um Energieeffizienzverbesserungsmaßnahmen. Da DIN EN ISO 50001, EMAS und DIN EN 16247-1 vorhandene Energieverbraucher verbessern möchten, sind damit Änderungen bestehender Anlagen, Prozesse, Gebäude etc. in dem Sinne gemeint, dass sich nach Umsetzung der jeweiligen Maßnahme die Energieeffizienz erhöht (und sich damit nicht zwangsläufig der Endenergieeinsatz und in Folge die CO_2-Belastung reduziert). Änderungen sind häufig mit Investitionen verbunden, müssen es aber nicht (z. B. bei Ablaufänderungen eines Produktionsprozesses oder Anpassungen menschlichen Verhaltens).

Hieraus ergibt sich bereits, dass DIN EN 17463 nicht bei jeder im Rahmen eines Energieaudits oder eines Energie- bzw. Umweltmanagementsystems identifizierten Maßnahme angewandt werden kann und muss, sondern nur bei Investitionen. Darüber hinaus wird in zwei hier relevanten Rechtstexten deutlich gemacht, dass es sich bei den Energieeffizienzmaßnahmen, die ggf. umgesetzt werden müssen, immer um „Investitionen“ handelt (in § 11 BECV und in § 30 lit. c EnFG). Da die Regelungssystematik bei allen hier behandelten Rechtstexten ähnlich ist, kann – durch Analogieschluss – davon ausgegangen werden, dass in allen Fällen (also auch bei EnEfG, EnSimiMaV, EnergieSt-/StromStG und SPK) Investitionen in Effizienzverbesserung mit „Energieeffizienzmaßnahmen“ gemeint sind. Doch was sind „Investitionen“ im Allgemeinen und speziell im vorliegenden Zusammenhang?

Auf den Begriff **„Investition“** wurde bereits im Abschnitt 3.3 eingegangen. Dort wurde deutlich gemacht, dass Beschaffungen von Gütern oder das Inauftraggeben einer Dienstleistung insofern nicht per se eine Investition ist. Es muss vielmehr eine nicht unwesentliche Ausgabe für ein Gut (oder Änderung eines vorhandenen Gutes) oder eine Dienstleistung sein, die abgrenzbare Rückflüsse (sogenannte Returns) erwarten lassen. Dies gilt generell und speziell auch für ERIs (energy related investments) und daher für Investitionen sowohl für Energieeffizienzverbesserungsmaßnahmen als auch Maßnahmen zur Dekarbonisierung von Produktionsprozessen.

Das „Merkblatt für das Energieeffizienzgesetz (EnEfG)“ (Stand 07.07.2025, S. 11) der Bafa verdeutlicht, welche Maßnahmen von der Wirtschaftlichkeitsbewertung nach DIN EN 17463 ausgenommen werden können:

- Maßnahmen mit einem Netto-Investitionsvolumen von bis zu 2 000 Euro,
- Maßnahmen, deren Umsetzung beschlossen ist und die direkt in den Umsetzungsplan aufgenommen werden,
- Maßnahmen, deren Umsetzung durch gesetzliche oder regulatorische Vorgaben vorgeschrieben sind.

Investitionen in Maßnahmen, die typischerweise nicht im Rahmen eines Energieaudits, Energie- oder Umweltmanagementsystems identifiziert werden, sollte man auch nicht als solche anerkennen, weil dann u. U. ungerechtfertigterweise eine staatliche Privilegierung stattfindet, etwa durch Zahlung einer Beihilfe im Rahmen der BECV. Ein Beispiel für eine solche nicht einschlägige Maßnahme wäre etwa die Investition in eine Produktionsanlage zur Herstellung eines neuen Produktes, bei deren Entscheidungsfindung Energieeffizienzkriterien eine Rolle spielen oder gespielt haben mögen. Diese Maßnahme ist weder eine Effizienz**verbesserungs**maßnahme, noch kann sie im Rahmen eines Energie- oder Umweltmanagementsystems identifiziert werden, weil sie sich auf einen neuen Prozess bezieht.

Inwieweit Erneuerbare-Energie-Anlagen (etwa Photovoltaikmodule, Windenergieanlagen, Blockheizkraftwerke oder Biogasanlagen) als Energieeffizienzverbesserungsmaßnahmen im Rahmen des Vollzugs der genannten einschlägigen Gesetze und Verordnungen angesehen werden können, ist nicht eindeutig. Ginge man davon aus, dass erneuerbare Energien **nicht** als Beitrag zur Verbesserung der energiebezogenen Leistung anerkannt werden, würde dies im rechtlichen Sinne bedeuten, dass entsprechende Regenerativmaßnahmen nicht durch die Anwendung von DIN EN ISO 50001 identifiziert werden können. Eine Kapitalwertberechnung nach der VALERI-Norm – etwa für eine Photovoltaikanlage, deren Elektrizität im Unternehmen eingesetzt werden würde – wäre dann nicht erforderlich, staatliche Privilegien würden dann aber auch nicht zustande kommen können. Bei Energieaudits nach DIN EN 16247-1 und Umweltmanagementsystemen nach EMAS dürfte diese Identifizierungs-Problematik dagegen nicht vorliegen. Gleichwohl stellt sich die Frage, ob Regenerativmaßnahmen als Energieeffizienzverbesserungsmaßnahmen im Sinne der genannten Gesetze und Verordnungen angesehen werden. Hier gehen die Meinungen auseinander. Die Endenergieeffizienz wird durch den Einsatz von erneuerbarer Energie wohl nicht verbessert, die (fossile) Primärenergieeffizienz aber schon. Aufgrund der fehlenden Detailregelung wäre es sinnvoll, etwa durch eine Verwaltungsvorschrift, Klarheit zu erzeugen.

Eine Besonderheit haben die BECV, die Förderleitlinie zur Strompreiskompensation und auch das Strom- und Energiesteuergesetz (bis 2023) gewählt. In diesen Regelungen werden staatliche Privilegien nicht nur für identifizierte Energieeffizienzverbesserungsmaßnahmen, sondern alternativ auch für **Maßnahmen zur Dekarbonisierung des Produktionsprozesses** gewährt. Letztgenannte sind nicht aus Energieaudits oder aus der Anwendung von Energie- bzw. Umweltmanagementsystemen zu identifizieren und müssen auch nicht unmittelbar die Energieeffizienz verbessern, sondern – wie der Name schon sagt – Produktionsprozesse dekarbonisieren, was insbesondere durch Energieträgerwechsel durch den Einsatz von erneuerbaren Energien erreicht werden könnte. Diese Auffassung entspricht auch einer Textstelle in den Erläuterungen zu der BECV, in der es heißt: „Daher sind alle Maßnahmen anrechenbar, die den Emissionswert der hergestellten Produkte auf einen Wert verringern, der unterhalb des im EU-Emissionshandel festgelegten Produkt-Benchmarks liegen."

Die DEHSt listet in ihrem „Hinweispapier zur BECV" Beispiele zu Dekarbonisierungsmaßnahmen auf[73]:

- Verringerung der direkten Emissionen durch effizientere Nutzung von Brennstoffen beziehungsweise durch emissionsärmere Brennstoffe gemäß Definition EU-ETS (dazu zählt zum Beispiel Biomasse mit Nachhaltigkeitsnachweis)
- Verringerung der mit Wärmeimporten verbundenen Emissionen (effizientere Nutzung der Wärme oder Senkung der spezifischen Emissionen in der wärmeerzeugenden Anlage)
- Abwärmenutzung (beispielsweise innerhalb der Anlage in anderen Prozessen oder Wärmelieferung an von Dritten betriebene Anlagen)
- Umstellung der Abfackelung von Restgasen auf die energetische Nutzung dieser sowie Nutzung von kohlenstoffhaltigen Reststoffen in Produktionsprozessen
- Elektrifizierung von Produktionsprozessen:
  - Sofern diese innerhalb der Systemgrenzen von Produkt-Benchmarks erfolgt, bei denen keine Austauschbarkeit von Brennstoff/Strom festgelegt wurde (Anhang 1 Nummer 2 EU-ZuVO), wird die Verringerung des Brennstoffeinsatzes als emissionsmindernd berücksichtigt, ohne dass die zusätzliche Stromnutzung als emissionssteigernd berücksichtigt wird. Grundsätzlich wäre deswegen eine Elektrifizierung des Produktionsprozesses in diesem Fall als Dekarbonisierungsmaßnahme im Sinne der BECV darstellbar.

73 DEHSt, 2024, S. 23

- Sofern diese innerhalb der Systemgrenzen von Produkt-Benchmarks erfolgt, bei denen eine Austauschbarkeit von Brennstoff/Strom festgelegt wurde (Anhang 1 Nummer 2 EU-ZuVO), werden die Verringerung des Brennstoffeinsatzes sowie die zusätzliche Stromnutzung bei den spezifischen Emissionen berücksichtigt. Es ist allerdings zu beachten, dass der in der EU-ZuVO festgelegte Strom-Benchmark von 0,376 t CO_2/MWh anzuwenden ist, unabhängig davon, ob der Strom aus fossilen oder erneuerbaren Energiequellen stammt. Die Elektrifizierung des Produktionsprozesses stellt in diesem Fall somit nicht zwingend eine Dekarbonisierungsmaßnahme im Sinne der BECV dar.

Ferner schreibt die DEHSt im Hinweispapier[74]:

> „Die Installation einer Anlage zur regenerativen Erzeugung von Strom (PV/Wind) allein kann nicht als Dekarbonisierungsmaßnahme anerkannt werden. Allerdings ist eine Anerkennung als Klimaschutzmaßnahme im Rahmen von Energieeffizienzmaßnahmen möglich, sofern diese Maßnahme in Verbindung mit einem Energieträgerwechsel erfolgt."

Demnach ist nach Auffassung der DEHSt und des UBAs der Einsatz von erneuerbarer Energie zur Eigennutzung für einen Produktionsprozess keine Dekarbonisierungsmaßnahme, sondern allenfalls eine Energieeffizienzmaßnahme, wenn die erneuerbare Energie integraler Bestandteil ebendieser Maßnahme ist. Dieser Auffassung wird hier nicht gefolgt und die Meinung vertreten, dass separate Regenerativenergiemaßnahmen sehr wohl als Dekarbonisierungsmaßnahmen anzusehen sein sollten, weil gerade sie dazu beitragen können, den in den Erläuterungen zur BECV herausgestellten Wunsch nach Verringerung von Emissionswerten der hergestellten Produkte zu erfüllen.

Für Dekarbonisierungsmaßnahmen ist die Durchführung von Wirtschaftlichkeitsanalysen nach der VALERI-Norm allerdings nicht vorgeschrieben; dies wohl insbesondere auch deshalb, weil es keine Umsetzungspflicht gibt. Gleichwohl soll an dieser Stelle die Empfehlung ausgesprochen werden, eine entsprechende Kapitalwertberechnung nach DIN EN 17463 durchzuführen, um abzuklären, inwieweit eine jeweilige wirtschaftliche Vorteilhaftigkeit vorliegt.

Zurück zu den Energieeffizienzverbesserungsmaßnahmen: Bei ihnen stellt sich noch abschließend die Frage, in welchem Umfang (Anzahl an Maßnahmen) sie erarbeitet und einer Investitionsrechnung nach DIN EN 17463 unterzogen werden müssen. Bei der Festlegung der Anzahl an Maßnahmen sind die betroffenen Unternehmen keineswegs frei. Durch Betrachtung verschiedener Fälle dazu soll im Folgenden versucht werden, Antworten zu finden. Hierbei wird unterschieden zwischen Maßnahmen, die im Rahmen von Energieaudits nach DIN EN 16247-1 erarbeitet wurden, und solchen, die einen Bezug zu DIN EN ISO 50001 bzw. EMAS aufweisen.

Im Bafa-„Merkblatt für das Energieeffizienzgesetz (EnEfG)" (Stand: 07.07.2025) heißt es dazu:[75]

> - Gemäß DIN EN 16247-1:2022 Ziffer 5.8.2 ist im Rahmen des Energieauditberichts nach Buchstabe d) Nummer 1) für Maßnahmen zur Verbesserung der energiebezogenen Leistung (EPIA) u. a. ein Plan und Ablaufplan für die Umsetzung zu erstellen.
> - Nach Ziffer 6.2.3 der DIN EN ISO 50001:2018-12 ist im Rahmen eines Energiemanagementsystems die Organisation aufgefordert, bei der Planung zum Erreichen der Ziele und Energieziele Aktionspläne festzulegen und diese aufrechtzuerhalten. Dabei ist in den Aktionsplänen festzuhalten, was getan wird, welche Ressourcen erforderlich sind, wer verantwortlich ist, wann es abgeschlossen ist und wie die Ergebnisse bewertet werden.
> - Ein Aktionsplan im Sinne der EMAS-Verordnung ist ein strukturierter Plan, der die Maßnahmen, Zeitpläne und Verantwortlichkeiten zur Erreichung der Umweltziele einer Organisation festlegt. Er ist ein zentraler Bestandteil des Umweltmanagementsystems und spielt eine entscheidende Rolle bei der kontinuierlichen Verbesserung der Umweltleistung gemäß den Anforderungen der EMAS-Verordnung.

74 DEHSt, 2024, S. 23

75 Bafa 2025, S. 13 f.

Die geforderten Umsetzungspläne müssen demnach die folgenden Informationen enthalten, um eine klare und nachvollziehbare Dokumentation der geplanten Endenergieeinsparmaßnahmen sicherzustellen:

- **Priorisierung der Maßnahmen:**

  Die Maßnahmen sind nach ihrer im Unternehmen festgelegten Priorität zu ordnen. Dies kann entweder durch eine fortlaufende Nummerierung (1, 2, 3 ...) oder durch eine Gruppierung nach Prioritätskategorien (z. B. A = hohe Priorität, B = mittlere Priorität, C = niedrige Priorität) erfolgen.

- **Bezeichnung der identifizierten und wirtschaftlich bewerteten Maßnahmen**

  Der Umsetzungsplan muss einen direkten Bezug zu den in den Energieaudits oder Aktionsplänen von EnMS/UMS identifizierten Maßnahmen herstellen. Die im Auditbericht verwendeten Maßnahmenbezeichnungen sind im Umsetzungsplan unverändert zu übernehmen.

- **Kalkuliertes Investitionsvolumen**

  Das geplante Investitionsvolumen für jede Maßnahme ist anzugeben. Dabei kann das Volumen aufgerundet dargestellt werden, um eine übersichtliche Darstellung zu gewährleisten.

- **Zeitrahmen für die Umsetzung**

  Der Zeitrahmen gibt an, bis wann die Umsetzung der jeweiligen Maßnahme abgeschlossen sein soll. Er sollte sowohl die Planungsphase als auch die Umsetzungsphase berücksichtigen und präzise Angaben zu Monat und Jahr enthalten.

- **Herkunft der Maßnahme**

  Diese Informationen dienen der Nachvollziehbarkeit und Dokumentation, wann und in welchem System die Maßnahme identifiziert wurde. Mögliche Quellen sind unter anderem Energieauditberichte, Überwachungsaudits, Aktionspläne eines EnMS, Umweltprogramme eines UMS, interne Betriebsanalysen oder gesetzliche Vorgaben.

- **Verantwortlichkeit für die Umsetzung**

  Der Umsetzungsplan muss ausweisen, welche Funktion im Unternehmen für die Umsetzung der jeweiligen Maßnahme verantwortlich ist. Eine Funktionsbezeichnung, wie beispielsweise Geschäftsführer, Werkleiter oder Technischer Leiter, ist ausreichend; eine namentliche Nennung ist nicht erforderlich.

- **Angaben zum Umsetzungsfortschritt**

  Der Fortschritt der Maßnahmen ist darzustellen, um den aktuellen Status der Umsetzung zu dokumentieren. Dies kann in folgenden Kategorien erfolgen:

  Offen: Die Maßnahme wurde identifiziert, aber noch nicht begonnen;

  In Bearbeitung: Die Umsetzung ist gestartet, aber noch nicht abgeschlossen;

  Abgeschlossen: Die Maßnahme wurde vollständig umgesetzt.“

9.4.1 Umfang an Maßnahmen, die im Rahmen von Energieaudits nach DIN EN 16247-1 erarbeitet wurden

Wenn eine Übersicht aller konkret identifizierten Maßnahmen **nicht** vorgelegt wird oder werden kann, dann ist entweder bisher kein Energieaudit nach DIN EN 16247-1 durchgeführt worden (→ Vergehen nach dem EDL-G), oder das Energieaudit erfolgte nicht vorschriftsgemäß (→ ebenfalls Vergehen nach dem EDL-G), denn nach DIN EN 16247-1, Abschnitt 5.5 Buchstabe b, muss der „Energieauditor den Einfluss jeder Möglichkeit zur Verbesserung der Energieeffizienz (...) evaluieren“. Und gem. § 8a Abs. 1 Nr. 4 EDL-G hat das Energieaudit „die wichtigsten Verbesserungsmöglichkeiten“ hervorzubringen.

Sollte der Eindruck bestehen, dass die Übersicht unvollständig ist, kann u. U. infrage gestellt werden, ob das Energieaudit ordnungsgemäß durchgeführt wurde. Ggf. wäre dann § 12 Abs. 1 EDL-G einschlägig, wonach ein Bußgeld bis zu einer Höhe von 50 Tausend Euro zu zahlen ist, wenn das Audit nicht vollständig durchgeführt worden ist.

Wenn die Aussage abgegeben wird, dass keine Verbesserungsmaßnahmen (oder nur sehr wenige) gefunden wurden, könnten Plausibilitätstests durchgeführt werden, die in Einzelfällen entweder die Aussage bestätigen oder attestieren, dass das Audit unvollständig war.

Nach DIN EN 16247-1 in Kombination mit dem EDL-G müssen von Auditoren erarbeitete Verbesserungsmaßnahmen auch hinsichtlich ihrer Wirtschaftlichkeit bewertet werden und dies gem. der novellierten DIN EN 16247-1:2023 nach der Kapitalwertmethode („wann immer möglich"). Reichen die Bewertungsergebnisse aus oder muss DIN EN 17463, die ja über die Kapitalwertmethode hinausgeht, zusätzlich angewandt werden? Die EnSimiMaV beispielsweise schrieb die Anwendung der VALERI-Norm vor. Der zusätzliche Aufwand dürfte gering sein.

Wie ist darauf zu reagieren, wenn es keine Bewertungsergebnisse gibt? Antwort: Dann ist das Audit nicht ordnungsgemäß im Sinne des EDL-G durchgeführt worden und es greifen ggf. Sanktionsregelungen (s. o.).

Nach DIN EN 16247-1 erstellt der Auditor die Liste der Verbesserungsmaßnahmen und führt die Bewertungen durch. Um eine unvoreingenommene, objektive Prüfung sicherzustellen, ist es daher notwendig, dass er oder ein Kollege der gleichen Organisation ebendiese Prüfung **nicht** durchführt. Hier böte es sich an, per Verwaltungsvorschrift zu regeln, dass das Prüfen von Wirtschaftlichkeitsanalysen auf Konformität mit der VALERI-Norm durch Selbstersteller oder Kollegen des gleichen Unternehmens unzulässig ist.

9.4.2 Umfang an Maßnahmen, die im Rahmen einer Systemteilnahme an DIN EN ISO 50001 oder EMAS erarbeitet wurden

Bei DIN EN ISO 50001 und EMAS-Systemen ist das Sanktionssystem anders gestaltet. Zudem verpflichten DIN EN ISO 50001 und insbesondere das EMAS nicht, alle Effizienzpotenziale aufzudecken und auszuschöpfen. Es reicht bei DIN EN ISO 50001 zum Beispiel, wenn insgesamt eine Verbesserung der energiebezogenen Leistung zustande kommt. Sofern der sogenannte Aktionsplan nur wenige Verbesserungsmaßnahmen enthält, ist dies insofern nicht als Regelbruch anzusehen und daher zu tolerieren. Auf der anderen Seite widerspräche es dem Zweck der einschlägigen Gesetze und Verordnungen, die DIN EN ISO 50001 eingebettet haben und nun verpflichten, Maßnahmen zu erarbeiten und – unter bestimmten Bedingungen – umzusetzen, wenn Unternehmen bewusst den Umfang geringhielten, um den Freiheitsgrad der Selbstentscheidung und den Erhalt von staatlichen Privilegien zu maximieren. Bei der Anwendung speziell von EMAS als Umweltmanagement- und nicht Energiemanagementnorm wäre es zudem denkbar, dass eine Re-Validierung und Re-Registrierung zustande kommen, ohne dass eine einzige Energieeffizienzmaßnahme festgelegt wäre. In einem solchen Fall würden die einschlägigen gesetzlichen Regelungen vollends ins Leere laufen. Insofern ließe sich allgemein aus den einschlägigen Gesetzen und Verordnungen und insbesondere aus den Zielsetzungen des Regelungsgebers (die sich häufig aus den Erläuterungen zu den Entwürfen ergeben) ableiten und deren Regelungen – zumindest für Anwender von DIN EN ISO 50001 – so auslegen, dass aufgezeigt werden muss, alle relevanten Anlagen betrachtet und zumindest den Versuch unternommen zu haben, Verbesserungsmaßnahmen für alle abzuleiten. Eine beispielhafte Übersicht eines solchen Nachweises, die die Vorgaben des o. e. Bafa-Merkblattes berücksichtigt, zeigt Abbildung 9-5.

#	SEU-Bezeichnung	Bezugs-zeitraum (BZR)	Jahresenergie-verbrauch BZR [MWh/a]	Relevanter Energieträger	SEU = ?	Maßnahmen-Bezeichnung	erwartete Verbrauchs-reduktion [MWh/a]	Investitions-umfang	Verant-wortlich	Umsetzen ohne Kapitalwert-Ermittlung	Kapitalwert-Ermittlung erforderlich	Kapitalwert	Zeitrahmen	Herkunft der Maßnahme	Status
ab hier Maßnahmen = Investitionen															
1	Prozess 17	2020	3 820	Elektrischer Strom	SEU	?	?								
2	Prozess 23	2020	2 214	Erdgas	SEU	Maßnahme 17	180	320 000 €	Frau Maier		×	124 000 €	01/25 bis 06/27	Auditbericht XYZ	in Bearbeitung
3	Prozess 5	2020	1 890	Elektrischer Strom	SEU	…	67	210 000 €	…		×		…		
4	Werkshalle A	2020	1 650	Erdgas	SEU	…	?	?							
	…	2020	…	Elektrischer Strom	SEU	Maßnahme …	120	…	…		×		…		
	…	2020	…	Erdgas	SEU	…		…	…		×		…		
14	…	2020	830	Elektrischer Strom	SEU	Maßnahme …	34	68 000 €	…		×		…		
ab hier Maßnahmen mit geringem oder keinem Initiierungsaufwand (< 2 000 €) ≠ Investitionen															
15	Prozess 6	2020	…		Nicht-SEU										
16	Werkshalle B	2020	50	Elektrischer Strom	Nicht-SEU	Maßnahme …	4	4 000 €		×					
17	Unternehmen allg	irrel.	irrel.		Nicht-SEU	Einführung eines energie-orientierten KVP-Systems	?	keine, da verhaltens-orientiert		×					
18	Unternehmen allg.	irrel.	irrel.		Nicht-SEU	Aufklärungs-aktivitäten (im Detail: …)	?	unklar		×					
48	…	…	…					2 000 €		×					

Abbildung 9-5: Vorschlag für ein einheitliches Energieeffizienzmaßnahmenprogramm

Bei EMAS bleibt eine offene Flanke: Diese Verordnung kann anstelle von Energiemanagementsystemen angewandt werden und so zu Privilegien oder Pflichteinhaltungen führen, ohne dass die Energieeffizienz bzw. die Treibhausgasbelastung sich in einem Unternehmen positiv verändert.

Zusammenfassend kommen als zu berücksichtigende Investitionen solche Maßnahmen in Betracht, die sich aus den Ergebnissen

- eines Energieaudits nach DIN EN 16247-1 (Umsetzungsprogramm),
- eines Energiemanagementsystems nach DIN EN ISO 50001 (Aktionsplan) oder
- eines EMAS-Systems (Umweltprogramm)

ergeben (d. h. in den vorgelegten Plänen bzw. Programmen vorkommen) und

- Energieeffizienzverbesserungsmaßnahmen sind sowie
- einen Auszahlungsbetrag von 2 000 Euro oder mehr erforderlich machen und bei denen man Rückflüsse abgrenzen kann.

Entsprechende Dokumente wären vom jeweiligen Unternehmen vorzulegen und vom Auditor, Zertifizierer oder Umweltgutachter zu prüfen. Inwieweit Regenerativenergiemaßnahmen als Effizienzmaßnahmen anerkennungsfähig sind, müsste abschließend noch geklärt werden.

9.4.2.1 Abschätzung der Cashflows

Bei den in Kapitalwerttableaus zu berücksichtigenden Cashflows handelt sich zum einen um die anzusetzenden Auszahlungen. Bei energiebezogenen Investitionen gehören dazu die Anfangsauszahlung für das eigentliche Investitionsgut, u. U. auch die Kosten für die Planungsleistung, die Installation, die Inbetriebnahme und ggf. der Produktionsausfall, die laufenden Zahlungen, etwa für Wartung, Reparatur, Versicherung, sowie ggf. zusätzliche Energieeinsätze (etwa bei Blockheizkraftwerken).

Zum anderen sind die Rückflüsse in passenden Zahlungszeitpunkten zu berücksichtigen. Es geht bei Effizienzverbesserungsinvestitionen i. d. R. um die (ggf. normalisierten) Energiekosteneinsparungen, ggf. Förderungen, mögliche eingesparte Wartungskosten, eingesparte CO_2-Gebühren und evtl. Einspeisevergütungen. Bei all diesen Zahlungsströmen sollen realitätsnahe Angaben verrechnet werden. Inwieweit eine Realitätsnähe vorliegt, ist zu verifizieren. Dies erfordert Erfahrung im Umgang mit und in der Planung von Energieeffizienzprojekten. Diese Erfahrung sollte bei entsprechenden Prüfern vorliegen. Nur dann erscheint es möglich, entsprechende Plausibilitätstests zu den Cashflows durchzuführen (etwa durch die Beantwortung der Frage: „Ist dieser bestimmte Cashflow realistisch?“).

9.4.2.2 Preisänderungsraten

Bei der Bewertung energiebezogener Investitionen sollte grundsätzlich die Geldentwertung berücksichtigt werden und daher eine Inflationsbereinigung ausscheiden, weil nur so unterschiedliche Preisänderungsraten berücksichtigt werden können. Dies ist bei inflationsbereinigten Kapitalwertberechnungen deshalb nicht möglich, weil eine Inflationsbereinigung des Kalkulationszinssatzes nur mit einer Preisänderungsrate durchgeführt werden kann.

Im Hinblick auf die Validierung der normkonformen Anwendung von DIN EN 17463 ist zu beachten, dass niedrig angesetzte Energiepreissteigerungsraten oder gar Energiepreissenkungsraten den Kapitalwert von Effizienzmaßnahmen tendenziell herabsenken. Bei den Preisen für regelmäßig anstehende Aktivitäten, die nicht dem Energiebereich zuzurechnen sind (etwa einzuplanende Wartung oder Reparaturen), ist die Lage genau umgekehrt. Sehr niedrige oder gar negative Preissenkungsraten für Energie sollten daher einem kritischen Plausibilitätstest unterzogen werden, wobei die Argumentationslinie der Vorhersage und die Informationsquellen zu prüfen sind. Dies soll nicht bedeuten, dass – insbesondere bei elektrischem Strom – generell nicht auch mit fallenden Preisen kalkuliert werden dürfte. Eine solche Annahme wäre bei zunehmendem Regenerativanteil im Stromnetz durchaus nachvollziehbar. Sie sollte dann aber umfassend begründet werden. Vor dem Hintergrund, dass die Preisänderungen im Energiebereich erstens schwierig abzuschätzen sind und zweitens alle Unternehmen etwa gleichermaßen betreffen, erscheint es zweckmäßig, einheitliche Preisänderungsraten für Energieträger abzuschätzen und festzulegen, etwa durch eine Verwaltungsvorschrift.

9.4.2.3 Festlegung der Nutzungsdauer bzw. Laufzeit

Eine Nutzungsdauerreduzierung führt durch faktische Elimination von Barwerten zu einer Verminderung des Kapitalwertes. Auf diese Weise lassen sich relativ einfach negative Kapitalwerte „generieren". Wie lässt sich so etwas verhindern bzw. prüfen? Welche – prüfbaren – Nutzungsdauern sollten zugrunde gelegt werden? Gibt es evtl. bereits Anhaltspunkte zur Beantwortung der Frage durch Veröffentlichungen relevanter Institutionen?

Das Bundesamt für Ausfuhrkontrolle (BAFA) ist in die Vollzugskontrolle des EDL-G und den damit verbundenen Energieaudits nach der Norm DIN EN 16247-1 eingebunden. In dieser Rolle hat es einen „Leitfaden zur Erstellung von Energieauditberichten nach den Vorgaben der DIN EN 16247-1" (Stand 11/2020)[76] erstellt und veröffentlicht, der auch im Abschnitt V. ein „Kapitel 1.2 Wirtschaftlichkeitsanalyse" umfasst. In ihm wird für die Festlegung der Nutzungsdauer vorgeschlagen: „technische Nutzungsdauer nach VDI 2067 (ggf. in Anlage beschreiben) oder AfA-Zeitraum: aus der finanzwirtschaftlichen Sicht eines Unternehmens/finanzierenden Bank ist der AfA-Zeitraum relevant, auch hier können bei Bedarf in der Anlage Werte hinterlegt werden". In eine ähnliche Richtung orientieren sich die Erläuterungen zum EnEfG-Entwurf vom 03.04.2023.[77] Dort heißt es:

> „Für die Nutzungsdauer sollen (...) die für Unternehmen bereits bekannten und angewendeten Abschreibungstabellen für die Absetzung für Abnutzung (AfA-Tabellen) des Bundesministeriums der Finanzen verwendet werden. Hierdurch wird ein verlässlicher und einheitlicher Rahmen für die Beurteilung der Wirtschaftlichkeitsbewertung durch die Unternehmen und damit für einen bundeseinheitlichen Vollzug sichergestellt."

Vor dem Hintergrund, dass Energieeffizienzverbesserungsmaßnahmen häufig Änderungsinvestitionen sind (bestehende Produktionsanlagen werden in effizienzverbessernder Hinsicht modernisiert), dürften in vielen Fällen AfA- oder VDI-Werte für realistische Nutzungsdauern gar nicht vorliegen. Die Maßnahmen sind nämlich nicht selten selbst keine Anlagegüter, worauf AfA-Listen aber ausgerichtet sind, sondern nur Teile davon. Zumindest für solche Maßnahmen wären Plan-Nutzungsdauern neu und individuell festzulegen. Beispiel: Mehrere energieintensive Brennöfen eines Keramikteileherstellers, die buchhalterisch bereits abgeschrieben sind, allerdings noch sehr gute Dienste leisten und deren Restnutzungsdauer mit zehn Jahren geschätzt wird, sollen energetisch saniert werden. Geplant ist, entsprechende Wärmedämmmaßnahmen an den Öfen durchzuführen, die dann zu einer deutlichen Stromverbrauchsreduktion beitragen. Hier würden die AfA-Werte generell (= 0 Jahre, da bereits abgeschrieben) und auch speziell (AfA-Dauer der Brennöfen oder nur des Dämmmaterials?) keinen Sinn machen. Zweckmäßig wäre stattdessen, für die Nutzungsdauer zehn Jahre anzusetzen, da dies auch der Wirkungsdauer der Maßnahme entspräche.

Neben Maßnahmen, die unmittelbar auf bestehende Prozesse oder auf Bestandsgebäude einwirken, um die Energieeffizienz zu verbessern, kommen auch solche in Betracht, die als neue Anlagegüter anzusehen sind. Wenn beispielsweise bestehende Elektromotoren, Pumpen oder Druckluftanlagen aus Energieeffizienzgründen ausgetauscht werden, kommen Neuanlagen zum Einsatz, für die eine AfA-Nutzungsdauer ermittelt werden kann. Gleiches gilt für den Austausch ganzer Produktionsprozesse. Hier könnte man die AfA-Nutzungsdauern zugrunde legen, wenn sie die tatsächlichen Nutzungsdauern widerspiegeln. Das ist jedoch nicht immer der Fall; denn die AfA-Dauern sind aus einem gänzlich anderen Zweck festgelegt worden: Sie sollen eine einheitliche Basis zur Steuerbemessung von Abschreibungen für Abnutzung bieten und nicht zur Ermittlung der –

76 Bafa, 2020, S. 35.

77 Bundesregierung (Hrsg.), S. 62.

individuellen – Wirtschaftlichkeit eines Anlageguts dienen. Die Nutzungsdauer einer beispielhaften Maschine mag in der entsprechenden AfA-Liste auf zehn Jahre festgelegt worden sein. So wird sie dann auch in der Abteilung Finanzwirtschaft für die Erstellung der Gewinn- und Verlustrechnung abgeschrieben. Aus vorliegender Erfahrung ist aus Unternehmen bekannt, dass die betrachtete Maschine eine tatsächliche Nutzungsdauer von mindestens 20 Jahren aufweist, was dann in der Controlling-Abteilung auch in der Kalkulation von Produkten entsprechend berücksichtigt wird. Realität und AfA-Nutzungsdauern können in der betrieblichen Praxis dementsprechend sehr unterschiedlich sein.

Der spürbare Wunsch von Auditoren/Umweltgutachtern/Zertifizierern sowie von Vollzugskontrollbehörden nach allgemeingültigen „Katalognutzungsdauern“, die bei Kapitalwertberechnungen nach DIN EN 17463 verwendet werden können, ist zwar nachvollziehbar. Derartige Kataloge (wie AfA-Listen, Festlegungen in Normen oder Verwaltungsvorschriften) sind jedoch nicht zweckmäßig, dies vor allem aus zwei Gründen:

- Zum einen wird es für viele Energieeffizienzverbesserungsmaßnahmen gar keine Festlegung geben können, weil die Maßnahmen zu speziell und als solche keine Anlagegüter sind.
- Zum anderen sind die tatsächlichen Wirkungsdauern von Energieeffizienzmaßnahmen nur sehr individuell abschätzbar, weil sie sehr unterschiedlich sind.

Aus alldem ergibt sich, dass den Kapitalwertberechnungen bei Prüfungen/Validierungen nach DIN EN 17463 zweckmäßigerweise **nicht** Standardnutzungsdauern zugrunde liegen sollten und stattdessen ein Plausibilitätstest durchzuführen ist, der sich an Fragen wie den folgenden orientieren könnte:

- Wie lange wirkt die Investition?
- Wie lange werden monetarisierbare Nutzen und Lasten voraussichtlich generiert?
- Wann ist damit zu rechnen, dass die letzte Zahlung (Rückfluss oder Ausgabe) erfolgt?
- Gibt es relevante Auszahlungen in der fernen Zukunft am Ende der Lebenszeit (etwa Rückbau etc.) und wenn ja, zu welchem Zeitpunkt fallen sie an?

9.4.2.4 Kalkulationszins

Auch der festgelegte Kalkulationszins übt einen beträchtlichen Einfluss auf das Kalkulationsergebnis aus. Insofern ist auch er mit Bedacht festzulegen und einer Prüfung zu unterziehen.

Was ergibt sich daraus für Auditoren/Umweltgutachter/Zertifizierer sowie für Vollzugskontrollbehörden? Ähnlich wie bei den Nutzungsdauern scheidet eine Festlegung von Kalkulationszinssätzen auf der Basis von veröffentlichten Standardwerten (etwa Zentralbankzinsen, Spareinlagen etc.) aus, da der jeweils zugrunde zu legende Kalkulationszins hochindividuell ist, sich nicht nur von Unternehmen zu Unternehmen, sondern auch von Projekt zu Projekt unterscheidet sowie von der projektindividuellen Finanzierungsart mitbestimmt wird. Darüber hinaus gibt es insbesondere bei Konzernen nicht selten Konzernvorgaben hinsichtlich des zu berücksichtigenden Kalkulationszinssatzes, der regelmäßig dem WACC (*weighted average cost of capital*) für die Unternehmensbewertung entspricht und sich zusammensetzt aus der Fremdkapitalquote des Unternehmens, dem Mischkreditzinssatz und den Renditeforderungen der Eigenkapitalgeber, die auch die Risikolage des Geschäftes berücksichtigen und der häufig unvernünftigerweise auch für „normale“ Investitionsbewertungen herangezogen wird. Ein solcher Zinssatz ist dann üblicherweise relativ manipulationsfrei, weil er nicht selten von externen Wirtschaftsprüfungsgesellschaften o. Ä. ermittelt wird. Das spricht für ihn, allerdings ist sein Zweck die Unternehmensbewertung. Er drückt eine erwartete Rendite (aus Ausschüttung und/oder Kurssteigerung) für Unternehmensbeteiligungen unter Berücksichtigung von Risiko und dem Marktportfolio aus. Daher ist er vergleichsweise hoch und hat eigentlich nichts mit der Ermittlung der wirtschaftlichen Vorteilhaftigkeit einer Einzelinvestition zu tun. Gleichwohl wird der Unternehmens-WACC für die Berechnung der wirtschaftlichen Vorteilhaftigkeit von Investitionen jedweder Art verwandt.

Wie sollte man in solchen Fällen im Rahmen einer Prüfung nach DIN EN 17463 entscheiden? Antwort: Ein Konzern- bzw. Unternehmens-WACC erscheint ungeeignet für die Bewertung der wirtschaftlichen Vorteilhaftigkeit einer Energieeffizienzverbesserungsmaßnahme und sollte daher bei einer Kapitalwertberechnung im Allgemeinen und insbesondere bei der Anwendung von DIN EN 17463 nicht zugrunde gelegt werden. Als Vorgabe bleibt das, was in der VALERI-Norm ausgeführt wird: Wird die Investition mit 100 % Eigenkapital C_{eq} finanziert, so entspricht der Kalkulationszinssatz r dem internen Zinsfuß der besten verfügbaren und risikogleichen Alternative. Diese wäre aufzuzeigen. Liegt eine Risikoadäquanz nicht vor, dann wäre eine Anpassung vorzunehmen. Beispielhaft ist das in Anhang F der Norm beschrieben.

Durch die Verwendung eines solchen Kalkulationszinssatzes ist es der Organisation möglich, die Neuinvestition mit den Rückflüssen der normalen Geschäftspraktiken zu vergleichen, da dies i. d. R. die gegebene Alternative für Investitionen von Organisationen ist. In diesem Fall entspricht der Kalkulationszinssatz der Gesamtkapitalrendite (engl. *„return on total assets“*, kurz ROA).

Ist dagegen Fremdkapital die Grundlage der Investition, so entspricht der Zinssatz auf Kredit dem Wert von *r*.

In Fällen, bei denen die Finanzierungsquellen der Investition gemischt sind, sollten die gewichteten durchschnittlichen Kapitalkosten (engl. *„weighted average cost of capital“*, kurz WACC – nicht zu verwechseln mit dem o. a. Unternehmens-WACC) als r gewählt werden.

Der verwendete Kalkulationszinssatz muss zudem – wie auch die Laufzeit und die Preisänderungsraten – im Bewertungsbericht angegeben und erläutert werden sowie die Quelle der Informationen.

Übliche Zinssätze für den EK-Anteil rangieren zwischen 3 % und 8 %, wobei nicht ausgeschlossen werden kann, dass sie im Einzelfall deutlich höher liegen (etwa bei einem sehr erfolgreichen Unternehmen). Sollte der Zinssatz für EK sehr hoch angesetzt sein, ließe sich durch Aufzeigen des letzten Geschäftsberichtes bzw. des Ergebnisplans die Plausibilität verdeutlichen.

Zinssätze für Fremdkapital lassen sich durch Angebote von Banken nachweisen.

9.4.2.5 Prüfung der Normkonformität

Es wurde bereits deutlich gemacht, dass prinzipiell damit gerechnet werden muss, dass Unternehmen bei Investitionsrechnungen unter Zugrundelegung von DIN EN 17463 tendenziell geneigt sind, ein eher negatives Ergebnis zu errechnen, weil dann die Entscheidungs-Freiheitsgrade am größten sind. Möglichkeiten zur Einflussnahme auf ein Kapitalwert-Kalkulationsergebnis liegen grundsätzlich und umfassend vor (insbesondere Adjustierung des Kalkulationszinssatzes, der Nutzungsdauer, der Preissteigerungsraten etc.). Dies hat der Gesetz- und Verordnungsgeber jeweils berücksichtigt, indem er in sämtlichen o. a. Regelungen vorschreibt, dass die Kalkulationen und der Bericht, mithin die Anwendung der Norm, einem zugelassenen Energieauditor oder einem Umweltgutachter zur Prüfung und Validierung vorzulegen sind. Erst wenn eine Bestätigung vorliegt, dass DIN EN 17463 ordnungsgemäß angewandt worden ist, wird der Nachweis erbracht, dass die gesetzlichen Vorgaben erfüllt werden.

Tabelle 21 und Tabelle 22 zeigen eine checklistengestützte Vorgehensweise auf, wie eine derartige Prüfung aussehen könnte.

Tabelle 21: Beispielhafte Checkliste für eine Prüfung der Normkonformität im Rahmen der Anwendung von DIN EN 17463 – Allgemeine Kriterien

Kriterien/Thema	Forderungen	Hinweis an Zertifizierer/Umweltgutachter/ Energieauditoren bzw. Vollzugskontrollbehörde
Angabe der spezifischen Energiepreise zur Bewertung der Einsparungen	1.) Sind die angegebenen aktuellen Energiepreise (für unterschiedliche Stromtypen, Erdgas, Öl, Fernwärme, Druck etc.) korrekt (etwa Einsicht in letzte Energierechnung)? 2.) Ist die Informationsquelle genannt worden?	Allgemeine Festlegungen aktueller Energiepreise wären unzweckmäßig, da üblicher Weise Individualvereinbarungen zwischen dem Energieversorger und den Energieabnehmer getroffen werden.
Bestimmung der Preisänderungsraten für die eingesetzten Energieträger	1.) Sind die angegebenen Änderungsraten für die unterschiedlichen Energieträger plausibel? 2.) Ist die Informationsquelle genannt worden, und kann sie nachvollzogen werden?	Hier wären allgemeine Festlegungen für unterschiedliche Energieträger – etwa durch eine Verwaltungsvorschrift – zweckmäßig.
Bestimmung der Preisänderungsraten für Nicht-Energie	1.) Sind die angegebenen Änderungsraten für die Preise von laufenden Lasten (etwa Wartung, Reparatur, Versicherung etc.) plausibel? 2.) Ist die Informationsquelle genannt worden, und kann sie nachvollzogen werden?	Da i. d. R. die laufenden Nicht-Energie-Lasten keine überragende Wirkung auf den Kapitalwert haben und zudem Preisänderungsraten nur schwer abgeschätzt werden können, erscheint eine allgemeine Festlegung durch Verwaltungsvorschrift entbehrlich.
Aufbau der Kalkulationstableaus	1.) Sind die Tableaus vollständig und nachvollziehbar und entsprechen die Formate – mit Blick auf Transparenz und Nachvollziehbarkeit – den Mustertabellen aus der Norm? 2.) Werden ausschließlich der Kapitalwerte ermittelt (und nicht auch Amortisationszeiten, Interne Zinsfüße, es sei denn es besteht ein Wahlrecht [siehe rechts])?	Bei der SPK (in Abschn. 4.2.1.a und 4.2.1.b) und BECV (§ 11 Abs. 2) ist es bis Ende 2025 zulässig, anstelle der Anwendung von DIN EN 17463 auch Amortisationszeiten zu ermitteln und vorzulegen, sofern das jeweilige Unternehmen ein DIN EN ISO 50001-System oder EMAS vor dem 28. Juli 2021 eingeführt hat.
Aufbau der Berichte	Sind die jeweiligen Berichte vollständig? Enthalten sie jeweils: 1.) eine Beschreibung des Investitionsprojektes? 2.) einen Entscheidungsvorschlag? 3.) eine Zusammenfassung der Berechnungsergebnisse (Kapitalwert; Szenario- und Sensitivitätsanalyse; qualitative Beschreibung nicht monetarisierbarer Wirkungen)? 4.) Adjustierung der Einstellparameter (Kalkulationszins; Laufzeit; Degradation [sofern vorliegend]; Risiko)? 5.) alle relevanten Anhänge?	

Tabelle 22: Beispielhafte Checkliste für eine Prüfung der Normkonformität im Rahmen der Anwendung der DIN EN 17463 – Maßnahmenspezifische Kriterien

Kriterien/Thema	Forderungen	Hinweis an Zertifizierer/Umweltgutachter/ Energieauditoren bzw. Vollzugskontrollbehörde
Name der ERI und das Datum der Bewertung	selbsterklärend	
Beschreibung der ERI	selbsterklärend	
Aufbau des Modells		
Nutzen und Anstrengungen	Ist die Auflistung aller Wirkungen, die sich aus der Investitionsentscheidung für die Investition ergeben, dokumentiert und plausibel?	Anhaltspunkte zu dieser Prüfung sind zu finden in: DIN EN 17463, Tabelle 4, i. V. m. DIN EN 17463, Tabelle 9
Quantifizierung der Nutzen und Anstrengungen	Sind alle quantifizierbaren Wirkungen quantifiziert?	Anhaltspunkte zu dieser Prüfung sind zu finden in: DIN EN 17463, Tabelle 4, i. V. m. DIN EN 17463, Tabelle 9
Festlegung qualitativer Wirkungen	Werden die nicht quantifizierbaren Wirkungen beschrieben und ihre Auswirkungen qualitativ bewertet?	Anhaltspunkte zu dieser Prüfung sind zu finden in: DIN EN 17463, Tabelle 4, i. V. m. DIN EN 17463, Tabelle 9
Monetarisierung (→ Cashflows)	1.) Sind die Cashflows vollständig ausgewiesen? 2.) Ist die Höhe der Cashflows realistisch? 2.) Ist sichergestellt, dass nur echte Cashflows in die Berechnung einfließen (und nicht auch zahlungsunwirksame Aufwendungen wie vor allem Abschreibungen)? 3.) Sind die Cashflows erklärt und verständlich?	Eine Übersicht der Cashflows sollte die jeweilige Modell-Tabelle (entsprechend DIN EN 17463, Tabelle 4) enthalten. Hier geht es darum zu prüfen, ob Vollständigkeit gegeben ist, also **alle** neuen Zahlungsströme, die durch die Investitionsentscheidung zustande kommen würden, sowie solche, die durch die Entscheidung wegfielen (bei Energieeffizienzverbesserungsmaßnahmen regelmäßig Energiekosten), berücksichtigt worden sind. Ferner ist einzuschätzen, ob die angegebenen Beträge der Realität entsprechen können.
Festlegung nicht monetarisierbarer Wirkungen	Werden die nicht monetarisierbaren Wirkungen beschrieben und ihre Auswirkungen qualitativ bewertet?	
Bestimmung des Kalkulationszinssatzes	1.) Sind die Zinssätze für Eigen- und Fremdkapital nachvollziehbar ermittelt und erläutert worden? 2.) Ist die Höhe des jeweiligen Zinssatzes plausibel?	Zweckmäßig erscheint, je Investitionsprojekt Folgendes aufzuzeigen: a.) die Aufteilung Eigenkapital/Fremdkapital bei der Finanzierung; b.) der Fremdkapitalzinssatz (etwa durch Belege der Hausbank); c.) der Eigenkapitalzinssatz, indem die Frage gestellt wird: „Was würde mit dem betrachteten Kapital unternommen, wenn es nicht in die Effizienzmaßnahme investiert werden würde?" Plausible Antworten auf Frage c) wären: „... die Internen Zinsfüße (IZF) von Alternativprojekten (hier könnte etwa die IZF-Kalkulation vorgelegt werden) ergeben sich wie folgt: ..." oder „... der Ausweis der Gesamtkapitalrendite (aus der Vergangenheit oder Projektion in die Zukunft) ergibt sich wie folgt: ..." d.) Prüfung der korrekten Ermittlung des Projekt-WACC Ein Konzern- bzw. Unternehmens-WACC sollte bei der Kapitalwertberechnung einzelner Individualinvestitionen nicht zugrunde gelegt werden.

Kriterien/Thema	Forderungen	Hinweis an Zertifizierer/Umweltgutachter/ Energieauditoren bzw. Vollzugskontrollbehörde
Bestimmung der Investitionslaufzeit und der Cash-Flow-Zeitpunkte	1.) Ist die Laufzeit der Investition angemessen eingestellt? 2.) Sind die auftretenden Zeitpunkte der Cashflows abgeschätzt und plausibel?	Eine Festlegung von Standardnutzungsdauern (etwa AfA-Liste, VDI-Richtlinie oder neuer Katalog in einer Verwaltungsvorschrift) erscheint nicht zweckmäßig, weil ein solcher Katalog immer Lücken aufweisen würde und zudem die Wirkungsdauern von Energieeffizienzverbesserungsmaßnahmen sehr individuell sind. Es bleibt nur ein Plausibilitätstest etwa durch Beantwortung der folgenden Fragen: a.) Wie lange wirkt die Investition b.) Wie lange werden monetarisierbare Nutzen und Lasten voraussichtlich generiert? c.) Wann ist damit zu rechnen, dass die letzte Zahlung (Rückfluss oder Ausgabe) erfolgt? d.) Gibt es relevante Auszahlungen in der fernen Zukunft am Ende der Lebenszeit (etwa Rückbau etc.) und wenn ja, zu welchem Zeitpunkt fallen sie an?
Bestimmung der eingeschränkten Nutzungsdauern	Sind die durch den Gesetz-, Verordnung oder Förderrichtliniengeber festgelegten Bemessungen der für die Kapitalwert zugrunde zu legenden Nutzungsdauer korrekt ermittelt worden?	
Berücksichtigung von Risiken und Degradation	1.) Wird Risiko als Reduktion der Rückflüsse berücksichtigt? 2.) Gibt es Aussagen über die Risikosituation der Investition? 3.) Wird Degradation – wenn relevant – berücksichtigt?	Da die Berücksichtigung von Risiko den Kapitalwert schmälert, erscheint zweckmäßig, einen entsprechenden Plausibilitätstest durchzuführen. Das Unternehmen sollte dabei plausibel machen, welche Risiken angenommen werden (mögl. Schadenshöhe bzw. Reduktion der Rückflüsse) und welche Wahrscheinlichkeit des Eintretens erwartet wird.
Transparente und nachvollziehbare Darstellung	Erfolgt eine der Norm entsprechende – vollständige – Berichterstattung mit Vorlage der Berechnungen?	Anhaltspunkte ergäben sich durch Nutzung der Bewertungsbericht-Checkliste in DIN EN 17463, Anhang E.

Zweckmäßig erscheint, die Prüfung in zwei Abschnitte aufzuteilen, einen zu Angaben, die projektübergreifend sind, d. h. für alle vorgelegten Investitionsprojekte gelten, und einen zweiten Abschnitt, der sich auf das jeweilige Projekt bezieht. Alle konkreten Anforderungen aus der VALERI-Norm sind zu prüfen und jeweils mit einer Bewertung zu versehen. Folgende Bewertungskategorien haben sich in der Auditpraxis bewährt: „Abweichung", „Beanstandung", „Empfehlung", „Hinweis" und „volle Normkonformität". Sofern die Bewertung „Abweichung" vergeben wird, dürfte eine Validierung nicht erfolgen. Bei einer „Beanstandung" wird eine nachträgliche Korrektur bis zu einem bestimmten Zeitpunkt gefordert. Insofern könnte die Validierung nur unter Vorbehalt erteilt werden. Eine „Empfehlung" ist ein Hinweis, dass bei der künftigen Prüfung eine Änderung erfolgen sollte. Ein „Hinweis" hat keine Konsequenzen für eine Folgeprüfung und bei „voller Normkonformität" wird gar nichts beanstandet.

Eine derartige Prüfung und Bewertung setzt Erfahrung und Kenntnisse nicht nur im Energiemanagement, sondern auch in Investitionsrechnung voraus, die in der Anfangsphase sicherlich nicht immer im notwendigen Umfang bei den Prüfern vorliegen dürften. Allerdings ist davon auszugehen, dass sich mit der Zeit entsprechende Expertisen ausbilden.

Die Kapitalwertberechnung hat im Format von DIN EN 17463, Tabelle 4, zu erfolgen. Dies ergibt sich aus dem Einheitlichkeits-, Benutzerfreundlichkeits- und Nachvollziehbarkeitsgebot, wie es in der Einleitung sowie in DIN EN 17463, Abschnitt 9 (im ersten sowie letzten Satz), festgelegt ist. Diese Kalkulationstabelle ist zusammen mit dem Bericht als Tabellenkalkulationsdatei (i. d. R. Excel-Datei) vorzulegen und darf nicht mit Zellensperrung versehen sein, weil sonst die in Abschnitt 9 letzter Absatz der Norm geforderte Rückverfolgbarkeit der Berechnung nicht gewährleistet werden kann.

Wichtig wird auch sein, dass sich Prüfer auf die relevanten Sachverhalte konzentrieren können und nicht zu sehr mit der Suche von Informationen, mit der Klärung von Missverständnissen, wiederkehrenden Rückfragen etc. aufhalten. Hilfreich wäre demzufolge, wenn vor der Vorlage von zu prüfenden Kapitalwertberechnungen nach der VALERI-Norm die jeweiligen Energieeffizienzprogramme der Unternehmen in einheitlicher Form erfasst und den Prüfern mitgegeben werden, um sich auf einfache Weise orientieren zu können.

Fazit

Mit der Carbon-Leakage-Verordnung (BECV) wurde zum 1. Oktober 2022 erstmalig eine Regelung in das deutsche Energierecht aufgenommen, durch die Unternehmen unmittelbar verpflichtet werden, sich mit der wirtschaftlichen Vorteilhaftigkeit von Energieeffizienz- bzw. Dekarbonisierungsmaßnahmen nach einem normierten und damit einheitlichen Verfahren auseinanderzusetzen und auf der Grundlage entstehender Berechnungsergebnisse Investitionsentscheidungen zu fällen. Weitere Rechtsnormen, in denen eine derartige direkte oder indirekte Verpflichtung statuiert wird, folgten (EnFG, EnSimiMaV, EU-ETS-Strompreiskompensation, EnergieStG, StromStG, EnEfG). Zwar forderte das Energiedienstleistungsgesetz bereits ab April 2015 gem. ihrem § 8a von Nicht-KMU, regelmäßig Energieaudits nach der Energieauditnorm DIN EN 16247-1:2012-10 durchzuführen, in deren Rahmen auch geeignete Wirtschaftlichkeitsanalysen zu den erarbeiteten Effizienzverbesserungsmaßnahmen durchzuführen seien. Allerdings legt DIN EN 16247-1:2012 nicht fest, auf welche Weise derartige Analysen zu erfolgen haben, was im Zuge der Novellierung der Norm Ende 2022 in gewisser Weise, allerdings nicht eindeutig, geändert wurde.

Mit der VALERI-Norm DIN EN 17463 und ihrer Einbettung in Rechtstexte ist ein Standard gesetzt worden, der für eine einheitliche Bewertung von Effizienz- und Regenerativenergiemaßnahmen in Unternehmen sorgt, sodass – nach einer gewissen Eingewöhnungszeit – unternehmensintern Kommunikationsprobleme zwischen Mitarbeitern, die Einsparmaßnahmen entwickeln, und anderen, die über deren Freigabe entscheiden, vermieden werden. Externe Prüfungen der Geeignetheit von Wirtschaftlichkeitsbetrachtungen sind durch nachvollziehbare Berechnungen ermöglicht worden. Die gelebte Praxis wird zeigen, in welchem Umfang sich hierdurch Barrieren der Umsetzung von wirtschaftlich vorteilhaften Effizienz- und Regenerativmaßnahmen im Hinblick auf ein Schließen der Energy Efficiency Gap abbauen.

10 Relevanz einer standardisierten Investitionsrechnung im Energiebereich

Eine (technische) Norm vereinheitlicht. Das ist ihr Zweck und ihre Wirkung. Ursprünglich bezogen sich derartige Vereinheitlichungen vor allem auf rein technische Artefakte, etwa zur Standardisierung

- der Abmessungen von Sechskantschrauben (etwa ISO 4014),
- der Papierblattgrößen wie DIN A4, DIN A 3 etc. (DIN 476),
- der Dimensionen von Stahlrohren (etwa EN 10220).

Anfang der 1970er-Jahre begann man, auch Verfahrensabläufe, speziell Managementsysteme, zu standardisieren. Den Startschuss gab damals die British Standards Institution (BSI). Sie veröffentlichte 1971 die erste britische Norm, die sich auf die Qualitätssicherung in der Elektronikindustrie konzentrierte, die BS 9000. 1974 folgte die Norm BS 5179 „Guidelines for Quality Assurance", im Jahr 1979 die BS 5750 „Quality systems – Specification for design/development, production, installation and servicing" bis dann 1987 mit der ISO 9001 die erste – auf den genannten britischen Normen basierende – internationale Norm zu Quality Management Systems veröffentlicht wurde. Es folgten weitere Managementsystemstandards auf ISO-Ebene zu Themen wie:

- Environmental Management (ISO 14001),
- Information Security Management (ISO 27001),
- Occupational Health and Safety (ISO 45001),
- Risk Management (ISO 31000),
- Energy Management (ISO 50001) und weitere.

10.1 Zusammenhang zwischen ISO, CEN und DIN

Generell wird in der Normung angestrebt, Standardisierungsvorhaben gleich auf internationaler, also auf ISO- bzw. IEC-Ebene, durchzuführen, um Handelshemmnisse zu vermeiden oder zu reduzieren. Liegt ein Normungsbedarf auf internationaler Ebene nicht, dafür aber auf europäischer Ebene vor, besteht in Europa die Möglichkeit, eine supranationale Normung durch CEN oder CENELEC in Gang zu setzen.

Bei CEN/CENELEC kommt noch hinzu, dass nicht selten seitens der Europäischen Union Normungsmandate erteilt werden. Die EU-Kommission lagert damit bei der Rechtssetzung von Detailregelungen in Rechtsakten derartige Mandate an CEN aus, sodass in EU-Verordnungen und EU-Richtlinien auf entsprechende CEN-Normen verwiesen wird.

Sollte weder auf internationaler noch auf supranationaler, dafür aber auf nationaler Ebene ein Bedarf an Standardisierung gegeben sein, käme schließlich noch die nationale Normung, in Deutschland vor allem durch das Deutsche Institut für Normung (DIN), infrage, was aber mittlerweile selten der Fall ist.

10.2 Anerkennung von internationalen Normen als nationale

Damit eine internationale Norm als europäische und/oder deutsche Norm Geltung erlangen kann, muss sie vom jeweiligen „Spiegelausschuss“[78] auf supranationaler (EN) bzw. nationaler Ebene (DIN) anerkannt werden. Von Bedeutung ist in diesem Zusammenhang das 1991 verabschiedete „*Vienna Agreement*“, das zum Ziel hat, die Normungsarbeit möglichst nur auf einer Ebene durchzuführen und durch geeignete Abstimmungsverfahren die gleichzeitige Anerkennung als Internationale und als Europäische Norm zu erwirken. So sind etwa nach Anerkennung einer ISO-Norm auf CEN-Ebene gleichlautende europäische Normen zurückzuziehen, sodass nur noch die ISO-Norm Geltung hat. Als Beispiel sei die Annullierung der europäischen Energiemanagementsystemnorm EN 16001 angeführt, die stattfand, als im Jahr 2011 die EN ISO 50001 erschien.

10.3 Die Norm DIN EN 17463 VALERI als eine partielle Managementsystemnorm

Die Norm DIN EN 17463 kann als partielle Managementsystemnorm betrachtet werden, genauso wie DIN ISO 50006 über Energieleistungskennzahlensysteme. Sie beschreibt eine Vorgehensweise der ökonomischen Bewertung von energieorientierten Maßnahmen. Die Berechnung des Kapitalwertes ist zwar eine zentrale Anforderung dieser Norm, aber nur eine von vielen. Würde es in DIN EN 17463 nur um die Bewertung durch Ermittlung eines Kapitalwertes gehen, wäre die Norm nicht erforderlich gewesen. Das Kapitalwertermittlungsverfahren ist durch mannigfaltige Publikationen hinreichend standardisiert, wenngleich auch nicht offiziell. Diese Norm vereinheitlicht den Prozess der Bewertung von

- der Modellerarbeitung über
- die eigentliche Kapitalwertberechnung,
- die Bewertung des Berechnungsergebnisses bis hin zur
- Erstellung eines Ergebnisberichtes.

Eine Umsetzung setzt voraus, dass die Norm zunächst beschafft wird. Dann muss man sie lesen und sich einarbeiten. Verschiedene Untersuchungen sind durchzuführen. Je Verbesserungsmaßnahme sind Excel-Tableaus anzufertigen. Die Ergebnisse müssen interpretiert und dokumentiert werden, sodass schlussendlich ein Bericht erarbeitet und vorgelegt werden kann, auf dessen Basis Entscheidungen getroffen werden. Dabei entsteht ein Arbeitsaufwand, der vielleicht reduziert werden könnte, wenn es den Standard nicht gäbe und man mit betriebsindividuellen Bewertungsverfahren vorgehen würde.

Insofern stellt sich die Frage, ob es notwendig war, eine derartige Bewertungsvorgehensweise als CEN-Norm zu standardisieren. Mit Blick auf die Einbindung in Gesetzestexte könnte man sich auch vorstellen, dass der Gesetzgeber an den Stellen, an denen die VALERI-Norm eingebettet wurde, nicht die Anwendung dieser Norm fordert, sondern die Betroffenen ganz einfach verpflichtet, bei Energieeffizienz- und ggf. Klimaschutzmaßnahmen den Kapitalwert auszurechnen und bekanntzugeben. Dies soll im Folgenden durch eine Gegenüberstellung von Pro- und Contra-Argumenten erörtert werden.

78 Ein Spiegelausschuss ist dabei ein nationaler oder supranationaler Ausschuss, der die Arbeit eines internationalen oder europäischen Normungsgremiums widerspiegelt. Er dient dazu, die nationale (oder die europäische) Position zu Entwürfen internationaler/europäischer Normen zu erarbeiten und zu formulieren (diese nationale Stellungnahme wird dann an die internationale/europäische Ebene zurückgemeldet) und auch bei der internationalen und supranationalen Normung durch Entsendung von Delegierten mitzuarbeiten. Um eine ISO-Norm als CEN-Norm anzuerkennen, ist ein positives Voting auf CEN-Ebene erforderlich, d. h., die Mitglieder des einschlägigen CEN-Spiegelausschusses, die sich aus Vertretern der nationalen Spiegelausschüsse zusammensetzen, müssen mit qualifizierter Mehrheit zustimmen. Eine nationale Anerkennung kommt dadurch zustande, dass der nationale Spiegelausschuss, in Deutschland beim DIN e. V., über eine entsprechende Anerkennung einer ISO- oder CEN-Norm befindet.

10.3.1 Negative Wirkungen einer Standardisierung von Abläufen

Zu den negativen Wirkungen einer Standardisierung von Managementsystemstrukturen im Allgemeinen und der Bewertung von energiebezogenen Investitionen im Besonderen zählen:

- **Aufwand der Einführung und Aufrechterhaltung**

  An erster Stelle der Nachteile einer Standardisierung von Managementsystemstrukturen für Unternehmen dürften die Kosten stehen, die bei der Anwendung von derartigen Normen anfallen. Wir nennen diese Kosten Standardisierungskosten. Zu ihnen zählen beispielsweise die Kosten für den Arbeitsaufwand bei der Anwendung der Norm, für die mögliche neue Softwarelösung, die Kosten für die Implementierung der Software, die Kosten für die Schulung der Benutzer usw.

- **eingeschränkter Handlungsspielraum**

  Jede (technische) Norm schränkt ein. Auf betriebliche Spezialitäten und betriebsindividuelle Vorgehensweisen kann nach Einführung einer Norm dann nicht mehr zurückgegriffen werden. Um den Bezug zur DIN EN 17463 herzustellen: Ein Kapitalwerttableau kann dann möglicherweise nicht mehr in dem Format gestaltet werden, wie es bisher üblich war. Man hat sich nach der Norm zu richten.

- **Abkehr von bisherigen Methoden**

  Durch die Anwendung einer Norm – wie der DIN EN 17463 – müssen möglicherweise liebgewonnene Methoden/Indikatoren (etwa [statische] Amortisationszeit oder Interner Zinsfuß), die sich u. U. etabliert haben, ersetzt werden. Hiermit verbunden ist regelmäßig auch eine Phase der Umgewöhnung.

10.3.2 Positive Wirkungen einer Standardisierung von Abläufen

Den genannten Nachteilen stehen verschiedene Vorteile gegenüber.

- **Kostensenkung durch Effizienzsteigerung**

  Wenn in einem Unternehmen über Standortgrenzen hinweg ein einheitlicher Standard – etwa für die Bewertung energiebezogener Investitionen – verwandt wird, dann würden durch wiederholbare Abläufe Arbeitszeit eingespart und Reibungsverluste reduziert. Derartige Kostensenkungseffekte lassen sich aber auch mit unternehmensindividuellen Standards erreichen. Insofern spricht dieses Argument nicht notwendigerweise für einen externen Standard. Die folgenden Ausführungen beziehen sich ausschließlich auf externe (Managementsystem-) Standards.

- **geringerer Schulungsaufwand**

  Standardisierte Prozesse benötigen weniger Schulung und führen dadurch ggf. zu Kosteneinsparungen.

- **Transparenz**

  Standardisierte Prozesse erzeugen höhere Transparenz und Nachvollziehbarkeit, insbesondere gegenüber externen Personen, die interne Vereinheitlichungen nicht kennen.

- **Klarheit**

  Durch Genauigkeit und Bestimmtheit der Beschreibung von standardisierten Prozessen werden die Analyse, Kontrolle und Optimierung von Abläufen erleichtert. Standardisierte Prozesse ermöglichen eine klare Aufgabenverteilung, reduzieren Doppelarbeiten und beschleunigen Arbeitsabläufe. Dies bewirkt Verlässlichkeit, Geschwindigkeit und ggf. auch Kostensenkung.

- **schnellere Einarbeitung**

  Die Anwendung externer Standards vereinfacht das Onboarding von neuen Mitarbeitenden. Sie können schneller eingearbeitet werden, wenn klare und über die Betriebsgrenzen hinweg bekannte Verfahren vorliegen.

- **Kontinuität**

  Externe Standards wie DIN EN 17463 schaffen – aufgrund der nicht gegebenen Flexibilität, Teilprozesse mal eben kurzfristig zu verändern – Kontinuität.

- **einheitliche Prozesssprache**

  Eine Prozessstandardisierung fördert eine einheitliche Prozesssprache und ein einheitliches Prozessverständnis in und zwischen Unternehmen, schafft einheitliche Rollenbeschreibungen und Verantwortungsregeln und beschleunigt die Einführung von Geschäftsprozessen.

- **verbesserte Qualität**

  Durch die Vereinheitlichung von Abläufen wird die Fehleranfälligkeit reduziert und eine konsistentere Qualität der Ergebnisse erreicht.

- **einfachere Überwachung**

  Standardisierte Prozesse lassen sich leichter überwachen und kontrollieren, was eine bessere Steuerung und Optimierung ermöglicht.

- **verbesserte Vergleichbarkeit**

  Standardisierte Prozesse erleichtern den Vergleich von Ergebnissen und die Identifizierung von Verbesserungspotenzialen.

- **erhöhte Transparenz**

  Standardisierung sorgt für mehr Klarheit und Nachvollziehbarkeit der Prozesse. Man stelle sich vor, Geschäftsbilanzen wären nicht standardisiert und jedes Unternehmen könnte eine Bilanz so gestalten, wie es möchte. Unternehmensvergleiche und die daraus resultierenden Wirkungen wären dann nicht möglich.

Besondere zusätzliche Vorteile **zertifizierungsfähiger Standards**:

- **Vertrauen bei externen Partnern**

  Wenn beispielsweise ein Unternehmen X ein Qualitätsmanagementsystem nach DIN EN ISO 9001 implementiert hat und die Normkonformität durch eine Zertifizierung nachweist, dann hat dies i. d. R. einen Wert an sich und rechtfertigt u. U. die Implementations- und Zertifizierungskosten; denn der Kunde Y – beispielsweise ein Weiterverarbeiter von Halbfertigfabrikaten von X – verlässt sich darauf, dass ein anerkanntes System vorliegt, welches eine Grundlage für Qualitätserzeugung und -sicherung bietet. Hätte Unternehmen X zum Qualitätsmanagement anstelle von DIN EN ISO 9001 ein betriebsindividuelles Verfahren im Einsatz, das möglicherweise effizienter und vielleicht auch wirksamer ist, dann würde dies dem Unternehmen i. d. R. keinen Vorteil bringen, sondern üblicherweise einen Nachteil erwirken, weil es ihm schwerfallen würde, letzten Endes alle Kunden davon zu überzeugen. Entsprechende vertrauensbildende Wirkungen speziell bei einer Standardisierung des Energiemanagementsystems i. V. m. der Investitionsrechnung energie- und klimaschutzbezogener Maßnahmen nach DIN EN 17463 können erwartet werden bei:

  - Abnehmern oder Zulieferern eines Unternehmens, wenn es – vor allem künftig bei fortschreitender Klimaproblematik – darum geht, in der gesamten Lieferkette ein Maximum an Energieeffizienz zu erreichen
  - Finanzinstitutionen, die vor einer Kreditvergabe über das betrachtete Projekt informiert werden wollen
  - Energieauditoren, die zu ergründen versuchen, ob geplante Energieeffizienzmaßnahmen wirtschaftlich vorteilhaft sind, und daher damit gerechnet werden kann, dass sie umgesetzt werden
  - Energieberatungen, die ihren Kunden glaubwürdig die mögliche wirtschaftliche Vorteilhaftigkeit von ausgedachten Effizienzmaßnahmen aufzeigen wollen

- Vollzugsbehörden, denen ein Unternehmen aufzuzeigen hat, ob und welche wirtschaftlich vorteilhafte Effizienzmaßnahmen freigegeben, bereits umgesetzt oder zumindest geplant sind (etwa im Sinne des EnEfG)

– **Möglichkeit der Einbettung in Gesetze**

Ein zertifizierungsfähiger Standard, also eine Norm, deren Anwendung sich durch eine akkreditierte Stelle auf Normkonformität hin prüfen lässt, kann in Gesetze und Verordnungen etc. eingebettet werden und damit die Gesetzgebungsarbeit erleichtern. Die EU macht – wie weiter oben bereits erwähnt – regelmäßig Gebrauch von dieser Möglichkeit, indem sie CEN-Normungsmandate erteilt. Aber auch der deutsche Gesetzgeber hat sich schon verschiedentlich dieser Vorgehensweise bedient.

Fazit

Insgesamt betrachtet dürfte die Auflistung von PROs und CONs deutlich machen, dass im Bereich der Bewertung von energiebezogenen Investitionen im Normalfall die Vorteile die Nachteile überwiegen und dass nur eine externe Standardisierung, insbesondere eine dadurch ermöglichte Einbettung in Gesetze, einen substanziellen Beitrag zum Schließen der Energy Efficiency Gap zu leisten vermag.

11 Praxisbeispiele der Berechnung von energiebezogenen Investitionsvorhaben unter Berücksichtigung von DIN EN 17463

Die folgenden Kapitel behandeln zahlreiche beispielhafte Investitionsvorhaben aus dem Energiebereich. In den Einzelkapiteln werden zunächst jeweils technische Grundlagen vorgestellt und mit beispielhaften Daten untermauert, sodass dann ein Berechnungsmodell aufgebaut und schließlich jeweils eine Investitionsrechnung durchgeführt werden kann. Die Vorgehensweise orientiert sich an DIN EN 17463.

Wir beginnen mit Investitionsvorhaben zur **Verbesserung der Endenergieeffizienz** bei

- Gebäuden und
- Produktionsprozessen.

Im Anschluss werden verschiedene **Energiebereitstellungstechnologien** vorgestellt und investitionsrechnerisch näher untersucht. Diese Reihenfolge ist so festgelegt worden, da es nahezu immer sinnvoll erscheint, zunächst einmal den (normalisierten) Endenergieverbrauch durch Verbesserung der Energieeffizienz zu reduzieren, um sich danach zu fragen, wie die reduzierten Energiebedarfe mit zukunftsorientierter, idealerweise CO_2-freier Energieversorgung gedeckt werden können. Bei den Beispielen zu den Energiebereitstellungsanlagen liegt daher der Fokus auf solchen, deren Betrieb keine oder kaum CO_2-Emissionen verursachen. Hierzu zählen

- Photovoltaikanlagen,
- Solarkollektoren,
- Wärmepumpen und
- Windenergieanlagen.

Zu derartigen Anlagen wird umfassend herausgearbeitet, welche Faktoren ihre wirtschaftliche Vorteilhaftigkeit entscheidend beeinflussen, bevor ein Berechnungsmodell für ein Beispiel aufgebaut und schließlich eine Investitionsrechnung durchgeführt wird.

Neben diesen eher zukunftsorientierten Anlagen wird im Folgenden auch auf

- Infrarotheizungen,
- Gasthermen und
- Blockheizkraftwerke

eingegangen, allerdings in verkürzter Form.

Die Ausführungen zu den Effizienzverbesserungsmaßnahmen und den Energiebereitstellungstechnologien folgen dem folgenden Schema:

- Zunächst werden Charakteristika und der ökonomische Zweck einer beispielhaften Effizienzmaßnahme bzw. Energiebereitstellungsanlage behandelt.
- Dann folgen spezifische technische Grundlagen, die für die Durchführung von Investitionsrechnungen bedeutsam sind.
- Im Anschluss findet jeweils die Kapitalwertberechnung des betrachteten Beispiels statt, und zwar beginnend mit
  - der Beschreibung der Vorgehensweise zur Ermittlung des Kapitalwertes,
  - dem Flussdiagramm als Hilfsinstrument zur Ermittlung der Rückflüsse eines jeweiligen Investitionsprojektes,
  - der Datenerhebung und -auswertung,
  - der Klärung der Einflussfaktoren der wirtschaftlichen Vorteilhaftigkeit,
  - dem Berechnungsmodell und schließlich
  - der eigentlichen Berechnung des Kapitalwertes bei unterschiedlichen Parametereinstellungen.

11.1 Investitionsrechnung für Maßnahmen zur Verbesserung der Endenergieeffizienz

Die folgenden Kapitel beschäftigen sich mit zwei Themenkomplexen, die für Industrieunternehmen von besonderer Bedeutung sind und bei denen die größten Verbesserungspotenziale erwartet werden können. Diese sind:

- der Heizwärmebedarf von Gebäuden, genauer Investitionen in die **energetische Sanierung von Gebäuden**
- Investitionen in Produktionsprozesse, um **Effizienzverbesserungen für Produktionsverfahren** zu erreichen

Ein weiterer wichtiger Themenkomplex wird derzeit noch nicht behandelt: Investition in effiziente/klimafreundliche Mobilität. Dieses Thema ist ohne Zweifel für viele Industrieunternehmen in energetischer Hinsicht ebenfalls von großer Bedeutung und wird daher möglicherweise in eine spätere Auflage integriert.

11.1.1 Investitionsrechnung für energetische Gebäudesanierungen

Eine energetische Gebäudesanierung zielt regelmäßig darauf ab, den normalisierten Energieeinsatz für die Wärmeversorgung eines Gebäudes einschließlich der Beheizung von Nutzwasser zu reduzieren. Die Energieversorgung von sonstigen energieeinsetzenden Geräten, die in Gebäuden nicht der Wärmeversorgung zuzuordnen sind, etwa Beleuchtung, Telekommunikationsanlagen, EDV-Anlagen, Ladegeräte für Mobiltelefone, selbst von Waschmaschinen und Geschirrspülern, wird üblicherweise von einer energetischen Sanierung nicht erfasst und daher in diesem Buch auch nicht behandelt.

Im Vordergrund steht, ein definiertes Niveau der Behaglichkeit[79], die sich im Wesentlichen[80] durch eine bestimmte Temperatur und relative Luftfeuchtigkeit einstellt, im betrachteten Gebäude sicherzustellen sowie eine bestimmte Mindesttemperatur des Nutzwassers, und dies mit möglichst wenig Nutzenergieeinsatz. Eine solche Behaglichkeit und Nutzwassermindesttemperatur sind die Energiedienstleistung, die durch Energiezufuhr erzeugt werden soll. Ziel ist, durch eine Wohlfühlatmosphäre einen angenehmen Aufenthalt im Gebäude zu ermöglichen und in gewerblich genutzten Gebäuden auch ein hohes Niveau an (Arbeits-)Produktivität sicherzustellen.

11.1.1.1 Charakteristika und ökonomischer Zweck von energetischen Gebäudesanierungen

Energetische Sanierungen von Gebäuden dienen zuvörderst dem Zweck, den normalisierten, also um Temperaturschwankungen neutralisierten, Jahresenergieverbrauch für die Beheizung der Räume und des Nutzwassers zu reduzieren. Rein theoretisch könnte man eine solche Sanierung auf die Spitze treiben, sodass – auch in Ländern mit Wintern wie in Deutschland – kaum noch Energieverbrauch zustande kommt, indem die einmal zugeführte innere Energie im Gebäude (nahezu) erhalten bleibt (Prinzip Warmhaltekanne oder Passivhaus). Hierzu wären extreme Wärmedämm- und Luftdichtheitsmaßnahmen erforderlich.

Perfekt ist so etwas in der praktischen Wirklichkeit nicht möglich, sondern nur näherungsweise, weil es immer einen Wärmestrom gibt, mag er auch noch so niedrig sein. Ferner dürfte man das Gebäude dann eigentlich auch nicht mehr verlassen oder betreten.

Eine derartige Sanierungsausrichtung wird normalerweise auch nicht angestrebt, weil sehr hohe Kosten zustande kämen, die in keinem positiven Verhältnis zum (wirtschaftlichen) Nutzen stünden. Üblich ist hingegen, eine energetische Sanierung so zu planen und durchzuführen, dass der größtmögliche wirtschaftliche Nettonutzen entsteht. Dieser Nettonutzen ergibt sich aus der Abschätzung der Energiekosteneinsparungen über die Wirkungsdauer der Maßnahme hinweg abzüglich der Investitionsausgaben. Laufende zusätzliche Auszahlungen ergeben sich bei ener-

79 Immer individuell, daher Mittelwert.

80 Nicht nur, sondern auch Oberflächentemperaturen der Wände, Undichtheiten etc.

getischen Sanierungen i. d. R. nicht. Meistens werden verschiedene Sanierungsvarianten ausgedacht und kalkuliert und dann jene Variante ausgewählt, die den größten Nettonutzen, also den höchsten Kapitalwert aufweist.

11.1.1.2 Relevante technische Grundlagen der energetischen Gebäudesanierung

Energetische Gebäudesanierungen umfassen i. d. R. zwei Teilbereiche: Zuvörderst geht es darum, durch technische Veränderungen den bisherigen Nutzenergiebedarf für das Erbringen der Energiedienstleistung „Behaglichkeitsatmosphäre" zu reduzieren, der sich durch vier Wärmebilanzkomponenten plus dem Wärmeenergieeinsatz für Nutzwasser ergibt:

- möglichst geringer Transmissionswärmeverlust
- möglichst geringer Lüftungswärmeverlust
- möglichst hohe innere Wärmegewinne
- möglichst hohe solare Wärmegewinne

Worum geht es jeweils dabei? Der **Transmissionswärmeverlust** eines Bestandsgebäudes wird im Rahmen einer energetischen Sanierung üblicherweise positiv beeinflusst, indem die Wärmedurchgangskoeffizienten (***U*-Werte**) der Bauelemente

- Wände,
- Fenster und
- Türen

durch Bearbeitung (etwa Installation von Wärmedämmverbundsystemen) oder Austausch (etwa von Fenstern und Türen) verringert werden.

Der **Lüftungswärmeverlust**, der durch den Austausch warmer, aber verbrauchter durch frische, aber – im Winter – kühler Luft zustande kommt, lässt sich verbessern, indem man Leckagen abdichtet und – wenn immer möglich – eine gesteuerte, i. d. R. zentrale, Belüftung mit Wärmerückgewinnung installiert.

Auf die inneren und solaren Wärmegewinne soll hier nicht weiter eingegangen werden, weil sie für energetische Sanierungen von Bestandsgebäuden häufig keine oder allenfalls eine untergeordnete Rolle spielen.

Neben der Nutzenergiebedarfsreduzierung wird bei entsprechenden Sanierungen in vielen Fällen auch das Heizungssystem (bestehend aus Heizanlage, Rohrleitungen, Heizkörper und Steuerung), das für die Umwandlung der Endenergie in Nutzenergie zuständig ist, simultan zur eigentlichen energetischen Gebäudesanierung gezählt (das ist der zweite Teil der energetischen Sanierung) und ggf. modernisiert.

Eine solche Modernisierung der Heizanlage wird vielfach vorgenommen, weil nach Verringerung des Nutzenergiebedarfs aufgrund einer Sanierung der Gebäudehülle nicht selten die bestehende Heizanlage – erstens – überdimensioniert ist (z. B. 20 kW anstatt benötigter 12 kW) und dadurch Effizienzverluste generieren würde[81] und – zweitens – möglicherweise aufgrund ihres Alters einen vergleichsweise geringen Nutzungsgrad aufweist, der zum sanierten Gebäude nicht mehr „passt".

Entsprechende Ideen hierzu sollten sinnvollerweise ökonomisch evaluiert werden. Hierbei ist immer die Heizanlage einzubeziehen, auch wenn sie nicht ausgetauscht werden sollte, da sie den Endenergieeinsatz festlegt, der schlussendlich die (geänderten) Energieverbrauchskosten widerspiegelt, es sei denn, ein Gebäude wird – etwa durch eine Contracting-Lösung – direkt mit Wärme versorgt. Dann wären die spezifischen Contracting-Wärmekosten anzusetzen.

81 Derartige Effizienzverluste entstehen dadurch, dass eine überdimensionierte Heizanlage (speziell alter Bauart) aufgrund ihrer höheren Raumaufheizgeschwindigkeit häufiger ab- und angeschaltet wird und in diesen An-/Abschaltphasen Aufheizen bzw. Wärme in den jeweiligen Heizungsraum abgeben muss, was als Wärmeverlust anzusehen ist.

Die folgende Grafik (siehe Abbildung 11-1) veranschaulicht den Ansatzpunkt zur Reduzierung des Nutzenergiebedarfs bei einem Gebäude ($Q_{\text{NE nachher}} < Q_{\text{NE vorher}}$), der sich – unter Berücksichtigung des vorhandenen oder zu erneuernden Heizsystems – in Endenergieverbrauchsreduzierungen niederschlägt, die dann als negative Zahlungsströme einer Kapitalwertberechnung zugeführt werden.

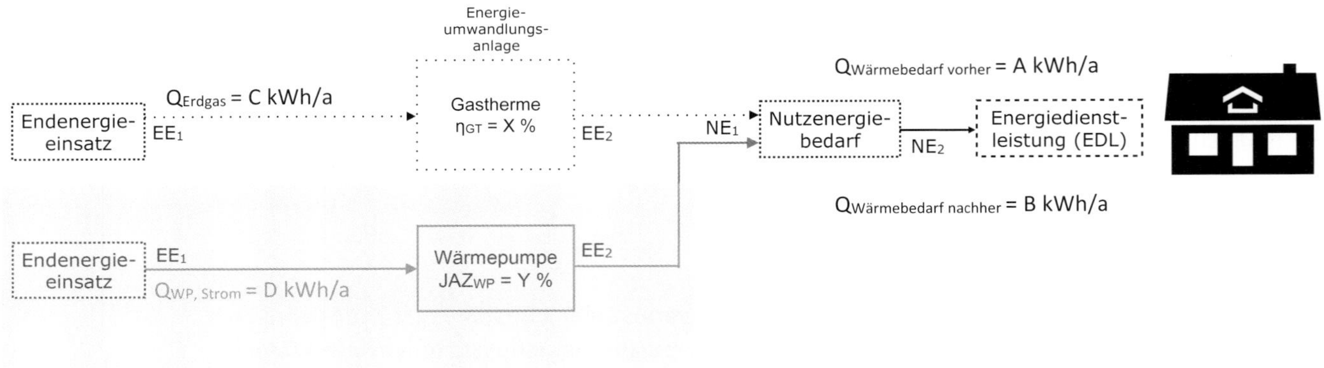

Quelle: eigene Darstellung

Abbildung 11-1: Gebäudesanierung mit möglichem Austausch einer vorhandenen Heizanlage durch eine Alternativanlage (hier: Wärmepumpe)

Die relevanten laufenden energiebezogenen Zahlungsströme (für $t > 0$) lauten:

Energiekosteneinsparung durch Haussanierung $\text{EKE}_{\text{HS},t}$

$$\text{EKE}_{\text{HS},t} = \frac{(Q_{\text{NE vorher}} - Q_{\text{NE nachher}})}{\eta_{\text{GT}}} \cdot \text{spez Erdgaspreis}_{t=0} \cdot (1 + \text{Jahresgaspreisänderungsrate})^t$$

Energiekosteneinsparung durch Integration einer Wärmepumpe $\text{EKE}_{\text{WP},t}$

$$\text{EKE}_{\text{WP},t} = \frac{Q_{\text{NE nachher}}}{\eta_{\text{GT}}} \cdot \text{spez Erdgaspreis}_{t=0} \cdot (1 + \text{Jahresgaspreisänderungsrate})^t$$

zusätzliche Energiekosten ZEK_t

$$\text{ZEK}_t = \frac{Q_{\text{NE nachher}}}{\text{JAZ}_{\text{WP}}} \cdot \text{spez Strompreis}_{t=0} \cdot (1 + \text{Jahresstrompreisänderungsrate})^t$$

Mit

Q_{NE} Nutzenergiemenge [kWh/a]

η_{GT} Nutzungsgrad Gastherme

JAZ_{WP} Jahresarbeitszahl Wärmepumpe

Grundlage zum Aufstellen derartiger Kosteneinsparungsgleichungen sind Vorstellungen darüber, wie eine energetische Gebäudesanierung aussehen kann. Es geht zunächst um Ideen über konkrete Maßnahmen. Als Nächstes wäre zu ermitteln, welche Wirkungen derartige Maßnahmen – z. B. Dämmung der Wände mit einem konkreten Wärmedämmverbundsystem – jeweils haben, um schließlich über alle Maßnahmen eines Maßnahmenpaketes hinweg die voraussichtlichen Nutz- oder Endenergieeinsparungen zu berechnen. Hierauf wird noch zurückzukommen sein. Für die Leser, die an dieser Stelle Neuland betreten, sei die Lektüre des nächsten Abschnittes empfohlen, die eine kurze Einführung in die Thermodynamik des Wärmedämmens von Gebäuden und – mit Blick auf Heizsysteme – Rohrleitungen bietet.

11.1.1.2.1 Die Thermodynamik des Wärmedämmens

In Gebäuden und zahlreichen Produktionsprozessen wird Wärme als Nutzenergie eingesetzt, um eine Behaglichkeitsatmosphäre zu gewährleisten bzw. eine Produktion überhaupt erst stattfinden zu lassen (etwa Wandlung von Kunststoffgranulat in Trinkbecher). Manchmal kann die Wärme

z. T. nach ihrem Einsatz für den gleichen oder einen anderen Einsatzzweck zurückgewonnen werden. Man spricht dann von Wärmerückgewinnung. Viel wirkungsvoller im Sinne der Energieeffizienz ist jedoch, prioritär den Wärmeenergiebedarf zu minimieren, sodass „Energieverluste“ gar nicht erst entstehen oder so gering wie möglich gehalten werden und sich eine Wärmerückgewinnung von vornherein erübrigt.

Ein wesentlicher Stellhebel dazu ist Wärmedämmung, wobei unterschieden wird in solche von

- stehenden, geraden Wänden und von
- Rohrleitungen,

da die Hüllflächen bei stehenden, geraden Wänden auf der wärmeabgebenden Seite genauso groß sind wie auf der wärmeaufnehmenden und bei Rohrleitungen wegen des kreisförmigen Querschnitts eben nicht (dort nimmt die Hüllfläche mit zunehmender Dämmstoffstärke zu). Die Berechnung von Wärmedämmungen bei Rohrleitung ist daher mathematisch anspruchsvoller.

11.1.1.2.2 Wärmedämmung von Gebäudewänden

Wenn die Flächen eines Gegenstandes (etwa einer Gebäudewand oder des Gehäuses einer Produktionsmaschine oder auch eines Rohres) mit zwei unterschiedlichen Temperaturen konfrontiert werden (unterschiedliche Innen- und Außentemperatur θ_i und θ_a), entsteht aufgrund der Temperaturdifferenz ein Wärmestrom Φ (phi), der durch die Wand von warm zu kalt fließt. Man spricht dann von Wärmeleitung. Sofern eine der beiden Temperaturen konstant gehalten werden soll (etwa in einem Wohnraum), würde ein solcher Wärmestrom eine dauerhafte Energieversorgung durch eine Energiebereitstellungsanlage – ein Begriff, der wegen des geltenden ersten Hauptsatzes der Thermodynamik eigentlich Unsinn, aber sehr eingängig ist und daher in diesem Werk verwandt wird – erforderlich machen. Die Energiebereitstellungsanlage soll den Wärmestrom kompensieren, andernfalls würde das warme Raumvolumen auskühlen.

Der Wärmestrom ist zunächst einmal eine Leistung (gemessen etwa in kW), die über die Einsatzzeit einen Energieverbrauch erwirkt (kWh). Am Beispiel einer Gebäudewand sollen die Zusammenhänge verdeutlicht werden, siehe Abbildung 11-2.

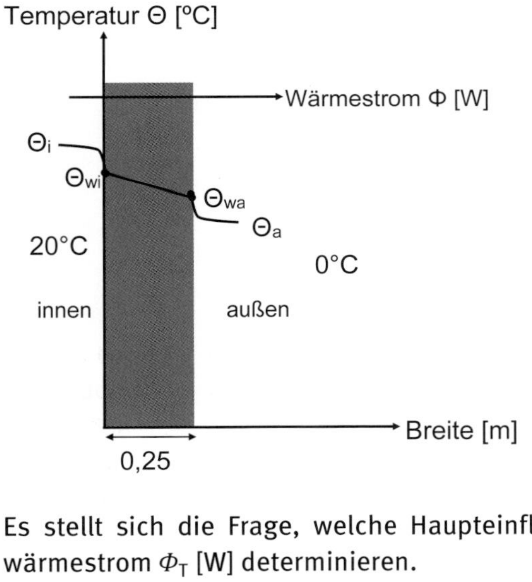

Quelle: eigene Darstellung

Abbildung 11-2: Wärmestrom in einer Gebäudewand

Es stellt sich die Frage, welche Haupteinflussparameter diesen sogenannten Transmissionswärmestrom Φ_T [W] determinieren.

Antwort: Der Wärmestrom durch eine Wand (reine Wärmeleitung) wird im Wesentlichen durch vier Parameter bestimmt:

- Je größer die Temperaturdifferenz $\Delta\theta = \theta_i - \theta_a$ [K], desto größer ist der Wärmestrom.
- Je größer die Hüllfläche A_H [m²], also die Wandaußenfläche, desto größer ist der Wärmestrom.
- Je stärker die Wand (Wandstärke δ [m]), desto geringer der Wärmestrom.

- Und schließlich wird eine empirisch ermittelte Stoffkonstante benötigt, die die Berechnung zum tatsächlichen, also realen Wärmestrom führt. Diese Konstante wird als Wärmeleitfähigkeit λ (Lambda) [W/(m · K)] bezeichnet und ist entsprechenden Tabellenwerken zu entnehmen (siehe beispielhaft Tabelle 23).

Tabelle 23: Wärmeleitkoeffizienten verschiedener Baustoffe

Stoff	λ [W/mK]
Vakuumdämmplatte (VIP)	0,01
Luft	0,0261
Dämmstoffe aus Polyurethan (PUR)	0,03
Dämmstoffe aus Extrudiertem Polystyrol (XPS)	0,035
Wolle	0,035
Schaumglas	0,04
Glaswolle	0,04
Kork	0,04
Strohballen	0,05
Perlit	0,06
Polyurethan (PUR)	0,25
Porenbeton (Gasbeton)	0,50
Poroton (Lochziegel)	0,60
Lehm	0,65
Glas	0,76
Kreide	0,92
Kalkzement-Putz	1
Ziegelmauerwerk (Vollziegel)	1,00
Zementestrich	1,4
Beton	2,1
Kalkstein	2,2
Sandstein	2,3
Granit	2,8
Marmor	2,8
Wärmeleitpaste	7
Stahl hochlegiert (z. B X5CrNi18-10)	15
Stahl niedrig legiert (z.B. 42CrMo4)	42
Stahl unlegiert	53

Zunächst einmal soll davon ausgegangen werden, dass die Hüllfläche auf beiden Seiten des Betrachtungsobjektes gleich oder nahezu gleich ist, wie etwa bei Gebäuden. Bei anderen, bei denen das nicht so ist, etwa Rohre, ist die Ermittlung etwas komplexer. Hierauf wird der folgende Abschnitt noch eingehen.

Zurück zur Gebäudewand: Eine Zusammenfügung der o. a. Einflussparameter führt zu folgender Teil-Transmissionswärmestromgleichung:

$$\Phi_{\mathrm{T}} = \frac{\lambda}{\delta} \cdot A_{\mathrm{H}} \cdot (\theta_i - \theta_a)$$

Sie muss noch zu einer endgültigen weiterentwickelt werden, denn sie berücksichtigt nur die Wärmeleitung und noch nicht das physikalische Phänomen des Wärmeübergangs, der sich an Wandflächen abspielt, wenn sie einer Gas- oder Flüssigkeitsströmung ausgesetzt sind.

Zum anderen kann die Gleichung nur einschichtige Wände berücksichtigen. Sofern Wärmedämmung als zweite Schicht vorgesehen ist, muss sie erweitert werden.

Insofern soll im Folgenden – zunächst gedanklich-theoretisch – der in Abbildung 11-2 dargestellten einschichtigen Wand eine Wärmedämmschicht hinzugefügt werden. Das Temperaturprofil in der Wand würde sich dann wie in der unten aufgeführten Abbildung 11-3 ausbilden.

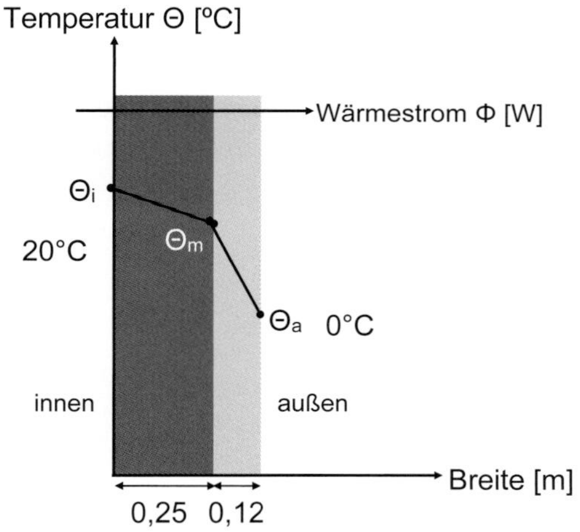

Quelle: eigene Darstellung

Abbildung 11-3: Wärmeleitung durch mehrschichtige Wand

Im Beispiel soll davon ausgegangen werden, dass der tragende Teil der 25 cm starken Wand aus Beton und die 12 cm dicke Wärmedämmschicht aus Polyurethan (PUR) besteht. Die Wärmeleitfähigkeitskoeffizienten betragen der o. a. Tabelle entsprechend:

- Wärmeleitfähigkeit Beton λ_{Beton}: 2,1 W/(m · K)
- Wärmeleitfähigkeit PUR λ_{PUR}: 0,03 W/(m · K)

Hier stellt sich die Frage, wie sich auf der Grundlage der o. a. Wärmestromberechnungsformel für eine einschichtige Wand eine allgemeingültige Berechnungsgleichung für den Wärmestrom einer mehrschichtigen Wand ableiten lässt. Antwort: Entscheidend für die Berechnung des Wärmestroms einer mehrschichtigen Wand ist die Erkenntnis oder Einsicht, dass es nur einen Gesamtwärmestrom durch eine jeweilige komplette Wand geben kann: $\Phi_1 = \Phi_2 = \Phi$. (Wären die Wärmeströme unterschiedlich, müsste zwischen zwei Schichten ein Wärmestrom abfließen, eine absurde Vorstellung.) Der Wärmestrom innerhalb ein und derselben Wand ist also konstant.

In dieser Hinsicht gibt es gewisse Analogien zum elektrischen Strom: In einem geschlossenen Stromkreis, der aus Kupferleitungen und mehreren in Reihe geschalteten Widerständen R [Ω] besteht, kann nach Anlegen einer Spannung U [V] auch immer nur ein Strom I [A] fließen: $I = U/R_{\text{ges}}$.. Durch die Widerstände fließen – analog zu Wandschichten – demnach keine unterschiedlich hohen Ströme.

Die Ausgangslage stellt sich dann wie folgt dar:

$$\Phi_i = \Phi_a = \Phi$$

$$\Phi_i = \frac{\lambda_i}{\delta_i} \cdot A_{\text{H}} \cdot (\theta_i - \theta_m) = \Phi_a = \frac{\lambda_a}{\delta_a} \cdot A_{\text{H}} \cdot (\theta_m - \theta_a)$$

Nun ist es zweckmäßig, die Berechnungsformeln für jede Schicht (hier: zwei Schichten) nach den Temperaturgradienten (den Temperaturdifferenzen) aufzulösen.

Gleichung 1:

$$(\theta_i - \theta_m) = \frac{\Phi_i}{A_{\text{H}}} \cdot \frac{\delta_i}{\lambda_i}$$

Gleichung 2:

$$(\theta_m - \theta_a) = \frac{\Phi_a}{A_{\text{H}}} \cdot \frac{\delta_a}{\lambda_a}$$

Erkennbar ist, dass drei Temperaturwerte benötigt werden, von denen allerdings nur zwei bekannt sind (θ_i und θ_a). Die dritte Temperatur – jene zwischen den Schichten – ist zunächst eine Unbekannte, lässt sich jedoch eliminieren, indem wir die Temperaturgradienten aufaddieren:

$$(\theta_i - \theta_m) + (\theta_m - \theta_a) = (\theta_i - \theta_a)$$

Nun addieren wir auch die rechten Seiten der beiden obigen Gleichungen (1) und (2) ...

$$(\theta_i - \theta_m) = \frac{\Phi_i}{A_{\mathrm{H}}} \cdot \frac{\delta_i}{\lambda_i} + \frac{\Phi_a}{A_{\mathrm{H}}} \cdot \frac{\delta_a}{\lambda_a}$$

eliminieren die Indizes von Φ, klammern Φ und A_{H} aus und erkennen, dass die Quotienten aus δ und λ aufaddiert werden (wenn mehr als zwei Schichten vorlägen, dann auch deren Quotienten), sodass sich die folgende Gleichung ergibt:

$$(\theta_i - \theta_m) = \frac{\Phi}{A_{\mathrm{H}}} \cdot \sum_{x=1}^{n} \frac{\delta_x}{\lambda_x}$$

Darauf stellen wir nach Φ um und erhalten:

$$\Phi = A_{\mathrm{H}} \cdot (\theta_i - \theta_m) \cdot \frac{1}{\sum_{x=1}^{n} \frac{\delta_x}{\lambda_x}}$$

In der Praxis wird diese Gleichung i. d. R. wie folgt zusammengefasst:

$$\Phi = A_{\mathrm{H}} \cdot (\theta_i - \theta_m) \cdot \frac{1}{R}$$

Mit

$$R = \sum_{x=1}^{n} \frac{\delta_x}{\lambda_x}$$

als Wärmeleitwiderstand R.

Diese Zusammenfassung ist deshalb hilfreich, weil sich mit ihr die Wärmeleitwiderstände für alle Bauelemente (wie Wände, Türen, Fenster etc.) auf einfache Weise tabellarisch ermitteln lassen (siehe Abbildung 11-4).

Alternative	Schicht	Funktion	Material	Schichtdicke δ [m]	Wärmeleitkoeffizient λ [W/(mK)]	Partieller Wärmeleitwiderstand R_i [(m²K)/W]	Wärmeleitwiderstand R [(m²K)/W]
0	1	tragende Wand	Beton	0,25	2,10	0,12	0,12
A	1	tragende Wand	Beton	0,25	2,10	0,12	4,12
	2	Dämmstoff	PUR	0,12	0,03	4,00	
B	1	tragende Wand	Beton	0,25	2,10	0,12	8,12
	2	Dämmstoff	PUR	0,24	0,03	8,00	
C	1	tragende Wand	Beton	0,25	2,10	0,12	12,12
	2	Dämmstoff	PUR	0,36	0,03	12,00	
D	1	tragende Wand	Beton	0,25	2,10	0,12	16,12
	2	Dämmstoff	PUR	0,48	0,03	16,00	

Abbildung 11-4: Ermittlung des Wärmeleitwiderstandes verschiedener Materialien

Die Anwendung der o. a. Gleichung zur – vorläufigen – Ermittlung des Wärmestromes einer mehrschichtigen Wand auf unseren Beispielfall würde bei Variation der Dämmstoffschichtdicke zu folgenden Ergebnissen führen (siehe Abbildung 11-5):

Alternative	0	A	B	C	D
Schicht 1 δ	Beton 25 cm	Beton 25 cm	Beton 25 cm	Beton 25 cm	Beton 25 cm
Schicht 2 δ	-	PUR 12 cm	PUR 24 cm	PUR 36 cm	PUR 48 cm
Umhüllungsfläche A_H [m²]	600	600	600	600	600
TempDiff. ΔΘ [K]	20	20	20	20	20
Wärmeleitwiderstand R [(m²K)/W]	0,12	4,12	8,12	12,12	16,12
Wärmestrom Φ [W]	100 000	2 913	1 478	990	744
Wärmestrom Φ [kW]	100,00	2,91	1,48	0,99	0,74

Abbildung 11-5: Ermittlung des Wärmestroms einer mehrschichtigen Wand bei mehreren Szenarien

Deutlich erkennbar ist die beträchtliche Wirkung des Wärmedämmstoffes (Vergleich von Alternative 0 zu den anderen Alternativen). Entscheidend ist in ihm nicht der Kunststoff PUR selbst, sondern die in ihm eingeschlossene Luft, die eine um den Faktor 10 geringere Wärmeleitfähigkeit besitzt (siehe Abbildung 11-4). Das gilt auch für fast alle anderen Dämmstoffarten. Daher werden Dämmstoffe wie PUR oder Polystyrol bisweilen auch als „verpackte Luft“ bezeichnet. Diese sehr guten Dämmeigenschaften von Luft gelten allerdings nur, solange sie nicht strömt. Und das gilt nicht an den Außenflächen von Wänden. Dort kann die Luft frei strömen und führt zu sogenannten Wärmeübergängen, die thermodynamische Bedeutung für den Wärmestrom und damit auch den Energieverbrauch von Gebäuden haben. Hierauf wird gleich noch einzugehen sein.

Vergleicht man die vier ermittelten Wärmeströme der wärmegedämmten Wände (Alternativen A bis D) in Relation zu der jeweils zugrunde liegenden Dämmstoffschichtdicke in einem Liniendiagramm miteinander, wird sichtbar, dass die Schichtdicke den Wärmestrom (und damit schlussendlich auch den Energieverbrauch des zu beheizenden Raumes) nicht proportional beeinflusst, sondern mit zunehmender Schichtdicke abnehmend. Es liegt also bei Wärmedämmmaßnahmen ein abnehmender Grenznutzen vor (siehe Abbildung 11-6).

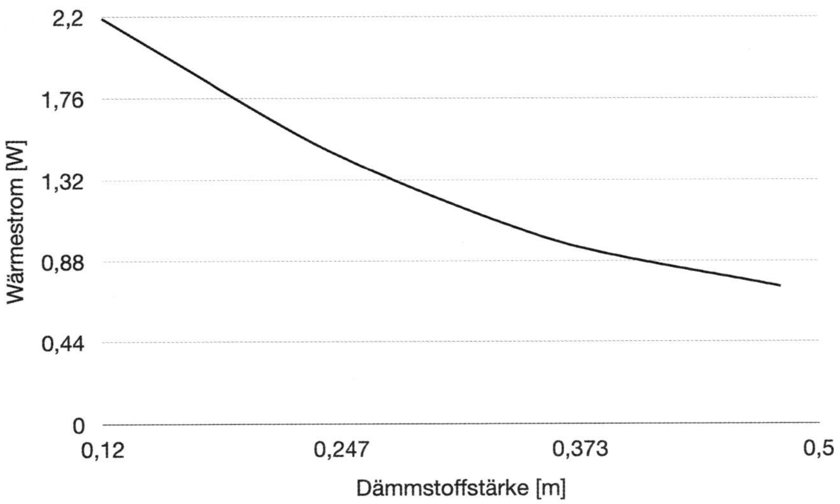

Quelle: eigene Darstellung

Abbildung 11-6: Wärmestrom in Abhängigkeit von der Dämmstoffstärke im Beispiel

Eine Verdopplung der Schichtdicke bedeutet also nicht, den Wärmestrom zu halbieren.

Bisher wurde davon ausgegangen, dass die Luft nicht strömt. Diese Annahme wird nun aufgegeben. Luftteilchen, die eine Wand berühren und dadurch ihre Temperatur ändern, strömen aufgrund der sich ergebenden Dichteveränderung fort. Die bisher aufgestellten Gesetzmäßigkeiten der Wärmeleitung in festen Körpern liegen dann nicht mehr vor. Insofern muss eine neue, weitere Gesetzmäßigkeit gefunden werden, die den sogenannten Wärmeübergang beschreibt.

Wir stellen – insbesondere in den Wintermonaten in Gebäuden mit schwacher Energieeffizienz – fest, dass sich die Innenraumtemperatur θ_i (bis dicht an die Wand heran) deutlich von der Oberflächentemperatur der Wand-Innenseite θ_{wi} unterscheidet. Es muss also eine Luftschicht an der Wand geben, die eine Temperaturdifferenz verursacht, insofern eine Isolationswirkung aufweist, siehe Abbildung 11-7.

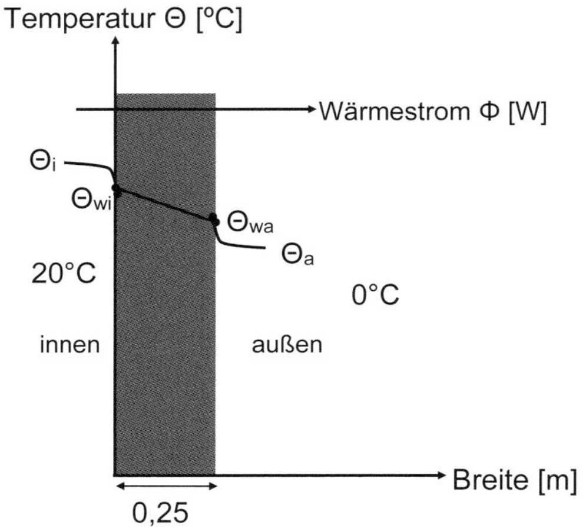

Quelle: eigene Darstellung

Abbildung 11-7: Wärmeübergang an einer Gebäudewand

Insofern stellt sich die Frage, welches die Haupteinflussparameter auf den Wärmeübergang sind und wie sich die Zusammenhänge durch eine mathematische Gleichung darstellen lassen.

Der Wärmeübergang an einer Wand wird im Wesentlichen durch drei Parameter bestimmt:

- Je größer die Temperaturdifferenz $\Delta\theta = \theta_i - \theta_a$ [K], desto größer ist der Wärmeübergang(swärmestrom).
- Je größer die Hüllfläche A_{H} [m²], also die Wandaußenfläche der Wand bzw. des Gebäudes, desto größer ist der Wärmeübergang(swärmestrom).
- Der dritte Parameter ist eine Kombination aus verschiedenen Faktoren wie Strömungsgeschwindigkeit, Oberflächenbeschaffenheit der Wand und geometrische Verhältnisse, die durch einen „Wärmeübergangskoeffizienten“ zusammengefasst werden.

In der thermischen Verfahrenstechnik, etwa im Anlagenbau, können diese Faktoren unterschiedlichste Ausprägungen annehmen, sodass die Berechnungen des Wärmeübergangskoeffizienten vergleichsweise komplex sein können.[82] In der Bauphysik, also bei Gebäuden, lassen sich demgegenüber die Faktoren auf relativ wenige übliche Realzustände beziehen, sodass die „Wärmeübergangskoeffizienten“ Tabellenwerken, die empirisch ermittelte Wertangaben enthalten, entnommen werden können (siehe etwa Abbildung 11-8 als Basis für unsere weiteren Berechnungen).

82 Vgl. etwa Baehr et al. 2013, S. 18 ff., Böckh et al. 2011, S. 86 ff., Jany et al. 2011, S. 252 ff.

Innen/außen	Art der Wärmeübergangsfläche		Wärmeübergangs-koeffizient h [W/m²K]	Wärmeübergangs-widerstand R_{si} bzw. R_{sa} [m²K/W]
Innenseite i (freie Konvektion)	Wandflächen, Innenfenster, Außenfenster		8	0,13
	Fußböden und Decken bei Wärmeübergang von ...	... unten nach oben	8	0,10
		... oben nach unten	6	0,17
Außenseite a (erzwungene Konvektion)	bei einer mittleren Windgeschwindigkeit von 2 m/s		23	0,04

Abbildung 11-8: Wärmeübergangskoeffizienten und -widerstände

Die Berechnungsformel des Wärmeüberganges ergibt sich dann wie folgt:

$$\Phi = h_x \cdot A_{\mathrm{H}} \cdot \Delta\theta$$

Der Index „x" bezieht sich dabei auf die jeweilige Wandoberfläche.

Stellt man diese Gleichung nach h_x um ...

$$h_x = \frac{\Phi}{A_H \cdot \Delta\theta}$$

... und leitet eine Einheitengleichung ab, erhält man ...

$$\left[\frac{\mathrm{W}}{\mathrm{m}^2 \cdot \mathrm{K}}\right] = \frac{[\mathrm{W}]}{[\mathrm{m}^2] \cdot [\mathrm{K}]}$$

woraus sich erkennen lässt, welche Einheit der Wärmeübergangskoeffizient besitzt.

Aus Praktikabilitätserwägungen wird häufig mit der folgenden Formel gerechnet:

$$\Phi = \frac{1}{R_x} \cdot A_{\mathrm{H}} \cdot \Delta\theta$$

mit

$$R_x = \frac{1}{h_x}$$

Diesen Kehrwert von h_x nennt man Wärmeübergangswiderstand R_{sa} bzw. R_{si} [(m²·K)/W] („si" für innenseitiger und „sa" für außenseitiger Wärmeübergang).

Das Phänomen Wärmeübergang stellt also einen Widerstand gegen den Wärmestrom dar, besitzt also eine gewisse Dämmwirkung, die bei schwach gedämmten Wänden durchaus Bedeutung annehmen kann. Dieses Phänomen ist insofern zwingend bei der Ermittlung des Wärmestromes zu berücksichtigen. Insofern geht es nun darum, die hergeleiteten Gesetzmäßigkeiten zusammenzuführen, um den sogenannten „Wärmedurchgang" und damit den „Transmissions-Wärmestrom" zu ermitteln (siehe Abbildung 11-9).

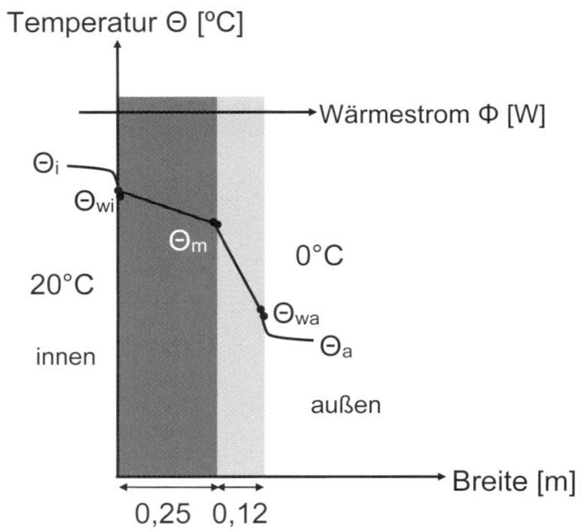

Quelle: eigene Darstellung

Abbildung 11-9: Wärmedurchgang an einer Gebäudewand

Es stellt sich daher die Frage, wie sich die bisher erarbeiteten Wärmestromfunktionen miteinander verknüpfen lassen. Gesucht wird nach einer Formel, die den Wärmestrom durch eine Wand vollständig erfasst. Zu berücksichtigen ist dabei, dass der Wärmestrom in jeder Schicht gleich groß sein muss. Relevant ist am Ende auch nur die Temperaturdifferenz $\Delta\theta$ aus $\theta_i - \theta_a$.

Für die Wärmeleitung galt:

$$\Phi = A_{\mathrm{H}} \cdot \Delta\theta_{\text{wandintern}} \cdot \frac{1}{R}$$

Mit

$$R = \sum_{x=1}^{n} \frac{\delta_x}{\lambda_x}$$

und umgestellt:

$$\Delta\theta_{\text{wandintern}} = \frac{\Phi}{A_{\mathrm{H}}} \cdot R$$

Für den Wärmeübergang hatten wir herausgefunden:

$$\Phi = h_x \cdot A_{\mathrm{H}} \cdot \Delta\theta$$

bzw.

$$\Phi = \frac{1}{R_x} \cdot A_{\mathrm{H}} \cdot \Delta\theta_{\text{Grenzfläche}}$$

Mit

$$R_x = \frac{1}{h_x}$$

und umgestellt

$$\Delta\theta_{\text{Grenzfläche}\,x} = \frac{\Phi}{A_{\mathrm{H}}} \cdot R_x$$

Die Zusammenführung der Wärmeleitung und des Wärmeüberganges führt dann zum Wärmedurchgang. Erneut ist es dazu zunächst zweckmäßig, die Temperaturgradienten der jeweiligen Abschnitte additiv zusammenzufassen ...

$$(\theta_i - \theta_{wi}) + (\theta_{wi} - \theta_m) + (\theta_m - \theta_{wa}) + (\theta_{wa} - \theta_a) = (\theta_i - \theta_a) = \Delta\theta$$

Die Zusammenführung der nach den jeweiligen Temperaturgradienten aufgelösten Wärmeleitungs- und Wärmeübergangsgleichungen führt dann zu ...

$$\Delta\theta = (\theta_i - \theta_a) = \frac{\Phi}{A_{\mathrm{H}}} \cdot (R_{\text{Grenzfläche innen}} + R_{\text{wandintern}} + R_{\text{Grenzfläche außen}})$$

oder vereinfacht

$$\Delta\theta = \frac{\Phi}{A_{\mathrm{H}}} \cdot (R_{si} + R + R_{sa})$$

Danach folgt die Rück-Umformung nach Φ (also Formel nach dem Wärmestrom auflösen) zu

$$\Phi = \frac{1}{R_{si} + R + R_{sa}} \cdot A_{\mathrm{H}} \cdot \Delta\theta$$

und somit

$$\Phi = \frac{1}{R_{si} + \sum_{x=1}^{n} \frac{\delta_x}{\lambda_x} + R_{sa}} \cdot A_{\mathrm{H}} \cdot \Delta\theta$$

Diese Wärmestromgleichung wird in der Praxis aus Praktikabilitätsgründen – wie gleich noch gezeigt wird – üblicherweise zusammengefasst zu

$$\Phi = U \cdot A_{\mathrm{H}} \cdot \Delta\theta$$

mit

$$U = \frac{1}{R_{si} + \sum_{x=1}^{n} \frac{\delta_x}{\lambda_x} + R_{sa}}$$

wobei R_{si} und R_{sa} die jeweiligen Wärmeübergangswiderstände (innenseitig und außenseitig), R den Wärmeleitwiderstand und U den Wärmedurchgangskoeffizienten darstellen.

Um den Wärmeverlust von Gebäudewänden zu veranschaulichen, fehlt nur noch die Anwendung des soeben hergeleiteten Wärmedurchgangskoeffizienten U (als zusammenführender Faktor der Wärmeleitung und des Wärmeübergangs). Die folgende Abbildung 11-10 zeigt die Vorgehensweise bis zur Bestimmung des jeweiligen Wärmestromes bei einer definierten Wandgröße (100 m²) und Temperaturdifferenz (20 K).

Alternative:			Ungedämmt			A (12 cm Dämmung)			B (24 cm Dämmung)		
Bauelement:			Wand 1 ... 4	Decke	Bodenplatte	Wand 1 ... 4	Decke	Bodenplatte	Wand 1 ... 4	Decke	Bodenplatte
Wärmeübergangswiderstand R_{si} [(m²K)/W]			0,13	0,10	0,17	0,13	0,10	0,17	0,13	0,10	0,17
Schicht 1	Beton	Schichtstärke δ_1 [m]	0,25	0,25	0,25	0,25	0,25	0,25	0,25	0,25	0,25
		Wärmeleitkoeffizient λ_1 [W/(mK)]	2,10	2,10	2,10	2,10	2,10	2,10	2,10	2,10	2,10
		= Wärmeleitwiderstand R_1 [m²K/W]	0,12	0,12	0,12	0,12	0,12	0,12	0,12	0,12	0,12
Schicht 2	PUR	Schichtstärke δ_2 [m]				0,12	0,12	0,12	0,24	0,24	0,24
		Wärmeleitkoeffizient λ_2 [W/(mK)]				0,03	0,03	0,03	0,03	0,03	0,03
		= Wärmeleitwiderstand R_2 [m²K/W]				4,00	4,00	4,00	8,00	8,00	8,00
Wärmeübergangswiderstand R_{sa} [(m²K)/W]			0,04	0,04	0,00	0,04	0,04	0,00	0,04	0,04	0,00
Wärmedurchgangswiderstand $R_{ges.}$ [m²K/W] = $R_{si} + \sum R + R_{sa}$			0,2875	0,2625	0,2857	4,2875	4,2625	4,2857	8,2875	8,2625	8,2857
Wärmedurchgangskoeffizient U (= 1/$R_{ges.}$) [W/(m²K)]			**3,478**	**3,809**	**3,500**	**0,233**	**0,235**	**0,233**	**0,121**	**0,121**	**0,121**
Wärmestrom pro Wand (100 m²) bei einer Temperaturdiff. von 20 °C			**6,96 kW**	**7,62 kW**	**7 kW**	**0,47 kW**	**0,47 kW**	**0,47 kW**	**0,24 kW**	**0,24 kW**	**0,24 kW**

Abbildung 11-10: Ermittlung des Wärmestromes einer Gebäudewand bei unterschiedlichen Szenarien

Ermittlung des Jahresenergieverbrauchs eines Gebäudes

Die vorangegangenen Ausführungen haben aufgezeigt, wie nach Ermittlung eines jeweiligen Wärmedurchgangskoeffizienten U_x der Wärmestrom einer jeweiligen Wand$_x$, die einem Temperaturunterschied zwischen innen und außen ausgesetzt ist, berechnet werden kann. Um zu verhindern, dass der betrachtete Raum auskühlt, muss dieser Wärmestrom durch die Heizleistung eines Heizsystems ausgeglichen werden, und das führt zu einem Endenergieverbrauch.

Im Folgenden sollen daher die gewonnenen Erkenntnisse, die sich bisher auf eine einzelne Wand bezogen haben, zusammengeführt werden, sodass der Gesamtwärmestrom – der sogenannte Transmissionswärmeverlust – eines ganzen Gebäudes (im Beispiel ein würfelförmiges Gebäude mit 10 m Kantenlänge, das auch Fenster und eine Tür aufweist) bestimmt wird.

Hierbei sind einige empirisch ermittelte Korrekturfaktoren, die dazu dienen, Berechnungsergebnisse der praktischen Realität anzunähern, und auch vorliegende Wärmebrücken[83] zu berücksichtigen. Da es im Folgenden nur um die Darstellung der Berechnungsmethodik geht und nicht so sehr um die exakte Ermittlung des Jahresendenergieverbrauchs in einem Gebäudeeinzelfall, sollen Korrekturfaktoren und auch Innenwände eines Gebäudes vernachlässigt werden. Insofern sind die Berechnungsergebnisse grob.

Wir stellen uns mithin die Aufgabe, den sogenannten „spezifischen Transmissionswärmeverlust" H_T [W/K] und den „spezifischen flächenbezogenen Transmissionswärmeverlust" H_T' [W/(m²K)] unseres Beispielgebäudes in zwei energetischen Qualitätsstufen (A und B) zu ermitteln. Die Ergebnisse für Alternative A sind Abbildung 11-11 zu entnehmen.

Bauteil	Kurzbezeichnung	Brutto-Fläche [m²]	Flächenreduktionen durch Fenster etc.	Netto-Fläche A_i [m²]	Wärmedurchgangskoeffizient U_i [W/m²K]	$U_i \cdot A_i$ [W/K]
Außenwand	AW1	100	15	85	0,2332	20
	AW2	100	12	88	0,2332	21
	AW3	100	6	94	0,2332	22
	AW4	100	6	94	0,2332	22
Oberste Geschoßdecke/Dach	D1	100		100	0,2346	23
Fußboden auf Erdreich	G1	100		100	0,2333	23
Fenster	F1W1	6		6	3,00	18
	F2W1	6		6	3,00	18
	F1W2	6		6	3,00	18
	F2W2	6		6	3,00	18
	F1W3	6		6	3,00	18
	F1W4	6		6	3,00	18
Haustür	T1W1	3		3	3,50	11
Hüllfläche A_H [m²]				**600**		
Vorläufiger spezifischer Transmissionswärmeverlust [W/K]						**249**
Wärmebrückenkorrekturwert ΔU_{WB} [W/(m² K)]					**0,1**	**60**
Spezifischer Transmissionswärmeverlust H_T [W/K]						**309**
Spezifischer flächenbez. Transmissionswärmeverlust H_T' [W/(m² K)]						**0,52**

Abbildung 11-11: Ermittlung der Transmissionswärmeverluste eines Gebäudes mit 12 cm Fassadendämmung (Alternative A)

83 Als Wärmebrücke bezeichnet man einzelne örtlich begrenzte energetische Schwachstellen einer Baukonstruktion, bei denen ein erhöhter Wärmestrom vorliegt. Man unterscheidet dabei konstruktive von geometrischen Wärmebrücken. Konstruktive Wärmebrücken entstehen durch Zusammenfügung von Bauteilen mit Materialien unterschiedlicher Wärmeleitfähigkeit, wodurch sich sowohl der Wärmedurchgangskoeffizient als auch z. T. die Hüllfläche A_H vergrößert. Beispiele hierfür sind etwa Balkonbodenplatten, die in eine Hauswand integriert sind, Stahlbetondeckenverbünde zu Außenwänden oder Heizkörpernischen. Geometrische Wärmebrücken ergeben sich, wenn die Innenoberfläche ungleich der Außenoberfläche ist, etwa wegen vorhandener Versprünge oder Ecken in einem sonst homogenen Bauteil. Beispiel hierfür ist die Hausaußenecke. In ihr ist im Vergleich zu solchen Bauteilabschnitten, bei denen Innen- und Außenfläche gleich groß sind, der Wärmestrom größer. Wenngleich mithilfe von Wärmebrückenkatalogen die Wärmestromeffekte recht präzise im Einzelfall ermittelt werden können, soll in der vorliegenden Berechnung ein Pauschalwert von 0,1 W/(m² · K)ausreichen.

In Betracht kommen für dieses Gebäude eine doppelt starke Wärmedämmung und energetisch hochwertigere Fenster und Türen. Die entsprechenden U-Werte seien bereits ermittelt und der folgenden Tabelle zu entnehmen.

Tabelle 24: Wärmedurchgangskoeffizienten verschiedener typischer Bauelemente

Baustoff	Wandstärke in cm	U-Wert in W/(m²K)
Außentür aus Holz oder Kunststoff	8	3,50
Außentür aus Holz mit integrierter Wärmedämmung	8	1,80
Einfachverglaste Fenster	0,4	5,90
Doppelverglaste Fenster	2,4	3,00
Fenster mit Wärmeschutzverglasung	2,4	1,10
Fenster im Passivhausstandard (dreifachverglast)	4	0,65

Die errechneten H_T- und H_T'-Werte sinken dadurch beträchtlich. Die Kalkulationsergebnisse für die Variante B können der folgenden Abbildung entnommen werden.

Bauteil	Kurzbezeichnung	Brutto-Fläche [m²]	Flächenreduktionen durch Fenster etc.	Netto Fläche A_i [m²]	Wärmedurchgangskoeffizient U_i [W/m²K]	$U_i \cdot A_i$ [W/K]
Außenwand	AW1	100	15	85	0,1207	10
	AW2	100	12	88	0,1207	11
	AW3	100	6	94	0,1207	11
	AW4	100	6	94	0,1207	11
Oberste Geschoßdecke/Dach	D1	100		100	0,1210	12
Fußboden auf Erdreich	G1	100		100	0,1207	12
Fenster	F1W1	6		6	0,65	4
	F2W1	6		6	0,65	4
	F1W2	6		6	0,65	4
	F2W2	6		6	0,65	4
	F1W3	6		6	0,65	4
	F1W4	6		6	0,65	4
Haustür	T1W1	3		3	0,65	2
Hüllfläche A_H [m²]				**600**		
Vorläufiger spezifischer Transmissionswärmeverlust [W/K]						**93**
Wärmebrückenkorrekturwert ΔU_{WB} [W/(m² K)]					**0,1**	**60**
Spezifischer Transmissionswärmeverlust H_T [W/K]						**153**
Spezifischer fächenbez. Transmissionswärmeverlust H_T' [W/(m² K)]						**0,26**

Abbildung 11-12: Wärmedurchgangskoeffizienten nach einer energetischen Sanierung mit 24 cm Fassadendämmung (Alternative B)

Nun interessieren uns die Energiebedarfe, -verbräuche und die damit verbundenen Kosten, die für die Wärmeversorgung unseres Beispielgebäudes pro Jahr anfallen, wobei Ventilationswärmeverluste und solare und interne Wärmegewinne zunächst noch unberücksichtigt bleiben.

Als Basis für die Kalkulation verwenden wir die bereits bekannte Wärmestromgleichung

$$\Phi = U \cdot A_H \cdot \Delta\theta$$

mit

$$U = \frac{1}{R_{si} + \sum_{x=1}^{n} \frac{\delta_x}{\lambda_x} + R_{sa}}$$

und ersetzen das U durch H_T', da es sich hierbei – wie die ermittelten H_T'-Werte von Variante A und B weiter oben deutlich gemacht haben – um die gewichteten U-Werte aller Bauteile (korrigiert noch um Wärmebrücken) handelt und $\Delta\theta$ durch Gradstunden (GS) durch die die schwankenden Temperaturdifferenzen (zwischen Außen- und Sollinnentemperatur) in Kombination mit der Zeit berücksichtigt werden können. Die Energiebilanzgleichung lautet daher

$$Q_T = H_T' \cdot A_H \cdot \text{GS}$$

mit ihrer Einheitengleichung

$$[\text{Wh}] = \left[\frac{\text{W}}{\text{m}^2 \cdot \text{K}}\right] \cdot [\text{m}^2] \cdot [\text{Kh}]$$

Hierbei sind die sogenannten „Gradstunden“ [Kh], die regelmäßig auf der Grundlage von Vergangenheitswerten durch die ortsbezogenen Wetterdienste ermittelt werden, zu berücksichtigen. Es handelt sich dabei um die Summe der multiplikativen Verknüpfung von im Stundentakt erfassten Wärmedifferenzen über ein ganzes Jahr (Soll-Temperatur minus Ist-Temperatur) [K] und der Dauer der jeweiligen Wärmedifferenzen [h].

Monat	Tage	Gradtage/-stunden	Heiztage
Jan 2023	31	481 Kd	31
Feb 2023	28	469 Kd	28
Mär 2023	31	437 Kd	31
Apr 2023	30	348 Kd	29
Mai 2023	31	145 Kd	19
Jun 2023	30	12 Kd	2
Jul 2023	31	0 Kd	0
Aug 2023	31	17 Kd	3
Sep 2023	30	24 Kd	4
Okt 2023	31	233 Kd	25
Nov 2023	30	426 Kd	30
Dez 2023	31	498 Kd	31
Jahr gesamt	365	3 090 Kd	233
Stunden		74 160 Kh	

Quelle: https://www.dwd.de/DE/leistungen/gtz_kostenfrei/gtz_kostenfrei.html

Abbildung 11-13: Gradtagzahlen Düsseldorf 2023 bei 20 °C Innentemperatur

Eine Gradtagstunde (1 Kh) sagt beispielsweise aus, dass eine Wärmedifferenz zwischen innen und außen von 1 °C (oder einem Kelvin) über einen Zeitraum von einer Stunde vorliegt und durch Beheizung ausgeglichen werden soll.

Nun sollen die Jahresenergiebedarfe für Variante A und Variante B ermittelt werden. Die Ergebnisse sind den folgenden zwei Tabellen in Abbildung 11-14 und Abbildung 11-15 zu entnehmen.

Bauteil	Kurzbezeichnung	Brutto-Fläche [m²]	Flächenreduktionen durch Fenster etc.	Netto-Fläche A_i [m²]	Wärmedurchgangskoeffizient U_i [W/m²K]	$U_i \cdot A_i$ [W/K]
Außenwand	AW1	100	15	85	0,2332	20
	AW2	100	12	88	0,2332	21
	AW3	100	6	94	0,2332	22
	AW4	100	6	94	0,2332	22
Oberste Geschoßdecke/Dach	D1	100		100	0,2346	23
Fußboden auf Erdreich	G1	100		100	0,2333	23
Fenster	F1W1	6		6	3,00	18
	F2W1	6		6	3,00	18
	F1W2	6		6	3,00	18
	F2W2	6		6	3,00	18
	F1W3	6		6	3,00	18
	F1W4	6		6	3,00	18
Haustür	T1W1	3		3	3,50	11
Hüllfläche A_H [m²]				**600**		
Vorläufiger spezifischer Transmissionswärmeverlust [W/K]						**249**
Wärmebrückenkorrekturwert ΔU_{WB} [W/(m² K)]					**0,1**	**60**
Spezifischer Transmissionswärmeverlust H_T [W/K]						**309**
Spezifischer fächenbez. Transmissionswärmeverlust H_T' [W/(m² K)]						**0,52**
Gradstunden						**74 160 Kh**
Transmissionswärmebedarf Q_T [kWh]						**22 952 kWh**

Abbildung 11-14: Beispielhafte Ermittlung des Transmissionswärmebedarfs eines Gebäudes

Bauteil	Kurzbezeichnung	Brutto-Fläche [m²]	Flächenreduktionen durch Fenster etc.	Netto-Fläche A_i [m²]	Wärmedurchgangskoeffizient U_i [W/m²K]	$U_i \cdot A_i$ [W/K]
Außenwand	AW1	100	15	85	0,1207	10
	AW2	100	12	88	0,1207	11
	AW3	100	6	94	0,1207	11
	AW4	100	6	94	0,1207	11
Oberste Geschoßdecke/Dach	D1	100		100	0,1210	12
Fußboden auf Erdreich	G1	100		100	0,1207	12
Fenster	F1W1	6		6	0,65	4
	F2W1	6		6	0,65	4
	F1W2	6		6	0,65	4
	F2W2	6		6	0,65	4
	F1W3	6		6	0,65	4
	F1W4	6		6	0,65	4
Haustür	T1W1	3		3	0,65	2
Hüllfläche A_H [m²]				**600**		
Vorläufiger spezifischer Transmissionswärmeverlust [W/K]						**93**
Wärmebrückenkorrekturwert ΔU_{WB} [W/(m² K)]					**0,1**	**60**
Spezifischer Transmissionswärmeverlust H_T [W/K]						**153**
Spezifischer fächenbez. Transmissionswärmeverlust H_T' [W/(m² K)]						**0,26**
Gradstunden						**74 160 Kh**
Transmissionswärmebedarf Q_T [kWh]						**11 353 kWh**

Abbildung 11-15: Beispielhafte Ermittlung des Transmissionswärmebedarfs eines Gebäudes nach Sanierung

Die beiden Berechnungen mögen verdeutlichen, auf welche Weise – zwar etwas grob, dafür aber relativ einfach – Bauelemente von Gebäuden „auf den Prüfstand gestellt" und (zumindest zunächst einmal gedanklich) ausgetauscht werden können, um einen energetischen Effekt aufzuzeigen. In einem nächsten Schritt wären die für etwaige Veränderungen aufzuwendenden finanziellen Mittel zu eruieren, um schließlich eine Investitionsrechnung durchzuführen.

11.1.1.2.3 Wärmedämmung von Rohrleitungen

Bei der Wärmestrombetrachtung von Rohrleitungen kann die im vorangegangenen Kapitel hergeleitete Formel

$$\Phi = U \cdot A_{\mathrm{H}} \cdot \Delta\theta$$

mit

$$U = \frac{1}{R_{si} + \sum_{x=1}^{n} \frac{\delta_x}{\lambda_x} + R_{sa}}$$

nicht so ohne Weiteres angewandt werden, weil die Hüllfläche entlang des Radius von innen nach außen zunimmt. Die Fläche ist also zwischen der wärmeabgebenden und wärmeaufnehmenden Seite nicht konstant. Zur Verdeutlichung: Wird beispielsweise ein Rohr mit einem Innendurchmesser von 4 cm, das mit einer 5-cm-Dämmstoffschicht versehen ist (siehe Abbildung 11-16), aufgeschnitten und quer ausgebreitet, dann würde aus der Draufsicht (siehe Abbildung 11-17) erkennbar, dass die Hüllfläche auf der wärmeabgebenden Seite deutlich geringer ist als auf der wärmeempfangenden Seite.

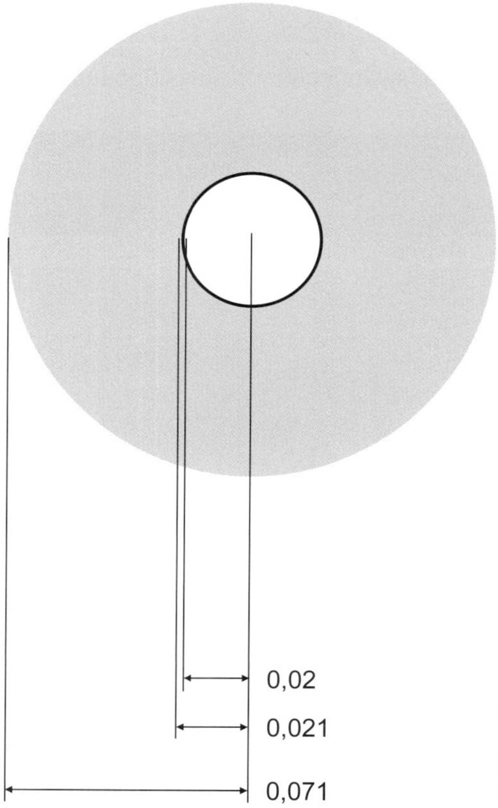

Quelle: eigene Darstellung

Abbildung 11-16: Wärmedämmung eines Rohres (Angaben in Meter)

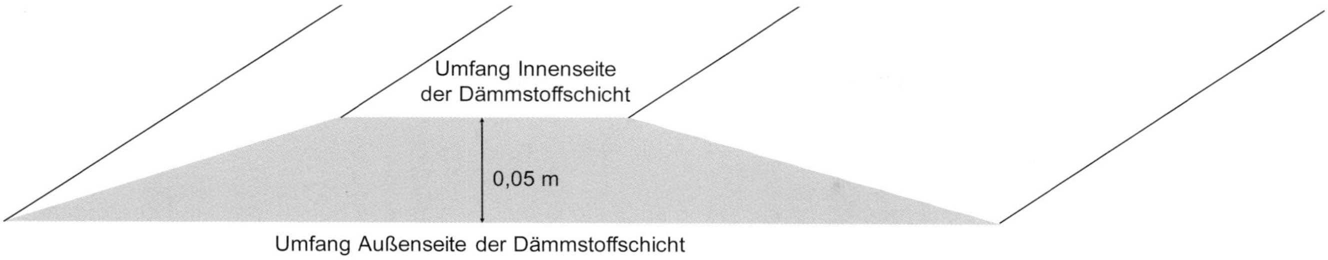

Quelle: eigene Darstellung

Abbildung 11-17: Aufgeschnittene und ausgerollte Wärmedämmung eines Rohres

Bei der Anwendung der o. a. Wärmestromgleichung wäre es damit unklar, was als Hüllfläche verrechnet werden sollte. Wir kommen daher nicht umhin, für die Herleitung einer entsprechenden Rohrleitungsformel eine allgemeine Wärmeleitungsgleichung nach Fourier als Differentialgleichung[84] aufzustellen und zu lösen. Sie lautet:

$$\dot{Q}_{\text{Rohr}} = \lambda \cdot 2 \cdot \pi \cdot r \cdot L \cdot \frac{\mathrm{d}T}{\mathrm{d}r}$$

Nach Umstellung zu

$$\dot{Q}_{\text{Rohr}} \cdot \frac{dr}{r} = \lambda \cdot 2 \cdot \pi \cdot L \cdot \mathrm{d}T$$

und

$$\dot{Q}_{\text{Rohr}} \cdot \int_{r_i}^{r_a} \frac{\mathrm{d}r}{r} = \lambda \cdot 2 \cdot \pi \cdot L \cdot \int_{T_i}^{T_a} \mathrm{d}T$$

führt eine Integration zu

$$\dot{Q}_{\text{Rohr}} \cdot \ln\frac{r_a}{r_i} = \lambda \cdot 2 \cdot \pi \cdot L \cdot (T_i - T_a)$$

und mit $\dot{Q}$ auf der linken Seite zur allgemeinen Wärmestromgleichung von einschichtigen Rohren noch ohne Wärmeübergang auf beiden Seiten:

$$\dot{Q}_{\text{Rohr}} = \frac{\lambda \cdot 2 \cdot \pi \cdot L \cdot (T_i - T_a)}{\ln\frac{r_a}{r_i}} = \frac{2 \cdot \pi \cdot L \cdot (T_i - T_a)}{\frac{1}{\lambda} \cdot \ln\frac{r_a}{r_i}}$$

Die Berücksichtigung von Wärmeübergangskoeffizienten führt dann zu:

$$\dot{Q}_{\text{Rohr}} = \frac{2 \cdot \pi \cdot L \cdot (T_i - T_a)}{\frac{1}{r_i \cdot \alpha_i} + \frac{1}{\lambda} \cdot \ln\frac{r_a}{r_i} + \frac{1}{r_a \cdot \alpha_a}}$$

Diese Gleichung kann man nun analog zur Wärmestromgleichung bei geraden Wänden relativ einfach zu einer für mehrschichtige Rohrleitungen weiterentwickeln:

$$\dot{Q}_{\text{Rohr}} = \frac{2 \cdot \pi \cdot L \cdot (T_i - T_a)}{\frac{1}{r_i \cdot \alpha_i} + \sum_{x=1}^{n} \frac{1}{\lambda_x} \cdot \ln\frac{r_{x+1}}{r_x} + \frac{1}{r_a \cdot \alpha_a}}$$

84 Die Differentialgleichung liegt auch der o. a. Wärmestromgleichung zugrunde, ist im Gebäudewandfall aber relativ einfach zu lösen.

Im folgenden Beispielfall betrachten wir eine zweischichtige Rohrleitung (das Rohr an sich als erste Schicht plus einer Wärmedämmschicht). Die passende Gleichung lautet somit:

$$\dot{Q}_{\text{Rohr}} = \frac{2 \cdot \pi \cdot L \cdot (T_i - T_a)}{\frac{1}{r_i \cdot \alpha_i} + \frac{1}{\lambda_1} \cdot \ln \frac{r_{1,\text{außen}}}{r_{1,\text{innen}}} + \frac{1}{\lambda_2} \cdot \ln \frac{r_{2,\text{außen}}}{r_{2,\text{innen}}} + \frac{1}{r_a \cdot \alpha_a}}$$

Die relevanten Parameterwerte sowie auch die Ergebnisse für den Beispielfall sind der folgenden Tabelle (Abbildung 11-18) zu entnehmen.

Sachverhalt	Wertangabe
Radius r_i Kupferrohr [m]	0,02
Wandstärke Kupferrohr [m]	0,001
Radius r_a Kupferrohr [m]	0,021
Dämmschichtstärke s_D [m]	0,05
Radius r_a mit Dämmung [m]	0,071
Länge des Rohres l_{Rohr} [m]	20
Außenumfang [m]	0,45
Innenumfang [m]	0,13
Wärmeleitfähigkeitskoeffizient Dämmschicht λ_D [W/(m K)]	0,04
Wärmeleitfähigkeitskoeffizient Kupferrohr λ_R [W/(m K)]	300
Wärmeübergangszahl außen α_a [W/(m^2 K)]	2
Wärmeübergangszahl innen α_i [W/(m^2 K)]	2 500
θ_W [°C]	50
θ_A [°C]	20
Wärmestrom $\dot{Q}$ [W] exakt	**100,4**
A_H gedämmtes Rohr [m^2]	8,9176
Wärmestrom $\dot{Q}$ [W] genähert (= U · A_H · Δθ)	**152,8**

Abbildung 11-18: Wärmestrom von Rohrleitung an Umgebung

Der drittletzten Zeile kann man den Wärmestromwert entnehmen, der mit der soeben hergeleiteten Formel berechnet wurde. Zum Vergleich ist auch ein Rechenergebnis angeführt, das unter Verwendung der Formel für gerade Wände aus dem vorangegangenen Abschnitt

$$\dot{Q}_{\text{Rohr}} = U \cdot A_{\text{H}} \cdot (T_i - T_a)$$

mit

$$U = \frac{1}{\frac{1}{\alpha_i} + \frac{\delta_1}{\lambda_1} + \frac{\delta_2}{\lambda_2} + \frac{1}{\alpha_a}}$$

ermittelt worden ist. In den Ergebnissen (100,4 W vs. 152,8 W) kann man die Abweichung erkennen, aus der deutlich wird, dass man bei der Ermittlung von Wärmeströmen an Rohrleitungen die Gleichung für gerade Wände – etwa aus Vereinfachungsgründen – nicht anwenden sollte.

Gleiches gilt für zylinderförmige Gefäße, die bei Energieanwendungen vielfach zum Einsatz kommen, etwa Warmwasserspeicher, wie in Abbildung 11-19 dargestellt.

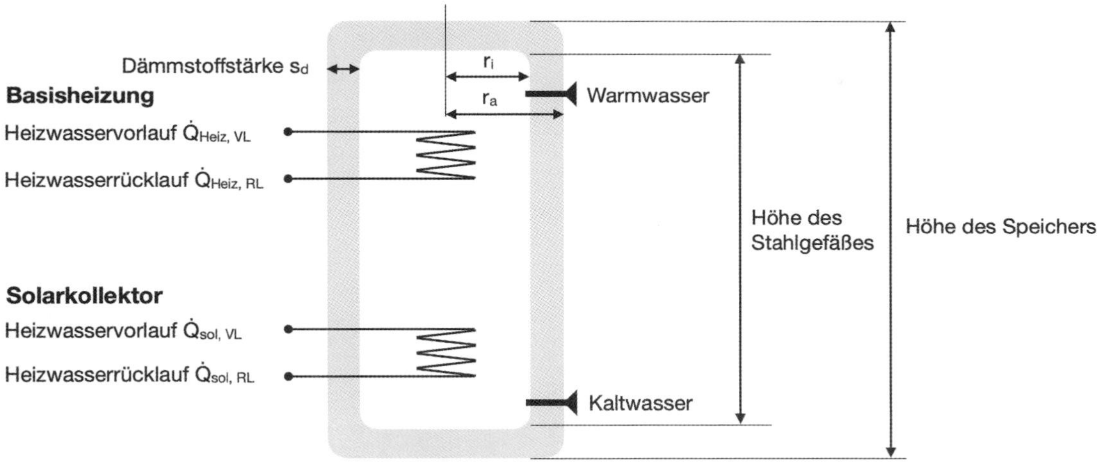

Quelle: eigene Darstellung

Abbildung 11-19: Energieversorgung eines Warmwasserspeichers

Aufgrund der deutlich größeren Oberfläche eines solchen Gefäßzylinders im Vergleich zu einem Rohr würden zwar die Oberflächen der Dämminnen- und der Dämmaußenseite nicht so stark differieren wie beim Rohr; der Rechenfehler beim Einsatz der Wärmestromgebäudeformel fiele daher geringer aus (siehe Abbildung 11-20). Dennoch ist es ratsam, die Rohrleitungsformel

$$\dot{Q}_{\text{Rohr}} = \frac{2 \cdot \pi \cdot L \cdot (T_i - T_a)}{\frac{1}{r_i \cdot \alpha_i} + \frac{1}{\lambda_1} \cdot ln\frac{r_{1,\text{außen}}}{r_{1,\text{innen}}} + \frac{1}{\lambda_2} \cdot ln\frac{r_{2,\text{außen}}}{r_{2,\text{innen}}} + \frac{1}{r_a \cdot \alpha_a}}$$

für die Speicherwände anzuwenden, während für einfach-wärmegedämmte Speicherböden die weiter oben hergeleitete Formel für konstante Wärmeübertrageflächen

$$\Phi = \frac{1}{R_{si} + \sum_{x=1}^{n} \frac{\delta_x}{\lambda_x} + R_{sa}} \cdot A_{\text{H}} \cdot \Delta\theta$$

leicht anzupassen ist:

$$\dot{Q}_{\text{Speicherboden}} = \frac{1}{R_{si} + \frac{\delta_1}{\lambda_1} + \frac{\delta_2}{\lambda_2} + R_{sa}} \cdot A_{\text{H}} \cdot \Delta\theta$$

Sachverhalt	Wertangabe
Radius r_i Stahlzylinder innen [m]	0,3
Kreisfläche innen [m²]	0,28
Innenvolumen [m³]	**0,49**
Wandstärke Stahlzylinder [m]	0,001
Radius r_a Stahlzylinder außen [m]	0,301
Dämmschichtstärke d_D [m]	**0,100**
Radius r_a außen mit Dämmung [m]	0,401
Länge des Zylinders L_Z [m]	1,74
Wärmeleitfähigkeitskoeffizient Dämmschicht λ_D [W/(m K)]	0,04
Wärmeleitfähigkeitskoeffizient Stahl λ_R [W/(m K)]	42
Wärmeübergangszahl außen α_a [W/(m² K)]	2
Wärmeübergangszahl innen α_i [W/(m² K)]	300
θ_W [°C]	60
θ_A [°C]	20
Betriebszeit T pro Jahr [h]	2 000
Zähler Rohrleitungsformel => Zylinderwand	437,088
Nenner Rohrleitungsformel => Zylinderwand	8,429
Wärmestrom Zylinderwand $\dot{Q}$ [W] exakt	**51,9**
Wärmestrom Bodenwände $\dot{Q}$ [W] exakt	**7,5**
Wärmestrom gesamt $\dot{Q}$ [W] exakt	**59,4**
Jahresendenergieverbrauch Q [kWh]	**118,8**

Abbildung 11-20: Wärmestrom eines Zylinders an die Umgebung

Hierauf wird in Abschnitt 11.2.6 zurückzukommen sein.

11.1.1.3 Beispielhafte Investitionsrechnungen für energetische Gebäudesanierungen

11.1.1.3.1 Differenzierung zwischen Investor und Nutznießer einer energetischen Sanierung

Im Gegensatz zu den meisten anderen Effizienzmaßnahmen ist es bei energetischen Gebäudesanierungen nichts Ungewöhnliches, dass der Investor nicht Nutznießer der Wirkung einer investiven Maßnahme, vor allem von Energiekosteneinsparungen, ist. Dies ist aufgrund des deutschen Mietrechts bei Mietgebäuden der Fall. Abgesehen vom Contracting treten Vermieter als Eigentümer etwa von Mehrfamilienhäusern bei Sanierungen regelmäßig als (potenzielle) Investoren auf. Sie können nach der Sanierung die Investitionsausgabe zwar anteilig und begrenzt umlegen, unmittelbare wirtschaftliche Vorteile aus der entstehenden Energieverbrauchsreduktion als Wirkung der Maßnahme erzielen sie hingegen nicht. Die Wirkungen gehen auf die Mieter über, obwohl sie gar nicht investiert und damit eine Leistung für einen Nutzen erbracht haben.

Diese Sachlage, die als **„Vermieter-Mieter-Dilemma“** bezeichnet wird, führt schließlich dazu, dass ein Anreiz zur Auswahl besonders wirkungsvoller Sanierungsmaßnahmen auf der Seite des Vermieters nicht zustande kommt, sondern dass er motiviert wird, einen möglichst hohen Betrag bis zur sogenannten Kappungsgrenze auszugeben, sie regelmäßig voll auszuschöpfen, um dadurch eine relativ hohe Umlage (eine Art Sonder-Mieterhöhung) und infolge höhere Kapitalwerte zu generieren.

Aufgrund dieser Gegebenheit wird im Folgenden bei energetischen Gebäudesanierungen unterschieden zwischen Gebäuden

- mit Eigennutzung (bei dem der Investor Nutznießer ist) und solchen
- mit Fremdnutzung (bei dem der Investor **nicht** Nutznießer ist).

Zu Gebäuden mit Eigennutzung zählen vor allem Eigenheime und ein Großteil gewerblicher Immobilien. Fremdnutzungsgebäude sind vor allem Mietgebäude, etwa Mehrfamilienhäuser. Abzugrenzen sind beide Gruppen vom Contracting, wo sowohl Eigen- als auch Fremdnutzung vorliegen kann, eine Investition in Effizienzmaßnahmen aber regelmäßig nicht vom Eigentümer vorgenommen wird. Dieses Thema wird in Kapitel 12.3 behandelt.

11.1.1.3.2 Energetische Sanierung von Gebäuden mit Eigennutzung

Eine (Energieeffizienz-)Investition ist bekanntermaßen dann wirtschaftlich vorteilhaft, wenn die Summe der diskontierten Zahlungsströme einen Wert größer 0 annimmt:

$$\text{Kapitalwert}_{\text{Sanierungsprojekt}} = \sum_{t=0}^{T} \frac{Z_t}{(1+i)^t} > 0$$

Bei Energieeffizienzinvestitionen in Gebäude umfassen die Zahlungsströme zunächst einmal die Anfangsinvestitionsauszahlung (abzüglich etwaiger Förderungen zu Beginn) und die Energiekosteneinsparungen zum jeweiligen Zeitpunkt, also Energieeinsparungen, multipliziert mit den jeweils aktuellen spezifischen Energiepreisen, abzüglich etwaiger sanierungsbedingter laufender Kosten für Wartung, Reparatur etc. und zuzüglich etwaiger Förderungen und Steuervergünstigungen über die Laufzeit, also die Nettoenergiekosteneinsparungen$_t$ (NettoEKE$_t$), wenn der Investor zugleich auch voller Nutznießer der Einsparung ist (etwa EFH mit Eigentümer als Bewohner):

$$\text{Kapitalwert}_{\text{Sanierungsprojekt}} = -Z_0 + \sum_{t=1}^{T} \frac{\text{NettoEKE}_t}{(1+i)^t}$$

Die Netto-Anfangsausgabe (Investitionsauszahlung minus etwaige Förderungen in $t = 0$) hat insofern niedriger zu sein als der kumulierte Barwert der Nettoenergiekosteneinsparungen, um eine wirtschaftliche Vorteilhaftigkeit zu generieren:

$$Z_0 < \sum_{t=1}^{T} \frac{\text{NettoEKE}_t}{(1+i)^t}$$

Ist geplant, das Gebäude zu veräußern und zuvor eventuell noch eine energetische Sanierung durchzuführen, dann wäre der kumulierte Barwert der Nettoenergiekosteneinsparungen als Wertsteigerung $\Delta W_{\text{Einsparung}}$ der Immobilie aufgrund der dauerhaften Verbrauchsreduzierung anzusehen.

$$\Delta W_{\text{Einsparung},0} = \text{kum Barwert}_{\text{NettoEKE}} = \sum_{t=1}^{T} \frac{\text{NettoEKE}_t}{(1+i)^t}$$

Unter Zugrundelegung der angegebenen Parametereinstellungen ergibt sich im o. a. Beispielfall in der folgenden Tabelle (siehe Abbildung 11-21) ein Kapitalwert in Höhe von 58 023 Euro. Da die für die Maßnahme aufzuwendenden 90 000 Euro Bestandteil des Kapitalwertes sind, liegt also eine Wertsteigerung $\Delta W_{\text{Einsparung}}$ in Höhe von 148 023 Euro vor. Man erhöht also den Wert des Hauses um 148 023 Euro und muss dafür 90 000 Euro zahlen.

Basiskalkulationszinsfuß i	5,0 %							
Preisänderungsrate Erdgas	4,0 %							
Nutzfläche	200 m2							
Spez. Erdgasverbrauch vor der Maßnahme	250 kWh/m2*a							
Spez. Erdgasverbrauch nach der Maßnahme	70 kWh/m2*a							
Erdgasverbrauch vor der Maßnahme	50 000 kWh/a							
Erdgasverbrauch nach der Maßnahme	14 000 kWh/a							
Jahreserdgaseinsparung [kWh/a]	36 000 kWh/a							
Degradation pro Jahr	0,5 %							
Steuersatz s	25 %							
Emissionsfaktor Erdgas	0,2 kg/kWh							
Jährliche Reduktion CO_2-Emissionen	7,2 t CO2							
Investauszahlung I0,Sanierung	75 000 €							
Investauszahlung I0,Heizung	25 000 €							
Periodenzahl	40							
Jahr	2023	2024	2025	2026	2027	2028	...	2063
Periodenende t	0	1	2	3	4	5	...	40
Berücksichtigte Perioden ("1" = "Ja")	1	1	1	1	1	1	...	1
Energieeinsparung		36 000 kWh	35 820 kWh	35 640 kWh	35 460 kWh	35 280 kWh	...	28 980 kWh
Spez. Erdgaskosten	0,12 €/kWh	0,12 €/kWh	0,13 €/kWh	0,13 €/kWh	0,14 €/kWh	0,15 €/kWh	...	0,58 €/kWh
Spez. CO_2-Abgabe (ab 2027 geschätzt)		45 €/t	55 €/t	65 €/t	68 €/t	70 €/t	...	277 €/t
Auszahlungen								
Investauszahlung $I_{0,\text{Sanierung}}$	-75 000 €							
Investauszahlung $I_{0,\text{Heizung}}$	-25 000 €							
Rückflüsse								
Förderung	10 000 €							
Erdgaskosteneinsparungen		4 493 €	4 649 €	4 811 €	4 978 €	5 151 €	...	16 696 €
Einsparung CO_2-Abgabe		324 €	396 €	468 €	487 €	506 €	...	1 997 €
Steuereinsparung nach § 35c EStG (bis zu 40 000 € auf drei Jahre verteile Steuerermäßigung)		1 750 €	1 750 €	1 500 €				
Resultate/Indikatoren								
Summe	-90 000 €	6 567 €	6 795 €	6 779 €	5 465 €	5 657 €	...	18 693 €
Barwerte	-90 000 €	6 254 €	6 163 €	5 856 €	4 496 €	4 432 €	...	2 655 €
Kapitalwert (NPV)	58 023 €							
Wertsteigerung ΔWEinsparung (= Summe der Barwerte ohne Anfangsauszahlung)	148 023 €							
Weitere Wertsteigerung ΔWVerbesserung durch Risikoreduktion, Verhinderung von Feuchteschäden, bessere Wohnatmosphäre etc. (sehr individuell)	?							

Abbildung 11-21: Haus zum Verkauf, Wert der Immobilie vor der Sanierung: 1 000 000 Euro, Sanierung vor Verkauf, Wertsteigerung = ?

Sollte im vorliegenden Fall der Marktwert des Gebäudes vor der Sanierung bei 1 000 000 Euro liegen, dann müsste er – bei vollkommener Transparenz und perfekter fachlicher Kenntnis und damit Beurteilungsfähigkeit der Marktteilnehmer – durch die Sanierung (idealerweise) auf 1 148 023 Euro ansteigen (wofür ja zusätzliche 90 Tausend Euro eingesetzt wurden).

Tatsächlich wird die Wertsteigerung aber niedriger ausfallen, weil je nach Einzelfall mit Prinzipal-Agent-Problemen (aufgrund einer nicht-vollkommenen Transparenz) und Rebound-Effekten (auf die in Kapitel 12.1 noch näher eingegangen wird) zu rechnen ist. Dazu wird hier ein „Akzeptanzfaktor" {0 ... 1} eingeführt, wobei die Bewertung mit 0 bedeutet, dass die Effizienzverbesserung ökonomisch von einem jeweiligen Marktteilnehmer überhaupt nicht gewürdigt wird und bei einer 1 voll.

$$\Delta W_{\text{Einsparung},0} = \text{Akzeptanzfaktor} \cdot \sum_{t=1}^{T} \frac{\text{NettoEKE}_t}{(1+i)^t}$$

Neben der Wertsteigerung aufgrund des reduzierten Energieverbrauchs mögen weitere Aspekte hinzukommen, die den Wert der Immobilie aufgrund der energetischen Sanierung erhöhen, etwa Risikoreduktion im Hinblick auf etwaige Gesetzesverschärfungen, Verhinderung von Feuchteschäden, bessere Wohnraumatmosphäre etc. Sie sollen durch einen Wertsteigerungsbeitrag $\Delta WS_{\text{Verbesserung}}$ zusammengefasst werden und führen zu der folgenden Kapitalwertgleichung (die separierbaren Steuereinsparungen sind hier vernachlässigt):

$$\text{Kapitalwert} = -Z_0 + \Delta W_{\text{Einsparung},0} + \Delta W_{\text{Verbesserung},0}$$

$$\text{Kapitalwert} = -Z_0 + \text{Akzeptanzfaktor} \cdot \sum_{t=1}^{T} \frac{\text{NettoEKE}_t}{(1+i)^t} + \Delta W_{\text{Verbesserung},0}$$

Aus der Sicht des potenziellen Erwerbers wäre es bei positivem Kapitalwert ratsam, die Sanierung zu verhindern und erst nach dem Kauf durchzuführen. Dann würde er die Wertsteigerungen $\Delta W_{\text{Einsparung}} + \Delta W_{\text{Verbesserung}}$ selbst generieren und dafür einen Betrag zahlen, der unter der Wertsteigerung liegt.

Steuerliche Aspekte dürften bei der vorliegenden Konstellation (EFH durch Eigentümer bewohnt) keine Rolle spielen.

11.1.1.3.3 Energetische Sanierung von Gebäuden mit Fremdnutzung

Wirtschaftlichkeitsbetrachtungen energetischer Sanierungen von Mietobjekten weisen gegenüber selbstbewohnten Eigenheimen – wie bereits erwähnt – aufgrund des in Deutschland geltenden Mietrechts einen anderen Aufbau auf. Energieeinsparungen kommen dem Mieter zugute; der Vermieter ist zunächst einmal nicht Nutznießer der Einsparung (abgesehen von Kosteneinsparungen, die sich durch Veränderungen des Vermieteranteils an zu zahlenden CO_2-Abgaben auf der Grundlage des BEHG ergeben). Der Vermieter kann Investitionsausgaben aber über Umlagen refinanzieren, jedoch nur bis zu einer bestimmten Kappungsgrenze. Allerdings stellen sanierungsbedingte Umlagen Mieterhöhungen dar, die dann u. U. normale Mieterhöhungen ausbremsen. Die Kapitalwertgleichung hat dann folgenden Aufbau:

$$\text{Kapitalwert}_{\text{vor Steuern}} = -I_0 - \sum_{t=1}^{T} \frac{\text{MRO}_t + \text{eM}_t}{(1+i_{\text{VS}})^t} + \sum_{t=1}^{T} \frac{\alpha \cdot I_0 + \Delta\beta \cdot \text{CO}_2\text{Abgabe}_t}{(1+i_{\text{VS}})^t} + \Delta W_{\text{Verbesserung},0}$$

mit

I_0	Investitionsausgabe
MRO_t	**zusätzliche** Kosten für Maintenance, Repair und Operations zum Zeitpunkt t
eM_t	entgangene Mieteinnahmen aufgrund ausgelassener Normal-Mieterhöhung nach Modernisierungsmaßnahmen zum Zeitpunkt t; sie steigen kontinuierlich an, bis sie die Umlage erreichen
α	Umlagesatz (8 % der Investitionsausgabe nach § 559 Abs. 1 BGB), bei dem eine Kappungsgrenze (spez. Kappungsgrenze nach § 559 Abs. 3a BGB: 3 €/m^2 bzw. 2 €/m^2) zu berücksichtigen ist
$\Delta\beta$	Änderung des Vermieteranteils an den CO_2-Kosten (z. B. Änderung von 80 % Vermieteranteil auf 20 % = 60 %)
$\text{CO}_2\text{Abgabe}_t$	CO_2-Bepreisung nach BEHG i. V. m. CO_2KostAufG [85] (= Energieeinsparung [MWh/a]) · Emissionsfaktor [t/MWh] · spez. CO_2-Abgabe [€/t]
i_{VS}	Kalkulationszinssatz ohne Berücksichtigung von Steuern
i_{NS}	Kalkulationszinssatz bei Berücksichtigung von Steuern = $i_{\text{VS}} \cdot (1-s)$ mit Steuersatz s

Nach Steuern ergibt sich:

$$\begin{aligned}&\text{Kapitalwert}_{\text{nach Steuern}}\\ &= -I_0 - \sum_{t=1}^{T} \frac{\text{MRO}_t + \text{eM}_t}{(1+i_{\text{NS}})^t} - \sum_{t=1}^{T} \frac{\text{Steuern}_{\text{Überschuesse},t}}{(1+i_{\text{NS}})^t} + \sum_{t=1}^{T} \frac{\alpha \cdot I_0 + \Delta\beta \cdot \text{CO}_2\text{Abgabe}_t}{(1+i_{\text{NS}})^t}\\ &+ \sum_{t=1}^{T} \frac{\text{Steuersenkung}_{\text{AfA},t} + \text{Steuersenkung}_{\text{MRO},t}}{(1+i_{\text{NS}})^t} + \Delta W_{\text{Verbesserung},0}\end{aligned}$$

85 Gesetz zur Aufteilung der Kohlendioxidkosten (Kohlendioxidkostenaufteilungsgesetz – CO_2KostAufG)

Oben wurde bereits erwähnt, dass der Vermieter keinen unmittelbaren Nutzen aus der sanierungsbedingten – i. d. R. dauerhaften – Energieeinsparung zieht. Insofern liegt eine Wertsteigerung aus Energiekosteneinsparungen $\Delta W_{\text{Einsparung}}$ für ihn nicht vor, selbst wenn er das Gebäude später verkaufen wollte, denn für den Käufer gälte das Gleiche.

Er kann hingegen aus § 559 BGB eine „Mieterhöhung nach Modernisierungsmaßnahmen" geltend machen, die nach geltendem Recht in Deutschland bis zu 8 % des Investitionsbetrages ausmachen kann, allerdings durch eine Kappungsgrenze gedeckelt ist. Wird eine entsprechende Umlage erhoben, sind regelmäßig sonst stattfindende Mieterhöhungen nicht mehr zulässig, bis die umlageerhöhte Miete das ortsübliche Mietniveau erreicht hat. Insofern ist die Umlage auch mit entgangenen Mieteinnahmen eM_t verbunden, die bei der Investitionsrechnung berücksichtigt werden müssen, siehe obige Kapitalwertgleichung (wobei in der Realität sicherlich nicht jedes Jahr von einer Mieterhöhung auszugehen ist). Die entgangene Mieteinnahme akkumuliert sich, steigt insofern kontinuierlich an (z. B. jedes Jahr um 1,3 %, falls man davon ausgeht, dass sonst jährlich eine Mieterhöhung stattfinden würde), bis sie das Umlageniveau erreicht, und verharrt dann dort.

Abgesehen von einer sanierungsbedingten CO_2-Abgabenreduzierung nach BEHG i. V. m. CO_2KostAufG ist die Höhe der Energieeinsparungen also für einen Vermieter irrelevant. Eine Wertsteigerung $\Delta W_{\text{Einsparung},0}$ kommt insofern nicht zustande (von einer Eigenbedarfsnutzung einmal abgesehen). Mit Blick auf die wirtschaftliche Vorteilhaftigkeit steht die Höhe der Investitionsauszahlung und nicht der Einspareffekt im Vordergrund, und es gilt: Je höher die Ausgabe – bis zur Kappungsgrenze – ist, desto höher ist der Kapitalwert. Dies macht deutlich, dass die gesetzlichen Regelungen bei energetischen Sanierungsinvestitionen in Mietgebäuden keinen Anreiz zu größtmöglicher Effizienzwirkung erzeugen.

Der Vermieter erzielt keine Wertsteigerung $\Delta W_{\text{Einsparung},0}$ aus der Energieverbrauchsreduzierung. Gleichwohl ist aber denkbar, dass sich – analog zur Eigenheim-Kalkulation – Wertsteigerungen ($\Delta W_{\text{Verbesserung},0}$) aufgrund einer allgemeinen Verbesserung des Gebäudes ergeben (resultierend aus der energetischen Sanierung, jedoch ohne unmittelbaren Bezug zur Energieverbrauchsreduktion). Dies dürfte maßgeblich von der Mieter-Fluktuation beeinflusst werden. Bei **Langzeitmietern** ergibt sich eine solche Wertsteigerung eher nicht, selbst wenn der Vermieter das Gebäude verkaufen sollte. Ein Käufer dürfte im Zuge einer energetischen Sanierung keine Wertsteigerung durch Verbesserung $\Delta W_{\text{Verbesserung},0}$ generieren. Wenn sich beim Verkauf die nach der energetischen Sanierung erhöhte Miete wieder auf ortsüblichem Niveau befindet, zieht der Käufer keinen Vorteil durch die Sanierung und würde ihr demzufolge auch keinen zusätzlichen Wert beimessen. Sollte es sich bei den Bewohnern hingegen eher um **Kurzzeitmieter** handeln, so ergäbe sich wahrscheinlich in vielen Fällen ein Nutzen durch die Sanierung, weil das Gebäude attraktiver für Neumieter wird, wodurch dann eine Wertsteigerung zustande kommen kann.

Lage für Vermieter bei seltener Mieterhöhung

Die folgende Kapitalwertkalkulation in Abbildung 11-22 zeigt eine beispielhafte Investitionsrechnung für eine energetische Sanierung eines vermieteten EFH mit 200 m² Nutzfläche aus Vermietersicht nach Steuern bei einer Wirkungsdauer von 40 Jahren (man geht davon aus, dass das Gebäude in 40 Jahren abgerissen wird). Bis zu dem Zeitpunkt, zu dem die umlagebedingt erhöhte Miete das Niveau der ortsüblichen Miete erreicht hat, findet keine „normale" Mieterhöhung statt.

Basiskalkulationszinsfuß vor Steuern i_{VS}	5,0 %	editierbar						
Basiskalkulationszinsfuß nach Steuern i_{NS}	3,8 %	berechnet						
Steuern berücksichtigen?	WAHR	editierbar						
Preisänderungsrate Erdgas	4,0 %	editierbar						
Preisänderungsrate Sonstiges	3,0 %	editierbar						
Nutzfläche	200 m2	editierbar						
Monats-Kaltmiete	1 000 €	editierbar						
Jahresmietzinssteigerung geschätzt	1,3 %	editierbar						
Entgangene Mietsteigerung berücksichtigen?	FALSCH	editierbar						
Spez. Erdgasverbrauch vor der Maßnahme	250 kWh/m2*a	editierbar						
Erdgasverbrauch vor der Maßnahme	50 000 kWh/a	editierbar						
Spez. Erdgasverbrauch nach der Maßnahme	70 kWh/m2*a	editierbar						
Erdgasverbrauch nach der Maßnahme	14 000 kWh/a	editierbar						
Jahreserdgaseinsparung [kWh/a]	36 000 kWh/a	editierbar						
Degradation pro Jahr	0,5 %	editierbar						
Emissionsfaktor Erdgas	0,2 kg/kWh	editierbar						
Jährliche Reduktion CO_2-Emissionen	7,2 t CO2	berechnet						
Anteil an CO_2-Abgabe vor der Maßnahme	70 %	editierbar						
Anteil an CO_2-Abgabe nach der Maßnahme	10 %	editierbar						
Anteiländerung	60 %	berechnet						
Investauszahlung Sanierung	75 000 €	editierbar						
AfA-Dauer Sanierung	40 Jahre	editierbar						
Investauszahlung Heizung	25 000 €	editierbar						
AfA-Dauer Heizung	20 Jahre	editierbar						
Steuersatz s	25 %	editierbar						
Förderung	10 000 €	editierbar						
Jahresumlagerate nach § 559 Abs. 1 BGB	8 %	editierbar						
Jahresumlage, wenn keine Kappungsgrenze	7 200 €	berechnet						
Spez. Kappungsgrenze nach § 559 Abs. 3a BGB	3 €/m2	editierbar						
Kappungsgrenze für Umlage	7 200 €	berechnet						
Periodenzahl	40	editierbar						
Jahr	2023	2024	2025	2026	...	2061	2062	2063
Periodenende t	0	1	2	3	...	38	39	40
Berücksichtigte Perioden ("1" = "Ja")	1	1	1	1	...	1	1	1
Reguläre Mietpreisentwicklung	12 000 €	12 156 €	12 314 €	12 474 €	...	19 604 €	19 859 €	20 117 €
Spez. Erdgaskosten	0,12 €/kWh	0,12 €/kWh	0,13 €/kWh	0,13 €/kWh	...	0,53 €/kWh	0,55 €/kWh	0,58 €/kWh
Spez. CO_2-Abgabe (ab 2027 geschätzt)		45 €/t	55 €/t	65 €/t	...	256 €/t	267 €/t	277 €/t
Energieeinsparung		36 000 kWh	35 820 kWh	35 640 kWh	...	29 340 kWh	29 160 kWh	28 980 kWh
AfA Sanierung 40 Jahre		1 875 €	1 875 €	1 875 €	...	1 875 €	1 875 €	1 875 €
AfA Heizung 20 Jahre		1 250 €	1 250 €	1 250 €	...			
Auszahlungen								
Investitionsauszahlung Sanierung I_0	-75 000 €							
Investitionsauszahlung Heizung I_0	-25 000 €							
Entgangene Mietsteigerung eM		0 €	0 €	0 €	...	0 €	0 €	0 €
Zusätzliche Kosten für MRO		-100 €	-103 €	-106 €	...	-299 €	-307 €	-317 €
Steuern aus Zahlungsüberschüssen		-1 849 €	-1 859 €	-1 869 €	...	-2 026 €	-2 033 €	-2 041 €
Rückflüsse								
Förderung	10 000 €							
Umlage (= Mietsteigerung)		7 200 €	7 200 €	7 200 €	...	7 200 €	7 200 €	7 200 €
Einsparung CO_2-Abgabe (= Anteiländerung • CO_2-Einsparung • spez. CO_2-Abgabe)		194 €	236 €	278 €	...	903 €	933 €	965 €
Wertsteigerung $\Delta WS_{Verbesserung,0}$	0 €							
Steuersenkung durch AfA		781 €	781 €	781 €	...	469 €	469 €	469 €
Steuersenkung durch MRO-Kosten		25 €	26 €	27 €	...	75 €	77 €	79 €
Resultate/Indikatoren								
Summe	-90 000 €	6 252 €	6 281 €	6 310 €	...	6 322 €	6 338 €	6 355 €
Barwerte	-90 000 €	6 026 €	5 835 €	5 650 €	...	1 561 €	1 508 €	1 457 €
Kapitalwert	39 453 €							
Netto-Zahlung an das Finanzamt		1 042 €	1 052 €	1 062 €	...	1 482 €	1 488 €	1 493 €

Abbildung 11-22: Kapitalwertkalkulation einer energetischen Sanierung aus der Sicht des Vermieters, der selten eine „normale" Mieterhöhung einfordert

Die erwirkten Energieverbrauchsreduktionen sind – wie erwähnt – für die Berechnung irrelevant. Im Vordergrund stehen die Umlagen, die einen konstanten Jahresbetrag ausmachen und deren Gegenwartswert durch Barwertdiskontierung über die Zeit abnimmt. Wenn man, wie in diesem ersten Extremszenario, davon ausgeht, dass bis zu dem Zeitpunkt, zu dem die umlagebedingt erhöhte Miete das Niveau der ortsüblichen Miete erreicht hat, keine „normale" Mieterhöhung stattfindet, ergibt sich als Kapitalwert ein Betrag in Höhe von knapp 40 000 Euro.

Lage für Vermieter bei häufiger Mieterhöhung

Liegt hingegen die Annahme zugrunde, die Mieterhöhungsmöglichkeiten würden ohne Sanierungsmaßnahme vollständig ausgeschöpft werden (maximal häufige, hier vereinfacht jährliche Anpassung; zweites Extremszenario), dann ergibt sich ein deutlich niedrigerer Kapitalwert, siehe Abbildung 11-23.

Basiskalkulationszinsfuß vor Steuern i_{VS}	5,0 %	editierbar							
Basiskalkulationszinsfuß nach Steuern i_{NS}	3,8 %	berechnet							
Steuern berücksichtigen?	WAHR	editierbar							
Preisänderungsrate Erdgas	4,0 %	editierbar							
Preisänderungsrate Sonstiges	3,0 %	editierbar							
Nutzfläche	200 m2	editierbar							
Monats-Kaltmiete	1 000 €	editierbar							
Jahresmietzinssteigerung geschätzt	1,3 %	editierbar							
Entgangene Mietsteigerung berücksichtigen?	WAHR	editierbar							
Spez. Erdgasverbrauch vor der Maßnahme	250 kWh/m2*a	editierbar							
Erdgasverbrauch vor der Maßnahme	50 000 kWh/a	editierbar							
Spez. Erdgasverbrauch nach der Maßnahme	70 kWh/m2*a	editierbar							
Erdgasverbrauch nach der Maßnahme	14 000 kWh/a	editierbar							
Jahreserdgaseinsparung [kWh/a]	36 000 kWh/a	editierbar							
Degradation pro Jahr	0,5 %	editierbar							
Emissionsfaktor Erdgas	0,2 kg/kWh	editierbar							
Jährliche Reduktion CO_2-Emissionen	7,2 t CO2	berechnet							
Anteil an CO_2-Abgabe vor der Maßnahme	70 %	editierbar							
Anteil an CO_2-Abgabe nach der Maßnahme	10 %	editierbar							
Anteiländerung	60 %	berechnet							
Investauszahlung Sanierung	75 000 €	editierbar							
AfA-Dauer Sanierung	40 Jahre	editierbar							
Investauszahlung Heizung	25 000 €	editierbar							
AfA-Dauer Heizung	20 Jahre	editierbar							
Steuersatz s	25 %	editierbar							
Förderung	10 000 €	editierbar							
Jahresumlagerate nach § 559 Abs. 1 BGB	8 %	editierbar							
Jahresumlage, wenn keine Kappungsgrenze	7 200 €	berechnet							
Spez. Kappungsgrenze nach § 559 Abs. 3a BGB	3 €/m2	editierbar							
Kappungsgrenze für Umlage	7 200 €	berechnet							
Periodenzahl	40	editierbar							
Jahr	2023	2024	2025	2026	…	2060	2061	2062	2063
Periodenende t	0	1	2	3	…	37	38	39	40
Berücksichtigte Perioden ("1" = "Ja")	1	1	1	1	…	1	1	1	1
Reguläre Mietpreisentwicklung	12 000 €	12 156 €	12 314 €	12 474 €	…	19 352 €	19 604 €	19 859 €	20 117 €
Spez. Erdgaskosten	0,12 €/kWh	0,12 €/kWh	0,13 €/kWh	0,13 €/kWh	…	0,51 €/kWh	0,53 €/kWh	0,55 €/kWh	0,58 €/kWh
Spez. CO_2-Abgabe (ab 2027 geschätzt)		45 €/t	55 €/t	65 €/t	…	247 €/t	256 €/t	267 €/t	277 €/t
Energieeinsparung		36 000 kWh	35 820 kWh	35 640 kWh	…	29 520 kWh	29 340 kWh	29 160 kWh	28 980 kWh
AfA Sanierung 40 Jahre		1 875 €	1 875 €	1 875 €	…	1 875 €	1 875 €	1 875 €	1 875 €
AfA Heizung 20 Jahre		1 250 €	1 250 €	1 250 €	…				
Auszahlungen									
Investitionsauszahlung Sanierung I_0	-75 000 €								
Investitionsauszahlung Heizung I_0	-25 000 €								
Entgangene Mietsteigerung eM		-156 €	-314 €	-474 €	…	-7 200 €	-7 200 €	-7 200 €	-7 200 €
zusätzliche Kosten für MRO		-100 €	-103 €	-106 €	…	-290 €	-299 €	-307 €	-317 €
Steuern aus Zahlungsüberschüssen		-1 849 €	-1 859 €	-1 869 €	…	-2 018 €	-2 026 €	-2 033 €	-2 041 €
Rückflüsse									
Förderung	10 000 €								
Umlage (= Mietsteigerung)		7 200 €	7 200 €	7 200 €	…	7 200 €	7 200 €	7 200 €	7 200 €
Einsparung CO_2-Abgabe (= Anteiländerung • CO_2-Einsparung • spez. CO_2-Abgabe)		194 €	236 €	278 €	…	874 €	903 €	933 €	965 €
Wertsteigerung ΔWSVerbesserung,0	0 €								
Steuersenkung durch AfA		781 €	781 €	781 €	…	469 €	469 €	469 €	469 €
Steuersenkung durch MRO-Kosten		25 €	26 €	27 €	…	72 €	75 €	77 €	79 €
Resultate/Indikatoren									
Summe	-90 000 €	6 096 €	5 967 €	5 836 €	…	-893 €	-878 €	-862 €	-845 €
Barwerte	-90 000 €	5 876 €	5 544 €	5 226 €	…	-229 €	-217 €	-205 €	-194 €
Kapitalwert	-18 836 €								
Netto-Zahlung an das Finanzamt		1 042 €	1 052 €	1 062 €	…	1 477 €	1 482 €	1 488 €	1 493 €

Abbildung 11-23: Kapitalwertkalkulation einer energetischen Sanierung aus der Sicht des Vermieters, der regelmäßig eine „normale" Mieterhöhung einfordert

Für das gleiche Beispiel ergibt sich für den Investor (Vermieter) nun ein negativer Kapitalwert in Höhe von −18 836 Euro, der das Projekt wirtschaftlich unattraktiv erscheinen lässt, siehe Abbildung 11-23.

Aus ökonomischer Sicht ist es also für Vermieter vor allem dann vorteilhaft, energetisch zu sanieren, wenn eher selten Mieterhöhungen durchgesetzt werden. Die größte Vorteilhaftigkeit ergibt sich jedoch, wenn der Investor gleichzeitig auch Nutznießer ist, vgl. das Kalkulationsergebnis von Abbildung 11-21 im letzten Abschnitt.

Wie ist die Lage für Mieter zu beurteilen?

Lage für Mieter bei häufiger Mieterhöhung

Mieter sind Nutznießer einer energetischen Sanierung, haben dafür aber keine Investitionsbeiträge geleistet. Kann man ihnen Kapitalwerte zuordnen? Ja, man kann.

Die folgende Tabelle in Abbildung 11-24 zeigt eine Kapitalwertberechnung für das gleiche Projekt aus der Sicht von Mietern. Zunächst gehen wir von häufiger Mieterhöhung bei einer Wirkungsdauer von 40 Jahren aus. Steuern werden nicht berücksichtigt, weil diese für Mieter meist irrelevant sein dürften.

Basiskalkulationszinsfuß i	5,0 %							
Preisänderungsrate Erdgas	4,0 %							
Nutzfläche	200 m2							
Monats-Kaltmiete	1 000 €							
Jahresmietzinssteigerung geschätzt	1,3 %							
Entgangene Mietsteigerung berücksichtigen?	WAHR							
Jahreserdgaseinsparung [kWh/a]	36 000							
Degradation pro Jahr	0,5 %							
Emissionsfaktor Erdgas	0,2 kg/kWh							
Reduktion CO_2-Emissionen	7,2 t CO2							
Anteil an CO_2-Abgabe vor der Maßnahme	70 %							
Anteil an CO_2-Abgabe nach der Maßnahme	10 %							
Anteiländerung	60 %							
Investauszahlung Sanierung	75 000 €							
Investauszahlung Heizung	25 000 €							
Förderung	10 000 €							
Jahresumlagerate nach § 559 Abs. 1 BGB	8 %							
Jahresumlage, wenn keine Kappungsgrenze	7 200 €							
Spez. Kappungsgrenze nach § 559 Abs. 3a BGB	3 €/m2							
Kappungsgrenze für Umlage	7 200 €							
Periodenzahl	40							
Jahr	2023	2024	2025	2026	...	2061	2062	2063
Periodenende t	0	1	2	3	...	38	39	40
Berücksichtigte Perioden ("1" = "Ja")	1	1	1	1	...	1	1	1
Reguläre Mietpreisentwicklung	12 000 €	12 156 €	12 314 €	12 474 €	...	19 604 €	19 859 €	20 117 €
Energieeinsparung		36 000 kWh	35 820 kWh	35 640 kWh	...	29 340 kWh	29 160 kWh	28 980 kWh
Spez. Erdgaskosten	0,12 €/kWh	0,12 €/kWh	0,13 €/kWh	0,13 €/kWh	...	0,53 €/kWh	0,55 €/kWh	0,58 €/kWh
Spez. CO_2-Abgabe		45 €/t	55 €/t	65 €/t	...	256 €/t	267 €/t	277 €/t
Auszahlungen								
Umlage		-7 200 €	-7 200 €	-7 200 €	...	-7 200 €	-7 200 €	-7 200 €
Rückflüsse								
Ausgebliebene Mietsteigerung (aktueller Mietpreis vs. Basispreis)		156 €	314 €	474 €	...	-7 200 €	-7 200 €	-7 200 €
Heizkosteneinsparung		4 493 €	4 649 €	4 811 €	...	15 628 €	16 154 €	16 696 €
Einsparung CO_2-Abgabe (= Anteiländerung • CO_2-Einsparung • spez. CO_2-Abgabe)		130 €	158 €	187 €	...	739 €	768 €	799 €
Resultate/Indikatoren								
Summe	0 €	-2 422 €	-2 078 €	-1 728 €	...	1 967 €	2 522 €	3 095 €
Barwerte	0 €	-2 306 €	-1 885 €	-1 493 €	...	308 €	376 €	440 €
Kapitalwert	47 027 €							

Abbildung 11-24: Kapitalwerttableau der energetischen Sanierung einer vermieteten Immobilie bei 40 Jahren Laufzeit aus Mietersicht, Annahme: Vermieter erhöht die Miete häufig

Nun wird die Laufzeit im Beispiel auf 20 Jahre reduziert, siehe Abbildung 11-25.

Basiskalkulationszinsfuß i	5,0 %						
Preisänderungsrate Erdgas	4,0 %						
Nutzfläche	200 m2						
Monats-Kaltmiete	1 000 €						
Jahresmietzinssteigerung geschätzt	1,3 %						
Entgangene Mietsteigerung berücksichtigen?	WAHR						
Jahreserdgaseinsparung [kWh/a]	36 000						
Degradation pro Jahr	0,5 %						
Emissionsfaktor Erdgas	0,2 kg/kWh						
Reduktion CO_2-Emissionen	7,2 t CO2						
Anteil an CO_2-Abgabe vor der Maßnahme	70 %						
Anteil an CO_2-Abgabe nach der Maßnahme	10 %						
Anteiländerung	60 %						
Investauszahlung Sanierung	75 000 €						
Investauszahlung Heizung	25 000 €						
Förderung	10 000 €						
Jahresumlagerate nach § 559 Abs. 1 BGB	8 %						
Jahresumlage, wenn keine Kappungsgrenze	7 200 €						
Spez. Kappungsgrenze nach § 559 Abs. 3a BGB	3 €/m2						
Kappungsgrenze für Umlage	7 200 €						
Periodenzahl	20						
Jahr	2023	2024	2025	2026	...	2042	2043
Periodenende t	0	1	2	3	...	19	20
Berücksichtigte Perioden ("1" = "Ja")	1	1	1	1	...	1	1
Reguläre Mietpreisentwicklung	12 000 €	12 156 €	12 314 €	12 474 €	...	15 338 €	15 537 €
Energieeinsparung		36 000 kWh	35 820 kWh	35 640 kWh	...	32 760 kWh	32 580 kWh
Spez. Erdgaskosten	0,12 €/kWh	0,12 €/kWh	0,13 €/kWh	0,13 €/kWh	...	0,25 €/kWh	0,26 €/kWh
Spez. CO_2-Abgabe		45 €/t	55 €/t	65 €/t	...	122 €/t	127 €/t
Auszahlungen							
Umlage		-7 200 €	-7 200 €	-7 200 €	...	-7 200 €	-7 200 €
Rückflüsse							
Ausgebliebene Mietsteigerung (aktueller Mietpreis vs. Basispreis)		156 €	314 €	474 €	...	3 338 €	3 537 €
Heizkosteneinsparung		4 493 €	4 649 €	4 811 €	...	8 282 €	8 566 €
Einsparung CO_2-Abgabe (= Anteiländerung • CO_2-Einsparung • spez. CO_2-Abgabe)		130 €	158 €	187 €	...	351 €	365 €
Resultate/Indikatoren							
Summe	0 €	-2 422 €	-2 078 €	-1 728 €	...	4 771 €	5 268 €
Barwerte	0 €	-2 306 €	-1 885 €	-1 493 €	...	1 888 €	1 986 €
Kapitalwert	6 565 €						

Abbildung 11-25: Kapitalwerttableau einer energetischen Sanierung einer vermieteten Immobilie bei 20 Jahren Laufzeit aus Mietersicht, Annahme: Vermieter erhöht die Miete häufig

Bei Mietern gibt es zwar keine Anfangsinvestitionsauszahlung. Sie zahlen aber bis zur Kappungsgrenze Umlagen aus der Investitionssumme als Mieterhöhungen, die wie Raten wirken können. Im vorliegenden Beispiel führt das bei einer angenommenen Laufzeit von 40 Jahren dazu, dass ein positiver Kapitalwert generiert wird, der allerdings sehr schnell ins Wanken gerät, sollte die Laufzeit reduziert werden, etwa auf 20 Jahre, was einer üblichen Haltedauer wahrscheinlich eher entspricht, vgl. Abbildung 11-24 mit Abbildung 11-25. Hier wird deutlich, dass sich ein wirtschaftlicher Nutzen einer energetischen Sanierung für Mieter erst bei einer längeren Haltedauer einstellt. Nutznießer sind vor allem künftige Mieter oder solche mit einer langen Halte-, also Mietdauer.

Lage für Mieter bei seltener Mieterhöhung

Geht man auf der anderen Seite davon aus, dass der Vermieter eher selten eine normale (und nicht sanierungsbedingte) Mieterhöhung durchsetzt, dann fällt der Kapitalwert im Beispiel für Mieter magerer aus, rutscht ggf. sogar ins Negative ab, weil die bremsende Wirkung der Sanierungsumlage auf die Standardmieterhöhung wegfällt, vgl. Abbildung 11-26 mit Abbildung 11-27.

Basiskalkulationszinsfuß i	5,0 %						
Preisänderungsrate Erdgas	4,0 %						
Nutzfläche	200 m2						
Monats-Kaltmiete	1 000 €						
Jahresmietzinssteigerung geschätzt	1,3 %						
Entgangene Mietsteigerung berücksichtigen?	FALSCH						
Jahreserdgaseinsparung [kWh/a]	36 000						
Degradation pro Jahr	0,5 %						
Emissionsfaktor Erdgas	0,2 kg/kWh						
Reduktion CO_2-Emissionen	7,2 t CO2						
Anteil an CO_2-Abgabe vor der Maßnahme	70 %						
Anteil an CO_2-Abgabe nach der Maßnahme	10 %						
Anteiländerung	60 %						
Investauszahlung Sanierung	75 000 €						
Investauszahlung Heizung	25 000 €						
Förderung	10 000 €						
Jahresumlagerate nach § 559 Abs. 1 BGB	8 %						
Jahresumlage, wenn keine Kappungsgrenze	7 200 €						
Spez. Kappungsgrenze nach § 559 Abs. 3a BGB	3 €/m2						
Kappungsgrenze für Umlage	7 200 €						
Periodenzahl	40						
Jahr	2023	2024	2025	2026	…	2062	2063
Periodenende t	0	1	2	3	…	39	40
Berücksichtigte Perioden ("1" = "Ja")	1	1	1	1	…	1	1
Reguläre Mietpreisentwicklung	12 000 €	12 156 €	12 314 €	12 474 €	…	19 859 €	20 117 €
Energieeinsparung		36 000 kWh	35 820 kWh	35 640 kWh	…	29 160 kWh	28 980 kWh
Spez. Erdgaskosten	0,12 €/kWh	0,12 €/kWh	0,13 €/kWh	0,13 €/kWh	…	0,55 €/kWh	0,58 €/kWh
Spez. CO_2-Abgabe		45 €/t	55 €/t	65 €/t	…	267 €/t	277 €/t
Auszahlungen							
Umlage		-7 200 €	-7 200 €	-7 200 €	…	-7 200 €	-7 200 €
Rückflüsse							
Ausgebliebene Mietsteigerung (aktueller Mietpreis vs. Basispreis)		0 €	0 €	0 €	…	0 €	0 €
Heizkosteneinsparung		4 493 €	4 649 €	4 811 €	…	16 154 €	16 696 €
Einsparung CO_2-Abgabe (= Anteiländerung • CO_2-Einsparung • spez. CO_2-Abgabe)		130 €	158 €	187 €	…	768 €	799 €
Resultate/Indikatoren							
Summe	0 €	-2 578 €	-2 392 €	-2 202 €	…	9 722 €	10 295 €
Barwerte	0 €	-2 455 €	-2 170 €	-1 902 €	…	1 450 €	1 462 €
Kapitalwert	11 762 €						

Abbildung 11-26: Kapitalwerttableau einer energetischen Sanierung einer vermieteten Immobilie bei 40 Jahren Laufzeit, Annahme: Vermieter erhöht die Miete selten

Basiskalkulationszinsfuß i	5,0 %							
Preisänderungsrate Erdgas	4,0 %							
Nutzfläche	200 m2							
Monats-Kaltmiete	1 000 €							
Jahresmietzinssteigerung geschätzt	1,3 %							
Entgangene Mietsteigerung berücksichtigen?	FALSCH							
Jahreserdgaseinsparung [kWh/a]	36 000							
Degradation pro Jahr	0,5 %							
Emissionsfaktor Erdgas	0,2 kg/kWh							
Reduktion CO_2-Emissionen	7,2 t CO2							
Anteil an CO_2-Abgabe vor der Maßnahme	70 %							
Anteil an CO_2-Abgabe nach der Maßnahme	10 %							
Anteiländerung	60 %							
Investauszahlung Sanierung	75 000 €							
Investauszahlung Heizung	25 000 €							
Förderung	10 000 €							
Jahresumlagerate nach § 559 Abs. 1 BGB	8 %							
Jahresumlage, wenn keine Kappungsgrenze	7 200 €							
Spez. Kappungsgrenze nach § 559 Abs. 3a BGB	3 €/m2							
Kappungsgrenze für Umlage	7 200 €							
Periodenzahl	20							
Jahr	2023	2024	2025	2026	…	2041	2042	2043
Periodenende t	0	1	2	3	…	18	19	20
Berücksichtigte Perioden ("1" = "Ja")	1	1	1	1	…	1	1	1
Reguläre Mietpreisentwicklung	12 000 €	12 156 €	12 314 €	12 474 €	…	15 141 €	15 338 €	15 537 €
Energieeinsparung		36 000 kWh	35 820 kWh	35 640 kWh	…	32 940 kWh	32 760 kWh	32 580 kWh
Spez. Erdgaskosten	0,12 €/kWh	0,12 €/kWh	0,13 €/kWh	0,13 €/kWh	…	0,24 €/kWh	0,25 €/kWh	0,26 €/kWh
Spez. CO_2-Abgabe		45 €/t	55 €/t	65 €/t	…	117 €/t	122 €/t	127 €/t
Auszahlungen								
Umlage		-7 200 €	-7 200 €	-7 200 €	…	-7 200 €	-7 200 €	-7 200 €
Rückflüsse								
Ausgebliebene Mietsteigerung (aktueller Mietpreis vs. Basispreis)		0 €	0 €	0 €	…	0 €	0 €	0 €
Heizkosteneinsparung		4 493 €	4 649 €	4 811 €	…	8 008 €	8 282 €	8 566 €
Einsparung CO_2-Abgabe (= Anteiländerung • CO_2-Einsparung • spez. CO_2-Abgabe)		130 €	158 €	187 €	…	337 €	351 €	365 €
Resultate/Indikatoren								
Summe	0 €	-2 578 €	-2 392 €	-2 202 €	…	1 145 €	1 433 €	1 731 €
Barwerte	0 €	-2 455 €	-2 170 €	-1 902 €	…	476 €	567 €	652 €
Kapitalwert	-12 107 €							

Abbildung 11-27: Kapitalwerttableau einer energetischen Sanierung einer vermieteten Immobilie bei 20 Jahren Laufzeit, Annahme: Vermieter erhöht die Miete selten

Der Laufzeiteffekt (hier 40 Jahre Wirkungsdauer verglichen mit 20 Jahren) ist der gleiche wie bei häufigen Mieterhöhungen. Im vorliegenden Beispiel gerät der Kapitalwert bei einer Haltedauer von 20 Jahren in den Negativbereich, womit ausgedrückt wird, dass in diesem Beispiel Mieter selbst bei einem Mietzeitraum von 20 Jahren keinen ökonomischen Nutzen aus der Sanierung ziehen.

Zwar ist die durch die Sanierungsumlage erwirkte Mieterhöhung regelmäßig auf Dauer angelegt, entfaltet aber ihre Wirkung nur, bis die ortsübliche Miete diese Mieterhöhung eingeholt hat. Ab dann ist sie wirkungslos. Im vorliegenden Beispiel wird dieser Zustand nach 37 Jahren erreicht. Die folgende Abbildung 11-28 veranschaulicht diesen Zusammenhang.

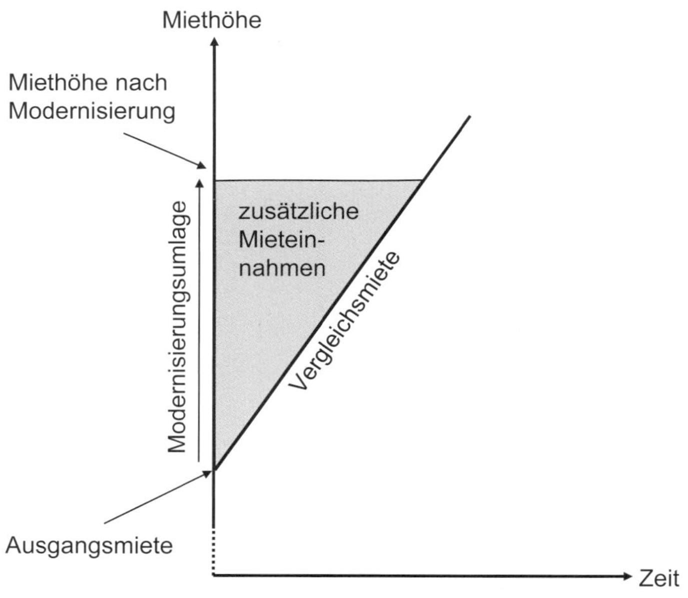

Quelle: eigene Darstellung

Abbildung 11-28: Zusammenhang zwischen den Mehreinnahmen durch Modernisierung und der ortsüblichen Vergleichsmiete

Solange dieser Ausgleichszeitpunkt nicht erreicht ist, sind reguläre Mieterhöhungen üblicherweise ausgeschlossen, was als Rückfluss für Mieter aufgefasst werden kann. Der wichtigste Zahlungsstrom ist für die Mieter die Energiekosteneinsparung, die als Cashflow anzusehen ist. Aufgrund der üblichen Preisdynamik auf den Energiemärkten kann man davon ausgehen, dass – entgegen der Umlage – die Energiekosteneinsparungen mit der Zeit zunehmen.

Fazit

In der Gesamtbetrachtung lassen sich folgende Schlüsse ziehen:

- Energetische Sanierungen können auf Grundlage der in Deutschland gegebenen Mietgesetzgebung für Mieter lukrativ sein (wirtschaftliche Vorteilhaftigkeit), müssen es aber nicht, weil Vermieter nicht angereizt werden, die effizienteste Lösung für den Kapitaleinsatz auszuwählen.
- Die Umlagen haben – genauso wie Energiekosteneinsparungen – Dauercharakter, verlieren aber mit der Zeit an Wirkung, weil sie – als Mieterhöhung – durch das Anwachsen der ortsüblichen Miete neutralisiert werden.
- Sofern ein energetisches Sanierungsprojekt in einem Eigenheim auch ohne die Steuerermäßigung nach § 35 c EStG wirtschaftlich vorteilhaft ist, ist es bei ansonsten gleichen Rahmengegebenheiten in einem Mietobjekt für Mieter umso lukrativer,
  - je länger die Mieter das Gebäude bzw. Apartment bewohnen und
  - je eher der Vermieter ohne Sanierung geneigt wäre, regelmäßig Mieterhöhungen durchzusetzen.
- Das Mieter-Vermieter-Dilemma bedeutet nicht zwangsläufig, dass der Mieter immer Nutznießer einer energetischen Sanierung ist.
- Der Vermieter zieht den größten wirtschaftlichen Nutzen aus einer energetischen Sanierung, wenn
  - er den höchstmöglichen Betrag bis zur Kappungsgrenze investiert, also die Kappungsgrenze als Betrag wählt (die energetische Qualität der Maßnahmen ist eher irrelevant),

- er sonst eher nicht geneigt ist, regelmäßig Mieterhöhungen durchzusetzen,
- das zu sanierende Gebäude einen möglichst hohen spezifischen Energieverbrauch aufweist (in kWh/m²), er also bisher einen hohen Anteil an CO_2-Abgaben zu tragen hat.

– Durch die Berücksichtigung von Steuern reduziert sich in aller Regel der Kapitalwert. Sanierungen sind demzufolge nicht – wie verschiedentlich behauptet – per se Steuersparmodelle.

11.1.1.4 Vorgehensweise zur Schnellanalyse der wirtschaftlichen Vorteilhaftigkeit einer energetischen Gebäudesanierung

Die folgenden Ausführungen beschreiben die ökonomische Bewertung einer beispielhaften energetischen Gebäudesanierung in mehreren unterschiedlichen energetischen Qualitätsniveaus im Rahmen einer Vorher-Nachher-Betrachtung. Die technischen Details, beispielsweise die Bestimmung der Wärmedurchgangskoeffizienten nur für die Hüllfläche (Außenfläche des Gebäudes) und ohne Zonierung nach Normenreihe DIN/TS 18599, sind bewusst recht grob gehalten, um einen einfachen und damit schnellen Einstieg zur Beurteilung zu finden, ob sich eine energetische Sanierung lohnen könnte.

Wenn ein sich ergebender Kapitalwert positiv ist, deutet sich eine ökonomische Vorteilhaftigkeit an. Dann wären weitere technische Detailberechnungen durchzuführen, die schließlich in einer erneuten Kapitalwertberechnung münden müssten. Die Kenntnis bauphysikalischer Grundlagen, etwa die Ermittlung von Wärmedurchgangskoeffizienten, der Umgang mit Luftwechselraten oder die inneren und solaren Wärmegewinne, wird bei der Darstellung des Beispiels als gegeben vorausgesetzt.[86]

Beim Beispiel handelt es sich um ein zweistöckiges Flachdachgebäude ohne Keller mit den Abmaßen 10 Meter Breite, 6 Meter Höhe und 10 Meter Tiefe. Die Nutzfläche beträgt 200 m², die Hüllfläche 480 m² und das Gebäudevolumen 600 m³. Alle weiteren Details zu den Bauelementen (Außenwände, Fenster und Türen) sind im folgenden Tableau den Zeilen 1 bis 24 zu entnehmen.

86 Sollte das nicht der Fall sein, müssten entsprechende Kenntnisse zuvor erworben werden. Hierzu wird beispielsweise Nissen 2014 empfohlen.

					Nachher (Auswahlmöglichkeit)			
Z	Parameter	Wertangabe		Vorher	Option 1	Option 2	Option 3	für Kapitalwert-Tableau?
1	Breite Gebäudehülle	10 m	editierbar					
2	Höhe Gebäudehülle	6 m	editierbar					
3	Tiefe Gebäudehülle	10 m	editierbar					
4	Gebäudevolumen	600 m3	berechnet					
5	Etagen	2	editierbar					
6	Nutzfläche	200 m2	berechnet		Option 1: Wärmedämmung Option 2: Option 1 + WP + zentrale Belüftung mit WRG und Bestandsheizkörpern und ohne PV-Speicheranlage Option 3: Option 2 mit Fußbodenheizung und ohne PV-Speicheranlage			
7	Hüllfläche	480 m2	berechnet					
8	Fläche Wand AW1	60 m2	berechnet					
9	Fläche Wand AW2	100 m2	berechnet					
10	Fläche Wand AW3	60 m2	berechnet					
11	Fläche Wand AW4	60 m2	berechnet					
12	Fläche Decke	100 m2	berechnet					
13	Fläche Fußboden	100 m2	berechnet					
14	Fenster 1	6 m2	editierbar					
15	Fenster 2	6 m2	editierbar					
16	Fenster 3	6 m2	editierbar					
17	Fenster 4	6 m2	editierbar					
18	Fenster 5	6 m2	editierbar					
19	Fenster 6	6 m2	editierbar					
20	Haustür	3 m2	editierbar					
21	U-Werte Wände		editierbar	1,14 W/m2K	0,23 W/m2K	0,15 W/m2K	0,15 W/m2K	
22	U-Werte Fenster		editierbar	3 W/m2K	2 W/m2K	0,65 W/m2K	0,65 W/m2K	
23	U-Werte Tür		editierbar	3,5 W/m2K	3,5 W/m2K	1,5 W/m2K	1,5 W/m2K	
24	Wärmebrückenkorrekturfaktor		editierbar	0,1 W/K	0,1 W/K	0,1 W/K	0,1 W/K	
25	Spezifischer Transmissionswärmeverlust H_T [W/K]		berechnet	624 W/K	223 W/K	136 W/K	136 W/K	
26	Wirkungsgrad Belüftung mit Wärmerückgewinnung (WRG)		editierbar	0 %	0 %	90 %	90 %	
27	Spezifischer Lüftungswärmeverlust Hv [W/K]		berechnet	115 W/K	115 W/K	11 W/K	11 W/K	
28	Heizgradstunden bei 20°C Innenraumtemperatur		editierbar	75 624 Kd				
29	Jahrestransmissionswärmeverlust		berechnet	47 162 kWh	16 844 kWh	10 289 kWh	10 289 kWh	
30	Jahresventilationswärmeverlust		berechnet	8 663 kWh	8 663 kWh	866 kWh	866 kWh	
31	Jahresgewinne Solar und Innere (geschätzt)		editierbar	-6 825 kWh				
32	Wärmeenergiebedarf für Nutzwasser (geschätzt)		editierbar	2 000 kWh				
33	Jahresheizenergiebedarf (Nutzenergie)		berechnet	51 000 kWh	20 682 kWh	6 330 kWh	6 330 kWh	
34	Anlagenaufwandszahl in Anlehnung an DIN 4701-10		editierbar	1,2	1,15	1,15	1,1	
35	Nutzungsgrad des Heizkessels vor Renovierung (bzw. JAZ bei WP)		editierbar	80 %	100 %	300 %	350 %	
36	Heizenergieverbrauch (Endenergie Gas bzw. Strom)		berechnet	76 501 kWh	23 784 kWh	2 426 kWh	1 989 kWh	
37	Spez. Heizenergieverbrauch		berechnet	383 kWh	119 kWh	12 kWh	10 kWh	
38	KOSTENBETRACHTUNGEN							
39	Kosten Wändedämmung		editierbar		48 000 €	65 000 €	65 000 €	
40	Kosten Fenster		editierbar		15 000 €	20 000 €	20 000 €	
41	Kosten Tür		editierbar			3 000 €	3 000 €	
42	Kosten Heizung (Wärmepumpe mit Bestandsheizkörpern)		editierbar			20 000 €		
43	Kosten Heizung (Wärmepumpe mit neuer Fußbodenheizung)		editierbar				40 000 €	
44	Kosten Belüftungsanlage mit WRG		editierbar			20 000 €	20 000 €	
45	Kosten Planung/Beratung/Umsetzung		editierbar		10 000 €	12 000 €	12 000 €	
46	Gesamtkosten der energetischen Sanierung		editierbar		73 000 €	140 000 €	160 000 €	X
47	Spezifische Kosten		editierbar		365 €/m2	700 €/m2	800 €/m2	
48	EINSTELLPARAMETER							
49	KalkZinssatz		editierbar		4 %			X
50	Jahrespreisänderung Strom		editierbar		2 %			X
51	Jahrespreisänderung Erdgas		editierbar		4 %			X
52	Jahrespreissteigerung Sonst		editierbar		5 %			X
53	Betrachtungszeitraum [Jahre]		editierbar		40			X
54	Spez. Stromkosten		editierbar		0,35 €/kWh			X
55	Spez. Gaskosten		editierbar		0,12 €/kWh			X
56	Änderung des Jahresendenergieverbrauchs Gas				-52 716 kWh	-76 501 kWh	-76 501 kWh	X
57	Änderung des Jahresendenergieverbrauchs Strom					2 426 kWh	1 989 kWh	X
58	Kapitalwert				180 038 €	203 810 €	188 024 €	

Abbildung 11-29: Tableau zur Schnellanalyse der wirtschaftlichen Vorteilhaftigkeit einer energetischen Sanierung

Die Werte für die spezifischen Transmissions- und Ventilationswärmeverluste (H_T und H_V-Werte in den Zeilen 25 und 27) werden bei der Berechnung auf der Grundlage der angegebenen Gebäudedimensionen und U-Werte (Zeilen 1 bis 20 sowie Zeilen 21 bis 23) für die jeweiligen Optionen in den vier folgenden separaten Tabellen ermittelt.

Bauteil	Kurz-bezeichnung	Aus-richtung	Brutto-Fläche [m²]	Reduktionen durch Fenster etc.	Netto-Fläche A [m²]	Wärmedurch-gangskoeffizient U_i [W/m²K]	U_i*A_i [W/K]	Temperatur-korrektur-faktor F_x	U_i*A_i*F_x [W/K]
Außenwand	AW1	N	60 m2	15 m2	45 m2	1,14	51	1,00	51
	AW2	W	100 m2	12 m2	88 m2	1,14	100	1,00	100
	AW3	S	60 m2	6 m2	54 m2	1,14	62	1,00	62
	AW4	O	60 m2	6 m2	54 m2	1,14	62	1,00	62
Oberste Geschoßdecke/Dach	D1		100 m2		100 m2	1,14	114	1,00	114
Fußboden auf Erdreich	G1		100 m2		100 m2	1,14	114	0,60	68
Fenster	W1.1	N	6 m2		6 m2	3,00	18	1,00	18
	W1.2	N	6 m2		6 m2	3,00	18	1,00	18
	W2.1	W	6 m2		6 m2	3,00	18	1,00	18
	W2.2	W	6 m2		6 m2	3,00	18	1,00	18
	W3	S	6 m2		6 m2	3,00	18	1,00	18
	W4	O	6 m2		6 m2	3,00	18	1,00	18
Haustür	T1.1		3 m2		3 m2	3,50	11	1,00	11
Hüllfläche A_H [m²]					480 m2				
Vorläufiger spezifischer Transmissionswärmeverlust [W/K]									576
Wärmebrückenkorrekturwert ΔU_{WB} [Wm²/K] (mit A_H zu multiplizieren => [W/K])						0,1 W/K			48
Spezifischer Transmissionswärmeverlust H_T [W/K]									624
Spezifischer flächenbezogener Transmissionswärmeverlust H'_T [W/(K*m²)]									1,30

Abbildung 11-30: Ermittlung des Transmissionswärmeverlustes eines Beispielgebäudes – Ausgangslage

Bauteil	Kurz-bezeichnung	Aus-richtung	Brutto-Fläche [m²]	Reduktionen durch Fenster etc.	Netto-Fläche A_i [m²]	Wärmedurch-gangskoeffizient U_i [W/m²K]	U_i*A_i [W/K]	Temperatur-korrektur-faktor F_x	U_i*A_i*F_x [W/K]
Außenwand	AW1	N	60 m2	15 m2	45 m2	0,23	10	1,00	10
	AW2	W	100 m2	12 m2	88 m2	0,23	20	1,00	20
	AW3	S	60 m2	6 m2	54 m2	0,23	12	1,00	12
	AW4	O	60 m2	6 m2	54 m2	0,23	12	1,00	12
Oberste Geschoßdecke/Dach	D1		100 m2		100 m2	0,23	23	1,00	23
Fußboden auf Erdreich	G1		100 m2		100 m2	0,23	23	0,60	14
Fenster	W1.1	N	6 m2		6 m2	2,00	12	1,00	12
	W1.2	N	6 m2		6 m2	2,00	12	1,00	12
	W2.1	W	6 m2		6 m2	2,00	12	1,00	12
	W2.2	W	6 m2		6 m2	2,00	12	1,00	12
	W3	S	6 m2		6 m2	2,00	12	1,00	12
	W4	O	6 m2		6 m2	2,00	12	1,00	12
Haustür	T1.1		3 m2		3 m2	3,50	11	1,00	11
Hüllfläche A_H [m²]					480 m2				
Vorläufiger spezifischer Transmissionswärmeverlust [W/K]									175
Wärmebrückenkorrekturwert ΔU_{WB} [Wm²/K] (mit A_H zu multiplizieren => [W/K])						0,1 W/K			48
Spezifischer Transmissionswärmeverlust H_T [W/K]									223
Spezifischer flächenbezogener Transmissionswärmeverlust H'_T [W/(K*m²)]									0,46

Abbildung 11-31: Ermittlung des Transmissionswärmeverlustes eines Beispielgebäudes – renovierte Version, Option 1

Bauteil	Kurz-bezeichnung	Aus-richtung	Brutto-Fläche [m²]	Reduktionen durch Fenster etc.	Netto-Fläche A_i [m²]	Wärmedurch-gangskoeffizient U_i [W/m²K]	U_i*A_i [W/K]	Temperatur-korrektur-faktor F_x	$U_i*A_i*F_x$ [W/K]
Außenwand	AW1	N	60 m2	15 m2	45 m2	0,15	7	1,00	7
	AW2	W	100 m2	12 m2	88 m2	0,15	13	1,00	13
	AW3	S	60 m2	6 m2	54 m2	0,15	8	1,00	8
	AW4	O	60 m2	6 m2	54 m2	0,15	8	1,00	8
Oberste Geschoßdecke/Dach	D1		100 m2		100 m2	0,15	15	1,00	15
Fußboden auf Erdreich	G1		100 m2		100 m2	0,15	15	0,60	9
Fenster	W1.1	N	6 m2		6 m2	0,65	4	1,00	4
	W1.2	N	6 m2		6 m2	0,65	4	1,00	4
	W2.1	W	6 m2		6 m2	0,65	4	1,00	4
	W2.2	W	6 m2		6 m2	0,65	4	1,00	4
	W3	S	6 m2		6 m2	0,65	4	1,00	4
	W4	O	6 m2		6 m2	0,65	4	1,00	4
Haustür	T1.1		3 m2		3 m2	1,50	5	1,00	5
Hüllfläche A_H [m²]					480 m2				
Vorläufiger spezifischer Transmissionswärmeverlust [W/K]									88
Wärmebrückenkorrekturwert ΔU_{WB} [Wm²/K] (mit A_H zu multiplizieren => [W/K])						0,1 W/K			48
Spezifischer Transmissionswärmeverlust H_T [W/K]									136
Spezifischer flächenbezogener Transmissionswärmeverlust H'_T [W/(K*m²)]									0,28

Abbildung 11-32: Ermittlung des Transmissionswärmeverlustes eines Beispielgebäudes – renovierte Version Passivhausstandard plus Wärmepumpe (Optionen 2 und 3)

Zeile	Kennwert	Wertangaben
1	Gebäudevolumen V_e	600
2	Beheiztes Luftvolumen [m³] = V_e * 0,76	456
3	Luftwechselrate [1/h]	0,7
4	Luftvolumen pro Stunde [m³/h]	319
5	Wärmekapazität Luft [kJ/(kgK)]	1,0
6	Dichte der Luft [kg/m³]	1,2920
7	Luftmasse pro Stunde [kg/h]	412
8	Spez. Lüftungswärmeverlust [kJ/(Kh)]	412
9	Spez. Lüftungswärmeverlust [kWs/(Kh)]	412
10	Spez. Lüftungswärmeverlust [kWh/(Kh)]	0,115
11	Gradtagstunden ohne Nachtabsenkung 20 °C [Kh]	81 600
12	Lüftungswärmebedarf Q_V [kWh] pro Jahr	9 348
13	Spez. Lüftungswärmeverlust H_V [W/K]	115

Abbildung 11-33: Parameterwerte zur Bestimmung eines beispielhaften spezifischen Lüftungswärmeverlustes

Unter Zugrundelegung von geplanten Energieeinsparmaßnahmen (etwa Wärmedämmung der Außenwände) sind nun in dem Tableau in Abbildung 11-29 die relevanten Parameterwerte in die Zeilen 21 bis 24, 26, 34 und 35, des Weiteren die Investitionsauszahlungen in die Zeilen 39 bis 45 sowie schließlich die Kalkulationsparameter wie der Kalkulationszins (in die Zeilen 49 bis 55) einzutragen, sodass Energieverbrauchsänderungen in Erscheinung treten und Kapitalwerte angezeigt werden können, vgl. Abbildung 11-34, Abbildung 11-35 und Abbildung 11-36.

Basiskalkulationszinsfuß i	4 %							
Preissteigerungsrate Strom	2,0 %							
Preissteigerungsrate Erdgas	4,0 %							
Spez. Stromkosten	0,35 €/kWh							
Spez. Gaskosten	0,12 €/kWh							
Jahreserdgaseinsparung [kWh/a]	52 716							
Periodenzahl	40							
Periodenende t	0	1	2	3	...	38	39	40
Berücksichtigte Perioden ("1" = "Ja")	1	1	1	1	...	1	1	1
Auszahlungen								
Investitionsauszahlung	-73 000 €							
Rückflüsse								
Erdgaskosteneinsparungen		6 579 €	6 842 €	7 116 €	...	28 080 €	29 203 €	30 371 €
Resultate/Indikatoren								
Summe	-73 000 €	6 579 €	6 842 €	7 116 €	...	28 080 €	29 203 €	30 371 €
Barwerte	-73 000 €	6 326 €	6 326 €	6 326 €	...	6 326 €	6 326 €	6 326 €
Kapitalwert	180 038 €							

Abbildung 11-34: Kapitalwertermittlung der energetischen Renovierung Option 1

Basiskalkulationszinsfuß i	4 %							
Preisänderungsrate Strom	2,0 %							
Preisänderungsrate Erdgas	4,0 %							
Spez. Stromkosten	0,35 €/kWh							
Spez. Gaskosten	0,12 €/kWh							
Jahresstromverbrauch für die WP [kWh/a]	2 426							
Jahreserdgaseeinsparung [kWh/a]	76 501							
Periodenzahl	40							
Periodenende t	0	1	2	3	...	38	39	40
Berücksichtigte Perioden ("1" = "Ja")	1	1	1	1	...	1	1	1
Auszahlungen								
Investitionsauszahlung	-140 000 €							
Stromkosten für die WP		-866 €	-884 €	-901 €	...	-1 802 €	-1 838 €	-1 875 €
Rückflüsse								
Erdgaskosteneinsparungen		9 547 €	9 929 €	10 326 €	...	40 749 €	42 379 €	44 074 €
Resultate/Indikatoren								
Summe	-140 000 €	8 681 €	9 046 €	9 425 €	...	38 946 €	40 540 €	42 199 €
Barwerte	-140 000 €	8 347 €	8 363 €	8 379 €	...	8 774 €	8 782 €	8 789 €
Kapitalwert	203 810 €							

Abbildung 11-35: Kapitalwertermittlung der energetischen Renovierung Option 2

Basiskalkulationszinsfuß i	4 %							
Preisänderungsrate Strom	2,0 %							
Preisänderungsrate Erdgas	4,0 %							
Spez. Stromkosten	0,35 €/kWh							
Spez. Gaskosten	0,12 €/kWh							
Jahresstromverbrauch für die WP [kWh/a]	1 989							
Jahreserdgaseeinsparung [kWh/a]	76 501							
Periodenzahl	40							
Periodenende t	0	1	2	3	...	38	39	40
Berücksichtigte Perioden ("1" = "Ja")	1	1	1	1	...	1	1	1
Auszahlungen								
Investitionsauszahlung	-160 000 €							
Stromkosten für die WP		-710 €	-724 €	-739 €	...	-1 478 €	-1 507 €	-1 537 €
Rückflüsse								
Erdgaskosteneinsparungen		9 547 €	9 929 €	10 326 €	...	40 749 €	42 379 €	44 074 €
Resultate/Indikatoren								
Summe	-160 000 €	8 837 €	9 205 €	9 587 €	...	39 271 €	40 871 €	42 536 €
Barwerte	-160 000 €	8 497 €	8 510 €	8 523 €	...	8 847 €	8 854 €	8 860 €
Kapitalwert	188 024 €							

Abbildung 11-36: Kapitalwertermittlung der energetischen Renovierung Option 3

Die Angaben sind beispielhaft. Allgemeingültige Aussagen, etwa dass eine energetische Sanierung eines Gebäudes oder der Einbau einer Wärmepumpe grundsätzlich wirtschaftlich vorteilhaft ist, können daraus nicht abgeleitet werden. Immer ist der Einzelfall zu kalkulieren.

Im vorliegenden Fall – und nur in diesem – sind alle drei aufgeführten Optionen gegenüber der besten Geldanlagealternative, auf deren Basis der Kalkulationszinssatz festgelegt wird, vorteilhaft. Im Vergleich sticht die Option 2 hervor. Dieses Ergebnis gilt jedoch nur, wenn die Einstellparameter die Realität am besten widerspiegeln (Most-Likely-Case-Szenario). Um die Aussagesicherheit zu erhöhen, wäre es zweckmäßig, die Einstellparameter im Rahmen einer Sensitivitäts- und/oder Szenarioanalyse zu variieren.

11.1.2 Investitionsrechnung für Effizienzmaßnahmen in der industriellen Produktion

Mit den folgenden Ausführungen wird der Versuch unternommen, die Verfahren der industriellen Produktion in Teilbereiche zu strukturieren, diese Teilbereiche dann nach typischen Energieeinsatzzwecken zu hinterfragen, um dann ggf. eine Zusammenfassung in Cluster vorzunehmen, aus denen sich gruppenspezifische Ansatzpunkte zur grundsätzlichen Verbesserung der energiebezogenen Leistung ergeben, die dann wiederum einer Kapitalwertberechnung zugeführt werden können. Es geht mit anderen Worten darum, die unterschiedlichen Produktionsverfahren in Gruppen zu gliedern, die einen ähnlichen Energieverbrauchscharakter aufweisen, um hieraus dann allgemeingültige gruppenspezifische Ideen zur systematischen Verbesserung der energiebezogenen Leistung abzuleiten.

11.1.2.1 Relevante technische Grundlagen von Effizienzmaßnahmen bei Produktionsprozessen

11.1.2.1.1 Gliederung der industriellen Produktionsverfahren

In der industriellen Produktion kann davon ausgegangen werden, dass Produktionsanlagen Hauptenergieverbraucher darstellen. Teilweise sind dies auch Fabrik- und Verwaltungsgebäude, deren energetische Sanierung bereits in Kapitel 11.1.1 behandelt wurde. Bei Produktionsanlagen dürften üblicherweise die größten normalisierten Energiekostensenkungspotenziale vorliegen[87]. Es macht daher Sinn, die **Produktionsverfahren** (als Basis der Produktionsanlagen) in das Zentrum der Betrachtung zu stellen, wenn es später darum geht, allgemeingültige Ansatzpunkte für das Auffinden von Verbesserungsmaßnahmen herzuleiten sowie Hinweise, Vorgehensweisen und Empfehlungen für energieorientierte Investitionsrechnungen zu erarbeiten und vorzustellen.

Produktionsverfahren werden üblicherweise in drei verschiedene Technikbereiche unterteilt:

- Energietechnik
- Fertigungstechnik
- Verfahrenstechnik

Die **Energietechnik** ist eine Ingenieurwissenschaft, die sich interdisziplinär mit dem Thema Energie befasst. Hauptinhalte sind Technologien zur effizienten, sicheren und wirtschaftlichen Gewinnung, Umwandlung, zum Transport, zur Speicherung und Nutzung von Energie in großem Stil, etwa Kraftwerksbau, also Technologien, die eher zentral im Einsatz sind (und nicht dezentral wie Gaskessel oder Wärmepumpen, die der Fertigungstechnik zuzuordnen sind).

Fertigungstechnik beschäftigt sich mit der (wirtschaftlichen) Herstellung **von geometrisch definierten festen Körpern** (Stückgütern). Dabei kann es sich um Produkte für Endverbraucher handeln oder um welche, die noch weiterverarbeitet werden müssen, wie Bleche oder Spanplatten. Gefertigt werden auch Kunstgegenstände und Fertigungsmittel, also Werkzeuge, Maschinen und Anlagen, die zur Fertigung benötigt werden. Betrachtungsgegenstand der Fertigungstechnik sind zahlreiche Fertigungsverfahren, die in DIN 8580 zu Hauptgruppen und Gruppen zusammengefasst sind und auf die gleich noch in energetischer Hinsicht genauer eingegangen wird.

Die **Verfahrenstechnik** ist eine selbstständige Ingenieurwissenschaft, die sich mit allen Vorgängen befasst, bei denen Stoffe (Gase, Flüssigkeiten oder Feststoffe) hinsichtlich Zusammensetzung, Art oder Eigenschaften verändert werden. Sie nutzt dabei physikalische, chemische oder biologische Phänomene. Innerhalb der Produktionstechnik beschäftigt sich die Verfahrenstechnik mit der Herstellung von Stoffen (Rohmaterial) sowie der Umwandlung von Stoffen **mit nicht genau definierter Form**, während die Fertigungstechnik diese Ausgangsprodukte zu Körpern mit geometrisch bestimmter Form weiterverarbeitet. Beispiele sind Mahlen oder Sieben von Getreide, die Gewinnung von Metallen aus Erzen, die Produktion von Papier oder die Auftrennung der einzelnen Bestandteile des rohen Erdöls. Eine Standardisierung der einzelnen Verfahren entsprechend der DIN 8580 für Fertigungsverfahren gibt es nicht. Im Schrifttum haben sich jedoch „anerkannte Grundoperationen der Verfahrenstechnik“ herausgebildet, die die Verfahrenstechnik aufteilen in

- mechanische Verfahrenstechnik (mechanisches Trennen und mechanisches Vereinigen von Stoffen),
- thermische Verfahrenstechnik (thermisches Trennen und Vereinigen von Stoffen) und
- chemische Verfahrenstechnik (Stoffwandlungen durch chemische Reaktionen, etwa Oxidation, Hydrierung, Polymerisation).

Die (zumindest bisher noch zentral ausgerichtete) **Energietechnik** soll in den folgenden Ausführungen nicht im Vordergrund stehen. Dies hat folgenden Grund: Das Endprodukt – Endenergie – ist aus der Sicht der Abnehmer einheitlich und austauschbar. Es handelt sich im Wesentlichen um Erdgas, Heizöl, elektrischen Strom oder Fernwärme. Zwar spielt seit einiger Zeit die Herkunft des zu erwerbenden Energieträgers für viele Kunden eine Rolle (z. B. elektrischer Strom aus regenerativen Energiequellen). Das ändert aber nichts an der Tatsache, dass das konsumierte Produkt über die Wettbewerbergrenzen hinweg (nahezu) gleich ist. Der Fokus der Hersteller – der Kraftwerks-

87 Das zeigen z. B. die zahlreichen Veröffentlichungen aus dem Forschungsgebiet Energy Efficiency Gap. Hier wurde seit Anfang der 1990er-Jahre immer wieder aufgezeigt, dass in vielen Industrieunternehmen umfassende Energieeinsparpotenziale vorliegen, deren Ausschöpfung dem jeweiligen Unternehmen wirtschaftliche Vorteile einbrächte, sie aber nicht ausgeschöpft werden, weil sogenannte Barrieren dies verhinderten. Hierauf wurde in Kapitel 1.1 bereits eingegangen.

und Netzbetreiber – liegt daher über die Sicherstellung der Versorgungssicherheit hinaus vor allem in der rohstoffminimierenden und damit energieeffizienten Herstellung der Produkte. Insofern ist davon auszugehen, dass auf deren Seite genügend Anreize vorliegen und Vorkehrungen getroffen werden, den Energieeinsatz bei den Anlagen zur Bereitstellung von Endenergie zu minimieren, sodass in diesem Bereich generell nicht mit umfassenden Einsparpotenzialen zu rechnen ist.

Ganz anders ist die Lage bei fertigungs- und verfahrenstechnischen Produktionsprozessen. Bei ihnen spielt die Energieeffizienz zwar zunehmend eine gewisse Rolle. Im Vordergrund stehen jedoch die Qualität, das Design, die Erfüllung des Einsatzzweckes, das Image des Endproduktes etc. Insofern kann bei ihnen angenommen werden, dass energieorientierte Verbesserungspotenziale deutlich häufiger vorliegen als bei der Energietechnik.

Der Katalog umfasst unter Zugrundelegung von DIN 8580 sowie der anerkannten verfahrenstechnischen Regeln die folgenden Verfahren, die in Abschnitt 11.1.2.1.3 zunächst in Gruppen und Untergruppen differenziert und dann nach ihrem generellen Energieeinsatz hinterfragt werden können und sollen:

- Urformen
- Umformen
- Trennen
- Fügen
- Beschichten
- Stoffeigenschaft ändern
- Sintern, Brennen
- Magnetisieren
- Bestrahlen
- photochemische Verfahren (Belichten)
- mechanische Verfahrenstechnik
- thermische Verfahrenstechnik
- chemische Verfahrenstechnik

11.1.2.1.2 Ansatzpunkte zur Erarbeitung von Maßnahmen durch energieorientierte Wertanalyse

Die folgenden Ausführungen zeigen zunächst grundsätzliche Ansatzpunkte zur Erarbeitung von Maßnahmen zur Verbesserung der energiebezogenen Leistung in der industriellen Produktion, wobei ausschließlich Produktionsprozesse der Fertigungstechnik und der Verfahrenstechnik behandelt werden. Danach folgt eine Analyse der verschiedenen Verfahren dahingehend, auf welche Weise Energie eingesetzt wird, um daraus dann eine Clusterung der Verfahren nach Art des Energieeinsatzes zustande zu bringen, sodass sich für die jeweiligen Cluster allgemeingültige Anregungen für eine etwaige Effizienzverbesserung ableiten lassen.

Wenngleich die Anzahl der einzelnen Detailverfahren der Fertigungs- und Verfahrenstechnik (Hauptgruppen und Gruppen sowie Untergruppen der Fertigungstechnik sowie Grundoperationen der Verfahrenstechnik), auf die in Kapitel 11.1.2.1.3 genauer eingegangen wird, relativ hoch ist, so ist ihre Energieverbrauchsstruktur – ohne zunächst schon ins Detail zu gehen – immer gleich: Für einen Produktionsprozess

- stellt man Endenergie (z. B. Erdgas) bereit,
- die in Nutzenergie (z. B. Wärme und Bewegung des Produktionsgutes) umgewandelt wird,
- um schließlich eine Energiedienstleistung (z. B. Kunststofftrinkbecher) zu erhalten.

Die folgende Liste zeigt eine Unterteilung der verschiedenen Prozesse von Industrieunternehmen in **Anlagenarten,** die sich für eine energetische Analyse bewährt hat und daher auch hier eingesetzt werden soll:

- **G – Gebäude**
- **PA – Produktionsanlage** (z. B. Drehmaschine, Industrieofen, Laserschneidmaschine, Destillationskolonne Autoklav)
- **UA – Umwandlungsanlage**[88] (z. B. Luftkompressor, Blockheizkraftwerk, Dampferzeuger)
- **NA – Nebenanlage** (z. B. Beleuchtungssystem, Kaffeemaschine, Personal Computer, Computerserver)

Auf der Grundlage dieser Unterteilung lässt sich die Energieeinsatzfolge wie folgt darstellen (siehe Abbildung 11-37).

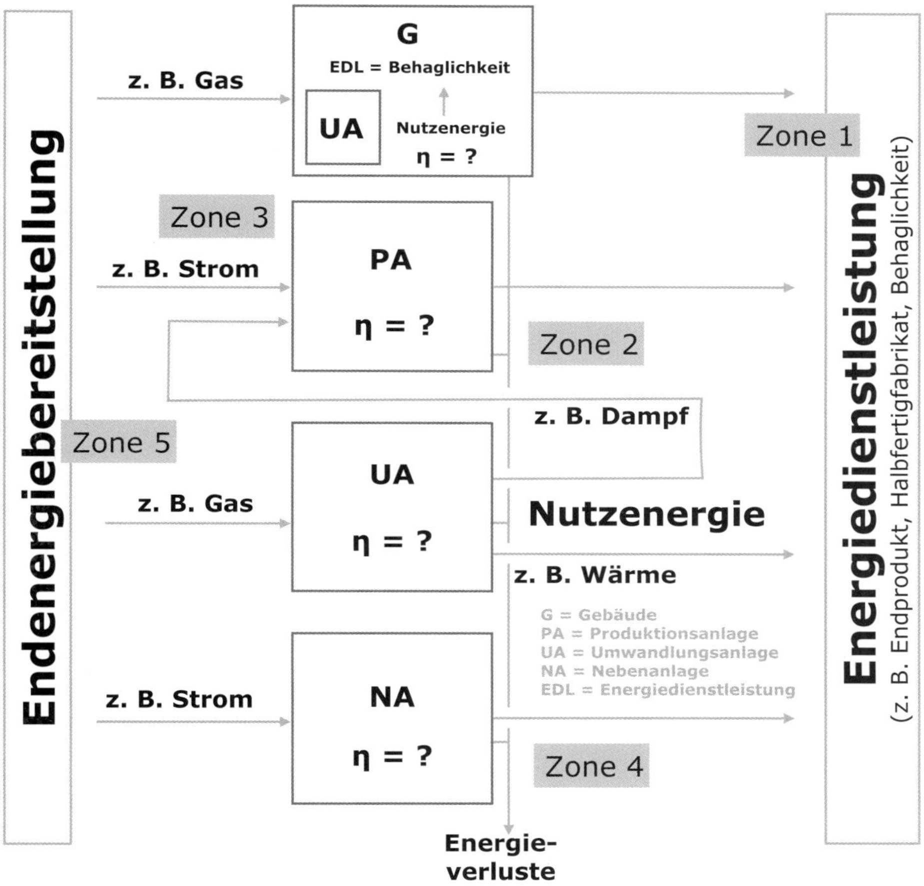

Quelle: eigene Darstellung

Abbildung 11-37: Energiewertschöpfungskette und Ansatzpunkte zur Effizienzverbesserung mit Angabe von Zonen

Eine derartige Energieeinsatzfolge wird auch als „Energiewertschöpfungskette" bezeichnet.[89] Sie zeigt die einzelnen Energiewandlungen von der Endenergiebereitstellung bis zur Energiedienstleistung auf. Eine solche Energiewertschöpfungskette kann und soll nun – zunächst noch, ohne auf die einzelnen Detailproduktionsverfahren einzugehen – dazu dienen, allgemeine Handlungsempfehlungen abzuleiten, die helfen, Effizienzverbesserungspotenziale ausfindig zu machen,

88 Teilweise werden Umwandlungsanlagen nicht selten fälschlich als SEUs deklariert, weil sie einen hohen Energieverbrauch zu verursachen scheinen. Sie wandeln jedoch Endenergie erster Ordnung in Endenergie zweiter Ordnung bzw. Nutzenergie um, sodass sie nach Abzug der erzeugten Energie von der eingesetzten Endenergie (= Verlustenergie), oft nicht zu den energieintensivsten Prozessen gehören.

89 Vgl. z. B. Posch 2011, S. 44 ff.

um schließlich konkrete Maßnahmen abzuleiten und in Folge bewertbare Investitionen auszuarbeiten.

Eine hierauf abzielende strukturierte Vorgehensweise erscheint sehr zweckmäßig, sieht es doch gegenwärtig so aus, dass anerkannte Verfahren zur

- systematischen Prüfung bestehender Produktionsverfahren,
- Ableitung von Verbesserungsmöglichkeiten und
- Identifizierung von Verbesserungspotenzialen

in der Praxis (aber auch in der Literatur) nicht vorliegen und Unternehmen daher eher spontan und zufällig auf etwaige Potenziale stoßen, was als nicht sehr effizient angesehen werden kann.

Der nun vorgeschlagene erste Teil einer Vorgehensweise zur Erarbeitung von Effizienzverbesserungsmaßnahmen orientiert sich an dem seit vielen Jahren etablierten Verfahren der **„Wertanalyse“** nach VDI 2808 Blatt 1:2018, DIN EN 1325:2014, VDI 2800:2010 und DIN EN 12973:2020 sowie anderen Normen. Mit diesem Verfahren werden häufig in die Jahre gekommene oder durch Wettbewerber bedrängte etablierte Produkte (also keine neuen) hinsichtlich ihrer zu erfüllenden Funktionen systematisch hinterfragt, um so Kostensenkungspotenziale ausfindig zu machen. Ziel ist die Eliminierung oder Neugestaltung all jener Produktbestandteile, die keine Relevanz für die jeweilige Funktionserfüllung haben.

Diese Methode hat sich – in abgewandelter Form – auch für das Auffinden von Energieeffizienzverbesserungspotenzialen als hilfreich erwiesen und soll daher – als **„energetische Wertanalyse“** (eWA) – kurz vorgestellt werden.

Übertragen wir die Idee der Wertanalyse auf Energieverbräuche in der industriellen Produktion, müssen wir im ersten Schritt nach der Ursache des Energieverbrauchs fragen – also die Energiedienstleistung als Funktion hinterfragen, um danach dann die Energieeinsätze in umgekehrter Reihenfolge der Energiewertschöpfungskette zurückzuverfolgen und kritisch zu prüfen.

Die Untersuchung beginnt demnach auf der Energiedienstleistungsebene (Zone 1) eines Prozesses (also ganz rechts in Abbildung 11-37) und versucht, zunächst Ideen zu entwickeln, um den energiedienstleistungsgetriebenen, also i. d. R. den **produkt**getriebenen Energiebedarf zu reduzieren. Danach erst wird auf der Nutzenergieebene (Zone 2) und dann auf der Endenergieebene (Zone 3) geprüft, welche Möglichkeiten der Energieverbrauchsreduzierung bestehen.[90] Schließlich steht die Verlustenergieebene (Zone 4) im Fokus einer Weiterverwendung überschüssiger Energie. Und abschließend wird auf der Bereitstellungsebene (Zone 5) geprüft, inwieweit etwaige Substitutionen sinnvoll erscheinen. Diese Reihenfolge dient dem Zweck, Energieverbrauchspotenziale ursachenorientiert auszuschöpfen.

1) **Zone 1: Infragestellung der EDL** (Produkt, Behaglichkeit etc.)
   - Reduzierung des Energiebedarfs des Produktionsprozesses aufgrund konstruktiver Produktänderung
   - Reduzierung des Energiebedarfs des Produktionsprozesses aufgrund einer Substitution des Produktes durch ein funktionsgleiches, das weniger Energieeinsatz in der Produktion erfordert
2) **Zone 2: Verminderung der nachgefragten Nutzenergie des Produktionsprozesses** (bei akzeptierter EDL)
   - Einsatz einer anderen Nutzenergieart (z. B. Mikrowelle statt Wärme) bei gleichem oder alternativem Prozess)
   - Prozessablaufoptimierung (möglichst nur so viel Energiezufuhr, wie zwingend erforderlich [→ physikalisches Minimum])
   - Prozessdauer optimieren
   - Auslastung maximieren

90 Die nächste Zone darf immer nur dann angegangen werden, wenn die Vorzone abschließend abgearbeitet ist.

3) **Zone 3: Reduzierung des Endenergieverbrauchs zur Erzeugung einer bestimmten Nutzenergiemenge** (bei akzeptiertem Nutzenergiebedarf)
   - Minimierung der Verlustenergie ($\eta \rightarrow$ max.)
   - Wärmedämmung des Produktionsprozesses, sofern es sich um einen wärmebedingten Prozess handelt
4) **Zone 4: Umgang mit Verlustenergie, insbesondere mit Wärmeverlusten** (bei akzeptiertem Endenergiebedarf)
   - Energierückgewinnung
5) **Zone 5: Auswahl und Bereitstellung Endenergieträger mit geringeren spezifischen Kosten oder mit geringerem THG-Potenzial**
   - Energieträgertausch
   - Co-Produktion (etwa BHKW)

Die eWA wird in Form interdisziplinärer Brainstorming-Sitzungen durchgeführt. Empfehlenswert ist, neben Mitarbeitern des eigenen Unternehmens auch externe Beteiligte hinzuzuziehen.

Die Ideen müssen dabei unabhängig von der Hierarchieposition im Unternehmen frei vorgetragen werden können. Vorgesetzte dürfen favorisierte Ideen nicht bekannt geben, um zu vermeiden, dass sich die anderen Gruppenmitglieder früh darauf einschießen. Zudem ist zu vermeiden, dass Ideen bei der Vorstellung von anderen Teilnehmern direkt verworfen oder negativ bewertet werden. Killerphrasen sind nicht erlaubt.

Nach Zusammenstellung der jeweiligen Arbeitsgruppe und Auswahl des Betrachtungsobjektes beginnt der eigentliche Untersuchungsabschnitt. Bezugnehmend auf die in Abbildung 11-37 aufgeführten Zonen haben sich folgende Prüffragen als zweckdienlich erwiesen, die in der angegebenen Reihenfolge beantwortet werden sollten. Die Fragen sollen inspirieren, energiesparende Änderungsideen zu entwickeln. Um sich fokussieren zu können, wird immer nur ein Prozess/SEU allein und nicht mehrere gemeinsam betrachtet.

1) **Fragen zum jeweiligen Prozess/SEU** (Abprüfung des Status quo)
   - Benennen Sie den Output des Prozesses (Produkt[e], Halbfertigfabrikate[e], Komponente[n] etc.).
   - Benennen und beschreiben Sie die Prozesselemente, die Energie verbrauchen.
     - Beispiel: Elektromotoren für Mühlen und Rüttelsiebe sowie zur Druckerzeugung, um gemahlenes Mehl in Rohren zum nächsten Mahlgang zu befördern.
   - Welche energetischen Produktionsanforderungen ergeben sich zwingend aus dem Prozessoutput? Welche Arten von Energieeinsätzen werden benötigt?
     - Beispiel: Mahlen und Sieben
2) **Zone 1: Hinterfragung der EDL**
   - Sind konstruktive Änderungen beim Output denkbar, die eine Energieverbrauchsreduzierung nach sich zögen?
     - Beispiel: Verchromtes Gestell erscheint aus Sicht des Kunden äquivalent zu einem lackierten, hat aber einen deutlich höheren Energiebedarf. In diesem Fall könnten die Chromgestelle ausgetauscht werden.
     - Beispiel: Kunststoffarmlehne eines Bürostuhls könnte durch Holzarmlehne substituiert werden.
   - Ist es denkbar, dass der Output durch funktionsgleiche Produkte (o. Ä.) ersetzt wird, die einen geringeren Energieeinsatz bei der Produktion aufweisen (disruptive Änderungen)?
     - Beispiel: Musik-CDs werden durch einen Streamingdienst ersetzt.
     - Beispiel: Ein Verbrennungsmotor im Auto wird durch einen Elektromotor ersetzt.

- Zu den letzten beiden Fragen: Handelt es sich beim Output um ein Halbfertigfabrikat oder Zwischenprodukt, so muss sichergestellt sein, dass die nachfolgenden Prozessschritte in ihrer Durchführung nicht beeinträchtigt werden. Alternativ müssen Anpassungen an ebendiesen auch energetisch bewertet werden.

3) **Zone 2: Hinterfragung des Bedarfs an Nutzenergie** (bei nicht infrage gestellter EDL)
   - Welche Nutzenergiearten sind im Einsatz?
     - Beispiele: Wärme, Druck, Luftströmung, Beleuchtung, Bewegung
   - Gibt es Möglichkeiten, die Nutzenergieart durch eine andere, die energieeffizienter hergestellt werden kann, zu substituieren?
     - Beispiel: Ersetzung des Warmwalzens durch Kaltwalzen von Stahl
     - Beispiel: Das Trocknen von Lebensmitteln lässt sich durch natürliche Belüftung sparsamer bewerkstelligen als mit Wärme. Der Durchsatz ist jedoch geringer.
     - Beispiel (Mühlenbeispiel): Druckluftförderung kann man weitestgehend einsparen, wenn mehrere Mahlstöcke hintereinander angeordnet wären.
   - Könnte man sich Prozessvarianten, andere Prozesseinstellungen oder Alternativprozesse vorstellen, die für den gleichen Output weniger Nutzenergie (ohne Wechsel der Nutzenergieart) verbrauchen?
     - Beispiel: durch Einbau mehrerer Dachfenster kann auf zahlreiche elektrische Lampen verzichtet werden
     - Beispiel: kürzere Wärmebehandlung, da ausreichend
     - Beispiel: Schockfrostung anstatt Normalfrostung, wenn effizienter
     - Beispiel: nur Stellen beleuchten, bei denen Beleuchtung benötigt wird
     - Beispiel: die Wärmeübertragung auf Prozessabschnitte begrenzen, bei denen Wärme auch benötigt wird

4) **Zone 3: Hinterfragung des Verbrauchs an Endenergie** (bei nicht infrage gestellter Nutzenergie)
   - Wie könnte man den Wirkungs- bzw. Nutzungsgrad der Anlage erhöhen? Wie ließe sich die Verlustenergie reduzieren?
     - Beispiel: Fahren einer Anlage unter Volllast
     - Beispiel: energetisch optimale Dimensionierung der Anlage, um die Ein- und Ausschaltvorgänge zu minimieren
     - Beispiel: Wärmedämmung eines Brennofens wird verbessert
     - Beispiel: Leckagen in Druckluftleitungen werden beseitigt
   - Wie kann eine energetisch optimale Prozessauslastung sichergestellt werden?
     - Beispiel: In einem Brennofen wird nur die Hälfte der maximal möglichen Anzahl an Tongefäßen gebrannt. Hier würde eine Auslastungserhöhung den Energieverbrauch reduzieren.

5) **Zone 4: Hinterfragung der Erzeugung und Nutzung von Verlustenergie** (bei nicht infrage gestellter EDL und Nutzenergie)
   - An welchen Stellen bzw. bei welchen Prozesselementen entsteht Verlustenergie in welchem Umfang (ggf. verbal) und in welcher Form?
     - Beispiel: Strahlungswärme an der Außenfläche des Keramikbrennofens
     - Beispiel: Vibration einer Pressanlage
     - Beispiel: Wärme entsteht am Verbrennungsmotor
     - Beispiel: Druckverluste in undichten Druckluftleitungen

- Welche Verhaltensfehler, die im Prozess zu Verlustenergie führen, sind denkbar?
  - Beispiel: versäumtes Herunterfahren der Anlage nach Betriebsschluss
  - Beispiel: Einstellung zu hoher Temperaturen aufgrund unbegründeter Risikoempfindung
- Haben die möglichen Verhaltensfehler Relevanz?
  - Beispiel: Eine Fehlbedienung der Maschine ist denkbar, würde den Energieverbrauch allerdings nur um höchstens ein Prozent erhöhen.
- Wie können derartige Verhaltensfehler ausgeschlossen werden?
  - Beispiel: Schulungen für Mitarbeiter
  - Beispiel: Eine manuelle Steuereinheit wird durch eine automatisierte ersetzt.
- Wie könnte man Verlustenergie auffangen?
  - Beispiel: über einen Wärmetauscher
- Auf welche Weise könnte man die Verlustenergie wiederverwenden, die dann zu einer Energieverbrauchsentlastung (an anderer Stelle) führt?
  - Beispiel: In einem Glühprozess wird die Abwärme genutzt, um den zu glühenden Stahl im Vorlauf vorzuwärmen.

6) **Zone 5: Hinterfragung der Bereitstellung von Endenergie** (bei nicht infrage gestellter EDL, Nutzenergie und Verlustenergie)
   - Welche Energieträger sind im Einsatz?
     - Beispiele: Strom, Erdgas, Heizöl, Fernwärme
   - Wäre ein Energieträgerwechsel sinnvoll und machbar?
     - Beispiel: Ein Verbrennungsmotor wird durch einen Elektromotor ersetzt.
     - Beispiel: Ein Benzinmotor wird durch Biogas betrieben.
     - Beispiel: Erwärmung von Flüssigkeiten durch Gas anstelle von Elektrizität (Reduzierung des Primärenergieverbrauchs und der Energiekosten)
   - Käme infrage, die zugeführte Endenergie durch Co-Produktion selbst zu erzeugen?
     - Beispiel: Durch ein eigenes BHKW könnten Strom und Wärme effizient coproduziert werden.

Erste praktische Erfahrungen beim Einsatz der eWA haben deutlich werden lassen, dass sich Verbesserungspotenziale vor allem in den Zonen 3 und 4 und damit bei den Produktionsprozessen und den Verlustenergien finden lassen. Hierauf werden die Ausführungen in den nächsten Abschnitten näher eingehen.

Die folgenden Abbildungen (Abbildung 11-38 und Abbildung 11-39) zeigen, wie man mit dem soeben vorgestellten Schema der eWA systematisch Ideen zur Verbesserung der Energieeffizienz ausarbeiten kann.

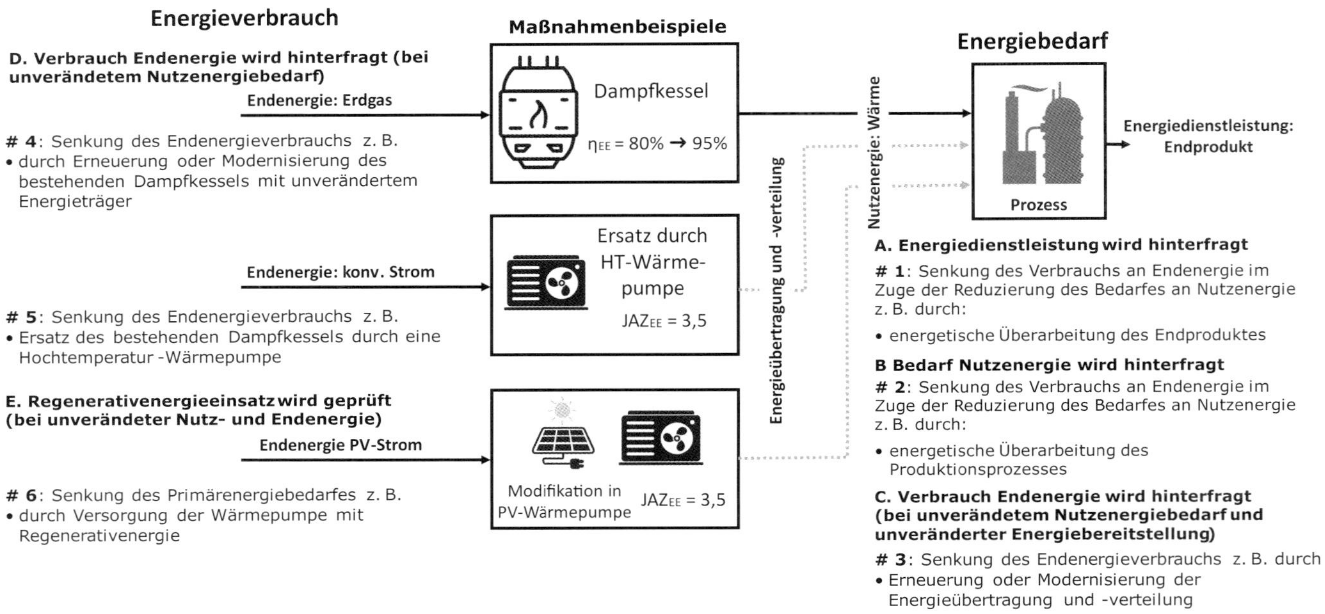

Quelle: eigene Darstellung

Abbildung 11-38: Ansatzpunkte für Energieeffizienzinvestitionen in der industriellen Produktion

Abbildung 11-38 zeigt einen allgemeinen Industrieprozess, bei dem zunächst das Endprodukt in den Fokus genommen und geprüft wird, inwieweit eine Überarbeitung ebendieses Produktes infrage kommt, durch die sich schließlich eine Absenkung des Nutzenergiebedarfs erwirken ließe (# 1: etwa Änderung der Beschichtung von Verchromung auf Lackierung). Danach wäre eine Nutzenergiebedarfsreduzierung des Prozesses zu untersuchen (# 2: etwa Wärmedämmung eines Trocknungsprozesses).

Sobald das Thema Nutzenergiebedarfsreduzierung abgearbeitet ist, sollte man sich dem Endenergieverbrauch widmen. Hierzu unterstellt man zunächst nicht nur einen unveränderten Nutzenergiebedarf, sondern auch eine unveränderte Energiebereitstellung und fragt, ob bei der Energieübertragung und -verteilung möglicherweise Verbesserungspotenziale vorliegen, z. B. Wärmedämmung von Heißdampf-Rohrleitungen (# 3).

Ist auch dieses Themenfeld abgeschlossen, wäre als Nächstes die Art der Endenergiebereitstellung zu prüfen, sofern Endenergie selbst erzeugt wird (durch eine Energiebereitstellungsanlage von Endenergie erster Ordnung [EE_1] zu Endenergie zweiter Ordnung [EE_2]). Zu klären wäre hier, ob es sinnvoll erscheint, die Energiebereitstellungsanlage energetisch zu modernisieren (# 4), durch eine technisch aquivalente, aber effizientere oder eine andere Technologie auszutauschen (# 5), die u. U. auch noch mit Regenerativenergie betrieben werden kann (# 6).

Eine analoge Untersuchungs- und Potenzialherleitungsvorgehensweise kann auf Gebäude angewandt werden (siehe Abbildung 11-39).

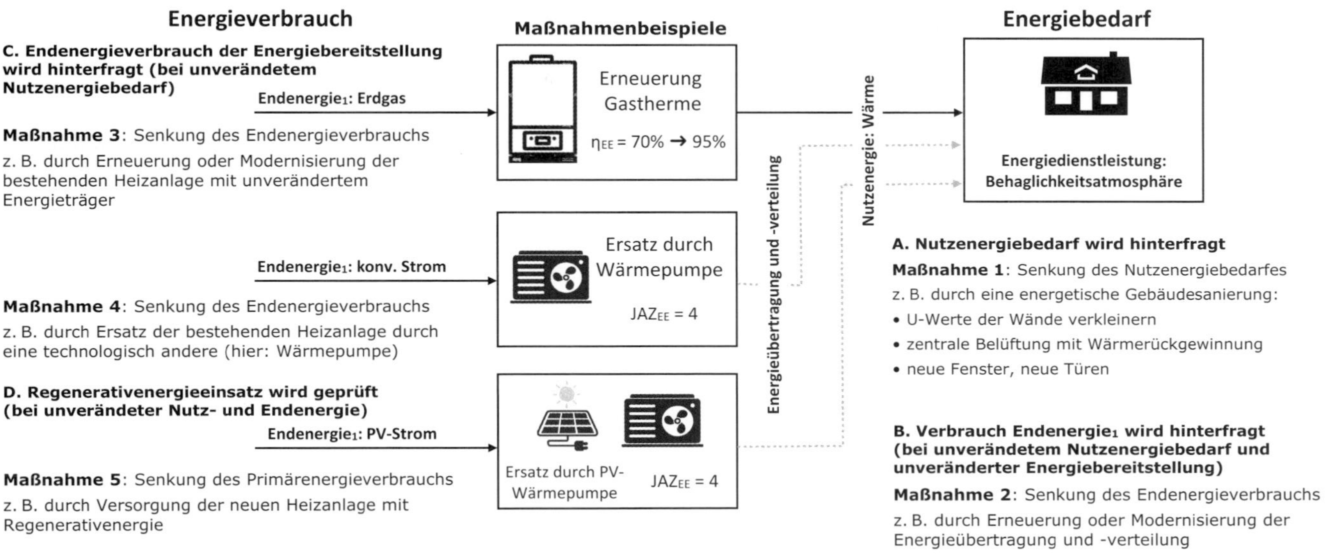

Quelle: eigene Darstellung

Abbildung 11-39: Ansatzpunkte für Energieeffizienzinvestitionen bei Gebäuden

Auch hier erscheint es zweckmäßig, bei der Energiedienstleistung zu beginnen und zu prüfen, ob Temperaturen und Luftqualität im gesamten Gebäude eventuell – in Teilbereichen – zu adjustieren sind (# 1), vorausgesetzt, die Zielvorgabe einer Behaglichkeitsatmosphäre wird erfüllt. Im Anschluss an eine solche Prüfung würde man sich sinnvollerweise mit der energetischen Qualität der Gebäudehülle und der Belüftung auseinandersetzen und ggf. Änderungsvorschläge unterbreiten (# 2). Dann käme die Energieübertragung und -verteilung an die Reihe (etwa Rohrwärmedämmung; # 3). Schließlich würde der Nutzenergiebedarf als gegeben angesehen und die Frage gestellt und geprüft werden, inwieweit man bei unveränderbarem Nutzenergiebedarf den Endenergieverbrauch reduzieren könnte, etwa

- durch Modernisierung oder Austausch der bestehenden Energiebereitstellungsanlage bei gleichem Energieträger (# 4),
- durch Einsatz einer neuen Heiztechnologie (etwa Wärmepumpe anstelle einer Gastherme [# 5]) oder gar
- durch ein neues Heizsystem (z. B. Wärmepumpe), das mit Regenerativ-Endenergie betrieben wird (z. B. PV-Strom und Solarthermie, # 6).

> **Hinweis**
>
> **Achtung:** Auch wenn hier von einer Senkung des Nutzenergiebedarfs bzw. Endenergieverbrauchs die Rede ist, sind jeweils Erhöhungen der Effizienzen bzw. der Nutzungsgrade gemeint, weil die Einflussfaktoren der Bedarfe/Verbräuche (etwa Produktionsvolumina, Außentemperaturen etc.) vonseiten des Energiemanagements nicht kontrollierbar und daher nicht planbar sind. Eine Energieeffizienzverbesserung kann man berechnen und planen, die Verminderung eines Energieverbrauchs i. d. R. nicht.

11.1.2.1.3 Energieeinsatz in Prozessen der Fertigungs- und Verfahrenstechnik

In allen Produktionsverfahren wird Energie eingesetzt. Zumindest ist sie erforderlich, um Einsatzmaterialien, Halbfertigfabrikate oder Endprodukte zu bewegen. Darüber hinaus wird Energie auch verwandt, um eine Kraftausübung entstehen zu lassen, etwa bei der Zerspanung, Biegeverformung oder beim Schneiden. Viele Verfahren benötigen auch Wärme, etwa um den Aggregatzustand eines Materials zu ändern (etwa von fest auf flüssig und zurück), sodass – z. B. beim Spritzgießen – eine dauerhafte Verformung oder – z. B. bei der Destillation – eine Trennung mehrerer Stoffe voneinander ermöglicht wird. Derartige wärmebedingte Verfahren sind nicht selten besonders energieintensiv und weisen häufig umfassende Wärmeverluste auf, die in vielen Fällen reduziert oder wiedergewonnen werden könnten.

M. a. W. wird bei der industriellen Produktion Energie je nach Detailverfahren zu unterschiedlichen Zwecken eingesetzt und dies in z. T. sehr unterschiedlichen Ausmaßen. Insofern kann man davon ausgehen, dass die Energieintensität und damit ggf. auch die Effizienzverbesserungspotenziale der verschiedenen fertigungs- oder verfahrenstechnischen Prozesse in der betriebspraktischen Realität höchst unterschiedlich sind.

Es stellt sich insofern die Frage, ob sich die vielen in der Produktion eingesetzten Produktionsverfahren zu Gruppen zusammenfassen lassen, für die man sich typische Ansatzpunkte für allgemeingültige Effizienzverbesserungsmaßnahmen überlegen kann. Damit beschäftigen sich die folgenden Ausführungen. Es geht zunächst einmal darum zu klären, zu welchem Haupt- bzw. Nebenzweck Energie jeweils eingesetzt wird.

Eine entsprechende Prüfung ist durchgeführt worden. Die folgenden drei Tabellen zeigen die Prüfungsergebnisse (vgl. Tabelle 25, Tabelle 26 und Tabelle 27).

Tabelle 25: Energieeinsatz in Prozessen der Fertigungstechnik

Hauptgruppe nach DIN 8580	Gruppe nach DIN 8580	Untergruppen	Häufiger Hauptzweck des Energieeinsatzes[a]	Prozessart in wärmeorientierter Hinsicht
Urformen	Urformen aus dem flüssigen Zustand	Schwerkraftgießen, Druckgießen, Niederdruckgießen, Schleudergießen, Stranggießen, Schäumen, Tauchformen, Urformen aus faserverstärkten Kunststoffen, Züchten von Kristallen	Wärmezu- und -abfuhr zur Änderung des Aggregatzustandes (fest → flüssig und zurück)	Wärmebedingte Prozesse
	Urformen aus plastischem oder teigigem Zustand	Pressformen, Spritzgießen, Spritzpressen, Strangpresse (Extrudieren), Ziehformen, Kalandrieren, Blasformen, Modellieren	Wärmezu- und -abfuhr zur Änderung des Aggregatzustandes (fest→ flüssig und zurück)	Wärmebedingte Prozesse
	Urformen aus dem breiigen Zustand	Gießen von Beton, Gips; Gießen und Brennen von Porzellan, Keramik	ggf. Wärmebedarf für chemische Reaktion und Trocknung/Verfestigung	I. d. R. wärmebedingte Prozesse
	Urformen aus dem körnigen oder pulverförmigen Zustand	Pressen, Sintern, Sandformen, Urformen durch thermisches Spritzen	Wärmezu- und -abfuhr zur Verfestigung ohne Änderung des Aggregatzustandes Druckerzeugung	I. d. R. wärmebedingte Prozesse
	Urformen aus dem span- oder faserförmigen Zustand	Herstellung von Spanplatten, Herstellung von Faserplatten, Herstellung von Pappe und Papier	Wärmezu- und -abfuhr zur Trocknung und Glättung Transportieren/Bewegen des Gutes	I. d. R. wärmebedingte Prozesse
	Urformen aus dem gas- oder dampfförmigen Zustand	Abscheiden aus der Dampfphase in einer Form	Wärmeabfuhr zur Kondensation	Wärmebedingte Prozesse
	Urformen aus dem ionisierten Zustand	Elektrolytisches Abscheiden	Leitung eines elektrischen Stromes (Gleichstrom) durch ein elektrolytisches Bad für elektrolytisches Abscheiden	Nicht-wärmebedingte Prozesse

Hauptgruppe nach DIN 8580	Gruppe nach DIN 8580	Untergruppen	Häufiger Hauptzweck des Energieeinsatzes[a]	Prozessart in wärmeorientierter Hinsicht
Umformen	Druckumformen	Walzen, Freiformen, Gesenkformen, Eindrücken, Druckdrücken, Umformstrahlen, Oberflächenveredlungsstrahlen	Bei Kaltumformung: Bewegungsenergie (physikalische Arbeit) am Werkzeug zur Krafterzeugung, Transportieren/Bewegen des Gutes im Rahmen des Prozesses Bei Warmumformung: Wärmezu- und -abfuhr zur Rekristallisation, Bewegungsenergie des Werkzeugs zur Krafterzeugung, Transportieren/Bewegen des Gutes	Bei Kaltumformung: nicht-wärmebedingte Prozesse Bei Warmumformung: wärmebedingte Prozesse
	Zugdruckumformen	Durchziehen, Tiefziehen, Drücken, Kragenziehen, Knickbauchen, Innenhochdruck Weitstauchen		
	Zugumformen	Längen, Weiten, Tiefen		
	Biegeumformen	Biegeumformen mit gradliniger Werkzeugbewegung, Biegeumformen mit drehender Werkzeugbewegung		
	Schubumformen	Verschieben (Schubumformen) mit gradliniger Werkzeugbewegung, Verschieben (Schubumformen) mit drehender Werkzeugbewegung		
Trennen	Zerteilen	Scherschneiden, Messerschneiden, Beißschneiden, Spalten, Reißen, Brechen	Bewegungsenergie am Werkzeug zur Krafterzeugung Physikalische Arbeit aus Scherkraft mal Weg	Nicht-wärmebedingte Prozesse
	Spanen mit geometrisch bestimmten Schneiden	Drehen, Bohren, Senken, Reiben, Fräsen, Hobeln, Stoßen, Räumen, Sägen, Feilen, Raspeln, Bürstspanen, Schaben, Meißeln		
	Spanen mit geometrisch unbestimmten Schneiden	Schleifen mit rotierendem Werkzeug, Bandschleifen, Hubschleifen, Honen, Läppen, Strahlspanen, Gleitspanen		
	Abtragen	Thermisches Abtragen, Chemisches Abtragen, Elektrochemisches Abtragen	Sehr unterschiedlich	Nicht-wärmebedingte Prozesse
	Zerlegen	Auseinandernehmen, Entleeren, Lösen kraftschlüssiger Verbindungen, Zerlegen von durch Urformen gefügten Teilen, Zerlegen von durch Umformen gefügten Teilen, Ablöten, Lösen von Klebeverbindungen, Zerlegen textiler Verbindungen	Bewegen des Einsatzmaterials bzw. der Bauteile und Werkzeuge	Nicht-wärmebedingte Prozesse
	Reinigen	Reinigungsstrahlen, Mechanisches Reinigen, Strömungstechnisches Reinigen, Lösemittelreinigen, Chemisches Reinigen, Thermisches Reinigen	Sehr unterschiedlich	Nicht-wärmebedingte Prozesse

Hauptgruppe nach DIN 8580	Gruppe nach DIN 8580	Untergruppen	Häufiger Hauptzweck des Energieeinsatzes[a]	Prozessart in wärmeorientierter Hinsicht
Fügen	Zusammensetzen	Auflegen, Aufsetzen, Schichten, Einlegen, Einsetzen, Ineinanderschieben, Einhängen, Einrenken, Federnd Einspreizen	Bewegen des Einsatzmaterials bzw. der Bauteile und Werkzeuge	Nicht-wärmebedingte Prozesse
	Füllen	Einfüllen, Tränken, Imprägnieren	Sehr unterschiedlich	Nicht-wärmebedingte Prozesse
	An- und Einpressen	Schrauben, Klemmen, Klammern, Fügen durch Presspassung, Nageln, Verstiften, Einschlagen, Verkeilen, Verspannen	Sehr unterschiedlich	Nicht-wärmebedingte Prozesse
	Fügen durch Urformen	Ausgießen, Einbetten, Vergießen, Eingalvanisieren, Ummanteln, Kitten	Sehr unterschiedlich	Nicht-wärmebedingte Prozesse
	Fügen durch Umformen	Fügen durch Umformen drahtförmiger Körper, Fügen durch Umformen bei Blech-, Rohr- und Profilteilen, Fügen durch Nietverfahren	Sehr unterschiedlich	Nicht-wärmebedingte Prozesse
	Fügen durch Schweißen	Pressverbindungsschweißen, Schmelzverbindungsschweißen	Wärmezu- und abfuhr zur Verfestigung mit Änderung des Aggregatzustandes des Schweißmaterials	Wärmebedingte Prozesse, Wärmeverluste kaum reduzierbar und i. d. R. nicht nutzbar
	Fügen durch Löten	Verbindungsweichlöten, Verbindungshartlöten	Wärmezu- und abfuhr zur Verfestigung mit Änderung des Aggregatzustandes des Lots	Wärmebedingte Prozesse, Wärmeverluste kaum reduzierbar und i. d. R. nicht nutzbar
	Fügen durch Kleben	Kleben mit physikalisch abbindenden Klebstoffen, Kleben mit chemisch abbindenden Klebstoffen (Reaktionsklebstoffen)	Bewegen des Einsatzmaterials bzw. der Bauteile und Werkzeuge	Nicht-wärmebedingte Prozesse
Beschichten	Beschichten aus dem flüssigen Zustand	Schmelztauchen, Anstreichen, Lackieren, Färben, Emaillieren Glasieren, Beschichten durch Gießen, Drucken, Bedrucken, Beschriften	Sehr unterschiedlich: Drucklufterzeugung zur Verflüchtigung des Lackes	Nicht-wärmebedingte Prozesse
	Beschichten aus dem plastischen Zustand	Spachteln	Bewegen des Einsatzmaterials bzw. der Bauteile und Werkzeuge	Nicht-wärmebedingte Prozesse
	Beschichten aus dem breiigen Zustand	Putzen, Verputzen	Bewegen des Einsatzmaterials bzw. der Bauteile und Werkzeuge	Nicht-wärmebedingte Prozesse
	Beschichten aus dem körnigen oder pulverförmigen Zustand	Wirbelsintern, Elektrostatisches Beschichten, Beschichten durch thermisches Spritzen	Aufbau eines elektrostatischen Feldes	Nicht-wärmebedingte Prozesse
	Beschichten durch Schweißen	Schmelzauftragsschweißen	Wärmezu- und abfuhr zur Verfestigung ohne Änderung des Aggregatzustandes des Schweißmaterials	Wärmebedingte Prozesse, Wärmeverluste kaum reduzierbar und i. d. R. nicht nutzbar

Hauptgruppe nach DIN 8580	Gruppe nach DIN 8580	Untergruppen	Häufiger Hauptzweck des Energieeinsatzes[a]	Prozessart in wärmeorientierter Hinsicht
Beschichten	Beschichten durch Löten	Auftrag-Weichlöten, Auftrag-Hartlöten	Wärmezu- und abfuhr zur Verfestigung ohne Änderung des Aggregatzustandes des Lots	Wärmebedingte Prozesse, Wärmeverluste kaum reduzierbar und i. d. R. nicht nutzbar
	Beschichten aus dem gas- oder dampfförmigen Zustand (Vakuumbeschichten)	Vakuumbedampfen, Vakuumbestäuben	Verdampfen des Schichtwerkstoffes	Nicht-wärmebedingte Prozesse
	Beschichten aus dem ionisierten Zustand	Galvanisches Beschichten, Chemisches Beschichten	Aufrechterhaltung eines Stromkreises zwischen Anode und Kathode	Nicht-wärmebedingte Prozesse
Stoffeigenschaft ändern	Verfestigen durch Umformen	Verfestigungsstrahlen, Verfestigung durch Walzen, Verfestigung durch Ziehen, Verfestigung durch Schmieden	Bewegen und ggf. Erwärmen des Einsatzmaterials bzw. der Bauteile	I. d. R. nicht-wärmebedingte Prozesse
	Wärmebehandeln	Glühen, Härten, Isothermisches Umwandeln, Anlassen, Auslagern, Vergüten, Tiefkühlen, Thermochemisches Behandeln, Aushärten	Erwärmen und ggf. Abkühlen (also Wärmeentzug) des Einsatzmaterials	Wärmebedingte Prozesse
	Thermomechanisches Behandeln	Austenitformhärten, Heissisostatisches Nachverdichten	Erwärmen und ggf. Abkühlen (also Wärmeentzug) des Einsatzmaterials	Nicht-wärmebedingte Prozesse
	Sintern, Brennen		Erwärmen und Pressen sowie ggf. Abkühlen (also Wärmeentzug) des Einsatzmaterials	Wärmebedingte Prozesse
	Magnetisieren		Aufbau eines starken Magnetfeldes	Nicht-wärmebedingte Prozesse
	Bestrahlen		Unterschiedlich	Nicht-wärmebedingte Prozesse
	Photochemische Verfahren	Belichten	Unterschiedlich	Nicht-wärmebedingte Prozesse

[a] Nebenzweck ist immer: Zuführen und Abtransportieren/Bewegen der Einsatzmaterialien bzw. des Gutes.

Tabelle 26: Energieeinsatz in Prozessen der Verfahrenstechnik

Verfahrenstechnik-Bereiche	Grundoperationen	Untergruppen	Häufiger Hauptzweck des Energieeinsatzes[a]	Prozessart in wärmeorientierter Hinsicht
Mechanische Verfahrenstechnik	Mechanisches Trennen von Stoffen	Sedimentieren	Bewegen des Einsatzmaterials und der Anlage	Nicht-wärmebedingte Prozesse
		Filtrieren	Bewegen des Einsatzmaterials und der Anlage	Nicht-wärmebedingte Prozesse
		Auspressen	Bewegen des Einsatzmaterials und der Anlage	Nicht-wärmebedingte Prozesse
		Zentrifugieren	Elektromotorisch erwirkte Bewegen der Zentrifuge	Nicht-wärmebedingte Prozesse
		Zerkleinern	Bewegen des Einsatzmaterials und der Anlage Erzeugung von Kraft	Nicht-wärmebedingte Prozesse
		Klassieren	Bewegen des Einsatzmaterials und der Anlage	Nicht-wärmebedingte Prozesse
		Sortieren	Bewegen des Einsatzmaterials und der Anlage	Nicht-wärmebedingte Prozesse
		Flotieren	Bewegen des Einsatzmaterials und der Anlage	Nicht-wärmebedingte Prozesse
	Mechanisches Vereinigen von Stoffen	Versprühen	Bewegen des Einsatzmaterials und der Anlage	Nicht-wärmebedingte Prozesse
		Begasen	Aufbau von Luftdruck	Nicht-wärmebedingte Prozesse
		Rühren	Bewegen des Einsatzmaterials und der Anlage	Nicht-wärmebedingte Prozesse
		Homogenisieren	Bewegen des Einsatzmaterials und der Anlage	Nicht-wärmebedingte Prozesse
		Kneten	Bewegen des Einsatzmaterials und der Anlage	Nicht-wärmebedingte Prozesse
		Vermengen	Bewegen des Einsatzmaterials und der Anlage	Nicht-wärmebedingte Prozesse
		Dosieren	Bewegen des Einsatzmaterials und der Anlage	Nicht-wärmebedingte Prozesse
		Kompaktieren	Bewegen des Einsatzmaterials und der Anlage Aufbau von Druckkraft	Nicht-wärmebedingte Prozesse
Thermische Verfahrenstechnik	Thermisches Trennen von Stoffen	Kondensieren	Wärmeabfuhr zur Änderung des Aggregatzustandes (gasförmig → flüssig), Kondensationsenthalpie wird dabei freigesetzt	Wärmebedingte Prozesse
		Verdampfen	Wärmezufuhr zur Änderung des Aggregatzustandes (flüssig → gasförmig)	Wärmebedingte Prozesse
		Kristallisieren	Wärmeabfuhr zur Änderung des Aggregatzustandes (flüssig → fest), Kristallisationsenthalpie wird dabei freigesetzt	Wärmebedingte Prozesse
		Trocknen	Wärmezufuhr zur Forcierung einer Verdunstung oder bei der Verdampfung auch zur Änderung des Aggregatzustandes (flüssig → gasförmig)	Wärmebedingte Prozesse

Verfahrenstechnik-Bereiche	Grundoperationen	Untergruppen	Häufiger Hauptzweck des Energieeinsatzes[a]	Prozessart in wärmeorientierter Hinsicht
Thermische Verfahrenstechnik	Thermisches Trennen von Stoffen	Destillieren	Wärmezufuhr zur Änderung des Aggregatzustandes (flüssig → gasförmig)	Wärmebedingte Prozesse
		Extrahieren	Sehr unterschiedlich	Wärmebedingte Prozesse
		Sorbieren	sehr unterschiedlich	Wärmebedingte Prozesse
		Permeieren	Bewegen des Einsatzmaterials und der Anlage	Wärmebedingte Prozesse
		Dialysieren	Bewegen des Einsatzmaterials und der Anlage	Wärmebedingte Prozesse
	Thermisches Vereinigen von Stoffen	Auflösen	Sehr unterschiedlich	Wärmebedingte Prozesse
		Extrahieren	Sehr unterschiedlich	Wärmebedingte Prozesse
		Sorbieren	Sehr unterschiedlich	Wärmebedingte Prozesse
Chemische Verfahrenstechnik	Stoffwandlungen durch chemische Reaktionen, etwa Oxidation, Hydrierung, Polymerisation		Wärmezufuhr, um chemische endotherme Reaktion zu erwirken	Wärmebedingte Prozesse

[a] Nebenzweck ist immer: Zuführen und Abtransportieren/Bewegen der Einsatzmaterialien bzw. des Gutes.

Den Tabellen zufolge lassen sich Produktionsverfahren aus energieorientierter Sicht recht klar in zwei Gruppen differenzieren, in

- wärmebedingte und
- nicht-wärmebedingte

Prozesse. Bei den **wärmebedingten Prozessen** stehen die Zuführung und üblicherweise auch die Abführung von Wärme **im Vordergrund.** Diese Prozessart zeichnet sich durch folgende Charakteristika aus:

- Wärmezuführung (auf unterschiedliche Weise)
  - Wärmezufuhr zur Änderung von Aggregatszuständen von Einsatzmaterialien (fest → flüssig oder flüssig → gasförmig und zurück) etwa zum Trennen von unterschiedlichen Stoffen (etwa Destillation) oder homogenen Stoffen und Teilen (etwa Schweißen) bzw. Informbringen (etwa Gießen)
  - Wärmezufuhr und Halten auf höherer Temperatur, etwa zum Härten, zum Spannungsarmglühen oder zur Durchführung von endothermen chemischen Reaktionen und zur Änderung der Formbarkeit
  - Trocknung (hierbei wird auch der Aggregatzustand geändert)
  - Ingangsetzen von exothermen chemischen Reaktionen
- Wärmeabführung
  - zur Handhabung von exothermen Reaktionen
  - zur Kristallisation, Kondensation
  - zur Verfestigung oder Verflüssigung von zuvor flüssigen bzw. dampfförmigen Substanzen

Die **nicht-wärmebedingten Prozesse** setzen Energie hauptsächlich für andere Zwecke ein:

- Bewegungsenergie
  - Erzeugung von physikalischer Arbeit in der Form von Kraft mal Weg oder Drehmoment (häufig elektromotorisch) etwa zum Pressen, Schneiden, Abtragen etc.
  - Bewirken einer Bewegung zur Distanzüberwindung
  - Befördern von Gütern oder Halbfertigfabrikaten

  - Erwirkung von Volumenströmen durch Pumpvorgänge
  - Bewirken einer Bewegung der Einsatzmaterialien oder Werkzeuge ohne wesentliche Distanzüberwindung
  - Sieben, Rütteln, Mischen, Zerlegen
- elektrostatische Effekte
  - etwa Pulverbeschichtung
- galvanische Effekte
  - etwa galvanische Verzinkung, Verchromen

Die Gruppeneinteilung in wärmebedingte und nicht-wärmebedingte Produktionsverfahren hilft, generelle Ansatzpunkte zur Prüfung und ggf. Verringerung des Energieeinsatzes bzw. Verbesserung der Energieeffizienz zu finden. Hiermit beschäftigen sich die folgenden Ausführungen.

11.1.2.1.4 Energetische Betrachtungen von wärmebedingten Prozessen

Wärmebedingte Prozesse sind Prozesse, bei denen der Hauptanteil der Nutzenergie Wärme ist. Bei ihnen wird die aus Endenergie erzeugte Wärme-Nutzenergie zum Teil im Rahmen des Prozesses wegen der unterschiedlichen Temperaturen von Produktionshalle und Produktionsanlage an die Umgebung abgegeben und erreicht insofern nicht den Einsatzstoff (siehe Abbildung 11-40, in der ein beispielhafter Polypropylen-Spritzgießprozess für die Produktion von Trinkbechern dargestellt wird).

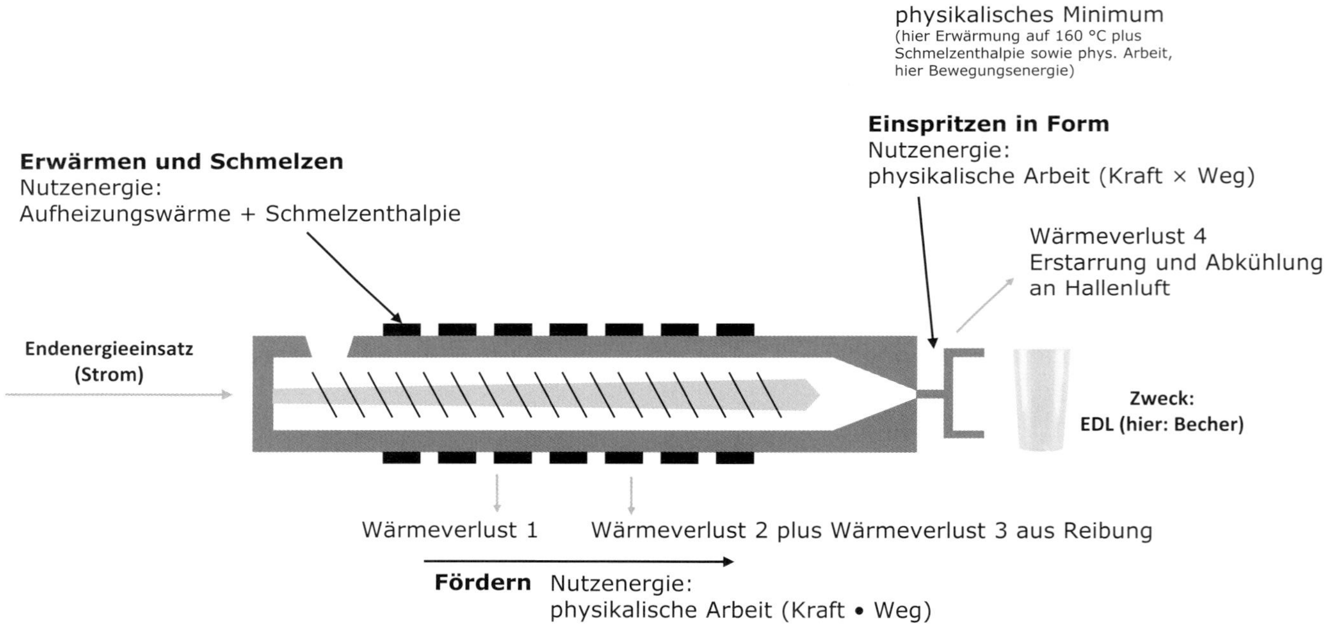

Quelle: eigene Darstellung

Abbildung 11-40: Energieströme beim Spritzgießen

Die Wärmemenge, die den Einsatzstoff erreicht, liegt zur Sicherstellung des Prozessablaufes über dem physikalischen Minimum (höhere Temperaturen als zwingend notwendig) und enthält insofern Überschusswärme (Wärmeverlust 2). Die aus der Endenergie erzeugte Bewegungsenergie zur Formfüllung und zum Forttransport des Einsatzstoffes/Fertigproduktes bedingt Reibung, die schlussendlich in Wärme umgewandelt wird (Wärmeverlust 3). Und schließlich hat das spritzgegossene Gut unmittelbar vor der Erstarrung und danach bis zur Abkühlung auf Umgebungstemperatur innere Energie, die – sollte sie nicht einer Nutzung zugeführt werden – ebenfalls als Verlustenergie 4 angesehen werden kann.

Die folgende Abbildung 11-41 verdeutlicht die Energiewandlung des gleichen beispielhaften Spritzgießprozesses mit Angabe von ausgedachten Energieflüssen.

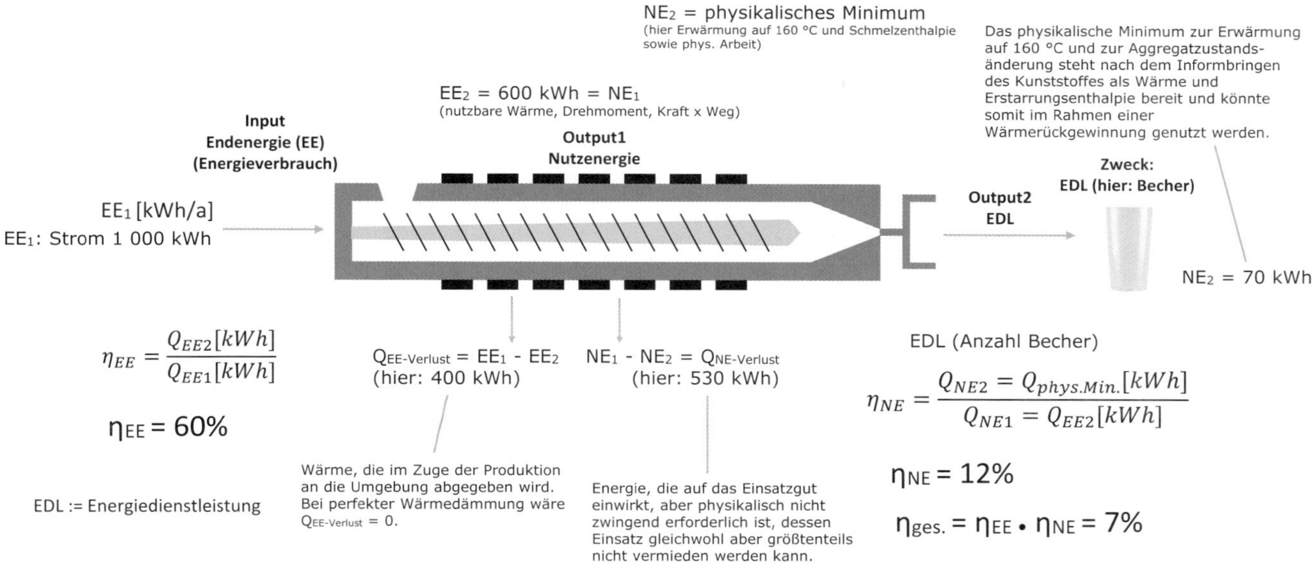

Quelle: eigene Darstellung

Abbildung 11-41: Energieströme beim Spritzgießen mit erdachten Mengenangaben

Bei der Differenz zwischen den Endenergien EE_1 und EE_2 handelt es sich um gewandelte Endenergie, die beim Einsatzgut gar nicht erst ankommt, sondern i. d. R. als Wärme an die Umgebung abgegeben wird. Sie soll als „Endenergieverlust" ($Q_{\text{EE-Verlust}}$) bezeichnet werden. Dieser Verlust lässt sich i. d. R. durch Wärmedämmmaßnahmen reduzieren, siehe für das Beispiel des Spritzgießens Abbildung 11-42.

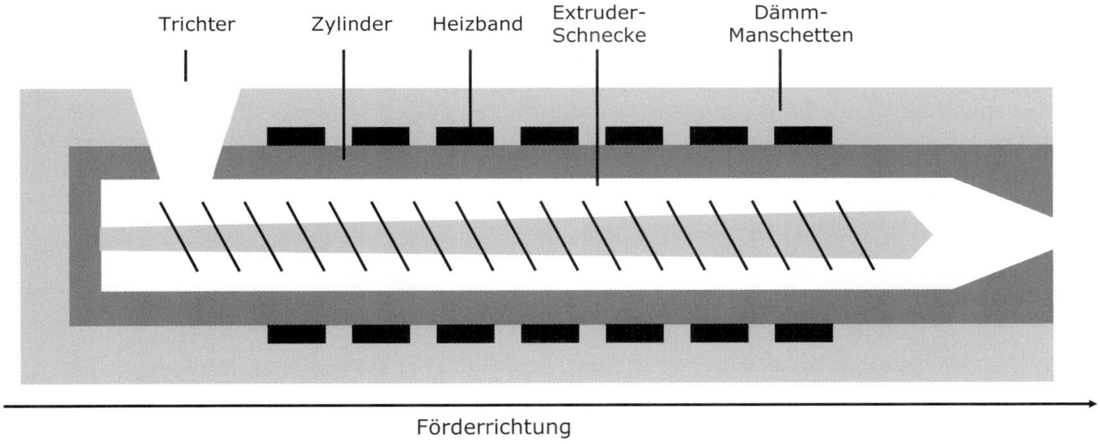

Quelle: eigene Darstellung

Abbildung 11-42: Wärmedämmung einer Spritzgießanlage

Da diese Energiemenge beim Einsatzgut gar nicht erst ankommt, kann sie auch rückgewonnen werden, ohne den Produktionsprozess negativ zu beeinflussen. Beim QNE-Verlust geht das nicht. Dieser Verlust ergibt sich als Differenz zwischen NE_1 und NE_2. Hierbei handelt es sich um die Nutzenergie, die über das physikalische Minimum hinausgeht, auf das Einsatzgut einwirkt, aber physikalisch nicht zwingend erforderlich ist (dennoch bewusst eingesetzt wird, um den Erfolg des Prozesses sicherzustellen). Sie soll als „Nutzenergieverlust" ($Q_{\text{NE-Verlust}}$) bezeichnet werden. Dieser Verlust lässt sich etwa durch Prozessablaufüberarbeitung reduzieren.

Aus energetischer Sicht wäre es ideal, die für die Umformung von PP-Granulat in Trinkbecher erforderliche Energie (das physikalische Minimum) unmittelbar nach dem Spritzguss – vollständig – rückzugewinnen und – verlustfrei – der nachfolgenden Materialeinsatzmenge zur Verfügung zu stellen, siehe Abbildung 11-43.

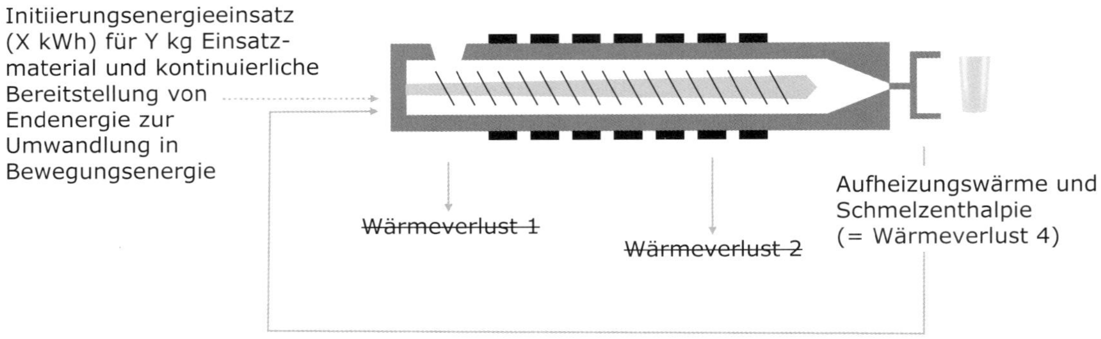

Quelle: eigene Darstellung

Abbildung 11-43: Idealisierte Rückführung von Prozessenergie

Wenn außerdem noch umfassende Wärmedämmmaßnahmen und eine Optimierung des Prozessablaufes stattfinden würden, könnte man im **theoretischen** Extremfall erreichen, dass nach einem Initiierungsenergieeinsatz der Prozess nur noch die Endenergie benötigt, die in Bewegungsenergie umgewandelt werden muss. Erforderlich wären:

- perfekte Wärmedämmung zur Reduktion von Wärmeverlust 1
- Optimierung des Prozessablaufes so, dass – zur Reduktion von Wärmeverlust 2 – nur das physikalische Minimum eingesetzt wird
- Rückgewinnung der Aufheizungswärme und Schmelzenthalpie (physikalisches Minimum der Aggregatszustandsänderung) nach dem Erstarren des Endproduktes zur maximalen Reduktion von Wärmeverlust 4

Wärmeverlust 3 (Umwandlung von Bewegungsenergie in Wärme) lässt sich nicht als Bewegungsenergie rückgewinnen, allenfalls minimieren.

Zwar bezogen sich die vorangegangenen Ausführungen auf einen beispielhaften Spritzgießprozess. Dennoch lassen sich allgemeingültige Aussagen daraus ableiten (siehe Abbildung 11-44).

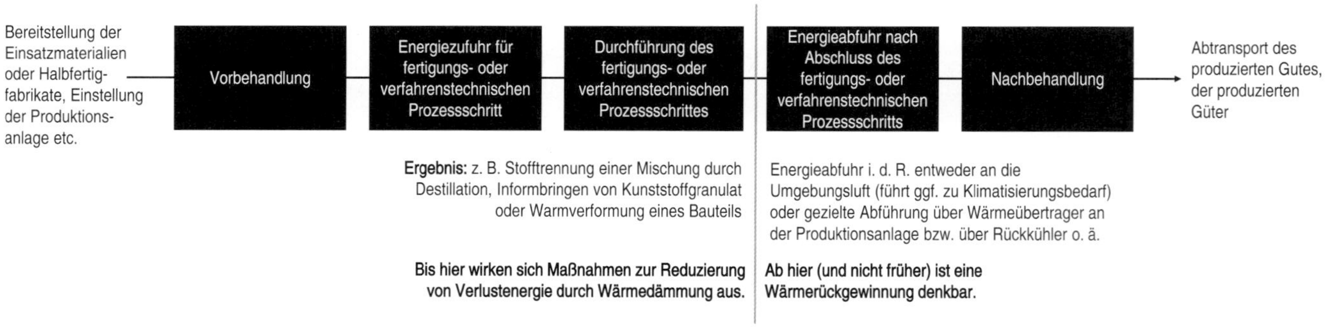

Quelle: eigene Darstellung

Abbildung 11-44: Ansatzpunkte zur energetischen Verbesserung bei wärmebedingten Produktionsprozessen

Ein üblicher wärmebedingter Produktionsprozess beginnt mit der Bereitstellung von Einsatzmaterialien oder Halbfertigfabrikaten, der Einstellung der Produktionsanlage etc. Anschließend finden eine Vorbehandlung der Einsatzstoffe und eine Einstellung der Maschine statt, alles unter Einsatz von Energie, allerdings in vergleichsweise geringem Ausmaß. Dann erfolgt bei wärmebedingten Prozessen die wesentliche Energiezufuhr zur Erwärmung der Einsatzstoffe/Halbfertigfabrikate, um die Formbarkeit zu verbessern oder überhaupt erst zu ermöglichen (Schritt 1). Im Zuge dieser Wärmezufuhr findet der fertigungs- oder verfahrenstechnische Hauptprozessschritt statt (Schritt 2). Ergebnis ist z. B. die Stofftrennung einer Mischung durch Destillation, das Informbringen von Kunststoffgranulat oder die Warmverformung eines Bauteils. Bis zu diesem Prozessschritt darf eine Wärmeabführung durch Wärmerückgewinnung nicht stattfinden, weil – korrekte Prozesseinstellung vorausgesetzt – durch eine dadurch bewirkte zu geringe Energiezufuhr das Produktionsergebnis beeinträchtigt werden würde. Insofern sollten zur Energieverbrauchsreduzierung bis hier nur Maßnahmen zur Reduzierung von Verlustenergie durch Wärmedämmung zum Tragen kommen.

Ab dem Moment, ab dem der Hauptprozessschritt abgeschlossen ist, findet bei wärmebedingten Produktionsprozessen eine Energieabfuhr statt, etwa zum Erstarren und Abkühlen von PP-Trinkbechern nach einem Spritzguss. Eine derartige Energieabfuhr findet üblicherweise an die Umgebungsluft statt (was ggf. einen Klimatisierungsbedarf nach sich zieht) oder es wird eine gezielte Abführung über Wärmeübertrager an der Produktionsanlage bzw. über Rückkühler o. Ä. vorgesehen. Ab hier (und nicht früher) wäre Wärmerückgewinnung denkbar und ggf. sinnvoll.

In der folgenden Abbildung 11-45 wird anhand eines Beispiels gezeigt, wie man sich eine Wärmerückgewinnung an einer Spritzgießmaschine vorstellen kann und welche Einsparpotenziale sich ergeben könnten.

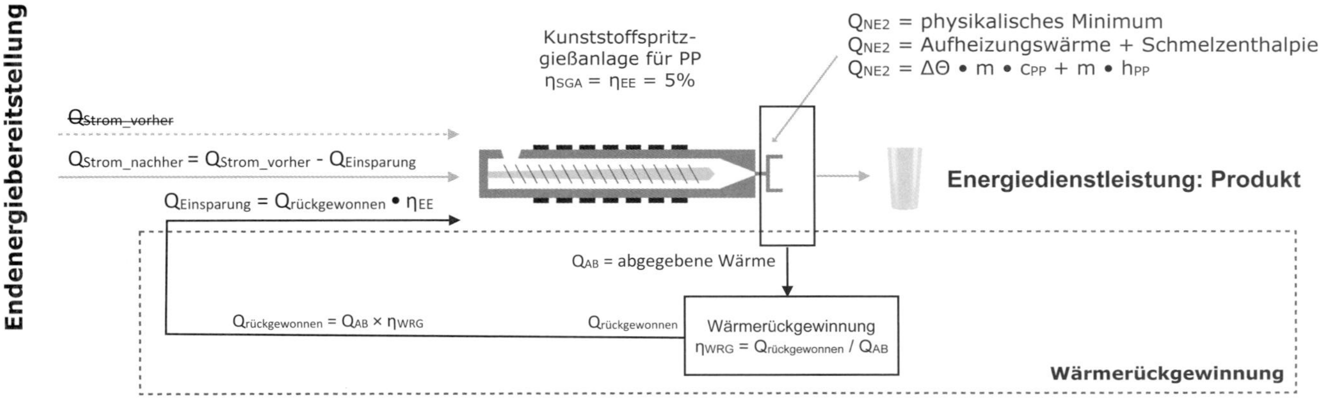

Quelle: eigene Darstellung

Abbildung 11-45: Einbindung einer Wärmerückgewinnungsanlage im Bereich der industriellen Produktion (am Beispiel einer Spritzgießanlage)

Die abgebildete Spritzgießanlage weist einen Anlagenwirkungsgrad (bezogen auf das physikalische Minimum, das hier ganz gut abgeschätzt werden kann) von 5 % auf. Rückgewonnen werden kann die Überschussenergie nach Abspritzen des flüssigen Kunststoffes in seine Trinkbecherform, also die Wärmedifferenz zur Hallenluft multipliziert mit der spezifischen Wärmekapazität und die Erstarrungsenthalpie. Die sich hieraus ergebende Energiemenge Q_{AB} ist nun durch einen Wärmeübertrager aufzunehmen und der Spritzgießanlage zuzuführen, wobei Wärmeverluste entstehen, die durch Multiplikation mit dem Nutzungsgrad η_{WRG} berücksichtigt werden. Anschließend wird die Wärmeenergiemenge der Spritzgießanlage zugeführt und spart dementsprechend Energie ein. Der energiebezogene Zahlungsstrom (für $t = 0$) lautet demzufolge:

$$\mathrm{EKE}_t = Q_{\mathrm{AB}} \cdot \eta_{\mathrm{WRG}} \cdot p_0 \cdot (1 + \Delta p)^t$$

Zur Potenzialberechnung: Zunächst wird auf der Grundlage von regelmäßig ermittelten Stromverbräuchen und Produktionsmengen (gemessen in kg) an einer Spritzgießanlage eine Energieverbrauchsgleichung analog zu den EnPIs der Energiemanagementsystemnorm DIN EN ISO 50001 erarbeitet. Die hierzu erforderlichen Daten enthält Abbildung 11-46.

Monat #	Produktionsmenge [kg]	Stromverbrauch [kWh]
1	301 000	733 190
2	428 019	913 003
3	510 001	993 992
4	579 013	1 080 911
5	370 000	750 000
6	399 001	789 987
7	471 030	1 001 010
8	340 000	722 010
9	515 012	887 190
10	491 010	908 190
11	391 113	829 780
12	471 003	845 019
13	493 101	958 900
14	310 000	671 100
15	448 019	919 078
16	400 123	819 918
17	490 120	868 019
18	497 190	950 002
19	355 000	760 000
20	425 003	901 342
21	529 731	993 190
22	451 100	991 009
23	514 014	1 080 992

Abbildung 11-46: Energieverbrauchs- und Produktionsmengenaufzeichnung über ein Zeitintervall für eine Spritzgießanlage

Diese Daten können nun einer Regressionsanalyse zugeführt werden. In der Annahme, dass die Ergebnisse dieser Analyse einer Validitätsprüfung standhalten, ergibt sich als Ergebnis die folgende Regressionsgerade:

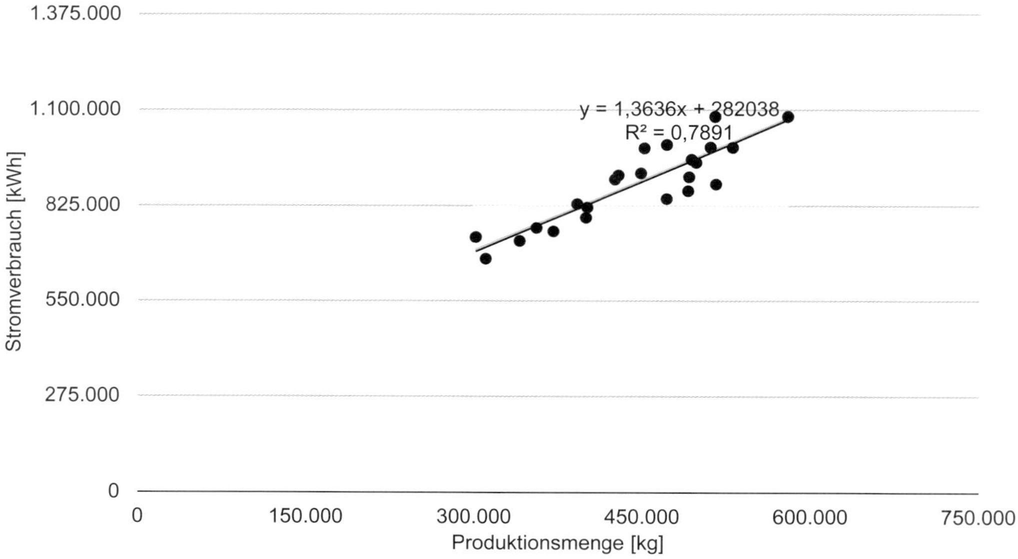

Quelle: Mobil 2017

Abbildung 11-47: Regressionsgerade der beispielhaften Spritzgießanlage

Es ergibt sich als Energieverbrauchsgleichung:

$$Q_{\text{Strom}}\left[\frac{\text{kWh}}{\text{Monat}}\right] = 1{,}363\,6\ \frac{\text{kWh}}{\text{kg}} \cdot \text{Werkstoffeinsatzmenge}\left[\frac{\text{kg}}{\text{Monat}}\right] + 282\,038\ \frac{\text{kWh}}{\text{Monat}}$$

Mithilfe dieser Gleichung lässt sich ermitteln, wie umfangreich in diesem Einzelfall das Energieverbrauchssenkungspotenzial ist (siehe Abbildung 11-48).

A	B	C	D
2	Parameter	Wertangaben	Berechnung
3	Spez. Wärmekapazität c_{PP} [kWh/(kg*K)]	0,000472	
4	Schmelztemperatur $\theta_{Schmelz}$ [°C]	160	
5	Spezifische Schmelzwärme h_{PP} [kWh/kg]	0,0575	
6	Werkstoffeinsatzmenge Polypropylen pro Jahr [kg]	1 000 000	
7	Input-Temperatur Granulat [°C]	25	
8	Output-Temperatur Produkts [°C]	25	
9	Ergebnisse:		
10	Produktion		
11	$Q_{Erwärmung}$ [kWh]	63 750	= (C4 - C7) • C3 • C6
12	$Q_{Schmelz}$ [kWh]	57 500	= C5 • C6
13	Erforderlicher Mindestenergieaufwand (physikalisches Minimum) $Q_{ges., min.}$ [kWh]	121 250	= C11 + C12
14	spezifischer Mindest-Energieverbrauch (SEC) [kWh/kg]	0,12	= C13 / C6
15	Geschätzter Energieaufwand $Q_{ges.}$ [kWh]	4 748 056	= 1,3636 kWh/kg • Werkstoffeinsatzmenge + 282 038 kWh/Monat • 12 Monate
16	Nutzenergie-Nutzungsgrad der Anlage η_{SGA}	2,6 %	= C13 / C15
17	spezifischer Energieverbrauch (SEC) [kWh/kg]	4,75	= C15 / C6
18	Wärmerückgewinnung bei gleichem Prozess		
19	$Q_{WRG, max.}$ [kWh] = $Q_{Erstarrung}$ + $Q_{Abkühlung}$	121 250	= C13
20	η_{WRG} = $Q_{WRG, tatsächlich}$ / $Q_{WRG, max.}$	50 %	geschätzt
21	$Q_{WRG, tatsächlich}$ [kWh] = $Q_{rückgewonnen}$	60 625	= C19 • C20
22	$Q_{Einsparung}$ [kWh]	60 625	
23	$Q_{Einsparung}$ [%]	1,28 %	= C22 / C15

Abbildung 11-48: Beispielhafte Ermittlung des Energieeinsparpotenzials einer Spritzgießanlage durch Wärmerückgewinnung

Bei einem Jahresproduktionsvolumen in Höhe von 1 000 Tonnen wäre bei einer angenommenen durchschnittlichen Hallenlufttemperatur von 25 °C das physikalische Minimum (ohne Bewegungsenergie zu berücksichtigen) 121 250 kWh. Die Anwendung der – empirisch abgeleiteten – Energieverbrauchsgleichung führt zu einem tatsächlichen Endenergieverbrauch von 4 748 056 kWh. Der Nutzenergienutzungsgrad der Anlage η_{SGA} beträgt insofern 2,6 %.

Geht man von einem Nutzungsgrad der Wärmerückgewinnung η_{WRG} in Höhe von 50 % aus, dann lassen sich 60 625 kWh pro Jahr einsparen. Das entspricht 1,28 %, erscheint sehr niedrig und deutet – für diesen Einzelfall – darauf hin, dass aller Voraussicht nach ein deutlich größeres Einsparpotenzial bei der Energiebereitstellung, also durch Wärmedämmung zur Reduzierung von Verlustenergie, zu finden sein dürfte.

Bei wärmebedingten Produktionsverfahren deutet – insbesondere, wenn die Gesamtnutzungsgrade auf der Basis zugrunde gelegter physikalischer Minima niedrig sind – vieles darauf hin, dass erheblich höhere Einsparpotenziale durch Reduzierung der Energiebereitstellung vorliegen und ausgeschöpft werden können, als bei der Verwendung von Überschusswärme. Es erscheint daher in vielen Fällen erheblich sinnvoller, durch Wärmedämmung den Endenergieverbrauch zu reduzieren, anstatt die Priorität – wie etwa das Energieeffizienzgesetz ausgerichtet zu sein scheint – auf Wärmerückgewinnung zu legen.

11.1.2.1.5 Energetische Betrachtungen von nicht-wärmebedingten Prozessen

Nicht-wärmebedingt sind Prozesse, bei denen die Nutzenergie nicht Wärme ist. Als Beispiel sei ein Zerspanprozess gewählt, bei dem es darum geht, aus einem Rohwerkstück eine geschliffene Metallplatte entstehen zu lassen, siehe Abbildung 11-49.

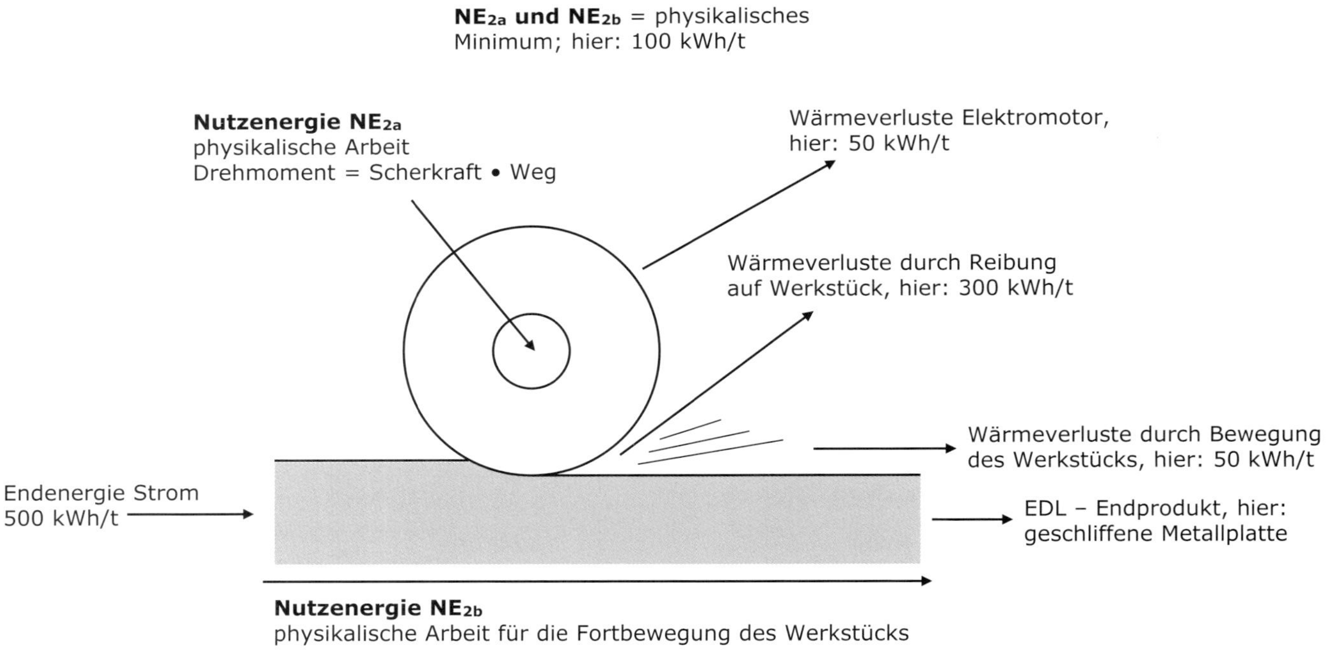

Quelle: eigene Darstellung

Abbildung 11-49: Beispielhafte Energieflüsse eines nicht-wärmebedingten Produktionsprozesses

Die Endenergie (von hier 500 kWh pro Tonne) wandelt sich im Zuge der Entstehung der EDL komplett in Wärmeenergie um. Nutzenergie zweiter Ordnung (im Sinne des physikalischen Minimums) wird zum einen – NE_{2a} – Drehmoment als Scherkraft · Weg zum Spanabtrag benötigt (resultierend aus der Rotationskraft des Elektromotors, der seinerseits Wärme aufgrund von Reibung entwickelt, hier 50 kWh/t) und zum anderen Bewegungsenergie, um das Werkstück fortzubewegen (NE_{2b}). Als Gesamtnutzenergie zweiter Ordnung sei 100 kWh/t berechnet, sodass hier 400 kWh/a Wärmeverluste entstehen. Da sich die physikalische Arbeit für die eigentliche Zerspanung und Werkstückfortbewegung letztendlich aber auch in Wärme umwandelt, kann man bei derartigen Prozessen die gesamte Wärmemenge (hier 500 kWh/a) als Potenzial für eine Wärmerückgewinnung ansetzen. Wärmedämmung kommt bei nicht-wärmebedingten Produktionsprozessen nicht infrage.

11.1.2.1.6 Generelle Maßnahmen zur Reduzierung des Endenergieeinsatzes bei Fabrikgebäuden und Produktionsprozessen

Ist bei Gebäuden oder Umwandlungsprozessen die eingesetzte bzw. erzeugte Nutzenergie Wärme (z. B. in einem Gebäude zur Sicherstellung einer Behaglichkeitsatmosphäre oder bei einem Umwandlungsprozess die Erzeugung von Heißdampf), kommt zur Reduzierung des Endenergieverbrauchs Wärmedämmung grundsätzlich und prioritär infrage. Eine Wärmerückgewinnung ist dabei nicht sinnvoll, weil sie Nutzenergie abführen würde.

Ist bei Produktionsprozessen die Nutzenergie Wärme (beispielsweise zur Änderung des Aggregatzustands von Einsatzstoffen, etwa beim Kunststoffspritzgießen), kommt zur Reduzierung des Endenergieverbrauchs Wärmedämmung grundsätzlich infrage und ist eine Wärmerückgewinnung erst in jenem Produktionsstadium sinnvoll, in dem die Wärme nicht mehr benötigt wird (z. B. sobald das Spritzgussformteil erschaffen wurde [unmittelbar vor dem Erstarren] oder sobald der Biegeprozess beim Warmumformen abgeschlossen ist).

Bei solchen Produktionsprozessen, bei denen es nicht darum geht, Wärmeenergie zuzuführen, um eine Produktionswirkung zu erzielen (z. B. spanende Verarbeitung), würde Wärmedämmung keine energieeinsparende Wirkung erzeugen. Hier könnte jedoch die entstehende Wärmeenergie uneingeschränkt rückgewonnen werden, ohne den Prozess negativ zu beeinflussen (es würde keine Nutzenergie abgeführt). Die folgende Abbildung 11-50 verdeutlicht die Zusammenhänge.

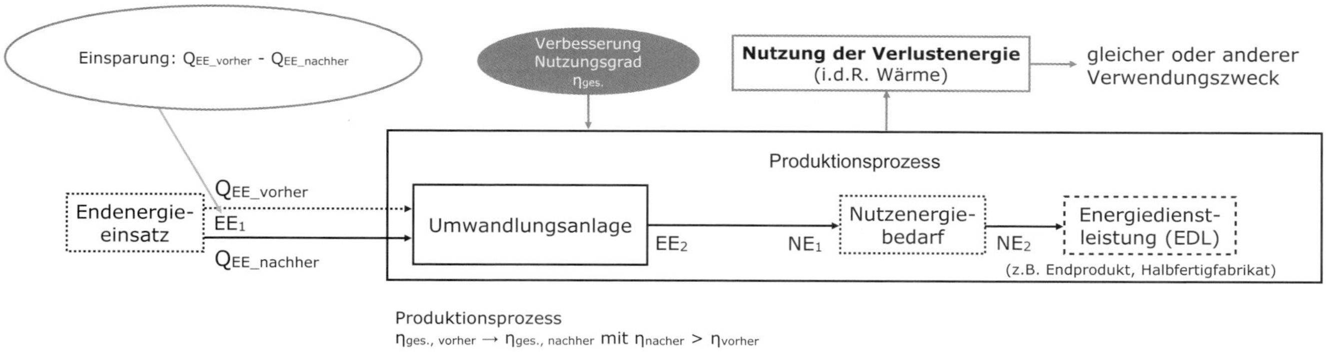

Quelle: eigene Darstellung

Abbildung 11-50: Energetische Verbesserung einer Produktionsanlage

Der Gesamt-Nutzungsgrad $\eta_{\text{ges.}}$ ist i. d. R. nicht bekannt. Man kann ihn sich als Verhältnis des physikalischen Minimums für die Herstellung der EDL zur eingesetzten Endenergie vorstellen.

$$\eta_{\text{ges.}} = \frac{Q_{\text{phys. Min.}}\,[\text{kWh}]}{Q_{\text{EE}}\,[\text{kWh}]}$$

Energiebezogene Zahlungsströme (für $t > 0$) als laufende Jahresrückflüsse

Die Energiekosteneinsparungen (EKE) zur Reduzierung des Endenergiebedarfs an der betrachteten Produktionsanlage (#1) lauten:

$$\text{EKE}_{1,t} = \left(Q_{\text{EE,vorher}} - Q_{\text{EE,nachher}}\right) \cdot p_0 \cdot (1 + \Delta p)^t$$

Und mit Blick auf eine Wärmerückgewinnung bei einer Produktionsanlage mit Wirkung an anderer Stelle (#2) wären die dortigen Energiekosteneinsparungen:

$$\text{EKE}_{2,t} = \left(Q_{\text{EE,vorher}} - Q_{\text{EE,nachher}}\right) \cdot p_0 \cdot (1 + \Delta p)^t$$

Die folgenden drei Abschnitte stellen drei erdachte Beispiele für Effizienzverbesserungsmaßnahmen vor, die sich durch systematische Analyse des Energieverbrauchers (= Produktionsprozess), Herleitung von Verbesserungsideen, Abschätzung der Einsparpotenziale und Analysen der wirtschaftlichen Vorteilhaftigkeit ergeben könnten. Die Beispiele weisen eine gewisse Nähe zu tatsächlichen Fällen auf, sind aber stark abgeändert worden, sodass ein Rückschluss auf den jeweiligen tatsächlichen Fall nicht möglich ist.

11.1.2.2 Investitionsrechnung für Beispiel 1: Neugestaltung des Mahlvorganges in einer Getreidemühle

Betrachtet wird ein Hersteller von Getreidemehl, dessen Hauptverbraucher die elektrisch betriebenen Mühlen in Verbindung mit Förderpumpen für die Mehlförderung sind. Die Mühlen sind derart angeordnet, dass das gemahlene Mehl jeweils pro Mühle dreimal im Kreislauf geführt wird, wobei eine Fallhöhe von neun Metern überwunden werden muss. Hierzu ist eine relativ starke Pumpenleistung vorzusehen, mit der Konsequenz, dass die gesamte Anlage einen vergleichsweise hohen Jahresenergieverbrauch aufweist.

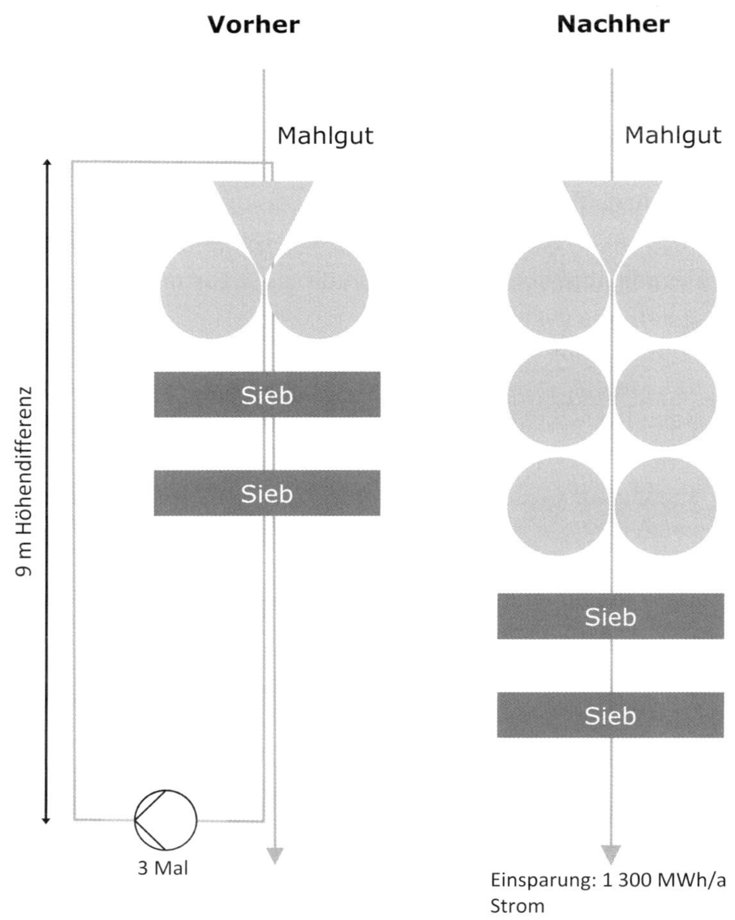

Quelle: eigene Darstellung

Abbildung 11-51: Neugestaltung des Mahlvorganges in einer Getreidemühle

Um diesen hohen Energieverbrauch für die Mehlförderung zu reduzieren, kam man auf die Idee, anstelle des dreimaligen Kreislaufes drei Mühlen (die vorhanden waren) in Reihe zu schalten, sodass eine Kreislaufführung überflüssig wird. Die Förderpumpen könnten so entfallen. Hierzu wurde eine Konfiguration geplant und Kosteninformationen ermittelt. Die Ergebnisse sind im nächsten Abschnitt aufgeführt

11.1.2.2.1 Vorgehensweise zur Ermittlung des Kapitalwertes der beispielhaften Effizienzmaßnahme

Die folgenden zwei Tabellen in Abbildung 11-52 und Abbildung 11-53 enthalten die relevanten Parametereinstellungen und Zahlungsstromangaben für den Most Likely Case mit den Spannbreiten vom Best Case bis zum Worst Case.

Einstellparameter	Wertangabe	Spannbreite	
	Most Likely Case	Best Case	Worst Case
Reduktion des Stromverbrauchs $Q_{Stromred}$	1 300 000 kWh/a	1 500 000 kWh/a	1 000 000 kWh/a
Wirkungsdauer des Investitionsprojektes	20 Jahre	22 Jahre	15 Jahre
Kalkulationszinssatz i	4 %	2 %	6 %
aktueller spezifischer Strompreis	0,2 €/kWh		
Jahrespreisänderungsrate Strom	3 %	4 %	2 %

Abbildung 11-52: Einstellparameter für den Einbau von drei Doppelwalzenstühlen

Wirkungsart	Wirkung	Umfang mit Einheit	Monetarisierung möglich? → Cash-Flow-Ermittlung	Wert je Einheit (= spezifische Kosten bzw. Erlöse)	Cash Flow in Periode 0	Zahlungs-zeitpunkt	Letzt-maliger Anfall	Jahres-degradation
Belastungen	Preis Doppelwalzenstühle	3 Stück	Ja	800 000 €	2 400 000 €	Gegenwart (nullte Periode)	Irrelevant	Nicht anwendbar
	Einbau	1 Stück	Ja	580 000 €	580 000 €	Gegenwart (nullte Periode)	Irrelevant	Nicht anwendbar
Nutzen	Einsparung Strom	1 300 000 kWh/a	Ja	0,2 €/kWh	Erst ab Periode 1	Jedes Jahr ab t = 1	Nach 20 Jahren	Nicht anwendbar

Abbildung 11-53: Nutzen und Belastungen für den Einbau von drei Doppelwalzenstühlen

Die Kapitalwertberechnungen erfolgen im nächsten Abschnitt.

11.1.2.2.2 Berechnung des Kapitalwertes der beispielhaften Effizienzmaßnahme

Der Most Likely Case führt zu folgendem Kapitalwert:

Kalkulationszinsfuß i	4,0 %						
Jahrespreisänderungsrate el. Strom	3,0 %						
Zu berücksichtigende Perioden	20						
Reduktion des Stromverbrauchs	1 300 000 kWh						
Periodenende t	0	1	2	3	…	19	20
Berücksichtigte Perioden ("1" = "Ja")	1	1	1	1	…	1	1
Jeweiliger spezifischer Strompreis [€/kWh]	0,20	0,21	0,21	0,22	…	0,35	0,36
Auszahlungen							
Beschaffung und Einbau von drei Doppelwalzenstühlen unter Nutzung vorhandener effizienter Motoren	-2 980 000 €						
Rückflüsse							
Stromkosteneinsparung		267 800 €	275 834 €	284 109 €	…	455 912 €	469 589 €
Resultate/Indikatoren							
Summe	-2 980 000 €	267 800 €	275 834 €	284 109 €	…	455 912 €	469 589 €
Barwerte	-2 980 000 €	257 500 €	255 024 €	252 572 €	…	216 395 €	214 314 €
Kapitalwert	1 725 632 €						

Abbildung 11-54: Einbau von drei Doppelwalzenstühlen unter Nutzung von alten Maschinen, Most Likely Case

Der Kapitalwert des Best Case ist dementsprechend höher.

Kalkulationszinsfuß i	2,0 %								
Jahrespreisänderungsrate el. Strom	4,0 %								
Zu berücksichtigende Perioden	22								
Reduktion des Stromverbrauchs	1 500 000 kWh								
Periodenende t	0	1	2	3	...	19	20	21	22
Berücksichtigte Perioden („1" = „Ja")	1	1	1	1	...	1	1	1	1
Jeweiliger spezifischer Strompreis [€/kWh]	0,20	0,21	0,22	0,22	...	0,42	0,44	0,46	0,47
Auszahlungen									
Beschaffung und Einbau von drei Doppelwalzenstühlen unter Nutzung von alten Maschinen	-2 980 000 €								
Rückflüsse									
Stromkosteneinsparung		312 000 €	324 480 €	337 459 €	...	632 055 €	657 337 €	683 630 €	710 976 €
Resultate/Indikatoren									
Summe	-2 980 000 €	312 000 €	324 480 €	337 459 €	...	632 055 €	657 337 €	683 630 €	710 976 €
Barwerte	-2 980 000 €	305 882 €	311 880 €	317 995 €	...	433 862 €	442 369 €	451 043 €	459 887 €
Kapitalwert	5 334 113 €								

Abbildung 11-55: Einbau von drei Doppelwalzenstühlen unter Nutzung von alten Maschinen, Best Case

Der Worst Case führt jedoch zu einem negativen Kapitalwert.

Kalkulationszinsfuß i	6,0 %							
Jahrespreisänderungsrate el. Strom	2,0 %							
Zu berücksichtigende Perioden	15							
Reduktion des Stromverbrauchs	1 000 000 kWh							
Periodenende t	0	1	2	3	4	13	14	15
Berücksichtigte Perioden („1" = „Ja")	1	1	1	1	1	1	1	1
Jeweiliger spezifischer Strompreis [€/kWh]	0,20	0,20	0,21	0,21	0,22	0,26	0,26	0,27
Auszahlungen								
Beschaffung und Einbau von drei Doppelwalzenstühlen unter Nutzung von alten Maschinen	-2 980 000 €							
Rückflüsse								
Stromkosteneinsparung		204 000 €	208 080 €	212 242 €	216 486 €	258 721 €	263 896 €	269 174 €
Resultate/Indikatoren								
Summe	-2 980 000 €	204 000 €	208 080 €	212 242 €	216 486 €	258 721 €	263 896 €	269 174 €
Barwerte	-2 980 000 €	192 453 €	185 190 €	178 202 €	171 478 €	121 299 €	116 721 €	112 317 €
Kapitalwert	-744 078 €							

Abbildung 11-56: Einbau von drei Doppelwalzen-Stühlen unter Nutzung von alten Maschinen, Worst Case

In der Gesamtschau ergibt sich für das betrachtete Beispiel folgendes Bild (Abbildung 11-57).

Einstellparameter	Wertangabe	Spannbreite	
	Most Likely Case	Best Case	Worst Case
Reduktion des Stromverbrauchs $Q_{Stromred}$	1 300 000 kWh/a	1 500 000 kWh/a	1 000 000 kWh/a
Wirkungsdauer des Investitionsprojektes	20 Jahre	22 Jahre	15 Jahre
Kalkulationszinssatz i	4 %	2 %	6 %
Aktueller spezifischer Strompreis	0,2 €/kWh		
Jahrespreisänderungsrate Strom	3 %	4 %	2 %
Kapitalwerte	2 005 456 €	5 334 113 €	-744 078 €

Abbildung 11-57: Berechnungsergebnisse in der Gesamtschau

Dies bedeutet, hier wäre es ratsam, die Realitätsnähe der Worst-Case-Einstellungen zu überprüfen, um dann ggf. unter Berücksichtigung der Risikolage eine Freigabeentscheidung zu fällen. Alternativ wäre es sinnvoll, eine Sensitivitätsanalyse durchzuführen und/oder das verborgene Risiko bei der Kapitalwertberechnung durch Risikoabschläge oder einem Risk-Premium im Kalkulationszinssatz zu berücksichtigen.

11.1.2.2.3 Einflussfaktoren der wirtschaftlichen Vorteilhaftigkeit der beispielhaften Effizienzmaßnahme

Die vorangegangenen Ausführungen haben deutlich werden lassen, dass die sich durch die vorgestellte Maßnahme zur Verbesserung der Energieeffizienz ergebenden Energiekosteneinsparungen von relativ wenigen Parametern abhängig sind:

- Stromeinsparung durch Wegfall der Pumpen
- Wirkungsdauer
- Kalkulationszinssatz
- aktueller spezifischer Strompreis
- Jahrespreisänderungsrate für Strom

11.1.2.3 Investitionsrechnung für Beispiel 2: Wärmedämmung für Armaturen und Rohrleitungen in einem Chemiewerk

Im Zentrum des nächsten Beispiels steht ein Hersteller von Chemieprodukten. Bei der Produktion wird für die Energieversorgung von Rektifikationskolonnen viel mit Heißdampf gearbeitet, in Dampferzeugern generiert und über Rohrleitungen verteilt. Im Zuge eines Energieaudits wurde festgestellt, dass viele der Rohrleitungen und der Armaturen keine Wärmedämmung aufweisen. Eine Berechnung ergab, dass mit durchgängiger Rohrleitungsisolierung – siehe Abbildung 11-58 – insgesamt über 4 000 MWh Endenergieverbrauch eingespart werden könnte.

Quelle: eigene Darstellung

Abbildung 11-58: Rohrleitungsisolierung

Die dafür anzusetzenden Kosten für das Material und die Arbeitszeit liegen bei etwa 120 000 Euro. Der folgende Abschnitt enthält weitere relevante Kalkulationsangaben.

11.1.2.3.1 Vorgehensweise zur Ermittlung des Kapitalwertes bei Effizienzmaßnahmen von Produktionsverfahren

Die folgenden zwei Tabellen in Abbildung 11-59 und Abbildung 11-60 enthalten die relevanten Parametereinstellungen und Zahlungsstromangaben für den Most Likely Case mit den Spannbreiten vom Best Case bis zum Worst Case.

Einstellparameter	Wertangabe	Spannbreite	
	Most Likely Case	Best Case	Worst Case
Reduktion des Erdgasverbrauchs	4 500 000 kWh/a	5 000 000 kWh/a	3 800 000 kWh/a
Wirkungsdauer des Investitionsprojektes	20 Jahre	22 Jahre	15 Jahre
Kalkulationszinssatz i	4 %	2 %	6 %
Aktueller spezifischer Erdgaspreis	0,024 €/kWh		
Jahrespreisänderungsrate Erdgas	4 %	5 %	3 %

Abbildung 11-59: Einstellparameter für die Isolierungen für Armaturen und Rohrleitungen

Wirkungsart	Wirkung	Umfang mit Einheit	Monetarisierung möglich? → Cash-Flow-Ermittlung	Wert je Einheit (= spezifische Kosten bzw. Erlöse)	Cash Flow in Periode 0	Zahlungs-zeitpunkt	Letzt-maliger Anfall	Jahres-degradation
Belastungen	Kosten der Rohrisolierungen	1 Stück	Ja	90 000 €	90 000 €	Gegenwart (nullte Periode)	Irrelevant	Nicht anwendbar
	Planungskosten	1 Stück	Ja	9 000 €	9 000 €	Gegenwart (nullte Periode)	Irrelevant	Nicht anwendbar
	Einbaukosten	1 Stück	Ja	21 000 €	21 000 €	Nicht relevant	Nicht relevant	Nicht anwendbar
Nutzen	Einsparung Erdgas	4 500 000 kWh/a	Ja	0,02 €/kWh	Erst ab Periode 1	jedes Jahr ab t = 1	Nach 20 Jahren	Nicht anwendbar

Abbildung 11-60: Nutzen und Belastungen für die Isolierungen für Armaturen und Rohrleitungen

Die Kapitalwertberechnungen erfolgen im nächsten Abschnitt.

11.1.2.3.2 Berechnung des Kapitalwertes der beispielhaften Effizienzmaßnahme

Die Most Likely Case-Kalkulation führt zu folgendem Kapitalwert von knapp über 2 Millionen Euro.

Kalkulationszinsfuß i	4,0 %						
Jahrespreisänderungsrate Erdgas	4,0 %						
Emissionsfaktor Erdgas	0,2 kg/kWh						
Zu berücksichtigende Perioden	20 Jahre						
Reduktion des Erdgasverbrauchs	4 500 000 kWh						
Jährliche Reduktion CO2-Emissionen	900 t/a						
Periodenende t	0	1	2	3	...	19	20
Berücksichtigte Perioden ("1" = "Ja")	1	1	1	1	...	1	1
Jeweiliger spezifischer Erdgaspreis [€/kWh]	0,024	0,025	0,026	0,027	...	0,051	0,053
Spez. CO2-Abgabe [€/t]		45,00	55,00	65,00	...	121,74	126,61
Auszahlungen							
Planung, Beschaffung und Einbau von Rohrisolierungen für Armaturen und Rohleitungen	-120 000 €						
Rückflüsse							
Stromkosteneinsparung		112 320 €	116 813 €	121 485 €	...	227 540 €	236 641 €
Einsparung CO2-Abgabe		40 500 €					
Resultate/Indikatoren							
Summe	-120 000 €	112 320 €	116 813 €	121 485 €	...	227 540 €	236 641 €
Barwerte	-120 000 €	108 000 €	108 000 €	108 000 €	...	108 000 €	108 000 €
Kapitalwert	2 040 000 €						

Abbildung 11-61: Wärmedämmung von Armaturen und Rohrleitungen in einem Chemiewerk, Most Likely Case

Der Kapitalwert des Best Case ist dementsprechend höher.

Kalkulationszinsfuß i	2,0 %								
Jahrespreisänderungsrate Erdgas	5,0 %								
Emissionsfaktor Erdgas	0,2 kg/kWh								
Zu berücksichtigende Perioden	22 Jahre								
Reduktion des Erdgasverbrauchs	5 000 000 kWh								
Jährliche Reduktion CO2-Emissionen	1 000 t/a								
Periodenende t	0	1	2	3	...	19	20	21	22
Berücksichtigte Perioden ("1" = "Ja")	1	1	1	1	...	1	1	1	1
Jeweiliger spezifischer Erdgaspreis [€/kWh]	0,024	0,025	0,026	0,028	...	0,061	0,064	0,067	0,070
Spez. CO2-Abgabe [€/t]		45,00	55,00	65,00	...	141,89	148,98	156,43	164,25
Auszahlungen									
Planung, Beschaffung und Einbau von Rohrisolierungen für Armaturen und Rohleitungen	-120 000 €								
Rückflüsse									
Stromkosteneinsparung		126 000 €	132 300 €	138 915 €	...	303 234 €	318 396 €	334 316 €	351 031 €
Einsparung CO2-Abgabe		45 000 €							
Resultate/Indikatoren									
Summe	-120 000 €	126 000 €	132 300 €	138 915 €	...	303 234 €	318 396 €	334 316 €	351 031 €
Barwerte	-120 000 €	123 529 €	127 163 €	130 903 €	...	208 149 €	214 271 €	220 573 €	227 061 €
Kapitalwert	3 627 126 €								

Abbildung 11-62: Wärmedämmung von Armaturen und Rohrleitungen in einem Chemiewerk, Best Case

Selbst der Worst Case führt im vorliegenden Beispiel zu einem positiven Kapitalwert.

Kalkulationszinsfuß i	6,0 %						
Jahrespreisänderungsrate Erdgas	3,0 %						
Emissionsfaktor Erdgas	0,2 kg/kWh						
Zu berücksichtigende Perioden	15 Jahre						
Reduktion des Erdgasverbrauchs	3 800 000 kWh						
jährliche Reduktion CO2-Emissionen	760 t/a						
Periodenende t	0	1	2	3	...	14	15
Berücksichtigte Perioden ("1" = "Ja")	1	1	1	1	...	1	1
Jeweiliger spezifischer Erdgaspreis [€/kWh]	0,024	0,025	0,025	0,026	...	0,036	0,037
spez. CO2-Abgabe [€/t]		45,00	55,00	65,00	...	89,98	92,67
Auszahlungen							
Planung, Beschaffung und Einbau von Rohrisolierungen für Armaturen und Rohleitungen	-120 000 €						
Rückflüsse							
Stromkosteneinsparung		93 936 €	96 754 €	99 657 €	...	137 948 €	142 087 €
Einsparung CO2-Abgabe		34 200 €					
Resultate/Indikatoren							
Summe	-120 000 €	93 936 €	96 754 €	99 657 €	...	137 948 €	142 087 €
Barwerte	-120 000 €	88 619 €	86 111 €	83 674 €	...	61 015 €	59 288 €
Kapitalwert	975 653 €						

Abbildung 11-63: Wärmedämmung von Armaturen und Rohrleitungen in einem Chemiewerk, Worst Case

In der Gesamtschau ergibt sich für das betrachtete Beispiel folgendes Bild (Abbildung 11-64).

Einstellparameter	Wertangabe	Spannbreite	
	Most Likely Case	Best Case	Worst Case
Reduktion des Erdgasverbrauchs	4 500 000 kWh/a	5 000 000 kWh/a	3 800 000 kWh/a
Wirkungsdauer des Investitionsprojektes	20 Jahre	22 Jahre	15 Jahre
Kalkulationszinssatz i	4 %	2 %	6 %
Aktueller spezifischer Erdgaspreis	0,024 €/kWh		
Jahrespreisänderungsrate Erdgas	4 %	5 %	3 %
Kapitalwerte	2 040 000 €	3 627 126 €	975 653 €

Abbildung 11-64: Berechnungsergebnisse in der Gesamtschau

Unter der Annahme, dass sämtliche Zahlungsströme und Parametereinstellungen realitätsnah vorgenommen worden sind, ist insofern davon auszugehen, dass ein nur sehr geringes Risiko vorliegt, sodass eigentlich nichts einer Freigabe im Wege stehen dürfte.

11.1.2.3.3 Einflussfaktoren der wirtschaftlichen Vorteilhaftigkeit der beispielhaften Effizienzmaßnahme

Die vorangegangenen Ausführungen haben deutlich werden lassen, dass die sich durch die vorgestellte Maßnahme zur Verbesserung der Energieeffizienz ergebenden Energiekosteneinsparungen von relativ wenigen Parametern abhängig sind:

- Einsparpotenzial an den Rohrleitungen – also Reduktion des Abwärmeverlustes – nach Anbringung der Wärmedämmung (Nutzenergieeinsparung und Rückrechnung zu einer Endenergieeinsparung unter Berücksichtigung des Nutzungsgrades des Dampferzeugers)
- Kosten für Material und Einbau (relativ geringes Risiko, da i. d. R. bindender Kostenvoranschlag vorliegt)
- Wirkungsdauer
- Kalkulationszinssatz

- aktueller spezifischer Erdgaspreis
- Jahrespreisänderungsrate für Erdgas

11.1.2.4 Investitionsrechnung für Beispiel 3: Abwärmenutzung aus dem Abgas eines Glühofens beim Blankglühen von kaltgewalztem Edelstahlband

Das nächste Beispiel bezieht sich auf einen Hersteller von Bandstahl. Zunächst wird der Stahl kaltgewalzt (Abbildung 11-65).

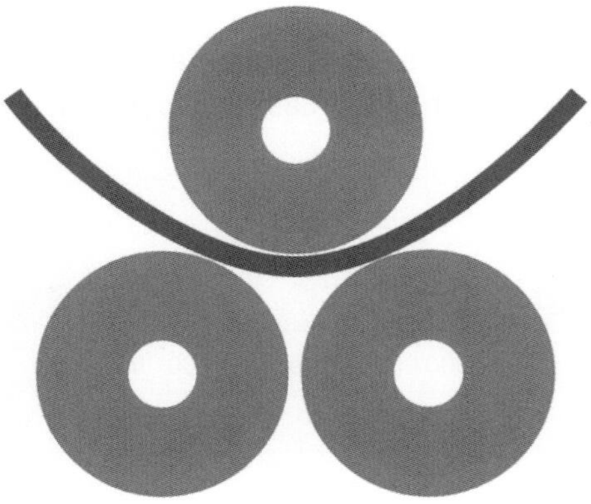

Quelle: eigene Darstellung

Abbildung 11-65: Kaltwalzen von Bandstahl

Nach dem Kaltwalzen erfolgt ein Blankglühen durch einen erdgasgefeuerten Ofen. Ein beträchtlicher Anteil der dabei eingesetzten Endenergie wird in Rauchgasabwärme umgewandelt und verlässt die Produktion ungenutzt an die Umgebung. Da an verschiedenen anderen Stellen Wärmeenergie dieses Temperaturniveaus benötigt wird, soll geprüft werden, ob sich eine Wärmerückgewinnung aus dem Abgas ökonomisch lohnen könnte.

11.1.2.4.1 Vorgehensweise zur Ermittlung des Kapitalwertes der beispielhaften Effizienzmaßnahme

Im vorliegenden Fall ist es hilfreich, zunächst ein Energieflussdiagramm aufzustellen, um hieraus dann die Gleichung für die Energiekosteneinsparungen abzuleiten (Abbildung 11-66).

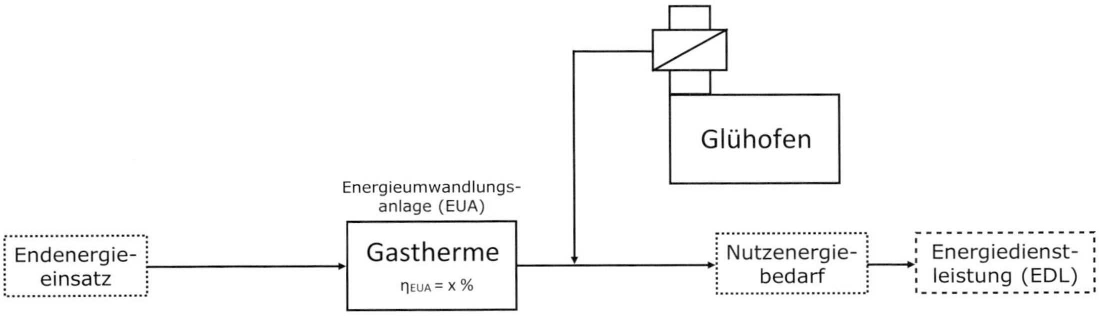

Quelle: eigene Darstellung

Abbildung 11-66: Energieflussdiagramm für eine Wärmerückgewinnung aus Glühofenabgas

Im Rahmen der Spezifikation eines solchen Vorhabens wurde festgestellt, dass der zu installierende Wärmeübertrager voraussichtlich über die Zeit an Leistung einbüßen wird, sodass eine Degradationsrate[91] berücksichtigt werden sollte. Die sich ergebende Rückflussgleichung über die Jahresenergiekosteneinsparung (EKE_t) lautet:

$$\text{EKE}_t = \frac{Q_{\text{Abw},t}}{\eta_{\text{EUA}}} \cdot (1 - \text{Degrad})^t \cdot p_0 \cdot (1 + \Delta p)^t$$

Mit

η_{EUA} Nutzungsgrad der Energieumwandlungsanlage (hier Gastherme)

Die folgenden zwei Tabellen in Abbildung 11-67 und Abbildung 11-68 enthalten die relevanten Parametereinstellungen und Zahlungsstromangaben für den Most Likely Case mit den Spannbreiten vom Best Case bis zum Worst Case.

Einstellparameter	Wertangabe	Spannbreite	
	Most Likely Case	Best Case	Worst Case
Reduktion des Erdgasverbrauchs ohne Degradation	5 943 000 kWh/a	7 000 000 kWh/a	4 000 000 kWh/a
Degradationsrate	2 %	1 %	3 %
Wirkungsdauer des Investitionsprojektes	20 Jahre	22 Jahre	15 Jahre
Kalkulationszinssatz i	4 %	2 %	6 %
Aktueller spezifischer Erdgaspreis	0,03 €/kWh		
Jahrespreisänderungsrate Erdgas	4 %	3 %	5 %

Abbildung 11-67: Einstellparameter für die Abwärmenutzung beim Blankglühen

Wirkungsart	Wirkung	Umfang mit Einheit	Monetarisierung möglich? → Cash-Flow-Ermittlung	Wert je Einheit (= spezifische Kosten bzw. Erlöse)	Cash Flow in Periode 0	Zahlungs-zeitpunkt	Letzt-maliger Anfall	Jahres-degradation
Belastungen	Investitionsaus-zahlung für den Wärmetauscher	1 Stück	Ja	411 785 €	411 785 €	Gegenwart (nullte Periode)	Irrelevant	Nicht anwendbar
	Planungskosten	1 Stück	Ja	40 000 €	40 000 €	Gegenwart (nullte Periode)	Irrelevant	Nicht anwendbar
	Einbaukosten	1 Stück	Ja	45 000 €	45 000 €	Nicht relevant	Nicht relevant	Nicht anwendbar
Nutzen	Einsparung Erdgas	5 943 000 kWh/a	Ja	0,03 €/kWh	Erst ab Periode 1	Jedes Jahr ab t = 1	Nach 20 Jahren	2 %

Abbildung 11-68: Nutzen und Belastungen für die Abwärmenutzung beim Blankglühen

Die Kapitalwertberechnungen erfolgen im nächsten Abschnitt.

91 Mit einer Degradationsrate (gemessen in %) wird der alters- bzw. einsatzbedingte Leistungsverlust einer energiebezogenen Anlage (PV-Anlage, Windenergieanlage, aber auch Wärmeübertrager etc.) über die Zeit beschrieben. Zur Ermittlung und Verrechnung einer solchen Rate siehe Abbildung 11-192.

11.1.2.4.2 Berechnung des Kapitalwertes der beispielhaften Effizienzmaßnahme

Der Most Likely Case führt zu einem Kapitalwert in Höhe von etwa 2,5 Millionen Euro.

Kalkulationszinsfuß i	4,0 %							
Jahrespreisänderungsrate Erdgas	4,0 %							
Degradationsrate	2,0 %							
Zu berücksichtigende Perioden	20 Jahre							
Reduktion des Erdgasverbrauchs ohne Degradation	5 943 000 kWh							
Periodenende t	0	1	2	3	...	18	19	20
Berücksichtigte Perioden ("1" = "Ja")	1	1	1	1	...	1	1	1
Reduktion Erdgasverbrauch nach Degradation [kWh]	5 943 000	5 824 140	5 705 280	5 586 420	...	3 803 520	3 684 660	3 565 800
Spezifischer Erdgaspreis [€/kWh]	0,022	0,023	0,024	0,025	...	0,044	0,046	0,048
Auszahlungen								
Planungskosten, Investitionsauszahlung für den Wärmetauscher, Einbau	496 785 €							
Rückflüsse								
Stromkosteneinsparung		132 651 €	135 141 €	137 619 €	...	168 745 €	170 010 €	171 107 €
Resultate/Indikatoren								
Summe	496 785 €	132 651 €	135 141 €	137 619 €	...	168 745 €	170 010 €	171 107 €
Barwerte	496 785 €	127 549 €	124 946 €	122 343 €	...	83 297 €	80 694 €	78 091 €
Kapitalwert	2 553 182 €							

Abbildung 11-69: Abwärmenutzung aus dem Abgas eines Glühofens beim Blankglühen von kaltgewalztem Edelstahlband, Most Likely Case

Der Kapitalwert des Best Case ist dementsprechend höher.

Kalkulationszinsfuß i	6,0 %						
Jahrespreisänderungsrate Erdgas	3,0 %						
Degradationsrate	3,0 %						
Zu berücksichtigende Perioden	15 Jahre						
Reduktion des Erdgasverbrauchs ohne Degradation	4 000 000 kWh						
Periodenende t	0	1	2	3	...	14	15
Berücksichtigte Perioden ("1" = "Ja")	1	1	1	1	...	1	1
Reduktion Erdgasverbrauch nach Degradation [kWh]	4 000 000	3 880 000	3 760 000	3 640 000	...	2 320 000	2 200 000
Spezifischer Erdgaspreis [€/kWh]	0,022	0,023	0,023	0,024	...	0,033	0,034
Auszahlungen							
Planungskosten, Investitionsauszahlung für den Wärmetauscher, Einbau	496 785 €						
Rückflüsse							
Stromkosteneinsparung		87 521 €	87 359 €	87 108 €	...	76 852 €	75 063 €
Resultate/Indikatoren							
Summe	496 785 €	87 521 €	87 359 €	87 108 €	...	76 852 €	75 063 €
Barwerte	496 785 €	82 567 €	77 749 €	73 137 €	...	33 992 €	31 321 €
Kapitalwert	1 313 479 €						

Abbildung 11-70: Abwärmenutzung aus dem Abgas eines Glühofens beim Blankglühen von kaltgewalztem Edelstahlband, Best Case

Selbst der Worst Case führt im vorliegenden Beispiel zu einem positiven Kapitalwert.

Kalkulationszinsfuß i	6,0 %						
Jahrespreisänderungsrate Erdgas	3,0 %						
Degradationsrate	3,0 %						
Zu berücksichtigende Perioden	15 Jahre						
Reduktion des Erdgasverbrauchs ohne Degradation	4 000 000 kWh						
Periodenende t	0	1	2	3	...	14	15
Berücksichtigte Perioden ("1" = "Ja")	1	1	1	1	...	1	1
Reduktion Erdgasverbrauch nach Degradation [kWh]	4 000 000	3 880 000	3 760 000	3 640 000	...	2 320 000	2 200 000
Spezifischer Erdgaspreis [€/kWh]	0,022	0,023	0,023	0,024	...	0,033	0,034
Auszahlungen							
Planungskosten, Investitionsauszahlung für den Wärmetauscher, Einbau	496 785 €						
Rückflüsse							
Stromkosteneinsparung		87 521 €	87 359 €	87 108 €	...	76 852 €	75 063 €
Resultate/Indikatoren							
Summe	496 785 €	87 521 €	87 359 €	87 108 €	...	76 852 €	75 063 €
Barwerte	496 785 €	82 567 €	77 749 €	73 137 €	...	33 992 €	31 321 €
Kapitalwert	1 313 479 €						

Abbildung 11-71: Abwärmenutzung aus dem Abgas eines Glühofens beim Blankglühen von kaltgewalztem Edelstahlband, Worst Case

In der Gesamtschau ergibt sich für das betrachtete Beispiel folgendes Bild (Abbildung 11-72).

Einstellparameter	Wertangabe	Spannbreite	
	Most Likely Case	Best Case	Worst Case
Reduktion des Erdgasverbrauchs ohne Degradation	5 943 000 kWh/a	7 000 000 kWh/a	4 000 000 kWh/a
Degradationsrate	2 %	1 %	3 %
Wirkungsdauer des Investitionsprojektes	20 Jahre	22 Jahre	15 Jahre
Kalkulationszinssatz i	4 %	2 %	6 %
Aktueller spezifischer Erdgaspreis	0,03 €/kWh		
Jahrespreisänderungsrate Erdgas	4 %	5 %	3 %
Kapitalwerte	2 553 182 €	4 677 763 €	1 313 479 €

Abbildung 11-72: Berechnungsergebnisse in der Gesamtschau

Insgesamt gilt hier das Gleiche wie im vorangegangenen Beispiel: Unter der Annahme, dass sämtliche Zahlungsströme und Parametereinstellungen realitätsnah vorgenommen worden sind, ist davon auszugehen, dass ein nur sehr geringes Risiko vorliegt, sodass eigentlich nichts einer Freigabe im Wege stehen dürfte.

11.1.2.4.3 Einflussfaktoren der wirtschaftlichen Vorteilhaftigkeit der beispielhaften Effizienzmaßnahme

Die vorangegangenen Ausführungen haben deutlich werden lassen, dass die sich durch die vorgestellte Maßnahme zur Verbesserung der Energieeffizienz ergebenden Energiekosteneinsparungen von relativ wenigen Parametern abhängig sind:

- Wärmemenge, die man den Kamin-Abgasen entnehmen kann (insofern ist eine realitätsnahe Abschätzung von besonderer Bedeutung)
- tatsächliche Wärmenutzung (insofern ist eine realitätsnahe Abschätzung von besonderer Bedeutung)

- Nutzungsgrad des bestehenden Heizkessels
- Kosten für Material und Einbau (relativ geringes Risiko, da i. d. R. bindender Kostenvoranschlag vorliegt)
- Wirkungsdauer des Projektes
- Kalkulationszinssatz
- aktueller spezifischer Erdgaspreis
- Jahrespreisänderungsrate für Erdgas

11.2 Investitionsrechnung für die Auswahl von Energiebereitstellungsanlagen

Hinweis

Die in diesem Kapitel dargestellten Kalkulationsergebnisse sind Resultate von Beispielen. Bei anderen Fallkonstellationen können völlig andere Ergebnisse zustande kommen. Die Beispiele in den Unterkapiteln sollen aufzeigen, wie eine Berechnung für die jeweilige Energiebereitstellungsanlage durchgeführt werden kann. Es sollen keine Präferenzen für (spezifische) Anlagen zum Ausdruck gebracht werden.

11.2.1 Investitionsrechnung für Wärmepumpen

11.2.1.1 Charakteristika und ökonomischer Zweck von Wärmepumpen

Eine Wärmepumpe ist eine technische Einrichtung, die unter Verrichtung von mechanischer Arbeit (Betrieb eines Kompressors) thermische Energie

- aus der Umgebung (Umgebungsluft, Boden, Flusswasser, Grundwasser),
- von technischen Anlagen wie IT-Servern oder
- in Form von Überschusswärme bei Wärmeprozessen etc.

aufnimmt und sie zusammen mit der Antriebsenergie des Kompressors als Nutzwärme auf ein zu beheizendes System (i. d. R. Raumheizung oder Produktionsprozess) überträgt.

Technologisch entspricht eine Wärmepumpe einem Kühlschrank oder einer Klimaanlage, mit dem Unterschied, dass die Nutzenergie bei Erstgenannter Wärme (also Wärmezufuhr) und bei Letztgenannten Kälte (also Wärmeentnahme) ist. Es handelt sich um eine Energiewandlungsanlage, die zwar in aller Regel mit elektrischem Strom betrieben wird (zum Betrieb des Kompressors und der Steuerungseinheiten). Der Hauptanteil der Einsatzenergie ist hingegen Umwelt- und somit Sonnen- oder Abfallenergie (etwa Wärmeverluste), sodass die erzeugte Wärme als teilerneuerbare Nutzenergie angesehen wird, ggf. sogar als vollerneuerbare, wenn der elektrische Strom vollständig mit Regenerativanlagen, etwa mit Photovoltaikmodulen, generiert werden sollte (was zu 100 % i. d. R. auf wirtschaftlich vorteilhafthafte Weise nicht möglich ist, weil die Wärmebedarfe insbesondere dann vorliegen, wenn – etwa im Winter – die Sonnenintensität gering ist, sodass eine sehr hohe PV-Kapazität benötigt werden würde, die dann im Sommer auf einen niedrigen Bedarf trifft, sodass am Ende eine geringe Auslastung der PV-Anlage zustande käme).

Als System der Raumheizung stehen Wärmepumpen i. d. R. im Wettbewerb mit

- wasserbasierenden Systemen wie
  - Gas- oder Ölthermen,
  - Pelletheizungen und
  - Scheitholzkessel sowie

– luftbasierenden Systemen wie
  - Infrarotheizungen,
  - Nachspeicherheizungen und
  - Holzöfen.

Vom Typ her handelt es sich bei Investitionen in Wärmepumpen üblicherweise um Entweder-oder-Entscheidungen (vgl. Kapitel 6.4). Dies bedeutet, dass i. d. R. eine bestimmte Nutzenergiemenge pro Jahr durch ein solches System bereitgestellt werden muss, sodass eine Alternative von mehreren infrage kommenden auszuwählen und die Nutzenergiemenge selbst nicht entscheidungsrelevant ist. Insofern kann Letztgenannte bei der Kapitalwertkalkulation unberücksichtigt bleiben. Eine vergleichende Kapitalwertkalkulation ist hier in aller Regel möglich.

Die Entscheidung für oder gegen eine Wärmepumpe zur Raumbeheizung bezieht sich üblicherweise entweder auf einen mit einer Wärmeerzeugungsanlage auszustattenden Neubau oder auf den Austausch eines in die Jahre gekommenen oder defekten vorhandenen Heizsystems. Möglich ist auch, dass jemand mit der bestehenden Heizanlage aufgrund der relativ hohen Betriebskosten, wegen der CO_2-Emissionen oder aus anderen Gründen unzufrieden ist und deshalb ein neues System integrieren möchte.

Wenn es nicht um einen Neubau geht, dann ist regelmäßig auch die Peripherie (Wärmeüberträger/Heizkörper mit ihren relevanten Vorlauftemperaturen auf der einen und Heizlast des Gebäudes auf der anderen Seite) zu berücksichtigen. Sie bestimmt mit, welche Anschlussleistung notwendig wäre und ob eine Wärmepumpe mit der gewählten Anschlussleistung überhaupt infrage kommt, das bestehende System zu ersetzen. Dies verdeutlicht das Energieflussdiagramm in Abbildung 11-100.

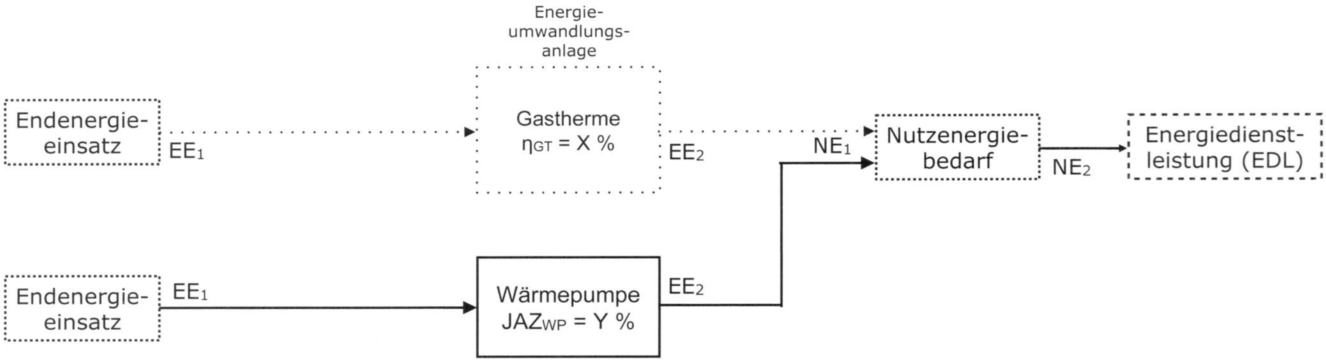

Quelle: eigene Darstellung

Abbildung 11-73: Energieflussdiagramm einer Wärmepumpe (hier im Austausch mit einer Gastherme), JAZ steht für Jahresarbeitszahl und ähnelt dem schon behandelten Nutzungsgrad

Wenn hohe Vorlauftemperaturen benötigt werden (etwa bei gar nicht oder schwach sanierten Altbauten mit konventionellen Kleinheizkörpern), kommen auch Hybrid-Lösungen infrage, bei denen eine bestehende konventionelle Anlage (etwa eine Gastherme) an sehr kalten Wintertagen einspringt und die geforderte hohe Heizlast übernimmt, die Wärmepumpe insofern für den Normalbedarf zuständig ist.

Ökonomischer Zweck der Installation und des Betriebs einer Wärmepumpe ist, den Wärmebedarf eines Gebäudes oder Produktionsprozesses zu geringeren Kosten zu decken als mit einer technischen Alternativlösung (etwa Gaskessel, Infrarotheizung, Pelletheizung etc.). Hierfür ist i. d. R. ein höherer Investitionsbetrag als für die Alternative zu zahlen, der nicht nur die Wärmepumpe als solche umfasst, sondern ggf. auch hohe Ausgaben für das Wärmeübertragungssystem (i. d. R. Fußbodenheizung, sofern nicht ohnehin vorgesehen). Insofern sollten die Heizkosteneinsparungen mindestens die hohen Anfangsauszahlungen kompensieren, um in den Bereich der wirtschaftlichen Vorteilhaftigkeit zu gelangen.

Auf das o. a. Energieflussdiagramm wird im Rahmen der Entwicklung eines beispielhaften Berechnungsmodells zurückzukommen sein (siehe Kapitel 11.2.1.3).

11.2.1.2 Für Investitionsrechnungen relevante technische Grundlagen von Wärmepumpen

11.2.1.2.1 Wärmepumpenarten

Wärmepumpen können nach verschiedenen Kriterien kategorisiert werden. Typische Einteilungen erfolgen nach:

- dem Anwendungsbereich (z. B. Haushalt oder Gewerbe/Industrie)
- dem Anwendungszweck (z. B. Raumheizung, Eindampfung, Trocknung, Destillation/Rektifikation)
- der Kapazität (von einigen Watt für ein Labor bis zu mehreren Megawatt im industriellen Bereich)
- der Art des Kreisprozesses (Kompressions-Wärmepumpen[92], Absorptionswärmepumpen[93] oder Adsorptionswärmepumpen[94])
- der Antriebsart (z. B. Elektromotor, Verbrennungsmotor)
- der Betriebsweise (monovalent[95], bivalent-parallel[96], bivalent-alternativ[97])
- dem Wärmeträger der Wärmequelle (z. B. Luft, Boden, Grundwasser, Abluft, Brüden, Kondensat, Abwasser, Abdampf)
- dem Wärmeträger der Wärmesenke (z. B. Warmwasser, Luft)
- der Nutzungsart (Heizwärmepumpe, Heiz-Kühl-Anlage)
- dem Heiztemperaturniveau bzw. der Temperatur der Wärmeabgabe (< 50 °C, 50 bis 100 °C oder > 100 °C als Hochtemperatur-Wärmepumpe)

Technische Leistungsangaben von Wärmepumpen werden regelmäßig auf bestimmte Betriebszustände bezogen, wie:

- Sole-Wasser-Wärmepumpe: B5/W55
  - mit Erdwärmekollektoren
  - mit Erdsonden als Wärmeübertrager
- Wasser-Wasser-Wärmepumpe: W7/W55
- Luft-Wasser-Wärmepumpe: A2/W35 oder A–7/W35.

92 Eine Kompressionswärmepumpe ist die gängigste Art der Wärmepumpe, die Umweltwärme mithilfe eines Kältemittelkreislaufs, der einen elektrisch angetriebenen Verdichter (Kompressor) enthält, in nutzbare Heizwärme umwandelt. Sie steht im Zentrum dieses Kapitels.

93 Eine Absorptionswärmepumpe ist ein verfahrenstechnischer Apparat zur Erhöhung des Temperaturniveaus von Wärmeströmen, wobei im Gegensatz zu Kompressionswärmepumpen als Antriebsleistung keine mechanische Energie, sondern eine Wärmequelle eingesetzt wird, um die Erhöhung des Temperaturniveaus zu erreichen. Der Vorteil dieser Technologie besteht darin, dass beispielsweise Abwärme genutzt werden kann, um den Prozess anzutreiben.

94 Eine Adsorptionswärmepumpe funktioniert ähnlich wie eine Absorptionswärmepumpe, aber mit einigen wichtigen Unterschieden: Als Kältemittel kommt hier Wasser zum Einsatz. Dieses nimmt in einem Verdampfer unter Vakuumbedingungen die Umweltwärme auf und verdampft dadurch bereits bei niedrigen Temperaturen.

95 Monovalente Wärmepumpen decken den gesamten Wärmebedarf eines Gebäudes ausschließlich mit der Wärmepumpe ab, ohne eine zusätzliche Heizquelle wie einen Kessel oder einen Heizstab.

96 Bivalent-parallele Wärmepumpen nutzen zwei Wärmeerzeuger, die parallel zueinander arbeiten, um den Wärmebedarf zu decken. Die Wärmepumpe liefert den Großteil der Wärme, bis die Außentemperatur einen bestimmten Bivalenzpunkt unterschreitet. Ab diesem Punkt wird ein zweiter Wärmeerzeuger, oft ein Gas- oder Ölkessel, zugeschaltet, um beide Systeme gemeinsam den Wärmebedarf decken zu lassen. Dieses System erhöht die Zuverlässigkeit und Flexibilität der Heizung, besonders bei Bestandsgebäuden mit höheren Vorlauftemperaturen und großem Heizbedarf.

97 Bivalent-alternative Wärmepumpen nutzen neben der Wärmepumpe eine zweite, meist fossile, Heizquelle (z. B. Gas oder Öl), die aber nie gleichzeitig mit der Wärmepumpe betrieben wird. Sobald eine definierte Außentemperatur unterschritten wird, schaltet die zweite Heizung die Wärmepumpe komplett ab und übernimmt die gesamte Wärmeerzeugung. Dieser Bivalenzpunkt wird so gewählt, dass die Wärmepumpe so lange wie möglich effizient arbeiten kann.

Die erste Buchstaben-Zahlen-Kombination bezieht sich auf den Verdampfer, die zweite auf den Kondensator der Wärmepumpe. Der Buchstabe steht für den Wärmeträger (B für „*brine*" = Sole, also ein Wasser-/Frostschutzgemisch, W für „*water*" und A für „*air*"), gefolgt von der Eintrittstemperatur des Wärmeträgers in den Verdampfer („–7" wäre dann –7 °C) bzw. für die Austrittstemperatur am Kondensator, z. B. in einen Radiator.

11.2.1.2.2 Wirkungsweise von idealisierten und realen Wärmepumpen, abgeleitet aus thermodynamischen Kreisprozessen

Zur Beschreibung der Funktionsweise einer Wärmepumpe und der Klärung ihrer Effizienzpotenziale ist es hilfreich, zunächst generell auf thermodynamische Kreisprozesse einzugehen, bis dann später praktische Wärmepumpenanwendungen vorgestellt werden.

Besonders hervorzuheben ist in diesem Zusammenhang der **Carnot-Kreisprozess**, der auf den französischen Physiker Sadi Carnot zurückgeht. Carnot hat im Jahr 1824 mit einer erdachten Abfolge von Prozessschritten den Nachweis der theoretisch-bestmöglichen thermodynamischen Wärmekraft-Maschine für die Erzeugung mechanischer Arbeit erbracht und mit dem Begriff der „Irreversibilität" den zweiten Hauptsatz der Thermodynamik beschrieben. Die Umkehrung dieses Kreisprozesses zu einem sogenannten Linksprozess führte 1834 durch das Patent von Jakob Perkins zur Entwicklung der modernen Kaltdampfmaschine. Das Arbeitsprinzip der Wärmepumpe schließlich, durch einen thermodynamischen Kreisprozess Wärme auf ein höheres Temperaturniveau zu pumpen, beschrieb dann im Jahr 1852 auf der Grundlage der Carnotschen Erkenntnisse der englische Physiker William Thomson, der später durch das englische Königshaus geadelt und fortan Lord Kelvin genannt wurde.

11.2.1.2.2.1 Wirkungsweise des Carnot-Wärmepumpen-Kreisprozesses

Bei der Wärmepumpe soll im Zuge eines Kreisprozesses Wärme von einem kalten auf ein warmes Reservoir übertragen werden. Die Grundidee lässt sich gut anhand einer Fahrradluftpumpe beschreiben: Als Fahrradfahrer weiß man, dass sich Luft erwärmt, wenn sie beim Pumpen komprimiert wird. Nach dem Aufpumpen eines Reifens fühlt sich die Luftpumpe warm an. Man stelle sich nur vor, diese Fahrradpumpe als Wärmepumpe einzusetzen. In einem ersten Schritt wird sie außerhalb eines Gebäudes mit kalter Winterluft gefüllt und die Öffnung verschlossen. Danach komprimiert man die eingeschlossene Luft durch Bewegung des Pumpengriffes, wobei sie sich erwärmt. Die Kompression muss so stark sein, dass die Luft mindestens eine Temperatur wie die im Inneren des zu heizenden Gebäudes aufweist. Je niedriger die Temperatur außerhalb des Gebäudes ist, desto mehr Druck muss aufgebaut, desto mehr Volumenänderungsarbeit muss verrichtet werden. Nun begibt man sich in das Gebäude hinein und lässt die Luft in der Pumpe bis auf Zimmertemperatur abkühlen. Mit der übertragenen Wärme heizt sich das Gebäude auf. Im Anschluss wird die eingeschlossene Luft expandiert, indem man am Luftpumpengriff bei geschlossener Öffnung zieht. Die Temperatur der Luft sinkt dabei. Auch hier muss die Expansion so stark sein, dass sich die Luft auf unterhalb der Außentemperatur abkühlt. Nun verlässt man das Gebäude und begibt sich wieder nach draußen und wartet, bis sich die Luft in der Pumpe auf die Temperatur der Außenluft erwärmt hat. Dabei wird Wärme von der Umgebung auf die eingeschlossene Luft übertragen. Wenn nun das Volumen, die Temperatur und der Druck wieder ihre Ausgangswerte angenommen haben, ist der Kreisprozess vollendet.

Der oben erwähnte Carnot-Prozess entspricht weitgehend diesem Fahrradpumpen-Kreisprozess. Wie aufgeführt, besteht er aus einer Abfolge von vier Teilschritten:

- Kompression
- Wärmeübertragung
- Expansion
- Wärmeübertragung

Die Besonderheit beim Carnot-Prozess liegt darin, dass alle Prozessschritte als reversibel angenommen werden. Insofern handelt es sich um eine idealisierte Annäherung an die irreversible Wärmeübertragung einer realen Wärmepumpe (siehe Abbildung 11-74).

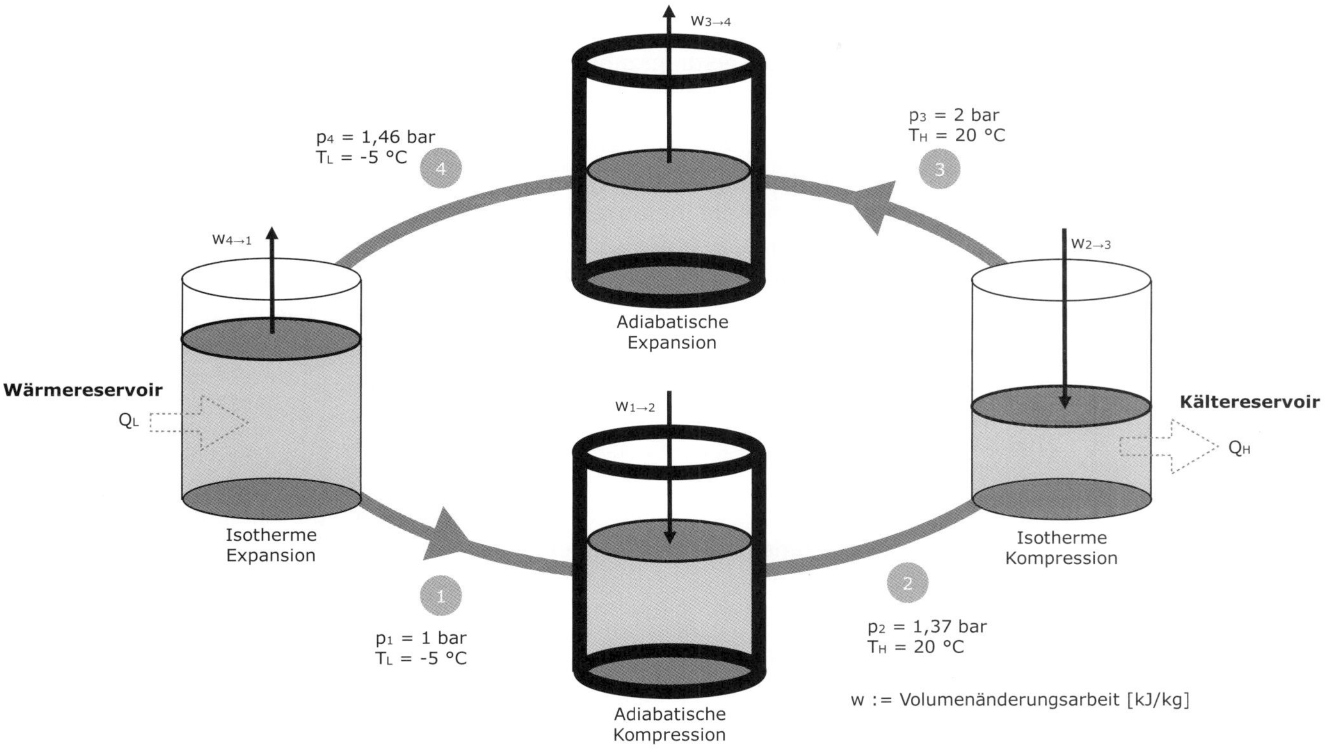

Quelle: eigene Darstellung

Abbildung 11-74: Carnot-Prozess

Der Carnot-Prozess besteht aus zwei adiabatischen Aktivitäten (ohne Wärmeaustausch) und zwei isothermen Schritten (konstante Temperatur). Bezugnehmend auf das Fahrradpumpenbeispiel sei im Betrachtungsbeispiel Luft als Arbeitsmittel gewählt.[98] Die Reihenfolge der Prozessschritte:

1) Adiabatische Kompression 1 → 2

   Der Prozess beginnt damit, dass kalte Winterluft (–5 °C bei 1 bar) adiabat komprimiert wird (auf 1,37 bar) und sich dabei auf 20 °C erwärmt. Ein Wärmeaustausch findet bei diesem theoretischen adiabat-reversiblen Prozess nicht statt (der Zylinder soll während dieses Teilschrittes perfekt wärmegedämmt sein).

2) Isotherme Kompression 2 → 3

   Nun findet die Wärmeübertragung statt. Dazu wird das Gas bei 20 °C isotherm komprimiert, sodass die Wärmemenge QH ins Innere des Gebäudes fließt. Zur Kompression der Luft ist die Arbeit W erforderlich. Je stärker die Luft komprimiert wird, umso mehr Arbeit muss verrichtet werden, umso mehr Wärme wird aber auch übertragen. Das Ausmaß der Kompression lässt sich – je nach den technischen Gegebenheiten – beliebig festlegen. Hier sei eine Kompression auf 2 bar festgelegt.

3) Adiabatische Expansion 3 → 4

   Im dritten Schritt wird die Luft durch adiabatische Expansion wieder auf die niedrige Außentemperatur von –5 °C gebracht. Der Druck entspannt sich zu 1,46 bar. Bei der Expansion des Gases wird Arbeit verrichtet; Wärme wird bei diesem adiabatischen Prozessschritt nicht übertragen.

98 Das Beispiel entstammt Müller 2023, S. 216 ff., dort sind auch die Berechnungen nachzulesen.

4) Isotherme Expansion 4 → 1

Im letzten Schritt wird schließlich Wärme von außen auf die Luft im Zylinder übertragen, die man dann durch Zug am Kolben isotherm expandieren lässt, wodurch sich der Druck dann wieder auf 1 bar reduziert. Der Kreisprozess ist vollendet.

11.2.1.2.2.2 Wirkungsgrad, Leistungszahl, Coefficient of Performance des Carnot-Wärmepumpen-Kreisprozesses

Das Wirkprinzip einer Wärmepumpe ist, mehr Nutzwärme zu erzeugen als für den Betrieb der Anlage erforderlich ist. Zur Beurteilung der Effizienz ermittelt man daher das Verhältnis von Nutzen (die dem Gebäude oder dem Industrieprozess zugeführte Wärme) zu Aufwand (die zum Betrieb der Wärmepumpe nötige – i. d. R. elektrische – Arbeit). Die der Umwelt entnommene Leistung bzw. Energiemenge wird bei dieser Rechnung bewusst unberücksichtigt gelassen. Insofern wird als Effizienzindikator auch nicht das übliche η ermittelt. Stattdessen verwendet man den sogenannten *Coefficient of Performance* (COP), der nicht mit Effizienzkennzahlen anderer Wärmebereitstellungsanlagen vergleichbar ist:

$$\mathrm{COP} = \frac{\dot{Q}_{\mathrm{H}}}{P_{\mathrm{el}}}$$

Für den Carnot-Kreisprozess lässt sich der COP als Funktion der Temperaturspreizung (Verhältnis der Temperaturen der Energiequelle und -senke) ermitteln[99] zu:

$$\mathrm{COP}_{\mathrm{WP\ Carnot}} = \frac{1}{1 - \frac{T_{\mathrm{L}}}{T_{\mathrm{H}}}}$$

Die Temperaturangaben T_{L} und T_{H} („L" und „H" für „*low*" und „*high*") sind hierbei in Kelvin anzugeben.

Beispiel: Eine Carnot-Wärmepumpe soll ein Gebäude beheizen. Die Soll-Innenraumtemperatur betrage 20 °C. Die Außentemperatur sei –5 °C. Es ergibt sich in diesem Fall eine Carnot-Leistungszahl in Höhe von:

$$\mathrm{COP}_{\mathrm{WP\ Carnot}} = \frac{1}{1 - \frac{268\ \mathrm{K}}{293\ \mathrm{K}}} = 11{,}7$$

Bei einer Temperaturspreizung von –5 °C zu 20 °C wäre – und das sagt der Carnot-COP aus – die Leistungszahl auf 11,7 begrenzt. Mehr ist physikalisch nicht möglich. Aus einer kWh elektrischen Stromes könnten somit unter (theoretisch) idealen Gegebenheiten, also bei gegebener Reversibilität und damit bei einem Ausschluss von Energieverlusten, maximal 11,7 kWh Wärme generiert werden. Die Leistungszahl einer Carnot-Wärmepumpe hängt insofern nur von einem einzigen Parameter ab, nämlich von dem Verhältnis der Temperaturen der beiden Reservoirs, zwischen denen die Wärmepumpe operiert.

Die folgende Tabelle zeigt für den Carnot-Wärmepumpenkreisprozess, welche starken Einflüsse sowohl Außen- als auch Soll-Innentemperatur auf den COP haben. Bei einer beispielhaften Vorlauftemperatur von 35 °C für eine Fußbodenheizung beträgt (unter Zugrundelegung einer Außentemperatur von –5 °C) der – theoretisch maximale – Carnot-COP 7,7. Müsste die Vorlauftemperatur hingegen auf 55 °C festgelegt werden, weil etwa die in einem zu sanierenden Altbau bestehenden Radiatoren weiter genutzt werden sollen, ergäbe sich ein Carnot-COP von 5,5, also deutlich niedriger, siehe Abbildung 11-75.

99 Zur Herleitung vgl. etwa: Müller 2023, S. 225.

Ausgangstemperatur T_H [°C]	Eingangstemperatur T_L [°C]	Innentemperatur [K]	Außentemperatur [K]	Verhältnis	COP (Carnot)
55	-5	328	268	0,82	5,5
50	-5	323	268	0,83	5,9
45	-5	318	268	0,84	6,4
40	-5	313	268	0,86	7,0
35	-5	308	268	0,87	7,7
35	-2	308	271	0,88	8,3
35	0	308	273	0,89	8,8
35	3	308	276	0,90	9,6
35	4	308	277	0,90	9,9
35	6	308	279	0,91	10,6
35	8	308	281	0,91	11,4
35	10	308	283	0,92	12,3

Abbildung 11-75: Carnot-COP in Abhängigkeit von der Temperaturspreizung

Man erkennt, dass eine theoretische – aber auch reale – Wärmepumpe umso effizienter arbeitet, je stärker die Temperaturen der beiden Reservoirs sich annähern. Abbildung 11-76 macht dies deutlich.

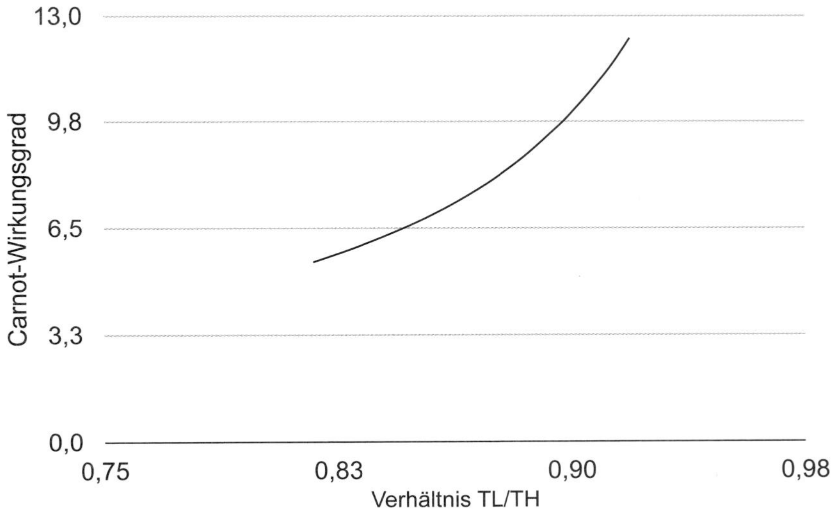

Quelle: eigene Darstellung

Abbildung 11-76: Carnot-Wirkungsgrad in Abhängigkeit von der Temperaturspreizung

Mit Blick auf Investitionsrechnungen lässt sich der Stromverbrauch einer Wärmepumpe umso stärker positiv beeinflussen, je geringer der Unterschied zwischen der Eingangstemperatur der Wärmepumpe und der Innenraumtemperatur des zu beheizenden Gebäudes liegt. Technisch ist das am ehesten mit Sole-Wasser-Wärmepumpen, die Erdwärmesonden als Wärmeübertrager einsetzen, zu erreichen, da im Bodenbereich ab etwa 10 Metern Tiefe, dort, wo die Wärmeübertragung stattfindet, eine konstante Temperatur von etwa 10 °C vorliegt, oder durch „Anzapfen“ von Grund- oder Fließwasser.

Allerdings sind derartige Systeme auch deutlich kostenintensiver als Luft-Wasser-Wärmepumpen, sodass im Zuge einer Investitionsrechnung eine Abwägung stattfindet. Dies wird noch genauer zu untersuchen sein.

Die Carnot-Wärmepumpe stellt einen Grenzfall dar, der von realen Maschinen niemals verwirklicht werden kann. In der Praxis verhindern Reibung, Wärmeverluste und andere Irreversibilitäten, dass eine Wärmepumpe das Ideal der reversiblen Prozessführung und damit den Carnot-COP tatsächlich erreicht.

11.2.1.2.2.3 Wirkungsweise und COP realer Wärmepumpen

Bei realen Wärmepumpen ist die **theoretische** Obergrenze des COP-Wertes und damit letzten Endes auch die der theoretischen Leistungszahl diejenige der Carnot-Wärmepumpe. Für den Praktiker interessant ist demgegenüber die **tatsächliche** Leistungszahl eines bestimmten Fabrikats. Die Norm DIN EN 14511-2 legt dafür ein auf Erfahrungen basierendes standardisiertes Mess- bzw. Berechnungsverfahren fest. Nach diesem Verfahren werden die Modelle verschiedener Hersteller unter bestimmten Bedingungen geprüft und die Ergebnisse veröffentlicht.

Die genaue Angabe der Messbedingungen, insbesondere der Temperaturen, ist wichtig, weil sie das Ergebnis stark beeinflussen. Die COP-Werte werden daher immer mit entsprechenden Zusatzangaben versehen. Häufig sind in der Praxis die folgenden Messbedingungen zugrunde gelegt:

- für Luft-Wasser-Wärmepumpen mit A2/W35 (Luft also hier mit 2 °C im Eingang und Wasser mit 35 °C im Ausgang) bzw.
- für Sole-Wasser-Wärmepumpen mit B0/W35 (Sole mit 0 °C im Eingang).

Für den Praktiker stellt sich die Frage, welche COP-Werte sich in der Realität ergäben. Das theoretische Maximum für eine Messung am beispielhaften Betriebspunkt A2/W35 (2 °C bzw. 275 K, 35 °C bzw. 308 K) wäre

$$COP_{\text{WP Carnot}} = \frac{1}{1 - \frac{275}{308}} = 9{,}3$$

Die tatsächlichen Werte in der praktischen Realität liegen deutlich niedriger, typischerweise bei 3,0 (Luft-Wasser) und 4,5 (Sole-Wasser).

Erhöhung der übertragbaren Energiemenge durch Nutzung von Aggregatzustandsänderungen des Kältemittels

Der dargestellte Carnot-Wärmepumpenkreisprozess zeigte das grundsätzliche Wirkprinzip einer Wärmepumpe, nämlich einen Kreisprozess, bei dem ein Gas im Zuge der Abfolge von zwei Wärmeübertragungs- und zwei adiabatischen Schritten Wärmeenergie aus einem Reservoir in ein anderes überträgt. Tatsächliche Wärmepumpen weichen hiervon etwas ab. Hintergrund ist, dass eine Carnot-Wärmepumpe, selbst wenn man versuchte, sie bestmöglich in der Realität nachzubilden, pro Zyklus nur eine verhältnismäßig kleine Energiemenge transportieren kann, da das verwendete Arbeitsmittel (Luft bzw. ideales Gas) nur eine vergleichsweise geringe Wärmekapazität aufweist.

Um diese Wärmekapazität und damit auch die Leistung einer Wärmepumpe praktisch zu erhöhen, werden bei realen Wärmepumpen als Arbeitsmittel sogenannte Kältemittel eingesetzt, Stoffe, deren Aggregatzustand sich im Zuge des Kreislaufes zweimal ändert. Auf diese Weise können deutlich höhere Energiemengen transportiert werden. Unter Zugrundelegung eines geeigneten Kältemittels wird unter Berücksichtigung der Vorgabetemperaturen für T_L und T_H der Druck so eingestellt, dass

- bei der Wärmeentnahme Verdampfungsenthalpie aufgenommen und
- bei der Wärmeabgabe Kondensationsenthalpie freigesetzt

werden. Bei geschickter Prozessführung kann man auf diese Art erhebliche Energiemengen befördern.

Die Verdampfung des Kältemittels soll bei einer niedrigeren Temperatur als die Kondensation erfolgen. Das ist nur bei geringerem Druck im Verdampfer möglich. Im Kältemittelkreislauf muss also vor der Verdampfung eine Expansions- und vor der Kondensation eine Kompressionsphase liegen.

Die folgende Abbildung 11-77 verdeutlicht den Aufbau und die Prozessschritte einer realen Luft-Wasser-Wärmepumpe in Split-Bauweise, also mit separater Außeneinheit, noch ohne Angabe von Betriebsdrücken und -temperaturen (auf die in Kapitel 11.2.1.2.2.4 einzugehen sein wird).

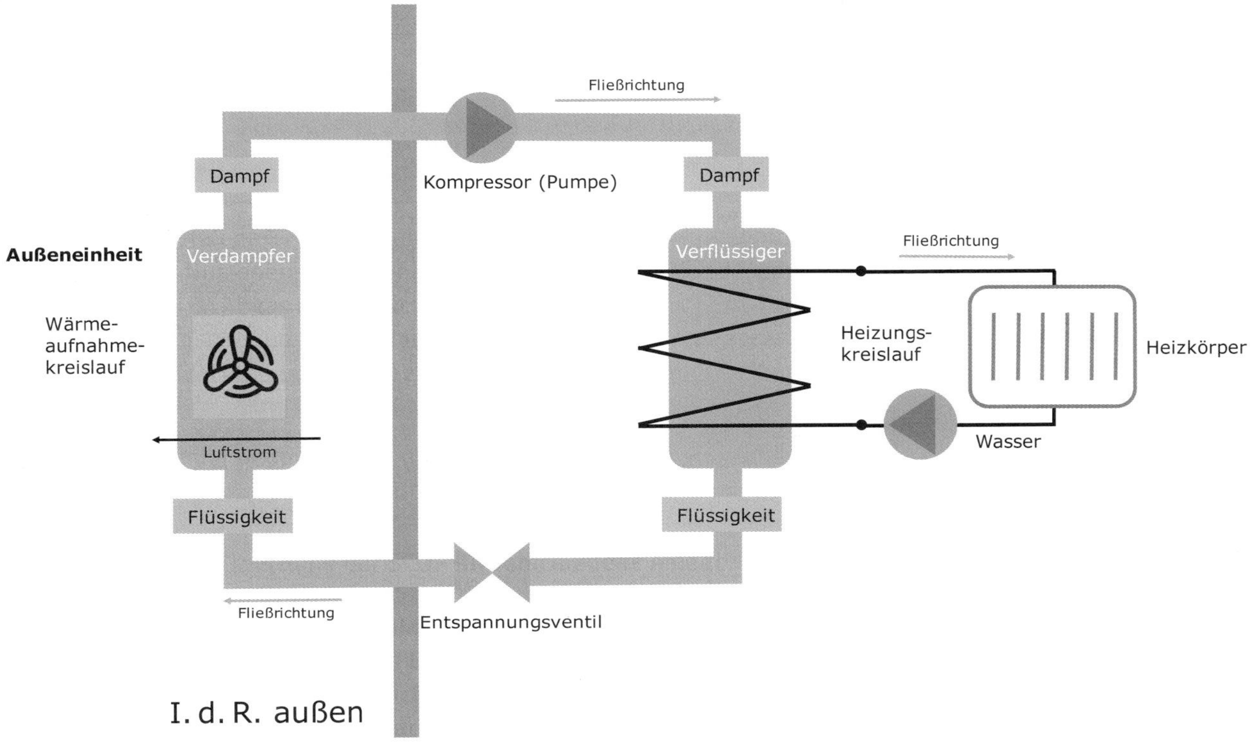

Quelle: eigene Darstellung

Abbildung 11-77: Funktionsweise einer Luft-Wasser-Wärmepumpe in Split-Bauweise

Zu erkennen sind zwei Kreisläufe. Im Zentrum befindet sich der eigentliche Wärmepumpenkreisprozess mit den Bauelementen Verdampfer, Verflüssiger, Kompressor und Entspannungsventil. An der Verdampferseite ist der Wärmeaufnahmebereich mit einem großen Ventilator angebracht, um durch einen großen Luft-Volumenstrom einen hohen Wärmeübergang zu erzeugen. Die Wärmeabgabeseite besteht auch aus mehreren Wärmeübertragern. Der eine ist dafür zuständig, bei der Verflüssigung des Kältemittels im Wärmepumpenkreislauf Kondensationsenthalpie aufzunehmen, um sie dann an andere Wärmeübertrager wie Heizkörper, Fußbodenheizröhren oder ggf. solche für industrielle Wärmeprozesse weiterzugeben.

Kältemittel von Wärmepumpen

Prinzipiell ist als Kältemittel jede Substanz geeignet, die im relevanten Druck- und Temperaturbereich einen Phasenübergang (also Aggregatszustandswechsel) zwischen flüssigem und gasförmigem Zustand aufweist. Für die praktische Anwendung haben sich allerdings verschiedene Merkmale herausgebildet, die bei der Auswahl betrachtet und ggf. abgewogen werden. Zu diesen Merkmalen zählen:

- Treibhaus-Potenzial (GWP – greenhouse warming potential)
- Ozonschichtzerstörung
- Brennbarkeit, Explosivität

- mögliche Korrosionswirkungen in den technischen Anlagen
- Toxizität (hier ist etwa Ammoniak problematisch)
- Kosten

Gängige Kältemittel können der folgenden Tabelle entnommen werden (siehe Abbildung 11-78).

Kältemittel Kategorie	Kältemittel: Numerische Bezeichnung	handelsübliche Bezeichnung	GWP	Gefahr-klasse
FKW / HFKW (vollständig oder teilweise halogenisierte Fluorkohlenwasserstoffe)	R-32	Diflurmethan	675	A2L
	R-134a	Tetraflourethan	1430	A1
	R-407C	Diflurmethan Pentaflourethan Tetraflourethan	1774	A1
	R-410A	Diflurmethan Pentaflourethan	2088	A1
Natürliche Kältemittel	R-170	Ethan	6	A3
	R-290	Propan	3	A3
	R-717 (NH3)	Ammoniak	0	B2L
	R-744 (CO2)	Kohlendioxid	1	A1
	R-600	Butan	4	A3
	R-600 a	Isobutan	3	A3

Abbildung 11-78: Kältemittel für Wärmepumpen

Die Erläuterungen zur Gefahrenklasse enthält Abbildung 11-79.

Entflammbarkeit	Geringe Toxozität	Hohe Toxizität
Keine Flammenausbreitung	A1	B1
Geringe Entflammbarkeit	A2L	B2L
Brennbar	A2	B2
Hohe Entflammbarkeit	A3	B3

Abbildung 11-79: Sicherheitsklassen

Für die Auswahl eines geeigneten Kältemittels ist eine Vielzahl von Eigenschaften zu berücksichtigen. Letztendlich ist bei der Entscheidung für ein Kältemittel immer nur ein Kompromiss aus vielen wünschenswerten Eigenschaften möglich.

Beschreibung der Funktionsweise einer realen Wärmepumpe anhand eines Log-p-h-Diagrammes

In der Wärmepumpentechnik ist das p-h-Diagramm eines Kältemittels ein wichtiges Hilfsmittel für die Darstellung der Funktionsweise des thermodynamischen Kreisprozesses und für energietechnische Berechnungen einer Wärmepumpe. Der Druck p wird dazu mit einer logarithmischen Skalierung auf der Ordinate des Diagramms aufgetragen und die spezifische Enthalpie h auf der Abszisse.

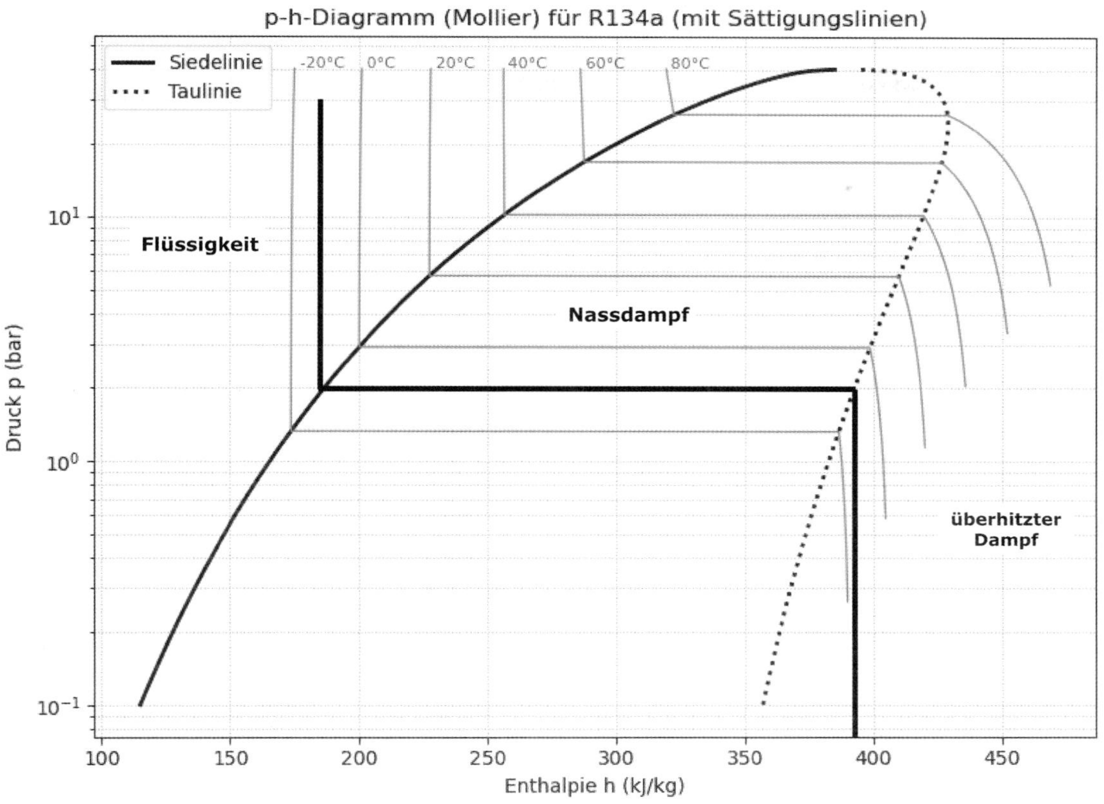

Quelle: eigene Darstellung

Abbildung 11-80: Log-p-h-Diagramm von R-134a mit beschrifteten Isolinien

Im Diagramm sind folgende Zustandsgebiete zu unterscheiden:

- Flüssigkeitsgebiet
- Nassdampfgebiet
- gasförmiges (überhitztes) Gebiet

Das Nassdampfgebiet wird durch die Siedelinie und die Taulinie (= Sattdampflinie) als Grenzkurven eingeschlossen. Diese beiden Grenzkurven treffen sich im sogenannten Kritischen Punkt KP. Eine Kompressions-Wärmepumpe kann nur unterhalb des KP betrieben werden, da ja eine Verdampfung und eine Kondensation beim Durchlaufen des Wärmepumpenkreisprozesses stattfinden soll. Im Nassdampfgebiet fallen die Isothermen und die Isobaren bei allen Einstoff-Kältemitteln zusammen. An der Sattdampflinie knicken die Isothermen ab und verlaufen im überhitzten Gebiet steil nach unten. An der Siedelinie knicken die Isothermen ebenfalls ab und verlaufen im Flüssigkeitsgebiet steil nach oben.

Mit steigendem Druck bzw. steigender Temperatur wird die Differenz zwischen dem spezifischen Volumen des gesättigten Dampfes und dem der siedenden Flüssigkeit immer kleiner, bis die Differenz im kritischen Punkt vollständig verschwindet.

In der folgenden Abbildung ist der **ideale** (nicht carnotsche) Wärmepumpenprozess mit dem Beispiel-Kältemittel R-134a dargestellt.

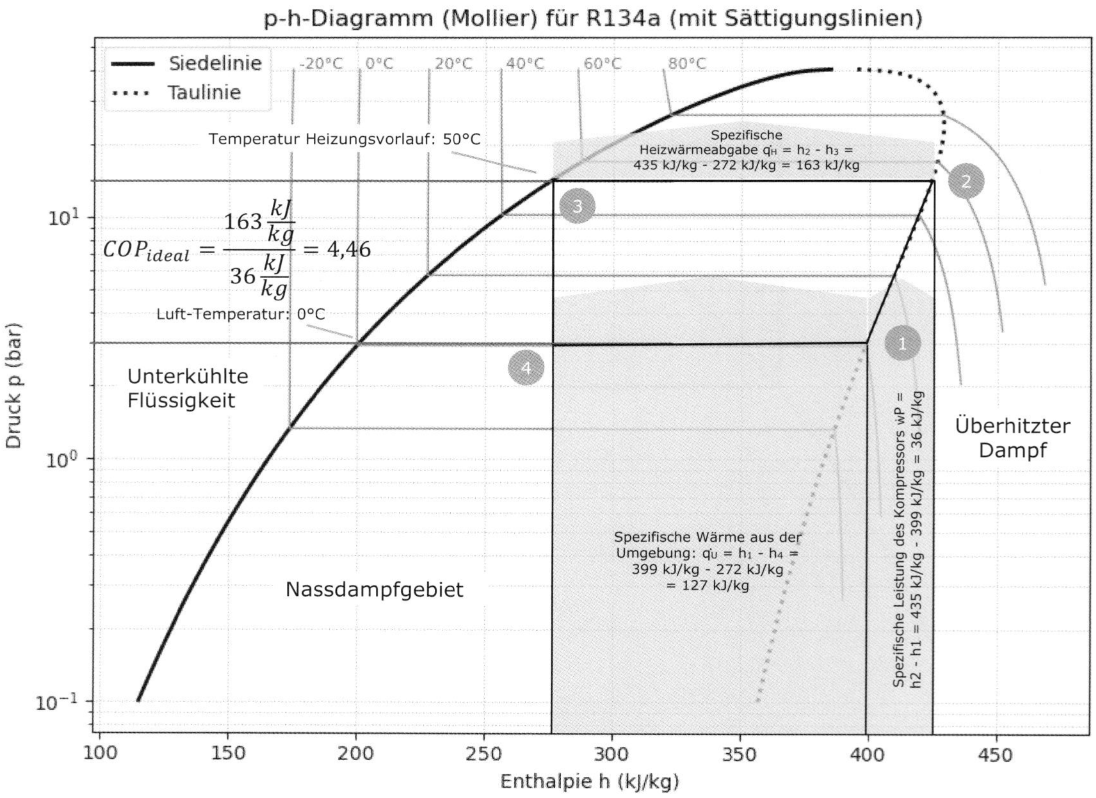

Quelle: eigene Darstellung

Abbildung 11-81: Idealer Wärmepumpen-Kreisprozess dargestellt in einem p-h-Diagramm

Die Umweltwärme wird im Beispiel bei 0 °C dem Verdampfer zu- und bei 50 °C wird die Wärme in das Heizungssystem abgeführt. Die einzelnen Prozessschritte sind:

- **Schritt 1 → 2**: Isentrope Verdichtung von 2,93 bar auf 13,18 bar, das Kältemittel wird geringfügig überhitzt (50,1 °C).
- **Schritt 2 → 3**: Das Kältemittel kühlt im Verflüssiger auf die Sattdampftemperatur (50,1 °C auf 50 °C) ab. Anschließend kondensiert das gesamte Kältemittel bei einer Temperatur von 50 °C durch Wärmeabgabe an das Heizungssystem.
- **Schritt 3 → 4**: Das flüssige Kältemittel wird auf den Sattdampfdruck von 2,93 bar bei 0 °C entspannt. Der Endpunkt liegt im Zweiphasengebiet (36 % des Kältemittels sind dort bereits dampfförmig).
- **Schritt 4 → 1**: Das restliche Kältemittel verdampft im Verdampfer durch Wärmeaufnahme aus der Umgebung. Es wird anschließend wieder dem Verdichter zugeführt.

Mit den in der Grafik aufgeführten Angaben zu den spezifischen Energieeinsätzen kann der COP dieses idealisierten Prozesses berechnet werden:

$$\mathrm{COP}_{\mathrm{WP\ ideal}} = \frac{Q_{\mathrm{H}}}{W_{\mathrm{el}}} = \frac{163{,}7\,\frac{\mathrm{kJ}}{\mathrm{kg}}}{36{,}7\,\frac{\mathrm{kJ}}{\mathrm{kg}}} = 4{,}46$$

Im Vergleich zur Carnot-Wärmepumpe mit einem

$$\mathrm{COP}_{\mathrm{WP\ Carnot}} = \frac{1}{1 - \frac{273}{323}} = 6{,}46$$

zeigt sich, dass schon der ideale Wirkungsgrad deutlich niedriger liegt.

In der Realität kommt auch der ideale Wärmepumpenprozess nicht zustande. Bedingt durch thermische und mechanische Energieverluste weicht der reale Prozess vom idealen ab. Abbildung 11-82 zeigt den aus dem obigen Beispiel weiterentwickelten realen WP-Vergleichsprozess.

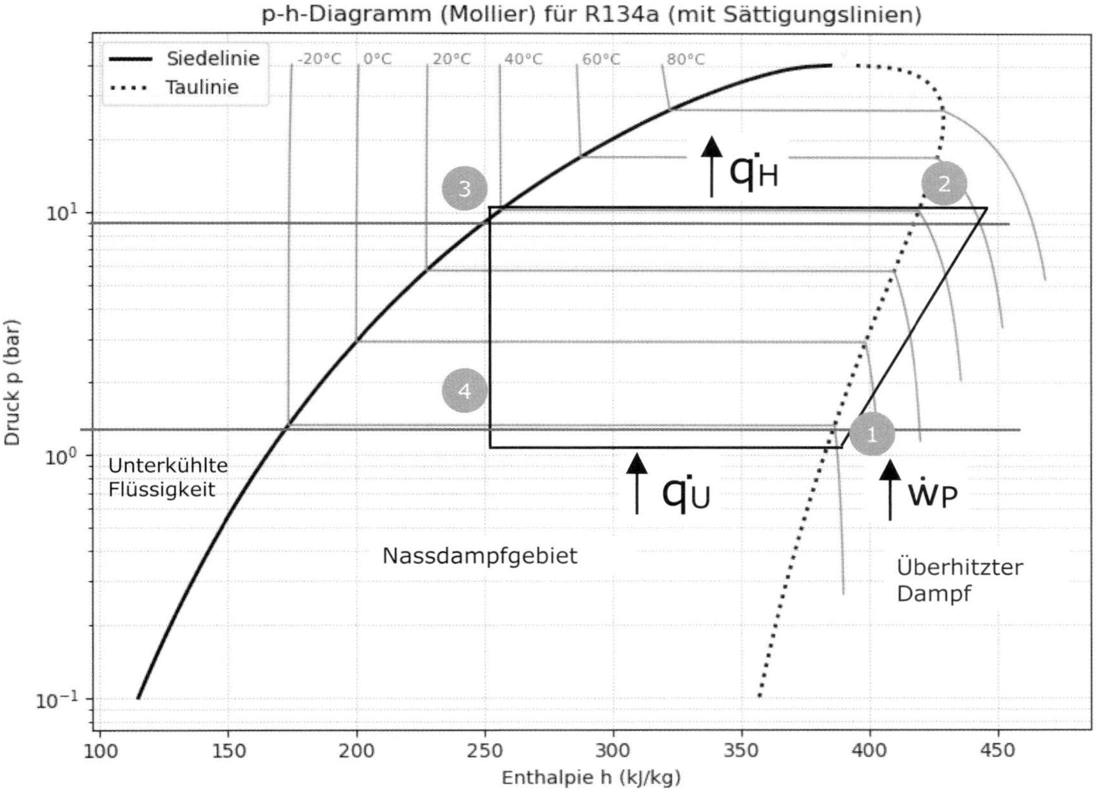

Quelle: eigene Darstellung

Abbildung 11-82: Realer Wärmepumpen-Kreisprozess, dargestellt in einem *p-h*-Diagramm

- **Schritt 4 → 1:** Da an den beiden Enden des Verdampfers aufgrund von Druckverlusten geringfügig unterschiedliche Druckverhältnisse vorliegen, erfolgt die Verdampfung des Kältemittels nicht isotherm. Einen größeren Einfluss auf den Unterschied zwischen realem und idealem Prozess hat die Tatsache, dass die Kältemitteltemperatur immer niedriger als die Temperatur der Wärmequelle ist. Nur so ist ein Wärmestrom von der Wärmequelle zum Kältemittel möglich. Im Anschluss an die Verdampfung wird das Kältemittel überhitzt. Die Überhitzung ist notwendig, damit der Kältemitteldampf „trocken“, also frei von Tröpfchen ist, die den Verdichter beschädigen könnten.
- **Schritt 1 → 2:** Die sich anschließende Verdichtung läuft nicht ideal (isentrop, also Entropieänderung) ab, sondern ist verlustbehaftet. Die Enthalpie nimmt stärker zu als bei einem idealen Prozess. Es muss mehr Arbeit geleistet werden.
- **Schritt 2 → 3:** Aufgrund des Druckverlustes im Verflüssiger erfolgt die Kondensation nicht isotherm, sondern mit leicht sinkender Temperatur. Darüber entstehen üblicherweise beim Verflüssiger sowie dessen Anschlussleitungen Wärmeverluste an die Umgebung. Für den wesentlichen Unterschied zum idealen Prozess sorgt die beim realen Prozess erforderliche Temperaturdifferenz zwischen dem Kältemittel und der Wärmesenke. Im Gegensatz zum idealen WP-Prozess wird das Kältemittel im Verflüssiger unterkühlt, was notwendig ist, um ein blasenfreies Vorliegen des Kältemittels vor dem Expansionsventil sicherzustellen.
- **Schritt 3 → 4:** Die Entspannung des Kältemittels im Expansionsventil erfolgt bei der realen Wärmepumpe nicht isentrop.

In der Praxis arbeitet man häufig mit sogenannten **Gütegraden**, die den tatsächlichen COP einer Wärmepumpe bei bestimmten Betriebsbedingungen im Vergleich zum Carnot-COP aufzeigen.

Üblich ist die Annahme eines Gütegrades von etwa 0,5, sodass man im vorliegenden Fall davon ausgehen könnte, dass sich bei gegebener Temperaturspreizung ein „realer COP" von etwa 3,2 ergeben würde.

11.2.1.2.2.4 Beispiele von realen Wärmepumpenkreisläufen

Als erstes praktisches Beispiel eines realen Wärmepumpen-Kreisprozesses sei in der folgenden Abbildung 11-83 eine Luft-Wasser-Wärmepumpe angeführt, deren Kältemittel R 134a unter einem Druck von 3,5 bar bei 2 °C verdampft (oder kondensiert), unter 15,5 bar dagegen erst bei 60 °C.

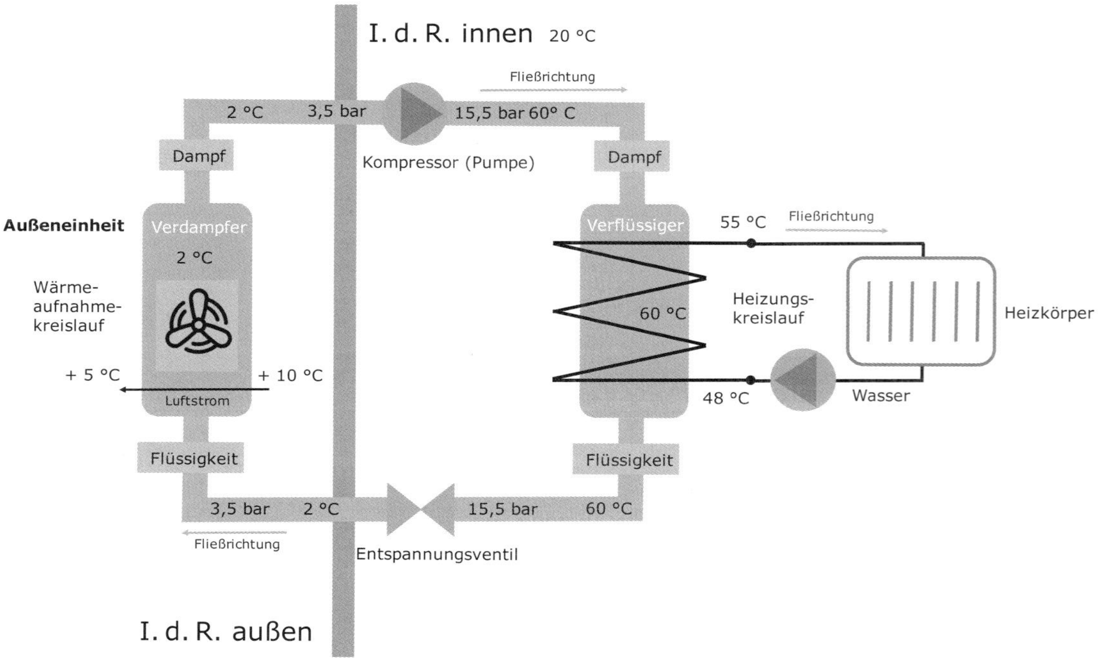

Quelle: eigene Darstellung

Abbildung 11-83: Luft-Wasser-Wärmepumpe in Split-Bauweise mit konventionellen Heizkörpern und beispielhaften Druck-/Temperaturangaben

Die Kreisprozessschritte lassen sich wie folgt beschreiben:

- **Verdampfen**

  Bei niedrigem Druck nimmt das Kältemittel aus der Umgebung (in der Abbildung Luft) Wärmeenergie auf und verdampft damit das Kältemittel bei konstanter Temperatur von – im Beispiel – 2 °C. Würde dabei etwa 6 700 m³/h Luft von 10 °C auf 5 °C abgekühlt, nähme das Kältemittel eine Leistung von etwa 10 kW (Volumenstrom · Dichte · spezifische Wärmekapazität · Temperaturdifferenz) auf.

- **Verdichten**

  Das dampfförmige Kältemittel wird durch einen Kompressor von 3,5 bar auf 15,5 bar verdichtet. Der Dampf erhitzt sich dabei auf mehr als 60 °C und nimmt – als Verdichterleistung – etwa 5 kW auf.

- **Verflüssigen**

  Das Kältemittel gibt seine Wärmeenergie (15 kW) an die Raumheizung ab. Es verflüssigt sich dabei unter konstantem Druck und konstanter Temperatur (die Verdampfungswärme wird wieder frei). Das Heizungswasser wird von 48 °C auf 55 °C erwärmt.

- **Entspannen**

  In einem Expansionsventil dehnt sich das Kältemittel aus. Der Druck fällt von 15,5 auf 3,5 bar ab. Die Temperatur sinkt dadurch von 60 °C auf 2 °C. Der Kreislauf kann von Neuem beginnen.

Ein weiteres Beispiel in Abbildung 11-84 zeigt eine Sole-Wasser-Wärmepumpe mit Erdsonde als Wärmeübertrager und niedriger Ausgangstemperatur für eine Fußbodenheizung.

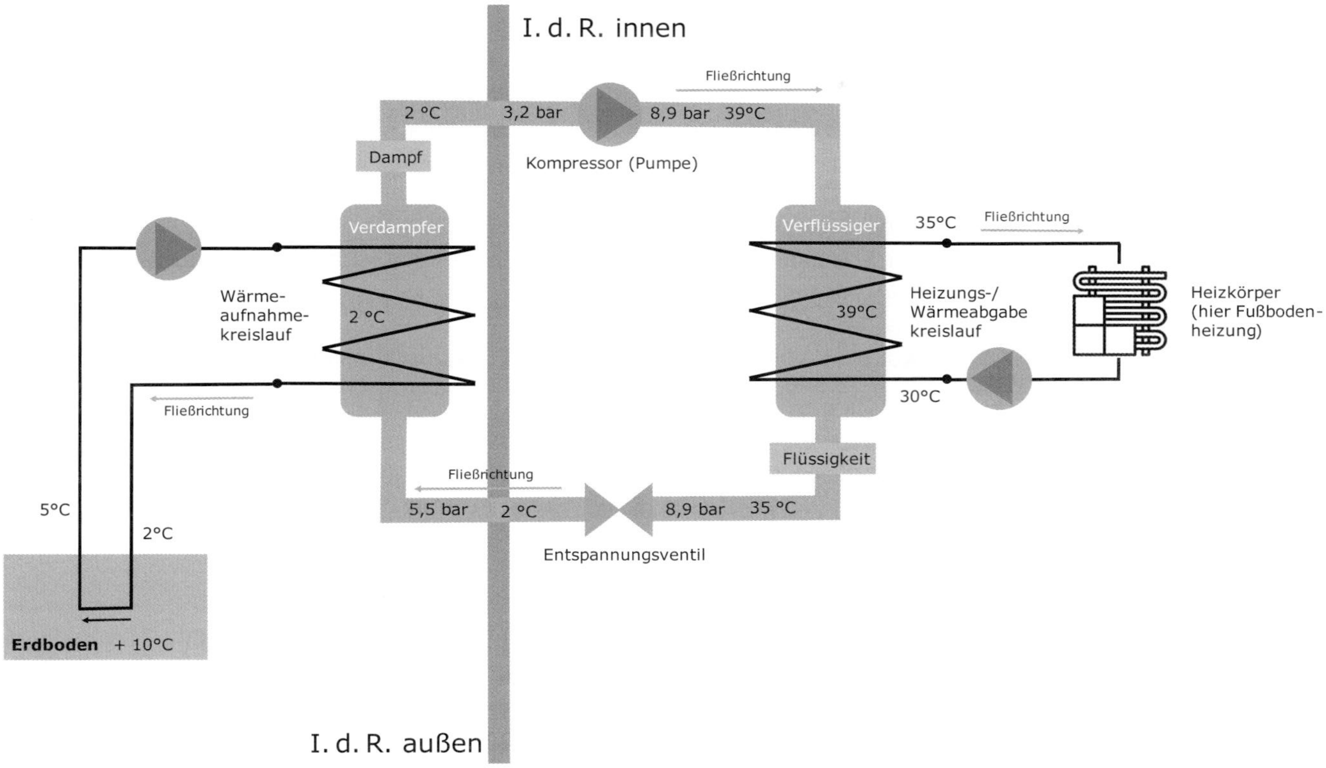

Quelle: eigene Darstellung

Abbildung 11-84: Funktionsweise einer Sole-Wasser-Wärmepumpe mit beispielhaften Druck-/Temperaturangaben

Die Wärmepumpe soll zwischen der Boden-Außentemperatur T_L = 2 °C und der Vorlauftemperatur der Fußbodenheizung T_H = 35 °C operieren. Wir beginnen die Betrachtung mit dem Zustand am Ausgang des Verdampfers.

- **Adiabatische Kompression**

  Das Kältemittel liegt hier im gasförmigen Zustand vor, und zwar als gesättigter Dampf bei der Temperatur T_L. Im Verdichter wird es adiabatisch komprimiert. Dabei steigen Druck und Temperatur an. Das Kältemittel liegt nun als überhitzter Dampf vor.

- **Verflüssigung mit Wärmeabgabe**

  In diesem Zustand tritt es in den Verflüssiger ein. Bei konstantem Druck kühlt es sich zunächst etwa ab und erreicht schließlich die Siedetemperatur. Es kondensiert, bis es am Ausgang des Verflüssigers schließlich als Flüssigkeit vorliegt. Beim Phasenübergang wird die Verdampfungsenthalpie frei, die als Wärme Q_H an das Wasser im Heizkreislauf der Wohnung abgegeben wird.

- **Expansion**

  Im nächsten Schritt wird der Druck im Expansionsventil wieder auf den Anfangswert verringert. Die Temperatur reduziert sich ebenfalls, und zwar deutlich. Ein kleiner Teil der Flüssigkeit verdampft bei der Expansion. Es liegt also ein Gemisch aus siedender Flüssigkeit und gesättigtem Dampf bei niedrigem Druck und niedriger Temperatur vor. In der einfachsten Ausführung besteht das Expansionsventil aus einem sehr dünnen Kapillarrohr.

– **Verdampfung mit Wärmeaufnahme**
  Im letzten Schritt gelangt das Kältemittel in den Verdampfer. Dort verdampft es bei konstanter Temperatur und konstantem Druck und nimmt dabei die Wärmemenge Q_L aus der Umgebung, im Beispiel aus dem Erdboden, auf. Hierzu ist bei Sole-Wasser-Wärmepumpen ein separater Wärmeaufnahmekreislauf vorzusehen. Sole, die in Kollektorrohren oder in Erdsonden zirkuliert und eine niedrigere Temperatur als der Boden aufweist, nimmt letzten Endes im Boden gespeicherte Sonnenenergie auf, wodurch sich die Erde direkt am Wärmeübertrager etwas abkühlt. Im Beispiel wird dadurch die Soletemperatur von 2 °C auf 5 °C angehoben. Diese Temperaturdifferenz reicht aus, um im Verdampfer einen Phasenwechsel (Änderung des Aggregatzustandes von flüssig auf gasförmig) zu erwirken, wodurch latente Energie gespeichert wird. Der Kreislauf ist damit geschlossen; das Kältemittel liegt am Ausgang des Verdampfers wieder als gesättigter Dampf vor.

11.2.1.2.2.5 Weiterentwicklung der Leistungszahl COP zur Jahresarbeitszahl JAZ

Die **Leistungszahl** COP drückt gem. VDI-Richtlinie 4650:2023 „Berechnung der Jahresarbeitszahl von Wärmepumpenanlagen" das Verhältnis des bei bestimmten Betriebsbedingungen abgegebenen Nutzwärmestroms einer Elektrowärmepumpe im Heizbetrieb $\dot{Q}_H$ bezogen auf die eingesetzte elektrische Leistung für den Antrieb des Verdichters, der Hilfsantriebe und der Regelung P_{el} aus:

$$\text{COP} = \frac{\dot{Q}_H}{P_{el}}$$

Die Leistungszahlen gängiger Wärmepumpen liegen je nach Wärmequelle und festgelegter Vorlauftemperatur zwischen 3 und 6, was besagt, dass unter Testbedingungen bei Nennleistung das 3- bis 6-Fache der zugeführten Kompressorleistung (meistens elektrischer Strom) an Wärmeleistung erzeugt wird.

Wenngleich der COP für Technologie- oder Anlagenvergleiche hilfreiche Aussagen hervorbringt, so ist diese Kennzahl für Investitionsrechnungen weniger geeignet. Hintergrund ist, dass sich der COP – wie andere Wirkungsgrad-Kennzahlen auch – als Momentanwert (bei bestimmten Betriebsbedingungen) auf die Nenn-, also Voll- bzw. Spitzenlast bezieht und andere Teillastbereiche, die üblicherweise davon abweichende Wirkungsgrade aufweisen, unberücksichtigt lässt. Zudem stellt er Leistungen und nicht Energieverbräuche gegenüber. Die regelmäßig über die Betriebsdauer von üblicherweise einem Jahr variierende Einsatzintensität, also die Auslastung einer Wärmepumpe, wird im COP insofern nicht abgebildet. Hierzu wird ein anderer Indikator benötigt, der – wie auch beim Indikator Nutzungsgrad – die Dimension Zeit mit einbezieht und über die Zeitspanne von einem Jahr einen gewichteten Durchschnitt der COPs hervorbringt. Man nennt diesen Indikator **„Jahresarbeitszahl"**, kurz JAZ.

Die JAZ ist die Kennzahl für Wärmepumpen, die nicht wie beim COP Leistungen, sondern Energiemengen in ein Verhältnis setzt:

$$\text{JAZ} = \frac{Q_{\text{Heiz}}}{W_{el}}$$

Die o. e. VDI-Richtlinie 4650:2023 sowie auch DIN EN 14511:2023 „Luftkonditionierer, Flüssigkeitskühlsätze und Wärmepumpen für die Raumbeheizung und -kühlung und Prozesskühler mit elektrisch angetriebenen Verdichtern" unterscheiden **berechnete** und **gemessene** JAZ.

Die **berechnete JAZ** (oder englisch **SCOP** für „*Seasonal Coefficient of Performance*") setzt rechnerisch die im Jahr abgegebene Nutzwärme einer Elektrowärmepumpe bezogen auf die eingesetzte elektrische Energie für den Antrieb des Verdichters, der Hilfsantriebe und der Regelung in ein Verhältnis. Hierzu wird der zuvor ermittelte COP durch Korrekturfaktoren zu einem gewichteten Jahres-COP weiterentwickelt, der dann auch die ggf. unterschiedlichen Vorlauftemperaturen für Heiz- auf der einen und für Trinkwasser auf der anderen Seite jeweils anteilsmäßig berücksichtigt.

Demgegenüber beschreibt die **gemessene JAZ** (englisch **SPF**, *„Seasonal Performance Factor“*) das Verhältnis der im Jahr abgegebenen ermittelten Nutzwärme einer Elektrowärmepumpe, bezogen auf die ebenfalls gemessene eingesetzte elektrische Energie für den Antrieb des Verdichters, der Hilfsantriebe und der Regelung. Sie ist regelmäßig das Ergebnis von Messungen am Stromzähler für die zugeführte elektrische Arbeit (Verdichter, Wärmequellenpumpe) und am Wärmemengenmessgerät bei der Wärmeabgabe (abgegebene thermische Arbeit der Wärmepumpe). Die gemessene JAZ kann jeweils nach Ablauf einer Periode von einem Jahr ermittelt werden. Insofern ist die Ermittlung träge. Grundsätzlich ist es ein individueller Wert, der stark von der Art und Weise, wie die Wärmepumpe eingesetzt wird, und von den Umgebungsbedingungen abhängig ist.

Generell gilt: Je höher die Jahresarbeitszahl einer Wärmepumpe, desto effizienter arbeitet diese und desto höher sind die ökonomischen Rückflüsse. Folgende Parameter spielen dabei eine besondere Rolle:

- **Vorlauftemperatur**: Wärmepumpen arbeiten am effizientesten mit einer niedrigen Vorlauftemperatur. Erstrebenswert sind etwa 35 °C, weshalb sich Flächenheizungen (Fußboden-, Wand- oder Deckenheizung) besonders eignen. Werden höhere Vorlauftemperaturen benötigt, erhöht sich der Stromverbrauch und die Effizienz sinkt.
- **Wärmequelle**: Die verwendete Wärmequelle hat einen erheblichen Einfluss auf die Jahresarbeitszahl der Wärmepumpe, da der Temperaturunterschied zwischen der Quelle und der Vorlauftemperatur möglichst gering sein sollte. Die besten JAZ erreichen daher Wasser-Wasser-Wärmepumpen, da diese ganzjährig hohe Quellentemperaturen aufweisen. Luft-Wasser-Wärmepumpen hingegen haben üblicherweise eine geringere JAZ, da die als Wärmequelle genutzte Außenluft im Winter sehr niedrige Werte annehmen kann und somit der Temperaturunterschied zur Vorlauftemperatur steigt.
- **Außentemperatur**: Die niedrigstmögliche Außentemperatur hat ebenfalls einen Einfluss auf die JAZ, da in kälteren Gegenden der Temperaturunterschied zwischen Wärmequelle und Vorlauftemperatur größer ausfällt als in milderen Gegenden.
- **Individuelles Nutzungsverhalten**: Ein häufiges Ein- und Ausschalten der Wärmepumpe sorgt dafür, dass die Betriebstemperatur immer wieder erst neu erreicht wird, bis die Nutzenergieübertragung stattfindet. Dadurch verschlechtert sich die JAZ.

Die JAZ liegt bei der Anwendung von Wärmepumpen in Deutschland im Jahresmittel in der Größenordnung von 3 bis 4,5, bei Grundwassersystemen auch über 5, was besagt, dass unter Normbedingungen bei unterschiedlichen Lastverhältnissen das 3- bis 5-Fache der zugeführten elektrischen Arbeit als Wärmeenergie erzeugt und genutzt werden kann.

11.2.1.2.2.6 Nachrüsten von Wärmepumpen in Bestandsgebäuden im Zuge energetischer Sanierungen

Erwähnt wurde bereits, dass Wärmepumpen die höchsten COP- und JAZ-Werte erreichen, wenn die benötigten Ausgangstemperaturen niedrig (und die Eingangstemperaturen hoch) sind. Bei der Gebäudewärmeversorgung erreicht man das durch die Installation von Fußboden- oder Wandheizrohren als Wärmeübertrager, die üblicherweise mit einer Vorlauftemperatur von etwa 35 °C betrieben werden.

Beim Neubau eines Gebäudes kann man derartige Fußbodenheizungen von vornherein einplanen. Die Fußbodenheizrohre und deren Verlegung sind daher Kostenpositionen, die in einer Investitionsrechnung – etwa für den Vergleich unterschiedlicher Heizsysteme – als Auszahlungen regelmäßig berücksichtigt werden, allerdings dann nicht gezwungenermaßen, wenn sie unabhängig vom einzubauenden Heizsystem sowieso verbaut werden sollen.

Bei Gebäuden im Bestand, die für eine mögliche energetische Sanierung anstehen, sollte die Frage, ob eine Wärmepumpe nachträglich installiert werden sollte, nicht ohne Prüfung der bestehenden Heizkörperinfrastruktur beantwortet werden. Nicht selten sind nämlich Radiatoren oder Konvektoren als Wärmeübertrager verbaut, die bisher mit einer Vorlauftemperatur von häufig 65 °C arbeiteten. Sollen derartige Gebäude energetisch saniert werden, stellt sich daher nicht nur die Frage, ob neben Wandwärmedämmung, Luftdichtheit/Belüftungssystem und Austausch von Türen und Fenstern die vorhandene Öl- oder Gastherme durch eine Wärmepumpe ausgetauscht werden sollte, sondern auch, ob es unter technischen und wirtschaftlichen Gesichtspunkten zweckmäßig erscheint, die bestehende Wärmeübertragerinfrastruktur (also die Heizkörper mit ihren Rohrleitungen) zu modifizieren oder gar komplett auszutauschen.

Die folgende Abbildung 11-85 zeigt dazu auf, dass sich der COP, in Folge die JAZ und damit der investitionsrechnerische Rückfluss bedeutend verschlechtern, wenn die Vorlauftemperatur vergleichsweise hoch zu sein hat.

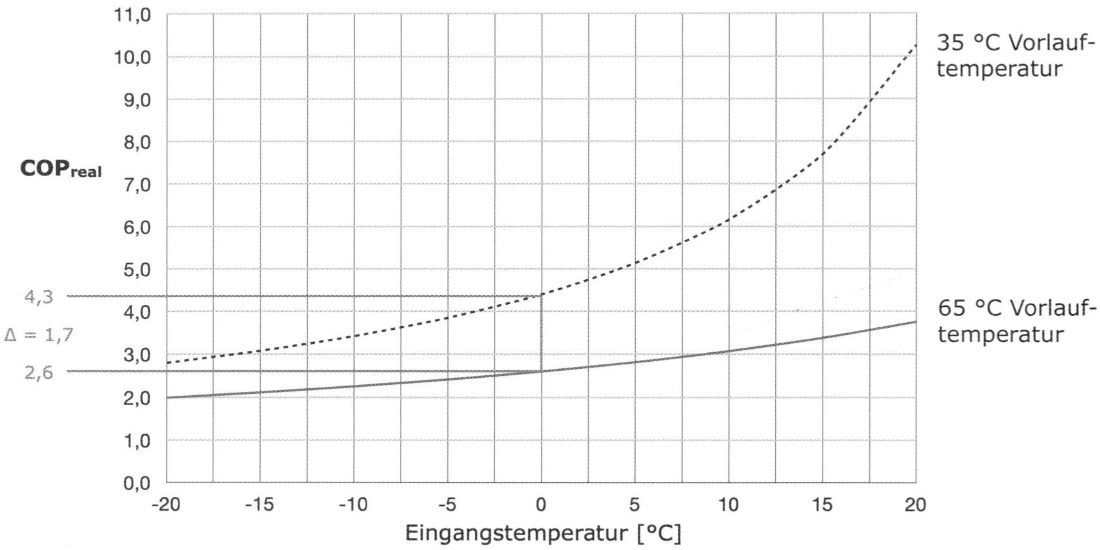

Quelle: eigene Darstellung

Abbildung 11-85: Beispielhafter Vergleich des realen COP einer Wärmepumpe je nach Vorlauftemperatur

Müsste man im Altbau beispielsweise eine Wärmepumpe mit Radiatoren und einer Vorlauftemperatur (T_{VL}) von 65 °C betreiben, dann ergäbe sich bei einer Außentemperatur von 0 °C und einem Gütefaktor von 0,5 ein COP von etwa 2,6 anstelle von 4,3 mit einer Fußbodenheizung.

Für die Sicherstellung einer ausreichenden Wärmeenergieversorgung eines Gebäudes ist der Wärmestrom von den Heizkörpern in die Gebäudeinnenräume (bei wassergebundenen Systemen Radiatoren, Konvektoren oder Heizschläuche von Fußbodenheizungen) von großer Bedeutung. Dieser Wärmestrom muss mindestens dem Transmissionswärmeverlust, der am kältesten Tag des Jahres an den Außenwänden zustande kommt, entsprechen, andernfalls würde das Gebäude an solchen Tagen auskühlen. Auch bei Heizkörpern gilt die Gleichung

$$\Phi = U \cdot A_{\mathrm{H}} \cdot \Delta\theta$$

Das bedeutet, dass

- ein erforderlicher Wärmestrom entweder durch hohe Temperaturunterschiede $\Delta\theta$ zwischen Heizkörperoberfläche und der Raumluft bei relativ kleinen Wärmeaustauschoberflächen A_{H} – wie etwa bei Radiatoren – erzielt wird oder
- kleine Temperaturunterschiede $\Delta\theta$ ausreichen, wenn – wie bei Fußbodenheizungen – die Wärmeübertragerflächen A_{H} relativ groß sind.

Größere Heizflächen lassen sich demzufolge mit einer niedrigeren Vorlauftemperatur betreiben, was der Effizienz einer Wärmepumpe zugutekommt. Fußboden- und Wandheizungen sind daher vorteilhaft. Im Rahmen einer energetischen Gebäudesanierung eine Fußbodenheizung nachzurüsten, führt allerdings zu nicht unerheblichen Zusatzkosten. Beide Optionen sollten im Rahmen einer Investitionsrechnung abgewogen werden.

Mehrere Strategien stehen in solchen Fällen zur Wahl:

Möglichkeit 1 besteht darin, die häufig aus Radiatoren/Konvektoren plus Rohrleitungen bestehende Heizinfrastruktur durch eine Fußbodenheizung zu ersetzen. Hierdurch kann die Vorlauftemperatur auf ein vergleichsweise niedriges Maß (etwa 35 °C) begrenzt werden, was einen hohen COP zur Folge hätte. Allerdings fallen Investitionsausgaben nicht nur für Material und Verlegung der Fußbodenheizung an, sondern auch für die Entfernung und Entsorgung der bestehenden Heizinfrastruktur. Die folgende Tabelle in Abbildung 11-86 enthält Ansatzpunkte für flächenspezifische Kosten.

Verlegesystem	Demontage des alten Bodens	Installationskosten	Materialkosten	Gesamtkosten
Nasssystem Neubau	entfällt	10 bis 15 €/qm	30 bis 65 €/qm	40 bis 80 €/qm
Nasssystem nachrüsten	20 bis 40 €/qm	10 bis 15 €/qm	30 bis 65 €/qm	60 bis 120 €/qm
Trockensystem Neubau	entfällt	10 bis 15 €/qm	60 bis 95 €/qm	70 bis 110 €/qm
Trockensystem nachrüsten	20 bis 40 €/qm	10 bis 15 €/qm	60 bis 95 €/qm	90 bis 150 €/qm

Abbildung 11-86: Beispiele für spezifische Kosten für Fußbodenheizungen

Eine Alternative dazu bietet **Möglichkeit 2**. Hier geht es um die Weiternutzung der bestehenden Heizinfrastruktur, allerdings mit leicht abgesenkter Vorlauftemperatur, z. B. 55 °C anstelle von 65 °C. Inwieweit eine solche Absenkung möglich ist, wäre jeweils individuell zu prüfen. Sichergestellt sein muss, dass die erforderliche Heizleistung für das Aufheizen des Gebäudes auch an sehr kalten Wintertagen und dies in einem zumutbaren Zeitraum zustande kommt.

Die folgende Abbildung 11-87 zeigt auf, dass eine solche Heizkörperweiternutzung, die mit einem niedrigen COP einhergeht, als Konsequenz eine niedrige JAZ und demzufolge geringe investitionsrechnerische Rückflüsse hat.

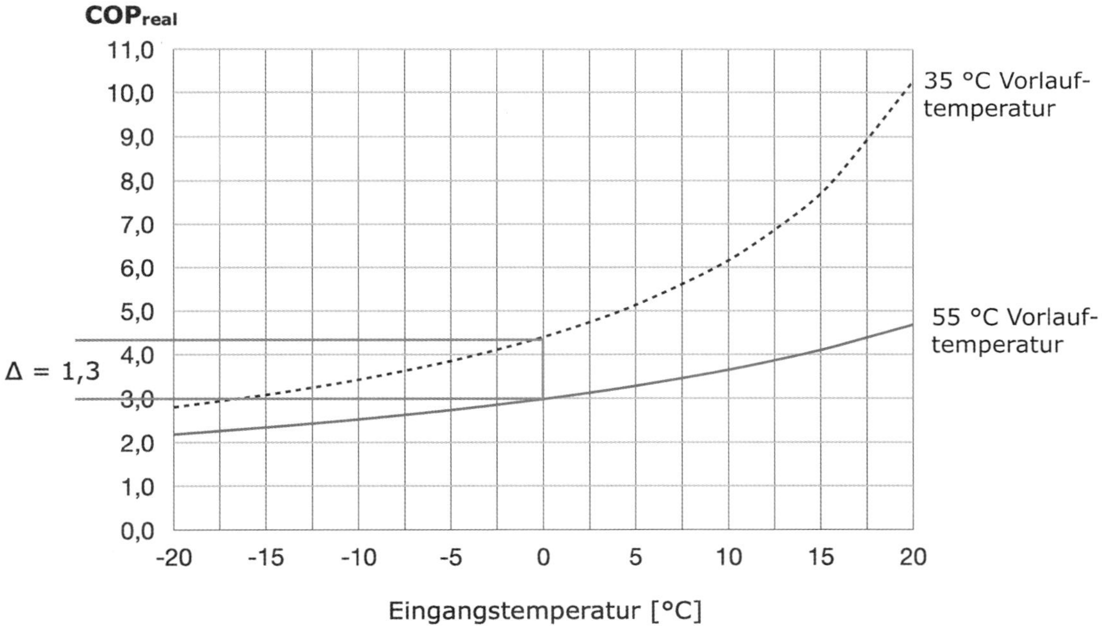

Quelle: eigene Darstellung

Abbildung 11-87: Vergleich des realen COP einer Wärmepumpe je nach Vorlauftemperatur

Soll also ein Bestandheizkörpersystem bestehend aus Radiatoren mit einer Vorlauftemperatur von 55 °C weiterverwendet werden (10 °C weniger als bisher), dann läge der reale COP der Anlage bei 0 °C mit einem Wert von 3 deutlich niedriger als bei Nutzung einer Fußbodenheizung, die bei einer Vorlauftemperatur von 35 °C einen Wert von 4,3 hervorbrächte. Je nach Wärmeversorgung des Nutzwassers und Einbindung eines Warmwasserspeichers hätte man dann mit einer JAZ von etwa 2,5 anstelle von knapp 4 zu tun, was die Wirtschaftlichkeit der betrachteten Wärmepumpe deutlich beeinflussen könnte.

Ob Möglichkeit 2 infrage kommt, lässt sich auch durch Nicht-Fachleute auf einfache Weise herausfinden: Man lässt an einem möglichst kalten Wintertag zunächst das Gebäude weitgehend auskühlen (durch Heizungsabstellung und Fensteröffnung) und begrenzt dann durch Einstellung der Heizungssteuerung die Vorlauftemperatur der bestehenden Heizung statt bisher von vielleicht 65 °C auf 55 °C (ggf. später auch auf 50 und 45 °C). Sollte die Heizung die Räume bei der genannten Voreinstellung in einem angemessenen Zeitraum aufheizen und vor allem die Soll-Raumtemperatur erreichen und halten können, kämen die bestehenden Heizkörper des Altbaus auch mit den niedrigeren Temperaturen einer Wärmepumpe zurecht; andernfalls wäre von dieser Lösung abzuraten, und es käme vielleicht eine der nächsten Möglichkeiten – oder Möglichkeit 1 – in Betracht.

Möglichkeit 2 scheidet vor allem dann schlecht ab, wenn die vorhandenen Heizkörper eine zu geringe Hüllfläche aufweisen. Insofern bietet es sich – in **Möglichkeit 3** – an, einzelne Heizkörper durch größere auszutauschen, sofern ausreichend Platz zur Verfügung steht. Das Rohrleitungssystem kann dadurch erhalten bleiben; die Investitionskosten bleiben evtl. moderat. Da bei dieser Vorgehensweise zwar größere Heizkörper neu verbaut werden, die aber in ihrer effektiven Gesamtfläche deutlich unter der von Fußbodenheizungen liegen dürften, wird die Vorlauftemperatur nicht das Niveau von letztgenanntem System erreichen. Im Einzelfall kommt man vielleicht mit 45 oder 50 °C zurecht, sodass kein sehr guter, gleichwohl vielleicht akzeptabler COP-Wert zustande kommt.

Schließlich ist auf **Möglichkeit 4** einzugehen. Hierbei handelt es sich um die Ausgestaltung des Heizungssystems als Hybrid-Lösung: Neben der Neuinstallation einer Wärmepumpe bleibt die bestehende Heizanlage (häufig Gas- oder Öltherme) samt der Heizkörperinfrastruktur erhalten. Die Therme wirkt insofern ergänzend und schaltet sich ein, wenn die Außentemperatur sehr niedrige Werte annimmt (also bei Spitzenlast) oder ggf. auch für die Erwärmung von Trinkwasser im Trinkwasserspeicher. Auf diese Weise kann die Ausbildung sehr niedriger COP-Werte der Wärmepumpe bei sehr niedriger Eingangstemperatur vermieden werden, sodass die JAZ im akzeptablen Bereich liegt. Vorteil dieser Variante ist, dass die Wärmepumpe mit vergleichsweise hohen JAZ arbeiten kann. Allerdings wird parallel eine Gas- oder Öltherme betrieben, die zu zusätzlichen Gasverbrauchskosten sowie zu zusätzlichen Wartungs- und Reparaturkosten sowie zu Zahlungen für den Gasgrundpreis führt.

Gesonderte Behandlung der Trinkwassererwärmung

Sowohl beim Neubau als auch bei Altbausanierungen ist – mit Blick auf eine möglichst hohe JAZ – die Wärmeversorgung des Trinkwassers gesondert zu betrachten, weil sie regelmäßig mit Temperaturen deutlich über 35 °C arbeitet, häufig mit 55 °C, um das Entstehen von Legionellen zu verhindern. Hier bietet es sich zum einen an, den vorzusehenden Warmwasserspeicher nur für Trinkwasser einzusetzen und nicht auch als Puffer für die Fußbodenheizungsschläuche. Zum anderen mag es effizienzfördernd sein, den dann nur für Trinkwasserwärmepufferung einzusetzenden Speicher bivalent auszugestalten und mit einem Solarkollektor zu koppeln. Hierdurch wird ermöglicht, dass in den Übergangsmonaten und im Sommer die Wärmepumpe prinzipiell ausgeschaltet werden kann und nur dann punktuell eingeschaltet wird, wenn der Solarkollektor wetterbedingt nicht genügend Wärme zur Bedarfsdeckung produziert. Auf diese Weise lässt sich ein vergleichsweise hoher JAZ erwirken.

11.2.1.3 Kapitalwertberechnung von Wärmepumpen gemäß DIN EN 17463

11.2.1.3.1 Vorgehensweise zur Ermittlung der Rückflüsse bei Wärmepumpen

Kommt bei einer Baumaßnahme, einer energetischen Gebäudesanierung oder bei einem Industrieprozess die Installation einer Wärmepumpe in Betracht und stellt man sich die Frage nach der wirtschaftlichen Vorteilhaftigkeit eines bestimmten Systems, so wäre als Erstes zu klären, welche Investitionsentscheidungsart (fakultative oder obligatorische Investitionsentscheidung) vorliegt (siehe Tabelle 27).

Tabelle 27: Auswirkungen der Investitionsentscheidungsart auf die Art der Kapitalwertberechnung

Investitionsentscheidungsart	Typ	Beispiel	Art der Kapitalwertberechnung
Obligatorische Investitionsentscheidung: Eine Heizanlage wird zwingend benötigt oder muss zwingend eine alte ersetzen.	Auswahllose Entscheidung	Nur eine Heizanlage kommt infrage (z. B. eine bestimmte Wärmepumpe).	Keine Kapitalwertberechnung notwendig und sinnvoll
	Entweder-oder-Entscheidung	Aus zwei Heizanlagen ist eine auszuwählen.	Solitäre Kapitalwertberechnungen wie auch vergleichende sind möglich.
	Entweder-oder-Oder-Entscheidung	Mehrere Heizanlagen kommen infrage; eine ist auszuwählen.	
Fakultative Investitionsentscheidung: Ein Anlagenaustausch ist nicht zwingend; eine neue Heizanlage könnte eine bestehende ersetzen, muss aber nicht.	Ja-nein-Entscheidung	Eine neue Heizanlage steht zur Wahl und könnte die bestehende ersetzen.	Hier kommen vergleichende Kapitalwertberechnungen nicht infrage,
	Multiple Ja-nein-Entscheidung	Mehrere Heizanlagen stehen zur Wahl, von denen eine die bestehende ersetzen könnte.	

Entweder wird ein Heizsystem unbedingt benötigt, etwa für einen Neubau oder als Ersatz für eine defekte Altanlage (obligatorische Investitionsentscheidung), oder man möchte klären, ob ein bestehendes – funktionierendes – Heizsystem (etwa eine Heizöltherme) aus wirtschaftlichen, klimaschutzorientierten oder sonstigen Gründen ausgetauscht werden sollte, obwohl es nicht unbedingt erforderlich ist (fakultative Investitionsentscheidung).

Im erstgenannten Fall ist denkbar, dass nur eine Wärmepumpe infrage kommt. Dann erübrigt sich die Investitionsrechnung. Eine derartige Sachlage dürfte eher selten vorkommen, und es wäre i. d. R. trotzdem zu klären, welche Art von Pumpe (Luft-Wasser, Sole-Wasser mit Erdsonde, Sole-Wasser mit Erdkollektor etc.), welche Nennleistung und vielleicht auch welcher Hersteller infrage kommen. In solchen Entweder-oder-Investitionsentscheidungssituationen sind zur Auswahl Investitionsrechnungen notwendig, wobei sich vergleichende Kapitalwertkalkulationen anbieten.

Gleiches gilt, wenn zwei Heizsysteme verschiedener Technologien (z. B. Wärmepumpe und Gastherme) infrage kommen. Ein beispielhaftes Flussdiagramm dazu zeigt Abbildung 11-88.

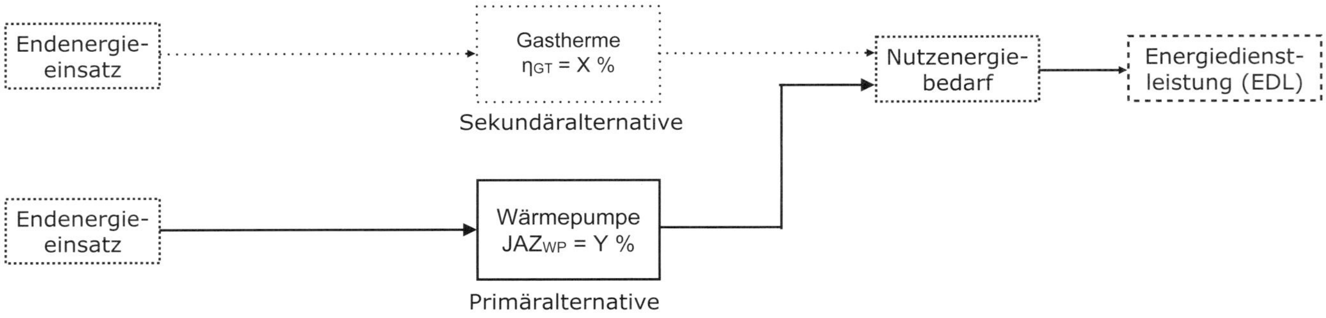

Quelle: eigene Darstellung

Abbildung 11-88: Flussdiagramm für eine vergleichende Kapitalwertberechnung mit einer Wärmepumpe als Primäralternative

Stehen bei obligatorischen Entscheidungssituationen mehr als zwei Systeme zur Wahl (Entweder-oder-oder-Entscheidungen), dann lassen sich auch bei ihnen neben solitären Kapitalwertberechnungen vergleichende durchführen. Letztere würden in paarweisen Kapitalwertvergleichen münden, indem man die Vergleichsergebnisse miteinander vergleicht und am Ende jene Lösung auswählt, die den höchsten Vergleichskapitalwert aufweist, siehe Abbildung 11-89.

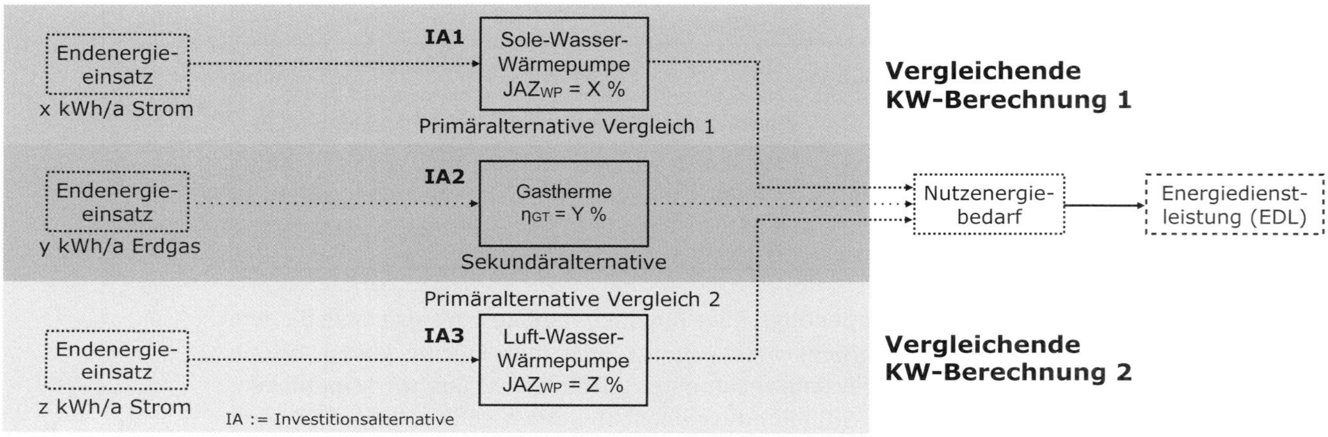

Quelle: eigene Darstellung

Abbildung 11-89: Flussdiagramm für einen paarweisen Kapitalwertvergleich zwischen einer Gastherme vs. Luft-Wärmepumpe vs. Sole-Wärmepumpe

Wenn vier Systeme betrachtet werden sollen, können drei paarweise Vergleiche miteinander verglichen werden. Am Ende entsteht so ein Ranking von drei Ergebnissen.

Hat man es hingegen mit fakultativen Investitionsentscheidungen zu tun (es muss kein neues Heizsystem ausgewählt werden), dann ist es für die Entscheidungsfindung erforderlich, für jede Alternative eine separate Kapitalwertkalkulation durchzuführen. Vergleichende Berechnungen kommen in solchen Fällen nicht infrage, weil der Kapitalwert der jeweiligen Anlage für sich allein ja nicht und somit die wirtschaftliche Vorteilhaftigkeit gegenüber einer Nicht-Investition nicht ermittelt wird.

Das folgende Beispiel behandelt die Situation einer fakultativen Investitionsentscheidung: Eine existente und funktionierende Gastherme soll eventuell durch eine Wärmepumpe ersetzt werden. Zwei stehen zur Wahl, eine Luft-Wasser-WP und eine Sole-Wasser-WP, siehe Abbildung 11-90.

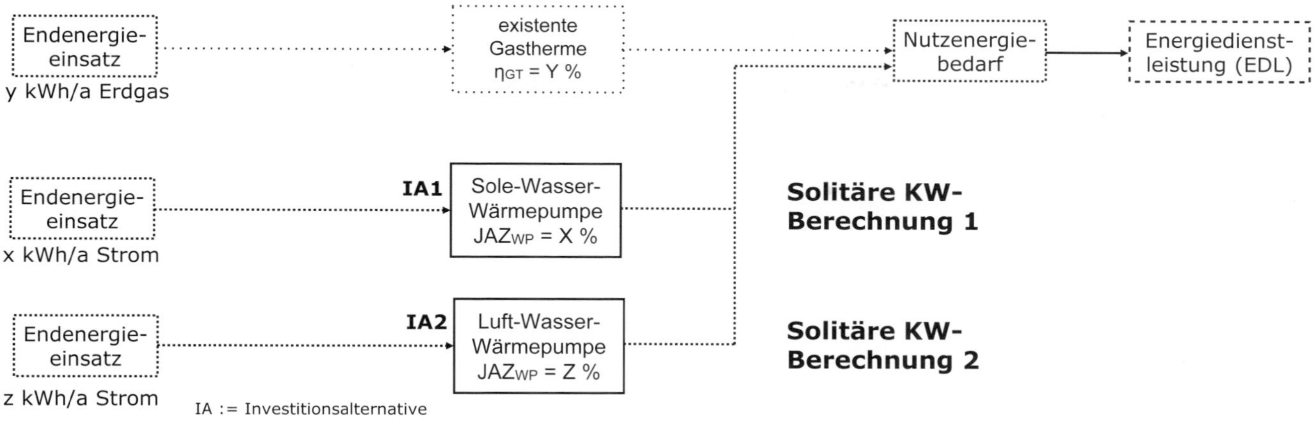

Quelle: eigene Darstellung

Abbildung 11-90: Auswahl einer Heizanlage aus einer Menge von mehreren (hier zwei) für ein Gebäude mit existentem, funktionierendem Heizsystem (hier Gastherme)

Als Rückfluss ist hier nicht die zu erzeugende Nutzenergie anzusetzen, die ohnehin schwierig monetär erfasst werden kann. Im Vordergrund stehen die einzusparende Endenergie der vorhandenen Anlage (hier der Gastherme) und die damit verbundenen Kosteneinsparungen. Sie sind der *„Return on Investment"*.

Die folgende Abbildung 11-91 zeigt beispielhaft, an welcher Stelle eine Wärmepumpe Wirkung entfalten kann: Sie übernimmt mit der erzeugten Wärme den Nutzwärmeenergiebedarf eines Gebäudes oder eines Prozesses, der zuvor durch die Gastherme gedeckt wurde.

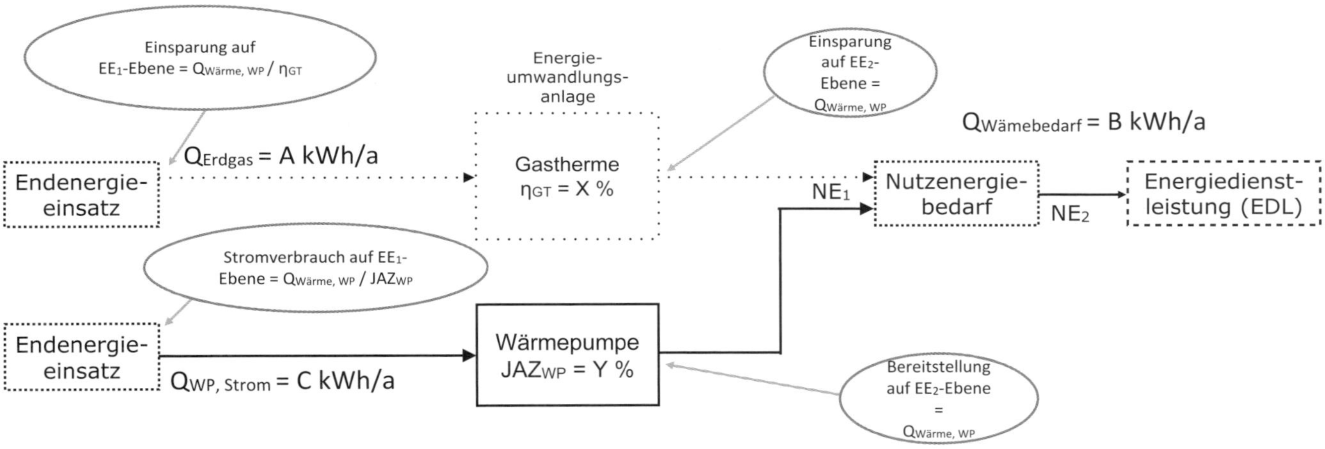

Quelle: eigene Darstellung

Abbildung 11-91: Austausch einer bestehenden Umwandlungsanlage durch eine andere mit anderem Energieträger am Beispiel einer Gastherme vs. Wärmepumpe

Als energiebezogene Zahlungsströme ergeben sich beim vorliegenden Beispiel folgende laufende Jahresrückflüsse bzw. JAZ (jeweils für $t > 0$)

$$\mathrm{EKE}_t = \frac{Q_{\text{Wärmebedarf}}}{\eta_{\text{GT}}} \cdot p_{\text{Gas},t=0} \cdot (1 + \Delta p_{\text{Gas}})^t$$

$$\mathrm{zusEK}_t = \frac{Q_{\text{Wärmebedarf}}}{\mathrm{JAZ}_{\text{WP}}} \cdot p_{\text{Strom},t=0} \cdot (1 + \Delta p_{\text{Strom}})^t$$

11.2.1.3.2 Berechnung des Kapitalwertes von beispielhaften Wärmepumpen-Anlagen

Bei der ersten zu betrachtenden Anlage handelt es sich um eine Sole-Wasser-Wärmepumpe mit Erdwärmesonden als Wärmeübertrager an der Wärmequelle, die nach einer energetischen Sanierung des Gebäudes – durch die der Jahreswärmebedarf, also die erforderliche Nutzenergiemenge von 22 682 kWh auf 8 630 kWh abgesenkt wurde – installiert werden könnte. Die Betriebsweise sei monovalent (also ausschließlich Wärmepumpe ohne Zusatztherme und Heizstab) und die Wärmeübergabe erfolge über eine Fußbodenheizung (bei einer Vorlauftemperatur von 35 °C). Zudem wird ein Trinkwarmwasserspeicher vorgesehen. Ausgesucht wurde ein WP-Modell mit 6 kW Nennleistung.

Eine Messung auf einem Prüfstand gemäß DIN EN 14511-2:2023[100] hat als Leistungszahl einen COP von 4,5 bei B0/W35 hervorgebracht, wie er der Produktbroschüre des Herstellers entnommen werden kann.

Mithilfe der VDI-Richtlinie 4650:2024 „Berechnung der Jahresarbeitszahl von Wärmepumpenanlagen“ lässt sich unter Berücksichtigung der fallbezogenen Umgebungsbedingungen, wobei insbesondere der Trinkwasserwärmeanteil eine Rolle spielt, aus dem soeben aufgeführten COP eine berechnete JAZ (oder nach VDI-Richtlinie „SCOP“) ermitteln, die der gemessenen JAZ (oder nach VDI-Richtlinie „SPF“) weitgehend entsprechen dürfte. Diese JAZ verdeutlicht das Verhältnis der im Jahr abgegebenen Nutzwärme zu der eingesetzten elektrischen Energie für den Antrieb des Verdichters, der Hilfsantriebe und der Regelung.

Bei der SCOP-Ermittlung differenziert die VDI-Richtlinie 4650:2024 zwischen einem $SCOP_{HW}$ für die Heizwassererwärmung und einem $SCOP_{HW}$ für Trinkwasser. Beide Teil-JAZ unterscheiden sich, da Trinkwasser auf eine höhere Temperatur aufgeheizt werden muss, sofern eine Fußbodenheizung installiert ist. Und das wirkt sich auf die Gesamt-JAZ aus. Je höher der Trinkwasserwärmeanteil ist, desto geringer fällt die Gesamt-JAZ aus.

Je nachdem, ob eine Fußbodenheizung installiert werden soll oder man die bestehenden Heizkörper weiter nutzt, wird in der folgenden Abbildung 11-92 der SCOP (bzw. JAZ) nicht nur für eine mögliche Sole-Wasser-Wärmepumpe, sondern auch für eine Luft-Wasserwärmepumpe für unterschiedliche Vorlauftemperaturen ermittelt.

100 DIN EN 14511-2:2023-08 „Luftkonditionierer, Flüssigkeitskühlsätze und Wärmepumpen für die Raumbeheizung und -kühlung und Prozesskühler mit elektrisch angetriebenen Verdichtern – Teil 2: Prüfbedingungen“.

Parameter	vor Sanierung	nach Sanierung				
		0.) mit Bestandskessel	1.) mit Sole-Wasser-WP und Fußbodenheizung (T_{VL} = 35 °C)	2.) mit Luft-Wasser-WP und Fußbodenheizung (T_{VL} = 35 °C)	3.) mit Luft-Wasser-WP und bestehenden Heizkörpern (T_{VL} = 60 °C)	4.) mit Luft-Wasser-WP und bestehenden Heizkörpern (T_{VL} = 45 °C)
Jahresheizwärmebedarf	20 682 kWh/a	6 630 kWh/a				
Jahrestrinkwasserwärmebedarf	2 000 kWh/a					
Ges. Jahreswärmebedarf	22 682 kWh/a	8 630 kWh/a				
Anteil Wärmebedarf für Trinkwassererwärmung	8,8 %	23,2 %				
$H_T + H_V$ [W/K]	459	147				
Max. Temperaturdifferenz [K oder °C]	30					
Erforderliche Heizleistung	13,77 kW	4,41 kW	4,41 kW	4,41 kW	4,41 kW	4,41 kW
Art der Heizanlage	Gastherme	Gastherme	Sole-Wasser-WP mit Erdsonde	Luft-Wasser-WP		
Tatsächliche Nennleistung der Heizanlage	15 kW	6 kW	6 kW	6 kW	6 kW	6 kW
Nutzungsgrad (nur Gastherme)	60 %	95 %	irrelevant			
COP gem. Broschüre: B0/W35	irrelevant		4,5			
COP gem. Broschüre: A2/W35				4,1		
COP gem. Broschüre: A7/W35				5,0		
COP gem. Broschüre: A-7/W35				3,2		
$SCOP_{HW}$ ermittelt nach VDI 4650:2024			5,1	4,7	3,6	4,2
$SCOP_{TW}$ ermittelt nach VDI 4650:2024			3,3	2,3	2,3	2,3
$SCOP_{GES}$ ermittelt nach VDI 4650:2024			4,5	3,8	3,2	3,5

Abbildung 11-92: Ermittlung der SCOP für verschiedene Anlagen- und Vorlauftemperaturvarianten

Hiermit liegen nun wichtige Basisinformationen für eine Wirtschaftlichkeitsbetrachtung vor. Als Nächstes wären alle Kalkulations-Einstellparameter in einer Tabelle zusammenzufassen und Wertangaben für den wahrscheinlichen Fall, den Best Case und für den Worst Case festzulegen bzw. abzuschätzen, zunächst für Variante 1 (siehe Abbildung 11-93).

Einstellparameter	Wertangabe	Kalkulation	Spannbreite	
	Most Likely Case		Best Case	Worst Case
Wärmeleistung P_{WP}	6 kW		6 kW	6 kW
Jahresarbeitszahl JAZ_{WP} der Wärmepumpe	**4,5**		**5,5**	**4**
Jahreswärmeertrag der Wärmepumpe $Q_{Wärme, WP}$	8 630 kWh/a		8 630 kWh/a	8 630 kWh/a
Nutzungsgrad der Gastherme, dessen Leistung substituiert werden könnte η_{GT}	95 %		80 %	100 %
Reduktion des Erdgasverbrauchs an der Gastherme $Q_{GT\ Erdgasred.}$	9 084 kWh/a	$= Q_{Wärme, WP} / \eta_{GT}$	10 788 kWh/a	8 630 kWh/a
Jahresstromverbrauch an der Wärmepumpe $Q_{WP, Strom}$	1 907 kWh/a	$= Q_{Wärme, WP} / JAZ_{WP}$	1 569 kWh/a	2 158 kWh/a
Wirkungsdauer des Investitionsprojektes	20 Jahre		22 Jahre	15 Jahre
Kalkulationszinssatz i	4 %		2 %	6 %
Aktueller spezifischer Erdgaspreis	0,12 €/kWh		0,12 €/kWh	0,12 €/kWh
Aktueller spezifischer Strompreis	0,3 €/kWh		0,3 €/kWh	0,3 €/kWh
Jahrespreisänderungsrate Erdgas	5 %		6 %	4 %
Jahrespreisänderungsrate Strom	2 %		1 %	3 %
Jahrespreisänderungsrate Sonstiges	3 %		2 %	4 %

Abbildung 11-93: Einstellparameter für Sole-Wasser-Wärmepumpe mit Fußbodenheizung (Variante 1)

Es folgt Teil 2 des Berechnungsmodells. Hierfür sind sämtliche Belastungen und Nutzen, die sich aus der Anschaffung und Installation der Wärmepumpe ergeben würden, abzugrenzen, einzutragen und mit Wertangaben zu versehen.

Im vorliegenden Fall wurde entschieden, dass die bestehende Gastherme ausgetauscht werden soll, und zwar entweder durch eine Wärmepumpe oder eine neue Gastherme. Es liegt also eine „Entweder-oder-Entscheidung" vor, sodass es sich hier anbietet, eine vergleichende Kapitalwertberechnung durchzuführen (hier mit der Wärmepumpe als Primäralternative und der Gastherme als Sekundäralternative). Um dies zu ermöglichen, sind im Berechnungsmodell auch alle Nutzen und Belastungen einer Gastherme – allerdings mit umgekehrten Vorzeichen – zu berücksichtigen. Der zweite Teil des Berechnungsmodells ist der folgenden Abbildung 11-94 zu entnehmen.

Wirkungsart	Wirkung	Umfang mit Einheit	Monetarisierung möglich? → Cash-Flow-Ermittlung	Wert je Einheit in t = 0 (= spezifische Kosten bzw. Erlöse)	Cash Flow in Periode 0	Zahlungs-zeitpunkt	Letzt-maliger Anfall	Jahres-degradation
Anstrengungen	Preis der Wärmepumpe komplett inkl. Speicher + Rohrleitungen + Steuerung	1 Stück	ja	20 000 €	20 000 €	Gegenwart (nullte Periode)	irrelevant	nicht anwendbar
	Kosten für Erdsonden plus Kosten für Planung + Genehmigung	1 Stück	ja	6 000 €	6 000 €	Gegenwart (nullte Periode)	irrelevant	nicht anwendbar
	Kosten für Installation der WP und der Sonden	1 Stück	ja	10 000 €	10 000 €	Gegenwart (nullte Periode)	irrelevant	nicht anwendbar
	Fußbodenheizung (Material)	1 Stück	ja	1 500 €	1 500 €	Gegenwart (nullte Periode)	irrelevant	nicht anwendbar
	Fußbodenheizung (Vorbereitung und Installation)	1 Stück	ja	1 500 €	1 500 €	Gegenwart (nullte Periode)	irrelevant	nicht anwendbar
	Wartungskosten WP	1 Stück	ja	200 €/a	erst ab Periode 1	jedes Jahr ab t = 1	im 20. Jahr	nicht anwendbar
	Reparaturkosten WP	1 Stück	ja	300 €/a	alle 5 Jahre	in Intervallen	im 20. Jahr	nicht anwendbar
	Entsorgung Altanlage	1 Stück	ja	0 €	0 €	nicht relevant	Nicht anwendbar	nicht anwendbar
	Stromverbrauch WP	1 907 kWh/a	ja	0,3 €/kWh	erst ab Periode 1	jedes Jahr ab t = 1	im 20. Jahr	nicht anwendbar
Nutzen	Eingesparter Preis für neue Gastherme (bei Neubau; bei Sanierung falls Neuanlage erforderlich oder gewünscht)	1 Stück	ja	12 000 €	12 000 €	Gegenwart (nullte Periode)	irrelevant	nicht anwendbar
	Eingesparte Kosten für Installation der Gastherme (bei Neubau; bei Sanierung falls Neuanlage erforderlich oder gewünscht)	1 Stück	ja	3 500 €	3 500 €	Gegenwart (nullte Periode)	irrelevant	nicht anwendbar
	Eingesparter Verbrauch Erdgas für Gastherme	9 084 kWh/a	ja	0,12 €/kWh	erst ab Periode 1	jedes Jahr ab t = 1	im 20. Jahr	nicht anwendbar
	Eingesparte CO_2-Abgabe (bei 0,202 kg/kWh Emissionsfaktor)	1 835 kg/a	ja	55 €/t	erst ab Periode 1	jedes Jahr ab t = 1	im 20. Jahr	nicht anwendbar
	Eingesparte Wartungskosten Gastherme	1 Stück	ja	150 €/a	erst ab Periode 1	jedes Jahr ab t = 1	im 20. Jahr	nicht anwendbar
	Eingesparte Reparaturkosten Gastherme	1 Stück	ja	150 €/a	alle 5 Jahre	in Intervallen	im 20. Jahr	nicht anwendbar
	Eingesparte Schornsteinfegerkosten	1 Stück	ja	120 €/a	erst ab Periode 1	jedes Jahr ab t = 1	im 20. Jahr	nicht anwendbar
	Eingesparte Gasgrundgebühr	1 Stück	ja	100 €/a	erst ab Periode 1	jedes Jahr ab t = 1	im 20. Jahr	nicht anwendbar

Abbildung 11-94: Nutzen und Belastungen für Sole-Wasser-Wärmepumpe mit Fußbodenheizung (Variante 1)

Nun kann die Kapitalwertkalkulation erfolgen. Das entsprechende Kalkulationstableau für den Vergleich der Sole-Wasser-Wärmepumpe zur Gasheizung zeigt Abbildung 11-95.

Kalkulationszins i	4 %							
Jahresstromverbrauch	1 907 kWh							
Jahresgasverbrauch	9 084 kWh							
Jahresstrompreissteigerungsrate	2 %							
Jahresgaspreissteigerungsrate	5 %							
Jahrespreissteigerungsrate Sonstiges	3 %							
Degradationsrate	0 %							
Periodenende	0	1	2	3	...	18	19	20
Stromverbrauch		1 907 kWh	1 907 kWh	1 907 kWh	...	1 907 kWh	1 907 kWh	1 907 kWh
Gasverbrauch		9 084 kWh	9 084 kWh	9 084 kWh	...	9 084 kWh	9 084 kWh	9 084 kWh
CO_2-Emissionen durch Gasverbrauch		1,84 t	1,84 t	1,84 t	...	1,84 t	1,84 t	1,84 t
Spez. CO_2-Abgabe		55 €/t	65 €/t	255 €/t	...	310 €/t	310 €/t	310 €/t
Spezifische Stromkosten	0,3 €/kWh	0,31 €/kWh	0,31 €/kWh	0,32 €/kWh	...	0,43 €/kWh	0,44 €/kWh	0,45 €/kWh
Spezifische Gaskosten	0,12 €/kWh	0,13 €/kWh	0,13 €/kWh	0,14 €/kWh	...	0,29 €/kWh	0,3 €/kWh	0,32 €/kWh
ANSTRENGUNGEN								
Preis der Wärmepumpe komplett inkl. Speicher + Rohrleitungen + Steuerung	-20 000 €							
Kosten für Erdsonden plus Kosten für Planung + Genehmigung	-6 000 €							
Kosten für Installation der WP und der Sonden	-10 000 €							
Fußbodenheizung (Material)	-1 500 €							
Fußbodenheizung (Vorbereitung und Installation)	-1 500 €							
Wartungskosten WP		-206 €	-212 €	-219 €	...	-340 €	-351 €	-361 €
Reparaturkosten WP								-542 €
Stromverbrauch WP		-584 €	-595 €	-607 €	...	-817 €	-834 €	-850 €
NUTZEN								
Eingesparter Preis für neue Gastherme	12 000 €							
Eingesparte Kosten für Installation der Gastherme	3 500 €							
Eingesparte CO_2-Abgabe (bei einem Emissionsfaktor von 0,202 kg/kWh)		101 €	119 €	468 €	...	569 €	569 €	569 €
Eingesparte Wartungskosten Gastherme		155 €	159 €	164 €	...	255 €	263 €	271 €
Eingesparte Reparaturkosten Gastherme								271 €
Eingesparte Schornsteinfegerkosten		124 €	127 €	131 €	...	204 €	210 €	217 €
Eingesparte Gasgrundgebühr		103 €	106 €	109 €	...	170 €	175 €	181 €
Eingesparter Verbrauch Erdgas für Gastherme		1 145 €	1 202 €	1 262 €	...	2 623 €	2 755 €	2 892 €
Gesamt	-23 500 €	837 €	906 €	1 308 €	...	2 664 €	2 788 €	2 647 €
Barwerte	-23 500 €	805 €	838 €	1 163 €	...	1 315 €	1 323 €	1 208 €
Kapitalwert	514 €							
Interner Zinsfuss (hier Kipppunkt)	4,2 %							

Abbildung 11-95: Vergleichende Wirtschaftlichkeitsberechnung Sole-Wasser-Wärmepumpe mit Fußbodenheizung (Primäralternative) vs. Gastherme (Sekundäralternative) – Variante 1

Das Kalkulationsergebnis verdeutlicht in diesem Beispiel, dass unter Zugrundelegung der gegebenen Einstellparameterwerte die betrachtete Wärmepumpe mit Fußbodenheizung eine zwar gewisse, aber nicht herausragende wirtschaftliche Vorteilhaftigkeit gegenüber der Gastherme aufweist. Der zusätzlich angegebene Interne Zinsfuß weist als „Kipppunkt" darauf hin, dass bei einem leicht höheren Kalkulationszinssatz (ab 4,2 %) die Vorteilhaftigkeitsaussage zugunsten der Gastherme umkippen würde.

Nun soll geprüft werden, ob eine Luft-Wasser-Wärmepumpe (im Beispiel Variante 2) vorteilhafter wäre als eine Sole-Wasser-Wärmepumpe. Infrage kommt diese Alternative, weil sie durch die nicht benötigten Erdsonden eine deutlich geringere Investitionsauszahlung erfordert. Allerdings weist dieser Typus eine niedrigere JAZ auf, sodass der Rückfluss knapper ausfällt. Die Einstellparameter werden insofern im Berechnungsmodell leicht angepasst (siehe Abbildung 11-96).

Einstellparameter	Wertangabe	Kalkulation	Spannbreite	
	Most Likely Case		Best Case	Worst Case
Wärmeleistung P_{WP}	6 kW		6 kW	6 kW
Jahresarbeitszahl JAZ_{WP} der Wärmepumpe	3,8		4	3,5
Jahreswärmeertrag der Wärmepumpe $Q_{Wärme,\ WP}$	8 630 kWh/a		8 630 kWh/a	8 630 kWh/a
Nutzungsgrad der Gastherme, dessen Leistung substituiert werden könnte η_{GT}	95 %		80 %	100 %
Reduktion des Erdgasverbrauchs an der Gastherme $Q_{GT\ Erdgasred.}$	9 084 kWh/a	$= Q_{Wärme,\ WP} / \eta_{GT}$	10 788 kWh/a	8 630 kWh/a
Jahresstromverbrauch an der Wärmepumpe $Q_{WP,\ Strom}$	2 284 kWh/a	$= Q_{Wärme,\ WP} / JAZ_{WP}$	2 158 kWh/a	2 466 kWh/a
Wirkungsdauer des Investitionsprojektes	20 Jahre		22 Jahre	15 Jahre
Kalkulationszinssatz i	4 %		2 %	6 %
Aktueller spezifischer Erdgaspreis	0,12 €/kWh		0,12 €/kWh	0,12 €/kWh
Aktueller spezifischer Strom	0,3 €/kWh		0,3 €/kWh	0,3 €/kWh
Jahrespreisänderungsrate Erdgas	5 %		6 %	4 %
Jahrespreisänderungsrate Strom	2 %		1 %	3 %
Jahrespreisänderungsrate Sonstiges	3 %		2 %	4 %

Abbildung 11-96: Einstellparameter für Luft-Wasser-Wärmepumpe mit Fußbodenheizung (Variante 2)

Das neue Kalkulationsergebnis ist der folgenden Abbildung 11-97 zu entnehmen.

Kalkulationszins i	4 %							
Jahresstromverbrauch	2 284 kWh							
Jahresgasverbrauch	9 084 kWh							
Jahresstrompreissteigerungsrate	2 %							
Jahresgaspreissteigerungsrate	5 %							
Jahrespreissteigerungsrate Sonstiges	3 %							
Degradationsrate	0 %							
Periodenende	0	1	2	3	…	18	19	20
Stromverbrauch		2 284 kWh	2 284 kWh	2 284 kWh	…	2 284 kWh	2 284 kWh	2 284 kWh
Gasverbrauch		9 084 kWh	9 084 kWh	9 084 kWh	…	9 084 kWh	9 084 kWh	9 084 kWh
CO_2-Emissionen durch Gasverbrauch		2 t	2 t	2 t	…	2 t	2 t	2 t
spez. CO_2-Abgabe		55 €/t	65 €/t	255 €/t	…	310 €/t	310 €/t	310 €/t
spezifische Stromkosten	0,3 €/kWh	0,31 €/kWh	0,31 €/kWh	0,32 €/kWh	…	0,43 €/kWh	0,44 €/kWh	0,45 €/kWh
spezifische Gaskosten	0,12 €/kWh	0,13 €/kWh	0,13 €/kWh	0,14 €/kWh	…	0,29 €/kWh	0,3 €/kWh	0,32 €/kWh
ANSTRENGUNGEN								
Preis der Wärmepumpe komplett inkl. Speicher + Rohrleitungen + Steuerung	-18 000 €							
Kosten für Erdsonden plus Kosten für Planung + Genehmigung								
Kosten für Installation der WP	-6 000 €							
Fußbodenheizung (Material)	-1 500 €							
Fußbodenheizung (Vorbereitung und Installation)	-1 500 €							
Wartungskosten WP		-205 €	-204 €	-203 €	…	-188 €	-187 €	-186 €
Reparaturkosten WP								-542 €
Stromverbrauch WP		-699 €	-713 €	-727 €	…	-979 €	-998 €	-1 018 €
NUTZEN								
Eingesparter Preis für neue Gastherme	12 000 €							
Eingesparte Kosten für Installation der Gastherme	3 500 €							
Eingesparte CO_2-Abgabe (bei einem Emissionsfaktor von 0,202 kg/kWh)		101 €	119 €	468 €	…	569 €	569 €	569 €
Eingesparte Wartungskosten Gastherme		155 €	159 €	164 €	…	255 €	263 €	271 €
Eingesparte Reparaturkosten Gastherme								271 €
Eingesparte Schornsteinfegerkosten		124 €	127 €	131 €	…	204 €	210 €	217 €
Eingesparte Gasgrundgebühr		103 €	106 €	109 €	…	170 €	175 €	181 €
Eingesparter Verbrauch Erdgas für Gastherme		1 145 €	1 202 €	1 262 €	…	2 623 €	2 755 €	2 892 €
Gesamt	-11 500 €	723 €	797 €	1 204 €	…	2 656 €	2 787 €	2 654 €
Barwerte	-11 500 €	695 €	737 €	1 070 €	…	1 311 €	1 323 €	1 211 €
Kapitalwert	11 604 €							
Interner Zinsfuss (hier Kipppunkt)	11,5 %							

Abbildung 11-97: Vergleichende Wirtschaftlichkeitsberechnung Luft-Wasser-Wärmepumpe mit Fußbodenheizung (Primäralternative) vs. Gastherme (Sekundäralternative) – Variante 2

Im Vergleich zur Kalkulation der Sole-Wasser-Wärmepumpe weist die betrachtete Luft-Wasser-Wärmepumpe im Beispiel einen deutlich höheren Kapitalwert gegenüber der Gastherme auf. Offenbar schlagen die geringeren Anschaffungsauszahlungen stärker zu Buche als die gestiegenen Stromkosten.

Eine nächste Idee wäre, die Luft-Wasser-Wärmepumpe ggf. mit den vorhandenen Heizkörpern einzusetzen (Variante 3). Bisher lag die Vorlauftemperatur der Gastherme bei 60 °C. Eine solche Temperatur ist mit einer Wärmepumpe erzeugbar, allerdings zulasten der JAZ. Sie sinkt im vorliegenden Fall auf 3,2 ab. Dementsprechend wird das Berechnungsmodell angepasst (Abbildung 11-98).

Einstellparameter	Wertangabe	Kalkulation	Spannbreite	
	Most Likely Case		Best Case	Worst Case
Wärmeleistung P_{WP}	6 kW		6 kW	6 kW
Jahresarbeitszahl JAZ_{WP} der Wärmepumpe	3,2		3,5	2,7
Jahreswärmeertrag der Wärmepumpe $Q_{Wärme,\ WP}$	8 630 kWh/a		8 630 kWh/a	8 630 kWh/a
Nutzungsgrad der Gastherme, dessen Leistung substituiert werden könnte η_{GT}	95 %		80 %	100 %
Reduktion des Erdgasverbrauchs an der Gastherme $Q_{GT\ Erdgasred.}$	9 084 kWh/a	$= Q_{Wärme,\ WP} / \eta_{GT}$	10 788 kWh/a	8 630 kWh/a
Jahresstromverbrauch an der Wärmepumpe $Q_{WP,\ Strom}$	2 738 kWh/a	$= Q_{Wärme,\ WP} / JAZ_{WP}$	2 466 kWh/a	3 196 kWh/a
Wirkungsdauer des Investitionsprojektes	20 Jahre		22 Jahre	15 Jahre
Kalkulationszinssatz i	4 %		2 %	6 %
Aktueller spezifischer Erdgaspreis	0,12 €/kWh		0,12 €/kWh	0,12 €/kWh
Aktueller spezifischer Strom	0,3 €/kWh		0,3 €/kWh	0,3 €/kWh
Jahrespreisänderungsrate Erdgas	5 %		6 %	4 %
Jahrespreisänderungsrate Strom	2 %		1 %	3 %
Jahrespreisänderungsrate Sonstiges	3 %		2 %	4 %

Abbildung 11-98: Einstellparameter für Luft-Wasser-Wärmepumpe mit unveränderten Heizkörpern (Radiatoren) bei 60 °C Vorlauftemperatur (Variante 3)

Der folgenden Kalkulationstabelle in Abbildung 11-99 lässt sich entnehmen, dass die Kosten für die Fußbodenheizung gelöscht worden sind. Sichtbar ist – im Gegenzug – ein deutlich höherer verrechneter Stromverbrauch wegen der hohen Vorlauftemperatur.

Kalkulationszins i	4 %							
Jahresstromverbrauch	2 738 kWh							
Jahresgasverbrauch	9 084 kWh							
Jahresstrompreissteigerungsrate	2 %							
Jahresgaspreissteigerungsrate	5 %							
Jahrespreissteigerungsrate Sonstiges	3 %							
Degradationsrate	0 %							
Periodenende	0	1	2	3	...	18	19	20
Stromverbrauch		2 738 kWh	2 738 kWh	2 738 kWh	...	2 738 kWh	2 738 kWh	2 738 kWh
Gasverbrauch		9 084 kWh	9 084 kWh	9 084 kWh	...	9 084 kWh	9 084 kWh	9 084 kWh
CO2-Emissionen durch Gasverbrauch		2 t	2 t	2 t	...	2 t	2 t	2 t
spez. CO2-Abgabe		55 €/t	65 €/t	255 €/t	...	310 €/t	310 €/t	310 €/t
spezifische Stromkosten	0,3 €/kWh	0,31 €/kWh	0,31 €/kWh	0,32 €/kWh	...	0,43 €/kWh	0,44 €/kWh	0,45 €/kWh
spezifische Gaskosten	0,12 €/kWh	0,13 €/kWh	0,13 €/kWh	0,14 €/kWh	...	0,29 €/kWh	0,3 €/kWh	0,32 €/kWh
ANSTRENGUNGEN								
Preis der Wärmepumpe komplett inkl. Speicher + Rohrleitungen + Steuerung	-18 000 €							
Kosten für Erdsonden plus Kosten für Planung + Genehmigung								
Kosten für Installation der WP	-6 000 €							
Fußbodenheizung (Material)								
Fußbodenheizung (Vorbereitung und Installation)								
Wartungskosten WP		-205 €	-204 €	-203 €	...	-188 €	-187 €	-186 €
Reparaturkosten WP								-542 €
Stromverbrauch WP		-838 €	-855 €	-872 €	...	-1 173 €	-1 197 €	-1 221 €
NUTZEN								
Eingesparter Preis für neue Gastherme	12 000 €							
Eingesparte Kosten für Installation der Gastherme	3 500 €							
Eingesparte CO2-Abgabe (bei einem Emissionsfaktor von 0,202 kg/kWh)		101 €	119 €	468 €	...	569 €	569 €	569 €
Eingesparte Wartungskosten Gastherme		155 €	159 €	164 €	...	255 €	263 €	271 €
Eingesparte Reparaturkosten Gastherme								271 €
Eingesparte Schornsteinfegerkosten		124 €	127 €	131 €	...	204 €	210 €	217 €
Eingesparte Gasgrundgebühr		103 €	106 €	109 €	...	170 €	175 €	181 €
Eingesparter Verbrauch Erdgas für Gastherme		1 145 €	1 202 €	1 262 €	...	2 623 €	2 755 €	2 892 €
Gesamt	-8 500 €	584 €	655 €	1 059 €	...	2 461 €	2 588 €	2 452 €
Barwerte	-8 500 €	561 €	606 €	942 €	...	1 215 €	1 229 €	1 119 €
Kapitalwert	12 367 €							
Interner Zinsfuss (hier Kipppunkt)	13,9 %							

Abbildung 11-99: Wirtschaftlichkeitsrechnung Luft-Wasser-Wärmepumpe mit unveränderten Heizkörpern (Radiatoren) bei 60 °C Vorlauftemperatur – Variante 3

Die Kalkulation führt zu einem Kapitalwert in Höhe von 8 563 Euro. Immer noch ist die Wärmepumpe (jetzt auch mit den bestehenden Heizkörpern und einer unveränderten Vorlauftemperatur) attraktiver als eine neue Gastherme. Die Attraktivität ist allerdings geringer als die Version mit Fußbodenheizung (geringerer Kapitalwert).

Insofern soll als Letztes geprüft werden, ob es denkbar wäre, die Wärmepumpe zwar mit den bestehenden Heizkörpern zu betreiben, allerdings mit einer niedrigeren Vorlauftemperatur als 60 °C, sondern mit 45 °C, sodass die JAZ nicht so sehr absinkt (Variante 4). Die Überarbeitung des Berechnungsmodells führt zu Abbildung 11-100.

Einstellparameter	Wertangabe Most Likely Case	Kalkulation	Spannbreite Best Case	Worst Case
Wärmeleistung P_{WP}	6 kW		6 kW	6 kW
Jahresarbeitszahl JAZ_{WP} der Wärmepumpe	3,5		3,3	2,5
Jahreswärmeertrag der Wärmepumpe $Q_{Wärme,\ WP}$	8 630 kWh/a		10 000 kWh/a	7 500 kWh/a
Nutzungsgrad der Gastherme, dessen Leistung substituiert werden könnte η_{GT}	95 %		80 %	100 %
Reduktion des Erdgasverbrauchs an der Gastherme $Q_{GT\ Erdgasred.}$	9 084 kWh/a	$= Q_{Wärme,\ WP} / \eta_{GT}$	12 500 kWh/a	7 500 kWh/a
Jahresstromverbrauch an der Wärmepumpe $Q_{WP,\ Strom}$	2 440 kWh/a	$= Q_{Wärme,\ WP} / JAZ_{WP}$	3 030 kWh/a	3 000 kWh/a
Wirkungsdauer des Investitionsprojektes	20 Jahre		22 Jahre	15 Jahre
Kalkulationszinssatz i	4 %		2 %	6 %
Aktueller spezifischer Erdgaspreis	0,12 €/kWh		0,12 €/kWh	0,12 €/kWh
Aktueller spezifischer Strom	0,3 €/kWh		0,3 €/kWh	0,3 €/kWh
Jahrespreisänderungsrate Erdgas	5 %		6 %	4 %
Jahrespreisänderungsrate Strom	2 %		1 %	3 %
Jahrespreisänderungsrate Sonstiges	3 %		2 %	4 %

Abbildung 11-100: Einstellparameter für Luft-Wasser-Wärmepumpe mit unveränderten Heizkörpern (Radiatoren) bei 45 °C Vorlauftemperatur (Variante 4)

Das Ergebnis der Kapitalwertkalkulation für den Most-Likely-Fall verdeutlicht Abbildung 11-101.

Kalkulationszins i	4 %							
Jahresstromverbrauch	2 440 kWh							
Jahresgasverbrauch	9 084 kWh							
Jahresstrompreissteigerungsrate	2 %							
Jahresgaspreissteigerungsrate	5 %							
Jahrespreissteigerungsrate Sonstiges	3 %							
Degradationsrate	0 %							
Periodenende	0	1	2	3	…	18	19	20
Stromverbrauch		2 440 kWh	2 440 kWh	2 440 kWh	…	2 440 kWh	2 440 kWh	2 440 kWh
Gasverbrauch		9 084 kWh	9 084 kWh	9 084 kWh	…	9 084 kWh	9 084 kWh	9 084 kWh
CO2-Emissionen durch Gasverbrauch		2 t	2 t	2 t	…	2 t	2 t	2 t
spez. CO2-Abgabe		55 €/t	65 €/t	255 €/t	…	310 €/t	310 €/t	310 €/t
spezifische Stromkosten	0,3 €/kWh	0,31 €/kWh	0,31 €/kWh	0,32 €/kWh	…	0,43 €/kWh	0,44 €/kWh	0,45 €/kWh
spezifische Gaskosten	0,12 €/kWh	0,13 €/kWh	0,13 €/kWh	0,14 €/kWh	…	0,29 €/kWh	0,3 €/kWh	0,32 €/kWh
ANSTRENGUNGEN								
Preis der Wärmepumpe komplett inkl. Speicher + Rohrleitungen + Steuerung	-18 000 €							
Kosten für Erdsonden plus Kosten für Planung + Genehmigung								
Kosten für Installation der WP	-6 000 €							
Fußbodenheizung (Material)								
Fußbodenheizung (Vorbereitung und Installation)								
Wartungskosten WP		-205 €	-204 €	-203 €	…	-188 €	-187 €	-186 €
Reparaturkosten WP								-542 €
Stromverbrauch WP		-747 €	-762 €	-777 €	…	-1 046 €	-1 067 €	-1 088 €
NUTZEN								
Eingesparter Preis für neue Gastherme	12 000 €							
Eingesparte Kosten für Installation der Gastherme	3 500 €							
Eingesparte CO2-Abgabe (bei einem Emissionsfaktor von 0,202 kg/kWh)		101 €	119 €	468 €	…	569 €	569 €	569 €
Eingesparte Wartungskosten Gastherme		155 €	159 €	164 €	…	255 €	263 €	271 €
Eingesparte Reparaturkosten Gastherme								271 €
Eingesparte Schornsteinfegerkosten		124 €	127 €	131 €	…	204 €	210 €	217 €
Eingesparte Gasgrundgebühr		103 €	106 €	109 €	…	170 €	175 €	181 €
Eingesparter Verbrauch Erdgas für Gastherme		1 145 €	1 202 €	1 262 €	…	2 623 €	2 755 €	2 892 €
Gesamt	-8 500 €	675 €	748 €	1 154 €	…	2 589 €	2 719 €	2 585 €
Barwerte	-8 500 €	649 €	692 €	1 026 €	…	1 278 €	1 290 €	1 180 €
Kapitalwert	13 835 €							
Interner Zinsfuss (hier Kipppunkt)	15,0 %							

Abbildung 11-101: Vergleichende Wirtschaftlichkeitsrechnung Luft-Wasser-Wärmepumpe mit unveränderten Heizkörpern (Primäralternative) bei 45 °C Vorlauftemperatur vs. Gastherme (Sekundäralternative) – Variante 4

Es zeigt eine Erhöhung des Kapitalwertes, die wegen der niedrigeren Vorlauftemperatur allerdings durch eine vergleichsweise träge Aufheizung erkauft werden würde (sofern damit das Gebäude überhaupt angemessen aufgeheizt werden kann, wovon hier ausgegangen werden soll). Eine vergleichende Übersicht der Berechnungsergebnisse aller Varianten enthält Abbildung 11-102.

Kennzahl	Sole-Wasser-WP mit Fußbodenheizung	Luft-Wasser-WP mit Fußbodenheizung	Luft-Wasser-WP mit Radiatoren (T_{VL} = 60 °C)	Luft-Wasser-WP mit Radiatoren (T_{VL} = 45 °C)
JAZ	4,5	3,8	3,2	3,5
Jahresstromverbrauch	1 907 kWh/a	2 284 kWh/a	2 738 kWh/a	2 440 kWh/a
Kapitalwert ggü. Gastherme	514 €	11 604 €	12 367 €	13 835 €

Abbildung 11-102: Vergleichende Gesamtübersicht der Ergebnisse der vier Varianten

Deutlich wird in diesem Beispiel, dass die effizienteste Lösung (Variante 1) nicht am besten abschneidet, hier sogar am schlechtesten. Dies liegt daran, dass die Kosten vergleichsweise hoch sind und nicht in dem Maße durch energetische Vorteile kompensiert werden können wie bei den anderen Varianten. Sieger im Beispiel ist die Variante 2, knapp gefolgt von Variante 4. Variante 4 weist zwar einen höheren Jahresstromverbrauch aus, allerdings wird die vorhandene Heizinfrastruktur weiterverwendet. Planerisch und wegen des geringen Unterschiedes im Kapitalwert spricht deshalb viel für Variante 4.

11.2.1.3.3 Einflussfaktoren auf Rückfluss und Kapitalwert von Wärmepumpen

Die vorangegangenen Ausführungen haben deutlich werden lassen, dass die sich durch den Einsatz einer Wärmepumpe ergebenden Energiekosteneinsparungen – etwa im Vergleich zu einer Gastherme – insbesondere von den folgenden Parametern abhängig sind:

- vom Wärmeenergiebedarf, insbesondere von der Heizlast des betrachteten Gebäudes (je geringer die Heizlast, desto eher reicht eine niedrige Vorlauftemperatur für das Wärmeübertragungssystem aus)
- der Jahresarbeitszahl (analog Nutzungsgrad)
- der Temperatur der Wärmequelle (möglichst hoch)
- der Soll-Temperatur der Wärmesenke (Rücklauftemperatur des Heizkörpersystems möglichst niedrig)
- der Trinkwassermenge und -wärmebedarf im Vergleich zum gesamten Wärmebedarf möglichst gering
- von der Größe des Warmwasserspeichers (je kleiner der Speicher, desto geringer der Wärmeverlust, desto eher reicht das Warmwasser nicht aus)
- inwieweit der Warmwasserspeicher bivalent ausgeführt ist, also auch Solarwärme durch einen Solarkollektor zur Trinkwasserwärmeunterstützung aufnehmen kann und aufnimmt
- von dem Einsatz einer etwaigen Photovoltaik-Anlage, insbesondere von der
  - Anlagenkapazität der PV-Anlage,
  - Speicherkapazität und
  - zeitlichen Überlappung von Wärmebedarf und Sonnenangebot
- vom spezifischen Strompreis (je niedriger, desto vorteilhafter für die Wärmepumpe)
- vom spezifischen Energiepreis des verdrängten Energieträgers, i. d. R. Erdgas oder Heizöl (je höher, desto vorteilhafter für die Wärmepumpe)
- von etwaigen CO_2-Abgaben und -Abgabenentwicklung für Erdgas oder Heizöl (je höher, desto vorteilhafter für die Wärmepumpe) und
- von Preisänderungsraten für Strom, Erdgas, Heizöl etc.

11.2.2 Besonderheiten bei der Ermittlung des Kapitalwertes einer Energiebereitstellungsanlage

Die wirtschaftliche Vorteilhaftigkeit einer Wärmebereitstellungsanlage, z. B. einer Wärmepumpe, lässt sich auf unterschiedliche Weise ermitteln. Ist von vornherein eine bestimmte Wärmepumpe festgelegt, dann erübrigt sich eine Kapitalwertberechnung. Sie ist dann zweckmäßig, wenn – bei obligatorischen Investitionsentscheidungen – mindestens zwei Alternativen zur Wahl stehen oder – im Rahmen einer fakultativen Entscheidung – eine bestehende Energiebereitstellungsanlage durch eine alternative Anlage ersetzt werden könnte.

Im letztgenannten Fall kommen nur solitäre Kapitalwertberechnungen infrage, wobei die Bestimmung des Rückflusses i. d. R. keine großen Probleme bereitet (im Falle einer Wärmepumpe, die eine Gastherme ablösen könnte, umfasst er die einzusparenden Gaskosten).

Bei obligatorischen Entscheidungen kommen, wenn mehrere Varianten zur Wahl stehen, folgende Vorgehensweisen infrage:

- Die Wärmepumpe und die Alternativen könnten jeweils einer solitären Kapitalwertberechnung unterzogen werden, wobei dann
  - Rückflüsse (in Euro bewertete Wärmemengen) nicht berücksichtigt werden, weil sie nicht oder nur schwierig zu ermitteln sind, oder

- mit fiktiven Rückflüssen gerechnet wird, wobei die Rückflüsse der verschiedenen Alternativen i. d. R. deckungsgleich sind, sodass der Rückflussbetrag beliebig gewählt werden kann, mit der Intention, durch ihn die Bildung eines negativen Kapitalwertes zu verhindern, oder
- zuvor Wärmegestehungskosten einer der Alternativanlagen (etwa der Gastherme) ermittelt werden, mit denen dann die zu erzeugenden Wärmemengen bewertet werden, um so die Rückflüsse der Wärmepumpe zu bestimmen.

– durch vergleichende Kapitalwertberechnung (paarweiser Vergleich) eine Auswahlentscheidung herbeiführen

Die nächsten beiden Abbildungen (Abbildung 11-103 und Abbildung 11-104) verdeutlichen Kapitalwertkalkulationen einer Wärmepumpe und einer Gastherme ohne Berücksichtigung des Rückflusses.

Kalkulationszinsfuß i	6,0 %							
Jahrespreisänderungsrate el. Strom	2,0 %							
Jahrespreisänderungsrate Wärme (= Erdgas)	4,0 %							
Zu berücksichtigende Perioden	20							
Wärmeenergiebedarf [kWh/a]	15 000							
JAZ	3,5							
Stromverbrauch WP [kWh/a]	4 286							
Jahreswartungskosten aktuell (t = 0)	350 €							
Periodenende t	0	1	2	3	…	18	19	20
Berücksichtigte Perioden ("1" = "Ja")	1	1	1	1	…	1	1	1
Spezifischer Strompreis [€/kWh]	0,35	0,36	0,36	0,37	…	0,50	0,51	0,52
Fiktive Wärmegestehungskosten [€/kWh]	0,19	0,20	0,21	0,22	…	0,39	0,40	0,42
Auszahlungen								
Anschaffungsauszahlung	-15 000 €							
laufende Wartungskosten		-364 €	-379 €	-394 €	…	-709 €	-737 €	-767 €
Stromkosten		-1 530 €	-1 561 €	-1 592 €	…	-2 142 €	-2 185 €	-2 229 €
Rückflüsse								
Wert der erzeugten Wärme		?	?	?	…	?	?	?
Summe [€]	-15 000 €	-1 894 €	-1 939 €	-1 986 €	…	-2 851 €	-2 923 €	-2 996 €
Barwerte	-15 000 €	-1 787 €	-1 726 €	-1 667 €	…	-999 €	-966 €	-934 €
Kapitalwert	-41 294 €							

Abbildung 11-103: Kalkulation des Kapitalwertes einer Wärmepumpe ohne Berücksichtigung des Rückflusses (da nicht zu ermitteln)

Kalkulationszinsfuß i	6,0 %							
Jahrespreisänderung Erdgas bzw. Wärme Δp	4,0 %							
Jahrespreisänderung Sonstiges	3,0 %							
Zu berücksichtigende Perioden	20							
Wärmeenergiebedarf [kWh/a]	15 000							
Jahreswartungskosten aktuell (t = 0)	300 €							
Periodenende t	0	1	2	3	...	18	19	20
Berücksichtigte Perioden ("1" = "Ja")	1	1	1	1	...	1	1	1
Wärmegestehungskosten [€/kWh]	0,19	0,20	0,21	0,22	...	0,39	0,40	0,42
Auszahlungen								
Anschaffungsauszahlung	-10 000 €							
Laufende Wartungskosten		-309 €	-318 €	-328 €	...	-511 €	-526 €	-542 €
Gaskosten		-2 080 €	-2 163 €	-2 250 €	...	-4 052 €	-4 214 €	-4 382 €
Rückflüsse								
Wert der erzeugten Wärme		?	?	?	...	?	?	?
Summe [€]	-10 000 €	-2 389 €	-2 481 €	-2 578 €	...	-4 562 €	-4 740 €	-4 924 €
Barwerte	-10 000 €	-2 254 €	-2 208 €	-2 164 €	...	-1 598 €	-1 567 €	-1 535 €
Kapitalwert	-47 446 €							

Abbildung 11-104: Kalkulation des Kapitalwertes einer Gastherme ohne Berücksichtigung des Rückflusses

Beide Kalkulationen führen zu negativen Kapitalwerten. Der Kapitalwert der Wärmepumpe ist niedriger, woraus man schließen kann, dass bei ihr eine wirtschaftliche Vorteilhaftigkeit gegenüber der Gastherme vorliegt (6 153 Euro Differenz). Zwar lässt sich auf dieser Basis eine Entscheidungsfindung herbeiführen, ideal ist diese Vorgehensweise jedoch nicht. Auf die Probleme, die mit negativen Kapitalwerten verbunden sind, wurde bereits in Kapitel 6.1.2.4 eingegangen und auch vorgeschlagen, im Zweifel mit fiktiven Rückflüssen zu arbeiten, wenn die Rückflüsse bei allen zu vergleichenden Alternativen identisch sind. Dies soll im Folgenden geschehen (siehe Abbildung 11-105 und Abbildung 11-106).

Kalkulationszinsfuß i	6,0 %							
Jahrespreisänderungsrate el. Strom	2,0 %							
Jahrespreisänderungsrate Wärme (= Erdgas)	4,0 %							
Zu berücksichtigende Perioden	20							
Wärmeenergiebedarf [kWh/a]	15 000							
JAZ	3,5							
Stromverbrauch WP [kWh/a]	4 286							
Jahreswartungskosten (t = 0) aktuell	350 €							
Periodenende t	0	1	2	3	...	18	19	20
Berücksichtigte Perioden ("1" = "Ja")	1	1	1	1	...	1	1	1
Spezifischer Strompreis [€/kWh]	0,35	0,36	0,36	0,37	...	0,50	0,51	0,52
Fiktive Wärmegestehungskosten [€/kWh]	0,19	0,20	0,21	0,22	...	0,39	0,40	0,42
Auszahlungen								
Anschaffungsauszahlung	-15 000 €							
Laufende Wartungskosten		-364 €	-379 €	-394 €	...	-709 €	-737 €	-767 €
Stromkosten		-1 530 €	-1 561 €	-1 592 €	...	-2 142 €	-2 185 €	-2 229 €
Rückflüsse								
Fiktiver Wert der erzeugten Wärme		5 000 €	5 000 €	5 000 €	...	5 000 €	5 000 €	5 000 €
Summe [€]	-15 000 €	3 106 €	3 061 €	3 014 €	...	2 149 €	2 077 €	2 004 €
Barwerte	-15 000 €	2 930 €	2 724 €	2 531 €	...	753 €	687 €	625 €
Kapitalwert	16 056 €							

Abbildung 11-105: Kalkulation des Kapitalwertes einer Wärmepumpe mit Berücksichtigung eines fiktiven Rückflusses

Kalkulationszinsfuß i	6,0 %							
Jahrespreisänderung Erdgas bzw. Wärme Δp	4,0 %							
Jahrespreisänderung Sonstiges	3,0 %							
Zu berücksichtigende Perioden	20							
Wärmeenergiebedarf [kWh/a]	15 000							
Periodenende t	0	1	2	3	...	18	19	20
Berücksichtigte Perioden ("1" = "Ja")	1	1	1	1	...	1	1	1
Wärmegestehungskosten [€/kWh]	0,19	0,20	0,21	0,22	...	0,39	0,40	0,42
Auszahlungen								
Anschaffungsauszahlung	-10 000 €							
Laufende Wartungskosten		-309 €	-318 €	-328 €	...	-511 €	-526 €	-542 €
Gaskosten		-2 080 €	-2 163 €	-2 250 €	...	-4 052 €	-4 214 €	-4 382 €
Rückflüsse								
Fiktiver Wert der erzeugten Wärme		5 000 €	5 000 €	5 000 €	...	5 000 €	5 000 €	5 000 €
Summe [€]	-10 000 €	2 611 €	2 519 €	2 422 €	...	438 €	260 €	76 €
Barwerte	-10 000 €	2 463 €	2 241 €	2 034 €	...	153 €	86 €	24 €
Kapitalwert	9 903 €							

Abbildung 11-106: Kalkulation des Kapitalwertes einer Gastherme mit Berücksichtigung eines fiktiven Rückflusses

Die fiktiven Werte der erzeugten Wärme wurden so bemessen, dass die Kalkulationen in beiden Fällen positive Kapitalwerte ausweisen. Die Wärmepumpe weist erwartungsgemäß den höchsten Kapitalwert aus. Der Differenzbetrag ist erneut 6 153 Euro.

Als Nächstes soll eine weitere solitäre Kapitalwertberechnung vorgestellt werden, in der die Rückflüsse über zuvor ermittelte Wärmegestehungskosten einer der Alternativanlagen (hier der Gastherme) bestimmt werden.

Im vorliegenden Beispiel wären die Wärmegestehungskosten $p_{\text{W},0}$ (für Periode 0) nach der folgenden Formel zu ermitteln:

$$p_{\text{W},0} = \frac{\sum_{t=0}^{T} \frac{E_{\text{Gas},t} \cdot p_{\text{Gas},0} \cdot (1 + \Delta p)^t}{(1 + i)^t} + \sum_{t=0}^{T} \frac{Z_{\text{KE},t}}{(1 + i)^t}}{\sum_{t=0}^{T} \frac{E_{\text{Wärme},t} \cdot (1 + \Delta p)^t}{(1 + i)^t}}$$

Mit

$E_{\text{Gas},t}$ Energieverbrauchsmenge Erdgas zum Zeitpunkt t [kWh/a]

$p_{\text{Gas},0}$ aktueller Erdgaspreis [€/kWh]

Δp Jahrespreisänderungsrate in %

i Kalkulationszinssatz in %

$Z_{\text{KE},t}$ Zahlungsstrom Kapitaleinsatz zum Zeitpunkt t

$E_{\text{Wärme},t}$ Wärmemenge zum Zeitpunkt t [kWh/a]

Die Entwicklung der Formel wird im Kapitel 12.2.1 über Energiegestehungskosten vorgestellt. Auf sie wird hier zurückgegriffen.

Die folgende Abbildung 11-107 zeigt die Anwendung der Formel und damit die Ermittlung der Wärmegestehungskosten.

Parameter								
Kalkulationszins i	6 %							
Jahrespreisänderung Erdgas bzw. Wärme Δp	4 %							
Jahrespreisänderung Sonstiges	3 %							
Wärmebedarf	15 000 kWh							
Nutzungsgrad Gastherme	90 %							
Jahresendenergieverbrauch Erdgas	16 667 kWh							
Wartungskosten aktuell (t = 0)	300 €							
Periode	0	1	2	3	…	18	19	20
Preis Erdgas $p_{Gas,t}$ [€/kWh]	0,12 €/kWh	0,12 €/kWh	0,13 €/kWh	0,13 €/kWh	…	0,24 €/kWh	0,25 €/kWh	0,26 €/kWh
zahlungswirksame Kapitalkosten Z_t								
Investitionsauszahlung	-10 000 €							
Wartungskosten		-309 €	-318 €	-328 €	…	-511 €	-526 €	-542 €
Zwischensummen der zahlungswirksamen Kapitalkosten	-10 000 €	-309 €	-318 €	-328 €	…	-511 €	-526 €	-542 €
Barwerte der zahlungswirksame Kapitalkosten	-10 000 €	-292 €	-283 €	-275 €	…	-179 €	-174 €	-169 €
Σ Barwerte = Teil-KW nur zahlungswirksame Kapitalkosten	-14 500 €							
Jahresgasverbrauch [kWh] $E_{G,t}$		16 667 kWh	16 667 kWh	16 667 kWh	…	16 667 kWh	16 667 kWh	16 667 kWh
Jahreswärmemenge [kWh] $E_{W,t}$		15 000 kWh	15 000 kWh	15 000 kWh	…	15 000 kWh	15 000 kWh	15 000 kWh
Barwerte der Jahresgaskosten		-1 962 €	-1 925 €	-1 889 €	…	-1 419 €	-1 393 €	-1 366 €
Teil-KW der Gaskosten	-32 947 €							
Adjustierte und diskontierte Jahreswärmemengen [kWh]		14 717 kWh	14 439 kWh	14 167 kWh	…	10 646 kWh	10 445 kWh	10 248 kWh
Σ der adjustierten und diskontierten Jahreswärmemengen [kWh]	247 102 kWh							
Wärmegestehungskosten $p_{W,0}$ [€/kWh]	0,19 €/kWh							

Abbildung 11-107: Herleitung der Wärmegestehungskosten eines Gaskessels

Als Resultat der Kalkulation dieser – hier als Alternative zur Wahl stehenden – Gastherme ergeben sich für das vorliegende Beispiel Wärmegestehungskosten in Höhe von 0,19 €/kWh. Das ist der spezifische „Wert" der von der Gastherme bereitgestellten Wärme zum aktuellen Zeitpunkt ($t = 0$). Diese Wertangabe hilft, die Wärmemenge, die von der Wärmepumpe erzeugt wird, in einen Zahlungsstrom zu transferieren. Zuvor soll allerdings noch ein Plausibilitätstest durchgeführt werden, der aufzeigt, ob die Gestehungskostenermittlung fehlerfrei durchgeführt worden ist, siehe Abbildung 11-108.

Kalkulationszinsfuß i	6,0 %							
Jahrespreisänderung Erdgas bzw. Wärme Δp	4,0 %							
Jahrespreisänderung Sonstiges	3,0 %							
Zu berücksichtigende Perioden	20							
Wärmeenergiemenge zur Deckung des Bedarfs [kWh/a]	15 000							
Periodenende t	0	1	2	3	…	18	19	20
Berücksichtigte Perioden ("1" = "Ja")	1	1	1	1	…	1	1	1
Wärmegestehungskosten [€/kWh]	0,19	0,20	0,21	0,22	…	0,39	0,40	0,42
Auszahlungen								
Anschaffungsauszahlung	-10 000 €							
Laufende Wartungskosten		-309 €	-318 €	-328 €	…	-511 €	-526 €	-542 €
Gaskosten		-2 080 €	-2 163 €	-2 250 €	…	-4 052 €	-4 214 €	-4 382 €
Rückflüsse								
Wert der erzeugten Wärme		2 995 €	3 115 €	3 240 €	…	5 835 €	6 068 €	6 311 €
Summe [€]	-10 000 €	606 €	634 €	662 €	…	1 272 €	1 328 €	1 387 €
Barwerte	-10 000 €	572 €	564 €	556 €	…	446 €	439 €	432 €
Kapitalwert	-0 €							

Abbildung 11-108: Gastherme Plausibilitätstest

Die Plausibilitätstest-Kalkulation führt zu einem Kapitalwert von 0 Euro. Hiermit wird zum Ausdruck gebracht, dass im Falle des Verkaufs der Wärme bei einem Anfangsverkaufspreis von 0,19 Euro pro Kilowattstunde und einer Jahrespreissteigerungsrate von 4 % sowie einem Verkaufsvolumen von 15 000 kWh Wärme pro Jahr eine Effektivverzinsung von 6 % erzeugt werden würde, und das entspräche genau der Rentabilität der besten Alternativanlage (bei EK-Finanzierung). Die nun anstehende solitäre Kapitalwertkalkulation der Wärmepumpe zeigt Abbildung 11-109.

Kalkulationszinsfuß i	6,0 %							
Jahrespreisänderungsrate el. Strom	2,0 %							
Jahrespreisänderungsrate Wärme (= Erdgas)	4,0 %							
Zu berücksichtigende Perioden	20							
Wärmeenergiebedarf [kWh/a]	15 000							
JAZ	3,5							
Stromverbrauch WP [kWh/a]	4 286							
Jahreswartungskosten (t = 0) aktuell	350 €							
Periodenende t	0	1	2	3	...	18	19	20
Berücksichtigte Perioden ("1" = "Ja")	1	1	1	1	...	1	1	1
Spezifischer Strompreis [€/kWh]	0,35	0,36	0,36	0,37	...	0,50	0,51	0,52
Fiktive Wärmegestehungskosten [€/kWh]	0,19	0,20	0,21	0,22	...	0,39	0,40	0,42
Auszahlungen								
Anschaffungsauszahlung	-15 000 €							
laufende Wartungskosten		-364 €	-379 €	-394 €	...	-709 €	-737 €	-767 €
Stromkosten		-1 530 €	-1 561 €	-1 592 €	...	-2 142 €	-2 185 €	-2 229 €
Rückflüsse								
Wert der erzeugten Wärme		2 995 €	3 115 €	3 240 €	...	5 835 €	6 068 €	6 311 €
Summe [€]	-15 000 €	1 101 €	1 176 €	1 254 €	...	2 983 €	3 145 €	3 315 €
Barwerte	-15 000 €	1 039 €	1 047 €	1 053 €	...	1 045 €	1 040 €	1 034 €
Kapitalwert	6 153 €							

Abbildung 11-109: Kalkulation des Kapitalwertes einer Wärmepumpe mit Berücksichtigung des mit Wärmegestehungskosten bewerteten Rückflusses

Es ergibt sich ein Kapitalwert in Höhe von 6 153 Euro. Dieser Kapitalwert entspricht der Differenz der zuletzt durchgeführten Kalkulationen, einmal ohne und einmal mit Berücksichtigung von fiktiven Rückflüssen. Deutlich wird dadurch, dass eine Festlegung von fiktiven Rückflüssen oder gar eine Ermittlung von Wärmegestehungskosten zur Berechnung des Kapitalwertes für eine Entscheidungsfindung eigentlich nicht erforderlich ist. Die Ermittlung von Wärmegestehungskosten als Wertmaßstab für die Rückflüsse einer Wärmepumpe wird dennoch empfohlen, weil sich dadurch eine bessere Verständlichkeit der Berechnungsergebnisse erwirken lässt, es sei denn, es wird eine vergleichende Kapitalwertberechnung durchgeführt, bei der auf die Erfassung der Rückflüsse ohnehin verzichtet werden kann, weil sie deckungsgleich sind.

Die nächste Berechnungstabelle in Abbildung 11-110 zeigt eine solche vergleichende Investitionsrechnung, bei der die Wärmepumpe Primäralternative ist und eine Gastherme Sekundäralternative.

Kalkulationszins i	6 %							
Jahresstromverbrauch	4 286 kWh							
Jahresgasverbrauch	16 667 kWh							
Jahrespreisänderungsrate Strom	2 %							
Jahrespreissteigerungsrate Erdgas	4 %							
Jahrespreisänderungsrate Sonstiges	3 %							
Degradationsrate	0 %							
Periodenende	0	1	2	3	…	18	19	20
Stromverbrauch		4 286 kWh	4 286 kWh	4 286 kWh	…	4 286 kWh	4 286 kWh	4 286 kWh
Gasverbrauch		16 667 kWh	16 667 kWh	16 667 kWh	…	16 667 kWh	16 667 kWh	16 667 kWh
Spezifische Stromkosten	0,35 €/kWh	0,36 €/kWh	0,36 €/kWh	0,37 €/kWh	…	0,5 €/kWh	0,51 €/kWh	0,52 €/kWh
Spezifische Gaskosten	0,12 €/kWh	0,12 €/kWh	0,13 €/kWh	0,13 €/kWh	…	0,24 €/kWh	0,25 €/kWh	0,26 €/kWh
ANSTRENGUNGEN								
Preis der Wärmepumpe komplett inkl. Speicher + Rohrleitungen + Steuerung	-15 000 €							
Wartungskosten WP		-364 €	-379 €	-394 €	…	-709 €	-737 €	-767 €
Stromverbrauch WP		-1 530 €	-1 561 €	-1 592 €	…	-2 142 €	-2 185 €	-2 229 €
NUTZEN								
Eingesparter Preis für neue Gastherme	10 000 €							
Eingesparte Wartungskosten Gastherme		309 €	318 €	328 €	…	511 €	526 €	542 €
Eingesparter Verbrauch Erdgas für Gastherme		2 080 €	2 163 €	2 250 €	…	4 052 €	4 214 €	4 382 €
Gesamt	-5 000 €	495 €	542 €	592 €	…	1 711 €	1 817 €	1 928 €
Barwerte	-5 000 €	467 €	483 €	497 €	…	599 €	601 €	601 €
Kapitalwert	6 153 €							
Interner Zinsfuss (hier Kipppunkt)	15,3 %							

Abbildung 11-110: Vergleichende Wirtschaftlichkeitsberechnung Wärmepumpe (Primäralternative) vs. Gastherme (Sekundäralternative)

Ergebnis ist ein Kapitalwert in Höhe von 6 153 Euro. Dieses Resultat entspricht allen bisherigen Kalkulationsergebnissen dieses Abschnitts und zeigt, dass solitäre und vergleichende Kapitalwertberechnungen zu gleichen Ergebnissen führen, wenn die Bewertung der Rückflüsse zu den Energiegestehungskosten der Sekundäralternativen erfolgt. Insofern kann man eine derartige solitäre Kapitalwertkalkulation de facto auch als eine vergleichende ansehen.

11.2.3 Investitionsrechnung für traditionelle Heizsysteme von Gebäuden

11.2.3.1 Charakteristika und ökonomischer Zweck von Thermen

Eine Warmwasserheizanlage klassischer Bauart (Öl- oder Gasheizung) besteht üblicherweise aus dem Heizkessel und der zugehörigen Peripherie (Rohrleitungen, Pumpen, Heizkörper, Regelungselektronik etc.). Der Heizkessel dient der Umsetzung chemisch gebundener in thermische Energie. Dabei wird in einem Brenner durch Verbrennen (Oxidation) des Brennstoffes die Brennkammer des Kessels erwärmt. Um die Brennkammer herum befinden sich Rohrleitungen, in denen Wasser strömt, das die thermische Energie der Verbrennung aufnimmt und durch die Heizkörper an die Raumluft abgibt.

Ökonomischer Zweck der Installation und des Betriebs einer Gas- oder Öltherme ist,

- bei Erstinstallation (etwa bei einem Neubau) oder bei Erhaltungsinvestition (wenn eine bestehende defekte Anlage ausgetauscht werden muss) den Wärmebedarf eines Gebäudes oder Produktionsprozesses zu geringeren Kosten zu decken als mit einer technischen Alternativlösung (etwa Wärmepumpe, Infrarotheizung, Pelletheizung etc.) und

- bei Veränderungsinvestition (wenn eine funktionierende bestehende Anlage ausgetauscht werden könnte, weil sie eine vergleichsweise geringe Effizienz aufweist) den Wärmebedarf eines Gebäudes oder Produktionsprozesses zu geringeren Kosten zu decken als mit der vorhandenen Anlage (= Weiternutzung) oder einer technischen Alternativlösung (etwa Wärmepumpe, Infrarotheizung, Pelletheizung etc.).

Im Falle des Austausches einer funktionierenden Anlage wäre ein Investitionsbetrag zu zahlen, der von den Gaskosteneinsparungen aufgrund des höheren Wirkungs- und Nutzungsgrades der neuen Anlage überkompensiert werden müsste. Hier wäre eine solitäre Kapitalwertkalkulation erforderlich. In allen anderen Fällen bietet es sich an, vergleichende Berechnungen durchzuführen.

Das folgende Energieflussdiagramm in Abbildung 11-111 zeigt, worum es im Beispiel geht: zu entscheiden, ob eine veraltete Gasheiztherme mit einem recht niedrigen Wirkungs- und Nutzungsgrad η durch eine neue Anlage mit Brennwerttechnik (hierzu folgen sogleich Erläuterungen) ausgetauscht werden sollte.

Der Nutzenergiebedarf Q_{NE} wird als konstant zugrunde gelegt. Der Endenergieverbrauch $Q_{\mathrm{EE}} \cdot$ spez. EE-Preis soll reduziert werden.

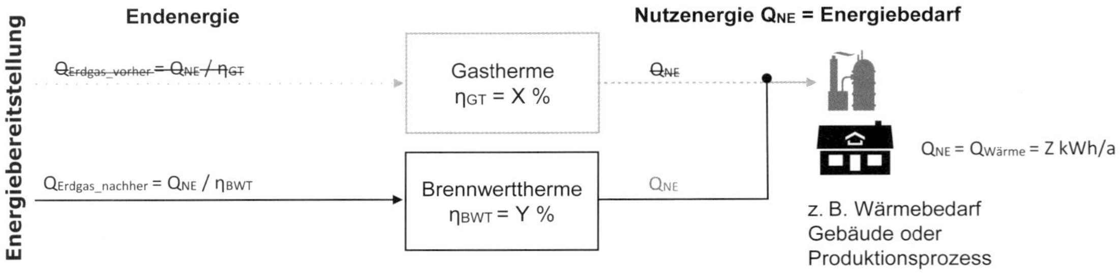

Quelle: eigene Darstellung

Abbildung 11-111: Flussdiagramm über den Austausch einer veralteten Gastherme durch eine Brennwerttherme

11.2.3.2 Für Investitionsrechnungen relevante technische Grundlagen von Heizkesseln

Heizkessel bestehen aus einem Brenner und einem Kesselkörper. Brenner können entweder mit gasförmigen, flüssigen oder festen Brennstoffen betrieben werden. Grundsätzlich werden drei Kesseltypen unterschieden:

- Konstanttemperaturkessel,
- Niedertemperaturkessel und
- Brennwertkessel.

Ein **Konstanttemperaturkessel** oder **Standardkessel** ist ein Kessel, der mit vergleichsweise hohen Wassertemperaturen (i. d. R. über 70 °C) betrieben wird, auch um eine Wasserdampfkondensation zu verhindern (zur Korrosionsvermeidung).

Der **Niedertemperaturkessel** eignet sich durch Verwendung geeigneter Materialien (z. B. Edelstahl statt Gusseisen) auch für den Betrieb mit niedrigen Vorlauftemperaturen (35 ... 40 °C).

Ein **Brennwertkessel** ist demgegenüber darauf ausgerichtet, eine permanente Kondensation eines Großteils der in den Abgasen enthaltenen Wasserdämpfe zustande zu bringen. Derartige Kessel nutzen dabei die bei der Kondensation des Wasserdampfes freiwerdende Kondensationswärme zur Vorerwärmung des wieder aufzuheizenden Rücklaufwassers. Sie benötigen dafür dann entsprechend niedrige Rücklauftemperaturen unter ca. 50 °C (Erdgas) bzw. 45 °C (Heizöl), siehe Abbildung 11-112.

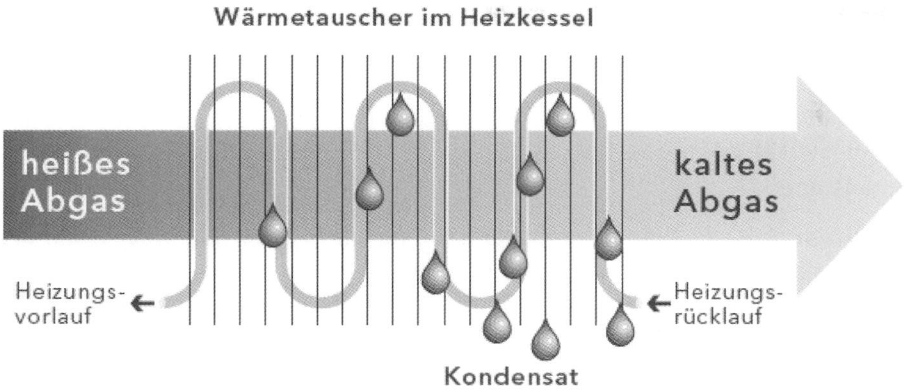

Quelle: Hessisches Ministerium für Wirtschaft, Verkehr und Landesentwicklung 2005, S. 4

Abbildung 11-112: Funktionsweise eines Brennwertkessels

Da die Brennwerttechnik nicht nur die im Brennstoff chemisch gebundene Energie im Rahmen der Verbrennung in Nutzenergie umwandelt, sondern auch die Kondensationswärme des kondensierenden Wassers im Abgas nutzt, zeichnet sie sich durch einen hohen Wirkungs- und Nutzungsgrad aus. Der kondensierende Wasserdampf im Abgas ist auf die Wasserstoffbestandteile im Brennstoff (i. d. R. Heizöl oder im Erdgas) zurückzuführen, aus denen im Zuge der Verbrennung mit dem Luftbestandteil Sauerstoff (O_2), Kohlendioxid (CO_2) und eben Wasser (H_2O) entsteht.

Von entscheidender Bedeutung für die Brennwerttechnik ist demzufolge **nicht** der sogenannte untere Heizwert H_U des eingesetzten Brennstoffes, der die Wärmemenge, die bei einer vollständigen Verbrennung und dampfförmiger Abführung des dabei entstehenden Wassers entsteht, angibt. Viel wichtiger ist der „obere Heizwert“ oder „Brennwert“ H_O. Hierbei handelt es sich um die bei Verbrennung freiwerdende spezifische Wärmemenge des verbrannten Brennstoffes **einschließlich** der Verdampfungs- bzw. Kondensationswärme, die im Wasserdampf der Heizgase enthalten ist. Die folgende Tabelle in Abbildung 11-113 macht deutlich, dass der obere Heizwert infolge der Nutzung der Kondensationswärme immer über dem unteren liegt.

Medium	Oberer Heizwert H_o	Unterer Heizwert H_u	H_o/H_u
Erdgas (Methangas)	10,55 kWh/m³	9,5 kWh/m³	1,11
Flüssiggas (GPL)	13,95 kWh/kg	12,8 kWh/kg	1,09
Heizöl Extra leicht	10,68 kWh/l	10,0 kWh/l	1,07
Holz lufttrocken	4,96 kWh/kg	4,36 kWh/kg	1,07

Abbildung 11-113: Obere und untere Heizwerte unterschiedlicher Brennstoffe

Die Kondensationswärme konnte früher nicht genutzt werden, da die technischen Möglichkeiten nicht existierten. Für alle Wirkungs- und Nutzungsgrad-Berechnungen hat man daher – bis in die Gegenwart – den unteren Heizwert (H_U) als Bezugsgröße gewählt und später nicht geändert. Durch die zusätzliche Ausnutzung der Kondensationswärme und den Bezug auf H_U können somit heutzutage Nutzungsgrade von über 100 % entstehen.

Zur **Wirkungsgradbestimmung**: Der Kesselwirkungsgrad η_K ist ein Momentanwert. Er ist das Verhältnis der Kesselleistung (Nutzleistung) zur zugeführten Feuerungsleistung (Brennstoffleistung). Die Kesselnennleistung ergibt sich aus der Feuerungsleistung abzüglich der Abgasverlustleistung und der Strahlungsverlustleistung im Betriebsoptimum.

$$\eta_K = \frac{\dot{Q}_F \, \dot{Q}_F}{\dot{Q}_F} = \frac{\dot{Q}_F - \dot{Q}_A - \dot{Q}_S}{\dot{Q}_F}$$

Mit

$\dot{Q}_K$ Kesselleistung

$\dot{Q}_F$ Feuerungsleistung

$\dot{Q}_S$ Strahlungsverlustleistung

$\dot{Q}_A$ Abgasverlustleistung

Die Strahlungsverlustleistung ist der Wärmestrom, der während des Feuerungsbetriebes über die Kesseloberfläche abgegeben wird. Sie hängt im Wesentlichen von der Dämmung des äußeren Kesselkörpers und der Kesselwassertemperatur ab, wobei tendenziell kleinere Kessel wegen ihrer relativ größeren Oberfläche höhere Strahlungsverluste aufweisen.

Zur **Nutzungsgradbestimmung**: Der Nutzungsgrad ist – wie bereits beschrieben – das Verhältnis von Energiemengen, bezieht also neben der Leistung auch den Zeitraum – meist ein Jahr – in die Betrachtung mit ein. Er wird anhand der zugeführten Feuerungswärmemenge Q_F (Brennstoffenergie), der über das Abgas an die Umwelt verlorenen Energiemenge Q_A und der Abstrahlungsenergie des Kessels Q_S während des Betriebes bestimmt.

Im Vergleich zur Wirkungsgradbestimmung, die sich auf das Verhältnis zwischen der Kessel- und der Feuerungsleistung zu einem bestimmten Zeitpunkt bezieht, berücksichtigt der Nutzungsgrad i. d. R. höhere Strahlungs- und Abgasverluste, da aufgrund von Stillstandzeiten eine Wärmeabgabe des Kessels über seine Oberfläche sowie die Auskühlung durch den Schornsteinzug während der Feuerungspausen entsteht.

Für verschiedene Kesseltypen ergeben sich aufgrund ihres Konstruktions- und Funktionsprinzips unterschiedliche typische Nutzungsgrade (siehe Abbildung 11-114).

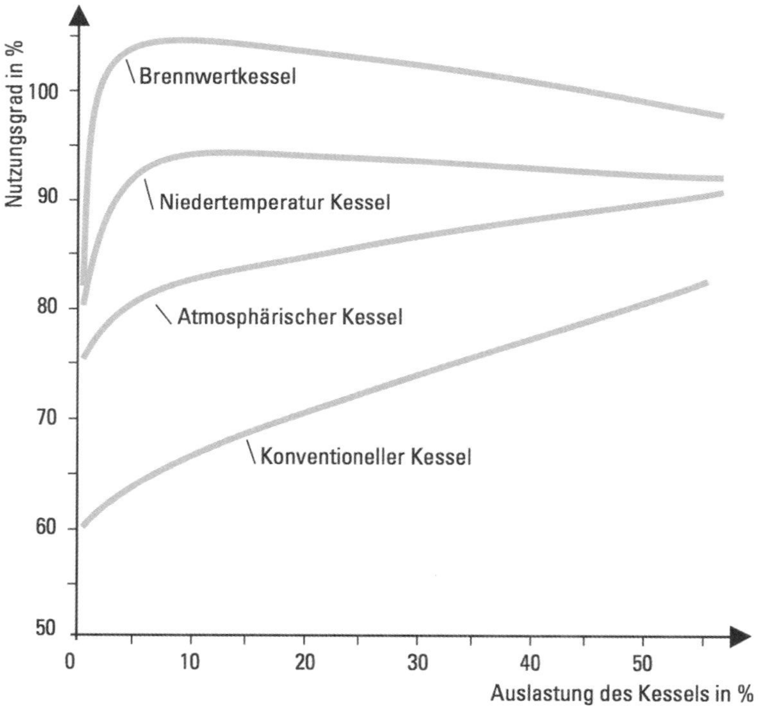

Quelle: Jagnow/Wolff 2009, S. 2

Abbildung 11-114: Typische Nutzungsgrade je nach Kesselprinzip

Für den konventionellen und den atmosphärischen Kessel sinkt der Nutzungsgrad mit der Auslastung, denn der Anteil der nutzenunabhängigen Abgas- und Strahlungsverluste bleibt konstant vorhanden, auch wenn der Kesseleinsatz reduziert wird. Bei atmosphärischen Kesseln wird die Luft der Flamme bei Umgebungsluftdruck, d. h. bei atmosphärischem Luftdruck – und nicht, wie bei konventionellen Kesseln, mithilfe eines Gebläses – zugeführt.

Für den Niedertemperaturkessel sinken die Bereitschafts- und Strahlungsverluste, wenn er weniger ausgelastet ist, weil die mittlere Kesselwassertemperatur in diesem Fall abgesenkt und er dadurch nicht so häufig an- und abgeschaltet wird. Damit bleibt der Nutzungsgrad bis zu einem Auslastungsgrad von etwa 10 % nahezu konstant.

Bei Brennwertkesseln führt die Temperaturabsenkung bei geringen Auslastungen nicht nur zu verminderten Abgas- und Strahlungsverlusten, sondern auch zu vermehrter Abgaskondensation. Die Abgasverluste sinken in diesem Fall überproportional und der Nutzungsgrad ist bei Teillast höher als bei Volllast. Allerdings ist auch hier bei etwa 5 % Auslastung ein Maximum erreicht. Bei noch geringerer Nutzwärmeabgabe dominieren dann wieder die Stillstandverluste.

11.2.3.3 Kapitalwertberechnung von traditionellen Heizsystemen gemäß DIN EN 17463

11.2.3.3.1 Vorgehensweise zur Ermittlung der Rückflüsse

Die für die Kapitalwertkalkulation relevanten energiebezogenen Zahlungsströme (für $t > 0$) lassen sich mit der folgenden Gleichung ermitteln (siehe dazu Abbildung 11-111):

$$\begin{aligned}\mathrm{EKE}_t &= \frac{Q_{\mathrm{NE}}}{\eta_{\mathrm{GT}}} \cdot p_{\mathrm{Gas},t=0} \cdot (1+\Delta p)^t - \frac{Q_{\mathrm{NE}}}{\eta_{\mathrm{BWT}}} \cdot p_{\mathrm{Gas},t=0} \cdot (1+\Delta p)^t \\ &= Q_{\mathrm{NE}} \cdot \left(\frac{1}{\eta_{\mathrm{GT}}} - \frac{1}{\eta_{\mathrm{BWT}}}\right) \cdot p_{\mathrm{Gas},t=0} \cdot (1+\Delta p)^t\end{aligned}$$

Mit

EKE_t	Energiekosteneinsparung in Periode t
Q	Energiemenge [kWh/a]
Δp	Jahrespreisänderungsrate
$p_{\mathrm{Gas},t=0}$	spezifischer Erdgaspreis zum Zeitpunkt 0 [€/kWh]
NE	Nutzenergie (i. d. R. Energiebedarf)
H	Nutzungsgrad
GT	Gastherme
BWT	Brennwerttherme
t	Zeit (Jahr)

Der Nutzenergiebedarf Q_{NE} müsste im jeweiligen Einzelfall durch Multiplikation der spezifischen Transmissions- und Lüftungswärmeverluste (abzüglich der Wärmegewinne) mit den Heizgradstunden am Standort bestimmt werden, es sei denn, der Nutzungsgrad der bestehenden Heizanlage ist bekannt. Dann ergäbe sich der Q_{NE} aus der Multiplikation des Jahresendenergieverbrauchs mit ebendiesem Nutzungsgrad. Detailangaben für eine beispielhafte Brennwerttherme enthält die folgende Tabelle in Abbildung 11-115.

Parameter	Angabe	Berechnung
Minimal-Temperatur $\theta_{min.}$ [°C]	-12	
Soll-Innenraumtemperatur θ_I [°C]	20	
Spez. Transmissions- und Lüftungwärmeverlust H_T + H_V [W/K]	5 039	
Heizlast [kW]	161	=(C5×(C4−C3))÷1000
Leistung vorhandene Anlage [kW]	300	
Leistung neue Anlage [kW]	190	
Jahresnutzungsgrad η_N der bestehenden Anlage	60 %	
Heiz-Leistung [kW] der möglichen neuen Anlage	200	
Jahresnutzungsgrad η_N der neuen Anlage	95 %	
Bisheriger Gasverbrauch pro Jahr [kWh]	820 000	
Energieverlust bei bestehender Heizanlage [%]	40 %	=100%−C9
Wärmebedarf [kWh]	492 000	=C12*C9
Gasverbrauch bei neuer Anlage pro Jahr [kWh]	517 895	=C15÷C12
Verbrauchsreduktion [kWh]	-302 105	=C12–C15
Spezifischer Gaspreis im ersten Betriebsjahr [€/kWh]	0,12	
Brennstoffkosten bisherige Anlage im ersten Jahr [€]	98 400	=C12×C17
Brennstoffkosten neue Anlage im ersten Jahr [€]	62 147	=C15×C17
Energiekostenreduktion im ersten Jahr [€]	36 253	=C18−C19
Investitionsbetrag [€]	29 000	
Wartung Jahreskosten ab Periode 3 [€]	1 000	
Reparatur einmalig in Periode 9 [€]	5 000	

Abbildung 11-115: Relevante Daten für die Investitionsrechnung einer beispielhaften Brennwerttherme

Der Abbildung kann entnommen werden, dass die errechnete Heizlast 161 kW beträgt. Dies wäre die Leistung, die eine neue Therme mindestens leisten müsste, sodass die Solltemperatur im Gebäude auch bei niedrigsten Außentemperaturen (hier: −12 °C) zustande käme.

11.2.3.3.2 Berechnung des Kapitalwertes einer beispielhaften Brennwerttherme als Alternative zu einem veralteten Gaskessel

Auf der Grundlage der im vorangegangenen Abschnitt aufgeführten Daten liegen alle relevanten Basisinformationen für eine Investitionsrechnung vor. Als Nächstes wären die Kalkulations-Einstellparameter in einer Tabelle zusammenzufassen (siehe Abbildung 11-116).

Einstellparameter	Wertangabe Most Likely Case	Kalkulation	Spannbreite Best Case	Spannbreite Worst Case
Bisheriger Jahres-Gasverbrauch pro Jahr [kWh] $Q_{Erdgas\ Altanlage}$	820 000 kWh/a			
Jahresnutzungsgrad $\eta_{GT\ alt}$ der bestehenden Anlage	60 %		55 %	70 %
Jahres-Wärmebedarf für Heiz- und Warmwasser $Q_{Wärmebedarf}$	492 000 kWh/a	$= Q_{Erdgas} \times \eta_{Altanlage}$	451 000 kWh/a	574 000 kWh/a
Jahresnutzungsgrad $\eta_{GT\ neu}$ der neuen Anlage (mit unterem Heizwert zu rechnen, sodass Nutzungsgrade über 100% entstehen können)	95 %		103 %	85 %
Jahresgasverbrauch der neuen Anlage $Q_{Erdgas\ Neuanlage}$	517 895 kWh/a	$= Q_{WW\text{-}Bedarf} / \eta_{Neuanlage}$	437 864 kWh/a	675 294 kWh/a
Wirkungsdauer des Investitionsprojektes	20 Jahre		22 Jahre	15 Jahre
Kalkulationszinssatz i	4 %		2 %	6 %
aktueller spezifischer Erdgaspreis	0,12 €/kWh			
Jahrespreisänderungsrate Erdgas	4 %		3 %	5 %
Jahrespreisänderungsrate Sonstiges	3 %		2 %	4 %

Abbildung 11-116: Einstellparameter für die beispielhafte Brennwerttherme

Danach folgt, Wertangaben für den wahrscheinlichen Fall, den Best Case und den Worst Case festzulegen bzw. abzuschätzen (siehe Abbildung 11-117).

Wirkungsart	Wirkung	Umfang mit Einheit	Monetarisierung möglich? → Cash-Flow-Ermittlung	Wert je Einheit (= spezifische Kosten bzw. Erlöse)	Cash Flow in Periode 0	Zahlungs-zeitpunkt	Letzt-maliger Anfall	Jahres-degradation
Belastungen	Preis der neuen Heizanlage	1 Stück	ja	65 000 €	65 000 €	Gegenwart (nullte Periode)	irrelevant	nicht anwendbar
	Installation	1 Stück	ja	8 500 €	8 500 €	Gegenwart (nullte Periode)	irrelevant	nicht anwendbar
	zusätzliche Wartungskosten	1 Stück	ja	nicht relevant	nicht relevant	nicht relevant	nicht relevant	nicht anwendbar
	zusätzliche Reparaturkosten	1 Stück	ja	nicht relevant	nicht relevant	nicht relevant	nicht relevant	nicht anwendbar
	Entsorgung Altanlage	1 Stück	ja	nicht relevant	nicht relevant	nicht relevant	nicht relevant	nicht anwendbar
Nutzen	Einsparung Erdgas durch neuen Gaskessel	302 105 kWh/a	ja	0,12 €/kWh	erst ab Periode 1	jedes Jahr	Nach 20 Jahren	nicht anwendbar

Abbildung 11-117: Nutzen und Belastungen für den Austausch einer alten Gastherme durch eine Brennwerttherme

Nun kann die Kapitalwertkalkulation erfolgen. Das entsprechende Kalkulationstableau für die Brennwerttherme zeigen die folgenden drei Abbildungen (Abbildung 11-118, Abbildung 11-119 und Abbildung 11-120). Zunächst den Most Likely Case:

Kalkulationszinsfuß i	4,0 %								
Jahrespreisänderungsrate Erdgas	4,0 %								
Jahrespreisänderungsrate Sonstiges	3,0 %								
Zu berücksichtigende Perioden	20								
Bisheriger Jahres-Gasverbrauch pro Jahr [kWh] $Q_{Erdgas\ Altanlage}$	820 000 kWh/a								
Jahresnutzungsgrad η_{GT} alt der bestehenden Anlage	60 %								
Jahres-Heiz- und Warmwasser-Wärmebedarf QWW-Bedarf	492 000 kWh/a								
Jahresnutzungsgrad η_{GT} neu	95 %								
Jahresgasverbrauch der neuen Anlage $Q_{Erdgas\ Neuanlage}$	517 895 kWh/a								
Jahresenergieeinsparung	302 105 kWh/a								
Periodenende t	0	1	2	3	...	17	18	19	20
Berücksichtigte Perioden („1" = „Ja")	1	1	1	1	...	1	1	1	1
Jeweiliger spezifischer Erdgaspreis [€/kWh]	0,12	0,12	0,13	0,13	...	0,23	0,24	0,25	0,26
Auszahlungen									
Anschaffungsauszahlung	-29 000 €								
Installation	-8 500 €								
Rückflüsse									
Energiekosteneinsparungen		37 703 €	39 211 €	40 779 €	...	70 617 €	73 441 €	76 379 €	79 434 €
Resultate/Indikatoren									
Summe	-37 500 €	37 703 €	39 211 €	40 779 €	...	70 617 €	73 441 €	76 379 €	79 434 €
Barwerte	-37 500 €	36 253 €	36 253 €	36 253 €	...	36 253 €	36 253 €	36 253 €	36 253 €
Kapitalwert	687 553 €								

Abbildung 11-118: Austausch eines alten durch einen neuen Heizkessel ohne Änderung des Energieträgers, Most Likely Case

Es folgt die Best-Case-Kalkulation (Abbildung 11-119).

Kalkulationszinsfuß i	2,0 %							
Jahrespreisänderungsrate Erdgas	3,0 %							
Jahrespreisänderungsrate Sonstiges	2,0 %							
Zu berücksichtigende Perioden	22							
Bisheriger Jahres-Gasverbrauch pro Jahr [kWh] $Q_{Erdgas\ Altanlage}$	820 000 kWh/a							
Jahresnutzungsgrad $\eta_{GT\ alt}$ der bestehenden Anlage	55 %							
Jahres-Heiz- und Warmwasser-Wärmebedarf $Q_{WW\text{-}Bedarf}$	451 000 kWh/a							
Jahresnutzungsgrad $\eta_{GT\ neu}$	103 %							
Jahresgasverbrauch der neuen Anlage $Q_{Erdgas\ Neuanlage}$	437 864 kWh/a							
Jahresenergieeinsparung	382 136 kWh/a							
Periodenende t	0	1	2	3	...	18	19	20
Berücksichtigte Perioden („1" = „Ja")	1	1	1	1	...	1	1	1
Jeweiliger spezifischer Erdgaspreis [€/kWh]	0,12	0,12	0,13	0,13	...	0,20	0,21	0,22
Auszahlungen								
Anschaffungsauszahlung	-29 000 €							
Installation	-8 500 €							
Rückflüsse								
Energiekosteneinsparungen		47 232 €	48 649 €	50 108 €	...	78 067 €	80 409 €	82 822 €
Resultate/Indikatoren								
Summe	-37 500 €	47 232 €	48 649 €	50 108 €	...	78 067 €	80 409 €	82 822 €
Barwerte	-37 500 €	46 306 €	46 760 €	47 218 €	...	54 660 €	55 195 €	55 737 €
Kapitalwert	980 166 €							

Abbildung 11-119: Austausch eines alten durch einen neuen Heizkessel ohne Änderung des Energieträgers, Best-Case-Einstellung

Schließlich zeigt Abbildung 11-120 den Worst Case.

Kalkulationszinsfuß i	6,0 %							
Jahrespreisänderungsrate Erdgas	5,0 %							
Jahrespreisänderungsrate Sonstiges	4,0 %							
Zu berücksichtigende Perioden	15							
Bisheriger Jahres-Gasverbrauch pro Jahr [kWh] $Q_{Erdgas\ Altanlage}$	820 000 kWh/a							
Jahresnutzungsgrad $\eta_{GT\ alt}$ der bestehenden Anlage	70 %							
Jahres-Heiz- und Warmwasser-Wärmebedarf $Q_{WW\text{-}Bedarf}$	574 000 kWh/a							
Jahresnutzungsgrad $\eta_{GT\ neu}$	85 %							
Jahresgasverbrauch der neuen Anlage $Q_{Erdgas\ Neuanlage}$	675 294 kWh/a							
Jahresenergieeinsparung	144 706 kWh/a							
Periodenende t	0	1	2	3	...	18	19	20
Berücksichtigte Perioden ("1" = "Ja")	1	1	1	1	...	0	0	0
Jeweiliger spezifischer Erdgaspreis [€/kWh]	0,12	0,13	0,13	0,14	...	0,29	0,30	0,32
Auszahlungen								
Anschaffungsauszahlung	-29 000 €							
Installation	-8 500 €							
Rückflüsse								
Energiekosteneinsparungen		18 233 €	19 145 €	20 102 €	...	41 790 €	43 880 €	46 074 €
Resultate/Indikatoren								
Summe	-37 500 €	18 233 €	19 145 €	20 102 €	...	0 €	0 €	0 €
Barwerte	-37 500 €	17 201 €	17 039 €	16 878 €	...	0 €	0 €	0 €
Kapitalwert	204 152 €							

Abbildung 11-120: Austausch eines alten durch einen neuen Heizkessel ohne Änderung des Energieträgers, Worst Case

Eine Gesamtübersicht der Kalkulationsergebnisse zeigt Abbildung 11-121.

Einstellparameter	Wertangabe (Most Likely Case)	Kalkulation	Spannbreite	
			Best Case	Worst Case
Bisheriger Jahres-Gasverbrauch pro Jahr [kWh] $Q_{Erdgas\ Altanlage}$	820 000 kWh/a			
Jahresnutzungsgrad $\eta_{Altanlage}$ der bestehenden Anlage	60 %		55 %	70 %
Jahres-Heiz- und Warmwasser-Wärmebedarf $Q_{WW\text{-}Bedarf}$	492 000 kWh/a	$= Q_{Erdgas} \times \eta_{Altanlage}$	451 000 kWh/a	574 000 kWh/a
Jahresnutzungsgrad $\eta_{Neuanlage}$ der neuen Anlage (mit unterem Heizwert zu rechnen, sodass Nutzungsgrade über 100% entstehen können)	95 %		103 %	85 %
Jahresgasverbrauch der neuen Anlage $Q_{Erdgas\ Neuanlage}$	517 895 kWh/a	$= Q_{WW\text{-}Bedarf} / \eta_{Neuanlage}$	437 864 kWh/a	675 294 kWh/a
Wirkungsdauer des Investitionsprojektes	20 Jahre		22 Jahre	15 Jahre
Kalkulationszinssatz i	4 %		2 %	6 %
Aktueller spezifischer Erdgaspreis	0,12 €/kWh			
Jahrespreisänderungsrate Erdgas	4 %		3 %	5 %
Jahrespreisänderungsrate Sonstiges	3 %		2 %	4 %
Kapitalwert	651 553 €		944 166 €	168 152 €

Abbildung 11-121: Übersicht der Kalkulationsergebnisse für den Austausch eines alten durch einen neuen Heizkessel mit 160 kW Heizleistung ohne Änderung des Energieträgers

Insgesamt ist erkennbar, dass im vorliegenden Beispiel zwischen Best und Most Likely Case eine große Spanne liegt. Alle Kapitalwerte sind positiv. Dies bedeutet, dass selbst unter den schlechtesten Rahmengegebenheiten eine derartige Investition wirtschaftlich vorteilhaft wäre. Es gäbe insofern keinen ökonomisch rationalen Grund, eine Freigabe nicht zu erteilen.

11.2.3.3.3 Einflussfaktoren der wirtschaftlichen Vorteilhaftigkeit beim Thermentausch

Die vorangegangenen Ausführungen haben deutlich werden lassen, dass die sich durch den Austausch einer veralteten Gastherme durch eine neue mit Brennwerttechnik ergebenden Energiekosteneinsparungen von relativ wenigen Parametern abhängig sind:

- vom Wirkungsgrad der bestehenden und der neuen Anlage,
- vom spezifischen Energiepreis für Erdgas bzw. Heizöl (je höher, desto vorteilhafter für die neue Brennwerttherme)
- von etwaigen CO_2-Abgaben und -Abgabenentwicklung für Erdgas oder Heizöl (je höher, desto vorteilhafter für die neue Brennwerttherme; in der o. a. Kalkulation vernachlässigt) und
- von Jahrespreisänderungsraten für Erdgas oder Heizöl (je höher, desto vorteilhafter für die neue Brennwerttherme).

11.2.4 Investitionsrechnung für Infrarotheizungen als Alternative zu anderen Systemen

11.2.4.1 Charakteristika und ökonomischer Zweck von Infrarotheizungen

Eine Infrarotheizung erzeugt durch elektrischen Strom Infrarotstrahlung, die nicht die Luft erwärmt, sondern auf Objektoberflächen absorbiert wird (auf Wänden, Möbel und Personen im Raum), um dann Wärme gleichmäßig an die Umgebung abzugeben. Dies führt zu einer Raumatmosphäre ohne Luftverwirbelungen. Treffen die Wärmewellen auf die Haut menschlicher Körper, sorgen sie – wie die Strahlen der Sonne – für ein behagliches Gefühl, selbst dann, wenn die Temperaturen in der Umgebung niedriger als üblich sind, da die empfundene Temperatur neben der tatsächlichen und der relativen Luftfeuchte auch von den Temperaturen der Oberflächen abhängt.

Besondere positive Merkmale von IR-Heizungen sind:

- Der Energieträger Strom wird unmittelbar ohne Zwischenstufen direkt am Bedarfsort in reine Nutzenergie umgewandelt.
- Es ist keine spezielle Infrastruktur zur Strom- und Wärmeverteilung erforderlich.
- Das Heizsystem kann mit geringem Aufwand verändert, verkleinert, erweitert, ersetzt oder rückgebaut werden. Die Installation ist relativ einfach (Anschlusskabel lediglich mit dem Stromnetz verbinden).
- Die Wärmeentwicklung erfolgt relativ schnell.
- Die Art der Wärmeabgabe ist strahlungsdominiert und erzeugt höhere Oberflächentemperaturen im Raum, was für die Empfindung von Behaglichkeit vorteilhaft ist. Verschiedentlich wird daraus abgeleitet, dass der Heizwärmebedarf dadurch als etwas geringer angenommen werden kann.[101]
- Dadurch, dass die Luft nicht unmittelbar erwärmt wird, entsteht kein Luftstrom und in Folge keine Staubverwirbelung (insofern vorteilhaft für Allergiker).
- IR-Heizsysteme sind wartungsfrei, da keine beweglichen Teile vorkommen und somit kein Verschleiß entsteht.
- Sie erfordern eine vergleichsweise geringe Anfangsinvestitionsausgabe (insbesondere gegenüber Wärmepumpen).

Allerdings weisen IR-Heizungen einen vergleichsweise hohen Stromverbrauch auf, i. d. R. verbunden mit hohen Energiekosten und – indirekten – CO_2-Emissionen, sofern sie nicht mit Grünstrom versorgt werden. IR-Heizungen kommen daher eigentlich nur für Gebäude mit guter energetischer Qualität der Gebäudehülle infrage, also entweder nach energetischen Sanierungen oder bei Neubauten.

101 Vgl. etwa Heider et al. 2020.

Häufig konkurrieren sie dann mit Wärmepumpenanlagen, die deutlich geringere Endenergieverbräuche und in Folge CO_2-Emissionen nach sich ziehen. Allerdings sind Wärmepumpen mit einem vergleichsweise hohen technischen und finanziellen Aufwand sowie höherer Komplexität verbunden:

- Wärmeerzeuger (Wärmepumpe)
- Wärmequellenerschließung (Luftwärmetauscher, Erdsonden etc.)
- Wärmeübertrager und Wärmespeicher
- wassergeführte Wärmeverteilsysteme (Hydraulik mit Pumpen, Ventilen, Regelung, Zirkulationsleitung etc.)
- wassergeführte Wärmeübergabesysteme (Heizkörper, Fußbodenheizung etc.)
- Messdatenerfassung zur Überprüfung der Effizienz und zur Abrechnung (Strombezug, Wärmemengenzähler für Wärmeerzeugung, Wärmeabgabe im Raum etc.)
- hieraus resultierender entsprechender Aufwand für Inbetriebnahme, Wartung und Instandhaltung sowie erforderlicher Fläche bzw. Raum für Gebäudetechnik

Die folgende Abbildung 11-122 zeigt die wesentlichen technischen Unterschiede der Systeme im Direktvergleich.

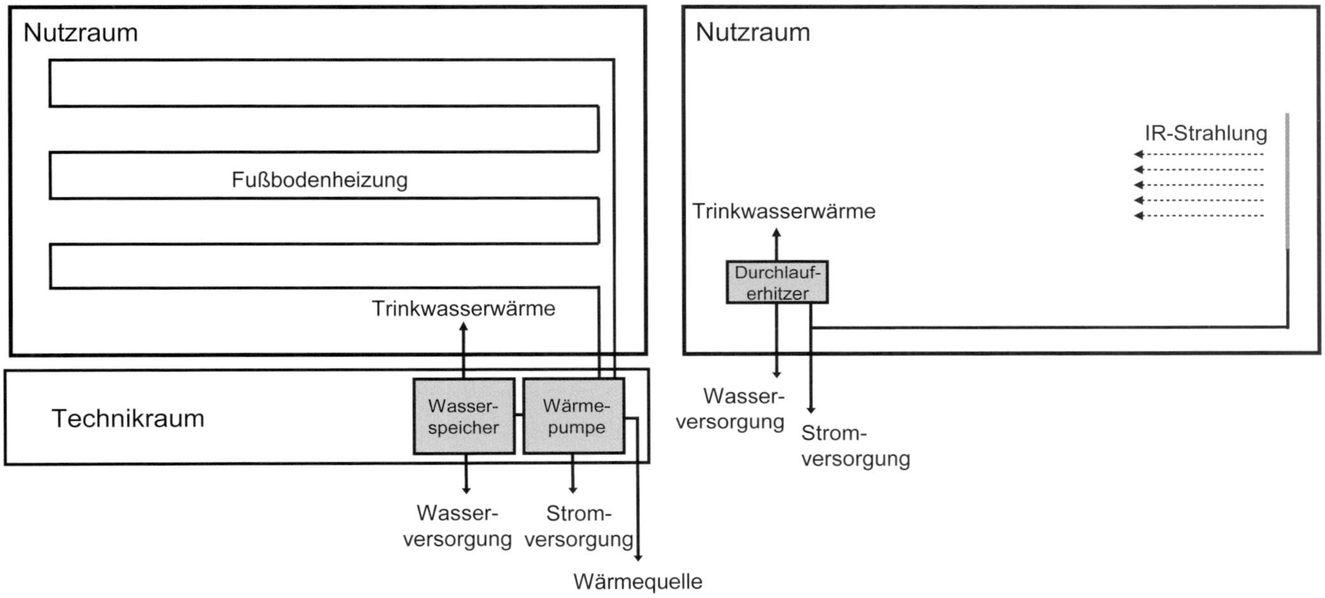

Quelle: eigene Darstellung

Abbildung 11-122: Technischer Aufbau von Wärmepumpe und Infrarotheizsystem im Direktvergleich

Infrarotheizung und Wärmepumpe unterscheiden sich also massiv. Es bietet sich insofern an, einen Systemvergleich durchzuführen.

Ökonomischer Zweck der Installation und des Betriebs einer Infrarotheizung ist,

- bei Erstinstallation (etwa bei einem Neubau) oder bei Erhaltungsinvestition (wenn eine bestehende defekte Anlage ausgetauscht werden muss) den Wärmebedarf eines Gebäudes mit der IR-Heizung zu geringeren Kosten zu decken als mit einer technischen Alternativlösung (etwa Wärmepumpenanlage, Gasthermensystem, Pelletheizungssystem etc.) oder
- bei Veränderungsinvestition (wenn eine funktionierende bestehende Anlage [etwa Gastherme] ausgetauscht werden könnte, weil sie eine vergleichsweise geringe Effizienz aufweist) den Wärmebedarf eines Gebäudes mit einer IR-Heizung zu geringeren Kosten zu decken als mit der vorhandenen Anlage (etwa Wärmepumpenanlage, Gasthermensystem, Pelletheizungssystem etc.).

11.2.4.2 Für Investitionsrechnungen relevante technische Grundlagen von Infrarotheizungen

Hinsichtlich der Art der Wärmeübertragung lassen sich Heizungssysteme generell in die beiden Gruppen

- Konvektionsheizung und
- Strahlungsheizung

aufteilen. Grundsätzlich gilt, dass zwar jede Heizfläche die Wärmeenergie sowohl durch Strahlung als auch durch Konvektion abgibt (in einem meist vernachlässigbaren Anteil sogar zusätzlich durch Wärmeleitung). Entscheidend ist jedoch das Mischungsverhältnis des Konvektions-/Strahlungsanteils. Von entscheidender Bedeutung sind in dieser Hinsicht die Oberflächentemperatur, die Oberflächenbeschaffenheit und die Bauform des Heizkörpers. Bei einem einfachen freistehenden Plattenheizkörper mit einer Platte und in üblicher Größe (halber bis ein Quadratmeter) sind bei einer Oberflächentemperatur von etwa 60 °C bis 70 °C beide Anteile ähnlich. Liegen die Oberflächentemperaturen auf niedrigerem Niveau, überwiegt der Konvektionsanteil, bei höheren Oberflächentemperaturen der Strahlungsanteil. Bei komplizierteren Bauformen wie Gliederheizkörpern, Stahlrohrradiatoren, Lamellenradiatoren und Plattenheizkörpern aus mehreren Platten und Konvektorblechen nimmt der Konvektionsanteil durch Kamineffekte stark zu und kann selbst bei hohen Vorlauf- und Oberflächentemperaturen von 80 °C mehr als 90 % betragen. Anders verhält sich eine einfache Heizfläche: Ihr Strahlungsanteil wächst mit steigender Oberfläche. Bei einer Fläche von mehr als 10 Quadratmetern ist deshalb die Gleichheit von Konvektions- und Strahlungswärme schon bei etwa 45 °C bis 50 °C Oberflächentemperatur erreicht.

Zur begrifflichen Abgrenzung wird üblicherweise davon ausgegangen, dass eine **Strahlungsheizung** vorliegt, wenn der durch **Strahlung** über die Heizkörper oder Heizflächen in den Raum abgegebene **Anteil** der Energiemenge – nach DIN EN IEC 60675-3 „Elektrische Haushalt-Direktheizgeräte – Prüfverfahren zur Bestimmung der Gebrauchseigenschaft – Teil 3: Zusätzliche Bestimmungen für die Messung des Strahlungswirkungsgrades" bei **über 40 %** liegt. Andernfalls hat man es mit einer Konvektionsheizung zu tun. Eine Strahlungsheizung ist ein Überbegriff für Heizsysteme, die Körper und Oberflächen direkt erwärmen. In den meisten Fällen handelt es sich dabei um Infrarotstrahlungen (→ Infrarotheizung).

Gas-Infrarotheizungen oder sogenannte Heizstrahler werden in der Industrie und beim Camping mit Brenngas, meist mit Flüssiggas, bei stationärem Einsatz seltener auch mit Erdgas betrieben. Dabei erhitzt eine Gasflamme einen Glühkörper. Industrieheizstrahler können zur alleinigen Hallenheizung verwendet werden. In Außenbereichen wie Straßencafés werden auch Terrassenstrahler (auch „Heizpilze" genannt) eingesetzt.

Gas-Infrarotheizungen gehören zu den Hochtemperaturstrahlern, bei denen die Heizenergie am oder im Abstrahlbauteil erzeugt und mit hoher Temperatur (mehrere Hundert bis über tausend Grad) abgestrahlt wird. Diese Heizungsform wird verwendet, um über einen größeren Abstand oder in größerem Umfang Heizenergie abzugeben. Durch die hohe Temperatur besteht i. d. R. Brandgefahr, die durch Sicherheitsmaßnahmen beherrscht werden muss.

Für Wohngebäude spielen Gas-Infrarotheizungen quasi keine Rolle. Sie sollen daher für die spätere Investitionsrechnung nicht betrachtet werden.

Elektrische Infrarotheizungen lassen sich in IR-Heizstrahler und Quarzstrahler bzw. Hellstrahler und Dunkelstrahler untergliedern. Elektrische IR-Heizstrahler sind Hochtemperaturstrahler und bestehen i. d. R. aus einem auf einen Keramikträger aufgewickelten Widerstandsdraht, der durch den elektrischen Strom zum Glühen gebracht wird. Bei den meisten Heizstrahlern liegt das Strahlungsmaximum im Infrarot-B-Bereich, d. h., sie glühen dunkelrot (siehe Abbildung 11-123).

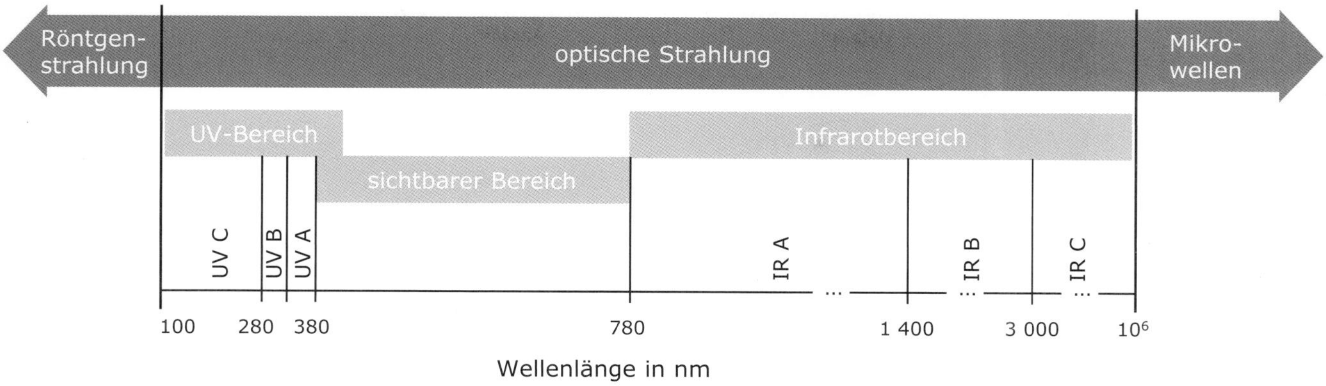

Quelle: eigene Darstellung

Abbildung 11-123: Einordnung der Infrarotstrahlung in den Bereich der optischen Strahlung

Demgegenüber liegt bei Quarzstrahlern das Strahlungsmaximum im Infrarot-A-Bereich. Er ist hellrot glühend und die Glühwendel sind mit einem Quarzglasrohr umgeben, um die Strahlung möglichst gut durchzulassen. Quarzstrahler haben mit über 95 % den höchsten Strahlungsanteil unter den Infrarotstrahlern. Elektrische IR-Heizstrahler und Quarzstrahler werden auch als Hellstrahler bezeichnet, weil sie sichtbar glühen.

Bei einem Dunkelstrahler liegt das Strahlungsmaximum hingegen im nicht sichtbaren Infrarot-C-Bereich. Dunkelstrahler gibt es sowohl gas- als auch elektrisch betrieben. Eine besondere Bauform des Dunkelstrahlers ist die elektrisch betriebene Infrarot-Flächenheizung. Ihre Oberflächentemperaturen liegen meist unter 150 °C. Die häufigsten beiden Bauformen sind

- in Bleche integrierte Heizwendel oder
- stromdurchflossene Carbonfolien, die in einem Rahmen aufgehängt sind.

Generell werden IR-Heizungen dezentral betrieben. Entweder kommen Flächen-Infrarotstrahler zum Einsatz, die ähnlich wie frei aufgehängte Bilder an den Wänden in den Räumen angebracht werden und direkt – etwa per Steckdose – mit dem Stromnetz verbunden sind. Alternativ gibt es deckenmontierte Flächenleuchten ohne Deckeneinbau.

Eine Nutzung von PV-Strom für die Energieversorgung der Strahler scheidet überwiegend aus, weil der Heizbedarf vor allem dann vorliegt, wenn – insbesondere im Winter – die PV-Stromerträge sehr gering sind. Nutzenergie ist bei Infrarotheizsystemen die an den Wohnraum abgegebene Infrarot-Strahlungsenergie.

In Abbildung 11-124 sind die idealisierten Spektren für den sogenannten schwarzen Körper dargestellt. Beispielhaft ist dabei die Abstrahlung des menschlichen Körpers (300 Kelvin) und der Sonne (5 777 Kelvin) hervorgehoben.

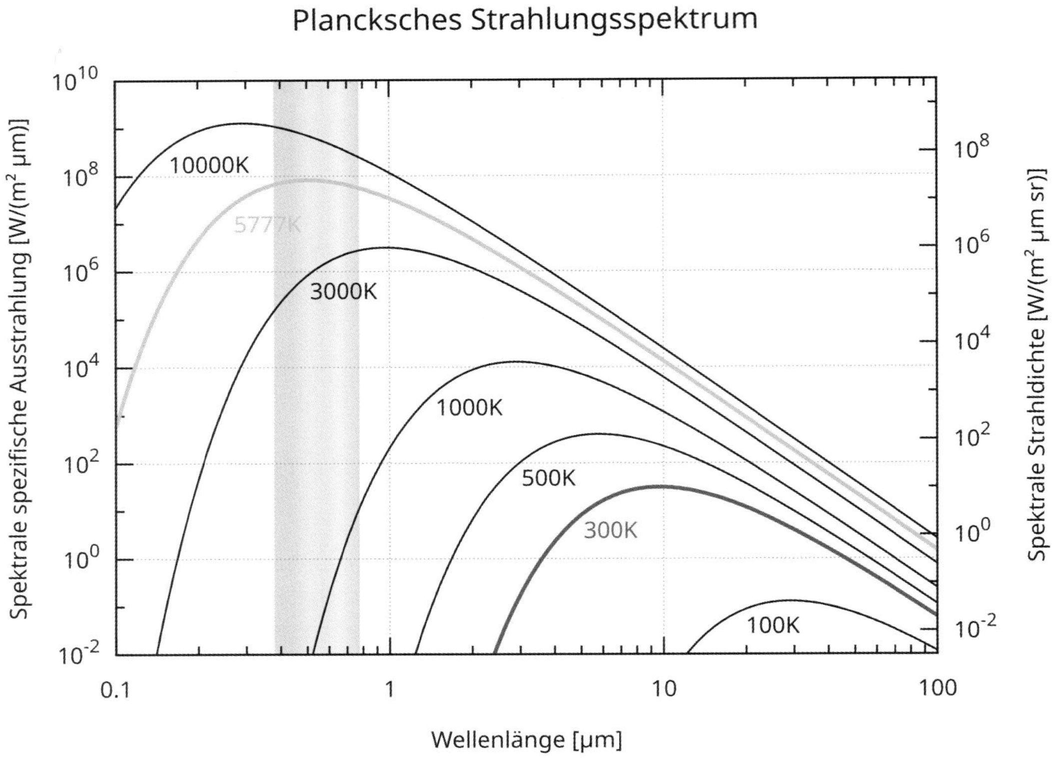

Quelle: https://de.wikipedia.org/wiki/Plancksches_Strahlungsgesetz (CC BY-SA 4.0)

Abbildung 11-124: Strahlungsspektren für verschiedene Temperaturen in doppelt-logarithmischer Auftragung

Die „Idealisierung" des schwarzen Körpers bedeutet, dass das gezeigte Spektrum vollständig abgestrahlt wird. In der Realität gibt es jedoch nur sogenannte graue Körper, bei denen die Abstrahlung mit einem Strahlungsfaktor bzw. Strahlungszahl (0 ... 1) gewichtet ist. Allerdings liegt der Faktor bei den meisten Oberflächen in Gebäuden nahe 1. Deshalb besteht in der Praxis i. d. R. kein nennenswerter Unterschied zwischen schwarzem und grauem Körper. Folgende relevante Kenngrößen sind zu differenzieren:

- Der **Strahlungsfaktor** gibt die Strahlungsleistung des Infrarotstrahlers im Verhältnis zu der des idealen schwarzen Körpers an.
- Der **Strahlungsanteil** bemisst sich als Anteil der als Strahlung abgegebenen Energiemenge im Verhältnis zur abgegebenen Gesamtenergiemenge (Strahlung + Konvektion + Wärmeleitung).
- Der Begriff **„Strahlungswirkungsgrad"** beschreibt den Anteil der abgegebenen Strahlungsleistung im Verhältnis zur zugeführten elektrischen Leistung und liegt regelmäßig zwischen 30 und 70 %. Je höher der Strahlungswirkungsgrad ist, desto höher sind die mit der Wärmestrahlung verbundenen Vorteile (keine Luftverwirbelung, eine stärkere Behaglichkeitsatmosphärenwirkung und als Folge davon ein geringerer Nutzwärmebedarf).
- Der **Gesamtwirkungsgrad** umfasst den Strahlungswirkungsgrad und bezieht den Konvektionswirkungsgrad eines Infrarotheizkörpers (unter Vernachlässigung eines Wärmeleitungswirkungsgrades) mit ein. Da letzten Endes die gesamte zugeführte elektrische Leistung am Nutzungsort in Wärme umgewandelt wird, kann als Gesamtwirkungsgrad 100 % zugrunde gelegt werden.
- Da eine IR-Heizung die für ihren Betrieb eingesetzte elektrische Energie vollständig am Bedarfsort in Wärme umwandelt, entspricht der **Gesamtnutzungsgrad** dem Wirkungsgrad. Man kann also von einem Nutzungsgrad in Höhe von 100 % ausgehen.

Die Infrarotstrahlung ist Wärmestrahlung. Jeder Körper, der wärmer als die absolute Nullpunkttemperatur von −273,15 °C ist, gibt Wärmestrahlung ab. Die Zusammenhänge werden durch das Stefan-Boltzmann-Gesetz beschrieben. Die Strahlungsleistung eines Strahlers lässt sich demnach wie folgt ermitteln:

$$P = \sigma \cdot A \cdot T^4$$

Mit

σ Stefan-Bolzmann-Konstante $5{,}67 \cdot 10^{-8}$ /m²K⁴

A abstrahlende Fläche im m²

T die absolute Temperatur der abstrahlenden Fläche in Kelvin

Erkennbar ist, dass jeder Körper, der wärmer als die absolute Nullpunkttemperatur von −273,15 °C ist, Wärmestrahlung abgibt.

Um die Strahlungsleistung eines nicht-schwarzen Strahlers gegenüber einem Körper mit einer Temperatur über dem absoluten Nullpunkt näherungsweise zu berechnen, kann die folgende Formel zum Strahlungsaustausch verwendet werden:

$$P = \sigma \cdot A \cdot \frac{1}{\frac{1}{\varepsilon_1} + \frac{1}{\varepsilon_2} - 1} \cdot \left(T_1^4 - T_2^4\right)$$

Mit

σ Stefan-Bolzmann-Konstante $5{,}67 \cdot 10^{-8}/m^2K^4$

A abstrahlende Fläche im m²

T_1 die absolute Temperatur der abstrahlenden Fläche in Kelvin

T_2 die absolute Temperatur der bestrahlten Fläche in Kelvin

ε_1 der Emissionsgrad der abstrahlenden Fläche

ε_2 der Emissionsgrad der bestrahlten Fläche

Die Strahlungsleistung ist somit abhängig von:

- der Temperatur des abstrahlenden Körpers
- der Fläche des abstrahlenden Körpers
- dem Emissionsgrad des abstrahlenden Körpers
- der Temperatur und dem Emissionsgrad der Fläche des bestrahlten Körpers

Die Temperatur der wärmeabgebenden Oberfläche spielt für die Strahlungsleistung eine entscheidende Rolle. Je größer die Temperaturdifferenz zwischen strahlendem und bestrahltem Körper, desto größer ist die Strahlungsleistung. Durch eine Verdopplung der Oberflächentemperatur erreicht man auf der gleichen wärmeabgebenden Fläche eine Verdrei- bis Vervierfachung der Strahlungsleistung. Umgekehrt braucht man bei Halbierung der Oberflächentemperatur etwa die drei- bis vierfache Fläche, um die gleiche Strahlungsleistung in den Raum abzugeben.

Für die Praxis bedeutet dies, dass eine IR-Heizung mit einer hohen Oberflächentemperatur eine höhere Strahlungsleistung pro Quadratmeter abgeben kann. Eine IR-Heizung mit einer niedrigeren Oberflächentemperatur kann die gleiche Strahlungsleistung abgeben, braucht dann aber eine größere wärmeabgebende Fläche.

Abbildung 11-125 verdeutlicht die Anforderung an die Fläche einer IR-Heizung, die eine Strahlungsleistung von 1 kW erzeugen soll, bei unterschiedlichen Heizkörperoberflächentemperaturen, davon ausgehend, dass die bestrahlten Körper eine Oberflächentemperatur von 20 °C und einen Emissionsgrad von 0,9 aufweisen.

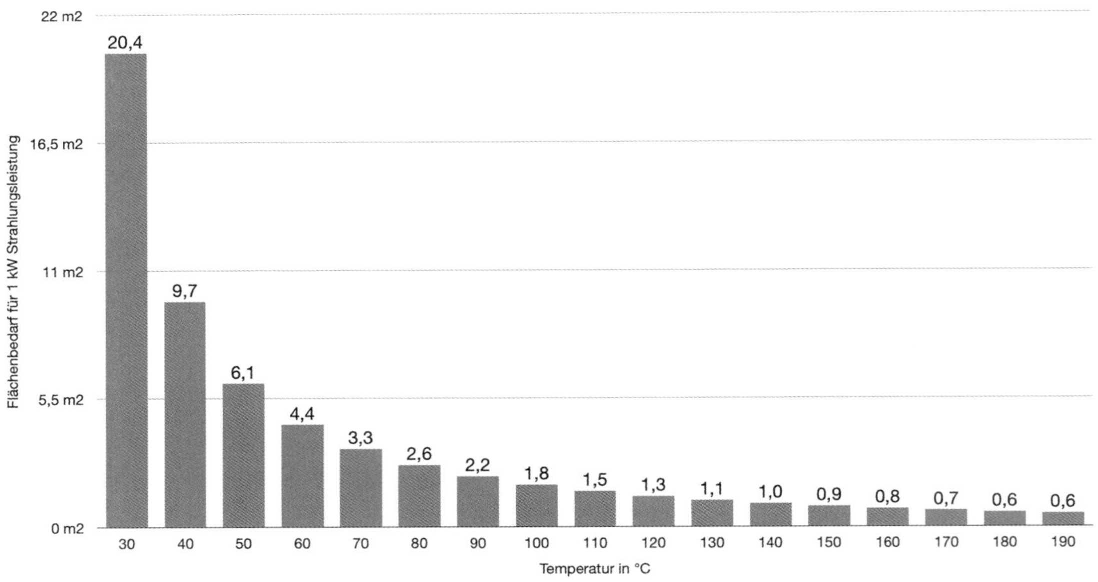

Quelle: eigene Darstellung in Anlehnung an Heider 2022, S. 53

Abbildung 11-125: Flächenbedarf für 1 kW Strahlungsleistung in Abhängigkeit der Oberflächentemperatur eines IR-Strahlers

Strahlungswirkungsgrad einer IR-Heizung

Die Infrarotheizung soll ihre Wärme weitestgehend über Wärmestrahlung an den Raum abgeben. Ziel ist, den Anteil der Wärmeabgabe über Wärmestrahlung zu maximieren und die Übertragung von Wärme durch Wärmeleitung und Konvektion so gering wie möglich zu halten. Angestrebt wird daher, einen möglichst großen Teil der eingesetzten elektrischen Energie dazu zu verwenden, nur die zum Raum hin orientierte Vorderseite so stark wie möglich zu erhitzen. Die Erwärmung aller anderen Seiten sollte so gering wie möglich gehalten werden.

In der Praxis ist eine derartige Wärmeabgabezentrierung jedoch nicht möglich, da immer ein Teil der Wärme über Konvektion und Wärmeleitung verloren geht. Die Kenngröße für die Strahlungseigenschaften einer IR-Heizung ist der Strahlungswirkungsgrad η_{Strahler}. Er drückt – wie oben bereits erwähnt – aus, wie viel Prozent der zugeführten elektrischen Leistung im Beharrungszustand in Form von Strahlungsleistung abgegeben wird:

$$\eta_{\text{Strahler}} = \frac{P_{\text{Strahlung}}}{P_{\text{elektrisch}}}$$

Der Strahlungswirkungsgrad ist von der Konstruktion und der Position der IR-Heizung im Raum abhängig. Er spiegelt damit die Güte einer Infrarotheizung wider.

Abstrahlverhalten und Strahlungsintensität in Abhängigkeit von der Entfernung

Plattenförmige Infrarotheizungen strahlen in den vor ihnen liegenden Raum ab. Durchgeführte Messungen zeigen, dass der Hauptteil der Strahlung bei typischen Konstruktionen diffus in einem Abstrahlwinkel von circa 120° über der Oberfläche der IR-Heizung abgegeben wird.[102] Um die Strahlungsintensität über die Entfernung abzuschätzen, wird vereinfacht von einem punktförmigen Strahler ausgegangen. Die IR-Heizung verteilt ihre Wärmestrahlung somit diffus über die Innenoberfläche einer Teilhalbkugel mit einem Abstrahlwinkel von 120°. Die gedachte Mantelfläche einer Kugelkappe, auf die sich die Wärmestrahlung verteilt, ergibt sich bei einem Winkel von 120° zu:

$$M_{120} = \pi \cdot r^2$$

102 Vgl. etwa Heider 2022.

Auf einer jeweiligen Mantelfläche ist die Wärmestrahlung konstant und ändert sich proportional zu ebendieser Fläche in Abhängigkeit vom Abstand zur Quelle. Dies bedeutet, dass die spezifische Strahlungsleistung einer IR-Heizquelle mit dem Quadrat des Abstandes zwischen Quelle und empfangende Oberfläche ab- bzw. zunimmt. Die Konsequenz ist, dass es in einem mit IR-System beheizten Raum in Abhängigkeit von Position, Größe und Oberflächentemperatur der Heizelemente Bereiche geben kann, in denen die Strahlungsleistung zu hoch oder zu gering ist, um eine thermische Behaglichkeit zu erreichen.

11.2.4.3 Kapitalwertberechnung von Infrarotheizungen gemäß DIN EN 17463

11.2.4.3.1 Vorgehensweise zur Ermittlung des Kapitalwertes von Infrarotheizungen

Kommt bei einer energetischen Gebäudesanierung mit defekter Heizanlage oder einem Neubau im Zuge einer „Entweder-oder-Entscheidung" die Integration einer IR-Heizung (ggf. als Alternative zu einer Wärmepumpe) in Betracht, stellt sich die Frage nach der wirtschaftlichen Vorteilhaftigkeit gegenüber der Alternative. In einem solchen Fall bietet es sich an, eine vergleichende Kapitalwertberechnung durchzuführen. Das soll nun geschehen.

Dem folgenden Flussdiagramm (siehe Abbildung 11-126) lässt sich entnehmen, dass für die zu vergleichenden Systeme unterschiedliche Energiebedarfe angesetzt werden, denn es wird hier davon ausgegangen, dass beim Einsatz einer IR-Heizanlage der zu deckende Heizwärmebedarf niedriger ist, weil sich schneller eine Behaglichkeitsatmosphäre einstellt. Im Beispiel wird mit einem Abschlag von 10 % gerechnet.

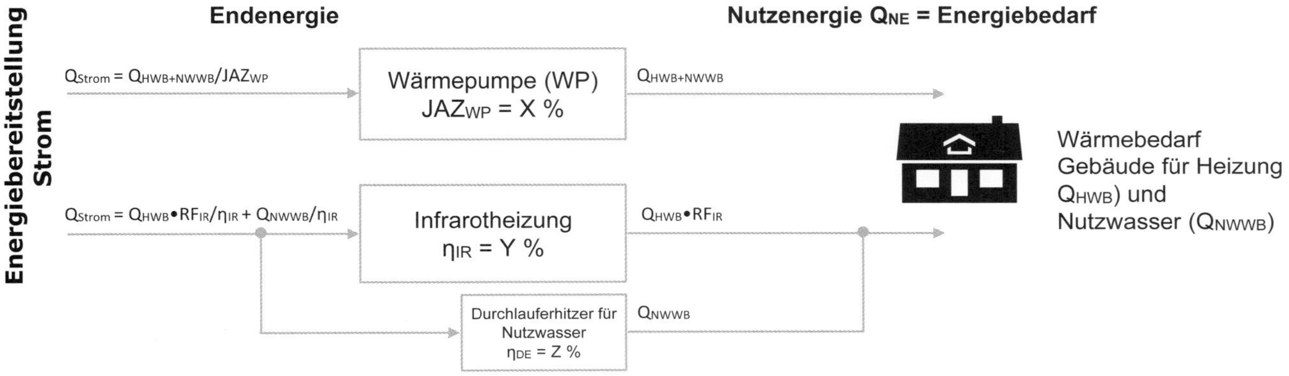

Quelle: eigene Darstellung

Legende

HWB Jahresheizwärmebedarf

NWWB Jahresnutzwasserwärmebedarf

RF_{IR} Reduktionsfaktor Infrarotheizung

Abbildung 11-126: Flussdiagramm zum Vergleich einer Wärmepumpe mit einer IR-Heizanlage

Die Bestimmung der jeweiligen Energiekosten erfolgt auf folgende Weise:

$$\mathrm{EK}_{\mathrm{WP},t} = \frac{(Q_{\mathrm{HWB},t} + Q_{\mathrm{NWWB},t})}{\mathrm{JAZ}_{\mathrm{WP}}} \cdot p_{\mathrm{Strom},t=0} \cdot (1 + \Delta p_{\mathrm{Strom}})^t$$

$$\mathrm{EK}_{\mathrm{IR\text{-}System},t} = \left(\frac{Q_{\mathrm{HWB},t} \cdot \mathrm{RF}_{\mathrm{IR}}}{\eta_{\mathrm{IR}}} + \frac{Q_{\mathrm{NWWB},t}}{\eta_{\mathrm{DE}}}\right) \cdot p_{\mathrm{Strom},t=0} \cdot (1 + \Delta p_{\mathrm{Strom}})^t$$

Mit

EK_t Jahresenergiekosten der Wärmepumpe (WP) bzw. der Infrarotheizung (IR) + Durchlauferhitzer in Periode t

Q_{HWB} Heizwärmebedarf [kWh/a]

Q_{NWWB} Nutzwasserwärmebedarf [kWh/a]

Δp	Jahrespreisänderungsrate
JAZ	Jahresarbeitszahl Wärmepumpe
η_{IR}	Nutzungsgrad des IR-Heizsystems
η_{DE}	Nutzungsgrad des Durchlauferhitzers für die Nutzwassererwärmung
$p_{Strom,0}$	spezifischer Strompreis zum Zeitpunkt 0 [€/kWh]
Δp_{Strom}	Jahresstrompreisänderungsrate [€/kWh]
RF_{IR}	Reduktionsfaktor Infrarot (beispielhafte 90 % bedeuten etwa, dass nur 90 % des Wärmebedarfs anzusetzen ist, wenn eine IR-Heizung eingesetzt wird)
t	Zeit (Jahr)

Zu berücksichtigen im Falle des Einsatzes von IR-Heizkörpern ist, dass eine Lösung gefunden werden muss, um das Nutzwasser zu erwärmen. Üblicherweise werden dazu Durchlauferhitzer für Bäder und Küche vorgesehen, so auch hier.

11.2.4.3.2 Berechnung des Kapitalwertes einer beispielhaften Infrarotheizungsanlage als Alternative zu einer Wärmepumpe

Im folgenden Beispiel wird für einen Neubau ein Heizwärmebedarf von 20 000 kWh und ein Nutzwasserwärmebedarf von 2 000 kWh pro Jahr zugrunde gelegt. Da der Behaglichkeitsbereich beim Einsatz eines IR-Systems annahmegemäß eine niedrigere Raumtemperatur erfordert als beim Einsatz anderer Heizsysteme, wird hier davon ausgegangen, dass 10 % weniger, also nur 90 % der Nutzenergie, erforderlich sind, somit 18 000 kWh pro Jahr. Weitere Angaben bzw. Annahmen können der folgenden Tabelle in Abbildung 11-127 entnommen werden.

Einstellparameter	Wertangabe Most Likely Case	Kalkulation	Spannbreite	
			Best Case (im Sinne der IR-Heizung)	Worst Case (im Sinne der IR-Heizung)
Jahreswärmebedarf WP	20 000 kWh/a			
Jahreswärmebedarf IR (-10%)	18 000 kWh/a			
Nutzwasserwärmebedarf	2 000 kWh/a			
Jahresarbeitszahl JAZ_{WP} der Wärmepumpe	4,0		3,3	4,5
Nutzungsgrad der IR-Heizung	100 %			
Nutzungsgrad Durchlauferhitzer	98 %		99 %	95 %
Jahresstromverbrauch IR-System	18 000 kWh/a	$= Q_{HWB,IR} / \eta_{IR}$	18 000 kWh/a	18 000 kWh/a
Jahresstromverbrauch Durchlauferhitzer	2 041 kWh/a	$= Q_{NWWB} / \eta_{DE}$	2 020 kWh/a	2 105 kWh/a
Jahresstromverbrauch der Wärmepumpe	5 500 kWh/a	$= Q_{HWB,WP} / JAZ_{WP}$	6 061 kWh/a	4 444 kWh/a
Wirkungsdauer des WP	20 Jahre			
Wirkungsdauer des IR	40 Jahre			
Kalkulationszinssatz i	5 %		6 %	4 %
aktueller spezifischer Strom	0,35 €/kWh			
Jahrespreisänderungsrate Strom	3 %		2 %	4 %
Jahrespreisänderungsrate Sonstiges	2 %		3 %	1 %

Abbildung 11-127: Einstellparameter des beispielhaften IR-Heizsystems und der Wärmepumpe

Es folgt Teil 2 des Berechnungsmodells. Hierfür sind sämtliche Belastungen und Nutzen, die sich aus der Anschaffung und Installation der Wärmepumpe und des IR-Systems ergeben würden, abzugrenzen, einzutragen und mit Wertangaben zu versehen.

Da eine „Entweder-oder-Entscheidung" vorliegt und eine vergleichende Kapitalwertberechnung durchgeführt werden soll (hier mit dem IR-System als Primäralternative und der Wärmepumpe als Sekundäralternative), sind im Berechnungsmodell nicht nur alle Nutzen und Belastungen des IR-Systems, sondern auch der beispielhaften Wärmepumpe – allerdings mit gedachtem umgekehrten Vorzeichen – zu berücksichtigen. Der zweite Teil des Berechnungsmodells ist der folgenden Abbildung 11-128 zu entnehmen.

Wirkungsart	Wirkung	Umfang mit Einheit	Monetarisierung möglich? → Cash-Flow-Ermittlung	Wert je Einheit in t = 0 (= spezifische Kosten bzw. Erlöse)	Cash Flow in Periode 0	Zahlungszeitpunkt	Letztmaliger Anfall	Jahresdegradation
Belastungen	Anschaffungsauszahlung für IR-Heizkörper, Befestigungssysteme, Kabel etc. inkl. Installation	1 Stück	ja	10 000 €	10 000 €	Gegenwart (nullte Periode)	irrelevant	nicht anwendbar
	Durchlauferhitzer für Nutzwasser inkl. Installation	3 Stück	ja	400 €	1 200 €	Gegenwart (nullte Periode)	irrelevant	nicht anwendbar
	Jahresstromverbrauch für IR-Heizung	18 000 kWh	ja	0,35 €	6 300 €	jedes Jahr ab t = 1	im 40. Jahr	nicht anwendbar
	Jahresstromverbrauch für Durchlauferhitzer	2 041 kWh	ja	0,35 €	714 €	jedes Jahr ab t = 2	im 40. Jahr	
Nutzen	Eingesparte Anschaffungsauszahlung für Wärmepumpe etc. inkl. Installation	1 Stück	ja	25 000 €	25 000 €	Gegenwart (nullte Periode) und im 21. Jahr	irrelevant	nicht anwendbar
	Eingesparte Fußbodenheizung inkl. Installation	1 Stück	ja	8 000 €	8 000 €	Gegenwart (nullte Periode)	irrelevant	nicht anwendbar
	Eingesparte Kosten für Wartung und Reparatur	1 Stück	ja	200 €	200 €	jedes Jahr ab t = 1	im 40. Jahr	nicht anwendbar
	Eingesparte Jahresstromkosten für WP	5 500 kWh/a	ja	0,35 €	1 925 €	jedes Jahr ab t = 1	im 40. Jahr	nicht anwendbar

Abbildung 11-128: Nutzen und Belastungen des beispielhaften IR-Heizsystems und der Wärmepumpe

Nun kann die Kapitalwertkalkulation erfolgen. Das entsprechende Kalkulationstableau für den Vergleich des IR-Heizsystems mit der Wärmepumpe zeigt Abbildung 11-129.

Kalkulationszins i	5 %										
Nutzenergiebedarf Raumheizung normal	20 000 kWh										
Nutzenergiebedarf Raumheizung, wenn mit IR geheizt wird (hier -10%)	18 000 kWh										
Nutzenergiebedarf Warmwasser	2 000 kWh										
Jahresarbeitszahl JAZ Wärmepumpe	4										
Nutzungsgrad IR-Heizkörper	100 %										
Nutzungsgrad Durchlauferhitzer	98 %										
Jahresstromverbrauch WP-System	5 500 kWh										
Jahresstromverbrauch IR-System	18 000 kWh										
Jahresstrompreisänderungsrate	3 %										
Emissionsfaktor Strommix	0,38 kg/kWh										
Jahrespreissteigerungsrate Sonstiges	2 %										
Aktuelle Jahreskosten für Wartung und Reparatur	300 €										
Lebensdauer WP	20 Jahre										
Lebensdauer IR-System	40 Jahre										
Periodenende	0	1	2	3	...	20	21	22	...	39	40
Stromverbrauch WP		5 500 kWh	5 500 kWh	5 500 kWh	...	5 500 kWh	5 500 kWh	5 500 kWh	...	5 500 kWh	5 500 kWh
Stromverbrauch IR-System		18 000 kWh	18 000 kWh	18 000 kWh	...	18 000 kWh	18 000 kWh	18 000 kWh	...	18 000 kWh	18 000 kWh
Stromverbrauch Heizstab (wenn IR-System im Einsatz)		2 041 kWh	2 041 kWh	2 041 kWh	...	2 041 kWh	2 041 kWh	2 041 kWh	...	2 041 kWh	2 041 kWh
Spezifische Stromkosten	0,35 €/kWh	0,36 €/kWh	0,37 €/kWh	0,38 €/kWh	...	0,63 €/kWh	0,65 €/kWh	0,67 €/kWh	...	1,11 €/kWh	1,14 €/kWh
BELASTUNGEN											
Anschaffungsauszahlung für IR-Heizkörper, Befestigungssysteme, Kabel etc. inkl. Installation	-10 000 €										
3 Durchlauferhitzer für Nutzwasser inkl. Installation	-1 200 €										
Jahreskosten Strom für IR-Heizung		-6 489 €	-6 684 €	-6 884 €	...	-11 379 €	-11 720 €	-12 071 €	...	-19 952 €	-20 551 €
Jahreskosten Strom für Heizstab		-736 €	-758 €	-781 €	...	-1 290 €	-1 329 €	-1 369 €	...	-2 262 €	-2.330 €
NUTZEN											
Eingesparte Anschaffungsauszahlung für Wärmepumpe etc. inkl. Installation	25 000 €						37 892 €				
Eingesparte Fußbodenheizung inkl. Installation	8 000 €										
Eingesparte Kosten für Wartung und Reparatur WP		306 €	312 €	318 €	...	446 €	455 €	464 €	...	649 €	662 €
Eingesparte Jahresstromkosten für WP		1 983 €	2 042 €	2 103 €	...	3 477 €	3 581 €	3 688 €	...	6 097 €	6 279 €
Gesamt	21 800 €	-4 936 €	-5 087 €	-5 243 €	...	-8 746 €	28 879 €	-9 288 €	...	-15 468 €	-15 939 €
Barwerte	21 800 €	-4 701 €	-4 614 €	-4 529 €	...	-3 296 €	10 366 €	-3 175 €	...	-2 307 €	-2 264 €
Unterschied der CO2-Emissionen je Periode (IR > WP)		4 750 t	4 750 t	4 750 t	...	4 750 t	4 750 t	4 750 t	...	4 750 t	4 750 t
Vergleichskapitalwert (zu Lasten der WP, wenn pos. Vorzeichen)	-98 251 €										
Unterschied der Gesamt-CO2-Emissionen (IR > WP)	95 000 t										

Abbildung 11-129: Vergleichende Kapitalwertkalkulation IR-Heizsystem (Primäralternative) vs. Wärmepumpe (Sekundäralternative)

Das Kalkulationsergebnis verdeutlicht in diesem Beispiel, dass unter Zugrundelegung der gegebenen Einstellparameterwerte das betrachtete IR-Heizsystem hinsichtlich des Kapitalwertes um fast 100 000 Euro schlechter abschneidet. Die Wärmepumpe ist hier also eindeutig wirtschaftlich vorteilhaft.

Einstellparameter	Wertangabe Most Likely Case	Kalkulation	Spannbreite Best Case (im Sinne der IR-Heizung)	 Worst Case (im Sinne der IR-Heizung)
Jahreswärmebedarf WP			20 000 kWh/a	
Jahreswärmebedarf IR (-10%)			18 000 kWh/a	
Nutzwasserwärmebedarf			2 000 kWh/a	
Jahresarbeitszahl JAZ_{WP} der Wärmepumpe	4,0		3,3	4,5
Nutzungsgrad der IR-Heizung			100 %	
Nutzungsgrad Durchlauferhitzer	98 %		99 %	95 %
Jahresstromverbrauch IR-System	18 000 kWh/a	$= Q_{HWB,IR}/\eta_{IR}$	18 000 kWh/a	18 000 kWh/a
Jahresstromverbrauch Durchlauferhitzer	2 041 kWh/a	$= Q_{NWWB}/\eta_{DE}$	2 020 kWh/a	2 105 kWh/a
Jahresstromverbrauch der Wärmepumpe	5 500 kWh/a	$= Q_{HWB,WP}/JAZ_{WP}$	6 061 kWh/a	4 444 kWh/a
Wirkungsdauer des WP			20 Jahre	
Wirkungsdauer des IR			40 Jahre	
Kalkulationszinssatz i	5 %		6 %	4 %
Aktueller spezifischer Strom			0,35 €/kWh	
Jahrespreisänderungsrate Strom	3 %		2 %	4 %
Jahrespreisänderungsrate Sonstiges	2 %		3 %	1 %
Kapitalwert	-98 251 €		-51 082 €	-182 530 €

Abbildung 11-130: Einstellparameter des IR-Heizsystems und der Wärmepumpe mit Kalkulationsergebnissen

Selbst der Best Case (im Sinne der IR-Heizung) offenbart in Abbildung 11-130 die Nachteilhaftigkeit der IR-Anlage im vorliegenden Beispiel, die durch die vergleichsweise hohen Stromkosten zustande kommt.

11.2.4.3.3 Einflussfaktoren der wirtschaftlichen Vorteilhaftigkeit bei Infrarotheizungen

Die vorangegangenen Ausführungen haben deutlich werden lassen, dass sich Infrarotheizanlagen zwar durch deutlich geringere Anschaffungs- und laufende Wartungsauszahlungen gegenüber Wärmepumpen auszeichnen. Allerdings weisen sie erheblich höhere Stromkosten auf, sodass man davon ausgehen kann, dass sie i. d. R. gegenüber Wärmepumpe wirtschaftlich erheblich unattraktiver sind. Ihre wirtschaftliche Attraktivität ist – gerade im Vergleich mit Wärmepumpen – von relativ wenigen Parametern abhängig:

- vom Gesamtwirkungsgrad der IR-Anlage
- vom Strahlungswirkungsgrad der Anlage
- von der Anordnung der IR-Heizkörper im Raum
- von der Ausgestaltung des Raumes
- von den Anschaffungskosten
- vom spezifischen Energiepreis für Strom (je niedriger der Preis, desto relativ vorteilhafter für eine IR-Anlage)
- von der Jahrespreisänderungsrate für Strom (je geringer, desto relativ vorteilhafter für die IR-Anlage)

11.2.5 Investitionsrechnung für Blockheizkraftwerke

11.2.5.1 Charakteristika und ökonomischer Zweck von Blockheizkraftwerken

Ein Blockheizkraftwerk (BHKW) ist eine Anlage zur gleichzeitigen Erzeugung von elektrischem Strom und Wärme. Diese gleichzeitige Erzeugung von Strom und nutzbarer Wärme aus einem Brennstoff steigert die Energieausbeute im Vergleich zur Einzelerzeugung.

Als Antrieb für den Stromerzeuger werden überwiegend Verbrennungsmotoren eingesetzt (vor allem Diesel-, Pflanzenöl- oder Gasmotoren). Es kommen aber auch Gasturbinen und Stirlingmotoren zum Einsatz.

Ökonomischer Zweck der Installation und des Betriebs eines BHKW ist, sowohl den Wärmebedarf eines Gebäudes oder Produktionsprozesses als auch den Strombedarf anteilig zu decken (i. d. R. Wärmegrundlasten) und mögliche Stromüberschüsse per Einspeisevergütung o. Ä. zu verkaufen. Im Grundlastbereich kommt der vergleichsweise hohe Nutzungsgrad zum Tragen, wodurch geringere Endenergiekosten im Vergleich zur herkömmlichen Energieversorgung entstehen.

11.2.5.2 Für Investitionsrechnungen relevante technische Grundlagen von Blockheizkraftwerken

BHKW werden je nach Einsatzbereich in unterschiedlichen Größen angeboten. Kleine Anlagen bis 15 kW elektrischer Leistung werden als **Mikro-BHKW** und Geräte zwischen 15 und 50 kW als **Mini-BHKW** bezeichnet. **Große BHKW** können bis zu 20 MW elektrische Leistung aufweisen.

Gegenüber der herkömmlichen Kombination von lokaler Heizung einerseits und zentralem Kraftwerk zur Erzeugung elektrischen Stroms andererseits weisen BHKW höhere Gesamtnutzungsgrade auf, sofern die (Ab-)Wärme der Stromerzeugung möglichst direkt am Ort der Entstehung genutzt werden kann, da sie ansonsten hätte erzeugt werden müssen.

Ist für die Überschusswärme ein konstanter Bedarf vorhanden, kann der Gesamtwirkungsgrad bzw. Nutzungsgrad (der hier gleichgesetzt werden kann, da BHKW i. d. R. im Volllastbetrieb betrieben werden) durchaus 90 % erreichen.

BHKW-Anlagen werden üblicherweise für lange Laufzeiten mit Volllast konzipiert, um einen wirtschaftlichen Betrieb zu erreichen (Minimierung der Abstrahlverluste aufgrund von Stillstandzeiten, Nutzungsdauermaximierung des Antriebsmotors durch seltenes Abschalten). Diese Volllastorientierung setzt eine genaue Ausrichtung und Anpassung an die Strom- und Wärmebedarfe voraus. Man unterscheidet in dieser Hinsicht zwischen

- wärmegeführter Betriebsweise und
- stromgeführter Betriebsweise.

Bei der rein **wärmegeführten Betriebsweise** folgt die BHKW-Anlage ausschließlich dem Wärmebedarf. Um lange BHKW-Laufzeiten innerhalb eines Jahres zu erzielen, ist in diesen Fällen die Leistung des BHKW so zu bemessen, dass eine über viele Stunden des Jahres konstant vorhandene Grundlast des Wärmebedarfs abgedeckt werden kann. Oberhalb dieser Grundlast wird i. d. R. ein konventioneller Heizkessel zur weiteren Wärmebedarfsdeckung eingesetzt. Bei dieser Betriebsweise wird der erzeugte Strom in das öffentliche Netz eingespeist und ggf. in Abhängigkeit vom Strombedarf des Betreibers zur Deckung des Eigenstrombedarfs genutzt. In jedem Fall ist stets eine ausreichend große Senke zur Aufnahme des erzeugten Stromes vorhanden, sodass der Strom keine Führungsgröße für den Betrieb des BHKW ist.

Die rein **stromgeführte Betriebsweise** von BHKW-Anlagen ist seltener vorzufinden. Hierbei ist der Strom die Führungsgröße bei der Lastregelung des BHKW. Es wird davon ausgegangen, dass eine jederzeit ausreichend große Senke zur Aufnahme der erzeugten Wärme zur Verfügung steht.

Üblicherweise werden Blockheizkraftwerke nicht solitär eingesetzt, sondern unterstützen eine jeweils vorhandene Wärme- und Stromversorgung. Insofern findet regelmäßig eine Einbindung in ein existentes System statt. Das folgende Flussdiagramm in Abbildung 11-131 zeigt beispielhaft eine Kopplung zu einer Gastherme.

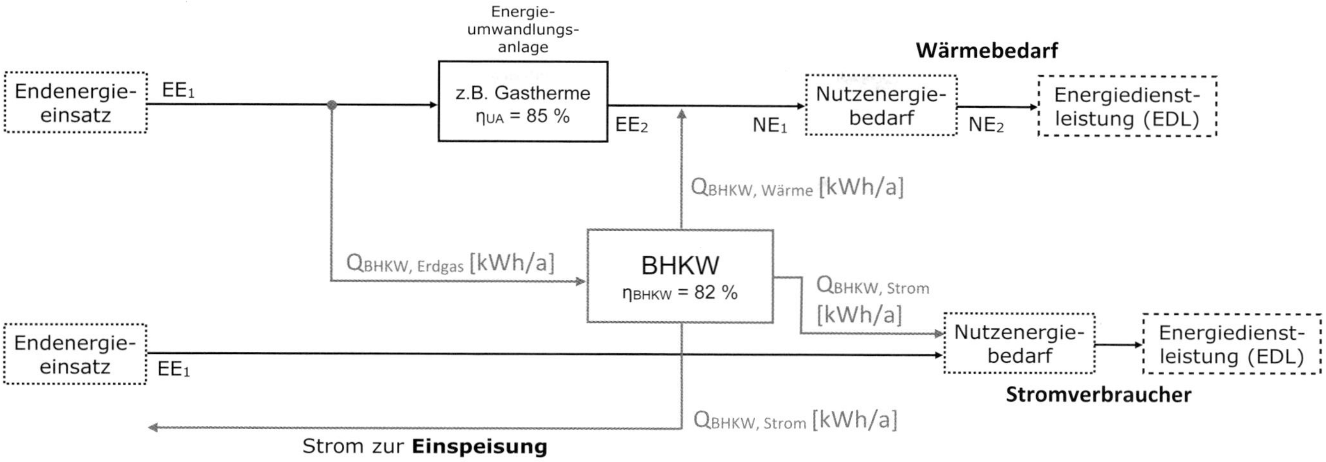

Quelle: eigene Darstellung

Abbildung 11-131: Flussdiagramm zur Einbindung eines BHKW in ein vorhandenes Energieversorgungssystem

Eine wichtige Kennzahl zur Abgrenzung der elektrischen von der thermischen Leistung eines BHKW ist die Stromkennzahl:

$$\text{Stromkennzahl } s = \frac{P_{\text{el}}}{\dot{Q}_{\text{Nutzwärme}}}$$

Die Stromkennzahl drückt das Verhältnis von elektrischer Leistung zu genutzter Wärmeleistung (= Nutzwärme) aus. Eine hohe Stromkennzahl kennzeichnet also eine große Ausbeute an elektrischer Energie im Verhältnis zur Nutzwärme. Bei BHKW mit Verbrennungsmotoren nimmt sie regelmäßig Werte zwischen 0,3 und 1,2 an.

Zur Bestimmung der Größe und damit der Nennleistung eines Blockheizkraftwerkes sollte man sich vergegenwärtigen, dass BHKW ihre effizienzfördernde Wirkung vor allem dann zustande bringen, wenn sie im Grundlastbereich arbeiten, also möglichst im Dauerbetrieb eingesetzt werden. Um – im Falle einer wärmegeführten Betriebsweise – die geeignete thermische Nennleistung zur Deckung der Heizlast zu ermitteln, wird üblicherweise eine sogenannte Jahres**dauerlinie** auf der Grundlage von Vergangenheitsdaten erstellt, in die die Leistungsabgabe (hier beispielhaft 90 kW) eines angedachten BHKW eingezeichnet wird.

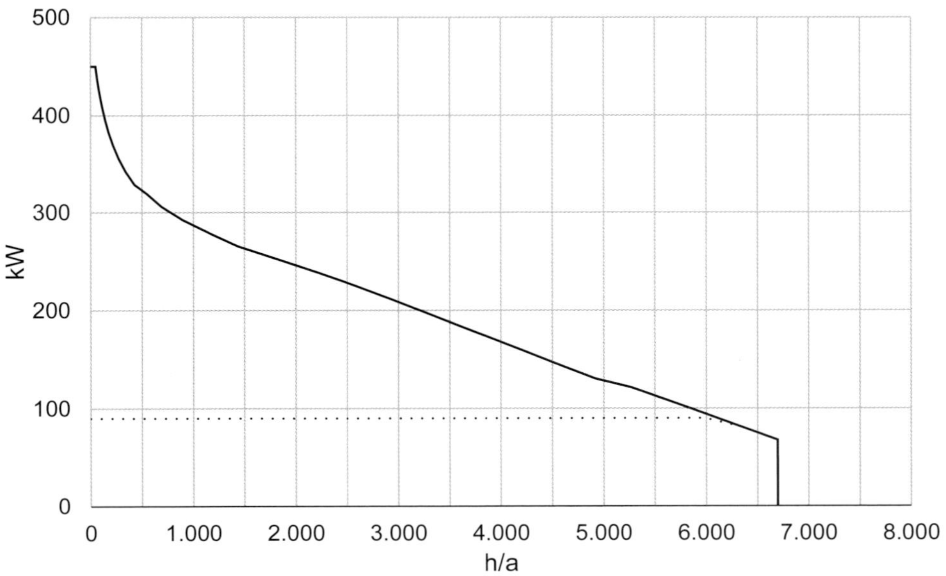

Quelle: eigene Darstellung

Abbildung 11-132: Beispielhafte Jahresdauerlinie (durchgezogen) mit eingezeichneter Leistungslinie (gestrichelt) eines beispielhaften BHKW

Eine Jahresdauerlinie stellt den geordneten Leistungsbedarf eines Versorgungsobjektes – etwa eines Raumes oder Gebäudes – in Abhängigkeit von der jährlich benötigten Nutzungszeit dieser Leistung dar. Sie basiert i. d. R. auf in der Vergangenheit ermittelten gedeckten Wärmebedarfen, also Endenergieverbräuchen (etwa im Viertelstundentakt) über einen Zeitraum von einem Jahr, die zunächst heterogen verteilt sind und in eine Reihenfolge abnehmender Leistungsbedarfe gebracht werden (siehe Abbildung 11-133).

Erf. Wärmeleistung [kW]:	450		Thermische Leistung des BHKW [kW]:	90
kum. Stunden	Heizlast [%]	Laufzeit [h]	Heizlast [kW]	BHKW-Leistung [kW]
1	100	1	450	90
50	100	50	450	90
66	97	66	437	90
87	94	87	423	90
112	91	112	410	90
141	88	141	396	90
176	85	176	383	90
219	82	219	369	90
274	79	274	356	90
341	76	341	342	90
429	73	429	329	90
544	71	544	320	90
691	68	691	306	90
895	65	895	293	90
1 160	62	1 160	279	90
1 437	59	1 437	266	90
1 825	56	1 825	252	90
2 212	53	2 212	239	90
2 581	50	2 581	225	90
2 926	47	2 926	212	90
3 258	44	3 258	198	90
3 591	41	3 591	185	90
3 932	38	3 932	171	90
4 260	35	4 260	158	90
4 585	32	4 585	144	90
4 916	29	4 916	131	90
5 272	27	5 272	122	90
5 633	24	5 633	108	90
5 988	21	5 988	95	90
6 341	18	6 341	81	81
6 697	15	6 697	68	68
6 698	0	0	0	0
8 760	0	0	0	0

Abbildung 11-133: Basisdaten zur Erarbeitung einer Jahresdauerlinie

Ein perfekt abgegrenzter Grundlastbereich ergäbe sich im Beispiel bei 6 697 Stunden, weil dies die Gesamtzeitspanne ist, in der ein konstanter Leistungsbedarf besteht. Über diese Zeitspanne hinweg wäre die nachgefragte Dauerleistung 68 kW. Da im Beispiel aber kein BHKW mit einer Nennleistung von 68 kW angeboten wird, soll auf die nächsthöhere BHKW-Größe zurückgegriffen werden, ein BHKW mit einer thermischen Nennleistung von 90 kW. Auf dieses beispielhafte BHKW bezieht sich die spätere Kapitalwertberechnung.

11.2.5.3 Kapitalwertberechnung von Blockheizkraftwerken gemäß DIN EN 17463

11.2.5.3.1 Vorgehensweise zur Ermittlung der Rückflüsse bei Blockheizkraftwerken

Für die folgenden Ausführungen gilt: Q_{NE} wird als konstant zugrunde gelegt. Der Endenergieverbrauch der Gastherme $Q_{EE1,\,Gastherme}$ soll reduziert und elektrischer Strom $Q_{BHKW,Strom}$ soll generiert werden und an anderer Stelle weitestgehend Einsparungen erwirken. Der vom BHKW verursachte Gasverbrauch $Q_{EE1,\,Gasverbrauch\,BHKW}$ kommt neu hinzu und ist gegenzurechnen.

Die für die Kapitalwertkalkulation relevanten energiebezogenen Zahlungsströme (für $t > 0$) lassen sich mit den folgenden Gleichungen ermitteln.

Energiekosteneinsparung (EKE) hinsichtlich des Gasverbrauchs:

$$\mathrm{EKE}_{\mathrm{Erdgas},t} = \frac{Q_{\mathrm{BHKW,Wärme},t}}{\eta_{\mathrm{Gastherme}}} \cdot p_{t=0} \cdot (1 - \Delta p)^t$$

EKE hinsichtlich des Stromverbrauchs beim Eigenverbrauch (EVA: Eigenverbrauchsanteil):

$$\mathrm{EKE}_{\mathrm{Strom},t} = Q_{\mathrm{BHKW,Strom},t} \cdot \mathrm{EVA} \cdot p_{t=0} \cdot (1 - \Delta p)^t$$

Energieverkaufserlös (EVerkErl) hinsichtlich des Stromverkaufs zum Tarif der Einspeisevergütung (ESV):

$$\mathrm{EVerkErl}_{\mathrm{Strom},t} = Q_{\mathrm{BHKW,Strom},t} \cdot (1 - \mathrm{EVA}) \cdot \mathrm{ESV}$$

Zusätzliche Energiekosten (zusEK) für den Gasverbrauch des BHKW:

$$\mathrm{zusEK}_t = \frac{\left(Q_{\mathrm{BHKW,Wärme},t} + Q_{\mathrm{BHKW,Strom},t}\right)}{\eta_{\mathrm{BHKW}}} \cdot p_{\mathrm{Gas},t=0} \cdot (1 + \Delta p)^t$$

11.2.5.3.2 Berechnung des Kapitalwertes eines beispielhaften Blockheizkraftwerkes

Im Beispiel geht es um ein BHKW, das in eine bestehende Energieversorgungsanlage – etwa einer Fabrik – eingebunden werden könnte. Das vorhandene System besteht aus einem Gaskessel mit einem geschätzten Nutzungsgrad von 85 % und einer üblichen Stromversorgung aus dem Netz.

Eine Jahresdauerlinie wurde erarbeitet, anhand derer die geeignete elektrische Nennleistung für das beispielhafte BHKW ermittelt wurde, hier 90 kW.

Die Abgabeleistung für elektrischen Strom ergibt sich aus der Multiplikation der thermischen Abgabeleistung mit der Stromkennzahl, die im Beispiel 0,58 betragen soll, woraus sich eine elektrische Abgabeleistung von 52,5 kW errechnen lässt.

Die Gesamt-Input-Leistung des BHKW lässt sich ermitteln, indem die Gesamtabgabeleistungen (P_{el} und P_{therm} zusammen) durch den Gesamtnutzungsgrad dividiert werden. Der Nutzungsgrad entspricht hier dem Wirkungsgrad (hier 82 %), da die Anlage annahmegemäß in Volllast betrieben werden soll.

Multipliziert man die Gesamt-Input-Leistung [kW] mit der Laufzeit, erhält man den Jahreserdgasverbrauch für das BHKW. Die Erdgasverbrauchseinsparungen beim Brennwertkessel ergeben sich demgegenüber durch Division der thermischen Abgabeleistung (90 kW) des BHKW – die ja nun seitens des Brennwertkessels nicht mehr benötigt wird – mit dem Nutzungsgrad des Brennwertkessels (95 %) und Multiplikation mit der Laufzeit von 6 697 Stunden. Wir gehen hier vereinfachend davon aus, dass die Auslastungsreduzierung des Brennwertkessels nicht zu einer Wirkungsgradverschlechterung führt (was durchaus der Realität entsprechen könnte).

Die erzeugte Menge elektrischen Stroms pro Jahr ergibt sich schließlich aus der Multiplikation der elektrischen Abgabeleistung (52,2 kW) mit der Laufzeit zu knapp 350 MWh. Stromkosteneinsparungen auf diesem Niveau würden jedoch nur eintreten, wenn die erzeugte Strommenge in diesem Umfang auch ohne das BHKW tatsächlich verbraucht werden würde. Das soll hier nicht der Fall sein. Insofern wird abgeschätzt, wie groß der Eigenverbrauchsanteil sein könnte. In unserem Beispiel geht man von 60 % aus, die restlichen 40 % werden dann eingespeist, wofür man eine Einspeisevergütung in Höhe von 7 Cent pro kWh erhält. Alle weiteren relevanten Angaben können dem folgenden ersten Teil des Berechnungsmodells entnommen werden (siehe Abbildung 11-134).

Einstellparameter	Wertangabe (Most Likely Case)	Kalkulation	Spannbreite Best Case	Spannbreite Worst Case
Thermische Ausgangsleistung P_{therm}	90 kW			
Elektrische Ausgangsleistung P_{el}	52 kW			
Volllastbetriebsstunden pro Jahr $t_{Betr.}$	6 697 h		7 200 h	5 800 h
Nutzungsgrad η_{BHKW} bei Volllast	82 %		87 %	75 %
Wärmemenge BHKW pro Jahr $Q_{BHKW,\ Wärme}$	602 730 kWh/a	$= P_{therm} \cdot t_{Betr.}$	648 000 kWh/a	522 000 kWh/a
Elektrizitätsmenge BHKW pro Jahr $Q_{BHKW,\ Strom}$	349 583 kWh/a	$= P_{el} \cdot t_{Betr.}$	375 840 kWh/a	302 760 kWh/a
Nutzungsgrad des vorhandenen Gaskessels η_{GK}	85 %		75 %	90 %
Erdgasverbrauch BKHW $Q_{BHKW,\ Erdgas}$	1 120 369 kWh/a	$= (Q_{BHKW,\ Wärme} + Q_{BHKW,\ Strom}) / \eta_{GK}$	1 365 120 kWh/a	916 400 kWh/a
Erdgaseinsparung Gaskessel $Q_{Gaskessel,\ Ergaseinsparung}$	709 094 kWh/a	$= Q_{BHKW,\ Wärme} / \eta_{GK}$	864 000 kWh/a	580 000 kWh/a
Eigenverbrauchsanteil (EVA) der Elektrizität	60 %		70 %	50 %
Wirkungsdauer des Investitionsprojektes	20 Jahre		22 Jahre	15 Jahre
Kalkulationszinssatz i	4 %		2 %	6 %
Aktueller spezifischer Strompreis	0,3 €/kWh			
Aktueller spezifischer Erdgaspreis	0,12 €/kWh			
Aktuelle Einspeisevergütung für BHKW-Strom	0,07 €/kWh			
Jahrespreisänderungsrate Strom	4 %		5 %	3 %
Jahrespreisänderungsrate Erdgas	4 %		3 %	5 %
Jahrespreisänderungsrate Sonstiges	3 %		2 %	4 %

Abbildung 11-134: Einstellparameter für ein 90/52,2 kW-Blockheizkraftwerk

Auf der Grundlage dieser Daten werden nun für den Teil 2 des Berechnungsmodells Best- und Worst-Case-Szenario-Einstellungen vorgenommen (siehe Abbildung 11-135).

Wirkungsart	Wirkung	Umfang mit Einheit	Monetarisierung möglich? → Cash-Flow-Ermittlung	Wert je Einheit (= spezifische Kosten bzw. Erlöse)	Cash Flow in Periode 0	Zahlungs-zeitpunkt	Letzt-maliger Anfall	Jahres-degradation
Belastungen	Preis Blockheizkraftwerk komplett	1 Stück	ja	324 000 €	324 000 €	Gegenwart (nullte Periode)	irrelevant	nicht anwendbar
	Installation	1 Stück	ja	24 500 €	24 500 €	Gegenwart (nullte Periode)	irrelevant	nicht anwendbar
	Abgaskanal komplett	1 Stück	ja	4 000 €	4 000 €	Gegenwart (nullte Periode)	irrelevant	nicht anwendbar
	Elektrische Einbindung	1 Stück	ja	5 600 €	5 600 €	Gegenwart (nullte Periode)	nach 20 Jahren	nicht anwendbar
	Thermische Einbindung	1 Stück	ja	8 900 €	8 900 €	Gegenwart (nullte Periode)	nach 20 Jahren	nicht anwendbar
	Wartungskosten	1 Stück	ja	1 500 €	erst ab Periode 1	jedes Jahr	nach 20 Jahren	nicht anwendbar
	Reparaturkosten	1 Stück	ja	2 000 €	erst ab Periode 5	alle 5 Jahre	nach 20 Jahren	nicht anwendbar
	Abbau und Entsorgung	1 Stück	ja	Saldo = 0	0 €/a	in Periode 20	nach 20 Jahren	nicht anwendbar
	Verbrauch Erdgas	1 120 369 kWh/a	ja	0,12 €/kWh	erst ab Periode 1	jedes Jahr	nach 20 Jahren	nicht anwendbar
Nutzen	Erzeugung elektrischer Energie	349 583 kWh/a	für Eigen-verbrauch ja	0,3 €/kWh	erst ab Periode 1	jedes Jahr	nach 20 Jahren	nicht anwendbar
			für Einspeisung ja	0,07 €/kWh	erst ab Periode 1	jedes Jahr	nach 20 Jahren	nicht anwendbar
	Einsparung Erdgas am Gaskessel	709 094 kWh/a	ja	0,12 €/kWh	erst ab Periode 1	jedes Jahr	nach 20 Jahren	nicht anwendbar

Abbildung 11-135: Nutzen und Belastungen eines 90/52,2 kW-Blockheizkraftwerkes

Nun kann die Kapitalwertkalkulation erfolgen. Das entsprechende Kalkulationstableau für das beispielhafte BHKW zeigen die folgende Abbildung 11-136, Abbildung 11-137 und Abbildung 11-138).

Kalkulationszinsfuß i	4,0 %							
Eigenverbrauchsanteil Strom	60 %							
Jahrespreisänderungsrate el. Strom	4,0 %							
Jahrespreisänderungsrate Erdgas	4,0 %							
Jahrespreisänderungsraate Sonstiges	3,0 %							
Volllast-Betriebsstunden pro Jahr	6 697 h							
Nutzungsgrad BHKW	82 %							
Nutzungsgrad vorhandener Gaskessel	85 %							
Zu berücksichtigende Perioden	20							
Wärmemenge BHKW pro Jahr $Q_{BHKW,\ Wärme}$	602 730 kWh							
Elektrizitätsmenge BHKW pro Jahr $Q_{BHKW,\ Strom}$	349 583 kWh							
Erdgasverbrauch BKHW $Q_{BHKW,\ Erdgas}$	1 120 369 kWh							
Erdgaseinsparung Gaskessel $Q_{Gaskessel,\ Ergaseinsparung}$	709 094 kWh							
Periodenende t	0	1	2	3	...	18	19	20
Berücksichtigte Perioden ("1" = "Ja")	1	1	1	1	...	1	1	1
Jeweiliger spezifischer Strompreis [€/kWh]	0,30	0,31	0,32	0,34	...	0,61	0,63	0,66
Jeweiliger spezifischer Erdgaspreis [€/kWh]	0,12	0,12	0,13	0,13	...	0,24	0,25	0,26
Einspeisevergütung [€/kWh]	0,07	0,07	0,07	0,07	...	0,07	0,07	0,07
Auszahlungen								
Preis Blockheizkraftwerk komplett	-285 000 €							
Installation	-24 500 €							
Abgaskanal komplett	-4 000 €							
Elektrische Einbindung	-5 600 €							
Thermische Einbindung	-8 900 €							
Wartungskosten		-1 545 €	-1 591 €	-1 639 €	...	-2 554 €	-2 630 €	-2 709 €
Reparaturkosten								
BHKW-Verbrauch Erdgas		-139 822 €	-145 415 €	-151 231 €	...	-272 359 €	-283 254 €	-294 584 €
Rückflüsse								
Erdgaseinsparung am Gaskessel		88 495 €	92 035 €	95 716 €	...	172 379 €	179 275 €	186 446 €
Stromkosteneinsparung durch Eigenverbrauch		65 442 €	68 060 €	70 782 €	...	127 475 €	132 574 €	137 876 €
Erträge durch Stromeinspeisung		9 788 €	9 788 €	9 788 €	...	9 788 €	9 788 €	9 788 €
Resultate/Indikatoren								
Summe	-328 000 €	22 358 €	22 877 €	23 416 €	...	34 729 €	35 752 €	36 817 €
Barwerte	-328 000 €	21 498 €	21 151 €	20 817 €	...	17 143 €	16 970 €	16 803 €
Kapitalwert	43 868 €							

Abbildung 11-136: Most-Likely-Case-Szenario BHKW-Beispiel

Kalkulationszinsfuß i	2,0 %							
Eigenverbrauchsanteil Strom	70 %							
Jahrespreisänderungsrate el. Strom	5,0 %							
Jahrespreisänderungsrate Erdgas	3,0 %							
Jahrespreisänderungsrate Sonstiges	2,0 %							
Volllast-Betriebsstunden pro Jahr	7 200 h							
Nutzungsgrad BHKW	87 %							
Nutzungsgrad vorhandener Gaskessel	75 %							
Zu berücksichtigende Perioden	22							
Wärmemenge BHKW pro Jahr $Q_{BHKW, Wärme}$	648 000 kWh							
Elektrizitätsmenge BHKW pro Jahr $Q_{BHKW, Strom}$	375 840 kWh							
Erdgasverbrauch BKHW $Q_{BHKW, Erdgas}$	1 365 120 kWh							
Erdgaseinsparung Gaskessel $Q_{Gaskessel, Ergaseinsparung}$	864 000 kWh							
Periodenende t	0	1	2	3	...	18	19	20
Berücksichtigte Perioden ("1" = "Ja")	1	1	1	1	...	1	1	1
Jeweiliger spezifischer Strompreis [€/kWh]	0,30	0,32	0,33	0,35	...	0,72	0,76	0,80
Jeweiliger spezifischer Erdgaspreis [€/kWh]	0,12	0,12	0,13	0,13	...	0,20	0,21	0,22
Einspeisevergütung [€/kWh]	0,07	0,07	0,07	0,07	...	0,07	0,07	0,07
Auszahlungen								
Preis Blockheizkraftwerk komplett	-285 000 €							
Installation	-24 500 €							
Abgaskanal komplett	-4 000 €							
elektrische Einbindung	-5 600 €							
thermische Einbindung	-8 900 €							
Wartungskosten		-1 530 €	-1 561 €	-1 592 €	...	-2 142 €	-2 185 €	-2 229 €
Reparaturkosten								
BHKW-Verbrauch Erdgas		-168 729 €	-173 791 €	-179 004 €	...	-278 883 €	-287 250 €	-295 867 €
Rückflüsse								
Erdgaseinsparung am Gaskessel		106 790 €	109 994 €	113 294 €	...	176 508 €	181 804 €	187 258 €
Stromkosteneinsparung durch Eigenverbrauch		82 873 €	87 016 €	91 367 €	...	189 946 €	199 443 €	209 415 €
Erträge durch Stromeinspeisung		7 893 €	7 893 €	7 893 €	...	7 893 €	7 893 €	7 893 €
Resultate/Indikatoren								
Summe	-328 000 €	27 297 €	29 552 €	31 958 €	...	93 321 €	99 704 €	106 470 €
Barwerte	-328 000 €	26 762 €	28 404 €	30 114 €	...	65 340 €	68 440 €	71 651 €
Kapitalwert	600 666 €							

Abbildung 11-137: Best-Case-Szenario BHKW-Beispiel

Kalkulationszinsfuß i	6,0 %							
Eigenverbrauchsanteil Strom	50 %							
Jahrespreisänderungsrate el. Strom	3,0 %							
Jahrespreisänderungsrate Erdgas	5,0 %							
Jahrespreisänderungsrate Sonstiges	4,0 %							
Volllast-Betriebsstunden pro Jahr	5 800 h							
Nutzungsgrad BHKW	75 %							
Nutzungsgrad vorhandener Gaskessel	90 %							
Zu berücksichtigende Perioden	15							
Wärmemenge BHKW pro Jahr $Q_{\text{BHKW, Wärme}}$	522 000 kWh							
Elektrizitätsmenge BHKW pro Jahr $Q_{\text{BHKW, Strom}}$	302 760 kWh							
Erdgasverbrauch BKHW $Q_{\text{BHKW, Erdgas}}$	916 400 kWh							
Erdgaseinsparung Gaskessel $Q_{\text{Gaskessel, Ergaseinsparung}}$	580 000 kWh							
Periodenende t	0	1	2	3	...	18	19	20
Berücksichtigte Perioden ("1" = "Ja")	1	1	1	1	...	0	0	0
Jeweiliger spezifischer Strompreis [€/kWh]	0,30	0,31	0,32	0,33	...	0,51	0,53	0,54
Jeweiliger spezifischer Erdgaspreis [€/kWh]	0,12	0,13	0,13	0,14	...	0,29	0,30	0,32
Einspeisevergütung [€/kWh]	0,07	0,07	0,07	0,07	...	0,07	0,07	0,07
Auszahlungen								
Preis Blockheizkraftwerk komplett	-285 000 €							
Installation	-24 500 €							
Abgaskanal komplett	-4 000 €							
Elektrische Einbindung	-5 600 €							
Thermische Einbindung	-8 900 €							
Wartungskosten		-1 560 €	-1 622 €	-1 687 €	...	-3 039 €	-3 160 €	-3 287 €
Reparaturkosten								
BHKW-Verbrauch Erdgas		-115 466 €	-121 240 €	-127 302 €	...	-264 651 €	-277 884 €	-291 778 €
Rückflüsse								
Erdgaseinsparung am Gaskessel		73 080 €	76 734 €	80 571 €	...	167 501 €	175 876 €	184 670 €
Stromkosteneinsparung durch Eigenverbrauch		46 776 €	48 180 €	49 625 €	...	77 314 €	79 634 €	82 023 €
Erträge durch Stromeinspeisung		10 597 €	10 597 €	10 597 €	...	10 597 €	10 597 €	10 597 €
Resultate/Indikatoren								
Summe	-328 000 €	13 427 €	12 648 €	11 803 €	...	0 €	0 €	0 €
Barwerte	-328 000 €	12 667 €	11 257 €	9 910 €	...	0 €	0 €	0 €
Kapitalwert	-265 623 €							

Abbildung 11-138: Worst-Case-Szenario BHKW-Beispiel

Alle drei Ergebnisse werden nun in einer vergleichenden Übersicht zusammengefasst (siehe Abbildung 11-139).

Einstellparameter	Wertangabe (Most Likely Case)	Kalkulation	Spannbreite Best Case	Spannbreite Worst Case
Thermische Ausgangsleistung P_{therm}	90 kW			
Elektrische Ausgangsleistung P_{el}	52 kW			
Volllastbetriebsstunden pro Jahr $t_{Betr.}$	6 697 h		7 200 h	5 800 h
Nutzungsgrad η_{BHKW} bei Volllast	82 %		87 %	75 %
Wärmemenge BHKW pro Jahr $Q_{BHKW,\ Wärme}$	602 730 kWh/a	$= P_{therm} \times t_{Betr.}$	648 000 kWh/a	522 000 kWh/a
Elektrizitätsmenge BHKW pro Jahr $Q_{BHKW,\ Strom}$	349 583 kWh/a	$= P_{el} \times t_{Betr.}$	375 840 kWh/a	302 760 kWh/a
Nutzungsgrad des vorhandenen Gaskessels η_{GK}	85 %		75 %	90 %
Erdgasverbrauch BKHW $Q_{BHKW,\ Erdgas}$	1 120 369 kWh/a	$= (Q_{BHKW,\ Wärme} + Q_{BHKW,\ Strom}) / \eta_{GK}$	1 365 120 kWh/a	916 400 kWh/a
Erdgaseinsparung Gaskessel $Q_{Gaskessel,\ Ergaseinsparung}$	709 094 kWh/a	$= Q_{BHKW,\ Wärme} / \eta_{GK}$	864 000 kWh/a	580 000 kWh/a
Eigenverbrauchsanteil (EVA) der Elektrizität	60 %		70 %	50 %
Wirkungsdauer des Investitionsprojektes	20 Jahre		22 Jahre	15 Jahre
Kalkulationszinssatz i	4 %		2 %	6 %
Aktueller spezifischer Strompreis	0,3 €/kWh			
Aktueller spezifischer Erdgaspreis	0,12 €/kWh			
Aktuelle Einspeisevergütung für BHKW-Strom	0,07 €/kWh			
Jahrespreisänderungsrate Strom	4 %		5 %	3 %
Jahrespreisänderungsrate Erdgas	4 %		3 %	5 %
Jahrespreisänderungsrate Sonstiges	3 %		2 %	4 %
Kapitalwerte	43 868 €		600 666 €	-265 623 €

Abbildung 11-139: Einstellparameter eines 90/52,2 kW-Blockheizkraftwerkes mit Angabe der Kapitalwerte

Die sich ergebenden Kalkulationsresultate zeigen im Best und Most Likely Case, dass die Einbindung des betrachteten BHKW klar wirtschaftlich vorteilhaft ist. Das Worst-Case-Szenario weist jedoch stark in die gegensätzliche Richtung, sodass im vorliegenden Fall eine erneute Risikoprüfung angezeigt wäre.

11.2.5.3.3 Einflussfaktoren der wirtschaftlichen Vorteilhaftigkeit bei Blockheizkraftwerken

Die vorangegangenen Ausführungen haben deutlich werden lassen, dass die sich durch den Einsatz eines BHKW ergebenden Energiekosteneinsparungen insbesondere von den folgenden Parametern abhängig sind:

- Heiz-Grundlast (Höhe und Dauer)
- Nutzungsgrad der bestehenden Heizanlage (z. B. Gastherme)
- Nutzungsgrad des BHKW
- vom jeweiligen spezifischen Energiepreis
- von den jeweiligen Preisänderungsraten
- von der ggf. zu zahlenden CO_2-Bepreisung

11.2.6 Investitionsrechnung für Solarkollektoranlagen

11.2.6.1 Charakteristika und ökonomischer Zweck von Solarkollektoranlagen

Eine Solarkollektoranlage ist eine technische Einrichtung zur **thermischen** Nutzung der Solarstrahlung, für die auch der Begriff Solarthermie Verwendung findet (solarthermische Anlage). Das Anwendungsspektrum reicht von der Erwärmung eines Gartenschwimmbades durch eine einfache Absorbermatte über die Nutzwassererwärmung und Heizungsunterstützung bei Gebäuden, die Prozesswärmebereitstellung in der industriellen Produktion bis hin zu großen solarthermischen Kraftwerken im Megawatt-Leistungsbereich.

Hauptkomponente einer Solarkollektoranlage ist der kollektorintegrierte Absorber, dessen Aufgabe es ist, die elektromagnetische Strahlungsenergie, also die Energie der Photonen, in thermische Energie umzuwandeln. Aufgrund des wetterbedingt stark schwankenden Strahlungsangebotes der Sonne ist der Kollektor üblicherweise mit einem wasserbasierenden Energiespeicher verknüpft, der die zeitlich dem Angebot gegenüber nicht übereinstimmende Wärmenachfrage (z. B. zum Duschen oder Heizen) in einen Ausgleich bringt. Zu den weiteren Anlagenkomponenten zählen u. a. Pumpe, Regelung, Druckausgleichsgefäß, Sensoren, Wärmeübertrager und Rohrleitungen (siehe Abbildung 11-140).

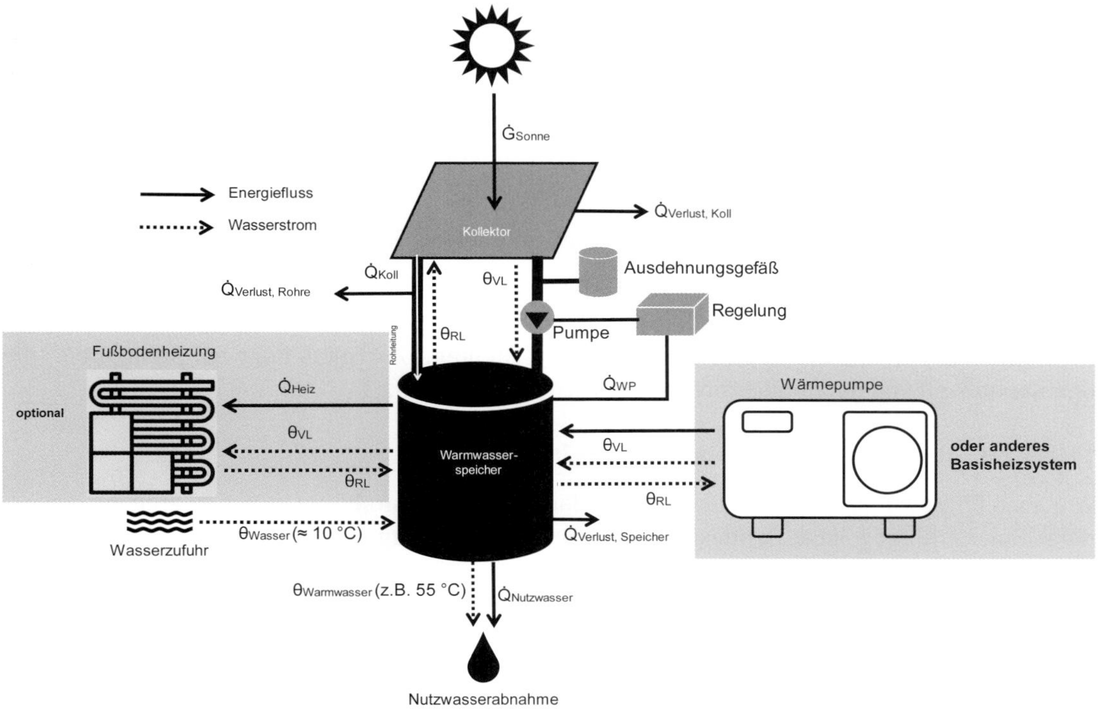

Quelle: eigene Darstellung

Abbildung 11-140: Komponenten einer Solarkollektoranlage

Ökonomischer Zweck einer Solarkollektoranlage ist – abgesehen von strahlungskonzentrierenden Großanlagen – üblicherweise, **einen Teil** des Nutzenergiebedarfs (Wärme) eines Gebäudes oder einer Produktionsanlage zu decken, sodass die bestehende Heizanlage entlastet und in Folge ihr Endenergieverbrauch reduziert wird. Die hieraus resultierende Energiekosteneinsparung ist dabei insbesondere

- von der Kollektoranlagen-Ausgangsleistung,
- vom Umfang des Nutzenergiebedarfs und seines zeitlichen Anfalls,
- vom spezifischen Energiepreis des verdrängten Energieträgers und
- vom Nutzungsgrad der bestehenden Heizanlage ($\eta_{\text{Umwandlungsanlage}}$)

abhängig, wie Abbildung 11-141 verdeutlicht.

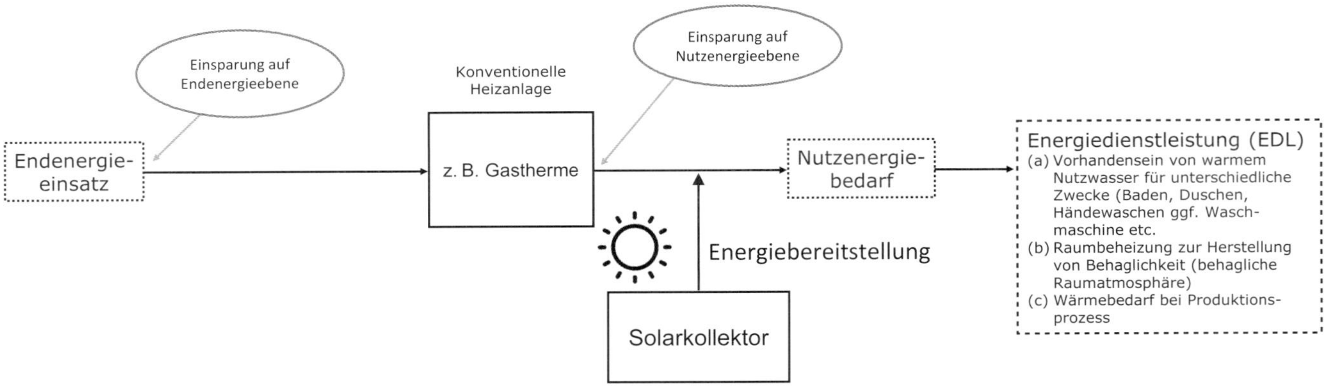

Quelle: eigene Darstellung

Abbildung 11-141: Energieflussdiagramm einer Solarkollektoranlage mit Angabe der energiebezogenen Zahlungsströme

11.2.6.2 Für Investitionsrechnungen relevante technische Grundlagen von Solarkollektoren

Die folgenden Ausführungen gehen auf die technischen Grundlagen von Solarkollektoren ein, insoweit sie für das Gesamtverständnis dieser Technologie und insbesondere für den Aufbau von Kapitalwertberechnungsmodellen erforderlich erscheinen. Der Fokus liegt auf Stellhebeln, die den Kapitalwert von Solarkollektoren wesentlich beeinflussen.

11.2.6.2.1 Umwandlung von Solarstrahlung in Wärme

Wie auch Photovoltaik zielt die Solarthermie darauf ab, Solarstrahlung in Nutzenergie umzuwandeln. Solarstrahlung ist aus physikalischer Sicht elektromagnetische Strahlung, die je nach Wellenlänge in unterschiedliche Arten unterteilt wird und den Bereich von 300 bis 3 000 nm[103] umfasst, siehe Abbildung 11-142.

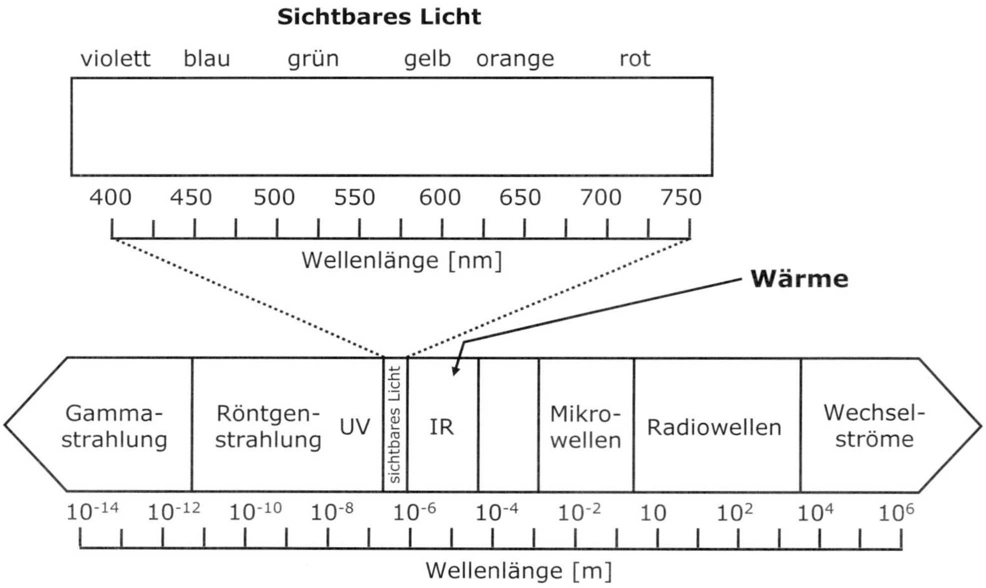

Quelle: eigene Darstellung

Abbildung 11-142: Elektromagnetisches Strahlungsspektrum

103 1 nm entspricht 10 hoch −9 Meter.

Der für das menschliche Auge sichtbare Strahlungsbereich mit Wellenlängen von 380 bis 780 nm wird als Licht bezeichnet. Die einzelnen Frequenzbereiche bilden die Spektralfarben. Das kurzwelligere und damit energiereichere ultraviolette (UV-)Licht begrenzt den sichtbaren Bereich auf der einen Seite, das langwelligere und energieärmere infrarote (IR-)Licht auf der anderen.

Strahlung kann als Welle oder als Teilchen aufgefasst werden und trägt als Lichtquant oder Photon eine genau definierte Energie mit sich, die mit größer werdender Wellenlänge abnimmt. Trifft Solarstrahlung auf eine Oberfläche, z. B. Glas, einen Spiegel oder eine dunkle Metallfläche, können unterschiedliche Phänomene zu Tage treten (siehe Abbildung 11-143).

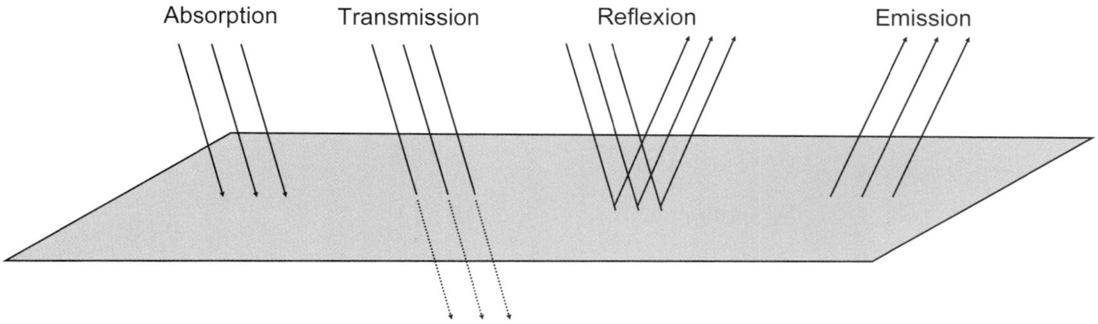

Quelle: eigene Darstellung

Abbildung 11-143: Phänomene nach Auftreffen von Solarstrahlung auf eine Oberfläche

Das Photon überträgt beim Kontakt mit einem Atom des Gegenstandes einer Oberfläche seine Energie entweder vollständig oder überhaupt nicht. Überträgt es seine Energie, so existiert es danach nicht mehr als Photon. Dieses Phänomen wird als **„Absorption“** (angegeben als Absorptionsgrad α [0 ... 1]) bezeichnet. Das Photon kann aber auch ohne Kontakt die Materie durchdringen (etwa bei Glas). Hierfür wird der Begriff **„Transmission“** (angegeben als Transmissionsgrad τ [0 ... 1]) verwendet. Eine weitere Möglichkeit ist die **„Reflexion“** (Reflexionsgrad ρ [0 ... 1]), also das Zurückwerfen des Photons, wie man es bei Spiegeln kennt. Es gilt:

$$\alpha + \tau + \rho = 1$$

Findet eine (Teil-)Absorption statt, wird die kinetische Energie der Atome oder Moleküle des Gegenstandes erhöht, was entweder durch Zunahme der inneren Energie zu einer Temperaturerhöhung führt (mit Blick auf solarthermische Anlagen) oder zu einer Lösung von Elektronen aus ihrer Bindung, sodass sie für einen Ladungstransport zur Verfügung stehen und in Folge Elektrizität erzeugen (so bei der Photovoltaikzelle).

Damit Licht Wärme erzeugen kann, muss die Wellenlänge des Lichts bzw. müssen die Photonen mit den Partikeln im Material, auf das das Licht trifft, in Resonanz treten und diese zum Schwingen bringen. Dies wird stark von der Oberflächenbeschaffenheit des Gegenstandes, insbesondere von dessen Farbe, beeinflusst.

Ein weiterer wichtiger Parameter ist die Aussendung von Energie. Jede Materie besitzt die Eigenschaft, in Abhängigkeit von ihrer Temperatur und ihrer Oberflächenbeschaffenheit Energie in Form elektromagnetischer Strahlung auszusenden. Dies wird als **„Emission“** (angegeben als Emissionsgrad ε [0 ... 1]) bezeichnet und stellt eine Umkehrung des Absorptionsprozesses dar. Ist eine Temperaturerhöhung aufgrund einer Absorption zustande gekommen, muss mit Blick auf ein thermisches Gleichgewicht die absorbierte Energie in Form von Emission wieder abgegeben werden, da ansonsten der Gegenstand unendlich erwärmt werden würde. Es gilt

$$\varepsilon = \alpha$$

bei gleicher Wellenlänge.

Die Energiewandlungen in einem Solarkollektor veranschaulicht Abbildung 11-144 (hier am Beispiel eines Flachkollektors).

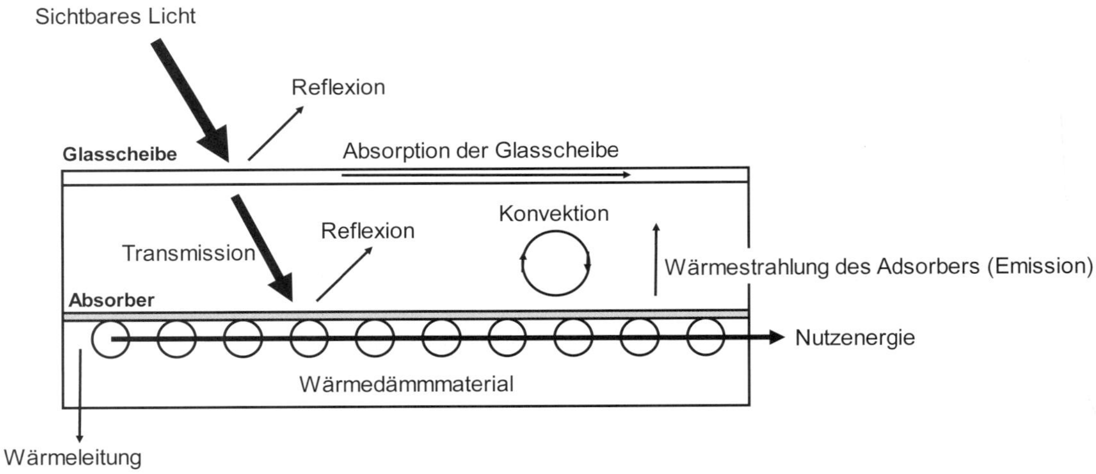

Quelle: eigene Darstellung

Abbildung 11-144: Energiewandlungen in einem Kollektor 1

Mit Blick auf ihr Absorptionsverhalten unterscheidet man bei Solarkollektorabsorbern schwarze, weiße, graue und selektive Oberflächen. Theoretisch perfekt schwarze Oberflächen zeichnen sich durch eine vollständige Absorption, perfekt weiße durch eine vollständige Reflexion aller auftreffenden Photonen aus. Demgegenüber ermöglichen graue Stoffe eine gleichmäßige, aber nicht vollständige Absorption, wohingegen selektive Stoffe die Eigenschaft besitzen, Photonen nur aus bestimmten Spektralbereichen zu absorbieren.

Bei den Hauptbestandteilen einer Solarkollektoranlage, dem Absorber, wird das Ziel verfolgt, eine möglichst hohe Absorption des sichtbaren Lichtes zu erreichen und das bei gleichzeitiger Minimierung der Absorption der entstehenden Wärmestrahlung, siehe Abbildung 11-145.

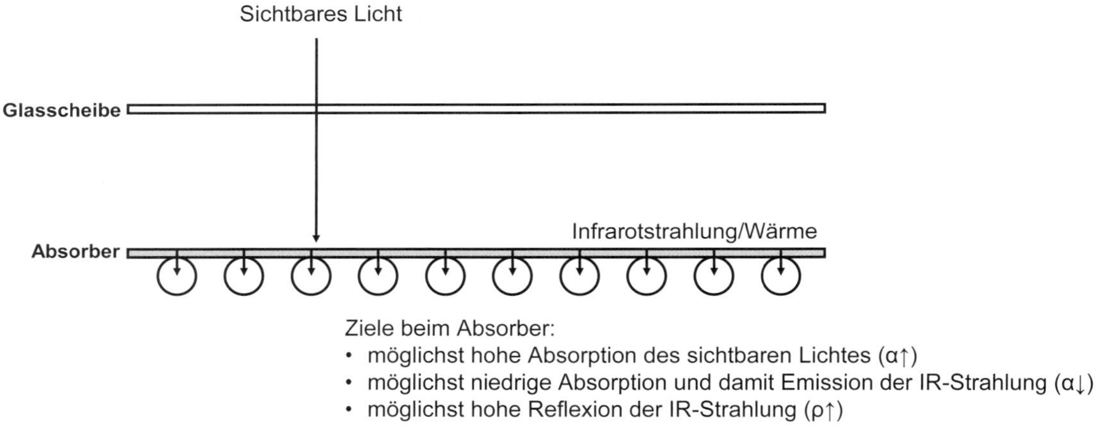

Quelle: eigene Darstellung

Abbildung 11-145: Energiewandlungen am Absorber

Dunkle/schwarze Flächen absorbieren Strahlung sehr gut, geben die Energie aber auch in Form von Wärmestrahlung als Emission wieder an die Umgebung ab. Um diesen Effekt zu verhindern, versieht man Absorber mit selektiven Beschichtungen. Hierbei wird die eigentliche Absorberhüllfläche mit einer dünnen Schicht versehen, die aus speziellen Metalllegierungen, Oxiden oder Nitriden – häufig Schwarzchrom oder Titannitrid/Titanoxid – besteht. Diese Materialien weisen eine hohe Absorptionsfähigkeit im sichtbaren und eine geringe Emission im langwelligen Infrarotbereich auf. Auf diese Weise wird das einfallende Sonnenlicht effektiv absorbiert und in Wärmeenergie umgewandelt, während die Wärmeabstrahlung in das Kollektorgehäuse hinein auf ein Minimum reduziert ist. Die folgende Tabelle zeigt beispielhafte Absorptions-, Reflexions- und

Transmissionsgrade nicht-selektivbeschichteter im Vergleich zu selektivbeschichteten Absorbern.

	Nicht selektiv beschichtet		Selektiv beschichtet mit Tinox	
	Sichtbares Licht	Infrarotstrahlung (Wärme)	Sichtbares Licht	Infrarotstrahlung (Wärme)
Absorptionsgrad α	0,97	0,97	0,95	0,05
Reflexionsgrad ρ	0,03	0,03	0,05	0,95
Transmissionsgrad τ	0	0	0	0

Abbildung 11-146: Wirkungen einer selektiven Beschichtung von Absorbern

Über den eigentlichen Absorber hinaus werden auch die Abdeckgläser von Solarkollektoren üblicherweise mit besonderen Beschichtungen versehen, um Absorption/Emission von Infrarotstrahlen und damit etwaige Wärmeverluste zu minimieren. Ziel ist, eine maximale Transmission des sichtbaren Lichtes durch die Kollektorabdeckung zu erreichen und durch Reflexion auf der Unterseite zu verhindern, dass das Abdeckglas viel Wärme absorbiert und schließlich emittiert, siehe Abbildung 11-147.

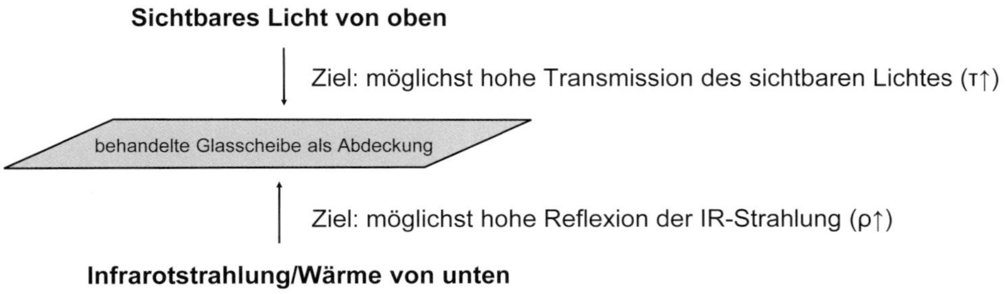

Quelle: eigene Darstellung

Abbildung 11-147: Effekte am Abdeckglas eines Solarkollektors

Die folgende Abbildung 11-148 zeigt eine Gegenüberstellung der Absorptions-, Reflexions- und Transmissionsgrade von unbehandelten und behandelten Abdeckungsgläsern.

	Unbehandeltes Fensterglas		Infrarotreflektierendes Glas (ZnO2)	
	Sichtbares Licht (von oben)	Infrarotstrahlung (Wärme von unten)	Sichtbares Licht (von oben)	Infrarotstrahlung (Wärme von unten)
Absorptionsgrad α	0,02	0,94	0,2	0,16
Reflexionsgrad ρ	0,01	0,06	0,01	0,84
Transmissionsgrad τ	0,97	0	0,79	0

Abbildung 11-148: Gegenüberstellung der Absorptions-, Reflexions- und Transmissionsgrade von unbehandelten und behandelten Abdeckungsgläsern

11.2.6.2.2 Leistung und Wirkungsgrad eines Solarkollektors

Der Wirkungsgrad der Umwandlung solarer Strahlungsenergie in nutzbare Wärme am Kollektor $\eta_{\text{Kollektor}}$ ergibt sich als Quotient aus dem vom Wärmeträgermedium abgeführten Wärmestrom $\dot{Q}_{\text{Kollektor}}$ zur auf den Kollektor eingestrahlten Globalstrahlung $\dot{G}$ nach folgender Gleichung:

$$\eta_{\text{Kollektor}} = \frac{\dot{Q}_{\text{Kollektornutz}}}{\dot{G}}$$

Der Kollektor nutzt die von der Glasabdeckung durchgelassene Globalstrahlung (mit dem Transmissionsgrad $\tau\,\{0\,...\,1\}$), die auf die Aperturfläche des Kollektors A_A auftrifft, und wandelt diese in potenziell nutzbare Wärme als Wärmestrom bzw. Kollektornutzleistung $\dot{Q}_{\text{Kollektor}}$ um. Hierbei entstehen jedoch Verluste infolge von Reflexion am Absorber $\dot{Q}_{\text{AbsReflexion}}$, Konvektion $\dot{Q}_{\text{Konvektion}}$ und Wärmestrahlung $\dot{Q}_{\text{Strahlung}}$, die demzufolge von der eintreffenden und durchgelassenen Strahlungsleistung subtrahiert werden müssen:

$$\dot{Q}_{\text{Kollektornutz}} = \tau_{\text{Abdeckung}} \cdot \dot{G} - \dot{Q}_{\text{Konvektion}} - \dot{Q}_{\text{Strahlung}} - \dot{Q}_{\text{AbsReflexion}}$$

Fasst man die Verluste durch Konvektion und Wärmestrahlung zusammen, ergibt sich:

$$\dot{Q}_{\text{Verlust}} = \dot{Q}_{\text{Konvektion}} - \dot{Q}_{\text{Strahlung}}$$

Die Verluste durch Reflexion am Absorber lassen sich über den Reflexionsgrad aus dem durch die Abdeckung durchgelassenen Strahlungsanteil bestimmen:

$$\dot{Q}_{\text{AbsReflexion}} = \tau_{\text{Abdeckung}} \cdot \dot{G} \cdot \rho_{\text{Absorber}}$$

Die überarbeitete Gleichung der Kollektornutzleistung ergibt sich dann zu:

$$\dot{Q}_{\text{Kollektornutz}} = \tau_{\text{Abdeckung}} \cdot \dot{G} - \dot{Q}_{\text{Verlust}} - \tau_{\text{Abdeckung}} \cdot \dot{G} \cdot \rho_{\text{Absorber}}$$

bzw.

$$\dot{Q}_{\text{Kollektornutz}} = \tau_{\text{Abdeckung}} \cdot \dot{G} \cdot (1 - \rho_{\text{Absorber}}) - \dot{Q}_{\text{Verlust}}$$

Da der Transmissionsgrad τ des Absorbers 0 ist, gilt für Absorber $\alpha + \rho = 1$, somit: $\alpha = (1 - \rho)$ und daher:

$$\dot{Q}_{\text{Kollektornutz}} = \tau_{\text{Abdeckung}} \cdot \alpha_{\text{Absorber}} \cdot \dot{G} - \dot{Q}_{\text{Verlust}}$$

Das Produkt aus Absorptionsgrad des Absorbers und Transmissionsgrad der Abdeckung kann nun durch $\eta_{0_{\text{ideal}}}$ ersetzt werden:

$$\eta_{0_{\text{ideal}}} = \alpha_{\text{Absorber}} \cdot \tau_{\text{Abdeckung}}$$

$\eta_{0_{\text{ideal}}}$ ist dabei der ideale optische Wirkungsgrad, der in der Praxis regelmäßig nicht erreicht und durch einen Korrekturfaktor zum sogenannten Konversionsfaktor η_0 weiterentwickelt wird.

η_0 spiegelt den optischen Wirkungsgrad des Kollektors wider, also den Wirkungsgrad des Kollektors, wenn keine thermischen Verluste infolge von Konvektion oder Wärmestrahlung aufträten. Die Werte des Kollektorwirkungsgradfaktors werden von Herstellern in Broschüren angegeben und liegen i. d. R. zwischen 0,5 und 0,95.

Die Gleichung für die Kollektornutzleistung lautet nun:

$$\dot{Q}_{\text{Kollektornutz}} = \eta_0 \cdot \dot{G} - \dot{Q}_{\text{Verlust}}$$

Sie lässt sich schrittweise wie folgt umstellen:

$$\dot{Q}_{\text{Kollektornutz}} + \dot{Q}_{\text{Verlust}} = \eta_0 \cdot \dot{G}$$

$$\eta_0 = \frac{\dot{Q}_{\text{Kollektornutz}}}{\dot{G}} + \frac{\dot{Q}_{\text{Verlust}}}{\dot{G}}$$

$$\frac{\dot{Q}_{\text{Kollektornutz}}}{\dot{G}} = \eta_0 - \frac{\dot{Q}_{\text{Verlust}}}{\dot{G}}$$

Mit

$$\eta_{\text{Kollektor}} = \frac{\dot{Q}_{\text{Kollektornutz}}}{\dot{G}}$$

ergibt sich eine Wirkungsgradgleichung, die zwischen dem optischen Wirkungsgrad und einem Wirkungsgradrest differenziert:

$$\eta_{\text{Kollektor}} = \eta_0 - \frac{\dot{Q}_{\text{Verlust}}}{\dot{G}}$$

Die thermischen Verluste $\dot{Q}_{\text{Verlust}}$ hängen von der mittleren Kollektortemperatur θ_K und der Umgebungstemperatur θ_U sowie den Wärmedurchgangskoeffizienten a_1 und a_2 ab:

$$\dot{Q}_{\text{Verlust}} = a_1 \cdot A_A \cdot (\theta_K - \theta_U) + a_2 \cdot A_A \cdot (\theta_K - \theta_U)^2$$

Schließlich ergibt sich als Gleichung zur Bestimmung des Kollektorwirkungsgrades:

$$\eta_{\text{Kollektor}} = \eta_0 - \frac{a_1 \cdot (\theta_K - \theta_U) + a_2 \cdot (\theta_K - \theta_U)^2}{\dot{G}}$$

Auf den Kollektorwirkungsgrad wird noch in Kapitel 11.2.6.2.5 zurückzukommen sein. Als Nächstes sollen die wichtigsten Kollektorbauarten vorgestellt werden.

11.2.6.2.3 Kollektorbauarten und ihre Wirkungsgradkennlinien

Zur Nutzung der solaren Strahlungsenergie als Wärme wurden in der Vergangenheit verschiedene Systeme entwickelt, die Kaltschmitt et al.[104] in vier Kollektorbauarten unterteilt haben:

- nicht strahlungskonzentrierende
  - Flüssigkeitskollektoren
  - Luftkollektoren
- strahlungskonzentrierende
  - Flüssigkeitskollektoren
  - Luftkollektoren

Nicht strahlungskonzentrierende Flüssigkeitskollektoren sind am weitesten verbreitet. Bei ihnen fallen die Sonnenstrahlen nicht gebündelt, sondern direkt auf den Absorberteil der Anlage, der die gewonnene Wärme an ein flüssiges Trägermedium überträgt. Diese Bauart umfasst vor allem Flachkollektoren und Vakuumröhrenkollektoren, aber auch einfache Absorber, mit denen Gartenschwimmbäder beheizt werden.

Als weitere Bauart der Gruppe nicht-strahlungskonzentrierender Kollektoren seien **Luftkollektoren** zu nennen. Auch bei ihnen treffen die Sonnenstrahlen ohne vorherige Bündelung auf den Absorber. Als Wärmeträgermedium wird jedoch Luft verwendet. Das hat den Vorteil, dass der Wärmeträgerkreislauf nicht wie bei den oben beschriebenen Flüssigkeitskollektoren anfällig gegenüber Frost, Überhitzung und Korrosion ist. Auch der Austritt des Trägermediums durch undichte Stellen im Wärmeträgerkreislauf stellt ein geringeres Problem dar.

Ein Nachteil gegenüber den Flüssigkeitskollektoren ist jedoch der relativ niedrige Wärmeübergangskoeffizient zwischen der Absorberfläche und der Luft als Wärmeträgermedium. Er macht es erforderlich, die Fläche zur Wärmeübertragung möglichst groß auszugestalten. Ein weiterer negativer Aspekt sind die großen Luftkanäle sowie die zur Zirkulation benötigten leistungsintensiven Ventilatoren.

Für die meisten Bestandsgebäude sind derartige Kollektoren irrelevant, da die bestehenden Heizungssysteme auf Warmwasserverteilung ausgelegt sind. Bei neueren Niedrigenergiehäusern ist ein Einsatz dagegen durchaus denkbar, ggf. auch wirtschaftlich sinnvoll, insbesondere, wenn derartige Systeme in das Luftverteilsystem integriert werden, sodass auch die Abluftwärmerückgewinnung einbezogen ist.

104 Kaltschmitt et al. 2006, S. 147.

Bei den **strahlungskonzentrierenden Kollektoren** fällt die Sonnenstrahlung nicht direkt auf den Absorberteil der Anlage, sondern wird mithilfe von Spiegelflächen gebündelt, konzentriert auf den Absorber gelenkt. Die Absorberfläche ist dabei deutlich kleiner als die Spiegelfläche. Je größer der Unterschied zwischen den beiden Flächen, desto größer ist der sogenannte Konzentrationsfaktor (definiert als das Verhältnis von optisch aktiver Kollektorfläche zur bestrahlten Absorberfläche).

Für eine hohe Konzentration wird parallel einfallendes Licht benötigt. Darum eignet sich diffuse Solarstrahlung nicht für derartige Systeme. Nur der direkte Anteil der Sonnenstrahlung ist konzentrierbar, was den Einsatz vor allem in sonnenreichen Regionen der Erde interessant macht.

Kollektoren mit einem Parabol-Spiegel können Konzentrationsfaktoren von bis zu 5 000 erreichen. Ein hoher Konzentrationsfaktor sorgt dafür, dass deutlich höhere Absorbertemperaturen erreicht werden können als bei nicht strahlungskonzentrierenden Kollektoren. Um zu gewährleisten, dass die Spiegel die Sonnenstrahlen stets auf den Absorber reflektieren, müssen sie über den Betriebstag hinweg entsprechend dem Sonnenstand nachgeführt werden. Hierbei wird unterschieden in

- feststehende,
- einachsig und
- zweiachsig

nachgeführte Kollektoren. Feststehende Kollektoren erzielen vergleichsweise geringe Konzentrationsfaktoren, da sie die Sonnenstrahlen nicht über einen langen Zeitraum auf eine kleine Fläche reflektieren können. Beispiel für einen nicht nachgeführten strahlungskonzentrierenden Kollektor ist der mit zusätzlichen „Compound-Parabolic Concentrators" an der Unterseite der Röhren ausgestattete Vakuumröhrenkollektor (Buchstabe a in Abbildung 11-149), der einen Konzentrationsfaktor von etwa 3 erwirkt.

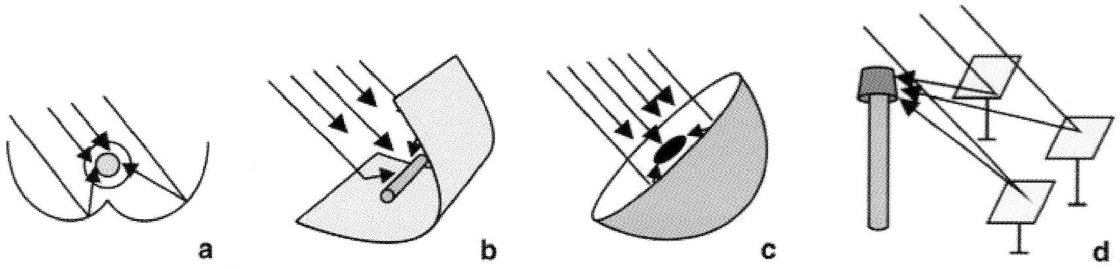

Quelle: Kaltschmitt et al. 2006, S. 91

Abbildung 11-149: Strahlungskonzentrierende Kollektoren

Zu den einachsig nachgeführten Kollektoren zählen Spiegel-Parabolrinnen, in deren Mitte sich ein Absorberrohr befindet (Buchstabe b in Abbildung 11-149). Der Kollektor wird entsprechend des Sonnenstandes um die Längsachse nachgeführt. Diese Technik erreicht Konzentrationsfaktoren von bis zu 100. Derartige Kollektoren erzeugen ausreichend hohe Temperaturen, um ein Kraftwerk mit Dampferzeuger und Turbine betreiben zu können, sodass elektrischer Strom generiert werden kann.

Zweiachsig nachgeführte Kollektoren können beispielsweise aus einem Paraboloid (Buchstabe c in Abbildung 11-149) und einem zentralen Absorber in der Mitte bestehen. Ebenfalls zu den zweiachsig nachgeführten Kollektoren zählen die sogenannten Turmkraftwerke mit Heliostatenfeld (Buchstabe d in Abbildung 11-149). Hierbei werden die Sonnenstrahlen über zahlreiche Spiegel, die jeweils zweiachsig nachgeführt werden, auf eine zentrale Fläche auf einem Turm reflektiert. Auch bei ihnen werden ausreichend hohe Temperaturen erreicht, um Kraftwerke zu betreiben.

Ein wesentlicher Nachteil von strahlungskonzentrierenden Kollektoren ist, dass diese nur direkte Solar-Strahlung auf den Absorber lenken können. Dies mag ein Grund dafür sein, weshalb sie eher in Gebieten, die näher am Äquator liegen als Deutschland, vorzufinden sind. Sie sollen daher in den folgenden Ausführungen keine Rolle spielen. Im Vordergrund stehen stattdessen Flach- und Vakuumröhrenkollektoren.

11.2.6.2.4 Aufbau und Funktionsweise von nicht-strahlungskonzentrierenden Kollektoren

11.2.6.2.4.1 Aufbau und Funktionsweise von Schwimmbadabsorbern

Flächenabsorber zur Wassererwärmung von Schwimmbädern sind üblicherweise aus schwarz gefärbtem Kunststoff als Rohrmatten gefertigt. Derartige Matten werden etwa auf Flachdächern oder auf Rasenflächen ausgelegt und direkt vom Schwimmbadwasser durchströmt, siehe Abbildung 11-150.

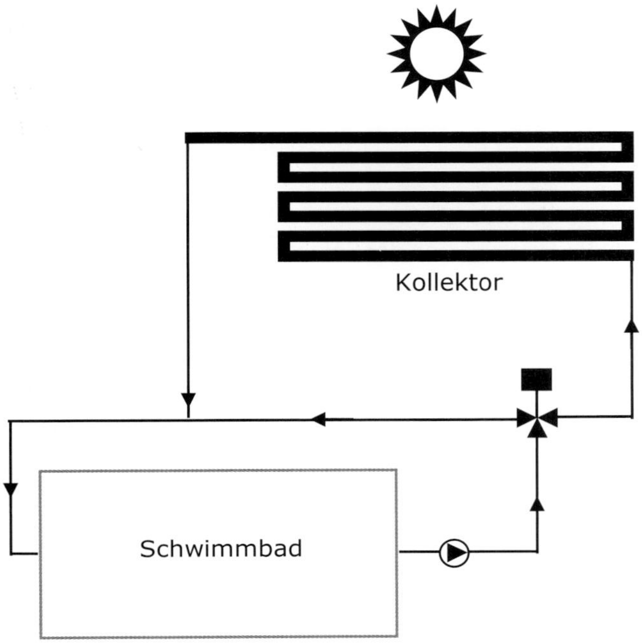

Quelle: eigene Darstellung

Abbildung 11-150: Schwimmbad-Absorber

Als Material sind verschiedene Kunststoffe im Einsatz, die UV-, hydrolyse-, chlor- und bis etwa 100 °C dauertemperaturbeständig sind, etwa Polyethylen, Polypropylen oder Polyvinylchlorid. Der solare Absorptionsgrad α erreicht je nach Material bis zu 95 %. Der thermische Emissionsgrad liegt dementsprechend, da das Material nicht selektiv beschichtet ist.

11.2.6.2.4.2 Aufbau und Funktionsweise von Flachkollektoren

Hauptbestandteil von Flachkollektoren ist der selektiv beschichtete Absorber. Er soll eine hohe Absorption der Sonnenstrahlung gewährleisten, möglichst ohne nennenswerte Emission. An ihm ist ein Kupferrohr in Mäanderform angebracht, das vom Wärmeträgermedium durchströmt wird.

Das Wärmeträgermedium nimmt über das Kupferrohr die Wärme vom Absorber auf. Der Absorber ist von einem wärmegedämmten Kollektorgehäuse umgeben, wodurch die Wärmeverluste des Kollektors geringgehalten werden (siehe Abbildung 11-151).

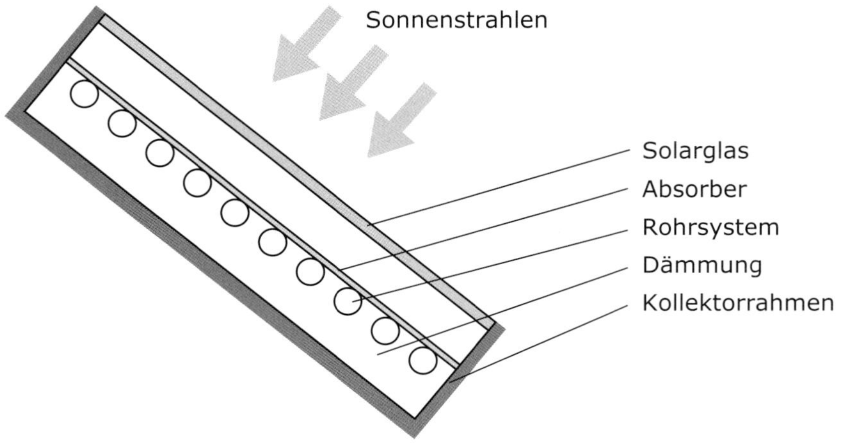

Quelle: eigene Darstellung

Abbildung 11-151: Aufbau eines Flachkollektors

Üblicherweise wird der Kollektor durch eine Solarglasscheibe abgedeckt, die sich durch einen geringen Eisenanteil auszeichnet, wodurch die Transmission der Solarstrahlung erhöht wird. Kollektoren können miteinander in Reihe oder parallel zu einem Kollektorfeld zusammengefügt werden.

11.2.6.2.4.3 Aufbau und Funktionsweise von Vakuumröhrenkollektoren

Vakuumröhrenkollektoren unterscheiden sich in ihrem Aufbau deutlich von Flachkollektoren. Ein Hauptunterschied ist die Vakuumröhre. Sie besteht aus einem Glaszylinder, in dem sich der selektiv-beschichtete Absorber befindet. Innerhalb der Röhre herrscht dabei weitestgehend ein Vakuum vor. Dadurch werden Konvektionsverluste am Absorber verhindert, sodass im Vergleich zum Flachkollektor ein höherer Kollektorwirkungsgrad zustande kommt.

Eine Kollektoranlage besteht aus einer Vielzahl dieser Röhren. Dabei lassen sich zwei grundsätzliche Arten von Vakuumröhrenkollektoren unterscheiden. Zum einen gibt es Kollektoren, bei denen das Wärmeträgermedium direkt durch die Vakuumröhre fließt, zum anderen gibt es solche, die mit einem sogenannten Heat-Pipe-Prinzip funktionieren. Letztere sind am Markt die gängigere Variante. Der Aufbau und die Funktionsweise eines Vakuumröhrenkollektors nach dem Heat-Pipe-Prinzip sind in Abbildung 11-152 dargestellt.

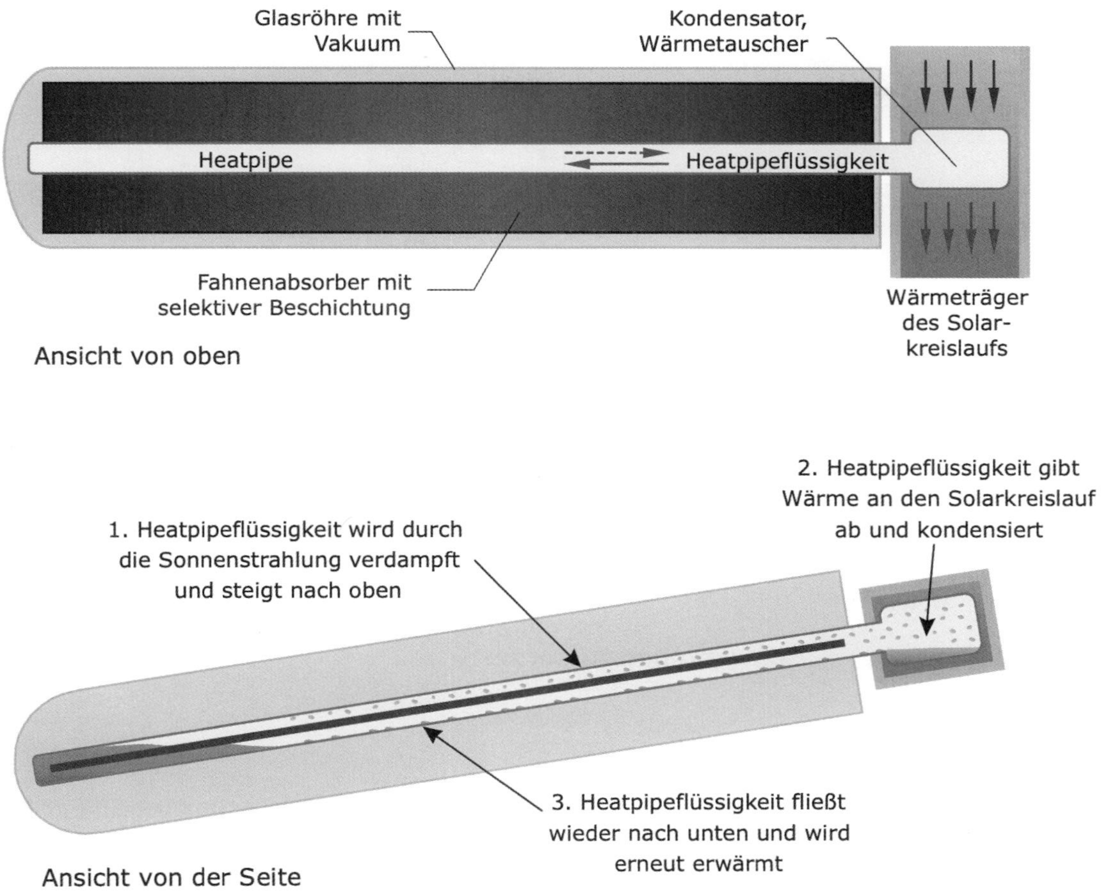

Quelle: Quaschning 2022, S. 130

Abbildung 11-152: Aufbau eines Vakuumröhrenkollektors

Bei dieser Technologie nimmt das über die gesamte Röhre hinweg angebrachte Absorberblech die solare Strahlung auf und erwärmt sich. Die Wärmeenergie wird an ein im Zentrum des Absorbers befindliches Rohr übertragen, in dem sich eine Flüssigkeit mit niedrigem Dampfdruck befindet. Hierfür eignen sich beispielsweise verschiedene Alkoholarten. Erwärmt sich nun die Flüssigkeit, so verdampft sie innerhalb des Rohres und steigt nach oben. Am oberen Ende des Verdampferrohres befindet sich eine Kondensationskammer, die von dem Wärmeträgermedium umflossen ist, das zur Abfuhr der Wärme zum Verbraucher dient. Die verdampfte Flüssigkeit in der Kondensationskammer kühlt ab, kondensiert und fließt zurück in die Verdampferröhre. Die bei diesem Vorgang abgegebene Energie wird von dem Wärmeträgermedium aufgenommen. Damit die verdampfte Flüssigkeit auch in die Kondensationskammer steigen und später wieder zurückfließen kann, darf der Kollektor nicht horizontal aufgestellt werden.

Ein Vorteil gegenüber einem Flachkollektor sind die deutlich geringeren Wärmeverluste und die einfachere Wartung. Ist eine Röhre defekt, kann diese einzeln ausgetauscht werden, ohne dass der Betrieb unterbrochen werden muss.

11.2.6.2.5 Kennlinien von Kollektoren

In Abbildung 11-153 sind vier verschiedene Kollektoren unterschiedlicher Bauart mit ihren relevanten Parameterwerten aufgeführt, die miteinander verglichen werden sollen.

Art	Konversionsfaktor	a1	a2
Schwimmbad-Absorber	0,93	11	0
Flachkollektor Einfachverglasung, nicht selektiver Absorber	0,84	5,9	0,023
Flachkollektor Doppelverglasung, selektiver Absorber	0,7	1,5	0,016
Vakuumröhrenkollektor	0,83	1	0,008

Abbildung 11-153: Beispielhafte Parameterwerte unterschiedlicher Kollektorbauarten

Die folgende Grafik zeigt für einen Schwimmbad-Absorber, wie stark der Kollektor-Wirkungsgrad unter Verwendung der o. a. Gleichung von der Temperaturdifferenz (mittlere Kollektortemperatur vs. Umgebungstemperatur) und der Strahlungsintensität der Sonne beeinflusst wird:

$$\eta_{\text{Kollektor}} = \eta_0 - \frac{a_1 \cdot (\theta_K - \theta_U) + a_2 \cdot (\theta_K - \theta_U)^2}{\dot{G}}$$

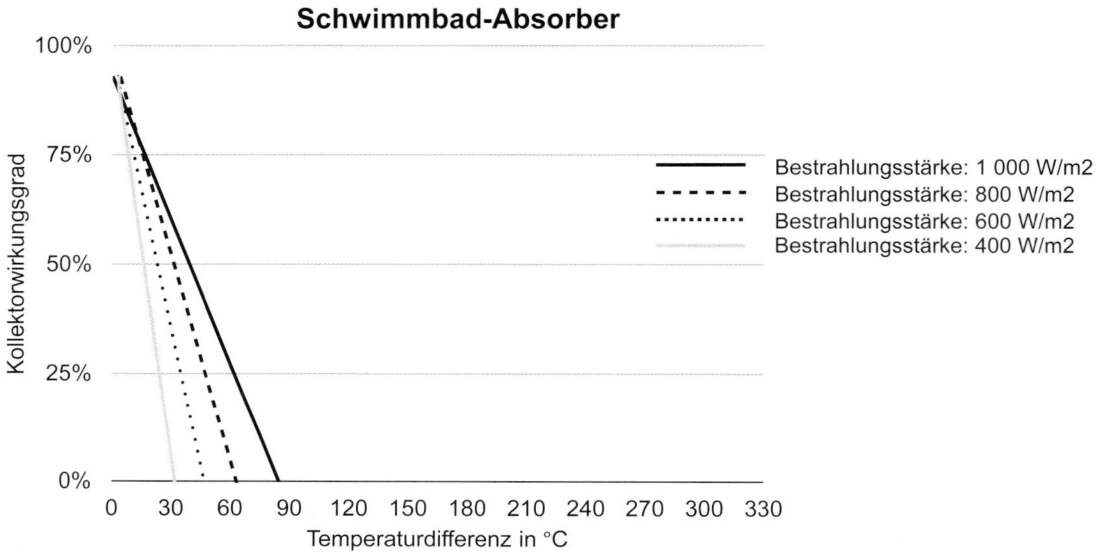

Quelle: eigene Darstellung

Abbildung 11-154: Kollektorwirkungsgrad von Schwimmbad-Absorbern bei unterschiedlichen Bestrahlungsstärken

Abbildung 11-154 ist zu entnehmen, dass die thermischen Verluste mit steigender Temperaturdifferenz stark zunehmen (abnehmender Wirkungsgrad), und zwar besonders stark bei geringen solaren Bestrahlungsstärken. So kann dem betrachteten Kollektor bei einer Bestrahlungsstärke von $\dot{G}$ = 400 W/m² bereits bei einer Temperaturdifferenz von etwa 30 °C keine Leistung mehr entnommen werden.

Aus diesem Temperaturwert lässt sich dann auch die sogenannte Kollektorstillstandstemperatur ableiten. Abbildung 11-154 zufolge liegt sie bei einer Bestrahlungsstärke von 1 000 W/m² im Falle des beispielhaften Schwimmbadabsorbers bei 90 °C oberhalb der Umgebungstemperatur. Legte man einen Vakuumröhrenkollektor mit den o. a. Parameterwerten der Betrachtung zugrunde, käme man auf einen deutlich höheren Wert (hier: 270 °C über der Umgebungstemperatur, siehe Abbildung 11-155).

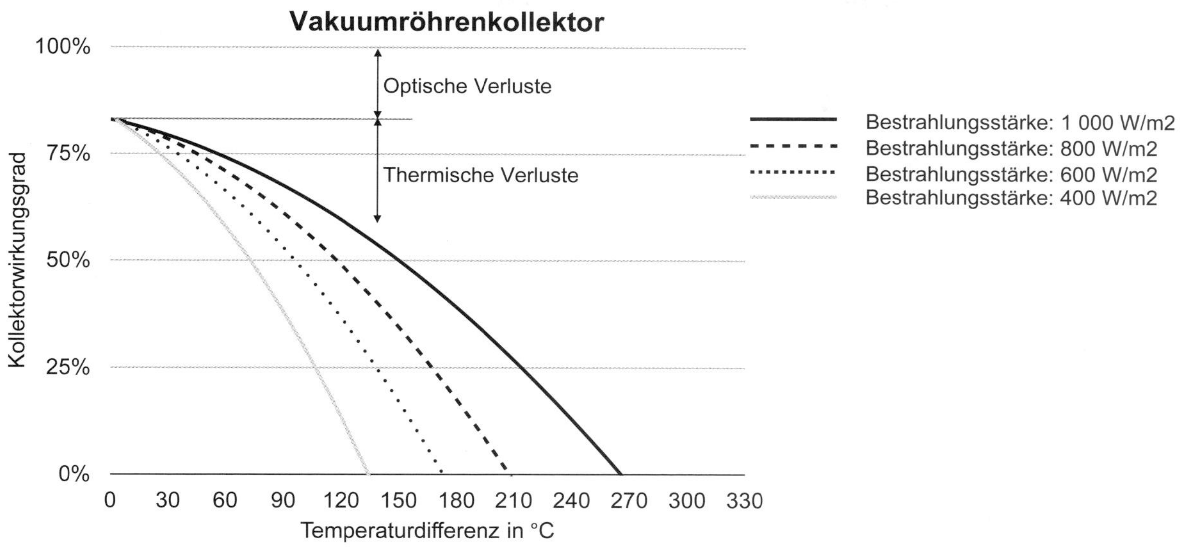

Quelle: eigene Darstellung

Abbildung 11-155: Kollektorwirkungsgrad von Vakuumröhren-Absorbern bei unterschiedlichen Bestrahlungsstärken

Diese Abbildung verdeutlicht zudem die sich aus der Wirkungsgradformel ergebende Differenzierung zwischen den optischen und den thermischen Verlusten.

Die folgende Grafik in Abbildung 11-156 zeigt nun die verschiedenen Kollektorbauarten mit jeweiligen Ausführungsbeispielen im Vergleich. Den Angaben liegt eine Strahlungsintensität von 1 000 W/m² zugrunde.

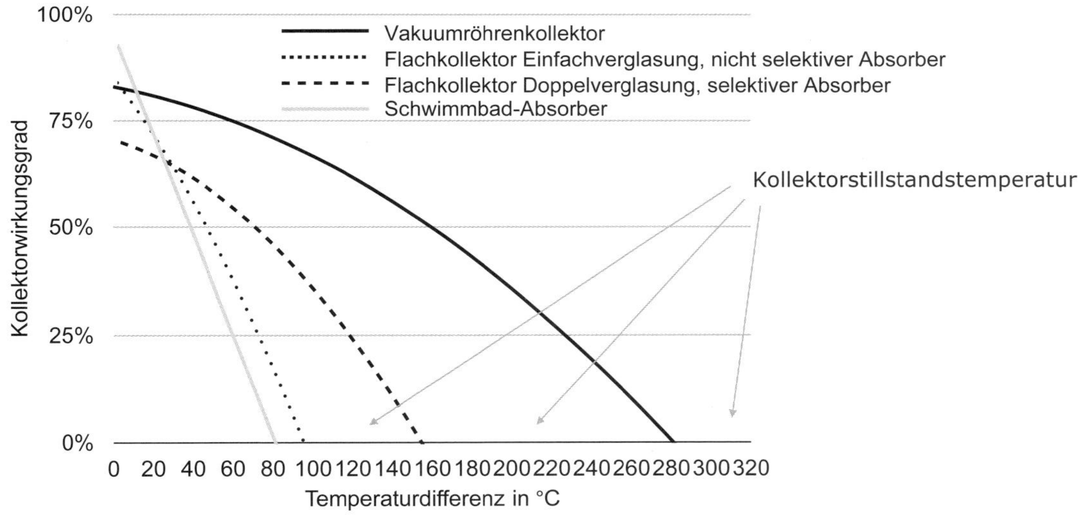

Quelle: eigene Darstellung

Abbildung 11-156: Kollektorwirkungsgrad unterschiedlicher Absorberarten bei unterschiedlichen Temperaturdifferenzen

Zu erkennen ist, dass bei sehr kleinen Temperaturdifferenzen, wie sie etwa bei solaren Schwimmbadsystemen vorkommen, einfache, vergleichsweise günstige Absorber ohne Verglasung und Spezialbeschichtung gute Wirkungsgrade aufweisen. Vakuumröhrenkollektoren haben im Vergleich zu Flachkollektoren deutlich geringere thermische Verluste, sodass deren Wirkungsgrad vor allem bei hohen Temperaturdifferenzen – also sowohl bei niedrigen Außentemperaturen als auch bei hohen Nutztemperaturen – erheblich größer ist. Für eine solche Leistungsfähigkeit sind allerdings höhere Kaufpreise zu zahlen.

Zur praktischen Veranschaulichung soll in den folgenden Ausführungen der Wirkungsgrad eines Flachkollektors ermittelt werden. Die Spezifikationsdaten dieses Kollektors laut fiktiven Herstellerangaben sind der folgenden Tabelle zu entnehmen (siehe Abbildung 11-157).

Parameter	Wertangabe
Bruttofläche [m²]	3,0
Absorberfläche [m²]	2,84
Aperturfläche [m²]	2,75
Höhe [mm]	2 270
Breite [mm]	1 260
Tiefe [mm]	99
Max. Betriebsdruck [bar]	6
Stillstandstemperatur [°C]	232
Peakleistung (bei $\dot{G}$ = 1 000 W/m2)	2 080
Konversionsfaktor η_0	0,773
Wärmedurchgangskoeffizienz a_1 [W/m² K)	3,675
Wärmedurchgangskoeffizienz a_2 [W/m² K)	0,007
Absorberbeschichtung	TiNOx, hochselektiv
Rahmenprofil	Aluminium, schwarz eloxiert
Wärmedämmung	ausgasungsfreie Mineralwolle, 50 mm
Kollektorverglasung	transparentes Solarsicherheitsglas, 3,2 mm

Abbildung 11-157: Spezifikationsdaten eines beispielhaften Flachkollektors aus einer Herstellerbroschüre

An einem Frühsommertag bei 20 °C Außentemperatur soll die Globalstrahlung bei wolkenfreiem Himmel 1 000 W/m² betragen. Der folgenden Tabelle (Abbildung 11-158) lässt sich unter diesen Rahmengegebenheiten entnehmen, welcher Wirkungsgrad sich in Abhängigkeit von der Temperaturdifferenz zwischen Umgebungstemperatur und Wärmleitflüssigkeit (im Durchschnitt) nach der bekannten Formel

$$\eta_{\text{Kollektor}} = \eta_0 - \frac{a_1 \cdot (\theta_\text{K} - \theta_\text{U}) + a_2 \cdot (\theta_\text{K} - \theta_\text{U})^2}{\dot{G}}$$

ergibt und welche Wärmeleistung **potenziell** erzeugt wird.

Indikator	Wert				
Konversionsfaktor η_0	0,773	0,773	0,773	0,773	0,773
a_1	3,675 W/m2K	3,675 W/m2K	3,675 W/m2K	3,675 W/m2K	3,675 W/m2K
a_2	0,007 W/m2K	0,007 W/m2K	0,007 W/m2K	0,007 W/m2K	0,007 W/m2K
$\theta_{Absorber}$	70 °C	60 °C	50 °C	40 °C	30 °C
$\theta_{Umgebung}$	20 °C	20 °C	20 °C	20 °C	20 °C
$\Delta\theta$	50K	40K	30K	20K	10K
Spezifische Globalstrahlung G	1 000 W/m2	1 000 W/m2	1 000 W/m2	1 000 W/m2	1 000 W/m2
Aperturfläche $A_{Apertur}$	2,75 m2	2,75 m2	2,75 m2	2,75 m2	2,75 m2
η_K	0,572	0,615	0,656	0,697	0,736
Leistung $\dot{Q}$	1,57 kW	1,69 kW	1,81 kW	1,92 kW	2,02 kW

Abbildung 11-158: Leistungsspektrum von Flachkollektor Premium 2,9 im Sommer

Der Zusatz „potenziell" wird verwandt, weil eine Wärmeleistung bei einem Solarkollektor nur entsteht, wenn auch ein Wärmebedarf vorliegt (entweder unmittelbarer Wärmebedarf oder einer zum Aufheizen von Speicherwasser). Der Tabelle kann entnommen werden, dass der Wärmeverlust durch hohe Temperaturdifferenzen nicht unwesentlich ist und sich im Winter aufgrund der nachlassenden Globalstrahlung noch verschärft (Abbildung 11-159).

Indikator	Wert				
Konversionsfaktor η_0	0,773	0,773	0,773	0,773	0,773
a_1	3,675 W/m2K	3,675 W/m2K	3,675 W/m2K	3,675 W/m2K	3,675 W/m2K
a_2	0,007 W/m2K	0,007 W/m2K	0,007 W/m2K	0,007 W/m2K	0,007 W/m2K
$\theta_{Absorber}$	70 °C	60 °C	50 °C	40 °C	30 °C
$\theta_{Umgebung}$	0 °C	0 °C	0 °C	0 °C	0 °C
$\Delta\theta$	70K	60K	50K	40K	30K
Spezifische Globalstrahlung G	500 W/m2	500 W/m2	500 W/m2	500 W/m2	500 W/m2
Aperturfläche $A_{Apertur}$	2,75 m2	2,75 m2	2,75 m2	2,75 m2	2,75 m2
η_K	0,190	0,282	0,371	0,457	0,540
Leistung $\dot{Q}$	0,26 kW	0,39 kW	0,51 kW	0,63 kW	0,74 kW

Abbildung 11-159: Leistungsspektrum von Flachkollektor Premium 2,9 im Winter

Würde man diesen Flachkollektor durch einen nahezu aperturflächengleichen Vakuumröhrenkollektor (mit deutlich anderen Werten für den Konversionsfaktor und die Wärmedurchgangskoeffizienten) austauschen, erhielte man vor allem im Winter einen höheren Ertrag (siehe Abbildung 11-160), müsste allerdings für die Anlage einen höheren Preis zahlen.

Indikator	Wert				
Konversionsfaktor η_0	0,575	0,575	0,575	0,575	0,575
a_1	1,25 W/m2K	1,25 W/m2K	1,25 W/m2K	1,25 W/m2K	1,25 W/m2K
a_2	0,004 W/m2K	0,004 W/m2K	0,004 W/m2K	0,004 W/m2K	0,004 W/m2K
$\theta_{Absorber}$	70 °C	60 °C	50 °C	40 °C	30 °C
$\theta_{Umgebung}$	0 °C	0 °C	0 °C	0 °C	0 °C
$\Delta\theta$	70K	60K	50K	40K	30K
Spezifische Globalstrahlung G	500 W/m2	500 W/m2	500 W/m2	500 W/m2	500 W/m2
Aperturfläche $A_{Apertur}$	2,83 m2	2,83 m2	2,83 m2	2,83 m2	2,83 m2
η_K	0,361	0,396	0,430	0,462	0,493
Leistung $\dot{Q}$	0,51 kW	0,56 kW	0,61 kW	0,65 kW	0,7 kW

Abbildung 11-160: Leistungsspektrum von Vakuumröhrenkollektor Nero im Winter zum Vergleich

11.2.6.3 Kapitalwertberechnung von Solarkollektoranlagen gemäß DIN EN 17463

11.2.6.3.1 Vorgehensweise zur Ermittlung der Rückflüsse bei Solarkollektoranlagen

Im folgenden Beispiel geht es um die Unterstützung der Nutzwasserwärmeversorgung eines Mehrfamilienhauses durch eine Solarkollektoranlage der Vakuumröhrenbauart. Als Basis einer möglichen Kaufentscheidung soll der Kapitalwert ermittelt werden. Die Anfangsauszahlung, also der Kaufpreis des Kollektors plus Installation und Inbetriebnahme, sowie Zahlungsströme für anzunehmende Wartungs- und Reparaturarbeiten lassen sich vergleichsweise einfach ermitteln. Für den notwendigen Warmwasserspeicher liegt die Anfangsauszahlung jedoch erst vor, wenn das passende Speichervolumen bestimmt ist. Komplizierter gestaltet sich hier die Bestimmung der Energiekosteneinsparungen, die durch den Einsatz der Kollektoranlage zustande kommen. Hiermit beschäftigen sich die nächsten Unterabschnitte, bevor es schließlich um die eigentliche Investitionsrechnung geht.

Ziel soll im Beispiel sein, nach Vorauswahl eines bestimmten Kollektortyps von einem bestimmten Hersteller die nutzungsgradoptimale Aperturfläche auszuwählen und zu klären, inwieweit eine wirtschaftliche Vorteilhaftigkeit vorliegt. Der solare Deckungsgrad steht insofern nicht im Vordergrund.

Die folgende Abbildung 11-161 zeigt, an welcher Stelle eine Solarkollektoranlage Wirkung entfaltet: Sie trägt durch die erzeugte Wärme dazu bei, den Raum- und Nutzwasserwärmeenergiebedarf eines Gebäudes oder den Prozesswärmebedarf eines Industrieprozesses zu decken (Q_{NE} wird als konstant zugrunde gelegt, Q_{EE} soll reduziert werden).

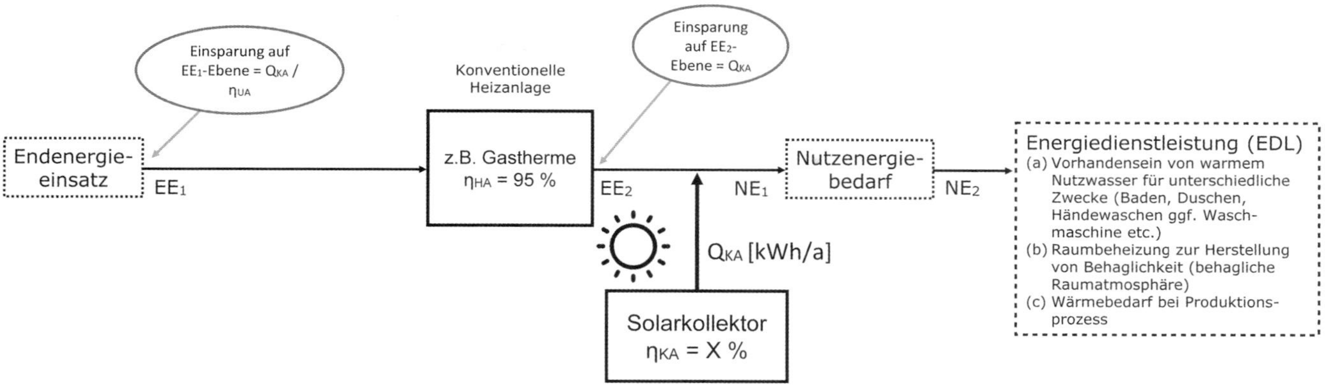

Quelle: eigene Darstellung

Abbildung 11-161: Energieflussschaubild zur Einbindung eines Solarkollektors in die Nutzwasserwärmeversorgung

Durch den Einsatz des Kollektors muss die Energiemenge zur Deckung des Wärmebedarfs nun nicht mehr allein durch eine bestehende konventionelle Heizanlage, die üblicherweise durch den Kollektor nicht obsolet wird, generiert werden. Da die Heizanlage ihrerseits einen Nutzungsgrad < 100 % und insofern Wärmeverluste aufweist, spart man durch den Kollektor mehr Endenergie an der Heizanlage Q_{HA} ein als Nutzenergie durch die Kollektoranlage Q_{KA} erzeugt wird. Die Reduzierung des Endenergieverbrauchs an der bestehenden Heizanlage ΔQ_{HA} ergibt sich daher wie folgt:

$$\Delta Q_{\text{HA}} = Q_{\text{KA}}/\eta_{\text{HA}}$$

Zur Bestimmung der jährlichen Energiekosteneinsparungen EKE_t – als Cashflow für die Kapitalwertberechnung – ist dann noch diese Endenergieverbrauchsreduktion ΔQ_{HA} mit einem spezifischen Endenergiepreis und einem geschätzten Jahrespreisänderungsfaktor zu multiplizieren. Als energiebezogene Zahlungsströme ergeben sich folgende Jahresrückflüsse (für $t > 0$):

$$\text{EKE}_t = \frac{Q_{\text{KA},t}}{\eta_{\text{HA}}} \cdot p_{t=0} \cdot (1 + \Delta p)^t$$

Zur Ermittlung des Nutzenergiebeitrags der Kollektoranlage $\Delta Q_{\text{KA},t}$ werden folgende Schritte vorgeschlagen:

1) Ermittlung des monatlichen Nutzwasserwärmebedarfs
2) Bestimmung der Größe des Warmwasserspeichers
3) Auswahl eines möglichen Kollektors einer bestimmten Anlagenbauart zur Bestimmung des zugrunde zu legenden Kollektorwirkungsgrades
4) Ermittlung der Anlagenverluste
5) Bestimmung des potenziellen Kollektoranlagennutzungsgrades η_{KApot}
6) Bestimmung des solaren Deckungsgrades
7) Ermittlung des tatsächlichen Kollektoranlagennutzungsgrades und Abgrenzung zum potenziellen
8) Ermittlung der Aperturfläche, bei der die erzeugte Wärme immer einer Verwendung zugeführt wird (Referenzkapazität)

11.2.6.3.2 Beispiel für die Ermittlung des Kapitalwertes einer Solarkollektoranlage

Die folgenden Ausführungen veranschaulichen die sukzessive Spezifikation einer beispielhaften Solarkollektoranlage. Schrittweise wird zunächst ermittelt, welche Größe sinnvollerweise gewählt werden sollte, um den Warmwasserbedarf zu decken. Am Ende wird durch eine Kapitalwertkalkulation geklärt, ob eine passende Kollektoranlage wirtschaftlich vorteilhaft wäre.

11.2.6.3.2.1 Parameter der Rückflüsse einer Solarkollektoranlage

Zunächst wird – in Schritt eins – der Jahresnutzwasserwärmebedarf anhand von üblichen Durchschnittswerten – etwa aus veröffentlichten Normen oder durch Individualabschätzung – ermittelt. Im vorliegenden Fall soll er unter Zugrundelegung eines Nutzwassertagesbedarfs von 1 800 Litern 60 °C warmen Wassers bei etwa 35 000 kWh/a liegen, siehe Abbildung 11-162.

Variable	Werte	
Temperatur$_{Kaltwasser}$ [°C]	10	Eingabewert
Temperatur$_{Speicher}$ [°C]	60	Eingabewert
Temperaturdifferenz $\Delta\theta_{Speicher}$ [°C]	50	berechnet
Tagesbedarf an Nutzwasser m_{NW} [kg/Tag] mit 60°C	1 800	Eingabewert
Dichte Wasser ρ_{Wasser} [kg/m^3]	1	Eingabewert
Spez. Wärmekapazität c_{Wasser} [Wh/(kg ·°C)]	1,162	Eingabewert
Anwesenheitstage pro Jahr	330 d	Eingabewert
Sicherheitsfaktor $F_{Sicherheit}$ für die Bestimmung des Speichervolumens	2	Eingabewert
Nutzwasserwärmebedarf Q_{NW} pro Tag [kWh] = $\Delta\theta_{Speicher} \cdot m_{NW} \cdot c_{Wasser}$	104,6	berechnet
Nutzwasserwärmebedarf Q_{NW} pro Jahr [kWh] exakt	34 511	berechnet
Nutzwasserwärmebedarf Q_{NW} pro Jahr [kWh] aufgerundet	35 000	berechnet
Angestrebtes Speichervolumen [m^3] = $m_{NW} \cdot \rho_{Wasser} \cdot F_{Sicherheit}$	3 600	berechnet

Abbildung 11-162: Ermittlung des Jahresnutzwasserwärmebedarfs

Zur Festlegung des Speichervolumens im Schritt zwei wird – wie in der Praxis üblich – ein Sicherheitsfaktor (hier von: 2) verrechnet. Dadurch ergibt sich ein benötigtes Speichervolumen von 3 600 Litern. Die Entscheidung fällt auf einen angebotenen Speicher mit 3 690 Litern. Der Nutzwasserwärmebedarf verteilt sich in unserem Beispiel gleichmäßig auf alle Monate und beträgt monatlich 2 917 kWh (35 000 kWh/12 Monate).

Nun erfolgt im dritten Schritt die Auswahl eines möglichen Kollektors. Für die Investitionsrechnung wird im Beispiel der Vakuumröhrenkollektor SOL 300 mit einer Aperturfläche von 3,19 m^2 vorausgewählt. Man geht davon aus, dass etwa zehn Kollektoreinheiten benötigt werden. Relevante technische Daten zum Kollektor sind der folgenden Abbildung 11-163 zu entnehmen.

Parameter	Wertangabe
Anzahl Röhren	24
Bruttofläche [m2]	4,6
Absorberfläche [m2]	3,0
Aperturfläche [m2]	3,19
Höhe [mm]	2 210
Breite [mm]	2 061
Tiefe [mm]	150
Max. Betriebsdruck [bar]	6
Stillstandstemperatur [°C]	210
Peakleistung (bei $\dot{G}$ = 1 000 W/m2)	2 080
Konversionsfaktor η_0	0,74
Wärmedurchgangskoeffizienz a_1 [W/m2 K)	1,668
Wärmedurchgangskoeffizienz a_2 [W/m2 K)	0,007

Abbildung 11-163: Merkmale des Vakuumröhrenkollektors SOL 300

Die folgenden zwei Abbildungen (Abbildung 11-164 und Abbildung 11-165) zeigen die sich auf der Grundlage dieser technischen Daten ergebenden Kollektorwirkungsgrade bei unterschiedlichen Temperaturdifferenzen und Strahlungsintensitäten.

Indikator	Wert				
Konversionsfaktor η_0	0,74	0,74	0,74	0,74	0,74
a_1	1,668 W/m2K	1,668 W/m2K	1,668 W/m2K	1,668 W/m2K	1,668 W/m2K
a_2	0,007 W/m2K	0,007 W/m2K	0,007 W/m2K	0,007 W/m2K	0,007 W/m2K
$\theta_{Absorber}$	70 °C	60 °C	50 °C	40 °C	30 °C
$\theta_{Umgebung}$	20 °C	20 °C	20 °C	20 °C	20 °C
$\Delta\theta$	50K	40K	30K	20K	10K
Spezifische Globalstrahlung G	1 000 W/m2	1 000 W/m2	1 000 W/m2	1 000 W/m2	1 000 W/m2
Aperturfläche $A_{Apertur}$	3,19 m2	3,19 m2	3,19 m2	3,19 m2	3,19 m2
η_K	0,639	0,662	0,684	0,704	0,723
Leistung $\dot{Q}$	2,04 kW	2,11 kW	2,18 kW	2,25 kW	2,31 kW

Abbildung 11-164: Leistungsspektrum des Vakuumröhrenkollektors SOL 300 im Sommer

Indikator	Wert				
Konversionsfaktor η_0	0,74	0,74	0,74	0,74	0,74
a_1	1,668 W/m2K	1,668 W/m2K	1,668 W/m2K	1,668 W/m2K	1,668 W/m2K
a_2	0,007 W/m2K	0,007 W/m2K	0,007 W/m2K	0,007 W/m2K	0,007 W/m2K
$\theta_{Absorber}$	70 °C	60 °C	50 °C	40 °C	30 °C
$\theta_{Umgebung}$	0 °C	0 °C	0 °C	0 °C	0 °C
$\Delta\theta$	70K	60K	50K	40K	30K
Spezifische Globalstrahlung G	500 W/m2	500 W/m2	500 W/m2	500 W/m2	500 W/m2
Aperturfläche $A_{Apertur}$	3,19 m2	3,19 m2	3,19 m2	3,19 m2	3,19 m2
η_K	0,438	0,489	0,538	0,584	0,627
Leistung $\dot{Q}$	0,7 kW	0,78 kW	0,86 kW	0,93 kW	1 kW

Abbildung 11-165: Leistungsspektrum des Vakuumröhrenkollektors SOL 300 im Winter

Für die weiteren Betrachtungen wird auf der Grundlage dieser Angaben ein durchschnittlicher Kollektorwirkungsgrad $\varnothing\eta_K$ von 55 % zugrunde gelegt.

Als Nächstes sind in Schritt vier die Anlagenverluste jenseits des eigentlichen Kollektors zu ermitteln. Der Kollektorwirkungsgrad berücksichtigt optische und thermische Verluste am Kollektor und beschreibt das Verhältnis von der Kollektornutzleistung $\dot{Q}_{\text{Kollektor}}$ am Kollektorausgang zu der empfangenen Solarstrahlungsleistung $\dot{G}$ unter der Annahme, die erzeugte Wärme wird einer Verwendung zugeführt, also: $Q_{\text{KA}} = Q_{\text{Bedarf}}$. Er berücksichtigt nicht die Wärmeverluste, die

- durch die Zirkulation der Wärmeübertragungsflüssigkeit in den Rohrleitungen,
- durch Aufheizung von Rohren und Armaturen und
- durch Wärmeabgabe des Warmwasserspeichers an die Umgebung

entstehen. Insgesamt ergeben sich also verschiedene Arten von Verlusten, die kumuliert bewirken, dass Solarkollektoren je nach Bauart Kollektoranlagennutzungsgrade von häufig < 50 % aufweisen, siehe Abbildung 11-166.

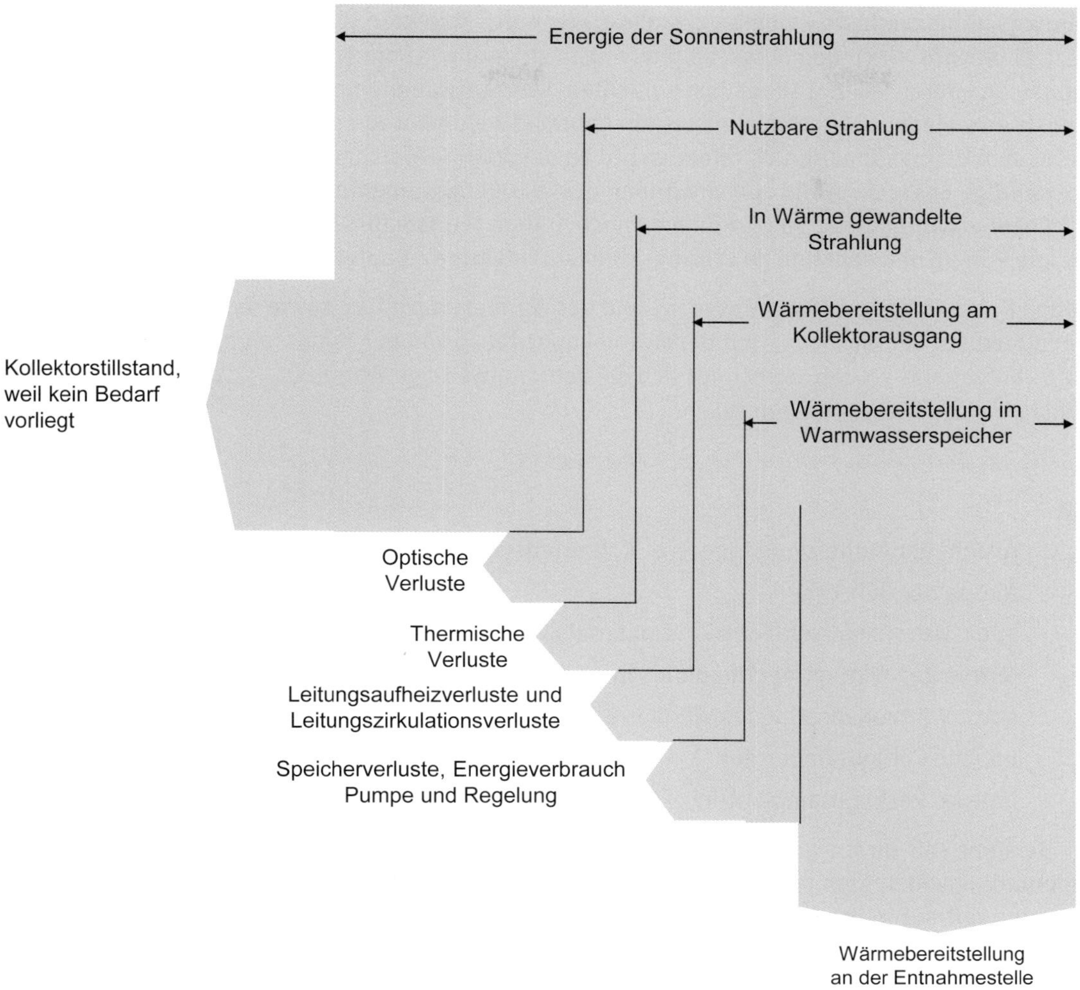

Quelle: eigene Darstellung

Abbildung 11-166: Wärmeenergieverluste eines Solarkollektors als Sankey-Diagramm

Der Abbildung ist zu entnehmen, dass regelmäßig nur ein begrenzter Anteil der eingefangenen Solarenergie als Nutzenergie verwendet werden kann. Verluste durch Kollektorstillstand entstehen dann, wenn der Speicher bereits auf seine Maximaltemperatur aufgeheizt ist und keine externen Wärmebedarfe mehr vorliegen, die zum Beladen des Speichers notwendige Temperatur im Kollektor noch nicht erreicht ist oder wenn eine Grenztemperatur überschritten wird. Der Umfang der Verluste wird wesentlich von der Aperturfläche und vom Volumen des Wärmespeichers sowie von der zeitlichen Verteilung des Nutzenergiebedarfs beeinflusst. Je größer die Aperturfläche ist, desto häufiger ergibt sich ein Kollektorstillstand. Je voluminöser der Warmwasserspeicher, desto seltener kommt er zustande. Gleiches gilt, wenn der zeitliche Anfall des Wärmebedarfs relativ gut mit der Sonneneinstrahlung übereinstimmt. Hier könnte ein Wärmelastmanagement ansetzen.

Zur Verknüpfung der Systemelemente eines Solarkollektorsystems werden Rohrleitungen benötigt. Zum einen sind dies Leitungen vom Kollektor zum Wärmespeicher, zum anderen vom Wärmespeicher zum Verbraucher.

Energetisch gesehen sind **Leitungen unerwünschte Verlustquellen**, die im Winter bestenfalls einen geringen Beitrag zur Raumheizung liefern. Bei schlecht oder gar nicht wärmegedämmten Leitungen können die Leitungsverluste derart hoch sein, dass ein nennenswerter Anteil der gewonnenen Wärme auf dem Weg zum Speicher oder Verbraucher verloren geht. Unterschieden wird dabei zwischen

- Leitungsaufheizverlusten und
- Zirkulationsverlusten.

Leitungsaufheizverluste kommen zustande, wenn der Kollektor in Betrieb genommen oder ausgeschaltet wird. Nach dem Ausschalten (wegen zu geringer Sonneneinstrahlung) kühlen die Leitungen und deren Füllung allmählich auf Außen- bzw. auf Raumtemperatur ab. Entsprechend müssen sie erst wieder auf Betriebstemperatur gebracht werden, wenn der Kollektor eingeschaltet ist, bevor sich Wärme über den Wärmetauscher an den Wärmespeicher transferieren lässt. Die dafür notwendige Energie sowohl zum Erwärmen des Wärmeträgermediums als auch der Rohre stellen Leitungsheizverluste dar. Hinzu kommen noch Aufheizverluste für Absperrventile, Temperaturfühler, die Pumpe und sonstige im Leitungskreislauf integrierte Bauteile.

Sollen Rohrleitungen mit der Masse m_R und der Wärmekapazität c_R sowie das enthaltene Wärmeträgermedium der Masse m_W mit der Wärmekapazität c_W von der Temperatur θ_1 auf die Temperatur θ_2 aufgeheizt werden, berechnet sich die dafür notwendige Wärme $Q_{\mathrm{Leitungsaufheizverluste}}$ für eine Zahl n_A von Aufheizvorgängen zu:

$$Q_{\mathrm{Leitungsaufheizverluste}} = n_\mathrm{A} \cdot (m_\mathrm{R} \cdot c_\mathrm{R} + m_\mathrm{W} \cdot c_\mathrm{W}) \cdot (\theta_1 - \theta_2)$$

Mit

n_A Anzahl der Aufheizvorgänge (i. d. R. Betriebstage der Kollektoranlage)

m_R Masse der Rohre [kg]

c_R spez. Wärmekapazität des Rohrmaterials [Wh/(kg K)]

m_W Masse des Wärmeträgermediums in den Rohren [kg]

c_W spez. Wärmekapazität des Wärmeträgermediums in den Rohren [kg]

θ_1 übliche Vorlauftemperatur

θ_2 übliche Rücklauftemperatur

Im Beispiel soll davon ausgegangen werden, dass 100 Meter Kupferrohrleitungen mit einem Innenradius von 1,5 cm und – wie bereits erwähnt – ein Warmwasserspeicher von 3 690 Litern Volumen verbaut werden müssten. Als Leitungsaufheizverluste lassen sich unter Anwendung der obigen Gleichung 875 kWh/a ermitteln (siehe Abbildung 11-167):

Sachverhalt	Wertangabe
Anzahl Aufheizvorgänge pro Jahr n_A	200
Länge des Rohres l_{Rohr} [m]	100
Radius r_i Kupferrohr [m]	0,015
Radius r_a Kupferrohr [m]	0,019
Volumen Kupfer [m^3]	0,0427
Dichte Kupfer [kg/m^3]	8 920
m_R [kg]	381,1
c_R [Wh/(kg•K)]	0,109
Volumen Wasser [m^3]	0,0707
m_W [kg]	70,69
c_W [Wh/(kg•K)]	0,96
θ_1	20
θ_2	60
Leitungsaufheizverluste Q_{LA} [kWh] = (m_R • c_R + m_W • c_W) • ΔΘ • n_A	875

Abbildung 11-167: Leitungsaufheizverluste

Neben den Aufheizverlusten sind bei der Auslegung und Wärmebilanzierung **Leitungszirkulationsverluste** zu berücksichtigen. In aller Regel handelt es sich bei den Leitungen um Rohre, die ggf. wärmegedämmt sind. Insofern ist die Rohrleitungsgleichung, die im Kapitel 11.1.1.2.3 hergeleitet wurde, anzuwenden. Sie lautet:

$$\dot{Q}_{\text{Rohr}} = \frac{2 \cdot \pi \cdot L \cdot (T_i - T_a)}{\frac{1}{r_i \cdot \alpha_i} + \frac{1}{\lambda_1} \cdot \ln \frac{r_{1,\text{außen}}}{r_{1,\text{innen}}} + \frac{1}{\lambda_2} \cdot \ln \frac{r_{2,\text{außen}}}{r_{2,\text{innen}}} + \frac{1}{r_a \cdot \alpha_a}}$$

Für unser Beispiel ergibt sich unter Anwendung der Gleichung folgender Zirkulationswärmestrom bzw. folgende Jahresabwärmemenge (siehe Abbildung 11-168):

Sachverhalt	Wertangabe
Radius r_i Kupferrohr [m]	0,015
Wandstärke Kupferrohr [m]	0,004
Radius r_a Kupferrohr [m]	0,019
Dämmschichtstärke s_D [m]	0,05
Radius r_a mit Dämmung [m]	0,069
Länge des Rohres l_{Rohr} [m]	100
Aussenumfang [m]	0,43
Wärmeleitfähigkeitskoeffizient Dämmschicht λ_D [W/(m K]]	0,04
Wärmeleitfähigkeitskoeffizient Kupferrohr λ_R [W/(m K]]	300
Wärmeübergangszahl außen α_a [W/(m² K)]	2
Wärmeübergangszahl innen α_i [W/(m² K)]	2 500
θ_W [°C]	60
θ_A [°C]	20
Betriebszeit T pro Jahr [h]	2 000
Zirkulationswärmestrom $\dot{Q}_{Zirkulation}$ [W]	635,7
Jahresabwärmemenge Q [kWh]	1 271

Abbildung 11-168: Leitungszirkulationsverluste berechnet als Jahresabwärmemenge

Die Leitungszirkulationsverluste betragen 1 271 kWh pro Jahr. Sie zeigen den Wärmeverlust auf, der durch den Wärmestrom von der aufgewärmten Rohrwand an die Umgebung entsteht.

Da – wie bereits erwähnt – die Wärmenachfrage zeitlich nicht zwangsläufig mit der Wärmeerzeugung zusammenfällt, wird ein Wärmespeicher grundsätzlich benötigt, sodass auch Speicherwärmeverluste berücksichtigt werden müssen. Als Wärmespeichermedium können verschiedene Stoffe dienen. Von besonderer Relevanz bei der Auswahl des Mediums ist dessen spezifische Wärmekapazität. Im Vergleich mit anderen Speichermedien ist die spezifische Wärmekapazität von Wasser mit ca. 4,18 kJ/(kg · K) recht hoch. Dies ist ein Grund dafür, dass Wasser als Wärmeübertragungs- und Speichermedium in Mittel- und Nordeuropa am häufigsten eingesetzt wird. Ein weiterer Vorteil von Wasserspeichern ist die Möglichkeit, den Speicher direkt an das Brauchwassersystem anzuschließen.

Der Aufbau eines Brauchwasserspeichers ist in der folgenden Abbildung 11-169 dargestellt.

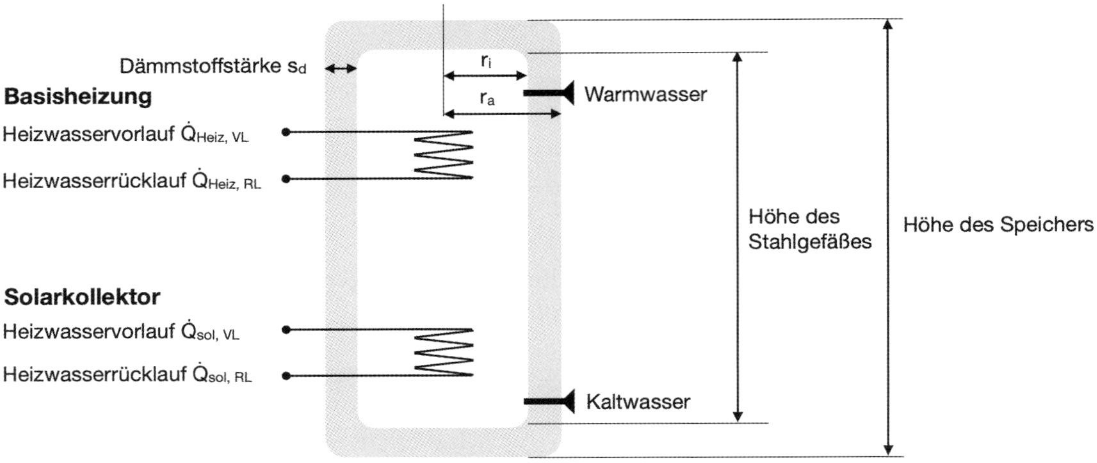

Quelle: eigene Darstellung

Abbildung 11-169: Aufbau Warmwasserspeicher

Zu sehen ist, dass der Kaltwasserzulauf weit unten im Speicher angebracht ist. Der Warmwasserabgang hingegen ist oben zu finden. Hintergrund sind die Dichteunterschiede zwischen den Wassertemperaturen. Kälteres Wasser hat in dem betrachteten Temperaturbereich von bspw. 12 bis 90 °C eine höhere Dichte als wärmeres. Das führt dazu, dass kälteres Wasser im Speicher nach unten absinkt, wohingegen wärmeres nach oben steigt. Auf diese Weise entsteht eine Temperaturschichtung im Speicher, wodurch sichergestellt wird, dass stets möglichst warmes Wasser aus dem Speicher entnommen werden kann.

Ein sogenannter Rippenrohrwärmeübertrager, der üblicherweise an den Solarkreis angeschlossen ist, befindet sich ebenfalls im unteren Teil des Speichers. Laut Kaltschmitt et al.[105] findet so die Wärmeübertragung vom Solarkreis stets mit dem kälteren Wasser im Speicher statt. Auf diese Weise wird das sogenannte Totvolumen, also das nicht nutzbare bzw. nicht direkt beheizbare Volumen, am Boden des Speichers minimiert.

Im oberen Teil des Speichers befindet sich ein zweiter Wärmeübertrager, der mit der konventionellen Heizanlage verbunden ist. Diese kann, falls im oberen Teil des Speichers eine zu niedrige Temperatur gemessen wird, zugeschaltet werden. So wird darauf hingewirkt, dass jederzeit Warmwasser mit einer festgelegten Mindesttemperatur zur Verfügung steht. Man spricht daher beim obersten Teil des Speichers auch vom Bereitschaftsvolumen.

Der dargestellte Wärmeübertrager dient nur zur Trinkwassererwärmung, da er keinen Anschluss an den Heizungsumlauf hat. Dies ist typisch für Brauchwasserspeicher. Grundsätzlich ist es jedoch auch möglich, einen zusätzlichen Wärmeübertrager im oberen Bereich des Speichers anzuschließen und diesen mit dem Heizungsumlauf zu verbinden. Um das Trinkwasser im Speicher vor Legionellenbildung zu schützen, sollte das Speichervolumen auf mindestens 55 °C aufgeheizt sein.

Grundsätzlich ist es sehr sinnvoll, alle Speichertypen nach außen hin gut wärmezudämmen, um die Wärmeverluste möglichst gering zu halten. Dafür kommen Schaumstoffisolierungen oder Hartschalenwärmedämmungen zum Einsatz. Größere Speicher werden teilweise auch mithilfe einer zusätzlichen Ummantelung mit schüttbaren Dämmmaterialien gegen Wärmeverluste geschützt.

Für den Speicher in unserem Beispiel ergibt sich bei angenommenen 2 000 Stunden Betriebszeit ein Speicherwärmeverlust von 386 kWh pro Jahr, siehe Abbildung 11-170.

105 Kaltschmitt et al. 2006, S. 623.

Sachverhalt	Wertangabe
Länge des Zylinders $_r$ [m]	2,4
Radius r_i Stahlzylinder innen [m]	0,7
Kreisfläche innen [m^2]	1,54
Innenvolumen [m^3]	3,69
Wandstärke Stahlzylinder [m]	0,001
Radius r_a Stahlzylinder außen [m]	0,701
Dämmschichtstärke d_D [m]	0,100
Radius r_a außen mit Dämmung [m]	0,801
Wärmeleitfähigkeitskoeffizient Dämmschicht λ_D [W/(m K)]	0,04
Wärmeleitfähigkeitskoeffizient Stahl λ_R [W/(m K)]	42
Wärmeübergangszahl außen α_a [W/(m^2 K)]	2
Wärmeübergangszahl innen α_i [W/(m^2 K)]	300
θ_W [°C]	60
θ_A [°C]	20
Betriebszeit T pro Jahr [h]	2 000
Zähler	602,88
Wärmestrom Zylinderwand $\dot{Q}$ [W] exakt	152,1
Wärmestrom Bodenwände $\dot{Q}$ [W] exakt	41,0
Wärmestrom gesamt $\dot{Q}$ [W] exakt	193,1
Jahresabwärmemenge Q [kWh]	386

Abbildung 11-170: Verluste am Warmwasserspeicher

Bei der Kalkulation der Speicherwand sind die o. a. Wärmestromgleichungen für Rohrleitungen verwandt worden:

$$\dot{Q}_{\text{Rohr}} = \frac{2 \cdot \pi \cdot L \cdot (T_i - T_a)}{\frac{1}{r_i \cdot \alpha_i} + \frac{1}{\lambda_1} \cdot \ln \frac{r_{1,\text{aussen}}}{r_{1,\text{innen}}} + \frac{1}{\lambda_2} \cdot \ln \frac{r_{2,\text{aussen}}}{r_{2,\text{innen}}} + \frac{1}{r_a \cdot \alpha_a}}$$

Boden und Deckel wurden hingegen mit jener für stehende Wände berechnet:

$$\dot{Q}_{\text{Speicherboden}} = \frac{1}{R_{si} + \frac{\delta_1}{\lambda_1} + \frac{\delta_2}{\lambda_2} + R_{sa}} \cdot A_H \cdot \Delta\theta$$

In der Gesamtbetrachtung ergeben sich für die betrachtete Beispielkollektoranlage Wärmeverluste in Höhe von 2 532 kWh pro Jahr, siehe Abbildung 11-171.

Parameter	Wert
$Q_{\text{Leitungsaufheizverluste}}$	875 kWh
$Q_{\text{Leitungszirkulationsverluste}}$	1 271 kWh
$Q_{\text{Speicherverluste}}$	386 kWh
Summe	2 532 kWh

Abbildung 11-171: Übersicht der Anlagenverluste

Nun sind wir in Schritt fünf des vorgeschlagenen Vorgehens in der Lage, den „potenziellen Kollektoranlagennutzungsgrad“ η_{KApot} zu bestimmen, der über den Kollektorwirkungsgrad hinaus auch die weiteren Anlagenverluste berücksichtigt. Er unterscheidet sich vom „tatsächlichen Kollektoranlagennutzungsgrad“, der in Schritt sieben ermittelt wird.

Für die Bestimmung des potenziellen Kollektoranlagennutzungsgrades ist zunächst die von der Aperturfläche maximal aufnehmbare Globalstrahlung zu ermitteln (Aperturfläche · flächenbezogene Globalstrahlung am Standort = 35 090 kWh/a) und mit dem zuvor bestimmten durchschnittlichen Kollektorwirkungsgrad (55 %) zu multiplizieren, um auf diese Weise den ungefähren potenziellen Jahresertrag am Kollektorausgang zu erhalten (hier: 19 300 kWh/a), siehe Abbildung 11-172.

Indikator	Wert
Aperturfläche [m^2]	31,9
Globalstrahlung [kWh/(m^2 a)]	1 100
Aufgenommene Globalstrahlung |kWh/a]	35 090
Kollektorwirkungsgrad im Jahresmittel η_K	55 %
Ungefährer potenzieller Jahresertrag Kollektorausgang [kWh/a]	19 300
Verluste [kWh/a]	2 532
Bereitsgestellte Wärmeenergie der Anlage [kWh/a], wenn sie vollständig abgenommen wird	16 768
Potenzieller Kollektoranlagennutzungsgrad η_{KApot}	48 %

Abbildung 11-172: Ermittlung des potenziellen Anlagennutzungsgrades

Dieser Kollektorjahresertrag ist nun um die zuvor ermittelten Verluste zu bereinigen. Ergebnis ist die bereitgestellte Wärmeenergie der Kollektoranlage ab Warmwasserspeicher, sofern sie auch abgenommen wird (also zeitgleich mit der Bereitstellung ein Wärmebedarf vorliegt). Dividiert man nun diese Energiemenge durch die aufgenommene Globalstrahlung, erhält man folgerichtig den potenziellen Anlagennutzungsgrad η_{KApot} (im Beispiel 48 %).

Bei Gebäuden setzt man Solarkollektoren ein, um entweder exklusiv die energetische Versorgung des Nutzwasserwärmebedarfs oder darüber hinaus auch die Gebäudeheizung zu unterstützen. Es handelt sich nahezu immer um eine Unterstützung einer Standardwärmeversorgung (etwa durch eine Gastherme oder Wärmepumpe), denn eine Komplettversorgung scheidet üblicherweise aus, weil in den Winterwochen das Strahlungsangebot der Sonne dafür zu begrenzt ist und die Warmwasserspeicher i. d. R. so dimensioniert werden, dass der gespeicherte Energievorrat einen Tag, allenfalls wenige Tage, ausreicht, um bei geringer Sonneneinstrahlung Wärmebedarfe zu decken.

Der Umfang der Unterstützung wird durch die „solare Bedarfsdeckung“ erfasst und als **„solarer Deckungsgrad“** bezeichnet, der im nun folgenden Schritt sechs ermittelt wird. Da über den Bedarf hinausgehende Überschussenergie (hier Wärme) in aller Regel nicht weiter genutzt, insbesondere nicht gegen Vergütung eingespeist werden kann, wird die Ausbeute eines Kollektors (der Solarertrag, die solare Deckung) durch den zu jedem Zeitpunkt vorliegenden Bedarf an Wärme (i. d. R. der Bedarf an Energie zur Beheizung des Warmwasserspeichers bis zum Erreichen der Solltemperatur) begrenzt. Wenn kein Bedarf vorliegt, weil der Warmwasserspeicher seine Solltemperatur erreicht hat, die Sonne aber scheint, wird – und damit abweichend von der Photovoltaik – kein Ertrag generiert.

Beispielhafte solare Deckungen zeigen die Abbildung 11-173 für Systeme zur Nutzwassererwärmung und die Abbildung 11-174 für Nutzwassererwärmung plus Heizungsunterstützung.

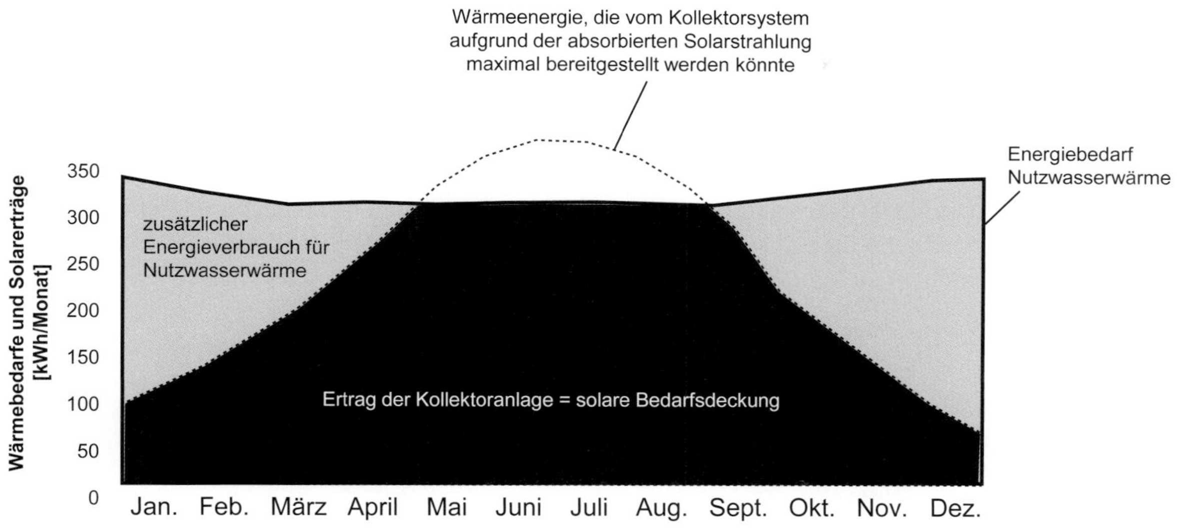

Quelle: eigene Darstellung

Abbildung 11-173: Beispielhafter Solarertrag eines Systems zur Nutzwassererwärmung für eine Vier-Personen-Familie

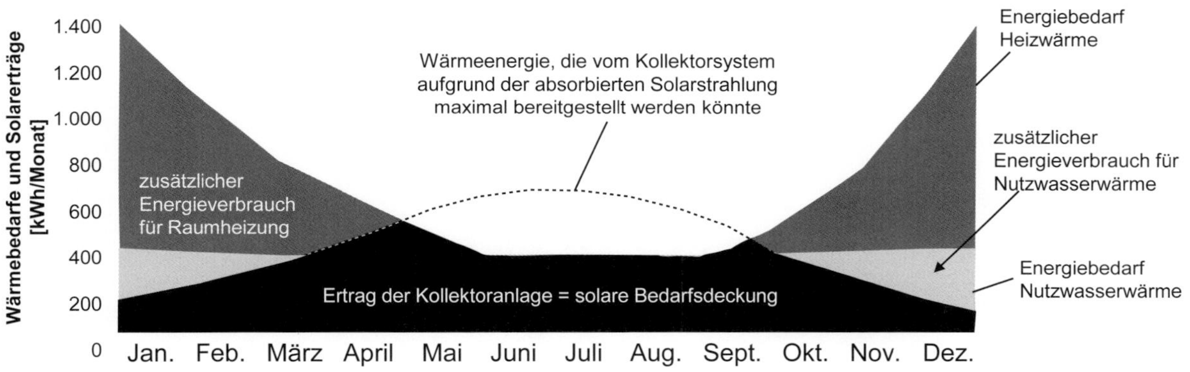

Quelle: eigene Darstellung

Abbildung 11-174: Beispielhafter solarer Deckungsgrad eines Systems zur Nutz- und Heizwassererwärmung für eine Vier-Personen-Familie

Ausnahmen von der Unterstützung sind sogenannte (weitgehend) autarke Sonnenhäuser, bei denen die Sommersonne genutzt wird, um einen sehr großen Wärmespeicher durch großflächige Solarkollektoranlagen mit Energie zu versorgen, die dann im Winter für Heizzwecke und das Erwärmen von Nutzwasser in Vollversorgung eingesetzt wird. Derartige Anlagen sind so dimensioniert, dass eine Standardversorgung (durch Gastherme, Wärmepumpe o. Ä.) nicht notwendig ist.

Über den Einsatz von Solarkollektoren in Gebäuden hinaus kommt es zudem in Unternehmen auch vor, dass entsprechende Anlagen für das Generieren von Prozesswärme eingesetzt werden. Für sie gelten die vorliegenden Ausführungen genauso.

Der Einsatz eines Solarkollektorsystems ausschließlich für die energetische Nutzwasserwärmeversorgung eines Gebäudes oder manchmal auch für Prozesswärme in einem Industriebetrieb hat den Vorteil, dass regelmäßig eine recht konstante Grundlast vorliegt und man von einer vergleichsweise konstanten Auslastung des Kollektorsystems ausgehen kann. In den sonnenscheinstarken Monaten kann die erzeugbare Wärme umfassend einer Nachfrage zugeführt werden.

Wird das System demgegenüber auch für Raumheizungszwecke eingesetzt, dann ist davon nicht mehr auszugehen, denn in den Wintermonaten, in denen der Heizwärmebedarf am größten ist, fällt die Solarstrahlung am niedrigsten aus. Die solare Deckung ist dann im Vergleich deutlich geringer.

Die Wertangabe des solaren Deckungsgrades (SD) drückt üblicherweise ein Ziel aus, das angestrebt wird. Sofern nur die Nutzwassererwärmung im Vordergrund steht, handelt es sich dabei um den gewünschten oder geforderten Anteil des Nutzwasserwärmebedarfs, der von Solarkollektorwärme gedeckt werden soll.

Für die Berechnung des solaren Deckungsgrades gibt es unterschiedliche Vorgehensweisen. Werden – gemäß DIN EN ISO 9488 i. V. m. DIN EN 12977-2 – die Verluste der Zusatzheizung[106] zugeordnet, ergibt er sich wie in Gleichung SD_1 dargestellt.

$$SD_1 = \frac{Q_{\text{Kollektorertrag}}}{Q_{\text{NW}}}$$

Die andere Vorgehensweise ordnet die Verluste dem Solarkollektor zu. Diese Gleichung lautet:

$$SD_2 = \frac{Q_{\text{Kollektoranlagenertrag}}}{Q_{\text{NW}}}$$

Parameter	Wert
Nutzwasserwärmebedarf Q_{NW}	35 000 kWh
$Q_{\text{Leitungsaufheizverluste}}$	875 kWh
$Q_{\text{Leitungszirkulationsverluste}}$	1 271 kWh
$Q_{\text{Speicherverluste}}$	386 kWh
$Q_{\text{Kollektorertrag}}$	19 300 kWh
$Q_{\text{Kollektoranlagenertrag}}$	16 768 kWh
$Q_{\text{Zusatzheizung}}$	18 232 kWh
SD_1	55 %
SD_2	48 %

Abbildung 11-175: Vergleich der Vorgehensweisen zur Ermittlung des solaren Deckungsgrades

In den folgenden Ausführungen und Berechnungen wird SD_2, der fortan schlicht SD bezeichnet wird, zugrunde gelegt.

Ein 48%iger SD würde bedeuten, dass von einem Nutzwasserwärmebedarf Q_{NW} in Höhe von beispielsweise 35 000 kWh/a ein Anteil von 16 768 kWh/a von einer Solarkollektoranlage übernommen wird. Die Standard-Nutzwasserwärmeversorgung (Zusatzheizung) müsste noch 18 232 kWh beitragen. Insofern ergäbe sich eine Energieeinsparung in Höhe von 16 768 kWh, die – bewertet mit einem passenden spezifischen Energiepreis – als jährlicher Zahlungsstrom in einem Kapitalwerttableau aufgenommen werden würde.

Ist vorgesehen, das Kollektorsystem auch für Raumheizzwecke einzusetzen, dann berechnet sich der SD, also der erwünschte oder geforderte Anteil des Nutzwasser- und Raumheizwärmebedarfs, der von Solarkollektorwärme gedeckt werden soll, wie folgt:

$$SD = \frac{Q_{\text{Kollektoranlagenertrag}}}{Q_{\text{NW}} + Q_{\text{HW}}}$$

106 Damit ist die Heizung gemeint, die über den Solarkollektor hinaus benötigt wird.

In Abbildung 11-173 und Abbildung 11-174 entsprechen die solaren Deckungsgrade dem Verhältnis der schwarzen Fläche zu den grau eingefärbten Flächen. Es handelt sich um einen Autarkiegrad, der sich einerseits durch größere Aperturfläche und Speichervolumen positiv beeinflussen lässt, was aber andererseits zu ungenutzten Energiepotenzialen (ohne Ertrag) in den Sommermonaten führt und in Folge einen negativen Einfluss auf den tatsächlichen Kollektoranlagennutzungsgrad hat. Zudem würden die Investitionsausgaben dadurch ansteigen. Eine Vergrößerung des SD steht insofern einer Kapitalwertmaximierung entgegen.

Je nach Anlagenart kommen bei einer Nutzwasserwärmeunterstützung verschiedene SD-Strategien zum Einsatz:

- Wunsch nach hohem Deckungsgrad von z. B. über 70 %: Ziel ist die maximale Verbrauchsabdeckung durch die Solarthermieanlage. Sie führt zu großen Kollektorflächen und hohen ungenutzten Wärmepotenzialen in den Sommermonaten. Höherer Deckungsgrad bedeutet niedrigerer Globalstrahlungsnutzungsgrad. Die Anlage ist aufwendig und teuer.
- Niedriger Deckungsgrad von unter 40 %: Hier wird die gesamte oder mindestens ein Großteil der potenziellen Kollektorenergie im Sommer ausgenutzt. Lücken gleicht die Standardheizversorgung aus. Die Anlage ist klein und kostengünstig. Das Konzept wird vor allem bei solarthermischen Großanlagen angewandt. Bei Mehrfamilienhäusern liegt der solare Deckungsgrad eher bei 40 bis 60 %.
- Mittlerer solarer Deckungsgrad zwischen 40 und 60 %: Die Kompromisslösung ist eine bedarfskostenausgeglichene Anlage. Sie kommt z. B. im Einfamilienhaus für die solarthermische Warmwasser-Anlage zum Einsatz. Mit einem solaren Deckungsgrad von 60 % kann der Warmwasserbedarf im Sommer abgedeckt werden und der Heizkessel ausgeschaltet bleiben.

Für die solare Heizungsunterstützung ist der solare Deckungsgrad abhängig von der energetischen Qualität des Gebäudes (Dämmung, Luftdichtheit) und kann allgemein nicht mit Standardwerten angegeben werden. In Passivhäusern sind bei heizungsunterstützenden Solaranlagen solare Deckungsgrade um 50 % nicht ungewöhnlich.

In Schritt sieben wird nun der tatsächliche Kollektoranlagennutzungsgrad ermittelt und zum potenziellen abgegrenzt. Bei Solarkollektoren wird der Wärmeertrag $Q_{\text{Kollektoranlagenertrag}}$ vom Wärmebedarf begrenzt. Sollte eine Kollektoranlage aufgrund ihrer Aperturfläche und/oder der jeweiligen Globalstrahlung in der Lage sein, mehr Wärmebedarf zu decken (das wäre das Ertragspotenzial Q_{Pot}) als nachgefragt wird, wird dennoch keine Überschusswärme erzeugt, weil es keine weitere Senke gibt (anders als bei PV-Anlagen in Deutschland, bei denen Überschüsse eingespeist werden können). Die Anlage verharrt dann im Stillstand.

Das Ertragspotenzial Q_{Pot} ist dann der maximale Wärmeoutput am Kollektor bei einer gegebenen Solarstrahlung: $Q_{\text{Pot}} = G \cdot \eta_{\text{KApot}} \cdot A_{\text{A}}$ [kWh/Monat]. Demgegenüber umfasst der Wärmeertrag $Q_{\text{Kollektoranlagenertrag}}$ den tatsächlich gedeckten Wärmebedarf. Es gilt:

$$Q_{\text{Pot}} \geq Q_{\text{Kollektoranlagenertrag}}$$

Hieraus lassen sich zwei Nutzungsgrade ableiten, der „potenzielle Kollektoranlagennutzungsgrad“ und der (tatsächliche) „Kollektoranlagennutzungsgrad“:

$$\eta_{\text{KApot}} = \frac{Q_{\text{Pot}}}{G}$$

$$\eta_{\text{KA}} = \frac{Q_{\text{Kollektoranlagenertrag}}}{G}$$

Ist die Aperturfläche so festgelegt, dass die maximal mögliche Kollektorwärme vollständig abgenommen wird, entspricht $\eta_{\text{KA}} = \eta_{\text{KApot}}$, sonst ist η_{KA} niedriger als η_{KApot}.

Der Kollektoranlagennutzungsgrad η_{KApot} ist unabhängig vom Wärmebedarf, also eine rein technische Größe und daher für Vergleiche besser geeignet.

Um sich der Zielgröße SD anzunähern, ermittelt man im achten und letzten Schritt des hier vorgeschlagenen Verfahrens jene Aperturfläche, bei der kein (theoretischer) Wärmeüberschuss entstehen kann (dann wäre $\eta_{KA} = \eta_{KApot}$). Bei einer solchen Fläche würde die Wärme des strahlungsintensivsten Monats vom Wärmebedarf vollständig aufgenommen. Hierzu wird zuerst der (theoretisch) maximale flächenspezifischen Wärmeertrag der Kollektoranlage bestimmt: Ermittlung der monatlichen flächenspezifischen Globalstrahlung G am Standort[107] in kWh/(m² · Monat) und Auswahl des strahlungsintensivsten Monats (in Abbildung 11-176 ist der Monat Juni hervorgehoben).

Diese flächenspezifische Globalstrahlung ist nun mit dem zuvor grob bestimmten potenziellen Nutzungsgrad der Kollektoranlage η_{KApot} zu multiplizieren. Man erhält dadurch den maximal möglichen monatlichen Wärmeertrag (im Beispiel 95,52 kWh/[m² · Monat]), siehe Abbildung 11-176.

Zugrunde gelegter potenzieller Anlagennutzungsgrad der betrachteten Kollektoranlage η_{KApot}	48 %	
Monat	Globalstrahlung G [kWh/(m² • Monat)]	Max. möglicher Wärmeertrag pro m² Kollektoranlage G • η_{KApot} [kWh/(m² • Monat)]
Januar	19	9,12
Februar	43	20,64
März	72	34,56
April	112	53,76
Mai	174	83,52
Juni	199	95,52
Juli	167	80,16
August	134	64,32
September	124	59,52
Oktober	57	27,36
November	25	12
Dezember	16	7,68
Summe	1 142	548

Abbildung 11-176: Ermittlung der auslastungsstärksten Aperturfläche

Anschließend ist der Wärmebedarf für ebendiesen Monat zu ermitteln: bei reiner Nutzwasserwärmeversorgung ein Zwölftel des Jahresnutzwasserwärmebedarfs. In unserem Beispiel sind das 2 917 kWh. Dieser Wert ist durch den zuvor bestimmten theoretischen Wärmeertrag zu dividieren. Ergebnis ist eine Aperturfläche für einen Kollektor, dessen umgewandelte Globalstrahlung vollständig in Nutzenergie umgewandelt werden würde, im Beispiel: 30,53 m², siehe Abbildung 11-177.

107 Quelle für den aktuellen Jahresverlauf der Globalstrahlung: https://www.dwd.de/DE/leistungen/solarenergie/Jahresverlauf.html.

Zugrunde gelegter potenzieller Nutzungsgrad der betrachteten Kollektoranlage η_{KApot}	48 %							
Monat	Globalstrahlung G [kWh/(m² • Monat)]	Max. möglicher Wärmeertrag pro m² Kollektoranlage G • η_{KApot} [kWh/(m² • Monat)]	Nutzwasserwärmebedarf $Q_{NWW\text{-}Bedarf}$ [kWh/Monat]	Erforderliche Aperturfläche A_A, um im strahlungsstärksten Monat Wärmebedarf zu decken [m²]	Globalstrahlung an der Anlage G • A_A [kWh/Monat]	Ertragspotenzial Q_{Pot} = G • η_{KApot} • A_A [kWh/Monat]	Wärmeenergieertrag $Q_{Kollektorertrag}$ bei gewählter Aperturfläche G • A_A [kWh/Monat]	Solare Deckung
Januar	19	9,12	2 917		580	278	278	10 %
Februar	43	20,64	2 917		1 313	630	630	22 %
März	72	34,56	2 917		2 198	1 055	1 055	36 %
April	112	53,76	2 917		3 420	1 642	1 642	56 %
Mai	174	83,52	2 917		5 313	2 550	2 550	87 %
Juni	199	95,52	2 917	30,53	6 076	2 917	2 917	100 %
Juli	167	80,16	2 917		5 099	2 448	2 448	84 %
August	134	64,32	2 917		4 092	1 964	1 964	67 %
September	124	59,52	2 917		3 786	1 817	1 817	62 %
Oktober	57	27,36	2 917		1 740	835	835	29 %
November	25	12	2 917		763	366	366	13 %
Dezember	16	7,68	2 917		489	235	235	8 %
Summe	1 142	548,16	35 000		34 871	16 738	16 738	48 %
Kollektoranlagennutzungsgrad η_{KA}							48 %	

Abbildung 11-177: Ermittlung der Aperturfläche, bei der die erzeugte Wärme immer einer Verwendung zugeführt wird (Referenzkapazität)

Das folgende Balkendiagramm zeigt, dass bei einer solchen Konfiguration das Ertragspotenzial in keinem Monat über dem Wärmeertrag läge, insofern würde keine (theoretische) Überschusswärme erzeugt. Die Anlage wäre demnach voll ausgelastet (siehe Abbildung 11-178).

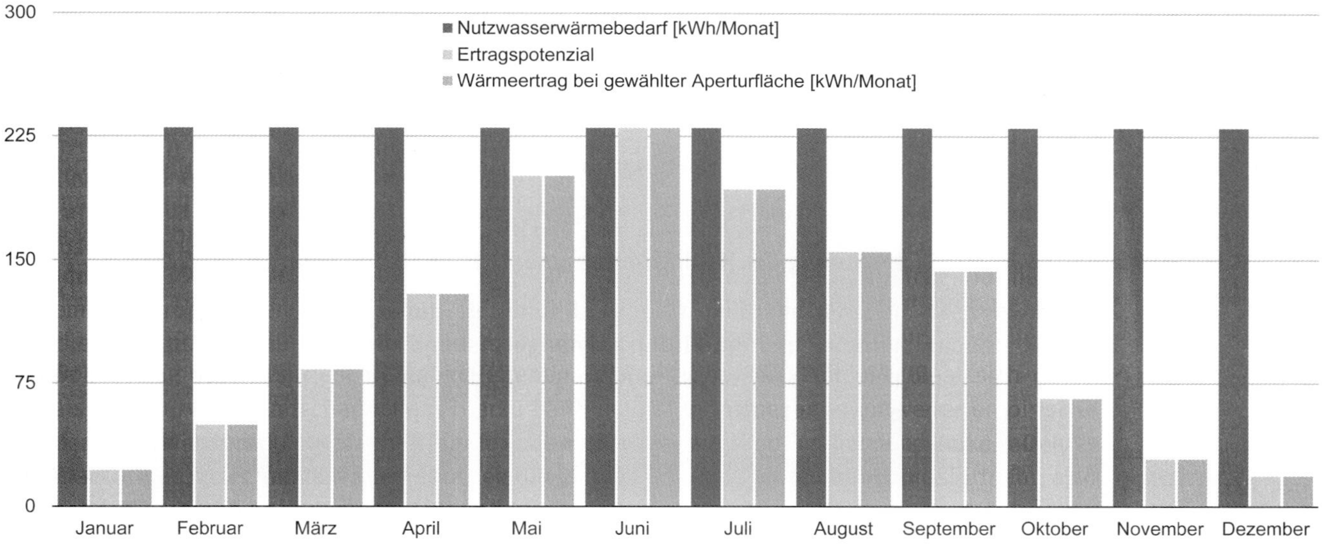

Quelle: eigene Darstellung

Abbildung 11-178: Vergleich von Ertragspotenzial und tatsächlichem Wärmeertrag für die gewählte Aperturfläche

Da im vorliegenden Beispiel der betrachtete Solarkollektor pro Einheit eine Aperturfläche von 3,19 m² aufweist, erscheint es zielführend, zehn Einheiten zu einem Verbund zusammenzuschalten, sodass von einer Gesamtaperturfläche von 31,9 m² ausgegangen werden kann. Die folgende Abbildung 11-179 zeigt, dass sich die geringe Übergröße kaum auf den Anlagennutzungsgrad auswirkt (48 % potenzieller Nutzungsgrad vs. 47,6 % tatsächlicher Nutzungsgrad).

Zugrunde gelegter potenzieller Nutzungsgrad der betrachteten Kollektoranlage η_{KApot}	48 %
Aperturfläche A_A [m²]	31,9

Monat	Global-strahlung G [kWh/(m² • Monat)]	Max. möglicher Wärmeertrag pro m² Kollektoranlage $G \cdot \eta_{KApot}$ [kWh/(m² • Monat)]	Nutzwasser-wärmebedarf $Q_{NWW\text{-}Bedarf}$ [kWh/Monat]	Globalstrahlung an der Anlage $G \cdot A_A$ [kWh/Monat]	Ertragspotential $Q_{Pot} = G \cdot \eta_{KApot} \cdot A_A$ [kWh/Monat]	Wärmeenergie-ertrag $Q_{Kollektorertrag}$ bei gewählter Aperturfläche $G \cdot A_A$ [kWh/Monat]	Solare Deckung
Januar	19	912 %	2 917	606	291	291	10 %
Februar	43	2064 %	2 917	1 372	658	658	23 %
März	72	3456 %	2 917	2 297	1 102	1 102	38 %
April	112	5376 %	2 917	3 573	1 715	1 715	59 %
Mai	174	8352 %	2 917	5 551	2 664	2 664	91 %
Juni	199	9552 %	2 917	6 348	3 047	2 917	100 %
Juli	167	8016 %	2 917	5 327	2 557	2 557	88 %
August	134	6432 %	2 917	4 275	2 052	2 052	70 %
September	124	5952 %	2 917	3 956	1 899	1 899	65 %
Oktober	57	2736 %	2 917	1 818	873	873	30 %
November	25	1200 %	2 917	798	383	383	13 %
Dezember	16	768 %	2 917	510	245	245	8 %
Summe	1 142	548,16	35 000	36 430	17 486	17 356	50 %
Kollektoranlagen-nutzungsgrad η_{KA}						47,6 %	

Abbildung 11-179: Ermittlung des Anlagennutzungsgrades

Der Solare Deckungsgrad betrüge bei dieser Konfiguration 50 % und der Wärmeenergieertrag 17 356 kWh/a.

11.2.6.3.2.2 Berechnung des Kapitalwertes einer beispielhaften Solarkollektoranlage

Nun liegen sämtliche für eine Investitionsrechnung relevanten Daten vor. Als Nächstes werden alle Einstellparameter in einer Tabelle zusammengefasst und zunächst für eine Aperturfläche von 31,9 m² Wertangaben für den wahrscheinlichen Fall, den Best Case und den Worst Case abgeschätzt (siehe Abbildung 11-180).

Einstellparameter	Wertangabe Most Likely Case	Kalkulation	Spannbreite Best Case	Spannbreite Worst Case
Aperturfläche des Solarkollektors [m^2]	31,9 m2			
Durchschnittlicher Kollektornutzungsgrad η_{KA}	47,6 %		60 %	40 %
Durchschnittliche jährliche Globalstrahlung am Standort [kWh/m^2] G	1 142 kWh/m2			
Voraussichtlicher genutzter Wärmeertrag $Q_{Wärme}$ = Nutzenergieaufkommen pro Jahr [kWh]	17 341 kWh/a	= $Q_{SOL} \times \eta_{Kol} \times$ Aperturfläche	21 858 kWh/a	14 572 kWh/a
Nutzungsgrad des Gaskessels η_{GK}, der bisher exklusiv Brauchwasser erwärmt hat	95 %			
Reduzierung des Energieverbrauchs am Gaskessel = Endenergieeinsparung pro Jahr [kWh]	18 253 kWh/a	= $Q_{Wärme}$ / η_{GK}	23 008 kWh/a	15 339 kWh/a
Wirkungsdauer des Investitionsprojektes	20 Jahre		22 Jahre	15 Jahre
Kalkulationszinssatz i	4 %		2 %	6 %
Aktueller spezifischer Erdgaspreis	0,12 €/kWh			
Jahrespreisänderungsrate Erdgas	5 %		6 %	4 %
Jahrespreisänderungsrate Sonstiges	3 %		2 %	4 %

Abbildung 11-180: Einstellparameter für eine Solarkollektoranlage mit einer Aperturfläche von 31,9 m^2

Danach sind die Zahlungsströme und ihre Anfallzeitpunkte abzugrenzen, siehe Abbildung 11-181.

Wirkungsart	Wirkung	Umfang mit Einheit	Monetarisierung möglich? → Cash-Flow-Ermittlung	Wert je Einheit (= spezifische Kosten bzw. Erlöse)	Cash Flow in Periode 0	Spannbreite (Best Case vs. Worst Case)	Zahlungs-zeitpunkt	Letzt-maliger Anfall	Jahres-degradation
Belastungen	Investitionsausgabe der Flachkollektor-Anlage einschl. Montage	1 Stück	ja	40 000 €	40 000 €	+/- 0%	Gegenwart (nullte Periode)	irrelevant	nicht anwendbar
	Investitionsausgabe für den 3 690 Liter Warmwasserspeicher inkl. Montage	1 Stück	ja	7 000 €	7 000 €	+/- 0%	Gegenwart (nullte Periode)	irrelevant	nicht anwendbar
Nutzen	Gaseinsparungen	18 253 kWh/a	ja	0,12 €/kWh	erst ab Periode 1	s.o.	jedes Jahr	nach 20 Jahren	0 %
	Förderungen	1 Stück	ja	2 000 €	2 000 €	+/- 0%	Gegenwart (nullte Periode)	irrelevant	nicht anwendbar

Abbildung 11-181: Belastungen und Nutzen der beispielhaften Solarkollektoranlage

Es folgt das Kapitalwertermittlungstableau für den Most Likely Case, siehe Abbildung 11-182. Bei einer Wirkungsdauer von 20 Jahren und einem Kalkulationszinssatz von 4 % ergibt sich ein Kapitalwert von 3 513 Euro, der deutlich macht, dass unter erwarteten Bedingungen eine wirtschaftliche Vorteilhaftigkeit nur knapp erzielt wird.

Kalkulationszinsfuß i	4,0 %							
Jahrespreisänderungsrate Erdgas	5,0 %							
Jahrespreisänderungsrate Sonstiges	3,0 %							
Jahresdegradationsrate	0,00 %							
Nutzungsgrad aktueller Heizkessel	95 %							
Zu berücksichtigende Perioden	20							
Nutzenergieertrag in erster Periode (Nutzenergie) [kWh/a]	17 341							
Periodenende t	0	1	2	3	...	18	19	20
Berücksichtigte Perioden ("1" = "Ja")	1	1	1	1	...	1	1	1
Endenergieeinsparungen pro Jahr mit Berücksichtigung der Degradation [kWh/a]		18 254	18 254	18 254	...	18 254	18 254	18 254
Jeweiliger spezifischer Erdgaspreis [€/kWh]	0,12	0,13	0,13	0,14	...	0,29	0,30	0,32
Auszahlungen								
Anschaffungsauszahlung einschließlich Einbau	-40 000 €							
Warmwasserspeicher	-7 000 €							
Rückflüsse								
Gaskosteneinsparungen pro Jahr		2 300 €	2 415 €	2 536 €	...	5 272 €	5 535 €	5 812 €
Förderung	2 000 €							
Resultate/Indikatoren								
Summe	-45 000 €	2 300 €	2 415 €	2 536 €	...	5 272 €	5 535 €	5 812 €
Barwerte	-45 000 €	2 212 €	2 233 €	2 254 €	...	2 602 €	2 627 €	2 652 €
Kapitalwert	3 513 €							

Abbildung 11-182: Kapitalwertermittlungstableau für den Most Likely Case der beispielhaften Solarkollektoranlage

Stellen sich die Einstellparameter ideal ein (Best Case), so wäre im Beispiel mit einem Kapitalwert von knapp 40 000 Euro zu rechnen, siehe Abbildung 11-183.

Kalkulationszinsfuß i	2,0 %							
Jahrespreisänderungsrate Erdgas	6,0 %							
Jahrespreisänderungsrate Sonstiges	2,0 %							
Jahresdegradationsrate	0,00 %							
Nutzungsgrad aktueller Heizkessel	95 %							
Zu berücksichtigende Perioden	22							
Nutzenergieertrag in erster Periode (Nutzenergie) [kWh/a]	21 858							
Periodenende t	0	1	2	3	...	18	19	20
Berücksichtigte Perioden ("1" = "Ja")	1	1	1	1	...	1	1	1
Endenergieeinsparungen pro Jahr mit Berücksichtigung der Degradation [kWh/a]		23 008	23 008	23 008	...	23 008	23 008	23 008
Jeweiliger spezifischer Erdgaspreis [€/kWh]	0,12	0,13	0,13	0,14	...	0,34	0,36	0,38
Auszahlungen								
Anschaffungsauszahlung einschließlich Einbau	-40 000 €							
Warmwasserspeicher	-7 000 €							
Rückflüsse								
Gaskosteneinsparungen pro Jahr		2 927 €	3 102 €	3 288 €	...	7 881 €	8 354 €	8 855 €
Förderung	2 000 €							
Resultate/Indikatoren								
Summe	-45 000 €	2 927 €	3 102 €	3 288 €	...	7 881 €	8 354 €	8 855 €
Barwerte	-45 000 €	2 869 €	2 982 €	3 099 €	...	5 518 €	5 734 €	5 959 €
Kapitalwert	39 749 €							

Abbildung 11-183: Kapitalwertermittlungstableau für den Best Case der beispielhaften Solarkollektoranlage

Bei maximal negativen Rahmengegebenheiten müsste demgegenüber von einem negativen Kapitalwert in Höhe von ca. −21 000 Euro ausgegangen werden, siehe Abbildung 11-184.

Kalkulationszinsfuß i	6,0 %							
Jahrespreisänderungsrate Erdgas	4,0 %							
Jahrespreisänderungsrate Sonstiges	4,0 %							
Jahresdegradationsrate	0,00 %							
Nutzungsgrad aktueller Heizkessel	95 %							
Zu berücksichtigende Perioden	15							
Nutzenergieertrag in erster Periode (Nutzenergie) [kWh/a]	14 572							
Periodenende t	0	1	2	3	...	18	19	20
Berücksichtigte Perioden ("1" = "Ja")	1	1	1	1	...	0	0	0
Endenergieeinsparungen pro Jahr mit Berücksichtigung der Degradation [kWh/a]		15 339	15 339	15 339	...	15 339	15 339	15 339
Jeweiliger spezifischer Erdgaspreis [€/kWh]	0,12	0,12	0,13	0,13	...	0,24	0,25	0,26
Auszahlungen								
Anschaffungsauszahlung einschließlich Einbau	-40 000 €							
Warmwasserspeicher	-7 000 €							
Rückflüsse								
Gaskosteneinsparungen pro Jahr		1 914 €	1 991 €	2 070 €	...	3 729 €	3 878 €	4 033 €
Förderung	2 000 €							
Resultate/Indikatoren								
Summe	-45 000 €	1 914 €	1 991 €	2 070 €	...	0 €	0 €	0 €
Barwerte	-45 000 €	1 806 €	1 772 €	1 738 €	...	0 €	0 €	0 €
Kapitalwert	-21 212 €							

Abbildung 11-184: Kapitalwertermittlungstableau für den Worst Case der beispielhaften Solarkollektoranlage

Insgesamt ist erkennbar, dass im vorliegenden Beispiel zwischen Best Case und Most Likely Case keine allzu große Spanne liegt, siehe Abbildung 11-185.

Einstellparameter	Wertangabe	Kalkulation	Spannbreite	
	Most Likely Case		Best Case	Worst Case
Aperturfläche des Solarkollektors [m²]	32 m2			
durchschnittlicher Kollektornutzungsgrad η_{KA}	47,6 %		60 %	40 %
Durchschnittliche jährliche Globalstrahlung am Standort [kWh/m²] G	1 142 kWh/m2			
Voraussichtlicher genutzter Wärmeertrag $Q_{Wärme}$ = Nutzenergieaufkommen pro Jahr [kWh]	17 341 kWh/a	= $Q_{SOL} \times \eta_{Kol} \times$ Aperturfläche	21 858 kWh/a	14 572 kWh/a
Nutzungsgrad des Gaskessels η_{GK}, der bisher exklusiv Brauchwasser erwärmt hat	95 %			
Reduzierung des Energieverbrauchs am Gaskessel = Endenergieeinsparung pro Jahr [kWh]	18 253 kWh/a	= $Q_{Wärme} / \eta_{GK}$	23 008 kWh/a	15 339 kWh/a
Wirkungsdauer des Investitionsprojektes	20 Jahre		22 Jahre	15 Jahre
Kalkulationszinssatz i	4 %		2 %	6 %
aktueller spezifischer Erdgaspreis	0,12 €/kWh			
Jahrespreisänderungsrate Erdgas	5 %		6 %	4 %
Jahrespreisänderungsrate Sonstiges	3 %		2 %	4 %
Kapitalwerte	3 512 €		39 749 €	-21 212 €

Abbildung 11-185: Berechnungsergebnisse in der Gesamtschau

Nun soll – gedanklich-rechnerisch – der solare Deckungsgrad durch Verdopplung der Aperturfläche auf 63,8 m² gesteigert werden. Die Wirkung ist Abbildung 11-186 zu entnehmen.

Zugrunde gelegter potenzieller Nutzungsgrad der betrachteten Kollektoranlage η_{KApot}	48 %						
Aperturfläche A_A [m²]	63,8						
Monat	Global-strahlung G [kWh/(m² • Monat)]	Max. möglicher Wärmeertrag pro m² Kollektoranlage G • η_{KApot} [kWh/(m² • Monat)]	Nutzwasserwärmebedarf $Q_{NWW\text{-}Bedarf}$ [kWh/Monat]	Globalstrahlung an der Anlage G • A_A [kWh/Monat]	Ertragspotenzial Q_{Pot} = G • η_{KApot} • A_A [kWh/Monat]	Wärmeenergieertrag $Q_{Kollektorertrag}$ bei gewählter Aperturfläche G • A_A [kWh/Monat]	Solare Deckung
Januar	19	9,12	2 917	1 212	582	582	20 %
Februar	43	20,64	2 917	2 743	1 317	1 317	45 %
März	72	34,56	2 917	4 594	2 205	2 205	76 %
April	112	53,76	2 917	7 146	3 430	2 917	100 %
Mai	174	83,52	2 917	11 101	5 329	2 917	100 %
Juni	199	95,52	2 917	12 696	6 094	2 917	100 %
Juli	167	80,16	2 917	10 655	5 114	2 917	100 %
August	134	64,32	2 917	8 549	4 104	2 917	100 %
September	124	59,52	2 917	7 911	3 797	2 917	100 %
Oktober	57	27,36	2 917	3 637	1 746	1 746	60 %
November	25	12	2 917	1 595	766	766	26 %
Dezember	16	7,68	2 917	1 021	490	490	17 %
Summe	1 142	548,16	35 000	72 860	34 973	24 605	70 %
Kollektoranlagennutzungsgrad η_{KA}						33,77 %	

Abbildung 11-186: Veränderung des solaren Deckungsgrades und Anlagennutzungsgrades durch Vergrößerung der Aperturfläche

Durch diese Vergrößerung

- hat sich der SD von 50 % auf 70 % gesteigert,
- ist der Anlagennutzungsgrad von 47,8 % auf etwa 34 % gesunken und
- ist der Jahreswärmeenergieertrag von 17 356 auf 24 605 kWh angewachsen.

Ferner entsteht dadurch ein höheres Ertragspotenzial, das zu einem bedeutenden Anteil nicht ausgeschöpft wird, wie es die folgende Abbildung 11-187 für die Monate April bis September verdeutlicht.

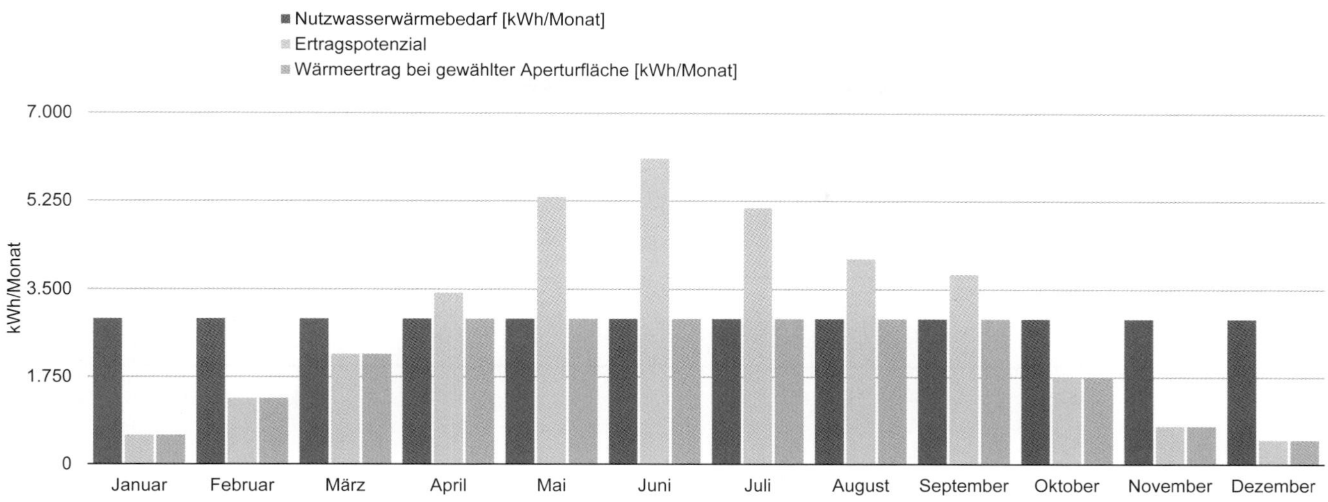

Quelle: eigene Darstellung

Abbildung 11-187: Vergleich von Ertragspotenzial und tatsächlichem Wärmeertrag nach Aperturvergrößerung

Allerdings ist für den etwa doppelt so großen Kollektor eine deutlich höhere Anfangsauszahlung auszugeben mit entsprechend negativen Wirkungen auf den Kapitalwert, siehe Abbildung 11-188.

Kalkulationszinsfuß i	4,0 %							
Jahrespreisänderungsrate Erdgas	5,0 %							
Jahrespreisänderungsrate Sonstiges	3,0 %							
Jahresdegradationsrate	0,00 %							
Nutzungsgrad aktueller Heizkessel	95 %							
Zu berücksichtigende Perioden	20							
Nutzenergieertrag in erster Periode (Nutzenergie) [kWh/a]	24 605							
Periodenende t	0	1	2	3	...	18	19	20
Berücksichtigte Perioden ("1" = "Ja")	1	1	1	1	...	1	1	1
Endenergieeinsparungen pro Jahr mit Berücksichtigung der Degradation [kWh/a]		25 900	25 900	25 900	...	25 900	25 900	25 900
Jeweiliger spezifischer Erdgaspreis [€/kWh]	0,12	0,13	0,13	0,14	...	0,29	0,30	0,32
Auszahlungen								
Anschaffungsauszahlung einschließlich Einbau	-70 000 €							
Warmwasserspeicher	-7 000 €							
Rückflüsse								
Gaskosteneinsparungen pro Jahr		3 263 €	3 427 €	3 598 €	...	7 480 €	7 854 €	8 246 €
Förderung	2 000 €							
Resultate/Indikatoren								
Summe	-75 000 €	3 263 €	3 427 €	3 598 €	...	7 480 €	7 854 €	8 246 €
Barwerte	-75 000 €	3 138 €	3 168 €	3 199 €	...	3 692 €	3 728 €	3 764 €
Kapitalwert	-6 165 €							

Abbildung 11-188: Kapitalwertermittlungstableau für den Most Likely Case der beispielhaften Solarkollektoranlage bei doppelter Aperturfläche

Auch durch Reduzierungen des Warmwasserverbrauchs lässt sich eine Erhöhung des SD bewirken. In den Wintermonaten führt dies – natürlich auch ohne Solarkollektoranlage – zu Kosteneinsparungen, im Sommer jedoch nicht, weil Ertragspotenzial generiert wird, das keinem Bedarf gegenübersteht, siehe Abbildung 11-189.

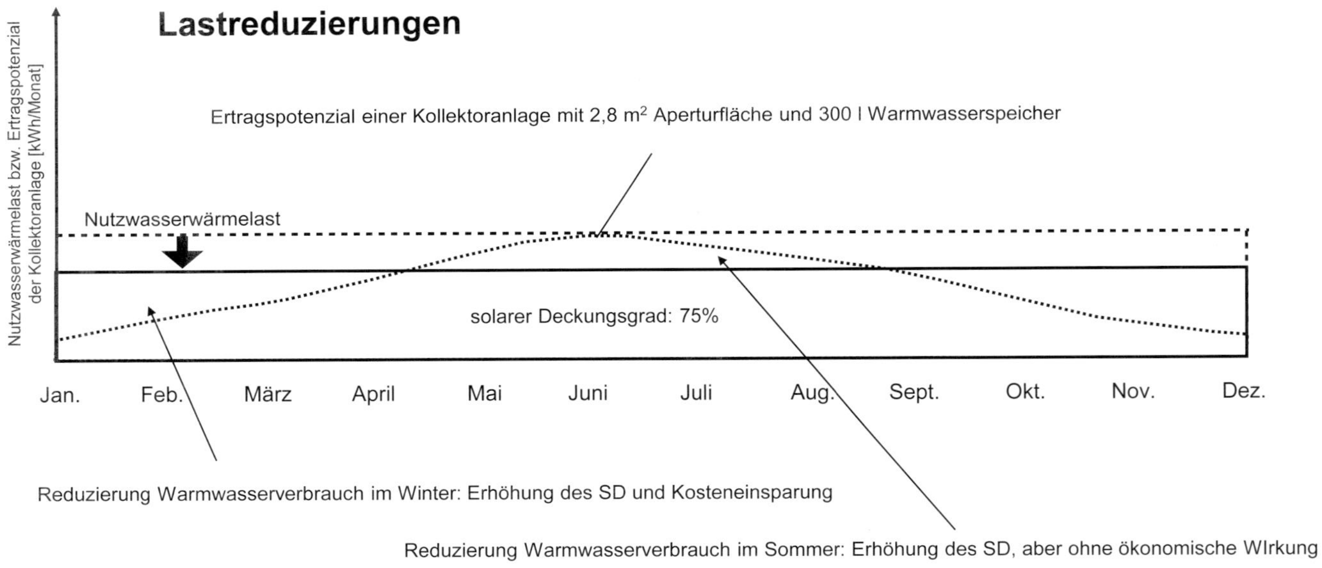

Quelle: eigene Darstellung

Abbildung 11-189: Lastreduzierungen

Insofern haben (auch eingeplante) Lastreduzierungen i. d. R. keine Auswirkungen auf den Kapitalwert einer Kollektoranlage.

Bei geplanten Lastverlagerungen sieht das allerdings anders aus. Werden Lasten in Zeitphasen verlegt, in denen die Sonne anzunehmenderweise scheint, erwirkt dies eine Erhöhung der Nutzung des Ertragspotenzials, wodurch ein höherer Ertrag entsteht, sich in Folge der Solarkollektoranlagennutzungsgrad verbessert, allerdings nur, wenn eine Kollektorüberkapazität vorliegt.

11.2.6.3.3 Einflussfaktoren auf den Rückfluss und damit auch auf den Kapitalwert von Solarkollektoren

Der Kapitalwert einer Solarkollektoranlage ergibt sich hauptsächlich durch die Verrechnung ihrer Anfangsauszahlung mit den durch sie erwirkten periodischen Nettoenergiekosteneinsparungen, die die Rückflüsse darstellen. Die Nettoenergiekosteneinsparungen werden von zahlreichen Faktoren beeinflusst, auf die ein Investor zum Teil Einfluss ausüben kann und die in den vorangegangenen Abschnitten ausführlich erörtert wurden. Es handelt sich um:

- die gewählte Kollektorbauart (Vakuumröhrenkollektoren haben im Vergleich zu Flachkollektoren höhere Wirkungsgrade, führen aber auch zu höheren Anfangsauszahlungen)
- die Größe der Aperturfläche (je größer die Aperturfläche, desto größer ist der SD und auch der Kollektorertrag, allerdings erhöhen sich die Anfangsauszahlungen)
- den erwünschten solaren Deckungsgrad
- das Globalstrahlungsangebot am Standort
- den Dach- bzw. Kollektor-Neigungswinkel
- den Azimut-Winkel, also die Ausrichtung nach Süden
- den Wirkungsgrad des Kollektors, der insbesondere beeinflusst wird vom
  - selektiven Absorptionsgrad des eigentlichen Kollektors
  - Emissionsgrad des Kollektors
  - Transmissionsgrad der Abdeckplatte
- die Temperaturdifferenzen (durchschnittliche Temperatur des Kollektorwärmeübertragungsmediums und der Umgebung)
- die Größe des Warmwasserspeichers
- die Kollektoranordnung, wenn mehrere Kollektoren miteinander verknüpft werden

- die Fließgeschwindigkeit der Wärmeübertragerflüssigkeit (je niedriger die Fließgeschwindigkeit, desto höher die Temperaturdifferenz auf der Kollektoraußenseite, desto höher der Verlustwärmestrom)
- Anlagenverluste am Kollektor an sich (Wärmeleitung, Konvektion)
  - durch Aufheizung von Rohrleitungen und Armaturen
  - an den Speicherwänden
  - durch Zirkulation in den Rohrleitungen
- den Umfang des Nutzenergiebedarfs bzw. des Nutz- und Heizwasserwärmebedarfs und ihres jeweiligen zeitlichen Anfalls
- Lastverlagerungen
- den Energiepreis des verdrängten Energieträgers (je höher der aktuelle Energiepreis und je höher die Energiepreisänderungsrate, desto höher der Rückfluss)
- den Nutzungsgrad der bestehenden Heizanlage

Ob Solarkollektoranlagen wirtschaftlich attraktiv sind und wie sich eine etwaige Attraktivität künftig generell entwickelt, ist – wie die vorangehenden Ausführungen gezeigt haben – von verschiedenen, z. T. einstellbaren Parameterwerten abhängig, insbesondere davon, wie sich – erstens – die Kaufpreise der Kollektoren und der Anlagenkomponenten und – zweitens – der spezifische Preis des verdrängten Energieträgers (i. d. R. Erdgas) entwickeln. Nimmt

- der reale – also inflationsbereinigte – Kaufpreis durch Massenproduktion ab und
- der spezifische Erdgas- und Heizölpreis (als zu verdrängender Energieträger) zu,

ist mit einer positiven Entwicklung zu rechnen.

11.2.7 Investitionsrechnung für Photovoltaiksysteme

11.2.7.1 Charakteristika und ökonomischer Zweck einer Photovoltaikanlage

Unter Photovoltaik (PV) versteht man die direkte Umwandlung von Lichtenergie – meist Sonnenlicht – in elektrische Energie durch den Einsatz von Solarzellen. Die erzeugte Elektrizität kann direkt genutzt, in Akkumulatoren (in batterieelektrischen Stromspeichern oder Battery Electric Storage Systems [BESS]) gespeichert oder in öffentliche Stromnetze eingespeist werden. Vor der Einspeisung wird i. d. R. die erzeugte Gleichspannung von einem Wechselrichter in Wechselspannung umgewandelt.

Grundbaustein einer PV-Anlage ist die Solarzelle. Sie besteht in den allermeisten Fällen aus Silizium, einem Halbleiter, der auch für Dioden, Transistoren und Computerchips verwendet wird. Durch Beaufschlagung mit Fremdatomen – der sogenannten Dotierung – wird in der Zelle ein „pn-Übergang" erzeugt („p" für Positiv- und „n" für Negativladung). Dort geraten einige Elektronen aus der n-dotierten Schicht in die p-dotierte Schicht. Durch die Abwanderung der Elektronen aus der n-dotierten Schicht wird eine gewisse Menge an negativer Ladung von der n-Schicht zur p-Schicht transportiert. Dies gilt generell für Halbleiter.

Bei einer Solarzelle ist nun die n-dotierte Schicht der Sonnenseite zugewandt. Sie wird im Vergleich zur p-dotierten Schicht sehr dünn ausgelegt, damit die energiegeladenen Photonen des Lichts bis auf den pn-Übergang durchdringen können. Dies wird dann durch Lichtstrahlen bewirkt. Durch sie werden ständig Elektronen aus bestehenden Elektronenpaarbindungen zwischen Siliziumatomen gelöst. Dabei entstehen freie Elektronen. Als Folge entwickelt sich an den Kontakten der Solarzelle eine Spannung (von etwa 0,5 Volt).

Schließt man die Schichten zu einem Stromkreis zusammen, so kommt es zu einem Elektronenfluss. Solange die Lichteinstrahlung besteht, fließt mit anderen Worten ein elektrischer Strom. Der Strom variiert je nach Einstrahlung und Zellenfläche und liegt zwischen 0 und 10 Ampere. Um auf nutzbare Spannungen zu kommen, schaltet man die Zellen in Reihe zu einem „Solarmodul" oder „Solarpanel" (Englisch „*solar panel*"), wodurch sich die Zellspannungen addieren.

Ökonomischer Zweck einer Photovoltaikanlage ist üblicherweise, prioritär den Elektrizitätsbedarf einer Betrachtungseinheit (Einfamilienhaus, Fabrik etc.) zumindest zum Teil – genau genommen in der Höhe des Eigenverbrauchsanteils (EVA) – zu decken, sodass die konventionelle Stromversorgung über das Stromnetz entlastet und in Folge der Endenergieverbrauch aus dem Netz reduziert wird. Sofern Solarstromüberschüsse entstehen, denen keine Nachfrage gegenübersteht (etwa im Hochsommer zur Mittagszeit), werden ebendiese i. d. R. in das vorhandene öffentliche Netz gegen eine Einspeisevergütung oder einen sonstigen Verkaufspreis eingespeist, wie Abbildung 11-190 verdeutlicht.

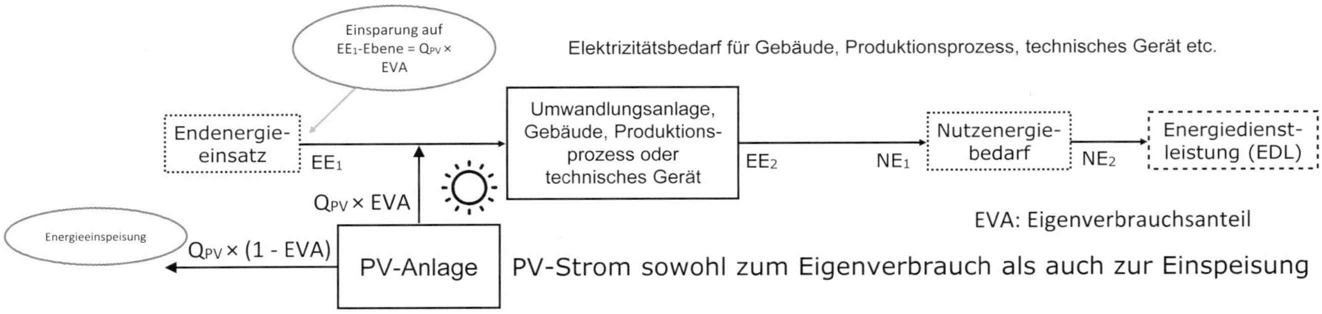

Quelle: eigene Darstellung

Abbildung 11-190: PV-Anlage, deren Strom einerseits einer Eigenbedarfsdeckung und andererseits einer Einspeisung zugeführt wird

Auf das Energieflussdiagramm wird im Rahmen der Entwicklung eines beispielhaften Berechnungsmodells in Kapitel 11.2.7.3 zurückzukommen sein.

11.2.7.2 Für Investitionsrechnungen relevante technische Grundlagen der Photovoltaik

In den folgenden Ausführungen wird auf technische Grundlagen der Solarkollektortechnologie eingegangen, insoweit sie für das Gesamtverständnis dieser Technologie und insbesondere für den Aufbau von Kapitalwertberechnungsmodellen erforderlich erscheinen. Der Fokus liegt auf Stellhebeln, die wesentlich den Kapitalwert von Solarkollektoren bestimmen.

Die **Nennleistung** von Photovoltaikmodulen wird üblicherweise in kW_p (Kilowatt peak) angegeben und bezieht sich auf die Maximalleistung unter Testbedingungen. Übliche Solarmodule werden aktuell (2025) bei einer Fläche von ca. 2 m² mit Nennleistungen von bis zu 440 kW_p angeboten. Die Nennleistung wird bei 25 °C Umgebungstemperatur und bei 1 000 Watt Sonneneinstrahlung pro Quadratmeter herstellerseitig gemessen.

Der **Wirkungsgrad** ist das Verhältnis zwischen momentan erzeugter elektrischer Leistung und eingestrahlter Lichtleistung. Je höher er ist, desto weniger Fläche wird für eine Anlage mit bestimmter Leistung benötigt.

Der Wirkungsgrad von Solarzellen variiert je nach Zelltyp. Bei Zellen aus monokristallinem Silizium liegt er aktuell (2025) üblicherweise bei 19 %, bei polykristallinem Silizium bei etwa 17 % und bei amorphem Silizium bei 6 %. Dementsprechend sind die Modulpreise umso höher, je größer der Wirkungsgrad ist.

Bei der Bestimmung des Wirkungsgrades ist zu berücksichtigen, welche Einheit gerade betrachtet wird (einzelne Solarzelle, Solarmodul, die gesamte Anlage mit Wechselrichter bzw. Laderegler und Akkus und Verkabelung). Sind beispielsweise Module mit einem Wirkungsgrad von 19 % verbaut, wird die Gesamtanlage einen geringeren Prozentwert aufweisen, da Kabel-, Verbindungs-, Wechselrichter und Anschlussverluste zusätzlich zu berücksichtigen sind, sodass im Beispielfall von einem Gesamtwirkungsgrad von vielleicht 17 % ausgegangen werden kann.

Nicht nur die Lichtleistung von Solarmodulen ist entscheidend, ihr **Ertrag ist** zudem auch **temperaturabhängig**. So verringert sich die Leerlaufspannung (etwa 0,5 Volt) einer Solarzelle um 2,3 mV pro °C Temperaturzunahme und damit um –0,4 %. Da der Abfall der Leerlaufspannung deutlich stärker wirkt als der sich bei Temperaturerhöhung ergebende – zu vernachlässigende – leichte Anstieg des Stromes, rechnet man üblicherweise so, dass die Maximalleistung um etwa 0,4 % pro °C abnimmt. Beträgt die Modultemperatur im Sommer beispielsweise 50 °C und weicht damit um 25 °C von der Temperatur im Prüflabor ab, dessen Messung eine Nennleistung von 400 W_p aufzeigte, ist mit einer Leistungsverminderung von 10 % (= 25 K · 0,4 % pro °C) und damit auf 360 W_p zu rechnen.

Der Ertrag von Photovoltaikmodulen pro Jahr wird in Kilowattstunden (kWh) gemessen und wesentlich vom Standort, von der Ausrichtung der Module und möglichen Verschattungen beeinflusst. Der „spezifische Ertrag" ist als Kilowattstunden pro installierter Nennleistung (kWh/kW_p) definiert und erlaubt den einfachen Vergleich von Anlagen unterschiedlicher Größe und Leistung am gleichen Standort und unterschiedlicher Standorte bei gleichen Anlagen.

Die Leistung einer PV-Anlage ist abhängig von der Solarstrahlungsdichte. In der Nordhemisphäre der Erde wird der höchste Brutto-Energieertrag insofern durch eine maximale Südausrichtung erreicht. Je nach Lage spielt der Dachneigungswinkel auch eine wichtige Rolle. In Deutschland liegt der optimale Dachneigungswinkel zwischen 30 und 40°. Durch **optimale Ausrichtung** kann der größtmögliche Brutto-Energieertrag erzielt werden. Zur Abschätzung von Einbußen werden regelmäßig Ausrichtungsdiagramme eingesetzt (siehe Abbildung 11-191).

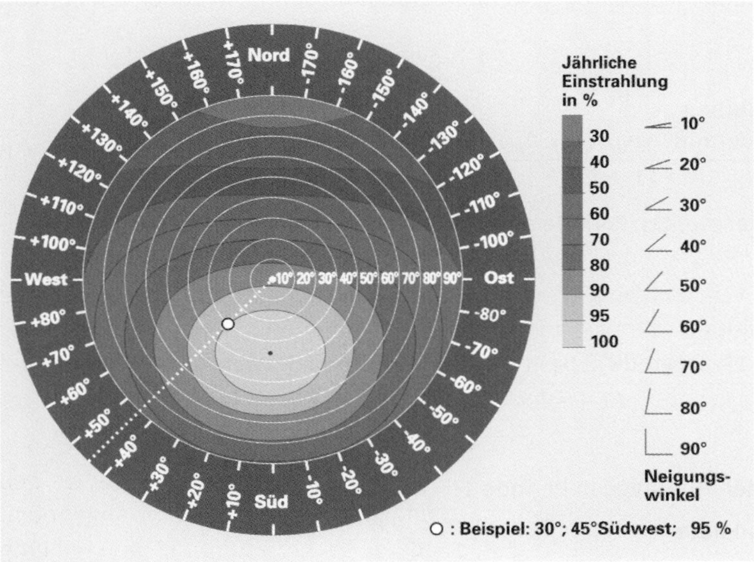

Quelle: Viessmann (Hrsg.) 2012, S. 12

Abbildung 11-191: Einflüsse von Ausrichtung und Neigung auf die eingestrahlte Energie

Im Laufe der Nutzung büßt eine Photovoltaikanlage Leistungspotenzial ein, was auf Änderungen der Kristallstruktur zurückzuführen ist. Die dadurch entstehende Wirkungsgradreduzierung nennt man **Degradation** und sollte auf jeden Fall bei der Investitionsrechnung von Photovoltaikanlagen berücksichtigt werden. Bei mono- und polykristallinen Zellen wird üblicherweise eine Ertragsminderung von 0,5 % pro Jahr angesetzt.

Über 20 Jahre gerechnet wären das zehn Prozent Leistungsminderung, wenn die Degradation in der 1. Periode beginnt. Beginnt sie in Periode 2, wird eine solche Leistungsminderung nach 21 Jahren erreicht. Abbildung 11-192 verdeutlicht bei einer anzunehmenden linearen Reduzierung der Leistung, dass sich die Jahresdegradationsrate immer auf den Anfangsertrag und nicht auf den des jeweiligen Vorjahres bezieht.

Vorgehensweise	Restleistung am Ende der Periode								
	1	2	3	4	5	...	19	20	21
Verminderung zu Anfangswert, wenn Degradation in der 1. Periode beginnt	99,5	99,0	98,5	98,0	97,5	...	90,5	90,0	89,5
Verminderung zu Anfangswert, wenn Degradation erst in der 2. Periode beginnt	100,0	99,5	99,0	98,5	98,0	...	91,0	90,5	90,0

Abbildung 11-192: Abschätzung der 0,5%igen Jahresdegradationswirkung einer Photovoltaikanlage einer 100 kWP-Anlage (Angaben in kW)

Wird die allgemeine Kapitalwertformel

$$\text{Kapitalwert} = \sum_{t=0}^{T} \frac{Z_t}{(1+i)^t}$$

um Degradation als Variable ergänzt, die Zahlungsströme in ihren Details angegeben und sowohl der PV-Ertrag als auch der spezifische Energiepreis mit ihrem jeweiligen Anfangswert konstant gehalten, ergibt sich unter der Annahme, dass der erzeugte PV-Strom vollständig einem Eigenverbrauch zugeführt wird, die folgende Rechenregel, wenn Degradation bereits in der ersten Periode angenommen wird:

$$\begin{aligned}&\text{Kapitalwert}\\&\quad = -\text{Anschaffungsauszahlung}\\&\quad + \sum_{t=1}^{T} \frac{Q_{\text{PV},t=1} \cdot (1 - t \cdot \text{DegradR}) \cdot p_0 \cdot (1+\Delta p)^t - \text{Betriebskosten}_t}{(1+i)^t}\end{aligned}$$

Soll eine Degradation erst ab der zweiten Periode angenommen werden, ergibt sich folgende Gleichung:

$$\begin{aligned}&\text{Kapitalwert}\\&\quad = -\text{Anschaffungsauszahlung}\\&\quad + \sum_{t=1}^{T} \frac{Q_{\text{PV},t=1} \cdot (1 - [t-1] \cdot \text{DegradR}) \cdot p_0 \cdot (1+\Delta p)^t - \text{Betriebskosten}_t}{(1+i)^t}\end{aligned}$$

Mit

$Q_{\text{PV},t=1}$	Stromertrag der PV-Anlage in Periode 1
DegradR	Jahresdegradationsrate
p_0	aktueller Strompreis (in Periode 0)
Δp	Jahrespreisänderungsrate
i	Kalkulationszins

Zur Ermittlung der wirtschaftlichen Vorteilhaftigkeit einer Photovoltaikanlage stehen neben üblichen Einstellparametern wie Kalkulationszinssatz, Wirkungsdauer, den Anschaffungsauszahlungen (für die PV-Module, Kabel, Befestigungsleisten, Projektierung, Einbau und Anschluss etc.), den laufenden Auszahlungen (etwa für Reinigung, Versicherung, Reparatur etc.) und den möglichen Förderungen vor allem die Rückflüsse im Zentrum der Betrachtung, weil sie zum Teil schwierig abzugrenzen sind. Denn es kommt bei ihrer Bemessung auf den perspektivischen Einsatz des jeweiligen PV-Strom-Ertrages an, ob

- er unmittelbar einem Eigenverbrauch dienen kann (und wenn ja, welcher Art) und somit eine Energie(kosten)einsparung hervorruft,
- er in einem batterieelektrischen Speichersystem (BESS oder Akku) zunächst gepuffert wird, um ihn dann einem Eigenverbrauch zuzuführen (wobei dies die Anschaffung eines BESS erforderlich macht),

- mangels Stromnachfrage zur passenden Zeit nur eine Einspeisung (oder nicht einmal sie mehr) infrage kommt oder
- eine Mischung von allem zu erwarten ist.

Für eine Kapitalwertkalkulation muss also der **Eigenverbrauchsanteil** (EVA) bekannt sein. Wenn nicht eine Insellösung angestrebt wird, ist in Deutschland außerdem der Einspeiseanteil (1 – EVA) zu ermitteln. Da sich dies bisweilen schwierig gestaltet, wird er i. d. R. geschätzt. Der Begriff „Eigenverbrauchsanteil“ weist inhaltlich eine Nähe zum „Autarkiegrad“ auf, deshalb wird im folgenden Abschnitt auf beide Termini genauer eingegangen, bevor die Ermittlung des EVA und der Rückflüsse aus einer PV-Anlage sowie die Vorgehensweise bei der Kalkulation von PV-Systemen erläutert werden.

Neben dem Kapitalwert als Kennzahl zur Verdeutlichung der wirtschaftlichen Vorteilhaftigkeit spielen für die Beurteilung des Einsatzes erneuerbarer Energien insbesondere bei Photovoltaikanlagen die folgenden zwei Indikatoren eine wichtige Rolle, die u. U. auch Entscheidungsrelevanz besitzen können:

$$\text{Eigenverbrauchsanteil (EVA)} = \frac{\text{Jahreseigenverbrauch [kWh]}}{\text{Jahresstromertrag}_{\text{PV}} \text{ [kWh]}}$$

$$\text{Jahresautarkiegrad} = \frac{\text{Jahreseigenverbrauch [kWh]}}{\text{Jahreslast [kWh]}} = \frac{\text{Jahresstromertrag}_{\text{PV}} \text{ [kWh]} \cdot \text{EVA}}{\text{Jahreslast [kWh]}}$$

Beide Kennwerte beziehen sich auf den Eigenverbrauch eines bestimmten Zeitabschnitts. Der betrachtete Zeitabschnitt umfasst regelmäßig ein volles Jahr, daher hier „Jahreseigenverbrauch“.

Beim Jahreseigenverbrauch, für den auch die Synonyme „Eigennutzung“, „Selbstverbrauch“ oder „Direktverbrauch“ existieren, handelt es sich um die Menge an erzeugter Regenerativenergie (hier PV-Strom), die entweder **zeitgleich** durch die Last direkt verbraucht oder zur Ladung des Batteriespeichers (wenn vorhanden) genutzt wird. Diese beiden Werte (unmittelbarer Eigenverbrauch und Batterieladung) werden aufaddiert.

Der Autarkiegrad (auch „Autarkiequote“) setzt demgegenüber den Jahreseigenverbrauch ins Verhältnis zur Jahreslast und damit zum Gesamtjahresstromverbrauch. Er zeigt damit den Anteil der Selbstversorgung und somit die Unabhängigkeit von externer Versorgung an. Ein Autarkiegrad von 50 % bedeutet beispielsweise, dass über den Zeitraum von einem Jahr die Hälfte des Strombedarfs von der PV-Anlage (evtl. mit Unterstützung durch den Stromspeicher) gedeckt worden ist. Bei einem Autarkiegrad von 100 % wäre man von externer Versorgung vollständig unabhängig.

Der Eigenverbrauchsanteil (EVA) (auch „Eigenverbrauchsquote“, „Selbstnutzungsgrad“ oder „Direktverbrauchsanteil“) beschreibt demgegenüber das Verhältnis vom Jahreseigenverbrauch zur generierten Gesamtstrommenge der PV-Anlage. Es handelt sich sozusagen um eine PV-Nutzungsquote. Ein Eigenverbrauchsanteil von 25 % drückt aus, dass ein Viertel des erzeugten PV-Stromes einem Eigenverbrauch zugeführt worden ist und somit – i. d. R. – drei Viertel einer Einspeisung.

Eine höhere PV-Anlagenkapazität steigert den Jahresautarkiegrad, führt jedoch zu sinkenden Eigenverbrauchsanteilen, weil der Jahreseigenverbrauch üblicherweise in geringerem Ausmaß als der Jahresstromertrag zunimmt.

Ein Stromspeicher erhöht grundsätzlich sowohl den Eigenverbrauchsanteil als auch den Jahresautarkiegrad, weil mit ihm der Jahreseigenverbrauch (bei konstanter Jahreslast und konstantem Jahresstromertrag) zunimmt.

Die Einbindung einer Wärmepumpe erhöht den Eigenverbrauchsanteil der PV-Anlage, reduziert aber den Jahresautarkiegrad der Stromversorgung (der Jahresautarkiegrad der Wärmeversorgung würde sich dadurch allerdings erhöhen), weil die Jahreslast – bei angenommener konstanter PV-Anlagenkapazität – zunimmt.

Die folgende Übersicht (Abbildung 11-193) veranschaulicht die Zusammenhänge anhand von vier Beispielen eines Einfamilienhauses (EFH), bei dem die gleiche PV-Anlage einmal mit und einmal ohne Stromspeicher eingebaut ist.

	A	B				C
1	Merkmal	Fall 1 ohne Speicher, ohne Wärmepumpe	Fall 2 mit Speicher, ohne Wärmepumpe	Fall 3 ohne Speicher, mit Wärmepumpe	Fall 4 mit Speicher, mit Wärmepumpe	EXCEL-Funktion
2	Jahres-PV-Ertrag	6 560 kWh	6 560 kWh	6 560 kWh	6 560 kWh	
3	Jahresenergieverbrauch (Jahreslast)	4 750 kWh	4 750 kWh	7 309 kWh	7 309 kWh	
4	darunter Normalhaushaltslast	4 750 kWh	4 750 kWh	4 750 kWh	4 750 kWh	
5	darunter Wärmepumpenlast			2 559 kWh	2 559 kWh	
6	Jahreseigenverbrauch	1 585 kWh	2 921 kWh	1 801 kWh	3 257 kWh	
7	darunter Eigenverbrauch unmittelbar aus PV-Anlage	1 585 kWh	1 585 kWh	1 801 kWh	1 801 kWh	
8	darunter Eigenverbrauch gepuffert aus Stromspeicher		1 336 kWh		1 456 kWh	
9	Jahresstromeinspeisung	4 975 kWh	3 639 kWh	4 759 kWh	3 303 kWh	= B2 - B6
10	Jahresnetzbezug	3 165 kWh	1 829 kWh	5 508 kWh	4 052 kWh	= B3 - B6
11	Eigenverbrauchsanteil: Anteil des PV-Ertrages, der unmittelbar oder nach Nutzung eines Speichers genutzt und nicht eingespeist wird	24,2 %	44,5 %	27,5 %	49,6 %	= B6 / B2
12	Jahresautarkiegrad: Anteil jenes Jahres-energieverbrauchs, der durch PV-Strom unmittelbar (direkt) oder nach Batterie-zwischenspeicherung gedeckt wird	33,4 %	61,5 %	24,6 %	44,6 %	= B6 / B3

Abbildung 11-193: PV-Eigenverbrauchsanteil vs. Jahresautarkiegrad im Vergleich von vier Fallbeispielen

Nun sollen die PV- und auch die Speicherkapazitäten variiert werden. Das folgende Berechnungsmodell liegt dem Beispiel zugrunde (siehe Abbildung 11-194).

Parameter	Einheit	Parameterwert
Jahresestromverbrauch ohne Wärmepumpe	kWh	4 750
Jahresestromverbrauch mit Wärmepumpe	kWh	7 309
PV-Anlagenkapazität	kW_p	{3 … 8}
Spezifische PV-Anlagenkosten komplett	€/kW_p	1 000
Stromspeicherkapazität	kWh	{0 … 5}
Spezifische Speicherkosten komplett	€/kWh	1 000
Spez. Strompreis	€/kWh	0,35
Einspeisevergütung	€/kWh	0,08
Jahresdegradationsrate	%	0,5
Wirkungsdauer	Jahre	20
Jahrespreisänderungsrate Strom	%	3
Kalkulationszinssatz	%	4

Abbildung 11-194: Einstellparameter für ein konkretes EFH mit und ohne Wärmepumpe

Zunächst wird die Berechnung ohne Wärmepumpe durchgeführt.

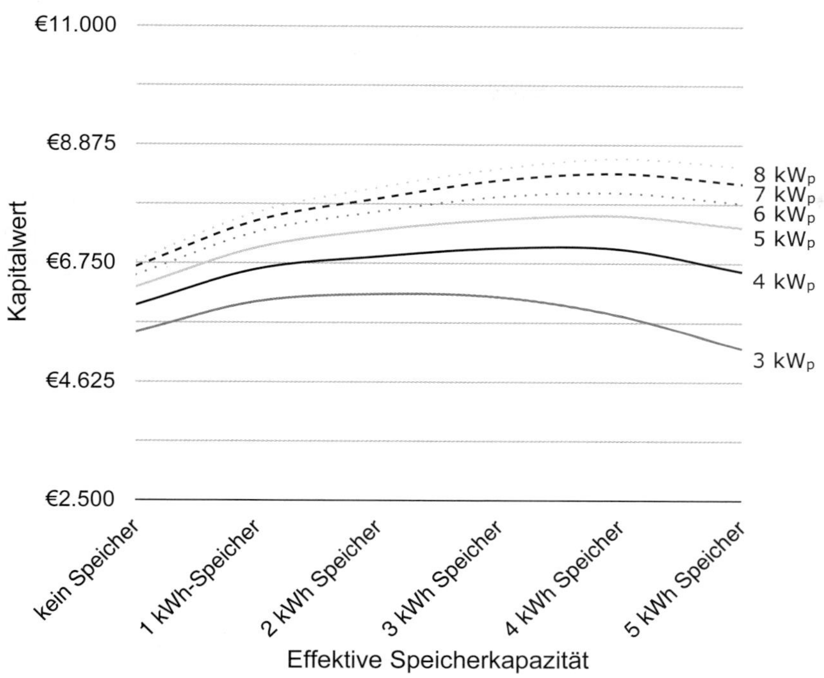

Quelle: eigene Darstellung

Abbildung 11-195: Beispielhafte Kapitalwertentwicklung unterschiedlicher PV-Speicheranlagen für ein konkretes EFH ohne Wärmepumpe

Dann folgt eine Berechnung mit Berücksichtigung einer Wärmepumpe.

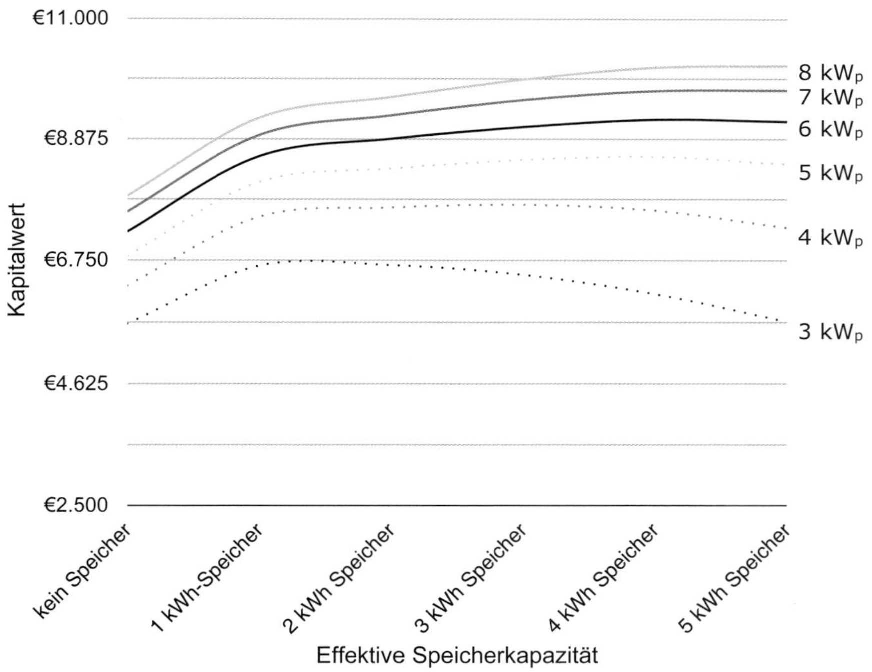

Quelle: eigene Darstellung

Abbildung 11-196: Beispielhafte Kapitalwertentwicklung unterschiedlicher PV-Speicheranlagen für ein konkretes EFH mit Wärmepumpe

Die Grafiken verdeutlichen, dass – sofern sich bei einer kleinen PV-Anlage ein positiver Kapitalwert ergibt – der Kapitalwert**zuwachs** mit steigender Anlagenleistung (kW_p) abnimmt (die Abstände der Linie werden kleiner), bis ein Maximum erreicht ist. Danach würde der Kapitalwert mit wachsender Anlagengröße abnehmen. Die zusätzliche Installation eines Stromspeichers wirkt sich – je nach Eigenverbrauchsanteil – bei zunehmender Kapazität [kWh] zunächst positiv auf den Kapitalwert aus (steigende Speicherkapazität führt zu wachsendem Kapitalwert), wobei das Optimum bei kleineren PV-Anlagen deutlich früher erreicht wird als bei größeren, ab dem dann bei steigender Kapazität der Kapitalwert nachlässt. Mit anderen Worten: Im Sinne einer Kapitalwertmaximierung verträgt eine größere PV-Anlage eine größere Speicheranlage besser als ein kleineres PV-System.

Zählt zu den Energieverbrauchern auch eine Wärmepumpe, dann verschieben sich die Kapitalwertoptima nach rechts oben, also in Richtung größerer PV-Anlagen und größerer Speicherkapazitäten.

Eine Erhöhung der Kapazität einer PV-Anlage hat grundsätzlich eine Erhöhung des Autarkiegrades zur Folge und führt zunächst einmal i. d. R. auch zu einer Steigerung des Kapitalwerts, bis ein Optimalwert erreicht wird, ab dem er dann wieder abnimmt (parabelförmiger Verlauf). Insofern lässt sich ein kapitalwertoptimaler Autarkiegrad bestimmen, der bei sinkenden PV-Modul- und Speicherpreisen sowie bei steigenden spezifischen Strompreisen zunehmen würde. Abbildung 11-197 zeigt einen kapitalwertoptimalen Autarkiegrad von 32 % für ein Beispielfall.

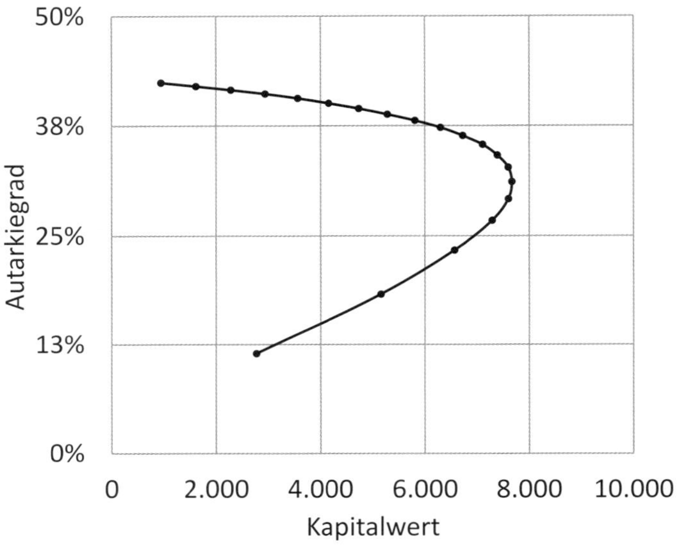

Quelle: eigene Darstellung

Abbildung 11-197: Variation der Leistung einer PV-Anlage durch Änderung der PV-Modulanzahl und Speicherkapazität und deren Auswirkung auf den kapitalwertoptimalen Autarkiegrad

Ist man bestrebt, den Autarkiegrad zu maximieren, ist dies mit zunehmender PV-Leistung und zunehmender Speicherkapazität möglich, bis man zu guter Letzt 100 % erreicht. Allerdings führt die Kapazitätsausweitung ab einem Kapitalwertoptimum zu sinkenden Kapitalwerten, die auch in den Negativbereich hineinrutschen, wodurch ausgedrückt wird, dass die Aktivitäten nicht mehr wirtschaftlich vorteilhaft sind.

11.2.7.3 Kapitalwertberechnung von Photovoltaikanlagen gemäß DIN EN 17463

11.2.7.3.1 Vorgehensweise zur Ermittlung der Rückflüsse bei Photovoltaikanlagen

Der folgende Beispielfall geht davon aus, dass in einem Unternehmen eine PV-Anlage von 40 kW_p zur Diskussion steht. Am Standort (Mönchengladbach) ist unter Zugrundelegung der möglichen Neigungswinkel der PV-Module auf den Fabrikdächern von 22° und der möglichen Abweichung von einer vollen Südausrichtung der Anlage (sogenannter Azimut-Winkel) von 39° ermittelt worden, dass eine durchschnittliche Strahlungsintensität von 1 000 kWh/m^2 · a vorliegt, sodass bei einer Gesamtmodulfläche von 200 m^2 und einem vom Hersteller genannten Wirkungsgrad von 18,6 % ein Jahresertrag in Höhe von 37 240 kWh abgeschätzt worden ist.

Mithilfe von im Internet verfügbaren Anwendungen wie des „Photovoltaic Geographical Information Systems" der Europäischen Kommission[108] lässt sich der Jahresertrag (ohne Degradation) noch etwas genauer bestimmen. Für das vorliegende Beispiel ergibt sich bei den genannten Parametern (Dachneigungswinkel und Azimut-Ausrichtung) am angegebenen Standort ein Jahresertrag in der ersten Jahresperiode in Höhe von 38 371 kWh (siehe Abbildung 11-198).

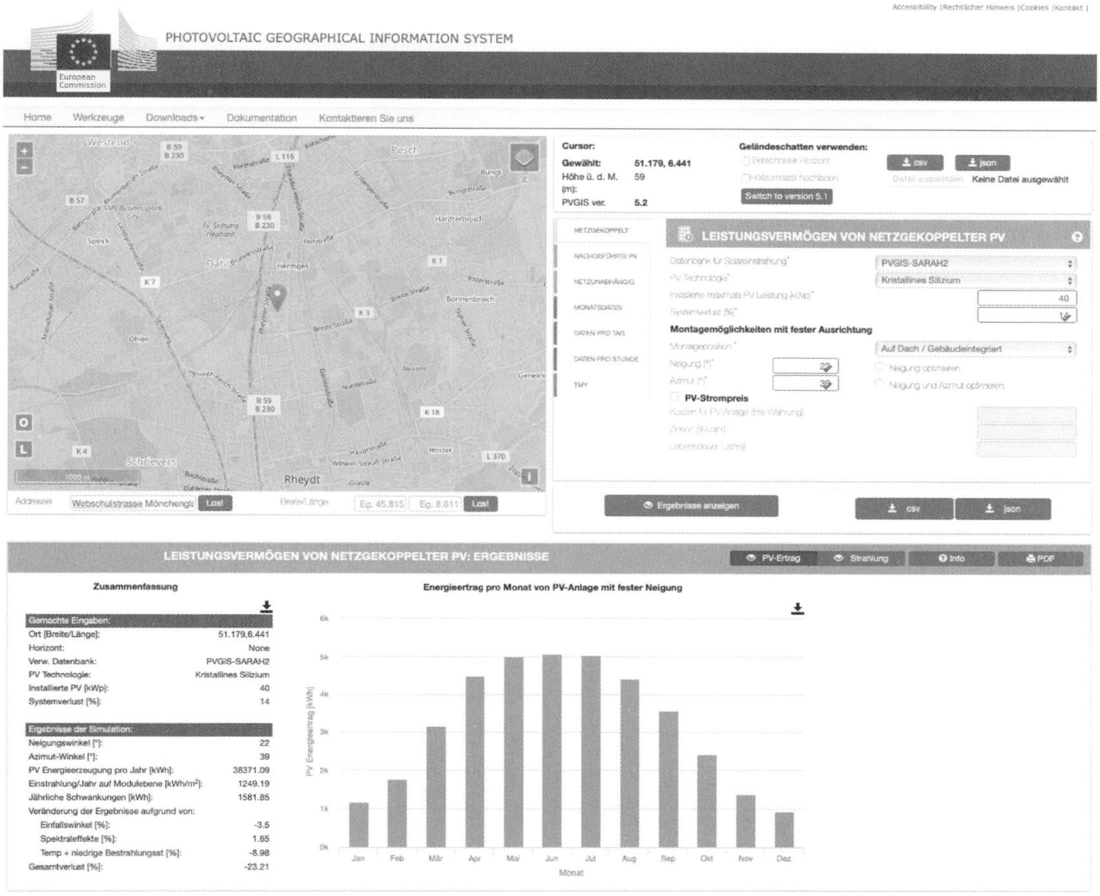

Quelle: Photovoltaic Geographical Information System der Europäischen Kommission

Abbildung 11-198: Jahresertrag für den Beispielfall laut Photovoltaic Geographical Information System der Europäischen Kommission

Der Solarertrag Q_{PV} entspricht der abgegebenen Leistung über die Zeit und lässt sich durch PV-Leistungskurven veranschaulichen. Hierzu kann man standortbezogen entweder empirische Daten aus dem Internet nutzen (die dann auch das jeweilige Wetter und den Wolkeneinfluss berücksichtigen) oder man ermittelt eine Leistungskurve anhand von Sonnenstandsformeln, also synthetisch[109], siehe Abbildung 11-199 und Abbildung 11-200.

108 Siehe https://re.jrc.ec.europa.eu/pvg_tools/de/#api_5.2.

109 etwa: http://www.geoastro.de/SME/tk/index.htm.

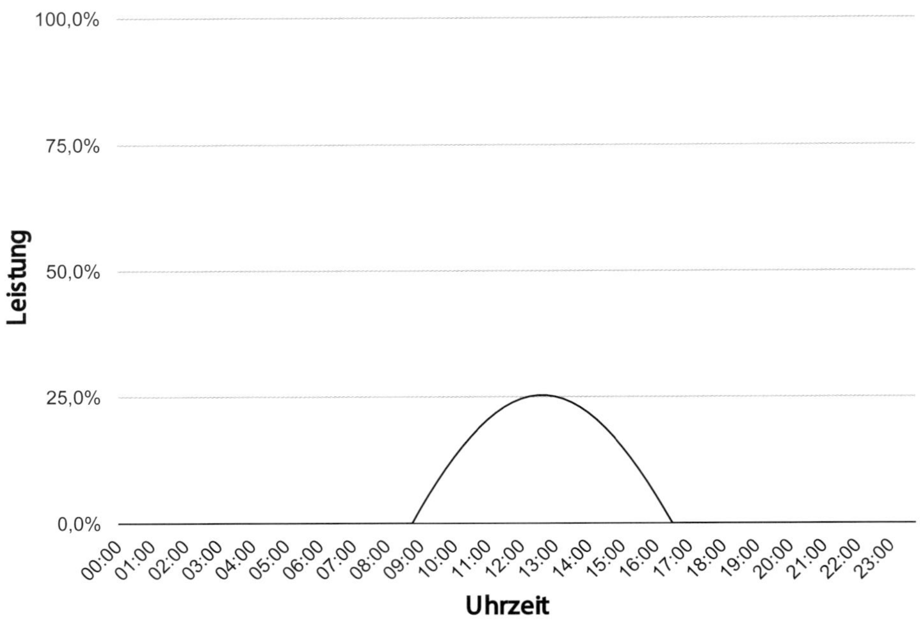

Quelle: eigene Darstellung

Abbildung 11-199: Errechnete Sonnenleistungsentwicklung für beispielhaften Wintertag

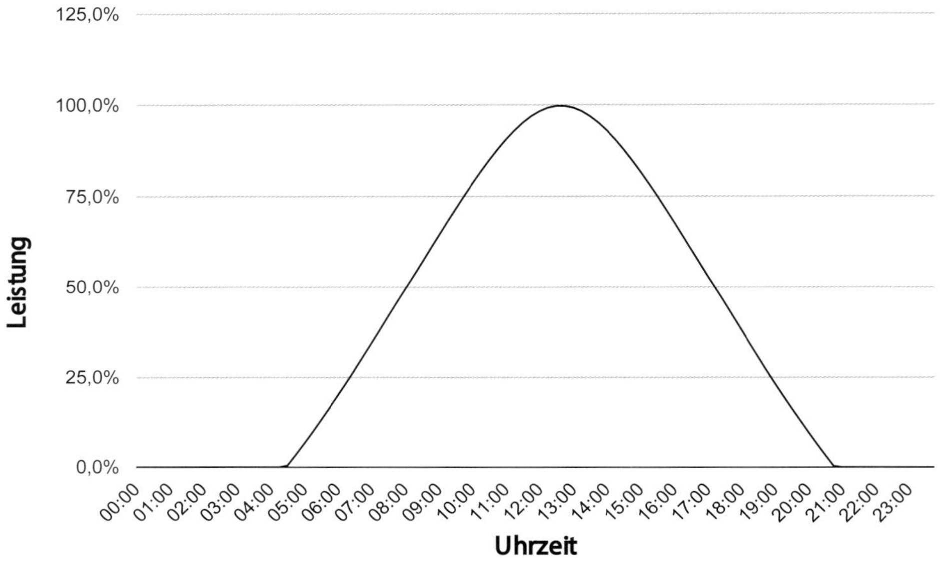

Quelle: eigene Darstellung

Abbildung 11-200: Errechnete Sonnenleistungsentwicklung für beispielhaften Sommertag

Die Fläche unter einer abgeleiteten PV-Leistungskurve ist der Ertrag, der über die Jahreszeiten hinweg starken Schwankungen ausgesetzt ist. Daher werden zur Jahresertragsanalyse Tagesgänge von jedem Tag eines Jahres benötigt (nicht notwendigerweise in Form einer Grafik, zumindest aber tabellarisch). Eine graphische Darstellung einer – jetzt empirischen – Solarleistungskurve (gestrichelte Linie) für einen Standort am 10. April, in die auch der Tageslastgang (durchgezogene Linie) für ein beispielhaftes EFH sowie Preisangaben aus dem Jahr 2025 eingezeichnet worden sind, zeigt Abbildung 11-201.

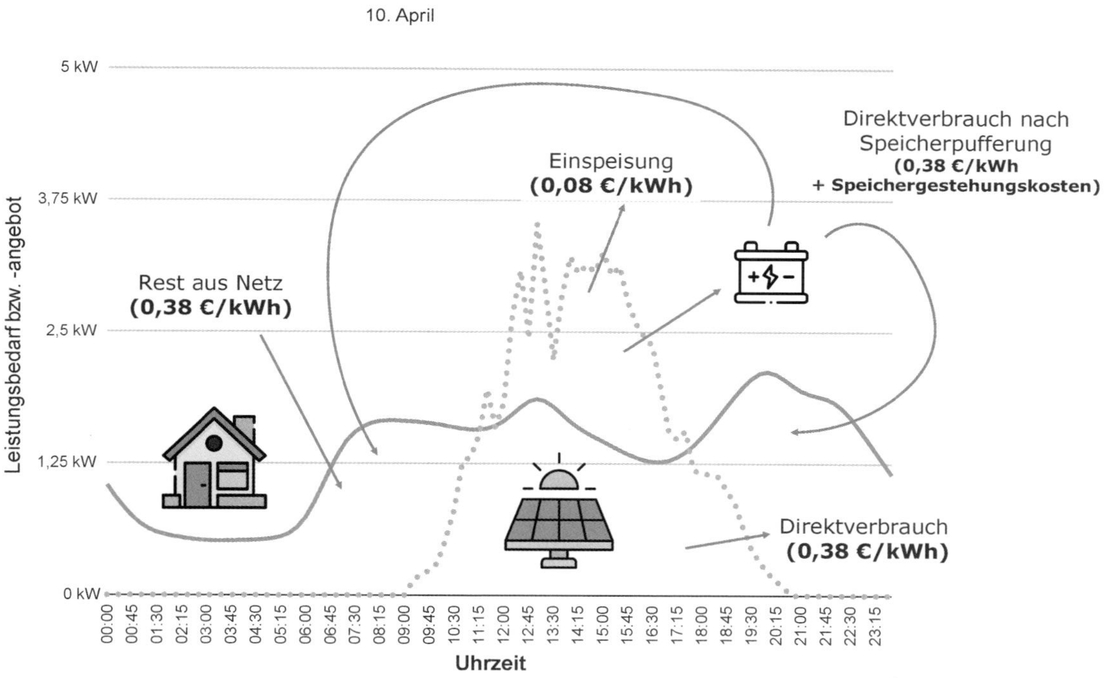

Quelle: eigene Darstellung

Abbildung 11-201: Beispielhafte Tagesgangauswertung für den 10. April 2025

Die Zahlenangaben machen deutlich, dass die Überlappung als Eigenverbrauchsanteil ausgeschöpft werden sollte, schließlich würde man im Beispiel dadurch 38 Cent pro kWh einsparen, und das wäre erheblich lukrativer, als den Strom für 8 Cent pro kWh einzuspeisen. Der Überschussstrom (Fläche oberhalb des Lastganges) wäre dann für die Einspeisung vorzusehen, es sei denn, man würde einen Stromspeicher einplanen, der idealerweise den Überschussstrom komplett aufnehmen kann (Beladung des Speichers), um dann in Zeiträumen, in denen keine Sonne zur Verfügung steht, entladen zu werden und Verbraucher zu versorgen.

In früheren Zeiten, in denen die Einspeisevergütungssätze für PV-Strom über den durchschnittlichen spezifischen Strompreisen lagen (und noch liegen, sofern man vor langer Zeit eine PV-Anlage installiert hat), spielte der Eigenverbrauch keine Rolle. Eigentümer von PV-Anlagen speisten den gesamten Stromertrag ein. Stromspeicher waren aus ökonomischer Sicht unattraktiv.

Mittlerweile liegen die Einspeisevergütungssätze für PV-Strom deutlich unter den spezifischen Strompreisen, und zwar sowohl im privaten als auch im gewerblichen Bereich. Dies hat dazu geführt, dass bei den Betreibern von neueren PV-Anlagen, deren Einspeisevergütung niedriger als der spezifische Strompreis ist (aktuell ab etwa 2015, je nach Region bzw. Stromvertrag), ein maximaler Eigenverbrauch (und damit eine minimale Einspeisung) angestrebt wird. Da aber ein 100%iger Eigenverbrauch nur dann in Betracht kommt, wenn die PV-Anlage relativ klein ist und bei besten Sonneneinstrahlverhältnissen im Hochsommer die Grundlast über der PV-Leistung liegt, muss vor einer Kapitalwertberechnung der Eigenverbrauchsanteil (EVA) ermittelt werden. (Denkbar wäre natürlich auch, dass der Betreiber einer PV-Anlage sein Energieverbrauchsverhalten derart ändert, dass immer dann, wenn Solarstrom erzeugt wird, entsprechende Verbraucher eingeschaltet werden, die den Strom im erzeugten Umfang abnehmen.)

Eine Möglichkeit, den EVA zu ermitteln, besteht darin, zunächst Lastgangdaten über mindestens ein Jahr zu erfassen und sie mit den Daten einer PV-Leistungskurve zusammenzuführen. Abbildung 11-202 verdeutlicht eine solche Zusammenführung.

Stunde	Haushaltslast	Waermepumpenlast	Ladesaeulenlast	PV-Basisertrag	Energieverbrauch in einer Std.	Solarertrag in einer Std.	SNA	Einspeisung
0	0,29 kW	0 kW	0 kW	0 kW	0,29 kWh	0 kWh	100,0 %	0,0 %
1	0,32 kW	0,18 kW	0 kW	0 kW	0,5 kWh	0 kWh	100,0 %	0,0 %
2	0,88 kW	0,97 kW	0 kW	0 kW	1,85 kWh	0 kWh	100,0 %	0,0 %
3	0,68 kW	0,92 kW	0 kW	0 kW	1,59 kWh	0 kWh	100,0 %	0,0 %
4	0,26 kW	0,02 kW	0 kW	0 kW	0,28 kWh	0 kWh	100,0 %	0,0 %
5	0,66 kW	0,91 kW	0 kW	0 kW	1,57 kWh	0 kWh	100,0 %	0,0 %
6	0,88 kW	0,95 kW	0 kW	0 kW	1,83 kWh	0 kWh	100,0 %	0,0 %
7	0,32 kW	0 kW	0 kW	0,09 kW	0,32 kWh	0,09 kWh	100,0 %	0,0 %
8	0,59 kW	0,63 kW	0 kW	0,35 kW	1,21 kWh	0,35 kWh	100,0 %	0,0 %
9	0,32 kW	0 kW	0 kW	0,71 kW	0,32 kWh	0,71 kWh	45,0 %	55,0 %
10	0,92 kW	1,48 kW	0 kW	1,09 kW	2,39 kWh	1,09 kWh	100,0 %	0,0 %
11	0,27 kW	0 kW	0 kW	1,41 kW	0,27 kWh	1,41 kWh	18,8 %	81,2 %
12	0,27 kW	0 kW	0,4 kW	1,61 kW	0,67 kWh	1,61 kWh	41,6 %	58,4 %
13	0,27 kW	0 kW	1 kW	1,63 kW	1,27 kWh	1,63 kWh	77,5 %	22,5 %
14	0,41 kW	0,3 kW	0,8 kW	1,48 kW	1,5 kWh	1,48 kWh	100,0 %	0,0 %
15	1,02 kW	1,63 kW	1 kW	1,18 kW	3,65 kWh	1,18 kWh	100,0 %	0,0 %
16	0,29 kW	0,12 kW	0 kW	0,79 kW	0,42 kWh	0,79 kWh	52,6 %	47,4 %
17	0,23 kW	0 kW	0 kW	0,39 kW	0,23 kWh	0,39 kWh	59,3 %	40,7 %
18	0,22 kW	0 kW	0 kW	0,07 kW	0,22 kWh	0,07 kWh	100,0 %	0,0 %
19	0,38 kW	0,24 kW	0 kW	0 kW	0,62 kWh	0 kWh	100,0 %	0,0 %
20	0,28 kW	0 kW	0 kW	0 kW	0,28 kWh	0 kWh	100,0 %	0,0 %
21	0,46 kW	0 kW	0 kW	0 kW	0,46 kWh	0 kWh	100,0 %	0,0 %
22	0,31 kW	0 kW	0 kW	0 kW	0,31 kWh	0 kWh	100,0 %	0,0 %
23	0,25 kW	0 kW	0 kW	0 kW	0,25 kWh	0 kWh	100,0 %	0,0 %
Mittelwert							**87,3 %**	**12,7 %**

Abbildung 11-202: Ermittlung des Eigenverbrauchsanteils beim Einsatz einer PV-Anlage durch Aufeinanderlegen der Daten einer PV-Leistungs- und einer Lastkurve

Eine kombinierte Balken-/Liniendiagrammdarstellung zeigt für einen Beispieltag die Überlappungen grafisch auf (siehe Abbildung 11-203).

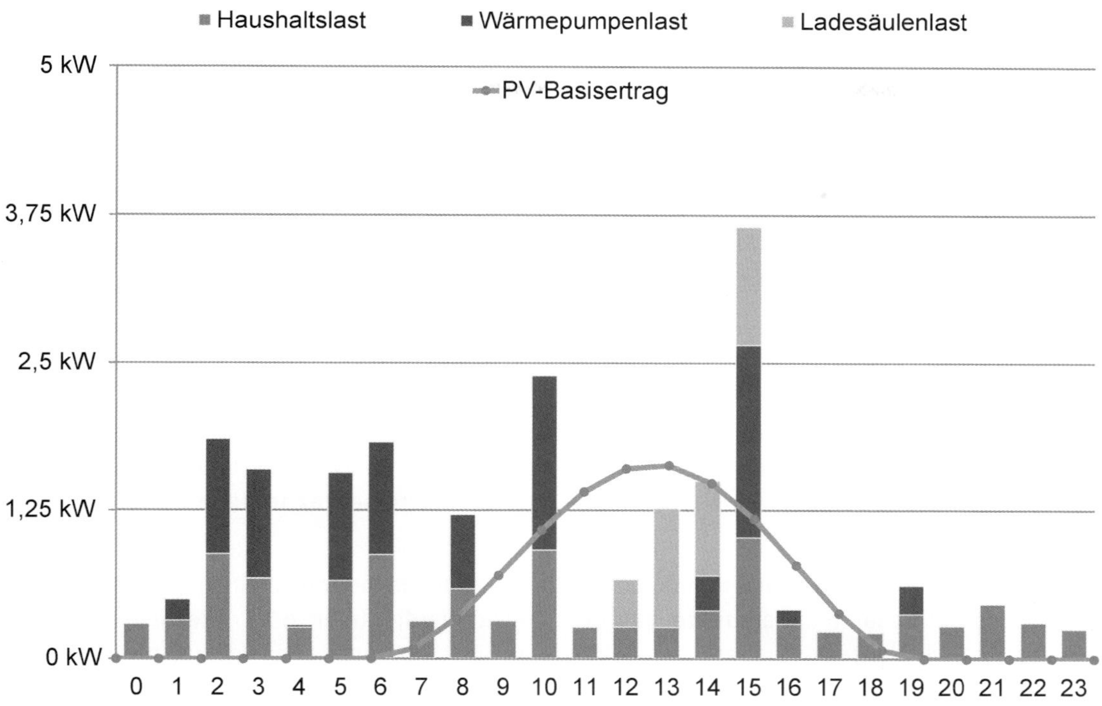

Quelle: eigene Darstellung

Abbildung 11-203: Kombiniertes Balken-/Liniendiagrammdarstellung zur Darstellung der Überlappung von Lasten und PV-Erträgen an einem bestimmten Tag

Eine derartige Untersuchung müsste sämtliche Tage eines Jahres umfassen (idealerweise mit Viertelstundengranularität), um den Jahres-EVA-Wert zu ermitteln. Oder man schätzt ihn, da Lastkurven ohnehin vergangenheitsbezogen sind und daher die Zukunft nicht abbilden können.

Sollte neben der PV-Anlage auch ein Stromspeicher infrage kommen, dann wäre bei der o. a. analytisch-tabellarischen EVA-Ermittlung eine Speicherspalte zusätzlich vorzusehen, in der das Laden und Entladen in Abhängigkeit von der gewählten Speicherkapazität und einem möglichen Mindestladestand zeilenweise sichtbar wird.

Die **Rückflüsse einer PV-Anlage** ergeben sich nach alledem aus dem Stromertrag Q_{PV} und der Art der Verwendung (Einspeisung oder Eigenverbrauch). Nach Klärung der EVA-Ermittlung lautet die Rückflussgleichung für die Energiekosteneinsparung (EKE):

$$\text{EKE}_t = Q_{\text{PV},t=1} \cdot (1 - t \cdot \text{DegradR}) \cdot \text{EVA} \cdot p_0 \cdot (1 + \Delta p)^t$$

Und die Gleichung für die Einspeisung als Energieertrag mit einem Einspeisevergütungssatz (EVS [€/kWh]):

$$\text{EinspeiseV}_t = Q_{\text{PV},t=1} \cdot (1 - t \cdot \text{DegradR}) \cdot (1 - \text{EVA}) \cdot \text{EVS}$$

Dabei wird für die Kalkulation der Jahresertrag der ersten Periode zugrunde gelegt und mit der Degradationsrate verknüpft der periodenspezifische Jahresertrag bestimmt:

$$Q_{\text{PV},t} = Q_{\text{PV},t=1} \cdot (1 - t \cdot \text{DegradR})$$

Bei einer PV-Anlage mit – üblicher – Mischnutzung (sowohl Eigenverbrauch als auch Einspeisung) ergibt sich hieraus die folgende Kapitalwertermittlungsformel:

$$\text{Kapitalwert} = \sum_{t=1}^{T} \frac{Q_{\text{PV},t} \cdot \text{EVA} \cdot p_0 \cdot (1 + \Delta p)^t}{(1 + i)^t} + \sum_{t=0}^{T} \frac{Q_{\text{PV},t} \cdot (1 - \text{EVA}) \cdot \text{EVS}}{(1 + i)^t} - \sum_{t=0}^{T} \frac{Z_{\text{KE},t}}{(1 + i)^t}$$

Mit

DegradR	Degradationsrate
EVS	Einspeisevergütungssatz
EVA	Eigenverbrauchsanteil
p_0	spezifischer Energiepreis zum gegenwärtigen Zeitpunkt
Δp	Jahrespreisänderungsrate
$Q_{\text{PV},t}$	PV-Stromertrag in Periode t
$Z_{\text{KE},t}$	Zahlungsstrom aus Kapitaleinsatz (nicht Energie) in Periode t

11.2.7.3.2 Berechnung des Kapitalwertes einer beispielhaften Photovoltaikanlage

Im Beispiel soll die PV-Anlage eine Nennleistung von 40 kWp aufweisen. Für das am Standort Mönchengladbach befindliche Gebäude mit einem Dachneigungswinkel von 22° und einer Azimut-Ausrichtung von 39° wurde ein anfänglicher Jahresstromertrag in Höhe von 38 371 kWh ermittelt.

Die Anlage wird mit Eigenkapital finanziert. Als Zinssatz soll die interne Verzinsung des Unternehmens, also die Gesamtkapitalrendite, zugrunde gelegt werden (hier: 4 %). Alle weiteren Daten sowie die beispielhaften Adjustierungen der anderen Einstellparameter für das Beispiel enthalten die beiden Tabellen der folgenden Abbildung 11-204 sowie Abbildung 11-205, zunächst der erste Teil des Berechnungsmodells, der die Parametereinstellungen mit Spannbreiten umfasst.

Einstellparameter	Wertangabe	Spannbreite	
	Most Likely Case	Best Case	Worst Case
Zu installiererende Leistung	40 kWp		
Dach-Neigungswinkel	22 °		
Azimut-Winkel	39 °		
Geschätzter Systemverlust	14 %		
Jahresdegradation	0,5 %	0,4 %	1 %
Eigenverbrauchsanteil EVA	50 %	70 %	30 %
Wirkungsdauer des Investitionsprojektes T	20 Jahre	22 Jahre	15 Jahre
Kalkulationszinssatz i	4 %	2 %	6 %
Aktueller spezifischer Strompreis p_0	0,3 €/kWh		
Aktuelle Einspeisevergütung FIT für PV-Strom	0,08 €/kWh		
Jahrespreisänderungsrate Strom	4 %	5 %	3 %
Jahrespreisänderungsrate Sonstiges	3 %	2 %	4 %

Abbildung 11-204: Einstellparameterwerte für die beispielhafte 40-kWp-Photovoltaikanlage

Im zweiten Teil werden alle Belastungen und Nutzen dargestellt.

Wirkungsart	Wirkung	Umfang mit Einheit	Monetarisierung möglich? → Cash-Flow-Ermittlung	Wert je Einheit (= spezifische Kosten bzw. Erlöse)	Cash Flow in Periode 0	Zahlungs-zeitpunkt	Letzt-maliger Anfall	Jahres-degradation
Belastungen	PV-Module Typ XYZ, 400 Wp	100 Stück	ja	150 €	15 000 €	Gegenwart (nullte Periode)	irrelevant	nicht anwendbar
	Wechselrichter, Kabel, Befestigungsschienen etc.	1 Stück	ja	12 380 €	12 380 €	Gegenwart (nullte Periode)	irrelevant	nicht anwendbar
	Projektierungskosten	1 Stück	ja	4 000 €	4 000 €	Gegenwart (nullte Periode)	irrelevant	nicht anwendbar
	Installationskosten	1 Stück	ja	15 000 €	15 000 €			
	Versicherungskosten	1 Stück	ja	100 €	erst ab Periode 1	jedes Jahr	nach 20 Jahren	nicht anwendbar
	Reinigungskosten	1 Stück	ja	180 €	erst ab Periode 1	jedes Jahr	nach 20 Jahren	nicht anwendbar
	Reparaturkosten	1 Stück	ja	400 €	erst ab Periode 5	alle 5 Jahre	nach 20 Jahren	nicht anwendbar
	Abbau und Entsorgung	1 Stück	ja	Saldo = 0	0 €/a	in Periode 20	nach 20 Jahren	nicht anwendbar
Nutzen	Erzeugung elektrischer Energie	38 371 kWh/a	für Eigenverbrauch ja	0,3 €/kWh	erst ab Periode 1	jedes Jahr	nach 20 Jahren	0,05 %
			für Einspeisung ja	0,08 €/kWh	erst ab Periode 1	jedes Jahr	nach 20 Jahren	
	Förderungen	1 Stück	ja	1 000 €	1 000 €	Gegenwart (nullte Periode)	irrelevant	nicht anwendbar

Abbildung 11-205: Belastungen und Nutzen für die beispielhafte 40-kWp-Photovoltaikanlage

Mit diesen Grundlagen und Parameterwerten lassen sich nun Kapitalwertberechnungen vornehmen. Zunächst sollen zwei Extremszenarien behandelt werden: Im ersten wird davon ausgegangen, dass der PV-Strom zu 100 % einem Eigenverbrauch zugeführt wird, im zweiten, dass eine 100%ige Einspeisung erfolgt.

Im Rahmen eines vollständigen Eigenverbrauchs der Elektrizität verdrängt im Beispiel der PV-Jahresertrag in Höhe von 38 371 kWh (durch die Degradation abnehmend) die sonst gegebene konventionelle Stromversorgung in ebendiesem Umfang und führt so zu Energiekosteneinsparungen in Höhe von 11 972 Euro im ersten Jahr, die aufgrund der angenommenen Preissteigerung (die über der Degradationsrate liegt) über die Jahre zunehmen. Unter den zugrunde gelegten Annahmen ergibt sich im Most Likely Case ein Kapitalwert in Höhe von 164 093 Euro, der ausdrückt, dass die Investition stark vorteilhaft ist und die beste Alternativanlage (das Belassen der finanziellen Mittel für übliche Betriebszwecke) um ebendiesen Betrag überragt.

Kalkulationszinsfuß i	4,0 %							
Eigenverbrauchsanteil EVA	100 %							
Jahrespreisänderungsrate el. Strom Δp_{Strom}	4,0 %							
Jahrespreisänderungsrate Sonstiges $\Delta p_{Sonstiges}$	3,0 %							
Jahresdegradationsrate	0,50 %							
Energieertrag E_t in erster Periode [kWh/a]	38 371							
Zu berücksichtigende Perioden	20							
Periodenende t	0	1	2	3	…	18	19	20
Berücksichtigte Perioden ("1" = "Ja")	1	1	1	1	…	1	1	1
Stromertrag pro Jahr mit Berücksichtigung der Degradation [kWh/a]		38 371	38 179	37 987	…	35 109	34 918	34 726
PV-Eigenverbrauch [kWh/a]		38 371	38 179	37 987	…	35 109	34 918	34 726
PV-Einspeisung [kWh/a]		0	0	0	…	0	0	0
Spezifischer Strompreis p_t [€/kWh]	0,30	0,31	0	0	…	1	1	1
Einspeisevergütung FIT [€/kWh]	0,08	0,08	0,08	0,08	…	0,08	0,08	0,08
Auszahlungen								
Anschaffungsauszahlung	-15 000 €							
Wechselrichter, Kabel, Befestigungsschienen etc.	-12 380 €							
Projektierungskosten	-4 000 €							
Installationskosten	-15 000 €							
Versicherungskosten		-100 €	-103 €	-106 €	…	-165 €	-170 €	-175 €
Reinigungskosten		-180 €	-185 €	-191 €	…	-298 €	-306 €	-316 €
Reparaturkosten						-587 €	-605 €	-623 €
Rückflüsse								
Energiekosteneinsparungen bei Eigenverbrauch		11 972 €	12 388 €	12 819 €	…	21 338 €	22 070 €	22 827 €
Erträge aus dem Verkauf von Energie (Einspeisung)		0 €	0 €	0 €	…	0 €	0 €	0 €
Förderungen	1 000 €							
Resultate/Indikatoren								
Summe	-45 380 €	11 692 €	12 100 €	12 522 €	…	20 287 €	20 988 €	21 712 €
Barwerte	-45 380 €	11 242 €	11 187 €	11 132 €	…	10 014 €	9 962 €	9 909 €
Kapitalwert	164 093 €							

Abbildung 11-206: Kapitalwertberechnung der 40-kWp-Photovoltaikanlage im Most Likely Case bei 100%igem Eigenverbrauch des Stromertrages

Würde die Möglichkeit des Eigenverbrauchs – aus welchem Grund auch immer – überhaupt nicht gegeben sein, käme zumindest in Deutschland für den Betreiber der PV-Anlage nur die Einspeisung infrage, was die Investition dann erheblich unattraktiver macht, weil unter solchen Rahmengegebenheiten der in Geldeinheiten ausgedrückte Wert des PV-Stromes deutlich niedriger ausfällt und zudem konstant ist, also keine Preissteigerung erfährt. Abbildung 11-207 zeigt dazu das Ergebnis der Kapitalwertkalkulation.

Kalkulationszinsfuß i	4,0 %							
Eigenverbrauchsanteil EVA	0 %							
Jahrespreisänderungsrate el. Strom Δp_{Strom}	4,0 %							
Jahrespreisänderungsrate Sonstiges $\Delta p_{Sonstiges}$	3,0 %							
Jahresdegradationsrate	0,50 %							
Energieertrag E_t in erster Periode [kWh/a]	38 371							
Zu berücksichtigende Perioden	20							
Periodenende t	0	1	2	3	...	18	19	20
Berücksichtigte Perioden ("1" = "Ja")	1	1	1	1	...	1	1	1
Stromertrag pro Jahr mit Berücksichtigung der Degradation [kWh/a]		38 371	38 179	37 987	...	35 109	34 918	34 726
PV-Eigenverbrauch [kWh/a]		0	0	0	...	0	0	0
PV-Einspeisung [kWh/a]		38 371	38 179	37 987	...	35 109	34 918	34 726
Spezifischer Strompreis p_t [€/kWh]	0,30	0,31	0	0	...	1	1	1
Einspeisevergütung FIT [€/kWh]	0,08	0,08	0,08	0,08	...	0,08	0,08	0,08
Auszahlungen								
Anschaffungsauszahlung	-15 000 €							
Wechselrichter, Kabel, Befestigungsschienen etc.	-12 380 €							
Projektierungskosten	-4 000 €							
Installationskosten	-15 000 €							
Versicherungskosten		-100 €	-103 €	-106 €	...	-165 €	-170 €	-175 €
Reinigungskosten		-180 €	-185 €	-191 €	...	-298 €	-306 €	-316 €
Reparaturkosten						-587 €	-605 €	-623 €
Rückflüsse								
Energiekosteneinsparungen bei Eigenverbrauch		0 €	0 €	0 €	...	0 €	0 €	0 €
Erträge aus dem Verkauf von Energie (Einspeisung)		3 070 €	3 054 €	3 039 €	...	2 809 €	2 793 €	2 778 €
Förderungen	1 000 €							
Resultate/Indikatoren								
Summe	-45 380 €	2 790 €	2 766 €	2 742 €	...	1 759 €	1 712 €	1 664 €
Barwerte	-45 380 €	2 682 €	2 557 €	2 438 €	...	868 €	812 €	759 €
Kapitalwert	-15 192 €							

Abbildung 11-207: Kapitalwertberechnung der 40-kWp-Photovoltaikanlage im Most Likely Case bei 0%igem Eigenverbrauch und damit vollständiger Einspeisung des Stromertrages, also vollständiger Einspeisung

Der Kapitalwert ist hier negativ und zeigt damit auf, dass eine Vorteilhaftigkeit nicht vorliegt, die Investition demzufolge nicht freigegeben werden sollte.

Deutlich wird durch den Vergleich der Ergebnisse der beiden letzten Berechnungstableaus, dass der Eigenverbrauch von PV-Strom erheblich vorteilhafter ist als die Einspeisung.[110] Insofern sind Anwender von PV-Anlagen grundsätzlich bestrebt, einen möglichst großen Anteil der gewonnenen Elektrizität selbst zu nutzen, indem man die Kapazitätsbemessung der PV-Anlage und damit auch ihren Jahresenergieertrag in Wirtschaftsunternehmen vornehmlich auf Grundlasten ausrichtet, die ggf. durch ein geeignetes Lastmanagement zuvor noch optimiert worden sind.

Wird über die Grundlasten hinausgegangen, bietet sich in vielen Fällen an, den Eigenverbrauchsumfang durch batterieelektrische Puffer-Speicher (Englisch „*battery electric storage systems*", kurz BESS) auszudehnen, mit denen ein Teil der PV-Überschussenergie, die tagsüber insbesondere in der Sommerzeit sonst wegen fehlenden Bedarfs eingespeist werden würde, in Zeiten ausbleibender Sonnenstrahlung – also in den späten Nachmittags- und Abend- sowie in den frühen Morgenstunden (oder bei sehr niedriger Sonneneinstrahlung wegen schlechten Wetters) genutzt werden kann. Ein solches BESS erhöht die Eigenverbrauchsrate und in Folge auch die Energiekosteneinsparung, führt insofern zu höheren Rückflüssen. Allerdings muss der Investor das Speichersystem erwerben, wodurch zusätzliche Investitionsauszahlungen entstehen, sodass nur durch eine gute Abstimmung von PV- und BESS-Kapazität mithilfe einer Lastkurve ein optimaler

110 Dies gilt für Neuanlage seit Ende der sogenannten Feed-in-era. Damit ist die Zeitspanne von 2000 bis etwa 2015 gemeint, während der in Deutschland Stromeinspeisung lukrativer war als die Selbstnutzung, da die Einspeisevergütung höher lag als der jeweils aktuelle Strompreis, den man bei jeder kWh-Selbstnutzung hätte einsparen können.

Kapitalwert erzielt werden kann. Auf die Einbindung von BESS und deren Berücksichtigung bei der Investitionsrechnung wird später eingegangen.

Nun soll davon ausgegangen werden, dass eine Lastgang-/PV-Leistungskurvenanalyse ergeben hat, dass der **Eigenverbrauchsanteil** bei 50 % liegt. Die Kapitalwertberechnung ist unter einer solchen Annahme relativ einfach und besteht aus einer Kombination der letzten beiden Berechnungen (siehe Abbildung 11-208).

Kalkulationszinsfuß i	4,0 %							
Eigenverbrauchsanteil EVA	50 %							
Jahrespreisänderungsrate el. Strom Δp_{Strom}	4,0 %							
Jahrespreisänderungsrate Sonstiges $\Delta p_{Sonstiges}$	3,0 %							
Jahresdegradationsrate	0,50 %							
Energieertrag E_t in erster Periode [kWh/a]	38 371							
Zu berücksichtigende Perioden	20							
Periodenende t	0	1	2	3	...	18	19	20
Berücksichtigte Perioden ("1" = "Ja")	1	1	1	1	...	1	1	1
Stromertrag pro Jahr mit Berücksichtigung der Degradation [kWh/a]		38 371	38 179	37 987	...	35 109	34 918	34 726
PV-Eigenverbrauch [kWh/a]		19 186	19 090	18 994	...	17 555	17 459	17 363
PV-Einspeisung [kWh/a]		19 186	19 090	18 994	...	17 555	17 459	17 363
Spezifischer Strompreis p_t [€/kWh]	0,30	0,31	0	0	...	1	1	1
Einspeisevergütung FIT [€/kWh]	0,08	0,08	0,08	0,08	...	0,08	0,08	0,08
Auszahlungen								
Anschaffungsauszahlung	-15 000 €							
Wechselrichter, Kabel, Befestigungsschienen etc.	-12 380 €							
Projektierungskosten	-4 000 €							
Installationskosten	-15 000 €							
Versicherungskosten		-100 €	-103 €	-106 €	...	-165 €	-170 €	-175 €
Reinigungskosten		-180 €	-185 €	-191 €	...	-298 €	-306 €	-316 €
Reparaturkosten						-587 €	-605 €	-623 €
Rückflüsse								
Energiekosteneinsparungen bei Eigenverbrauch		5 986 €	6 194 €	6 410 €	...	10 669 €	11 035 €	11 413 €
Erträge aus dem Verkauf von Energie (Einspeisung)		1 535 €	1 527 €	1 519 €	...	1 404 €	1 397 €	1 389 €
Förderungen	1 000 €							
Resultate/Indikatoren								
Summe	-45 380 €	7 241 €	7 433 €	7 632 €	...	11 023 €	11 350 €	11 688 €
Barwerte	-45 380 €	6 962 €	6 872 €	6 785 €	...	5 441 €	5 387 €	5 334 €
Kapitalwert	74 450 €							

Abbildung 11-208: Kapitalwertberechnung der 40-kWp-Photovoltaikanlage bei 50%igem Eigenverbrauch des Stromertrages im Most Likely Case

Hierzu soll eine Best-Case- und eine Worst-Case-Szenario-Kalkulation durchgeführt werden (siehe Abbildung 11-209 und Abbildung 11-210).

Kalkulationszinsfuß i	2,0 %							
Eigenverbrauchsanteil EVA	70 %							
Jahrespreisänderungsrate el. Strom Δp_{Strom}	5,0 %							
Jahrespreisänderungsrate Sonstiges $\Delta p_{Sonstiges}$	2,0 %							
Jahresdegradationsrate	0,40 %							
Energieertrag E_t in erster Periode [kWh/a]	38 371							
Zu berücksichtigende Perioden	22							
Periodenende t	0	1	2	3	...	18	19	20
Berücksichtigte Perioden ("1" = "Ja")	1	1	1	1	...	1	1	1
Stromertrag pro Jahr mit Berücksichtigung der Degradation [kWh/a]		38 371	38 218	38 064	...	35 762	35 608	35 455
PV-Eigenverbrauch [kWh/a]		26 860	26 752	26 645	...	25 033	24 926	24 818
PV-Einspeisung [kWh/a]		11 511	11 465	11 419	...	10 729	10 682	10 636
Spezifischer Strompreis p_t [€/kWh]	0,30	0,32	0	0	...	1	1	1
Einspeisevergütung FIT [€/kWh]	0,08	0,08	0,08	0,08	...	0,08	0,08	0,08
Auszahlungen								
Anschaffungsauszahlung	-15 000 €							
Wechselrichter, Kabel, Befestigungsschienen etc.	-12 380 €							
Projektierungskosten	-4 000 €							
Installationskosten	-15 000 €							
Versicherungskosten		-100 €	-102 €	-104 €	...	-140 €	-143 €	-146 €
Reinigungskosten		-180 €	-184 €	-187 €	...	-252 €	-257 €	-262 €
Reparaturkosten						-517 €	-528 €	-538 €
Rückflüsse								
Energiekosteneinsparungen bei Eigenverbrauch		8 461 €	8 848 €	9 253 €	...	18 074 €	18 896 €	19 755 €
Erträge aus dem Verkauf von Energie (Einspeisung)		921 €	917 €	914 €	...	858 €	855 €	851 €
Förderungen	1 000 €							
Resultate/Indikatoren								
Summe	-45 380 €	9 102 €	9 480 €	9 876 €	...	18 022 €	18 823 €	19 660 €
Barwerte	-45 380 €	8 923 €	9 112 €	9 306 €	...	12 619 €	12 921 €	13 230 €
Kapitalwert	170 148 €							

Abbildung 11-209: Kapitalwertberechnung der 40-kWp-Photovoltaikanlage bei 70%igem Eigenverbrauch des Stromertrages im Best Case

Kalkulationszinsfuß i	6,0 %							
Eigenverbrauchsanteil EVA	30 %							
Jahrespreisänderungsrate el. Strom Δp_{Strom}	3,0 %							
Jahrespreisänderungsrate Sonstiges $\Delta p_{Sonstiges}$	4,0 %							
Jahresdegradationsrate	1,00 %							
Energieertrag E_t in erster Periode [kWh/a]	38 371							
Zu berücksichtigende Perioden	15							
Periodenende t	0	1	2	3	...	18	19	20
Berücksichtigte Perioden ("1" = "Ja")	1	1	1	1	...	0	0	0
Stromertrag pro Jahr mit Berücksichtigung der Degradation [kWh/a]		38 371	37 987	37 604	...	31 848	31 464	31 081
PV-Eigenverbrauch [kWh/a]		11 511	11 396	11 281	...	9 554	9 439	9 324
PV-Einspeisung [kWh/a]		26 860	26 591	26 323	...	22 294	22 025	21 756
Spezifischer Strompreis p_t [€/kWh]	0,30	0,31	0	0	...	1	1	1
Einspeisevergütung FIT [€/kWh]	0,08	0,08	0,08	0,08	...	0,08	0,08	0,08
Auszahlungen								
Anschaffungsauszahlung	-15 000 €							
Wechselrichter, Kabel, Befestigungsschienen etc.	-12 380 €							
Projektierungskosten	-4 000 €							
Installationskosten	-15 000 €							
Versicherungskosten		-100 €	-104 €	-108 €	...	-195 €	-203 €	-211 €
Reinigungskosten		-180 €	-187 €	-195 €	...	-351 €	-365 €	-379 €
Reparaturkosten						-666 €	-693 €	-720 €
Rückflüsse								
Energiekosteneinsparungen bei Eigenverbrauch		3 557 €	3 627 €	3 698 €	...	4 880 €	4 966 €	5 052 €
Erträge aus dem Verkauf von Energie (Einspeisung)		2 149 €	2 127 €	2 106 €	...	1 783 €	1 762 €	1 741 €
Förderungen	1 000 €							
Resultate/Indikatoren								
Summe	-45 380 €	5 426 €	5 463 €	5 501 €	...	0 €	0 €	0 €
Barwerte	-45 380 €	5 119 €	4 862 €	4 619 €	...	0 €	0 €	0 €
Kapitalwert	6 584 €							

Abbildung 11-210: Kapitalwertberechnung der 40-kWp-Photovoltaikanlage bei 30%igem Eigenverbrauch des Stromertrages im Worst Case

In der Gesamtbetrachtung können wir für das vorliegende Beispiel feststellen, dass selbst das Worst-Case-Szenario einen positiven Kapitalwert hervorbringt. Gegen eine Freigabe der Investitionsentscheidung spricht nichts.

Einstellparameter	Wertangabe	Spannbreite	
	Most Likely Case	Best Case	Worst Case
Zu installiererende Leistung	40 kWp		
Dach-Neigungswinkel	22 °		
Azimut-Winkel	39 °		
Geschätzter Systemverlust	14 %		
Jahresdegradation	0,5 %	0,4 %	1 %
Eigenverbrauchsanteil EVA	50 %	70 %	30 %
Wirkungsdauer des Investitionsprojektes T	20 Jahre	22 Jahre	15 Jahre
Kalkulationszinssatz i	4 %	2 %	6 %
Aktueller spezifischer Strompreis p_0	0,3 €/kWh		
Aktuelle Einspeisevergütung FIT für PV-Strom	0,08 €/kWh		
Jahrespreisänderungsrate Strom	4 %	5 %	3 %
Jahrespreisänderungsrate Sonstiges	3 %	2 %	4 %
Kapitalwert	74 450 €	170 148 €	6 584 €

Abbildung 11-211: Einstellparameterwerte für die Kapitalwertkalkulation der 40-kWp-Photovoltaikanlage mit Kalkulationsergebnissen

Abschließend soll geprüft werden, ob das Kalkulationsergebnis durch die Integration eines geeigneten Stromspeichers noch verbessert werden kann. Hier soll eine 25 kWh-Anlage zum Preis von 20 000 Euro in Betracht gezogen werden. Um eine entsprechende Klärung der wirtschaftlichen Zweckmäßigkeit herbeizuführen, wäre in einem ersten Schritt der EVA erneut zu ermitteln. Im vorliegenden Fall soll er sich durch Integration des Stromspeichers von 50 % auf 65 % erhöhen. Im Anschluss ist dieser Wert zusammen mit dem genannten Auszahlungsbetrag – hier wird vereinfachend davon ausgegangen, dass der Stromspeicher keine laufenden Wartungskosten verursacht – in das Kapitalwerttableau zu übernehmen. Das sich neu ergebende Kalkulationsergebnis zeigt Abbildung 11-212.

Kalkulationszinsfuß i	4,0 %							
Eigenverbrauchsanteil EVA	65 %							
Jahrespreisänderungsrate el. Strom Δp_{Strom}	4,0 %							
Jahrespreisänderungsrate Sonstiges $\Delta p_{Sonstiges}$	3,0 %							
Jahresdegradationsrate	0,50 %							
Energieertrag E_t in erster Periode [kWh/a]	38 371							
Zu berücksichtigende Perioden	20							
Periodenende t	0	1	2	3	...	18	19	20
Berücksichtigte Perioden ("1" = "Ja")	1	1	1	1	...	1	1	1
Stromertrag pro Jahr mit Berücksichtigung der Degradation [kWh/a]		38 371	38 179	37 987	...	35 109	34 918	34 726
PV-Eigenverbrauch [kWh/a]		24 941	24 816	24 692	...	22 821	22 696	22 572
PV-Einspeisung [kWh/a]		13 430	13 363	13 296	...	12 288	12 221	12 154
Spezifischer Strompreis p_t [€/kWh]	0,30	0,31	0	0	...	1	1	1
Einspeisevergütung FIT [€/kWh]	0,08	0,08	0,08	0,08	...	0,08	0,08	0,08
Auszahlungen								
Anschaffungsauszahlung PV-System	-15 000 €							
Wechselrichter, Kabel, Befestigungsschienen etc.	-12 380 €							
Projektierungskosten	-4 000 €							
Installationskosten	-15 000 €							
Versicherungskosten		-100 €	-103 €	-106 €	...	-165 €	-170 €	-175 €
Reinigungskosten		-180 €	-185 €	-191 €	...	-298 €	-306 €	-316 €
Reparaturkosten						-587 €	-605 €	-623 €
Anschaffungsauszahlung Stromspeicher inkl. Installation	-20 000 €							
Rückflüsse								
Energiekosteneinsparungen bei Eigenverbrauch		7 782 €	8 052 €	8 332 €	...	13 869 €	14 345 €	14 837 €
Erträge aus dem Verkauf von Energie (Einspeisung)		1 074 €	1 069 €	1 064 €	...	983 €	978 €	972 €
Förderungen	1 000 €							
Resultate/Indikatoren								
Summe	-65 380 €	8 576 €	8 833 €	9 099 €	...	13 802 €	14 241 €	14 695 €
Barwerte	-65 380 €	8 246 €	8 167 €	8 089 €	...	6 813 €	6 760 €	6 707 €
Kapitalwert	81 343 €							

Abbildung 11-212: Kapitalwertkalkulation der 40-kWp-Photovoltaikanlage mit integriertem 25 kWh-Stromspeicher im Most Likely Case

Die Kalkulation führt im Beispiel zu einem Kapitalwert in Höhe von 81 342 Euro und damit zu einer Erhöhung um etwa 7 000 Euro gegenüber der Anlagenvariante ohne Speicher. In diesem Fall würde es sich also lohnen, einen Stromspeicher zusätzlich zur PV-Anlage zu integrieren.

11.2.7.3.3 Einflussfaktoren der wirtschaftlichen Vorteilhaftigkeit bei Photovoltaikanlagen

Der Kapitalwert einer Photovoltaikanlage ergibt sich hauptsächlich durch die Verrechnung ihrer Anfangsauszahlung mit den durch sie erwirkten periodischen Nettoenergiekosteneinsparungen oder -erlösen, die die Rückflüsse darstellen. Diese werden von zahlreichen Faktoren beeinflusst, auf die ein Investor zum Teil Einfluss ausüben kann und die in den vorangegangenen Abschnitten ausführlich erörtert wurden. Es handelt sich um:

- den Dach- bzw. PV-Ständer-Neigungswinkel
- den Azimut-Winkel, also die Ausrichtung nach Süden[111]
- die Spitzenleistung der Module und damit deren Wirkungsgrad
- die Betriebstemperatur (gute Hinterlüftung, keine Dachintegration)
- den aktuellen Strompreis
- die Strompreisänderungsrate
- die Lastkurve, die sich aus den zu versorgenden Stromverbrauchern ergibt (Höhe und zeitlicher Verlauf)

111 Eine perfekte Ausrichtung der PV-Module nach Süden ist nicht immer die ideale Lösung, nämlich dann nicht, wenn der Strombedarf stark von der Sonnenstandskurve abweicht. Sollte er hauptsächlich in den Morgen- und/oder Abendstunden liegen, dann kann eine Ost-West-Ausrichtung, wenn technisch umsetzbar, vorteilhaft sein.

- die in Betracht gezogene Gesamtspitzenleistung der Anlage
- die Höhe der Grundlast

Ob eine PV-Anlage mit oder ohne Stromspeicher wirtschaftlich attraktiv ist und wie sich eine etwaige Attraktivität künftig generell entwickelt, ist – wie die vorangehenden Ausführungen gezeigt haben – von verschiedenen z. T. einstellbaren Parameterwerten abhängig, vor allem

- von den Kaufpreisen der Module und Anlagenkomponenten (insbesondere Wechselrichter) und
- von der Entwicklung des spezifischen Preises des verdrängten Stroms.

Nimmt der reale – also inflationsbereinigte – Kaufpreis durch Massenproduktion weiter ab und/oder der spezifische Netz-Strompreis (als zu verdrängender Energieträger) zu, ist mit einer sehr positiven Entwicklung zu rechnen.

11.2.7.4 Kapitalwertorientierter Vergleich von Solarkollektoren und PV-Anlagen zur Erzeugung von Wärme für Nutzwasser

Solarkollektoren dienen der Bereitstellung von Wärme vor allem für Raumheizzwecke und zur Temperaturerhöhung von Nutzwasser. Diese Funktionen kann auch eine Photovoltaikanlage in Verbindung mit elektrischen Heizstäben übernehmen. In Anbetracht der Tatsache, dass die Modulkosten für Photovoltaik in den letzten Jahren im Vergleich zu Solarkollektoren erheblich gesunken sind, stellt sich die Frage, ob im Einzelfall oder vielleicht sogar generell eine PV-gestützte Heiz- und vor allem Nutzwasserbeheizung wirtschaftlich vorteilhafter wäre als eine Solarkollektoranlage.

Um hierzu Anhaltspunkte zu erhalten, soll das im Kapitel 11.2.6.3.2.2 verwendete Beispiel (S. 436) einer Solarkollektoranlage mit einer Alternativanlage bestehend aus Photovoltaikmodulen und Heizstäben verglichen werden. Die betrachtete Solarkollektoranlage umfasst eine Aperturfläche von 31,9 m², mit der sie annahmegemäß 17 341 kWh pro Jahr Wärmeertrag produziert. Die Kapitalwertberechnung führte im Most Likely Case zu einem positiven Ergebnis von 3 513 Euro (siehe Abbildung 11-182).

Der gleiche Wärmeertrag könnte anstelle eines Solarkollektors nun auch durch eine PV-Anlage i. V. m. einem Heizstab generiert werden. Die Fluktuation des Ertrages, also dessen Schwankung über die Zeit, wäre nahezu identisch, da die Primärenergiequelle (Sonne) dieselbe ist. Hier soll angenommen werden, dass bei gegebenen Azimut- und Dachneigungswinkeln am Standort die Ertrags-/Leistungsrate bei etwa 1 000 kWh/kW_p liegt. Demzufolge würde eine PV-Anlage mit einer Peakleistung von 18 kW_p benötigt, die – so die Annahme – zu einem spezifischen Preis von 500 €/kWp einschließlich Montageteile und Einbau beschafft werden kann. Hinzu kommt ein Wechselrichter, der eigentlich nur dann benötigt wird, wenn der Solarstrom bei ausbleibender Wärmenachfrage auch in das Netz eingespeist werden soll; schließlich könnte man die Module auch so verschalten, dass die geforderte Spannung für den Heizstab erzeugt und er mit Gleichstrom betrieben wird. Für den Wechselrichter werden 3 000 Euro veranschlagt. Zwei Heizstäbe mit einer Nennleistung von je 9 kW sollen zum Einsatz kommen. Der Einzelpreis beträgt 300 Euro. Bei 4,5 m² Flächenbedarf pro kWp ergibt sich eine benötigte Gesamtfläche der PV-Anlage von etwa 81 m².

Die Kapitalwertkalkulation kommt zu folgendem Ergebnis (siehe Abbildung 11-213).

Kalkulationszinsfuß i	4,0 %							
Jahrespreisänderungsrate Erdgas	5,0 %							
Jahrespreisänderungsrate Sonstiges	3,0 %							
Jahresdegradationsrate	0,50 %							
Nutzungsgrad aktueller Heizkessel	95 %							
Zu berücksichtigende Perioden	20							
Nutzenergieertrag in erster Periode (Nutzenergie) [kWh/a]	17 341							
Periodenende t	0	1	2	3	…	18	19	20
Berücksichtigte Perioden ("1" = "Ja")	1	1	1	1	…	1	1	1
Endenergieeinsparungen pro Jahr mit Berücksichtigung der Degradation [kWh/a]		18 254	18 167	18 080	…	16 780	16 693	16 606
Jeweiliger spezifischer Erdgaspreis [€/kWh]	0,12	0,13	0,13	0,14	…	0,29	0,30	0,32
Auszahlungen								
Anschaffungsauszahlung einschließlich Einbau	-9 000 €							
Wechselrichter	-3 000 €							
Heizstäbe	-600 €							
Warmwasserspeicher	-7 000 €							
Rückflüsse								
Gaskosteneinsparungen pro Jahr		2 300 €	2 403 €	2 512 €	…	4 846 €	5 062 €	5 287 €
Förderung	2 000 €							
Resultate/Indikatoren								
Summe	-17 600 €	2 300 €	2 403 €	2 512 €	…	4 846 €	5 062 €	5 287 €
Barwerte	-17 600 €	2 212 €	2 222 €	2 233 €	…	2 392 €	2 403 €	2 413 €
Kapitalwert	28 651 €							

Abbildung 11-213: Kapitalwertberechnung der PV-Heizstab-Anlage mit einer Gesamtmodulfläche von etwa 81 m² (Most Likely Case)

Für dieses Beispiel zeigt der Vergleich, dass der Kapitalwert der PV-gestützten Heizstabanlage deutlich höher ist (28 651 € vs. 3 513 €), weil die Investitionsauszahlungen erheblich niedriger sind.

Da die Einsparungen im Vergleich zu einer Wasserbeheizung über einen Gaskessel die gleichen sind und der Warmwasserspeicher für die Kalkulation deshalb irrelevant ist, lässt sich auch eine Vergleichskalkulation auf sehr einfache Weise durchführen, bei der man sämtliche Rückflüsse vernachlässigen kann. Das Ergebnis einer solchen Kalkulation für das gegebene Beispiel zeigt Abbildung 11-214.

Kalkulationszins i	5 %
Periode	0
BELASTUNGEN (durch Wahl des PV-Heizstabsystems)	
Anschaffungsauszahlung für PV-Module (18 kW_p) einschließlich Einbau	-9 000 €
Wechselrichter	-3 000 €
2 Heizstäbe à 18 kW	-600 €
NUTZEN (durch Abwahl des Solarkollektorsystems)	
Anschaffungsauszahlung einschließlich Einbau	40 000 €
Gesamt	27 400 €
Barwerte	27 400 €
Vergleichskapitalwert (Vorteil des PV-Heizstabsystems gegenüber dem Kollektorsystem	27 400 €

Abbildung 11-214: Ermittlung des Vergleichskapitalwertes eines PV-Heizstabsystems gegenüber einer Solarkollektoranlage zur Beheizung von Nutzwasser

Der Vergleichskapitalwert beträgt im Beispiel 27 400 Euro und macht den Umfang des Vorteils des PV-Heizstabsystems gegenüber der betrachteten Kollektoranlage deutlich. In Anbetracht der Tatsache, dass die Preise von PV-Modulen bereits auf niedrigem Niveau liegen und mit einer weiteren Preissenkung zu rechnen ist, die bei Solarkollektoranlagen nicht erwartet werden kann, lässt sich sagen, dass bereits jetzt und erst recht künftig in vielen Fällen PV-gestützte Warmwassererzeugung gegenüber Solarkollektoren wirtschaftlich vorteilhafter ist, sodass ein Ende der Solarkollektoren-Ära zeitnah erwartet werden kann.

Hinzu kommt noch ein weiterer Vorteil: Bei einer PV-gestützten Warmwassererzeugung kann die Überschussenergie (Elektrizität) bei ausbleibendem Heizbedarf (also wenn keine tatsächliche Heizlast vorliegt und der Warmwasserspeicher auf Solltemperatur aufgeheizt ist) durch Einspeisung oder Beladung eines Stromspeichers einer Nutzung zugeführt werden, woraus sich Investitionsrückflüsse ergeben, die den Kapitalwert nochmals erhöhen. Eine solche Überschussnutzung bieten Solarkollektoren bei aufgeheiztem Warmwasserspeicher nicht, es sei denn, eine Koppelung an ein Nahwärmenetz ist gegeben, was nur sehr selten vorkommen dürfte.

11.2.8 Investitionsrechnung für Windenergieanlagen

11.2.8.1 Charakteristika und ökonomischer Zweck einer Windenergieanlage

Eine Windenergieanlage (WEA) nutzt die im Wind enthaltene Leistung und wandelt sie mit einem Windrotor zunächst in mechanische und dann über einen Generator in elektrische Energie um. Die Luftströmung setzt die Flügel der Turbine in Bewegung und erzeugt eine Drehbewegung, die vom Generator aufgenommen wird. Dieser befindet sich üblicherweise in einer Gondel, dem Maschinenhaus am oberen Ende des Turms.

Die Menge des produzierten Stroms hängt stark von der Windgeschwindigkeit ab: Je stärker der Wind die Rotorblätter antreibt, desto mehr Leistung kann die Windkraftanlage erzeugen. Es gibt verschiedene Typen von WEAs, die sich sowohl an Land (Onshore) als auch auf dem Meer (Offshore) installieren lassen. Offshore-Anlagen befinden sich oft in besonders windreichen Gebieten, was eine hohe Ausbeute ermöglicht.

Ökonomischer Zweck einer WEA ist, elektrische Energie zu erzeugen, die je nach Größe der Anlage und Zuordnung für eigene Strombedarfe oder zur Einspeisung gegen Einspeisevergütung oder einen sonstigen Verkaufspreis verwandt wird.

Sofern eine räumliche Nähe zwischen dem Verbraucher und der WEA besteht und der aktuelle Energiepreis über einer möglichen Einspeisevergütung liegt, dürfte ein maximal möglicher Eigenverbrauch (so gut wie möglich die Eigenbedarfe decken) angestrebt werden, der dann im Hinblick auf eine Kapitalwertberechnung durch einen Eigenverbrauchsanteil (EVA) abzugrenzen ist, da i. d. R. ein 100%iger EVA nicht erreicht wird. Das folgende Flussdiagramm veranschaulicht die Zusammenhänge, siehe Abbildung 11-215.

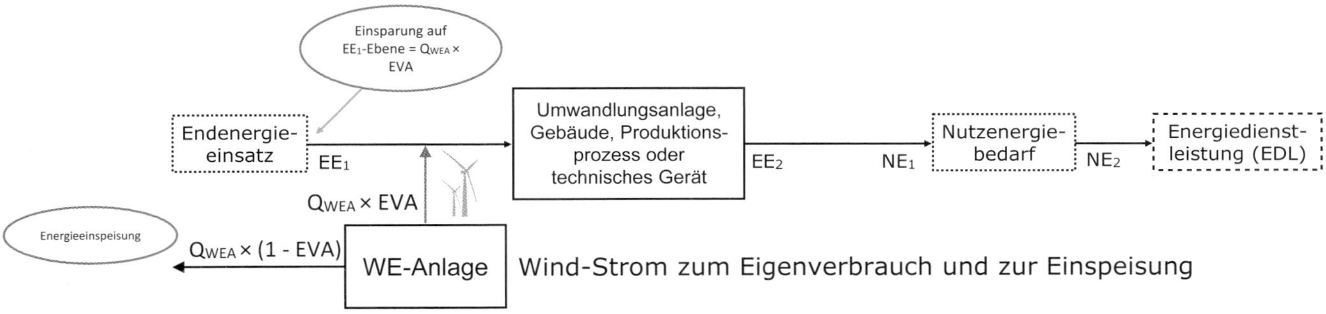

Quelle: eigene Darstellung

Abbildung 11-215: Windenergieanlage, deren Strom zum Teil einer Eigenbedarfsdeckung und zum anderen einer Einspeisung zugeführt wird

Ziel sollte sein, dass die entstehenden Einsparungen bzw. Einnahmen abzüglich etwaiger laufender Betriebskosten für Wartung, Reinigung etc. unter Berücksichtigung von Zins und Zinseszins in der Gesamtbetrachtung über die gesamte Wirkungsdauer einer Anlage die Investitionsauszahlung überragen, um so einen positiven Kapitalwert zu generieren.

11.2.8.2 Für Investitionsrechnungen relevante technische Grundlagen von Windenergieanlagen

Für die Entstehung des Windes ist vor allem die Sonne verantwortlich. Insofern kann man Windenergie auch als Solarenergie verstehen. Ständig wird die Erde mit großen Mengen an solarer Strahlungsenergie beaufschlagt. Am stärksten ist die Intensität am Äquator, da dort die Strahlen senkrecht auf eine vergleichsweise kleine Fläche treffen. Die Temperatur ist dort dementsprechend relativ hoch. Die Pole erreichen die Sonnenstrahlen dagegen in einem flacheren Winkel. Hier verteilt sich die Sonnenenergie daher auf eine größere Fläche. In diesen Regionen bleibt es daher kühler.

Diese unterschiedlichen Temperaturen auf der Erd-, aber auch auf der Wasseroberfläche erzeugen Druckunterschiede in der Luft. Und dadurch entsteht Wind: Luftteilchen aus dem Gebiet mit einem höheren Luftdruck – dem Hochdruckgebiet – bewegen sich so lange in das Gebiet mit dem niedrigeren Luftdruck (dem Tiefdruckgebiet), bis der Luftdruck ausgeglichen ist. Je größer der Unterschied zwischen den Luftdrücken ausfällt, desto heftiger strömen die Luftmassen in das Gebiet mit dem niedrigeren Luftdruck, und umso stärker ist der aus der Luftbewegung resultierende Wind.

Neben diesen großräumigen Ausgleichsströmungen kommt es auch zu Strömungen in kleinerem Umfang, die durch lokale Sonneneinstrahlung verursacht werden. In Küstengebieten treten diese Strömungen besonders auf. Dort ist daher das Windangebot besonders groß. Durch die Sonneneinstrahlung wird das Land i. d. R. tagsüber stärker erwärmt als das Wasser. Dadurch entstehen lokale Druckunterschiede, die Ausgleichswinde in Richtung Land hervorrufen. Sie können eine Strecke von bis zu 50 km ins Landesinnere erreichen. Nachts kühlt sich das Land schneller ab als das Wasser, und es kommt zu Ausgleichsströmungen in die entgegengesetzte Richtung. Zudem kann sich der Wind in Küstengebieten aufgrund der glatten Wasseroberfläche nahezu ungebremst bewegen.

Die folgende Tabelle 28 zeigt, dass Windstärken in Klassen eingeteilt werden. Ein bekanntes Schema ist die sogenannte Beaufort-Skala.

Tabelle 28: Klassifikation von Windstärken nach Sir Francis Beaufort

Beaufort	**Geschwindigkeit** m/s	**Geschwindigkeit** Km/h	**Bezeichnung**
0	< 0,2	< 1	Stille
1	0,3–1,5	1–5	schwacher Wind
2	1,6–3,3	6–11	schwacher Wind
3	3,4–5,4	12–19	schwacher Wind
4	5,5–7,9	20–28	mäßiger Wind
5	8,0–10,7	29–38	frischer Wind
6	10,8–13,8	39–49	starker Wind
7	13,9–17,1	50–61	starker Wind
8	17,2–20,7	62–74	Sturm
9	20,8–24,4	75–88	Sturm
10	24,5–28,4	89–102	schwerer Sturm
11	28,5–32,6	103–117	orkanartiger Sturm
12	> 32,6	> 117	Orkan

Für Investitionsrechnungen von Windenergieanlagen müssen Jahreswinderträge vorgelegt werden. Sie ergeben sich aus der Leistungskennlinie einer zu betrachtenden Anlage, der betrachteten Höhe an einem bestimmten Standort sowie auch der Windgeschwindigkeitsverteilung.

Die folgenden Beispiele beziehen sich ausnahmslos auf kleine Windenergieanlagen (KWEA), da Berechnungen in dieser Anlagenklasse leichter nachzuvollziehen sind. Die Vorgehensweisen sind jedoch auf große WEA 1:1 übertragbar.

Um das Jahresangebot an Windenergie für einen bestimmten Standort zu bestimmen, werden häufig **Windgeschwindigkeitsverteilungen** ermittelt, die entweder aus Vergleichsmessungen oder über statistische Parameter aus Tabellen oder Windkarten stammen. Die Verteilung kann entweder tabellarisch angegeben oder durch statistische Funktionen beschrieben werden.

Abbildung 11-216 zeigt eine tabellarische Übersicht der relativen Häufigkeitsverteilung $p(v)$ der Windgeschwindigkeiten v [m/s] für einen Standort etwa am Niederrhein in 25 Metern Höhe. Diese Verteilung gibt an, mit welcher prozentualen Häufigkeit eine bestimmte Windgeschwindigkeitsspannbreite (man spricht von „Bins" für Spannbreite) auftritt. Multipliziert man diese Häufigkeit mit der Anzahl der Stunden eines Kalenderjahres (8 760 Std.), so erhält man eine Aussage darüber, wie viele Stunden mit einer bestimmten Windgeschwindigkeit innerhalb eines Jahres zu rechnen ist.

Bin i	Bin-Spannbreite [m/s]	v [m/s]	$p_i(v)$ [%]	Anzahl der Std. pro Jahr p_i * T
1	0 … 1	0,5	3,202	280 Std.
2	1 … 2	1,5	9,004	789 Std.
3	2 … 3	2,5	13,190	1 155 Std.
4	3 … 4	3,5	15,215	1 333 Std.
5	4 … 5	4,5	15,110	1 324 Std.
6	5 … 6	5,5	13,374	1 172 Std.
7	6 … 7	6,5	10,730	940 Std.
8	7 … 8	7,5	7,880	690 Std.
9	8 … 9	8,5	5,328	467 Std.
10	9 … 10	9,5	3,331	292 Std.
11	10 … 11	10,5	1,931	169 Std.
12	11 … 12	11,5	1,040	91 Std.
13	12 … 13	12,5	0,521	46 Std.
14	13 … 14	13,5	0,243	21 Std.
15	14 … 15	14,5	0,106	9 Std.
16	15 … 16	15,5	0,043	4 Std.
17	16 … 17	16,5	0,016	1 Std.
18	17 … 18	17,5	0,006	1 Std.
19	18 … 19	18,5	0,002	0 Std.
20	19 … 20	19,5	0,001	0 Std.
21	20 … 21	20,5	0,000	0 Std.
22	21 … 22	21,5	0,000	0 Std.
			100	8 760 Std.

Abbildung 11-216: Beispielhafte Windgeschwindigkeitsverteilung am Niederrhein in 25 m Höhe

Der Tabelle kann man entnehmen, dass eine Windgeschwindigkeit von beispielsweise 4 bis 5 m/s (Bin 5) über das Jahresmittel mit einer Wahrscheinlichkeit von etwa 15 % und somit über einen Zeitraum von etwa 1 320 Stunden auftritt. Grafisch lässt sich die Häufigkeits- bzw. Wahrscheinlichkeitsverteilung wie in Abbildung 11-217 darstellen.

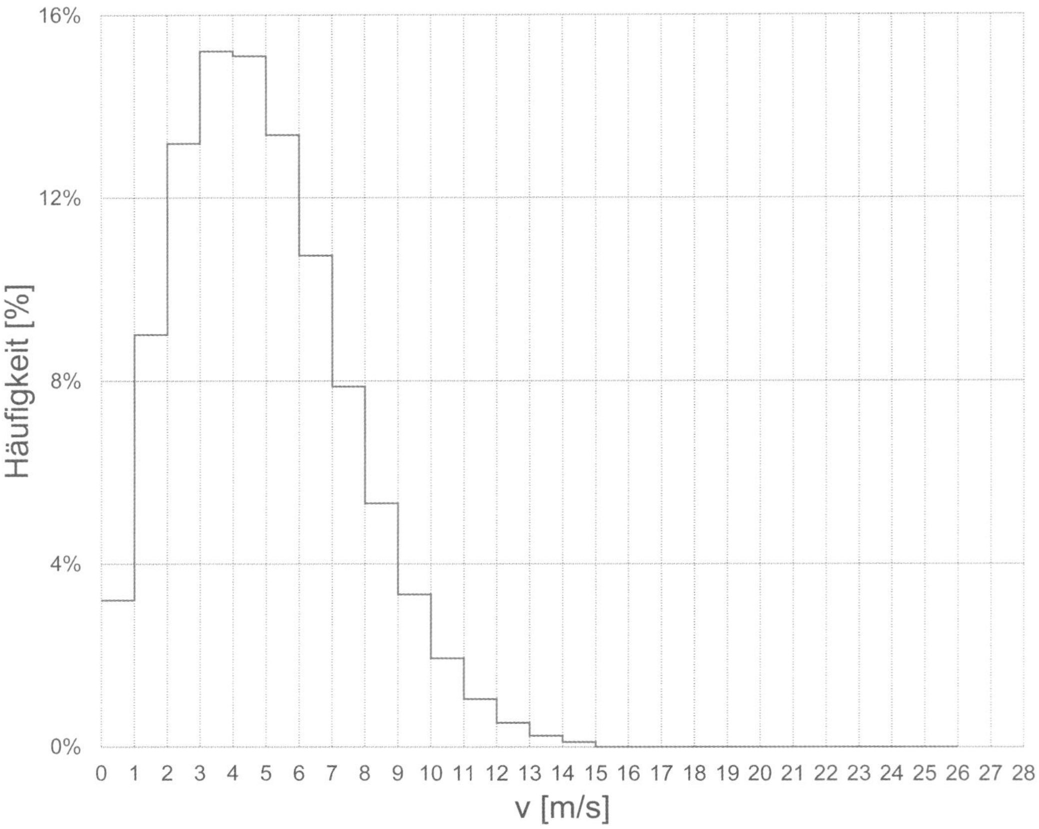

Quelle: eigene Darstellung

Abbildung 11-217: Grafische Darstellung der beispielhaften Windgeschwindigkeitsverteilung am Niederrhein in 25 Metern Höhe

Die im Wind mit der Windgeschwindigkeit v [m/s] mitgeführte kinetische Energie E einer Luftmasse m [kg] kann durch folgende allgemeine Gleichung berechnet werden:

$$E_{\text{Wind}} = \frac{1}{2} \cdot m \cdot v^2$$

Die enthaltene Leistung P lässt sich ermitteln, indem die Energie durch die Zeit dividiert wird. Bei konstanter Windgeschwindigkeit v ergibt sich:

$$P_{\text{Wind}} = \frac{1}{2} \cdot \dot{m} \cdot v^2$$

Aus der Masse, die sich aus der Dichte ρ und dem Volumen V bestimmt, berechnet sich der Luftmassenstrom der Luft mit der Dichte ρ, die eine Rotorfläche A_{R} mit der Geschwindigkeit v durchströmt.

Zusammenfassend ergibt sich für die **Leistung des Windes** daher:

$$P_{\text{Wind}} = \frac{1}{2} \cdot \rho \cdot A_{\text{R}} \cdot v^3$$

Mit

$$m = \rho \cdot V$$

$$\dot{m} = \rho \cdot \dot{V} = \rho \cdot A_R \cdot v$$

$$A_R = \frac{d_R^2 \cdot \pi}{4}$$

Bei einem orkanartigen Sturm mit der Windstärke 11 und einer Windgeschwindigkeit von 30 m/s lässt sich mit dieser Gleichung eine spezifische Leistung von 16,6 kW/m² ermitteln. Bei einer Windstärke von 1 m/s beträgt die Leistung des Windes hingegen nicht einmal 1 W/m². Hintergrund dieser Differenz ist, dass die Windgeschwindigkeit mit der dritten Potenz in die Leistung eingeht. Abbildung 11-218 zeigt weitere Beispiele.

Nabenhöhe	Windgeschwindigkeit	Dichte der Luft [kg/m³]	spezifische Windleistung
40	8,01 m/s	1,2	308 W/m2
30	7,39 m/s		242 W/m2
20	6,51 m/s		165 W/m2
15	5,88 m/s		122 W/m2
10	5 m/s		75 W/m2
5	3,49 m/s		26 W/m2
4	3,01 m/s		16 W/m2
3	2,39 m/s		8 W/m2
2	1,51 m/s		2 W/m2
1	0 m/s		0 W/m2

Abbildung 11-218: Spezifische Windleistungen in Abhängigkeit von der Windgeschwindigkeit

Generell kann ausgesagt werden: Ein doppelter Rotordurchmesser führt zu einer vierfachen Leistung, die doppelte Windgeschwindigkeit zu einer achtfachen.

Bei der **Nutzung der Windkraft** soll dem Wind Leistung entnommen werden. Dies erfolgt, indem er durch eine technische Anlage bläst, zum Beispiel durch eine Windturbine, bei der die Windgeschwindigkeit v_1 (vor der Windturbine) auf die Windgeschwindigkeit v_2 (nach der Windturbine) abgebremst und die dadurch entstehende Leistungsdifferenz genutzt wird (siehe Abbildung 11-219).

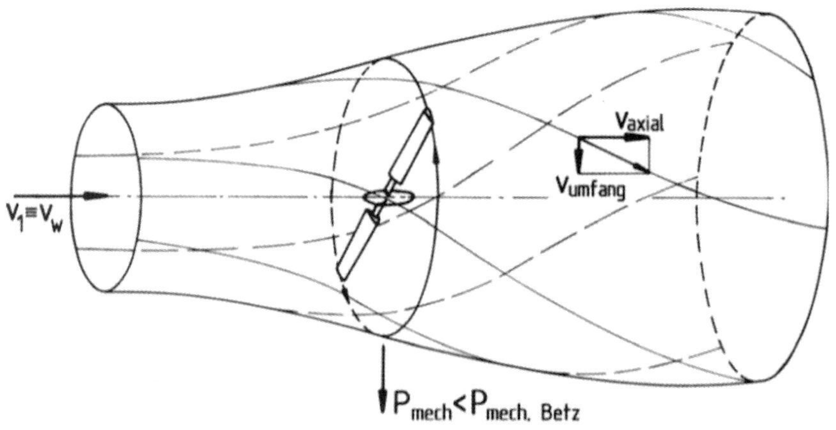

Quelle: Hau 2014, S. 94

Abbildung 11-219: Schaubild einer Windenergieanlage

Da der Massenstrom vor und hinter der Windturbine konstant sein muss (was vorne hereinkommt, muss hinten auch herauskommen!), verteilt sich die Luftmasse der Windturbine auf eine größere Fläche als vor der Turbine. Es gilt:

$$\dot{m} = \rho \cdot \dot{V} = \rho \cdot A_1 \cdot v_1 = \rho \cdot A_2 \cdot v_2 = \text{const.}$$

Hiermit wird ausgedrückt, dass, wenn v durch die Abbremsung kleiner wird, A_2 – bei konstanter Dichte – größer als A_1 sein muss, siehe Abbildung 11-220.

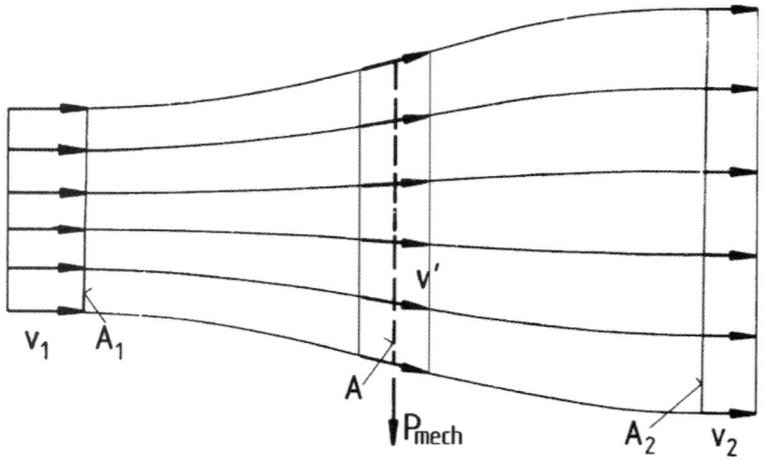

Quelle: Hau 2014, S. 82

Abbildung 11-220: Flächen-/Geschwindigkeitsbezüge im Windkanal

Die dem Wind entnommene Leistung ergibt sich dabei aus der Differenz zwischen der Windleistung vor und nach der Turbine:

$$P = \frac{1}{2} \cdot \rho \cdot A_1 \cdot v_1^3 - \frac{1}{2} \cdot \rho \cdot A_2 \cdot v_2^3 = \frac{1}{2} \cdot \rho \cdot (A_1 \cdot v_1^3 - A_2 \cdot v_2^3)$$

Unter Berücksichtigung der Erhaltung des Massenstromes

$$\dot{m} = \rho \cdot \dot{V} = \rho \cdot A_1 \cdot v_1 = \rho \cdot A_2 \cdot v_2 = \text{const.}$$

wird daraus:

$$P = \frac{1}{2} \cdot \dot{m} \cdot (v_1^2 - v_2^2)$$

Aus dieser Beziehung folgt, dass rein formal die Leistung maximal sein müsste, wenn v_2 gleich null ist, also die Luft vollständig durch den Wandler abgebremst und somit alle kinetische Energie entnommen wäre. Dieses Ergebnis ist jedoch physikalisch unsinnig. Denn wäre die Abströmgeschwindigkeit $v_2 = 0$, müsste auch die Zuströmgeschwindigkeit $v_1 = 0$ sein. In diesem Fall fände überhaupt keine Strömung mehr statt. Das physikalisch sinnvolle Ergebnis besteht daher in einem bestimmten Verhältnis von v_2/v_1, bei dem die entziehbare Leistung maximal wird.

Mithilfe des Impulssatzes kann die Kraft berechnet werden, welche die Luft auf den Wandler ausübt:

$$F\,[\mathrm{N}] = \dot{m} \cdot (v_1 - v_2)$$

Dieser Schubkraft muss nach dem Prinzip von actio gleich reacti eine gleich große Kraft vom Wandler auf den Luftstrom entgegenwirken. Der Schub verschiebt sozusagen die Luftmenge mit der Luftgeschwindigkeit v', die in der Strömungsebene des Wandlers herrscht. Die dazu erforderliche Leistung beträgt:

$$P\,[\mathrm{W}] = F \cdot v' = \dot{m} \cdot (v_1 - v_2) \cdot v'$$

Die mechanische Leistung, die dem Luftstrom entzogen wird, kann also einmal aus der Energie- bzw. Leistungsdifferenz vor und hinter dem Wandler und zum anderen aus der Schubkraft und der Durchströmgeschwindigkeit abgeleitet werden. Durch Gleichsetzen dieser beiden Ansätze folgt die Beziehung für die Durchströmgeschwindigkeit v':

$$\frac{1}{2} \cdot \dot{m} \cdot (v_1^2 - v_2^2) = \dot{m} \cdot (v_1 - v_2) \cdot v'$$

$$v' = \frac{1}{2}(v_1 - v_2)$$

Der Massendurchsatz wird damit:

$$\dot{m}\left[\frac{\mathrm{kg}}{\mathrm{s}}\right] = \frac{1}{2} \cdot \rho \cdot A \cdot (v_1 + v_2)$$

und schließlich

$$P = \frac{1}{4} \cdot \rho \cdot A \cdot (v_1^2 - v_2^2) \cdot (v_1 + v_2)$$

Die Ermittlung des optimalen Verhältnisses von v_1 und v_2 lässt sich dadurch herbeiführen, indem man die tatsächlich entnommene Energie mit der im Wind enthaltenen dividiert und nach einigen Umformungen

$$c_P = \frac{P}{P_0} = \frac{\frac{1}{4} \cdot \rho \cdot A \cdot \left(v_1^2 - v_2^2\right) \cdot (v_1 + v_2)}{\frac{1}{2} \cdot \rho \cdot A \cdot v^3}$$

$$c_P = \frac{P}{P_0} = \frac{1}{2} \cdot \left|1 - \left(\frac{v_2}{v_1}\right)^2\right| \cdot \left|1 + \frac{v_2}{v_1}\right|$$

erhält und nach v_1/v_2 differenziert.

Dieses Verhältnis von der im Wind enthaltenen und dem Wind tatsächlich entnommenen Energie nennt man den **„Leistungsbeiwert“** (c_P), dessen grafische Darstellung deutlich werden lässt, dass es ein optimales Verhältnis von v_2/v_1 gibt und dass das Optimum bei 0,59, also bei knapp 60 % der Windleistung erreicht wird (siehe Abbildung 11-221).

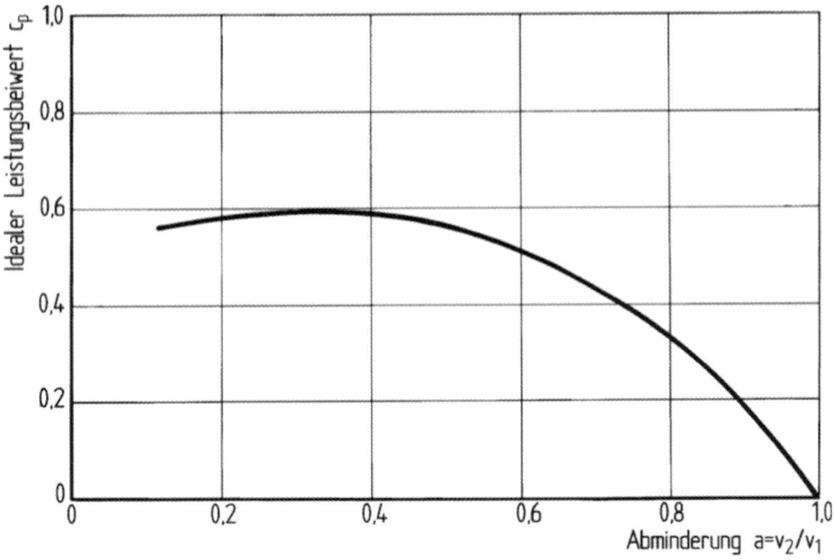

Quelle: eigene Darstellung in Anlehnung an Hau 2014, S. 84

Abbildung 11-221: Leistungsbeiwertbestimmung

Dieses Geschwindigkeitsverhältnis ($c_P = 0{,}593$) wird nach Betz „Betz'scher Leistungsbeiwert" genannt. Formelmäßig lässt sich die maximale Leistungsabgabe einer WEA aus der im Wind enthaltenen Leistung mit vorangestelltem Betz'schem Leistungsbeiwert darstellen:

$$P_{\text{max.}} = \frac{17}{26} \cdot \left(\frac{1}{2} \cdot A_{\text{Rotor}} \cdot \rho_{\text{Luft}} \cdot v_{\text{Luft}}^3\right)$$

$$A_{\text{Rotor}} = \frac{d_{\text{Rotor}}^2 \cdot \pi}{4}$$

Aus ihr wird deutlich, dass

- eine Verdopplung des Rotordurchmessers eine Vervierfachung der Leistung nach sich zieht und
- eine Verdopplung der Windgeschwindigkeit (je höher die Nabe, desto höher die Windgeschwindigkeit, siehe nächster Abschnitt) eine Verachtfachung der Leistung bewirkt.

Ferner drückt der Leistungsbeiwert aus, dass maximal 60 % der im Wind enthaltenen Energie technisch entnommen werden können. Mehr ist technisch nicht möglich (physikalisches Maximum). Inwieweit annähernd 60 % erreicht werden, ist von der Art des Läufers abhängig.

In bodennahen Bereichen – in der sogenannten Prandtl-Schicht bis etwa 100 Metern Höhe – wirkt sich die **Struktur des Bodens** massiv auf die Windgeschwindigkeit sowie die Art der Strömung (laminar oder turbulent) und damit auf die Leistung einer WEA aus, siehe Abbildung 11-222.

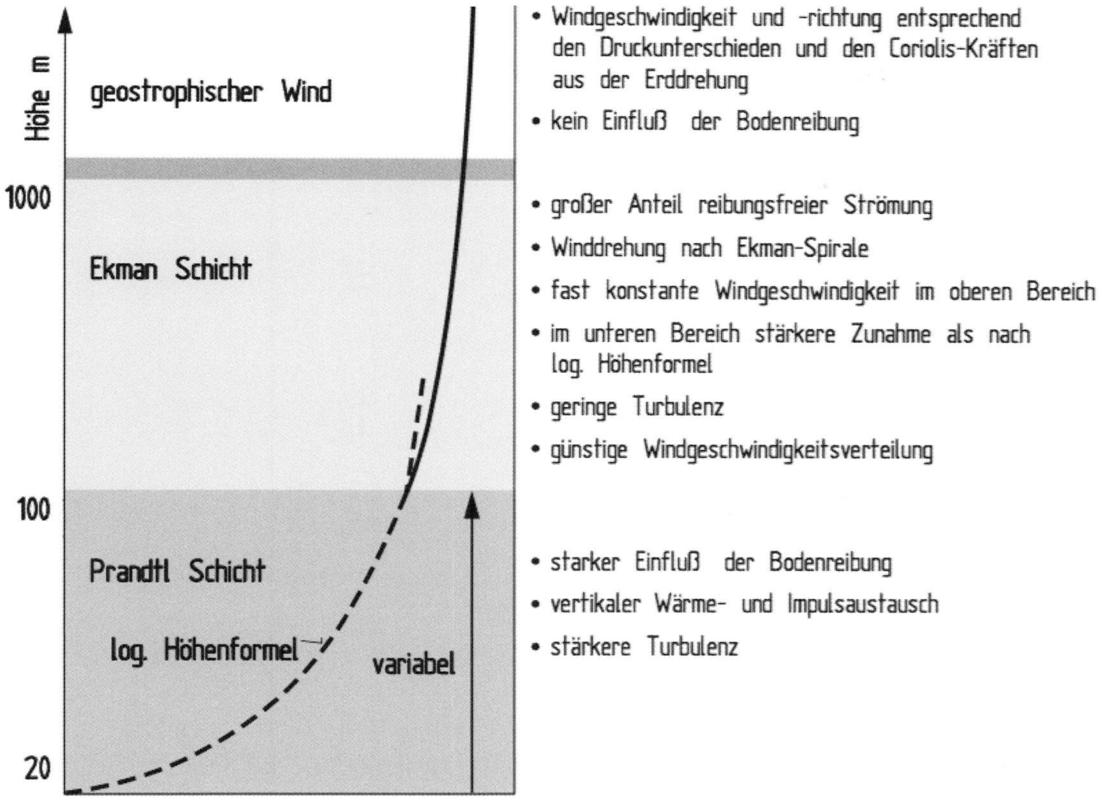

Quelle: Hau 2014, S. 556

Abbildung 11-222: Einfluss der Bodenrauigkeit auf die Windgeschwindigkeit

Je tiefer und damit je dichter am Erdboden der Wind aufgenommen wird, desto stärker wird er abgebremst, allerdings sehr unterschiedlich je nach Geländeoberfläche. Die Wirkung dieser Einflüsse (Höhe und Geländeoberfläche) lässt sich überschlägig durch die „Logarithmische Höhenformel" veranschaulichen, die dann auch Verwendung findet, wenn man Windgeschwindigkeitsverteilungen in anderen als gemessenen Höhen bestimmen möchte:

$$\overline{v}_{\mathrm{H}} = \overline{v}_{\mathrm{ref}} \cdot \frac{\ln \frac{H}{z_0}}{\ln \frac{H_{\mathrm{ref}}}{z_0}}$$

Mit

v_{H} mittlere Windgeschwindigkeit in der Höhe H [m/s]

v_{ref} mittlere Windgeschwindigkeit in der Referenzhöhe [m/s]

H Höhe [m]

H_{ref} Referenzhöhe (Messhöhe) [m]

z_0 Rauigkeitslänge [m]

Ein Beispiel soll die Anwendung der Höhenformel verdeutlichen. Zunächst ist die vorliegende Geländeoberfläche hinsichtlich ihrer Rauigkeit einzustufen. Es wird von einem landwirtschaftlichen Gelände mit eher offenem Erscheinungsbild ausgegangen, sodass eine Rauigkeitslänge z_0 von 0,06 m anhand von standardisierten Qualifizierungen (siehe Abbildung 11-223) bestimmt wird.

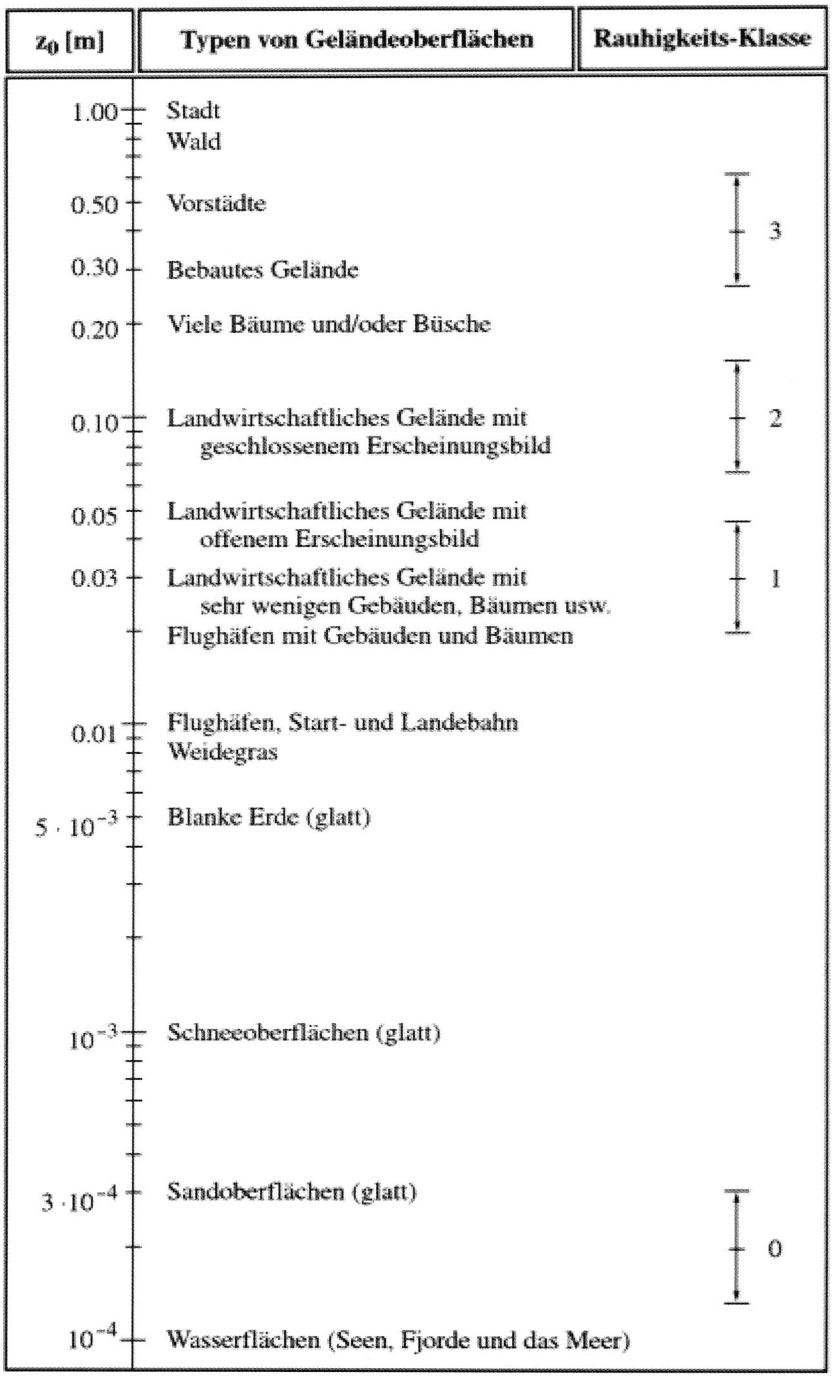

Quelle: Hau 2014, S. 516

Abbildung 11-223: Rauigkeitslängen und Rauigkeitsklassen für verschiedene Oberflächenstrukturen

Gehen wir nun davon aus, dass eine Windgeschwindigkeit in Höhe von 5,31 m/s in 40 Metern Höhe ermittelt wurde und wir einen entsprechenden Wert in 80 Metern Höhe wünschen, so errechnet sich anhand der Höhenformel mit einer Rauigkeitslänge von 0,06 Metern eine Windgeschwindigkeit von 5,88 m/s. Abbildung 11-224 zeigt das Berechnungsergebnis sowie weitere Beispielberechnungen.

Standort	Referenzhöhe H_{Ref} (Messhöhe) [m]	Höhe H am Wunschstandort [m]	Z_0 [m]	Referenz-wert	Wert an Wunsch-standort
1	40	80	0,06	5,31 m/s	5,88 m/s
2	40	80	0,01	5,31 m/s	5,75 m/s
3	40	80	0,3	5,31 m/s	6,06 m/s
4	40	80	1	5,31 m/s	6,31 m/s
5	10	80	0,06	3 m/s	4,22 m/s
6	10	80	0,01	3 m/s	3,9 m/s
7	10	80	0,3	3 m/s	4,78 m/s
8	10	80	1	3 m/s	5,71 m/s

Abbildung 11-224: Exemplarische Windgeschwindigkeiten an acht unterschiedlichen Anlagenstandorten

WEAs zur Stromerzeugung nutzen i. d. R. sogenannte **Auftriebsläufer.** Entstehen bei der Strömung eines Fluids (Flüssigkeit oder Gas) aufgrund von Engstellen (etwa in einem Rohr) unterschiedliche Strömungsgeschwindigkeiten, so nimmt der dynamische Druck des Fluids zu. Daniel Bernoulli (Schweizer Mathematiker und Physiker, 1700 bis 1782) entdeckte als Erster, dass in einem solchen Fall der statische Druck dann dementsprechend abnimmt, sodass – bei konstantem geodätischem Druck[112] – der Gesamtdruck konstant bleibt.

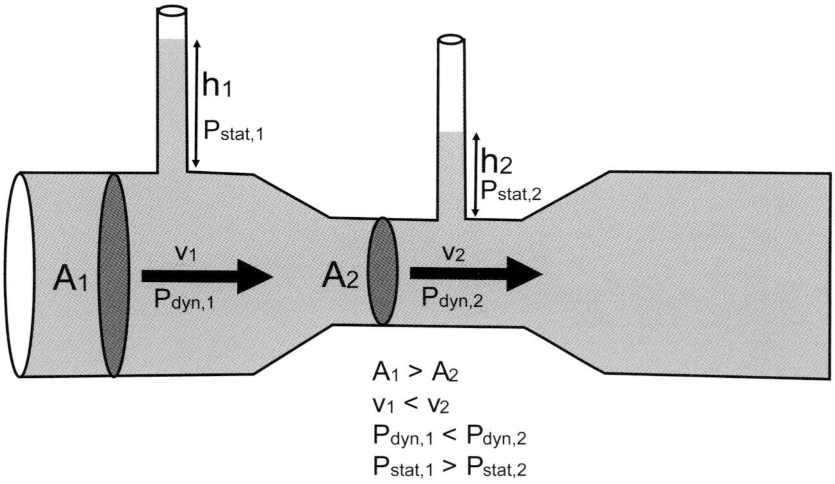

Quelle: eigene Darstellung

Abbildung 11-225: Strömungsgeschwindigkeiten bei sich verändernden Durchmessern in einem Rohr

Übertragen auf Flügel – etwa einer WEA, aber auch bei Flugzeugen – bedeutet dies: Entstehen bei der Umströmung eines Flügels an der Oberseite größere Strömungsgeschwindigkeiten als auf der Unterseite, entsteht an der Unterseite ein Über- und an der Oberseite ein Unterdruck. Dies bewirkt nach Bernoulli eine Auftriebskraft. Die Auftriebskraft kann als Folge der Energieerhaltung (erster Hauptsatz der Thermodynamik) betrachtet werden.

112 Der geodätische Druck entsteht durch die Gewichtskraft des Fluids aufgrund einer Höhendifferenz.

Die folgenden Ausführungen verdeutlichen die Zusammenhänge: Ein Gesamtdruck setzt sich aus den sogenannten dynamischen und statischen Drücken zusammen. Auf der Profiloberseite eines Rotorflügels liegt im Vergleich zur Unterseite aufgrund der weiteren Wegstrecke, die die Luft zurücklegen muss, eine höhere Strömungsgeschwindigkeit vor (siehe Abbildung 11-226).

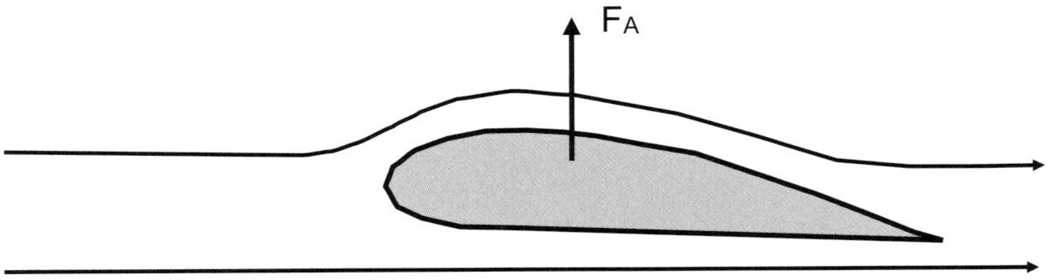

Quelle: eigene Darstellung

Abbildung 11-226: Luftströmung am Rotorblatt

Die höhere Strömungsgeschwindigkeit erzeugt einen höheren dynamischen Druck (Strömungsdruck) auf der Oberseite im Vergleich zur Unterseite. Da der Gesamtdruck an jeder Stelle konstant ist, muss der statische Druck auf der Oberseite daher geringer ausfallen. Es entsteht insofern ein Unterdruck auf der Profiloberseite, der zur Auftriebskraft führt.

Die folgende Abbildung 11-227 verdeutlicht, welche Kräfte auf einen Rotorflügel wirken. Es handelt sich um die Widerstandskraft F_W und die Auftriebskraft F_A, die sich zu einer resultierenden Kraft F_{res} vereinen. Erkennbar ist, dass sich durch Verändern des Anstellwinkels α, also des Winkels zwischen Windrichtung und Profillängsachse, die resultierende Kraft F_{res} und damit auch die Abgabeleistung verändern, mithin optimieren lässt.

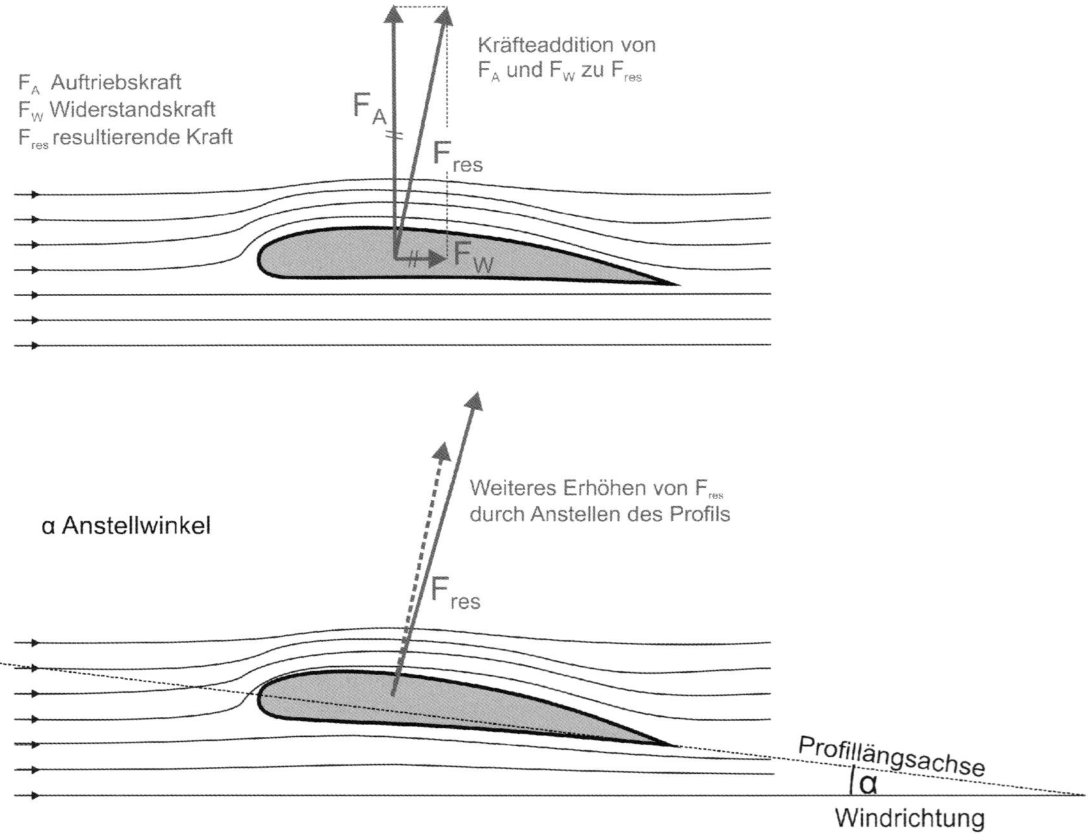

Quelle: Carl-Engler-Schule 2016

Abbildung 11-227: Kräfte an einem Rotorprofil

Neben der Rotorlänge und natürlich der Windgeschwindigkeit spielen für die Leistungsabgabe zwei weitere Größen eine zentrale Rolle: Der

- Anstellwinkel Alpha und
- die Verwindung.

Die Verwindung β des Rotorblattes ist entlang der Flügelausdehnung nicht konstant, sondern wird so konstruiert, dass bei einer Umdrehung immer derselbe Steigungswert P herauskommt (siehe Abbildung 11-228).

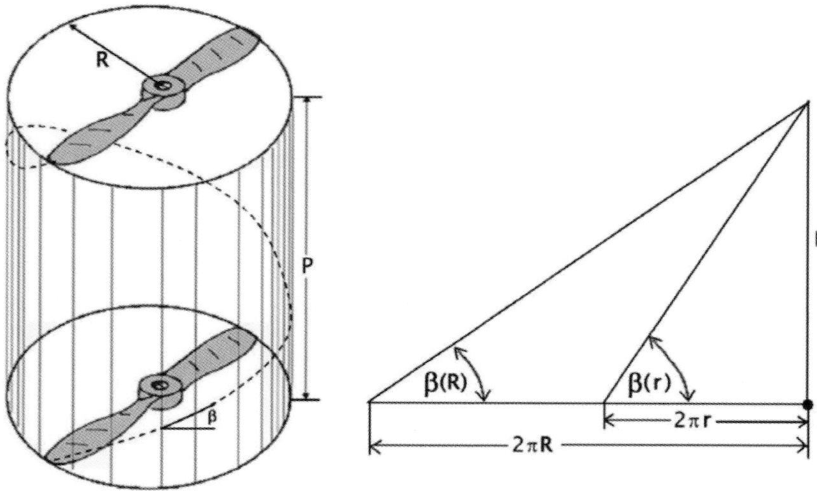

Quelle: Hau 2014, S. 214

Abbildung 11-228: Verwindung eines Rotorflügels

Folglich muss er innen steiler ausgeführt sein als außen. Diese Verwindung und somit der Steigungswert P sind für die Leistung der WEA relevant, wenn die Flügelneigung zum Wind während des Betriebs nicht eingestellt werden kann. Dann entspricht die Steigung dem (konstanten) Einstellwinkel. Dies betrifft vor allem kleine WEA bis zu 10 kW Nennleistung. Generell kann man sagen: Je größer die Steigung, desto besser das Anlaufverhalten, desto geringer ist aber auch der Auftrieb und damit die Maximalleistung.

Wenn ein Verdrehen des Rotorblatts – wie bei größeren Anlagen üblich – vorgesehen ist, hat die dadurch bewirkbare Änderung des Einstellwinkels einen Einfluss auf den Leistungsbeiwert c_P. Bei großen Stellwinkeln nimmt das Maximum des Leistungsbeiwertes stark ab. Dieser Effekt wird bei der sogenannten Pitch-Regelung genutzt, um eine Anlage bei zu starken Winden abzubremsen oder bei leichten Winden anzufahren. Zum Anlauf einer Windkraftanlage werden i. d. R. große Stellwinkel gewählt.

Der Leistungsbeiwert c_P ist bei Auftriebsläufern gegenüber Widerstandsläufern deutlich höher. Bei modernen Anlagen liegt der maximal erreichte Leistungsbeiwert in der Größenordnung von 0,5.

In Abbildung 11-229 steht das herausragende Rotorblatt im Vordergrund. Als Wirkung auf dieses Bauteil überlagert sich Wind aus zwei Richtungen zum effektiven Wind.

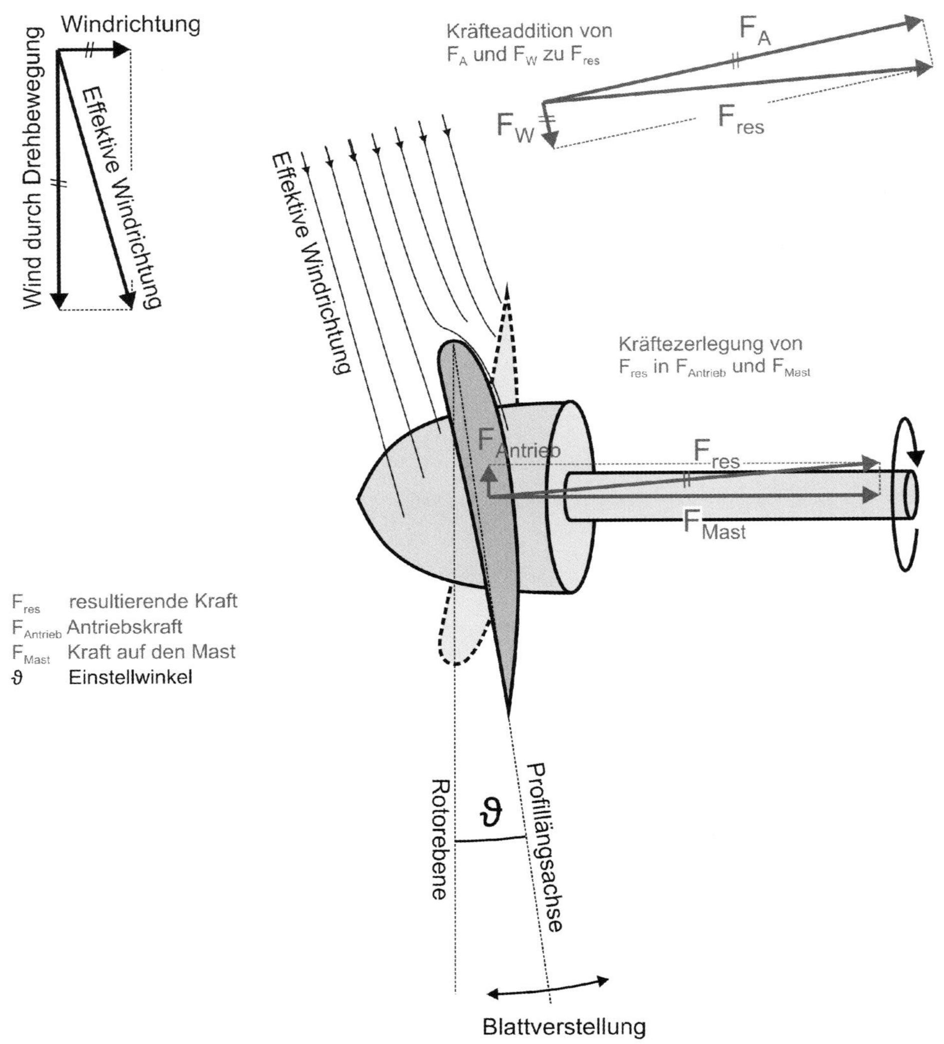

Quelle: Carl-Engler-Schule 2016

Abbildung 11-229: Resultierende Windrichtung und Kräfte am Rotorblatt

Der effektive Wind strömt das Flügelprofil an und führt zur Auftriebskraft F_A. Die Auftriebskraft F_{res} wird zerlegt in die beiden Komponenten $F_{Antrieb}$ und F_{Mast}. $F_{Antrieb}$ führt zur Kreisbewegung des Rotors. Mittels dieser Kraft wird Arbeit verrichtet (beim Hochlaufen zum Beschleunigen des Rotors oder im stationären Betrieb als Arbeit an der Generatorwelle). Die Kraft F_{Mast} muss vom Mast aufgenommen werden (mittels dieser Kraft wird keine Arbeit verrichtet). Sie belastet nur die mechanische Struktur des Mastes.

Für den Flügel existiert nur der effektive Wind. Er ist die Überlagerung von axial einströmendem Wind (von links) und „von oben" einströmendem Wind, der durch die Kreisbewegung des Flügels entsteht. Eigentlich bewegt sich der Flügel „nach oben" und die Luft steht. Da es aber nur auf die Relativbewegung zwischen Flügel und Luft ankommt, kann man auch den Flügel gedanklich ruhen und den Wind von oben einströmen lassen.

WEA als Auftriebsläufer werden in unterschiedlichen Bauarten hergestellt, die verschiedene **Leistungscharakteristika** aufweisen. Die folgende Grafik zeigt einen Überblick der unterschiedlichen Leistungsbeiwertspannbreiten und den sogenannten Schnelllaufzahlen, in denen die Bauarten betrieben werden. Die Schnelllaufzahl ist das Verhältnis von Blattspitzengeschwindigkeit zur Windgeschwindigkeit.

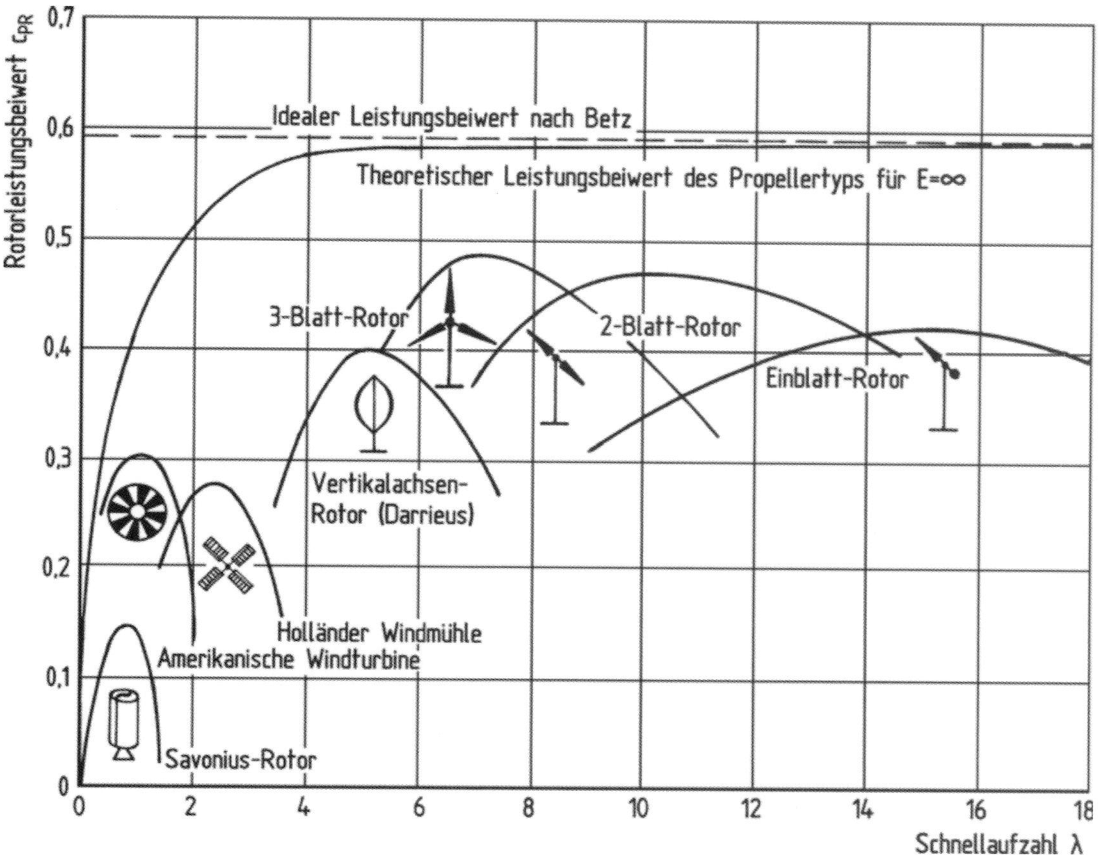

Quelle: Hau 2014, S. 109

Abbildung 11-230: Rotorleistungsbeiwerte von Windrotoren unterschiedlicher Bauart

11.2.8.3 Kapitalwertberechnung von Windenergieanlagen gemäß DIN EN 17463

11.2.8.3.1 Vorgehensweise zur Ermittlung der Rückflüsse bei Windenergieanlagen

In den vorangegangenen Abschnitten wurden wichtige Einflussparameter des Energieertrages einer WEA herausgearbeitet und dargestellt. Zu den externen Parametern zählt vor allem die Windgeschwindigkeit in Nabenhöhe über eine Betrachtungsperiode (i. d. R. ein Jahr). Sie wird insbesondere von der Nabenhöhe und der Bodenstruktur des Planstandortes beeinflusst.

Als interne Parameter sind vor allem die WEA-Bauart, die Flügelgröße, Form und Steuerung und die sich hieraus ergebende Leistungskennlinie anzusehen sowie die Nabenhöhe. All dies hat Einfluss auf den Rückfluss einer Anlageninvestition.

Zur Berechnung der jährlichen Energielieferung einer Windkraftanlage an einem vorgegebenen Standort werden die **Leistungskennlinie** der Anlage und die Häufigkeitsverteilung der Windgeschwindigkeiten in Rotornabenhöhe am Standort benötigt. Der Rechengang verläuft üblicherweise so, dass die Summenhäufigkeitsverteilung der Windgeschwindigkeit in Intervallen mit einer Breite von 1 m/s aufgeteilt und auf der Leistungskennlinie für das entsprechende Intervall die zu erwartende Leistung abgelesen wird.

Mit der elektrischen Leistung P_{el} in kW und der Eintrittshäufigkeit Φ in % ergibt sich die jährliche Energielieferung durch Aufsummieren von ϑ_E bis ϑ_A (Ein-/Ausschalt-Windgeschwindigkeit), wobei die Zeitdauer der Windgeschwindigkeit innerhalb eines Intervalls entsprechend der Häufigkeitsverteilung in Stunden eingesetzt wird.

$$E\left[\frac{\text{kWh}}{\text{a}}\right] = \frac{8\,760\text{ h}}{100} \cdot \sum_{\vartheta_E}^{\vartheta_A} P_{el} \cdot \Phi$$

Als Beispiel wird eine kleine Windenergieanlage (KWEA) betrachtet. Sie zeichnet sich durch eine Spitzenleistung von 30 kW_p aus und ist so ausgelegt, dass sie Windgeschwindigkeiten bis 16 m/s verträgt, siehe Abbildung 11-231.

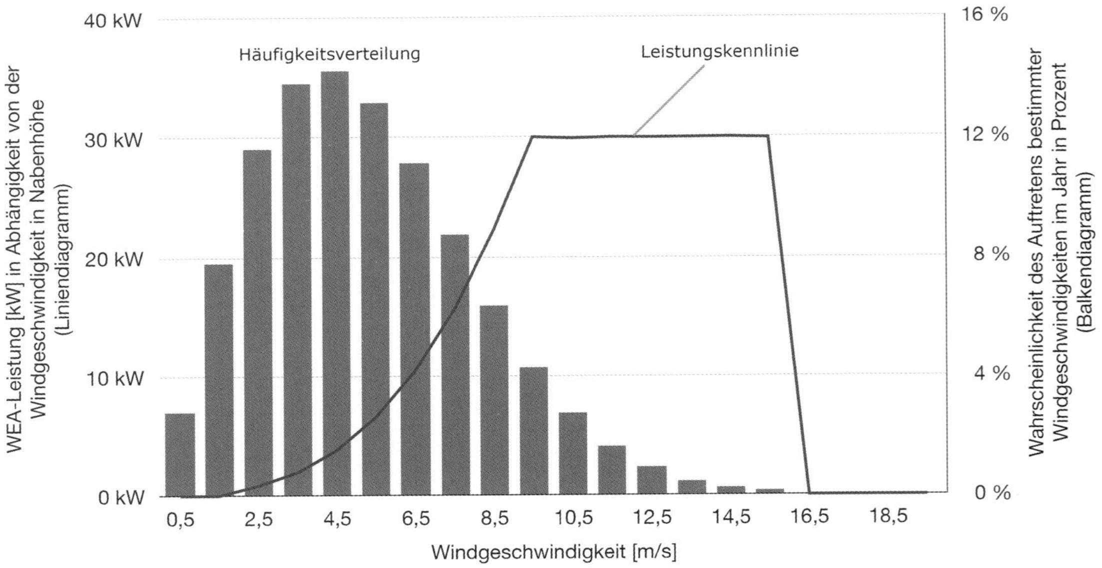

Quelle: eigene Darstellung

Abbildung 11-231: Häufigkeitsverteilung der Windgeschwindigkeit am Beispielstandort in 40 Meter Höhe und Leistungskennlinie der beispielhaften KWEA

Auf der Grundlage einer beispielhaft ermittelten Häufigkeitsverteilung am Standort in Nabenhöhe (40 Meter) in Kombination mit der vom Hersteller vorgelegten Leistungskennlinie lässt sich der Jahresenergieertrag bestimmen (siehe Abbildung 11-232).

Bin i	Bin-Spann-breite [m/s]	Ø Wind-geschwindig-keit v [m/s]	Eintritts-wahrschein-lichkeit p [%]	Anzahl an Stunden pro Jahr	Leistung der WEA [kW] in Abhängigkeit von Windgeschwin-digkeit	Jahresenergie-ertrag pro Bin [kWh]
1	0 ... 1	0,5	2,78	243,5 h	0 kW	0 kWh
2	1 ... 2	1,5	7,8	683,3 h	0 kW	0 kWh
3	2 ... 3	2,5	11,64	1 019,7 h	0,82 kW	840 kWh
4	3 ... 4	3,5	13,79	1 208 h	1,95 kW	2 360 kWh
5	4 ... 5	4,5	14,2	1 243,9 h	3,82 kW	4 747 kWh
6	5 ... 6	5,5	13,15	1 151,9 h	6,59 kW	7 596 kWh
7	6 ... 7	6,5	11,14	975,9 h	10,47 kW	10 219 kWh
8	7 ... 8	7,5	8,72	763,9 h	15,63 kW	11 939 kWh
9	8 ... 9	8,5	6,34	555,4 h	22,26 kW	12 360 kWh
10	9 ... 10	9,5	4,3	376,7 h	30 kW	11 301 kWh
11	10 ... 11	10,5	2,73	239,1 h	29,9 kW	7 149 kWh
12	11 ... 12	11,5	1,62	141,9 h	29,98 kW	4 255 kWh
13	12 ... 13	12,5	0,91	79,7 h	29,96 kW	2 388 kWh
14	13 ... 14	13,5	0,48	42 h	29,97 kW	1 260 kWh
15	14 ... 15	14,5	0,24	21 h	29,99 kW	631 kWh
16	15 ... 16	15,5	0,11	9,6 h	29,92 kW	288 kWh
17	16 ... 17	16,5	0,05	4,4 h	0 kW	0 kWh
18	17 ... 18	17,5	0,02	1,8 h	0 kW	0 kWh
19	18 ... 19	18,5	0,01	0,9 h	0 kW	0 kWh
20	19 ... 20	19,5	0	0 h	0 kW	0 kWh
Gesamt			100	8 760 h		77 334 kWh

Abbildung 11-232: Ertragsermittlung für beispielhafte KWEA am Standort in 40 Meter Höhe

Im Beispiel ergibt sich ein Gesamtertrag in Höhe von 77 334 kWh pro Jahr.

Die Rückflüsse einer WEA ergeben sich – nahezu analog zu PV-Anlagen – aus dem Stromertrag Q_{WEA} und der Art der Verwendung (zur Einspeisung oder dem Eigenverbrauch). Nach Klärung der EVA-Ermittlung lautet die Rückflussgleichung für die Energiekosteneinsparung (EKE):

$$\text{EKE}_t = Q_{\text{WEA},t=1} \cdot (1 - \text{t} \cdot \text{DegradR}) \cdot p_0 \cdot \text{EVA} \cdot (1 + \Delta p)^t$$

Und die Rückflussgleichung für die Einspeisung als Energieertrag:

$$\text{EinspeiseV}_t = Q_{\text{WEA},t=1} \cdot (1 - t \cdot \text{DegradR}) \cdot (1 - \text{EVA}) \cdot \text{EVS}$$

Für die Kalkulation wird der Jahresertrag der ersten Periode zugrunde gelegt und mit der Degradationsrate verknüpft, um den periodenspezifischen Jahresertrag zu bestimmen:

$$Q_{\text{WEA},t} = Q_{\text{WEA},t=1} \cdot (1 - t \cdot \text{DegradR})$$

Bei einer WEA mit Mischnutzung (sowohl Eigenverbrauch als auch Einspeisung) ergäbe sich hieraus die folgende Kapitalwertermittlungsformel:

$$\text{Kapitalwert} = \sum_{t=0}^{T} \frac{Q_{\text{WEA},t} \cdot \text{EVA} \cdot p_0 \cdot (1 + \Delta p)^t}{(1 + i)^t} + \sum_{t=0}^{T} \frac{Q_{\text{WEA},t} \cdot (1 - \text{EVA}) \cdot \text{EVS}}{(1 + i)^t} - \sum_{t=0}^{T} \frac{Z_{\text{KE},t}}{(1 + i)^t}$$

Mit

DegradR	Degradationsrate[113]
EVS	Einspeisevergütungssatz
EVA	Eigenverbrauchsanteil
p_0	spezifischer Energiepreis zum gegenwärtigen Zeitpunkt
Δp	Jahrespreisänderungsrate
$Q_{\text{WEA},t}$	WEA-Stromertrag in Periode t
$Z_{\text{KE},t}$	Zahlungsstrom aus Kapitaleinsatz (nicht Energie) in Periode t

Der EVA ist dabei für WEA vergleichsweise schwierig zu bestimmen, weil die Stärke und der Rhythmus der Windenergie nicht – wie bei PV – in regelmäßigen Zyklen verlaufen (Jahreszeit und Tag vs. Nacht). Insofern scheidet eine analytische Ermittlung des EVA, wie sie bei Photovoltaikanlagen durch tageweises Übereinanderlegen von PV-Leistungs- und Lastkurven i. d. R. möglich ist, aus. Daher ist auch ein Lastmanagement zur Berücksichtigung von Windstrom kaum entwickelbar. Mit Blick auf die Durchführung einer Kapitalwertberechnung bleibt einem häufig nichts anderes übrig, als den EVA zu schätzen.

11.2.8.3.2 Berechnung des Kapitalwertes einer beispielhaften Windenergieanlage

Die beispielhafte KWEA weist eine Nennleistung von 30 kWp auf. Eine Windmessung ist in Nabenhöhe (40 Meter) durchgeführt worden, deren Ergebnis mit der vom Hersteller vorgelegten Leistungskurve verknüpft einen Jahresstromertrag in Höhe von 77 334 kWh ergibt (siehe Kapitel 11.2.8.3.1).

Aufgrund einer sehr hohen Grundlast und vergleichsweise geringen Leistung der KWEA wurde der Eigenverbrauchsanteil auf 70 % geschätzt (bei angenommenen Planken von 40 % bis 80 %). Man geht von einer Lebens- und insofern Wirkungsdauer von 20 Jahren aus. Alle weiteren Parameterwertabschätzungen können Abbildung 11-233 entnommen werden.

Einstellparameter	Wertangabe	Spannbreite	
	Most Likely Case	Best Case	Worst Case
Zu installiererende Leistung	30 kWp		
Jahresdegradation	0,5 %	0,4 %	1 %
Eigenverbrauchsanteil (EVA)	70 %	80 %	40 %
Wirkungsdauer des Investitionsprojektes	20 Jahre	22 Jahre	15 Jahre
Kalkulationszinssatz i	4 %	2 %	6 %
Aktueller spezifischer Strompreis	0,2 €/kWh		
Aktuelle Einspeisevergütung für Windstrom	0,08 €/kWh		
Jahrespreisänderungsrate Strom	4 %	5 %	3 %
Jahrespreisänderungsrate Sonstiges	3 %	2 %	4 %

Abbildung 11-233: Einstellparameter der beispielhaften KWEA

Im zweiten Teil des Berechnungsmodells werden alle Belastungen und Nutzen mit ihren Wertangaben aufgeführt (Abbildung 11-234).

113 Mit einer Degradationsrate (gemessen in %) wird der alters- bzw. einsatzbedingte Leistungsverlust einer energiebezogenen Anlage (PV-Anlage, WEA, aber auch Wärmeübertrager etc.) über die Zeit beschrieben. Zur Ermittlung und Verrechnung dieser Rate siehe Abbildung 11-192.

Wirkungsart	Wirkung	Umfang mit Einheit	Monetarisierung möglich? → Cash-Flow-Ermittlung	Wert je Einheit (= spezifische Kosten bzw. Erlöse)	Cash Flow in Periode 0	Zahlungszeitpunkt	Letztmaliger Anfall	Jahresdegradation
Belastungen	WE-Anlage komplett	1 Stück	ja	120 000 €	120 000 €	Gegenwart (nullte Periode)	irrelevant	nicht anwendbar
	Fundament (Graben, Stahlgeflecht, Betonarbeiten, Beton)	1 Stück	ja	12 000 €	12 000 €	Gegenwart (nullte Periode)	irrelevant	nicht anwendbar
	Netzanschlusskosten	1 Stück	ja	1 300 €	1 300 €	Gegenwart (nullte Periode)	irrelevant	nicht anwendbar
	Mast	1 Stück	ja	inklusive				
	Schaltschrank	1 Stück	ja	inklusive				
	Inbetriebnahme	1 Stück	ja	inklusive				
	Montagearbeiten (Aufstellen Mast, Zusammensetzen WEA, Anschluss der el. Komponenten)	1 Stück	ja	inklusive				
	Anschlusskabel	1 Stück	ja	kundenseitig				
	Zähler	1 Stück	ja	500 €	500 €	Gegenwart (nullte Periode)	irrelevant	nicht anwendbar
	Kran, Hebenbühne (Miete)	1 Stück	ja	inklusive				
	Versand, Transport der jeweiligen Anlage	1 Stück	ja	inklusive				
	Richtantennensystem für Ethernet-Verbindung	1 Stück	ja	entfällt				
	Windmessungen und Ertragsprognosearbeiten vor Auftragserteilung und zur Standortbewertung	1 Stück	ja	876 €	876 €	Gegenwart (nullte Periode)	irrelevant	nicht anwendbar
	Geländeerschließungskosten	1 Stück	ja	entfällt				
	Grundstückskosten	1 Stück	ja	entfällt				
	Elektro- und Kabelarbeiten	1 Stück	ja	1 300 €	1 300 €	Gegenwart (nullte Periode)	irrelevant	nicht anwendbar
	Bauantrag und Genehmigung	1 Stück	ja	3 900 €	3 900 €	Gegenwart (nullte Periode)	irrelevant	nicht anwendbar
	Bodengutachten	1 Stück	ja	1 000 €	1 000 €	Gegenwart (nullte Periode)	irrelevant	nicht anwendbar
	Prüffähige Statik und Fundamentplan	1 Stück	ja	1 800 €	1 800 €	Gegenwart (nullte Periode)	irrelevant	nicht anwendbar
	Baugenehmigung mit Prüfstatik	1 Stück	ja	irrelevant				
	Wechselrichter, Kabel, Befestigungsschienen etc.	1 Stück	ja	12 380 €	12 380 €	Gegenwart (nullte Periode)	irrelevant	nicht anwendbar
	Projektierungskosten	1 Stück	ja	4 000 €	4 000 €	Gegenwart (nullte Periode)	irrelevant	nicht anwendbar
	Betriebskosten	1 Stück	ja	3 000 €	erst ab Periode 1	jedes Jahr	irrelevant	nicht anwendbar
	Versicherungskosten	1 Stück	ja	100 €	erst ab Periode 1	jedes Jahr	nach 20 Jahren	nicht anwendbar
	Reinigungskosten	1 Stück	ja	180 €	erst ab Periode 1	jedes Jahr	nach 20 Jahren	nicht anwendbar
	Reparaturkosten	1 Stück	ja	400 €	erst ab Periode 5	alle 5 Jahre	nach 20 Jahren	nicht anwendbar
	Abbau und Entsorgung	1 Stück	ja	Saldo = 0	0 €/a	in Periode 20	nach 20 Jahren	nicht anwendbar
Nutzen	Erzeugung elektrischer Energie	77 334 kWh/a	für Eigenverbrauch ja	0,3 €/kWh	erst ab Periode 1	jedes Jahr	nach 20 Jahren	0,05 %
			für Einspeisung ja	0,08 €/kWh	erst ab Periode 1	jedes Jahr	nach 20 Jahren	

Abbildung 11-234: Nutzen und Belastungen der beispielhaften KWEA

Mit diesen Grundangaben und Parameterwerten lassen sich nun Kapitalwertberechnungen vornehmen. Das Ergebnis für den Most Likely Case zeigt Abbildung 11-235.

Kalkulationszinsfuß i	4,0 %							
Eigenverbrauchsanteil	70 %							
Jahrespreisänderungsrate el. Strom	4,0 %							
Jahrespreisänderungsrate Sonstiges	3,0 %							
Jahresdegradationsrate	0,50 %							
Zu berücksichtigende Perioden	20							
Nutzenergieertrag in erster Periode (Nutzenergie) [kWh/a]	77 334							
Periodenende t	0	1	2	3	…	18	19	20
Berücksichtigte Perioden ("1" = "Ja")	1	1	1	1	…	1	1	1
Stromertrag pro Jahr mit Berücksichtigung der Degradation [kWh/a]		77 334	76 947	76 561	…	70 761	70 374	69 987
PV-Eigenverbrauch [kWh/a]		54 134	53 863	53 592	…	49 532	49 262	48 991
PV-Einspeisung [kWh/a]		23 200	23 084	22 968	…	21 228	21 112	20 996
Jeweiliger spezifischer Strompreis [€/kWh]	0,20	0,21	0	0	…	0	0	0
Einspeisevergütung [€/kWh]	0,08	0,08	0,08	0,08	…	0,08	0,08	0,08
Auszahlungen								
Anschaffungsauszahlung	-125 000 €							
Fundament	-12 000 €							
Netzanschlusskosten	-1 300 €							
Zähler	-500 €							
Windmessungen und Ertragsprognosearbeiten vor Auftragserteilung und zur Standortbewertung	-876 €							
Elektro- und Kabelarbeiten	-1 300 €							
Bauantrag und Genehmigung	-3 900 €							
Bodengutachten	-1 000 €							
Prüffähige Statik und Fundamentplan	-1 800 €							
Wechselrichter, Kabel, Befestigungsschienen etc.	-12 380 €							
Projektierungs- und Installationskosten	-4 000 €							
Betriebskosten		-2 000 €	-2 060 €	-2 122 €	…	-3 306 €	-3 405 €	-3 507 €
Versicherungskosten		-100 €	-103 €	-106 €	…	-165 €	-170 €	-175 €
Reinigungskosten		-180 €	-185 €	-191 €	…	-298 €	-306 €	-316 €
Reparaturkosten						-587 €	-605 €	-623 €
Rückflüsse								
Energiekosteneinsparungen bei Eigenverbrauch		11 260 €	11 652 €	12 057 €	…	20 069 €	20 757 €	21 469 €
Erträge aus dem Verkauf von Energie (Einspeisung)		1 856 €	1 847 €	1 837 €	…	1 698 €	1 689 €	1 680 €
Förderungen	1 000 €							
Resultate/Indikatoren								
Summe	-163 056 €	10 836 €	11 150 €	11 475 €	…	17 411 €	17 960 €	18 528 €
Barwerte	-163 056 €	10 419 €	10 309 €	10 202 €	…	8 595 €	8 524 €	8 456 €
Kapitalwert	22 422 €							

Abbildung 11-235: Kapitalwertberechnung für die beispielhafte KWEA im Most Likely Case

Die betrachtete KWEA würde im besonders realistisch angenommenen Fall bei der o. a. Parametereinstellung einen Kapitalwert von 22 422 Euro hervorbringen. Es folgt das Best-Case-Szenario.

Kalkulationszinsfuß i	2,0 %							
Eigenverbrauchsanteil	80 %							
Jahrespreisänderungsrate el. Strom	5,0 %							
Jahrespreisänderungsrate Sonstiges	2,0 %							
Jahresdegradationsrate	0,40 %							
Zu berücksichtigende Perioden	22							
Nutzenergieertrag in erster Periode (Nutzenergie) [kWh/a]	77 334							
Periodenende t	0	1	2	3	...	18	19	20
Berücksichtigte Perioden ("1" = "Ja")	1	1	1	1	...	1	1	1
Stromertrag pro Jahr mit Berücksichtigung der Degradation [kWh/a]		77 334	77 025	76 715	...	72 075	71 766	71 457
PV-Eigenverbrauch [kWh/a]		61 867	61 620	61 372	...	57 660	57 413	57 165
PV-Einspeisung [kWh/a]		15 467	15 405	15 343	...	14 415	14 353	14 291
Jeweiliger spezifischer Strompreis [€/kWh]	0,20	0,21	0	0	...	0	1	1
Einspeisevergütung [€/kWh]	0,08	0,08	0,08	0,08	...	0,08	0,08	0,08
Auszahlungen								
Anschaffungsauszahlung	-125 000 €							
Fundament	-12 000 €							
Netzanschlusskosten	-1 300 €							
Zähler	-500 €							
Windmessungen und Ertragsprognosearbeiten vor Auftragserteilung und zur Standortbewertung	-876 €							
Elektro- und Kabelarbeiten	-1 300 €							
Bauantrag und Genehmigung	-3 900 €							
Bodengutachten	-1 000 €							
Prüffähige Statik und Fundamentplan	-1 800 €							
Wechselrichter, Kabel, Befestigungsschienen etc.	-12 380 €							
Projektierungs- und Installationskosten	-4 000 €							
Betriebskosten		-2 000 €	-2 040 €	-2 081 €	...	-2 800 €	-2 856 €	-2 914 €
Versicherungskosten		-100 €	-102 €	-104 €	...	-140 €	-143 €	-146 €
Reinigungskosten		-180 €	-184 €	-187 €	...	-252 €	-257 €	-262 €
Reparaturkosten						-517 €	-528 €	-538 €
Rückflüsse								
Energiekosteneinsparungen bei Eigenverbrauch		12 992 €	13 587 €	14 209 €	...	27 753 €	29 016 €	30 335 €
Erträge aus dem Verkauf von Energie (Einspeisung)		1 237 €	1 232 €	1 227 €	...	1 153 €	1 148 €	1 143 €
Förderungen	1 000 €							
Resultate/Indikatoren								
Summe	-163 056 €	11 949 €	12 494 €	13 065 €	...	25 196 €	26 380 €	27 619 €
Barwerte	-163 056 €	11 715 €	12 009 €	12 311 €	...	17 642 €	18 108 €	18 587 €
Kapitalwert	131 943 €							

Abbildung 11-236: Kapitalwertberechnung der beispielhaften KWEA im Best Case

Hiernach kommt das Worst-Case-Szenario.

Kalkulationszinsfuß i	6,0 %							
Eigenverbrauchsanteil	40 %							
Jahrespreisänderungsrate el. Strom	3,0 %							
Jahrespreisänderungsrate Sonstiges	4,0 %							
Jahresdegradationsrate	1,00 %							
Zu berücksichtigende Perioden	15							
Nutzenergieertrag in erster Periode (Nutzenergie) [kWh/a]	77 334							
Periodenende t	0	1	2	3	...	18	19	20
Berücksichtigte Perioden ("1" = "Ja")	1	1	1	1	...	0	0	0
Stromertrag pro Jahr mit Berücksichtigung der Degradation [kWh/a]		77 334	76 561	75 787	...	64 187	63 414	62 641
PV-Eigenverbrauch [kWh/a]		30 934	30 624	30 315	...	25 675	25 366	25 056
PV-Einspeisung [kWh/a]		46 400	45 936	45 472	...	38 512	38 048	37 584
Jeweiliger spezifischer Strompreis [€/kWh]	0,20	0,21	0	0	...	0	0	0
Einspeisevergütung [€/kWh]	0,08	0,08	0,08	0,08	...	0,08	0,08	0,08
Auszahlungen								
Anschaffungsauszahlung	-125 000 €							
Fundament	-12 000 €							
Netzanschlusskosten	-1 300 €							
Zähler	-500 €							
Windmessungen und Ertragsprognosearbeiten vor Auftragserteilung und zur Standortbewertung	-876 €							
Elektro- und Kabelarbeiten	-1 300 €							
Bauantrag und Genehmigung	-3 900 €							
Bodengutachten	-1 000 €							
Prüffähige Statik und Fundamentplan	-1 800 €							
Wechselrichter, Kabel, Befestigungsschienen etc.	-12 380 €							
Projektierungs- und Installationskosten	-4 000 €							
Betriebskosten		-2 000 €	-2 080 €	-2 163 €	...	-3 896 €	-4 052 €	-4 214 €
Versicherungskosten		-100 €	-104 €	-108 €	...	-195 €	-203 €	-211 €
Reinigungskosten		-180 €	-187 €	-195 €	...	-351 €	-365 €	-379 €
Reparaturkosten						-666 €	-693 €	-720 €
Rückflüsse								
Energiekosteneinsparungen bei Eigenverbrauch		6 372 €	6 498 €	6 625 €	...	8 742 €	8 896 €	9 051 €
Erträge aus dem Verkauf von Energie (Einspeisung)		3 712 €	3 675 €	3 638 €	...	3 081 €	3 044 €	3 007 €
Förderungen	1 000 €							
Resultate/Indikatoren								
Summe	-163 056 €	7 804 €	7 802 €	7 797 €	...	0 €	0 €	0 €
Barwerte	-163 056 €	7 363 €	6 943 €	6 546 €	...	0 €	0 €	0 €
Kapitalwert	-90 947 €							

Abbildung 11-237: Kapitalwertberechnung der beispielhaften KWEA im Most Likely Case

Eine Gesamtübersicht der Ergebnisse zeigt Abbildung 11-238.

Einstellparameter	Wertangabe	Spannbreite	
	Most Likely Case	Best Case	Worst Case
Zu installiererende Leistung	30 kWp		
Jahresdegradation	0,5 %	0,4 %	1 %
Eigenverbrauchsanteil (EVA)	70 %	80 %	40 %
Wirkungsdauer des Investitionsprojektes	20 Jahre	22 Jahre	15 Jahre
Kalkulationszinssatz i	4 %	2 %	6 %
Aktueller spezifischer Strompreis	0,2 €/kWh		
Aktuelle Einspeisevergütung für Windstrom	0,08 €/kWh		
Jahrespreisänderungsrate Strom	4 %	5 %	3 %
Jahrespreisänderungsrate Sonstiges	3 %	2 %	4 %
Kapitalwert	22 422 €	131 943 €	-90 947 €

Abbildung 11-238: Berechnungsergebnisse der beispielhaften KWEA in der Gesamtschau

Im vorliegenden Fall würde die Anlage an dem ausgesuchten Standort mit der angegebenen Nabenhöhe im Most Likely Case einen positiven Kapitalwert erzielen, wäre also wirtschaftlich vorteilhaft, sofern die Parametereinstellungen, der prognostizierte Stromertrag sowie der geschätzte EVA weitgehend der Realität entsprechen. Fällt insbesondere Letztgenannter geringer aus, gerät der Kapitalwert relativ schnell in den Negativbereich. Liegt der EVA im Beispiel bei extremen 0 %, müsste der Strom also vollständig eingespeist werden, dann käme ein Kapitalwert von etwa minus 130 Tausend Euro zustande. Selbst bei einem EVA von 40 % und weiteren eher negativen Parametereinstellungen ergäbe sich mit –90 947 Euro ein stark negativer Kapitalwert. Ein derartiges Ergebnis ist für KWEA nicht ungewöhnlich und möglicherweise auch ein Grund, weshalb es diese Anlagengröße nach wie vor sehr schwer hat, sich durchzusetzen, ganz im Gegensatz zu den größeren und großen Windenergieanlagen mit Leistungen > 100 kW und einer Gesamthöhe > 50 m.

11.2.8.3.3 Einflussfaktoren der wirtschaftlichen Vorteilhaftigkeit bei Windenergieanlagen

Die vorangegangenen Ausführungen haben deutlich gemacht, dass sich der Kapitalwert einer Windenergieanlage hauptsächlich durch die Verrechnung ihrer Anfangsauszahlung mit den durch sie erwirkten periodischen Nettoenergiekosteneinsparungen oder -erlösen, die die Rückflüsse darstellen, ergibt. Diese werden von zahlreichen Faktoren beeinflusst, auf die ein Investor zum Teil Einfluss ausüben kann und die in den vorangegangenen Abschnitten ausführlich erörtert wurden. Es handelt sich um:

- die Nennleistung und die Leistungskurve der Anlage
- den Standort
- die Nabenhöhe
- die Geländetopografie um die WEA herum
- den aktuellen Strompreis
- die Strompreisänderungsrate
- die Lastkurve, die sich aus den zu versorgenden Stromverbrauchern ergibt (Höhe und zeitlicher Verlauf)
- die Höhe der Grundlast

Ob eine WEA mit oder ohne Stromspeicher wirtschaftlich attraktiv ist und wie sich ihre Wirtschaftlichkeit künftig generell entwickelt, ist – wie die vorangehenden Ausführungen gezeigt haben – von verschiedenen, z. T. einstellbaren Parameterwerten abhängig. Vor allem sind dies:

- der Kaufpreis der Module und der Anlagenkomponenten (insbesondere Wechselrichter)
- der spezifische Preis des verdrängten Stroms

Nimmt der reale – also inflationsbereinigte – Kaufpreis durch Massenproduktion weiter ab und der spezifische Strompreis (als zu verdrängender Energieträger) zu, ist mit einer sehr positiven Entwicklung zu rechnen.

12 Spezielle Investitionsrechnungen

12.1 Reduzierung der Wirkung von Energieeffizienzmaßnahmen durch Reboundeffekte

Reboundeffekte umfassen Einbußen der Wirkung von Energieeffizienzmaßnahmen, die dadurch entstehen, dass durch Energieverbrauchssenkungen Kostenentlastungen erwirkt werden, die wiederum den Bedarf an Energiedienstleistung und in Folge den Energieverbrauch vergrößern. Sofern derartige Reboundeffekte abgeschätzt werden können, sollten sie bei Kapitalwertberechnungen berücksichtigt werden, weil durch sie der Rückfluss negativ beeinflusst wird.

Beispiel

Verdeutlichung des Rebound-Effektes

Man stelle sich vor, eine Person erwirbt einen neuen Pkw, der gegenüber dem alten 50 % effizienter ist, also bei gleichem Fahrstil anstelle von 10 Litern Benzin pro 100 Kilometer nur noch 5 Liter verbraucht. Wenn der Benzinpreis über das Jahr konstant bleibt, dann müsste sich die Jahresbenzinrechnung der Person etwa halbieren, so rechnet sie zu Beginn des Jahres. Ein Jahr später trifft man sie wieder und fragt, ob ihre Rechnung aufgegangen ist. Sie verneint und teilt mit, dass sich die Gesamtbenzinkosten bedauerlicherweise nur um 25 % reduziert haben. Was ist geschehen?

Die Person hat die technisch mögliche Effizienzverbesserung zur Hälfte dadurch zunichte gemacht (Rebound = 50 %), dass sie effizienzsteigerungsbedingt ihr Verhalten änderte. Das ist ein sogenannter Rebound-Effekt, der durch die Wahrnehmung ausgelöst wurde, dass das Autofahren jetzt – vermeintlich – deutlich günstiger wäre. Dies hatte zur Konsequenz, dass die Person nach und nach ihren Fahrstil hin zum Schnellerfahren änderte und zudem ihre Gesamtfahrstrecke erhöhte (zusätzliche Wochenend-Picknickfahrten und auch Kurzstrecken, die sie sonst mit dem Fahrrad fuhr).

Solche Reboundeffekte kommen bei Effizienzmaßnahmen häufig vor. Sie sorgen dafür, dass Potenziale nicht ausgeschöpft werden. Die folgenden Ausführungen beschäftigen sich daher mit den Fragen,

- wie derartige Effekte bei der Investitionsrechnung zu berücksichtigen sind und
- was dagegen getan werden kann.

Wie misst man einen Reboundeffekt? Der Umfang eines Reboundeffekts wird üblicherweise als Anteil einer effizienzsteigernden Maßnahme oder Technologie definiert, der durch einen effizienzsteigerungsbedingten Anstieg der Nachfrage verloren geht. Um ihn zu berechnen, bedarf es der Unterscheidung zwischen einerseits dem technisch und theoretisch Machbaren, sozusagen „vom Ingenieur" anvisierten Effizienzpotenzial, und andererseits dem in der Praxis tatsächlich realisierten Energieverbrauchsrückgang. Die Berechnungsformel für den Reboundeffekt (Reboundkennzahl) lautet daher üblicherweise:

$$R = 1 - \frac{ACT}{ENG}$$

ACT ist als tatsächlich beobachtbarer Energieverbrauchsrückgang zu verstehen und *ENG* ($0 \leq ENG \leq 1$) als „Ingenieurschätzung" eines Energieverbrauchsrückganges in Folge einer Effizienzmaßnahme (siehe Abbildung 12-1).

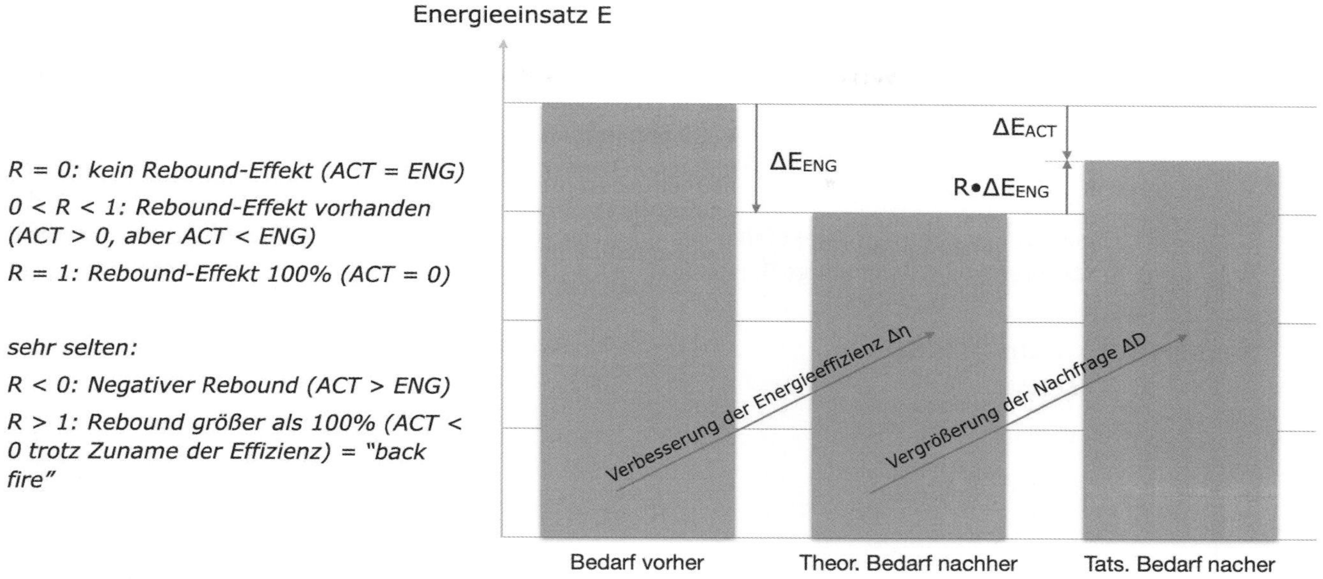

Quelle: eigene Darstellung nach Umweltbundesamt 2015, S. 25

Abbildung 12-1: Beispiel für einen 50%igen Rebound-Effekt

Eine nicht unbedeutende Rolle spielt auch der Einfluss des Rebounds auf den Energiepreis und die daraus entstehende Rückkopplung (siehe Abbildung 12-2).

Effizienzelastizität des Energieverbrauchs **Preis- oder Kostenelastizität der EDL-Nachfrage**

$$\varepsilon_{E,i} = \frac{\frac{\Delta E_i}{E_{i,0}}}{\frac{\Delta \eta_i}{\eta_{i,0}}} \qquad \varepsilon_i = \frac{\frac{\Delta EDL_i}{EDL_{i,0}}}{\frac{\Delta p_i}{p_{i,0}}}$$

← Verbrauchszunahmeeffekt

→ Kosten-/Preissenkungseffekt bei Effizienzzunahme

↑ Nachfrage-steigerungseffekt

Legende

E_i Energieeinsatz

η_i Effizienz (oder Wirkungsgrad)

p_i Preis oder Kosten

Quelle: eigene Darstellung

Abbildung 12-2: Einfluss des Rebounds auf den Energiepreis und die daraus entstehende Rückkopplung

Auf der linken Seite der Grafik wird die „Effizienzelastizität des Energieverbrauchs" $\varepsilon_{E,i}$ aufgeführt, die angibt, inwieweit eine durchgeführte Effizienzmaßnahme zur Verbesserung des Nutzungsgrades η um $\Delta\eta$ und damit relativ um X % theoretisch eine Energieverbrauchsreduktion ΔE von Y % erwirkt. Allerdings hat die Maßnahme auch den Effekt, dass die Energiekosten zurückgehen, was häufig zu einer erhöhten Nachfrage nach Energiedienstleistungen führt (rechte Seite der Grafik). Dieser Effekt wird durch eine entsprechende „Preis- bzw. Kostenelastizität der EDL-Nachfrage" $\varepsilon_{E,i}$ ausgedrückt. Da die EDL-Nachfragesteigerung zu einer Energieverbrauchszunahme führt, gibt es eine Rückkopplung zur Effizienzelastizität des Energieverbrauchs mit der Folge, dass die ursprüngliche Energieverbrauchsreduzierung nunmehr kleiner ausfällt und damit die Effizienzelastizität sinkt. Dieser Doppeleffekt lässt sich zu einer „Effizienzelastizität der Nachfrage nach EDL“ zusammenfassen, die gleichzeitig der Reboundkennzahl entspricht:

$$\varepsilon_{EDL,i} = \frac{\frac{\Delta EDL_i}{EDL_{i,0}}}{\frac{\Delta \eta_i}{\eta_{i,0}}} = \frac{\Delta EDL_i \cdot \eta_{i,0}}{EDL_{i,0} \cdot \Delta \eta_i} = \frac{ENG - ACT}{ENG} = 1 - \frac{ACT}{ENG} = R_i$$

Je nach Betrachtungsobjekt fallen Reboundwerte unterschiedlich aus. Die folgende Übersicht in Abbildung 12-3 zeigt einige Beispiele.

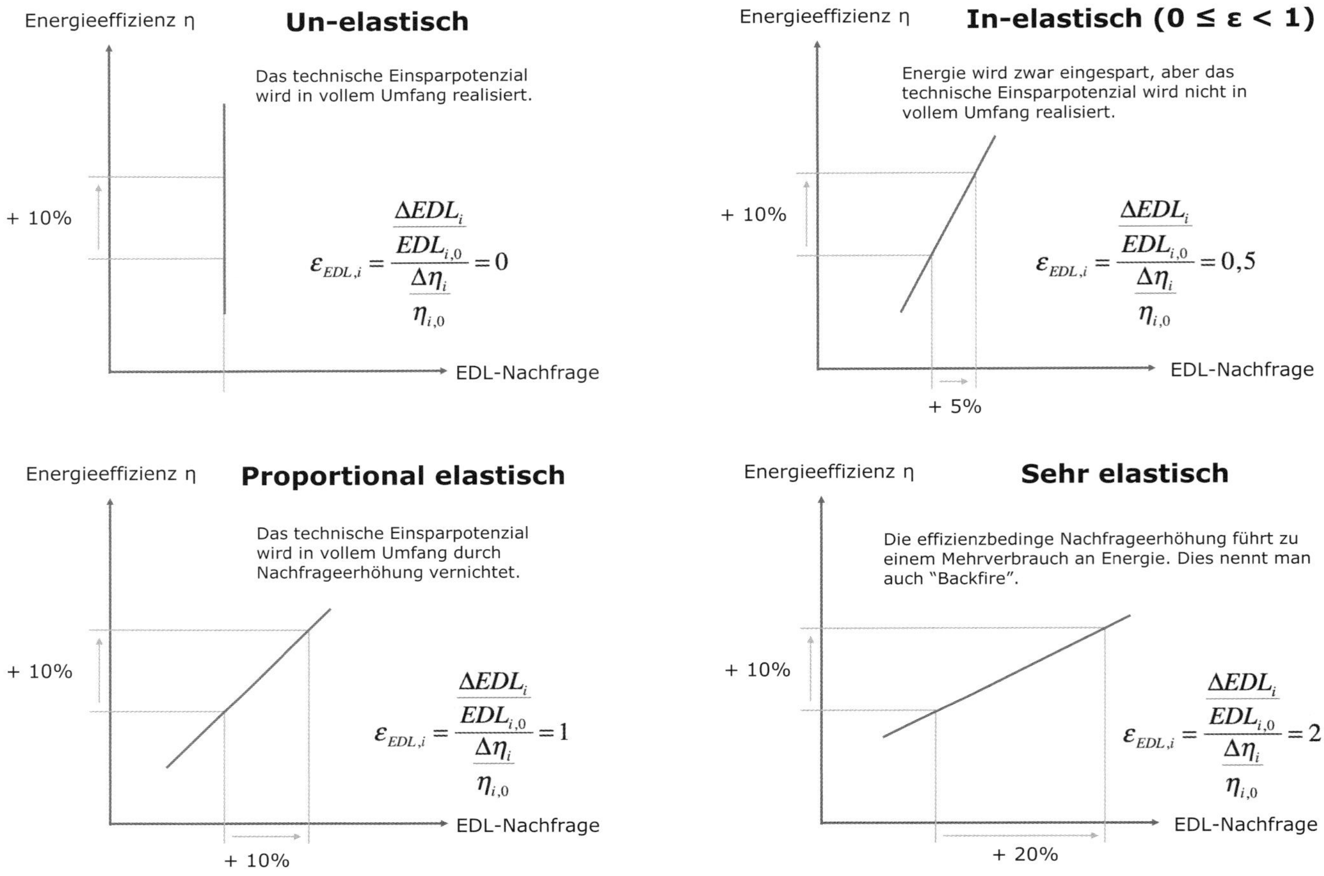

Quelle: eigene Darstellung

Abbildung 12-3: Beispiele zur Effizienzelastizität der Nachfrage nach EDL

Die empirische Messung des Reboundeffekts ist eine Herausforderung. Findet bei Gebäuden, Geräten oder Anlagen eine Effizienzsteigerung statt, so lässt sich im Voraus berechnen, um wie viel der Ressourcenverbrauch abnehmen sollte. Der Rebound entspricht dann der Differenz aus im Voraus errechnetem „ingenieurmäßigen“ Energiebedarf (ENG) und tatsächlich beobachtbarem Energieverbrauch über einen bestimmten repräsentativen Zeitabschnitt (ACT). Sicherzustellen ist dabei nicht nur, dass die im Voraus erfolgte Berechnung korrekt war, sondern auch, dass die Umsetzung der Effizienzsteigerung fachmännisch und vollständig erfolgt und nicht an praktischen Handhabungsproblemen des Nutzers gescheitert ist. Darüber hinaus dürfen sich keine nachfragerelevanten Kenngrößen ändern. Das wäre beispielsweise der Fall, wenn sich nach einer energetischen Sanierung die Anzahl der Bewohner ändert.

In den vergangenen Jahren wurden zahlreiche empirische Studien aufgelegt, die das quantitative Ausmaß von Reboundeffekten berechnen. Die meisten Studien modellieren produkt- oder sektorspezifische Rebounds beim Endverbraucher, insbesondere im Verkehrs- und Gebäudebereich sowie hinsichtlich der Nutzung von Elektrogeräten, und untersuchen nur direkte Rebounds. Eine

Übersicht zu den Ergebnissen der empirischen Einzeluntersuchungen wurde im Rahmen einer vom Umweltbundesamt in Auftrag gegebenen Studie erstellt (siehe Abbildung 12-4).

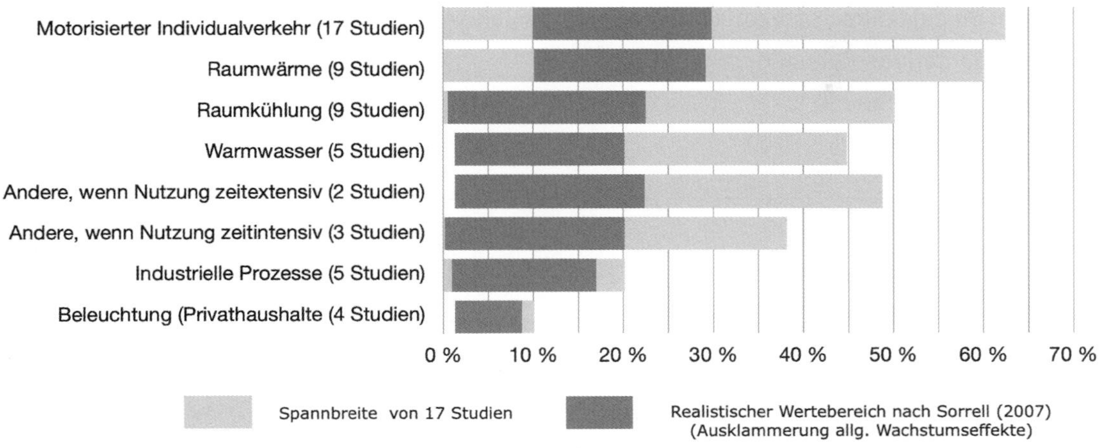

Quelle: eigene Darstellung nach Umweltbundesamt (Hrsg.) 2015, S. 29

Abbildung 12-4: Wertebereiche für den langfristigen direkten Reboundeffekt in Industrieländern

Im Detail widersprechen sich die Studien zum Teil erheblich. Mit Vorsicht lassen sich für Industrieländer rund 10–30 % direkte Reboundeffekte bei Endverbrauchern in den Sektoren Verkehr, Haushalte/Elektrogeräte und Gebäude sowie bei Industrieunternehmen annehmen, wobei es nach oben und unten Abweichungen gibt. Hinzu kommen indirekte und gesamtwirtschaftliche Reboundeffekte im Umfang von 5–50 %; hier zeigt allein die Bandbreite der Angabe die bestehenden Unsicherheiten.

Sobald durch die Effizienzmaßnahmen eine Kostensenkung stattfindet, ist der finanzielle Rebound an sich nicht vermeidbar, sondern Teil des marktwirtschaftlichen, stets optimierenden Verhaltens. Das Ausmaß der Mehrnachfrage hängt dabei von der sogenannten Preiselastizität der Nachfrage ab, die aufzeigt, wie stark die Nachfrage nach einer Leistung (etwa Pkw-Fahrkilometer, Beleuchtung oder Raumwärme) von der Veränderung ihres Preises (hier Energiepreis) beeinflusst wird. Bei hoher Elastizität ist der finanzielle Rebound groß. Speziell bei gesättigter Nachfrage und bei Gütern, deren Konsum zeitintensiv ist (etwa Nutzung des Bügeleisens), kann die Elastizität sehr niedrig sein. Der direkte finanzielle Rebound wäre dann auch bei starker Preisveränderung nahezu null.

Rebound-Treiber finanzieller Art ließen sich insofern nur durch eine Erhöhung der Ressourcenkosten im Gleichschritt mit der Zunahme der Ressourceneffizienz beseitigen, also etwa über zusätzliche Energiesteuern oder dass man von politischer Ebene aus das (Energie-)Angebot begrenzt, indem man Obergrenzen des Energieverbrauchs einführt, sogenannte *Caps*. Effizienzstandards für Geräte oder Produktionsprozesse scheinen eher nicht geeignet zu sein, denn sie bergen unter allen effizienzsteigernden Politikmaßnahmen die größte Gefahr, Reboundeffekte hervorzurufen.

Wirksame ordnungsrechtliche Maßnahmen sind demnach sehr begrenzt und zudem schwer durch- und umzusetzen. Hilfreich könnte daher sein, die sozialpsychologischen Reboundeffekte zu betrachten. Gemeint sind damit alle Arten von Maßnahmen der Nachhaltigkeitskommunikation, die darauf abzielen, Kenntnisse zu erhöhen und die Wertvorstellungen von Konsumenten und Produzenten zu beeinflussen. Hierzu zählen Umweltbildung, Nachhaltigkeits-Werbekampagnen, Öko-Labels, Aufklärungsbroschüren (über Reboundeffekte als solche sowie über die Möglichkeiten, Energieeffizienzpotenziale tatsächlich auch zu realisieren) genauso wie Monitoringsysteme in Haushalt oder im Fahrzeug, die auf leicht verständliche Weise anzeigen, welcher aktuelle Energieverbrauch gerade gegeben ist.

Ein Reboundeffekt im Industrieunternehmen liegt vor, wenn nach der Umsetzung von Energieeffizienzmaßnahmen durch Entscheidungen oder Verhalten von Unternehmensakteuren das mögliche Energieeinsparpotenzial nicht voll ausgeschöpft wird. Je nach Ursache lassen sich Reboundeffekte in die folgenden Kategorien untergliedern (siehe Abbildung 12-5):

- Implementations-Rebound
- Bedienungs-Rebound
- Intentions-Rebound

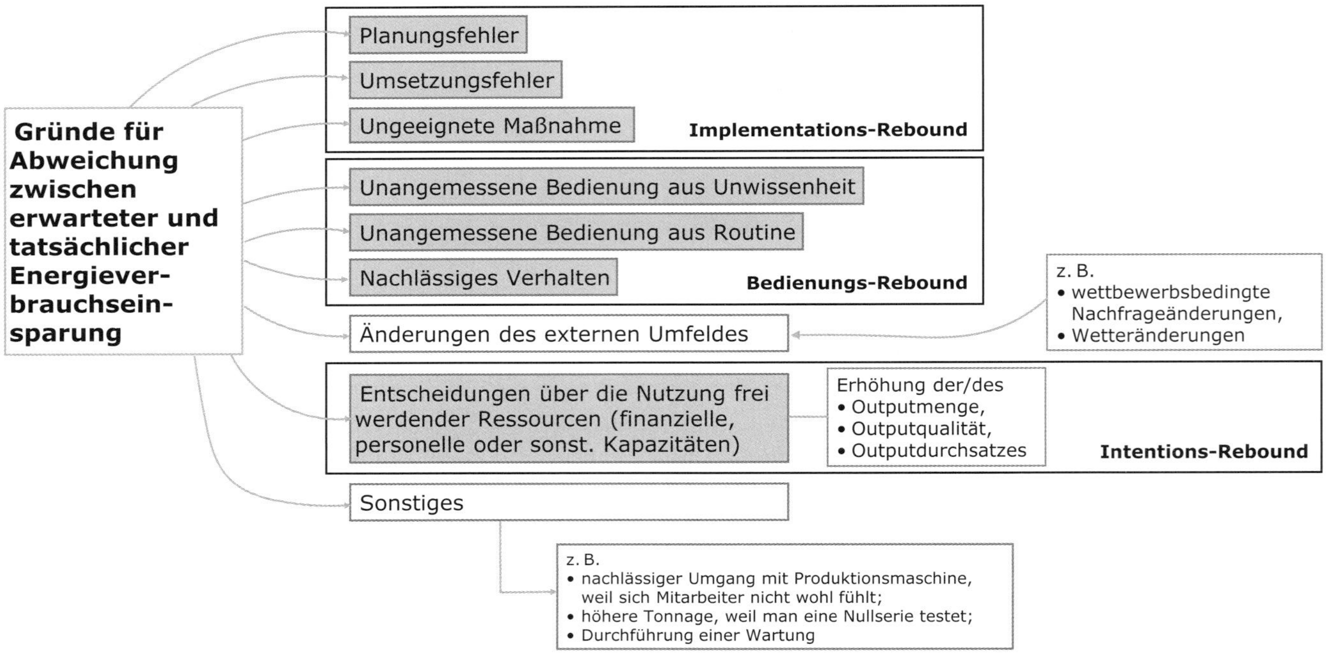

Quelle: eigene Darstellung

Abbildung 12-5: Rebound-Arten in Industrieunternehmen

Die folgende Abbildung 12-6 zeigt beispielhaft, wie ein Reboundeffekt in der Produktion entstehen kann. Hier wird angenommen, dass eine Verringerung der Auslastung eines beispielhaften Keramikbrennofens um 50 % zu 20 % mehr Umsatz durch schnellere Lieferung führen würde, aber auch zur Verdoppelung der Energiekosten.

Situation	Auslastung	Umsatz	Var Fert.- und Materialkosten	Var. Energiekosten	Deckungsbeitrag	Anmerkung
Vor der Effizienzverbesserungsmaßnahme	100 %	300 000 €	160 000 €	100 000 €	40 000 €	Eine Auslastungsreduktion um 50% lohnt sich nicht.
	50 %	360 000 €	160 000 €	200 000 €	0 €	
Nach der Effizienzverbesserungsmaßnahme	100 %	300 000 €	160 000 €	50 000 €	90 000 €	Eine Auslastungsreduktion um 50% lohnt sich => Rebound!
	50 %	360 000 €	160 000 €	100 000 €	100 000 €	
Nach der Maßnahme plus Energiekostenerhöhung um 30%	100 %	300 000 €	160 000 €	65 000 €	75 000 €	Eine Auslastungsreduktion um 50% lohnt sich nicht => kein Rebound!
	50 %	360 000 €	160 000 €	130 000 €	70 000 €	

Abbildung 12-6: Reboundeffekt an einem Keramikbrennofen

Vor der Verbesserungsmaßnahme kommt eine Reduktion der Auslastung des Brennofens trotz der damit verbundenen schnelleren Produktion nicht infrage, da der Deckungsbeitrag wegen der höheren Energiekosten auf 0 Euro absinken würde. Nach Durchführung der Effizienzverbesserungsmaßnahme ändert sich die Lage. Es sinkt der Energiekostenanteil, sodass durch die Auslastungsreduktion die Energiekosten deutlich weniger ansteigen und in Folge der Deckungsbeitrag zunimmt. Wollte man dem beispielsweise seitens des Staates entgegenwirken, käme etwa eine Verteuerung der Energiekosten infrage (siehe die letzten beiden Zeilen in der Tabelle).

Dieses Beispiel verdeutlicht, dass aus der Sicht des Unternehmens oder einer einzelnen Person Reboundeffekte keineswegs ausschließlich negative Nebeneffekte von Energieeffizienzverbesserungsmaßnahmen sind. Sie sind i. d. R. ökonomisch intendiert und entstehen, wenn zusätzlichen Energieverbräuchen ein erkennbarer Nutzen gegenübersteht

Aus ökonomischer Sicht hat ein reboundbedingter zusätzlicher Energieverbrauch einen bewertbaren Nutzen, der über den Kosten des zusätzlichen Energieverbrauchs liegt. Wäre das nicht so, dann würde man den Rebound vermeiden (wollen). Rational betrachtet sind in Unternehmen und auch im privaten Bereich Rebounds sogar erwünscht, denn wenn der (bewertete) Nutzen des zusätzlichen Energieverbrauchs geringer wäre als die dadurch entstehenden Kosten, würde man Rebounds – im Einzelfall – nicht entstehen lassen.

Diese Aussagen beziehen sich allerdings ausschließlich auf die handelnden Akteure, also die Personen bzw. Unternehmen, die für den jeweiligen Rebound verantwortlich sind, ihn sozusagen verursachen. Dem Staat und der Gesellschaft als Ganzes hingegen sind Rebounds insbesondere mit Blick auf das Erreichen von Energieeffizienz- und Klimaschutzzielen ein Dorn im Auge. Sie schmälern generell ein gesamtgesellschaftliches Engagement zur Effizienzverbesserung und bremsen im Detail energie- und in Folge klimaschutzpolitische Maßnahmen aus.

Wenn die Entscheidung für das Entstehen eines Rebounds ökonomisch rational ist, bedeutet dies mit Blick auf Kapitalwertkalkulationen, dass Rebounds immer den Kapitalwert erhöhen, weil als Rückfluss immer auch ein – i. d. R. geschätzter – Nutzen als Zahlungsstrom zu berücksichtigen ist, dessen Wert höher anzusetzen ist als die ebenfalls gesondert zu berücksichtigenden zusätzlichen Energiekosten. Die folgenden Abbildungen, Abbildung 12-7 und Abbildung 12-8, zeigen ein Beispiel einer Kapitalwertkalkulation mit und ohne Berücksichtigung von Reboundeffekten.

Basiskalkulationszinsfuß i	8,0 %							
Jahrespreisänderungsrate Strom	4,0 %							
Jahrespreisänderungsrate Sonstiges	2,0 %							
Degradationsrate	0,0 %							
Zu berücksichtigende Perioden	15							
Geplante Jahresenergieeinsparungen im ersten Jahr [kWh/a]	300 000							
Jahreseinsparreduktionen durch Rebound [%]	10 %							
Jahreseinsparreduktionen durch Rebound [kWh/a]	30 000							
Aktueller spezifischer Strompreis [€/kWh]	0,14							
Periodenende t	0	1	2	3	…	18	19	20
Berücksichtigte Perioden („1" = „Ja")	1	1	1	1	…	0	0	0
Jahresenergieeinsparungen		300 000 kWh	300 000 kWh	300 000 kWh	…	300 000 kWh	300 000 kWh	300 000 kWh
Jahreseinsparreduktion durch Rebound		30 000 kWh	30 000 kWh	30 000 kWh	…	30 000 kWh	30 000 kWh	30 000 kWh
Jeweiliger spezifischer Strompreis [€/kWh]		0,1456 €/kWh	0,1514 €/kWh	0,1575 €/kWh	…	0,2836 €/kWh	0,295 €/kWh	0,3068 €/kWh
Auszahlungen Z_t								
Investitionsauszahlung komplett	-122 038 €							
Betriebskosten			-3 000 €	-3 060 €	…	-4 118 €	-4 201 €	-4 285 €
Einsparreduktionen durch Rebound		-4 368 €	-4 543 €	-4 724 €	…	-8 508 €	-8 849 €	-9 203 €
Rückflüsse Z_t								
Energiekosteneinsparungen theoretisch		43 680 €	45 427 €	47 244 €	…	85 084 €	88 488 €	92 027 €
Zusatznutzen durch erhöhten Energieeinsatz		5 000 €	5 500 €	6 050 €	…	25 272 €	27 800 €	30 580 €
Resultate/Indikatoren								
Summe [€]	-122 038 €	44 312 €	43 384 €	45 510 €	…	0 €	0 €	0 €
Barwerte	-122 038 €	41 030 €	37 195 €	36 127 €	…	0 €	0 €	0 €
Kapitalwert	356 507 €							

Abbildung 12-7: Kapitalwertkalkulation einer Effizienzmaßnahme mit Berücksichtigung von Rebound

Basiskalkulationszinsfuß i	8,0 %							
Jahrespreisänderungsrate Strom	4,0 %							
Jahrespreisänderungsrate Sonstiges	2,0 %							
Degradationsrate	0,0 %							
Zu berücksichtigende Perioden	15							
Geplante Jahresenergieeinsparungen im ersten Jahr [kWh/a]	300 000							
Jahreseinsparreduktionen durch Rebound [%]	0 %							
Jahreseinsparreduktionen durch Rebound [kWh/a]	0							
Aktueller spezifischer Strompreis [€/kWh]	0,14							
Periodenende t	0	1	2	3	…	18	19	20
Berücksichtigte Perioden („1" = „Ja")	1	1	1	1	…	0	0	0
Jahresenergieeinsparungen		300 000 kWh	300 000 kWh	300 000 kWh	…	300 000 kWh	300 000 kWh	300 000 kWh
Jahreseinsparreduktion durch Rebound		0 kWh	0 kWh	0 kWh	…	0 kWh	0 kWh	0 kWh
Jeweiliger spezifischer Strompreis [€/kWh]		0,1456 €/kWh	0,1514 €/kWh	0,1575 €/kWh	…	0,2836 €/kWh	0,295 €/kWh	0,3068 €/kWh
Auszahlungen Z_t								
Investitionsauszahlung komplett	-122 038 €							
Betriebskosten			-3 000 €	-3 060 €	…	-4 118 €	-4 201 €	-4 285 €
Einsparreduktionen durch Rebound		0 €	0 €	0 €	…	0 €	0 €	0 €
Rückflüsse Z_t								
Energiekosteneinsparungen theoretisch		43 680 €	45 427 €	47 244 €	…	85 084 €	88 488 €	92 027 €
Zusatznutzen durch erhöhten Energieeinsatz		0 €	0 €	0 €	…	0 €	0 €	0 €
Resultate/Indikatoren								
Summe [€]	-122 038 €	43 680 €	42 427 €	44 184 €	…	0 €	0 €	0 €
Barwerte	-122 038 €	40 444 €	36 374 €	35 075 €	…	0 €	0 €	0 €
Kapitalwert	324 500 €							

Abbildung 12-8: Kapitalwertkalkulation einer Effizienzmaßnahme ohne Berücksichtigung von Rebound

Erkennbar ist, dass im Falle der Berücksichtigung von Reboundeffekten die Kosten für zusätzlichen Energieverbrauch nach Berücksichtigung der idealen Effizienzverbesserungswirkung aus Auszahlungen den Kapitalwert belasten. Demgegenüber sind aber die Nutzen höher bewertet, sodass in der Gesamtbetrachtung der Kapitalwert durch die Berücksichtigung ansteigt.

12.2 Ermittlung von Energie- und Einspargestehungskosten, von Grenzvermeidungskosten sowie von Einspeisevergütungen

Bisher führten die vorgestellten Investitionsrechnungsmethoden zu eindimensionalen Indikatoren (etwa Kapitalwert in Euro, Annuität in Euro, Amortisationszeit in Jahren und Interner Zinsfuß in %). Die Kalkulationsergebnisse bezogen sich auf konkrete Investitionsprojekte und waren nicht skalierbar. Generelle Aussagen zu Technologien oder zu Effizienzmaßnahmen und zur Entwicklung der wirtschaftlichen Vorteilhaftigkeit über die Zeit (Zeitreihenanalysen) sind durch Kapitalwertkalkulationen kaum ableitbar. Fragen wie die folgenden, die für politische Entscheidungen oder auch für Langfristplanungen in Unternehmen relevant sein können, werden damit nicht beantwortet:

- Ab wann ist damit zu rechnen, dass Photovoltaikanlagen generell wirtschaftlich vorteilhaft sind? Sie kosten Geld [€] und erzeugen Strom [kWh/a], der sonst aus dem Netz bezogen werden müsste. Der Strom aus dem Netz mag beispielsweise 0,35 €/kWh kosten. Kann man die „Kosten pro kWh“ erzeugten Photovoltaik-Stroms ermitteln und mit dem sonst zu zahlenden Netzstrompreis, also mit den 0,35 €/kWh, vergleichen, um eine Aussage über die wirtschaftliche Vorteilhaftigkeit zu erhalten? Sollte beispielsweise der PV-Strom nur 0,20 €/kWh kosten, dann wäre das Investment bei einem Strompreis von 35 Cent pro kWh doch sinnvoll, oder?
- Im Zuge einer energetischen Sanierung eines Gebäudes mit ausgedientem Heizungssystem ist vorgesehen, dass eine Wärmepumpe zu Kosten von X Euro eingebaut werden soll. Eventuell kommt aber auch eine neue Gastherme zum Preis von Y Euro infrage. Beide Systeme sollen die gleiche Wärmemenge erzeugen. Kann man die „Kosten pro kWh“ erzeugter Wärme für beide Systeme ermitteln, um auf dieser Basis eine Auswahlentscheidung zu treffen? Wenn beispielsweise die „Energiegestehungskosten“ bzw. (besser: „Wärmegestehungskosten“) der Wärmepumpe trotz der höheren Investitionsauszahlung mit 0,40 €/kWh niedriger liegen sollte als die der Gastherme (z. B. 0,45 €/kWh), dann wäre die WP doch wirtschaftlich vorteilhaft und damit vorzuziehen, oder?
- Energieeffizienzverbesserungsmaßnahmen kosten Geld, reduzieren aber auch die Energiekosten, die sich aus einer Energiemenge [kWh] und einem zu zahlenden spezifischen Energiepreis [€/kWh] ergeben. Kann man die spezifischen Kosten derartiger Maßnahmen in € pro kWh ermitteln, um sie mit den einzusparenden spezifischen Energiepreisen zu vergleichen, sodass man dadurch eine Aussage über die wirtschaftliche Vorteilhaftigkeit solcher Maßnahmen treffen kann, wenn die spezifischen Vermeidungskosten geringer sind als die bewirkte Vermeidung von Energieverbräuchen?

Solche Fragen lassen sich mit einer weiteren Indikatorart, sogenannten zweidimensionalen Indikatoren, klären, die in den folgenden Ausführungen erläutert werden. Indikatoren der unterschiedlichen Themenbereiche sind:

- Energiebereitstellungstechnologien: **„Energiegestehungskosten“** oder „Stromgestehungskosten“, „Wärmegestehungskosten“ o. Ä. (engl. *„levelised cost of energy“*, kurz **LCOE**)
- Energieeffizienzmaßnahmen: „Energieeinsparkosten“ oder **„Einspargestehungskosten“** (engl. *„costs of conserved energy“*, kurz **CCE**)
- klimaschutzrelevante Fragestellungen: „THG-**Grenzvermeidungskosten“** (**GVK**, engl. *„marginal abatement cost“*, kurz **MAC**)

Auch im deutschsprachigen Raum benutzt man häufig die angeführten englischsprachigen Abkürzungen LCOE, CCE und MAC. Das wird auch in den folgenden Ausführungen so sein.

Steht Energie im Vordergrund, lautet die Einheit €/kWh oder $/MWh o. Ä. Wird hingegen auf die Reduzierung von Treibhausgasen abgezielt, wird in €/t_{CO_2} oder $/$kg_{CO_{2e}}$ o. Ä. gemessen oder kalkuliert.

Die **LCOE** für eine beispielhafte Photovoltaikanlage kann etwa lauten:

$$\text{LCOE} = 0{,}18\ \frac{\text{Euro}}{\text{kWh}}$$

Diese Gleichung drückt aus, dass die Investitionsauszahlungen für die Anlage und die laufenden Betriebskosten zusammen im Verhältnis zu den zu erwartenden erzeugten Strommengen über die gesamte Wirkungsdauer des PV-Betriebs (z. B. 20 Jahre) 18 Cent pro kWh ausmachen, wobei – wie noch zu erläutern sein wird – Zins, Zinseszins sowie auch Preisänderungsraten berücksichtigt werden. Derartige spezifische Kosten sagen für sich allein noch nicht sehr viel aus. Sie erhalten jedoch u. U. Entscheidungsrelevanz, wenn man sie mit entsprechenden Berechnungsergebnissen von Alternativtechnologien oder dem Preis der konventionellen Energie vergleicht oder im Zeitverlauf analysiert, um daraus (politische) Handlungsschlüsse zu ziehen (etwa das Angebot oder die Einstellung einer staatlichen Förderung).

Eine ähnliche Aussage bringen **CCE** für die Betrachtung von Einspargestehungskosten hervor. Im Zentrum stehen bei diesem Indikator allerdings nicht Energiebereitstellungsanlagen, sondern Energieeffizienzmaßnahmen. Ein beispielhafter Wert für die energetische Sanierung eines Gebäudes wäre etwa:

$$\text{CCE} = 0{,}24\ \frac{\text{Euro}}{\text{kWh}}$$

Wenn es sich dabei um elektrischen Strom handelt, der eingespart werden kann, und liegt der spezifische Strompreis bei 0,20 €/kWh, dann signalisiert dieser CCE, dass eine entsprechende angedachte Einsparmaßnahme nicht wirtschaftlich vorteilhaft wäre und daher besser nicht freigegeben werden sollte, so zumindest die Idee.

THG-Grenzvermeidungskosten (**MAC**) weichen in ihrer Aussage von den beiden zuvor genannten Indikatoren ab. Das folgende Beispiel der Effizienzverbesserung einer Produktionsanlage, die bislang mit Erdgas betrieben wird, verdeutlicht die Besonderheit. Ein beispielhafter

$$\text{MAC} = -0{,}15\ \frac{\text{Euro}}{\text{kg}_{CO_{2e}}}$$

bedeutet hier, dass die angedachte Maßnahme nicht nur den Umfang an CO_{2e}-Emissionen in einem bestimmten Ausmaß reduziert, sondern auch ökonomische Vorteile nach sich zieht (das Vorzeichen ist negativ), hier Kostenreduktionen in Höhe von 15 Cent je eingespartem Kilogramm CO_{2e}, wobei die Begriffe „Kosten“ oder „Kostenreduktion“ nicht präzise sind, wie sich später noch zeigen wird. Ein MAC kann natürlich auch ein positives Vorzeichen aufweisen, womit dann ausgedrückt wird, welche Kosten oder besser welcher Kapitaleinsatz erforderlich ist, um ein Kilogramm CO_{2e} zu reduzieren.

LCOE bzw. CCE unterstützen dabei,

- Zeitreihenanalysen durchzuführen, die aufzeigen, welche Technologie sich im Vergleich zu anderen über die Zeit in wirtschaftlicher Hinsicht positiv oder negativ entwickelt – etwa der Vergleich zwischen erneuerbaren Energietechnologien und konventionellen Energiebereitstellungstechnologien.[114]
- verschiedene Energietechnologien bzw. Energie-Maßnahmen mit unterschiedlichen Energieertrags- bzw. -einsparstrukturen miteinander zu vergleichen.[115]
- gleiche Energietechnologien in unterschiedlichen Regionen/Ländern zu vergleichen.[116]

114 Vgl. Royal Academy of Engineering 2004.

115 Vgl. Ueckerdt 2011, Fraunhofer ISE 2012, Heptonstall 2007, Klein, 2013.

116 Vgl. EPIA 2011, Hernández-Moro et al. 2012.

- gleiche Energietechnologien in unterschiedlichen Leistungsklassen zu vergleichen.
- die Ergebnisse von Untersuchungen gleicher Technologien aus unterschiedlichen wissenschaftlichen Forschungseinrichtungen einander gegenüberzustellen.[117]
- herauszufinden, welches die wesentlichen Bestimmungsfaktoren („driver") sind, um die Energiegestehungs- oder -vermeidungskosten positiv zu beeinflussen.[118]
- auf politischer Ebene Einspeisevergütungssätze festzulegen, um Investitionen in eine bisher nicht marktfähige Technologie zu fördern.[119]
- durch Vergleich mit dem aktuellen einschlägigen Einspeisevergütungssatz zu prüfen, ob die Investition in eine Erneuerbare-Energie-Anlage profitabel erscheint.
- den Zeitpunkt abzuschätzen, ab dem eine Erneuerbare-Energie- oder Effizienz-Anlage wirtschaftlich profitabel zu werden scheint (man nennt diesen Zeitpunkt „Netzparität" oder englisch „*grid parity*").
- Verrechnungspreise für die innerbetriebliche Leistungsverrechnung festzulegen (Klärung von Fragen wie: „Welche Kosten sollten pro bereitgestellter kWh ...

  Wärme einer Wärmepumpe, die sonst durch eine Gastherme erzeugt werden würde,

  elektrischen Stromes einer Solaranlage [Hilfskostenstelle 1234 → Hauptkostenstelle 4711]

  Wärme aus einem Blockheizkraftwerk [Hilfskostenstelle 1235 → Hauptkostenstelle 4712]

  Druckluft [Hilfskostenstelle 1236 → Hauptkostenstelle 4713]

  Wasserdampf [Hilfskostenstelle 1237 → Hauptkostenstelle 4714]

  zugrunde gelegt werden?").
- die MAC (für Betriebe, aber auch für ganze Nationen) zu reduzieren.
- anzuzeigen, welche Kosten bei Verwendung bestimmter Technologien oder Verfahren voraussichtlich anfallen bzw. welche Negativkosten, also Erträge, anzusetzen sind, um eine bestimmte Menge (beispielsweise eine Tonne) an CO_2-Emission oder anderen klimaschädlichen Gasen zu vermeiden und darauf aufbauend die Preise für Emissionszertifikate festzulegen.[120]
- politisch Weichen zu stellen, da sie aufzeigen, welche Kosten bei bestimmten regulativen Klimaschutzmaßnahmen auf eine regionale Einheit zukommen.
- abzuschätzen, welcher Kapitalaufwand für Unternehmen erforderlich ist, um Klimaneutralität zu erreichen.

Die beiden folgenden Abbildungen zeigen Ergebnisse beispielhafter Untersuchungen für LCOE.

117 Vgl. Finkenrath 2011.

118 Vgl. Cambell 2011.

119 Vgl. Germany Trade & Invest 2013.

120 Vgl. Konstantin 2009, S. 144 ff.

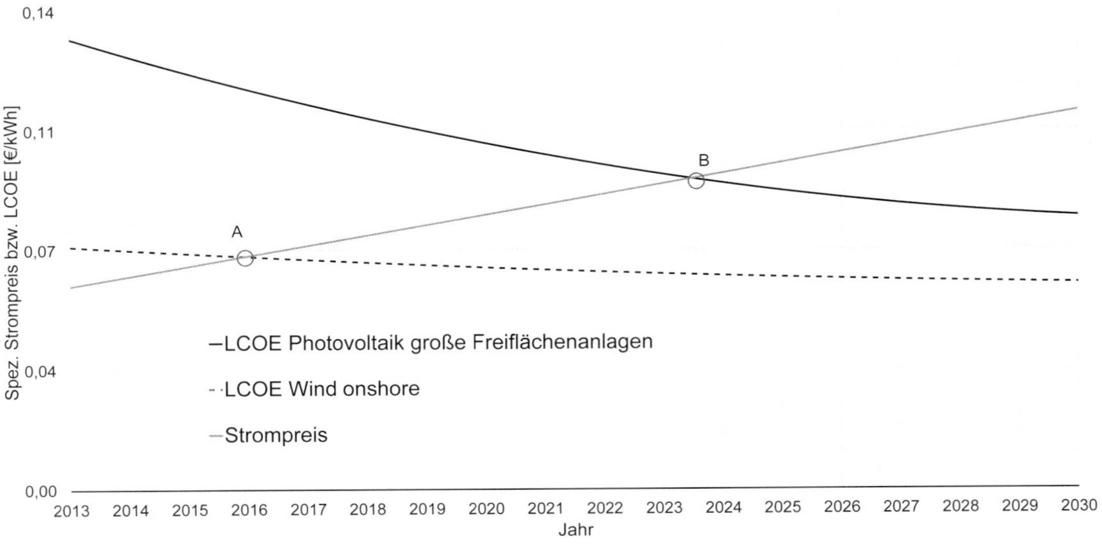

Quelle: eigene Darstellung

Abbildung 12-9: Beispielhafter Vergleich unterschiedlicher Technologien mit konventioneller Strombereitstellung anhand des LCOE am Punkt der Entstehung (Verteilnetz erforderlich)

In Abbildung 12-9 werden per LCOE zwei Erneuerbare-Energie-Technologien mit den spezifischen Kosten der konventionellen Stromproduktion (etwa Börsenpreis) verglichen. Der Grafik entsprechend beginnt im Jahr 2016 der Preis für Onshore-Wind-Strom denjenigen für konventionellen Strom zu unterschreiten (Schnittpunkt A). Bei größeren Photovoltaik-Freiflächenanlagen ist das gemäß Grafik etwa 2024 der Fall (Schnittpunkt B). Dies betrifft die Stromproduktion am Ort der Entstehung, also Strom, der über Netze noch zum Endverbraucher zu transportieren ist. Hier werden drei Optionen einander gegenübergestellt, die sich vergleichen lassen, da sie zueinander im Wettbewerb stehen könnten.

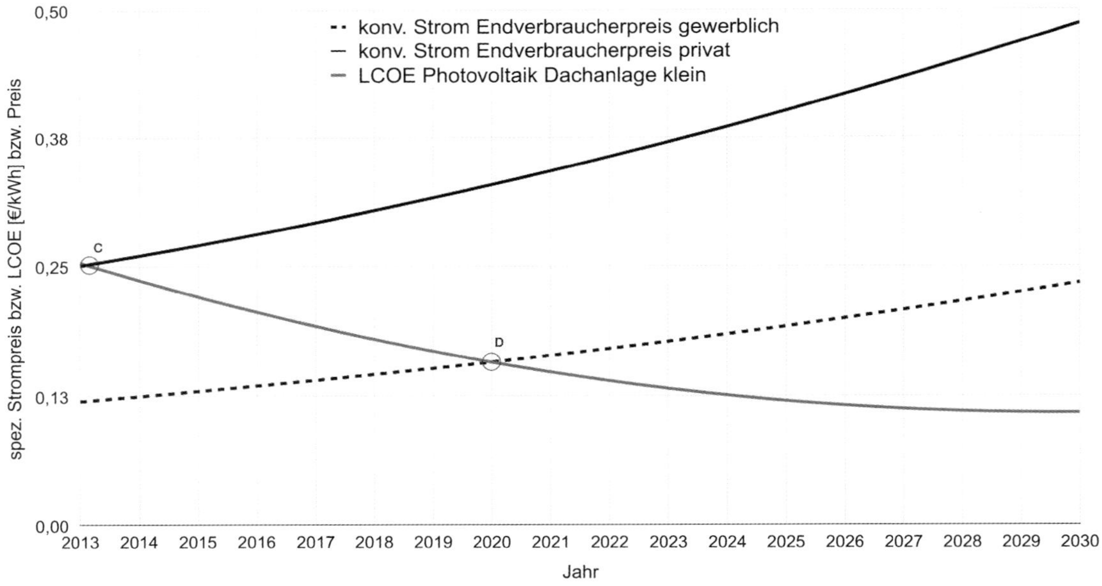

Quelle: eigene Darstellung

Abbildung 12-10: Beispielhafter Vergleich einer PV-Dachanlage (ca. 10 kWp) mit konventioneller Strombereitstellung am Punkt des Verbrauchs (Verteilnetz nicht erforderlich)

Betrachten wir nun Abbildung 12-10. Hier werden die LCOE einer PV-Dachanlage mit den Endverbraucherpreisen konventionellen Stroms für zum einen private und zum anderen gewerbliche Abnehmer verglichen. Die Grafik stellt für das Beispiel dar, dass ab dem Jahr 2013 die Selbsterzeugung von Strom durch Photovoltaik bereits lukrativ ist (Schnittpunkt C), sodass eine staatliche Förderung nicht (mehr) notwendig erscheint. Im gewerblichen Bereich ist hiermit etwa im Jahr 2020 zu rechnen (Schnittpunkt D).

Inwieweit derartige Aussagen uneingeschränkt gelten, wird noch genauer zu untersuchen sein. Zunächst einmal beschäftigen wir uns mit den in dieser Hinsicht entscheidenden Kennzahlen: LCOE und CCE.

12.2.1 Klassische Ermittlung der CCE und LCOE

Die Indikatoren LCOE bzw. CCE tragen – wie bereits erwähnt – die Einheit €/kWh (o. Ä.) und verdeutlichen, welche Kosten pro kWh Energiebereitstellung oder -einsparung verursacht werden. (Inwieweit hier tatsächlich „Kosten" betrachtet werden, wird noch genauer erörtert.) Diese Kosten ändern sich im Zeitablauf. Bei Erneuerbare-Energie-Anlagen sinken sie (noch), weil die relativen Anschaffungsausgaben (gemessen in €/kW Nennleistung) aufgrund verschiedener Lerneffekte im Zuge einer Massenproduktion fallen, sofern man die Entwicklung der vergangenen Jahre extrapoliert, was sehr realistisch erscheint. Bei Energieeffizienzmaßnahmen – mit Blick auf die CCE – ist davon auch auszugehen, jedoch in deutlich geringerem Umfang.

Die konventionelle (insbesondere die fossile) Energiebereitstellung weist demgegenüber eine entgegengesetzte Entwicklung auf, wie in obiger Abbildung in den Strompreiskurven deutlich wird. Hintergründe für die steigenden Kosten gibt es zahlreiche, auf die hier im Einzelnen nicht weiter eingegangen werden soll.[121]

Vergleicht man grafisch die Entwicklung der LCOE von erneuerbarer Energie mit den Energiegestehungskosten bzw. den Marktpreisen der konventionellen Energiebereitstellung, so lässt sich feststellen, dass Schnittpunkte vorliegen, bei denen die LCOE einer Erneuerbaren-Energie-Technologie (etwa von Photovoltaikanlagen bestimmter Größe und bestimmter Art) mit den Energiegestehungskosten für konventionellen Strom übereinstimmt (Kurvenschnittpunkt). Wird neben den Energiegestehungskosten auch noch der Endverbraucherpreis (der neben dem reinen Energiepreis u. U. auch noch umgelegte Konzessionsabgaben, Steuern und Umlagen sowie Netznutzungsgebühren etc. umfasst) in seiner Entwicklung angegeben, könnte diese Überschneidung zweier Kurven den Zeitpunkt aufzeigen, ab dem eine erneuerbare Energietechnologie profitabel (oder besser: wirtschaftlich vorteilhaft) erscheint, ab dem es sich also wirtschaftlich lohnen könnte, diese Technologie einzusetzen. Dieser Zeitpunkt (i. d. R. wird ein bestimmtes Jahr ermittelt) wird **„Netzparität"** (engl. *„grid parity"*)[122] genannt, deren Feststellung sowohl auf betrieblicher Ebene als auch auf politischer von großer Bedeutung ist, wenn es etwa darum geht,

a) aufzuzeigen, dass eine bestimmte Technologie noch nicht wettbewerbsfähig ist und daher staatliche Hilfe – etwa in der Form von Einspeisevergütungen – benötigt, um Investoren so lange anzureizen, bis die Netzparität erreicht ist, und
b) zu klären, wie hoch eine ggf. notwendige staatliche Hilfe bemessen sein sollte.

In Abschnitt 12.2.3 werden wir uns mit der Netzparität noch genauer auseinandersetzen. Im Folgenden geht es um die Ermittlung der LCOE.

Zur Veranschaulichung der Herleitung der LCOE soll eine beispielhafte Windenergieanlage betrachtet werden, deren Spezifika in Abbildung 12-11 dargestellt sind.

121 Vgl. dazu Coulon 2009, DIHK 2012, Seeliger et al. 2011, Weyerstrass et al. 2008.

122 Vgl. zur Begriffsdefinition etwa Bost et al. 2011, S. 6.

Angabe	Wert
Nennleistung [kW]	2 000
Volllaststunden [h]	1 250
Stromproduktion pro Jahr [kWh]	2 500 000
Degradation/Abbau pro Jahr	1,0 %
Investitionsausgabe	2 800 000 €
Betriebskosten pro Jahr$_{\text{Basis = 2024}}$	40 000 €
Jahres-Preissteigerungsrate Betriebskosten	3,0 %
Kalkulationszins	4,0 %
Planungshorizont [Jahre]	20

Abbildung 12-11: Basisdaten für die Ermittlung des LCOE einer beispielhaften Windenergieanlage (WEA)

Die Energieerträge [kWh/a] dieser Anlage sind auf Volllaststunden umgerechnet worden, sodass sie sich aus der Multiplikation der Nennleistung P_N [kW] mit den Volllaststunden T_{VL} [h/a] ergeben. Die relevanten Zahlungsreihen liegen im Berechnungstableau bereits vor. Auch der Gegenwartswert des Kapitaleinsatzes der Zahlungen (= Kapitalwert ohne Berücksichtigung der Energieerträge) ist bereits ermittelt (siehe Abbildung 12-12).

Z	Perioden-Ende:	0	1	2	…	20
1	Investitionsauszahlung	2 800 000 €			…	
2	Laufende Betriebsausgaben		40 000 €	41 200 €	…	70 140 €
3	Summe	2 800 000 €	40 000 €	41 200 €	…	70 140 €
4	Barwerte	2 800 000 €	38 462 €	38 092 €	…	32 011 €
5	Gegenwartswert des Kapitaleinsatzes	3 502 858 €			…	
6	Stromertrag pro Jahr [kWh]		2 500 000	2 475 000	…	2 065 422
7	?	?	?	?	…	?
8	?	?	?	?	?	?
9	?	?	?	?	?	?
10	Stromgestehungskosten [€/kWh]	?				

Abbildung 12-12: Ermittlung des LCOE einer beispielhaften 2 MW WEA (Kalk.-Zins = 4 %)

Es stellt sich im Hinblick auf die Ermittlung des LCOE die Frage, wie mit den Energieerträgen umgegangen werden soll. Kann man den Gegenwartswert des Kapitaleinsatzes einfach durch die Summe der Energieerträge dividieren? Die Einheit der Stromgestehungskosten [€/kWh] legt dies nahe.

Diese Einheit macht deutlich, dass hier offensichtlich das zu investierende Kapital (minus etwaiger Zuschüsse, Erstattungen etc.) in ein Verhältnis zu den daraus resultierenden Energiebereitstellungen (bzw. Energieeinsparungen) zu bringen ist. Da Erstgenanntes aus verschiedenen Zahlungsströmen, die zu unterschiedlichen Zeitpunkten anfallen, besteht, kann es sich bei dem anzusetzenden Kapital nur um den Kapitalwert des gesamten Investitionsobjektes, allerdings ohne Rückflüsse in Form von Energieeinsparerträgen (diese werden im Nenner der Formel berücksichtigt), handeln, also um den Gegenwartswert des Kapitaleinsatzes. Sämtliche Zahlungen sind über den gesamten Lebenszyklus zu ermitteln, periodenweise aufzusummieren, zu diskontieren und zu aggregieren.

Der auf diese Weise ermittelte Gegenwartswert des zu investierenden Kapitals (minus etwaiger Zuschüsse, Erstattungen etc.) wird nun durch den Energieertrag (resultierend aus Einsparungen oder bereitgestellter Energie) dividiert. Es kann sich hier jedoch nicht um eine schlichte kWh-Summe handeln, denn sonst würden Erträge, die zu unterschiedlichen Zeitpunkten anfallen, gleich bewertet, was nicht deren realen Werten entspräche. Insofern sind nicht nur die Kapitalströme (im Zähler), sondern auch die Energieflüsse (im Nenner) zu diskontieren.

Die klassische LCOE-Formel ergibt sich nach diesen Überlegungen dann wie folgt: Der mit dem Zinsfaktor $q = (1 + i)^t$ diskontierte Energie(einspar)ertrag E_t einer Energie-Maßnahme [in kWh/a] multipliziert mit seinen Kosten LCOE je Output-Einheit (als gesuchte Variable [gemessen in €/kWh]) ist der Wert des Energieertrages bzw. der Energieeinsparung (auf der linken Seite der Gleichung) und muss daher dem Kapitalwert des investierten Kapitals (= Summe der mit q diskontierten Zahlungen $Z_{\text{KE},t}$, die aus dem Kapitaleinsatz direkt herrühren) entsprechen, siehe rechte Seite der Gleichung:

$$\text{LCOE}_{\text{klassisch}} \cdot \sum_{t=0}^{T} \frac{E_t}{(1+i)^t} = \sum_{t=0}^{T} \frac{Z_{\text{KE},t}}{(1+i)^t}$$

Nun braucht man die Gleichung nur noch nach den Kosten LCOE je Output-Einheit aufzulösen und erhält den Wert je Einheit.

$$\text{LCOE}_{\text{klassisch}} = \frac{\sum_{t=0}^{T} \frac{Z_{\text{KE},t}}{(1+i)^t}}{\sum_{t=0}^{T} \frac{E_t}{(1+i)^t}}$$

Mit

E_t erzeugte Energiemenge zum Zeitpunkt t, unter der Annahme, dass sie ebendiese Menge an konventioneller Energie (etwa elektrischen Strom aus dem Stromnetz) verdrängt, was einen 100%igen Eigenverbrauchsanteil voraussetzt[123]

$Z_{\text{KE},t}$ Aus- oder Rückzahlungen des Kapitaleinsatzes zum Zeitpunkt t und

i Kalkulationszins.

Hinweis

Wenngleich diese (klassische!) Formel in der Praxis häufig zur Anwendung kommt, ist sie dennoch sehr ungenau. Von ihrer Verwendung wird daher abgeraten. Eine Begründung wird in Kapitel 12.2.3 nachgeliefert, wenn dann auch eine modifizierte – genauere – LCOE-Formel hergeleitet und vorgestellt wird.

Die (klassischen) Energieeinsparkosten (CCE) werden genauso wie die Energiegestehungskosten $\text{LCOE}_{\text{klassisch}}$ hergeleitet und daher durch die gleiche Formel ermittelt, mit dem einen Unterschied, dass bei den CCE die E_t nicht die erzeugte Energiemenge zum Zeitpunkt t, sondern die eingesparte widerspiegeln:

$$\text{CCE}_{\text{klassisch}} = \frac{\sum_{t=0}^{T} \frac{Z_{\text{KE},t}}{(1+i)^t}}{\sum_{t=0}^{T} \frac{E_t}{(1+i)^t}}$$

123 Diese Annahme wird in Abschnitt 12.2.3 infrage gestellt.

Bei den LCOE ist nicht selten zu großen Teilen unklar, wie viel der erzeugten Energie dem Eigenverbrauch oder dem Netz zugeführt wird (etwa bei Photovoltaik); insofern gibt es bei diesem Indikator eine gewisse Unsicherheit des Wertmaßstabes der betrachteten Energiemengen. Bei der Ermittlung der CCE gibt es diese Unsicherheit normalerweise nicht.

Hinweis

Für diese CCE-Formel gilt der gleiche Hinweis wie für die LCOE: Wenngleich sie in der Praxis häufig zur Anwendung kommt, ist sie dennoch sehr ungenau. Von ihrer Verwendung wird daher abgeraten. Eine Begründung wird in Kapitel 12.2.3 nachgeliefert, wenn dann auch eine modifizierte – genauere – CCE-Formel hergeleitet und vorgestellt wird.

Die folgende Tabelle in Abbildung 12-13 zeigt das Ergebnis einer $LCOE_{klassisch}$-Ermittlung für eine beispielhafte Energiemaßnahme, die eine Investitionsausgabe in Höhe von 100 000 Euro erfordert und folgende Parametereinstellungen aufweist:

- einen Kalkulationszins von 4 %,
- ein bewusst kurzer Planungshorizont von fünf Jahren,
- Betriebsausgaben (OPEX) in Höhe von anfangs 3 000 Euro, die einer
- Preissteigerungsrate von 3 % unterliegen und
- ein Energieertrag in Höhe von 150 000 kWh pro Jahr ohne Degradation.

Die Investitionsauszahlung umfasst dabei die Summe der Anschaffungsausgaben, also neben dem zu zahlenden Anlagen- bzw. Maßnahmenpreis auch Montage, Gerüstbau sowie sämtliche Untersuchungs-, Rechtsbeistandskosten etc. Demgegenüber sind mit „laufenden Betriebskosten" Wartung, Reparatur, Versicherungen etc. gemeint.

Z	Perioden-Ende:	0	1	2	3	4	5
1	Investitionsauszahlung	100 000 €					
2	Laufende Betriebsausgaben		3 000 €	3 090 €	3 183 €	3 278 €	3 377 €
3	Summe	100 000 €	3 000 €	3 090 €	3 183 €	3 278 €	3 377 €
4	Barwerte	100 000 €	2 885 €	2 857 €	2 829 €	2 802 €	2 775 €
5	Gegenwartswert des Kapitaleinsatzes	114 148 €					
6	Energieertrag EE [kWh]		150 000	150 000	150 000	150 000	150 000
7	Summe Energieertrag [kWh]	750 000					
8	LCOE (Energie nicht diskontiert) [€/kWh] (= Z5/Z7)	0,15					
9	Diskontierter E.-Ertrag [kWh]		144 231	138 683	133 349	128 221	123 289
10	Summe disk. E.-Ertrag [kWh]	667 773					
11	LCOE (Energie auch diskontiert) [€/kWh] (= Z5/Z10)	0,17					

Abbildung 12-13: Ermittlung des $LCOE_{klassisch}$ für eine beispielhafte Investitionsausgabe in Höhe von 100 000 Euro (Kalk.-Zins = 4 %)

In der Tabelle werden zwei LCOE-Werte ausgewiesen, in Zeile 11 der korrekte Wert in Höhe von 0,17 €/kWh, der – wie soeben hergeleitet – eine Diskontierung der Energieerträge bzw. -einsparungen vorsieht, und in Zeile 8 der wegen ausgebliebener Diskontierung nicht korrekte (0,15 €/kWh). Hier zeigt sich, dass der LCOE-Wert zu niedrig ausfällt, wenn die Energieerträge nicht diskontiert werden. Folge dieses Rechenfehlers können Investitionsfehlentscheidungen sein, da bei zu niedrigen LCOE-Werten der Anschein einer früher entstehenden Netzparität erweckt wird.

Alternativ zur oben vorgestellten Vorgehensweise der Ermittlung des LCOE, bei der der Kapitalwert sämtlicher Zahlungen durch den diskontierten Energieertrag dividiert wurde, lässt sich der LCOE auch über **Annuitäten** ermitteln – wie nicht selten in der Praxis vorzufinden.[124] Die Ergebnisse sind dann identisch und eine Diskontierung der Energieerträge bzw. -einsparungen kann entfallen.

Hierzu ist der zuvor ermittelte Kapitalwert mithilfe der Formel zur Berechnung der nachschüssigen Annuität

$$A_n = \text{Kapitalwert} \cdot \frac{q^T \cdot (q-1)}{q^T - 1}$$

in eben eine Annuität umzuwandeln, die durch den Jahresenergieertrag bzw. durch die Jahresenergieeinsparung [kWh/a] zu dividieren ist, um den LCOE zu erhalten:

$$\text{LCOE}_{\text{klassisch}} = \frac{A_n}{\text{Jahresenergieertrag}}$$

Die praktische Umsetzung zeigt Abbildung 12-14. Zu erkennen ist, dass der gleiche LCOE (0,17 €/kWh) zustande kommt.

Z	Zins = 4%	0	1	2	3	4	5
1	Investitionsauszahlung	100 000 €					
2	Laufende Betriebsausgaben		3 000 €	3 090 €	3 183 €	3 278 €	3 377 €
3	Summe	100 000 €	3 000 €	3 090 €	3 183 €	3 278 €	3 377 €
4	Barwerte	100 000 €	2 885 €	2 857 €	2 829 €	2 802 €	2 775 €
5	Diskontierte Nettokosten (Net Present Costs)	114 148 €					
6	Nachschüssige Annuität A_n		25 641 €	25 641 €	25 641 €	25 641 €	25 641 €
7	Energieertrag EE [kWh]		150 000	150 000	150 000	150 000	150 000
8	LCOE [€/kWh] (= A_n / Ø EE bzw. Z6/Z7)	0,17					

Abbildung 12-14: Ermittlung des $\text{LCOE}_{\text{klassisch}}$ für eine beispielhafte Investitionsausgabe in Höhe von 100 000 Euro mithilfe von nachschüssigen Annuitäten (Kalk.-Zins = 4 %)

Ein solches Annuitätenverfahren setzt allerdings voraus, dass die Energieerträge bzw. -einsparungen über den gesamten Planungshorizont konstant sind, was bei energetischen Maßnahmen/Anlagen aufgrund der Degradation (= Reduzierung des Wirkungsgrades über die Zeit) häufig nicht gewährleistet werden kann. Insofern erscheint das zuvor beschriebene Verfahren zweckmäßiger. Es empfiehlt sich daher, die Energie- bzw. die Einspargestehungskosten (LCOE oder CCE) nicht über Annuitäten zu ermitteln, weil dies die Freiheitsgrade der Kalkulation reduziert (sich ändernde Energiemengen über die Zeit können bei Annuitäten nicht berücksichtigt werden).

Das folgende Beispiel (Abbildung 12-15) verdeutlicht Ergebnisse zum o. a. Übungsbeispiel der Berechnung des LCOE der 2 MW Windenergieanlage, bei dem die Ertragsdegradation jetzt eine Rolle spielen soll. Die ermittelten Stromgestehungskosten liegen bei 11 Cent/kWh.

124 Vgl. etwa Beyer/Gerlach 2010, Haider/Luederking 2005, Ramadhan/Naseeb 2011, Timilsina et al. 2012, Townsend/Webber 2012, Weimann 2011, S. 7 ff.

Z Perioden-Ende:	0	1	2	…	20
1 Investitionsauszahlung	2.800.000 €			…	
2 Laufende Betriebsausgaben		40.000 €	41.200 €	…	70.140 €
3 Summe	2.800.000 €	40.000 €	41.200 €	…	70.140 €
4 Barwerte	2.800.000 €	38.462 €	38.092 €	…	32.011 €
5 Gegenwartswert des Kapitaleinsatzes	3.502.858 €				
6 Energieertrag EE pro Jahr [kWh]		2.500.000	2.475.000	…	2.065.422
7 Summe Energieertrag [kWh]	45.523.266				
8 Diskontierter E.-Ertrag [kWh]		2.403.846	2.288.277	…	942.631
9 Summe disk. E.-Ertrag [kWh]	31.335.898				
10 LCOE [€/kWh] (= Z5/Z9)	0,11				

Abbildung 12-15: Ermittlung des LCOE einer beispielhaften 2 MW WEA (Kalk.-Zins = 4 %, Preissteigerungsrate OPEX = 3 %)

Welchen Nutzen ziehen wir aus diesem Wert (0,11 €/kWh)? Weiter oben wurden bereits verschiedene Einsatzzwecke genannt. Hierzu zählte, dass der LCOE helfen kann, auf politischer Ebene Fördermechanismen für bestimmte Erneuerbare-Energie-Technologien und bestimmte Zeiträume zu erarbeiten, etwa Einspeisevergütungssätze festzulegen. Derartige Sätze (z. B. 0,57 Euro Vergütung pro eingespeister Energiemenge [kWh]) wirken dann als Anreiz, in eine Energiebereitstellungsanlage (etwa Photovoltaik) zu investieren, wenn sie den LCOE übersteigen (berechnet mit einem attraktiven Kalkulationszinsfuß, der über dem von Alternativ-Anlagemöglichkeiten bei gleicher Risikostruktur liegen muss [hier z. B. bei **6 % mit zwanzigjähriger Vergütungsgarantie**]). Hierauf geht der nächste Abschnitt ein.

12.2.2 Ermittlung von Einspeisevergütungssätzen auf der Grundlage des LCOE

Eine Einspeisevergütung ist eine staatlich festgelegte Vergütung für Strom aus erneuerbaren Energien, der in das öffentliche Netz eingespeist wird. Sie garantiert per Gesetz Betreibern (z. B. von PV-Anlagen) über einen längeren Zeitraum – von i. d. R. 20 Jahren – feste Erträge pro Kilowattstunde (kWh).

In Deutschland ist eine Einspeisevergütung ein zentrales Instrument des Erneuerbare-Energien-Gesetzes (EEG), um den Ausbau grüner Energie finanziell attraktiv zu machen (angemessen hohe Rückflüsse zur Kompensation der Investitionsausgabe). Man unterscheidet meist zwei Modelle, die unterschiedlich hoch vergütet werden:

Bei der „**Überschusseinspeisung**“ wird vom Betreiber der Anlage ein Teil der erzeugten Elektrizität selbst genutzt (Eigenverbrauch) und der Rest eingespeist. Hier liegt der Fokus auf Stromkostenreduktion. Für Anlagen, die im Jahr 2026 neu in Betrieb gehen, liegt die Vergütung bei etwa 8 Cent pro kWh.

Im Rahmen einer „**Volleinspeisung**“ wird hingegen der erzeugte Strom vollständig in das öffentliche Netz eingespeist. Dafür erhalten Betreiber in der Regel einen deutlich höheren Vergütungssatz pro kWh. Für kleine Anlagen (bis 10 kWp) liegt sie 2026 bei ca. 12 Cent/kWh.

Seit Ende 2025 gibt es politische Diskussionen und Entwürfe des Bundeswirtschaftsministeriums, die staatliche Förderung für Neuanlagen ab 2027 grundlegend zu reformieren, sodass für bestimmte Anlagentypen Einspeisevergütungen auslaufen könnten. Für bereits bestehende Anlagen gilt jedoch Bestandsschutz über die zwanzigjährige Laufzeit.

Sollten Einspeisevergütungen komplett auslaufen, so mögen die folgenden Ausführungen des vorliegenden Kapitels für den Leser dennoch interessant sein, um zu verstehen,

- wie Einspeisevergütungen funktioniert haben (oder immer noch funktionieren, solange der Bestandsschutz gilt),
- ob das Auslaufen zweckmäßig, also die politische Entscheidung angemessen ist,
- wie Einspeisevergütungen in anderen Ländern funktionieren,
- wie nach Wiedereinführung (etwa nach einem Regierungswechsel) die relevanten Parameter einzustellen sind.

Abbildung 12-16 zeigt eine beispielhafte LCOE-Ermittlung für eine im Jahr 2004 zu einem Preis von 53 000 Euro angebotene Photovoltaikanlage (zu spezifischen Kosten in Höhe von 5 300 Euro pro kW_p), die einen Anfangs-Jahresenergieertrag von 9 000 kWh erwirtschaftet und für die eine Degradation von 1 % angenommen wird.

Z	Perioden-Ende:	0	1	2	...	20
1	Staatl. gewährter Effektivzinssatz	6,0 %				
2	Degradation pro Jahr	1,0 %				
3	Investitionsauszahlung (5 300€/kWp)	53 000 €				
4	Laufende Betriebsausgaben		100 €	103 €	...	175 €
5	Summe	53 000 €	100 €	103 €	...	175 €
6	Barwerte	53 000 €	94 €	92 €	...	55 €
7	Diskontierte Nettokosten (Net Present Costs)	54 456 €				
8	Energieertrag EE [kWh]		9 000	8 910	...	7 436
9	Diskontierter E.-Ertrag [kWh]		8 491	7 930	...	2 318
10	Summe disk. E.-Ertrag [kWh]	95 782				
11	LCOE [€/kWh] (= Z7/Z10)	0,57				

Abbildung 12-16: Ermittlung von Einspeisevergütungssätzen für eine beispielhafte 10 kW_p-PV-Anlage im Jahre 2004 (Preissteigerungsrate OPEX: 3 %)

Der LCOE dieser Anlage beträgt 0,57 €/kWh und liegt deutlich über dem damaligen Strompreis von etwa 18 Cent pro kWh. Aus rein ökonomischer Sicht wäre eine Investition in eine derartige Anlage nicht zweckmäßig. Der Staat (Deutschland) bzw. die amtierende Regierung wollte seinerzeit aber die erneuerbaren Energien ausbauen und musste erkennen, dass mit einer Selbstregulation (noch) nicht zu rechnen war. Die PV-Module waren noch zu teuer und der spezifische Preis für zu verdrängenden Netzstrom zu günstig.

Um Anreize zu erzeugen, war es daher erforderlich, den potenziellen Betreibern die Möglichkeit zu bieten, den erzeugten Strom in das vorhandene Stromnetz einzuspeisen und damit zu verkaufen und dies zu LCOE (bei einem ansprechenden Kalkulationszinssatz), also zu 57 Cent pro kWh für die gesamte Lebensdauer der Anlage von damals geschätzten 20 Jahren.

Bei einer derartigen Einspeisevergütung würden sie im Durchschnitt dann eine Effektivverzinsung von 6 % erzielen (siehe Zeile 1 in Abbildung 12-16), was zu jener Zeit im Vergleich zu anderen quasi risikofreien Anlagealternativen eine notwendige Marge war.

Und genau das wurde staatlicherseits auch in die Wege geleitet, indem das Erneuerbare-Energie-Gesetz geschaffen und mit ihm entsprechende Einspeisevergütungen festgelegt wurden. Die Prüfungsrechnung in Abbildung 12-17 zeigt auf, dass – für das Beispieljahr 2004 – bei 0,57 €/kWh tatsächlich ein Interner Zinsfuß, also eine Effektivverzinsung, von 6 % erreicht wird.

Z	Perioden-Ende:	0	1	2	...	20
1	Degradation pro Jahr	1,0 %				
2	Investitionsauszahlung2004 (5 300€/kWp)	-53 000 €				
3	Laufende Betriebsausgaben		-100 €	-103 €	...	-175 €
4	Energieertrag EE [kWh]		9 000	8 910	...	7 436
5	Staatl. gewährte Einspeisevergütung über 20 Jahre [€/kWh]		0,57	0,57	...	0,57
6	Energieertrag EE [€]		5 117 €	5 066 €	...	4 227 €
7	Saldo der Zahlungen (einschl. Energieerträge)	-53 000 €	5 017 €	4 963 €		4 052 €
8	Interner Zinsfuß (IRR)	6,00 %				

Abbildung 12-17: Überprüfung der Profitabilität der beispielhaften 10 kW_p-PV-Anlage im Jahre 2004

Die Ermittlung einer Einspeisevergütung (EV) folgt somit – wie der LCOE auch – einer Kapitalwertberechnung, bei der ein attraktiver *Zins* i_{EV}, der Effektivzins, den die Anlagenbetreiber im Durchschnitt erhalten sollen, und eine Laufzeit T_{EV} (i. d. R. 20 Jahre) vorgegeben werden. Setzt man eine Kapitalwertgleichung mit den eben genannten Parameterwerten zu null

$$\text{Kapitalwert} = \sum_{t=0}^{T_{EV}} \frac{E_t \cdot \overline{p}_{EV}}{(1+i_{EV})^t} - \sum_{t=0}^{T_{EV}} \frac{Z_t}{(1+i_{EV})^t} \overset{!}{=} 0$$

und stellt sie wie folgt um

$$\text{Kapitalwert} = \overline{p}_{EV} \cdot \sum_{t=0}^{T_{EV}} \frac{E_t}{(1+i_{EV})^t} - \sum_{t=0}^{T_{EV}} \frac{Z_t}{(1+i_{EV})^t} \overset{!}{=} 0$$

$$\sum_{t=0}^{T_{EV}} \frac{Z_t}{(1+i_{EV})^t} = \overline{p}_{EV} \cdot \sum_{t=0}^{T_{EV}} \frac{E_t}{(1+i_{EV})^t}$$

erhält man schließlich als konstante Einspeisevergütung p_{EV}:

$$\overline{p}_{EV} = \frac{\sum_{t=0}^{T_{EV}} \frac{Z_t}{(1+i_{EV})^t}}{\sum_{t=0}^{T_{EV}} \frac{E_t}{(1+i_{EV})^t}}$$

Diese Formel, die der Formel für die LCOE-Ermittlung sehr ähnelt, kann Basis zur Ermittlung von Einspeisevergütungen für unterschiedliche Technologien sein, muss über die Zeit jedoch mehrfach angewandt werden, um die sich verändernden Rahmengegebenheiten zu berücksichtigen (insbesondere die Anschaffungsausgaben für PV). Denn die Festlegung von Einspeisevergütungen bezieht sich auf Technologien, deren Verkaufspreise starken dynamischen Entwicklungen unterliegen. Aufgrund von Lerneffekten ergeben sich über einen längeren Zeitraum Preissenkungen, deren Ende bei Energiebereitstellungsanlagen derzeit noch nicht in Sicht ist. Solche Lerneffekte sind:

- Learning by searching: Verbesserungen durch Forschung & Entwicklung, insbesondere durch Erfindungen
- Learning by doing: Verbesserungen im Produktionsprozess (z. B. durch Reduzierung der Produktionszeiten, Spezialisierungen etc.)
- Learning by using: Verbesserungen ausgelöst durch Rückmeldungen seitens des Anwenders
- Upsizing der Technologien (z. B. Vergrößerung der Rotorblätter einer WEA) und Repowering
- Economies of scale, also Massenproduktion

Da diese Preisverfälle unmittelbaren Einfluss auf den LCOE haben, war und ist es erforderlich, Einspeisevergütungen regelmäßig anzupassen, also abzusenken, andernfalls fände eine Überförderung statt.

Abbildung 12-18 verdeutlicht, dass aufgrund einer beispielhaften Anlagenpreisreduktion einer 10 kW-Peak-Anlage von 53 000 Euro im Jahr 2004 auf durchschnittlich 9 000 Euro im Jahr 2020 für Module, Wechselrichter, Halterungen, Kabel sowie Installation und Inbetriebnahme eine Absenkung der Einspeisevergütung von 0,57 €/kWh auf 0,10 €/kWh notwendig gewesen ist, wollte man die Rendite marktgerecht halten (unter Berücksichtigung einer Absenkung des Kalkulationszinssatzes von seinerzeit 6 % auf später 4 %).

Z	Perioden-Ende:	0	1	2	...	20
1	Staatl. gewährter Effektivzinssatz	4,0 %				
2	Degradation pro Jahr	1,0 %				
3	Investitionsauszahlung$_{2020}$ (900€/kWp)	9 000 €				
4	laufende Betriebsausgaben		130 €	134 €	...	228 €
5	Summe	9 000 €	130 €	134 €	...	228 €
6	Barwerte	9 000 €	125 €	124 €	...	104 €
7	Diskontierte Nettokosten (Net Present Costs)	11 284 €				
8	Energieertrag EE [kWh]		9 000	8 910	...	7 436
9	diskontierter E.-Ertrag [kWh]		8 654	8 238	...	3 393
10	Summe disk. E.-Ertrag [kWh]	112 809				
11	LCOE [€/kWh] (= Z7/Z10)	0,10				

Abbildung 12-18: Ermittlung von Einspeisevergütungssätzen für eine beispielhafte 10 kW$_p$-PV-Anlage im Jahr 2020

Eine derartige Absenkung entspricht den Regulierungen des EEG (siehe Abbildung 12-19). Insofern war die Einspeisevergütung von Anfang an mit einem Degressionsfaktor ausgestattet. Darüber hinaus wurde der sie bestimmende Gesetzestext mehrfach novelliert, um eine Überförderung aufgrund nachlassender Anschaffungsauszahlungen zu verhindern.

Erforderlich war und ist für den Staat als Regulator, die Preisentwicklung von PV-Modulen plus Peripherie für unterschiedliche Jahre abzuschätzen, einen attraktiven Zinssatz sowie eine Förderlaufzeit festzulegen, um so für die verschiedenen Zeitpunkte Einspeisevergütungssätze zu bestimmen.

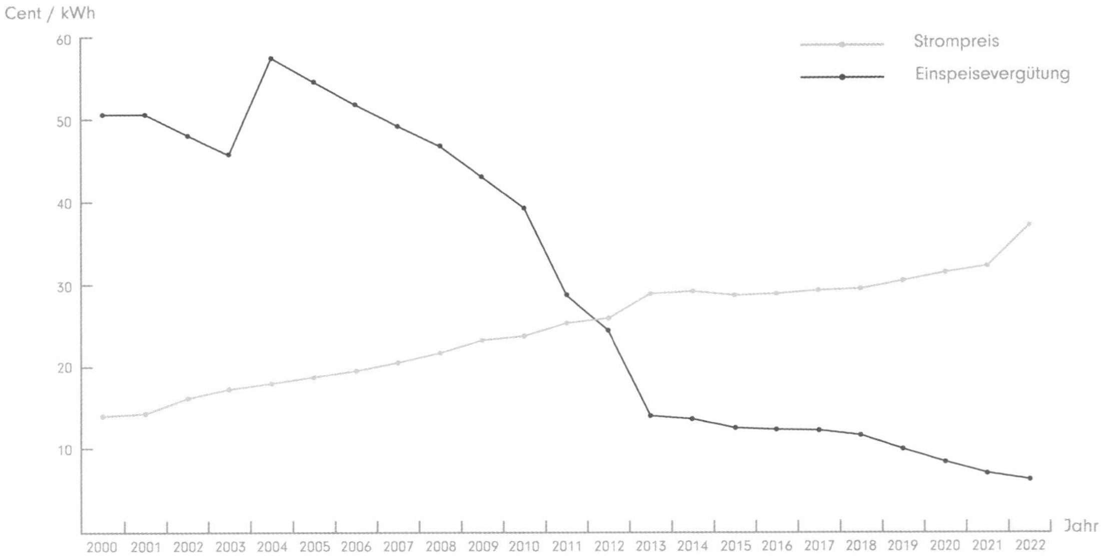

Quelle: eigene Darstellung

Abbildung 12-19: Entwicklung der Einspeisevergütung für Photovoltaikanlagen (10 kW) nach dem EEG [ct/kWh]

Abbildung 12-19 zeigt die Entwicklung der PV-Einspeisevergütung in der Zeit von 2001 bis 2024 sowie die Entwicklung der Strombruttokosten für private Haushalte, die je nach Vertrag und Region unterschiedlich ausfallen. Der Schnittpunkt – hier im Jahr 2012 – verdeutlicht eine Break-even-Situation. Bis zu diesem Jahr waren die Einspeisevergütungen je kWh Strom höher als die spezifischen Stromkosten, sodass PV-Betreiber grundsätzlich ein Interesse hatten, ihren PV-Strom einzuspeisen und eben nicht selbst zu verbrauchen. Ein Stromspeicher (*battery energy storage system*, kurz BESS) war bis zu jenem Zeitpunkt für sie ökonomisch unattraktiv und das Stromverbrauchsverhalten unbedeutend, da der erzeugte Strom üblicherweise eben nicht dem Eigenverbrauch zugeführt, sondern vollständig eingespeist wurde. Diese Zeitspanne wird daher auch „Feed-in-era" genannt.

Ab etwa 2012 kehrte sich die Lage um. Da für Anlagen, die seit diesem Zeitpunkt installiert wurden, die Einspeisevergütung niedriger ist als die üblichen spezifischen Stromkosten, sind Betreiber motiviert, den Eigenverbrauchsanteil (EVA) zu maximieren und möglichst wenig einzuspeisen.

Die Einspeisevergütungen wurden für unterschiedliche erneuerbare Energietechnologien im EEG geregelt. Dieses Gesetz ist das wohl wichtigste Instrument zur Förderung der Stromerzeugung aus Wind- und Sonnenenergie, Wasserkraft, Biomasse und Geothermie in Deutschland. Seit Einführung des Stromeinspeisungsgesetzes 1991, das als Vorläufer des EEG gilt, wuchs der Anteil der erneuerbaren Energien im Stromsektor rapide an.

Das EEG hat nicht nur den Klimaschutz und die Entwicklung der erneuerbaren Energien in Deutschland vorangebracht. Es wurde zum Exportschlager: In 84 Staaten der Welt existieren heute Einspeisevergütungen oder -prämien für Strom aus erneuerbaren Energien.

12.2.3 Beseitigung von Ungenauigkeiten bei der Bestimmung des $LCOE_{klassisch}$ und Weiterentwicklung zu einem $LCOE_{korr}$

Reicht der Vergleich zwischen aktuellen, zu substituierenden Energiekosten und dem CCE bzw. LCOE einer bestimmten Energiemaßnahme aus, um die Netzparität[125], d. h. die Vorteilhaftigkeit, einer derartigen Investition festzustellen? Oder gibt es Restriktionen, die zu berücksichtigen sind? Diese Fragen sollen nun genauer beleuchtet werden.

125 Vgl. zur Netzparität etwa Bost et al. 2011.

Zunächst erarbeiten wir dafür eine Break-even-Gleichung (Barwerte Auszahlungen = Barwerte Rückflüsse), lösen sie sodann nach der oben hergeleiteten LCOE-Formel auf und hinterfragen beide Seiten der Gleichung.

Die Netzparität zeigt an, dass sich eine Maßnahme allein trägt. Inwieweit sie bereits erreicht ist, wird maßgeblich von der Höhe der Investitionsauszahlungen bestimmt (also im Wesentlichen vom Anschaffungspreis einer bestimmten Energieeffizienz- oder -bereitstellungstechnologie) und vom spezifischen Preis konventioneller Energiebereitstellung (also z. B. 0,18 €/kWh für elektrischen Strom), die dann reduziert oder verdrängt wird. Sinken beispielsweise die Anschaffungsausgaben aufgrund bestimmter Lerneffekte, rückt eine bisher noch nicht erreichte Netzparität näher. Gleiches gilt für steigende Preise konventioneller, zu verdrängender Energieträger.

In der Sprache der Investitionsrechnung liegt Netzparität vor, sobald sämtliche Zahlungen einschließlich der Zahlungseinsparungen einen positiven Kapitalwert ergeben. Ergibt sich ein Kapitalwert von null, liegt ein Break-even-Punkt vor und die Netzparität ist exakt erreicht:

$$\text{Kapitalwert} = \sum_{t=0}^{T} \frac{Z_{\text{KE},t} - E_t \cdot p_t}{(1+i)^t} \stackrel{!}{=} 0$$

Mit

$Z_{\text{KE},t}$ direkter Zahlungsstrom aus dem Kapitaleinsatz in Periode t [€]

i Kalkulationszinsfuß

p_t spezifischer Preis für verkaufte oder eingesparte Energie [€/kWh] in Periode t

p konstanter spezifischer Preis für verkaufte oder eingesparte Energie [€/kWh]

E_t Energiebereitstellung oder -einsparung pro Periode t [kWh]

Die eben angeführte Break-even-Gleichung wird umgeformt zu

$$\sum_{t=0}^{T} \frac{Z_{\text{KE},t}}{(1+i)^t} \stackrel{!}{=} \sum_{t=0}^{T} \frac{E_t \cdot p_t}{(1+i)^t}$$

Auf der rechten Seite der Gleichung kann der spezifische Preis für verkaufte oder eingesparte Energie wie folgt vor das Summenzeichen gesetzt werden:

$$\sum_{t=0}^{T} \frac{Z_{\text{KE},t}}{(1+i)^t} \stackrel{!}{=} p \cdot \sum_{t=0}^{T} \frac{E_t}{(1+i)^t}$$

Dies geht aber nur, wenn der spezifische Preis über den gesamten Planungshorizont konstant ist. Nur dann fällt der Index „t“ weg. Die Auflösung nach dem jeweils relevanten spezifischen Energiepreis ergibt dann

$$\frac{\sum_{t=0}^{T} \frac{Z_{\text{KE},t}}{(1+i)^t}}{\sum_{t=0}^{T} \frac{E_t}{(1+i)^t}} \stackrel{!}{=} p$$

Die linke Seite dieser Grenzwertgleichung wird hier LCOE (oder CCE) genannt und drückt aus, dass ein Break-even exakt vorliegt, wenn der LCOE dem spezifischen Preis der verdrängten Energie entspricht. Dieses Ergebnis entspricht der weiter oben bereits vorgestellten $\text{LCOE}_{\text{klassisch}}$-Formel.

Da grundsätzlich dabei davon ausgegangen wird, dass über die Zeit der LCOE einer Technologie weiter sinkt und der Preis der verdrängten Energie steigt, wird der Beginn der Netzparität festgestellt, wenn

$$\text{LCOE} = p$$

gegeben ist.

Netzparität wird also erreicht, sofern der spezifische Preis konventioneller (verdrängter) Energie [€/kWh] gleich oder höher ist als der LCOE (oder CCE), allerdings nur (**und das ist von wesentlicher Bedeutung!**), wenn der Preis über den gesamten Planungshorizont konstant ist. Nur dann ist es zulässig, in der soeben gezeigten Formelentwicklung den spezifischen Preis p_t vor das Summenzeichen $\sum$ zu setzen, sodass dann der Index t wegfallen kann. Dies ist eine bedeutende Restriktion zur Anwendung der Formel.

In der realen Praxis wird diese Restriktion jedoch nicht erfüllt, denn der spezifische Preis konventioneller (verdrängter) Energie **ist nicht konstant**. Dies bedeutet, dass LCOE und CCE, so wie wir sie bisher berechnet und daher $LCOE_{klassisch}$ bzw. der $CCE_{klassisch}$ genannt haben, **nicht** zur Feststellung taugen, ob Netzparität vorliegt (obwohl dies häufig angenommen wird).

Die folgenden Abbildungen verdeutlichen die Zusammenhänge. Im Beispiel einer Investitionsausgabe in Höhe von 100 000 Euro haben wir einen $LCOE_{klassisch}$ in Höhe von 0,17 €/kWh ermittelt, siehe Abbildung 12-13. Insofern können wir – nach der üblichen Annahme, dass die LCOE die Netzparität bestimmen – davon ausgehen, dass sich eine derartige Anlageninvestition lohnt, wenn der verdrängte Energiepreis 0,17 €/kWh überschreitet.

Nehmen wir nun an, dass der Preis für die verdrängte Energie bei exakt 0,17 €/kWh liegt und zudem zeitlich konstant ist, sich also in den nächsten fünf Jahren nicht verändert, dann würde eine Investitionsrechnung – mit gleichen Parametern wie bei der Ermittlung des LCOE – bei einem Kalkulationszins von 4 % zu einem Kapitalwert in Höhe von null führen.

Z	Perioden-Ende:	0	1	2	3	4	5
1	Spez. Energiekosten [€/kWh]	0,17	0,17	0,17	0,17	0,17	0,17
2	Investitionsauszahlung	-100 000 €					
3	Laufende Betriebsausgaben		-3 000 €	-3 000 €	-3 000 €	-3 000 €	-3 000 €
4	Summe Z2 + Z3	-100 000 €	-3 000 €	-3 000 €	-3 000 €	-3 000 €	-3 000 €
5	Stromertrag [kWh]		150 000	150 000	150 000	150 000	150 000
6	Stromertrag [€]		25 463 €	25 463 €	25 463 €	25 463 €	25 463 €
7	Saldo (Z4+Z6)	-100 000 €	22 463 €	22 463 €	22 463 €	22 463 €	22 463 €
8	Barwerte (von Z7)	-100 000 €	21 599 €	20 768 €	19 969 €	19 201 €	18 463 €
9	Kapitalwert	0 €					

Abbildung 12-20: Kapitalwertberechnung für eine beispielhafte Investitionsausgabe in Höhe von 100 000 Euro (Kalk.-Zins = 4 %), wenn die Energiekosten 0,17 €/kWh betragen und konstant bleiben

Mit anderen Worten würde tatsächlich Netzparität erreicht – allerdings nur unter der Annahme, dass sich die Kosten für den verdrängten Energieverbrauch nicht verändern.

Läge der spezifische Preis für die potenziell zu verdrängende Energie im Vergleich dazu bei konstant 0,15 €/kWh (siehe Abbildung 12-21), würde sich ein negativer Kapitalwert ergeben. Eine derartige Investition wäre wirtschaftlich nicht vorteilhaft, denn die Netzparität ist nicht erreicht.

Z	Perioden-Ende:	0	1	2	3	4	5
1	Spez. Energiekosten [€/kWh]	0,15	0,15	0,15	0,15	0,15	0,15
2	Investitionsauszahlung	-100 000 €					
3	Laufende Betriebsausgaben		-3 000 €	-3 000 €	-3 000 €	-3 000 €	-3 000 €
4	Summe Z2 + Z3	-100 000 €	-3 000 €	-3 000 €	-3 000 €	-3 000 €	-3 000 €
5	Stromertrag [kWh]		150 000	150 000	150 000	150 000	150 000
6	Stromertrag [€]		22 500 €	22 500 €	22 500 €	22 500 €	22 500 €
7	Saldo (Z4+Z6)	-100 000 €	19 500 €	19 500 €	19 500 €	19 500 €	19 500 €
8	Barwerte (von Z7)	-100 000 €	18 750 €	18 029 €	17 335 €	16 669 €	16 028 €
9	Kapitalwert	-13 189 €					

Abbildung 12-21: Kapitalwertberechnung für eine beispielhafte Investitionsausgabe in Höhe von 100 000 Euro (Kalk.-Zins = 4 %), wenn die Energiekosten 0,15 €/kWh betragen und konstant bleiben

Wie verhält es sich aber, wenn die spezifischen Kosten für die zu verdrängende Energie beginnend bei 0,15 €/kWh kontinuierlich anstiegen? Wäre dann vielleicht ein positiver Kapitalwert zu erzielen, auch wenn auf den ersten Blick die Netzparität noch nicht erreicht ist, also der derzeitige spezifische Preis bei 0,15 €/kWh und damit unterhalb des bisher ermittelten LCOE von 0,17 €/kWh läge? Machen wir die Probe und unterstellen, der Energiepreis würde jährlich um 7 % und die laufenden Betriebsausgaben um 2 % zunehmen (siehe Abbildung 12-22).

Z	Perioden-Ende:	0	1	2	3	4	5
1	Spez. Energiekosten [€/kWh] (7% Steigerung/a)	0,15	0,16	0,17	0,18	0,20	0,21
2	Investitionsauszahlung	-100 000 €					
3	Laufende Betriebsausgaben (2% Steigerung pro Jahr)		-3 000 €	-3 060 €	-3 121 €	-3 184 €	-3 247 €
4	Summe Z2 + Z3	-100 000 €	-3 000 €	-3 060 €	-3 121 €	-3 184 €	-3 247 €
5	Stromertrag [kWh]		150 000	150 000	150 000	150 000	150 000
6	Stromertrag [€]		24 075 €	25 760 €	27 563 €	29 493 €	31 557 €
7	Saldo (Z4+Z6)	-100 000 €	21 075 €	22 700 €	24 442 €	26 309 €	28 310 €
8	Barwerte (von Z7)	-100 000 €	20 264 €	20 988 €	21 729 €	22 489 €	23 269 €
9	Kapitalwert	8 739 €					

Abbildung 12-22: Kapitalwertberechnung für eine beispielhafte Investitionsausgabe in Höhe von 100 000 Euro (Kalk.-Zins = 4 %), wenn die Energiekosten 0,15 €/kWh betragen und die spezifischen Energiekosten und laufenden Betriebsausgaben ansteigen

Das Beispielergebnis zeigt, dass wir trotz eines anfänglich unterhalb der LCOE liegenden Energie-Basispreises (= gegenwärtiger spezifischer Energiepreis) einen positiven Kapitalwert erwirtschaften können. Und das widerspricht der bisherigen Definition der Netzparität!

Das Erreichen der Netzparität lässt sich somit nicht (!!) durch Gegenüberstellung des (konventionellen) LCOE (= $LCOE_{klassisch}$) mit dem einschlägigen aktuellen Preis des konventionellen (zu verdrängenden) Energieträgers feststellen. Insofern wäre es auch fehlerhaft, zu glauben, dass grundsätzlich immer eine Förderung von Erneuerbare-Energie-Technologien notwendig ist, solange der jeweilige LCOE oberhalb der aktuellen Preise der konventionellen Energie liegt. Der konventionelle LCOE ist dazu nicht geeignet. Es muss daher zur Bestimmung der Netzparität ein alternativer Vergleichsmaßstab gefunden werden, ein **LCOE, der um Energiepreissteigerungen adjustiert ist.**[126]

126 Vgl. Nissen/Harfst 2019.

Zunächst betrachten wir dafür – wie bei der bisherigen Herleitung des LCOE – eine Break-even-Situation. Sie liegt vor, wenn die Kapitalwertermittlung einer Energiemaßnahme ein Nullergebnis hervorbringt:

$$\text{Kapitalwert} = \sum_{t=0}^{T} \frac{Z_{\text{KE},t} - E_t \cdot p_t}{(1+i)^t} \stackrel{!}{=} 0$$

Kommt ein Kapitalwert von exakt 0 zustande, dann entsprechen die diskontierten Zahlungsströme für die Anschaffung und Aufrechterhaltung – linke Seite der folgenden Gleichung – den in Euro bewerteten diskontierten Erträgen – Einspeisevergütung oder Energiekosteneinsparung – der Maßnahme (rechte Seite der Gleichung):

$$\sum_{t=0}^{T} \frac{Z_{\text{KE},t}}{(1+i)^t} \stackrel{!}{=} \sum_{t=0}^{T} \frac{E_t \cdot p_t}{(1+i)^t}$$

Mit

$Z_{\text{KE},t}$ Zahlungsstrom in Periode t (Payment) [€]

i Kalkulationszinsfuß

p_t spezifischer Preis für verkaufte oder eingesparte Energie [€/kWh] in Periode t

p konstanter spezifischer Preis für verkaufte oder eingesparte Energie [€/kWh]

E_t Energiebereitstellung oder -einsparung pro Periode t [kWh]

Führen wir nun zusätzlich eine Energiepreisänderungsrate Δp ein, dann lässt sich mit

$$p_t = p_0 \cdot (1 + \Delta p)^t$$

der Break-even wie folgt darstellen:

$$\sum_{t=0}^{T} \frac{Z_{\text{KE},t}}{(1+i)^t} \stackrel{!}{=} \sum_{t=0}^{T} \frac{E_t \cdot p_0 \cdot (1+\Delta p)^t}{(1+i)^t}$$

Diese Gleichung lösen wir nun nach dem Basis-Energiepreis p_0 auf und erhalten auf der rechten Seite einen Quotienten, der dem bisher bekannten LCOE sehr ähnelt, allerdings um eine Preisänderungsrate erweitert ist:

$$\sum_{t=0}^{T} \frac{Z_{\text{KE},t}}{(1+i)^t} \stackrel{!}{=} p_0 \cdot \sum_{t=0}^{T} \frac{E_t \cdot (1+\Delta p)^t}{(1+i)^t}$$

$$p_0 \stackrel{!}{=} \frac{\sum_{t=0}^{T} \frac{Z_{\text{KE},t}}{(1+i)^t}}{\sum_{t=0}^{T} \frac{E_t \cdot (1+\Delta p)^t}{(1+i)^t}}$$

Der Break-even ist erreicht, wenn der aktuelle spezifische Preis des verdrängten Energieträgers der rechten Seite der Gleichung entspricht:

$$p_0 = \text{LCOE}_{\text{korr}}$$

Diese rechte Seite wollen wir $\text{LCOE}_{\text{korr}}$ nennen:

$$\text{LCOE}_{\text{korr}} = \frac{\sum_{t=0}^{T} \frac{Z_{\text{KE},t}}{(1+i)^t}}{\sum_{t=0}^{T} \frac{E_t \cdot (1+\Delta p)^t}{(1+i)^t}}$$

Wenden wir nun diese adjustierte „ $\text{LCOE}_{\text{korr}}$ “-Formel auf unser Praxisbeispiel an (Abbildung 12-23).

Z	Perioden-Ende:	0	1	2	3	4	5
1	Basis-Energiepreis [€/kWh]	0,15					
2	KalkZins	4 %					
3	Preisänderungsrate nicht Strom	3 %					
4	Strom-Preisänderungsrate Δp	7 %					
5	Degradation (d)	1 %					
6	Investitionsauszahlung	-100 000 €					
7	Laufende Betriebskosten		-3 000 €	-3 090 €	-3 183 €	-3 278 €	-3 377 €
8	Summe P_t	-100 000 €	-3 000 €	-3 090 €	-3 183 €	-3 278 €	-3 377 €
9	Barwerte der Invest-Zahlungen	-100 000 €	-2 885 €	-2 857 €	-2 829 €	-2 802 €	-2 775 €
10	Diskontierte Nettokosten (Net Present Costs)	-114 148 €					
11	Stromertrag E_t [kWh]		150 000	148 500	147 015	145 545	144 089
12	Energiekostenfaktor $(1+epr)^t$		1,07	1,14	1,23	1,31	1,40
13	Diskontierungsfaktor q^t		1,04	1,08	1,12	1,17	1,22
14	Adjustierer Energieertrag		154 327	157 191	160 108	163 079	166 106
15	Summe diskontierter Energie-Ertrag [kWh]	800 811					
16	$LCOE_{korr}$	0,14					
17	Kernaussage: Z1 > Z16, daher Maßnahme vorteilhaft						

Abbildung 12-23: Kapitalwertberechnung für eine beispielhafte Investitionsausgabe in Höhe von 100 000 Euro unter Anwendung des $LCOE_{korr}$ zur Prüfung, inwieweit Netzparität vorliegt

Im Vergleich zur konventionellen Vorgehensweise, bei der wir für das Praxisbeispiel einen LCOE in Höhe von 0,17 €/kWh ermittelten, errechnen wir $LCOE_{korr}$ in Höhe von 0,14 €/kWh. Da dieser Wert unterhalb des Basis-Energiepreises von 0,15 €/kWh liegt, können wir feststellen, dass Netzparität bereits erreicht worden ist, was bei konventioneller Berechnung hätte verneint werden müssen.

Fazit

Der auf übliche Weise errechnete $LCOE_{klassisch}$ ist nicht geeignet, das Erreichen der Netzparität durch Vergleich mit aktuellen spezifischen Energiepreisen zu prüfen, da er hierzu nur in der Lage wäre, wenn sich die spezifischen Energiepreise über den betrachteten Planungshorizont nicht verändern würden. Er kann damit auch nicht aufzeigen, ob eine angedachte Energiemaßnahme wirtschaftlich sein wird, d. h. ein positiver Kapitalwert erwartet werden kann.[127] Insofern war es notwendig, die Berechnungsmethodik für den LCOE als Indikator zur Klärung der Netzparität zu modifizieren. Ergebnis dieser Modifizierung ist die $LLCOE_{korr}$-Formel. Sie berücksichtigt die Preissteigerungsrate für Energie: Je höher die Energiepreissteigerungsrate ausfällt, desto niedriger ist $LCOE_{korr}$, desto eher wird die Netzparität erreicht und – sollte sie erreicht sein – desto profitabler oder wertschaffender ist die Energiemaßnahme.

12.2.4 Besonderheiten der Ermittlung der LCOE bei Maßnahmen, die relevante Energiekosten verursachen

Bei der Ermittlung von LCOE ist es erforderlich, zwischen Betrachtungsobjekten zu unterscheiden, die im Betrieb über die Anlagensteuerung hinaus Energiekosten verursachen (z. B. Wärmepumpe, Gastherme oder Blockheizkraftwerk) und anderen, bei denen das nicht der Fall ist (z. B. PV-Anlage oder WEA). Bei der Kalkulation von CCE für Maßnahmen zur Verbesserung der Energieeffizienz ist diese Differenzierung dagegen nicht erforderlich.

127 Vgl. zur Kritik am Konzept des LCOE auch OECD 2010, S. 163 ff.

Werden beim Betrieb einer energieorientierten Maßnahme Energiekosten verursacht, muss die $\text{LCOE}_{\text{korr}}$-Formel dieser Sachlage Rechnung tragen. Zur Verdeutlichung werden die LCOE einer Gastherme, die dann auch als Wärmegestehungskosten bezeichnet werden, hergeleitet. Gesucht wird erneut der Break-even einer entsprechenden Anlage durch Setzen des Kapitalwertes zu null:

$$\text{Kapitalwert}_{\text{Energieanlage}} = \sum_{t=0}^{T} \frac{E_{\text{Wärme},t} \cdot p_{W,t}}{(1+i)^t} - \sum_{t=0}^{T} \frac{E_{\text{Gas},t} \cdot p_{\text{Gas},t}}{(1+i)^t} - \sum_{t=0}^{T} \frac{Z_{\text{KE},t}}{(1+i)^t} \stackrel{!}{=} 0$$

Hier werden die verursachten Energiekosten sichtbar berücksichtigt. Durch Ausgliederung von Preisänderungsgraten ergibt sich:

$$\text{Kapitalwert}_{\text{Energieanlage}} = \sum_{t=0}^{T} \frac{E_{\text{Wärme},t} \cdot p_{W,0} \cdot (1+\Delta p)^t}{(1+i)^t} - \sum_{t=0}^{T} \frac{E_{\text{Gas},t} \cdot p_{\text{Gas},0} \cdot (1+\Delta p)^t}{(1+i)^t} - \sum_{t=0}^{T} \frac{Z_{\text{KE},t}}{(1+i)^t} \stackrel{!}{=} 0$$

und

$$\text{Kapitalwert}_{\text{Energieanlage}} = p_{W,0} \cdot \sum_{t=0}^{T} \frac{E_{\text{Wärme},t} \cdot (1+\Delta p)^t}{(1+i)^t} - \sum_{t=0}^{T} \frac{E_{\text{Gas},t} \cdot p_{\text{Gas},0} \cdot (1+\Delta p)^t}{(1+i)^t} - \sum_{t=0}^{T} \frac{Z_{\text{KE},t}}{(1+i)^t} \stackrel{!}{=} 0$$

Nun kann nach den Wärmegestehungskosten $p_{W,0}$ aufgelöst werden und man erhält (für eine Gastherme):

$$p_{W,0} = \text{LCOE}_{\text{korr}} = \frac{\sum_{t=0}^{T} \frac{E_{\text{Gas},t} \cdot p_{\text{Gas},0} \cdot (1+\Delta p)^t}{(1+i)^t} + \sum_{t=0}^{T} \frac{Z_{\text{KE},t}}{(1+i)^t}}{\sum_{t=0}^{T} \frac{E_{\text{Wärme},t} \cdot (1+\Delta p)^t}{(1+i)^t}}$$

bzw. für Wärmepumpen:

$$p_{W,0} = \text{LCOE}_{\text{korr}} = \frac{\sum_{t=0}^{T} \frac{E_{\text{Strom},t} \cdot p_{\text{Strom},0} \cdot (1+\Delta p)^t}{(1+i)^t} + \sum_{t=0}^{T} \frac{Z_{\text{KE},t}}{(1+i)^t}}{\sum_{t=0}^{T} \frac{E_{\text{Wärme},t} \cdot (1+\Delta p)^t}{(1+i)^t}}$$

Eine solche Vorgehensweise zur Ermittlung der Wärmegestehungskosten hat verschiedene Einsatzzwecke. Soll beispielsweise eine solitäre Kapitalwertberechnung einer Wärmepumpe durchgeführt werden, muss man sich zur Ermittlung des Rückflusses fragen, welchen spezifischen Wert die Wärme hat, die die Wärmepumpe erzeugen soll. Dieser Wert wären die Kosten der Wärmegestehung durch eine alternative Anlage, also die Wärmegestehungskosten. Weitere Anwendungsfälle umfassen Blockheizkraftwerke und andere Wärme- und Stromkraftwerke. Die folgende Abbildung 12-24 zeigt einen Ausschnitt einer derartigen beispielhaften Berechnung.

Parameter								
Kalkulationszins i	6 %							
Jahrespreisänderung Erdgas bzw. Wärme Δp	4 %							
Jahrespreisänderung Sonstiges	3 %							
Wärmebedarf	15 000 kWh							
Nutzungsgrad Gastherme	90 %							
Jahresendenergieverbrauch Erdgas	16 667 kWh							
Wartungskosten aktuell (t = 0)	300 €							
Periode	0	1	2	3	…	18	19	20
Preis Erdgas $p_{Gas,t}$ [€/kWh]	0,12 €/kWh	0,12 €/kWh	0,13 €/kWh	0,13 €/kWh	…	0,24 €/kWh	0,25 €/kWh	0,26 €/kWh
Zahlungswirksame Kapitalkosten Z_t								
Investitionsauszahlung	-10 000 €							
Wartungskosten		-309 €	-318 €	-328 €	…	-511 €	-526 €	-542 €
Zwischensummen der zahlungswirksamen Kapitalkosten	-10 000 €	-309 €	-318 €	-328 €	…	-511 €	-526 €	-542 €
Barwerte der zahlungswirksame Kapitalkosten	-10 000 €	-292 €	-283 €	-275 €	…	-179 €	-174 €	-169 €
Σ Barwerte = Teil-KW nur zahlungswirksame Kapitalkosten	-14 500 €							
Jahresgasverbrauch [kWh] $E_{G,t}$		16 667 kWh	16 667 kWh	16 667 kWh	…	16 667 kWh	16 667 kWh	16 667 kWh
Jahreswärmemenge [kWh] $E_{W,t}$		15 000 kWh	15 000 kWh	15 000 kWh	…	15 000 kWh	15 000 kWh	15 000 kWh
Barwerte der Jahresgaskosten		-1 962 €	-1 925 €	-1 889 €	…	-1 419 €	-1 393 €	-1 366 €
Teil-KW der Gaskosten	-32 947 €							
Adjustierte und diskontierte Jahreswärmemengen [kWh]		14 717 kWh	14 439 kWh	14 167 kWh	…	10 646 kWh	10 445 kWh	10 248 kWh
Σ der adjustierten und diskontierten Jahreswärmemengen [kWh]	247 102 kWh							
Wärmegestehungskosten $p_{W,0}$ [€/kWh]	0,19 €/kWh							

Abbildung 12-24: Beispielhafte Berechnung von Wärmegestehungskosten

Abbildung 12-25 und Abbildung 12-26 zeigen Kalkulationen der $LCOE_{korr}$ einer Wärmepumpe und einer Gastherme, die nach einer energetischen Sanierung eines Gebäudes zur Wahl stehen.

$$p_{W,0} = \mathrm{LCOE}_{\mathrm{korr}} = \frac{\sum_{t=0}^{T} \frac{E_{\mathrm{Strom},t} \cdot p_{\mathrm{Strom},0} \cdot (1+\Delta p)^t}{(1+i)^t} + \sum_{t=0}^{T} \frac{Z_{\mathrm{KE},t}}{(1+i)^t}}{\sum_{t=0}^{T} \frac{E_{\mathrm{Wärme},t} \cdot (1+\Delta p)^t}{(1+i)^t}}$$

Kalkulationszins i	5 %							
Zu deckender Nutzenergiebedarf	20 000 kWh							
Jahresarbeitszahl JAZ (entspricht etwa dem Nutzungsgrad)	4							
Endenergieverbrauch Strom	5 000 kWh							
Jahresstrompreissteigerungsrate Δp_{Strom}	3 %							
Jahrespreissteigerungsrate Sonstiges	2 %							
Degradationsrate	0 %							
Periodenende	0	1	2	3	…	18	19	20
Endenergieverbrauch Strom		5 000 kWh	5 000 kWh	5 000 kWh	…	5 000 kWh	5 000 kWh	5 000 kWh
Spezifische Stromkosten	0,35 €/kWh	0,36 €/kWh	0,37 €/kWh	0,38 €/kWh	…	0,6 €/kWh	0,61 €/kWh	0,63 €/kWh
Anschaffungsauszahlung für Wärmepumpe etc. inkl. Installation	-15 000 €							
Warmwasserspeicher inkl. Installation	-2 000 €							
Fussbodenheizung inkl. Installation	-8 000 €							
Kosten für Wartung und Reparatur		-122 €	-125 €	-127 €	…	-171 €	-175 €	-178 €
Jahresstromkosten		-1 803 €	-1 857 €	-1 912 €	…	-2 979 €	-3 069 €	-3 161 €
Zwischensumme der Zahlungen Z_t	-25 000 €	-1 925 €	-1 981 €	-2 040 €	…	-3 151 €	-3 243 €	-3 339 €
Barwerte des Kapitaleinsatzes KE	-25 000 €	-1 833 €	-1 797 €	-1 762 €	…	-1 309 €	-1 284 €	-1 258 €
Summe des diskontierten Kapitaleinsatzes ($\mathrm{Kapitalwert}_{KE}$, Zähler in der LCOE-Formel)	-55 572 €							
Erzeugte Nutzenergiemenge Q_t		20 000 kWh	20 000 kWh	20 000 kWh	…	20 000 kWh	20 000 kWh	20 000 kWh
Energiepreisänderungsfaktor $(1+\Delta P_{Strom})^t$		1,03	1,03	1,03	…	1,03	1,03	1,03
Diskontierungsfaktor (1+i)t		1,05	1,10	1,16	…	2,41	2,53	2,65
Diskontierte Jahresennutzergiegerzeugung je Periode		19 619 kWh	18 685 kWh	17 795 kWh	…	8 560 kWh	8 152 kWh	7 764 kWh
Diskontierte Gesamtenergieerzeugung ($\mathrm{Kapitalwert}_{Energie}$, Nenner in der LCOE-Formel)	256 722 kWh							
$\mathrm{LCOE}_{korr.}$	0,22 €/kWh							

Abbildung 12-25: LCOE-Kalkulation einer Wärmepumpe

$$p_{W,0} = \mathrm{LCOE}_{\mathrm{korr}} = \frac{\sum_{t=0}^{T} \frac{E_{\mathrm{Gas},t} \cdot p_{\mathrm{Gas},0} \cdot (1+\Delta p)^t}{(1+i)^t} + \sum_{t=0}^{T} \frac{Z_{\mathrm{KE},t}}{(1+i)^t}}{\sum_{t=0}^{T} \frac{E_{\mathrm{Wärme},t} \cdot (1+\Delta p)^t}{(1+i)^t}}$$

Kalkulationszins i	5 %							
Zu deckender Nutzenergiebedarf	20 000 kWh							
Nutzungsgrad	98 %							
Endenergieverbrauch Gas	20 408 kWh							
Jahresgaspreissteigerungsrate Δp_{Gas}	5 %							
Jahrespreissteigerungsrate Sonstiges	2 %							
Degradationsrate	0 %							
Periodenende	0	1	2	3	...	18	19	20
Endenergieverbrauch Gas		20 408 kWh	20 408 kWh	20 408 kWh	...	20 408 kWh	20 408 kWh	20 408 kWh
Spezifische Gaskosten	0,12 €/kWh	0,13 €/kWh	0,13 €/kWh	0,14 €/kWh	...	0,29 €/kWh	0,3 €/kWh	0,32 €/kWh
Anschaffungsauszahlung für Wärmepumpe etc. inkl. Installation	-10 000 €							
Warmwasserspeicher inkl. Installation	-2 000 €							
Heizkörperinfrastruktur mit Radiatoren inkl. Installation	-4 000 €							
Kosten für Wartung und Reparatur		-200 €	-200 €	-200 €	...	-200 €	-200 €	-200 €
Jahresgaskosten		-2 571 €	-2 700 €	-2 835 €	...	-5 894 €	-6 188 €	-6 498 €
Zwischensumme der Zahlungen Z_t	-16 000 €	-2 771 €	-2 900 €	-3 035 €	...	-6 094 €	-6 388 €	-6 698 €
Barwerte des Kapitaleinsatzes KE	-16 000 €	-2 639 €	-2 630 €	-2 622 €	...	-2 532 €	-2 528 €	-2 524 €
Summe des diskontierten Kapitaleinsatzes (Kapitalwert$_{KE}$, Zähler in der LCOE-Formel)	-67 472 €							
Erzeugte Nutzenergiemenge Q_t		20 000 kWh	20 000 kWh	20 000 kWh	...	20 000 kWh	20 000 kWh	20 000 kWh
Energiepreisänderungsfaktor $(1+\Delta P_{Strom})^t$		1,05	1,05	1,05	...	1,05	1,05	1,05
Diskontierungsfaktor (1+i)t		1,05	1,10	1,16	...	2,41	2,53	2,65
Diskontierte Jahresennutzergiegerzeugung je Periode		20 000 kWh	19 048 kWh	18 141 kWh	...	8 726 kWh	8 310 kWh	7 915 kWh
Diskontierte Gesamtenergieerzeugung (Kapitalwert$_{Energie}$, Nenner in der LCOE-Formel)	261 706 kWh							
LCOE	0,26 €/kWh							

Abbildung 12-26: LCOE-Kalkulation einer Gastherme

Im beispielhaften Vergleich weist die Wärmepumpe niedrigere LCOE auf. Insofern ist sie die wirtschaftlich vorteilhafte Alternative und daher der Gastherme vorzuziehen.

12.2.5 Einschränkung der Aussagekraft von LCOE und CCE für politische Regelungsvorhaben aufgrund systemimmanenter Probleme bei der Verallgemeinerung von Parameterwerten

Energiegestehungskosten und Einspargestehungskosten sind in den letzten Jahren in großem Umfang für unterschiedliche Einsatzzwecke berechnet und veröffentlicht worden. Im Rahmen derartiger Veröffentlichungen mussten durch die Studienersteller zwangsläufig Planungshorizonte (also die Anzahl der zu berücksichtigenden Perioden) und Diskontierungszinssätze festgelegt werden, da bei der Ermittlung dieser Kennwerte sowohl die Zahlungsströme als auch die generierten oder eingesparten Energieflüsse über einen zuvor definierten Zeitraum auf den Anfangszeitpunkt einer (potenziellen) Investition abzuzinsen sind. Beide Parameter sind jedoch subjektive und nicht objektivierbare Einstellgrößen, da sich

- **Diskontierungszinssätze** an Alternativanlagen und geschätzten Risiken (hinsichtlich der EK-Renditeforderung) und individuell gewährten Fremdkapitalzinsen aus der Sicht des individuellen Betrachters ausrichten.

- **Planungshorizonte** z. T. zwar auch an voraussichtlichen Lebensdauern von Anlagen orientieren (hier wäre eine Objektivierbarkeit gegeben), häufig jedoch auf der Basis geschätzter individueller Nutzungsdauern jeweiliger Maßnahmen festgelegt werden. (Eine typische Frage wäre: Über welchen Zeitraum wird die Energiesparmaßnahme oder Energiebereitstellungsanlage in unserem Unternehmen voraussichtlich Energieeinsparerträge erwirtschaften?).

Dies bedeutet grundsätzlich, dass veröffentlichte Studien über LCOE, die sich einerseits an die Allgemeinheit richten, andererseits aber Ergebnisse hervorbringen und präsentieren, die subjektiven Charakter haben, ein systemimmanentes Problem aufweisen.

Hieraus jedoch den Schluss zu ziehen, derartige Untersuchungen seien insofern ungeeignet, allgemeingültige Erkenntnisse abzuleiten oder gar Entscheidungen (etwa auf politischer Ebene) vorzubereiten, und sollten daher unterbleiben, ist jedoch wenig hilfreich. Als Lösung für diese Problematik sollte gefordert werden, dass bei publizierten LCOE-Berechnungen grundsätzlich

- Sensitivitätsanalysen, die auch die Variation der verwandten Diskontierungszinssätze und Planungshorizonte umfassen, Bestandteil der Studien zu sein haben,
- Erläuterungen die Wahl der Diskontierungszinssätze veranschaulichen und
- eine umfassende Interpretation der Untersuchungsergebnisse erfolgt.

Damit werden Betrachter in die Lage versetzt, die Ergebnisse auf individuelle Unternehmensgegebenheiten, insbesondere Diskontierungszinssätze und voraussichtliche Nutzungsdauern, zu beziehen.

12.2.6 Nutzung des LCOE/CCE-Ansatzes für die Erarbeitung von Einspargestehungskostenkurven zur Festlegung von Prioritäten von Energieeffizienzmaßnahmen

Um den Gesamteffekt von Maßnahmenpaketen zu verdeutlichen und eine Reihenfolgebildung zu forcieren, können unternehmensspezifische Einspargestehungskostenkurven eingesetzt werden. Zu ihrer Herleitung sind zunächst die CCE für alle in einem Unternehmen infrage kommenden Effizienz- und ggf. auch Regenerativmaßnahmen zu ermitteln und dann in einem Koordinatensystem mit Bezug zum jeweils erwarteten Einspareffekt darzustellen. Damit ist man in der Lage, einen Vergleich zwischen den jeweiligen CCE mit den aktuellen spezifischen Energiepreisen bzw. -kosten durchzuführen, um so wirtschaftlich vorteilhafte Maßnahmen visuell identifizieren zu können.

Die Herleitung der Einspargestehungskostenkurven (CCE) ist in Kapitel 12.2.6 bereits geschehen. Die CCE-Formel lautet:

$$\mathrm{CCE}_{\mathrm{korr}} = \frac{\sum_{t=0}^{T} \frac{Z_{\mathrm{KE},t}}{(1+i)^t}}{\sum_{t=0}^{T} \frac{E_t \cdot (1+\Delta p)^t}{(1+i)^t}}$$

Eine Energieeffizienzverbesserungsmaßnahme ist dann vorteilhaft, wenn

$$p_0 \geq \mathrm{CCE}_{\mathrm{korr}}$$

Wie die LCOE- basiert die CCE-Formel auch auf einer Standard-Kapitalwertberechnung. Sie umfasst periodenbezogene Energieeinsparungen E_t als Rückflüsse (pos. Vorzeichen) und zahlungswirksame Betriebskosten als (Aus-)Zahlungen Z_t (insbesondere Investitionsauszahlung, Installation, Wartung und Reparatur, alle mit negativem Vorzeichen) sowie den zeitbezogenen Diskontierungsfaktor $(1 + \text{Zinssatz})^t$. Bei der Berechnung wird der Kapitalwert zu null gesetzt. Zweck ist, genau den spezifischen Wert CCE zu ermitteln, mit der die eingesparte – jeweils diskontierte – Energiemenge E multipliziert werden muss, um gerade vorteilhaft zu sein, ab der also ein positiver Kapitalwert hervorgebracht wird. Liegt beispielsweise der CCE-Wert bei 0,10 Euro/kWh, ist eine Maßnahme wirtschaftlich vorteilhaft, wenn der spezifische Preis der eingesparten Energie (z. B. elektrischer Strom aus dem Netz) einen Wert von 0,12 Euro/kWh aufweist.

Da der Preis der zu substituierenden Energiemenge über die Zeit schwankt (i. d. R. steigt), muss p_t durch $p_0 \cdot (1 + \Delta p)^t$ ersetzt werden, wobei Δp die Jahresenergiepreisänderung darstellt. Die Formel hat folgende Aussage: Wenn der Wert der rechten Seite der CCE-Formel mit p_0 übereinstimmt, ist der Kapitalwert 0. Liegt er darunter, ist der KW positiv und die Maßnahme vorteilhaft.

Für die Vorbereitung von betrieblichen Entscheidungsprozessen kann es hilfreich sein, die Ergebnisse von CCE-Berechnungen in einer Bewertungsgrafik darzustellen. Hierzu überträgt man die Kalkulationsergebnisse aller ausgewerteten Maßnahmenideen **mit gleichem Energieträger** (etwa eines Unternehmens) in ein Koordinatensystem mit den CCE als *Y*-Wert und der jeweiligen Jahresenergieeinsparung als *X*-Wert, sortiert nach den CCE-Werten aufsteigend nebeneinander, und erhält auf diese Weise eine Einsparkostenkurve (siehe Abbildung 12-27).

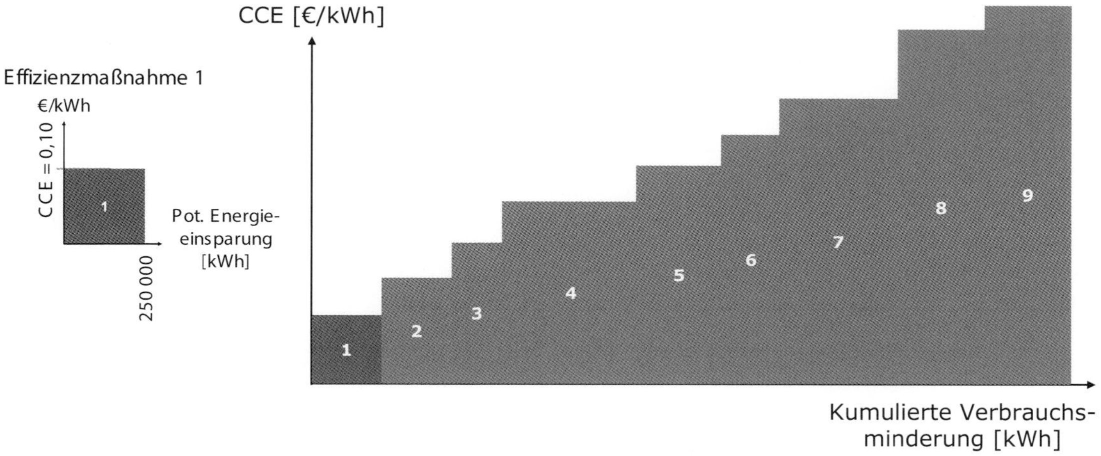

Quelle: eigene Darstellung

Abbildung 12-27: Effizienzmaßnahmen in der Reihenfolge zunehmender CCE mit Angabe von kumulierten Verbrauchsminderungen

Um eine Übersicht zu erhalten, welche Energieeinsparungen pro Jahr möglich sind, kann die Grafik relativ einfach von einer Gesamtbetrachtung in eine Jahresbetrachtung modifiziert werden. Hierzu sind die Jahresenergieeinsparungen der Verbesserungsmaßnahmen auf der *X*-Achse abzugrenzen und über die *Y*-Achse den – unveränderten – CCE gegenüberzustellen (siehe Abbildung 12-28).

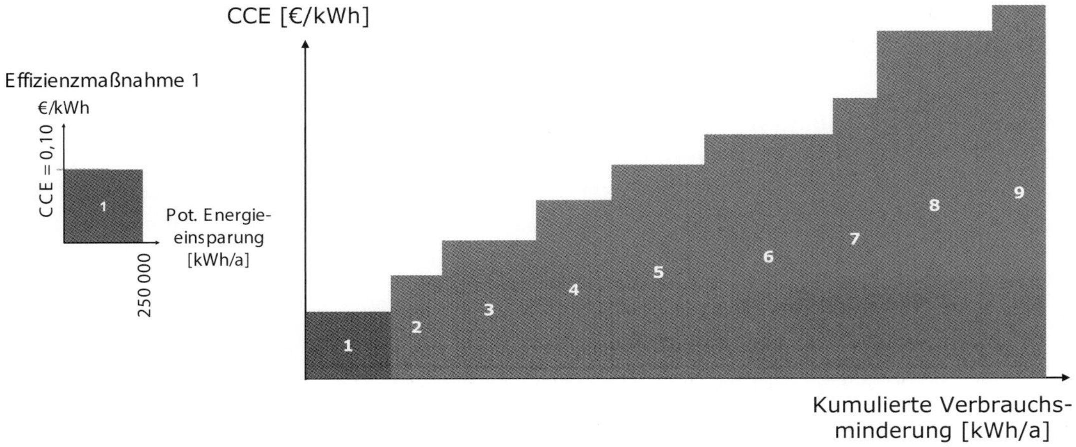

Quelle: eigene Darstellung

Abbildung 12-28: Effizienzmaßnahmen in der Reihenfolge zunehmender CCE mit Angabe von kumulierten Verbrauchsminderungen pro Jahr

Zwar tritt die Gesamtwirkung der Maßnahmen dadurch in den Hintergrund, da die Wirkungsdauern der Maßnahmen optisch nicht mehr in Erscheinung treten (die Breite der Balken verändert sich), für Planungszwecke kann eine Jahresbetrachtung jedoch sehr hilfreich sein.

Wird nun der aktuelle spezifische Energiepreis des Energieträgers abgetragen (gestrichelte Linie in Abbildung 12-29), lässt sich auf einfache Weise erkennen, welche Maßnahmen ökonomisch vorteilhaft sind und welche (noch) nicht (alle unterhalb der gestrichelten Linie). Ferner wird aufgezeigt, welchen Jahresumfang die potenziellen Einsparungen annähmen, würden sie ausgeschöpft werden.

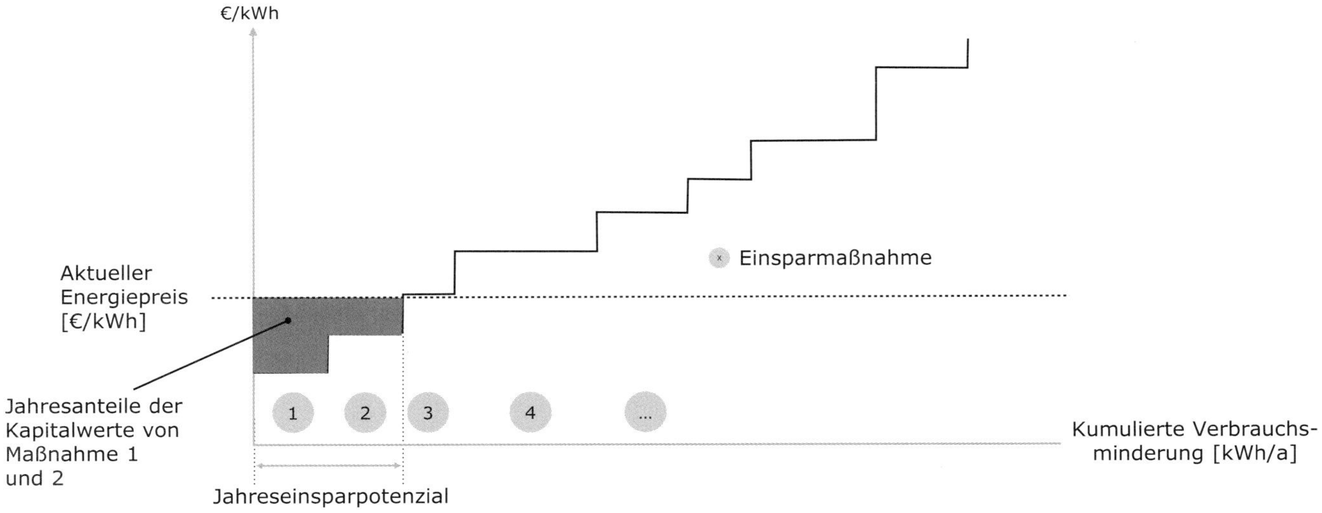

Quelle: eigene Darstellung

Abbildung 12-29: Ermittlung des Gesamteinsparpotenzials auf der Grundlage einer Einsparkostenkurve

Unternehmen können mit derartigen Übersichten Maßnahmenprogramme festlegen und entscheiden, welche Maßnahmen bei steigenden Energiekosten künftig sinnvoll sind und welche erst einmal unterbleiben sollten.

Derartige Einsparkostenkurven lassen sich zu THG-Vermeidungskostenkurven weiterentwickeln. Deren Herleitung wird im nächsten Abschnitt beschrieben. Ferner können sie helfen, die Wirkung von Strom- und Energiesteuern zu veranschaulichen. Hierauf wird in Kapitel 12.2.7 zurückzukommen sein.

Fazit

Der LCOE/CCE-Ansatz hilft, verschiedene Energiebereitstellungs- und Energieeffizienztechnologien – insbesondere im Rahmen von Zeitreihen-Gegenüberstellungen – zu vergleichen, Einspeisevergütungssätze in Abhängigkeit von einer zu gewährenden Effektivverzinsung festzulegen und auch die Netzparität (Vergleich des spezifischen Energiepreises mit dem adjustierten LCOE/CCE einer jeweiligen Energiemaßnahme) zu prüfen.

12.2.7 Nutzung der auf der Kapitalwertberechnung basierenden Ermittlung von CCE zur Ableitung von staatlichen Energiesteuern und CO_2-Abgaben

12.2.7.1 Nutzung von Einspargestehungskostenkurven zur Beschreibung der Lenkungsmechanismen von Energiesteuern und CO_2-Abgaben

In den folgenden Ausführungen soll die Funktionsweise der Lenkungswirkung von Energiesteuern[128] und CO_2-Abgaben (in Deutschland Steuern nach dem Stromsteuer- und nach dem Energiesteuergesetz bzw. CO_2-Abgaben nach dem Brennstoffemissionshandelsgesetz BEHG) näher betrachtet werden. Die CCE, insbesondere Einsparkostenkurven, spielen dabei eine zentrale Rolle.

Aus mikroökonomischer Sicht geht man üblicherweise davon aus, dass Preiselastizitäten vorliegen, die numerisch darstellen, wie bzw. in welchem Ausmaß Energieverbräuche auf Preisänderungen reagieren. Normalerweise gilt die Annahme, dass ein Anstieg des spezifischen Energiepreises um X% (durch Marktentwicklungen, durch Strom-/Energiesteuer oder durch CO_2-Abgaben) zu einer Verringerung des Energieverbrauchs um Y% führt, eine Annahme, die sich empirisch überprüfen lässt.

Eine sich hieraus ergebende Preiselastizität ist jedoch nur ein Mittelwert der untersuchten Stichprobe. Sie sagt nicht, dass eine Energiepreisänderung in allen Unternehmen die gleiche Lenkungswirkung hervorgebracht hat bzw. hervorbringt. Vielmehr kann davon ausgegangen werden, dass Unternehmen sehr unterschiedlich auf Energiepreisänderungen reagieren. Das umfassende Schrifttum zum „Energy Efficiency Gap", das aufzeigt, dass verschiedene individuelle Barrieren Unternehmen häufig daran hindern, ihre wirtschaftlichen Energieeffizienzpotenziale auszuschöpfen, deutet stark darauf hin.

Es erscheint daher sinnvoll, die mikroökonomische Betrachtung durch eine betriebswirtschaftliche zu verfeinern, in der versucht wird, zu klären,

- wie eine Energieeffizienzerhöhung in Industrieunternehmen üblicherweise – Schritt für Schritt – zustande kommt,
- wie eine Preissteigerung wahrgenommen und verarbeitet wird,
- welche Reaktionen dabei ausgelöst werden,
- welche Barrieren typischerweise entstehen und
- welche betrieblichen Instrumente und Verfahren/Vorgehensweisen sinnvollerweise zum Einsatz kommen sollten, um die intendierte Lenkungswirkung zustande zu bringen, zumindest zu unterstützen.

Überproportionale Steigerungen der spezifischen Energiepreise haben aus betriebswirtschaftlicher Sicht zunächst einmal eine belastende Wirkung auf das jeweilige Betriebsergebnis, indem der gegebene Energieverbrauch verteuert wird und damit die Kosten steigen.

Auf eine derartige Kostensteigerung können Unternehmen auf drei unterschiedliche Weisen reagieren:

a) Weitergabe der Kosten an Kunden
b) Reduzierung der Energieverbräuche durch verhaltensändernde Maßnahmen
c) Erhöhung der Energieeffizienz durch technische Maßnahmen an Prozessen

Es ist denkbar, dass die zusätzlichen Energiekosten den Produkten zugerechnet und im Zuge einer Preiserhöhung auf die Kunden abgewälzt werden, was zu einer Änderung des Verbraucherverhaltens und schließlich Absatzreduktion führen kann.

Weitere mögliche Reaktionen sind, Verhaltensmaßnahmen zu entwickeln, die den Energieverbrauch reduzieren, oder bei gleichbleibendem Energieverbrauch den Energieträger zu substituieren (etwa Strom durch Gas oder konventionellen Strom durch Regenerativstrom).

128 Trotz der Differenzierung in der deutschen Gesetzgebung sollen Stromsteuern hier auch unter dem Begriff „Energiesteuern" subsumiert werden.

Dies geschieht üblicherweise schrittweise dadurch, dass etwa durch eine Controlling-Abteilung im Rahmen des betrieblichen Kostenmanagements in **Schritt 1** Prozesse mit bedeutendem Energieverbrauch auf der Grundlage ihrer Jahreskosten als solche identifiziert und auf mögliche Kosteneinsparpotenziale geprüft werden. In **Schritt 2** werden für auf diese Weise identifizierte Prozesse Ideen entwickelt, um die Kosten durch Verbesserung der Energieeffizienz, etwa durch Umbau, Ergänzung oder Ersatz, zu reduzieren. In **Schritt 3** findet für erfolgversprechende Ideen typischerweise eine Berechnung des Umfangs der Jahresenergieeinsparung statt, und es werden Kostenvoranschläge eingeholt oder eigene Aufwands-Kalkulationen durchgeführt. Danach folgt – in **Schritt 4** – eine Investitionsrechnung auf der Grundlage der vorliegenden Informationen. Die bewerteten Einsparungen werden dabei den entstehenden Auszahlungen gegenübergestellt. Wenn diese Investitionsrechnung zu einem positiven Ergebnis kommt (positiver Kapitalwert), ist – **Schritt 5** – eine Freigabe bei der Unternehmensleitung einzuholen. Im Anschluss – **Schritt 6** – folgt die Umsetzung der Maßnahme. In **Schritt 7** ist im Rahmen von Soll-Ist-Vergleichen regelmäßig zu überprüfen, ob das angestrebte Ergebnis erreicht wird oder ggf. Korrekturmaßnahmen einzuleiten sind.

Im Rahmen der Ideen-Bewertung (also erst ab Schritt 4) kommt die Wirkung einer Preissteigerung zum Tragen. Erst zu diesem Zeitpunkt kann sich die Lenkungswirkung entfalten. Die folgenden Tabellen und Ausführungen sollen dies beispielhaft verdeutlichen. Ihnen liegt das folgende Beispiel zugrunde: In einem Unternehmen würde eine Wärmedämmung für mehrere Keramikbrennöfen zu Jahreseinsparungen von 250 000 kWh führen. Die Investitionsausgabe dafür beträgt 350 000 Euro. Die aktuellen spezifischen Stromkosten liegen bei 0,10 Euro/kWh und die Finanzierung erfolgt durch Eigenkapital. Als Kalkulationszins wird ein Return on Assets (ROA) mit 5 % zugrunde gelegt. Der Planungshorizont, also die Wirkungsdauer der Maßnahme, beträgt 10 Jahre. Zunächst wird davon ausgegangen, dass keine Stromsteuer erhoben wird. Eine Kapitalwertberechnung führt zu dem in Abbildung 12-30 dargestellten Ergebnis.

Kalkulationszinsfuß i	5 %						
Preissteigerungsrate Strom	4 %						
Aktuelle spezifische Stromkosten	0,1 €/kWh						
Techn. Einsparpotential	250 000 kWh/a						
Investausgabe	250 000 €						
Stromsteuer	0 €/kWh						
Nutzungsdauer [Jahre]	10						
Periode t	0	1	2	3	…	9	10
Spezifischer Energiepreis ohne Steuer		0,104 €/kWh	0,1082 €/kWh	0,1125 €/kWh	…	0,1423 €/kWh	0,148 €/kWh
Spezifischer Energiepreis mit Steuer		0,104 €/kWh	0,1082 €/kWh	0,1125 €/kWh	…	0,1423 €/kWh	0,148 €/kWh
Auszahlungen							
Investitionsauszahlung	-350 000 €						
Einzahlungen							
Energiekosteneinsparungen (ohne Steuer)		26 000 €	27 040 €	28 122 €	…	35 583 €	37 006 €
Resultate/Indikatoren							
Summe	-350 000 €	26 000 €	27 040 €	28 122 €	…	35 583 €	37 006 €
Barwerte	-350 000 €	24 762 €	24 526 €	24 292 €	…	22 937 €	22 719 €
Kapitalwert	-112 728 €						

Abbildung 12-30: Kapitalwertberechnung der wirtschaftlichen Vorteilhaftigkeit einer Wärmedämmung ohne Stromsteuer

Der Kapitalwert in Höhe von −112 728 Euro zeigt, dass die Wärmedämmung um ebendiesen Betrag die Alternativanlagemöglichkeit unterschreitet. Sie ist also nicht wirtschaftlich vorteilhaft und sollte – aus rein wirtschaftlichen Gründen – abgelehnt werden.

Nun wird eine Stromsteuer mit einem Steuersatz von 0,10 €/kWh erhoben, der die spezifischen Stromkosten um ebendiesen Betrag erhöht und zu einer Höherbewertung der Energieeinsparungen führt. Konsequenz ist, dass der Kapitalwert der Maßnahme steigt, und zwar deutlich auf 80 315 Euro, sodass die Wärmedämmung als wirtschaftlich vorteilhaft gewertet wird und zur Freigabe und schließlich Umsetzung ansteht, siehe Abbildung 12-31.

Kalkulationszinsfuß i	5 %						
Preissteigerungsrate Strom	4 %						
Aktuelle spezifische Stromkosten	0,1 €/kWh						
Techn. Einsparpotential	250 000 kWh/a						
Investausgabe	250 000 €						
Stromsteuer	0,1 €/kWh						
Nutzungsdauer [Jahre]	10						
Periode t	0	1	2	3	...	9	10
Spezifischer Energiepreis ohne Steuer		0,104 €/kWh	0,1082 €/kWh	0,1125 €/kWh	...	0,1423 €/kWh	0,148 €/kWh
Spezifischer Energiepreis mit Steuer		0,204 €/kWh	0,2082 €/kWh	0,2125 €/kWh	...	0,2423 €/kWh	0,248 €/kWh
Auszahlungen							
Investitionsauszahlung	-350 000 €						
Einzahlungen							
Energiekosteneinsparungen (mit Steuer)		51 000 €	52 040 €	53 122 €	...	60 583 €	62 006 €
Resultate/Indikatoren							
Summe	-350 000 €	51 000 €	52 040 €	53 122 €	...	60 583 €	62 006 €
Barwerte	-350 000 €	48 571 €	47 202 €	45 888 €	...	39 052 €	38 066 €
Kapitalwert	80 315 €						

Abbildung 12-31: Kapitalwertberechnung der wirtschaftlichen Vorteilhaftigkeit einer Wärmedämmung mit Stromsteuer

Im gezeigten Beispiel hat die Stromsteuer ihre Wirkung zielgerecht entfaltet, indem sie den Wert von potenziellen Energieeinsparungen erhöht und damit entsprechende Maßnahmen attraktiv macht.

Auf der anderen Seite verteuern Energiesteuern energieverbrauchende Prozesse, sofern keine Einsparpotenziale entdeckt und ausgeschöpft werden, was sich insbesondere bei energieintensiven Produktionsverfahren stark auswirkt. Folgerichtig wird nach Einführung derartiger Steuern nicht selten von Betroffenen Druck auf den Gesetzgeber ausgeübt, die Belastung zu reduzieren, weil sonst die Abwanderung von energieintensiven Produktionsstätten in Länder mit niedrigeren spezifischen Energiekosten drohen könnte. Um ein solches „*Carbon Leakage*" zu verhindern, werden vom Gesetzgeber bisweilen Privilegien in Form von Steuervergünstigungen gewährt, die allerdings an die Erbringung von Gegenleistungen geknüpft sind, im deutschen Stromsteuer- und Energiesteuerrecht an die Einführung eines Energiemanagementsystems nach DIN EN ISO 50001.

In der folgenden Weiterentwicklung des Beispiels soll davon ausgegangen werden, dass das betrachtete Unternehmen zur Kategorie der energieintensiven Industrie zählt und ihm – nach Einführung eines Energiemanagementsystems – gesetzlich eine Ermäßigung der Stromsteuer in Höhe von 80 % (also von 0,10 €/kWh auf 0,02 €/kWh) gewährt wird. Das Ergebnis der Kapitalwertkalkulation unter diesen Bedingungen zeigt Abbildung 12-32.

Kalkulationszinsfuß i	5 %						
Preissteigerungsrate Strom	4 %						
Aktuelle spezifische Stromkosten	0,1 €/kWh						
Techn. Einsparpotential	250 000 kWh/a						
Investausgabe	250 000 €						
Stromsteuer	0,02 €/kWh						
Nutzungsdauer [Jahre]	10						
Periode t	0	1	2	3	...	9	10
Spezifischer Energiepreis ohne Steuer		0,104 €/kWh	0,1082 €/kWh	0,1125 €/kWh	...	0,1423 €/kWh	0,148 €/kWh
Spezifischer Energiepreis mit Steuer		0,124 €/kWh	0,1282 €/kWh	0,1325 €/kWh	...	0,1623 €/kWh	0,168 €/kWh
Auszahlungen							
Investitionsauszahlung	-350 000 €						
Einzahlungen							
Energiekosteneinsparungen (mit Steuer)		31 000 €	32 040 €	33 122 €	...	40 583 €	42 006 €
Resultate/Indikatoren							
Summe	-350 000 €	31 000 €	32 040 €	33 122 €	...	40 583 €	42 006 €
Barwerte	-350 000 €	29 524 €	29 061 €	28 612 €	...	26 160 €	25 788 €
Kapitalwert	-74 119 €						

Abbildung 12-32: Kapitalwertberechnung der wirtschaftlichen Vorteilhaftigkeit einer Wärmedämmung mit reduzierter Stromsteuer

Deutlich wird, dass in unserem Beispiel die Herabsenkung der Stromsteuer einen negativen Kapitalwert hervorbringt, sodass diese Maßnahme abgelehnt werden müsste.

Dies bedeutet: Durch die Privilegierung würde die Wirkung einer Energie-/Stromsteuer in diesem Fall ad absurdum geführt werden, es sei denn, die Gegenleistung hätte einen gegenläufigen Effekt. Hiervon ist allerdings nicht auszugehen, ganz im Gegenteil: Die Einführung eines Energiemanagementsystems unterstützt Unternehmen dabei, sich mit Effizienzverbesserungspotenzialen auseinanderzusetzen, auch mit deren wirtschaftlicher Vorteilhaftigkeit. Sollte ein Unternehmen Steuerermäßigungen gewährt bekommen, dann würde es nach Einführung eines solchen Systems eher damit konfrontiert als ohne und damit eher die Entscheidung treffen, Maßnahmen, die nach Gewährung von Privilegien nicht mehr wirtschaftlich vorteilhaft wären, abzulehnen. Insofern kann man die Forderung der Einführung eines Energiemanagementsystems als Gegenleistung für Steuerermäßigungen als kontraproduktiv betrachten.

Steuer- oder Abgabenvergünstigungen in der Form, dass man für eine definierte Unternehmensgruppe einen X-prozentigen Steuererlass oder eine nachträgliche Steuerrückvergütung gewährt, können also die potenzielle Lenkungswirkung einer Energiesteuer um eben diese X % aushebeln. Eine Möglichkeit, dies zu verhindern, wäre, anstelle eines Steuererlasses oder einer Steuerrückerstattung eine Investitionszulage anzubieten. Dann würde auch bei begünstigten Unternehmen die Strom- und Energiesteuer bei der Bewertung von Einsparmaßnahmen in vollem Umfang berücksichtigt werden und könnte so ihre Lenkungswirkung entfalten. Allerdings kann bei dieser Steuerungslösung das Problem entstehen, dass bei der Kapitalwertberechnung von Einsparmaßnahmen die jeweilige Investitionsauszahlung mit einem Null-Wert angesetzt wird, da ja der Staat über die Zulage die Investition finanziert. Eine solche – durchaus nachvollziehbare – Vorgehensweise würde dazu führen, dass nahezu jede Maßnahme einen positiven Kapitalwert hervorbrächte. Die Investitionszulage würde dann grundsätzlich von jedem Unternehmen vollständig ausgeschöpft und u. a. auch für unwirtschaftliche Einsparmaßnahmen eingesetzt. Da dies staatliche Haushaltsprinzipien verletzen würde, müsste als Regelung festgelegt werden, dass im

Rahmen von Investitionszulagen Investitionsausgaben bei der Investitionsrechnung mit ihrem unbegünstigten Wert angesetzt werden müssen.

Um den Gesamteffekt der Einführung von Energiesteuern innerhalb eines Unternehmens zu verdeutlichen, können unternehmensspezifische Einspargestehungskostenkurven eingesetzt werden. Wie im vorangegangenen Abschnitt bereits erläutert, sind zu ihrer Herleitung zunächst Einspargestehungskosten (CCE [Euro/kWh]) für alle in einem Unternehmen infrage kommenden Effizienz- oder Regenerativmaßnahmen zu ermitteln und dann in einem Koordinatensystem mit Bezug zum jeweils erwarteten Einspareffekt darzustellen, siehe Abbildung 12-29.

Derartige Auswertungen helfen dabei, neben vorhandenen Gesamteinsparpotenzialen auch Gesamteffekte von Energiesteuern aufzuzeigen. Wird eine entsprechende Steuer oder Abgabe erhoben, verschiebt sich der aktuelle spezifische Energiepreis entsprechend nach oben, sodass weitere zuvor negativ evaluierte Einsparmaßnahmen in den Bereich der wirtschaftlichen Vorteilhaftigkeit gelangen, und zwar all jene, deren CCE geringer als das neue Preisniveau ist, siehe Abbildung 12-33.

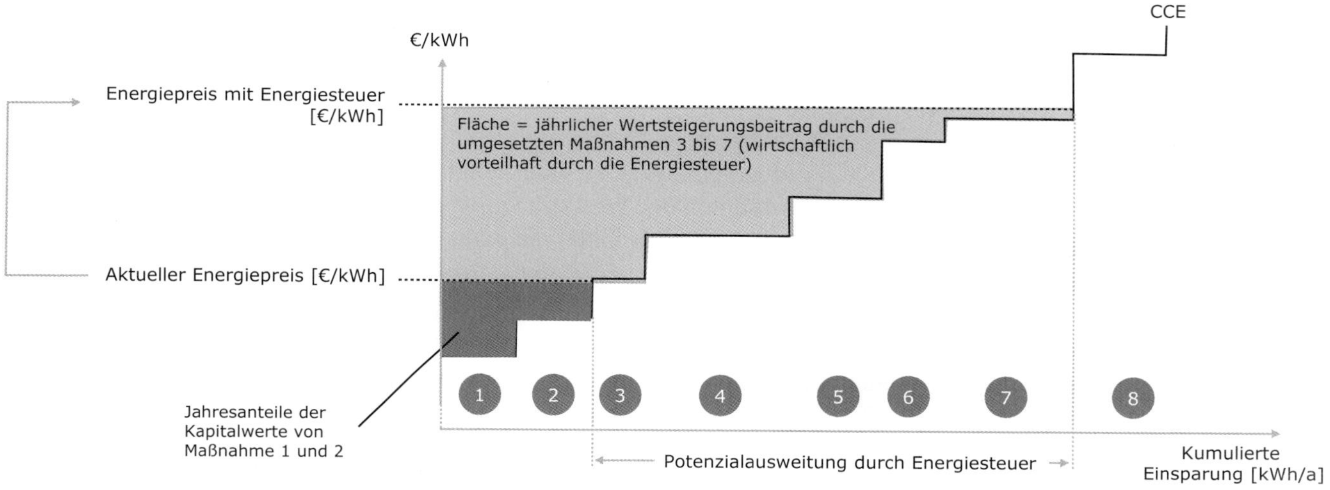

Quelle: eigene Darstellung

Abbildung 12-33: Ermittlung des Gesamteinsparpotenzials auf der Grundlage einer Vermeidungskostenkurve nach Einführung einer Stromsteuer

Dieser Abbildung ist zu entnehmen, dass die Erhebung der Energiesteuer das Einsparpotenzial typischerweise ausweitet (beim Beispielunternehmen um die Einsparbeiträge der Maßnahmen 3 bis 7). Inwieweit eine Energieeinsparung im genannten Umfang tatsächlich zustande kommt, hängt davon ab, ob das betreffende Unternehmen die Einzelpotenziale erkennt, bestimmt, vor dem Hintergrund des steuer- oder abgabebedingten Preisanstiegs (neu-)bewertet und schließlich ausschöpft, ohne dabei von Barrieren behindert zu werden.

Wird in dieser Situation eine Steuerermäßigung gewährt, dann reduziert sich die oben gezeigte Potenzialausweitung, und zwar umso stärker, je umfangreicher die Ermäßigung ist, indem sie den „Netto“-Energiepreis senkt, sodass Maßnahmen mit Einspargestehungskosten (CCE) oberhalb dieses Preises als unwirtschaftlich aussortiert werden (siehe Abbildung 12-34). Das kann in Einzelfällen so weit gehen, dass der Lenkungseffekt komplett aufgehoben wird.

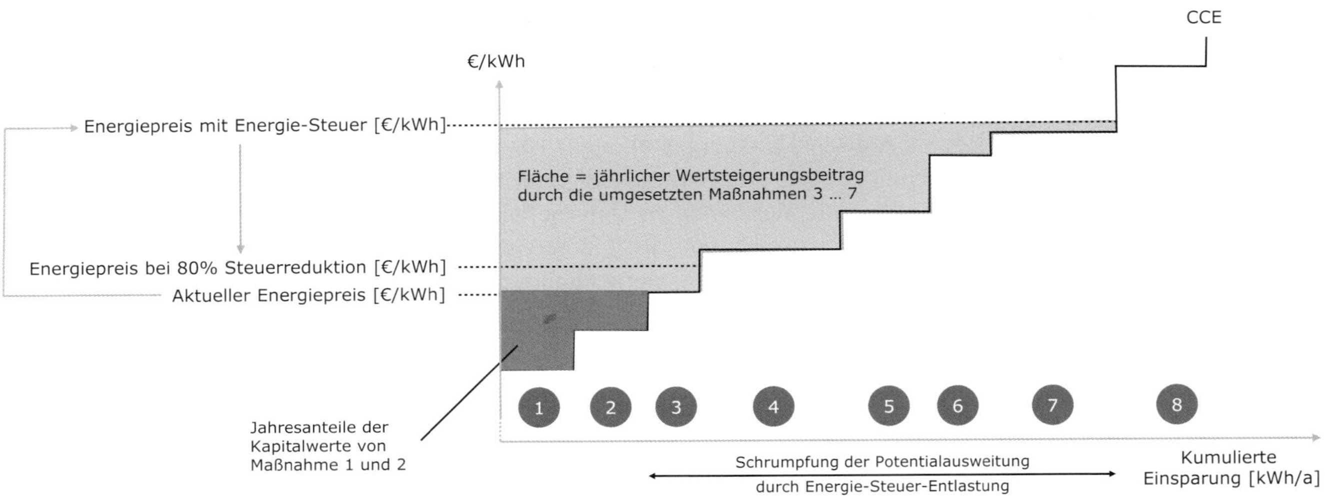

Quelle: eigene Darstellung

Abbildung 12-34: Wirkungen einer Ermäßigung der Energiesteuer auf die Ermittlung des Gesamteinsparpotenzials auf der Grundlage einer Vermeidungskostenkurve

Fazit

Energiesteuern und CO_2-Abgaben führen zu einer Erhöhung des Bruttopreises für eine Energieeinheit und vergrößern dadurch den Wert von Energieeinsparungen. Maßnahmen, die bisher als unwirtschaftlich bewertet wurden, können dadurch wirtschaftlich vorteilhaft werden.

Eine wirtschaftlich vorteilhafte Einsparmaßnahme ist eine, die einen Kapitalwert größer 0 Euro aufweist, sofern der Kalkulationszins den allgemeinen Regeln der Kapitalwertrechnung entsprechend festgelegt ist, sich z. B. bei Eigenkapitalfinanzierung nach dem internen Zins der besten risikogleichen Alternativinvestition richtet. In einem solchen Fall wäre eine Nichtumsetzung der Effizienzmaßnahme ökonomisch nicht rational, sofern nicht Liquiditätsengpässe vorliegen. Ein gesetzlicher Zwang zur Umsetzung wirtschaftlich vorteilhafter Effizienzmaßnahmen erscheint daher zunächst unsinnig, ist aber dennoch zweckmäßig, weil – wie die Energy-Efficiency-Forschung aufzeigt – häufig nicht ökonomisch rational entschieden wird.

Eine Steuer- oder Abgabenentlastung reduziert das Einsparpotenzial in Unternehmen, weil der Wert der Einsparungen geschmälert und in Folge eine ökonomische Vorteilhaftigkeit einzelner Effizienzmaßnahmen u. U. verloren geht. Die Auswirkungen dürften bei energieintensiven Unternehmen besonders umfangreich sein, da hier besonders hohe Einsparpotenziale vermutet werden können.

Insofern ist es bei der Gewährung von Steuer- und Abgabenprivilegien wichtig, wirksame Gegenleistungen zu erarbeiten und anzuwenden. Als wirksam kann eine Gegenleistung angesehen werden, wenn sie nicht nur das von der Energiesteuer oder der CO_2-Abgabe ausgehende Einsparpotenzial erhält, sondern darüber hinaus Mechanismen entfaltet, die Unternehmen dabei unterstützen, wirtschaftlich vorteilhafte Entscheidungen zu fällen, ohne dass Energy-Efficiency-Gap-Barrieren dies verhindern.

Um die Lenkungswirkung der Strom- und Energiesteuer zu erhalten (Erzeugung von Einsparpotenzialen), sollte mit Blick auf eine Gegenleistungsregelung die Wirkung einer Energiesteuer oder CO_2-Abgabe als Verteuerung des Energieverbrauchs nicht durch Entlastung von der Steuer aufgelöst werden, sondern in Form einer finanziellen Unterstützung für Effizienz- und Klimaschutzmaßnahmen (etwa im Umfang der gezahlten oder zu zahlenden Steuer/Abgabe) gewährt werden. Alternativ käme in Betracht, etwa durch eine gesetzliche Vorschrift dafür zu sorgen, dass die Energiesteuer bzw. die CO2-Abgabe bei der Wirtschaftlichkeitsberechnung in voller Höhe angesetzt wird. Diese Regelung würde eine bewusste Falschkalkulation notwendig machen und ist daher mit Blick auf eine ordnungsgemäße Umsetzung in der Praxis fraglich.

Durch eine finanzielle Unterstützung wird dagegen ein unmittelbarer Anreiz für eine Investitionstätigkeit ausgelöst, da die Strom- und Energiesteuer aufgrund der durchgeführten Effizienzmaßnahmen dann nicht zu einer zusätzlichen Kostenbelastung führt. Damit kann die Wettbewerbsfähigkeit erhalten bleiben.

Geboten wäre, Effizienzmaßnahmen nur dann staatlich zu unterstützen, wenn sie wirtschaftlich vorteilhaft sind, da finanzielle Unterstützung aus Haushaltsmitteln finanziert wird. Der Finanzierungsspielraum ist somit möglicherweise auf die Höhe der zusätzlichen Einnahmen aus der Strom- und Energiesteuer begrenzt.

Um sicherzustellen, dass begünstigte Maßnahmen auch wirtschaftlich vorteilhaft sind, erscheint es erforderlich, dass sich die wirtschaftliche Vorteilhaftigkeitsermittlung an einer standardisierten Berechnungsvorgehensweise orientiert und auch nachzuweisen ist.

Wichtig ist ferner, dass die staatliche finanzielle Unterstützung für Effizienzmaßnahmen bei der Investitionsrechnung nicht verrechnet wird, da sonst die Investitionsauszahlung mit = 0 Euro angesetzt werden könnte, sodass nahezu immer positive Kapitalwerte entstünden und in Folge auch unwirtschaftliche Maßnahmen zur Anwendung kommen würden.

Wenn die Gegenleistungen wirken, haben sie nicht nur positiven Einfluss auf die Ausschöpfung der durch die Strom- und Energiesteuer generierten Einsparpotenziale. Sie würden darüber hinaus Unternehmen dabei unterstützen, die Einsparpotenziale, die vor Einführung der Strom- und Energiesteuer vorlagen und nicht erkannt wurden, auszuschöpfen.

Es wäre zu überlegen, finanzielle Unterstützung für die Umsetzung von Effizienz- und Klimaschutzmaßnahmen anstelle einer Steuerentlastung aller Unternehmen, d. h. auch Unternehmen außerhalb des produzierenden Gewerbes, anzubieten, um den allgemeinen Wirkungsbarrieren der Strom- und Energiesteuer etwas entgegenzusetzen.

Vor dem Hintergrund der Erkenntnis, dass in Unternehmen Energy-Efficiency-Gap-Barrieren die Ausschöpfung von wirtschaftlich vorteilhaften Einsparpotenzialen be- oder gar verhindern, kann davon ausgegangen werden, dass die Strom- und Energiesteuer ohne Flankierung ihre intendierte Lenkungswirkung allenfalls eingeschränkt entfalten kann. Es braucht Strukturen und Aktivitäten, die Barrieren beseitigen und Unternehmen dabei unterstützen, die Wirkung derartiger Steuern auf die Wirtschaftlichkeit von Einsparmaßnahmen zu erkennen.

12.2.7.2 Besonderheiten bei der LCOE-Ermittlung von PV- und Windenergieanlagen

Bereits erwähnt wurde, dass es bei der Ermittlung der LCOE Unsicherheiten bei der Festlegung des Wertmaßstabes der Einsparungen geben kann. Die Gewissheit, ob nach dem Vergleich des LCOE mit den jeweils aktuellen Energiepreisen (i. d. R. Strompreisen) tatsächlich Netzparität vorliegt, steht – etwa bei PV- und WE-Anlagen sowie bei Blockheizkraftwerken – nämlich dann infrage, wenn nicht sichergestellt ist, ob die erzeugte Strommenge auch komplett zur Deckung des Eigenbedarfs genutzt wird. Und dass dürfte häufig nicht der Fall sein. Die LCOE-Formel bzw. das Netzparitätskriterium geht jedoch implizit davon aus, indem der LCOE mit den aktuellen Stromkosten pro kWh verglichen wird, die man nur einspart, wenn eine Eigenverbrauchsquote (EVA) von 100 % vorliegt. Sollte die EVA niedriger sein, dann geht ein Anteil des erzeugten Stromes E_t, nämlich 1 – EVA, üblicherweise in die Einspeisung mit einem deutlich geringeren Wert. In solchen Fällen helfen weder LCOE noch $\text{LCOE}_{\text{korr}}$ als Parameter, die Netzparität festzustellen. Hierzu muss die LCOE-Formel modifiziert werden. Zunächst wird dafür eine Kapitalwertformel aufgestellt, die sowohl den Eigenverbrauchs- als auch den Einspeiseanteil berücksichtigt. Sie ist dann mit Blick auf einen Break-even zu null zu setzen:

$$\text{Kapitalwert} = \sum_{t=0}^{T} \frac{E_t \cdot \text{EVA} \cdot p_0 \cdot (1+\Delta p)^t}{(1+i)^t} + \sum_{t=0}^{T} \frac{E_t \cdot (1-\text{EVA}) \cdot P_{\text{EV}}}{(1+i)^t} - \sum_{t=0}^{T} \frac{Z_{\text{KE},t}}{(1+i)^t} \stackrel{!}{=} 0$$

Eine Umstellung

$$p_0 \cdot \sum_{t=0}^{T} \frac{E_t \cdot \text{EVA} \cdot (1+\Delta p)^t}{(1+i)^t} = \sum_{t=0}^{T} \frac{Z_{\text{KE},t}}{(1+i)^t} - \sum_{t=0}^{T} \frac{E_t \cdot (1-\text{EVA}) \cdot P_{\text{EV}}}{(1+i)^t}$$

führt dann schließlich zu den modifizierten LCOE:

$$\text{LCOE} = \frac{\sum_{t=0}^{T} \frac{Z_{\text{KE},t}}{(1+i)^t} - \sum_{t=0}^{T} \frac{E_t \cdot (1-\text{EVA}) \cdot P_{\text{EV}}}{(1+i)^t}}{\sum_{t=0}^{T} \frac{E_t \cdot \text{EVA} \cdot (1+\Delta p)^t}{(1+i)^t}}$$

Mit

P_{EV} Einspeisevergütung

EVA Eigenverbrauchsanteil

E_t Energieertrag [kWh/a]

$Z_{\text{KE},t}$ Zahlungen des Kapitaleinsatzes in Periode t [€]

p_0 aktueller spezifischer Strompreis

i Kalkulationszinssatz

Als Beispiel sei die PV-Speicher-Anlage des Verfassers betrachtet (7,9 kWp mit einem 10 kWh Stromspeicher). Die Erträge teilten sich für das Jahr 2023 wie folgt auf (siehe Abbildung 12-35):

	A	B	C
1	Sachverhalt	Umfang	Quelle
2	Verbrauch	5 418 kWh/a	gemessen
3	Einspeisung	4 566 kWh/a	gemessen
4	Bezug	2 214 kWh/a	gemessen
5	Stromspeicherung	1 479 kWh/a	gemessen
6	Stromerzeugung	7 859 kWh/a	gemessen
7	Eigenverbrauch	3 293 kWh/a	= B6 - B3
8	EVA	41,9 %	= B7 / B6

Abbildung 12-35: Erträge einer beispielhaften PV-Anlage mit Differenzierung zwischen Eigenverbrauch und Einspeisung für das Jahr 2023

Nach Aufstellung eines Berechnungsmodells ergibt sich auf der Grundlage des ermittelten Eigenverbrauchsanteils die folgende LCOE-Kalkulation (siehe Abbildung 12-36).

Kalkulationszinsfuß i	4,0 %							
Eigenverbrauchsanteil EVA	41,9 %							
Jahrespreisänderungsrate el. Strom pc_{Strom}	4,0 %							
Jahrespreisänderungsrate Sonstiges $pc_{Sonstiges}$	3,0 %							
Jahresdegradationsrate	0,5 %							
Zu berücksichtigende Perioden	20							
Nutzenergieertrag in erster Periode (Nutzenergie) [kWh/a]	7 859							
Periodenende t	0	1	2	3	…	18	19	20
Berücksichtigte Perioden ("1" = "Ja")	1	1	1	1	…	1	1	1
Stromertrag pro Jahr mit Berücksichtigung der Degradation [kWh/a]		7 859	7 820	7 780	…	7 191	7 152	7 112
PV-Eigenverbrauch [kWh/a]		3 293	3 277	3 260	…	3 013	2 997	2 980
PV-Einspeisung [kWh/a]		4 566	4 543	4 520	…	4 178	4 155	4 132
Jeweiliger spezifischer Strompreis [€/kWh]	0,38	0,40	0,41	0,43	…	0,77	0,80	0,83
Einspeisevergütung [€/kWh]	0,07	0,07	0,07	0,07	…	0,07	0,07	0,07
Auszahlungen								
Anschaffungsauszahlung	-20 696 €							
Wartungskosten								
Rückflüsse								
Energiekosteneinsparungen bei Eigenverbrauch		1 301 €	1 347 €	1 394 €	…	2 320 €	2 399 €	2 481 €
Erträge aus dem Verkauf von Energie (Einspeisung)		320 €	318 €	316 €	…	292 €	291 €	289 €
Förderungen	2 000 €							
Resultate/Indikatoren								
Kapitaleinsatz	-20 696 €	0 €	0 €	0 €	…	0 €	0 €	0 €
Barwerte des Kapitaleinsatzes	-20 696 €	0 €	0 €	0 €	…	0 €	0 €	0 €
NPV des Kapitaleinsatzes (NPV_{KE}) (Zähler in der LCOE-Formel)	-22 004 €							
Diskontierter Eigenverbrauch [kWh/a]		3 293	3 277	3 260	…	3 013	2 997	2 980
Kapitalwert des Eigenverbrauchs [kWh/a] (Nenner in der LCOE-Formel)	62 732							
Diskontierte Einspeisevergütung		307 €	294 €	281 €	…	144 €	138 €	132 €
Kapitalwert der Einspeisevergütung (Zähler in der LCOE-Formel)	4 165 €							
Summe	-18 696 €	1 621 €	1 665 €	1 710 €	…	2 612 €	2 690 €	2 771 €
Barwerte	-18 696 €	1 559 €	1 539 €	1 520 €	…	1 289 €	1 277 €	1 264 €
Kapitalwert	7 999 €							
LCOE	0,26 €/kWh							

Abbildung 12-36: LCOE-Kalkulation einer beispielhaften PV-Anlage unter Berücksichtigung des Eigenverbrauchsanteils

Die LCOE betragen 26 Cent pro kWh und liegen über dem aktuellen spezifischen Strompreis von 38 Cent (in Periode 0 im Jahr 2023). Netzparität ist also gegeben. Deutlich wird dies auch am positiven Kapitalwert, der bei nicht vorliegender Netzparität einen Negativwert aufweisen würde.

Läge der EVA im betrachteten Beispiel bei 25 %, dann ergäben sich andere LCOE, wie die folgende Abbildung 12-37 zeigt.

Kalkulationszinsfuß i	4,0 %							
Eigenverbrauchsanteil EVA	25,0 %							
Jahrespreisänderungsrate el. Strom pc_{Strom}	4,0 %							
Jahrespreisänderungsrate Sonstiges $pc_{Sonstiges}$	3,0 %							
Jahresdegradationsrate	0,5 %							
Zu berücksichtigende Perioden	20							
Nutzenergieertrag in erster Periode (Nutzenergie) [kWh/a]	7 859							
Periodenende t	0	1	2	3	...	18	19	20
Berücksichtigte Perioden ("1" = "Ja")	1	1	1	1	...	1	1	1
Stromertrag pro Jahr mit Berücksichtigung der Degradation [kWh/a]		7 859	7 820	7 780	...	7 191	7 152	7 112
PV-Eigenverbrauch [kWh/a]		1 965	1 955	1 945	...	1 798	1 788	1 778
PV-Einspeisung [kWh/a]		5 894	5 865	5 835	...	5 393	5 364	5 334
Jeweiliger spezifischer Strompreis [€/kWh]	0,38	0,40	0,41	0,43	...	0,77	0,80	0,83
Einspeisevergütung [€/kWh]	0,07	0,07	0,07	0,07	...	0,07	0,07	0,07
Auszahlungen								
Anschaffungsauszahlung	-20 696 €							
Wartungskosten					...			
Rückflüsse								
Energiekosteneinsparungen bei Eigenverbrauch		776 €	803 €	831 €	...	1 384 €	1 431 €	1 480 €
Erträge aus dem Verkauf von Energie (Einspeisung)		413 €	411 €	408 €	...	378 €	375 €	373 €
Förderungen	2 000 €							
Resultate/Indikatoren								
Kapitaleinsatz	-20 696 €	0 €	0 €	0 €	...	0 €	0 €	0 €
Barwerte des Kapitaleinsatzes	-20 696 €	0 €	0 €	0 €	...	0 €	0 €	0 €
NPV des Kapitaleinsatzes (NPV_{KE}) (Zähler in der LCOE-Formel)	-22 004 €							
Diskontierter Eigenverbrauch [kWh/a]		1 965	1 955	1 945	...	1 798	1 788	1 778
Kapitalwert des Eigenverbrauchs [kWh/a] (Nenner in der LCOE-Formel)	37 428							
Diskontierte Einspeisevergütung		397 €	380 €	363 €	...	186 €	178 €	170 €
Kapitalwert der Einspeisevergütung (Zähler in der LCOE-Formel)	5 377 €							
Summe	-18 696 €	1 189 €	1 214 €	1 240 €	...	1 761 €	1 807 €	1 854 €
Barwerte	-18 696 €	1 143 €	1 122 €	1 102 €	...	870 €	858 €	846 €
Kapitalwert	-404 €							
LCOE	0,41 €/kWh							

Abbildung 12-37: LCOE-Kalkulation der betrachteten PV-Anlage bei einem Eigenverbrauchsanteil von 25 %

Welche Schlüsse lassen sich daraus ziehen? Der Eigenverbrauchsanteil wird durch das Verbraucherverhalten bestimmt. Legt der Anlagenbetreiber seinen Stromverbrauch – bei einer PV-Anlage – so gut es geht in die Zeitabschnitte starker Sonneneinstrahlung, nimmt der EVA einen höheren Wert an, andernfalls einen niedrigeren. Er ist also sehr individuell. Allgemeingültige Aussagen, etwa politischer Art (z. B. „Technologie XY hat in Region Z Netzparität erreicht und braucht nicht mehr staatlich gefördert zu werden"), sind insofern eigentlich nicht ableitbar, zumal davon auszugehen ist, dass auch in ferner Zukunft ein EVA von 100 % nicht erreichbar sein wird.

Wie könnte man die LCOE dennoch für politische Entscheidungen nutzen? Denkbar wäre, etwa durch eine nationale oder internationale Norm oder einen Rechtstext das LCOE-Kalkulationsverfahren zu vereinheitlichen, Spannbreiten zu Eigenverbrauchsanteilen vorzugeben und auf dieser Grundlage LCOE für bestimmte Technologien in bestimmten Regionen zu ermitteln. Würde beispielsweise festgelegt, dass nach der oben korrigierten LCOE-Formel (siehe Kapitel 12.2.3) zu rechnen wäre mit

- einem definierten Kalkulationszins (z. B. 4 %),
- einer definierten Wirkungsdauer (z. B. 20 Jahre),
- für 10 %, 20 %, 30 %, 40 % und 50 % EVA,

ergäben sich für das soeben präsentierte Beispiel die folgenden Kalkulationsergebnisse:

EVA	LCOE
10 %	0,91 €/kWh
20 %	0,48 €/kWh
30 %	0,33 €/kWh
40 %	0,26 €/kWh
50 %	0,22 €/kWh
100 %	0,13 €/kWh

Abbildung 12-38: LCOE einer beispielhaften PV-Anlage in Abhängigkeit von Eigenverbrauchsanteilen (EVA)

Der Gesetzgeber könnte nun die Annahme treffen, dass 40 % EVA sich durch angepasstes Verhalten erreichen ließen. Nach Abschätzung der üblichen spezifischen Anschaffungsauszahlungen und Festlegung der Laufzeit und des Zinssatzes sowie durch Setzung der Einspeisevergütung zu 0 wären dann die LCOE zu ermitteln, siehe Abbildung 12-39.

Kalkulationszinsfuß i	4,0 %							
Eigenverbrauchsanteil EVA	40,0 %							
Jahrespreisänderungsrate el. Strom pc_{Strom}	4,0 %							
Jahrespreisänderungsrate Sonstiges $pc_{Sonstiges}$	3,0 %							
Jahresdegradationsrate	0,5 %							
Zu berücksichtigende Perioden	20							
Nutzenergieertrag in erster Periode (Nutzenergie) [kWh/a]	7 859							
Periodenende t	0	1	2	3	...	18	19	20
Berücksichtigte Perioden ("1" = "Ja")	1	1	1	1	...	1	1	1
Stromertrag pro Jahr mit Berücksichtigung der Degradation [kWh/a]		7 859	7 820	7 780	...	7 191	7 152	7 112
PV-Eigenverbrauch [kWh/a]		3 144	3 128	3 112	...	2 876	2 861	2 845
PV-Einspeisung [kWh/a]		4 715	4 692	4 668	...	4 315	4 291	4 267
Jeweiliger spezifischer Strompreis [€/kWh]	0,38	0,40	0,41	0,43	...	0,77	0,80	0,83
Einspeisevergütung [€/kWh]	0,00	0,00	0,00	0,00	...	0,00	0,00	0,00
Auszahlungen								
Anschaffungsauszahlung	-20 696 €							
Wartungskosten					...			
Rückflüsse								
Energiekosteneinsparungen bei Eigenverbrauch		1 242 €	1 286 €	1 330 €	...	2 214 €	2 290 €	2 369 €
Erträge aus dem Verkauf von Energie (Einspeisung)		0 €	0 €	0 €	...	0 €	0 €	0 €
Förderungen	2 000 €							
Resultate/Indikatoren								
Kapitaleinsatz	-20 696 €	0 €	0 €	0 €	...	0 €	0 €	0 €
Barwerte des Kapitaleinsatzes	-20 696 €	0 €	0 €	0 €	...	0 €	0 €	0 €
NPV des Kapitaleinsatzes (NPV_{KE}) (Zähler in der LCOE-Formel)	-22 004 €							
Diskontierter Eigenverbrauch [kWh/a]		3 144	3 128	3 112	...	2 876	2 861	2 845
Kapitalwert des Eigenverbrauchs [kWh/a] (Nenner in der LCOE-Formel)	59 886							
Diskontierte Einspeisevergütung		0 €	0 €	0 €	...	0 €	0 €	0 €
Kapitalwert der Einspeisevergütung (Zähler in der LCOE-Formel)	0 €							
Summe	-18 696 €	1 242 €	1 286 €	1 330 €	...	2 214 €	2 290 €	2 369 €
Barwerte	-18 696 €	1 195 €	1 189 €	1 183 €	...	1 093 €	1 087 €	1 081 €
Kapitalwert	2 753 €							
LCOE	0,35 €/kWh							

Abbildung 12-39: Ermittlung der LCOE einer beispielhaften PV-Anlage nach Setzen der Einspeisevergütung zu 0

Im Beispiel ergeben sich LCOE in Höhe von 0,33 €/kWh. Dieser Wert sagt nun politisch aus, dass eine Einspeisevergütung nicht (mehr) nötig ist, sofern und solange der spezifische Strompreis 0,33 €/kWh nicht unterschreitet.

Vorteile einer derartigen Standardisierung wären:

- Unterstützung der korrekten LCOE-Berechnung generell
- das Fällen von passenden politischen Entscheidungen hinsichtlich der Förderung bestimmter Anlagen
- eine Reduzierung von Konfusionen
- ein Beitrag für korrekte politische Entscheidungen
- Marketing-Wirkungen (Verbesserung des Ansehens durch Demonstration von Expertise)

12.2.7.3 Ermittlung von THG-Grenzvermeidungskosten

Die Ermittlung von Grenzvermeidungskosten (engl. „*marginal abatement costs*“, kurz MAC) – gemessen in €/Tonne CO_2 o. Ä. – dient den Zwecken:

- herauszufinden, ob die Umsetzung einer bestimmten Energieeffizienz-/Klimaschutzmaßnahme wirtschaftlich vorteilhaft ist und wie hoch die THG-Reduktion wäre (wenn die Kosten ein negatives Vorzeichen aufweisen)
- eine Reihenfolge umzusetzender Maßnahmen zu bilden
- für einen Betrieb oder auf regionaler/nationaler/internationaler Ebene abzuschätzen, welche Kosten anzusetzen wären, um ein bestimmtes Niveau der THG-Reduktion zu erreichen
- auf regionaler/nationaler/supranationaler Ebene eine Basis zu schaffen, Preise für TGH-Emissionszertifikate festzulegen.

Zur Veranschaulichung von MAC werden Vermeidungskostenkurven erstellt und veröffentlicht (siehe beispielhaft Abbildung 12-40).

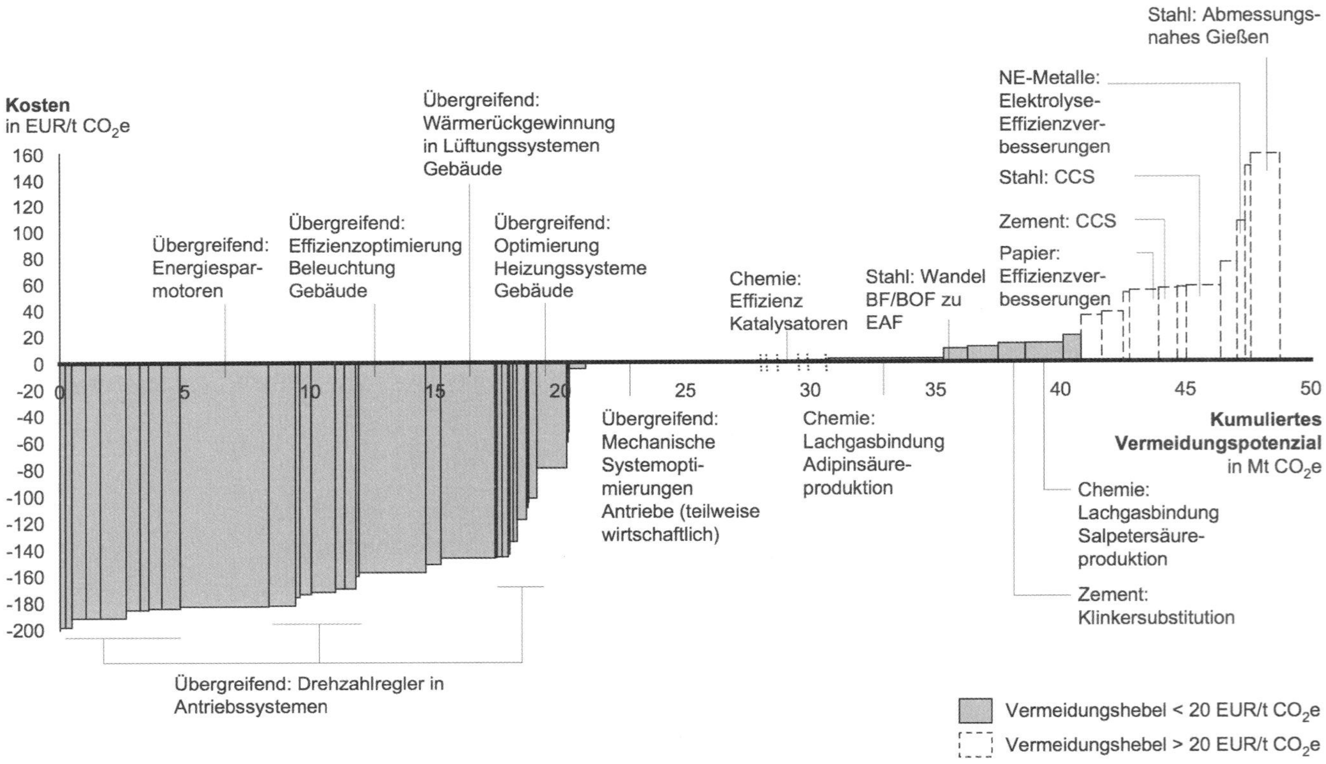

Quelle: McKinsey & Company (Hrsg.), 2007, S. 40

Abbildung 12-40: MAC-Vermeidungskostenkurve Deutschland

Bisweilen werden Grenzvermeidungskosten statisch mithilfe der folgenden Formel ermittelt:[129]

$$\text{MAC} = \frac{K_i - K_{\text{Ref}}}{E_{\text{Ref}} - E_i}$$

Von der Anwendung dieser Formel wird hier jedoch abgeraten. Zur Verdeutlichung ein Beispiel: Gegeben sei eine Produktionsanlage, die 4 000 Euro Betriebskosten pro Jahr kostet (K_{Ref}) und dabei 1 000 kg CO_2 emittiert (E_{Ref}). Die Anlage könnte energetisch ertüchtigt werden (→ Referenzanlage), sodass die CO_2-Emissionen auf 750 kg/a sinken würden (E_i). Die Betriebskosten (K_i) stiegen dann jedoch auf 4 100 Euro pro Jahr. Die MAC ergäben sich wie folgt:

$$\text{MAC} = \frac{4\,100 \text{ Euro} - 4\,000 \text{ Euro}}{1\,000 \text{ kg} - 750 \text{ kg}} = 0{,}4 \ \frac{\text{Euro}}{\text{kg}_{CO_2}}$$

Derartige Rahmengegebenheiten kommen relativ selten vor. I. d. R. sind Vermeidungsaktivitäten mit Investitionen verbunden. Daher soll das Berechnungsbeispiel wie folgt leicht modifiziert werden: Gegeben sei nun eine Produktionsanlage, die 1 000 kg CO_2 pro Jahr emittiert. Die Anlage könnte energetisch ertüchtigt werden, sodass die CO_2-Emissionen auf 750 kg/a sinken würden. Die Umbaukosten betrügen 1 000 Euro. Die Betriebskosten verändern sich nicht. Es ergeben sich MAC von

$$\text{MAC} = \frac{1\,000 \text{ Euro}}{1\,000 \text{ kg} - 750 \text{ kg}} = 4 \ \frac{\text{Euro}}{\text{kg}_{CO_2}}$$

Das Ergebnis erscheint unplausibel. Dies liegt daran, dass die Investitionsausgaben (die i. d. R. weit über ein Jahr hinauswirken) ungekürzt mit den Jahresemissionsvermeidungen in ein Verhältnis gesetzt werden. Ferner bleiben Energiekosteneinsparungen und der Faktor Zeit unberücksichtigt. Es handelt sich insofern um ein statisches Berechnungsverfahren:

$$\text{statMAC} = \frac{K_i - K_{\text{Ref}}}{E_{\text{Ref}} - E_i}$$

Es kalkuliert ungenau und soll daher nicht weiter berücksichtigt werden.

Stattdessen wird zur Ermittlung der MAC im Folgenden auf Kapitalwertberechnungen zurückgegriffen, speziell auf eine modifizierten LCOE-Berechnungsformel, die mit den Emissionsfaktoren der jeweils eingesetzten Energieträger verknüpft ist.

Zur Herleitung einer derartigen Berechnungsformel ist es hilfreich, sich Folgendes vor Augen zu führen: Eine Maßnahme zur Energieeffizienzverbesserung oder zur Substitution fossiler durch erneuerbare Energieträger reduziert den Ausstoß von CO_2. Wenn man den Kapitalwert einer hierzu erforderlichen Investition ins Verhältnis zur vermiedenen CO_2-Emission setzt, ergeben sich die spezifischen MAC-Vermeidungskosten der Maßnahme (gemessen in Euro pro vermiedener Tonne CO_2). Zur Ermittlung werden nicht nur die Energieeinsparungen [kWh] bzw. beim Einsatz erneuerbarer Energien die Umfänge des verdrängten Energieträgers, sondern auch die einschlägigen Emissionsfaktoren benötigt (siehe Tabelle 29).

Tabelle 29: Emissionsfaktoren laut Bafa 2020

Energieträger	CO_2-Faktor [t/MWh]
Altöl	288
Biodiesel	70
Bioethanol	43
Biogas4	152
Biomasse	27
Braunkohle	383

129 Vgl. Energiewirtschaftliches Institut an der Universität zu Köln (EWI), 2014.

Energieträger	CO_2-Faktor [t/MWh]
Deponiegas	5
Erdgas	201
Flüssiggas	239
Heizöl leicht / Diesel	266
Heizöl schwer	288
Klärgas	5
Klärschlamm	10
Nah-/Fernwärme	280
Pellets	36
Rohbenzin	264
Steinkohle	335
Strom (Effizienzmaßnahme)	732
Strom (Erneuerbare Quelle)	0
Wasserstoff	385

Der Begriff „Grenzvermeidungskosten" (engl. „*marginal abatement costs*", kurz MAC) stammt aus der Umweltökonomie und drückt die Kosten der nächstteureren Vermeidungsmaßnahme aus. Da CO_2-Vermeidungen Energiereduktions- oder -substitutionsaktivitäten voraussetzen, die grundsätzlich ein konkretes Vermeidungsausmaß haben (z. B. würde Maßnahme X den Stromverbrauch um Y kWh pro Jahr reduzieren und somit auch die Emissionsmenge Z), sind Grenzvermeidungskosten einer jeweils betrachteten Energiemaßnahme über das jeweilige Vermeidungsausmaß konstant (siehe die Rechtecke in Abbildung 12-41, wobei die Vermeidungskosten als Annuitäten zu verstehen sind und die Vermeidung als Jahresemissionsreduktion).

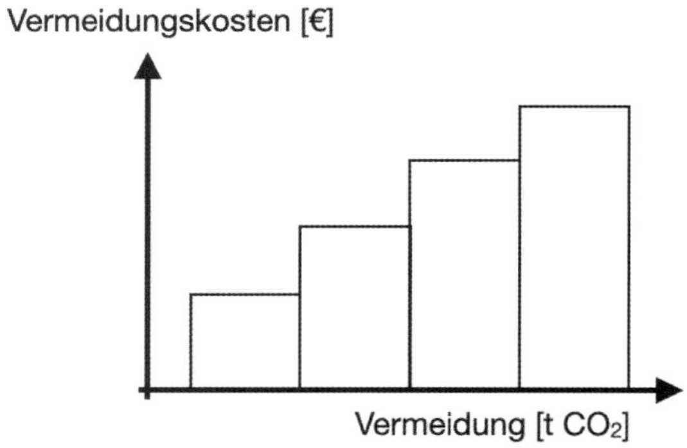

Quelle: eigene Darstellung

Abbildung 12-41: Vermeidungskosten einzelner Maßnahmen

In Abbildung 12-42 sind vier verschiedene CO_2-Vermeidungsmaßnahmen in der Reihenfolge zunehmender Vermeidungskosten aufgeführt (eigentlich sind es negative Kapitalwerte). Würden alle vier Maßnahmen umgesetzt, ergäben sich Gesamtkosten, wie sie in Abbildung 12-42 dargestellt sind.

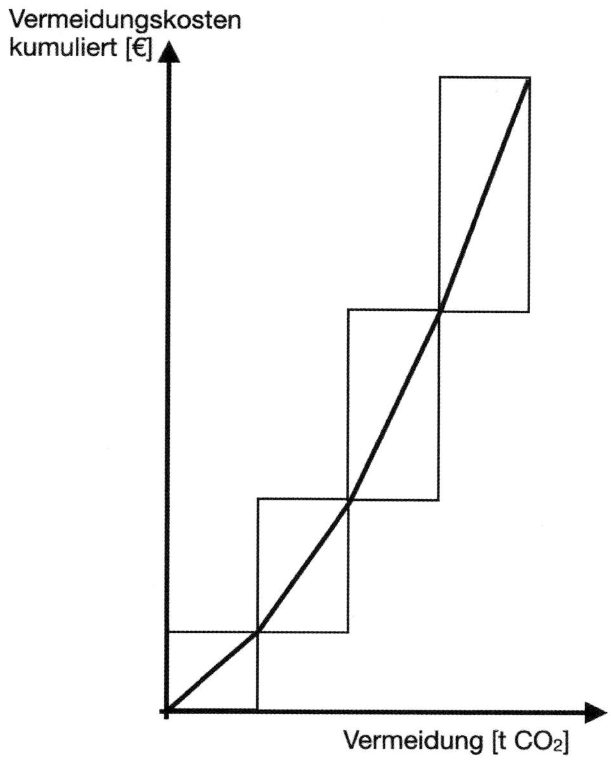

Quelle: eigene Darstellung

Abbildung 12-42: Grafische Darstellung der geordneten kumulierten Vermeidungskosten

Die in der Abbildung eingezeichnete maßnahmenverbindende konvexe Kostenlinie macht deutlich, dass mit zunehmendem Ausmaß an CO_2-Vermeidung die Kosten typischerweise überproportional steigen. Mit anderen Worten: Die Steigung der Gesamtkostenkurve und damit auch die Grenzkosten nehmen mit zunehmender Vermeidungsaktivität zu.

Ermittelt man nun die diskreten Kurvensteigungswerte aller Maßnahmen ($\Delta K/\Delta V$), überträgt sie in ein Koordinatensystem und verbindet die Wertpunkte miteinander, erhält man die Grenzvermeidungskostenkurve, die MAC-Kurve, die i. d. R. eine Gerade ist, siehe Abbildung 12-43.

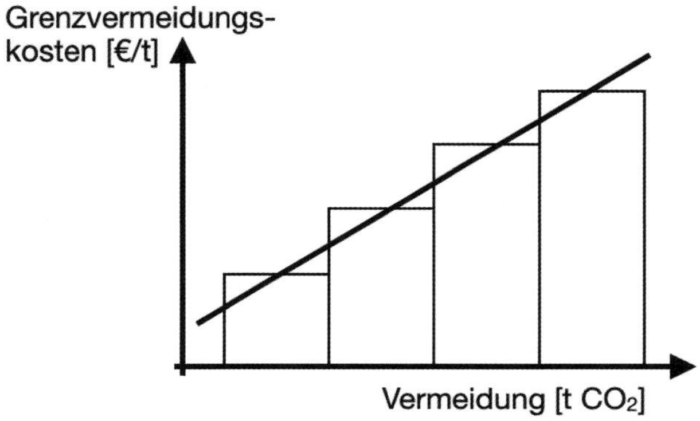

Quelle: eigene Darstellung

Abbildung 12-43: Ableitung der Grenzvermeidungskosten

Das Integral, also die Fläche unter der Geraden, die durchaus auch unterhalb der X-Achse – also mit Grenzvermeidungs**erträgen** – beginnen kann, entspricht dann den Gesamtkosten, die bei einem bestimmten Vermeidungsniveau anfallen würden.

Die Grenzvermeidungskosten oder MAC lassen sich – bei treppenförmigem Grenzkostenverlauf – wie folgt rechnerisch ermitteln:

$$\text{MAC} = \frac{\text{d}VermK}{\text{d}Verm}$$

Mit

VermK Vermeidungskosten [€]

Verm Vermeidungsumfang [t]

Da Maßnahmen jeweils konstante Vermeidungsausmaße aufweisen, wird aus einem Differential- ein Differenzenquotient:

$$\text{MAC} = \frac{\text{d}VermK}{\text{d}Verm} = \frac{\Delta VermK}{\Delta Verm}$$

Die Vermeidungskosten $\Delta VermK$ werden dem Kapitalwert der Maßnahme gleichgesetzt:

$$\Delta VermK = \text{Kapitalwert}_{\text{Maßnahme}}$$

$$\Delta VermK = \sum_{t=0}^{T} \frac{E_t \cdot p_t - Z_{\text{KE},t}}{(1+i)^t}$$

Mit

E_t Energieeinsparungen oder -substituierungen [kWh]

p_t spezifischer Preis für eingesparte oder substituierte Energie [€/kWh]

Z_{KE} Zahlungen aufgrund des Kapitaleinsatzes

i Kalkulationszins

Der Vermeidungsumfang

$$\Delta Verm = \sum_{t=0}^{T} E_t \cdot \text{EF}$$

Mit

EF Emissionsfaktor [kg/kWh]

führt dann schließlich zur Formel für die Grenzvermeidungskosten:

$$\text{MAC} = \frac{\sum_{t=0}^{T} \frac{E_t \cdot p_t - Z_{\text{KE},t}}{(1+i)^t}}{\sum_{t=0}^{T} E_t \cdot \text{EF}}$$

Das Ergebnis ist eine allgemeine und universell einsetzbare MAC-Formel. Sollten die Jahresenergieeinsparungen E_t konstant sein (also E ohne Index), dann reduzierte sich die Formel zu:

$$\text{MAC} = \frac{\sum_{t=0}^{T} \frac{E \cdot p_t - Z_{\text{KE},t}}{(1+i)^t}}{T \cdot E \cdot \text{EF}}$$

Überlegenswert ist, ob die vermiedenen Emissionen diskontiert werden sollten. Der Vermeidungsumfang wäre dann:

$$\Delta Verm = \sum_{t=0}^{T} \frac{E_t \cdot \text{EF}}{(1+i)^t}$$

Diese Frage ist nicht eindeutig zu beantworten, was damit zu tun hat, ob dem Zeitpunkt der jeweiligen Emissionsvermeidung eine Rolle bei der Bewertung zukommt. Ist man der Auffassung, eine frühere Emissionsvermeidung sei einer späteren (im gleichen Umfang) vorzuziehen, dann ist eine

Diskontierung der Emissionsminderung zweckmäßig. Sie führte mit der soeben dargestellten Emissionsminderungsformel zu folgender MAC-Formel:

$$\mathrm{MAC} = \frac{\sum_{t=0}^{T} \frac{E_t \cdot p_t - Z_{\mathrm{KE},t}}{(1+i)^t}}{\sum_{t=0}^{T} \frac{E_t \cdot EF}{(1+i)^t}}$$

Sollte die Jahresenergieeinsparung E_t dann auch konstant sein (also E = const.), dann ließe sich diese Formel unter Verwendung einer Annuität A_{T} des Kapitaleinsatzes vereinfachen zu:

$$\mathrm{MAC} = \frac{A_{\mathrm{T}}}{\overline{E} \cdot \mathrm{EF}}$$

Die folgende Kalkulationstabelle in Abbildung 12-44 zeigt eine beispielhafte MAC-Kalkulation unter Verwendung aller drei Formeln.

Aktueller spezifischer Energiepreis (t = 0)	**0,15 €/kWh**							
Jahresenergieeinsparung E	250 000 kWh							
Emissionsfaktor EF	0,2 kg/kWh							
Kalkulationszinssatz i	5 %							
Jahrespreissänderungssrate (pc_{Erdgas})	**4 %**							
Jahrespreisänderungsrate sonst. (pr)	**3 %**							
Annuitätenperioden	**10**							
Wirkungsdauer T [Jahre]	**10**							
Periode t	0	1	2	3	...	18	19	20
Berücksichtigte Periode	1	1	1	1	...	0	0	0
Jahresenergieeinsparungen E_t		250 000 kWh	250 000 kWh	250 000 kWh	...	0 kWh	0 kWh	0 kWh
Jahresenergieeinsparungen E_t diskontiert		238 095 kWh	226 757 kWh	215 959 kWh	...	0 kWh	0 kWh	0 kWh
Jährliche CO_{2e}-Vermeidung E_t × EF		50 t CO2	50 t CO2	50 t CO2	...	0 t CO2	0 t CO2	0 t CO2
Jährliche CO_{2e}-Vermeidung E_t × EF diskontiert		48 t CO2	45 t CO2	43 t CO2	...	0 t CO2	0 t CO2	0 t CO2
Zahlungen Z_t								
Investitionsauszahlung	-220 000 €							
zusätzliche Wartungsarbeiten		-2 000 €	-2 060 €	-2 122 €	...	0 €	0 €	0 €
Jahresenergiekosteneinsparungen Q_t		39 000 €	40 560 €	42 182 €	...	0 €	0 €	0 €
Summe der Zahlungen Z_t	-220 000 €	37 000 €	38 500 €	40 061 €	...	0 €	0 €	0 €
Barwerte	-220 000 €	35 238 €	34 921 €	34 606 €	...	0 €	0 €	0 €
Net Present Costs NPC (= diskonierte Nettokosten)	**-118 413 €**							
Annuität der NPC	**-15 335 €**							
Gesamte CO_{2e}-Vermeidung	**500 kWh**							
Gesamte CO_{2e}-Vermeidung diskontiert	**386 kWh**							
Results								
Vermeidungskosten $MAC_{komplett\ diskontiert}$ (= C22 / C25)	**-307 €/t**							
Vermeidungskosten $MAC_{nur\ Zahlungsströme\ diskontiert}$ (= C22 / C24)	**-237 €/t**							
Vermeidungskosten $MAC_{per\ Annuität}$ (= C23 × 1000 /(C3 × C4)	**-307 €/t**							

Abbildung 12-44: Beispielhafte Kalkulation von THG-Vermeidungskosten

Die Kalkulationsergebnisse haben hier ein negatives Vorzeichen. Dies bedeutet, dass die betrachtete Maßnahme nicht nur Emissionen reduziert, sondern auch wirtschaftlich vorteilhaft ist, also zu Netto-Kostenentlastungen führt.

Hat man MAC-Analysen für alle energiebezogenen Maßnahmen durchgeführt, bietet es sich an, die Ergebnisse in einem Balkendiagramm in der Reihenfolge aufsteigender MAC darzustellen. Derartige Illustrationen helfen, eine Gesamtübersicht zu erhalten und eine Reihenfolgeplanung durchzuführen. Die folgende Abbildung 12-45 zeigt ein Beispiel dazu.

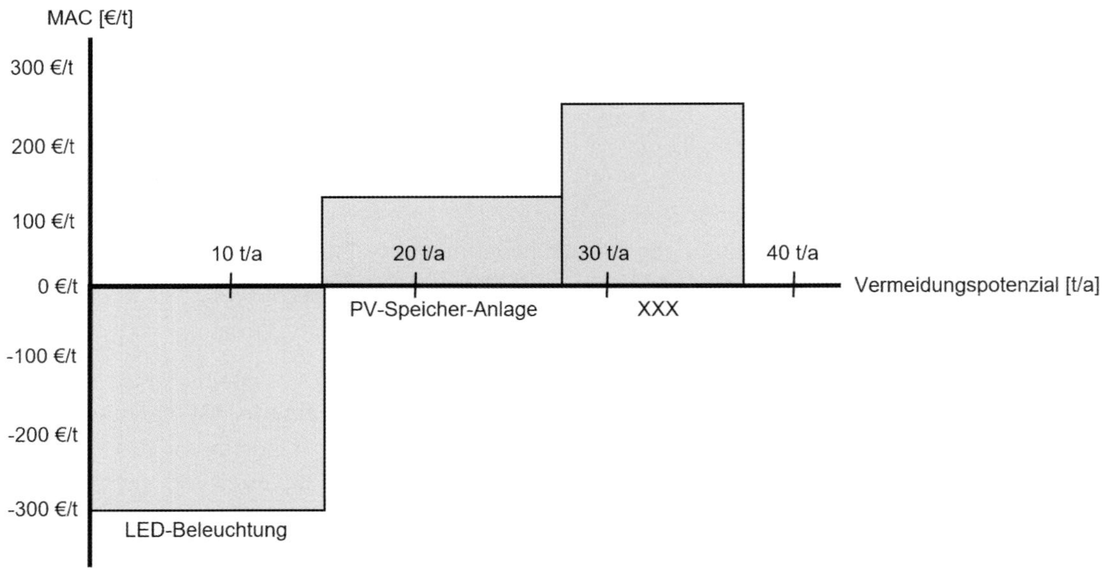

Quelle: eigene Darstellung

Abbildung 12-45: Beispielhafte Gesamtdarstellung des THG-Vermeidungspotenzials

Ferner eignen sich derartige MAC-Übersichten, wenn sie sich allgemeingültig auf ganze Regionen beziehen, um die Preise für wirksame Emissionszertifikate abzuschätzen. Abbildung 12-46 zeigt dazu ein Beispiel.

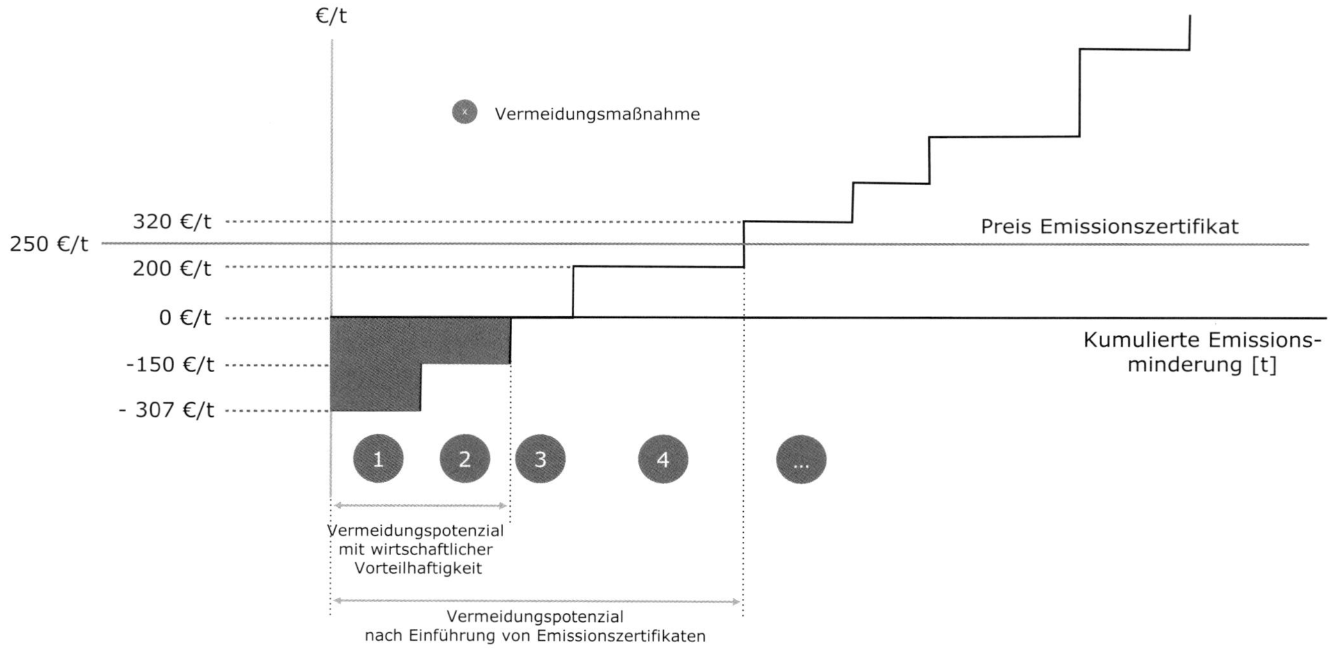

Quelle: eigene Darstellung

Abbildung 12-46: Beispielhafte Bestimmung der Preise für Emissionszertifikate auf der Grundlage einer Ermittlung des THG-Vermeidungspotenzials

12.3 Investitionsrechnung für die Bestimmung von Contracting-Gebühren

Die Idee des Contracting entstand in den 1970er-Jahren im Zuge der Ölpreiskrise zunächst in den USA. Es entwickelte sich damals ein neuer Dienstleistungszweig von Energieversorgungsunternehmen, den allmählich auf den Markt tretenden „Energy Service Companies" (ESCO). Dieser Geschäftszweig zielte auf die Bereitstellung von Energiedienstleistungen bei den Energienutzern ab.

Aufgrund fallender Energiepreise ebbte Mitte der 1980er-Jahre das Contracting-Geschäft ab, bis es Ende der 1980er-Jahre wieder an Fahrt aufnahm, als Contracting nach Europa kam.

Relevante Definitionen zum Thema Contracting bietet etwa die EU-Energieeffizienz-Richtlinie 2023/1791, wonach gem. Art. 2 lit. 29 ein „Energiedienstleister" eine natürliche oder juristische Person ist, die Energiedienstleistungen oder Maßnahmen zur Energieeffizienzverbesserung in den Einrichtungen oder Räumlichkeiten eines Endkunden erbringt bzw. durchführt. Nach Art. 2 lit. 33 dieses Rechtstextes handelt es sich bei „Energy Performance Contracting" (das mit „Energieleistungsvertrag" nicht sehr passend übersetzt wurde) um eine vertragliche Vereinbarung zwischen dem Begünstigten und dem Erbringer einer Maßnahme zur Energieeffizienzverbesserung, die während der gesamten Vertragslaufzeit einer Überprüfung und Überwachung unterliegt und in deren Rahmen Arbeiten, Lieferungen oder Dienstleistungen in die betreffende Maßnahme zur Energieeffizienzverbesserung in Bezug auf einen vertraglich vereinbarten Umfang an Energieeffizienzverbesserungen oder ein anderes vereinbartes Energieleistungskriterium, wie finanzielle Einsparungen, gezahlt werden.

Der DIN-Normenausschuss Kältetechnik hat 2003 die Norm DIN 8930-5 „Terminologie Teil 5: Contracting" verfasst, in der alle wesentlichen Begriffe standardisiert wurden. Zwischenzeitlich wurde diese Norm zurückgezogen.

Darüber hinaus gibt es die GEFMA-Normenserie 540 des Deutschen Verbandes für Facility Management (GEFMA), die 2007 ihre Norm „Energie-Contracting – Erfolgsfaktoren und Umsetzungshilfen" vorgelegt hat. In ihr werden neben Detaildefinitionen auch Verfahrensvorschläge zum Contracting-Ablauf unterbreitet.

Pogoda-Urbanski beschreibt in ihrer Dissertation[130] Contracting als eine Kooperationsform auf Basis eines Vertrages, der die zeitliche und räumliche Übertragung von Aufgaben regelt. Diese Aufgaben beziehen sich auf die zu erbringenden Leistungen und Gegenleistungen der Kooperationspartner (Contracting-Geber und Contracting-Nehmer). Die Leistungen umfassen Aufgaben der Energiebewirtschaftung (im Sinne der Optimierung der End- und Nutzenergiesubstitution mit anderen Ressourcen) mit oder ohne Endenergielieferung. Die Aufgaben erfüllt der Contracting-Geber („Contractor") in eigenem Namen und auf eigene Rechnung für Objekte (Anlagen, Gebäude, Liegenschaften) des Contracting-Nehmers, der als Gegenleistung einen vereinbarten Geldbetrag zu entrichten hat.

Contracting ist eine Kooperationsform, bei der es um die Verbesserung der Energiebewirtschaftung geht. Ziel ist, durch die vom Contractor durchgeführte Planung und den dadurch veranlassten Einsatz technischer Maßnahmen – z. B. Erneuerung der Heizanlage – auf Energienutzerseite (etwa Eigenheimbesitzer, Industriefabrik, öffentliche Einrichtungen etc.) eine dauerhafte Energieverbrauchsreduzierung herbeizuführen. Die dadurch entstehenden Kosteneinsparungen werden im Vorfeld einer Contracting-Kooperation abgeschätzt und dienen anteilig oder vollständig dazu, die erforderlichen technischen Maßnahmen zu finanzieren. Meistens geht es um die Wärmeversorgung von Gebäuden.

130 Pogoda-Urbanski 2013, S. 13.

Charakteristika und ökonomischer Zweck des Contracting

Aus ökonomischer Sicht ist Contracting zunächst einmal eine Finanzierungsform. Ein Anlagenbetreiber bzw. Gebäudeeigentümer bedient sich eines Contracting-Gebers (= Contractor), um eine Effizienzverbesserung zu erzielen, ohne Investitionsausgaben zu zahlen und am Ende die zustande gekommene Sachanlage zu übernehmen. Dafür muss er über eine bestimmte Zeitspanne hinweg Gebühren entrichten, mit denen der Contractor seine Ausgaben finanziert und einen Überschuss erzielt. Insofern ähnelt Contracting einer Ratenzahlung oder einem Leasing.

Der wirtschaftliche Erfolg einer Effizienzverbesserungsmaßnahme wird durch Contracting im Vergleich zur Verbesserung in Eigenregie auf der Seite des Anlagenbetreibers/Gebäudeeigentümers reduziert, da der Contractor am wirtschaftlichen Erfolg einer Maßnahme partizipiert. Eine gedankliche Reduzierung des Geschäftes auf reine Finanzierung greift jedoch zu kurz. In aller Regel umfasst Contracting neben den Finanzierungsaktivitäten auch umfassende Beratung, Konzeptionierung, Projektmanagement, Umsetzung und Wissenstransfer, in gewisser Weise auch Risikoübernahme – Aktivitäten, die in dieser Vielfalt im Rahmen herkömmlicher Beratungsprojekte üblicherweise nicht geboten werden. Insofern ist Contracting als Kombination aus Finanzierung mit umsetzungsorientierter Beratung aufzufassen.

Ein Contracting-Vertrag kommt dann zustande, wenn beide Vertragspartner einen wirtschaftlichen Nutzen erwarten können, wenn für beide ein positiver Kapitalwert (als jeweiliger Anteil am Gesamtkapitalwert des Projektes) generiert werden kann. Dies bedeutet, es müssen mindestens gedeckt sein auf der Seite des

- **Contracting-Gebers** (Contractors) während der Contracting-Vertragslaufzeit die diskontierten Rückflüsse, bestehend aus Contracting-Gebühren, der Investitionsauszahlung und den laufenden zahlungswirksamen Betriebskosten.
- **Contracting-Nehmers** über die gesamte Wirkungsdauer des Projektes hinweg, d. h. über die Contracting-Vertragslaufzeit hinaus, die diskontierten Einsparungen der Contracting-Gebühren.

Man unterscheidet verschiedene Arten des Contracting. Zu den bekanntesten zählen:

- Energieliefer-Contracting
- Energieleistungs- bzw. Einspar-Contracting

Auf sie gehen die nächsten Abschnitte näher ein. Zunächst werden jeweils die Konzepte grob vorgestellt, um im Anschluss anhand von Fallbeispielen die Funktionsweise und schließlich die Ermittlung der wirtschaftlichen Vorteilhaftigkeit und hieraus abgeleitet der Contracting-Gebühren zu verdeutlichen.

12.3.1 Energieliefer-Contracting

Beim Energieliefer-Contracting übernimmt das Energiedienstleistungsunternehmen als Contractor die Teil-Energieversorgung (i. d. R. Wärmeversorgung) des Kunden als Contracting-Nehmer während der vereinbarten Vertragslaufzeit in alleiniger Verantwortung. Der Contractor ist wirtschaftlicher Eigentümer der zu installierenden Anlage (i. d. R. Heizanlage). Er plant, finanziert und errichtet sie, oder er übernimmt eine beim Kunden bereits vorhandene Anlage. Außerdem kümmert er sich um die Wartung, setzt sie bei Bedarf instand oder erneuert sie gegebenenfalls.

Die gesamten Aufwendungen des Contractors werden regelmäßig in den Grund-, Mess- und Arbeitspreis für den Energieverbrauch einkalkuliert, den der Kunde zu zahlen hat. Dieses Entgelt liegt häufig höher als die Kosten für die bisherige Versorgung (z. B. Gaskosten im Falle einer bisherigen Gasheizung).

Im Vordergrund steht beim Energieliefer-Contracting die Senkung des Endenergieverbrauchs, z. B. durch eine neue, effizientere Heizanlage. Der Nutzenergieverbrauch (der Wärmebedarf des Gebäudes) wird üblicherweise nicht tangiert, also als konstant angesehen (wesentlicher Unterschied zum Einspar-Contracting!).

Während der Vertragslaufzeit zahlt der Contracting-Nehmer eine Contracting-Gebühr, die häufig aus einer Grund- und Messgebühr (jeweils in €/a) sowie einem spezifischen Arbeitspreis [€/kWh] für die bereitgestellte Nutzenergie besteht. Im Beispiel in Abbildung 12-47 ist die Gebühr so bemessen, dass der Contracting-Nehmer etwa die gleichen laufenden Kosten (Energiekosten plus Contracting-Gebühr) zu tragen hat wie vor dem Contracting.

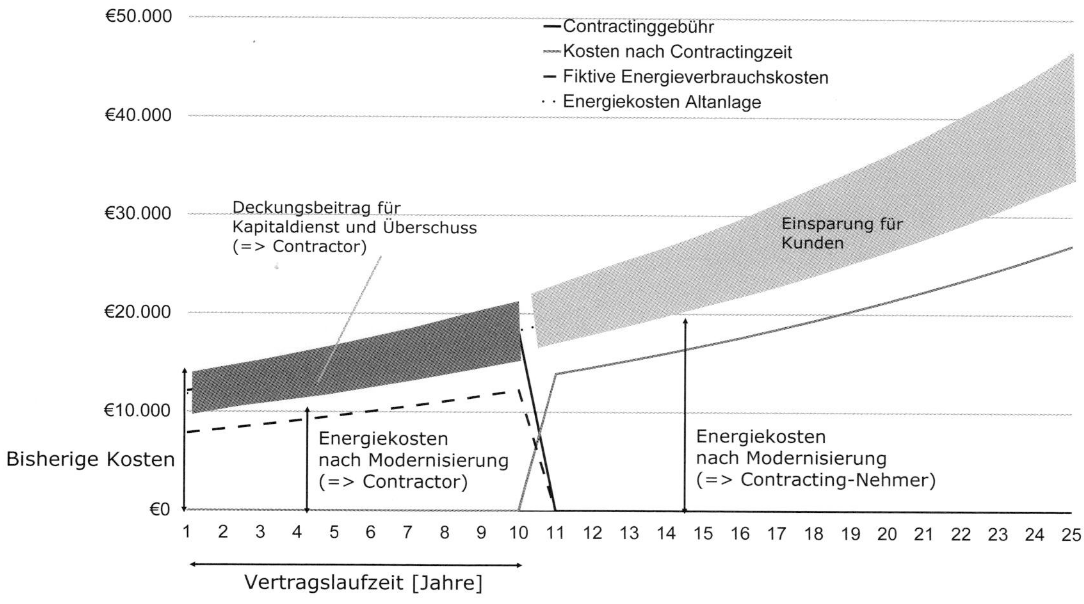

Quelle: eigene Darstellung

Abbildung 12-47: Aufteilung der Kosten/Gebühren beim Energieliefer-Contracting

Der Abbildung ist zu entnehmen, dass vor allem nach Ende der Vertragslaufzeit die Wirkungen der Verbesserungsmaßnahme für den Contracting-Nehmer zu Tage treten.

Die Kapitalwertgleichungen, die schließlich auch der Einstellung der Gebührensätze dienen sollen, lassen sich wie folgt aufstellen:

$$\mathrm{KW}_{\mathrm{Contractinggeber}} = \sum_{t=1}^{\mathrm{VLZ}} \frac{\mathrm{GP} + \mathrm{MP}}{q^t} + \sum_{t=1}^{\mathrm{VLZ}} \frac{\mathrm{NE}_t \cdot p_{\mathrm{NE},t}}{q^t} - \sum_{t=0}^{\mathrm{VLZ}} \frac{\mathrm{CAPEX}_t + \mathrm{OPEX}_t}{q^t} - \sum_{t=0}^{\mathrm{VLZ}} \frac{\mathrm{EE}_t \cdot p_{\mathrm{EE},t}}{q^t}$$

Mit

GP Grundpreis [€]

MP Messpreis [€]

NE_t Nutzenergie zum Zeitpunkt t

EE_t Endenergie zum Zeitpunkt t

$p_{\mathrm{NE},t}$ Arbeitspreis für Nutzenergie zum Zeitpunkt t

$p_{\mathrm{EE},t}$ Arbeitspreis für Endenergie zum Zeitpunkt t

VLZ Vertragslaufzeit

$$\begin{aligned}\mathrm{KW}_{\mathrm{Contractingnehmer}} &= \sum_{t=1}^{T} \frac{\mathrm{EE}_{\mathrm{vorher},t} \cdot p_{\mathrm{EE},t} + \mathrm{OPEX}_{\mathrm{vorher},t}}{q^t} - \sum_{t=1}^{\mathrm{VLZ}} \frac{\mathrm{GP}_t + \mathrm{MP}_t + \mathrm{NE}_t \cdot p_{\mathrm{NE},t}}{q^t} \\ &\quad - \sum_{t=\mathrm{VLZ}+1}^{T} \frac{\mathrm{EE}_{\mathrm{nachher},t} \cdot p_{\mathrm{EE},t} + \mathrm{OPEX}_{\mathrm{nachher},t}}{q^t}\end{aligned}$$

Zur Vorbereitung auf etwaige Vertragsverhandlungen ist hilfreich, einen Minimal-Arbeitspreis für Nutzenergie zu ermitteln, der zu einem Kapitalwert von null führen würde (dann entspräche der Kalkulationszins dem Internen Zinsfuß, also der Effektivverzinsung). Hierzu ist die Gleichung für Contracting-Geber zunächst um die drei folgenden Ergänzungen zu modifizieren:

Die Nutzenergie entspricht der Endenergie multipliziert mit dem Nutzungsrad

$$\mathrm{NE}_t = \mathrm{EE}_t \cdot \eta$$

und die zeitlich variierenden spezifischen Energiepreise werden durch einen mit einer Preisänderungsrate beaufschlagten konstanten Anfangswert zu

$$p_{\mathrm{EE},t} = p_{\mathrm{EE},0} \cdot (1 + \Delta p)^t$$

$$p_{\mathrm{NE},t} = p_{\mathrm{NE},0} \cdot (1 + \Delta p)^t$$

weiterentwickelt, sodass sich die folgende Modifikation ergibt:

$$\mathrm{KW}_{\mathrm{Contractinggeber}} = \sum_{t=1}^{\mathrm{VLZ}} \frac{\mathrm{GP} + \mathrm{MP}}{q^t} + \sum_{t=1}^{\mathrm{VLZ}} \frac{\mathrm{EE}_t \cdot \eta \cdot p_{\mathrm{NE},0} \cdot (1 + \Delta p)^t}{q^t} - \sum_{t=0}^{\mathrm{VLZ}} \frac{\mathrm{CAPEX}_t + \mathrm{OPEX}_t}{q^t} - \sum_{t=0}^{\mathrm{VLZ}} \frac{\mathrm{EE}_t \cdot p_{\mathrm{EE},0} \cdot (1 + \Delta p)^t}{q^t} \stackrel{!}{=} 0$$

$$\mathrm{KW}_{\mathrm{Contractinggeber}} = \sum_{t=1}^{\mathrm{VLZ}} \frac{\mathrm{GP} + \mathrm{MP}}{q^t} + p_{\mathrm{NE},0} \cdot \sum_{t=1}^{\mathrm{VLZ}} \frac{\mathrm{EE}_t \cdot \eta \cdot (1 + \Delta p)^t}{q^t} - \sum_{t=0}^{\mathrm{VLZ}} \frac{\mathrm{CAPEX}_t + \mathrm{OPEX}_t}{q^t} - \sum_{t=0}^{\mathrm{VLZ}} \frac{\mathrm{EE}_t \cdot p_{\mathrm{EE},0} \cdot (1 + \Delta p)^t}{q^t} \stackrel{!}{=} 0$$

Eine Umstellung der Gleichung zu

$$p_{\mathrm{NE},0} \cdot \sum_{t=1}^{\mathrm{VLZ}} \frac{\mathrm{EE}_t \cdot \eta \cdot (1 + \Delta p)^t}{q^t} = \sum_{t=0}^{\mathrm{VLZ}} \frac{\mathrm{CAPEX}_t + \mathrm{OPEX}_t}{q^t} + \sum_{t=0}^{\mathrm{VLZ}} \frac{\mathrm{EE}_t \cdot p_{\mathrm{EE},0} \cdot (1 + \Delta p)^t}{q^t} - \sum_{t=1}^{\mathrm{VLZ}} \frac{\mathrm{GP} + \mathrm{MP}}{q^t}$$

führt schließlich zu dem spezifischen Minimum-Nutzenergiepreis zum gegenwärtigen Zeitpunkt (i. d. R. spezifischer Wärmepreis):

$$p_{\mathrm{NE,min.},0} = \frac{\sum_{t=0}^{\mathrm{VLZ}} \frac{\mathrm{CAPEX}_t + \mathrm{OPEX}_t}{q^t} + \sum_{t=0}^{\mathrm{VLZ}} \frac{\mathrm{EE}_t \cdot p_{\mathrm{EE},0} \cdot (1 + \Delta p)^t}{q^t} - \sum_{t=1}^{\mathrm{VLZ}} \frac{\mathrm{GP} + \mathrm{MP}}{q^t}}{\sum_{t=1}^{\mathrm{VLZ}} \frac{\mathrm{EE}_t \cdot \eta \cdot (1 + \Delta p)^t}{q^t}}$$

Das folgende Praxisbeispiel, bei dem es darum geht, eine vorhandene Heiztherme durch eine neue auszutauschen, zeigt eine Berechnung des Kapitalwertes für den Contracting-Geber und des Minimal-Nutzenergiepreises unter Verwendung der eben hergeleiteten Formel (siehe Abbildung 12-48).

Basiskalkulationszinsfuß i	5 %	Vertragskondition						
Preissteigerungsrate Allgemein	3 %	Simulationsparameter						
Preissteigerungsrate Energie	8 %	Simulationsparameter						
Energieverbrauch vor Contracting [kWh/a]	300 000	Simulationsparameter						
Gesamtwirkungsgrad η vor Contracting	60 %	Simulationsparameter						
Endenergieverbrauch ab Contracting [kWh/a]	200 000	Simulationsparameter						
Gesamtwirkungsgrad η ab Contracting	90 %	Simulationsparameter						
Nutzenergieerzeugung [kWh/a]	180 000	Simulationsparameter						
Investitionsauszahlung Heiztherme komplett	30 000 €	Simulationsparameter						
Nutzenergie-Grundpreis GP [€/a]	1 000 €	Vertragskondition						
Nutzenergie-Messpreis MP [€/a]	500 €	Vertragskondition						
Zu berücksichtigende Perioden [Jahre]	20	Simulationsparameter						
Vertragslaufzeit VLZ [Jahre]	10	Vertragskondition						
Spezifische End-Energiekosten $p_{EE,0}$ [€/kWh]	0,05 €/kWh	Vertragskondition						
Contracting-Nutzenergie-Arbeitspreis $p_{NE,0}$ [€/kWh]	0,09 €/kWh	Vertragskondition						
Periodenende t	0	1	2	3	...	18	19	20
Berücksichtigte Perioden ("1" = "Ja")	1	1	1	1	...	1	1	1
Contracting-Perioden ("1" = "Ja")	1	1	1	1	...	0	0	0
Kalkulationszinsfuß i_t		5,0 %	5,0 %	5,0 %	...	5,0 %	5,0 %	5,0 %
Spezifische Endenergiekosten [€/kWh]		0,054 €/kWh	0,058 €/kWh	0,063 €/kWh	...	0,2 €/kWh	0,216 €/kWh	0,233 €/kWh
Nutzenergie-Arbeitspreis [€/kWh]		0,097 €/kWh	0,105 €/kWh	0,113 €/kWh	...	0,36 €/kWh	0,388 €/kWh	0,419 €/kWh
Wartung, Reparatur		500 €	515,00 €	530,45 €	...	826,42 €	851,22 €	876,75 €
Personalkosten Betrieb		300 €	309,00 €	318,27 €	...	495,85 €	510,73 €	526,05 €
Auszahlungen (keine Vorzeigen angeben)								
Investitionsauszahlung Heiztherme komplett	30 000 €							
Wartung, Reparatur		500 €	515 €	530 €	...	0 €	0 €	0 €
Personalkosten Betrieb		300 €	309 €	318 €	...	0 €	0 €	0 €
Kosten für Endenergieverbrauch		10 800 €	11 664 €	12 597 €	...	0 €	0 €	0 €
Einzahlungen (keine Vorzeigen angeben)								
Nutzenergie-Grundpreis [€/a]		1 000 €	1 000 €	1 000 €	...	0 €	0 €	0 €
Nutzenergie-Arbeitspreis [€/kWh]		17 496 €	18 896 €	20 407 €	...	0 €	0 €	0 €
Nutzenergie-Messpreis [€/a]		500 €	500 €	500 €	...	0 €	0 €	0 €
Resultate/Indikatoren								
Summe	-30 000 €	7 396 €	7 908 €	8 461 €	...	0 €	0 €	0 €
Barwerte	-30 000 €	7 044 €	7 172 €	7 309 €	...	0 €	0 €	0 €
Kapitalwert	47 212 €							
$P_{NE,0}$ - Zähler	30 000 €	9 619 €	9 966 €	10 319 €	...	0 €	0 €	0 €
$P_{NE,0}$ - Nenner		185 143 kWh	190 433 kWh	195 874 kWh	...	0 kWh	0 kWh	0 kWh
Nutzenergie-Arbeitspreis $P_{NE,0,\,min.}$	0,068 €/kWh							

Abbildung 12-48: Berechnung des Minimal-Nutzenergiepreises und des Kapitalwertes für einen Contracting-Geber für den beispielhaften Austausch einer vorhandenen Heiztherme durch eine neue

In der letzten Zeile wird ein Minimal-Nutzenergiepreis in Höhe von 6,8 Cent je kWh ausgewiesen. Angewandt würde dieser Preis zu einem Kapitalwert von nahezu 0 Euro führen. Im Beispiel wurde ein höherer Nutzenergiearbeitspreis festgelegt (9 Cent pro kWh), sodass sich ein Kapitalwert von 47 212 Euro ergibt. Die Höherstufung ist hier erfolgt, um eine ausgewogene Kapitalwertaufteilung für beide Vertragspartner zu erreichen, wie die folgende Kapitalwertberechnung des Contracting-Nehmers verdeutlicht (siehe Abbildung 12-49).

Basiskalkulationszinsfuß i	5 %							
Preissteigerungsrate Allgemein	3 %							
Preissteigerungsrate Energie	8 %							
Zu zahlender Energieverbrauch vor Contracting [kWh/a]	300 000							
Gesamtwirkungsgrad η vor Contracting	60 %							
Endenergieverbrauch ab Contracting [kWh/a]	200 000							
Gesamtwirkungsgrad η ab Contracting	90 %							
Zu zahlender Nutz-Energieverbrauch seit Contracting [kWh/a]	180 000							
Nutzenergie-Grundpreis [€/a]	1 000 €							
Nutzenergie-Messpreis [€/a]	500 €							
Zu berücksichtigende Perioden [Jahre]	20							
Contracting-Vertragsdauer	10							
Spezifische End-Energiekosten [€/kWh]	0,05							
Contracting-Nutzenergie-Arbeitspreis [€/kWh]	0,09							
Periodenende t	0	1	2	3	…	18	19	20
Berücksichtigte Perioden ("1" = "Ja")	1	1	1	1	…	1	1	1
Contracting-Perioden ("1" = "Ja")	1	1	1	1	…	0	0	0
Kalkulationszinsfuß i_t		5,0 %	5,0 %	5,0 %	…	5,0 %	5,0 %	5,0 %
Zinsfaktor q_t		1,05	1,05	1,05	…	1,05	1,05	1,05
Aggregierter Zinsfaktor $aq_t = \prod q_t$		1,05	1,10	1,16	…	2,41	2,53	2,65
Spezifische End-Energiekosten [€/kWh]		0,054 €/kWh	0,058 €/kWh	0,063 €/kWh	…	0,2 €/kWh	0,216 €/kWh	0,233 €/kWh
Nutzenergie-Arbeitspreis [€/kWh]		0,097 €/kWh	0,105 €/kWh	0,113 €/kWh	…	0,36 €/kWh	0,388 €/kWh	0,419 €/kWh
Auszahlungen (keine Vorzeigen angeben)								
Contracting-Nutzenergie-Grundkosten [€/a]		1 000 €	1 000 €	1 000 €	…	0 €	0 €	0 €
Contracting-Nutzenergie-Arbeitskosten [€/kWh]		17 496 €	18 896 €	20 407 €	…	0 €	0 €	0 €
Contracting-Nutzenergie-Messkosten [€/a]		500 €	500 €	500 €	…	0 €	0 €	0 €
Energieverbrauchskosten nach Contracting-Zeit		0 €	0 €	0 €	…	39 960 €	43 157 €	46 610 €
Wartung, Reparatur nach Contracting-Zeit		0 €	0 €	0 €	…	826 €	851 €	877 €
Personalkosten Betrieb nach Contracting-Zeit		0 €	0 €	0 €	…	496 €	511 €	526 €
Einzahlungen (keine Vorzeigen angeben)								
Energieeinsparungen Altanlage		16 200 €	17 496 €	18 896 €	…	59 940 €	64 736 €	69 914 €
Wartung, Reparatur ohne Contracting		500 €	515 €	530 €	…	0 €	0 €	0 €
Resultate/Indikatoren								
Summe	0 €	-2 296 €	-2 385 €	-2 481 €	…	18 658 €	20 217 €	21 902 €
Barwerte	0 €	-2 187 €	-2 163 €	-2 143 €	…	7 753 €	8 000 €	8 255 €
Kapitalwert	50 590 €							

Abbildung 12-49: Kapitalwertberechnung für einen Contracting-Nehmer

Im Beispiel ergibt sich ein Kapitalwert in Höhe von 50,0590 Euro für den Contracting-Nehmer. Dieses Ergebnis entspricht in seiner Höhe ungefähr dem Kapitalwert des Contracting-Gebers.

Welche **Risiken** sind mit einem derartigen Contracting-Geschäft verbunden und wie könnte man mit ihnen umgehen? Zunächst einmal sind die Preisänderungsraten schwer abzuschätzen und insofern mit größeren Unsicherheiten behaftet. Hier könnte man vertraglich Preisgleitklauseln vorsehen. Als eine nächste Ungewissheit, insbesondere auf der Contracting-Geberseite, wäre eine Nutzungsänderung zu nennen (durch geändertes Verhalten wird weniger Nutzenergie benötigt). Eine derartige Abweichung vom Plan ließe sich durch eine vereinbarte Minimalabnahme verhindern. Eine nächste Ungewissheit bezieht sich auf die Nutzenergiebedarfsänderungen aufgrund von Klima-, Wetter- und Witterungseinflüssen. Sie kann durch Berücksichtigung von Gradtagstunden kompensiert werden. Das im nächsten Abschnitt vorzustellende Beispiel zum Einspar-Contracting wird eine derartige Kompensation vorstellen. Schließlich gibt es noch die Risiken durch Zahlungsunfähigkeit auf Contracting-Nehmer-Seite oder Leistungsunfähigkeit auf Contractor-Seite. Hier könnte man u. U. Versicherungsleistungen in Anspruch nehmen.

Eine weitere Risikoart könnte vorliegen, wenn einer der Vertragspartner systembedingt – und rein ökonomisch betrachtet – möglicherweise gar nicht an einem Erfolg des Effizienzverbesserungsprojektes – als eigentliches Ziel des Contractings – interessiert ist. Hierzu ist zu prüfen, inwieweit sich die Kapitalwerte der beiden Vertragspartner ändern, wenn sich die Energieeffizienzverbesserung nicht wie geplant einstellt.

Ist der Ist-Energieverbrauch X % niedriger als der Planenergieverbrauch, dann führt dies

- auf der Contracting-Nehmerseite zu proportional niedrigeren Kosten.
- auf der Contracting-Geberseite zu proportional geringerem Deckungsbeitrag (Erlös aus Nutzenergiearbeitspreis ./. Kosten aus Einkaufsarbeitspreis).

Ist der Ist-Energieverbrauch X % höher als der Planenergieverbrauch, dann führt dies

- auf der Contracting-Nehmerseite zu proportional höheren Kosten.
- auf der Contracting-Geberseite zu einem proportional höheren Deckungsbeitrag (Erlös aus Nutzenergiearbeitspreis ./. Kosten aus Endenergiearbeitspreis).

Deutlich wird, dass beim Energieliefer-Contracting der Contractor Interesse an hohem Energieverbrauch des Contracting-Nehmers hat. Hieraus ergibt sich ein Glaubwürdigkeitsproblem.

Demgegenüber zeichnet sich der Contracting-Nehmer durch überproportionales Interesse an einem energiesparsamen Verhalten aus, da ein Einspareffekt je kWh zum Leidwesen des Contractors (→ DB-Reduzierung) nun größer ist, als wenn eine EnPI-Maßnahme in Eigenregie umgesetzt worden wäre. Darüberhinausgehenden Aktivitäten zur Reduzierung des Nutzenergiebedarfs (etwa durch Gebäudesanierungsarbeiten) dürfte ein Contracting-Geber negativ gegenüberstehen. Mit anderen Worten: Die Anreizstruktur ist beim Energieliefer-Contracting – etwa auch im Vergleich zum Einspar-Contracting – sehr einseitig.

12.3.2 Energieeinspar-Contracting gemäß DIN EN 17669 „Energieeinspar-Contracting – Mindestanforderungen"

Beim Einspar-Contracting, das auch als Energieleistungs-Contracting (engl. „*energy performance contracting*") bezeichnet wird, erbringt der Contractor über das Energieliefer-Contracting hinaus weitere energierelevante Leistungen, mit dem Ziel, nicht nur den Endenergieverbrauch und somit nicht nur die Effizienzverbesserung der Wärmeerzeugung, sondern auch durch Reduzierung der Nutzenergiemenge den Wärmebedarf zu senken.

So entwickelt er üblicherweise umfassende Energieeinsparkonzepte für Gebäude, die über Energieverteilungsanlagen hinaus häufig energetische Gebäudesanierungen mit umfassen. Es werden Einspargarantien vertraglich vereinbart.

Besondere Bedeutung für die Praxis des Energieeinspar-Contractings hat die Norm DIN EN 17669 „Energieeinspar-Contracting – Mindestanforderungen", in die – zur Bestimmung von Contracting-Gebühren – die Vorgehensweise der VALERI-Norm DIN EN 17463 eingeflossen ist. Auf DIN EN 17669 soll im Folgenden Bezug genommen werden.

Die folgende Grafik in Abbildung 12-50 verdeutlicht, dass der Contracting-Nehmer die – aufgrund der Contracting-Maßnahmen reduzierten – Endenergiekosten trägt und darüber hinaus eine Contracting-Gebühr zu zahlen hat, die sich an den zuvor festgelegten Einspargarantien (= Reduzierung des normalisierten Energieverbrauchs) orientiert.

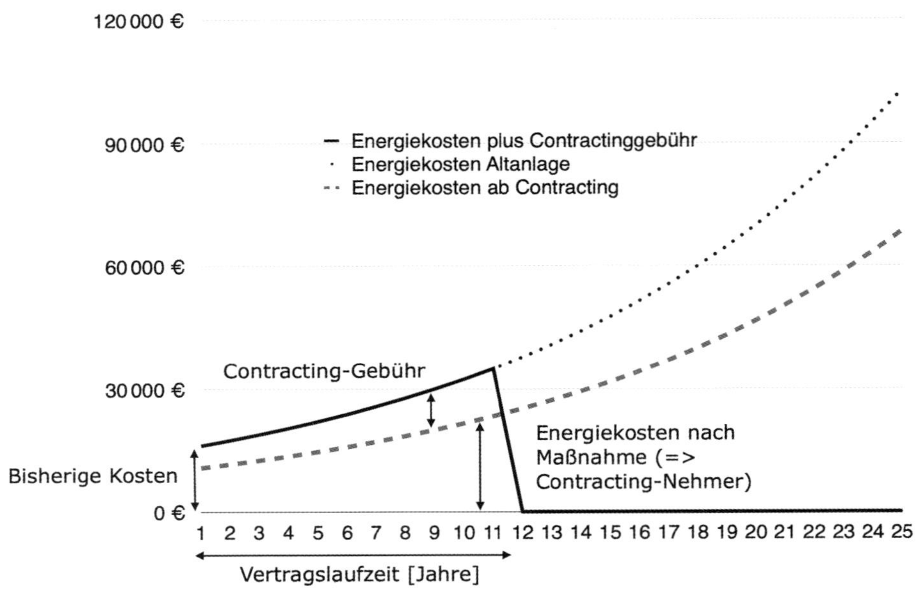

Quelle: eigene Darstellung

Abbildung 12-50: Kosten und Gebühren beim Einspar-Contracting

Weichen die Garantien (= normalisierte[131] Plan-Energieverbrauchsänderungen) von den Ist-Energieverbrauchsänderungen ab, dann fällt die zu entrichtende Contracting-Gebühr – je nach vertraglicher Einstellung der relevanten Parameter – entsprechend höher bzw. niedriger aus.

In der Abbildung wurde ein Beispiel zugrunde gelegt, bei dem die Vertragslaufzeit so festgelegt worden ist, dass die Contracting-Gebühren zusammen mit den verbleibenden Endenergiekosten dem Niveau der bisherigen Energiekosten entsprechen, sodass der Contracting-Nehmer über diese Zeitspanne hinweg die Kostenbelastung nicht spürt. Das muss nicht so sein; andere Einstellvarianten sind denkbar.

Zur Herleitung der Kapitalwertgleichungen, mit denen für den jeweiligen Einzelfall auch die Gebührensätze eingestellt werden können, wird auf DIN EN 17669 Bezug genommen. Die relevanten Kapitalwertgleichungen lauten:

$$\mathrm{KW}_{\mathrm{Contractinggeber}} = \sum_{t=0}^{\mathrm{VLZ}} \frac{\mathrm{CGeb}}{q^t} - \sum_{t=0}^{\mathrm{VLZ}} \frac{\mathrm{CAPEX}_t + \mathrm{OPEX}_t}{q^t}$$

und

$$\mathrm{KW}_{\mathrm{Contractingnehmer}} = \sum_{t=1}^{T} \frac{(\mathrm{EE}_{\mathrm{vorher}} - \mathrm{EE}_{\mathrm{nacher}}) \cdot p_{\mathrm{EE},t}}{q^t} - \sum_{t=1}^{\mathrm{VLZ}} \frac{\mathrm{CGeb}}{q^t} - \sum_{t=\mathrm{VLZ}+1}^{T} \frac{\mathrm{OPEX}_{\mathrm{nachher},t}}{q^t}$$

Mit

KW	Kapitalwert
CGeb	Contractingebühr [€/a]; Einstellung siehe unten
$\mathrm{EE}_{\mathrm{vorher}}$	der jährliche Endenergieverbrauch [kWh/a] vor der Verbesserungsmaßnahme, normalisiert
$\mathrm{EE}_{\mathrm{nacher}}$	der erwartete jährliche Endenergieverbrauch [kWh/a] nach der Verbesserungsmaßnahme
$p_{\mathrm{EE},t}$	der spezifische Energiepreis in Periode t [€/kWh]
VLZ	die Vertragslaufzeit [Jahre]
T	die Laufzeit der Effizienzverbesserungsmaßnahme [Jahre]

131 Auf die Bedeutung der „Normalisierung" von Energieverbrauchsänderungen wird in der Erklärung von Abbildung 12-55 näher eingegangen.

q	der Diskontierungsfaktor $(1-i)$
i	der Kalkulationszinssatz [%]
CAPEX_t	die Kapitalausgabe im Zeitraum t [€] (Capital Expenditures)
OPEX_t	die Betriebsausgaben im Zeitraum t [€] (Operational Expenditures)
$\text{OPEX}_{\text{nachher},t}$	die Betriebsausgaben ab der Verbesserungsmaßnahme im Zeitraum t [€]

Zur Bestimmung der Contracting-Gebühren CGeb gilt mit

$$\text{Red}_{\text{Soll}} = \text{EE}_{\text{vorher}} \cdot \text{erwartete Energieeinsparung [\%]}$$

$$\text{Red}_{\text{Ist}} = \text{EE}_{\text{vorher}} - \text{EE}_{\text{Ist}}$$

Mit

EE_{Ist} der tatsächliche Endenergieverbrauch [kWh/a] nach der Verbesserungsmaßnahme

im Falle einer Übererfüllung der Einspargarantie

$$\text{wenn } \text{Red}_{\text{Ist},t} \geq \text{Red}_{\text{Soll},t}\text{: CGeb} = \alpha + \Big(\text{Red}_{\text{Soll}} + \big(\text{Red}_{\text{Ist},t} - \text{Red}_{\text{Soll}}\big) \cdot (1-\beta)\Big) \cdot \delta \cdot p_{\text{EE},t}$$

im Falle einer Untererfüllung der Einspargarantie

$$\text{wenn } \text{Red}_{\text{Ist},t} < \text{Red}_{\text{Soll},t}\text{: CGeb} = \alpha + \big(\text{Red}_{\text{Ist},t} + \big(\text{Red}_{\text{Soll}} - \text{Red}_{\text{Ist},t}\big) \cdot \gamma\big) \cdot \delta \cdot p_{\text{EE},t}$$

Mit

$\text{Red}_{\text{Ist},t}$	die tatsächliche $\text{EE}_{\text{Reduktion}}$ im Zeitraum t [kWh/a];
Red_{Soll}	die garantierte $\text{EE}_{\text{Reduktion}}$ [kWh/a];
α	Jahresgrundgebühr [€/a]
β	der Beteiligungsfaktor bei Übererfüllung [%][132]
γ	der Beteiligungsfaktor bei Nichterfüllung [%][133]
δ	der Aufteilungsfaktor [%][134]

Im Falle einer Übererfüllung der Einspargarantie würden sich extreme β-Einstellungen wie folgt auswirken:

$$\text{bei } \beta = 1\text{: CGeb} = \alpha + \text{Red}_{\text{Soll}} \cdot \delta \cdot p_{\text{EE},t}$$

(das wäre vorteilhaft für den Contracting-Nehmer),

$$\text{bei } \beta = 0\text{: CGeb} = \alpha + \text{Red}_{\text{Ist},t} \cdot \delta \cdot p_{\text{EE},t}$$

(das wäre vorteilhaft für den Contracting-Geber).

Im Falle einer Untererfüllung der Einspargarantie würden sich extreme γ-Einstellungen wie folgt auswirken:

$$\text{bei } \gamma = 1\text{: CGeb} = \alpha + \text{Red}_{\text{Soll}} \cdot \delta \cdot p_{\text{EE},t}$$

(das wäre vorteilhaft für den Contracting-Geber),

$$\text{bei } \gamma = 0\text{: CGeb} = \alpha + \text{Red}_{\text{Ist},t} \cdot \delta \cdot p_{\text{EE},t}$$

(das wäre vorteilhaft für den Contracting-Nehmer).

Die beiden folgenden Tabellen (in Abbildung 12-51 und Abbildung 12-52) zeigen eine Simulation der Einstellparameter.

---

132 100 % bedeuten: Die gesamten über dem Zielwert liegenden Einsparungen werden nicht in der Contracting-Gebühr berücksichtigt, gehen also nicht dem Contracting-Geber während der Vertragslaufzeit zu.

133 100 % bedeuten: 100 % der unter dem Zielwert liegenden Einsparungen gehen während der Vertragslaufzeit an den Contracting-Geber.

134 100 % bedeuten: 100 % der Einsparungen gehen während der Vertragslaufzeit an den Contracting-Geber, wenn Ist-Verbrauch = Soll-Verbrauch.

Szenario	1	2	3	3
α	2 000 €	2 000 €	2 000 €	2 000 €
β	100 %	0	50 %	50 %
δ	100 %	100 %	100 %	50 %
Red_{Ist}	12 000 kWh	12 000 kWh	12 000 kWh	12 000 kWh
Red_{Plan}	10 000 kWh	10 000 kWh	10 000 kWh	10 000 kWh
Differenz	2 000 kWh	2 000 kWh	2 000 kWh	2 000 kWh
p_{EE}	0,3 €/kWh	0,3 €/kWh	0,3 €/kWh	0,3 €/kWh
Wert von Red_{Ist}	3 600 €	3 600 €	3 600 €	3 600 €
Wert von Red_{Soll}	3 000 €	3 000 €	3 000 €	3 000 €
Geb	5 000 €	5 600 €	5 300 €	3 650 €

Abbildung 12-51: Gebührenrechner für $Red_{Ist} > Red_{Soll}$

Szenario	1	2	3	4
α	2 000 €	2 000 €	2 000 €	2 000 €
γ	100 %	0	50 %	50 %
δ	100 %	100 %	100 %	50 %
Red_{Ist}	10 000 kWh	10 000 kWh	10 000 kWh	10 000 kWh
Red_{Plan}	12 000 kWh	12 000 kWh	12 000 kWh	12 000 kWh
Differenz	-2 000 kWh	-2 000 kWh	-2 000 kWh	-2 000 kWh
p_{EE}	0,3 €/kWh	0,3 €/kWh	0,3 €/kWh	0,3 €/kWh
Wert von Red_{Ist}	3 000 €	3 000 €	3 000 €	3 000 €
Wert von Red_{Soll}	3 600 €	3 600 €	3 600 €	3 600 €
Geb	5 600 €	5 000 €	5 300 €	3 650 €

Abbildung 12-52: Gebührenrechner für $Red_{Ist} < Red_{Soll}$

Wie oben bereits angeführt, folgt die eben aufgeführte Gebühren-Kalkulationsstruktur der Norm DIN EN 17669 „Energieeinspar-Contracting – Mindestanforderungen“. Bei dieser Norm, an deren Erarbeitung der Verfasser mitgewirkt hat, handelt es sich um einen „normativen“ Standard (im Gegensatz zu einem informativen), d. h., sie enthält durch die Nutzung von Modalverben wie „muss“ und „soll“ anstelle von „könnte“ und „sollte“ verpflichtende Elemente und ist insofern zertifizierungsgeeignet, könnte somit in Rechtstexte integriert werden. Eine Veröffentlichung der deutschsprachigen Fassung erfolgte im März 2023.

Die Norm legt die Mindestanforderungen an Energieleistungsverträge (EPCs) fest. Die Maßnahmen zur Verbesserung der energiebezogenen Leistung (engl. „*energy performance improvement actions*“, kurz EPIA) sollen zu einem garantierten Niveau der Verbesserung der Energieeffizienz führen. Sie ist für EPIA bei bestehenden Anlagen anzuwenden.

Im Contracting-Vertrag sind die garantierten Energieziele festzulegen, die während der Vertragslaufzeit zu erreichen sind. Die Energieziele müssen messbar und mit relevanten Energieleistungskennzahlen (engl. „*energy performance indicators*“, kurz EnPI) verknüpft und jeder EnPI auf eine vertraglich vereinbarte Ausgangsbasis bezogen sein. Ferner ist vorgegeben, dass die Energieziele in denselben Einheiten anzugeben sind wie die für die Ausgangsbasis festgelegten relevanten EnPIs. Die Norm empfiehlt, dass sich die wirtschaftliche Bewertung eines Einspar-Contractings an DIN EN 17463 „Bewertung von energiebezogenen Investitionen“ (VALERI) orientiert.

Ein Beispiel soll die Anwendung der Norm verdeutlichen. Im Zentrum steht dabei ein Gebäude, das im Zuge eines Einspar-Contractings energetisch saniert werden soll. Es weist einen aktuellen Jahresverbrauch an Erdgas in Höhe von 370 000 kWh (= energetische Ausgangsbasis bzw. Baseline) auf. Als externer Einflussfaktor ist im vorliegenden Fall ausschließlich die Außentemperatur anzusehen. Eine zu erarbeitende Energieleistungskennzahl hat somit die Außentemperatur als sogenannte relevante Variable zu berücksichtigen. Da gemäß DIN ISO 50006 ein EnPI in aller Regel aus einer Energieverbrauchsgleichung besteht, die im Rahmen einer Regressionsanalyse hergeleitet wird, ist es in solchen Fällen sehr zweckmäßig, die Außentemperatur in der Form von Gradtagstunden zu berücksichtigen, weil reine Temperaturen nicht aggregierbar sind. Gradtagstunden sind dabei über ein Jahr aggregierte stündliche Temperaturen bzw. Temperaturunterschiede. Wenn beispielsweise am 10. Januar eines Jahres 24 Stunden lang ein Temperaturunterschied zwischen einer Solltemperatur im Gebäude von 20 °C und einer Außentemperatur von konstant 0 °C vorliegen würde, ergäbe sich für jenen Tag ein Gradstunden-Wert von 480 Kh (24 Stunden · 20 °C bzw. Kelvin). Im vorliegenden Beispiel liegen die Gradtagstunden wie auch die Energieverbrauchswerte in einer Monatsauflösung vor, wie Abbildung 12-53 verdeutlicht.

Beobachtung	Gradtagstunden [Kh]	Gasverbrauch [kWh]
Jan	16 296	51 000
Feb	11 880	45 000
Mär	10 368	38 700
Apr	2 952	28 700
Mai	2 184	13 400
Jun	1 176	12 100
Jul	0	8 500
Aug	0	9 200
Sep	1 464	28 700
Okt	7 296	38 700
Nov	8 256	45 000
Dez	13 320	51 000
Summe	75 192	370 000

Abbildung 12-53: Energieverbräuche und Gradtagstunden eines Beispielgebäudes, das energetisch saniert werden soll

Auf der Grundlage dieser Daten lässt sich ein EnPI erarbeiten. Hierzu werden die eben angegebenen Daten einer Regressionsanalyse zugeführt. Die dabei entstehende Regressionsgerade zeigt Abbildung 12-54.

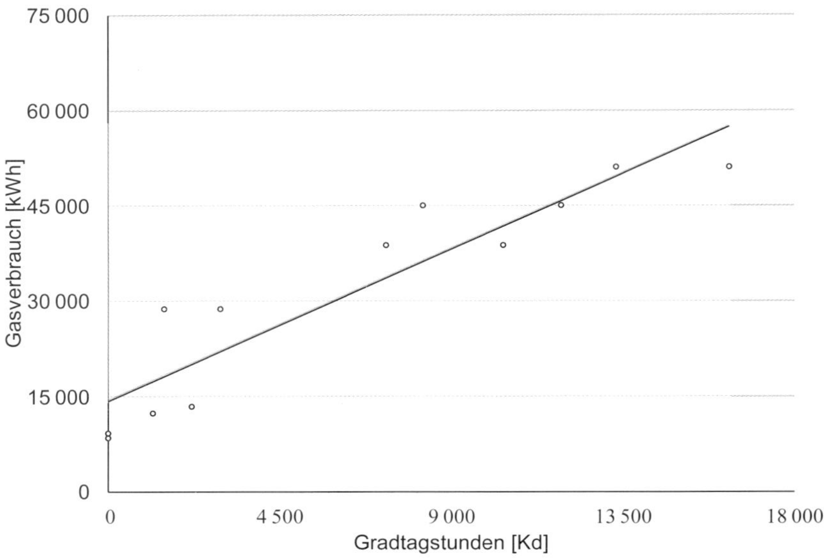

Quelle: eigene Darstellung

Abbildung 12-54: Regressionsanalyse eines beispielhaften Erdgasverbrauchers

Der zugehörige EnPI (die Energieverbrauchsgleichung) lautet:

$$\text{EnPI} = \text{Gasverbrauch}_{\text{Monat}} \left[\frac{\text{kWh}}{\text{Jahr}}\right] = 2{,}648\ \frac{\text{kWh}}{\text{Kh}} \cdot \text{Gradtagstunden} \left[\frac{\text{Kh}}{\text{Jahr}}\right] + 14\,263\ \frac{\text{kWh}}{\text{Monat}}$$

Eine solche Energieverbrauchsgleichung wird nun benötigt, um die Abweichung von einer vertraglich vereinbarten Einspargarantie zu ermitteln. Das folgende Beispiel soll die Zusammenhänge verdeutlichen (siehe Abbildung 12-55).

$$\text{EnPI} = \text{Gasverbrauch}_{\text{Monat}} \left[\frac{\text{kWh}}{\text{Jahr}}\right] = 2{,}648\ \frac{\text{kWh}}{\text{Kh}} \cdot \text{Gradtagstunden} \left[\frac{\text{Kh}}{\text{Jahr}}\right] + 14\,263\ \frac{\text{kWh}}{\text{Monat}}$$

Vereinbarte Einspargarantie: 20%										
A	B	C	D	E	F	G	H		I	
Monat	Gradtagstunden Vorjahr [Kh]	Gasverbrauch Vorjahr [kWh]	Gradtagstunden Istjahr [Kh]	Baseline (= normalisierter Vorjahresverbrauch)	Baselineerwartung nach EPIA (= Baseline minus Einspargarantie)	Gasverbrauch Istjahr [kWh]	Veränderung der energiebezogenen Leistung (ΔebL) = G- E		Nicht-Erfüllung der Einspargarantie um … = G - F	
							abs.	%	abs.	%
Januar	16 296 Kh	51 000 kWh	15 155 Kh	54 121 kWh	43 297 kWh	44 880 kWh	-9 241 kWh	-17,1 %	1 583 kWh	3,7 %
Februar	11 880 Kh	45 000 kWh	11 048 Kh	43 320 kWh	34 656 kWh	39 600 kWh	-3 720 kWh	-8,6 %	4 944 kWh	14,3 %
März	10 368 Kh	38 700 kWh	9 642 Kh	39 622 kWh	31 698 kWh	34 056 kWh	-5 566 kWh	-14,0 %	2 358 kWh	7,4 %
April	2 952 Kh	28 700 kWh	2 745 Kh	21 483 kWh	17 187 kWh	25 256 kWh	3 773 kWh	17,6 %	8 069 kWh	47,0 %
Mai	2 184 Kh	13 400 kWh	2 031 Kh	19 605 kWh	15 684 kWh	11 792 kWh	-7 813 kWh	-39,9 %	-3 892 kWh	-24,8 %
Juni	1 176 Kh	12 100 kWh	1 094 Kh	17 139 kWh	13 712 kWh	10 648 kWh	-6 491 kWh	-37,9 %	-3 064 kWh	-22,3 %
Juli	0 Kh	8 500 kWh	0 Kh	14 263 kWh	11 410 kWh	7 480 kWh	-6 783 kWh	-47,6 %	-3 930 kWh	-34,4 %
August	0 Kh	9 200 kWh	0 Kh	14 263 kWh	11 410 kWh	8 096 kWh	-6 167 kWh	-43,2 %	-3 314 kWh	-29,0 %
September	1 464 Kh	28 700 kWh	1 362 Kh	17 844 kWh	14 275 kWh	25 256 kWh	7 412 kWh	41,5 %	10 981 kWh	76,9 %
Oktober	7 296 Kh	38 700 kWh	6 785 Kh	32 108 kWh	25 687 kWh	34 056 kWh	1 948 kWh	6,1 %	8 369 kWh	32,6 %
November	8 256 Kh	45 000 kWh	7 678 Kh	34 456 kWh	27 565 kWh	39 600 kWh	5 144 kWh	14,9 %	12 035 kWh	43,7 %
Dezember	13 320 Kh	51 000 kWh	12 388 Kh	46 842 kWh	37 474 kWh	44 880 kWh	-1 962 kWh	-4,2 %	7 406 kWh	19,8 %
Summe	75 192 Kh	370 000 kWh	69 929 Kh	355 068 kWh	284 054 kWh	325 600 kWh	-29 468 kWh	-8,3 %	41 546 kWh	14,6 %

Abbildung 12-55: Kalkulation der Veränderung der energiebezogenen Leistung und der Erreichung einer Einspargarantie eines Contracting-Objektes nach einer Maßnahme zur Verbesserung der energiebezogenen Leistung

Dem Beispiel liegt ein Ist-Jahresenergieverbrauch in Höhe von 325 600 kWh zugrunde (siehe Summe in Spalte G). Der Vorjahreswert soll bei 370 000 kWh gelegen haben (Summe Spalte C). Demnach ist der Energieverbrauch im letzten Jahr um 44 400 kWh zurückgegangen. Allerdings war der Winter deutlich wärmer als andere, sodass weniger geheizt werden musste. Ein Vergleich des Ist-Wertes mit dem des Vorjahres wäre insofern nicht fair. Er würde – in der Sprache von DIN EN ISO 50001 – nicht aufzeigen, inwieweit sich die energiebezogene Leistung verbessert hat. Um einen fairen Vergleich zu ermöglichen, ist es vielmehr notwendig, dass die Vergleichsenergieverbräuche (hier des Vorjahres) normalisiert, also an die geänderten Rahmengegebenheiten angepasst werden. Erst danach können sie als Vergleichsmaßstab und damit als Baseline dienen. Dies wird nicht nur von DIN EN ISO 50001, sondern auch von der Einspar-Contracting-Norm DIN EN 17669 verlangt. Doch wie wird eine derartige Normalisierung durchgeführt?

Hierzu verwendet man die zuvor per Regressionsanalyse auf der Grundlage von Vergangenheitsdaten ermittelte Energieverbrauchsgleichung und beaufschlagt sie mit den aktuellen Werten der relevanten Variablen, hier mit den aktuellen monatlichen Gradtagstunden, also mit denen, die sich auf die Ist-Energieverbräuche beziehen (siehe Spalte G). Die Ergebnisse der Beaufschlagung (in Spalte E) dienen als Baselines, dann als Vergleichsmaßstab, sind insofern von den Ist-Energieverbräuchen (Spalte G) zu subtrahieren, um als Ergebnis die Veränderung der energiebezogenen Leistung aufzuzeigen (Spalte H).

Für das Controlling eines Contractings ist darüber hinaus die Baseline um die vertraglich vereinbarte Einspargarantie zu kürzen, im vorliegenden Beispiel um 20 % (Spalte F). Nun kann ermittelt und dargestellt werden (in Spalte I), inwieweit die Garantien eingehalten, überschritten oder unterschritten worden sind.

Die folgende Abbildung 12-56 zeigt die Zuordnung der Differenzen von Soll- und Ist-Verbräuchen und damit die Rolle der o. a. Gebühren-Parameter β, γ und δ.

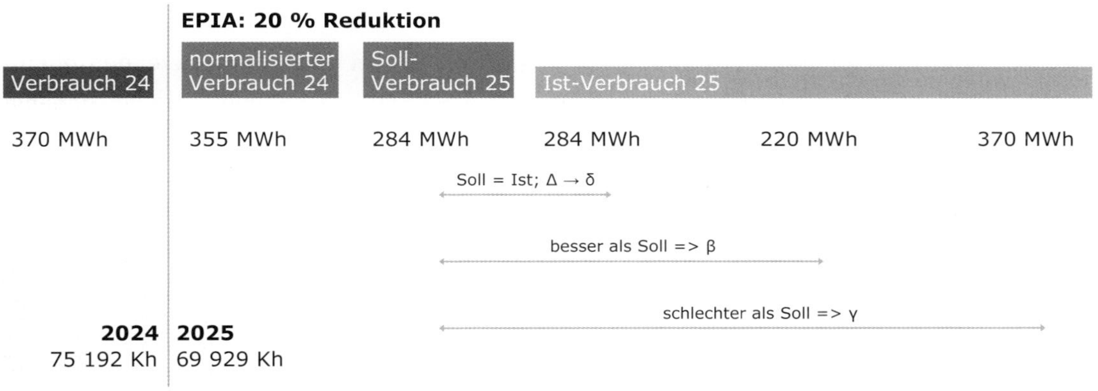

Quelle: eigene Darstellung

Abbildung 12-56: Zuordnung der Differenzen von Soll- und Ist-Verbrauch, Rolle der Gebühren-Parameter β, γ und δ

Der Aufteilungsfaktor δ legt fest, wie die Einsparungen aufgeteilt werden. Wenn beispielsweise der Ist-Energieverbrauch dem Soll-Verbrauch entspricht (das bedeutet, die Einspargarantie wurde exakt erreicht), dann gehen bei einem $\delta = 100$ % die Einsparungen während der Vertragslaufzeit vollständig an den Contracting-Geber.

Der Beteiligungsfaktor β kommt ins Spiel, wenn eine Übererfüllung vorliegt, wenn also mehr als erwartet eingespart worden ist. Ein $\beta = 100$ % bedeutet, dass die gesamten über dem Zielwert liegenden Einsparungen nicht in der Contracting-Gebühr berücksichtigt werden; sie gehen also nicht dem Contracting-Geber zu.

Demgegenüber bestimmt ein Beteiligungsfaktor γ von 100 %, dass bei Nichterfüllung der Einspargarantie 100 % der unter dem Zielwert liegenden Einsparungen während der Vertragslaufzeit an den Contracting-Geber gehen.

Diese drei Einstellparameter sind zusammen mit der Grundgebühr α sowie weiteren Parametern zu verhandeln und vertraglich zu vereinbaren. Der Ablauf der Vertragsspezifikation und der Gebührenbestimmung entsprechend DIN EN 17699 ist in Abbildung 12-57 dargestellt.

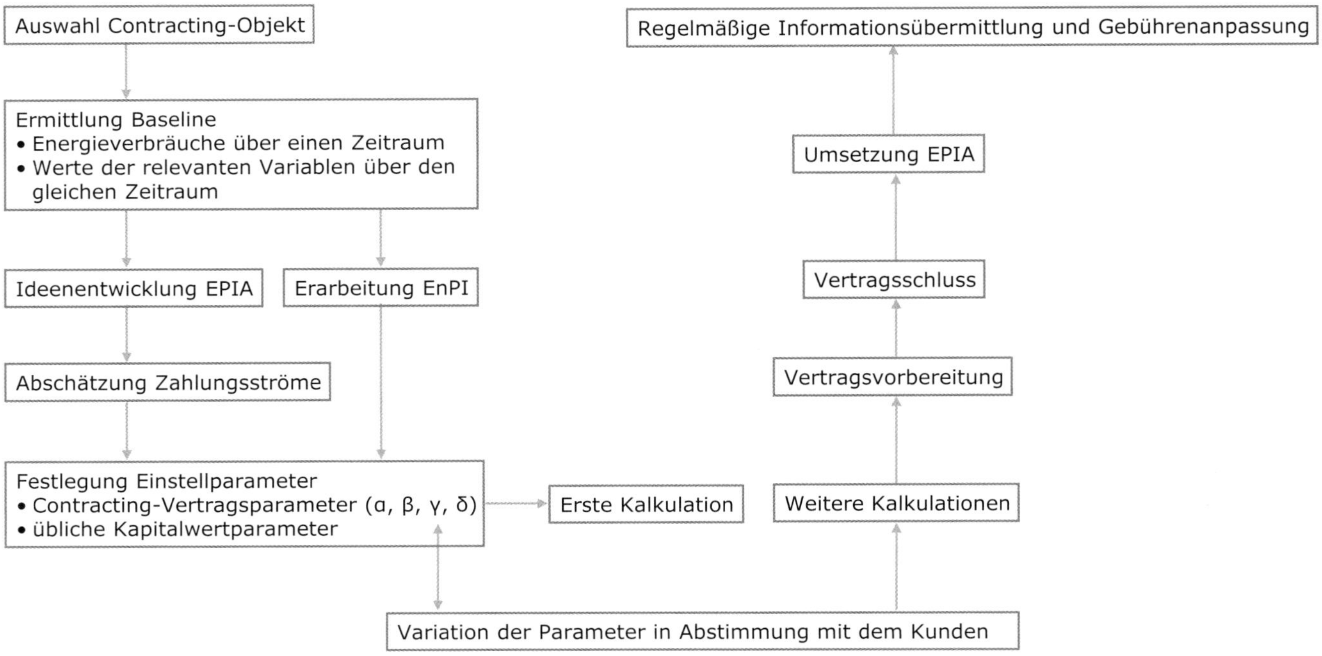

Quelle: eigene Darstellung

Abbildung 12-57: Ablauf der Vertragsspezifikation und Festlegung der Einstellparameter in Abstimmung mit dem Kunden

Die umfangreiche Kapitalwertberechnung für das Praxisbeispiel eines zu sanierenden öffentlichen Schwimmbades können Sie sich aus der DIN Mediathek herunterladen (Datei „VALERI_Tabellen_zum_Buch"). Eine Anleitung dafür finden Sie auf der gelben Seite am Anfang des Buches.

Der erforderliche EnPI wurde aus einer Regressionsanalyse auf Basis von Energieverbrauchs- und Temperaturdaten der Vergangenheit abgeleitet:

$$\text{EnPI} = \text{Jahresgasverbrauch} = 1\,800\,000\ \text{kWh} + 20\ \frac{\text{kWh}}{\text{Kh}} \cdot \text{Heizgradstunden [Kh]}$$

Im Praxisbeispiel Schwimmbadsanierung wurde – über den EnPI hinaus – den Vorgaben von DIN EN 17669 entsprechend Folgendes vertraglich vereinbart:

- jährlicher Heizgradstundenänderungsfaktor aufgrund des Klimawandels: −1 %
- Endenergieverbrauch vor Vertragsabschluss: 3 000 000 kWh/a
- erwartete Endenergieeinsparung durch die Sanierung in %: −40 %
- Kalkulationssatz: 4 %
- aktueller spezifischer Preis für Erdgas: 0,07 €/kWh
- Planungshorizont (Wirkungszeit der Sanierung): 20 Jahre
- Vertragslaufzeit: 12 Jahre
- Jahresgrundgebühr α: 22 000 Euro
- Beteiligungsfaktor bei Übererfüllung β: 50 %
- Beteiligungsfaktor bei Nichterfüllung γ: 50 %
- Aufteilungsfaktor δ: 90 %

Mit diesen Parametereinstellungen ergeben sich für den Beispielfall bei nicht gegebener Abweichung des Ist-Verbrauchs vom Soll-Verbrauch (= normalisierte Baseline minus Einspargarantie) Kapitalwerte in Höhe 342 035 Euro für den Contracting-Geber und 340 116 Euro für den Contracting-Nehmer.

Wenn sich Abweichungen von beispielsweise ±10 % des Ist-Verbrauchs vom Soll-Verbrauch ergeben, ändern sich die Kapitalwerte des Beispielfalls wie folgt:

Bei 10 % geringeren Einsparungen als erwartet ergibt sich für den Contracting-Geber ein Kapitalwert von 274 920 Euro, für den Contracting-Nehmer ein Kapitalwert von 187 920 Euro.

Bei 10 % höheren Einsparungen als erwartet ergibt sich für den Contracting-Geber ein Kapitalwert von 409 149 Euro, für den Contracting-Nehmer ein Kapitalwert von 492 311 Euro.

Die **Grundrisiken** eines Einspar-Contractings sind z. T. vergleichbar mit denen des Energieliefer-Contractings. Hierzu zählen:

- Preisänderungsraten, die schwer abzuschätzen sind (→ Preisgleitklauseln)
- Zahlungsunfähigkeit auf Contracting-Nehmer-Seite oder Leistungsunfähigkeit auf Contractor-Seite (→ Versicherung)

Sofern Einspar-Contracting auf der Grundlage von DIN EN 17669 erfolgt, dürften Nutzenergiebedarfsänderungen aufgrund von Klima-, Wetter- und Witterungseinflüssen keine Rolle spielen, da diese Einflüsse durch Normalisierung mithilfe von EnPIs und der Berücksichtigung von Heizgradstunden neutralisiert werden.

Auch Nutzungsänderungen beim Contracting-Nehmer (durch geändertes Verhalten wird weniger Nutzenergie benötigt) führen zu keiner einseitigen Verbesserung oder Verschlechterung. Minimalabnahmen von Energiemengen, wie sie für Energieliefer-Contracting vorgeschlagen werden, sind bei Einspar-Contracting irrelevant.

Generell haben beim Einspar-Contracting – im Gegensatz zum Liefercontracting – beide Vertragspartner ein Interesse an niedrigen Nutzenergiebedarfen und daraus resultierenden Endenergieverbräuchen. Wenn mehr eingespart wird als erwartet, ziehen beide einen Vorteil daraus. Insofern kann die Anreizstruktur dieser Contracting-Variante als ausgewogen betrachtet werden.

12.4 Investitionsrechnung für die Ermittlung der wirtschaftlichen Vorteilhaftigkeit eines Energiemanagementsystems nach DIN EN ISO 50001

Die Energiemanagementsystemnorm DIN EN ISO 50001 verfolgt das Ziel,

> Organisationen in die Lage zu versetzen, die Systeme und Prozesse festzulegen, die zur fortlaufenden Verbesserung der energiebezogenen Leistung (...) erforderlich sind.
> (DIN EN ISO 50001, Abschnitt 0.1 „Allgemeines“)

Sie enthält dazu

> „Anforderungen an einen systematischen, datengetriebenen und faktenbasierten Prozess, dessen Schwerpunkt auf der fortlaufenden Verbesserung der energiebezogenen Leistung liegt. Die energiebezogene Leistung ist ein Schlüsselelement, (...), um wirksame und messbare Ergebnisse im zeitlichen Verlauf sicherzustellen. (...) Energieleistungskennzahlen (EnPIs) und energetische Ausgangsbasen (EnBs) sind zwei zusammenhängende Elemente, (...), um Organisationen in die Lage zu versetzen, eine Verbesserung der energiebezogenen Leistung nachzuweisen.“
> (DIN EN ISO 50001, Abschnitt 0.2 „Ansatz für die energiebezogene Leistung“)

> „Durch die Verbesserung der energiebezogenen Leistung und die damit verbundene Senkung der Energiekosten können Unternehmen wettbewerbsfähiger werden.“
> (DIN EN ISO 50001, Abschnitt 0.5 „Vorteile durch dieses Dokument)

Diese Zielaussagen der Norm machen deutlich, dass die DIN EN ISO 50001 zuvörderst darauf ausgerichtet ist, bei den Adressaten einen ökonomischen Nutzen zu bewirken. Dadurch sollen Anreize entstehen, die Norm anzuwenden. Da die Implementation Kosten verursacht, ist es zur Anreizgenerierung erforderlich, dass die Nutzen in der Gesamtbetrachtung die Kosten überkompensieren, sodass ein positiver Nettonutzen entsteht. Insofern kann man die Implementation von DIN EN ISO 50001 auch als Investitionsprojekt betrachten, das einen positiven Kapitalwert generieren sollte, es sei denn, es besteht Umsetzungspflicht.

Bevor im Folgenden aufgezeigt wird, wie der Kapitalwert einer DIN EN ISO 50001-Implementation und -Aufrechterhaltung ermittelt werden kann, um eine Entscheidung für oder gegen ein Energiemanagementsystem treffen zu können, werden zunächst Motive erläutert, die Unternehmen typischerweise veranlassen, ein Energiemanagementsystem (EnMS) nach DIN EN ISO 50001 (ggf. in Kombination mit der Anwendung von DIN EN 17463) einzuführen, um hieraus Ansatzpunkte für den Aufwand und die Nutzen abzuleiten.

Die Motive, ein DIN EN ISO 50001-System zu implementieren und zu betreiben, sind unterschiedlicher Natur und ergeben sich in Abhängigkeit von der Quelle, aus der Implementations-Signale kommen. Die folgende Liste bietet eine Übersicht üblicher Gründe:

- Einführung eines EnMS auf freiwilliger Basis
  - aus vordergründig nicht- oder nicht unmittelbar ökonomischen Erwägungen (Zertifizierung nicht erforderlich), etwa
    - aus moralischen Gründen mit Blick auf die Verantwortung für künftige Generationen seitens der Unternehmensleitung
    - als Schritt auf dem Pfad zur Klimaneutralität
    - aus Interesse an guter Organisation des Energiemanagements (man möchte das Thema Energieverbrauch gut organisiert haben)
  - weil man sich einen unmittelbaren ökonomischen Nutzen verspricht, ohne dass eine Zertifizierung erforderlich ist, etwa
    - als Teil des betrieblichen Risikomanagements
    - um Energiekostensenkungspotenziale aufzudecken und auszuschöpfen
    - um eine Grundlage zu schaffen, ein vorhandenes Kostenrechnungssystem dergestalt zu modernisieren, dass Energiekosten verursachungsgerecht auf Produkte verrechnet werden, sodass ermittelte Preisuntergrenzen die wahre Kostenbelastung widerspiegeln
  - weil man sich einen unmittelbaren ökonomischen Nutzen verspricht, dessen Zustandekommen i. d. R. eine Zertifizierung voraussetzt, etwa
    - Verbesserung des Ansehens in der Öffentlichkeit und insbesondere bei (potenziellen) Kunden durch Nutzung des EnMS-Zertifikates in der Werbung und PR
    - zur Erfüllung von möglichen Kundenwünschen (Endverbraucher oder B2B fordern oder wünschen dies konkret)
    - um staatliche Privilegien gewährt zu bekommen (z. B. Beihilfe in der Form von CO_2-Gutschriften, Vorteile bei der Auftragsvergabe etc.)
- Einführung eines EnMS aus gesetzlicher Pflicht, wobei eine Bestätigung der Normkonformität in der Form eines Zertifikates zum Nachweis der Pflichterfüllung notwendig ist, etwa im Rahmen des Vollzugs des EnEfG

Die Liste macht deutlich, dass je nach Motivlage nicht in allen Fällen eine vollständige Implementierung von DIN EN ISO 50001 erfolgen und auch nicht immer eine – Kosten verursachende – Zertifizierung durchgeführt werden muss. Die folgende Abbildung 12-58 zeigt eine beispielhafte Kapitalwertermittlung eines möglichen Energiemanagementsystems, bei dem alle der o. a. Motive zum Tragen kommen.

Basiskalkulationszinsfuß i	4,00 %							
Aktueller spezifischer Strompreis	0,12 €							
Jahrespreisänderungsrate Sonstiges	3,00 %							
Jahrespreisänderungsrate el. Strom	4,00 %							
Jahrestromverbrauch	20 000 000 kWh							
Laufzeit	15 Jahre							
Periodenende t	0	1	2	3	...	13	14	15
Zusätzliche Jahresstromverbrauchsreduktion durch Effizienzmaßnahmen (über die fortlaufenden Einsparungen des VJ hinaus)	0 kWh	2 500 000 kWh	2 000 000 kWh	1 500 000 kWh	...	300 000 kWh	300 000 kWh	300 000 kWh
Kumulierte Stromverbrauchsreduktion		2 500 000 kWh	4 500 000 kWh	6 000 000 kWh	...	9 000 000 kWh	9 300 000 kWh	9 600 000 kWh
Spezifischer Strompreis	0,12 €/kWh	0,125 €/kWh	0,13 €/kWh	0,135 €/kWh	...	0,2 €/kWh	0,208 €/kWh	0,216 €/kWh
Auszahlungen								
Laufende Kosten für das EnMS einschließlich der Identifikation und Umsetzung von Einsparmaßnahmen		-100 000 €	-103 000 €	-106 090 €	...	-142 576 €	-146 853 €	-151 259 €
Erst- und Re-Zertifizierung mit Vor- und Nachbereitungsaufwand		-30 000 €				-42 773 €		
Investitionsauszahlungen für Effizienzmaßnahmen	-2 000 000 €	-1 500 000 €	-1 000 000 €	-500 000 €	...	-300 000 €	-300 000 €	-300 000 €
Aufwand für die Integration der Energiekosten in der Produktkalkulation		-50 000 €	-5 000 €	-5 000 €	...	-5 000 €	-5 000 €	-5 000 €
Rückflüsse								
Förderungen, Beihilfe etc.		300 000 €	200 000 €	100 000 €	...	50 000 €	50 000 €	50 000 €
Energiekosteneinsparung durch Effizienzmaßnahmen		312 000 €	584 064 €	809 902 €	...	1 798 279 €	1 932 551 €	2 074 687 €
Zusätzliche Deckungsbeiträge aus verbesserter Wettbewerbsfähigkeit durch präzisere Produktkalkulation (geschätzte Wirkung)		20 000 €	20 600 €	21 218 €	...	28 515 €	29 371 €	30 252 €
Zusätzliche Deckungsbeiträge aus verbesserter Wettbewerbsfähigkeit durch besseres Ansehen bei Kunden (geschätzte Wirkung)		30 000 €	30 900 €	31 827 €	...	42 773 €	44 056 €	45 378 €
Resultate/Indikatoren								
Summe	-2 000 000 €	-1 018 000 €	-272 436 €	351 857 €	...	1 429 219 €	1 604 124 €	1 744 057 €
Barwerte	-2 000 000 €	-978 846 €	-251 882 €	312 800 €	...	858 352 €	926 342 €	968 413 €
Kapitalwert	5 763 423 €							

Abbildung 12-58: Kalkulation des Kapitalwertes eines Energiemanagementsystems nach DIN EN ISO 50001

Sollten im Einzelfall bestimmte Motive nicht vorliegen, dann können entsprechende Zahlungsreihen eliminiert werden. Im Beispiel wird davon ausgegangen, dass die Wirkungsdauer des EnMS 15 Jahre beträgt. In dieser Zeitspanne soll der Endenergieverbrauch durch verschiedene Maßnahmenpakete (jedes Jahr ein Paket) halbiert werden. Als Energieträger ist – hier zur Vereinfachung – ausschließlich konventioneller elektrischer Strom im Einsatz. Als Zahlungsströme werden aufgeführt:

- **laufende Kosten für das EnMS, einschließlich der Identifikation und Umsetzung von Einsparmaßnahmen**

  In dieser Position sollten nur Kosten berücksichtigt werden, die durch die Entscheidung für ein EnMS (neu) entstehen und keine sogenannten „Eh-da"-Kosten sind. Im vorliegenden Fall geht man davon aus, dass ein neuer Mitarbeiter für Energiemanagement eingestellt wird. Es handelt sich insofern um Personalkosten.

- **Erst- und Re-Zertifizierung mit Vor- und Nachbereitungsaufwand**

  selbsterklärend

- **Investitionsauszahlungen für Effizienzmaßnahmen**

  Hier werden Investitionsauszahlungen für konkrete Maßnahmen nur dann aufgeführt, wenn sie durch die Existenz eines EnMS angestoßen wurden. Geht man hingegen davon aus, dass eine bestimmte Maßnahme ohnehin umgesetzt werden würde, sollte sie nicht im Tableau berücksichtigt werden, weil das EnMS dafür nicht ursprünglich ist.

- **Aufwand für die Integration der Energiekosten in der Produktkalkulation**

  Sollte als Nutzen eines EnMS auch die Modernisierung der Kostenrechnung im o. a. Sinne angesehen werden, dann sind Anstrengungen zur Überarbeitung des Kostenrechnungssystems notwendig, zu Beginn ggf. mit Unterstützung durch externe Beratung – so im o. a. Beispiel.

- **Förderungen, Beihilfe etc.**
  selbsterklärend
- **Energiekosteneinsparung durch Effizienzmaßnahmen**
  Hier gilt das Gleiche wie für Investitionsauszahlungen: Energiekosteneinsparungen sollten nur berücksichtigt werden, wenn das EnMS dafür ursächlich ist.
- **zusätzliche Deckungsbeiträge aus verbesserter Wettbewerbsfähigkeit durch präzisere Produktkalkulation (geschätzte Wirkung)**
  Wird geplant, das Kostenrechnungssystem im o. a. Sinne zu modernisieren, dann wäre in dieser Position der ökonomische Nutzen abzuschätzen, so schwierig das auch sein mag.
- **zusätzliche Deckungsbeiträge aus verbesserter Wettbewerbsfähigkeit durch besseres Ansehen bei Kunden (geschätzte Wirkung)**
  Wird geplant, die Existenz eines zertifizierten EnMS werblich auszuschlachten, sollte der ökonomische Nutzen abgeschätzt werden, so schwierig das auch sein mag.

Als Kalkulationsergebnis ergibt sich im Beispiel ein Kapitalwert in Höhe von 5 764 423 Euro, der nahelegt, dass die Einführung eines DIN EN ISO 50001-Systems für dieses beispielhafte Unternehmen eine sehr hohe wirtschaftliche Vorteilhaftigkeit aufweist und daher auf jeden Fall implementiert werden sollte. Kann diese Aussage so getroffen werden? Bei allen bisherigen Kapitalwertkalkulationen war das so.

Wenn man sich die Ausgangslage einmal genau vor Augen führt, dann eher nicht. Wieso?

Vor der Einführung eines EnMS hat man i. d. R. **keine genaue Kenntnis über konkrete Energieeffizienzmaßnahmen** (insbesondere über solche der ferneren Zukunft). Sie zu erlangen, ist ja gerade eine der Wirkungen eines EnMS. Hätte man diese Kenntnis zum Zeitpunkt der Entscheidung über die Einführung eines EnMS schon, wäre die Implementation u. U. – je nach Motivlage und der Frage, ob ein Nachweis durch Zertifikat erforderlich ist – obsolet. Insofern ist es gar nicht möglich, vor der Einführung eines EnMS ein Kalkulationstableau mit Zahlungsreihen wie im obigen Beispiel aufzustellen.

Das o. a. Kalkulationsergebnis des Beispielfalls macht insofern nur als das Ergebnis einer Nachkalkulation Sinn, mit der nach Ablauf von 15 Jahren aufgezeigt wird, ob und wenn ja, in welchem Umfang, die Einführung eines EnMS wirtschaftlich vorteilhaft war. Eine Vor- bzw. Plankalkulation des Kapitalwertes, wie es bei Investitionsvorhaben eigentlich üblich ist, kann bei Energiemanagementsystemen i. d. R. nicht durchgeführt werden.

12.5 Investitionsrechnung bei der Bestimmung eines Zero-Carbon-Pfades

Im Bundes-Klimaschutzgesetz (KSG) wurden auf der Grundlage des vom Intergovernmental Panel on Climate Change (IPCC) definierten globalen CO_{2e}-Budgets Emissionsreduktionspfade für sechs verschiedene Sektoren festgelegt. Abbildung 12-59 zeigt den Pfad für den Sektor Industrie, für den die Jahreswerte bis 2030 gesetzlich festgelegt sind und eine lineare Projektion bis 2045 vorgenommen wurde.

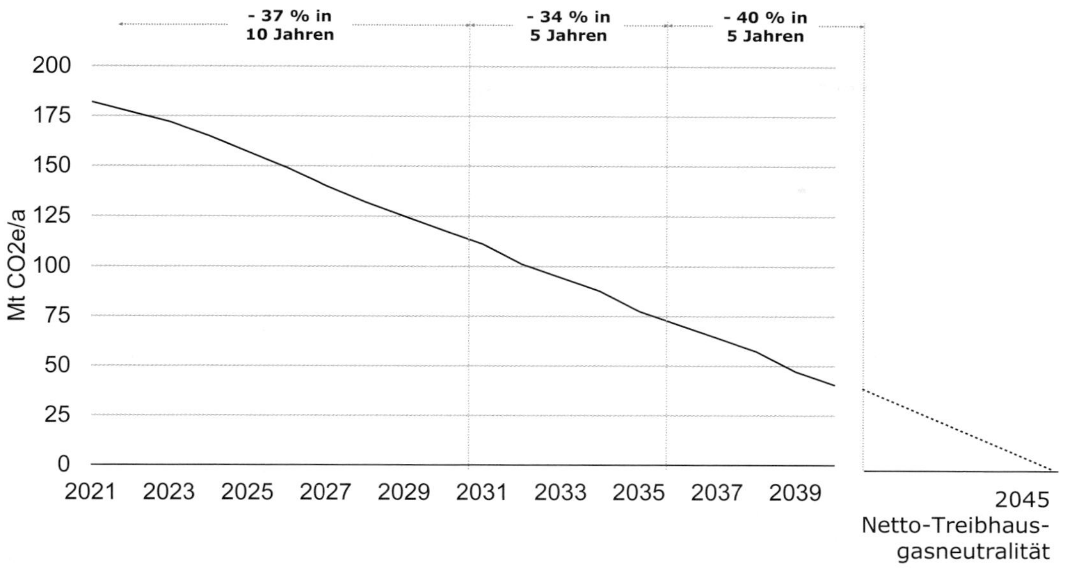

Quelle: eigene Darstellung

Abbildung 12-59: CO_{2e}-Budgetpfad Industrie (ohne Berücksichtigung von Wachstum) nach dem Bundes-Klimaschutzgesetz

Ermittelt und festgelegt wurde, dass zur Begrenzung der Temperaturveränderung auf 1,75 °C im Vergleich zur vorindustriellen Zeit (dem „Paris Agreement" entsprechend möglichst auf 1,5 °C, in jedem Fall nicht mehr als 2 °C)[135] bei einem 67sten Perzentil, also mit 67%iger Wahrscheinlichkeit, nicht mehr als 800 Gt noch emittiert werden dürfen. Davon wurden Deutschland proportional zur Einwohnerzahl 8,8 Gt zugewiesen.

Bezieht man bestimmte Emissionsänderungen auf Zeiträume, lassen sich Änderungsraten ermitteln, die verdeutlichen, welche Herausforderungen sich aus diesem Gesetz etwa für die deutsche Industrie ergeben. So wird erwartet, dass in den ersten zehn Jahren ab Geltung des Gesetzes eine Emissionsminderung von durchschnittlich 35 % erfolgt. Wenn ein Unternehmen seinen Energiebedarf im Jahr 2020 noch vollständig mit fossilen Energieträgern deckte, vor allem Erdgas und Kohlestrom, und ein Energieträgerwechsel hin zu erneuerbarer Energie nicht vorgesehen ist, dann müsste es seinen Energieverbrauch in dieser Zeitspanne um ebendiese 35 % reduzieren. Sollte Wachstum gegeben sein und in Folge das Produktionsvolumen und damit wachstumsbedingt auch der Energieverbrauch ansteigen (was in einer Marktwirtschaft in einer derartigen Zeitspanne ja üblich ist), dann läge bei diesem Unternehmen die geforderte Energieverbrauchsreduktion noch höher. In den darauffolgenden fünf Jahren käme eine Reduktion von 34 % noch dazu und dann noch einmal 40 %. Die letzten fünf Jahre bis zur geplanten Klimaneutralität sind im Gesetz nicht definiert.

Die Herausforderung, die Emissionsbudgets einzuhalten, ist sehr groß. In einem Land wie Deutschland ist damit zu rechnen, dass über Gesetzesinitiativen Unternehmen dazu gebracht werden, die Erhöhung der Energieeffizienz massiv voranzubringen, den fossilen Energieverbrauch drastisch zu reduzieren und verbleibende Energiebedarfe durch erneuerbare Energieanlagen zu decken. Die zentrale Bereitstellung von Grünstrom und grünem Wasserstoff wird sicherlich eine Rolle spielen, die Durchführung von Kompensationsmaßnahmen eher eine Randerscheinung sein.

Doch wie kann man sich – etwa für ein Beispielunternehmen – vorstellen, den Pfad zur Klimaneutralität zu betreten? Was kommt auf ein Unternehmen zu? Eine Antwort auf die Frage ist schwierig, hängt sie doch stark von den staatlichen Maßnahmen ab, die beschlossen werden.

135 IPCC 2019, S. 105 f.

Im folgenden Beispiel wird davon ausgegangen, dass ein Unternehmen sich die gleichen Reduktionsziele setzt wie der Industriesektor im Bundesklimaschutzgesetz und dazu eine bestimmte – für das Unternehmen passende – Schwerpunktsetzung wählt. Die folgende Abbildung 12-60 verdeutlicht dies durch ein Balkendiagramm.

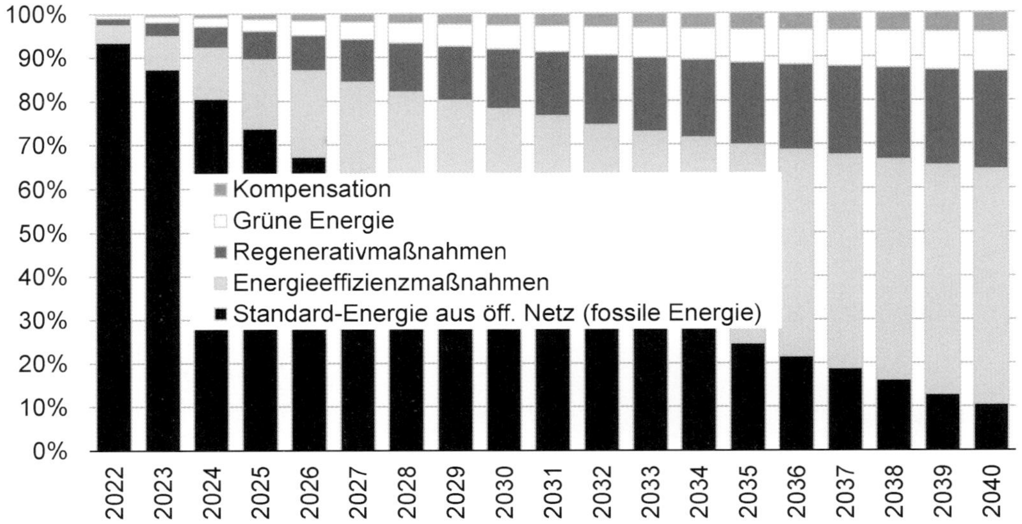

Energieeffizienzmaßnahmen	60 %
Regenerativmaßnahmen	25 %
Grüne Energie	10 %
Kompensation	5 %

Quelle: eigene Darstellung

Abbildung 12-60: Klimaneutralität bis 2045 gemäß BKlimaSchG – möglicher Pfad für ein Unternehmen

Der Balken „Standardenergie aus öffentlichem Netz (fossile Energie)" folgt in der Abbildung dem Industriepfad des Bundes-Klimaschutzgesetzes, also der dort angegebenen Reduktionsrate für Industrie. Die Balken über der „Standard-Energie" setzen sich entsprechend der Schwerpunktsetzung zusammen und bestehen fast immer aus Investitionen, die zuvor ausgedacht, geplant, kalkuliert und umgesetzt worden sind.

In einer Phase, in der die Energy Efficiency Gap in den meisten Unternehmen noch gegeben zu sein scheint, werden vermutlich zunächst einmal ausschließlich solche Effizienzverbesserungsmaßnahmen und Anlagen zur Erzeugung erneuerbarer Energie in die Wege geleitet, die einen positiven Kapitalwert erwirken. Denn sie erbringen ja nicht nur Emissionsminderungseffekte, sondern Energieverbrauchsreduzierungen und in Folge Energiekostensenkungen, die Investitionsauszahlungen überkompensieren, sodass sich im Saldo eine Unternehmenswertsteigerung ergibt, eine Investition also in aller Regel im Sinne des Unternehmenserfolgs ist.

Wahrscheinlich wird in vielen Fällen die Ansammlung von derartigen Investitionen nicht ausreichen, um zur Klimaneutralität zu kommen. Gut vorstellbar ist, dass daneben auch Investitionen umgesetzt werden müssen, die einen negativen Kapitalwert erzeugen.[136] Sollte das im Einzelfall so sein, dann wäre es ratsam, Maßnahmen mit negativem Kapitalwert dergestalt zu ordnen, dass prioritär solche Maßnahmen ausgewählt werden, die die geringsten Vermeidungskosten aufweisen, bis das Zero-Carbon-Ziel erreicht ist. Die folgende Tabelle in Abbildung 12-61 zeigt ein Beispiel dazu.

136 Verhindern ließe sich dies auf politischer Ebene durch steigende Energiepreise, die Effizienzmaßnahmen finanziell attraktiver machen, weil Energieeinsparungen wertvoller werden.

Typ	#	Projekt	Kapitalwert	CO2-Vermeidungs-potenzial [t/a]	Vermeidungs-kosten	Potenzial kumuliert bei neg. KW	Auswahl (1, 0)	Kapitalwert ausgew. Projekte	CO_{2e}-Emission
Kapitalwert bzw. CO2-Umfang:								Summe:	Summe:
Jahresemissionsvolumen								0	10000
Jahresemissionsvolumen zu Beginn									10 000 t
Maßnahmen mit pos. KW								500000,00 €	-5000
Energieeffizienzmaßnahme	1	Wärmerückgewinnung bei Beizprozess	200 000 €	-3 000	-67 €/t		1	200 000 €	-3 000 t
Energieeffizienzmaßnahme	2	Wärmedämmung von Keramikofen	160 000 €	-1 500	-107 €/t		1	160 000 €	-1 500 t
Erneuerbare-Energie-Anlage	3	PV-Anlage auf Halle 1	140 000 €	-500	-280 €/t		1	140 000 €	-500 t
Maßnahmen mit neg. KW								-60000,00 €	-5000
Erneuerbare-Energie-Anlage	4	...	-10 000 €	-3 000	3 €/t	-3 000	1	-10 000 €	-3 000 t
Energieeffizienzmaßnahme	5	...	-25 000 €	-1 500	17 €/t	-4 500	1	-25 000 €	-1 500 t
CO_{2e}-Kompensation	6	...	-25 000 €	-500	50 €/t	-5 000	1	-25 000 €	-500 t
Erneuerbare-Energie-Anlage	7	...	-45 000 €	-800	56 €/t	-7 500	0	0 €	0 t
Energieeffizienzmaßnahme	8	...	-110 000 €	-1 700	65 €/t	-6 700	0	0 €	0 t
CO_{2e}-Kompensation	9	...	-120 000 €	-1 900	63 €/t	-9 400	0	0 €	0 t
Summe								440 000 €	0 t

Abbildung 12-61: Maßnahmenauswahl für Zero Carbon

13 Überwindung der Hindernisse beim Ausschöpfen von Energieeffizienzpotenzialen

Die Ausführungen über die Energy Efficiency Gap in Kapitel 1.1 machten deutlich, dass davon ausgegangen werden kann, dass in vielen Unternehmen z. T. umfassende Energieeffizienz- und in Folge Energiekostensenkungspotenziale vorliegen, deren Ausschöpfung den Unternehmen wirtschaftliche Vorteile brächte. Sie liegen jedoch brach, weil Barrieren die Ausschöpfung verhindern. Die folgende Abbildung 13-1 ordnet derartige Potenziale zur ersten Kategorie einer Typisierung von Potenzialarten.

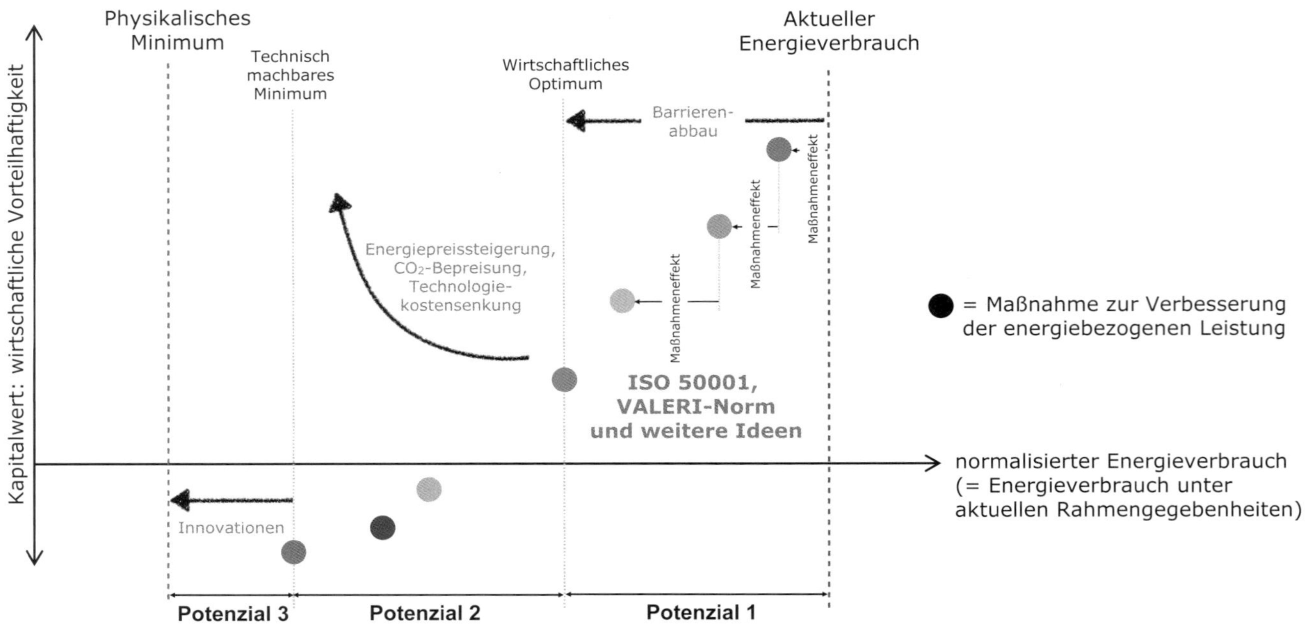

Quelle: eigene Darstellung

Abbildung 13-1: Ansatzpunkte zur Beseitigung des „Energy Efficiency Gap"

Der Typ **Potenzial 1** umfasst all jene Energieverbräuche, deren Einsparung auch unter Berücksichtigung der dafür erforderlichen Investitionen einen wirtschaftlichen Vorteil brächte (sie insofern – bei EK-Finanzierung – ökonomisch auch sinnvoller wären als die beste risikoäquivalente Alternativanlage). Zu erklären ist dieses Potenzial insbesondere durch

- ungenügende Anreize,
- mangelnde Informationen,
- begrenzte Rationalität,
- Amortisationszeitrestriktionen,
- unklare und/oder ungeeignete Bewertungen sowie
- unklare Entscheidungswege.

Die Ausschöpfung aller Potenziale dieser Kategorie würde zum „wirtschaftlichen Optimum" führen. Über sie hinaus lassen sich weitere Potenziale identifizieren, die aktuell noch keine wirtschaftliche Vorteilhaftigkeit aufweisen. Dies kann sich jedoch ändern, wenn sich externe Rahmenbedingungen – Energiepreissteigerungen, CO_2-Bepreisung etc. – ändern (**Potenzial 2**). Die Ausschöpfung dieser Potenziale bedeutet das Erreichen des „technisch machbaren Minimums". Die Entstehung von Potenzialen in diesem Bereich ist insbesondere abhängig von Energie- und Technologiepreisentwicklungen, wobei eine Energiepreissteigerung Δp [%] exponentielle Wirkung hätte (daher der konvexe Pfeilverlauf im Bereich von Potenzial 2), weil sie im Rahmen einer Kapitalwertberechnung mit der Zeit t potenziert wird, siehe die folgende Gleichung:

$$\text{Kapitalwert} = -\sum_{t=0}^{T} \frac{\text{Auszahlung}_t\ [\text{Euro}]}{(1+i)^t} + \sum_{t=1}^{T} \frac{\text{Einsparung}_t\ [\text{kWh}] \cdot \left(p_0 \left[\frac{\text{Euro}}{\text{kWh}}\right] \cdot (1+\Delta p\ [\%])^t + \text{CO}_2\text{Abgabe}_t \left[\frac{\text{Euro}}{\text{kWh}}\right]\right)}{(1+i)^t}$$

Und schließlich ist auch noch ein **Potenzial 3** vorstellbar, das sich in einem Möglichkeitsraum vom „technisch machbaren Minimum“ bis zum „physikalischen Minimum“ aufspannt. Eine Nutzbarmachung und damit eine Weiterentwicklung von Potenzial 2-Ideen zu Potenzial 3-Ideen wird insbesondere durch – i. d. R. staatliche – Innovationsförderung forciert.

In der betrieblichen Praxis reicht ein positiver Kapitalwert für das konsequente Planen und Umsetzen eines möglichen energie- oder klimaschutzorientierten Investitionsprojektes häufig nicht aus. Nicht selten liegen Hindernisse auf dem Weg, die überwunden werden müssen. Hierzu zählen etwa mögliche Produktionsausfälle, die eine effizienzorientierte Überarbeitung einer Produktionsanlage mit sich brächten und von Verantwortlichen angemahnt werden. Bisweilen stehen konkrete Betriebsregelungen zum Qualitätsmanagement, zum Sicherheitsmanagement o. Ä. einer Effizienzverbesserungsmaßnahme entgegen.

Oder es sind einfach nur persönliche Vorbehalte einzelner Mitarbeiter gegen entsprechende Aktivitäten, etwa Abneigung gegenüber einem Vorschlag oder persönliche Animositäten gegenüber dem Vorschlagenden.

Um derartigen Hindernissen entgegenzuwirken, hat es sich als zweckmäßig erwiesen, in einem Frühstadium, also vor Investitionsentscheidung, entsprechende Weichen zu stellen, indem – in einem ersten Schritt – alle für ein Effizienzprojekt relevanten betriebsinternen Regelungen und Entscheidungskompetenzen (Personen) identifiziert, erfasst und dahingehend analysiert werden, inwieweit sie eine Umsetzung der Effizienzinvestition behindern könnten. Aus den sich hieraus ergebenden Erkenntnissen wäre dann – als zweiter Schritt – eine Richtlinie o. Ä. zu verfassen und als QM-Verfahrensanweisung zu verabschieden, die ganz konkret aufzeigt, wie man mit möglichen Hindernissen umgeht und wie die Durchsetzung von (energieorientierten) Investitionen zu erfolgen hat. Die folgende Regelung zeigt ein Beispiel dazu:

Richtlinie über die Umsetzung von Effizienzverbesserungsideen der XYZ GmbH

a) Im Anschluss an die Identifizierung eines wesentlichen Energieeffizienzverbesserungspotenzials (Kapitalwert anzunehmenderweise > X Tausend Euro; Investitionsvolumen > Y Tausend Euro) bewertet die Energiemanagementabteilung den Vorschlag auf der Grundlage der internen Bewertungsrichtlinie „xxx", z. B. DIN EN 17463 (Referenzperson: yyy).

b) Die relevanten Einstellparameter des Bewertungsverfahrens werden bereitgestellt durch ... (Abteilung & Person).

c) Die Bewertungsergebnisse werden ... (Abteilung & Person) ... vorgelegt.

d) Sofern die Bewertung des Vorschlags deutlich macht, dass der Vorschlag machbar und vorteilhaft ist, soll eine Prüfung der Finanzierung spätestens X Tage nach Vorlage erfolgen. Verantwortlich dafür ist ... (Abteilung & Person).

e) Die vorläufige Freigabeentscheidung (durch [c]) soll nicht später als X Tage nach Vorlage des Finanzierungsvorschlages erfolgen, sofern keine offenen Fragen vorliegen (ansonsten Y Tage nach der letzten Klärung). Eine Zurückweisung ist zu begründen.

f) Sollte der Vorschlag akzeptiert werden und die Finanzierung geklärt sein, initiiert der Vorschlagende die Umsetzung durch Erarbeitung eines detaillierten Projektplanes mit Kosten- und Zeitangaben sowie der Festlegung eines Projektmanagers.

g) Macht der Projektplan deutlich, dass keine bedeutende (X %) Abweichung zwischen den ursprünglich angenommenen Kosten zu Rückflüssen und den Projektplankosten besteht, soll das Projekt abschließend genehmigt und im Anschluss initiiert werden, andernfalls ist eine neue Projektbewertung durchzuführen.

h) Ein Jahr nach Abschluss des Projektes legt der Projektmanager eine Übersicht des Projektergebnisses vor ... (Abteilung & Person) und vergleicht dieses mit den Angaben aus dem Vorschlag.

Abbildung 13-2: Beispiel für eine Verfahrensanweisung zur Durchsetzung energieorientierter Investitionsprojekte

Eine derartige Verfahrensanweisung kann helfen, die Aussicht auf Erfolg bei energieorientierten Investitionen zu vergrößern, was nicht nur unmittelbare finanzielle Vorteile mit sich brächte, sondern auch einen Beitrag leisten könnte, um Frustration zu verhindern, die sich leicht einstellen kann, wenn „gute" Verbesserungsvorschläge im Sande verlaufen.

14 Zusammenfassung und Fazit

Um nationale und internationale Klimaschutzziele zu erreichen und die Erdatmosphäre in einem lebensfreundlichen Zustand zu halten, wird es weltweit erforderlich sein, die vorhandenen Potenziale zur Verbesserung der energiebezogenen Leistung in allen relevanten Bereichen (Unternehmen, Haushalte, Verkehr etc.) auszuloten und auszuschöpfen sowie die verbleibenden Energiebedarfe durch erneuerbare Energieversorgung zu decken. Hierzu sind Investitionen erforderlich.

In freien, marktwirtschaftlich organisierten Gesellschaften kann man derartige Investitionen in aller Regel staatlicherseits nicht verordnen. Die Energieverbraucher müssen vielmehr motiviert werden, einerseits ihr Verbrauchsverhalten anzupassen und andererseits, entsprechende Effizienz- und schließlich auch Erneuerbare-Energie-Investitionen zu tätigen. Voraussetzung für eine solche Investitionsmotivation ist, dass der sich ergebende Rückfluss – über die Projektlaufzeit unter Berücksichtigung von Zins und Zinseszins – die Anfangsauszahlung sowie eventuelle weitere Betriebskosten eines betrachteten Investitionsprojektes kompensiert, sodass sich ein positiver Kapitalwert ergibt.

Solche Berechnungen des Kapitalwertes erscheinen auf den ersten Blick einfach, weil die Methoden nicht kompliziert und daher leicht zu verstehen sind. Schwierigkeiten ergeben sich jedoch im Detail, etwa wenn ein Berechnungsmodell aufgebaut und die Einstellparameterwerte bestimmt werden sollen. Dies setzt Detailkenntnisse und insbesondere Erfahrung bei der Methodenanwendung voraus. Hierzu trägt das vorliegende Werk bei.

Wichtige Erkenntnisse und Hauptaussagen des Werkes werden im Folgenden zusammenfassend wiedergegeben:

- **Der Begriff „Investition" ist nicht eindeutig definiert.**

  Für dieses Werk gilt, dass eine Investition erst dann vorliegt, wenn Ausgaben über 10 000 Euro eingeplant sind und eine klare Vorstellung über regelmäßige Rückflüsse vorliegt, sodass ein Kapitalwerttableau mit Zahlungsströmen aufgestellt werden kann. Details werden behandelt in Kapitel 3.3.

- **Die Begriffe „wirtschaftlich" und „Wirtschaftlichkeit" haben keine Aussagekraft.**

  Der Begriff „wirtschaftlich" ist ein neutraler Begriff und dient nicht dazu, eine Investition zu beurteilen. Die Aussage „Das Investitionsprojekt XY ist wirtschaftlich" enthält keine Wertung, die für eine Entscheidungsfindung brauchbar ist. Stattdessen sollte – etwa durch Kapitalwertberechnung – ermittelt werden, ob eine Investitionsidee „wirtschaftlich vorteilhaft" ist. Details werden behandelt in Kapitel 3.4.

- **Es erscheint zweckmäßig, Endenergie und auch Nutzenergie in jeweils Energien erster und zweiter Ordnung zu untergliedern (EE_1 und EE_2 sowie NE_1 und NE_2).**

  Endenergie erster Ordnung (EE_1) ist Energie, die an der Systemgrenze zugeführt, nicht selbst erzeugt und i. d. R. abgerechnet sowie bezahlt wird. Endenergie zweiter Ordnung (EE_2) ist dagegen Energie, die aus Primär- oder Endenergie erster Ordnung (PE bzw. EE_1) gewandelt und Prozessen zugeführt wird. Sie muss separat – eben als EE_2 – betrachtet werden, um eine Doppelverrechnung bei der Bilanzierung des Gesamtenergieeinsatzes zu vermeiden. Nutzenergie erster Ordnung (NE_1) ist die Energiemenge, die in gewünschter Form zur Verfügung gestellt wird, z. B. Wärme für ein Gebäude. NE_2 beschreibt demgegenüber Nutzenergie, die tatsächlich für den eigentlichen Zweck – nämlich das Hervorbringen der EDL (z. B. Wohlfühlatmosphäre oder Trinkbecher aus Spritzgussmaschine) – verwandt wird. NE_2 ist immer kleiner als oder gleich NE_1. Wenn NE_2 unterschritten wird, käme die EDL nicht zustande. NE_2 ist insofern das „physikalische Minimum". Details werden behandelt in Kapitel 3.7.

- **Energieintensitäten sind als Steuerungsgröße Effizienzangaben grundsätzlich vorzuziehen.**

  Generell sind Effizienzangaben (abgesehen von Wirkungsgraden und Nutzungsgraden) als Grundlage der Energiesteuerung häufig unpraktisch. Geeigneter sind deren Kehrwerte, die Intensitäten. Details werden behandelt in Kapitel 3.9.

- **Primärenergieangaben – wie Primärenergieeffizienz – sollten durch Emissionsintensitäten ersetzt werden.**

  Primärenergieverbräuche sind allenfalls ein grober Indikator für die Umweltbelastung, weil sie nicht die tatsächlichen THG-Belastungen widerspiegeln. So haben nach DIN V 18599, auf die das GEG referenziert, Heizöl, Erdgas, Flüssiggas und Steinkohle den gleichen Primärenergiefaktor, obwohl sich ihre Emissionsfaktoren massiv unterscheiden. Insofern ist nicht ganz nachzuvollziehen, wieso der GEG-Energieausweis die Darstellung des spezifischen Primärenergieverbrauchs fordert. Primärenergie hat insofern als Mess- oder Rechengröße, z. B. Primärenergieeffizienz, eine deutlich geringere Aussagekraft als Emissionsangaben, etwa Emissionsintensität, deren Ermittlung nicht schwieriger ist. Details werden behandelt in Kapitel 3.9.

- **Eine Verbesserung der Energieeffizienz führt nicht zwangsläufig zu einer Verbesserung der energiebezogenen Leistung.**

  Investitionen in Energieeffizienz führen nicht zwangsläufig zu einer Verbesserung der energiebezogenen Leistung (im Sinne von DIN EN ISO 50001). Als Steuerungsgröße ist die „Verbesserung der energiebezogenen Leistung“ gegenüber der „Energieeffizienz“ vorzuziehen. Details werden behandelt in Kapitel 3.12.

- **Effizienzverbesserungsmaßnahmen können grundsätzlich nicht als Klimaschutzmaßnahmen angesehen werden.**

  Effizienzverbesserungsmaßnahmen können grundsätzlich nicht als Klimaschutzmaßnahmen angesehen werden, weil durch sie nicht sichergestellt werden kann, dass der fossile Endenergieverbrauch und damit einhergehend die THG-Belastung reduziert wird. Details werden behandelt in Kapitel 3.13.

- **„Energieeinsparpotenziale“ und „THG-Vermeidungspotenziale“ sind unsinnige Begriffe.**

  Sie sind unsinnig, weil sie in vielen Fällen nicht ermittelt werden können. Auch der Terminus „Energieeffizienzverbesserungspotenzial“ ist nicht ganz unproblematisch, da er nur einen Einflussfaktor des Energieverbrauchs berücksichtigt. Zur Bestimmung eines Potenzials als Planungsgröße und Orientierungspunkt eignet sich vornehmlich das „Potenzial zur Verbesserung der energiebezogenen Leistung“. Da letztgenannter Begriff unüblich ist, soll fortan „Energieeffizienzverbesserungspotenzial“ verwandt werden. Details werden behandelt in Kapitel 3.13.

- **Die meisten Potenzialbegriffe sind bei energieorientierten Investitionen entweder missverständlich oder tendenziell ungeeignet für Steuerungszwecke.**

  Der einzige, der offenbar keine Schwächen aufweist, ist der Begriff „Potenzial zur Verbesserung der energiebezogenen Leistung“. Da dieser Begriff unüblich ist und daher Verständnisprobleme bereiten könnte, wird in diesem Werk stattdessen „Energieeffizienzverbesserungspotenzial“ benutzt. Details werden behandelt in Kapitel 3.13.

- **Als Steuerungskennzahlen in einem Klimaschutzmanagement werden sowohl EnPIs (*energy performance indicators*) zur Erfassung von Verbesserungen der energiebezogenen Leistungen als auch CEIs (*carbon emission indicators*) zur Ermittlung des THG-Emissionsumfangs benötigt.**

  Eine Erweiterung der EnPIs zu einem CPI durch Beaufschlagung der EnPIs mit einem einschlägigen Emissionsfaktor ist nicht zielführend: Es reicht, den EnPI als Indikator für bewusst veranlasste Verbesserungen der energiebezogenen Leistungen (ebL) zu verwenden und als zweiten Indikator einen CEI, einen Indikator, der durch Vergleiche über die Verringerung der THG-Emission Auskunft gibt, einzuführen. Dieser zeigt die tatsächlichen Emissionsveränderungen je Betrachtungsobjekt in der Zeitspanne von einer Baseline-Periode zur einer Berichtsperiode auf. Beide Indikatoren zusammen – der EnPI und der CEI – erscheinen gemeinsam als geeignete Steuerungsgrößen für ein unternehmensbezogenes Klimaschutzmanagement. Als Anforderung (aus einem Gesetz oder einer normativ-ausgerichteten Norm) könnte für eine (Re-)Zertifizierung beispielsweise festgelegt werden, dass beide Indikatoren insgesamt, also über alle SEUs hinweg, eine Verbesserung aufzuweisen haben. Details werden behandelt in Kapitel 3.13.

- **Die Installation und das Betreiben einer Erneuerbare-Energie-Anlage ist eine Klimaschutzmaßnahme, aber keine Effizienzverbesserungsmaßnahme.**

  Erneuerbare-Energie-Anlagen – etwa Photovoltaikmodule – tragen im Gegensatz zu Energieeffizienzmaßnahmen grundsätzlich dazu bei, die THG-Belastung zu reduzieren. Sie werden aber – im Umkehrschluss – grundsätzlich nicht als Energieeffizienzverbesserungsmaßnahmen angesehen, da sie üblicherweise keine Änderung des Endenergieeinsatzes nach sich ziehen. Details werden behandelt in Kapitel 3.13.

- **Mit Blick auf das Aufdecken und Ausschöpfen von Energieeffizienzpotenzialen erscheint es zweckmäßig, wärmebedingte und nicht-wärmebedingte Industrieprozesse zu unterscheiden.**

  Industrieprozesse lassen sich aus energetischer Sicht in

  a) wärmebedingte und

  b) nicht-wärmebedingte

  unterscheiden. Bei wärmebedingten Prozessen sollte eine Wärmerückgewinnung – im Vergleich zu einer Wärmestromreduzierung (etwa durch Wärmedämmung) – nicht die erste Priorität einnehmen, weil sie regelmäßig eine vergleichsweise geringe Wirkung haben dürfte und auch nur sehr eingeschränkt möglich ist. Details werden behandelt in Kapitel 3.14.

- **Statische Investitionsrechnungsmethoden sind fehlerhaft und sollten unterbleiben.**

  Im Gegensatz zu dynamischen Investitionsrechnungsmethoden vernachlässigen statische – z. B. die Berechnung der statischen Amortisationszeit – den Zeitwert des Geldes (Zins und Zinseszins) und spiegeln daher die Realität nicht wider. Details werden behandelt in Kapitel 4.1.

- **Dynamische Amortisationszeitrechnungen sind insbesondere für energieorientierte Investitionen ungeeignet und sollten unterbleiben (statische sowieso).**

  Amortisationszeitberechnungen stellen wegen ihrer geringen Aussagekraft im Hinblick auf den Umfang der Wirkung einer Investition, der Vernachlässigung sämtlicher Zahlungsströme jenseits des Amortisationszeitpunktes und der i. d. R. stattfindenden nicht rational nachvollziehbaren Prüfung, inwieweit ein zuvor festgelegter Amortisationszeitgrenzwert (häufig 3 Jahre) nicht überschritten ist, keine gute Entscheidungsbasis dar. Insbesondere bei Energieinvestitionen, die sehr häufig langfristorientiert sind, sollte die Anwendung der Amortisationszeitrechnung grundsätzlich unterbleiben. Details werden behandelt in Kapitel 5.2.

- **In diesem Werk wird die Empfehlung ausgesprochen, Ergebnisse der Kapitalwertmethode als Basis zur Entscheidungsfindung prioritär einzusetzen.**

  Die Kapitalwertmethode weist im Vergleich zu den anderen Methoden keine gravierenden Schwachstellen auf. Die Interne-Zinsfuß-Methode mag flankierend unterstützen. Die Amortisationszeitmethode ist abzulehnen. Details werden behandelt in Kapitel 5.5.

- **Wenn bei Kapitalwertberechnungen die Rückflüsse nicht erfasst/monetarisiert werden können, ist es besser, mit fiktiven Rückflüssen zu kalkulieren als ohne.**

  Sollte bei Kapitalwertberechnungen der Rückfluss (*Return*) nicht oder nur sehr schwierig zu bestimmen bzw. zu monetarisieren sein, dann ist es in jedem Fall besser, mit fiktiven Rückflüssen zu arbeiten, als sie wegzulassen, sodass negative Kapitalwerte grundsätzlich entstehen, weil es bei negativen Kapitalwerten in solchen Fällen zu Interpretationsschwierigkeiten kommen kann. Details werden behandelt in Kapitel 6.1.2.4.

- **Bei energieorientierten Investitionen sollten in Kapitalwerttableaus die Rückflüsse in normalisierter Form angegeben werden.**

  Energiekosteneinsparungen als Rückflüsse in der Kapitalwertrechnung sollten in ihrer „normalisierten" Form berücksichtigt werden, weil der oder die Verbrauchseinflussfaktor(en) vor und nach der Effizienzverbesserungsmaßnahme gleichgesetzt, eben „normalisiert" werden, um das Ergebnis der Kalkulation nicht durch Veränderungen der Rahmengegebenheiten (hier mögliche unterschiedliche Produktionsmengen) zu verfälschen. Daher ist es notwendig, grundsätzlich nur normalisierte Einsparungen und nicht erwartete tatsächliche in der Kapitalwertberechnung zu berücksichtigen, weil nur sie das deutlich machen, was eine Maßnahme bewirkt. Details werden behandelt in Kapitel 6.1.2.5.

– **Ein Mid-Year-Discounting ist bei energieorientierten Investitionen sinnvoll.**

  Da bei energieorientierten Investitionen sowohl die meisten Auszahlungen als auch die meisten Rückflüsse über ein Jahr verteilt zustande kommen, bietet es sich an, weder vor- noch nachschlüssig zu diskontieren, sondern ein Mid-Year-Discounting vorzunehmen. Details werden behandelt in Kapitel 6.2.2.3.

– **Bei Mischfinanzierung sollte als Kalkulationszinssatz nicht der Weighted Average Cost of Capital (WACC) verwendet werden.**

  Sofern (Energie-)Investitionen sowohl mit Eigen- als auch Fremdkapital finanziert werden, sollte von der Anwendung des WACC als Mischkalkulationszinssatz Abstand genommen und stattdessen eine separate Diskontierung von finanzierungsspezifischen Investitionsprojektanteilen bevorzugt werden (separate Kalkulationstableaus einmal mit dem Fremdkapitalanteil und einmal mit dem Eigenkapitalanteil). Eine Kapitalwertberechnung auf der Grundlage des Mischfinanzierungskalkulationszinssatzes WACC führt immer zu Berechnungsergebnissen, die unterhalb des tatsächlichen Kapitalwertes liegen, sodass u. U. Fehlentscheidungen die Folge sind. Details werden behandelt in Kapitel 6.2.3.5.3.

– **Kapitalwertberechnungen sollten Ertragssteuern berücksichtigen.**

  Da bei geschäftlich bedingten Investitionen in aller Regel Ertragssteuern zu zahlen sind und es möglich ist, dass die Berücksichtigung von derartigen Steuern eine Wirkung hinsichtlich der Beurteilung als „wirtschaftlich vorteilhaft“ haben kann, sollten bei Kapitalwertberechnungen für Unternehmen grundsätzlich Ertragssteuern berücksichtigt werden. Details werden behandelt in Kapitel 6.2.4.5.

– **Grundsätzlich ist es irrelevant für die Kapitalwertkalkulation, ob mit Preisveränderungen (etwa Jahresenergiepreissteigerungen) kalkuliert wird oder nicht.**

  Die Berücksichtigung von Preisänderungen bzw. die Inflationsbereinigung – was das Gegenteil ist – als solche hat keinen Einfluss auf den Kapitalwert, sofern jeweils mit realen Zahlungsreihen und realen Kalkulationszinsen bzw. mit nominalen Zahlungsreihen und nominalen Kalkulationszinsen kalkuliert wird. Details werden behandelt in Kapitel 6.2.5.

– **Wenn im Berechnungsmodell mehr als eine Preisänderungsrate vorliegt, sollte mit nominellen Zahlungen – also nicht-inflationsbereinigt – kalkuliert werden.**

  In den meisten Fällen der Berechnung von energieorientierten Investitionen liegen mehrere Preisänderungsraten vor. Hintergrund der Kernaussage ist, dass bei einer inflationsbereinigten Kalkulation der Kalkulationszinssatz angepasst werden muss, und dies ist bei mehr als einer Preisänderungsrate nicht möglich. Details werden behandelt in Kapitel 6.2.5.

– **Eine Unterscheidung zwischen originären und vergleichenden Kapitalwertberechnungen erscheint zweckmäßig.**

  Neben (üblichen) originären Kapitalwertberechnungen, bei denen für jede Investitionsalternative jeweils ein Kapitalwerttableau anzulegen ist, gibt es unter bestimmten Voraussetzungen auch vergleichende Kapitalwertberechnungen, die den wirtschaftlichen Vorteil der einen Alternative gegenüber der anderen aufzeigen. Diese sind häufig einfacher zu erarbeiten und für den Betrachter einfacher zu verstehen, daher empfehlenswert. Details werden behandelt in Kapitel 6.5.

- **Eine Investition mit positivem Kapitalwert würde den Unternehmenswert steigern und sollte daher grundsätzlich umgesetzt und nicht aufgeschoben werden, auch wenn die Energiekosten perspektivisch steigen.**

  Energiemaßnahmen sollten – sofern die Finanzierung es zulässt – grundsätzlich und unmittelbar umgesetzt werden, wenn die Investitionsberechnung positive Kapitalwerte hervorbringt. Ein Aufschieben von Maßnahmen in Zeiten steigender spezifischer Energiepreise mit dem Hintergedanken, partiell den jeweiligen Kapitalwert zu erhöhen, führt nicht zu entsprechend positiven Effekten und sollte daher unterbleiben. Details werden behandelt in Kapitel 6.2.5.3.

- **Kapitalwertkalkulationen mit unendlichen Ketten erfordern inflationsbereinigte Tableaus.**

  Berechnungen über den optimalen Wiederbeschaffungszeitpunkt einer Anlage mithilfe sogenannter unendlicher Ketten sollten nur mit inflationsbereinigten Tableaus und Wertangaben durchgeführt werden. Details werden behandelt in Kapitel 6.10.

- **Ein großer Kapitalwert kommt immer nur bei großer Wirkung zustande.**

  Wenn bei Investitionen ein relativ großer Kapitalwert vorliegt, dann ist immer auch von einer umfangreichen Wirkung (Energieeinsparung oder Energieerzeugung) auszugehen, denn mit kleinen Wirkungen kann sich kein großer Kapitalwert ergeben, auch wenn die Anfangsauszahlung sehr niedrig sein sollte. Aus kleinen Kapitalwerten kann man im Umkehrschluss allerdings nicht ableiten, dass nur eine kleine Wirkung zustande kommen wird. Details werden behandelt in Kapitel 5.3.

- **Durch Leasing finanzierte Energieeffizienz- bzw. Klimaschutzmaßnahmen lassen sich auch einer Kapitalwertkalkulation zuführen.**

  Auch wenn Energieeffizienz- bzw. Klimaschutzmaßnahmen mit Leasing finanziert werden und insofern keine Anfangsinvestitionsausgabe zustande kommt, ist dennoch von einer Investition auszugehen, für die ein Kapitalwert ermittelt werden kann. Als fiktive Investitionsausgabe kann man dabei den Kapitalwert der Leasingraten zugrunde legen. Details werden behandelt in Kapitel 6.1.1.2.

- **Die Reduzierung der Energiebereitstellung ist der Verwendung von Überschusswärme grundsätzlich vorzuziehen.**

  Bei wärmebedingten Produktionsverfahren deutet vieles darauf hin, dass erheblich höhere Einsparpotenziale durch Reduzierung der Energiebereitstellung vorliegen als durch die Verwendung von Überschusswärme. Es erscheint daher in vielen Fällen erheblich sinnvoller, durch Wärmedämmung den Endenergieverbrauch zu reduzieren anstatt – wie etwa das Energieeffizienzgesetz ausgerichtet zu sein scheint – die Wärmerückgewinnung zu priorisieren. Details werden behandelt in Kapitel 11.1.2.1.4.

- **Voraussichtlich werden Solarkollektoren durch PV-gestützte Warmwassererzeugungsanlagen abgelöst, weil Letztgenannte bereits jetzt wirtschaftlich vorteilhafter erscheinen.**

  In Anbetracht der Tatsache, dass die Preise von PV-Modulen bereits auf niedrigem Niveau liegen und mit einer weiteren Preissenkung zu rechnen ist, die bei Solarkollektoranlagen nicht erwartet werden kann, lässt sich sagen, dass bereits jetzt und erst recht künftig in vielen Fällen PV-gestützte Warmwassererzeugung gegenüber Solarkollektoren wirtschaftlich vorteilhafter ist, sodass ein Ende der Solarkollektoren-Ära zeitnah erwartet werden kann. Details werden behandelt in Abschnitt 11.2.7.4.

- **Reboundeffekte erhöhen immer den Kapitalwert.**

  Aus ökonomischer Sicht hat ein reboundbedingter zusätzlicher Energieverbrauch einen bewertbaren Nutzen, der über den Kosten des zusätzlichen Energieverbrauchs liegt. Wäre das nicht so, dann würde man den Rebound vermeiden (wollen). Rational betrachtet sind in Unternehmen und auch im privaten Bereich Rebounds sogar erwünscht, denn wenn der (bewertete) Nutzen des zusätzlichen Energieverbrauchs geringer wäre als die dadurch entstehenden Kosten, würde man Rebounds – im Einzelfall – nicht entstehen lassen.

Die Berücksichtigung von Rebounds erhöht immer den Kapitalwert, weil als Rückfluss immer auch ein – i. d. R. geschätzter – Nutzen als Zahlungsstrom zu berücksichtigen ist, dessen Wert höher angesetzt werden muss als die ebenfalls gesondert zu berücksichtigenden zusätzlichen Energiekosten. Details werden behandelt in Kapitel 12.1.

- **Energie- und Einspargestehungskosten (LCOE oder CCE) sollten nicht über Annuitäten ermittelt werden.**

  Es empfiehlt sich, die Energie- bzw. die Einspargestehungskosten (LCOE oder CCE) nicht über Annuitäten zu ermitteln, weil dies die Freiheitsgrade der Kalkulation reduziert, da sich ändernde Energiemengen über die Zeit bei Annuitäten nicht berücksichtigt werden können. Details werden behandelt in Kapitel 12.1.

- **Die in vielen Studien verwandte klassische Formel zur Berechnung von Energiegestehungskosten (LCOE) ist ungeeignet, Netzparität aufzuzeigen.**

  Leider wird die klassische Formel zur Berechnung von Energiegestehungskosten (LCOE) u. a. auch bei der politischen Entscheidungsfindung im Hinblick auf die (Weiter-)Förderung von erneuerbarer Energie eingesetzt. Ihre Anwendung zur Ableitung von derartigen Entscheidungen ist jedoch grundsätzlich fehlerbehaftet. In diesem Werk wird eine Modifikation der Formel aufgezeigt, mit der ein modifizierter LCOE ermittelt werden kann, der zur Prüfung von Netzparität geeignet ist. Details werden behandelt in Kapitel 12.2.3.

- **Eine Kapitalwertermittlung eines Energiemanagementsystems ist nicht möglich.**

  Eine Vor- bzw. Plankalkulation des Kapitalwertes, wie es eigentlich üblich ist, kann bei Energiemanagementsystemen i. d. R. nicht durchgeführt werden. Details werden behandelt in Kapitel 12.4.

- **Die Forderung nach Einführung eines Energiemanagementsystems als Gegenleistung für Ermäßigungen bei der Strom-/Energiesteuer oder bei CO_2-Abgaben kann als kontraproduktiv betrachtet werden.**

  Besser wäre es, anstelle eines Steuererlasses oder einer Steuerrückerstattung eine Investitionszulage anzubieten. Details werden behandelt in Kapitel 12.2.7.1.

Literatur- und Quellenverzeichnis

Allcott, H. & Greenstone, M., 2012. Is There an Energy Efficiency Gap? Journal of Economic Perspectives, 26(1), S. 3–28.

Altrogge, G., 1988. Investition. 1. Aufl. Oldenbourg.

Apap, A. & Masson, D., 2010. A Survey of Capital Budgeting in Publicly Traded Utility Companies. *Southwest Business Economics Journal*. 13, S. 1–8.

Backlund, S./Thollander, P./Ottosson, M./Palm, J., 2012. Extending the energy efficiency gap. Energy policy, 51(C), S. 392–396.

Bundesamt für Wirtschaft und Ausfuhrkontrolle (Bafa), 2020. Leitfaden zur Erstellung von Energieauditberichten nach den Vorgaben der DIN EN 16247-1.

Bundesamt für Wirtschaft und Ausfuhrkontrolle (Bafa), 2025. Merkblatt für das Energieeffizienzgesetz (EnEfG) nach den gesetzlichen Bestimmungen der §§ 8–10 und 19 des EnEfG, Stand: 07.07.2025.

Bafa (Hrsg.), 2022. Informationsblatt CO_2-Faktoren.

Bea, F. X./Hesselmann, S./Scheurer, S., 2011. Projektmanagement. UTB.

Baehr, H. D. & Stephan, K., 2013. Wärme- und Stoffübertragung. Springer DE.

Becker, H. P., 2009. Investition und Finanzierung (German Edition), Gabler Verlag.

Blom, H./Lüder, K./Schaefer, C., 2012. Investition – Schwachstellenanalyse des Investitionsbereichs und Investitionsrechnung, 10. Aufl. Vahlen.

Blum, V., 2006. Capital budgeting practices in companies with activity abroad: The evolution of the use of tools through time.

BMWK (Hrsg.), 2021. Energieeffizienz in Zahlen.

Böckh, P. von & Wetzel, T., 2011. Wärmeübertragung. Springer Verlag.

Bost, M./Hirschl, B./Aretz, A., 2011. Effekte von Eigenverbrauch und Netzparität bei der Photovoltaik – Langfassung.

Breuer, W., 2011. Investition I, Springer DE.

Breyer, C./Gerlach, A./ Schäfer, D./Schmid, J., 2010. Fuel-Parity: New Very Large and Sustainable Market Segments for PV Systems. In: Energy Conference and Exhibition (EnergyCon), 2010 IEEE International. S. 406–411.

Brigham, E. F. & Pettway, R. H., 1973. Capital budgeting by public utilities.

Bundesregierung (Hrsg.), 2022. Referentenentwurf der Bundesregierung – Entwurf eines Gesetzes zur Steigerung der Energieeffizienz und zur Änderung des Energiedienstleistungsgesetzes.

Cagno, E./Worrel, E./Trianni, A./Pugliese, G., 2013. A novel approach for barriers to industrial energy efficiency. Renewable and Sustainable Energy Reviews, 19(C), S. 290–308.

Cambell, M., 2011. The Drivers of the Levelized Cost of Electricity for Utility-Scale Photovoltaics.

Carl-Engler-Schule Karlsruhe (Hrsg.), 2016. Wind- und Wasserkraft nutzen; Unterrichtsskript.

Chai, K.-H. & Yeo, C., 2012. Overcoming energy efficiency barriers through systems approach – A conceptual framework. Energy policy 46, 460–472.

Coulon, M., 2009. Modelling Price Dynamics Through Fundamental Relationships in Electricity and Other Energy Markets.

Danielson, M. G. & Scott, J. A., 2006. The capital budgeting decision of small business.

Deutsche Emissionshandelsstelle (DEHSt), 2024: BEHG Carbon Leakage – Ökologische Gegenleistungen der Unternehmen (§§ 10 bis 12 BECV) Hinweispapier.

Deutscher Bundestag, 2023. Beschlussempfehlung und Bericht des Ausschusses für Klimaschutz und Energie (25. Ausschuss) zu dem Gesetzentwurf der Bundesregierung – Drucksache 20/6872 – Entwurf eines Gesetzes zur Steigerung der Energieeffizienz und zur Änderung des Energiedienstleistungsgesetzes; Drucksache 20/7632 vom 05.07.2023.

DIHK (Hrsg.), 2012. Faktenpapier – Strompreise in Deutschland.

DIN EN ISO/IEC 13273-1: 2016-06 „Energieeffizienz und erneuerbare Energiequellen – Gemeinsame internationale Terminologie – Teil 1: Energieeffizienz".

Energiewirtschaftliches Institut an der Universität zu Köln (EWI), 2014. Potenziale von Erdgas als CO_2-Vermeidungsoption.

Dürr, H. & Bauernhansl, T., 2013. Energieeffizienz muss auf die politische Agenda: Energiewende erfordert Effizienzmaßnahmen. Vierteljahreshefte zur Wirtschaftsforschung, S. 183–198.

EPIA European Photovoltaic Industry Association (Hrsg.), 2011. Solar Photovoltaics – Competing in the energy sector.

Fraunhofer ISE, 2012. Levelized Cost of Electricity – Renewables Energies.

Finkenrath, M., 2011. Cost and performance of carbon dioxide capture from power generation. IEA/OECD Working Paper.

Gerarden, T. D./Newell, R. G./Stavins, R. N., 2015. Assessing the Energy-Efficiency Gap 1; working paper 20904, 65.

Germany Trade and Invest (Hrsg.), 2013. Industry Overview – The Photovoltaic Market in Germany.

Gesetz über die energetische Modernisierung von vermietetem Wohnraum und über die vereinfachte Durchsetzung von Räumungstiteln (Mietrechtsänderungsgesetz – MietRÄndG) vom 11.03.2013 (BT-Drs. 17/10485 vom 15.08.2012).

Gesetz über Energiedienstleistungen und andere Energieeffizienzmaßnahmen (Energiedienstleistungsgesetz – EDL-G) vom 4. November 2010 (BGBl. I S. 1483), das zuletzt durch Artikel 2 des Gesetzes vom 13. November 2023 (BGBl. 2023 I Nr. 309) geändert worden ist.

Gesetz zur Einsparung von Energie und zur Nutzung erneuerbarer Energien zur Wärme- und Kälteerzeugung in Gebäuden (Gebäudeenergiegesetz – GEG) vom 8. August 2020 (BGBl. I S. 1728).

Gesetz zur Steigerung der Energieeffizienz in Deutschland (Energieeffizienzgesetz – EnEfG) vom 13. November 2023 (BGBl. 2023 I Nr. 309).

Gesetz zur steuerlichen Förderung von Investitionen in den Klimaschutz (Klimaschutz-Investitionsprämiengesetz – Klimaschutz-InvPG), Entwurf vom 14.07.2023, Verabschiedung steht noch aus.

Gillingham, K. & Palmer, K., 2014. Bridging the Energy Efficiency Gap: Policy Insights from Economic Theory and Empirical Evidence. Review of Environmental Economics and Policy 8, 18–38.

Götze, U., 2014. Investitionsrechnung, Modelle und Analysen zur Beurteilung von Investitionsvorhaben, 7. Aufl., Springer-Lehrbuch.

Graham, J. R. & Harvey, C. R., 2002. How Do CFOs Make Capital Budgeting and Capital Structure Decisions? SSRN Electronic Journal.

Haider, M. & Luederking, G., 2005. Auslegung und Wirtschaftlichkeit von KWKK-Anlagen. KI Luft- und Kältetechnik 8/2005, S. 1–4.

Harfst, N., 2021. Controlling als Treiber der Energieeffizienz, Integration von Energiemanagement in vorhandene Controllingstrukturen, Springer.

Hasan, M., 2013. Capital Budgeting Techniques Used by Small Manufacturing Companies. Journal of Service Science and Management 06, 38–45.

Hau, E., 2014. Windkraftanlagen, 5. Aufl. ed, Springer-Verlag. Springer-Verlag.

Heider, J./Conrad, N./Abdulganiev, T. S. A./Kosack, P./Wagner, A.-K., 2020. Potenzial von Infrarot-Heizsystemen für hocheffiziente Wohngebäude.

Heider, J., 2022. Infrarot-Heizsysteme zur Wärmeversorgung.

Herbst, A. B./Jochem, E./Idrissova, F., 2014. Energiebedarf und wirtschaftliche Energieeffizienz-Potenziale in der mittelständischen Wirtschaft Deutschlands bis 2020 sowie ihre gesamtwirtschaftlichen Wirkungen.

Hernández-Moro, J. & Martínez-Duart, J. M., 2012. CSP electricity cost evolution and grid parities based on the IEA roadmaps. Energy policy 41, 184–192.

Heptonstall, P., 2007. A review of electricity unit cost estimates, UK Energy Research Centre Working Paper.

Hessisches Ministerium für Wirtschaft, Verkehr und Landesentwicklung (Hrsg.), 2005. Niedertemperatur- und Brennwertkessel.

Hirst, E. & Brown, M., 1990. Closing the efficiency gap: barriers to the efficient use of energy. Resources, Conservation and Recycling, 1–15.

IPCC (Hrsg.), 2007. Climate Change 2007. Mitigation of Climate Change. Vierter Sachstandbericht.

IPCC (Hrsg.), 2019. Global warming of 1.5 °C – An IPCC Special Report on the impacts of global warming of 1.5 °C above pre-industrial levels.

Irniger, S., 2010. Akzeptanz der Investitionsrechnung in der Praxis.

Jacobs, D. F., 2008. A Review of Capital Budgeting Practices; Davina F. Jacobs; IMF Working Paper 08/160; June 1, 2008.

Jaffe, A. B. & Stavins, R.N., 1994. The energy-efficiency gap. Energy Policy, 804–810.

Jagnow, K. & Wolff, D., 2009. Brennwertkessel.

Jany, P & Thieleke, G, 2011. Thermodynamik für Ingenieure.

Kaltschmitt, M./Streicher, W./Wiege, A., 2006. Erneuerbare Energien, 4. Aufl. ed. Springer.

Klein, J., 2013. Comparative Costs of California Central Station Electricity Generation.

Kruschwitz, L., 2011. Investitionsrechnung, Oldenbourg Wissenschaftsverlag.

Kruschwitz, L. & Husmann, S., 2012. Finanzierung und Investition, Oldenbourg-Verlag.

Maiorano, J. & Savan, B., 2015. Barriers to energy efficiency and the uptake of green revolving funds in Canadian universities. International Journal of Sustainability in Higher Education 16, 200–216.

McKinsey & Company (Hrsg.), 2007. Kosten und Potenziale der Vermeidung von Treibhausgasemissionen in Deutschland.

Mills, R. W., 1988. Capital Budgeting – The State of the Art. Long Range Planning 21, 76–81.

Mobil (Hrsg.), 2017. Leitfaden Energiesparen für Spritzgießbetriebe.

Mondello, E. & Odermatt, P., 2001. Die gebräuchlichen Investitionsrechnungsverfahren im Vergleich. Der schweizer Treuhänder 6–7, 615–620.

Müller, R., 2023. Thermodynamik, Von Energie und Entropie zu Wärmeübertragung und Phasenübergängen, 3. Aufl. ed. De Gruyter.

Nissen, U., 1995. A methodology for the development of cleaner products, The ideal-eco-product approach. Journal of Cleaner Production 3, 83–87.

Nissen, U. & Harfst, N., 2019. Shortcomings of the traditional „levelized cost of energy" [LCOE] for the determination of grid parity. Energy 171, 1009–1016.

Nissen, U., 2014. Energiekostenmanagement, Schäffer-Poeschel.

Nöll, B. & Wiedemann, A., 2011. Investitionsrechnung unter Unsicherheit. Vahlen.

OECD (Hrsg.), 2010. Projected Costs of Generating Electricity.

Pape, U., 2023. Grundlagen der Finanzierung und Investition. De Gruyter Oldenbourg.

Perridon, L. & Steiner, M., Rathgeber, A., 2012. Finanzwirtschaft der Unternehmung, 16. Auflage. ed. Vahlen.

Pike, R., 1996. A longitudinal survey on capital budgeting practices. Journal of Business Finance Accounting 1.

Pogoda-Urbanski, M., 2013. Gestaltungsformen von Energie-Contracting in Theorie und Praxis: Analyse in ausgewählten EU-Ländern.

Posch, W., 2011. Ganzheitliches Energiemanagement für Industriebetriebe. Gabler Research.

Quaschning, V., 2022. Regenerative Energiesysteme, 11. Aufl.

Ramadhan, M. & Naseeb, A., 2011. The cost benefit analysis of implementing photovoltaic solar system in the state of Kuwait. Renewable energy 36, 1272–1276.

Reich, G. & Reppich, M., 2013. Regenerative Energietechnik. Springer Vieweg.

Richtlinie (EU) 2023/1791 des Europäischen Parlaments und des Rates vom 13. September 2023 zur Energieeffizienz und zur Änderung der Verordnung (EU) 2023/955 (ABl. L 231 vom 20.09.2023, S. 1).

Richtlinie (EU) 2024/1275 des Europäischen Parlaments und des Rates vom 24. April 2024 über die Gesamtenergieeffizienz von Gebäuden (ABl. L, 2024/1275, 08.05.2024).

Röhrich, M., 2007. Grundlagen der Investitionsrechnung, Oldenbourg Wissenschaftsverlag.

Royal Academy of Engineering (Hrsg.), 2004. The cost of generating electricity.

Ryan, P. A. & Ryan, G. P., 2002. Capital Budgeting Practices of the Fortune 1000: How Have Things Changed? (No. 4), Journal of Business and Management.

Schabbach, T. & Wesselak, V., 2012. Energie, Springer DE.

Schieferdecker, B./Fuenfgeld, C./Boneschky, A., 2006. Energiemanagement-Tools – Anwendung im Industrieunternehmen. Springer.

Schleich, J., 2007. The economics of energy efficiency: Barriers to profitable investments. EIB Papers, 1–29.

Schleich, J., 2009. Barriers to energy efficiency: A comparison across the German commercial and services sector. Ecological Economics 68, 2150–2159.

Schleich, J. & Gruber, E., 2008. Beyond case studies: Barriers to energy efficiency in commerce and the services sector. Energy Economics 30, 449–464.

Seeliger, A./Perner, J./Riechmann, C./Trhal, N., 2011. Energiekosten in Deutschland – Entwicklung, Ursachenanalyse und internationaler Vergleich.

Sekwat, A., 1999. Capital Budgeting Practices Among Tennessee Municipal Governments. Government Finance Review, 15–19.

Sorrell, S./Mallett, A./Nye, S., 2011. Barriers to industrial energy efficiency: a literature review. UNIDO Working Paper 10/2011, 1–98.

Stieglitz, R. & Heinzel, V., 2013. Thermische Solarenergie, Springer Verlag.

Thollander, P. & Palm, J., 2013. Improving Energy Efficiency in Industrial Energy Systems, 1–161.

Timilsina, G. R./Kurdgelashvili, L./Narbel, P. A., 2012. Solar energy: Markets, economics and policies. Renewable and Sustainable Energy Reviews 16, 449–465.

Townsend, A. K. & Webber, M. E., 2012. An integrated analytical framework for quantifying the LCOE of waste-to-energy facilities for a range of greenhouse gas emissions policy and technical factors. Waste Management 32, 1366–1377.

Ueckerdt, F./Hirth, L./Luderer, G./Edenhofer, O., 2013. System LCOE: What are the costs of variable renewables? Energy 63, 61–75.

Umweltbundesamt (Hrsg.), 2015. Rebound-Effekte: Ihre Bedeutung für die Umweltpolitik.

Verordnung über Maßnahmen zur Vermeidung von Carbon- Leakage durch den nationalen Brennstoffemissionshandel (BEHG-Carbon-Leakage-Verordnung – BECV) vom 21. Juli 2021 (BGBl. I S. 3129).

Viessmann (Hrsg.), 2012, Fachreihe Photovoltaik.

Weigand, B./Köhler, J./Wolfersdorf, J. von, 2008. Thermodynamik kompakt.

Weimann, T., 2011. Vorbereitung und Begleitung der Erstellung des Erfahrungsberichtes 2011 gemäß § 65 EEG; Vorhaben IIb (Geothermie) – Endbericht.

Weyerstrass, K., Jaenicke, J., Schonpflug, K., 2008. Künftige Entwicklungen der Energiepreise.